Peter-J. Jost

Organisation und Motivation

Peter-J. Jost

Organisation und Motivation

Eine ökonomisch-psychologische Einführung

2., aktualisierte und überarbeitete Auflage

GABLER

Bibliografische Information der Deutschen Nationalbibliothek
Die Deutsche Nationalbibliothek verzeichnet diese Publikation in der Deutschen Nationalbibliografie; detaillierte bibliografische Daten sind im Internet über <http://dnb.d-nb.de> abrufbar.

Prof. Dr. Peter-J. Jost ist Inhaber des Lehrstuhls für BWL, insbesondere Organisationstheorie, an der WHU – Otto Beisheim School of Management in Vallendar.

1. Auflage 2001
2. Auflage 2008

Lektorat: Stefanie Brich | Renate Schilling

Gabler ist Teil der Fachverlagsgruppe Springer Science+Business Media.
www.gabler.de

Umschlaggestaltung: Ulrike Weigel, www.CorporateDesignGroup.de
Druck und buchbinderische Verarbeitung: Wilhelm & Adam, Heusenstamm
Gedruckt auf säurefreiem und chlorfrei gebleichtem Papier
Printed in Germany

ISBN 978-3-8349-0890-2

Für meine Familie

Inhaltsverzeichnis

Inhaltsverzeichnis V

Verzeichnis der Fallbeispiele IX

Vorwort zur zweiten Auflage 1

Vorwort zur ersten Auflage 2

I Der Mitarbeiter als Grundbaustein ökonomischer Organisationen 7

1 Individuelle Unterschiede zwischen Mitarbeitern 9

1.1 Ökonomische Organisationen 10
1.1.1 Die Grundprinzipien ökonomischer Organisationen 11
1.1.2 Die Grundbausteine ökonomischer Organisationen 15

1.2 Der Mitarbeiter als komplexer Mensch 19
1.2.1 Individuelle Unterschiede in den Bedürfnissen 22
1.2.2 Individuelle Unterschiede in der Persönlichkeit 39
1.2.3 Individuelle Unterschiede in den Werten und Einstellungen 47
1.2.4 Individuelle Unterschiede in den Fähigkeiten 61
1.2.5 Der komplexe Mitarbeiter als Grundlage der Analyse 63

1.3 Zusammenfassung 65

1.4 Literaturhinweise 69

2 Ökonomisch-psychologisches Verhalten 73

2.1 Das prozessuale Modell des Arbeitsverhaltens 74
2.1.1 Die Situation als Determinante des Verhaltens 77
2.1.2 Die individuelle Wahrnehmung der Situation 87
2.1.3 Das prozessuale Modell des individuellen Arbeitsverhaltens 94
2.1.4 Kognitive und motivationale Prozesse im Arbeitsverhalten 100
2.1.5 Individuelles Entscheidungsverhalten 111

2.2 Die Modellierung des Arbeitsverhaltens 118
2.2.1 Die Arbeitsanstrengungen 120
2.2.2 Die Arbeitssituation 122

2.2.3 Konsequenzen aus dem Arbeitsverhalten 126
2.2.4 Nutzen und Präferenzen des Mitarbeiters 128
2.2.5 Ziele des Mitarbeiters und ihre Attribute 144
2.2.6 Matrizen, Bäume und Diagramme 153

2.3 Zusammenfassung 168

2.4 Literaturhinweise 171

II Das Verhalten in Organisationen 175

3 Die individuelle Beurteilung der Arbeitssituation 177

3.1 Die Grundlagen der individuellen Beurteilung 180
3.1.1 Die begrenzte kognitive Komplexität 180
3.1.2 Der Prozess der Beurteilung 183
3.1.3 Heuristiken und Verzerrungen bei der Urteilsfindung 185
3.1.4 Die Bedeutung von Labor-Experimenten für die Erklärung des individuellen Arbeitsverhaltens 192

3.2 Die Bildung von Werturteilen 195
3.2.1 Die subjektive Beurteilung der Konsequenzen von Handlungsalternativen 197
3.2.2 Die subjektive Beurteilung der Konsequenzen bei mehreren Zielen 218
3.2.3 Die subjektive Beurteilung funktionaler Zusammenhänge 229
3.2.4 Zur Konsistenz der Präferenzbildung 247

3.3 Die Bildung von Wahrscheinlichkeitsurteilen 253
3.3.1 Die Heuristik der Repräsentativität 254
3.3.2 Die Heuristik der Verfügbarkeit 263
3.3.3 Ambiguität und die Heuristik der Verankerung und Anpassung 267
3.3.4 Statistische Urteilsbildung 277

3.4 Die Bildung kausaler Urteile 280
3.4.1 Kausalattribution als prognostizierende Urteilsbildung 282
3.4.2 Kausale Schemata 288
3.4.3 Attributionstendenzen 291
3.4.4 Statistische Kausalattribution 294

3.5 Zusammenfassung 298

3.6 Literaturhinweise 302

4 Die Psychologie des Arbeitsverhaltens 307

4.1 Die eingeschränkte individuelle Rationalität 309

4.1.1 Die Nutzenmaximierung 313
4.1.2 Die Auswirkungen der eingeschränkten kognitiven Fähigkeiten auf die Nutzenmaximierung 318
4.1.3 Das Menschenbild des REMM 328

4.2 Individuelles Entscheidungsverhalten 329
4.2.1 Die Grundlagen rationalen Verhaltens 333
4.2.2 Subjektive Erwartungsnutzentheorien 342
4.2.3 Erwartungsnutzentheorien mit emotionalen Komponenten 353

4.3 Individuelles Arbeitsverhalten 361
4.3.1 Entscheidungsregeln bei mehreren Zielen 364
4.3.2 Das strukturelle Modell des individuellen Arbeitsverhaltens 371
4.3.3 Das VIE-Modell der Arbeitsmotivation 377
4.3.4 Das Modell der Leistungsmotivation 380

4.4 Selbstmanagement 383
4.4.1 Strategien zur Entscheidung und Beurteilung 386
4.4.2 Normgeleitetes Verhalten 396
4.4.3 Mentale Buchhaltung 402
4.4.4 Zielsetzung und die Selbstregulierung des Verhaltens 409
4.4.5 Motivationale Verzerrungen 413
4.4.6 Egonomics 416
4.4.7 Selbstbetrug 422

4.5 Zusammenfassung 432

4.6 Literaturhinweise 435

III Organisation und die Bedeutung der Motivation 443

5 Die ökonomische Analyse des Motivationsproblems 445

5.1 Effiziente Organisationen und das Motivationsproblem 448
5.1.1 Die Wertschöpfung einer Unternehmung 449
5.1.2 Das Organisationsproblem 451
5.1.3 Die Wechselwirkungen zwischen Motivation und Koordination 454

5.2 Das Motivationsproblem in der einzelnen Arbeitsbeziehung 458
5.2.1 Die Arbeitsbeziehung als Vertragsverhältnis 463
5.2.2 Merkmale der Arbeitsbeziehung 466
5.2.3 Die Unvollständigkeit des Arbeitsvertrages 472
5.2.4 Opportunistisches Verhalten und das Streben nach Eigennutz 477
5.2.5 Motivationsprobleme in Arbeitsbeziehungen 484

5.3 Die Motivierung ökonomischer Aktivitäten 497

5.3.1 Die Wechselwirkungen zwischen intrinsischen und extrinsischen Anreizen 499
5.3.2 Die Konsistenz der Anreizstruktur 506
5.3.3 Das Vorgehen bei der ökonomischen Analyse des Motivationsproblems 513
5.3.4 Klassifikation der Motivationsinstrumente 518

5.4 Zwei Fallbeispiele 525
5.4.1 Henry Ford und das 5-Dollar-Programm 526
5.4.2 NUMMI und das japanisch-amerikanische Joint Venture 530

5.5 Zusammenfassung 533

5.6 Literaturhinweise 535

6 Die Steuerung des Arbeitsverhaltens 537

6.1 Die Arbeitsbeziehung als Nexus von Verträgen 539
6.1.1 Der juristische Arbeitsvertrag als relationaler Vertrag 540
6.1.2 Das Direktionsrecht und die Standardisierung von Verträgen 544
6.1.3 Der implizite Arbeitsvertrag als psychologischer Vertrag 547
6.1.4 Selbstdurchsetzende Verträge und die Wertschöpfung in einer Arbeitsbeziehung 553
6.1.5 Der soziale Vertrag als kollektiver Vertrag 557
6.1.6 Soziale Vergleiche und Gerechtigkeit im Arbeitskontext 561

6.2 Die Arbeitsbeziehung als langfristiges Vertragsverhältnis 567
6.2.1 Die Vor- und Nachteile einer langfristigen Arbeitsbeziehung 568
6.2.2 Vertrauen als Grundlage jeder Arbeitsbeziehung 574
6.2.3 Mechanismen zum Aufbau von Vertrauen 579

6.3 Anforderung an die Mitarbeiterführung 592
6.3.1 Sicherstellung der Rationalität 596
6.3.2 Sicherstellung der Kooperation 602
6.3.3 Individualisierung der Mitarbeiterführung 610
6.3.4 Strategische Mitarbeiterführung 613

6.4 Zusammenfassung 618

6.5 Literatur 619

Endnoten 623

Literaturverzeichnis 641

Index 689

Verzeichnis der Fallbeispiele

Was treibt den Entrepreneur?	38
Faking oder wie man bei Persönlichkeitstests mogeln kann	42
Protestantische Arbeitsethik und die Entstehung des Kapitalismus	48
Die Reise von La Piere und die Einstellung gegenüber Chinesen im Amerika der 30er Jahre	50
Die finanzielle Entlohnung als Arbeitswert	53
Unterschiede in der Arbeitszufriedenheit von Managern auf verschiedenen Hierarchieebenen	57
Kulturelle Differenzen im organisatorischen Commitment	60
Assessment-Center und die Beurteilung von Persönlichkeitseigenschaften	75
Pop Art und die Unmöglichkeit von Figuren	102
Alfred Pareto und die Indifferenzkurve der Wünsche	132
Bernoulli und das St. Petersburger Spiel	139
Die Zahl 7 und die Grenzen des menschlichen Erinnerungsvermögens	182
Hochbegabte und die selbsterfüllende Prophezeiung	187
Olympische Medalliengewinner und das Weniger-ist-Mehr-Phänomen	201
Verlängerte Neuwagengarantie und das Akzeptieren eines höheren Kaufpreises	207
Sunk costs im US-amerikanischen Basketball	215
Der Splitting-Effekt und Regierungsentscheidungen	225
Risikoeinstellung von Managern in der Erdölindustrie	238
Las Vegas und das Phänomen der Präferenzumkehr	251
Schoßhündchen und der Aufstieg zum Topmanager in den USA	257

Linda - Feministin und Bankangestellte 262

Wirtschaftsprüfer und ihre Einschätzung von Unterschlagungen 273

Arbeitsanreize und die Selbst- und Fremdwahrnehmung 293

Der Eichmanneffekt und die Bedeutung moralischer Kosten 317

Die Wahl der Reisetasche und der Einfluss der Stimmung des Verreisenden 393

Hawthorne und die Beleuchtungs-Experimente 399

Odysseus und der Klang der Sirenen 412

Adam Smith und motivationale Verzerrungen im Verhalten 414

Die Expo und die Eskalation im Commitment 420

Weltuntergangsprohezeiungen und der Umgang mit der Falsifikation 423

Unternehmenskonkurse und die Auswirkung der späten Einsicht auf deren Prognose 428

Adaptive Präferenzbildung und die Auswirkungen höherer Löhne auf die Arbeitszufriedenheit 431

Opportunistisches Verhalten im Arbeitsalltag 479

Ansprüche auf Arbeitsunfähigkeit und das moralische Risiko bei Luftverkehrslotsen 491

Hawthorne und die Bank Wiring Room-Experimente 495

Deci und das Lösen von Puzzles 500

Hewlett-Packard und die Konsistenz der Anreizstruktur 510

Happy-Is-Productive und die Hawthorne-Experimente 524

Der Arbeitsvertrag als Rahmenvertrag 543

Procter& Gamble und der implizite Vertrag gegenüber Frauen 550

Der englische Bergbau und die Bedeutung des sozialen Vertrages 557

Stoffwechselerkrankte und die Verteilung von Grapefruits und Avocados 562

Langfristige Arbeitsbeziehungen in Japan und die gesellschaftlichen Gründe 578

Vergeltung in Auseinandersetzungen 583

Reziprozität, das Gefangenendilemma und TIT-FOR-TAT 587

Delta Airlines und ein Flugzeug als Geschenk 589

Direkte Mitarbeiterführung und die kognitiven Verzerrungen des Vorgesetzten 599

Rationalitätssicherung durch Einkaufslisten 601

Kooperationssicherung in japanischen Großunternehmen 604

Vorwort zur zweiten Auflage

Die positive Aufnahme meines Buches hat seine Grundkonzeption eindrucksvoll bestätigt. Die zweite Auflage ist daher im Wesentlichen eine durchgesehene und korrigierte Fassung der ersten. Einige kleinere Ergänzungen sind eingefügt, insbesondere zu neueren Forschungsarbeiten in den einzelnen Themengebieten.

Mein besonderer Dank gilt diesmal meinen Mitarbeitern Herrn Klaus Burgmeier für seine wertvolle Hilfe bei der Textgestaltung sowie wiederum Frau Karin Senftleben für ihre Sorgfalt beim Korrekturlesen und der Umstellung auf die neue Rechtschreibung.

Vallendar, März 2008 Peter-J. Jost

Vorwort zur ersten Auflage

Unternehmen sind in den letzten Jahrzehnten mit einer steigenden Umweltkomplexität und -dynamik konfrontiert: Neue Informationstechnologien, ein rasch wachsendes Wissen und die sich ausweitenden Verflechtungen der Weltwirtschaft führten zu tiefgreifenden Veränderungen. Hinzu kamen eine fortschreitende technologische Entwicklung, sich immer stärker ändernde Kundenbedürfnisse und zunehmende Kundenansprüche.

Um diesen Anforderungen gerecht zu werden, sehen sich die Unternehmen zunehmend gezwungen, neue Wege bei der Gestaltung ihrer internen Organisation und der Führung ihrer Mitarbeiter zu gehen: Die immer komplexer werdenden Arbeitsprozesse verlangen neue, dezentralere Organisationsstrukturen. Damit werden aber notwendigerweise die Mitarbeiter des Unternehmens zu einem wichtigen Erfolgsfaktor im Wettbewerb. Sie müssen sowohl bereit sein, die größere Verantwortung, die mit den organisatorischen Veränderungen verbunden ist, zu übernehmen, als auch ein entsprechendes unternehmerisches Denken und Handeln zeigen.

Dies stellt neue Herausforderungen an die geeignete Steuerung des Mitarbeiterverhaltens. Statt sie lediglich als Produktionsfaktoren zu behandeln und ihre Arbeit zu verwalten und zu kontrollieren, muss der einzelne Mitarbeiter mit differenzierteren Maßnahmen zu einem Arbeitsverhalten motiviert werden, das mit den organisatorischen Zielen in Einklang steht. Dies setzt voraus, dass der Mitarbeiter in seinen individuellen Bedürfnissen und Zielen berücksichtigt werden muss. Nur wenn dies gelingt, werden die Mitarbeiter motiviert und engagiert am Unternehmenserfolg mitarbeiten und so zum Erfolg der Unternehmung im Wettbewerb mit Konkurrenten beitragen.

In diesem Buch werden wir uns eingehend mit dem Mitarbeiter als Teilnehmer einer Unternehmung beschäftigen. Im Vordergrund unserer Ausführungen steht dabei das Motivationsproblem jeder Organisation: Wie kann der einzelne Mitarbeiter dazu bewegt werden, die ihm übertragenen Aufgaben zielorientiert auszuführen? Dabei gehen wir nicht davon aus, dass diese Aufgaben bereits vollständig festgelegt sind. Vielmehr werden wir bei der Lösung des Motivationsproblems auch die Wechselwirkungen mit dem Koordinationsproblem einer Organisation berücksichtigen.

Hierbei geht es um die Frage, welche Tätigkeiten der einzelne Mitarbeiter wie und wann am besten durchführen sollte, wie also die Organisationstruktur der Unternehmung gestaltet werden sollte. Dabei werden wir allerdings nicht die gesamte Komplexität bei der Gestaltung der Organisationstruktur betrachten, sondern davon ausgehen, dass auftretende Motivationsprobleme durch geeignete Anpassung einzelner organisatorischer Rahmenbedingungen gelöst werden können.

Grundlegend für die Lösung des Motivationsproblems ist die Frage, welche Determinanten das Verhalten eines Mitarbeiters überhaupt bestimmen. Was erwartet ein Mitarbeiter von seiner Arbeit? Warum reagiert er in bestimmten Situationen so und nicht anders? Inwieweit sind personelle oder situative Faktoren für sein Handeln ausschlaggebend? Wie wird er sich gegenüber organisatorischen Veränderungen verhalten? In welcher Beziehung steht das Erreichen seiner persönlichen Ziele zu den Zielen, die die Unternehmung verfolgt?

Die Beantwortung solcher Fragen ist zentral für die Lösung des Motivationsproblems der Unternehmung: Bevor wir nicht ein Verständnis dafür entwickeln, wie sich der einzelne Mitarbeiter in seiner spezifischen Arbeitssituation verhält, können wir über die geeignete Beeinflussung seines Verhaltens keine Aussagen machen.

Ziel des vorliegenden Buches ist es, einen ökonomisch-psychologischen Ansatz für die geeignete Führung von Mitarbeitern zu entwickeln. Grundlage dieses Ansatzes ist die Untersuchung des individuellen Arbeitsverhaltens eines Mitarbeiters. Erkenntnisse der Psychologie werden hierzu in ein allgemeines ökonomisches Verhaltensmodell integriert. Auch der Einfluss sozialer Arbeitsbeziehungen auf das Handeln des Mitarbeiters wird berücksichtigt.

Das so entwickelte ökonomisch-psychologische Grundmodell des Arbeitsverhaltens reiht sich in die Literatur zur Ökonomischen Psychologie ein. Diese von Kantona begründete Forschungsrichtung erklärt ökonomische Prozesse als Ergebnis individuellen Verhaltens unter Berücksichtigung psychologischer Erkenntnisse.

Aufbauend auf diesen Untersuchungen spezifizieren wir dann die Anforderungen an die Lösung des Motivationsproblems, die sich aus diesem Ansatz ergeben. Neben den grundsätzlichen Rahmenbedingungen, die für die Gestaltung von Arbeitsbeziehungen erfüllt sein müssen, geht es dabei vor allem um die geeignete Führung eines Mitarbeiters durch seinen Vorgesetzten. Anhand von Beispielen aus Unternehmenspraxis und Gesellschaft werden die einzelnen Konzepte und Erkenntnisse des ökonomisch-psychologischen Ansatzes und seiner Anwendungen veranschaulicht.

Das Buch ist in drei Teile gegliedert:

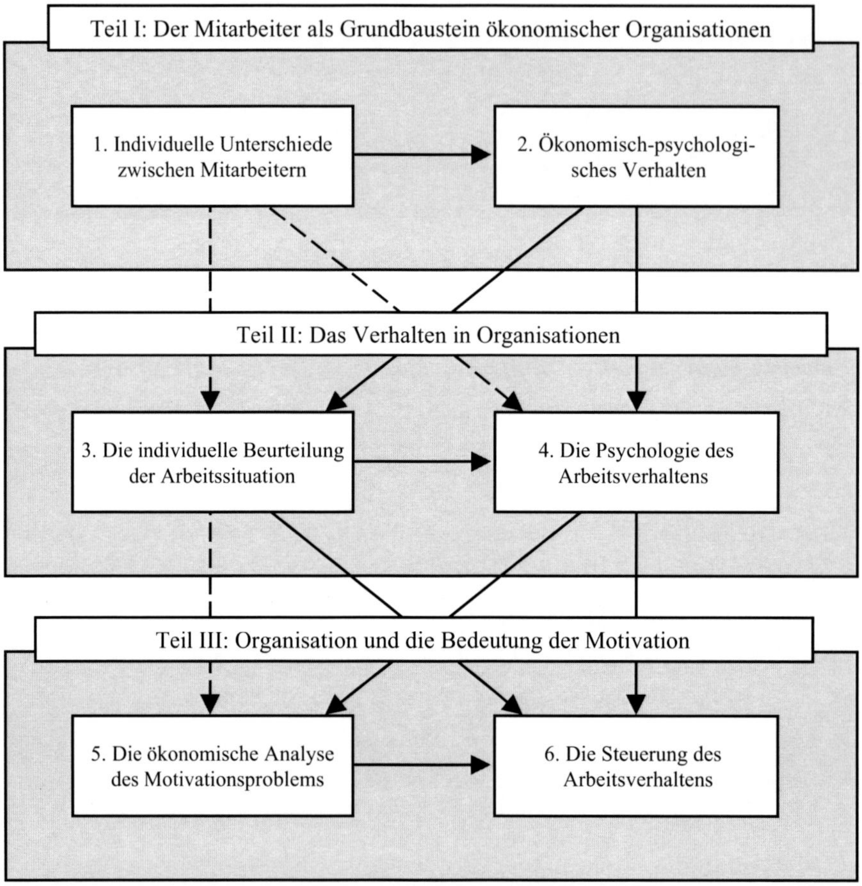

Abbildung: Die Struktur des Buches und die wesentlichen Verbindungen zwischen den Kapiteln (durchgezogene Pfeile zwischen zwei Kapiteln deuten an, dass ein Kapitel vom anderen abhängt, gestrichelte Pfeile zwischen zwei Kapiteln deuten an, dass ein Kapitel lediglich auf die in dem anderen entwickelten Ideen zurückgreift)

In Teil I werden wir zunächst auf den Mitarbeiter als Grundbaustein von Organisationen eingehen. Dabei werden wir einleitend in Kapitel 1 die individuellen Unterschiede zwischen Mitarbeitern betrachten. Diese psychologischen Determinanten des individuellen Verhaltens bilden zusammen mit Faktoren aus der Arbeitssituationen die Komponenten des Grundmodells des individuellen Arbeitsverhaltens, das wir in Kapitel 2 vorstellen.

Aufbauend auf dieses Verhaltensmodell untersuchen wir dann in Teil II einzelne Komponenten des individuellen Arbeitsverhaltens eines Mitarbeiters im Detail. Dabei wenden wir systematisch die Erkenntnisse der deskriptiven Entscheidungstheorie auf den Arbeitskontext und die Arbeitsmotivation eines Mitarbeiters an. Dies ermöglicht es uns, Aussagen über das Verhalten eines Mitarbeiters aufgrund seiner personellen Faktoren und den Rahmenbedingungen seiner Arbeitssituation zu machen. Entsprechend den beiden zentralen Komponenten der Entscheidungsfindung betrachten wir hierzu in Kapitel 3 die individuelle Beurteilung der Arbeitssituation durch den Mitarbeiter, während Kapitel 4 die Psychologie des Arbeitsverhaltens untersucht.

In Teil III des Buches nutzen wir die so gewonnenen Erkenntnisse, um Anforderungen an die geeignete Mitarbeitermotivation herauszuarbeiten. Ziel ist es, die wesentlichen Elemente des Motivationproblems und seiner Lösung aufzuzeigen. In Kapitel 5 stellen wir zunächst das grundsätzliche Vorgehen für die Lösung des Motivationsproblems in der einzelnen Arbeitsbeziehung vor. Kapitel 6 zeigt dann die Anforderungen auf, die sich daraus an die geeignete Steuerung des Mitarbeiterverhaltens ergeben.

Dieses Buch entstand aus den Unterlagen einer an der WHU - Otto Beisheim School of Managment in Vallendar gehaltenen Vorlesung. Ich hoffe, dass die bei der Vorlesungstätigkeit gewonnenen Erfahrungen diesem Lehrbuch zugute gekommen sind. Während seiner Entstehung habe ich vor allem durch die Diskussionen mit meinen Assistenten, Herrn Dipl.-Volkswirt Holmer Glietz, Herrn Dipl.-Informatiker und Dipl.-Volkswirt Dirk Simon und Herrn Dipl.-Volkswirt Claus van der Velden wertvolle Anregungen erhalten. Ebenso wie ihnen möchte ich Frau Karin Senftleben danken, die die Zeichnungen anfertigte und mit Sorgfalt die hoffentlich letzten Tippfehler im Text fand. Alle verbleibenden Fehler fallen natürlich in meine Verantwortung.

Vallendar, Oktober 2000 Peter-J. Jost

Auch im familiären Kontext bei der Kindererziehung muss der Individualität der Personen und ihren Bedürfnissen Rechnung getragen werden.

Teil I
Der Mitarbeiter als Grundbaustein ökonomischer Organisationen

1
Individuelle Unterschiede zwischen Mitarbeitern

2
Das Grundmodell des ökonomisch-psychologischen Verhaltens

1
Individuelle Unterschiede zwischen Mitarbeitern

Motive disposition are the obvious key to understanding a motivational sequence, for without knowing what motives people bring to a situation, it is impossible to know how they will react to a demand or an incentive.
McClelland (1985)

Der interessierte Leser kennt die Namen aus der Wirtschaftspresse: Lee Iacocca, Bill Gates, Akio Morita oder Ken Olson und in Deutschland Edzard Reuter oder August Schrempp. Allen ist gemeinsam, dass sie entweder für den Erfolg oder Misserfolg ihrer Unternehmen verantwortlich gemacht werden. Beispielsweise Lee Iacocca, dem der Aufschwung der Chrysler Corporation in den 80er Jahren zugeschrieben wird, oder Ken Olson, dem Gründer der Digital Equipment Corporation, der die PC-Revolution in den 80er Jahren verschlief und dem die Schuld für die finanzielle Misere des Unternehmens in den folgenden Jahren gegeben wird.

Aber natürlich hängt der Erfolg jedes dieser Unternehmen nicht nur von ihrem Chief Executive Officer oder Vorstandsvorsitzenden ab. Die Fähigkeit, gerade die Güter zu produzieren oder die Dienstleistungen bereitzustellen, die von den Konsumenten nachgefragt werden, ist nicht nur das Ergebnis des Handelns eines Einzelnen, sondern das Produkt des Verhaltens aller Unternehmensmitglieder. Entscheidend ist, dass sich die Produktivität des Unternehmens, die Qualität der hergestellten Güter, die Kreativität bei der Innovation neuer Produkte und Verfahren oder die Kundenorientierung erst aus dem Zusammenspiel aller Beteiligten ergibt. Hierzu gehört der Top Manager, der in die Planung der Unternehmensstrategie involviert ist, genauso wie der Abteilungsleiter, der für die Koordination des 'Tagesgeschäfts' und die Anliegen seiner Mitarbeiter verantwortlich ist, oder der Arbeiter in der Produktion, der für die Endmontage bestimmter Bauteile zuständig ist. Die Art und Weise, wie jeder dieser Mitarbeiter seine Aufgaben innerhalb der Organisation durchführt, beeinflusst den Erfolg seines Unternehmens am Markt.

Im Allgemeinen ist dabei natürlich der individueller Beitrag des Arbeiters in der Produktion weit geringer ist als der des Vorstandsvorsitzenden.

In diesem ersten Kapitel wollen wir den einzelnen Mitarbeiter als Grundbaustein einer Unternehmung näher vorstellen. Dabei gehen wir schrittweise vor: In Abschnitt 1.1 stellen wir zunächst die Unternehmung als eine ökonomische Organisation dar, in die der einzelne Mitarbeiter durch seine Aktivitäten eingebunden ist. Wir führen hier in die Grundprinzipien ein, die jeder ökonomischen Organisation zugrunde liegen, und stellen die Strukturen sowie die Bausteine vor, die ihre Grundlage bilden.

Im nächsten Abschnitt betrachten wir dann eingehend den Mitarbeiter als Teilnehmer einer ökonomischen Organisation. Ausgangspunkt unserer Diskussion ist dabei die Frage, welche Ziele ein Mitarbeiter mit seiner Organisationsteilnahme überhaupt erreichen möchte. In Abschnitt 1.2 zeigen wir auf, dass wir für die Beantwortung dieser Frage den Mitarbeiter in seiner ganzen individuellen Komplexität verstehen müssen. Individuelle Unterschiede zwischen verschiedenen Mitarbeitern ergeben sich dabei aufgrund einer Vielzahl von spezifischen personellen Faktoren, auf die wir systematisch eingehen.

1.1 Ökonomische Organisationen

Jeder Mitarbeiter einer Unternehmung ist als Teilnehmer dieser Organisation eingebettet in ein Geflecht von Interaktionen mit anderen Personen. Sein Arbeitsverhalten in der Organisation wird entscheidend durch diese innerbetrieblichen Beziehungen und Verhältnisse beeinflusst. Um ein Verständnis für sein Verhalten in einer Unternehmung zu bekommen, müssen wir uns daher zunächst einmal die Organisation als Ganzes anschauen.

Als **ökonomische Organisation** bezeichnen wir ein Gebilde, in dem verschiedene Personen miteinander interagieren, um individuelle und kollektive ökonomische Ziele zu erreichen. Betrachten wir zum Beispiel die Unternehmung als ökonomische Organisation: Die individuellen Ziele, die ein Mitarbeiter durch seine Teilnahme an der Unternehmung verwirklichen möchte, können beispielsweise darin bestehen, ein hohes Einkommen zu haben, viel Macht und Prestige zu erlangen oder einer interessanten Tätigkeit nachzugehen. Die kollektiven Ziele, die die Unternehmung als Ganzes verfolgt, bestehen im Allgemeinen darin, Produkte oder Dienstleistungen bereitzustellen, die von den Konsumenten nachgefragt und gekauft werden, um so die individuellen Ziele ihrer Teilnehmer zu verwirklichen. Damit verbunden kann dann z.B. die Maximierung des Unternehmensgewinns oder das Streben nach einer Vergrößerung des Marktanteils sein.

Als individuelle und kollektive Ziele betrachten wir dabei nur solche, die ökonomischer Natur sind. Dabei verstehen wir mit Robbins (1962, S.16) als Ökonomie die Wissenschaft "which studies human behavior as the relationship between ends and scarce means that have alternative uses". Ein **ökonomisches Ziel** eines Mitarbeiters ist demnach ein individuelles Ziel, für dessen Erreichung er Mittel einsetzen muss, die einerseits beschränkt sind und die andererseits auch für die Erreichung anderer Ziele eingesetzt werden könnten.

Diese Definition eines ökonomischen Ziels hat zwei entscheidende Vorteile für unsere nachfolgenden Diskussionen. Erstens ist die Definition so allgemein, dass wir eine Vielzahl von individuellen Zielen damit erfassen können. Hirshleifer (1985, S.53) stellt so in Anlehnung an das Zitat von Robbins fest: "After all, the ends that men and women seek include not just bread and butter but also reputation, advantage, sex, status, eternal salvation, the meaning of live, and a good night's sleep".

Zweitens ermöglicht uns diese Definition eine unmittelbare Beurteilung der Zielerreichung: Je umfassender die individuellen Ziele eines Mitarbeiters erfüllt werden, desto zufriedener wird er mit seiner Teilnahme sein. Je umfangreicher eine Unternehmung ihre gesetzten Ziele erreicht, desto besser wird die Organisation im Wettbewerb mit anderen Unternehmungen bestehen. Die obigen Beispiele zeigen dabei, dass ökonomische Ziele nicht notwendigerweiser materielle Zielvorgaben beinhalten müssen. Wenn ein Mitarbeiter nach möglichst viel Macht in einer Unternehmung strebt oder die Unternehmung ihren Marktanteil vergrößern will, dann können wir auch hier die Erreichung dieser Ziele unmittelbar beurteilen.

1.1.1 Die Grundprinzipien ökonomischer Organisationen

Eine unmittelbare Konsequenz aus unserer Definition einer ökonomischen Organisation – statt von ökonomischen Organisationen sprechen wir im Folgenden einfach von Organisationen – besteht darin, sie an der Schaffung der Werte für ihre Organisationsteilnehmer zu messen: Da die Organisationsteilnehmer miteinander interagieren, um individuelle und kollektive ökonomische Ziele zu verfolgen, trägt die Organisation zur Erreichung dieser Ziele bei. Dadurch schafft sie für den Einzelnen Werte. In diesem Sinne ist eine Organisation für den einzelnen Teilnehmer also ein Instrument, das zur Erreichung seiner persönlichen Ziele beiträgt.

Grundsätzlich könnte natürlich jeder Einzelne auch versuchen, seine individuellen Ziele autonom zu erreichen. In diesem Fall würde er sich also keiner Organisation anschließen oder an keiner Organisation beteiligen, also sozusagen als Robinson Crusoe in unserer Gesellschaft leben. Er würde selbst für seine Verpflegung sorgen, eine Unterkunft für sich bauen, sich selbst verarzten usw. Offensichtlich trifft dies aber auf die wenigsten Mitmenschen zu, da im Allgemeinen jeder von uns einen Großteil seines Lebens in den verschiedensten Organisationen verbringt: Wir werden in einem Krankenhaus geboren, wachsen in einer Familie auf, gehen in den Kindergarten, erhalten in der Schule eine Ausbildung, gründen eine eigene Familie, treten in einen Sportverein ein und sind als Mitarbeiter in einem Unternehmen angestellt. Darüber hinaus haben wir im Laufe unseres Lebens mit einer Vielzahl von Organisationen zu tun, ohne uns dessen unmittelbar bewusst zu sein: Unsere Geburtsdaten werden beim Einwohnermeldeamt registriert, wir tragen Windeln von einem Hygieneartikelhersteller, werden von einem Arzt in einer Gemeinschaftspraxis behandelt, kaufen ein Haus, das von einem Bauunternehmen errichtet wurde, oder beantragen einen Kredit bei einer Bank.

Durch seine Teilnahme an jeder dieser Organisationen - insbesondere also auch durch seine Mitarbeit in einer Unternehmung - verspricht sich der Einzelne offensichtlich eine bessere Erreichbarkeit seiner Ziele als wenn er diese isoliert verfolgen würde. Worin liegt aber der komparative Vorteil, den eine Organisation gegenüber dem Einzelnen hat? Um diese Frage zu beantworten, greifen wir auf zwei Prinzipien zurück, auf denen jede Organisation aufbaut, unabhängig davon, ob es sich um einen Sportverein, einen Kindergarten oder eine Bank handelt: Arbeitsteilung und Tausch.

Das Prinzip der Arbeitsteilung

Arbeitsteilung und die damit verbundene Spezialisierung des Einzelnen ist ein Grundprinzip, ohne das die Entstehung und Entwicklung unserer heutigen modernen Industriegesellschaft undenkbar wäre. Erfindungen wie der Hausbau, der Getreideanbau, die Nutztierzucht oder die Töpferei führten bereits bei den frühen Kulturen der Steinzeit zu einer stetig anwachsenden Spezialisierung der Menschen auf individuelle Tätigkeiten: Einige konzentrierten sich auf den Bau von Häusern, andere auf das Formen und Brennen von Töpfen und wiederum andere auf das Bestellen der Getreidefelder.

Das Prinzip der Arbeitsteilung lässt sich aber nicht nur in der Gesellschaft wiederfinden, sondern wird auch in jeder anderen Organisation angewendet. Innerhalb der Unternehmung werden die Vorteile der Arbeitsteilung von Adam Smith (1776) in seinem berühmten Beispiel der Stecknadelfabrikation eindrücklich dargestellt. Smith beschreibt, wie am Ende des 18. Jahrhunderts die einzelnen Produktionsschritte bei der Herstellung von Nadeln von verschiedenen Arbeitern ausgeführt wurden, wobei jeder auf eine bestimmte Tätigkeit spezialisiert war: Auseinanderziehen des Drahtes, Schneiden in eine geeignete Länge, Spitzen des einen Drahtendes, Aufsetzen eines Nadelkopfs am anderen Ende des Drahtes und Verpacken des Produkts. Das aus dieser Spezialisierung resultieren Produktionsvolumen war um ein wesentliches größer als wenn ein einzelner Arbeiter alle Produktionsschritte selbst durchgeführt hätte: Ohne Spezialisierung stellte ein Arbeiter am Tag nur 20 Stecknadeln her, wohingegen die beschriebene Arbeitsteilung mit 10 Mitarbeitern zu einer Produktion von 48.000 Nadeln führte, also 4.800 Nadeln pro Mitarbeiter.

Diese Vorteile, die aus der Arbeitsteilung resultieren, können auf verschiedene Ursachen zurückgeführt werden: Betrachten wir beispielsweise eine anspruchsvolle und komplexe Aufgabe wie den Bau von Kraftfahrzeugen. Hierzu sind ein sehr umfassendes physikalisches und technisches Wissen ebenso wie Geschicklichkeit und Kraft notwendig. Die kognitiven und physischen Fähigkeiten des Einzelnen sind aber begrenzt. Daher ist eine Arbeitsteilung unverzichtbar. Zudem besitzt jeder im Allgemeinen spezielle Fähigkeiten, beispielsweise die eines Ingenieurs oder Mechanikers. Arbeitsteilung ermöglicht ihm die Nutzung und gezielte Weiterentwicklung seiner Fähigkeiten. Gleichzeitig kann aber auch die Organisation von diesen Stärken profitieren, insbesondere aufgrund von Lerneffekten, die bei einer Spezialisierung eintreten können: Wenn zum Beispiel ein Ingenieur auf die Konstruktion von Vergasern spezialisiert ist, entwickelt er möglicherweise sehr viel eher originelle Ideen für eine neuen, verbesserten Vergaser als dies bei einem Ingenieur der Fall wäre, der für den gesamten Motor zuständig ist.

Aber selbst wenn ein Einzelner einen Wagen von Anfang bis Ende selbst bauen könnte und keine Lerneffekte resultierten, würden sich aufgrund der Arbeitsteilung Kostenreduktionen und eine erhöhte Flexibilität ergeben: Ohne Arbeitsteilung müsste der Arbeiter über sämtliche für die Produktion benötigten Werkzeuge und Maschinen verfügen. Da diese Ressourcen während des Produktionsprozesses weitgehend unausgelastet sind, entstehen bei dieser Art der Produktion hohe Fixkosten. Arbeitsteilung führt hier zu Kosteneinsparungen, indem diese Ressourcen besser ausgelastet werden können. Zudem können unter Umständen die Ressourcen auch auf andere Produkte oder Tätigkeiten verteilt werden. Die vollautomatischen Produktionsstraßen beispielsweise bei Honda oder Toyota sind nicht nur auf die Produktion eines Autotyps beschränkt, sondern ermöglichen die Produktion verschiedener Autotypen und somit eine größere Flexibilität in der Produktion.

Das Prinzip des Tausches

Tausch und die damit verbundene Abstimmung zwischen den einzelnen Organisationsteilnehmern ist das zweite Grundprinzip jeder ökonomischen Organisation, ohne das die Vorteile aus der Arbeitsteilung gar nicht genutzt werden können. Auch diese Erkenntnis geht auf Adam Smith (1776, S.304) zurück: "The division of labor, from which so many advantages are derived, is not originally the effect of any human wisdom, which foresees and intends that general opulence to which it gives occasion. It is the necessary, through very slow and gradual, consequence of a certain propensity in human nature which has in view no such extensive utility; the propensity to truck, barter and exchange one thing for another."

Innerhalb einer Unternehmung realisieren sich so erst durch den Austausch von Gütern bzw. Dienstleistungen, die von den einzelnen Mitarbeitern einer Unternehmung entsprechend ihrer Spezialisierung produziert bzw. bereitgestellt werden, die Vorteile aus der Arbeitsteilung. Die Spezialisierung der einzelnen Mitarbeiter auf spezifische Aktivitäten macht hier eine Abstimmung der jeweiligen Arbeitsschritte notwendig. So ist der Vorteil, der sich aus dem Einsatz eines Spezialisten auf einer beliebigen Stufe des Produktionsprozesses ergibt, nur dann ein Vorteil im Hinblick auf die Gesamtproduktion, wenn ebenso die Mitarbeiter auf der vorgelagerten Produktionsstufe ihre Zwischenprodukte in entsprechender Zeit und erforderlichem Umfang bereitsstellen können, und wenn auch die Mitarbeiter auf nachgelagerten Produktionsstufen die bearbeiteten Zwischenprodukte entgegennehmen und ihre entsprechenden Aktivitäten zur Erstellung des Endprodukts durchführen. Erst durch die Kooperation der einzelnen Mitarbeiter werden die Vorteile, die durch die Spezialisierung auf jeder Produktionsstufe erzielt werden, auch für die Gesamtunternehmung gewinnbringend.

Das Prinzip des Tauschs ist aber nicht nur innerhalb der Unternehmung für die Ausnutzung der einzelnen Spezialisierungsvorteile von entscheidender Bedeutung, sondern auch für den Absatz der von der Organisation geschaffenen Produkte: Nur dann, wenn die Konsumenten tatsächlich die von der Unternehmung bereitgestellten Güter oder Dienstleistungen konsumieren – wenn also ein Austausch zwischen der Unternehmung und den Konsumenten stattfindet – gelingt es der Organisation, die von ihr geschaffenen Vorteile bei der Produktion auch tatsächlich zu realisieren. Dies setzt voraus, dass der Nutzen für die Konsumenten aus diesem Tausch größer ist als die mit der Bereitstellung verbundenen Kosten der Unternehmung. Denn nur in diesem Fall lässt sich ein Preis für das betrachtete Gut finden, bei dem sowohl der Konsument als auch die Unternehmung einen Vorteil aus dem Tausch haben. Die Erlöse, die die Unternehmung aus dem Absatz ihrer Produkte zieht, stehen ihr dann zur Befriedigung der Interessen anderer Organisationsteilnehmer zur Verfügung.

1.1.2 Die Grundbausteine ökonomischer Organisationen

Innerhalb einer Unternehmung führen die Prinzipien der Arbeitsteilung und des Tauschs zu einer horizontalen und vertikalen Differenzierung sowie zu lateralen und vertikalen Interdependenzen:

- Eine **horizontalen Differenzierung** liegt vor, wenn die Durchführung einer organisatorischen Aufgabe auf mehrere gleichrangige Mitarbeiter übertragen wird. Diese bearbeiten jeweils verschiedene Teilaufgaben der Gesamtaufgabe. Das Prinzip der Arbeitsteilung wird so unmittelbar durch die horizontale Differenzierung umgesetzt und führt zu einer entsprechenden Spezialisierung der Mitarbeiter.
- Aufgrund dieser Differenzierung ergeben sich wechselseitige Abhängigkeiten zwischen den verschiedenen Mitarbeitern. Diese Abhängigkeiten aufgrund der horizontalen Differenzierung stellen **laterale Interdependenzen** dar. Das Prinzip des Tauschs und die damit verbundene Kooperation zwischen den Mitarbeitern

bedingt, dass die einzelnen Teilaufgaben auf das gemeinsame Ziel, die Durchführung der Gesamtaufgabe, koordiniert werden müssen.

- Führt die horizontale Differenzierung zu einem hinreichend hohen Bedarf an Koordination zwischen den einzelnen Mitarbeitern, dann erfordert das Prinzip der Arbeitsteilung den Einsatz eines Koordinationsspezialisten. Der Koordinationsspezialist als Instanz steht diesen Mitarbeitern vor und koordiniert deren Aktivitäten. Die horizontale Differenzierung hat also eine **vertikale Differenzierung** zur Folge. Es kommt zu einer vertikalen Spezialisierung und der Bildung von organisatorischen Einheiten.
- Analog zur horizontalen Differenzierung ergeben sich dann auch bei der vertikalen Differenzierung wechselseitige Abhängigkeiten zwischen den hierarchisch geordneten Mitarbeitern. Diese Abhängigkeiten zwischen der Instanz und ihren Mitarbeitern begründen **vertikale Interdependenzen**. Entsprechend dem Prinzip des Tauschs muss die Instanz dabei sicherstellen, dass die einzelnen Aufgabenträger tatsächlich die ihnen zugewiesenen Teilaufgaben adäquat durchführen.

Die beiden Grundprinzipien ökonomischer Organisationen rücken somit die beiden fundamentalen Bausteine jeder ökonomischen Organisation in den Mittelpunkt der Analyse: das einzelne Individuum als Mitarbeiter der Unternehmung sowie die Transaktion zwischen zwei Mitarbeitern.

Der Mitarbeiter als Grundbaustein

Er ist derjenige, der in einer Unternehmung handelt und entscheidet. Sein Verhalten bestimmt den Erfolg der Organisation, er ist derjenige, der in einer Organisation Werte schafft. Als letztendlicher Entscheidungsträger stellt er daher die kleinste zu betrachtende Einheit bei der Gestaltung von Organisation dar.

Durch die horizontale und vertikale Differenzierung entsteht für ihn dabei ein spezifisches Aufgabengebiet, er wird zum Träger einer spezifischen Teilaufgabe der Unternehmung. Diesen Aufgabenkomplex, der personenunabhängig von einem Organisationsmitglied durchgeführt werden kann, bezeichnen wir als **Stelle**. Die Unabhängigkeit der Stellenbildung von der Person soll dabei garantieren, dass sich die Aufgabenbündelung in ihrem Umfang und Anspruchsniveau mehr oder weniger an den quantitativen und qualitativen Kapazitäten einer durchschnittlich ausgebildeten Person orientiert. Die Stelle bildet die kleinste organisatorische Einheit einer Organisation.

Das Prinzip der Arbeitsteilung wird bei der Bildung einer Stelle durch die horizontale und vertikale Spezialisierung eines Mitarbeiters also unmittelbar umgesetzt. Die horizontale Spezialisierung kennzeichnet dabei seinen Tätigkeitsspielraum, also den Umfang der von ihm wahrzunehmenden Tätigkeiten. Die vertikale Spezialisierung legt die Entscheidungsautonomie des Mitarbeiters fest, also den Grad, mit dem er bei der Durchführung der ihm zugewiesenen Tätigkeiten eigenständige Entscheidungen treffen kann. Der Tätigkeitsspielraum und die Entscheidungsautonomie, die einem Mitarbeiter zugeordnet sind, bestimmen, welche **Arbeitsaufgabe** er wahrnehmen soll:

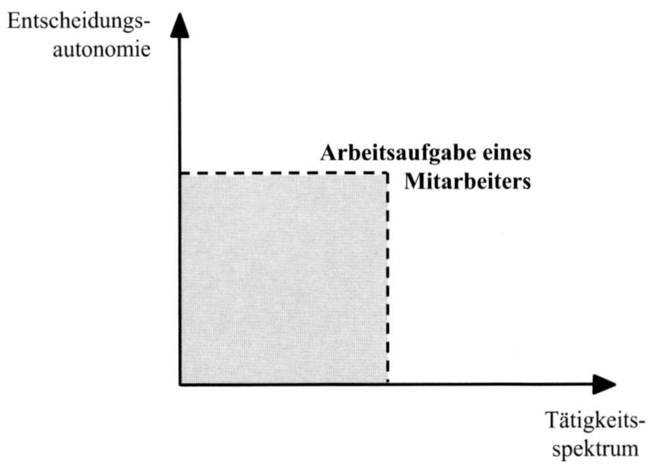

Abbildung 1.1: Die Arbeitsaufgabe eines Mitarbeiters

Die Transaktionen als Grundbaustein

Als **Transaktion** bezeichnen wir den Austausch von Gütern oder Dienstleistungen zwischen verschiedenen Organisationsteilnehmern. In vertikaler Dimension kann eine Transaktion beispielweise die spezifische Zuweisung einer Arbeitsaufgabe durch den Vorgesetzten an seinen Mitarbeiter sein. In horizontaler Dimension ist die

Zusammenarbeit zwischen verschiedenen Mitarbeitern bei der Herstellung eines Zwischenprodukts ein Beispiel für Transaktionen.

Transaktionen innerhalb einer Unternehmung werden durch die lateralen und vertikalen Interdependenzen zwischen den einzelnen Mitarbeitern festgelegt. Sie bestimmen, inwieweit der Austausch von Gütern oder Leistungen zwischen den einzelnen Organisationsteilnehmern auf die gemeinsame Erreichung der Ziele der Organisation abgestimmt ist. Von der Gestaltung dieser Transaktionen ist somit abhängig, welche Werte die Organisation tatsächlich schaffen und realisieren kann.

Das Bindeglied zwischen diesen beiden Bausteinen der Organisation ist die **organisatorische Rolle** eines Mitarbeiters. Darunter verstehen wir die Gesamtheit der Erwartungen aller anderen Organisationsteilnehmer bezüglich seines aufgabenbezogenen Handelns innerhalb der Unternehmung. Diese Erwartungen beziehen sich somit auf die Durchführung seiner Arbeitsaufgabe. Sie sollen sein Handeln auf die Erfüllung der damit verbundenen organisatorischen Ziele lenken. Damit soll sichergestellt werden, dass das Verhalten des Mitarbeiters im Hinblick auf die von der Organisation angestrebten Ziele konform ist. Erst durch die Zuweisung seiner organisatorischen Rolle wird das einzelne Individuum somit zu einem Mitarbeiter der Unternehmung.

Die folgende Abbildung fasst die Diskussion dieses ersten Abschnitts zusammen und illustriert den Zusammenhang zwischen den beiden Grundprinzipien jeder ökonomischen Organisation und den beiden Grundbausteinen der Analyse.

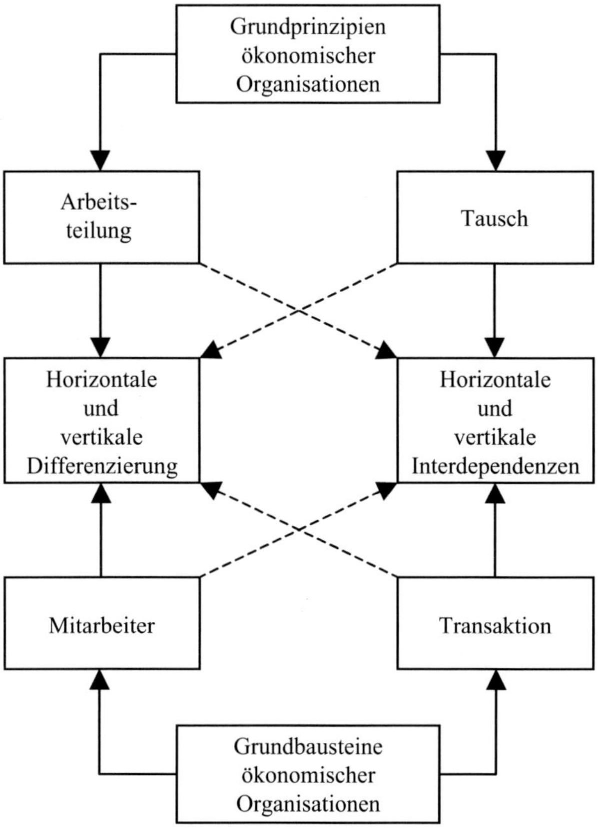

Abbildung 1.2: Die Wechselwirkungen zwischen den Grundprinzipien und -bausteinen ökonomischer Organisationen

1.2 Der Mitarbeiter als komplexer Mensch

Ein Mitarbeiter ist im Allgemeinen freiwillig einer Unternehmung beigetreten. Da ihm die Organisation als Mittel zur Erreichung seiner persönlichen Ziele dient, wird er seine Teilnahmeentscheidung davon abhängig machen, in welchem Umfang die Organisation zur Befriedigung seiner Zielvorstellungen beiträgt. Will die Unternehmung daher einen Mitarbeiter an sich binden, muss sie seine persönlichen Ziele entsprechend berücksichtigen.

Damit stellt sich aber für eine Unternehmung unmittelbar die Frage, welche Ziele ein Mitarbeiter überhaupt durch seine Organisationsteilnahme erreichen möchte. Nach unserer obigen Diskussion verstehen wir dabei unter einem Ziel einen Endzustand, auf den das Verhalten des Mitarbeiters gerichtet ist. Sein Arbeitsverhalten bezieht sich also immer auf Ziele, die er im positiven Sinne erreichen oder bewahren möchte bzw. im negativen Sinne vermeiden oder aufgeben möchte. Die oben gestellte Frage nach den Zielen eines Mitarbeiters ist somit die Frage nach den Gründen und Ursachen seines Verhaltens.

Um die Ziele und somit das 'Warum' des Arbeitsverhaltens eines Mitarbeiters zu erklären, greifen wir auf den in der Psychologie verwendeten Begriff des Motivs zurück: Mit Heckhausen (1989, S.9) bezeichnen wir als **Motiv** eine Klasse von Handlungszielen, "die in Form überdauerter und relativ konstanter Wertungsdispositionen vorliegen". Eine Disposition ist dabei die Bereitschaft einer Person, auf eine gegebene Situation in einer spezifischen Weise zu reagieren. Motive können somit als die Beweggründe des Handelns angesehen werden. Sie beinhalten die Bereitschaft zu einem (motivierten) Verhalten und umfassen gewisse Handlungsziele. Wie bei McClelland (1985, S.183) ist ein Motiv also "a recurrent concern about a goal state that drives, orients, and selects behavior". Die Gesamtheit der Verhaltensbereitschaften einer Person bezeichnen wir im Folgenden als **Motivstruktur**.

Indem wir jedem Motiv ein bestimmtes Handlungsziel zugeordnet haben, können wir die Ziele eines Mitarbeiters auf seine individuellen Verhaltensbereitschaften zurückführen. Zu beachten ist dabei, dass einem Ziel durchaus verschiedene Motive zugrunde liegen können. Ein Mitarbeiter, der innerhalb der Organisation danach strebt, möglichst schnell aufzusteigen, kann dies aus den verschiedensten Gründen tun: Er kann dieses Ziel beispielsweise verfolgen, um dadurch mehr Ansehen zu erlangen, um einen größeren Machtbereich aufzubauen oder um sich selbst besser entfalten zu können.

Motiven vorgelagert sind Bedürfnisse. Ein **Bedürfnis** bezeichnet dabei die Mangelempfindung einer Person, die aufgrund eines physiologischen oder psychologischen Ungleichgewichts entstanden ist. Demnach können wir zwei Hauptgruppen von Bedürfnissen unterscheiden:

- Physiologische Bedürfnisse, die die primären (Grund-)Bedürfnisse einer Person darstellen und aufgrund physiologischer Ungleichgewichte entstehen. Diese beruhen demnach auf biologischen Erfordernissen, sind angeboren und dienen dem menschlichen Überleben. Hierzu gehören beispielsweise die Bedürfnisse nach Luft, Wasser, Nahrung oder Sex oder auch das Vermeiden von Schmerzen oder Schaden.

- Psychologische Bedürfnisse sind im Unterschied zu den primären Bedürfnissen nicht angeboren, sondern werden von einer Person erworben oder erlernt. Sie gehen auf psychologische Ungleichgewichte zurück. Wenn beispielsweise eine Person eine Diskrepanz wahrnimmt zwischen den Fähigkeiten, die ihr andere Personen zusprechen, und denjenigen, die sie selbst glaubt zu besitzen, kann ein Bedürfnis nach Anerkennung entstehen. Zu den psychologischen Bedürfnissen gehört auch das Bedürfnis nach Geld, das neben der Befriedigung von physiologischen Bedürfnisse von manchen auch um seiner selbst willen gewünscht wird. In diesem Sinne stellen die psychologischen Bedürfnisse daher die sekundären Bedürfnisse einer Person dar.

Empfindet eine Person ein Mangelgefühl, dann wird der Wunsch nach Bedürfnisbefriedigung zum Motiv, das sein Handeln bestimmt. Ziel des so motivierten Verhaltens ist die Beseitigung dieses Bedürfnismangels. Die Erreichung des Ziel impliziert die Erfüllung des Bedürfnisses bzw. eine Reduzierung des Bedürfnismangels und repräsentiert somit einen Wert für die Person.

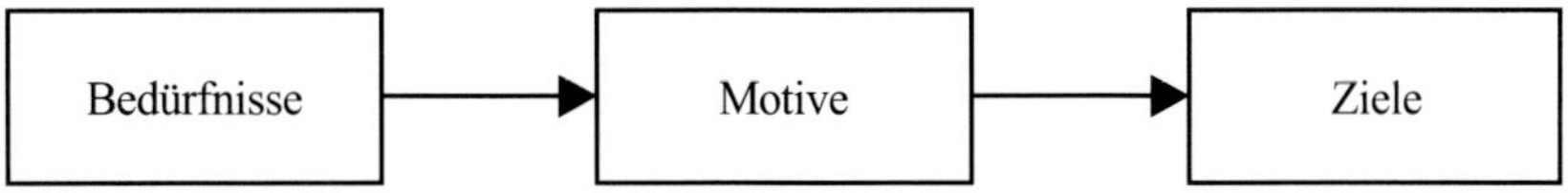

Abbildung 1.3: Die Beziehung zwischenBedürfnissen, Motiven und Zielen

In unserer Definition einer ökonomischen Organisation haben wir nun vorausgesetzt, dass die Ziele, die ein Mitarbeiter in einer Unternehmung verfolgt, stets ökonomischer Natur sind. Bezogen auf die Bedürfnisbefriedigung besteht ein ökonomisches Ziel demnach in der Befriedigung eines individuellen Bedürfnisses mit Mitteln, die beschränkt sind und die auch für die Befriedigung anderer Bedürfnisse eingesetzt werden könnten. Die Vielfalt an ökonomischen Zielen, die mit dieser Begriffsbildung abgedeckt wird, überträgt sich daher auch auf die Bedürfnisbefriedigung eines Mitarbeiters im Arbeitskontext: Es gibt eine unendliche Vielfalt von Bedürfnissen, die in unterschiedlicher Weise ihre konkrete Manifestation im Handeln und in den Zielen eines Mitarbeiters haben können.

1.2.1 Individuelle Unterschiede in den Bedürfnissen

Motiviertes Verhalten ist immer auf die Erfüllung der ihm zugrunde liegenden Bedürfnisse gerichtet. Ausgangspunkt der Beantwortung unserer Frage nach dem 'Warum' des Arbeitsverhaltens eines Mitarbeiters muss deshalb eine differenzierte Betrachtung der Bedürfnisse sein, die ein Mitarbeiter mit seiner Arbeit zu befriedigen sucht.

In der ökonomischen und psychologischen Literatur haben sich seit Anfang dieses Jahrhunderts eine Reihe von Wissenschaftlern mit einer solchen Klassifikation von Bedürfnissen beschäftigt. Grundlegend für eine Reihe späterer Untersuchungen ist dabei die Arbeit von Murray (1938):

Abasement	Unterwerfung
Achievement	Leistung
Affiliation	soziale Kontakte
Aggression	Aggression
Autonomy	Autonomie
Counteraction	Widerstand
Defense	Verteidigung
Deference	Bewunderung
Dominance	Machtausübung
Exhibition	Selbstdarstellung
Harm avoidance	Vermeiden von Schmerz
Infavoidance	Vermeiden von Mißerfolgen
Nurturance	Helfen, Fürsorge
Order	Ordnung
Play	Spieltrieb
Rejection	Rückzug
Sentience	Gefühlsbetonung
Sex	Sexualität
Succorance	Bedürfnis nach Zuneigung
Understanding	Einsicht

Abbildung 1.4: Die Liste der psychologischen Bedürfnisse nach Murray (1938, S.144f)

Anhand der Ergebnisse aus einer Vielzahl von Einzeluntersuchungen mit verschiedenen Versuchspersonen entwickelte Murray einen umfassenden Katalog von Bedürfnissen. Neben den physiologischen Bedürfnissen betrachtet er dabei vor allem die psychologischen Bedürfnisse einer Person. Die Klassifikation der Bedürfnisse von Murray ist ausgesprochen systematisch und differenziert. So unterscheidet er z.B. in positive und negative Bedürfnisse oder in manifestierte und latente Bedürfnisse: Die erste Unterscheidung richtet sich danach, ob eine Person die Befriedigung dieses Bedürfnisses anstrebt bzw. vermeidet. Bei der zweiten Unterscheidung kommt das Bedürfnis offen im direkten Verhalten bzw. unterdrückt in der Fantasie zum Ausdruck.

Diese verschiedenen Klassifikationsmerkmale zeigen, dass es grundsätzlich eine Vielzahl von Möglichkeiten gibt, menschliche Bedürfnisse zu klassifizieren. So könnte eine Bedürfnisliste ebenso nach der Intensität oder dem bewusstseinsgrad der Bedürfnisse gebildet werden. Zudem besteht das bereits von Murray erkannte Problem, dass unter gewissen Umständen einzelne Bedürfnisse eng miteinander verbunden sein können bzw. ein Bedürfnis in den Dienst eines anderen gestellt wird. Grundsätzlich ließe sich die Liste der Bedürfnisse aber auch beliebig erweitern, so dass eine unüberschaubare Vielzahl inhaltlich differenzierter Bedürfnisse entstehen würde.[1]

Ein weiteres Problem, das insbesondere bei der Klassifikation der psychologischen Bedürfnissen besteht, liegt in der Abhängigkeit dieser Bedürfnisse vom individuellen Lernprozess. Während nämlich jede Person mehr oder weniger dieselben physiologische Bedürfnisse besitzt - und somit deren Klassifikation weitgehend unproblematisch ist - werden die psychologischen Bedürfnisse entscheidend von der Umwelt geprägt, mit der sich eine Person im Laufe ihres Lebens auseinandersetzt. Aufgrund individueller, wirtschaftlicher oder gesellschaftlicher Besonderheiten ist aber die Umwelt für jeden eine andere. Folglich besitzt also jede Person eine eigene individuelle Bedürfnisliste, je nach der subjektiven Bedeutung der einzelnen Bedürfnisse.

Die Abhängigkeit der individuellen Bedürfnisse von der Umwelt impliziert aber auch, dass die spezifischen, für die jeweilige Person gültigen Bedürfnisse zeitlich nicht stabil sind: Aufgrund der Veränderungen der Person und ihrer Umwelt unterliegen ihre Bedürfnisse einem permanenten Wandel. Bei einem Mitarbeiter wird so möglicherweise zu Anfang seines Berufslebens der Wunsch nach Geld, materiellem Wohlstand, Macht oder Autorität im Vordergrund stehen, wohingegen für denselben Mitarbeiter im Laufe seiner Karriere Bedürfnisse wie die gesellschaftliche Anerkennung seiner Arbeit, der Stolz auf seine eigene Leistung oder die Förderung jüngerer Kollegen wichtiger werden können. Im Extremfall hätte demnach eine Liste, die individuell die Bedürfnisse eines spezifischen Mitarbeiters erfasst, nur für den Augenblick Gültigkeit, in dem sie erstellt wird.

Um die zu Anfang des Kapitels aufgeworfene Frage zu beantworten, welche Bedürfnisse ein Mitarbeiter überhaupt durch seine Organisationsteilnahme befriedigen möchte, müssen wir aufgrund unserer bisherigen Diskussion eine Reihe von Punkten klären: Welche inhaltliche Differenzierung von Bedürfnissen sollte gewählt werden, damit die daraus abgeleitete Bedürfnisklassifikation einerseits für verschiedene Personen relevant ist, andererseits aber auch für eine Person zeitlich überdauernd ist? Welche Beziehungen bestehen zwischen den einzelnen Bedürfnissen bzw. Bedürfnisklassen und inwieweit beeinflusst die Befriedigung eines Bedürfnisses die Relevanz anderer Bedürfnisse? Welche Bedeutung haben die einzelnen Bedürfnisse bei der beruflichen Arbeit und welchen Einfluss hat die Persönlichkeit des jeweils betrachteten Mitarbeiters und seine momentane Situation darauf?

Im Bereich der Arbeits- und Organisationspsychologie versuchen insbesondere die **Bedürfnistheorien** Antworten auf diese Fragen zu geben. Diese Theorien werden auch Inhaltstheorien der Motivation genannt. Drei Theorien werden im Folgenden dargestellt:

- die Theorie der Bedürfnishierarchie von Maslow
- die ERG-Theorie von Alderfer
- die Zwei-Faktoren-Theorie von Herzberg

Darüber hinaus werden wir auch auf die empirische Überprüfung dieser Theorien eingehen. Die Ergebnisse, die sich aufgrund der theoretischen Überlegungen und der empirischen Untersuchungen ergeben, fassen wir abschließend zusammen.

Die Theorie der Bedürfnishierarchie von Maslow

Maslow (1954, S.69) klassifiziert die Gesamtheit der individuellen Bedürfnisse in fünf Klassen, die sich entsprechend ihrer relativen Dringlichkeit hierarchisch ordnen lassen: "Wants seem to arrange themselves in some sort of hierarchy or prepotency". Den Aufbau dieser Bedürfnishierarchie zeigt die folgende Abbildung:

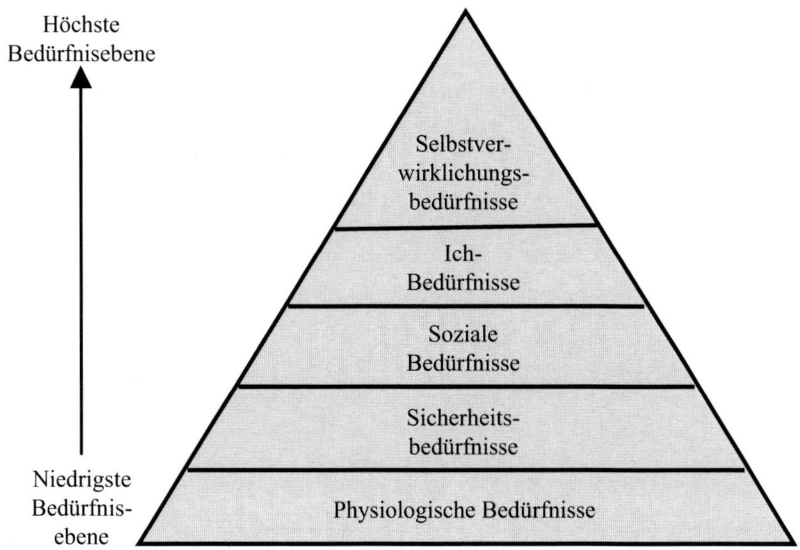

Abbildung 1.5: Die Bedürfnishierarchie von Maslow

Die fünf Bedürfnisebenen haben die folgenden Inhalte:

- Physiologische Bedürfnisse entsprechen den oben genannten Grundbedürfnissen und umfassen z.B. die Bedürfnisse nach Luft, Wasser, Nahrung oder Sex.
- Sicherheitsbedürfnisse gehören zu den Bedürfnissen, die die zukünftige Absicherung der physiologischen Bedürfnisse zum Ziel haben, etwa der Schutz vor Unfall, Bedrohung oder Krankheit.
- Soziale Bedürfnisse, die den Kontakt mit anderen Personen oder die Zugehörigkeit zu einer Gruppe beinhalten, umfassen z.B. das Streben nach Liebe, Gemeinschaft, Zusammengehörigkeit.
- Ich-Bedürfnisse, die den Wunsch nach Anerkennung und Achtung widerspiegeln, beziehen sich sowohl auf die Anerkennung durch andere Personen als auch auf die Selbsteinschätzung. Das Streben nach Status, Prestige oder Einfluss gehört beispielsweise in diese Klasse.
- Selbstverwirklichungsbedürfnisse reflektieren die Entfaltung der eigenen Persön-

lichkeit. Dazu gehört auch das Streben nach Unabhängigkeit.

Nach Maslow ist die relative Dringlichkeit der Bedürfnisse von der jeweiligen Persönlichkeitsentwicklung abhängig. Zwei Prinzipien bestimmen hier, welche Bedürfnisse für eine Person dominant sind:

1. Die Wirksamkeit der Bedürfnisse erfolgt schrittweise entsprechend den oben dargestellten Bedürfnisebenen. Die Befriedigung von Bedürfnissen auf einer höheren Ebene wird erst dann angestrebt, wenn die Bedürfnisse auf allen unteren Ebenen bis zu einem gewissen Mindestmaß befriedigt sind. Maslow nennt dieses Prinzip 'satisfaction-progression hypothesis'.
2. Bei Selbstverwirklichungsbedürfnissen führt hingegen eine zunehmende Befriedigung zu einer erhöhten Wirksamkeit. Selbstverwirklichungsbedürfnisse werden daher auch als Wachstumsbedürfnisse bezeichnet. Im Unterschied dazu bezeichnet Maslow die Bedürfnisse auf den unteren vier Ebenen als Defizitbedürfnisse. Sie verlieren an Dringlichkeit, wenn sie befriedigt werden.

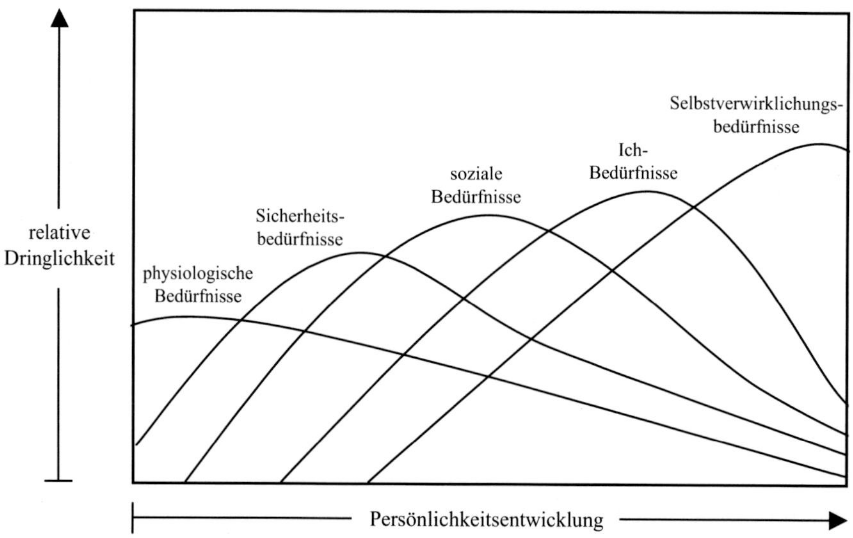

Abbildung 1.6: Die relative Dringlichkeit der Bedürfnisse in Abhängigkeit von der Persönlichkeitsentwicklung

Maslow geht davon aus, dass die in seiner Theorie angenommenen Wechselwirkungen zwischen den Bedürfnissen grundsätzlich für jede Person zutreffen. Individuelle Unterschiede in den Bedürfnissen sind demnach auf unterschiedliche Stufen in der Persönlichkeitsentwicklung zurückzuführen bzw. davon abhängig, inwieweit ein bestimmtes Bedürfnis für eine Person befriedigt ist. In Ergänzung zu Maslow müssen wir aber auch berücksichtigen, dass individuelle Unterschiede auch von der jeweiligen Situation abhängig sein können, in der sich eine Person befindet:

- So können die individuellen Bedürfnisse geprägt sein durch die spezifische gesellschaftliche und wirtschaftliche Umwelt, in der sich der Einzelne befindet. In einer Unternehmung können beispielsweise die Bedürfnisse eines Mitarbeiters auch von den Bedürfnissen derjenigen Kollegen abhängen, die mit ihm zusammen arbeiten. Darüber hinaus können auch die Werte, Ziele und Normen der Berufsgruppe, der er angehört, einen Einfluss auf seine Bedürfnisse haben.
- Zudem bestimmt das gesellschaftliche und wirtschaftliche Umfeld entscheidend mit, welche Möglichkeiten der Bedürfnisbefriedigung eine Person überhaupt hat. Dies kann gerade für die Frage nach der Bedürfnisbefriedung von Mitarbeitern in einer Unternehmung von Bedeutung sein: So kann das Bedürfnis nach Wertschätzung und Ansehen nicht nur innerhalb der Unternehmung befriedigt werden, sondern auch im Sportverein oder in einer politischen Partei. Auch das Bedürfnis nach Selbstentfaltung kann durch Reisen oder das Sammeln von Schmetterlingen befriedigt werden. Je nach den individuellen Lebensbedingungen ergeben sich hier für den Einzelnen unterschiedliche Befriedigungsmöglichkeiten außerhalb seines eigentlichen Arbeitsplatzes.

Die Einteilung der individuellen Bedürfnisse in die von Maslow vorgeschlagenen fünf Bedürfnisklassen ist relativ willkürlich: So bestehen zwischen den verschiedenen Bedürfnisebenen keine klaren Abgrenzungen. Dadurch können Überlappungen auftreten oder bestimmte Bedürfnisse, wie z.B. der Wunsch, Geld zu verdienen, nicht eindeutig zugeordnet werden. Zudem kommen eine Reihe von empirischen Studien zu dem Ergebnis, dass Bedürfnishierarchien weit weniger als fünf Ebenen besitzen:[2] Beispielsweise deuten die empirischen Untersuchungen von Lawler und Suttle (1972) auf eine zweitstufige Bedürfnishierarchie mit niedrigeren physiologischen und höheren psychologischen Bedürfnissen hin. Die Befriedigung niedriger Bedürfnisse ist dabei Voraussetzung für die Entwicklung höherer Bedürfnisse. Allerdings konnten die Autoren innerhalb dieser Klasse keine Rangfolge der Bedürfnisse bestimmen.

Bezüglich der von Maslow postulierten Befriedigungs-Progressions-Hypothese müssen bei ihrer Anwendung im Arbeitskontext Einschränkungen gemacht werden: So bewirkt zum einen die Befriedigung eines Bedürfnisses auf einer niedrigeren Ebene nicht notwendigerweise das Auftreten eines höheren Bedürfnisses. Ein Mitarbeiter am Fließband, der seine Grund- und Sicherheitsbedürfnisse ausreichend befriedigt hat, muss deshalb nicht unbedingt nach einer vielseitigeren und anspruchsvolleren Arbeit streben. Zum anderen können aber durchaus auch höhere Bedürfnisse dominant sein, gerade weil Bedürfnisse auf niedrigeren Ebenen nicht ausreichend befriedigt wurden. Eine solche Frustations-Progressions-Wirkung kann z.B. bei einem Mitarbeiter eintreten, der aufgrund einer enttäuschten Liebesbeziehung sein ganzes Streben nun voll und ganz auf die berufliche Karriere richtet. Weiterhin kann es vorkommen, dass ein höheres Bedürfnis für eine Person gegenüber niedrigeren Bedürfnissen dominant ist, ohne dass letztere befriedigt sind. So kann das Bedürfnis nach Selbstverwirklichung alle anderen Bedürfnisse zurückdrängen. Ein bekanntes Beispiel hierfür ist der wenig erfolgreiche Künstler, der trotz völlig unzureichender Befriedigung sämtlicher Bedürfnisse fast ausschließlich nach Selbstverwirklichung strebt. Schließlich können Bedürfnisse aus verschiedenen Bedürfnisebenen auch miteinander substituierbar sein. Für einen Mitarbeiter, der von seiner Unternehmung eine befristete Arbeitsplatzgarantie mit einer Gehaltszulage erhalten hat, kann dadurch die Befriedigung anderer sozialer oder Ich-Bedürfnisse weniger wichtig werden.

Auch bezüglich des von Maslow angenommenen Zusammenhangs zwischen der Befriedigung eines Bedürfnisses und seiner späteren Wirksamkeit können andere Beziehungen bestehen. Alderfer (1972, S.121ff) konnte empirisch z.B. feststellen, dass nicht nur die Bedürfnisse nach Selbstverwirklichung, sondern auch solche nach einer befriedigenden sozialen Beziehung Wachstumsbedürfnisse sein können. Darüber hinaus sind bei diesen Bedürfnissen die Auswirkungen einer zunehmenden Befriedigung abhängig vom bereits bestehenden Ausmaß an Bedürfnisbefriedigung: Ist dieses gering, bewirkt eine zunehmende Befriedigung zunächst eine abnehmende Wirksamkeit. Erst ab einem gewissen Ausmaß an Bedürfnisbefriedigung setzt das von Maslow postulierte Bedürfniswachstum ein.

Die ERG-Theorie von Alderfer

Aufgrund seiner empirischen Untersuchungen entwickelte Alderfer (1969; 1972) eine eigene Bedürfnistheorie, die er speziell im Hinblick auf die Bedürfnisse von Mitarbeitern in Unternehmungen konzipierte. Aufgrund der Überlappungen zwischen verschiedenen Bedürfnisebenen bei Maslow geht er dabei in seiner ERG-Theorie der Bedürfnisse von lediglich drei Bedürfnisklassen aus:

- Existenzbedürfnisse (**E**xistence needs), die neben den physiologischen Bedürfnissen auch die Bedürfnissen nach materieller Sicherheit umfassen, wie z.B. das Streben nach finanzieller Entlohnung oder sicheren Arbeitsplatzbedingungen
- Beziehungsbedürfnisse (**R**elatedness needs), die neben dem Bedürfnis nach zwischenmenschlicher Sicherheit die sozialen Bedürfnissen sowie die Bedürfnisse der Achtung und Wertschätzung durch andere umschließen
- Wachstumsbedürfnisse (**G**rowth needs), die die Selbstverwirklichungsbedürfnisse aber auch das Bedürfnis nach Selbstachtung beinhalten

Auch bei Alderfer besteht eine hierarchische Gliederung zwischen diesen drei Bedürfnisebenen, die von der jeweiligen Persönlichkeitsentwicklung eines Mitarbeiters abhängt. Im Unterschied zu Maslow nimmt Alderfer aber an, dass die Wirksamkeit eines Bedürfnisses nicht nur von der Befriedigung der unteren Bedürfnisebene, sondern auch von der Frustration der Bedürfnisse der oberen Ebene abhängt. Damit löst er die von Maslow angenommene strikt hierarchische Beziehung zwischen den Bedürfnisebenen auf, so dass alle drei Bedürfnisebenen gleichzeitig wirksam werden können. Neben der Befriedigungs-Progressions-Hypothese betrachtet er dabei drei weitere Wechselwirkungen zwischen den einzelnen Bedürfnissen: Die Frustations-Hypothese besagt, dass ein nichterfülltes Bedürfnis dominant wird. Nach der Frustations-Regressions-Hypothese führt ein nichtbefriedigtes Bedürfnis dazu, dass ein hierarchisch nachgeordnetes Bedürfnis relevant wird. Die Frustations-Progressions-Hypothese nimmt schließlich an, dass ein nichtbefriedigtes Bedürfnis auch bewirken kann, dass ein Bedürfnis auf einer höheren Ebene dringlich wird.

Wendet man diese Prinzipien auf die drei Bedürfnisebenen an, dann ergibt sich die folgenden Dynamik der ERG-Theorie:

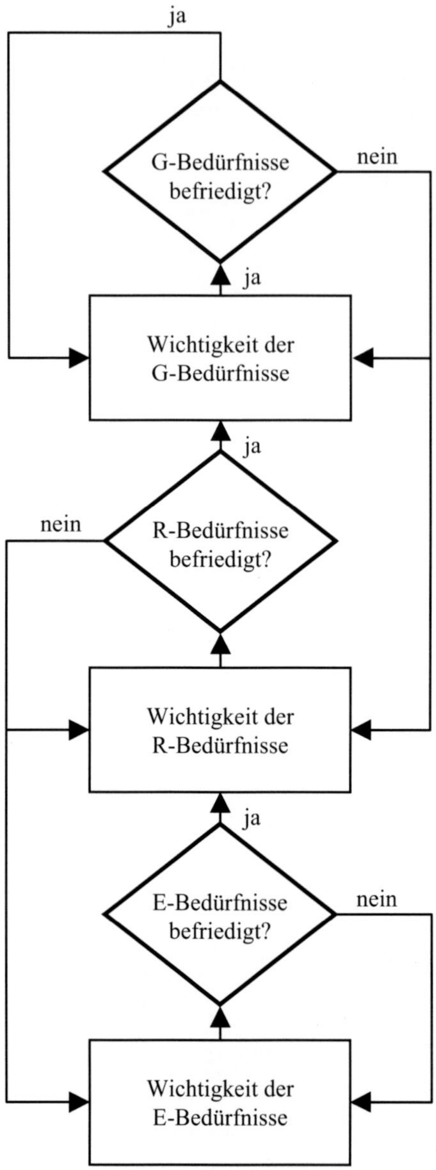

Abbildung 1.7: Die Bedürfnistheorie von Alderfer

Die ERG-Theorie von Alderfer kann aufgrund ihrer Dynamik Wechselwirkungen zwischen verschiedenen Bedürfnissen weitaus umfassender berücksichtigen als dies die Theorie von Maslow kann. Damit können individuelle Unterschiede in den Bedürfnissen von Mitarbeitern sowie die Auswirkungen von Bedürfnisbefriedigung und -frustration besser erklärt werden. Zudem können durchaus Bedürfnisse aus verschiedenen Bedürfnisebenen gleichzeitig wirksam sein, da die Bedeutung eines Bedürfnisses von der Befriedigung bzw. Frustration der unteren oder oberen Bedürfnisebene abhängt.

In der empirischen Forschung wurde Alderfers Theorie bis auf seine eigenen Untersuchungen wenig getestet. Konzeptionell lassen sich dieselben Kritikpunkte wie bei der Theorie von Maslow anführen: Warum sollte die Klassifikation in drei Bedürfnisebenen, die in einer bestimmten Art und Weise aufeinander folgen, für verschiedene Mitarbeiter gültig sein? Warum kann ein Mitarbeiter erst dann nach Befriedigung eines höheren Bedürfnisses streben, wenn seine niedrigeren Bedürfnisse befriedigt sind? Warum sollten nicht Bedürfnisse aus verschiedenen Bedürfnisebenen auch miteinander substituierbar sein?

Die Zwei-Faktoren-Theorie von Herzberg

Die Zwei-Faktoren-Theorie von Herzberg hat neben Maslows Bedürfnishierarchie die wohl größte Popularität in der Arbeits- und Organisationspsychologie erreicht. Ziel der Arbeiten von Herzberg, Mausner und Snyderman (1959) und Herzberg (1966) war die Untersuchung der Frage, welche Arbeitsbedingungen bei Mitarbeitern Zufriedenheit bzw. Unzufriedenheit mit ihrer Arbeit hervorrufen. Die Autoren befragten hierzu Mitarbeiter nach Arbeitssituationen, in denen sie besonders zufrieden oder besonders unzufrieden gewesen waren. Die Analyse dieser Schilderungen zeigte, dass jeweils andere Einflussgrößen auf die Arbeitszufriedenheit bzw. -unzufriedenheit wirkten. Herzberg entwickelte aus diesen Ergebnissen eine Theorie, nach der die Bedürfnisse eines Mitarbeiters in zwei Klassen eingeteilt werden können:

- Hygienebedürfnisse: Diese Bedürfnisse stehen in Zusammenhang mit der Vermeidung von Unzufriedenheit. Hierzu gehört z.B. das Streben nach Bezahlung, Arbeitsplatzsicherheit, guten Arbeitsplatzbedingungen oder zwischenmenschlichen Beziehungen am Arbeitsplatz. Die Befriedigung dieser Bedürfnisse führt allerdings nicht zu einer Zufriedenheit des Mitarbeiters, vielmehr kann durch eine positive Ausprägung dieser Faktoren nur die Unzufriedenheit eines Mitarbeiters verhindert werden. Da diese Bedürfnisse vor allem durch den Arbeitskontext eines Mitarbeiters erfüllt werden, also durch die äußeren Umstände seiner Arbeit, können die ihnen zugrundeliegenden Faktoren auch als extrinsische Faktoren bezeichnet werden.

- Motivationsbedürfnisse: Diese Bedürfnisse stellen die Entfaltungsbedürfnisse eines Mitarbeiters dar und sind durch das Streben nach Zufriedenheit geprägt. Typische Bedürfnisse in dieser Klasse sind das Streben nach Leistung, Anerkennung, Verantwortung oder Beförderung. Werden diese Bedürfnisse erfüllt, bewirken sie eine Zufriedenheit des Mitarbeiters. Allerdings bewirkt eine negative Ausprägung dieser Faktoren keine Unzufriedenheit. Im Unterschied zu den Hygienebedürfnissen werden diese Bedürfnisse nicht durch die äußeren Rahmenbedingungen der Arbeit erfüllt, sondern nur durch den Inhalt der Arbeit. Die sie beeinflussenden Faktoren werden daher auch als intrinsische Faktoren bezeichnet.

Im Unterschied zu den bisherigen Bedürfnistheorien, die davon ausgingen, dass die (Nicht-)Erfüllung eines Bedürfnisses immer auch eine (Un-)Zufriedenheit des Mitarbeiters bewirkt, postuliert die Zwei-Faktoren-Theorie von Herzberg somit zwei unabhängige Wirkungszusammenhänge: Ein Mitarbeiter kann sowohl die Befriedigung von Hygienebedürfnissen als auch die von Motivationsbedürfnissen suchen. Allerdings besteht im Hinblick auf die Arbeitszufriedenheit keine kompensatorische Wirkung zwischen diesen beiden Bedürfnisklassen. Im Sinne von Maslow können dabei die Motivationsbedürfnisse als Bedürfnisse höherer Ebenen verstanden werden, die dem Streben nach Selbstverwirklichung oder Wertschätzung entsprechen, wohingegen die Hygienebedürfnisse mit den Bedürfnissen niedrigerer Ebenen korrespondieren. Allerdings besteht bei Herzberg im Unterschied zu Maslow keine hierarchische Beziehung zwischen diesen beiden Ebenen.

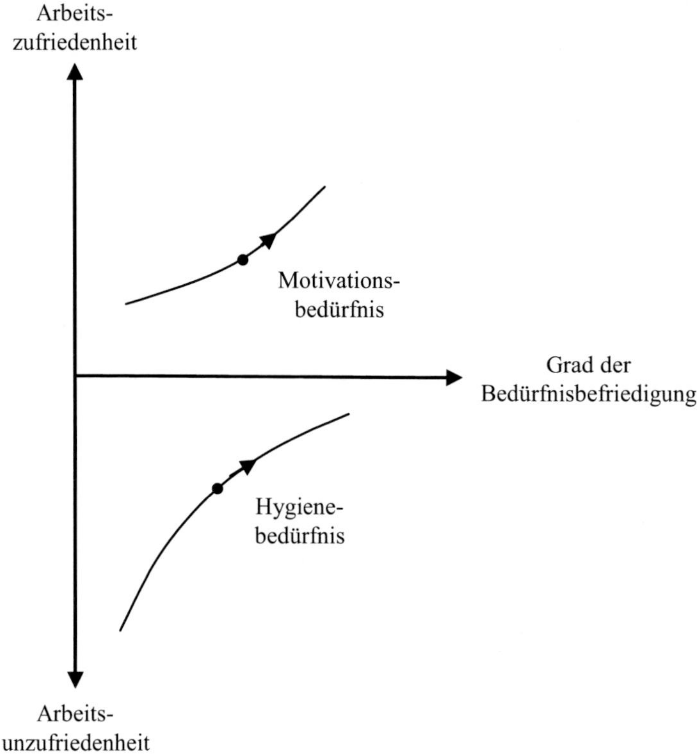

Abbildung 1.8: Der Einfluss der Bedürfnisbefriedigung auf die Arbeitszufriedenheit nach Herzberg

Die Theorie von Herzberg wurde in der Literatur kontrovers diskutiert: Empirische Untersuchungen anderer Autoren zeigten, dass seine Ergebnisse ganz wesentlich durch die Art der Untersuchungsmethodik bestimmt sind. Die von Herzberg angewendete Methode, Mitarbeiter über kritische Ereignisse zu befragen, ist nämlich allein schon aufgrund des Umstands, Zufriedenheit als Resultat der eigenen Leistung und Unzufriedenheit Anderen zuzuordnen, fragwürdig. Daher verwundert es nicht, dass Untersuchungen, die andere Messmethoden als den Selbstbericht der Mitarbeiter verwenden, im Allgemeinen zu einer Widerlegung seiner Theorie führen.

Darüber hinaus stellt sich aus konzeptioneller Sicht wiederum die Frage, warum für jeden Mitarbeiter die postulierte Einteilung seiner Bedürfnisse in Hygiene- und Motivationsbedürfnisse gerechtfertigt ist. Warum sollte ein Bedürfnis bei einem Mitarbeiter nicht Hygienebedürfnis, bei einem anderen Mitarbeiter aber Motivationsbedürfnis sein? Wie bei Maslow und Alderfer wäre zu fragen, warum allgemeingültig angenommen werden kann, dass jeder Mitarbeiter am Fließband eines Automobilunternehmens nach einer besonders herausfordernden Arbeit strebt. Gerade für solche Mitarbeiter kam beispielsweise die Studie von Goldthorpe u.a. (1968) zu dem Ergebnis, dass eine Vielzahl dieser Arbeiter solche Bedürfnisse außerhalb der Arbeit befriedigen und die Arbeit selbst nur als Instrument ansehen, entsprechende Aktivitäten zu finanzieren.

Nimmt man die inhaltlichen Aussagen der Arbeiten von Maslow, Alderfer und Herzberg sowie die jeweiligen Kritikpunkte zu diesen Theorien zusammen, dann ergeben sich zwei Schlussfolgerungen: Erstens ist jede Einteilung von Bedürfnissen in Klassen beliebig. Zweitens können zwischen einzelnen Bedürfnissen verschiedene Wechselwirkungen bestehen. Beide Aspekte sollen im Folgenden spezifiziert werden.

Betrachten wir zunächst die Klassifizierung von Bedürfnissen. Eine Theorie, die für alle Mitarbeiter eine universelle Bedürfnisstruktur annimmt, erscheint aufgrund unsere obigen Ausführungen nicht begründbar. Vielmehr existieren große inter- und intraindividuelle Unterschiede in der Bedeutung bestimmter Bedürfnisse für die einzelnen Mitarbeiter. Diese Unterschiede sind sowohl von der betrachteten Person als auch von der Situation, in der sie sich befindet, abhängig.

Aufgrund dieser Individualität der Bedürfnisstrukturen gehen wir mit Wunderer und Grunwald (1980, S.179) davon aus, dass "sobald ... höhere Bedürfnisse thematisch werden, ... jede Aufzählung beliebig bleiben" muss. Im Folgenden stellen wir deshalb verschiedene Bedürfnisarten vor, die sich aufgrund empirischer Untersuchungen oder theoretischer Überlegungen als besonders wesentlich für die berufliche Arbeit herauskristallisiert haben:

- Das Bedürfnis nach Geld: Geld ist unter den ökonomischen Rahmenbedingungen unserer Gesellschaft für fast jeden Bürger lebensnotwendig. Ohne Geld könnte er nicht als Konsument auftreten, er müsste alle seine Grundbedürfnisse ohne Dritte befriedigen. Es überrascht daher nicht, dass beispielsweise Langzeitarbeitslose in Untersuchungen vor allem über ihre Geldknappheit klagen.

Arbeit in diesem Sinne ist also Mittel zum Zweck, es dient als Grundlage zur Befriedigung fast all unserer Bedürfnisse. Dies gilt nicht nur für die Grundbedürfnisse, sondern auch für höhere Bedürfnisse. So kann Geld z.B. auch zur Befriedigung von Bedürfnissen wie denen nach sozialer Geltung, Macht, Status oder Leistung dienen. Darüber hinaus kann das Bedürfnis nach Geld auch zum Selbstzweck werden.

- Das Bedürfnis nach Sicherheit: Auch der Wunsch nach Sicherheit ist in unserer schnellebigen, hochtechnisierten Gesellschaft für viele Bürger ein starkes Bedürfnis. Das Sicherheitsbedürfnis soll vor unvorhergesehenen Lebensereignissen schützen und aktiv solche Situationen verhindern, die die Befriedigung anderer Bedürfnisse in Frage stellen.
  In Organisationen bezieht sich das Sicherheitsbedürfnis dabei sowohl auf mögliche materielle Verluste als auch auf ideelle Werte. Im ersten Fall geht es vor allem um die Sicherheit des Arbeitsplatzes, die Absicherung des Lebensabends oder die Sicherung vor Invalidität. Diese Bedürfnisse beziehen sich also überwiegend auf finanzielle Sicherheiten und können durch die Bildung von Rücklagen, den Abschluss von Versicherungen usw. berücksichtigt werden. Im zweiten Fall steht hingegen die Wahrung immaterieller Werte wie Macht, Status oder Erfolg im Vordergrund des Sicherheitsbedürfnisses.
- Das Bedürfnis nach Status: Der Status einer Person gibt an, welche relative Wertschätzung die Mitglieder einer Gruppe, einer Organisation oder der Gesellschaft dieser Person zuweisen. Das Streben nach Status besteht demnach im Bestreben einer Person, im Werturteil ihrer sozialen Umwelt einen möglichst hohen Rang einzunehmen. In unserer modernen Industriegesellschaft kommen nach Parsons (1964, S.75f) beispielsweise ihre Mitgliedschaft in bestimmten Familien oder Schichten der Gesellschaft, ihre persönlichen Merkmale wie Alter oder Geschlecht, die Ausbildung, Besitz und Wohlstand oder die Position in Organisationen als Quellen von Status in Betracht.
  In einer Unternehmung ist vornehmlich der **organisatorische Status** eines Mitarbeiters für sein Streben von Bedeutung. Dieser ergibt sich meistens im Rahmen der vertikalen Differenzierung durch die Position, die der Mitarbeiter in der Organisationshierarchie einnimmt. Die Position innerhalb der Hierarchie bestimmt hier den Charakter ihrer Über- und Unterordnungsbeziehungen, also

seine formale Autorität innerhalb der Organisation. Der organisatorische Status kann sich aber auch durch horizontale Differenzierung ergeben, etwa wenn der Mitarbeiter eine Experten- oder Stabsstelle innehat. Alle mit dem organisatorischen Status verbundenen Statussymbole wie Kompetenz, Einfluss, Budget, Einkommen, Ämter, Titel etc. können sein Streben nach organisatorischem Status bestimmen.[3]

- Das Bedürfnis nach Zugehörigkeit: Die Bedeutung sozialer Aspekte für die Mitarbeiter in Organisationen wurde in der Organisationspsychologie erstmals durch die Hawthorne-Experimente in den 20er Jahren empirisch nachgewiesen. Persönliche Beziehung zu Kollegen, wechselseitige Wertschätzung und emotionale Wärme sind hier Bedürfnisse, die der Mitarbeiter mit seiner Arbeit befriedigen möchte. Durch den Wandel in unserer Gesellschaft, insbesondere durch den Übergang von der Groß- zur Kleinfamilie bzw. zum Singledasein, gewinnt die Befriedigung dieses Bedürfnisse in der Organisation immer mehr an Bedeutung, da für viele die Arbeitsumgebung die primäre soziale Einbettung außerhalb der Familie darstellt.
  Neben der Erfüllung positiver sozialer Bedürfnisse durch die Arbeit kann aber auch der soziale Druck 'zur Arbeit zu gehen' und die damit verbundene Vermeidung des Stigmas der Arbeitslosigkeit für den Mitarbeiter von Bedeutung sein. Die Arbeit als soziale Institution wird dann als Mittel zur Erfüllung dieser sozialen Norm angestrebt.
- Das Bedürfnis nach Leistung: Dem Bedürfnis nach Leistung kommt in unserer heutigen Gesellschaft eine besonders große Bedeutung zu.[4] Das Leistungsbedürfnis drückt sich in dem Bestreben aus, ein bestimmtes Ziel durch eigene Leistung zu erreichen. Die Erbringung der Leistung orientiert sich dabei an einem bestimmten Anspruchsniveau, das die Beurteilung der Leistung erlaubt. Voraussetzung für die Entstehung des Leistungsbedürfnisses ist dabei die Verbindlichkeit des Anspruchsniveaus für die Person, d.h. das anzustrebende Ziel muss selbst gesetzt oder zumindest als eigenes Ziel akzeptiert sein.
  Die Bedürfnisbefriedigung entspringt dann aus der eigentlichen Leistungserbringung, also dem Erreichen des gesetzten Ziels, und nicht einer damit verbundenen materiellen oder immateriellen Belohnung. Das Bedürfnis nach Leistung hat demnach einen intrinsischen Wert für den Mitarbeiter. Notwendig für das

Gefühl der Bedürfnisbefriedigung ist dabei nicht nur die Zielerreichung. Vielmehr muss ein Mitarbeiter auch den unmittelbaren Zusammenhang zwischen dem Leistungsergebnis und seinem eigenen Verhalten wahrnehmen.

- Das Bedürfnis nach Macht: Das Machtbedürfnis wurde in der psychologischen Literatur schon sehr früh untersucht und hat ebenfalls für die sozialen Interaktionen in Organisationen eine wesentliche Bedeutung.[5] Nach McClelland (1975, S. 257ff) können zwei Ausprägungen dieses Machtbedürfnisses unterschieden werden: Das Bedürfnis nach selbstbezogener Macht ist bestimmt durch das Streben nach persönlicher Durchsetzung. Machtausübung hat somit das Ziel, eine andere Person zu unterdrücken. Bei der sozialisierten Macht besteht hingegen das Bedürfnis, andere dazu zu bewegen, das zu tun, was man selbst möchte.
  In Unternehmungen sind Vorgesetzte aufgrund ihrer Aufgaben grundsätzlich damit beschäftigt, die ihnen untergeordneten Mitarbeiter zu beeinflussen. Dies ermöglicht es ihnen, im Rahmen ihrer Arbeitsaufgabe ihr Bedürfnis nach Macht auszuleben, bedeutet allerdings nicht, dass nur solche Mitarbeiter ihr Bedürfnis nach Macht in der Organisation befriedigen können. Das Streben nach Macht kann beispielsweise auch durch den alleinigen Zugang zu wichtigen Informationen oder durch den Aufbau einer besonderen Sachkenntnis befriedigt werden.
- Das Bedürfnis nach Selbstverwirklichung: Das Bedürfnis nach Selbstverwirklichung beschreibt das Bestreben einer Person, ihre Fähigkeiten, Talente und Potentiale so umfassend wie möglich einzusetzen und zu realisieren. Zu berücksichtigen ist dabei, dass sich dieses Bedürfnis aufgrund seines expansiven Charakters inhaltlich ständig wandeln dürfte. Rollinson, Broadfield und Edwards (1998, S.156) umschreiben dieses Bedürfnis wie folgt: "It is these needs that are ... perhaps most easily portrayed in the answer given by the mountaineer to the question of why he wanted to climb Everst: 'Because it's there.'"
  Innerhalb der Unternehmung kann sich das Streben eines Mitarbeiters nach Selbstverwirklichung in verschiedenen Aspekten ausdrücken. Neben der Nutzung seiner Fähigkeiten und Möglichkeiten und der damit verbundenen Suche nach neuen Herausforderungen und Entfaltungsmöglichkeiten kann sich das Bedürfnis nach Selbstverwirklichung auch in dem Wunsch nach mehr Autonomie und Entscheidungskompetenzen äußern. Dies zeigt sich in Form der Selbstbestimmung oder zumindest der Mitbestimmung z.B. über die Inhalte seiner Ar-

beit, die verwendeten Arbeitsmethoden, seine Arbeitszeit oder seine Aus- und Weiterbildung.

Unsere Auflistung bestimmter Bedürfnisse eines Mitarbeiters sollte nicht so interpretiert werden, dass jeder Mitarbeiter genau die Befriedigung dieser Bedürfnisse bei seiner Arbeit verfolgt. Vielmehr kann für den einzelnen Mitarbeiter natürlich die Bedeutung dieser Bedürfnisse variieren, ebenso wie ihm auch andere Bedürfnisse wichtig sein können.

Was treibt den Entrepreneur?

Fast jede Broschüre, die allgemeine Informationen über Existenzgründungen gibt, beinhaltet eine Checkliste 'Bin ich ein Unternehmertyp?". Was aber macht einen Unternehmer aus? Welche Motive haben Menschen, unternehmerisch tätig zu werden?

Es gibt inzwischen zahlreiche Untersuchungen über diese Fragen, aber die Literatur kommt zu keinem einheitlichen Bild. Für unterschiedliche Meinungen lassen sich unterschiedliche und oft prominente Exempel finden. Auf der einen Seite gibt es zum Beispiel Alfred P. Sloan, langjähriger Kopf von General Motors, der als Jahrgangsbester am Massachusetts Institute of Technology graduierte. Auf der anderen Seite gibt es Unternehmer wie Ray Kroc, Gründer von McDonald's, der nicht einmal einen High School-Abschluss besitzt. Auch aus anderen Charakteristika, wie Alter, Geschlecht oder Berufserfahrung, lassen sich keine eindeutigen Ergebnisse ableiten.

In vielen Studien haben Psychologen versucht, die Motive aufzudecken, die mehr oder weniger erfolgreiche Entrepreneure antreiben. Einigkeit besteht unter den Wissenschaftlern lediglich darüber, dass das Bedürfnis, Geld zu verdienen, kein bedeutender Faktor ist. Verschiedene Forscher, wie David McClelland, haben herausgefunden, dass Unternehmer - ähnlich wie Künstler - sehr stark mit ihrer Arbeit verwoben sind. Sie haben ein ausgesprochenes Bedürfnis nach Leistung und einen ausgeprägten Hang zu kreativen Gedanken und innovativen Ideen. Ihren Antrieb beziehen sie aus der Möglichkeit, Neues und Eigenes zu schaffen.

Darüber hinaus hat man festgestellt, dass Unternehmer mit Stresssituationen oft besser fertig werden als Manager in Konzernen.

Quelle: McClelland (1985, S 254f)

Die Ausführungen zu den einzelnen Bedürfnistheorien von Maslow, Alderfer und Herzberg zeigen zudem, dass zwischen den einzelnen Bedürfnissen verschiedene Wechselwirkungen bestehen können: Zwei Bedürfnisse sind komplementär, wenn die Befriedigung des einen Bedürfnisses zur Befriedigung des anderen Bedürfnisses führt. So kann ein Mitarbeiter, der nach einem höheren Lohn strebt, bei Erfüllung dieses Bedürfnisses eine Reihe anderer Bedürfnisse befriedigen. Beispielsweise kann er bei einem ausreichenden Einkommen seinem Bedürfnis nach Selbstverwirklichung außerhalb des Arbeitsplatzes durch Reisen in ferne Länder nachkommen oder sich selbst durch entsprechende Aufwendungen weiterbilden. Ein anderes Beispiel hierfür ist das Streben nach einer Karriere innerhalb seines Berufs. Ein Aufstieg ermöglichst ihm eine bessere Befriedigung seiner Grundbedürfnisse. Gleichzeitig erlangt er möglicherweise mehr Geltung oder kann sein Bedürfnis nach Macht und Status dadurch befriedigen.

Andererseits können aber auch konkurrierende Beziehungen zwischen verschiedenen Bedürfnissen bestehen. Konkurrierende Bedürfnisse liegen dann vor, wenn die Befriedigung des einen Bedürfnisses der eines anderen Bedürfnisses entgegensteht. Ist z.B. das Streben nach Macht bei einem Mitarbeiter besonders stark ausgeprägt, kann es in Konflikt mit dem Bedürfnis nach Zugehörigkeit stehen.

Schließlich können Bedürfnisse aus verschiedenen Bedürfnisebenen auch unabhängig voneinander sein.[6] So kann eine befristete Arbeitsplatzgarantie mit einer Gehaltszulage, die ein Mitarbeiter von seiner Unternehmung erhalten hat, für die Befriedigung seiner Ich-Bedürfnisse völlig bedeutungslos sein.

1.2.2 Individuelle Unterschiede in der Persönlichkeit

Die individuellen Bedürfnissen eines Mitarbeiters werden durch Ungleichgewichte bestimmt, die in seiner Person liegen. Damit werden aber die individuellen Bedürfnisse und Motive von anderen individuellen Eigenschaften der betrachteten Person bestimmt. In der Psychologie kommt hier dem Konzept der **Persönlichkeit** eines Individuums eine zentrale Bedeutung zu: Nach Zimbardo und Gerrig (1999, S.520) bezieht sich die Persönlichkeit "auf die einzigartigen psychologischen Merkmale eines Individuums, die eine Vielzahl von ... konsistenten Verhaltensmustern in verschiedenen Situationen und zu verschiedenen Zeitpunkten beeinflussen". Die Merkmale, die hier das individuelle Verhalten auf eine konstante und zeitlich stabile Art und Weise bedingen, stellen die **Persönlichkeitseigenschaften** eines Individuums dar. Die Persönlichkeit eines Individuums ist also nichts anderes als die Gesamtheit seiner Persönlichkeitseigenschaften.

Die geforderte Konstanz und zeitliche Stabilität von Persönlichkeitseigenschaften bedeutet nicht, dass diese Eigenschaften sich nicht im Laufe der Zeit ändern können. Hier hat die Verhaltensgenetik gezeigt, dass neben dem biologischen Erbe auch die spezifische individuelle Umgebung einer Person Determinanten ihrer Persönlichkeit sind: Einerseits beeinflussen die Gene, die von den Eltern vererbt werden, wie sich die Persönlichkeit eines Individuums entfaltet. Andererseits wird die Entwicklung seiner Persönlichkeit aber auch durch seine individuelle Sozialisation beeinflusst, beispielsweise durch die Erziehung durch die Eltern, die Erfahrungen mit Freunden oder durch das kulturelle Umfeld, in dem es lebt. Um das Ausmaß der genetischen und sozialen Einflüsse auf die Persönlichkeitsbildung zu untersuchen, wurden Zwillings- und Adoptionsstudien durchgeführt. Die Ergebnisse deuten darauf hin, dass etwa 50% der Variation von individuellen Unterschieden in der Persönlichkeit auf Vererbung zurückzuführen ist.[7] Unterschiede in der Persönlichkeit von Individuen sind daher etwa zur Hälfte durch ihre Geburt fest determiniert und somit relativ stabil über längere Perioden hinweg, zur Hälfte aber auch durch Lebenserfahrung bestimmt und somit langfristig veränderlich. Die Persönlichkeit eines Mitarbeiters wird demnach kurz- und mittelfristig relativ stabil sein und sich durch seine spezifische Arbeitssituation oder andere Determinanten der Organisation nur langfristig ändern.

Obwohl Persönlichkeitseigenschaften definitionsgemäß die Konsistenz der individuellen Verhaltensmuster beeinflussen, tragen sie in unterschiedlicher Weise zur Erklärung des Verhaltens einer Person bei. So haben wir die Motive eines Mitarbeiters als diejenigen Persönlichkeitseigenschaften definiert, die als die Beweggründe seines individuellen Verhaltens zu verstehen sind. Sie können demnach als die unmittelbaren motivationalen Persönlichkeitseigenschaften bezeichnet werden.

Daneben gibt es andere Persönlichkeitseigenschaften, die nur bedingt für die Erklärung eines konsistenten individuellen Verhaltens herangezogen werden können, beispielsweise Eigenschaften wie Freundlichkeit, Ehrlichkeit, Schüchternheit oder Gewissenhaftigkeit. Warum sollte auch ein Student, der sich freundlich gegenüber seinem Professor verhält, ebenfalls freundlich zum Hausmeister der Universität sein? Und selbst wenn Freundlichkeit eine prototypische Verhaltensweise des Studenten wäre, warum sollte dies gegenüber dem Professor und dem Hausmeister zu denselben Handlungszielen führen?

Obwohl Persönlichkeitseigenschaften wie Freundlichkeit oder Gewissenhaftigkeit keine unmittelbare Motivdisposition besitzen, haben sie dennoch Einfluss auf das individuelle Verhalten eines Mitarbeiters: Zum einen beeinflussen sie seine Bedürfnisse und Motive. Eine Eigenschaft wie Hilfsbereitschaft bestimmt nicht generell das Verhalten eines Mitarbeiters. Sie hat dennoch Motivcharakter, indem die betreffende Person bestrebt ist, ein solches Verhalten zu zeigen. Zum anderen können einzelne Eigenschaften unter Umständen durchaus in Beziehung zum Arbeitsverhalten stehen.[8] So wird z.B. ein Verkaufsmitarbeiter, der in seinen Aktivitäten ausgesprochen kommunikativ sein muss, bessere Voraussetzungen für diesen Beruf haben, wenn er extrovertiert ist.

Darüber hinaus stellen Persönlichkeitseigenschaften aber insbesondere das grundlegende Untersuchungsobjekt dar, wenn es um die Charakterisierung der Verschiedenartigkeit von Mitarbeitern geht. Sie sind die Bausteine der Individualität. Die Aussage von Martin (1998,S.71), "Personality is about individiual differences", ist hierfür kennzeichnend. Im Folgenden sollen deshalb einige insbesondere für das Arbeitsverhalten eines Mitarbeiters relevante Persönlichkeitseigenschaften vorgestellt werden.

Ähnlich wie bei den Bedürfnissen und Motiven gibt es auch bei der Persönlichkeit eines Mitarbeiters eine Vielzahl von Persönlichkeitseigenschaften, die individuelle Unterschiede in den verschiedensten Handlungsbereichen begründen können. Die Frage, welche Persönlichkeitseigenschaften man als unterscheidbare Inhaltsklassen in dieser kaum überschaubaren Menge menschlicher Eigenschaften differenzieren sollte, ist Gegenstand psychologischer Eigenschaftstheorien.

Empirische Untersuchungen der letzten Jahren haben wiederholt gezeigt, dass man die Menge der Persönlichkeitseigenschaften hierarchisch klassifizieren kann: Nach diesem sogenannten 'Big-Five-Modell' der Persönlichkeit stehen fünf generelle Persönlichkeitseigenschaften an der Spitze der Hierarchie: Extroversion (extroversion), emotionale Instabilität (neuroticism), Verträglichkeit (agreeableness), Gewissenhaftigkeit (conscientiousness) und Offenheit für Erfahrungen (openness to experience). Jede dieser fünf Eigenschaften ist sehr breit gefasst und setzt sich aus einer Reihe spezifischer Persönlichkeitseigenschaften zusammen. Extroversion beispielsweise besteht aus den Eigenschaften wie Geselligkeit, Dominanz, Durchsetzungsfähigkeit, Bestimmtheit oder Aktionismus.

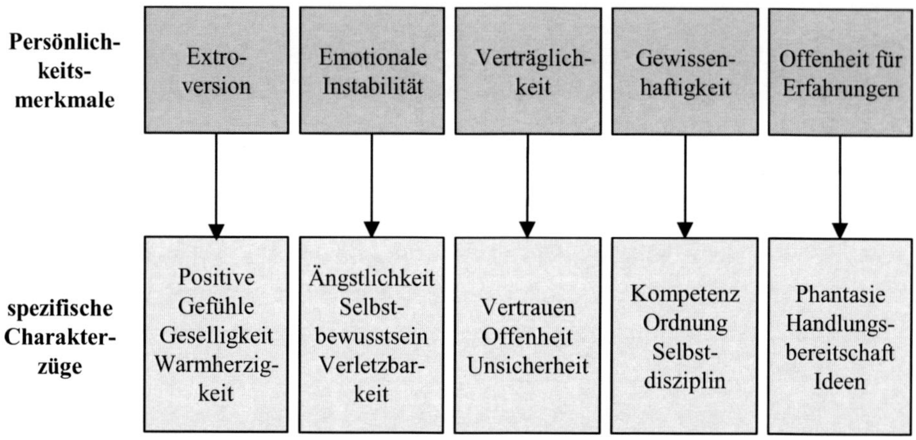

Abbildung 1.9: Das "Big Five"-Modell der Persönlichkeit

Die Persönlichkeitseigenschaften eines Individuums können für jedes der fünf Merkmale bipolar entlang eines eindimensionalen Spektrums eingeordnet werden. Beispielsweise besitzt eine Person eine geringe Extroversion, wenn sie reserviert, schüchtern, introvertiert oder passiv ist. Mit entsprechenden Fragebogenstudien lässt sich so das individuelle Persönlichkeitsprofil einer Person ermitteln.

Faking oder wie man bei Persönlichkeitstests mogeln kann

Psychometrische Tests werden in vielen Unternehmen eingesetzt, um die Auswahl neuer Mitarbeiter zu unterstützen. Sie sollen helfen, die besonderen Stärken eines Kandidaten aufzudecken oder andere Eigenschaften, wie Team- oder Integrationsfähigkeit, zu bewerten.

In vielen Studien konnte nun gezeigt werden, dass die getesteten Personen das Ergebnis bewusst beeinflussen können. Dieses Verhalten wird in der Literatur auch als Faking bezeichnet. Ziel des Kandidaten ist es dabei nicht, seine tatsächlichen Persönlichkeitseigenschaften zu offenbaren, sondern sich so zu verhalten, dass die Testergebnisse ihn als einen guten Kandidaten zeigen. Wie man bei Persönlichkeitstests mogeln kann, beschreibt Whyte (1960, S. 217) in seinen Untersuchungen:

> *"By and large, however, your safety lies in getting a score somewhere between the 40th and 60th percentiles, which is to say, you should try to answer as if you were like everyone else is supposed to be. This is not always easy to figure out, of course, ... When in doubt, however, there are two general rules that you can follow: (1) when asked for word associations or comments about the world, give the most conventional, run-of-the-mill, pedestrian answer possible. (2) To settle on the most beneficial answer to any question, repeat to yourself:*
> *I loved my father and my mother, but my father a little bit more.*
> *I like things pretty well the way they are.*
> *I never worry much about anything.*
> *I don't care for books or music much.*
> *I love my wife and children.*
> *I don't let them get in the way of company work."*

Die Idee hinter diesem zunächst merkwürdig anmutenden Hinweis ist einfach: Persönlichkeitstests sind immer so konzipiert, dass sie solche Persönlichkeitseigenschaften aufdecken, die dem Fragenden als wichtig erscheinen. Bei vielen Fragen sprechen gerade solche Testergebnisse für einen Kandidaten, die aufzeigen, dass er sich 'normal' verhält. Ein Kandidat, der den obigen Rat von Whyte befolgt, induziert nun gerade diese Einschätzung: Er wirkt nicht als introvertierter Grübler. Er wird auch vor schwierigen Aufgaben nicht zurückschrecken und diese in einer Weise erledigen, die nicht die Sinnhaftigkeit des Auftrags in Frage stellt und die auch nicht die Position des vorgesetzten Managers gefährdet.

Auch wenn sich die Inhalte der Persönlichkeitstests und die Anforderungen von Unternehmen seit Anfang der 1960er Jahre verändert haben, so bleibt dennoch die wichtige zeitlose Erkenntnis, dass Testfragen immer auf die Vorstellungen und Anforderungen des Unternehmens zugeschnitten sind. Es ist wichtig für den Kandidaten, sich der Intention solcher Testfragen bewusst zu werden, um so die 'richtigen

Antworten' vorwegnehmen zu können.

Quelle: Whyte (1960)

Die fünf oben beschriebenen wesentlichen Persönlichkeitseigenschaften ersetzen natürlich nicht die Vielzahl anderer Eigenschaftsbegriffe, die jeweils spezifische Bedeutungen haben. Sie ermöglichen aber die Einteilung der gesamten Breite der möglichen Persönlichkeitseigenschaften in fünf wesentliche Merkmale. Im organisatorischen Kontext sind darüber hinaus weitere Persönlichkeitseigenschaften relevant. Sie beziehen sich auf spezifische Merkmale, die zur Erklärung des Verhaltens eines Mitarbeiters dienen sollen.

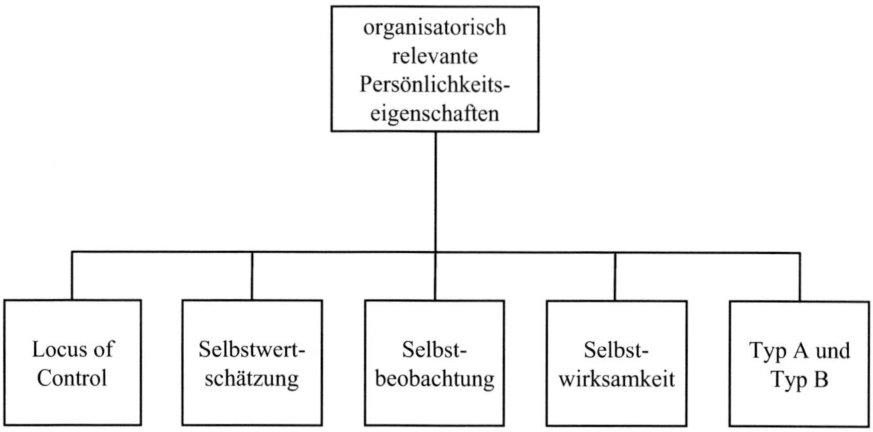

Abbildung 1.10: Die im organisatorischen Kontext relevanten Persönlichkeitseigenschaften

- Locus of Control: Dieses Persönlichkeitsmerkmal wurde von Rotter (1966) untersucht. Es beruht auf der Beobachtung, dass sich Personen in dem Umfang unterscheiden, in dem sie glauben, Kontrolle über die Situation zu besitzen, in der sie sich befinden. Manche denken, dass sie autonom sind und ihr eigenes Schicksal selbst bestimmen. Sie tragen die persönliche Verantwortung für das, was ihnen passiert. Solche Personen bezeichnet Rotter als internal orientiert. Ein internal orientierter Mitarbeiter ist demnach überzeugt davon, dass er durch sein Verhalten sein Arbeitsumfeld kontrollieren kann und somit beispielsweise Einfluss auf die von ihm durchzuführenden Arbeitsprozesse oder auf die Beziehungen zu seinem Vorgesetzten und zu Kollegen hat. Eine gute Leistung würde er z.B. auf seine eigenen Arbeitsanstrengungen oder Fähigkeiten zurückführen.[9] Andererseits gibt es aber auch Personen, die davon ausgehen, dass sie hilflos ihrem Schicksal überlassen sind und nur durch äußere Kräfte kontrolliert werden, auf die sie einen geringen oder keinen Einfluss haben. Rotter bezeichnet solche Personen als external orientiert. Zwischen seinem Handeln und den daraus resultierenden Leistungen besteht für einen solchen Mitarbeiter kaum ein Zusammenhang. Er würde einen Arbeitserfolg damit weniger auf sich selbst, sondern auf Glück oder andere externe Einflussgrößen zurückführen.

- Selbstbeobachtung (Self-monitoring): Diese Persönlichkeitseigenschaft, die von Synder (1974; 1979) untersucht wurde, bezieht sich auf den Umfang, mit dem Personen versuchen, ihr Verhalten gegenüber anderen zu kontrollieren. Personen, die eine hohe Ausprägung dieser Eigenschaft haben, sind bestrebt, sich in jeder Situation sozial akzeptabel zu verhalten. Sie sind feinfühlig gegenüber jeglichen Hinweisen, die ihnen ein akzeptables Verhalten signalisieren. Umgekehrt sind Personen, die diese Eigenschaft nur in einem geringen Umfang besitzen, wenig sensibel gegenüber ihrer Umwelt. Ihnen ist ein situationsadäquates Verhalten gleichgültig. Vielmehr wird ihr Handeln vor allem durch ihre eigenen Bedürfnisse und Motive bestimmt, ohne Rücksicht darauf, was andere über ihr Verhalten denken.
  Mitarbeiter, die eine gute Selbstbeobachtung aufweisen, werden demnach eher bestrebt sein, sich auf wechselnde Arbeitssituationen einzustellen, als Mitarbeiter mit einer niedrigen Ausprägung dieser Eigenschaft. Dies kann vorteilhaft sein in Situationen, in denen ein Mitarbeiter permanent mit anderen Personen interagieren muss, wie beispielsweise ein Verkaufsmitarbeiter mit wechselnden Kunden.
- Selbstwertschätzung (Self-esteem): Der Umfang, in dem eine Person auf sich und ihre eigenen Fähigkeiten stolz ist, bezeichnet nach Brockner (1988) ihre Selbstwertschätzung. Eine hohe Ausprägung dieser Persönlichkeitseigenschaft hat zur Folge, dass diese Person von sich glaubt, mit den meisten Situationen erfolgreich zurecht zu kommen. Demgegenüber hat eine Person mit einer niedrigen Selbstwertschätzung eher Zweifel über ihre Fähigkeiten und der Bewältigung verschiedener Situationen.

Im organisatorischen Kontext kann die Selbstwertschätzung mehrere Implikationen für das Verhalten eines Mitarbeiters haben. So beeinflusst diese Eigenschaft die Wahl seines Berufes und Arbeitsplatzes: Eine hohe Selbstwertschätzung macht es wahrscheinlicher, dass eine Person eine herausfordernde Tätigkeit wählt, als wenn sie diese Eigenschaft nur in einem geringen Umfang aufweist. Darüber hinaus werden sich Mitarbeiter mit hoher Selbstwertschätzung eher höhere Ziele für sich selbst setzen als dies Mitarbeiter tun, die auf die Bestätigung durch andere angewiesen sind.

- Selbstwirksamkeit (Self-efficacy): Diese Persönlichkeitseigenschaft, die von Bandura (1977; 1982) in die Literatur eingeführt wurde, bezeichnet die Selbsteinschätzung einer Person darüber, inwieweit sie sich in einer spezifischen Situation adäquat verhalten wird. Der Grad der Selbstwirksamkeit einer Person beeinflusst somit unmittelbar die Wahl bestimmter Aktivitäten und Alternativen in einer Situation, den Umfang seiner Anstrengungen sowie ihre zeitliche Ausdauer bei der Verfolgung der Zielerreichung.
  Die Selbstwirksamkeit eines Mitarbeiters bezieht sich auf sein Selbstverständnis, mit dem er glaubt, eine bestimmte Aufgabe erfolgreich bewältigen zu können. Bei einer hohen Selbstwirksamkeit glaubt ein Mitarbeiter, seiner Aufgabe umfassend gewachsen zu sein. Sein Verhalten wird daher eher selbstsicher und zielorientiert sein als das eines Mitarbeiters, der fürchtet, an seiner Aufgabe zu scheitern.[10]
- Typ A und Typ B: Eine Person mit einer Typ A-Persönlichkeit ist charakterisiert durch ein immenses Erfolgsstreben und eine extreme Wettbewerbsorientierung, sie ist von Eile getrieben, ungeduldig und kann aggressiv sein. Ein Mitarbeiter mit dieser Persönlichkeitseigenschaft hat demnach gute Voraussetzungen dafür, in einer relativ kurzen Zeit ein relativ großes Arbeitsvolumen zu bewältigen. Ehrgeiz, Strebsamkeit oder Karriereorientierung wären Persönlichkeitseigenschaften, die im Einklang mit einer Typ A-Persönlichkeit stehen. Andererseits ist eine solche Person aufgrund ihres Konkurrenzstrebens und ihrer Ungeduld eher kein geeigneter Mitarbeiter in Teams. In vertikalen Beziehungen besteht die Gefahr, dass es zu Konflikten eines Typ A-Vorgesetzten mit seinen Mitarbeitern kommt.
  Im Unterschied dazu zeichnet sich eine Person mit einer Typ B-Persönlichkeit

durch Eigenschaften aus, die einer Typ A-Person diametral entgegengesetzt sind. Eine solche Person ist im Allgemeinen locker und entspannt und hat selten das Gefühl der Dringlichkeit und Eile. Als Mitarbeiter setzen diese Personen eher auf die Qualität von Entscheidungen als auf deren rasche Ausführung. Sie greifen daher seltener zu Routinelösungen, sondern nehmen sich die Zeit, neue, kreative Lösungsalternativen zu erarbeiten.[11]

1.2.3 Individuelle Unterschiede in den Werten und Einstellungen

Innerhalb der Menge der Persönlichkeitseigenschaften kommt den individuellen Werten und Einstellungen zur Beschreibung einer Person eine besondere Bedeutung zu. Während die im letzten Abschnitt vorgestellten Persönlichseigenschaften keine unmittelbare Motivdisposition besitzen, können Werte und Einstellungen neben den Bedürfnissen zu den motivationalen Eigenschaften einer Person gerechnet werden. Im Folgenden werden wir zunächst die beiden Begriffe einführen und gegenüber den oben diskutierten Persönlichkeitseigenschaften abgrenzen. Wir werden anschließend auf die speziell im Arbeitskontext relevanten Arbeitswerte und Arbeitseinstellungen eines Mitarbeiters eingehen.

Als **Werte** bezeichnen wir die Überzeugungen einer Person bezüglich der Dinge, die sie als wichtig und erstrebenswert erachtet. Ehrlichkeit, Freiheit, Gleichheit oder auch Umweltschutz können solche Werte sein. Die Gesamtheit dieser Überzeugungen stellen das **Wertesystem** der Person dar. Bezogen auf den Arbeitsbereich beziehen sich damit die **Arbeitswerte** eines Mitarbeiters auf seine Werthaltungen gegenüber den Dingen, die er von der Arbeit erwartet, bzw. auf die Art und Weise, wie man sich im Beruf verhalten sollte.

Ein Wert kann dabei durch Sozialisation übertragen bzw. geformt werden oder durch die Verfestigung von Bedürfnissen entstehen. Im ersten Fall stellt ein Wert ein Lebensprinzip dar, im zweiten Fall etwas, was die Person erreichen oder erhalten möchte. Werte sind somit Persönlichkeitseigenschaften, die motivationalen Charakter haben: Sie beeinflussen das individuelle Verhalten, indem sie entweder bestimmte Verhaltensmuster bereitstellen oder auf die Ausprägung und die Stärke von Bedürfnissen einwirken - dies zeigt eindrucksvoll das folgende Beispiel der protestantischen Arbeitsethik. Insofern sind Werte den Bedürfnissen einer Person vorgelagert.

Protestantische Arbeitsethik
und die Entstehung des Kapitalismus

Im Zusammenhang mit seinen Untersuchungen zum soziokulturellen Erbe und wirtschaftlichen Fortschritt vertrat Max Weber die These, dass die protestantische Arbeitsethik für die vergleichsweise modernen rationalen Arbeitsorganisationen in Europa verantwortlich ist. Seine Argumentation baut auf zwei Überlegungen auf: Einerseits orientieren sich die Grundsätze der protestantischen Arbeitsethik an asketischen Tugenden wie Fleiss, Tüchtigkeit und Genügsamkeit. Sie ermöglichen es dem Einzelnen, sein Leben der Arbeit und dem materiellen Erfolg zu widmen. Andererseits macht die protestantische Ethik dem Einzelnen, soweit er seinen religiösen Glauben praktisch ausübt, ein solches Leben zur Pflicht, denn nur so kann er sich der religiösen Bewährung aussetzen und sie bestehen.
Die überragende Bedeutung des Protestantismus bestand demnach in der Legitimierung eines ökonomischen Individualismus. Er brachte sowohl Tugenden von Selbstdisziplin, Selbstverantwortung und Selbstgenügsamkeit als auch religiöse Ideale in Einklang miteinander. Nach Weber (1920, S.190) wirkte die innerweltliche protestantische Askese "mit voller Wucht gegen den unbefangenen Genuss des Besitzes ... Dagegen ... sprengte [sie] die Fesseln des Gewinnstrebens, indem sie es ... direkt als gottgewollt ansah."
In der psychologischen Literatur wurde der Begriff der protestantistischen Arbeitsethik zuerst von McClelland (1961) eingeführt. Ziel seiner Arbeiten war es, einen Zusammenhang herzustellen zwischen wirtschaftlichem Fortschritt einerseits und dem Bedürfnis nach Leistung andererseits. Als Bindeglied diente hier die protestantistische Arbeitsethik. Folgende Argumentation liegt dem zugrunde: Die Werte und Ideen der protestantistischen Arbeitsethik bedingen, dass bereits die Kindererziehung auf Aspekte wie Unabhängigkeit oder Besitztumdenken ausgerichtet ist. Dies hat zur Folge, dass Kinder ein stark ausgeprägtes Bedürfnis nach Leistung haben. Dies wiederum führt dazu, dass protestantisch erzogene Kinder eher selbständige Unternehmer werden und somit zum wirtschaftlichen Aufschwung beitragen.
Mithilfe historischer Studien konnte McClelland diesen Zusammenhang zwischen

dem Bedürfnis nach Leistung und dem Fall und Wachstum des Kapitalismus bestätigen. So fand er am Beispiel des Kohleimports heraus, dass sich in England zwischen dem 15. und 18. Jahrhundert das Leistungsmotiv parallel zum Kapitalismus veränderte.

Quelle: Weber (1920) und McClelland (1961)

Werte beziehen sich auf generelle, situationsübergreifende Dinge. Im Unterschied dazu beziehen sich die Einstellungen einer Person auf ganz konkrete Dinge: **Einstellungen** bezeichnen die Bewertungen einer Person, die sie gegenüber bestimmten Objekten, Personen oder Ereignissen hat. Die **Arbeitseinstellungen** eines Mitarbeiters beziehen sich demnach auf seine spezifischen Bewertungen, die er in Bezug auf seine jeweilige Arbeit und seine Organisation hat.

Arbeitseinstellungen können nach drei Aspekten differenziert werden:

- Die kognitive Komponente betont das subjektive Wissen eines Mitarbeiters um seine Arbeit. Zum Beispiel glaubt er, dass seine Arbeit wichtig und von Bedeutung ist.
- Die affektive Komponente besteht aus den emotional wertenden Reaktionen des Mitarbeiters auf seine Arbeit. Hierzu gehört beispielsweise sein Gefühl, dass er seine Kollegen mag oder die Produkte, die seine Unternehmung herstellt, gut findet.
- Die konative Komponente bezieht sich darauf, wie sich ein Mitarbeiter in bestimmten arbeitsrelevanten Situationen am besten verhalten sollte, ob er also z.B. freundlich und hilfsbereit gegenüber neuen Kollegen sein sollte.

Diese drei Komponenten einer Einstellung müssen nicht notwendigerweiser bei einer Person konsistent sein. Zudem kann aufgrund der Kenntnis der Einstellung einer Person nicht unmittelbar auf ihr tatsächliches Verhalten geschlossen werden. Um dies zu sehen, betrachten wir als Beispiel das Abstimmungsverhalten bei Betriebsratswahlen: Ein wahlberechtigter Mitarbeiter muss z.B. einen Kandidaten, den er sympathisch findet, nicht unbedingt auch aufgrund der Ziele, die der Kandidat verfolgt, schätzen. Darüber hinaus sagen beide Bewertung nichts darüber aus, ob er denjenigen Kandidaten auch tatsächlich wählt. Diese Abweichung zwischen Einstellung und Verhalten gilt dabei insbesondere auch für die konative Komponente: Auch hier muss eine Verhaltensintention noch lange nicht umgesetzt werden, da beispielsweise auch andere Motive handlungsrelevant sein können. Die folgende Studie stellt hierfür ein klassisches Beispiel dar:

Die Reise von La Piere
und die Einstellung gegenüber Chinesen im Amerika der 30er Jahre

Eine vielzitierte sozialpsychologische Studie, die das Verhältnis von Einstellungen zu Verhalten untersucht, wurde 1934 von La Piere veröffentlicht. La Piere berichtet darin von einer Reise, die er Anfang der 1930er Jahre mit einem chinesischen Paar durch die USA machte. Aufgrund der damals weit verbreiteten anti-asiatischen Vorurteile war La Piere zu Beginn der Reise skeptisch, ob dem chinesischen Paar überhaupt die Unterbringung in Hotels oder die Bewirtung in Restaurants gewährt werden würde. Zu seiner großen Überraschung stellte er fest, dass es nur in einem von über 200 besuchten Etablissements zu diskriminierendem Verhalten kam.
Sechs Monate nach dieser Reise schrieb La Piere alle besuchten Hotels und Restaurants an und fragte, ob sie 'members of the Chinese race as guests in their establishments' akzeptieren würden. In Übereinstimmung mit den anti-asiatischen Vorurteilen, aber ganz im Gegensatz zum tatsächlichen Verhalten, gaben 92% der antwortenden Hotels und Restaurants der Anfrage eine klare Absage.
Auch wenn diese Studie von La Piere methodisch stark kritisiert worden ist, so gibt sie doch einen Hinweis darauf, wie Einstellungen und tatsächliches Verhalten beim Menschen divergieren können.

Quelle: La Piere (1934)

Die Einstellungen einer Person leiten sich aus ihren Werten ab: Letztere stellen einen allgemeinen Wegweiser für das individuelle Verhalten dar und sind somit relativ stabil. Arbeitswerte beziehen sich auf die grundsätzlichen Überzeugungen eines Mitarbeiters zur Arbeit. Einstellungen konkretisieren nun die Werte einer Person zu bestimmten Situationen. Ein Wert präzisiert dabei situationspezifisch eine Vielzahl von Einstellungen. Somit sind Einstellungen aber auch weniger stabil als Werte, da die Art und Weise, wie eine Person beispielsweise ein bestimmtes Objekt bewertet, sich mit der Zeit verändern kann. Betrachten wir beispielsweise die Arbeitseinstellungen eines Mitarbeiters: Diese hängen davon ab, wie er seine derzeitige Arbeit und Organisation erfährt. Aufgrund einer Umstrukturierung seines Arbeitsplatzes, einer Beförderung oder anderer Einflüsse können sich seine Arbeitseinstellungen im Laufe der Zeit wandeln. Demgegenüber müssen sich seine Arbeitswerte, die unabhängig sind von seinem jeweiligen Arbeitsplatz und Arbeitgeber, nicht notwendigerweise auch ändern. Erst langfristig wird man erwarten, dass sich Arbeitswerte als Antwort auf geänderte Arbeitseinstellungen ebenfalls modifizieren.

Neben den Werten und Einstellungen können als weitere motivationale Persönlichkeitseigenschaften die Stimmungen einer Person betrachtet werden. Eine **Stimmung** bezeichnet einen emotionalen Zustand, der für eine gewisse Zeit die Ansichten einer Person beeinflussen kann. Beispielsweise kann jemand aufgrund eines Erfolgserlebnisses euphorisch oder bei Misserfolg deprimiert sein. Bezogen auf den organisatorischen Kontext beschreibt die **Arbeitsstimmung** eines Mitarbeiters sein Gefühl, das er in seiner aktuellen Arbeitssituation hat.

Stimmungen können sich noch stärker als Werte und Einstellungen von Tag zu Tag, Stunde zu Stunde oder sogar Minute zu Minute ändern. Einstellungen können dabei Stimmungen beeinflussen: Ein Mitarbeiter, der Freude an seiner Arbeit hat, wird häufiger in einer guten Arbeitsstimmung sein als sein Kollege, der unzufrieden mit seiner Arbeit ist. Umgekehrt kann natürlich auch eine langfristig anhaltende Stimmung die Einstellung einer Person ändern: Ein Mitarbeiter, der aufgrund der Unfreundlichkeit seines Vorgesetzten über einen längeren Zeitraum hinweg in einer schlechten Stimmung ist, kann dadurch auch eine negative Einstellung zu seiner Arbeit bekommen.

Zusammenfassend ergeben sich somit die folgenden Abhängigkeiten zwischen den Arbeitswerten, -einstellungen und -stimmungen eines Mitarbeiters:

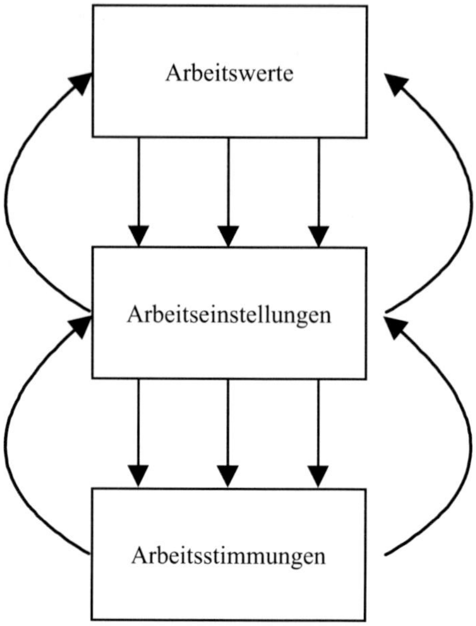

Abbildung 1.11: Die Beziehungen zwischen den Arbeitswerten, -einstellungen und -stimmungen

Arbeitswerte

Die Arbeitswerte eines Mitarbeiters haben wir definiert als seine Überzeugungen, die er grundsätzlich gegenüber Aspekten des Arbeitens hat. Sie reflektieren, was ein Mitarbeiter durch das Arbeiten erreichen möchte. Hierzu zählen einerseits seine Erwartungen über die Dinge, die er durch Arbeit erzielen kann, wie beispielsweise ein komfortables Leben, soziale Anerkennung oder eine innere Erfüllung. Andererseits umfassen die Arbeitswerte auch seine Vorstellungen darüber, wie man sich beim Arbeiten verhalten sollte, ob man also beispielsweise ehrlich, anderen Kollegen behilflich oder seinem Vorgesetzten untergeben sein sollte.

Eine Schwierigkeit bei der Erfassung von Arbeitswerten besteht darin, dass die Ursachen des Arbeitens nicht immer eindeutig von den Funktionen des Arbeitens getrennt werden können. Im ersten Fall geht es darum, die Faktoren zu identifizieren, die jemanden zum Arbeiten bewegen. Im Idealfall müsste man dazu einen betrachteten Faktor von der Arbeit isolieren und beobachten, ob ein Mitarbeiter ohne diesen Faktor weiterarbeitet. Die folgende Studie von Morse und Weiss (1955) gibt hierzu ein Beispiel.

Die finanzielle Entlohnung als Arbeitswert

Bereits 1955 gingen Morse und Weiss in einer empirischen Studie der Frage nach, welche Bedeutung die Entlohnung auf die Bereitschaft zu arbeiten hat. Sie befragten 401 zufällig ausgewählte berufstätige Männer, ob sie auch dann weiter arbeiten würden, wenn sie 'unexpectedly inherited enough money to retire at the same level of comfort'. Interessanterweise wollten 80% der Befragten auch weiterhin arbeiten. Unabhängig von der methodischen Kritik, die man an dieser Studie üben kann, gibt sie einen Hinweis darauf, dass die Bezahlung nicht das einzig entscheidende Kriterium für das individuelle Arbeitsangebot darstellt. Darüber hinaus zeigte sich, dass die Beantwortung der Frage je nach Alter oder Beruf des Befragten stark differierte. So ließ mit zunehmenden Alter der Wunsch nach, weiterzuarbeiten. Einzige Ausnahme war hierbei die Gruppe derjenigen, die älter als 65 Jahre waren und ohnehin gerade von einem Ausscheiden aus der Berufstätigkeit 'bedroht' waren. In dieser Gruppe war der Wunsch, weiterzuarbeiten, wieder höher.

Alter	*Anzahl*	*% derer, die arbeiten wollen*	*% derer, die nicht arbeiten wollen*
21-34	*106*	*90*	*10*
35-44	*123*	*83*	*17*
45-54	*79*	*72*	*28*
55-64	*46*	*61*	*39*
65 und älter	*38*	*82*	*18*

Wenig überraschend waren die unterschiedlichen Ergebnisse in den verschiedenen Berufsgruppen. Hier waren beispielsweise nur 58% der Hilfsarbeiter an einer weiteren Berufstätigkeit interessiert, wohingegen 86% der Selbständigen weiterarbeiten wollten. Noch deutlicher wurde die Diskrepanz bei der Frage nach einer Fortführung der gleichen Arbeit wie bisher. Lediglich 16% der Hilfsarbeiter gaben hier an, im Falle einer überraschenden üppigen Erbschaft weiterhin ihrer aktuellen Tätigkeit nachgehen zu wollen. Hingegen wären immerhin noch 68% der Selbständigen dazu bereit.

Quelle: Morse und Weiss (1955)

Im zweiten Fall – bei den Funktionen des Arbeitens – würde es hingegen darum gehen, herauszufinden, welche Auswirkungen es für eine Person hätte, wenn man ihr den Arbeitsplatz wegnehmen würde. Hierzu könnte man beispielsweise wie Kelvin (1982) vorgehen und Langzeitarbeitslose nach ihren Anliegen befragen. Je nach Vorgehen verwundert es nicht, dass man unterschiedliche Antworten erhält: So ist offensichtlich 'Geld verdienen' für die Befragten bei Morse und Weiss kein besonders wichtiger Grund für ihr Arbeiten, hingegen klagten die meisten Langzeitarbeitslosen in der Studie von Kelvin über den Mangel an Geld.[12] Die Ursachen dafür, dass jemand eine ganz bestimmte Arbeit ergreift, können also gänzlich von den Vorteilen abweichen, die sich derjenige von der Arbeit erhofft.

Die möglichen Arbeitswerte eines Mitarbeiters können grundsätzlich wie folgt klassifiziert werden:[13]

Intrinsische Arbeitswerte	Extrinsische Arbeitswerte
Arbeit als Freude, z.B. • herausfordernde Arbeit • interessante Arbeit Arbeit als Selbsterfüllung, z.B. • sein volles Leistungspotential bei der Arbeit entfalten • Verantwortung und Autonomie erreichen • neue Dinge dazulernen	Arbeit als Instrumentalität, z.B. • hohe Bezahlung • andere direkt vorteilhafte Ergebnisse der Arbeit Arbeit als soziale Institution, z.B. • Arbeit als gesellschaftliche Norm • soziale Kontakte besitzen • sozialen Status erreichen

Abbildung 1.12: Eine Klassifikation der Arbeitswerte

Intrinsische Arbeitswerte sind Werte, die in Bezug zur Natur der Arbeit selbst stehen. Zwei Ausprägungen können wir hier unterscheiden: Bei der Arbeit als Freude steht die Arbeit um ihrer selbst Willen im Vordergrund. So wird man vermuten, dass die meisten Schauspieler, Dichter, Fußballspieler oder auch Professoren ihren Beruf aufgrund seiner Inhalte gewählt haben. Sie haben im Allgemeinen Spaß an der Arbeit und finden ihre Arbeit interessant und herausfordernd. Bei der Arbeit als Selbsterfüllung geht es hingegen für eine Person darum, ihre Fähigkeiten und Interessen am besten zu nutzen: Der Wunsch, im Beruf sein volles Leistungspotential zu entfalten, eine umfassende Verantwortung und Autonomie zu erlangen oder permanent neue Dinge hinzuzulernen, gehören hierzu.[14]

Extrinsische Arbeitswerte sind demgegenüber Werte, die nicht die Arbeit selbst betreffen, sondern die mit den Konsequenzen aus dem Arbeiten verbunden sind. Auch hier können wir grundsätzlich zwei Klassen von Werten unterscheiden: Zum einen geht es beim instrumentellen Charakter der Arbeit um die direkten Folgen der Arbeit für eine Person. Dies kann bei bezahlter Arbeit die finanzielle Entlohnung oder die finanzielle Sicherheit für den Mitarbeiter sein, bei unbezahlter Arbeit sind es die Ergebnisse der Arbeit, die für jemanden unmittelbar vorteilhaft sind, etwa bei der Hausarbeit die Sicherstellung der eigene Versorgung. Zum anderen kann die Arbeit auch als eine soziale Institution gewertet werden. So kann eine Person aufgrund des sozialen Drucks zur Arbeit gehen. Weil alle arbeiten, muss man sich konform verhalten und arbeitet auch. Als soziale Institution erfüllt die Arbeit aber auch positive Werte: So ist die Arbeitsumgebung für viele Menschen nach dem Familienleben der primäre Ort sozialer Kontakte. Der mit einem Beruf verbundene soziale Status kann ebenfalls als Funktion der Arbeit angesehen werden.

In der Praxis kann es schwierig sein, die Arbeitswerte eines Mitarbeiters exakt in extrinsische oder intrinsische Werte einzuteilen bzw. die weiteren aufgezeigten Unterscheidungen vorzunehmen. So kann die Arbeit als soziale Institution durchaus auch intrinsische Arbeitswerte umfassen: Ein Professor, für den ein intensiver Kontakt mit ständig wechselnden Studenten zum grundlegenden Bestandteil seines Berufes zählt, wird dies als intrinsischen Arbeitswert schätzen. Im Allgemeinen wird so z.B. der soziale Aspekt der Arbeit sowohl extrinsischen als auch intrinsischen Arbeitswert besitzen. Darüber hinaus verdienen die meisten Menschen durch ihre Arbeit ihr Auskommen, so dass die Arbeitswerte einer Person im Allgemeinen immer auch extrinsischer Natur sind. Die meisten Menschen würden eine 'gute' Arbeit gerade dadurch kennzeichnen, dass sie alle Arbeitswerte erfüllt. Allerdings unterscheiden sich Mitarbeiter natürlich in der relativen Gewichtung der einzelnen Arbeitswerte, wie z.B. die obige Studie von Morse und Weiss verdeutlicht.

Arbeitseinstellungen

Die Arbeitseinstellungen eines Mitarbeiters hatten wir definiert als seine Bewertungen gegenüber seiner spezifischen Arbeitsumwelt. Sie konkretisieren seine Arbeitswerte und beziehen sich auf seine momentane Arbeit bzw. die Organisation, in der er zur Zeit tätig ist. Je nach Betrachtungsebene können wir so im organisatorischen Kontext eine Vielzahl verschiedener Einstellungen eines Mitarbeiters differenzieren. Beispielsweise kann ein Mitarbeiter Einstellungen gegenüber den organisatorischen Prozessen oder den eingesetzten Technologien in der Unternehmung haben.

Neben solchen sehr spezifischen Einstellungen sind zwei Konzepte allgemeinerer Arbeitseinstellungen von zentraler Bedeutung für die Organisationsgestaltung: Die Arbeitszufriedenheit und das organisatorische Commitment des Mitarbeiters. Beide sollen im Folgenden diskutiert werden.

Die **Arbeitszufriedenheit** eines Mitarbeiters beschreibt seine Einstellung gegenüber seiner derzeitigen Arbeit. Diese Einstellung zur eigenen Arbeit entsteht aus der Bewertung des Verhältnisses der durch die Arbeit erzielten Bedürfnisbefriedigung zu den ihr gegenüber gebildeten Erwartungen. Je nachdem, inwieweit seine Erwartungen an die Arbeit und seine tatsächlichen Erfahrungen in Einklang stehen, kann der Grad der Arbeitszufriedenheit eines Mitarbeiters von extremer Zufriedenheit bis zu extremer Unzufriedenheit variieren.

Da ein Mitarbeiter Einstellungen gegenüber den verschiedensten Aspekten seiner Arbeit haben wird, ergibt sich seine Arbeitszufriedenheit als ein komplexes Gebilde dieser einzelnen Einstellungen. Darüber hinaus ergeben sich aufgrund unserer bisherigen Diskussion weitere Einflussgrößen auf seine Arbeitszufriedenheit:

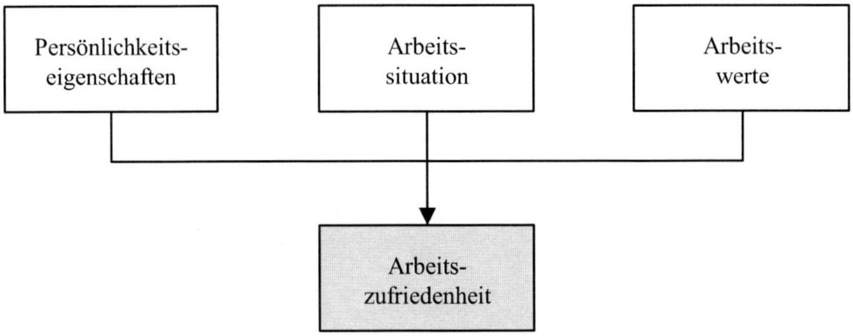

Abbildung 1.13: Die Einflussgrößen auf die Arbeitszufriedenheit

So hat die Persönlichkeit eines Mitarbeiters Auswirkungen auf seine Arbeitszufriedenheit:[14] Untersuchungen zeigen beispielsweise, dass ein ausgeprägt extrovertierter Mitarbeiter eher mit seiner Arbeit zufrieden ist als ein Mitarbeiter, der diese Persönlichkeitseigenschaft lediglich in einem geringen Umfang besitzt. Zudem hat sich in Zwillingsstudien gezeigt, dass etwa 30% der Variation in den Unterschieden der Arbeitszufriedenheit von Zwillingen auf genetische Faktoren zurückgeführt werden können.

Die Einflüsse von Arbeitswerten auf die Arbeitszufriedenheit wurden bereits angesprochen und sind offensichtlich: Ein Mitarbeiter mit ausgeprägten intrinsischen Arbeitswerten wird beispielsweise eher mit einer interessanten und herausfordenden Arbeit zufrieden sein als ein Mitarbeiter mit geringen intrinsischen Arbeitswerten, selbst wenn diese Arbeit nur schlecht bezahlt ist oder mit einer Vielzahl von Überstunden verbunden ist. Umgekehrt wird ein Mitarbeiter mit hohen extrinsischen Arbeitswerten im Allgemeinen zufriedener mit einer monotonen aber gut bezahlten Arbeit sein als ein Mitarbeiter mit einer niedrigen Ausprägung an extrinsischen Arbeitswerten.

Unterschiede in der Arbeitszufriedenheit von Managern auf verschiedenen Hierarchieebenen

In vielen Studien hat man versucht, die Arbeitszufriedenheit von Mitarbeitern in Organisationen durch Befragungen zu messen. Methodisch sind solche Studien oft mit Vorsicht zu lesen, da die Ergebnisse z.B. sehr stark von der gewählten Skalie-

rung oder der Art der Fragestellung abhängig sind.
Eine interessante Studie hat Porter (1961) durchgeführt, in der er Manager auf verschiedenen Hierarchieebenen zu Faktoren befragte, die er aus der Theorie der Bedürfnishierarchie von Maslow ableitete. Die folgende Abbildung zeigt den Anteil der Personen, die Defizite in ihrer Bedürfnisbefriedigung angaben:

	% Unteres Management (N = 64)	% Mittleres Management (N = 75)	% Differenz
Sicherheitsbedürfnisse	42.2	26.7	15.5
Soziale Bedürfnisse	35.2	32.0	3.2
Ich-Bedürfnisse	55.2	35.6	19.6
Autonomiebedürfnisse	60.2	47.7	12.5
Selbstverwirklichungsbedürfnisse	59.9	53.3	6.6
Entlohnung	79.7	80.0	-0.3
Kommunikation	78.1	61.3	16.8

Die Studie von Porter zeigt, dass die befragten Personen des mittleren Managements im Durchschnitt zufriedener mit allen genannten Aspekten waren als die des unteren Managements. Unzufriedenheit wurde von einer großen Zahl befragter Manager bezüglich ihrer Bezahlung und der organisationsinternen Kommunikation geäußert. Weiterhin war die Unzufriedenheit der Manager bei solchen Faktoren größer, die nach Maslow auf einer höheren Stufe der Bedürfnishierarchie liegen. Porter fand darüber hinaus in seiner Studie auch Evidenz dafür, dass die befragten Manager gerade mit solchen Faktoren unzufrieden waren, denen sie die größte Bedeutung zumaßen. Unbeantwortet blieb aber die Frage der Kausalität: Empfinden Manager gerade solche Aspekte als besonders wichtig, mit denen sie unzufrieden sind, oder macht sie gerade die Nicht-Erfüllung wichtiger Aspekte unzufrieden?

Quelle: Porter (1961)

Von besonderer Bedeutung für die Arbeitszufriedenheit eines Mitarbeiters ist seine spezifische Arbeitssituation. Hierzu gehört z.B., welche Tätigkeiten er durchzuführen hat, welche Entscheidungskompetenzen er hierfür besitzt, mit welchen Kollegen und anderen Organisationsteilnehmern er in Kontakt steht, welche Einstellungen seine Kollegen haben oder auch welchen Arbeitplatzbedingungen er ausgesetzt ist.

Die Arbeitszufriedenheit eines Mitarbeiters wird von dieser Vielzahl an Arbeitsfacetten natürlich unterschiedlich beeinflusst: Wie wir gesehen haben, sind hierfür seine Persönlichkeitseigenschaften und Arbeitswerte entscheidend. Es überrascht daher nicht, dass die Untersuchungen von Smith, Kendall und Hulin (1969) die folgenden fünf entscheidenden Facetten der Arbeit als Determinanten der Arbeitszufriedenheit aufzeigen: Die Arbeit selbst, die Bezahlung, die Möglichkeiten der Beförderung, die Beziehung zum unmittelbaren Vorgesetzten sowie die Beziehungen zu Kollegen - alles Faktoren, die wir bereits bei der Diskussion der Arbeitswerte kennengelernt haben.

Neben der Arbeitszufriedenheit gehört auch das organisatorische Commitment eines Mitarbeiters zu den arbeitsrelevanten Einstellungen in Organisationen. Das **organisatorische Commitment** eines Mitarbeiters bezieht sich dabei auf seine Einstellungen gegenüber der ihn beschäftigenden Organisation als Ganzes. Analog zur Vielzahl an Facetten der spezifischen Arbeitssituation können auch der allgemeinen Arbeitsumwelt eines Mitarbeiters verschiedene Aspekte zugeordnet werden: Die Art des Umgangs zwischen den Mitarbeitern im Unternehmen, das Auftreten des Unternehmens in der Öffentlichkeit, seine Produkte und die zur Produktion eingesetzten Technologien, die Verantwortung des Unternehmens für seine Umwelt und viele andere Faktoren. Auch hier ergibt sich demnach das organisatorische Commitment eines Mitarbeiters als ein komplexes Gebilde seiner einzelnen Einstellungen zu relevanten Facetten seiner Arbeitsumwelt.

Bezogen auf die oben dargestellten einzelnen Komponenten einer Einstellung können wir das organisatorische Commitment eines Mitarbeiters wie folgt spezifizieren:[15]

- Die kognitive Komponente umfasst die Akzeptanz der Ziele und Werte der Organisation durch den Mitarbeiter.
- Die affektive Komponente bezieht sich auf seine emotionale Bindung an die Organisation. Hierzu gehören sowohl seine Identifikation mit als auch seine Involviertheit in der Organisation.
- Die konative Komponente beruht auf der Bereitschaft des Mitarbeiters, sich für die Organisation entsprechend einzusetzen und in der Organisation zu verblei-

ben.

Neben der allgemeinen Arbeitsumwelt eines Mitarbeiters beeinflussen natürlich sowohl die Rahmenbedingungen seiner spezifischen Arbeitssituation als auch personelle Faktoren den Grad seines organisatorischen Commitments. Im Vergleich zum Konzept der Arbeitszufriedenheit ist diese Arbeitseinstellung damit allgemeiner und überdauernder: Die Arbeitszufriedenheit eines Mitarbeiters kann sich im Extremfall mit seiner täglichen Arbeit ändern. Seine Einstellungen zur Organisation sind hingegen aufgrund der relativen Stabilität der Organisation lediglichgeringeren Schwankungen unterworfen.

Kulturelle Differenzen im organisatorischen Commitment

Lange Zeit beeindruckte die japanische Volkswirtschaft durch hohe Produktivitätszuwächse, vor allem auch im Vergleich zu Westeuropa und den USA. Neben verschiedenen anderen Erklärungsansätzen haben Wissenschaftler ein unterschiedliches organisatorisches Commitment von Mitarbeitern zu ihrem Unternehmen für diese Entwicklungen verantwortlich gemacht. Die Tatsache, dass japanische Arbeiter in den 70er Jahren im Schnitt nur halb so oft ihre Arbeitsplätze wechselten wie ihre amerikanischen Kollegen, wurde oft als Hinweis für ein stärkeres Commitment gewertet.

Forscher haben versucht herauszufinden, von welchen Faktoren das organisatorische Commitment von Mitarbeitern beeinflusst wird. Viele Studien zeigten insbesondere die positive Abhängigkeit der Variablen 'Alter der Person' und 'Zugehörigkeitsdauer in der Organisation' vom Commitment. Als Ergebnis einer vergleichenden Befragung von Beschäftigten in japanischen, koreanischen und US-amerikanischen Unternehmen sind Luthans, McCaul und Dodd (1985) jedoch skeptisch, ob Produktivitätsunterschiede in diesen Ländern tatsächlich durch ein unterschiedliches Commitment der Beschäftigten mit ihrem Unternehmen erklärt werden können. Vielmehr zeigen sie in ihrer Studie, dass entgegen den gängigen Vorurteilen die amerikanischen Befragten ein stärkeres Commitment aufweisen als ihre asiatischen Kollegen. Verschiedene Forscher bezweifeln sogar, dass kulturelle Werte und Normen einen wesentlichen Einfluss auf das Commitment von Mitarbeiter haben.

Quelle: Luthans, McCaul und Dodd (1985)

1.2.4 Individuelle Unterschiede in den Fähigkeiten

Individuelle Unterschiede zwischen einzelnen Mitarbeitern werden nicht nur durch die unterschiedliche Ausprägung ihrer Persönlichkeit bestimmt, sondern auch durch ihre jeweiligen Fähigkeiten, Fertigkeiten oder Begabungen. Diese Begriffe werden in der Literatur meist synonym benutzt. Im Folgenden werden wir daher von den **Fähigkeiten** eines Mitarbeiters sprechen und mit Lubinski und Dawis (1992, S.3) all diejenige Eigenschaften darunterfassen "what a person is capable of doing". Zwei wesentliche Typen von Fähigkeiten werden wir unterscheiden: psychische und physische Fähigkeiten.

Psychische Fähigkeiten sind diejenigen Eigenschaften einer Person, die es ihr erlauben, mental Tätigkeiten durchzuführen. Bezogen auf den Mitarbeiter erfassen sie die kognitiven, sozialen und psychologischen Aspekte seiner individuellen Leistungsfähigkeit:

- Die kognitiven Fähigkeiten werden meist als allgemeine Intelligenz einer Person bezeichnet. Sie umfassen somit eine Vielzahl spezifischer Eigenschaften wie beispielsweise verbale Fähigkeiten, analytische Fähigkeiten, die Fähigkeit, Zusammenhänge zu erfassen und Dinge zu behalten, oder auch die Fähigkeit, mit der eine Person bestimmte Dinge wahrnimmt.
- Die sozialen Fähigkeiten einer Person sind durch seine Fähigkeiten im Umgang mit anderen Personen gekennzeichnet. Im Arbeitsbereich gehören hierzu Aspekte wie Teamfähigkeit, Kollegialität, Hilfsbereitschaft, Kooperationsfähigkeit oder Führungsfähigkeit. Solche Eigenschaften spiegeln die Sozialkompetenzen eines Mitarbeiters wider.
- Die psychologischen Fähigkeiten zielen auf die psychische Beanspruchbarkeit einer Person ab. Bei einem Mitarbeiter sind dies also seine Fähigkeiten, mit Belastungen, die von seiner Arbeit hervorgerufen werden, umzugehen. Hierzu gehören beispielsweise nervliche Anspannung oder Stress, die durch die Verantwortung des Mitarbeiters, seine Arbeitsbedingungen oder auch durch Zeitdruck ausgelöst werden können.

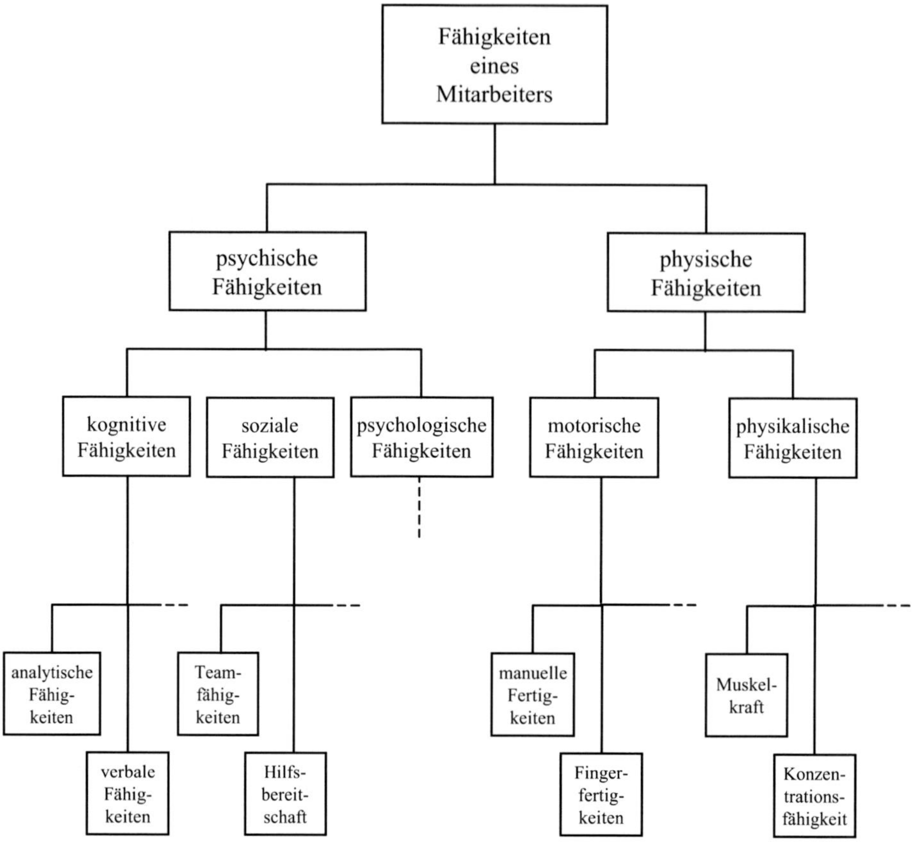

Abbildung 1.14: Die Fähigkeiten eines Mitarbeiters

Physische Fähigkeiten sind diejenigen Eigenschaften einer Person, mit Hilfe derer sie körperliche Tätigkeiten ausführen kann. Sie bestimmen im Arbeitsbereich die körperliche Leistungsfähigkeit eines Mitarbeiters. Zwei Aspekte können wir hier unterscheiden:

- Die motorischen Fähigkeiten einer Person beziehen sich auf ihre Fähigkeiten, physikalisch Objekte zu verändern. Hierzu zählen beispielsweise die Fingerfertigkeiten oder die Reaktionszeit eines Mitarbeiters, die gleichzeitige Koordination mehrerer Gliedmaßen oder seine manuellen Fertigkeiten.
- Die physikalischen Fähigkeiten einer Person beschreiben ihre Fitness und Kraft.

Die Muskelkraft eines Arbeiters gehört hierzu ebenso wie seine Fähigkeit, Muskeln zu dehnen oder spontan Körperenergie zu mobilisieren.

Die Fähigkeiten eines Mitarbeiters, die im Hinblick auf seine Arbeitsleistung relevant sind, werden in der Literatur auch als sein Humankapital bezeichnet. Wir folgen hier Milgrom und Roberts (1992, S.328) und definieren **Humankapital** als "knowledge and aquired skills a person has that increases his or her ability to conduct activities with economic value". Für die nachfolgenden Ausführungen ist es sinnvoll, zwischen unternehmensspezifischem und allgemeinem Humankapital zu unterscheiden:

- **Unternehmensspezifisches Humankapital** beeinhaltet diejenigen Qualifikationen eines Mitarbeiters, die ausschließlich für eine spezifische Unternehmung von Wert sind. Hierzu gehört beispielsweise sein Wissen um firmeninterne Zusammenhänge, unabhängig davon, ob sie sich auf soziale Beziehungen oder firmeninterne Abläufe beziehen. Auch seine Fähigkeiten im Umgang mit den spezifischen Maschinen oder Anlagen einer Unternehmung sind hier zu nennen.
- Das **allgemeine Humankapital** bezieht sich auf diejenigen Qualifikationen eines Mitarbeiters, die er nicht nur bei einem spezifischen Arbeitgeber, sondern grundsätzlich im Rahmen seiner Arbeitstätigkeiten einsetzen kann. Das Wissen eines Ingenieurs um technische Zusammenhänge gehört hier ebenso dazu wie Spachkenntnisse oder allgemeine Verkaufs- und Marketingkenntnisse.

1.2.5 Der komplexe Mitarbeiter als Grundlage der Analyse

Die Diskussion in diesem Abschnitt hat gezeigt, dass sich Mitarbeiter im Hinblick auf eine Vielzahl von Persönlichkeitsfaktoren unterscheiden. Diese individuellen Unterschiede sind zurückzuführen auf die Verschiedenartigkeit ihrer jeweiligen biologischen Abstammung sowie auf die spezifischen Umweltfaktoren, die ihre Sozialisierung bestimmen. Diese Unterschiede in den genetischen Faktoren und der Lebenserfahrung eines Mitarbeiters spiegeln sich in seiner individuellen Persönlichkeit, seinen individuellen Werten, Einstellungen und Bedürfnissen und seinen individuellen Fähigkeiten wider:

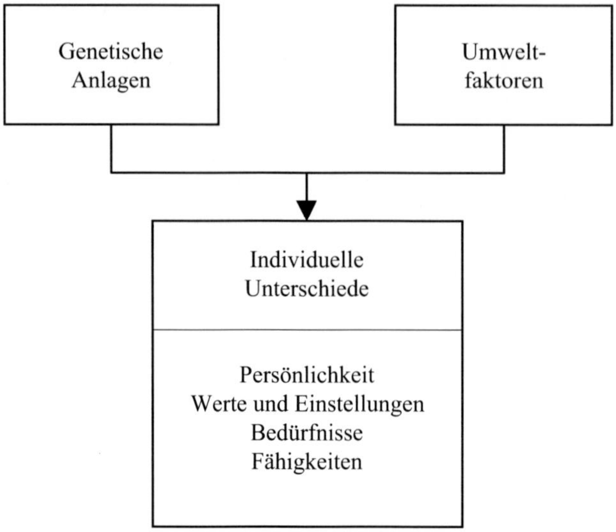

Abbildung 1.15: Individuelle Unterschiede als Folge der biologischen Abstammung und spezifischer Umweltfaktoren

Will demnach eine Unternehmung die Teilnahme eines Mitarbeiter an der Organisation sichern, muss sie bei der Befriedigung seiner Zielvorstellungen die gesamte Komplexität seiner individuellen, persönlichen Ziele berücksichtigen. In der Literatur wird in Anlehnung an Schein (1988, S.93f) diese Komplexität der menschlichen Natur im Bild des Mitarbeiters als komplexes Wesen charakterisiert. Fasst man unsere obige Diskussion zusammen, dann liegen diesem Bild folgende Vorstellungen zugrunde:

- Ein Mitarbeiter kann über eine Vielzahl verschiedener Bedürfnisse verfügen, die in irgendeiner Weise, je nach ihrer Bedeutung, hierarchisch miteinander in Beziehung stehen können. Diese Bedürfnisse werden durch die individuelle Persönlichkeit des Mitarbeiters beeinflusst. Diese ist wiederum nicht konstant, sondern von seinen bisherigen Lebenserfahrungen abhängig.
- Ein Mitarbeiter ist wandlungsfähig, und seine Bedürfnisse können sich ständig verändern. Insbesondere kann er durch seine Erfahrungen in der Organisation neue Bedürfnisse entwickeln. Zu einem bestimmten Zeitpunkt seiner Betriebszugehörigkeit ist seine Bedürfnisstruktur daher durch ein komplexes Zusammen-

spiel seiner Erfahrungen innerhalb und außerhalb der Organisation geprägt.

- Ein Mitarbeiter kann verschiedene Bedürfnisse in verschiedenen organisatorischen Einheiten derselben Organisation besitzen. Er ist flexibel und kann sich an unterschiedliche Arbeitssituationen und -umwelten anpassen. Bedürfnisse, die nicht unmittelbar in der Organisation erfüllt werden, können auch außerhalb der Organisation befriedigte werden.
- Verschiedene Mitarbeiter können unterschiedliche Bedürfnisse besitzen. Insbesondere können sie denselben Bedürfnisse eine andere Bedeutung beimessen. Art, Stärke und Inhalt der jeweiligen Bedürfnisse sind situations- und zeitabhängig.

Obwohl diese Vorstellungen durch eine Vielzahl der oben genannten empirischen Studien belegt werden, stellen sie nichtsdestotrotz Annahmen an die Natur des Menschen dar. Die Gesamtheit solcher Annahmen wird in der Literatur auch als **Menschenbild** bezeichnet. Das Menschenbild des komplexes Mitarbeiters stellt demnach ein spezifisches Modell der Persönlichkeit von Mitarbeitern dar und unterstellt ein spezifisches Muster von Persönlichkeitseigenschaften.

1.3 Zusammenfassung

Ein Mitarbeiter verspricht sich durch seine Teilnahme an einer Unternehmung eine umfassendere Erreichung seiner persönlichen Ziele, als wenn er versuchen würde, diese ausschließlich allein zu erreichen. Zwei Grundprinzipien, die jeder ökonomischen Organisation zugrunde liegen, tragen hierzu bei: Arbeitsteilung und Tausch. Die Vorteile der Arbeitsteilung sind auf vier Aspekte zurückzuführen: Erstens sind dem Wissen und den Fertigkeiten des Einzelnen bei der Ausführung komplexer Tätigkeiten Grenzen gesetzt. Zweitens erfordern viele Tätigkeiten besonders ausgeprägte Fähigkeiten der Ausführenden, und verschiedene Personen haben hierin unterschiedliche Begabungen. Drittens können durch Arbeitsteilung Kostenreduktionen erzielt werden, und viertens kann es zu Lerneffekten der Organisationsteilnehmer kommen. Tausch ist notwendig, um die Vorteile aus der Arbeitsteilung zu nutzen. Innerhalb der Unternehmung trägt der Austausch von Zwischenprodukten und Dienstleistungen, die von den einzelnen Mitarbeitern produziert bzw. bereitgestellt werden, zu einer Abstimmung der jeweiligen Arbeitsschritte bei. Im Verhältnis der Unternehmung zu ihren Konsumenten werden durch den Austausch die Vorteile realisiert, die sie bei der Produktion ihrer Endprodukte bzw. Dienstleistungen erzielen konnte.

Die mit der Arbeitsteilung und dem Tausch verbundenen Spezialisierungen und Interdependenzen innerhalb der Unternehmung rücken die beiden Grundbausteine jeder ökonomischen Organisation in den Mittelpunkt der Analyse: Neben der Transaktion, die sich auf den Austausch von Gütern oder Leistungen innerhalb der Unternehmung bezieht, ist dies der Mitarbeiter. Er stellt als letztendlicher Entscheidungsträger die kleinste zu betrachtende Einheit bei der Gestaltung von Organisationen dar.

Zur Erklärung der Ziele eines Mitarbeiters haben wir den Begriff des Motivs eingeführt. Ein Motiv bezeichnet die Bereitschaft einer Person, auf eine gegebene Situation in einer spezifischen Weise zu reagieren. Insbesondere umfassen Motive gewisse Handlungsziele der Person. Dem Motiv vorgelagert ist ein Bedürfnis, also ein gewisses Mangelempfinden einer Person, das auf ein Ungleichgewicht zurückzuführen ist. Der Wunsch nach Bedürfnisbefriedigung wird so zum Motiv, das ihr Handeln bestimmt. Ziel des so motivierten Verhaltens ist die Beseitigung dieses Bedürfnismangels.

Individuelle Unterschiede in den Bedürfnissen eines Mitarbeiters ergeben sich aufgrund einer unterschiedlichen subjektiven Bedeutung der einzelnen Bedürfnisse. Diese sind von der Umwelt des Mitarbeiters geprägt und somit von seiner Lebenserfahrung abhängig. Zudem unterliegen damit seine Bedürfnisse aber auch einem permanenten Wandel. Die Bedürfnistheorie von Maslow klassifiziert die verschiedenen Bedürfnisse einer Person hierarchisch in fünf Ebenen. Die Dringlichkeit der Bedürfnisse ist von der jeweiligen Persönlichkeitsentwicklung bestimmt: Einmal befriedigte Bedürfnisse führen zu neuen Bedürfnissen auf der nächsthöheren Ebene, wobei die Selbstverwirklichungsbedürfnisse auf der obersten Ebene nie befriedigt werden können. Die ERG-Theorie von Aldefer erweitert diese Theorie von Maslow, indem sie zusätzliche Wechselwirkungen zwischen den Bedürfnisebenen unterstellt. Insbesondere kann ein unbefriedigtes Bedürfnis dazu führen, dass ein hierarchisch nachgeordnetes Bedürfnis relevant wird. Die Zwei-Faktoren-Theorie von Herzberg schließlich unterstellt lediglich zwei Bedürfnisklassen, zwischen denen keine hierarchischen Beziehungen bestehen.

Nimmt man diese Erkenntnisse zusammen, ergeben sich zwei Schlussfolgerungen: Erstens ist jede Einteilung von Bedürfnissen in Klassen beliebig. Wir haben deshalb im Arbeitskontext mehrere spezifische Bedürfnisarten als besonders relevant herausgestellt, beispielsweise das Bedürfnis nach Geld, nach Status oder nach Leistung. Zweitens können zwischen einzelnen Bedürfnissen verschiedene Wechselwirkungen bestehen: Sie können komplementär sein, wenn die Befriedigung des einen Bedürfnisses zur Befriedigung des anderen Bedürfnisses führt. Sie können miteinander konkurrieren, wenn die Befriedigung des einen Bedürfnisses der eines anderen Bedürfnisses entgegensteht. Schließlich können Bedürfnisse auch unabhängig voneinander sein.

Bedürfnisse sind abhängig von Ungleichgewichten in einer Person und somit von ihrer individuellen Persönlichkeit. Diese haben wir als die Gesamtheit der Eigenschaften definiert, die ein konsistentes Verhaltensmuster der Person in verschiedenen Situationen und zu verschiedenen Zeitpunkten bedingen. Als eine Möglichkeit der Klassifikation einzelner Personlichkeitseigenschaften haben wir das Big-Five-Modell vorgestellt, das zwischen der Extroversion, der emotionalen Instabilität, der Verträglichkeit, der Gewissenhaftigkeit sowie der Offenheit für Erfahrungen unterscheidet. Im Arbeitskonstext waren zudem die folgenden Persönlichkeitseigenschaften relevant: Der Locus of Control, die Selbstbeobachtung, die Selbstwertschätzung und Selbstwirksamkeit der Person sowie die Typ A- bzw. B-Persönlichkeit.

Innerhalb der Menge der Persönlichkeitseigenschaften kommt den individuellen Werten und Einstellungen einer Person eine besondere Bedeutung zu, da sie motivationale Eigenschaften besitzen. Als Arbeitswerte eines Mitarbeiters haben wir seine grundsätzlichen Überzeugungen bezeichnet gegenüber den Dingen, die er von der Arbeit erwartet bzw. bezüglich der Art und Weise, wie man sich im Beruf verhalten sollte. Im Unterschied dazu beziehen sich seine Arbeitseinstellungen auf die spezifischen Bewertungen, die er gegenüber seiner jeweiligen Arbeit und seiner Organisation gebildet hat. Arbeitseinstellungen sind somit zeitlich weniger stabil als Arbeitswerte. Noch kurzfristiger verhaltensrelevant sind seine Arbeitsstimmungen, die wir als die Gefühle eines Mitarbeiters in seiner aktuellen Arbeitssituation beschrieben haben.

Arbeitswerte haben wir in intrinsische und extrinsische unterschieden. Erstere sind Werte, die in Bezug zur Natur der Arbeit selbst stehen. Extrinsische Arbeitswerte sind demgegenüber Werte, die nicht die Arbeit selbst betreffen, sondern die mit den Konsequenzen aus der Durchführung der Arbeitsaufgabe verbunden sind.

Bei den Arbeitseinstellungen eines Mitarbeiters haben wir seine Arbeitszufriedenheit und sein organisatorisches Commitment hervorgehoben. Seine Arbeitszufriedenheit beschreibt seine Einstellung gegenüber seiner derzeitigen Arbeit. Sie wird von seiner Persönlichkeit, seinen Arbeitswerten sowie seiner jeweiligen Arbeitssituation beeinflusst. Das organisatorische Commitment eines Mitarbeiters bezieht sich dabei auf seine Einstellungen gegenüber der ihn beschäftigenden Organisation als Ganzes. Im Unterschied zu seiner Arbeitszufriedenheit, die sich mit der täglichen Arbeit ändern kann, ist sein organisatorisches Commitment geringeren Schwankungen unterworfen.

Individuelle Unterschiede zwischen Mitarbeitern ergeben sich auch aufgrund ihrer jeweiligen psychischen und physischen Fähigkeiten. Psychische Fähigkeiten sind diejenigen Eigenschaften einer Person, die es ihr erlauben, mentale Tätigkeiten durchzuführen. Hierzu gehören ihre kognitiven, sozialen und psychologischen Fähigkeiten. Physische Fähigkeiten sind diejenigen Eigenschaften einer Person, mit denen sie körperliche Tätigkeiten ausführen kann. Sie bestimmen im Arbeitsbereich die körperliche Leistungsfähigkeit eines Mitarbeiters und umfassen seine motorischen und physikalischen Fähigkeiten. Die Fähigkeiten eines Mitarbeiters, die im Hinblick auf seine Arbeitsleistung relevant sind, haben wir als sein Humankapital bezeichnet. Unternehmensspezifisches Humankapital beinhaltet dabei diejenigen Qualifikationen eines Mitarbeiters, die ausschließlich für seinen derzeitigen Arbeitgeber von Wert sind. Sein allgemeines Humankapital bezieht sich auf diejenigen Qualifikationen, die er grundsätzlich bei der Durchführung einer Arbeitsaufgabe einsetzen kann.

Insgesamt haben wir die Charkterisierungen eines Mitarbeiter im Bild des komplexen Menschen zusammengefasst: Verschiedene Mitarbeiter können unterschiedliche Bedürfnisse besitzen. Diese Bedürfnisse können sich ständig verändern und sind in Art, Stärke und Inhalt situations- und zeitabhängig. Die Bedürfnisse, die nicht unmittelbar in der Organisation erfüllt werden, können auch außerhalb befriedigt werden.

1.4 Literaturhinweise

Eine ausführliche Einführung in die Analyse von ökonomischen Organisationen sowie eine eingehendere Darstellung der in diesem Kapitel eingeführten Begriffe finden sich in Jost (2000a). Dort werden auch weiterführende Literaturhinweise gegeben.

Die Erforschung interindividueller Unterschiede ist Gegenstand der Differentiellen Psychologie, im Englischen Individual Differences Theory. Für die Anwendung dieser Erkenntnisse auf den Arbeitskontext siehe den Übersichtsbeitrag von Ackerman und Humphreys (1990). Individuelle Unterschiede zwischen Mitarbeitern werden auch in dem Buch von Furnham (1992) untersucht.

Grundlegend für die Klassifikation individueller Bedürfnisse ist die Arbeit von Murray (1938). Neben Interviews, schriftlichen Lebensläufen oder Kindheitserinnerungen benutzte Murray verschiedene Testverfahren und Experimente für seine Klassifikation von Bedürfnissen, siehe Murray (1938, S.397ff). Der von ihm entwickelte Thematische Auffassungstest (TAT) - siehe insbesondere Morgan und Murray (1935) - wurde später in der experimentiellen Motivationsforschung intensiv zur Messung spezifischer Bedürfnisse herangezogen, siehe McClelland u.a. (1953). Siehe hierzu auch Murray (1951, S.457ff), der eine detaillierte Kriterienliste für die Klassifikation von Bedürfnissen aufstellt.

Eine zusammenfassende Darstellung der Bedürfnistheorien von Maslow (1954), Alderfer (1969; 1972) und Herzberg (1966) findet sich in jedem Lehrbuch zur Organisationspsychologie. Empirische Studien zur Bedürfnishierarchie von Maslow wurden vor allem in den 60er Jahren durchgeführt, siehe z.B. Porter (1964) für Untersuchungen im organisatorischen Kontext. Einen Überblick über die empirischen Befunde geben z.B. Wahba und Bridwell (1976). Empirische Studien, die die ERG-Theorie überprüfen, sind beispielsweise die von Wanous und Zwany (1977) und Alderfer und Guzzo (1979). Übersichtsartikel bzw. kritische Würdigungen zur Zwei-Faktoren-Theorie von Herzberg finden sich in House und Wigdor (1967), Cummings und Elsalmi (1968), King (1970) oder Bockman (1971). Siehe hierzu auch von Rosenstiel (1975, S.425ff), der einen Überblick über verschiedene Studien zur Zwei-Faktoren-Theorie gibt, oder die Arbeit von Wernimont (1966), in der der Autor mit zwei verschiedenen Messmethoden zu unterschiedlichen Ergebnissen kommt. Zu den individuellen Bedürfnissen, die speziell im organisatorischen Kontext relevant sind, siehe von Haller Gilmer (1971, S.231ff) sowie die im Text angeführte Literatur. Kulturelle Unterschiede in den Bedürfnisstrukturen von Mitarbeitern werden von Ronen (1994) in verschiedenen empirischen Studien untersucht.

Seit Marshall (1890) werden Bedürfnisse von Personen in den Wirtschaftswissenschaften diskutiert. Siehe Haines (1982) für einen Vergleich zwischen Marshall's Ausführungen und der Bedürfnishiercharchie von Maslow. Zu den Wechselwirkungen zwischen Bedürfnissen siehe auch Hicks (1946; 1956), zur Befriedigung von Bedürfnissen und ihrer Sättigung siehe Clark (1946).

Neben den im Text erwähnten Literaturhinweisen zu den einzelnen Bedürfnissen findet sich eine zusammenfassende Diskussion in McClelland (1985) oder Heckhausen (1989). Welche verschiedenen Bedürfnisse im Arbeitskontext relevant sind, wird empirisch von Vroom (1967) oder von Rosenstiel (1975) zusammengefasst. Das Zusammenspiel von Bedürfnissen, Fähigkeiten und Werten einer Person wird in McClelland (1981) thematisiert.

Eine Übersicht über verschiedene Persönlichkeitstheorien findet sich in jedem Lehrbuch zur Psychologie, z.B. in Zimbardo und Gerrig (1999). Siehe auch Hogan (1990), Allen (1994) oder Asendorpf (1996) für eine differenzierte Darstellung der wichtigsten Persönlichkeitstheorien. Für frühere Eigenschaftstheorien siehe Allport (1937) und Cattell (1965). Auf Wiggins (1973) geht der Begriff 'Big-Five-Model of Personality' zurück. Siehe hierzu auch Digman (1990) oder Barrick und Mount (1991).Wiggins und Pincus (1992), Costa und McCrae (1992) und Goldberg (1993) stellen empirische Untersuchungen zu diesem Modell vor. Da die Herleitung der fünf Eigenschaften auf dem statistische Verfahren der Faktoranalyse basiert, muss dieses Modell allerdings kritisch beurteilt werden, siehe hierzu auch Lykken (1971) oder Block (1995). Zu den einzelnen Persönlichkeitsmerkmalen siehe die im Text angeführte Literatur.

Der motivationale Charakter von Einstellungen wurde zuerst von Smith, Bruner und White (1956), Katz (1967) und McGuire (1969) diskutiert. Das Drei-Komponenten-Modell der Einstellung von Rosenberg und Hovland (1960) unterstellt, dass zwischen den drei Aspekten der Einstellung eine 'moderate' Korrelation besteht. Im Unterschied dazu trennen Fishbein und Ajzen (1975) zwischen diesen drei Komponenten und bezeichnen lediglich die affektive Komponente als Einstellung. In einem konzeptionellen Rahmen diskutieren sie dann die Beziehungen zwischen den drei Konzepten und dem tatsächlichen Verhalten. Empirische Untersuchungen, die die Abhängigkeit der einzelnen Komponenten voneinander analysieren, kommen zu widersprüchlichen Ergebnissen, siehe Chaiken und Stangor (1987) für einen Überblick zu dieser Literatur.

Der dargestellte Zusammenhang zwischen Werten und Einstellungen geht auf Rokeach (1973) zurück. Er leitet aus dieser Beziehung ein Forschungsprogramm ab, in dem Werte das zentrale Analyseobjekt bilden. Die Bedeutung von Werten für das Arbeitsverhalten wird in Nord, Brief, Atieh und Doherty (1988) diskutiert. Siehe hierzu auch den Übersichtsbeitrag von Dawis (1990), in dem auch der Zusammenhang zwischen den Werten, Interessen und Präferenzen diskutiert wird. Zum Begriff der Stimmungen siehe allgemein Watson und Tellegen (1985), speziell zu Arbeitsstimmungen George und Brief (1992) und George (1991).

Zum Konzept der Arbeitszufriedenheit siehe neben Herzbergs Zwei-Faktoren-Modell auch die Theorie der Arbeitszufriedenheit von Lawler (1973). Einen Überblick hierzu gibt Fischer (1991). Zum Konzept des organisatorischen Commitments und seine Bedeutung für das Arbeitsverhalten grundlegend siehe Meyer und Allen (1997).

Individuelle Unterschiede in den Fähigkeiten werden in den Arbeiten von Fleishman (1962, 1964, 1972) diskutiert. Einen Überblick über diese Literatur geben Dunette (1976) und Lubinski und Dawis (1992). Siehe auch Hogan (1990) für einen Überblick über die physikalischen Fähigkeiten.

Das Bild des komplexen Menschen ist eines der Menschenbilder, die Schein (1988) in seiner Typologie diskutiert. Andere Klassifikationen finden sich beispielsweise bei McGregor (1960) oder Argyris (1964) oder Ouchi (1981). Für eine empirische Überprüfung siehe z.B. Weinert (1984).

2
Das Grundmodell ökonomisch-psychologischen Verhaltens

The uncertainties about economics are rooted in our need for a better understanding of the economics of uncertainty; our lack of economic knowledge is, in good part, our difficulty in modelling the ignorance of the economic agent. (Arrow, 1974b)

Ziel jeder Verhaltenswissenschaft ist es zu erklären, warum ein Individuum eine bestimmte Handlung vornimmt, bzw. eine Vorhersage darüber zu geben, welche Handlung das Individuum ausführen wird. Dieses Ziel deckt sich mit dem unseren: Die Mitarbeiter einer Unternehmung sind diejenigen, die mit ihrem Handeln die organisatorischen Ziele verfolgen sollen. Wir müssen daher ein Verständnis dafür entwickeln, warum der einzelne Mitarbeiter in bestimmten Situationen so reagiert hat oder wie er sich gegenüber neuen organisatorischen Veränderungen verhalten wird, bevor wir über die geeignete Steuerung seines Verhaltens Aussagen machen können.

In diesem Kapitel soll daher zunächst ein Grundmodell des individuellen Arbeitsverhaltens eines Mitarbeiters vorgestellt werden. Dieses Modell baut einerseits auf unseren bisherigen Ausführungen auf, indem es die wesentlichen personellen Faktoren, die wir im ersten Kapitel als verhaltensrelevant spezifiziert haben, als Komponenten der Modellbildung berücksichtigt. Andererseits bildet das so entwickelte Grundmodell die Voraussetzung für die nachfolgenden Analysen des individuellen Arbeitsverhaltens im dritten und vierten Kapitel.

Inhaltlich schlägt unser Modell somit eine Brücke zwischen der Betrachtung der psychologischen Determinanten des individuellen Verhaltens im ersten Kapitel und der Untersuchung des ökonomischen Entscheidungsverhaltens des Mitarbeiters in den nachfolgenden Kapiteln. Indem der Mitarbeiter über seine Arbeitszeit, sein Arbeitsengagement oder auch die Qualität seiner Arbeit eigenständig entscheidet, ist sein Verhalten im Arbeitskontext notwendigerweise ökonomisch: Er hat eine Vielzahl von Möglichkeiten, seine Humankapitalressourcen auf verschiedene Aktivitäten zu verteilen. Da seine Ressourcen allerdings beschränkt sind, muss er sich zwischen diesen verschiedenen Alternativen entscheiden. Analog zu unserer Definition des ökonomischen Ziels im ersten Kapitel sprechen wir von einem **ökonomischen Arbeitsverhalten**, weil er eine Alternative mit Mitteln verfolgt, die beschränkt sind und die er auch für andere Aktivitäten hätte einsetzen können.

Im Einzelnen gehen wir in diesem Kapitel wie folgt vor: In Abschnitt 2.1 entwickeln wir das prozessuale Grundmodell des ökonomisch-psychologischen Arbeitsverhaltens. Wir diskutieren hierfür zunächst die grundsätzliche Bedeutung der Situation als Verhaltensdeterminante und gehen dann auf die individuelle Wahrnehmung der Arbeitssituation durch den Mitarbeiter ein. Wir identifizieren verschiedene situative Faktoren, die für das Arbeitsverhalten des Mitarbeiter relevant sind, und leiten dann zusammen mit den personellen Faktoren, die wir im ersten Kapitel aufgezeigt haben, ein prozessuales Modell des individuellen Arbeitsverhaltens ab. Dabei werden insbesondere die verschiedenen Wechselwirkungen zwischen situativen und personellen Faktoren berücksichtigt sowie die verschiedenen kognitiven und motivationalen Prozesse im Arbeitsverhalten eingehend vorgestellt.

Dieses prozessuale Grundmodell dient uns dann als Basis für eine differenziertere Modellierung des individuellen Entscheidungsverhaltens eines Mitarbeiters im nächsten Abschnitt 2.2. Wir strukturieren hierzu die wesentlichen situativen und personellen Faktoren des im ersten Abschnitt dargestellten Grundmodells. Diese für das Arbeitsverhalten eines Mitarbeiters relevanten Komponenten werden als Modellvariable formalisiert und bilden damit die Grundlage für die modelltheoretische Analyse des individuellen Entscheidungsverhaltens im nächsten Kapitel.

2.1 Das prozessuale Modell des Arbeitsverhaltens

Aufgrund der im ersten Kapitel dargestellten individuellen Unterschiede zwischen verschiedenen Mitarbeitern ist nicht davon auszugehen, dass jeder Mitarbeiter auf dieselbe Arbeitssituation und Arbeitsumwelt gleich reagiert: Was für den einen eine herausfordernde Aufgabe ist, wird von einem anderen als viel zu schwierig empfunden. Der eine Mitarbeiter ist Veränderungen gegenüber aufgeschlossen, ein anderer steht ihnen ablehnend gegenüber. Für den einen Mitarbeiter ist eine monotone Arbeit kein Grund zur Unzufriedenheit, ein anderer fühlt sich eher durch eine abwechslungsreiche Aufgabe erfüllt.

Aufgrund dieser Beispiele könnte man vermuten, dass Verhaltensunterschiede zwischen Mitarbeitern ausschließlich auf ihre individuellen Unterschiede zurückgeführt werden können. So hatten wir im letzten Kapitel die Motive eines Individuums als diejenigen Persönlichkeitseigenschaften eingeführt, die unmittelbar die Konsistenz des individuellen Verhaltens beeinflussen. Wenn unsere Vermutung also richtig ist, würde die alleinige Kenntnis der spezifischen Persönlichkeitseigenschaften eines Mitarbeiters genügen, um verlässliche Vorhersagen über sein Verhalten machen zu können. Da zudem Persönlichkeitseigenschaften relativ stabile Verhaltensdispositionen darstellen, würde sich ein Mitarbeiter in hohem Maße konsistent verhalten, sich also in vielen verschiedenen Situationen in seinem Verhalten charakteristisch von einem anderen Mitarbeiter unterscheiden.

Empirische Untersuchungen zeigten allerdings, dass Verhaltensvorhersagen, die man aufgrund der Messung individueller Persönlichkeitseigenschaften anstellte, empirisch nicht bestätigt werden konnten. Das individuelle Verhalten wies hier nur eine sehr geringe Konsistenz auf.

Assessment-Center und die Beurteilung von Persönlichkeitseigenschaften

Assessment Center sind ein weitverbreitetes Verfahren zur Auswahl von Führungskräften in Industrieunternehmen. Die Ursprünge dieses Auswahlverfahrens gehen vermutlich auf den US-Geheimdienst zurück, wobei Vorläufer dieser Methodik auch bei der Wehrmacht der Weimarer Republik und der britischen Armee zu finden sind. In der Industrie wurden Assessment Center erstmals Mitte der 60er Jahre bei AT&T, dem damals personalstärksten Unternehmen der USA, eingesetzt. In der sogenannten 'Management Progress Study' der AT&T wurden über 3 1/2 Tage mehrere Kandidaten mit verschiedenen Methoden getestet und von mehreren Beobachtern bewertet. Die Beobachter mussten sich dann über die Qualifikationen der Bewerber gemeinsam einigen. Als Methoden wurden beispielsweise biographische Fragebögen, Gruppendiskussionen, Selbstbeschreibungen, Lebensläufe, Unternehmenssimulationsspiele oder 'Postkorb'-Spiele benutzt. In der Folgezeit verbreiteten sich Assessment Center in Amerika und Europa und werden heute nicht nur zur Bewerberselektion verwendet, sondern auch zur Teamentwicklung, Potentialbe-

ratung und -analyse oder Laufbahnplanung herangezogen.
Der Sinn und Erfolg von Assessment Centern ist aber heute wie damals umstritten und wird von verschiedenen Wissenschaftlern aufgrund methodischer Schwächen heftig kritisiert. So ist schwer festzustellen, inwieweit sich die Testergebnisse eines Kandidaten auf die tatsächliche Durchführung seiner Tätigkeit übertragen lassen. Auch die Aggregation von Einzelurteilen zu einem Gesamtergebnis stellt ein Problem dar.
Zumindest eignen sich Assessment Center zur Identifikation bestimmter Persönlichkeitseigenschaften eines Kandidaten, wie zum Beispiel Belastbarkeit, Ehrgeiz, Selbstdarstellungsfähigkeit oder Durchsetzungsvermögen. Darüber hinaus vermittelt dieses Auswahlverfahren den Eindruck, Führungskräfte würden nach objektiven und transparenten Kriterien selektiert. Es suggeriert eine 'Bestenauslese', die unter Umständen einen ausgewählten Kandidaten für seine Aufgaben besonders motiviert: Er bekommt das Gefühl vermittelt, zu den 'Besten' zu gehören.

Quelle: Neuberger (1995, S.73ff.)

Diese geringe Konsistenz der Verhaltenserwartungen mit dem tatsächlichen Verhalten, die in der Literatur auch als **Konsistenzparadox** bezeichnet wird, kann auch dann bestehen, wenn wir die Motive als Persönlichkeitseigenschaften betrachten. Zwar stellen die Motive einer Person die eigentlichen Beweggründe ihres Handeln dar, allerdings haben diese lediglich dispositiven Charakter: Sie sind Verhaltensbereitschaften und damit bloß eine notwendige Bedingung für ein entsprechendes Verhalten. Ob dieses Verhalten tatsächlich eintritt, ist damit aber noch nicht gewährleistet. Vergleichbar ist dieser Zusammenhang zwischen Motiven - bzw. anderen Persönlichkeitseigenschaften - und dem Verhalten einer Person mit der Bedeutung der Jahreszeit und dem tatsächlichen Wetter: Die Jahreszeit - sie entspricht den Persönlichkeitseigenschaften - beeinflusst grundsätzlich das geographische Klima. Im Sommer ist es eher wärmer und die Sonne scheint öfter als im Herbst. Aber natürlich kann es auch im Sommer einmal kühl sein und regnen. Das tatsächliche Wetter - in Analogie zum Verhalten - ist also nicht vollständig durch die Jahreszeit determiniert.

Notwendig für die Verhaltenswirksamkeit eines Motivs ist demnach die Frage, inwieweit die betrachtete Person eine Situation als motivaktivierend empfindet. Die mit dem Motiv verbundene Verhaltensbereitschaft, auf eine gegebene Situation zu reagieren, induziert nur dann ein konsistentes Verhalten, wenn die verschiedenen Situationen von dieser Person als äquivalent betrachtet werden. So kann es sein, dass ein Mitarbeiter nur dann durch das Lob seines Vorgesetzten zu einem zusätzlichen Engagement angeregt wird, wenn er diese Anerkennung in Zusammenhang mit seinem eigenen bisherige Arbeitseinsatz sieht. Ein Lob in einer Situation, für die sich der Mitarbeiter selbst überhaupt nicht verantwortlich fühlt, kann hingegen zu ganz anderen Reaktionen führen, beispielsweise zu einer Reduzierung seines Engagements, weil er denkt, sein Vorgesetzter lobt sowieso, unabhängig von seinem tatsächlichen Einsatz. Auch wenn er sich künftig also weniger engagiert, wird er noch gelobt werden.

2.1.1 Die Situation als Determinante des Verhaltens

Die obige Diskussion macht deutlich, dass das Verhalten eines Mitarbeiters nur aus dem Zusammenspiel von Situation und Person zu erklären ist: Eine Situation bietet sich ihm als Gelegenheit an, seine Ziele zu erfüllen und damit seine Bedürfnisse zu befriedigen. Versteht umgekehrt der Mitarbeiter eine sich ihm bietende Situation nicht als Chance, seine Ziele zu realisieren, dann wird er sie auch nicht als Aufforderung zum Handeln begreifen. Erst die Wechselwirkung zwischen Charakteristika auf seiten der Person und solchen auf seiten der Situation determinieren sein tatsächliches Verhalten.

Nachdem wir bisher auf die Person als Determinante des Verhaltens eingegangen sind, wollen wir im Folgenden die verhaltensrelevanten Aspekte der Situation näher betrachten. Dabei gehen wir so vor: Zunächst wird definiert, was wir unter der Arbeitssituation eines Mitarbeiters verstehen. Wir stellen dann die Auswirkungen dar, die die Situation auf das Arbeitsverhalten haben kann. Abschließend diskutieren wir die relative Bedeutung situativer gegenüber personeller Aspekte für das Verhalten.

Die Arbeitssituation eines Mitarbeiters

Grundsätzlich müssen wir die Situation, in der sich ein Mitarbeiter befindet, sehr allgemein definieren und darunter insbesondere auch solche Situationselemente einordnen, die außerhalb seiner Unternehmung liegen, wie beispielsweise seine familiären Verhältnisse. Für die Erklärung und Beeinflussung des Arbeitsverhaltens eines Mitarbeiters ist die Berücksichtigung solcher unternehmensexterner Umweltfaktoren nämlich unerlässlich: Betrachten wir z.B. einen Familienvater, der vor der Frage steht, in welchem Umfang er dem Anliegen seines Vorgesetzten nach mehr Überstunden nachkommt. Da der Tag nur 24 Stunden hat, bedeutet jede zusätzliche Überstunde eine Stunde weniger mit seiner Familie. Sein Wunsch, sich intensiv mit seinen Kindern zu beschäftigten, ist also nur eingeschränkt mit mehr Überstunden vereinbar. Sein Verhalten in der Unternehmung wird in diesem Fall also ganz entscheidend von Faktoren beeinflusst, die außerhalb dieser Organisation liegen.

Für die nachfolgenden Untersuchungen des Arbeitsverhaltens eines Mitarbeiters werden wir uns vor allem auf den Einfluss der Elemente aus seiner organisationsinternen Umwelt konzentrieren: Zum einen hat die durch die Umwelt der Organisation definierte Arbeitssituation des Mitarbeiters den größten Einfluss auf sein Arbeitsverhalten. Zum anderen umfasst die so definierte Arbeitssituation all diejenigen Elemente, auf die die Organisation einwirken und die sie (neu) gestalten kann. Organisationsexterne Einflussgrößen auf sein Verhalten werden wir als gegeben betrachten.

- Die **spezifische Arbeitssituation** eines Mitarbeiters ist bestimmt durch diejenigen Elemente seiner arbeitsrelevanten Umwelt, die unmittelbar für ihn als Organisationsteilnehmer verhaltensrelevant sind. Hierzu gehören alle Faktoren innerhalb der Unternehmung, die entweder durch seine Arbeitsaufgabe bestimmt sind oder die sich aufgrund der Interdependenzen des Mitarbeiters mit anderen Organisationsteilnehmern ergeben. Die durch sein Tätigkeitsspektrum und seine Entscheidungskompetenzen definierte Arbeitsaufgabe umfasst dabei auch die ihm zur Verfügung stehenden Arbeitsmittel, die physikalischen Bedingungen seines Arbeitsplatzes oder die für ihn relevanten Zielvorgaben. Elemente der Interaktion beziehen sich z.B. auf sein Verhältnis zu Kollegen oder zu seinen direkten Vorgesetzten. So gehört das direkte Führungsverhalten eines Vorgesetzten ebenfalls zur spezifischen Arbeitssituation des Mitarbeiters. Weiterhin gehören aber auch unternehmensexterne Faktoren dazu, wie z.B. die Situation auf dem für ihn relevanten Arbeitsmarkt.
- Die **generelle Arbeitssituation** eines Mitarbeiters wird durch diejenigen Elemente einer arbeitsrelevanten Umwelt bestimmt, die nicht nur speziell für ihn,

sondern auch für andere Organisationsteilnehmer verhaltensrelevant sind. Hierzu gehören innerhalb der Unternehmung beispielsweise die Art und Weise der horizontalen und vertikalen Differenzierung, der Einsatz von Programmen zur Standardisierung von Arbeitsprozessen oder die Gestaltung des Weisungs- und Planungssystems. Darüber hinaus zählen z.B. auch die Organisationskultur der Unternehmung, die Aus- und Weiterbildungsmöglichkeiten oder die Arbeitszeitregelungen zur generellen Arbeitssituation. Unternehmensexterne Elemente seiner generellen Arbeitssituation beziehen sich auf gesellschaftliche Faktoren wie die Arbeitslosenrate oder auf Faktoren aus der Umwelt seiner Unternehmung, wie z.B. deren Wettbewerbssituation oder technologische Entwicklungen.

Bei unserer Definition der Arbeitssituation eines Mitarbeiters gehen wir implizit davon aus, dass sie sich so einem neutralen, allwissenden Beobachter stellt. Dieser Beobachter hat die Fähigkeit, sich über alle Charakteristika der Arbeitssituation vollständige Klarheit zu verschaffen, unabhängig von seinen spezifischen Persönlichkeitseigenschaften. Er nimmt die vorgegebene Situation als 'Wirklichkeit' wahr. Unser Konzept der Arbeitssituation ist folglich ein idealisiertes: Sobald wir von einem bestimmten Mitarbeiter sprechen, können wir weder davon ausgehen, dass er alle relevanten Informationen über seine Arbeitssituation besitzt, noch können wir annehmen, dass er diesen Ausschnitt der Realität objektiv wahrnimmt.

Um die Auswirkungen der Arbeitssituation eines Mitarbeiters auf sein Arbeitsverhalten zu untersuchen, müssen wir zwei Arten von Einflüssen unterscheiden: Die Situation als Anreiz und die Situation als Verhaltensrestriktion.

Die Arbeitssituation als Anreiz

Unter einem **Anreiz** verstehen wir im Folgenden solche Elemente einer Situation, die dazu geeignet sind, die Motive einer Person zu aktivieren. Anreize sind somit notwendig für die Verhaltenswirksamkeit von Motiven. Sie aktivieren die Motive einer Person, indem sie die Realisierung ihrer persönlichen Ziele in Aussicht stellen. Anreize wirken somit verhaltensauslösend: Sie fordern zum Handeln auf und geben ihm eine Richtung. Das individuelle Verhalten ist in diesem Sinne proaktiv, da es sich von den Anreizen der Situation auf die Erreichung angestrebter Ziele anziehen lässt.

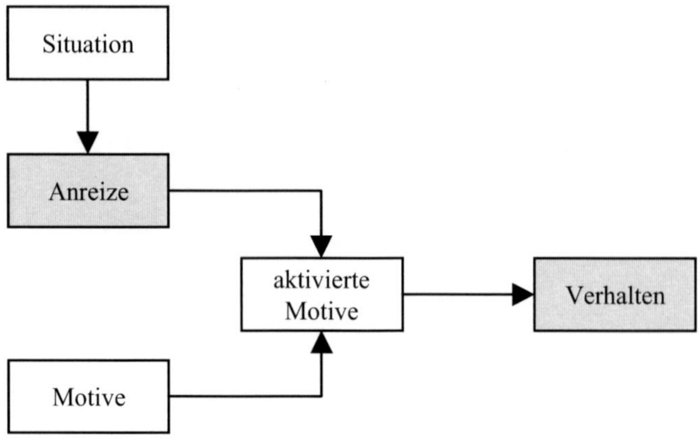

Abbildung 2.1: Die Situation als Anreiz zum Handeln

Elemente einer Situation können für eine Person positive oder negative Anreize besitzen. Im ersten Fall eröffnet sich ihr aufgrund der Situation die Chance, ihre Ziele zu erfüllen. Ein solcher Anreiz hat demnach für die Person positive Bedeutung, er verspricht eine Belohnung. Im zweiten Fall stellt sich dem Individuum die Situation als Bedrohung dar, seine Ziele zu vereiteln. In diesem Sinne hat ein Anreiz eine negative Bedeutung für die Person, sie wirkt als Sanktion.

Entsprechend unserer obigen Definition können wir nun die **Arbeitsanreize** eines Mitarbeiters als diejenigen Anreize spezifizieren, die sich für ihn aus seiner Arbeitssituation heraus ergeben. Hierzu gehören beispielsweise finanzielle Anreize in Form seiner Entlohnung oder sonstiger Vergütungen ebenso wie Anreize, die sich aus der direkten Mitarbeiterführung durch seinen Vorgesetzten ergeben. Darüber hinaus können auch Anreize von seiner Arbeitsaufgabe oder der Organisation, an der er teilnimmt, ausgehen. Zur Arbeitsaufgabe zählt z.B. sein Tätigkeitsspielraum oder seine Entscheidungsautonomie, zur Organisation gehört das Image oder die Organisationskultur seiner Unternehmung.

Arbeitsanreize können aber nicht nur durch vertikale Abhängigkeiten innerhalb der Organisation gesetzt werden, sondern können sich in lateralen Beziehungen auch innerhalb der Arbeitsgruppe ergeben, zu der der Mitarbeiter gehört. Hierzu zählen beispielswiese soziale Anreize durch den Kontakt mit seinen Kollegen oder Informationen, die von seiner Arbeitsgruppe an ihn weitergegeben werden.

Arbeitsanreize können nach verschiedenen Aspekten klassifiziert werden. So können nach der Art ihrer Bedeutung für den Mitarbeiter positive und negative Arbeitsanreize unterschieden werden: Positive Arbeitsanreize sind solche Elemente der Arbeitssituation, die einem Mitarbeiter für ein (bestimmtes) Verhalten in der Organisation Belohnungen versprechen. Negative Arbeitsanreize ergeben sich dann aus solchen Elementen seiner Arbeitssituation, die ihm die Verweigerung seiner Zielerreichung androhen.

Darüber hinaus ist für die nachfolgenden Ausführungen die folgende Unterscheidung von Arbeitsanreizen von Bedeutung:

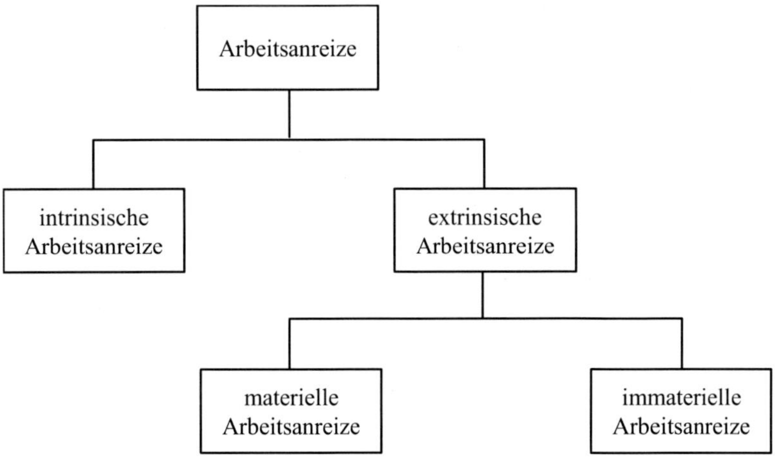

Abbildung 2.2: Klassifikation der Arbeitsanreize in einer Organisation

Intrinsische Arbeitsanreize sind Anreize, die sich unmittelbar aus der Arbeitsaufgabe eines Mitarbeiters ergeben. Diese können entweder in seiner Arbeitstätigkeit selbst liegen oder mit dem persönlichen Erfolg- oder Misserfolg seiner Arbeit zusammenhängen. Im ersten Fall kann beispielsweise die Vielschichtigkeit seiner Arbeitsaufgabe oder die damit verbundene Eigenständigkeit einen intrinsischen Arbeitsanreiz für den Mitarbeiter darstellen. Im zweiten Fall besteht der Anreiz in der Aussicht, durch die aus seinem Arbeitsverhalten resultierenden Leistung zu seiner persönlichen Zielerreichung beizutragen. Nicht die mit seiner Leistung verbundenen Folgen stellen hier die Anreize dar, sondern das eigene Arbeitsergebnis.

Extrinsische Arbeitsanreize sind demgegenüber Anreize, die nicht die Arbeit selbst betreffen und daher außerhalb der eigentlichen Arbeitsaufgabe des Mitarbeiters liegen. Sie können für einen Mitarbeiter somit entweder mit seinem Arbeitsverhalten oder den daraus resultierenden Konsequenzen verbunden sein. Im ersten Fall sind mit der Form seiner Aufgabendurchführung Belohnungen bzw. Sanktionen verbunden. Im zweiten Fall führen die Ergebnisse seines Handelns zur Gewährung von Belohnungen bzw. Verhängung von Sanktionen.

Die Arbeitssituation als Restriktion

Neben ihrer Anreizwirkung kann eine Situation auch als Restriktion das Verhalten eines Individuums beeinflussen. Als **Restriktion** bezeichnen wir solche Faktoren der Situation, die den Verhaltensspielraum eines Individuums eingrenzen. Sie stehen somit der Befriedigung seiner individuellen Bedürfnissen entgegen oder schränken diese ein. In diesem Sinne ist das individuelle Verhalten reaktiv, da das Erreichen der angestrebten Ziele durch die Restriktionen der Situation bedingt ist.

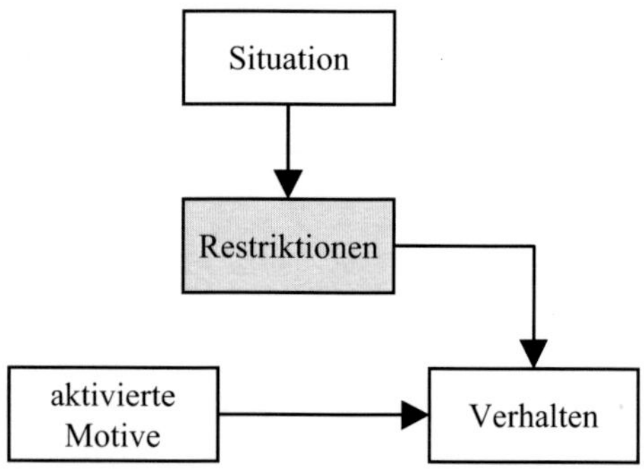

Abbildung 2.3: Die Situation als Restriktion des Handelns

Grundsätzlich lassen sich drei verschiedene Arten von Restriktionen unterscheiden:[1]

- Ressourcenbedingte Restriktionen: Ein Individuum kann nur im Rahmen der ihm zur Verfügung stehenden wirtschaftlichen Ressourcen handeln. Im Allgemeinen sind ihm diese Einschränkungen durch sein verfügbares Einkommen, die Preise für Konsum- und andere Güter sowie durch seine verfügbare Zeit exogen vorgegeben.

- Rechtliche Restriktionen: Der Handlungsspielraum eines Individuums kann weiterhin durch eine Vielzahl rechtlicher Einschränkungen eingegrenzt sein. Die Verfassung, Gesetze, Verordnungen oder Verfügungen sind hier zu nennen.
- Soziale Restriktionen: Personen werden weiterhin durch soziale Normen in ihrem Handeln eingeschränkt. Als soziale Normen bezeichnen dabei von anderen Individuen geäußerte Erwartungen an das Verhalten. Im Unterschied zu rechtlichen Restriktionen sind soziale Normen nicht institutionalisiert, sondern liegen als informelle Verhaltensanforderungen in Form von Regeln, Standards oder Vorschriften vor. Hierzu zählen somit insbesondere auch kulturelle Normen oder Traditionen, wie beispielsweise Moral- oder Gerechtigkeitsvorstellungen.

Der Mitarbeiter einer Unternehmung ist aufgrund seiner Arbeitsituation durch spezifische Handlungsrestriktionen in seinem Verhalten eingeschränkt. Diese Einschränkungen können entsprechend der obigen Unterscheidung wie folgt konkretisiert werden:

Ressourcenbedingte Restriktionen ergeben sich durch eine Vielzahl von Situationselementen, die sich entweder aus der spezifischen oder der generellen Arbeitssituation des Mitarbeiters ableiten:

- Durch die spezielle Arbeitssituation werden die Verfügungsmöglichkeiten bestimmt, die ein Mitarbeiter über Ressourcen der Organisation besitzt. Zu den Verfügungsmöglichkeiten über unternehmensinterne Ressourcen gehören beispielsweise Informationen, Materialien, Maschinen und andere Arbeitsobjekte, die einem Mitarbeiter für die Durchführung seiner Aufgabe zur Verfügung stehen. Zu diesen Restriktionen zählt gegebenenfalls auch das finanzielle Budget, das ihm für Neuinvestitionen eingeräumt wird, oder der Internetzugang, der ihm neue Kommunikationsmöglichkeiten eröffnet. Zeitliche Restriktionen durch die Vorgabe von Kundenterminen in der Vertriebsabteilung oder die durch die Lieferanten festgelegten Einkaufspreise von Rohmaterialien stellen ebenfalls ressourcenbedingte Restriktionen dar.

  Darüber hinaus sind dem Mitarbeiter durch seine spezifische Arbeitssituation auch technologische Restriktionen vorgegeben. Technologische Einschränkungen können sich auf die physikalischen Bedingungen seines Arbeitsplatzes beziehen, umfassen aber insbesondere auch die zur Verfügung stehende Produktions- sowie Informations- und Kommunikationstechnologie: Verhaltensrestriktionen ergeben sich beispielsweise daraus, welche Einsatzstoffe verwendet werden müssen oder welche verfahrenstechnischen Vorgaben zu beachten sind.

- Durch die generelle Arbeitssituation eines Mitarbeiters werden Verhaltensrestriktionen vorgegeben, die sich auf grundsätzliche organisatorische Rahmenbedingungen beziehen. Diese können beispielsweise durch den Standort, den Umsatz oder die Reputation des Unternehmens vorgegeben sein. Sie können sich aber auch auf die zur Verfügung stehende Produktions- sowie Informations- und Kommunikationstechnologie beziehen. So haben technologische Einflüsse wie die Entwicklung neuer Produktionstechniken oder Informationstechnologien Auswirkungen auf die grundsätzlichen Handlungsmöglichkeiten eines Mitarbeiters.

  Ressourcenbedingte Restriktionen aufgrund der generellen Arbeitssituation eines Mitarbeiters ergeben sich auch aus der organisatorischen Gestaltung der Unternehmung: Je nach Art der horizontalen und vertikalen Differenzierung entstehen für den einzelnen Mitarbeitern bei der Durchführung seiner Arbeitsaufgabe unterschiedliche Interdependenzen mit anderen Organisationsteilnehmern. Die Konsequenzen, die sich aus dem Verhalten anderer für sein eigenes Arbeitsverhalten ergeben, stellen ebenfalls Restriktionen dar: Wenn beispielsweise ein Mitarbeiter auf einer bestimmten Stufe des Produktionsprozesses arbeitet, ist sein Verhalten wesentlich durch das der Mitarbeiter auf den vorgelagerten Stufen bestimmt. Stellen diese ihre Zwischenprodukte nicht in entsprechender Zeit, Qualität und Menge bereit, kann auch der betrachtete Mitarbeiter seine Aufgaben nicht adäquat ausführen.

Rechtliche Restriktionen ergeben sich für einen Mitarbeiter aus den verschiedenen arbeitsrechtlichen Regelungen. Diese können z.B. im Tarifrecht, im Betriebsverfassungsgesetz oder in den Mitbestimmungsgesetzen festgelegt sein. Je nach dem betrachteten Gesetz sind die Restriktionen für das Handeln des einzelnen Mitarbeiters von unterschiedlicher Bedeutung. Besonders relevant sind dabei die Einschränkungen, die sich aus dem Arbeitsvertrag des Mitarbeiters ableiten. Hierzu zählen insbesondere seine Entscheidungskompetenzen, also diejenigen Rechte, die ihm zur Durchführung seiner Tätigkeiten übertragen sind. So weist beispielsweise die Vertretungskompetenz einem Mitarbeiter das Recht zu, für andere Organisationsmitglieder bei deren Verhinderung zu entscheiden bzw. die Organisation gegenüber Externen zu vertreten. Die einem Mitarbeiter übertragenen Entscheidungskompetenzen leiten sich aus der ihm zugewiesenen Entscheidungsautonomie ab.

Soziale Restriktionen können sich für einen Mitarbeiter insbesondere aufgrund von sozialen Normen innerhalb seiner Arbeitsgruppe bzw. Abteilung oder der gesamten Unternehmung ergeben:

- Auf der Ebene kleinerer organisatorischer Einheiten manifestieren sich soziale Einschränkungen aufgrund von Gruppennormen. Eine **Gruppennorm** ist eine von allen Mitgliedern einer Gruppe geteilte Erwartung hinsichtlich der Art und Weise, wie sich Gruppenmitglieder in bestimmten Situationen verhalten sollen. Sie stellen somit Anforderungen an das Handeln des einzelnen Gruppenmitglieds dar. Beispielsweise kann die Gruppennorm einer Arbeitsgruppe in der Produktion vorgeben, dass jeder Produktionsmitarbeiter nur eine bestimmte Anzahl von Teilen herstellen darf.
- Auf der Ebene der Gesamtorganisation können sich soziale Normen in Form der Organisationskultur konkretisieren. Die **Organisationskultur** beschreibt die in einer Unternehmung gültigen Normen, Einstellungen und Werte, wie Mitarbeiter und organisatorische Einheiten der Unternehmung untereinander bzw. mit externen Organisationsteilnehmern umgehen sollen. Beispiele solcher Normen sind Grundsätze wie 'Seid nett zueinander' oder 'Der Kunde ist König'. Indem die Organisationskultur Vorgaben an das organisatorische Handeln des einzelnen Mitarbeiters macht, prägt sie sein Verhalten in der Organisation.

In den bisherigen Ausführungen haben wir Elemente der Arbeitssituation entweder als Anreize oder Restriktionen diskutiert. Grundsätzlich bestehen jedoch Wechselwirkungen zwischen diesen beiden Dimensionen der Situation. Diese Zusammenhänge zwischen situativen Anreizen und Restriktionen als Verhaltensdeterminanten sollen im Folgenden aufgezeigt werden:

(1) Restriktionen werden von Anreizen unterstützt: Rechtliche und soziale Normen führen im Allgemeinen zu einer Einschränkung des individuellen Handlungsspielraums eines Mitarbeiters. Divergieren die individuellen Motive des Mitarbeiters mit diesen Normen, ist a priori nicht davon auszugehen, dass er sich normkonform verhält. In einer solchen Situation können Anreize dazu beitragen, ein entsprechendes konformes Verhalten zu induzieren. Anreize in

diesem Sinn ermöglichen die Durchsetzung der Restriktionen: Indem an deren Befolgung bzw. Missachtung Belohnungen bzw. Sanktionen geknüpft werden, fordern Anreize zu einem normkonformen Verhalten auf.

(2) Restriktionen wirken als Anreize: Zwischen rechtlichen oder sozialen Normen und den individuellen Motiven des Mitarbeiters muss kein prinzipieller Gegensatz bestehen. So kann ein Mitarbeiter durchaus aufgrund seiner eigenen Werte Solidaritäts- oder Gerechtigkeitsvorstellungen besitzen, die mit den Normen seiner Arbeitsgruppe oder der Organisationskultur im Einklang stehen. Zudem kann ein Mitarbeiter im Prozess der Sozialisierung soziale Normen internalisieren: Ehrlichkeit als soziale Norm in der Unternehmung prägt dann seine Motive und hat damit Auswirkungen auf seine eigenen Zielvorstellungen. In diesem Sinne können auch die strukturellen Rahmenbedingungen der Organisation einen Einfluss auf die Interessen eines Mitarbeiters haben: Findet eine Identifikation des Mitarbeiters mit seiner organisatorischen Rolle statt, kann er entsprechende persönliche Bedürfnisse entwickeln. Ein Produktionsleiter wird z.B. die Abwicklung eines Auftrages unter dem Gesichtspunkt der optimalen Losgröße betrachten.

Nachdem wir nun die Auswirkungen der Situation auf das individuelle Arbeitsverhalten eingehend diskutiert haben, wollen wir auf die eingangs gestellte Frage zurückkommen, ob die Person oder eher die Situation für das Verhalten des Einzelnen entscheidender ist. Aufgrund unserer Diskussion zum Einfluss der Arbeitssituation auf das Arbeitsverhalten eines Mitarbeiters ist die Beantwortung dieser Frage unmittelbar mit den Restriktionen verbunden, die die Situation an sein Handeln setzt: Je stärker der Mitarbeiter solche Einschränkungen in seinem Arbeitsverhalten berücksichtigen muss, desto stärker werden situative und nicht personelle Faktoren sein Handeln bestimmen.

Das Beispiel zeigt, dass die Persönlichkeit eines Mitarbeiters für sein Arbeitsverhalten keine wesentliche Bedeutung hat, wenn aufgrund von detailliert vorgegebenen Verfahrensrichtlinien sein Arbeitsprozess genau spezifiziert ist. Die situativen Rahmenbedingungen bestimmen dann weitgehend sein Handeln. Sind hingegen die situativen Restriktionen weniger stark ausgeprägt, kann ein Mitarbeiter bei der Durchführung seiner Tätigkeiten seine Persönlichkeit vermehrt einfließen lassen. In diesem Fall wird sein Arbeitsverhalten vor allem durch personelle Faktoren bestimmt. So ist beispielsweise für einen Opernsänger durch den Komponisten und den Regisseur der Oper sein Text, sein Gesang und seine Bühnedarstellung im Wesentlichen vorgegeben. Welches Timbre seine Stimme besitzt, wie er seine Stimme produziert oder welche Physiognomie seine Darbietungen haben, ist aber damit noch nicht festgelegt. Diese Facetten seiner Gesangs- und Schauspielkunst werden allein durch seine individuellen Fähigkeiten und Eigenschaften bestimmt. Nicht von ungefähr gab es nur eine Maria Callas.

2.1.2 Die individuelle Wahrnehmung der Situation

In der bisherigen Diskussion zu den Auswirkungen der Arbeitssituation auf das individuelle Verhalten sind wir implizit davon ausgegangen, dass der Mitarbeiter alle situativen Elemente objektiv erfasst. Davon ist aber im Allgemeinen nicht auszugehen: Wenn ein Vorgesetzter seine Sekretärin für eine besonders gute Arbeit lobt, ist a priori nicht unbedingt gegeben, dass die Sekretärin dieses Lob auch entsprechend wahrnimmt und als Ansporn für ihre zukünftige Arbeit ansieht. Sie könnte genauso gut das Lob z.B. auf ihre Attraktivität zurückführen und daher verärgert sein, da sie ihre gute Arbeit nicht entsprechend von ihrem Chef honoriert sieht.

Objektiv vorliegende Sachverhalte müssen somit keineswegs zutreffend wahrgenommen werden. Damit ist aber für einen Mitarbeiter nicht die tatsächliche Situation verhaltensrelevant, sondern immer nur die von ihm subjektiv wahrgenommene Situation. In Situationen, in denen die objektiven situativen Rahmenbedingungen detailliert dargelegt werden können, ist zu vermuten, dass sich die Wahrnehmung eines Mitarbeiters im Zeitablauf den realen Sachverhalten annähert. Im Allgemeinen wird eine vollständige Beschreibung der Situation aber nicht möglich sein, da die Komplexität und Dynamik der Situation dies ausschließen. Daher ist nicht davon auszugehen, dass ein Mitarbeiter generell seine objektive Arbeitssituation vollständig und korrekt wahrnimmt oder dass sich Verzerrungen zwischen der objektiven und der individuell wahrgenommenen Situation immer mit der Zeit korrigieren.[2]

Inwieweit tatsächlich vorliegende Sachverhalte exakt wahrgenommen werden, ist von einer Reihe von Faktoren abhängig. Grundsätzlich können drei Einflussfaktoren unterschieden werden:

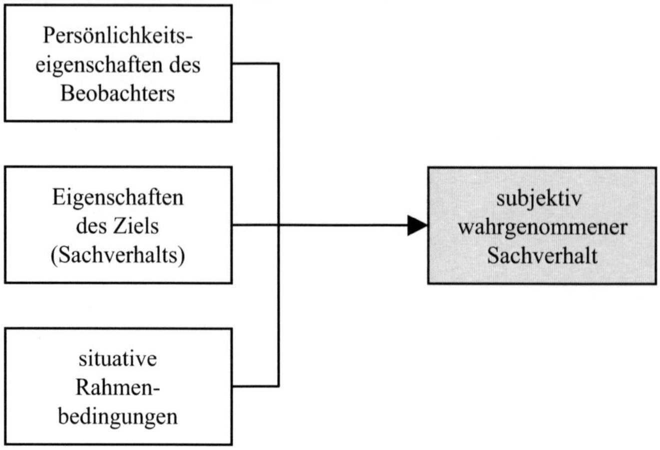

Abbildung 2.4: Faktoren, die die Wahrnehmung eines bestimmten Sachverhalts beeinflussen

Der Einfluss personeller Faktoren

Betrachten wir zunächst den Einfluss der personellen Faktoren eines Beobachters auf die Wahrnehmung eines bestimmten Sachverhalts - dem wahrgenommenen Ziel: Angenommen, zwei Teilnehmer einer Vorstandssitzung unterhalten sich im Anschluss an das Treffen über ihren Eindruck, den sie vom neuen Vorstandsvorsitzenden gewonnen haben. Es ist durchaus möglich, dass sie eine ganz unterschiedliche Wahrnehmung haben. Der eine wird den Sitzungsleiter möglicherweise autoritär, anmaßend und den Anderen gegenüber verletzend wahrgenommen haben, der zweite hingegen hat ihn als eloquent, durchsetzungsfähig und mit einem profunden Sachwissen ausgestattet empfunden. Diese unterschiedlichen Interpretationen desselben Sachverhalts suggerieren, dass ein Beobachter nicht passiv Informationen aus seiner Umwelt wahrnimmt, sondern dass seine Wahrnehmung von individuellen Merkmalen geprägt ist. Vier personelle Faktoren des Beobachters bestimmen hier vor allem die individuelle Wahrnehmung:

- Individuelle Unterschiede in den Fähigkeiten: Inwieweit eine Situation in ihrer ganzen Komplexität und Dynamik von einem Beobachter wahrgenommen wird, ist wesentlich von seinen kognitiven Fähigkeiten abhängig. In der psychologischen Literatur werden diese Fähigkeiten als kognitive Komplexität bezeichnet:

Die **kognitive Komplexität** einer Person gibt an, inwieweit sie in der Lage ist, verschiedene Informationen aus ihrer Umwelt aufzunehmen und so zu gliedern, dass sie Sinn und Bedeutung erhalten.[3] Ein Mitarbeiter, der einen niedrigen Grad an kognitiver Komplexität aufweist, hat aufgrund seiner Fähigkeiten nur ein sehr eingeschränktes Abstraktionsvermögen. Er wird bei der Informationsaufnahme und -verarbeitung mehr Schwierigkeiten haben als ein Mitarbeiter mit hohem kognitiven Komplexitätsgrad, der es ihm ermöglicht, mehr Informationen zu verwenden und mehr Beziehungen zwischen diesen Informationen herzustellen.

- Individuelle Unterschiede in den Bedürfnissen: McClelland und Atkinson (1948) zeigen in einem einfachen Experiment eindrucksvoll die Auswirkungen der individuellen Bedürfnisse auf die Wahrnehmung. Sie konfrontierten die Teilnehmer des Experiments mit einer Reihe abstrakter Gemälde und fragten sie, was sie in diesen Bildern erkannten. Dabei zeigte sich, dass diejenigen Teilnehmer, die beispielsweise hungrig waren, in den abstrakten Darstellungen Abbildungen von etwas Essbarem wahrnahmen. Im Arbeitskontext sind natürlich vornehmlich sekundäre Bedürfnisse von Bedeutung. So kann ein in einer Arbeitssitzung diskutiertes Problem von dem einen Mitarbeiter aufgrund seines Bedürfnisses nach Selbstverwirklichung als eine persönliche Herausforderung wahrgenommen werden, während ein anderer Sitzungsteilnehmer mit einem stark sozial ausgeprägten Bedürfnis dasselbe Problem als Möglichkeit einer fachübergreifenden Zusammenarbeit betrachtet.
- Individuelle Unterschiede in den Erfahrungen:[4] Aufgrund der Komplexität der Situation nimmt ein Beobachter im Allgemeinen einen bestimmten Sachverhalt nur auf der Basis unvollständiger Informationen wahr. Eine Möglichkeit, diese Informationsdefizite zu reduzieren, ergibt sich durch die Nutzung seiner bisherigen Erfahrungen. Fehlende Informationen über den Gegenstand der Wahrnehmung werden so durch Erwartungen substituiert. Ein Mitarbeiter, der einen neuen Vorgesetzten zugewiesen bekommt, wird sich möglicherweise allein aufgrund der Information, dass sein künftiger Chef ehemaliger Leutnant der Bundeswehr war, einen Eindruck über seine künftige Zusammenarbeit mit ihm bilden: Seine Erfahrungen mit seinem letzten Vorgesetzten, der ebenfalls Bundeswehroffizier war, prägen in diesem Fall seine Wahrnehmung. Für einen neutralen Beobachter

würde allein die Information über den bisherige Werdegang des neuen Vorgesetzten zu einer anderen Wahrnehmung führen.

- Individuelle Unterschiede in den Stimmungen: Ein Mitarbeiter, der morgens mit dem linken Bein zuerst aufgestanden ist oder sich am Frühstückstisch mit seiner Frau gestritten hat, wird durch diese Stimmungen möglicherweiser in seiner täglichen Wahrnehmung beeinflusst. Krech, Crutchfield und u.a. (1992, Bd.2 S.90) formulieren das so: "Wenn wir den Tag in einer 'rosigen' Stimmung beginnen – geneigt, in allem das Beste zu sehen – gelingt es uns fast immer, den 'Silberstreifen' in jeder Situation zu entdecken, mit der wir konfrontiert sind."

Neben den individuellen Persönlichkeitseigenschaften des Beobachters haben auch externe Faktoren Einfluss auf die individuelle Wahrnehmung. Hier ist es sinnvoll, das Ziel der Wahrnehmung von den situativen Rahmenbedingungen zu unterscheiden.

Der Einfluss der Eigenschaften des Ziels

Das Ziel der Wahrnehmung kann sich auf die unterschiedlichsten Sachverhalte einer Situation beziehen. Grundsätzlich können hier Objekte, Personen und funktionale Beziehungen zwischen Ereignissen unterschieden werden. In der jeweiligen Arbeitssituation eines Mitarbeiters sind dabei die folgenden Aspekte von besonderer Bedeutung:

- Wahrgenommene Objekte: Hierzu zählen alle extrinsischen und intrinsischen Arbeitsanreize, die sich für den Mitarbeiter aus seiner Arbeitssituation heraus ergeben, beispielsweise seine Arbeitsaufgabe, das finanzielle Entlohnungssystem der Unternehmung oder auch soziale Anreize, die sich aus der Beziehung mit seinen Kollegen oder seinem Vorgesetzten ergeben. Weiterhin zählen zu den wahrgenommenen Objekten eines Mitarbeiters auch seine Arbeitsergebnisse oder Restriktionen wie z.B. die physikalischen Bedingungen seines Arbeitsplatzes oder die unternehmensinternen Ressourcen, über die er verfügen kann.
  Einen wesentlichen Einfluss auf die Wahrnehmung solcher Objekte hat dabei die Mehrdeutigkeit des jeweiligen Ziels: Je weniger klar und eindeutig sich das Ziel für den Beobachter darstellt, desto schwieriger wird für ihn dessen exakte Wahrnehmung. Betrachten wir als Beispiel die Arbeitsaufgabe des Mitarbeiters: Je größer die Variabilität seiner Aufgabe, desto weniger klar lässt sich seine Aufga-

bendurchführung im Vorhinein präzisieren. Analog sinkt mit der Analysierbarkeit der Aufgabe die Möglichkeit, deren Lösung eindeutig vorzugeben. In beiden Fällen wird sich der Mitarbeiter damit auf seine subjektive Wahrnehmung bei der Durchführung seiner Aufgabe verlassen müssen.

- Wahrgenommene Personen: Das Ziel der Wahrnehmung ist die Erfassung von Eigenschaften, die entweder eine andere Person - also z.B. der Vorgesetzte oder ein Kollege - besitzt oder die sich auf die eigene Person beziehen. Im ersten Fall sprechen wir von **sozialer Wahrnehmung**, im zweiten Fall von **Selbstwahrnehmung**.

Zwischen der Wahrnehmung von Objekten und der Wahrnehmung in zwischenmenschlichen Beziehungen gibt es mindestens drei wesentliche Unterschiede: Erstens ist die soziale Wahrnehmung immer eingebettet in eine wechselseitige Interaktion mit der anderen Person. Damit wird die Wahrnehmung des Anderen aber durch die Interaktion beeinflusst. So kann beispielsweise die andere Person versuchen, durch ihr Verhalten die Wahrnehmung des Beobachters zu kontrollieren. Ein Mitarbeiter, der seinen Vorgesetzten in dessen Verhalten imitieren möchte oder der ohne Widerspruch immer mit dessen Meinung übereinstimmt, ist ein Beispiel hierfür. Zweitens verändert sich bei der sozialen Wahrnehmung permanent das Ziel. Anders als bei einem Objekt, das im Allgemeinen heute genauso wie morgen ist, muss die Wahrnehmung einer Person im Zeitverlauf revidiert oder angepasst werden. Dies impliziert aber auch, dass der soziale Status einer Person eine wichtige Determinante bei deren Wahrnehmung bildet, da dieser zeitlich relativ stabil ist. Drittens ist die Wahrnehmung einer Person in der Regel komplexer als die eines Objekts, da der Beobachter oftmals versuchen wird, aus seinen Verhaltensbeobachtungen Schlussfolgerungen über nicht unmittelbar wahrnehmbare innere Zustände der Person wie Intelligenz oder Freundlichkeit zu ziehen.[5]

Analog zur sozialen Wahrnehmung geht es bei der Selbstwahrnehmung darum, aus der Beobachtung des eigenen Verhaltens Rückschlüsse auf dessen Determinanten zu ziehen. Dies wird der Beobachter im Allgemeinen in Situationen tun, die sich für ihn mehrdeutig oder außergewöhnlich darstellen. Die Selbstwahrnehmung umfasst neben der Wahrnehmung des eigenen Verhaltens somit auch die der eigenen Fähigkeiten und eigenen Persönlichkeitseigenschaften.

- Wahrgenommene funktionale Beziehungen zwischen Ereignissen: Ziel der Wahrnehmung sind hier nicht Objekte oder Personen, sondern Abhängigkeiten zwischen solchen Sachverhalten. Für den Beobachter geht es also um die Erfassung von Zusammenhängen. Inwieweit ihm dies gelingt, hängt damit zunächst einmal von seiner Wahrnehmung der zugrundeliegenden Ereignisse ab. Kann er beispielsweise selbst sein Arbeitsergebnis aufgrund von Mess- oder Zuordnungsproblemen nur unvollständig beurteilen, dann ist es für ihn schwierig, die Beziehung seiner Arbeitsleistung zu anderen Sachverhalten exakt in Verbindung zu setzen.

  Im Arbeitskontext sind vor allem die folgenden beiden funktionalen Zusammenhänge von Bedeutung:

  (1) Die Beziehung zwischen dem Handeln eines Mitarbeiters und dem daraus resultierenden Handlungs- bzw. Arbeitsergebnis: Die Wahrnehmung der funktionalen Beziehungen zwischen diesen beiden Ereignissen umfasst insbesondere eine Einschätzung der technologischen und organisatorischen Einschränkungen, mit denen der Mitarbeiter bei seiner Aufgabendurchführung konfrontiert ist. Je komplexer und dynamischer hier die Tätigkeiten des Mitarbeiters sind, desto schwieriger wird es im Allgemeinen für ihn sein, abzuschätzen, inwieweit sein Arbeitseinsatz zu einem guten Arbeitsergebnis führt. Dies gilt auch, wenn seine Arbeitsplatzbedingungen schlecht sind, z.B. bei fehlerhaften Arbeitsmitteln. Schwierigkeiten bei der Einschätzung ergeben sich auch aus der Art der Zusammenarbeit mit seinen Kollegen: Je größer der Einfluss anderer Mitarbeiter auf das Ergebnis seines eigenen Handelns ist, desto schwieriger ist die Beurteilung seines Beitrags für das Gesamtergebnis. Dies ist unter anderem dann der Fall, wenn der Mitarbeiter auf Vorprodukte angewiesen ist, auf deren Qualität und Verfügbarkeit er keinen Einfluss hat.

  (2) Die Beziehung zwischen dem Ergebnis seines Handelns und den damit für ihn verbundenen Belohnungen bzw. Sanktionen: Inwieweit die funktionale Beziehung zwischen diesen beiden Ereignissen korrekt vom Mitarbeiter wahrgenommen wird, ist insbesondere von der Wahrnehmung seiner organisatorischen Rolle, der Kenntnis seiner Leistungsbeurteilung sowie der Eindeutigkeit der sich ihm bietenden Anreize abhängig. Die Rollenwahr-

nehmung des Mitarbeiters bestimmt, inwieweit er die von ihm gestellte Arbeitsaufgabe kennt. Hierzu gehört auch eine genaue Kenntnis der Arbeitsergebnisse z.B. hinsichtlich der Prioritäten zwischen verschiedenen Arbeitsleistungen oder dem erwarteten Leistungsniveau. Die Kenntnis seiner Leistungsbeurteilung schließt ein, inwieweit der Mitarbeiter sein eigenes Arbeitsergebnis überhaupt exakt einschätzen kann, in welchem Ausmaß er auf eine Beurteilung durch seinen Vorgesetzten oder seine Kollegen angewiesen ist oder welchen Beitrag er und gegebenenfalls Andere für das Arbeitsergebnis geleistet haben. Die Bedeutung der Anreize ergibt sich unmittelbar aus dem Umstand, dass die aus der Arbeitsleistung resultierenden Belohnungen und Sanktionen durch entsprechende Anreize in Aussicht gestellt wurden. Je klarer und eindeutiger daher die Beziehung zwischen den Anreizen und den damit verbundenen Konsequenzen vom Mitarbeiter wahrgenommen wird, desto exakter wird er den funktionalen Zusammenhang zwischen dem Ergebnis und den Konsequenzen seines Handelns erfassen.

Die Wahrnehmung eines bestimmten Sachverhalts umfasst im Allgemeinen die Wahrnehmung mehrerer Ziele. Inwieweit z.B. eine Aufgabe, die ein Mitarbeiter von einem Vorgesetzten übertragen bekommt, von diesem exakt wahrgenommen wird, wird durch alle drei oben genannte Aspekte beeinflusst: erstens durch die Wahrnehmung seiner Aufgabe, etwa der Klarheit und Eindeutigkeit der Aufgabenstellung; zweitens durch die Wahrnehmung seines Vorgesetzten und der Art und Weise, wie dieser die Aufgabe delegiert; und drittens durch die Wahrnehmung der funktionalen Restriktionen und damit der Beziehung zwischen seinem Arbeitseinsatz und dem Ergebnis seiner Ausgabendurchführung.

Der Einfluss der situativen Rahmenbedingungen

Inwieweit das Ziel exakt wahrgenommen wird, ist darüber hinaus von den situativen Rahmenbedingungen abhängig, unter denen die Wahrnehmung stattfindet. So macht es z.B. im Allgemeinen einen Unterschied, ob man eine fremde Person aus einem geschäftlichen oder gesellschaftlichen Anlass oder durch Zufall auf der Straße kennenlernt.

Der Kontext, in dem die Wahrnehmung stattfindet, beeinflusst die Zielwahrnehmung. Das Ausmaß, in dem das Ziel für den Beobachter auffällig ist, kann dabei von einer Reihe von Faktoren abhängig sein: Ein Objekt oder eine Person, das bzw. die in der Situation einzigartig ist, ist ein solcher Faktor. Eine Mitarbeiterin in einer Produktionsabteilung, in der ansonsten nur Mitarbeiter beschäftigt sind, oder ein Manager, der als einziger keinen Anzug sondern Jeans trägt, sind Beispiele hierfür. Auch Personen, die sich nicht entsprechend den Erwartungen Anderer verhalten, sind für einen Beobachter besonders auffällig, wie ein Außendienstmitarbeiter, der einen Kunden beschimpft, oder ein Vorgesetzter, der sich gegenüber seinem Mitarbeiter unwirsch verhält, obwohl er ansonsten immer ausgesprochen freundlich ist.

Die Dynamik und Komplexität der situativen Rahmenbedingungen ist ebenfalls für die Wahrnehmung eines Ziels von Bedeutung.[6] Je stärker sich die Situation aufgrund von äußeren Umweltfaktoren im Zeitablauf verändert oder je mehr situative Faktoren für eine vollständige Erfassung der Situation relevant sind, desto größer können die Schwierigkeiten des Einzelnen sein, das Ziel seiner Wahrnehmung exakt zu identifizieren.

2.1.3 Das prozessuale Modell des individuellen Arbeitsverhaltens

In der bisherigen Diskussion haben wir bestimmte Einzelaspekte des individuellen Arbeitsverhaltens eingehend diskutiert, wie beispielsweise den Zusammenhang zwischen den Motiven eines Mitarbeiters und seinen Zielen oder die Beziehungen zwischen den Elementen seiner Arbeitssituation und seinem Verhalten. Im Folgenden wollen wir nun diese Einzelaspekte in ein umfassendes Grundmodell des individuellen Arbeitsverhaltens zusammenfließen lassen.

Ausgangspunkt unserer Betrachtungen ist das in der behavioristischen Psychologie grundlegende **S → O → R Modell** zur Erklärung menschlichen Verhaltens: Ein Anreiz **S** (**S**timulus) aus der Umwelt eines Individuums **O** (**O**rganism) wird von diesem wahrgenommen, kognitiv verarbeitet und führt zu einer Reaktion **R** (**R**esponse). Berücksichtigt man noch die Rückkopplungen, die von der Reaktion des Individuums auf (künftige) Anreize ausgehen, erweitert sich das Modell zu einem $\overleftarrow{\mathbf{S} \rightarrow \mathbf{O} \rightarrow \mathbf{R}}$ Modell.

Die Übertragung auf das von uns diskutierte Arbeitsverhalten eines Mitarbeiters ist offensichtlich: Der Anreiz **S** ist ein aus der Arbeitssituation des Mitarbeiters

O resultierender Arbeitsanreiz, die Reaktion **R** ist sein Arbeitsverhalten. Im organisatorischen Kontext müssen wir nun zusätzlich berücksichtigen, dass mit dem Arbeitsverhalten des Mitarbeiters gewisse Konsequenzen **C** (**C**onsequences) verbunden sind. Diese Konsequenzen betreffen sowohl die Organisation als auch den Mitarbeiter. Für die Organisation spiegeln sich die Folgen aus dem Arbeitsverhalten des Mitarbeiters in seinem Arbeitsergebnis wider. Für den einzelnen Mitarbeiter bestehen die Auswirkungen in den Belohnungen bzw. Sanktionen, die für ihn mit seinem Arbeitsverhalten bzw. dem erzielten Arbeitsergebnis verbunden sind.

Auf der Grundlage der bisher erarbeiteten Zusammenhänge können wir die einzelnen Komponenten des erweiterten S $\rightarrow$ O $\rightarrow$ R Modells weiter spezifizieren. Die folgende Abbildung fasst das so entwickelte Grundmodell des individuellen Arbeitsverhaltens zusammen: Die hell unterlegte Fläche in der Abbildung fasst die individuellen Variablen des Mitarbeiters zusammen, die in ihrer Gesamtheit den Organismus in der S $\rightarrow$ O $\rightarrow$ R Sequenz repräsentieren. Die dunkel unterlegte Fläche fasst die Elemente der Arbeitssituation zusammen, die den Stimulus in der S $\rightarrow$ O $\rightarrow$ R Sequenz spezifizieren. Das Arbeitsverhalten ist, wie erwähnt, die Response und die Consequences sind unterteilt in das Arbeitsergebnis und die Konsequenzen für den Mitarbeiter.

Die anschließende Abbildung benutzt die folgende Symbolik: In den Rechtecken sind verschiedene personelle und situative Variablen dargestellt. Diese Variablen sind unterscheidbare Eigenschaften des Mitarbeiters bzw. der Arbeitssituation und stellen permanente oder temporäre Zustände des Organismus bzw. der Situation dar. Die Pfeile in der Abbildung stellen Beziehungen zwischen jeweils zwei Variablen dar. Sie zeigen, dass der spezifische Zustand einer Variablen einen Einfluss auf den Zustand der anderen Variablen hat. Mit dieser Terminologie ist das obige Verhaltensmodell wie folgt zu verstehen:

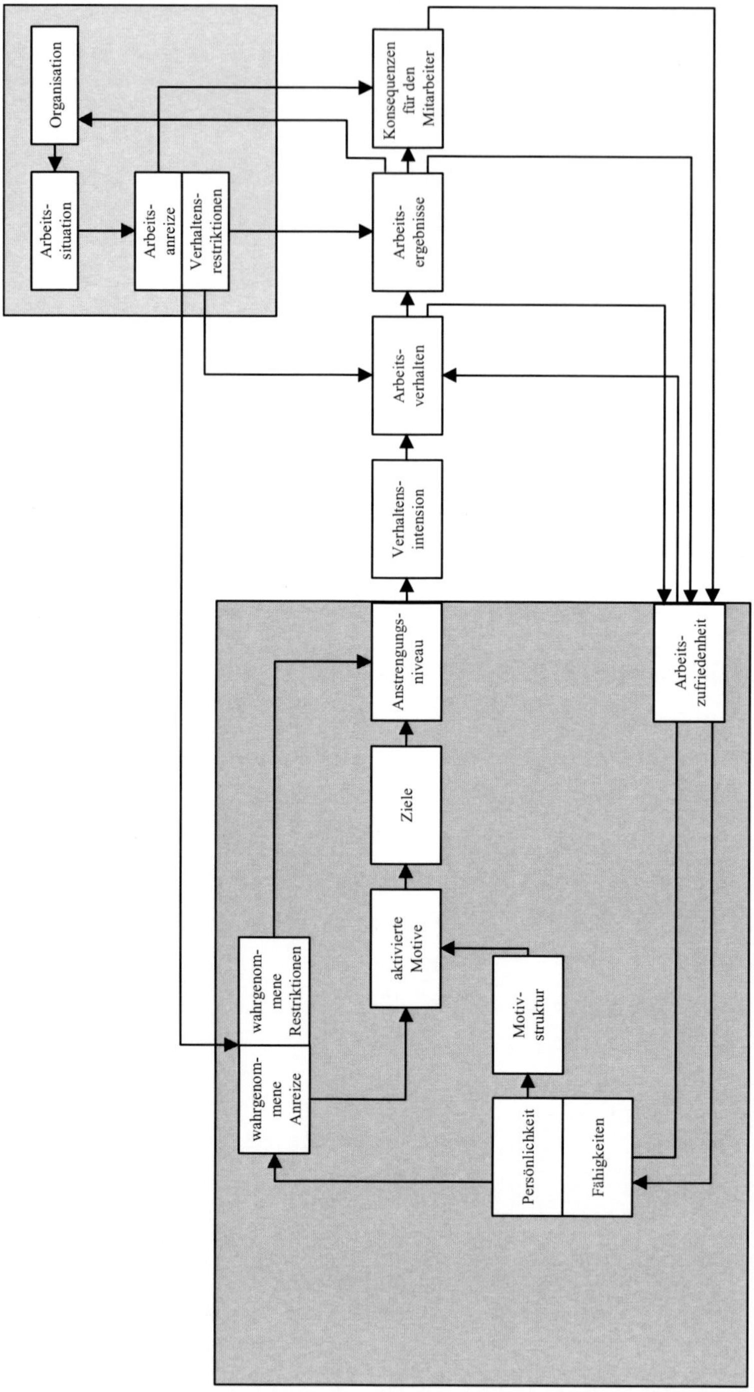

Abbildung 2.5: Das Grundmodell des individuellen Arbeitsverhaltens

Der Mitarbeiter ist durch spezifische individuelle Persönlichkeitseigenschaften geprägt, die aus seinen genetischen Faktoren und seiner Lebenserfahrung resultieren. Die Persönlichkeitseigenschaften umfassen dabei seine im ersten Kapitel dargestellten psychologischen Eigenschaften. Darüber hinaus ist der Mitarbeiter durch seine individuellen Fähigkeiten gekennzeichnet. Die Gesamtheit dieser personellen Faktoren bestimmt seine Motivstruktur, also die grundsätzlichen Verhaltensbereitschaften des Mitarbeiters.

Auf Seiten der Organisation bestimmt sich die individuelle Arbeitssituation des Mitarbeiters durch die jeweilige Umwelt der Organisation und ihre sich daraus ergebenden Gestaltungsmerkmale. Die individuelle Arbeitssituation wiederum determiniert die objektiven Arbeitsanreize und Verhaltensrestriktionen, mit denen der Mitarbeiter konfrontiert ist.

Inwieweit diese vorgegebene, tatsächliche Arbeitssituation für den Mitarbeiter handlungsrelevant ist, hängt von seiner Wahrnehmung ab: Als **Wahrnehmung** bezeichnen wir dabei die bewusste gedankliche Verarbeitung seiner Situation. Dabei bestimmen seine Persönlichkeitseigenschaften sowie die situativen Rahmenbedingungen die von ihm subjektiv wahrgenommene Situation. Die wahrgenommenen Anreize führen dann zu einer Aktivierung der Motive des Mitarbeiters, wenn diese inhaltlich mit seinen Verhaltensbereitschaften korrespondieren. Durch die so aktivierten Motive wird die Realisierung der Ziele, die diesen Motiven zugeordnet sind, in Aussicht gestellt. Auf die Erreichung dieser Ziele ist das Arbeitsverhalten des Mitarbeiters ausgerichtet.

Das von dem Mitarbeiter aufgewendete Anstrengungsniveau, mit dem er seine Handlungsziele dann tatsächlich verfolgt, wird durch seine Motivation bestimmt: Mit Heckhausen (1989, S.133) bezeichnen wir als **Motivation** 'das Anstreben von Zielzuständen'. In diesem Sinne nimmt der Mitarbeiter also seinem eigentlichen Handeln das Eintreten seiner Ziele vorweg: Entsprechend den von ihm wahrgenommenen Verhaltensrestriktionen wird er sich eine Erwartung darüber bilden, ob und inwieweit sein Handeln überhaupt zum Erreichen seiner Ziele beiträgt. Das Niveau seiner Arbeitsanstrengungen wird der Mitarbeiter daher nicht nur von der Stärke seines Motivs, sondern insbesondere auch von seiner Wahrnehmung der Arbeitssituation abhängig machen.

Zwei Formen der Motivation können wir unterscheiden:[7]

- **Intrinsische Motivation**: Bei der intrinsischen Motivation ist die Motivation des Mitarbeiters durch sein Interesse an seinen Tätigkeiten oder seiner Arbeit selbst entstanden. Eine wiederholt in der Literatur verwendete Definition ist die von Deci (1971b, S.105): "one is said to be intrinsically motivated to perform an activity when one receives no apparent reward except the activity itself".
- **Extrinsische Motivation**: Extrinsisch motiviert ist das Verhalten des Mitarbeiters, wenn seine Motivation durch externe Belohnung zustande gekommen ist.

Diese Differenzierung schließt sich an unsere Ausführungen im ersten Kapitel an: Bei einem Mitarbeiter, der intrinsische Arbeitswerte besitzt, wird seine Motivation durch intrinsische Arbeitsanreize ausgelöst. Die Motivation eines Mitarbeiter, der hingegen extrinsische Arbeitswerte hat, wird durch extrinsische Arbeitsanreize bedingt.

Das Anstrengungsniveau des Mitarbeiters können wir durch die folgenden drei Komponenten charakterisieren:

(1) Die Richtung seiner Anstrengungen: Im Allgemeinen stehen dem Mitarbeiter verschiedene Alternativen zum Erreichen seiner Ziele zur Verfügung. Die Richtung seiner Anstrengungen bezieht sich hier auf diejenige Alternative, die seinem tatsächlichen Arbeitsverhalten zugrunde liegt.

(2) Die Stärke seiner Anstrengungen: Diese Komponente bestimmt, mit welchem Engagement der Mitarbeiter die von ihm gewählte Handlungsalternative verfolgt. Grundsätzlich kann hier die Stärke seiner Anstrengungen zwischen niedrigem und hohem Arbeitseinsatz variieren.

(3) Die Fortdauer seiner Anstrengungen: Für den Fall, dass das Handeln des Mitarbeiters mit Hindernissen oder sonstigen Widrigkeiten verbunden ist, stellt sich die Frage, wie engagiert er an seinem Verhalten festhält. Die Fortdauer seiner Anstrengungen reflektiert seine Bemühungen, über einen gewissen Zeitraum zielstrebig an seinem Verhalten festzuhalten.

Das Anstrengungsniveau, mit dem der Mitarbeiter seine Ziele zu erreichen beabsichtigt, kann als motivationale Bedingung seines Verhaltens interpretiert werden. Es wird durch seine individuelle, subjektive Wahrnehmung der situativen Verhaltensrestriktionen bestimmt und damit auch durch die Selbsteinschätzung seiner

Fähigkeiten, wie er mit diesen wahrgenommenen Restriktionen umgehen kann - grundsätzlich können wir daher auch die Fähigkeiten des Mitarbeiters als Verhaltensrestriktionen verstehen.

Die Wahl eines Anstrengungsniveaus allein genügt im Allgemeinen noch nicht, um das entsprechende Arbeitsverhalten für den Mitarbeiter verbindlich zu machen. Hier muss sich der Mitarbeiter zunächst einmal zu einer Initiierung seines Handelns verpflichten, d.h. seine aus dem Anstrengungsniveau resultierende Handlungstendenz muss den Charakter einer Handlungsabsicht annehmen. Die Bildung einer Verhaltensintension impliziert darüber hinaus aber auch, dass der Mitarbeiter sein Anstrengungsniveau bis zur Zielerreichung aufrechterhält und gegebenenfalls Handlungshindernisse überwindet.

Das daraus resultierende tatsächliche Arbeitsverhalten des Mitarbeiters ist dann durch die objektiven Restriktionen seiner Arbeitssituation gekennzeichnet. Hierfür sind also die tatsächlichen situativen Rahmenbedingungen und seine tatsächlichen Fähigkeiten und Kenntnisse entscheidend, wohingegen er seinem Anstrengungsniveau die subjektiv wahrgenommene Situation zugrunde legte.

Die Rahmenbedingungen seiner Arbeitsituationen bestimmen auch, welche Arbeitsergebnisse aus seinem Arbeitsverhalten resultieren. Die funktionale Beziehung zwischen diesen beiden Größen ist durch die technologischen und organisatorischen Gegebenheiten seiner Arbeitssituation vorgegeben. Der Mitarbeiter wird zudem sein tatsächliches Arbeitsverhalten mit dem vergleichen, was er aufgrund seiner subjektiv angenommenen Verhaltensrestriktionen von sich erwartet hat. Waren für den Mitarbeiter mit seiner Arbeitstätigkeit intrinsische Arbeitsanreize verbunden, wird der Vergleich zwischen erwartetem und tatsächlichem Verhalten seine Arbeitszufriedenheit beeinflussen.

Die von dem Mitarbeiter erzielten Arbeitsergebnisse haben zum einen Einfluss auf die Unternehmung und die Erreichung der organisatorischen Ziele. Damit können sich unter Umständen auch die Anreize und Restriktionen ändern, mit denen der Mitarbeiter künftig konfrontiert wird. Zum anderen wird der Mitarbeiter seine Arbeitsergebnisse mit den erwarteten Ergebnissen vergleichen, die er der Wahl seines Anstrengungsniveaus zugrunde gelegt hat. Dies wird insbesondere dann der Fall sein, wenn sein Verhalten durch intrinsische Arbeitsanreize aktiviert war. Je nachdem, in welchem Umfang seine Arbeitsergebnisse den selbstgesetzten Anforderungen genügen, wird die daraus resultierende Belohnung oder Sanktion seine Arbeitszufriedenheit beeinflussen. Darüber hinaus bestimmen die Arbeitsergebnisse des Mitarbeiters die Konsequenzen, die für ihn mit seinem Handeln verbunden sind.

Der Mitarbeiter wird diese tatsächlich erhaltenen Belohnungen und Sanktionen mit den Erwartungen vergleichen, die er sich bei der Wahl seines Anstrengungsniveaus gebildet hat und die sein Verhalten motivierten. Je nach der Bewertung dieses Verhältnisses und der tatsächlich erzielten Bedürfnisbefriedigungen wird er mehr oder weniger zufrieden sein.

Der Grad seiner Arbeitszufriedenheit ergibt sich dann aus dem Vergleich der erwarteten intrinsischen und extrinsischen Arbeitsanreize mit den tatsächlichen Belohnungen und Sanktionen. Daraus können sich Rückwirkungen ergeben auf andere Persönlichkeitseigenschaften: So wird sich unter Umständen die künftige Motivstruktur des Mitarbeiters verändern, oder er wird künftige Arbeitsanreize in einem neuen Licht wahrnehmen.

2.1.4 Kognitive und motivationale Prozesse im Arbeitsverhalten

In dem vorangegangenen Verhaltensmodell haben wir das individuelle Arbeitsverhalten eines Mitarbeiters als einen Prozess dargestellt, in dem verschiedene personelle und situative Variablen in einer kausalen Beziehung zueinander stehen. In der Beschreibung des Modells sind wir dabei indirekt auf verschiedene Einzelprozesse eingegangen, die in den Gesamtprozess des Arbeitsverhaltens eingebettet sind. Diese Einzelprozesse können selbst wieder als eine Folge von Beziehungen zwischen klar definierten personellen und situativen Variablen verstanden werden: Zwei oder mehr Variablen werden in einer spezifischen Art und Weise miteinander kombiniert und resultieren in einer neuen Variablen.

Im Folgenden werden wir drei dieser Einzelprozesse detaillierter vorstellen: den Wahrnehmungsprozess, den Motivationsprozess sowie den Lernprozess.

Der Wahrnehmungsprozess

In der bisherigen Diskussion haben wir den Begriff der Wahrnehmung in zweierlei Hinsicht verwendet: Zum einen haben wir die Wahrnehmung auf die kognitiven

Zustände des Wissens und des Bewusstsein eines Mitarbeiter über seine jeweilige Arbeitssituation bezogen. In diesem Sinne reflektiert sie seine subjektiv wahrgenommene Situation. Zum anderen haben wir die Wahrnehmung als die bewusste gedankliche Verarbeitung seiner Situation bezeichnet. Wahrnehmung in diesem Sinne stellt einen kognitiven Prozess dar, in dem die vom Mitarbeiter subjektiv wahrgenommene Arbeitssituation aus den objektiven situativen Rahmenbedingungen aktiv gebildet wird. Innerhalb unseres Gesamtmodells des individuellen Arbeitsverhaltens können wir diesen Wahrnehmungsprozess wie folgt einordnen: Der Wahrnehmungsprozess innerhalb des Gesamtmodells des individuellen Arbeitsverhaltens

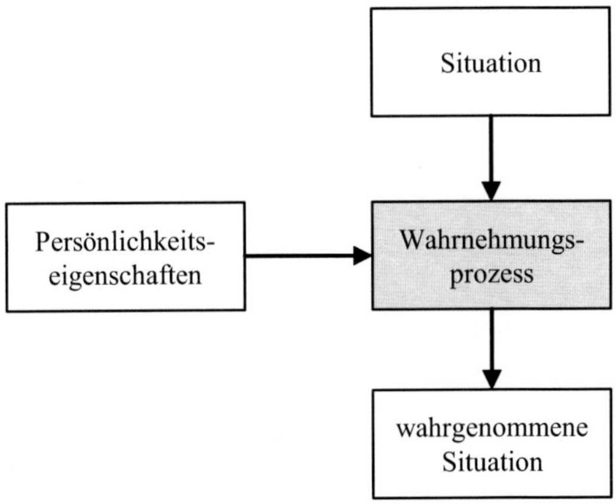

Abbildung 2.6: Der Wahrnehmungsprozess innerhalb des Gesamtmodells des individuellen Arbeitsverhaltens

Der Wahrnehmungsprozess kann wiederum als eine Folge verschiedener Teilprozesse verstanden werden. In der Literatur werden drei Stufen im Wahrnehmungsvorgang unterschieden:[8]

(1) Informationsaufnahme und -selektion: Der Mitarbeiter ist permanent mit einer Vielzahl von Reizen konfrontiert, die er gleichzeitig als Informationen erfassen kann. Neben physiologischen Grenzen, die durch die Funktionsweise unserer Sinnesorgane bestimmt werden, kann der Mitarbeiter aber vor allem aufgrund seiner beschränkten Kapazität nicht alle diese Informationen aufnehmen und verarbeiten. Eine Selektion der Reize erlaubt es dem Mitarbeiter, diejenigen

herauszufiltern, die für ihn am relevantesten sind oder die die größte Aufmerksamkeit auf sich ziehen. Die Faktoren, die diese Selektion beeinflussen, haben wir bereits in Abschnitt 2.1.2 diskutiert: das Wahrnehmungsziel mit seinen Eigenschaften, der Wahrnehmende mit seinen Persönlichkeitseigenschaften und der Wahrnehmungskontext mit seinen situativen Rahmenbedingungen.

Pop Art
und die Unmöglichkeit von Figuren

Die folgenden beiden Abbildungen zeigen, welchen Einfluss die Eigenschaften des Wahrnehmungsziels auf deren Aufnahme und Verarbeitung haben können:

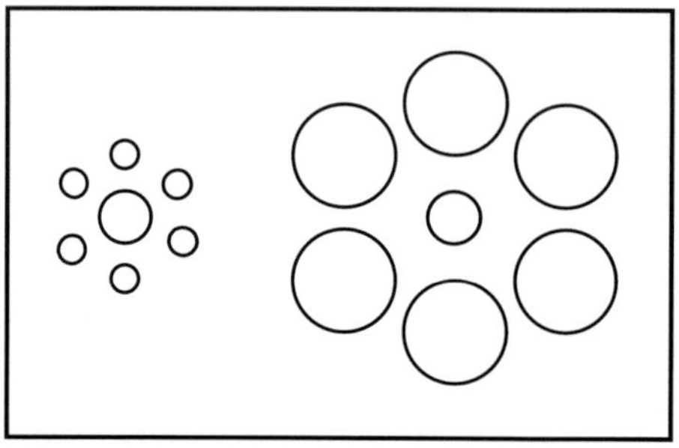

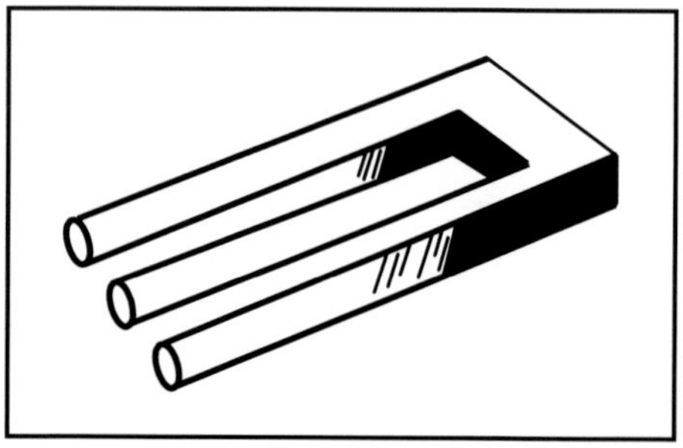

In der linken Abbildung wird die Informationsaufnahme und -verarbeitung des mittleren Kreises durch den jeweiligen Hintergrund erschwert: Durch den relativen Kontrast von Vorder- zu Hintergrund erscheint der linke Kreis größer als der rechte, obwohl beide gleich groß sind. In der rechten Abbildung ist eine unmögliche Figur dargestellt. Die Schwierigkeit bei der Informationsaufnahme und -verarbeitung liegt hier darin, dass eine Änderung unserer Wahrnehmung ohne Änderung der Sinnesreize eintritt: das Auge selbst nimmt nur zweidimensional diese Figur wahr, infolge der kognitiven Verarbeitung der Bildinformationen verändert die Figur aber ihre Struktur und Anordnung.

(2) Informationsverarbeitung: Auf der zweiten Stufe des Wahrnehmungsprozesses wird aus den selektierten äußeren Reizen ein inneres Abbild aufgebaut. Dadurch werden die Informationen zu einem sinnvollen Gesamtzusammenhang verarbeitet. Diese Organisation der Wahrnehmung erfolgt nach bestimmten Prinzipien, beispielsweise dem Kontinuitätsprinzip, nach dem die Tendenz be-

steht, verschiedene einzelne Reize in einem kontinuierlichen Muster zu gruppieren, oder dem Ähnlichkeitsprinzip, nach dem verschiedene einzelne Reize nach gemeinsamen Charakteristika gruppiert werden. Die Organisation beruht dabei auf der Zusammenführung von in der Vergangenheit erworbenem Wissen mit aktuellen Informationen.

(3) Beurteilung: In diesem Schritt werden den Abbildern der äußeren Reize Bedeutungen zugewiesen. Da die aufgenommenen Informationen im Allgemeinen nicht ausreichen, um die Reize eindeutig einzuordnen, werden zu ihrer Identifikation Rückschlüsse gezogen. So wird ein Mitarbeiter, der bei seinem Vorgesetzten ein bestimmtes Verhalten wahrnimmt, auf dessen Ursachen schließen. Dabei wird er im Allgemeinen das beobachtete Verhalten mit dem Verhalten anderer Personen in ähnlichen Situationen oder dem sonstigen Verhalten seines Vorgesetzten vergleichen. Solche Attributionen sind subjektiv und hängen wesentlich von der Erfahrung des Wahrnehmenden ab. Unter Umständen sind für diese Einordnung der bereits vorhandenen Informationen zusätzliche Informationen notwendig, so dass der gesamte Wahrnehmungsprozess erneut durchlaufen wird.

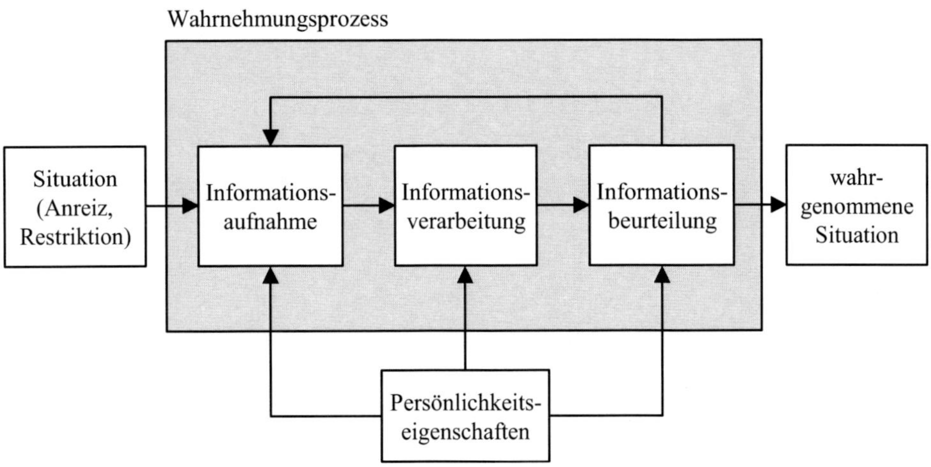

Abbildung 2.7: Das Modell des Wahrnehmungsprozesses

Zusammenfassend können wir den beschriebenen Wahrnehmungsprozess in seinen drei Stufen wie oben darstellen.

Der Motivationsprozess

Im letzten Abschnitt haben wir Motivation als das Anstreben von Zielzuständen bezeichnet. Motivation stellt in diesem Sinne einen Prozess dar, der das Arbeitsverhalten eines Mitarbeiters auslöst, steuert und aufrechterhält. Das motivierte Verhalten eines Mitarbeiters basiert demnach auf zwei grundlegenden Prinzipien: Erstens, seinem Verhalten gehen mentale Vorgänge voraus, und zweitens, sein Arbeitsverhalten ist zielgerichtet in der Absicht, einen bestimmten Zustand zu erreichen. Der Motivationsprozess knüpft somit unmittelbar an die beiden oben diskutierten Determinanten des Verhaltens an: Auf der einen Seite stehen die Ziele des Mitarbeiters, auf deren Erreichen sein Arbeitsverhalten ausgerichtet ist. Auf der anderen Seiten sind es die Rahmenbedingungen seiner Arbeitssituation, die in der Wahrnehmung von Gelegenheiten zur Erreichung dieser Ziele beitragen.

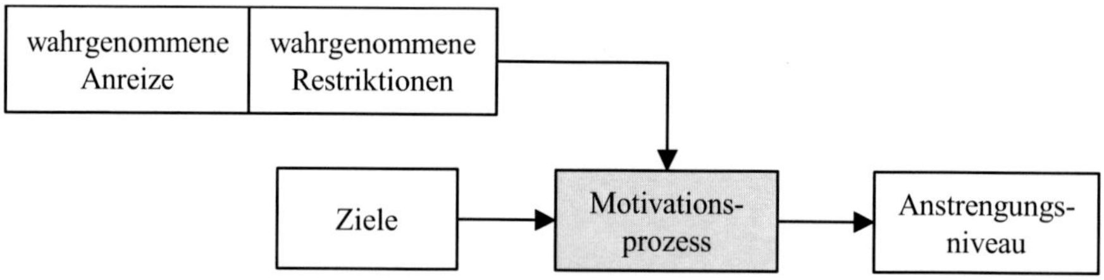

Abbildung 2.8: Der Motivationsprozess innerhalb des Gesamtmodells des individuellen Arbeitsverhaltens

Motivationsprozesse umfassen verschiedene kognitive Prozesse, die für das Verhalten von Mitarbeitern in Organisationen von entscheidender Bedeutung sind. Die motivierende Wirkung einer Arbeitssituation resultiert nicht aus ihrer objektiven Realität, sondern wird bedingt durch deren subjektive Interpretation. Demnach sind alle situativen Einflüsse, die den Motivationsvorgang bestimmen, nicht als solche handlungsrelevant, sondern ausschließlich aufgrund ihrer Wahrnehmung. Mischel (1977, S.343) formuliert dies so: "the person variables of greatest interest are the individual's expectancies. It often helps to know what individuals can do, and how they construe events and themselves, but to predict specific behavior in a particular situation it is essential to consider their specific expectancies about the consequences of different behavioral possibilities in that situation." Der Motivationprozess kann also mit Heckhausen (1989, S.11) als 'kognitiver Elaborationsprozess mit emotionalen Anteilen' aufgefasst werden.

Die für die Arbeitsmotivation relevanten Erwartungen des Mitarbeiters beziehen sich auf drei Aspekte seiner Arbeitssituation:[9]

(1) Die Valenz der Arbeitsanreize: Die durch die Arbeitssituation des Mitarbeiters induzierten Arbeitsanreize werden von diesem subjektiv wahrgenommen. Aktivieren sie seine Motive und richten sie sein Arbeitsverhalten auf seine damit verbundenen Motivziele aus, hat die Erreichung dieser Ziele für den Mitarbeiter einen bestimmten Wert der Bedürfnisbefriedigung. Die **Valenz eines Arbeitsanreizes** bezeichnet den erwarteten Wert, den dieser Zielzustand für den Mitarbeiter hat. Je nachdem, ob für den Mitarbeiter der Arbeitsanreiz mit erwarteten Belohnungen oder Sanktionen verbunden ist, wirkt seine gegenwärtige Arbeitssituation auf die Erreichung zu erwartender, künftiger Zielzustände anziehend oder abstoßend. Im ersten Fall ist mit dem Anreiz eine positive Valenz verbunden, im zweiten Fall ruft der Anreiz eine negative Valenz hervor. Welcher Wert für den Mitarbeiter mit einem Arbeitsanreiz verbunden ist, hängt dabei einerseits von der Stärke seines Motivs ab, andererseits von der Stärke des wahrgenommenen Anreizes. Die Stärke des Motivs wird insbesondere durch seinen momentanen Bedürfniszustand bestimmt, der wiederum durch seine Persönlichkeitseigenschaften, also durch angeborene oder erlernte Faktoren, determiniert wird. Die Stärke des Anreizes bezieht sich unmittelbar auf die Höhe der Belohnungen bzw. Sanktionen, die er in seiner jeweiligen Arbeitssituation als Verheißung bzw. Bedrohung erwartet.

(2) Die Erreichbarkeit von Arbeitsergebnissen: Bei der Wahl seines Anstrengungsniveaus wird der Mitarbeiter Erwartungen darüber bilden, welche möglichen Arbeitsergebnisse mit seinem Handeln verbunden sein können. Dies ist für ihn von Bedeutung, da mit dem Erreichen bestimmter Arbeitsergebnisse im Allgemeinen das Erreichen seiner eigenen Ziele verbunden ist. Die **Erreichbarkeit von Arbeitsergebnissen** bezeichnet hier seine Erwartungen über die funktionalen Beziehungen zwischen seinem eigenen Handeln und den daraus resultierenden Arbeitsergebnissen. Dieser Zusammenhang wird durch die

wahrgenommenen Restriktionen bestimmt, die sich für den Mitarbeiter in seiner jeweiligen Arbeitssituation ergeben.
Weiter oben haben wir bereits verschiedene Determinanten für diese Erwartungsbildung diskutiert. Neben der objektiven Arbeitssituation und den sich daraus ergebenden Restriktionen sind hier vor allem die Erfahrungen des Mitarbeiters in ähnlichen Arbeitssituationen zu nennen sowie seine Selbstwertschätzung, aufgrund seiner eigenen Fähigkeiten mit diesen Restriktionen erfolgreich zurecht zu kommen.

(3) Die Instrumentalität der Arbeitsergebnisse: Die von dem Mitarbeiter erzielten Arbeitsergebnisse haben für ihn in der Regel nicht nur einen intrinsischen Wert, sondern sind auch mit extrinsischen Anreizen verbunden. Daher wird er Erwartungen darüber bilden, inwieweit ein bestimmtes Arbeitsergebnis zum Erreichen seiner persönlichen Ziele beitragen wird. Diese Erwartung über den Zusammenhang zwischen einem Handlungsergebnis und den damit verbundenen Belohnungen bzw. Sanktionen wird als **Instrumentalität der Arbeitsergebnisse** bezeichnet. In diesem Sinne dient dem Mitarbeiter sein Handeln in der Unternehmung als Mittel zur eigenen Bedürfnisbefriedigung.
Von den bereits weiter oben diskutierten Einflüssen auf diese Erwartungsbildung sind vor allem seine tatsächliche Arbeitssituation und die sich daraus ergebenden Anreizbedingungen von Bedeutung. Als personelle Faktoren sind hier seine Erfahrungen in ähnlichen Situationen sowie seine Persönlichkeitseigenschaften relevant.

Damit ein Mitarbeiter nun überhaupt einen sich ihm bietenden Arbeitsanreiz als handlungsmotivierend wahrnimmt, müssen somit offenbar zwei Voraussetzungen erfüllt sein: Erstens muss die Valenz des Arbeitsanreizes hinreichend groß sein. Zweitens muss der Mitarbeiter die Erwartung haben, dass sein von ihm gewähltes Anstrengungsniveau auch tatsächlich zum Erreichen seiner eigenen Ziele beiträgt. Je nach der Richtung, Stärke und Fortdauer, die der Mitarbeiter seinen Anstrengungen zugrunde legt, wird der Grad seiner Zielerreichung variieren. Dasjenige Anstrengungsniveau, das dem Mitarbeiter eine für ihn befriedigende Zielerreichung verspricht, wird er zur Grundlage seines Verhaltens machen.

Zusammenfassend können wir den Motivationsprozess wie folgt darstellen:

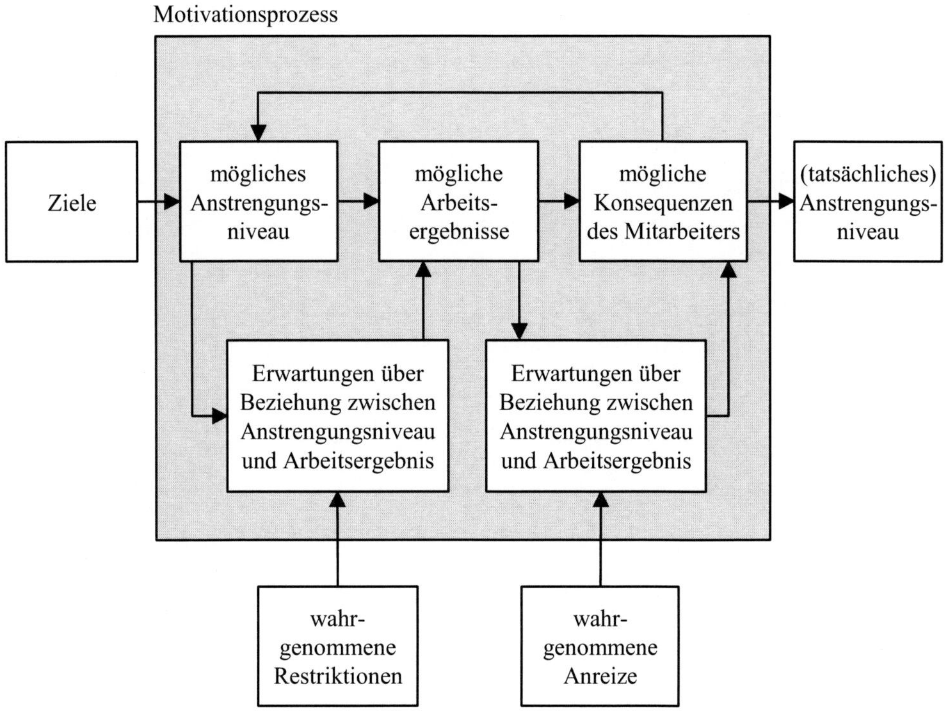

Abbildung 2.9: Das Modell des Motivationsprozesses

Der Lernprozess

In unseren bisherigen Betrachtungen spielten Lernprozesse sowohl bei der Wahrnehmung als auch bei der Motivation eine entscheidende Rolle: So waren die Erfahrungen eines Mitarbeiters bei der Identifikation und Einordnung seiner Wahrnehmungen ebenso von Bedeutung wie bei seiner Erwartungsbildung im Rahmen des Motivationsprozesses. Die Erfahrungen eines Mitarbeiters spiegeln hier die in seiner Umwelt erlernten Kenntnisse über bestimmte Sachverhalte wider. Damit sind auch viele Aspekte seiner Persönlichkeit, beispielweise seine Motivstruktur, Resultate von Lernvorgängen.

Als **Lernen** wollen wir im Folgenden einen Prozess verstehen, in dem eine Person aufgrund von Erfahrungen sein Verhalten relativ überdauernd verändert. Die Bedingung, dass der Wandel im individuellen Verhalten relativ langfristig ist, grenzt die aus einem Lernen resultierenden Verhaltensänderungen gegenüber kurzfristigen ab, beispielsweise solchen, die durch Ermüdung oder Stress verursacht werden. Die Einschränkung des Lernprozesses auf Erfahrung bedingt zudem, dass Verhaltensänderung z.B. aufgrund von Reifungsprozessen oder Unfällen nicht das Resultat eines Lernprozesses sind.

Da im Zusammenhang mit dem individuellen Arbeitsverhalten eines Mitarbeiters eine Reihe von Lernprozessen stattfinden, bietet es sich an, für deren Einbettung in das Gesamtmodell auf das eingangs dargestellte S → O → R → C Modell des Arbeitsverhaltens zurückzugreifen:

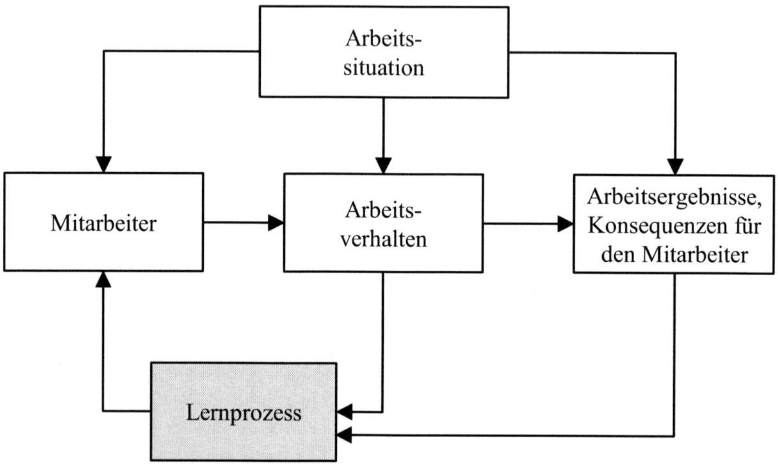

Abbildung 2.10: Lernprozesse innerhalb des Gesamtmodells des individuellen Arbeitsverhaltens

Lernprozesse können innerhalb dieses Modells als Rückkopplungen verstanden werden, die sich aus dem Arbeitsverhalten des Mitarbeiters bzw. den daraus resultierenden Konsequenzen für die verschiedenen Determinanten seines Arbeitsverhaltens ergeben können. Lernen kann Auswirkungen auf die folgenden drei Verhaltenskomponenten haben:

(1) Veränderte personelle Faktoren: Das Arbeitsverhalten des Mitarbeiters kann unmittelbar zu einer Modifikation verschiedener Eigenschaften seiner Persönlichkeit führen. Dies geschieht z.B. bei einem Mitarbeiter, der im Laufe seiner

Arbeitstätigkeit zusätzliches Wissen erwirbt oder andere Fertigkeiten für die Durchführung seiner Aufgabe dazulernt.

(2) Veränderte Wahrnehmung von Objekten und Personen: Ein Lernen des Mitarbeiters erfolgt hier über den Prozess der Personen- und Selbstwahrnehmung bzw. der Wahrnehmung seiner Arbeitssituation. Im Fall der Personenwahrnehmung erfolgt das Lernen durch Beobachtung anderer bzw. durch soziale Interaktionen. Der Mitarbeiter lernt, indem er Verhaltensweisen anderer imitiert oder sich mit diesen identifiziert. Bei der Selbstwahrnehmung reflektiert der Mitarbeiter sein eigenes Verhalten. So kann er z.B. Schlussfolgerungen ziehen über seine Selbstwirksamkeit, also sein Selbstverständnis, mit dem er glaubt, eine bestimmte Aufgabe erfolgreich bewältigen zu können. Aus der Wahrnehmung seiner Arbeitssituation lernt ein Mitarbeiter insbesondere, inwieweit die Konsequenzen, die mit seinem Arbeitsverhalten verbunden sind, für ihn angenehm oder unangenehm sind. Lernen bezieht sich hier auf die Valenzen von Arbeitsanreizen.

(3) Veränderte Wahrnehmung der funktionalen Beziehungen zwischen Ereignissen: Im Kontext des Motivationsprozesses sind hier die beiden Zusammenhänge zwischen dem Arbeitsverhalten und dem Arbeitsergebnis eines Mitarbeiters bzw. zwischen dem Arbeitsergebnis und den damit verbundenen Konsequenzen von Bedeutung. Über beide Zusammenhänge bildet sich der Mitarbeiter im Vorhinein Erwartungen. Nach der tatsächlichen Durchführung seiner Arbeitsaufgabe hat er dann die Möglichkeit, diese Erwartungen zu überprüfen und gegebenenfalls zu modifizieren. Lernen bezieht sich hier auf die Erreichbarkeit sowie die Instrumentalität der Arbeitsergebnisse. Im Rahmen dieser Lernprozesse verbessert der Mitarbeiter sein Wissen über diese Zusammenhänge und kann als Ergebnis dieses Wissenserwerbs sein Verhalten anpassen.

Das Lernen aufgrund veränderter Wahrnehmungen erfolgt durch kognitive und soziale Lernprozesse. Gemeinsam ist diesen Lernprozessen, dass Rückkopplungen auf das Arbeitsverhalten des Mitarbeiters durch einen Soll-/Ist-Vergleich ausgelöst werden: Der Mitarbeiter vergleicht sein tatsächliches Arbeitsverhalten bzw. die damit verbundenen Konsequenzen mit seinen entsprechenden Erwartungen. Diese Erwartungen können sich auf alle drei im Rahmen des Motivationsprozesses diskutierten Größen beziehen. Ergeben sich nun Diskrepanzen zwischen den erwarteten und tatsächlichen Größen, passt der Mitarbeiter sein Verhalten, d.h. sein Anstrengungsniveau, an. In Analogie zu Argyris (1982) können wir diese Verhaltensänderung auf zwei verschiedene Lernprozesse zurückführen:

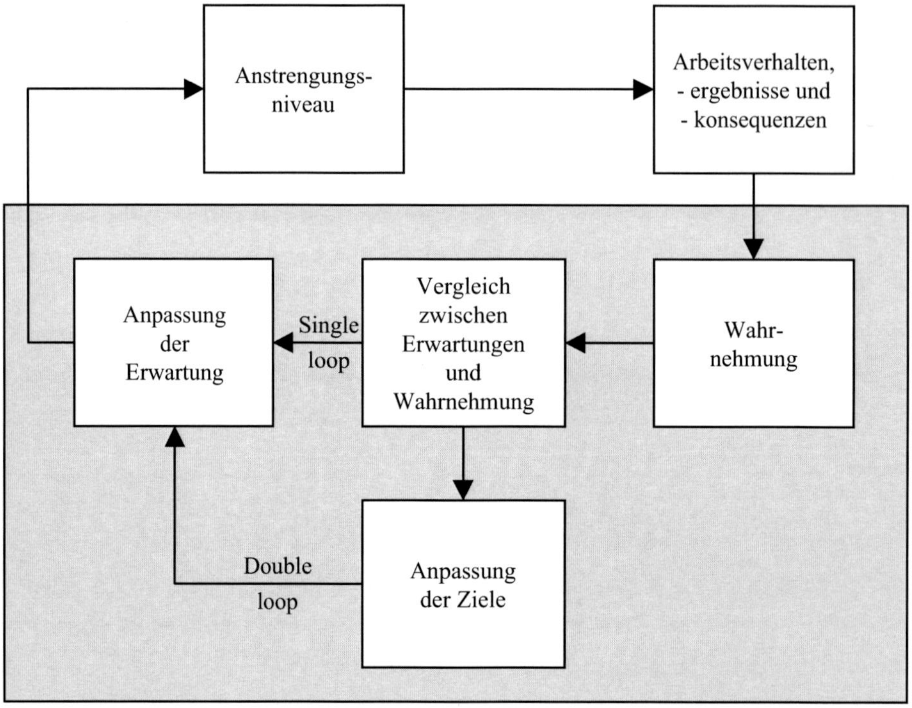

Abbildung 2.11: Das Modell des Single- und Double-Loop-Lernprozesses

- Single-Loop-Prozesse: Lernen findet in diesem Fall durch eine Anpassung der Erwartungen des Mitarbeiters statt. Die Ziele des Mitarbeiters bleiben davon unberührt. Diese Anpassungen führen zu einer Modifikation seines Anstrengungsniveaus im Hinblick auf eine bessere Erreichbarkeit seiner Ziele.
- Double-Loop-Prozesse: In diesem Fall stellt der Mitarbeiter aufgrund der wahrgenommenen Diskrepanz zwischen erwarteten und tatsächlichen Größen auch seine persönlichen Ziele in Frage. Lernen impliziert hier also nicht nur eine Anpassung seiner Erwartungen, sondern auch eine Modifikation seiner zugrundliegenden Persönlichkeitseigenschaften, insbesondere seiner Werte, Einstellungen und Bedürfnisse. Verhaltensänderungen durch die Wahl eines veränderten An-

strengungsniveaus sind Ausdruck modifizierter persönlicher Ziele.

2.1.5 Individuelles Entscheidungsverhalten

In unserer Darstellung des individuellen Verhaltensmodells haben wir das Handeln eines Mitarbeiters als Wahl verschiedener Handlungsalternativen diskutiert: Das Anstrengungsniveau, das der Mitarbeiter durch Richtung, Stärke und Fortdauer festlegt, bildet die Grundlage seines Verhaltens. Insbesondere wird der Mitarbeiter innerhalb des Motivationsprozesses dasjenige Anstrengungsniveau verfolgen, das ihm eine befriedigende Erreichung seiner Ziele verspricht. Das Arbeitsverhalten eines Mitarbeiter wird in diesem Sinne durch seine Entscheidungen über ein entsprechendes Anstrengungsniveau erklärt.

Im Folgenden wollen wir diesen Zusammenhang zwischen dem oben dargestellten individuellen Verhaltensmodell und dem individuellen Entscheidungsverhalten näher aufzeigen. Als **individuelles Entscheidungsverhalten** bezeichnen wir dabei die Art und Weise, wie ein Mitarbeiter seine Entscheidungen trifft. Im Hinblick auf die prozessuale Perspektive des Verhaltens geht es dabei um die Dynamik des individuellen Entscheidungsverhaltens: Die Auswahl einer Handlungsalternative - also eines Anstrengungsniveaus - aus einer Menge von Handlungsalternativen wird als Ergebnis einer Reihe von Einzelaktivitäten im Rahmen eines Entscheidungsprozesses gesehen. Die angesprochenen kognitiven und motivationalen Prozesse bilden die Grundlage dieser Dynamik.

Aus prozessualer Perspektive können wir die einzelnen Aktivitäten innerhalb des individuellen Entscheidungsprozesses grundsätzlich in drei Phasen gliedern: In der Phase der Situationserfassung nimmt der Entscheidungsträger die Situation wahr, die einer Entscheidung bedarf, und formuliert das Entscheidungsproblem. Auf der Grundlage seiner Situationserfassung generiert der Entscheidungsträger in der Phase der Situationsanalyse verschiedene Handlungsalternativen und bewertet diese im Hinblick auf seine Ziele. In der Phase der Handlung trifft der Entscheidungsträger dann seine eigentliche Entscheidung, implementiert die von ihm ausgewählte Alternative und kontrolliert gegebenenfalls das tatsächliche Ergebnis.

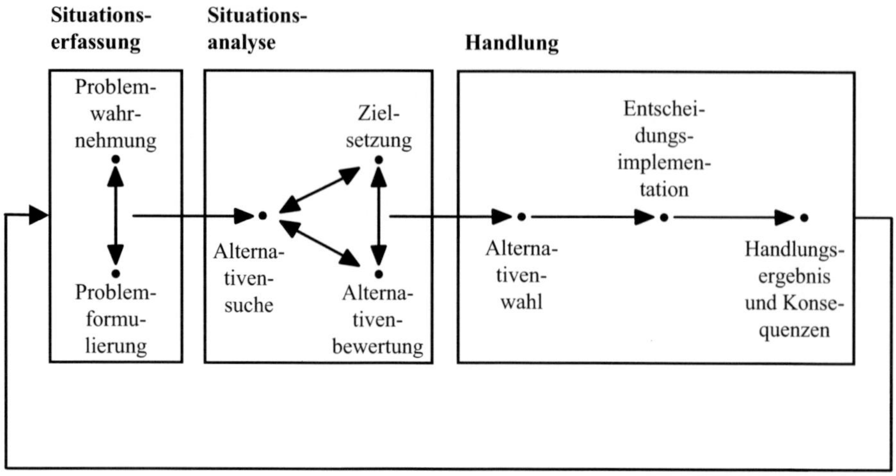

Abbildung 2.12: Das prozessuale Modell des individuellen Entscheidungsverhaltens

Um den Zusammenhang zwischen dem individuellen Verhaltensmodell und dem dargestellten Entscheidungsprozess aufzuzeigen, werden wir im Folgenden ausführlicher auf die einzelnen Aktivitäten innerhalb dieser Phasen eingehen:

- Problemwahrnehmung: Bevor ein Mitarbeiter in den Entscheidungsprozess eintritt, muss er hierfür zunächst einmal eine Notwendigkeit sehen. Diese Notwendigkeit resultiert aus Anreizen, die sich in seiner jeweiligen Arbeitssituation ergeben. Inwieweit er aufgrund dieser Anreize auf ein entsprechendes Entscheidungsproblem schließt, hängt von seiner subjektiven Wahrnehmung der Arbeitssituation ab.
- Problemformulierung: Die Wahrnehmung von Anreizen führt zur Problemformulierung: Wie kann der Mitarbeiter die sich ihm bietenden Chancen und Risiken so nutzen und beeinflussen, dass sich die Belohnungen und Sanktionen, die mit den wahrgenommenen Anreizen verbunden sind, erreichen bzw. vermeiden lassen? Im Allgemeinen ist dabei die angestrebte Lösung des Entscheidungsproblems noch unscharf definiert, so dass er das Problem präziser formulieren muss. Hierzu sind zusätzliche Informationen über das Problem notwendig. Insbesondere wird der Mitarbeiter die möglichen Restriktionen und Bedingungen

identifizieren, die sich aus seiner Arbeitssituation für eine Lösung des Entscheidungsproblems ableiten lassen.

- Zielsetzung: Ziel des Mitarbeiters ist es, diejenigen Bedürfnisse, die durch die Arbeitsanreize angesprochen sind, möglichst umfassend zu befriedigen. Dieses Ziel können wir als **fundamentales Ziel** bezeichnen, da es durch die spezifischen individuellen Persönlichkeitseigenschaften des Mitarbeiters bestimmt ist. Bei seiner Zielsetzung muss der Mitarbeiter allerdings beachten, dass das so ausgewählte Ziel einer umfassenden Bedürfnisbefriedigung im Allgemeinen für die Lösung des Entscheidungsproblems zu grob ist. Er wird daher die Bedeutung dieses allgemeinen Ziels für seine Entscheidungssituation konkretisieren und somit sukzessive eine entsprechende Zielhierarchie generieren. Für die Lösung des Entscheidungsproblems wird er zudem in der Regel instrumentelle Ziele definieren müssen. **Instrumentelle Ziele** sind Ziele, die in einer Entscheidungssituation das Erreichen eines fundamentalen Ziels gewährleisten sollen. Dies ist insbesondere dann der Fall, wenn die Gewährung der Anreize mit der Form seiner Aufgabendurchführung verbunden ist.
  Die Zielsetzung bedingt somit auch die Bildung von Erwartungen über die Zusammenhänge zwischen der Aufgabendurchführung und dem Erreichen der instrumentellen Ziele sowie über die Beziehung von instrumentellen und fundamentalen Zielen. Da die Konsequenzen aus dem Handeln des Mitarbeiters im Allgemeinen durch die Lösung seines Entscheidungsproblems bestimmt sind, ist es hier zunächst einmal notwendig, die funktionalen Beziehungen zwischen seinem Arbeitsergebnis und den mit den Anreizen verbundenen Belohnungen und Sanktionen zu erfassen. Auf der Grundlage der so wahrgenommenen Verhaltensrestriktionen wird der Mitarbeiter dann für die Alternativensuche und -bewertung dasjenige instrumentelle Ziel ins Auge fassen, das ihm eine zufriedenstellende Bedürfnisbefriedigung verspricht. Hierbei muss er sich zusätzlich zur Instrumentalität der Arbeitsergebnisse auch Erwartungen über deren Erreichbarkeit bilden.
- Alternativensuche: Im Allgemeinen sind die Handlungsalternativen, die zu einer Lösung des Entscheidungsproblems beitragen, nicht einfach gegeben. Vielmehr stehen dem Mitarbeiter eine Vielzahl verschiedener Anstrengungsniveaus zur Verfügung, die er zunächst einmal identifizieren muss. Der Mitarbeiter

muss also in die zusätzliche Beschaffung von Informationen investieren. Welche Handlungsalternativen er in Betracht zieht, ist wiederum entscheidend von seiner Wahrnehmung abhängig: Die zu verarbeitende Informationsmenge erfordert von ihm je nach deren Komplexität entsprechende kognitive Fähigkeiten. Zudem ist die Alternativensuche selbst wieder ein Entscheidungsprozess, so dass auch motivationale Elemente hierfür von Bedeutung sind.
Die Alternativensuche kann darüber hinaus auch Rückwirkungen auf die Zielsetzung haben. Durch die Suche nach neuen Alternativen kann so das Interesse des Mitarbeiters an neuen, bisher nicht berücksichtigten Eigenschaften oder Konsequenzen von Alternativen geweckt werden. Die Ausweitung der Alternativensuche kann also zu einer Modifikation des Zielsystems führen.

- Alternativenbewertung: Im Allgemeinen sind dem Mitarbeiter auch die Auswirkungen der Alternativen auf die Zielerreichung – also die Erreichbarkeit der Arbeitsergebnisse – nicht unmittelbar bekannt. Für die Bewertung der Alternativen im Hinblick auf die Zielerreichung müssen somit zusätzliche Informationen gesammelt werden. Daher kann es sinnvoll sein, die Aktivitäten der Alternativensuche und -bewertung eng miteinander zu koppeln.
  Hierbei gibt es zwei grundsätzliche Vorgehensweisen: Bei der simultanen Alternativenbewertung schließt der Mitarbeiter zunächst den Schritt der Alternativensuche ab und bewertet dann alle ihm zur Verfügung stehenden Handlungsalternativen. Bei der sequentielle Alternativenbewertung überprüft der Mitarbeiter hingegen die erste gefundene Alternative auf ihre Zielerreichung. Nach Simon (1955) dient ihm als Messlatte für die Bewertung einer Alternative ein bestimmtes **Anspruchsniveau**. Je nach dem Ergebnis dieser Bewertung verwirft er dann die Alternative und nimmt den Suchvorgang wieder auf, oder er wählt die Alternative als Problemlösung aus und stellt den Suchvorgang ein.
- Alternativenwahl: Die Auswahl aus den durch die Alternativensuche gefundenen Handlungsalternativen nimmt der Mitarbeiter aufgrund der Erreichbarkeit und Instrumentalität der Arbeitsergebnisse vor. Dieses Vorgehen entspricht dem oben dargestellten Motivationsprozess. Das Ergebnis dieses Prozesses ist die Wahl einer Handlungsalternative, also eines Anstrengungsniveaus, das der Mitarbeiter zur Grundlage seines Verhaltens macht.
  Je nachdem, ob der Mitarbeiter seine Handlungsalternativen simultan oder se-

quentiell bewertet, wird er bei der Wahl seines Anstrengungsniveaus unterschiedlich vorgehen: Bei der simultanen Alternativenbewertung wählt er diejenige Alternative aus, die seine Bedürfnisse am umfassendsten befriedigt. Bei der sequentiellen Alternativenbewertung wird er diejenige Alternative auswählen, die das von ihm gesetzte Anspruchsniveau zuerst erfüllt.

- Entscheidungsimplementierung: Die Auswahl einer Handlungsalternative garantiert noch nicht deren Umsetzung. Vielmehr muss der Mitarbeiter eine entsprechende Verhaltensintension bilden. Erst wenn er hier Ressourcen in die tatsächliche Implementierung der Handlungsalternative investiert, verpflichtet er sich, den bisherigen, intellektuellen Auswahlprozess auch tatsächlich in einen Umsetzungsprozess zu überführen. Ergeben sich Handlungshindernisse oder ist die ausgewählte Alternative aufgrund unzureichender Informationen noch nicht in sämtlichen Details festlegt, können zusätzliche Einführungs- und Umsetzungsmaßnahmen unter Berücksichtigung der jeweiligen tatsächlichen Rahmenbedingungen der Arbeitssituation notwendig sein.
- Handlungsergebnis und Konsequenzen: Resultat der Entscheidungsimplementierung ist das Arbeitsergebnis, also das auf die Lösung seines Entscheidungsproblems abzielende Handlungsergebnis. Daraus wiederum ergeben sich die für den Mitarbeiter verbundenen Belohnungen und Sanktionen. Die Rückkopplungen zu einem neuen Entscheidungsprozess schließlich beinhalten die verschiedenen Lernprozesse des Mitarbeiters bzw. resultieren aus seiner veränderten Arbeitssituation.

In der Darstellung des prozessualen Modells des individuellen Entscheidungsverhaltens haben wir die einzelnen Aktivitäten während des Entscheidungsprozesses in sequentieller Systematik besprochen. Unsere Ausführungen machen aber bereits deutlich, dass die einzelnen Aktivitäten nicht Schritt für Schritt vom Mitarbeiter abgearbeitet werden, sondern dass vielfältige Interdependenzen zwischen den einzelnen Teilschritten bestehen. So ist bei einer sequentiellen Alternativenbewertung die Suche und Bewertung von Alternativen eng miteinander gekoppelt. Bei der Problemformulierung wiederum werden im Allgemeinen bereits Überlegungen zur Zielpräzisierung, Alternativensuche oder Implementierung angestellt.

Darüber hinaus sind aber auch nicht alle Aktivitäten innerhalb des Entscheidungsprozesses entscheidungsrelevant. So kann ein Mitarbeiter beispielsweise die

Phase der Situationserfassung überspringen und gleich mit der Situationsanalyse starten, wenn ihm das Entscheidungsproblem vertraut vorkommt. Oder der Prozess besteht nur aus der Phase der Handlung, wenn z.B. durch das Entscheidungsproblem ein Routineverhalten ausgelöst wird und die Notwendigkeit für eine vertiefende Situationsanalyse nicht besteht.

Welcher kognitive Aufwand für einen Mitarbeiter mit der Bearbeitung eines Entscheidungsproblems verbunden ist, hängt vor allem davon ab, inwieweit entscheidungsrelevante Informationen bereits vorliegen oder ob er sich das notwendige Wissen erst aneignen und strukturieren muss. Art und Umfang des kognitiven Aufwands können hier je nach dem konkreten Entscheidungsproblem zwischen zwei Extremen variieren: Entweder läuft die Entscheidung weitgehend automatisch ab, oder sie ist mit einer ausführlichen Informationssammlung und -verarbeitung verbunden. Svenson (1990; 1996) verbindet den kognitiven Aufwand bei der Bearbeitung eines Entscheidungsproblems mit dem Ausmaß an Reflexion und Bewusstsein. Hierbei differenziert er zwischen vier Typen von Entscheidungen:

(1) Routinisierte Entscheidungen: Diese Entscheidungen verlangen einen geringen kognitiven Aufwand. Zwischen den möglichen Handlungsalternativen wird routinemäßig oder automatisch gewählt. Ein solches Handeln stellt insofern eine Entscheidung dar, als dass es das Resultat von Entscheidungen ist, die aufgrund häufiger Wiederholung routinisiert sind. Im Allgemeinen wird der Mitarbeiter die gegebene Situation mit vorgespeicherten Informationen und den damit verbundenen Entscheidungen abgleichen. Bei hinreichend hoher Ähnlichkeit der aktuellen Situation mit den gespeicherten Situationsschemata wird dann eine entsprechende Entscheidung in gewohnter Weise getroffen.

(2) Stereotype Entscheidungen: Im Unterschied zu routinisierten Entscheidungen ist mit stereotypen Entscheidungen ein höherer kognitiver Aufwand verbunden: Sie werden nicht durch die Gesamtsituation, sondern durch die zur Verfügung stehenden Handlungsalternativen ausgelöst und erfordern daher einen bestimmten Bewertungsprozess. Dabei werden allerdings die Alternativen nicht bewusst analysiert, sondern die Bewertung erfolgt intuitiv nach einem erlernten Bewertungsschema. Steoreotype Entscheidungen sind demnach durch Erfahrungen oder durch Gefühle bestimmt, so dass insbesondere die affektive

Komponente bei der Bewertung von Bedeutung ist: Diejenige Entscheidung wird gewählt, die dem Mitarbeiter vertraut und bekannt ist.

(3) Reflektierte Entscheidungen: Bei diesen Entscheidungen bewertet der Mitarbeiter explizit verschiedene Handlungsalternativen und wägt zwischen ihnen ab. Damit ist ein wesentlich höherer kognitiver Aufwand verbunden als mit den beiden erstgenannten Entscheidungstypen. Die Entscheidungsfindung besteht bei reflektierten Entscheidungen demnach aus zwei wesentlichen Komponenten: der Beurteilung und der Auswahl. Diese Prozesse stehen im Zentrum der Analyse des individuellen Verhaltens im dritten Kapitel.

(4) Konstruktive Entscheidungen: Während bei reflektierten Entscheidungen die Menge der Handungsalternativen meistens im Vorhinein gegeben ist, ist dies bei konstruktiven Entscheidungen nicht der Fall. Dies beinhaltet auch Situationen, in denen Alternativen nicht genau spezifiziert sind und daher zusätzliche Informationen gesucht werden müssen. Zudem können einem Mitarbeiter bei diesem Typ von Entscheidungen auch seine eigenen Ziele unklar sein, so dass auch diese erst generiert werden müssen. Eine solche Konstruktion von Alternativen und Zielen bedeutet den höchsten kognitiven Aufwand im Vergleich zu den bisherigen drei Entscheidungstypen. Konstruktive Entscheidungen erfordern in einem hohen Maße vorgeschaltete Zwischenentscheidungen über den Umfang der Informationssuche und Zielkonkretisierung.

Routinisierte und stereotype Entscheidungen können wir auch als programmierte Entscheidungen bezeichnen: Die zur Verfügung stehenden Handlungsalternativen werden entweder habituell oder stereotypisch abgerufen, es findet keine umfassende Alternativensuche und -bewertung statt. Vielmehr entscheidet der Mitarbeiter programmiert durch Anwendung einer Routine oder einer Daumenregel über die Problemlösung. Reflektierte und konstruktive Entscheidungen können dann als nichtprogrammierte Entscheidungen bezeichnet werden: In beiden Fällen beinhaltet die Entscheidungsfindung eine aktive Alternativensuche und/oder -bewertung. Der Entscheidungsprozess umfasst daher sämtliche oben dargestellten Einzelaktivitäten innerhalb der drei Phasen des individuellen Entscheidungsverhaltens.

2.2 Die Modellierung des Arbeitsverhaltens

In diesem Abschnitt wollen wir nun die wesentlichen personellen und situativen Faktoren des im letzten Abschnitt hergeleiteten prozessualen Verhaltensmodells näher spezifizieren. Ziel der Ausarbeitungen ist es, die für das Arbeitsverhalten eines Mitarbeiters relevanten Komponenten als Modellvariable zu formalisieren. Diese Variablen fließen in unser ökonomisch-psychologisches Entscheidungsmodell ein, das wir in den nächsten beiden Kapiteln eingehender analysieren.

Ausgangspunkt unserer Überlegungen muss die Erkenntnis sein, dass das Verhalten eines Mitarbeiters nur aus dem Zusammenspiel von Situation und Person zu erklären ist: Seine Arbeitssituation ebenso wie seine individuellen Dispositionen determinieren sein tatsächliches Arbeitsverhalten. Dabei sind nicht die objektiven Rahmenbedingungen seiner Situation, sondern die vom Mitarbeiter subjektiv wahrgenommenen Gegebenheiten verhaltenswirksam.

Dieser Zusammenhang zwischen den situativen und personellen Determinanten des Verhaltens wurde in der psychologischen Forschung zuerst von Lewin (1936; 1951) mit seiner 'Feldtheorie' herausgearbeitet. Ziel dieser Theorie ist es, alle verhaltenswirksamen Bedingungen, die die gegenwärtige Situation und Dispositionen einer Person charakterisieren, zu identifizieren und miteinander in eine kausale Beziehung zu setzen. Insbesondere sollten nach Lewin (1942) die Zusammenhänge mathematisch dargestellt werden, "damit wissenschaftliche Ableitungen möglich werden und eine logisch zwingende und zugleich mit konstruktiven Methoden übereinstimmende Sprache verwenden".

Diese Forderung nach einer mathematischen Darstellung der Wirkungszusammenhänge bei der Erklärung menschlichen Verhaltens mündete in einer Verhaltensgleichung, die die allgemeinste Formulierung der Entstehungsbedingungen menschlichen Verhaltens darstellt:

$$V = f(P, U)$$

Das Verhalten V ist eine Funktion von personellen Faktoren P und situativen Faktoren U, wobei U die subjektiv von der Person erfassten situativen Faktoren darstellt. Wir werden im nächsten Kapitel zum individuellen Verhalten eines Mitarbeiters differenziert auf den funktionalen Zusammenhang zwischen diesen beiden Faktoren eingehen. Im Folgenden werden wir die Lewinsche Verhaltensgleichung nutzen, um systematisch die einzelnen Komponenten des Verhaltens herauszuarbeiten.

Entsprechend unseren bisherigen Ausführungen können wir die personellen und situativen Faktoren weiter spezifizieren. So lassen sich auf Seiten des Mitarbeiters zum einen seine Motivstruktur, zum anderen seine individuellen Fähigkeiten anführen. Auf Seiten der Situation können die Verhaltensrestriktionen genannt werden, die sich aus der Arbeitssituation des Mitarbeiters heraus ergeben, sowie die Arbeitsanreize, die sich ihm in seiner Situation bieten. Berücksichtigen wir die aufgezeigten Wechselwirkungen zwischen den Komponenten, dann können wir in einem zweiten Schritt die Entstehungsbedingungen des Arbeitsverhaltens wie folgt gliedern:[10]

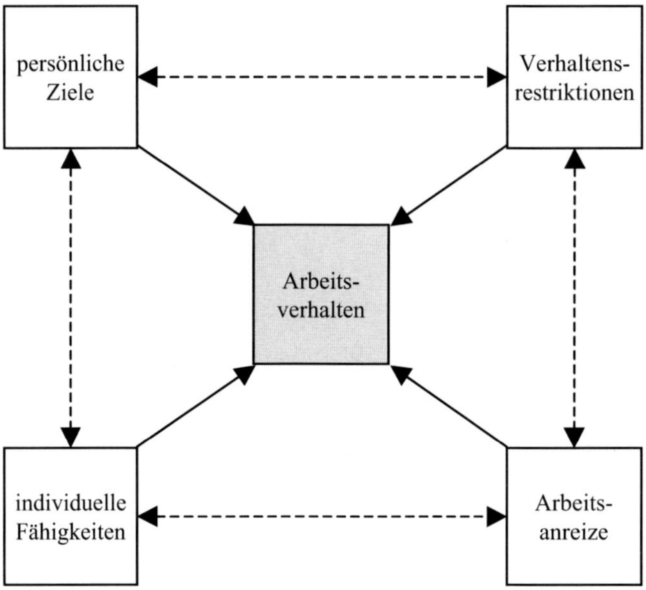

Abbildung 2.13: Komponenten des Arbeitsverhaltens eines Mitarbeiters

Im Folgenden wollen wir diese Komponenten des Arbeitsverhaltens als Modellvariablen des ökonomisch-psychologischen Entscheidungsmodells systematisch weiter spezifizieren. Aus situativer Perspektive gehören hierzu seine Arbeitsanstrengungen, seine Arbeitssituation sowie die Konsequenzen aus seinem Verhalten. Aus Sicht des Mitarbeiters werden wir seine Präferenzen und Ziele formalisieren. Die getrennte Modellierung dieser einzelnen Grundelemente bedeutet dabei nicht, dass diese völlig unabhängig voneinander sind und sich nicht wechselseitig beeinflussen können. Wir haben darauf bereits im ersten Abschnitt im Zusammenhang mit der Darstellung des individuellen Entscheidungsprozesses hingewiesen. Insofern müssen die einzelnen Elemente unseres Entscheidungsmodells in Abhängigkeit von der jeweiligen Entscheidungssituation stets aufeinander abgestimmt werden und somit rekursiv ermittelt werden.

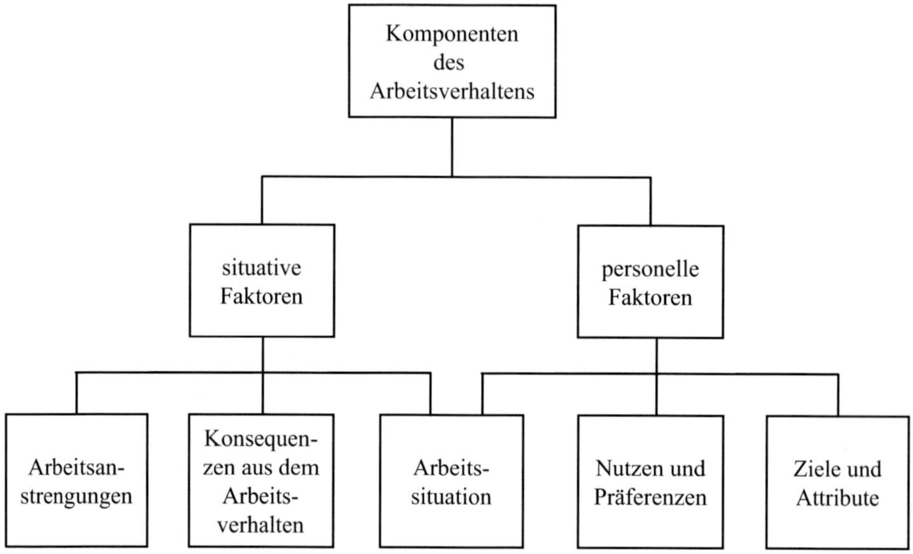

Abbildung 2.14: Grundelemente des ökonomisch-psychologischen Entscheidungsmodells

2.2.1 Die Arbeitsanstrengungen

Wir interpretieren im Folgenden das Niveau der Arbeitsanstrengungen, das dem Handeln eines Mitarbeiters zugrunde liegt, als Ergebnis einer reflektierten Entscheidung. Die möglichen Arbeitsanstrengungen, die ein Mitarbeiter im Zusammenhang mit der Durchführung einer Arbeitsaufgabe einsetzen kann, charakterisieren somit die ihm zur Verfügung stehenden Handlungsalternativen. Sie stellen also die Optionen dar, zwischen denen er wählen kann.

Entsprechend unseren Ausführungen im ersten Abschnitt ist das Anstrengungsniveau eines Mitarbeiters dabei durch drei Komponenten gekennzeichnet: die Richtung seiner Anstrengungen sowie deren Stärke und Fortdauer. Damit besteht aber die Entscheidung eines Mitarbeiter für ein bestimmtes Anstrengungsniveau eigentlich aus drei Teilentscheidungen: eine Teilentscheidung für die Richtung seiner Anstrengung, eine für deren Stärke und eine Teilentscheidung für die Fortdauer seiner Anstrengung.

Betrachten wir zunächst die Richtung seiner Anstrengungen. Die Optionen, die einem Mitarbeiter hier zur Verfügung stehen, beziehen sich auf bestimmte Handlungen. Beispielsweise kann ein Mitarbeiter in einer Produktionsabteilung wählen zwischen 'Durchführung eines Kundenauftrags X' oder 'Produktion eines Fertigungsauftrags Y für's Lager'. Die Richtung der Handlung ist dabei immer auf ein konkretes Ziel gerichtet, das durch die Handlung verwirklicht werden soll. Im Folgenden gehen wir davon aus, dass der betrachtete Mitarbeiter die von ihm gewählte Handlung selbst ausführt. Im Beispiel des Produktionsmitarbeiters würde er diese Aufgabe also nicht an einen anderen Mitarbeiter delegieren, etwa in seiner Funktion als Fertigungsplaner - letzteres setzt nämlich eine vertikale Beziehung zwischen den beiden Parteien voraus und wird daher erst im dritten Teil des Buches betrachten.

Neben der Richtung legt der Mitarbeiter im Allgemeinen auch sein Engagement fest, mit dem er die von ihm gewählte Handlungsalternative verfolgt. In unserem obigen Beispiel wäre dies z.B. der Arbeitseinsatz, mit dem der Produktionsmitarbeiter den Kundenauftrag X ausführt. Hier spielen seine Sorgfalt, Aufmerksamkeit und Präzision bei der Aufgabendurchführung eine Rolle. Allerdings ist nicht bei jeder Entscheidung das Engagement von Bedeutung, mit dem der Mitarbeiter seine Entscheidung verfolgt. Wenn der Produktionsmitarbeiter z.B. beim Aufleuchten eines Warnsignals an seiner Produktionsanlage überlegt, ob er die Alternative 'Anhalten der Maschine' oder 'Nicht-Anhalten der Maschine' wählen soll, impliziert die jeweilige Handlungsoption bereits ein entsprechendes Engagement. Gleiches gilt für einen Mitarbeiter in einer Einkaufsabteilung, der bei dem Kauf eines Vorprodukts zwischen 'Lieferant X' und 'Lieferant Y' entscheiden kann. Umgekehrt ist nicht bei jeder Entscheidung des Mitarbeiters über sein Anstrengungsniveau auch die Richtung seiner Entscheidung von Bedeutung. Der Produktionsmitarbeiter, der einen

Kundenauftrag bearbeiten soll, wird lediglich sein Engagement variieren, mit dem er diese Aufgabe ausführt.

Ohne auf diese Differenzierungen im Folgenden einzugehen, bezeichnen wir zur Vereinfachung die Menge der Handlungsalternativen eines Mitarbeiters mit $\mathcal{A} = \{A_1, A_2, \ldots, A_a\}$, wobei eine einzelne Alternative A_i entweder die Richtung und/ oder die Stärke seiner Anstrengungen widerspiegelt. Welche Handlungsalternativen die Menge $\mathcal{A}$ umfasst, ist dann vom konkreten Fall abhängig. Insbesondere kann die Menge $\mathcal{A}$ endlich sein – ein Mitarbeiter befolgt die Anweisung seines Vorgesetzten, oder er tut dies nicht - oder auch kontinuierlich – der Mitarbeiter kann das Ausmaß seiner Arbeitsanstrengungen beispielsweise auf einem Intervall von 0 bis 1 variieren.

Die Fortdauer, mit der ein Mitarbeiter schließlich seine Anstrengungen verfolgt, bezieht sich auf die Mehrstufigkeit einer Entscheidung. Während sich die Richtung und Stärke seiner Anstrengungen auf einen gewissen Zeitpunkt seines Handelns beziehen, spiegelt die Fortdauer der Anstrengung sein Handeln in zeitlicher Dimension wider. Dadurch wird seine Entscheidung mehrstufig: Je nachdem welche Hindernisse oder sonstigen Widrigkeiten mit seinem Handeln verbunden sein können, entscheidet der Mitarbeiter, wie engagiert er in diesen Situationen an seinem Verhalten festhält. Die Entscheidung des Mitarbeiters über die Fortdauer seiner Anstrengungen legt also sein Handeln zu verschiedenen Handlungszeitpunkten fest. In der Literatur wird eine mehrstufige Entscheidung auch als **Strategie** bezeichnet. Strategien sind demnach Pläne für das eigene Handeln. Sie sind eine Folge bedingter Entscheidungen, mit denen der Mitarbeiter für künftige Situationen festlegt, wie er sich jeweils verhalten wird. Ein Beispiel für eine zweistufige Strategie ist die folgende Entscheidung des Einkaufsmitarbeiters: "Ich werde zuerst mit dem Lieferanten X über Lieferzeit und Preis der Vorprodukte sprechen. Falls er innerhalb von einer Woche liefern kann und der Preis nicht schlechter ist als bei der letzten Bestellung, werde ich ihm den Auftrag geben. Ansonsten werde ich mit Lieferanten Y verhandeln und dann aus beiden Angeboten das mit der kürzesten Lieferzeit auswählen."

2.2.2 Die Arbeitssituation

Im Allgemeinen ist mit der Wahl eines Anstrengungsniveaus nicht eindeutig bestimmt, welche Konsequenzen diese Entscheidung des Mitarbeiter hat. Vielmehr wird dieser Ausgang auch von bestimmten Rahmenbedingungen seiner Arbeitsituationen abhängig sein, auf die der Mitarbeiter selbst keinen unmittelbaren Einfluss hat. Der Leiter einer Forschungsabteilung in einem Pharmaunternehmen, der sich dafür entschieden hat, die Entwicklung eines neuen Medikaments zu forcieren, kann sich beispielsweise nicht sicher sein, dass diese Entscheidung tatsächlich zu einem erfolgreichen Ausgang führt: Zum großen Teil beruht seine Forschung auf einem Trial-and-Error Prinzip, so dass die therapeutischen Wirkungen einer neu entwickelten Zusammensetzung nur schwer vorauszusagen sind.

Welche Elemente seiner Arbeitssituation für das Resultat seines Handelns entscheidungsrelevant sind, hängt von dem jeweiligen Entscheidungsproblem des Mitarbeiters ab. Zwei Fälle können wir hier unterscheiden:

- In Situationen, in denen der Ausgang seiner Entscheidung nicht eindeutig vorhersagbar ist, wird die Wahl einer Handlungsalternative auch als **Entscheidung unter Unsicherheit** bezeichnet.
- Im Unterschied dazu sprechen wir von einer **Entscheidung unter Sicherheit**, wenn jede Handlungsalternative zu einer eindeutigen Konsequenz führt.

Streng genommen ist in der Realität natürlich mit jeder Entscheidung eine gewisse Unsicherheit verbunden. So kann selbst bei einem Mitarbeiter, der sich dafür entscheidet, den Hebel einer Maschine herunterzudrücken, noch Unerwartetes eintreten. Beispielsweise könnte der Hebel abbrechen oder der Mitarbeiter könnte vor der Ausführung einen Herzinfarkt bekommen. Da der Mitarbeiter im Allgemeinen die Ausprägung solcher entscheidungsrelevanten Größen nicht mit Sicherheit kennt, ist auch der Ausgang seiner Entscheidung für ihn nicht eindeutig vorhersagbar. Das Arbeitsverhalten eines Mitarbeiters beruht in der Regel also auf Entscheidungen unter Unsicherheit.

Die Elemente der Arbeitssituation, auf die der Mitarbeiter keinen Einfluss hat, die aber dennoch entscheidungsrelevant sind, können aufgrund ihrer Unsicherheit verschiedene Ausprägungen haben. Eine bestimmte Ausprägung dieser Elemente bezeichnen wir im Folgenden als **Ereignis** oder Umweltzustand. Dabei ist es nicht von Bedeutung, ob dieses Ereignis in der Zukunft liegt oder bereits eingetreten ist. Entscheidend ist hier, dass der Mitarbeiter keine Informationen über die Ausprägungen hat, wenn er selbst seine Entscheidung trifft. So macht es für die Entscheidung des Leiters der Forschungsabteilung keinen Unterschied, ob die Zusammensetzung zweier Substanzen bisher noch nie untersucht wurde oder ob die Wirkungsweise bereits von einem anderen Forscher analysiert wurde, er aber davon keine Kenntnis hat.

Formal bezeichnen wir die Menge der Ereignisse bei einer Entscheidung mit $\mathcal{S}$. Einzelne Ereignisse notieren wir mit S, wobei wir im Folgenden zur Vereinfachung davon ausgehen, dass es nur eine endliche Menge von Zuständen gibt, $\mathcal{S} = \{S_1, \ldots, S_s\}$.

Grundsätzlich können wir jedem Umweltzustand S eine objektive Wahrscheinlichkeit $p(S)$ zuordnen. Eine **objektive Wahrscheinlichkeit** bezieht sich hierbei auf den Eintritt dieses Ereignisses als eine objektiv feststellbare Eigenschaft der Umwelt. Dies setzt eine intersubjektive Überprüfbarkeit und damit Einsichten in objektive Sachverhalte und Wirkungszusammenhänge voraus. Inwieweit dies tatsächlich gegeben ist, hängt natürlich vom jeweiligen Einzelfall ab: Wieviel Bier ein Kneipier für den Monat Mai von seinem Bierbrauer benötigt, hängt auch davon ab, wie das Wetter im Mai wird. Hier werden selbst die besten Wetterfrösche und Computerprogramme keine eindeutigen Prognosen abgeben können. Hingegen ist die Wahrscheinlichkeit, defekte Teile bei der Produktion herzustellen, einfacher objektiv feststellbar. Hier kann beispielsweise die Ausschussrate aus dem letzten Jahr herangezogen werden, um abzuschätzen, wieviele Teile bei der Produktion des nächsten Tages defekt sein werden.

Eine Wahrscheinlichkeitsfunktion $p(\cdot)$ ordnet jedem Ereignis S eine gewisse Zahl $p(S)$ zu. Damit diese Zahlen als Wahrscheinlichkeiten qualifiziert werden können, müssen nach Kolmogoroff (1933) die folgenden drei Bedingungen erfüllt sein:

- 1. $p(S) \geq 0$ für alle Ereignisse S.
  2. $p(\bigcup_{j=1}^{s} S_j) = 1$, d.h. das sichere Ereignis tritt mit Wahrscheinlichkeit 1 ein.
  3. Wenn sich zwei Ereignisse S_{j1} und S_{j2} paarweise ausschließen, gilt $p(S_{j1} \text{ oder } S_{j2}) = p(S_{j1}) + p(S_{j2})$.

Betrachten wir das Beispiel der Ausschussrate in der Produktion: Die Ereignismenge ist in diesem Fall durch die beiden Ereignis S_1 und S_2 gekennzeichnet, wobei S_1 'ein Produktionsteil ist defekt' und S_2 "ein Produktionsteil ist nicht defekt" darstellt. Angenommen, die Ausschussrate bei der Produktion im letzten Jahr betrug 2%. Dann ist $p(S_1) = 0.02$, und aufgrund von Bedingung 2 muss $p(S_2) = 0.98$ sein, da ein Produktionsteil entweder defekt oder nicht-defekt sein kann. Bedingung 3 ist aus demselben Grund ebenfalls erfüllt, da sich die beiden Ereignisse gegenseitig ausschließen.

Im Allgemeinen werden natürlich mehrere verschiedene Elemente der Arbeitssituation eines Mitarbeiters gleichzeitig auf den Ausgang seiner Entscheidung einwirken. In einem solchen Fall haben wir es dann mit zusammengesetzten Ereignissen oder Szenarien zu tun. Jedes relevante Element der Arbeitssituation bezeichnen wir dann als (unsicheren) Einflussfaktor. Als Beispiel greifen wir noch einmal auf den Produktionsmitarbeiter zurück, der sich dafür entschieden hat, den Hebel einer Maschine herunterzudrücken. Dann können wir zwei Einflussfaktoren definieren: $\mathcal{X}$ sei die Menge mit den beiden Ereignissen 'der Hebel bricht ab' und 'der Hebel bricht nicht ab'. $\mathcal{Y}$ sei die Menge mit den beiden Ereignissen 'ein Herzinfarkt tritt ein' und 'es tritt kein Herzinfarkt ein'. Betrachten wir nur diese beiden Einflussfaktoren auf den Ausgang der Entscheidung des Mitarbeiters, dann können wir vier Szenarien $S_1, \ldots, S_4$ bilden:

S_1 : Hebel bricht ab und Herzinfarkt tritt ein
S_2 : Hebel bricht ab und Herzinfarkt tritt nicht ein
S_3 : Hebel bricht nicht ab und Herzinfarkt tritt ein
S_4 : Hebel bricht nicht ab und Herzinfarkt tritt nicht ein

Auch für solche zusammengesetzten Ereignisse lassen sich grundsätzlich wieder objektive Wahrscheinlichkeiten bestimmen. Von Bedeutung ist dabei, wie sich diese gemeinsamen Wahrscheinlichkeiten aus den zugrundeliegenden Einzelwahrscheinlichkeiten ergeben, inwieweit also z.B. die Wahrscheinlichkeit dafür, dass der Hebel abbricht und ein Herzinfarkt eintritt von der Wahrscheinlichkeit für ein Abbrechen des Hebels und der für einen Herzinfarkt abhängig ist. Die gemeinsame Wahrscheinlichkeit für zwei Ereignisse X und Y ist gegeben durch

$$p(X \text{ und } Y) = p(X) \cdot p(Y \mid X),$$

wobei $p(Y \mid X)$ die bedingte Wahrscheinlichkeit ist, dass Y eintritt, sofern X eingetroffen ist. Sind die beiden Ereignisse X und Y (stochastisch) unabhängig, d.h. der Eintritt des Ereignisses Y ist unabhängig davon, ob das Ereignis X eingetreten ist oder nicht, dann ist offensichtlich $p(Y \mid X) = p(Y)$. Damit ist bei unabhängigen Ereignissen die gemeinsame Wahrscheinlichkeit gleich dem Produkt ihrer unbedingten Wahrscheinlichkeiten, also

$$p(X \text{ und } Y) = p(X) \cdot p(Y).$$

In unserem obigen Beispiel wird diese Unabhängigkeit im Allgemeinen nicht gegeben sein, zumindest ist vorstellbar, dass das Eintreten eines Herzinfarkts durchaus eine Folge des Abbrechens des Hebels sein kann.

Das Beispiel macht auch deutlich, dass die Ereignisse, die für das Handeln eines Mitarbeiters relevant sind, nicht notwendigerweise nur Elemente seiner 'externen' Arbeitssituation sein müssen, also zur natürlichen oder sozialen Umwelt des Mitarbeiters gehören - wie beispielsweise das Abbrechen des Hebels. Vielmehr können auch Ereignisse entscheidungsrelevant sein, die in der Person selbst stattfinden und von dieser nicht kontrolliert werden können. In unserem Beispiel ist dies das Eintreten eines Herzinfarkts, in anderen Entscheidungssituationen können dies etwa Gefühlsregungen oder Emotionen sein.

2.2.3 Konsequenzen aus dem Arbeitsverhalten

Entsprechend unseren Ausführungen im ersten Abschnitt betreffen die Konsequenzen, die aus dem Arbeitsverhalten des Mitarbeiters resultieren, sowohl die Unternehmung als auch ihn selbst. Im ersten Fall stellen die Konsequenzen die von ihm erzielten Arbeitsergebnisse dar, im zweiten Fall bestehen die Auswirkungen in den Belohnungen bzw. Sanktionen für sein Arbeitsverhalten.

Betrachten wir zunächst die Arbeitsergebnisse. Formal bezeichnen wir sie mit $\mathcal{Q} = \{Q_1, \ldots, Q_q\}$, wobei ein Ergebnis $Q \in \mathcal{Q}$ aus einer Vielzahl von verschiedenen (Teil-)Konsequenzen für die Unternehmung bestehen kann. Im einfachsten Fall werden die Arbeitsergebnisse nur durch eine einzige Dimension mit zwei Ausprägungen beschrieben. Im Beispiel des Mitarbeiters, der den Hebel bedient, kann das Ergebnis dieser Tätigkeit entweder Q_1 'der Hebel ist umgelegt' oder Q_2 'der Hebel ist nicht umgelegt' sein. Allerdings werden mit diesen Ergebnissen natürlich nur die unmittelbaren Auswirkungen des Handelns erfasst. Welche Konsequenzen sich in mittelbarer Zukunft ergeben, sind damit noch nicht abgebildet. Wenn etwa der vom Mitarbeiter zu bedienende Hebel der einzige Sicherheitsmechanismus ist, um in einem Notfall die Maschine abzustellen, dann müssen je nach der Funktionalität der Maschine auch andere Konsequenzen berücksichtigt werden.

In welchem Umfang hier die Arbeitsergebnisse detailliert werden können, ist von der jeweiligen Arbeitsaufgabe des Mitarbeiters abhängig. In Anlehnung an unsere Diskussion im ersten Kapitel können alle diejenigen Faktoren berücksichtigt werden, die für die Wertschöpfung der Unternehmung aus dieser Tätigkeit resultieren. In manchen Fällen kann dies einfach sein und durch Größen wie Anzahl oder Qualität der gefertigten Teile abgebildet werden. In anderen Fällen kann hingegen die Beurteilung des Arbeitsergebnisses des Mitarbeiters sehr viel problematischer sein, beispielsweise dann, wenn das Arbeitsergebnis nicht nur vom Verhalten des Mitarbeiters, sondern auch von seinen Kollegen abhängt.

Eng mit dieser Problematik verbunden ist die Schwierigkeit, die funktionale Beziehungen zwischen dem Arbeitsverhalten des Mitarbeiter und seinen Arbeitsergebnissen zu erfassen. Grundsätzlich sind seine Arbeitsergebnisse durch die Rahmenbedingungen seiner Arbeitsituationen und seines Arbeitsverhaltens bestimmt, so dass wir in unserer Notation diese Beziehung schreiben können als

$$Q = g(V, S)$$

Das Arbeitsergebnis Q des Mitarbeiters ist eine Funktion seines Verhaltens V und der situativen Faktoren S. Die Art der funktionalen Beziehung zwischen den beiden Größen V und S ist durch die technologischen und organisatorischen Gegebenheiten seiner Arbeitssituation vorgegeben. Ein solches Wirkungsmodell kann unter Umständen in einer einfachen Gleichung dargestellt werden, in anderen Situationen kann es sich aber auch um ein komplexes Gleichungssystem oder einen Algorithmus handeln.

Als weitere Konsequenz aus seinem Arbeitsverhalten müssen wir auch die Folgen berücksichtigen, die sich für den Mitarbeiter selbst ergeben. Im Rahmen unseres ökonomisch-psychologischen Verhaltensmodells sind hier zwei Arten von Konsequenzen relevant: Zum einen sind dies die Folgen, die im Zusammenhang mit den intrinsischen Arbeitsanreizen stehen. Diese ergeben sich unmittelbar aus seiner Arbeitssituation bzw. den von ihm erzielten Arbeitsergebnissen. Zum anderen sind auch die Folgen zu berücksichtigen, die sich aufgrund der extrinsisch gesetzten Arbeitsanreize ergeben können. Hierzu zählen die Belohnungen bzw. Sanktionen, die direkt mit dem Arbeitsverhalten oder den daraus resultierenden Arbeitsergebnissen verbunden sind.

In beiden Fällen können demnach die Konsequenzen für den Mitarbeiter entweder direkt aus seiner Arbeitssituation und seinem Arbeitsverhalten oder indirekt über das aus diesen beiden Größen resultierende Arbeitsergebnis abgeleitet werden.

Bezeichnen wir mit $K \in \mathcal{K}$ die Menge der Konsequenzen für den Mitarbeiter, wobei $\mathcal{K} = \{K_1, K_2, \ldots, K_k\}$, dann gilt folglich

$$K = h(V, S)$$

Da wir davon ausgehen, dass der Mitarbeiter zielorientiert handelt, wird für ihn sein Handeln Mittel zur Erreichung seiner persönlichen Ziele sein. Die Konsequenzen aus seinem Arbeitsverhalten stellen somit Realisierungen seiner Ziele dar. Dabei sind jedoch nicht alle Konsequenzen, die aus seinem Arbeitsverhalten resultieren, für ihn notwendigerweise auch relevant. Dies kann beispielsweise für seine Arbeitsergebnisse gelten, wenn seine eigene Leistung für ihn keine große Bedeutung hat. Es kann sich aber auch auf extrinsische Anreize beziehen. Für die angestrebten Ziele eines Mitarbeiters, der aufgrund seiner besonderen Leistungen einen zusätzlichen freien Arbeitstag erhält, wird diese Konsequenz je nach seinen familiären Lebensumständen möglicherweise keine Relevanz besitzen. Daher sind für einen Mitarbeiter bei seiner Entscheidung über die Wahl einer Handlungsalternative nur diejenigen Konsequenzen relevant, die auch für die Erreichung seiner persönlichen Ziele von Bedeutung sind.

2.2.4 Nutzen und Präferenzen des Mitarbeiters

Ein Mitarbeiter, der sich zwischen verschiedenen Handlungsalternativen entscheidet, wird dies im Allgemeinen im Hinblick auf die möglichen Konsequenzen tun, die aus seinem Handeln resultieren. Hierzu wird er die Konsequenzen entsprechend dem Umfang bewerten, in dem sie zur Erreichung seiner fundamentalen Ziele beitragen. Den subjektiven Wert, den ein Mitarbeiter einer Konsequenz zuordnet, bezeichnen wir als den **Nutzen der Konsequenz**.[11] Je nachdem, ob es sich um eine Belohnung oder eine Sanktion handelt, kann der Nutzen dabei positiv oder negativ sein.

Für die folgenden Ausführungen ist es sinnvoll, bei der Bewertung des Nutzens von Konsequenzen zwischen Entscheidungssituationen mit bzw. ohne Unsicherheit zu unterscheiden:

- Bei einer Entscheidung ohne Unsicherheit ist die Konsequenz, die aus einer Handlungsalternative resultiert, eindeutig bestimmt. Insofern handelt es sich in diesem Fall um eine sichere Konsequenz. Daher kann der Mitarbeiter die

Bewertung einer Konsequenz ausschließlich anhand ihrer Bedürfnisbefriedigung durchführen. Der Nutzen einer Konsequenz ist damit also identisch mit ihrem Wert für den Mitarbeiter. Die Valenz des Arbeitsanreizes, der zu dieser Konsequenz führte, entspricht dann dem Wert der Konsequenz.

- Bei einer Entscheidung unter Unsicherheit sind die Konsequenzen bei der Wahl einer Handlungsalternative nicht eindeutig bestimmt, da sie in diesem Fall auch von Ereignissen abhängen, die nicht vom Mitarbeiter kontrollierbar sind. Die Konsequenzen seines Handelns sind für ihn also unsicher. Bei der Bewertung einer Konsequenz wird der Mitarbeiter daher zusätzlich zu ihrem Wert auch die Unsicherheiten berücksichtigen, mit denen diese Konsequenz eintreten wird. Der Nutzen einer Konsequenz ergibt sich in diesem Fall also aus der Valenz des entsprechenden Arbeitsanreizes sowie der Risikoneigung des Mitarbeiters.

Unabhängig von der Art der Entscheidungssituation stellt der Nutzen, den ein Mitarbeiter einer Konsequenz zuordnet, eine absolute Bewertung dar: Er bewertet ausschließlich diese einzelne Konsequenz, etwa eine Gehaltserhöhung als 'angemessen'. Im Unterschied dazu gibt der Mitarbeiter ein präferierendes Urteil ab, wenn er zwei Konsequenzen miteinander vergleicht. Hierzu wägt er den relativen Nutzen dieser beiden Konsequenzen gegeneinander ab: 'Eine Gehaltserhöhung ist mir lieber als ein zusätzlicher Urlaubstag', d.h. der Nutzen aus einer Gehaltserhöhung ist für den Mitarbeiter größer als der Nutzen aus einem zusätzlichen Urlaubstag.

Die **Präferenzen** einer Person definieren wir als ihre relativen Bewertungen von Konsequenzen im Hinblick auf ihre Ziele. Nach Dawis (1990, S.838) ist eine "preference ... one of the most basic of psychological terms and refers to a choice among alternatives." Bei zwei Konsequenzen K_i, K_j verwenden wir die folgende Notation

$K_i \succ K_j$	Die Konsequenz K_i wird gegenüber K_j präferiert
$K_i \sim K_j$	Die Person ist indifferent zwischen Konsequenz K_i und K_j
$K_i \succeq K_j$	Die Konsequenz K_j wird nicht gegenüber K_i vorgezogen

Im Unterschied zur tatsächlichen Entscheidung der Person, also der Wahl einer Handlungsalternative, sind Nutzen und Präferenzen keine beobachtbaren Größen. Grundsätzlich können wir bei der Analyse des Mitarbeiterverhaltens daher auf zweierlei Weisen vorgehen:

- Zum einen können wir die individuelle Bewertung des Nutzens von Konsequenzen durch den Mitarbeiter als Ausgangspunkt für die Bildung von Präferenzen wählen. Aufgrund der so abgeleiteten Präferenzen würden wir dann Aussagen über das Arbeitsverhalten des Mitarbeiters machen. In diesem Fall verstehen wir also sein Arbeitsverhalten als Ausdruck seines psychischen Bezugs zu den damit verbundenen Konsequenzen.

Nehmen wir zur Illustration das folgende einfache Beispiel: Ein neuer Mitarbeiter einer Unternehmung steht nach seiner Probezeit vor der Frage, in welcher Abteilung er anfangen möchte. Drei Möglichkeiten stehen ihm offen, wobei sich für ihn die Konsequenzen der Alternativen nur darin unterscheiden, wie hoch sein Monatsverdienst ist. Wir nehmen an, dass der Mitarbeiter diese Konsequenzen wie folgt bewertet:

Stellenalternativen	Monatsverdienst	subjektive Bewertung
Materialwirtschaft	1.500 Euro	"ist sehr wenig"
Einkauf	2.000 Euro	"reicht zum Leben"
Marketing	3.000 Euro	"ist hervorragendes Angebot"

Abbildung 2.15: Die Stellenalternativen eines Mitarbeiters und seine individuelle Nutzenbewertung des Monatsverdiensts

Die Stellenalternativen eines Mitarbeiters und seine individuelle Nutzenbewertung des Monatsverdiensts Aufgrund der Bewertung des Nutzens der Konsequenzen ergeben sich die Präferenzen des Mitarbeiter: 'lieber in der Einkaufsabteilung anfangen als in der Materialwirtschaft', 'lieber in der Marketingabteilung anfangen als in der Materialwirtschaft' und 'lieber im Marketing anfangen als in der Einkaufsabteilung'. Damit ist die Entscheidung des Mitarbeiters klar: Er wechselt zum Marketing.

- Zum anderen können wir aber auch direkt von den Präferenzen eines Mitarbeiters ausgehen und daraus auf sein Entscheidungsverhalten schließen. In diesem Fall würden wir dann den einzelnen Konsequenzen Nutzenwerte zuordnen, die zwar die Zielvorstellungen des Mitarbeiters abbilden, aber nicht mehr notwendigerweise den psychischen Bezug des Mitarbeiters reflektieren.

  Im obigen Beispiel würden wir also aufgrund der Präferenzen des Mitarbeiters

- Marketingabteilung ≻ Einkaufsabteilung ≻ Materialwirtschaft - den einzelnen Konsequenzen Zahlenwerte so zuweisen, dass sie die Rangordnung der Präferenzen widerspiegeln. Die folgende Abbildung zeigt drei verschiedene Möglichkeiten für solche Nutzenwerte:

Stellenalternativen	Nutzenwerte (1. Variante)	Nutzenwerte (2. Variante)	Nutzenwerte (3. Variante)
Materialwirtschaft	1	2	1
Einkauf	2	4	10
Marketing	3	6	20

Abbildung 2.16: Die Stellenalternativen eines Mitarbeiters und verschiedene Nutzenwerte

Welche Nutzenwerte wir im Detail den einzelnen Konsequenzen zuordnen, ist irrelevant. Entscheidend ist, dass die Bewertung der Marketingabteilung höher ist als die der Einkaufsabteilung und diese größer ist als die der Materialwirtschaft. Die Entscheidung selbst ist wiederum offensichtlich: Der neue Mitarbeiter möchte in der Marketingabteilung anfangen.

Unabhängig von der Art der Vorgehensweise ist das Verhalten des Mitarbeiters als Funktion seiner personellen Faktoren in beiden Fällen identisch.[12] Auf der Grundlage der Nutzenwerte ist eine solche funktionale Beziehung relativ einfach abzubilden - wir werden dies im Folgenden detaillierter darstellen. Grundsätzlich könnte eine solche funktionale Beziehung natürlich auch aus dem subjektiven Nutzen des Mitarbeiters abgeleitet werden. Allerdings setzt dies ebenfalls eine numerische Beurteilung des Nutzens voraus, etwa “auf einer Skala von 1 bis 10 bewerte ich die Einkaufsabteilung mit dem Wert 4”. Da eine solche numerische Bewertung genauso wie die Nutzenwerte nicht eindeutig ist, haben wir in beiden Fällen Zahlenwerte festgelegt, die wir hypothetisch als die Bewertungen von Konsequenzen verstehen können, die die Präferenz des Mitarbeiters erklären. Wir gehen daher im Folgenden davon aus, dass die Präferenzen eines Mitarbeiters die Grundlage seines Handelns bilden.

Alfred Pareto und die Indifferenzkurve der Wünsche

Die Analyse von Indifferenzkurven geht auf den italienischen Nationalökonomen und Soziologen Vilfredo Marquis Pareto zurück. Pareto, der Nachfolger von Walras auf dem nationalökonomischen Lehrstuhl in Lausanne wurde und der dessen mathematische allgemeine Gleichgewichtstheorie verfeinerte, machte sich in seinem Werk 'manuali di economia politica' bereits 1906 grundlegende Gedanken über die Theorie der Präferenz bei Personen:

> *52. Wir gehen von einem Mann aus, der sich nur durch seine Wünsche leiten lässt und 1 kg Brot und 1 kg Wein besitzt. Seinen Wünschen entsprechend ist er bereit, ein bisschen weniger Brot und ein bisschen mehr Wein zu haben oder umgekehrt. Beispielsweise stimme er zu, nur 0,9 kg Brot, dafür aber 1,2 kg Wein zu haben. Dies bedeutet mit anderen Worten, dass die beiden Kombinationen 1kg Brot und 1kg Wein oder aber 0,9 kg Brot und 1,2 kg Wein für ihn gleich sind; er zieht weder das erste dem zweiten noch das zweite dem ersten vor; er weiß nicht, welches er wählen soll, er ist indifferent, die eine oder die andere Kombination zu wählen. Beginnen wir bei der Kombination 1 kg Brot und 1 kg Wein, so können wir eine große Anzahl anderer Kombinationen finden, zwischen denen die Auswahl indifferent ist; beispielsweise haben wir*

Brot	*1,6*	*1,4*	*1,2*	*1,0*	*0,8*	*0,6*
Wein	*0,7*	*0,8*	*0,9*	*1,0*	*1,4*	*1,8*

> *Diese Reihe, die wir unendlich fortsetzen könnten, nennen wir Indifferenzreihe.*
> *54. In dieser Weise können wir die ganze obige Reihe darstellen und erhalten, indem wir die Punkte durch eine kontinuierliche Kurve verbinden, die Linie (...), die man Indifferenzlinie oder Indifferenzkurve nennt.*
> *57. Hierdurch bekommen wir eine Aufstellung der Wünsche des Individuums bezüglich Brot und Wein, und das genügt, um ein ökonomisches Gleichgewicht zu bestimmen. (...) Natürlich kann das, was wir über Brot und Wein gesagt haben, für alle Güter wiederholt werden.*

Pareto erläutert, warum sein Konzept der Indifferenzkurven eine kontinuierliche Variation der Gütermengen erfordert. Dabei zeigt er auf, dass auch bei Gütern, die diese Bedingung zunächst nicht erfüllen, dennoch die Prinzipien übertragen werden können. So schreibt er beispielsweise:

> *66. Sagen wir, ein Individuum konsumiert ein und ein zehntel Uhren, so wäre es lächerlich dies wörtlich zu nehmen. Ein Zehntel einer Uhr ist ein unbekanntes Objekt, für das wir keine Verwendung haben. Es ist eher so zu verstehen, dass - beispielsweise - einhundert Individuen 110 Uhren konsumieren.*

Quelle: Pareto (1906), Übersetzung aus Reiß (1998, S.213ff)

Die funktionale Beziehung zwischen einzelnen Konsequenzen und den Nutzenwerten, die eine Person diesen Konsequenzen zuordnet, wird in der Literatur auch als Wertfunktion bezeichnet. Eine **Wertfunktion** v ordnet jeder Konsequenz eine reelle Zahl so zu, dass der Nutzenwert einer Konsequenz K_i genau dann größer bzw. gleich dem Nutzenwert einer Konsequenz K_j ist, wenn die Person K_i gegenüber K_j vorzieht bzw. indifferent zwischen diesen beiden Konsequenzen ist:

$$\begin{aligned} v(K_i) &> v(K_j) \text{ genau dann wenn } K_i \succ K_j \\ v(K_i) &= v(K_j) \text{ genau dann wenn } K_i \sim K_j \end{aligned}$$

Indem wir jeder Konsequenz eine reelle Zahl zuordnen, ergeben sich Anforderungen an die Gestalt der Präferenzen einer Person: Da die reellen Zahlen einer gewissen Ordnung unterliegen, muss dies auch für die Konsequenzen gelten. Die Präferenzen müssen daher 'wohldefiniert' sein. Hieraus ergeben sich zwei Bedingungen, die Präferenzen erfüllen müssen, wenn wir sie durch eine Wertfunktion abbilden wollen:

(1) Die Präferenzen müssen vollständig sein: Eine Person kann alle Konsequenzen K_i und K_j paarweise miteinander vergleichen und eine Präferenz $K_i \succ K_j$ oder $K_j \succ K_i$ oder $K_i \sim K_j$ bilden.

(2) Die Präferenzen müssen transitiv sein: Wenn eine Person eine Konsequenz K_i gegenüber K_j vorzieht und K_j wiederum einer dritten Konsequenz K_k, dann muss sie auch K_i besser als K_k finden, d.h. aus $K_i \succ K_j$ und $K_j \succ K_k$ folgt $K_i \succ K_k$.

Sind die Präferenzen einer Person vollständig und transitiv, dann lassen sie sich durch eine Wertfunktion abbilden. Wir haben aber bereits oben gesehen, dass eine solche Wertfunktion nicht eindeutig ist. So können wir beispielsweise eine Nutzenfunktion mit einer beliebigen positiven Zahl multiplizieren und erhalten eine neue Wertfunktion, die ebenfalls die Präferenzen der Person abbildet. Es gibt also eine Vielzahl von äquivalenten Wertfunktionen, die alle die durch die Präferenz vorgegebene Ordnung der Konsequenzen respektieren. Eine solche Wertfunktion wird in der Literatur daher auch als ordinale Wertfunktion bezeichnet.

Neben der Ordnung der Konsequenzen ist gerade im Hinblick auf die Gestaltung geeigneter Anreize aber auch von Bedeutung, welche Präferenzen eine Person bezüglich verschiedener Wertdifferenzen besitzt: Ist beispielsweise einem Mitarbeiter ein zusätzlicher Urlaubstag bei 20 Tagen Urlaub lieber als ein zusätzlicher Urlaubstag bei 25 Tagen? In diesem Fall vergleichen wir also die Differenz der Nutzenwerte zwischen 21 und 20 Tagen mit der zwischen 26 und 25 Tagen. Somit stehen bei diesem Vergleich die Präferenzen des Mitarbeiters bei verschiedenen Veränderungen der Konsequenzen im Vordergrund. Die Frage ist also, welche relative Stärke der Mitarbeiter z.B. seinen Präferenzen für Urlaubstage zuordnet.

Den Übergang von einer Konsequenz K_i zu K_j notieren wir mit $(K_i \rightarrow K_j)$. Wir bezeichnen eine Wertfunktion ν als **messbar** oder kardinal, wenn eine Person eine Veränderung von K_i zu K_j genau dann gegenüber einer Veränderung von K_k zu K_l vorzieht bzw. dazwischen indifferent ist, wenn die Differenz der Nutzenwerte von K_i und K_j größer als bzw. gleich ist wie die Differenz der Werte von K_k und K_l:

$$\begin{aligned} v(K_i) - v(K_j) &> v(K_k) - v(K_l) \text{ genau dann wenn } (K_i \rightarrow K_j) \succ (K_k \rightarrow K_l) \\ v(K_i) - v(K_j) &= v(K_k) - v(K_l) \text{ genau dann wenn } (K_i \rightarrow K_j) \sim (K_k \rightarrow K_l) \end{aligned}$$

Analog dem Fall der ordinalen Wertfunktionen stellt sich nun die Frage, unter welchen Umständen eine kardinale Wertfunktion die Präferenzen bezüglich der Übergänge zwischen den Konsequenzen abbilden kann. Aufgrund der Ordnung der reellen Zahlen existiert eine kardinale Wertfunktion genau dann, wenn sowohl die Präferenzen bezüglich der Konsequenzen als auch diejenigen bezüglich der Übergänge zwischen Konsequenzen vollständig und transitiv sind. Eine Eindeutigkeit ist wie im Fall der ordinalen Wertfunktionen nicht gegeben. Ist wie in unserem obigen Beispiel die kardinale Wertfunktion des Mitarbeiters durch die Variante eins gegeben, dann ist zwar Variante drei nicht äquivalent hierzu - in Variante eins ist der Mitarbeiter indifferent zwischen einem Wechsel von der Marketingabteilung zum Einkauf und dem vom Einkauf zur Materialwirtschaft, zieht aber in Variante drei den ersten Wechsel dem zweiten vor. Allerdings bildet Variante zwei die Präferenzen des Mitarbeiter äquivalent zu Variante eins ab.

Bisher haben wir offengelassen, welche Dimension wir der Beurteilung von Konsequenzen zugrundelegen. Im obigen Beispiel hatten wir die Anzahl der Urlaubstage als Kriterium gewählt. Einkommen oder Zufriedenheit des Mitarbeiters wären andere mögliche numerische Skalen. Welche Dimension im Allgemeinen Fall sinnvoll ist, hängt natürlich von den persönlichen Zielen des Mitarbeiters ab: So wird er die Beurteilung verschiedener Konsequenzen davon abhängig machen, in welchem Umfang sie zu seiner Zielerreichung beitragen. Da wir im ersten Kapitel angenommen haben, dass die Ziele des Mitarbeiters stets ökonomischer Natur sind, können wir die Dimension der Nutzenwerte grundsätzlich operationalisieren: Entsprechend dem Ziel des Mitarbeiters interpretieren wir die Zielerreichung als Dimension und den Grad der Zielerreichung, der sich aus der Konsequenz für den Mitarbeiter ergibt, als den zugehörigen Nutzenwert. Somit können wir grundsätzlich jeder Konsequenz, die für den Mitarbeiter aus seinem Arbeitsverhalten resultiert, eine reelle Zahl als Nutzenwert zuordnen.

Drei Aspekte wollen wir im Hinblick auf die Bewertung von Konsequenzen im Folgenden näher diskutieren: Zunächst stellen wir die Gestalt von Wertfunktionen näher dar. Danach gehen wir auf die Beurteilung von Konsequenzen in Entscheidungssituationen unter Unsicherheit durch sogenannte Nutzenfunktionen ein. Abschließend erläutern wir die Gestalt dieser Nutzenfunktionen in Abhängigkeit der Risikoeinstellung des Mitarbeiters.

Die Gestaltung von Wertfunktionen

Betrachten wir zunächst verschiedene Typen von Wertfunktionen. Keeney (1981) argumentiert, dass Wertfunktionen in der Regel monoton in den Konsequenzen sind: Je mehr Urlaubstage ein Mitarbeiter zur Verfügung hat, desto höher ist sein damit verbundener Nutzen. In diesem Fall ist der Nutzen also monoton steigend in der Anzahl der Urlaubstage. Ein Beispiel für eine monoton fallende Wertfunktion wäre z.B. die Arbeitsbelastung eines Mitarbeiters aufgrund der Lärmbelästung an seinem Arbeitsplatz: Je stärker die physischen Belästigungen sind, desto stärker sind die negativen Auswirkungen auf das Wohlbefinden des Mitarbeiters.

Inwieweit die Wertfunktion im Einzelfall tatsächlich monoton ist, hängt nach Keeney wesentlich von der geeigneten Spezifikation der Ziele ab. Schauen wir uns folgendes Beispiel an: Ein Mitarbeiter in einem Call-Center misst den Anrufen, die er pro Stunde entgegennehmen kann, einen Wert bei. Angenommen, die Anzahl an Anrufen variiere zwischen 0 und 100, und der Mitarbeiter würde seinen höchsten persönlichen Wert bei 20 Anrufen erzielen. Offensichtlich ist diese Wertfunktion nicht monoton im gesamten Bereich der Konsequenzen: Der subjektive Wert des Mitarbeiter steigt zwar kontinuierlich bis 20 Anrufe, fällt aber dann kontinuierlich mit jedem zusätzlichen Anruf - etwa aufgrund der psychischen Belastung, die für den Mitarbeiter mit den Anrufen verbunden ist. Dann aber erhalten wir durch Umdefinition des Ziels unmittelbar eine monotone Wertfunktion in der Anzahl der Anrufe: Wir definieren einfach als Zielgröße den Belastungsgrad des Mitarbeiters. Unter Umständen müssen Ziele mit nichtmonotonen Wertfunktionen auch in Unterziele zerlegt werden, so dass die Wertfunktionen für diese Unterziele monoton sind. Wir werden auf diese Zielzerlegung im nächsten Abschnitt genauer eingehen.

Die Monotonie der Wertfunktion bezieht sich auf die Präferenzen, die der Mitarbeiter gegenüber den Konsequenzen aus seinem Arbeitsverhalten hat. Betrachten wir nun die Gestalt der Wertfunktion im Hinblick auf die Präferenzen, die mit den Übergängen zwischen Konsequenzen verbunden sind. Zur Vereinfachung der Darstellung nehmen wir an, dass die Konsequenzen kontinuierlich im Bereich der positiven reellen Zahlen abgebildet werden können. Bezeichnen wir mit $\triangle v(K)$ den Nutzenzuwachs bei einem Übergang von der Konsequenz K nach $K+1$, d.h. $\triangle v(K) = v(K+1) - v(K)$, dann können wir drei Grundtypen von Wertfunktionen unterscheiden:[13]

(1) Konkave Wertfunktion: Bei dieser Wertfunktion wird mit jedem Zuwachs an Konsequenzen der Zuwachs an Nutzen für eine Person geringer. Einen zusätzlichen Urlaubstag bewertet der Mitarbeiter demnach um so geringer, je mehr Urlaubstage er bereits hat. Im Hinblick auf unsere Klassifikation der Bedürfnisse eines Mitarbeiters im ersten Kapitel können wir eine solche Wertfunktion für die sogenannten Defizitbedürfnisse ableiten. Je umfassender ein solches Bedürfnis bereits befriedigt ist, desto weniger Nutzen wird durch eine zusätzliche Bedürfnisbefriedigung erzielt. In der Ökonomie wird dies auch als Prinzip der Sättigung bezeichnet.

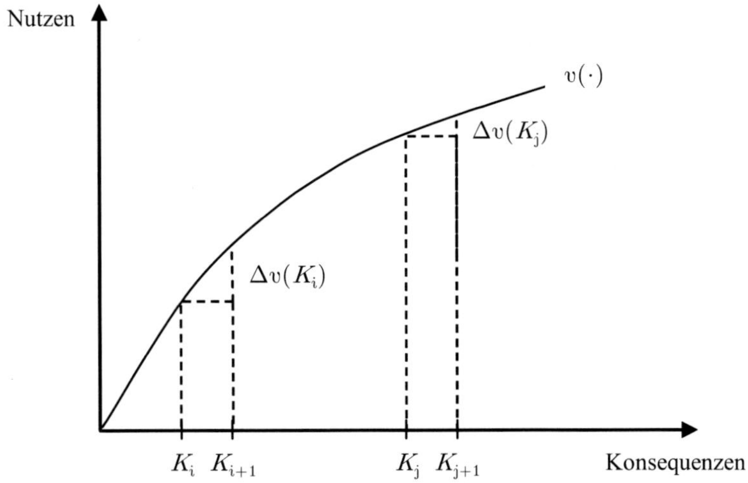

Abbildung 2.17: Eine konkave Wertfunktion

(2) Konvexe Wertfunktion: Je umfassender die Konsequenz für die Person ist, desto größer ist ihr Zuwachs an Nutzen.

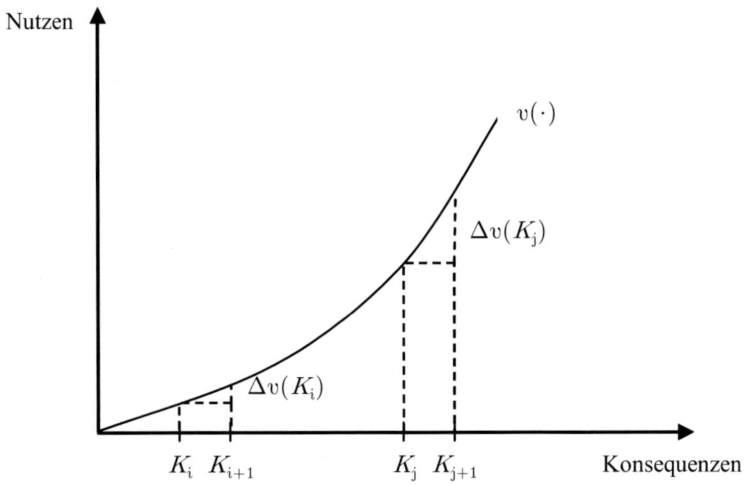

Abbildung 2.18: Eine konvexe Wertfunktion

Im Beispiel würde der Mitarbeiter also einem zusätzlichen Urlaubstag bei 25 Tagen einen größeren Nutzen zuordnen als einem zusätzlichen Urlaubstag bei nur 20 Tagen. Die Wertfunktion ist in diesem Fall konvex und charakterisiert die sogenannten Wachstumsbedürfnisse eines Mitarbeiters. Je umfassender diese Bedürfnisse befriedigt werden, desto höher ist der Nutzen aus einer zusätzlichen Befriedigung. Die Befriedigung bewirkt also genau das Gegenteil einer Sättigung.

(3) Lineare Wertfunktion: In diesem Fall ist der Zuwachs an Nutzen $\triangle v(K)$ konstant, unabhängig von der betrachteten Konsequenz K. Ein zusätzlicher Urlaubstag bei 20 Urlaubstagen wäre in diesem Fall für den Mitarbeiter genausoviel wert wie ein zusätzlicher bei 25 Tagen.

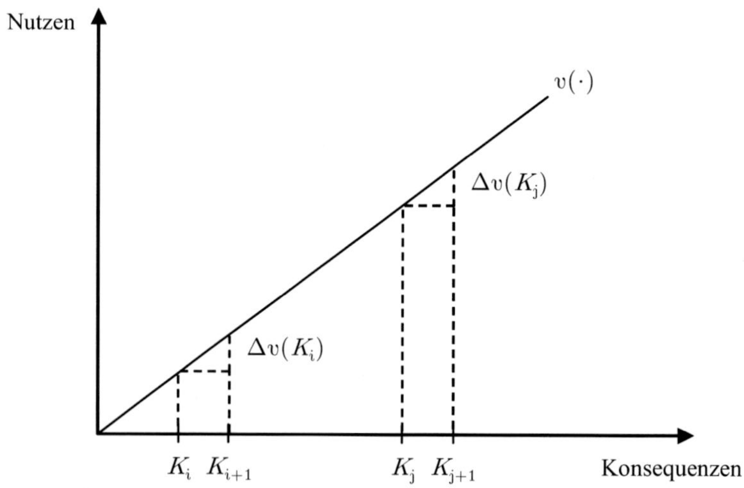

Abbildung 2.19: Eine lineare Wertfunktion

Nutzenfunktionen

In der bisherigen Diskussion haben wir uns durchweg mit Entscheidungssituationen beschäftigt, in denen der Mitarbeiter die Bewertung einer Konsequenz ausschließlich anhand der damit verbundenen Bedürfnisbefriedigung durchführte. In Situationen mit sicheren Erwartungen bildet die Wertfunktion die Präferenzen des Mitarbeiters ab. Im Folgenden wollen wir nun Entscheidungssituationen unter Unsicherheit betrachten. In diesem Fall hängt also der Nutzen einer Konsequenz für den Mitarbeiter nicht nur vom Wert der Konsequenz, sondern auch von seiner Risikoneigung ab. Im Unterschied zur Wertfunktion wird die Funktion, die die Präferenzen einer Person unter Unsicherheit abbildet, als **Nutzenfunktion** u bezeichnet.

Analog zur Herleitung einer Wertfunktion müssen auch im Fall der Unsicherheit die Präferenzen einer Person gewisse Bedingungen erfüllen, damit wir sie durch eine Nutzenfunktion abbilden können. Im Unterschied zu Entscheidungssituationen bei Sicherheit beziehen sich diese Annahmen auf die Bewertung unsicherer Konsequenzen. Wir werden darauf im Detail im vierten Kapitel über individuelles Entscheidungsverhalten eingehen. Im Folgenden wollen wir lediglich beispielhaft darstellen, welchen Einfluss die Einstellung einer Person zum Risiko auf ihre Nutzenfunktion hat.

Bernoulli und das St. Petersburger Spiel

Auf Daniel Bernoulli, einen Mathematiker aus dem 18. Jahrhundert, der die Grundlagen der heutigen Wahrscheinlichkeitstheorie entwickelte, geht das folgende Gedankenexperiment zurück, das als St. Petersburger Spiel berühmt geworden ist:

> *Ein Glücksspieler kann eine Münze so lange werfen, bis sie bei einem Wurf zum ersten Mal 'Zahl' zeigt. Der Spieler erhält 2 Euro, wenn bereits beim ersten Wurf 'Zahl' erscheint; er erhält 4 Euro, wenn die Münze beim zweiten Wurf 'Zahl' zeigt; er erhält 8 Euro, wenn 'Zahl' erstmals beim dritten Wurf erscheint; usw. Bei jedem Wurf, bei dem keine 'Zahl' geworfen wird, verdoppelt sich der gewonnene Betrag, so dass der Spieler 2^n Euro erhält, wenn sich beim n-ten Wurf 'Zahl' zeigt. Wieviel würde der Glückspieler zahlen, um an diesem Spiel teilnehmen zu können?*

Quelle: Bernoulli (1738)

Schauen wir uns zur Beantwortung dieser Frage den statistischen Erwartungswert des Spiels an, also die Summe der erwarteten Gewinne: Bei einer fairen Münze besteht bei jedem Wurf eine Wahrscheinlichkeit von $\frac{1}{2}$, dass entweder 'Zahl' oder 'Kopf' erscheint. Die Wahrscheinlichkeit für 'Zahl' beim ersten Wurf ist demnach $\frac{1}{2}$, der Gewinn 2 Euro. Die Wahrscheinlichkeit, beim zweiten Wurf erstmals 'Zahl' zu werfen, ist $\frac{1}{2} \cdot \frac{1}{2}$, der Gewinn 4 Euro. Beim n-ten Wurf wäre entsprechend die

Wahrscheinlichkeit für 'Zahl' $(\frac{1}{2})^n$ bei einem Gewinn von 2^n. Der Erwartungswert des Spiels beträgt also

$$2 \cdot \frac{1}{2} + 4 \cdot \frac{1}{4} + \ldots + 2^n \cdot \frac{1}{2^n} + \ldots = 1 + 1 + \ldots + 1 + \ldots = \infty.$$

Eigentlich könnten Sie also Ihr gesamtes Vermögen dafür einsetzen, um an diesem Spiel teilnehmen zu können. Wie groß auch immer Ihr Einsatz ist, der Nettogewinn aus dem Erwartungswert des Spiels abzüglich Ihres Einsatzes wäre stets unendlich groß. Aber wer würde sich darauf einlassen? Studenten jedenfalls sind im Allgemeinen nicht bereit, mehr als 30 Euro für die Teilnahme zu zahlen.

Mindestens zwei Erklärungen sind für ein solches Verhalten plausibel. Betrachten wir zuerst die Lösung von Bernoulli: Er schlägt vor, den subjektiven Wert des Geldes nicht als lineare Funktion des objektiven Betrages anzusehen, sondern die Zahlungen durch eine konkave Wertfunktion zu transformieren. Der zusätzliche Nutzen von 1 Mio. Euro ist demnach größer, wenn man noch kein Geld hat, verglichen mit einer Situation, in der man bereits Millionär ist. Der abnehmende Grenznutzen des Geldes impliziert, dass ein Spieler eine Verdopplung des Gewinns beim n-ten Wurf subjektiv um so geringer bewertet, je höher n ist. Es ist daher durchaus plausibel, nur einen begrenzten Betrag für die Teilnahme an diesem Spiel zu zahlen.

Die Risikoeinstellung

Im Folgenden wollen wir eine alternative Erklärung für das Verhalten im Petersburger Spiel geben, die in unmittelbarem Zusammenhang steht mit dem Risiko, das man mit der Teilnahme an diesem Spiel eingeht. Bei der Lösung von Bernoulli sind wir nämlich implizit davon ausgegangen, dass das mit dem Spiel verbundene Risiko ohne Bedeutung ist. Zwar bewertet ein Spieler eine Verdopplung des Gewinns vom n-ten auf den $(n+1)$-ten Wurf nicht doppelt so hoch wie den Gewinn beim n-ten Wurf, das damit verbundene Risiko, nämlich die Zahlung mit 50%-iger Wahrscheinlichkeit erst einen Wurf später zu bekommen, haben wir jedoch nicht berücksichtigt. Spielt aber seine Risikoeinstellung eine Rolle, wird er im Allgemeinen einen Abschlag für das Risiko einkalkulieren, dass die Zahlungen stets mit einer gewissen Unsicherheit verbunden sind. Der Umstand, dass er lediglich bereit ist, einen endlichen Beitrag für die Teilnahme zu zahlen, können wir dann durch diese Risikoprämie erklären.

Betrachten wir hierzu das folgenden Beispiel: Ein Portfoliomanager überlegt, ob er einen gewissen Geldbetrag in ein riskantes Wertpapier investieren soll. Zur Vereinfachung nehmen wir an, dass er mit 50%-iger Wahrscheinlichkeit eine Kurssteigerung und einen Gewinn von 1000 Euro erwartet, dass jedoch mit derselben Wahrscheinlichkeit der Aktienkurs stagnieren wird. Alternativ zu dieser Geldanlage hat der Portfoliomanager die Möglichkeit, den Geldbetrag risikolos am Kapitalmarkt anzulegen. Wie hoch muss dann der Gewinn bei der risikolosen Geldanlage mindestens sein, damit er sich gegen die riskante Anlage entscheidet, und inwieweit wird sein Verhalten durch seine Risikoeinstellung beeinflusst?

Um diese Fragen zu beantworten, führen wir den Begriff des Sicherheitsäquivalents ein. Das **Sicherheitsäquivalent** stellt die sichere Konsequenz dar, die einem Entscheider soviel wert ist wie die unsicheren Konsequenzen aus seiner Entscheidung. Angenommen, der Portfoliomanager würde das Sicherheitsäquivalent im Beispiel der riskanten Wertpapieranlage mit 400 Euro bewerten. Dann wäre er also zwischen einem sicheren Gewinn von 400 Euro und der Investition in das riskante Wertpapier indifferent. Folglich wird er nur dann in die risikolose Geldanlage investieren, wenn diese mindestens einen Gewinn von 400 Euro erbringt. Ansonsten würde er sich für das riskante Wertpapier entscheiden.

Das Sicherheitsäquivalent kann auch zur Charakterisierung seiner Risikoeinstellung herangezogen werden. Hierzu wird die sichere Konsequenz mit dem statistischen Erwartungswert der unsicheren Konsequenzen verglichen. Die Differenz der beiden Größen definiert dann die bereits angesprochene **Risikoprämie** bei einer unsicheren Entscheidung:

$$\begin{aligned}\text{Risikoprämie} &= \text{Erwartungswert der unsicheren Konsequenzen}\\ &\quad -\text{Sicherheitsäquivalent}\end{aligned}$$

Abhängig vom Vorzeichen der Risikoprämie können wir nun die Risikoeinstellung eines Entscheiders definieren:

- Ist die Risikoprämie positiv, dann ist der Entscheider offensichtlich bereit, auf die Möglichkeit eines hohen Gewinns zu verzichten, um das Sicherheitsäquivalent als sichere Konsequenz zu erhalten. In diesem Fall nennen wir seine Einstellung **risikoavers**.
- Ist die Risikoprämie negativ, dann würde der Entscheider das Risiko bei seiner

unsicheren Entscheidung eingehen, obwohl ihm ein sicherer Betrag angeboten wird, der über dem Erwartungswert der unsicheren Konsequenzen liegt. Die Einstellung des Entscheiders ist in diesem Fall **risikofreudig**.

- Ist die Risikoprämie null, dann ist das Sicherheitsäquivalent des Entscheiders gerade identisch dem Erwartungswert der unsicheren Konsequenz. Er ist also indifferent zwischen der sicheren Konsequenz und der riskanten Entscheidung. Ein solcher Entscheider wird als **risikoneutral** bezeichnet.

In unserem Beispiel ist der Portfoliomanager demnach risikoavers. Der Erwartungswert des Gewinns beträgt bei der riskanten Geldanlage $\frac{1}{2} \cdot 1000$ Euro + $\frac{1}{2} \cdot 0$ Euro, also 500 Euro. Dies ist mehr als sein Sicherheitsäquivalent von 400 Euro.

Die Risikoeinstellung eines Entscheiders kommt auch in seiner Nutzenfunktion zum Ausdruck. Grundsätzlich können wir also drei Nutzenfunktionen unterscheiden:

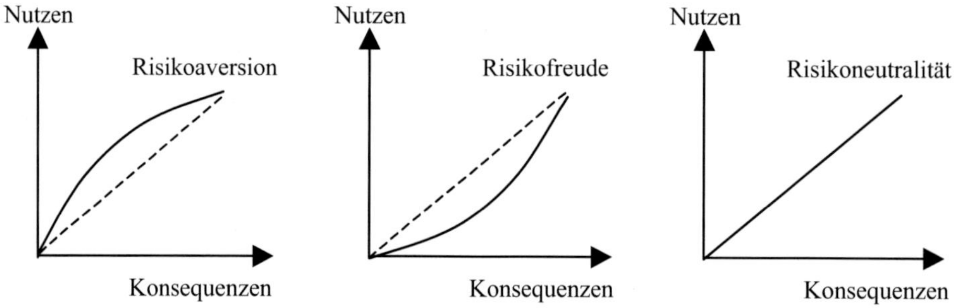

Abbildung 2.20: Nutzenfunktionen bei unterschiedlichen Risikoeinstellungen

Der Zusammenhang zwischen der Gestalt der Nutzenfunktion und der Risikoeinstellung einer Person ist offensichtlich. Betrachten wir zur Erläuterung den Fall der Risikoaversion des Portfoliomanagers in unserem obigen Beispiel:

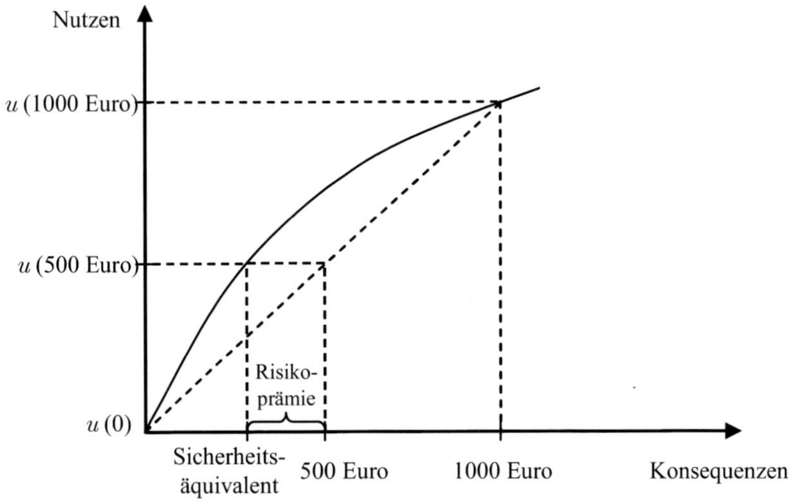

Abbildung 2.21: Sicherheitsäquivalent und Risikoprämie bei Risikoaversion

Ausgehend vom Erwartungswert der riskanten Geldanlage suchen wir zunächst denjenigen Nutzenwert des Managers, der diesem Erwartungswert entspricht. Das Sicherheitsäquivalent ergibt sich dann als diejenige Konsequenz, die diesen Nutzenwert induziert. Da die Risikoprämie aufgrund der Risikoaversion positiv ist, muss die Nutzenfunktion konkav sein.

Ein Vergleich zwischen der Nutzenfunktion eines Entscheiders bei einer Entscheidung unter Unsicherheit und seiner Wertfunktion im Hinblick auf seine Bewertung der Konsequenzen zeigt, dass unsere Definition der Risikoeinstellung nicht eindeutig ist. Um dies zu sehen, betrachten wir beispielsweise eine Nutzenfunktion, die einen konkaven Verlauf aufweist. Aufgrund der Risikoeinstellung der Person kann die Konkavität der Nutzenfunktion einerseits durch die Risikoaversion der Person begründet sein. Andererseits kann die konkave Nutzenfunktion aber auch auf den abnehmenden Grenznutzen der Person bei steigenden sicheren Konsequenzen zurückzuführen sein. Der Portfoliomanager würde in diesem Fall einem Gewinn von 1000 Euro einen Nutzenwert von 800 Euro zuordnen. Bei Risikoneutralität wäre dann sein Sicherheitsäquivalent ebenfalls 400 Euro.

Die Nutzenfunktion selbst bildet also sowohl die Risikoeinstellung einer Person bei unsicheren Konsequenzen als auch die Veränderung des Grenznutzens bei sicheren Konsequenzen ab. Daher lässt sich eine konkrete Aussage über die Risikoeinstellung einer Person nur dann treffen, wenn wir seine Risikoeinstellung relativ zu seiner Wertfunktion betrachten. In der Literatur wird die so ermittelte Risikoeinstellung auch als **intrinsische Risikoeinstellung** bezeichnet.[14]

2.2.5 Ziele des Mitarbeiters und ihre Attribute

Ein Mitarbeiter bewertet die Konsequenzen, die aus seinem Handeln resultieren, anhand der Befriedigung seiner Bedürfnisse. In der bisherigen Diskussion sind wir dabei davon ausgegangen, dass der Mitarbeiter lediglich das Ziel einer möglichst umfassenden Bedürfnisbefriedigung verfolgt. Dies erlaubte es uns in einfacher Weise, die möglichen Konsequenzen entsprechend den Präferenzen des Mitarbeiters zu ordnen und daraus eine Wert- bzw. Nutzenfunktion abzuleiten. Implizit unterstellt haben wir damit, dass die Konsequenzen entweder nur eine Ausprägung haben oder dass der Mitarbeiter bei mehreren Ausprägungen die Konsequenzen jeweils gesamthaft bewertet.

In den seltensten Fällen wird ein Mitarbeiter allerdings eine Entscheidung lediglich aufgrund einer einzigen Ausprägung der Konsequenzen bzw. holistisch treffen. Möglicherweise trifft dies in Situationen zu, in denen die Konsequenzen ausschließlich monetär bewertet werden können. So wird ein Mitarbeiter, für den nur extrinsische Arbeitsanreize von Bedeutung sind, nach seiner Probezeit in derjenigen Abteilung der Unternehmung anfangen wollen, die ihm das höchste Gehalt verspricht. Allerdings setzt dies auch voraus, dass für ihn z.B. die Inhalte seiner Arbeitsaufgabe oder das Arbeitsklima in der Abteilung überhaupt keine Rolle spielen. Davon ist aber in der Regel nicht auszugehen, so dass ein Mitarbeiter bei der Bewertung der Konsequenzen eine Vielzahl von verschiedenen Ausprägungen berücksichtigen wird.

Auch eine holistische Bewertung der Konsequenzen anhand des Ziels 'umfassende Bedürfnisbefriedigung' wird im Allgemeinen zu grob sein. So liegt unserem Bild des komplexen Mitarbeiters die Annahme zugrunde, dass dieser über eine Vielzahl verschiedener Bedürfnisse verfügen kann. Der Mitarbeiter wird daher sehr viel genauere und konkretere Vorstellungen darüber haben, welche Ziele seinen tatsächlichen Bedürfnissen zugrundeliegen. Dann ist aber a priori gar nicht mehr klar, inwieweit aufgrund möglicher Wechselwirkungen zwischen den einzelnen Bedürfnissen eine einfache Bewertung der Konsequenzen noch möglich ist. Wenn eine Handlungsalternative bezüglich aller Zielen die besten Konsequenzen aufweist, ist die Bewertung einfach. Üblicherweise wird es eine solche Handlungsalternative aber nicht geben. Vielmehr ist die eine Alternative für das eine Ziel förderlich, eine andere Alternative wiederum für ein anderes Ziel.

Im Folgenden wollen wir uns mit Entscheidungssituationen für einen Mitarbeiter beschäftigen, in denen er der Bewertung von Konsequenzen mehrere Ziele zugrundelegt. Wir systematisieren hierzu zunächst die fundamentalen Ziele des Mitarbeiters und zeigen dann die Implikationen auf, die ein solches Zielsystem für die Ableitung von Wertfunktionen hat.

Ausgangspunkt bei der Entwicklung der fundamentalen Ziele eines Mitarbeiters ist zunächst einmal die Konkretisierung des allgemeinen Ziels der Bedürfnisbefriedigung in der jeweiligen Entscheidungssituation, in der er sich befindet. Grundlage hierzu sind nach unseren Ausführungen im ersten Kapitel seine Bedürfnisse, die für ihn zum Zeitpunkt der Entscheidung aufgrund seiner individuellen Persönlichkeit relevant sind. Die Befriedigung dieser Bedürfnisse bestimmt die von ihm verfolgten persönlichen Ziele.

Betrachten wir als Beispiel den Mitarbeiter, der nach seiner Probezeit vor der Frage steht, in welcher Abteilung er anfangen soll. In dieser spezifischen Entscheidungssituation kann für ihn seine grundsätzliche Bedürfnisbefriedigung beispielsweise in dem Ziel bestehen, 'eine befriedigende Stelle' zu bekommen. Selbst dieses Ziel ist aber viel zu ungenau, um die möglichen Alternativen, die sich ihm bieten, konkret bewerten zu können. Aufgrund seiner spezifischen Bedürfnisstruktur wird der Mitarbeiter viel eher bestimmte Kriterien haben, nach denen er die verschiedenen Abteilungen beurteilen wird. Neben dem erwähnten Kriterium Einkommen kann dies die Arbeitsbelastung, das Arbeitsklima in der Abteilung, der Umfang seiner Entscheidungskompetenzen oder der mit der Stelle verbundene Status sein.

Durch diese Konkretisierung eines allgemeinen Ziels entsteht sukzessive eine Zielhierarchie, die in der Literatur als semantisches Zielsystem bezeichnet wird:

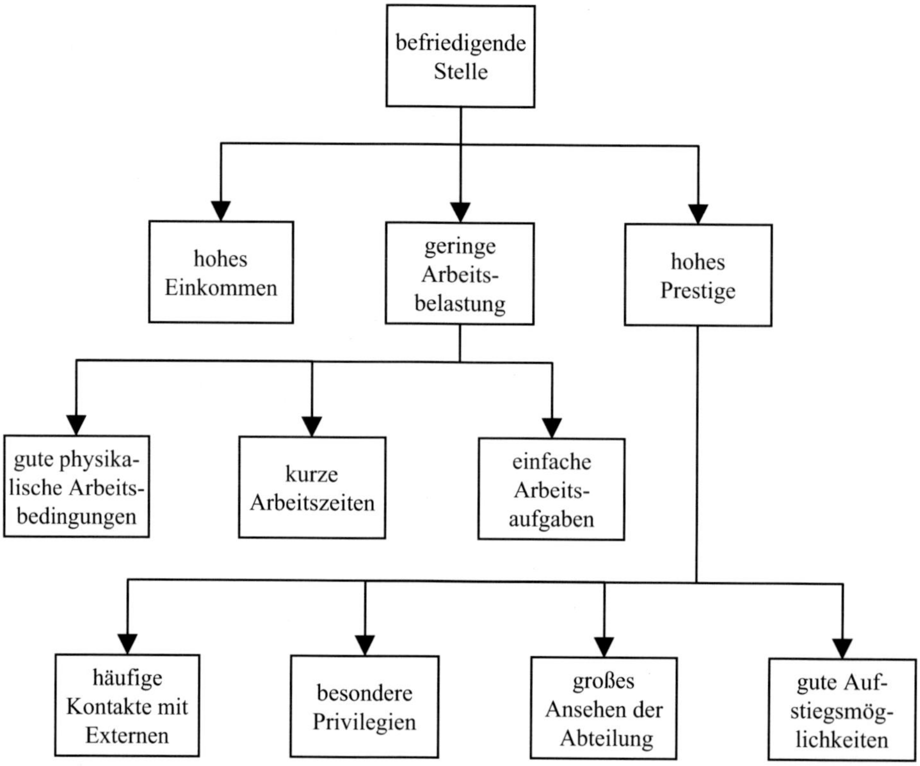

Abbildung 2.22: Eine Zielhierarchie für eine Stellenauswahl

Oberziele wie 'eine befriedigende Stelle' werden in Unterziele wie 'hohes Einkommen', 'geringe Arbeitsbelastung' etc. aufgelöst. Diese Unterziele können dann selbst wieder in spezifischere Unterziele aufgeteilt werden. Das Unterziel 'geringe Arbeitsbelastung' kann etwa detailliertere Ziele wie 'geringe Arbeitszeiten', 'gute physische Arbeitsbedingungen' oder 'einfache Arbeitsaufgaben' umfassen. Ergebnis dieser Konkretisierung ist dann eine Zielhierarchie mit immer spezifischeren Zielen. Jedes Unterziel stellt dabei einen bestimmten Aspekt des jeweiligen Oberziels dar.

Neben dieser sukzessiven Konkretisierung eines allgemeinen Ziels im Sinne eines Top-Down Prozesses kann bei relativ neuartigen Entscheidungsproblemen auch ein umgekehrtes Vorgehen von Bedeutung sein. Im sogenannten Bottum-Up Verfahren wird die Zielhierarchie dabei von unten nach oben konkretisiert: Ausgehend von allen relevant erscheinenden Zielen werden diejenigen zusammengefasst, die Spezifikationen eines gemeinsamen, allgemeineren Oberziels darstellen. Diese Oberziele bilden dann die Basis für weitere Zusammenfassungen. Darüber hinaus können sich die Ziele einer Person auch aufgrund der Konsequenzen ergeben, die sich ihr in der Entscheidungssituation bieten. So wird sie unter Umständen nur solche Ziele berücksichtigen, hinsichtlich derer sich die Konsequenzen unterscheiden und die somit für ihr Handeln relevant sind.

Zwischen den einzelnen Zielen einer Person innerhalb der Zielhierarchie können vielfältige Abhängigkeiten bestehen. Solche Wechselwirkungen lassen sich dabei unmittelbar auf die verschiedenen Wechselwirkungen zwischen ihren Bedürfnissen zurückführen. Demnach können zwischen zwei beliebigen Zielen die folgenden Beziehungen auftreten:

- Ein Zielkonflikt liegt vor, wenn die Erreichung des einen Ziels die des anderen Ziels beeinträchtigt. Wenn beispielsweise mit zusätzlichen Arbeitsstunden ein höheres Einkommen verbunden ist, besteht ein Konflikt zwischen den Zielen 'hohes Einkommen' und 'geringe Arbeitsbelastung'. Den Vorteilen, die die Konsequenzen für das eine Ziel haben, stehen also die Nachteile für das andere Ziel entgegen.
- Zielneutralität ist gegeben, wenn die Erreichung der beiden Ziele unabhängig voneinander ist. Durch das Erreichen des einen Ziels ändert sich an der Erreichung des anderen Ziels nichts. So kann beispielsweise das Ziel 'geringe Arbeitsbelastung' unabhängig sein von dem Ziel 'gutes Arbeitsklima'. Dieser Fall wird auch als Zielindifferenz bezeichnet.
- Zielkomplementarität besteht dann, wenn die Erreichung des einen Ziels auch für die Erreichung des anderen Ziels förderlich ist. Beide Ziele können also gleichzeitig erfüllt werden. Eine Stelle, die das Ziel 'hohes Prestige' erfüllt, wird so unter Umständen auch das Ziel 'möglichst große Entscheidungskompetenzen' erfüllen. Ist diese Zielkomplementarität grundsätzlich gegeben, kann auch von einer Zielgleichheit gesprochen werden.

Aus ökonomischer Perspektive sind natürlich insbesondere die Auswirkungen konkurrierender Ziele auf das Verhalten eines Mitarbeiters von Interesse: Nach unserer Definition besteht ein Ziel eines Mitarbeiters in der Befriedigung eines individuellen Bedürfnisses mit Mitteln, die beschränkt sind und die auch für die Befriedigung anderer Bedürfnisse eingesetzt werden könnten. Nur bei Zielkonflikten ergibt sich also die Frage, welche seiner Ziele der Mitarbeiter in welchem Umfang verfolgen sollte. Lea, Tarply und Webley (1987, S.494) formulieren das wie folgt: "In short, a list of needs, with no mechanism specified for resolving conflicts between them, could only give a very limited account of the motivation of economic behavior".

Neben der Konkretisierung der eigenen Zielvorstellung erlaubt die Zielhierarchie zudem eine verbesserte Operationalisierung der Ziele. Um dies zu sehen, betrachten wir noch einmal das Ziel des Mitarbeiters, eine 'befriedigende Stelle' auszuwählen. A priori lässt sich dieses einzige Ziel nur schwer operationalisieren. Wie soll er aber dann die verschiedenen Abteilungen bewerten? Sein Zielsystem kann ihm hier weiterhelfen. Durch die systematische Zerlegung seines Ziels in Unterziele steigt gleichzeitig die Differenzierung der Bewertung. Im Beispiel kann der Mitarbeiter so die Arbeitsbelastung, die mit einer Stelle verbunden ist, etwa durch die Indikatoren 'Länge der Arbeitszeit', 'Anzahl der Kollegen im gleichen Büro' oder 'Schwierigkeitsgrad der Arbeitsaufgabe' operationalisieren.

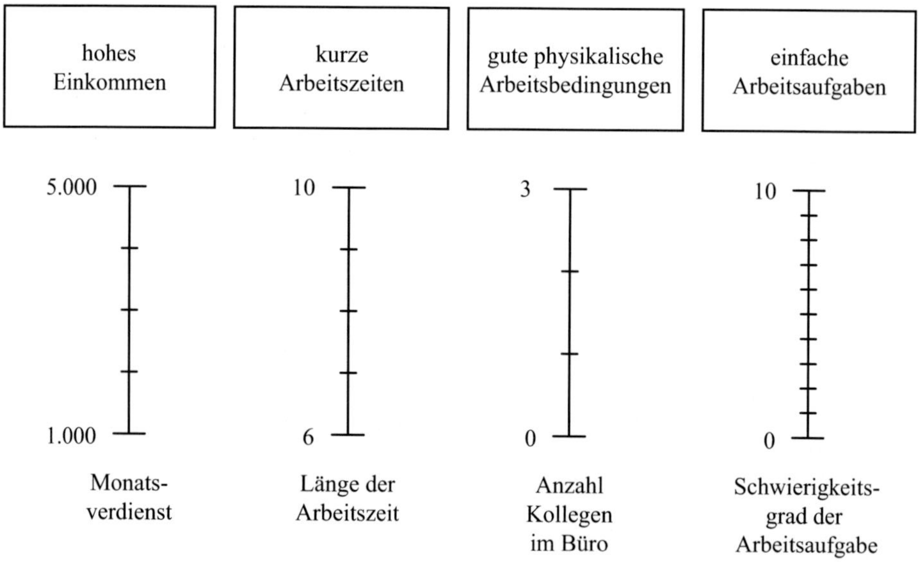

Abbildung 2.23: Ziele und die zur Bewertung herangezogenen Attribute

Als **Attribute** bezeichnen wir im Folgenden diejenigen Zielvariablen, die den Grad der Zielerreichung messen. Welche Attribute eine Person im Einzelnen verwendet, ist entscheidend von ihren Zielvorstellungen abhängig. Aus der Vielzahl der Attribute, durch die die einzelnen Konsequenzen charakterisiert sind, wird sie nur diejenigen berücksichtigen, die aufgrund ihres Zielsystems für sie entscheidungsrelevant sind. So kann beispielsweise die Länge der Arbeitszeit für einen anderen Mitarbeiter bei seiner Entscheidung überhaupt keine Bedeutung haben.

Seien $X_1, \ldots, X_r$ die verschiedenen Attribute, die eine Person zur Bewertung der Konsequenzen ausgewählt hat. Wir bezeichnen mit K_{nm} die Ausprägung der Konsequenz K_n bezüglich des Attributs X_m. Eine Konsequenz K_n wird somit durch einen Vektor $K_n = (K_{n1}, \ldots, K_{nr})$ charakterisiert.

Analog zu unserer Diskussion im letzten Abschnitt bewertet eine Person die mit ihrem Handeln verbundenen Konsequenzen bezüglich der einzelnen Attribute. Den Grad der Zielerreichung, der sich aufgrund der Konsequenzen für sie ergibt, interpretieren wir dann als den zugehörigen Nutzenwert für das zugrundeliegende Ziel. Entsprechend ihrer Präferenzen bewertet die Person die einzelnen Konsequenzen. Somit erhalten wir für jedes Attribut X_m eine Einzelwertfunktion, die wir mit v_m bezeichnen.

Nach der Argumentation von Keeney (1981) können wir davon ausgehen, dass die Ziele möglichst umfassend erreicht sein sollen: Je höher die Ausprägung einer Konsequenz bezüglich eines Attributes ist, desto besser wird die Konsequenz von der Person bewertet. Ist dies bei einem bestimmten Ziel nicht gegeben, dann lässt sich dieses Ziel immer geeignet umformulieren. Wenn beispielsweise der Schwierigkeitsgrad der Arbeitsaufgabe für den Mitarbeiter weder zu einfach noch zu schwierig sein soll, dann kann er als Ziel z.B. 'einen möglichst angemessenen Schwierigkeitsgrad' wählen.

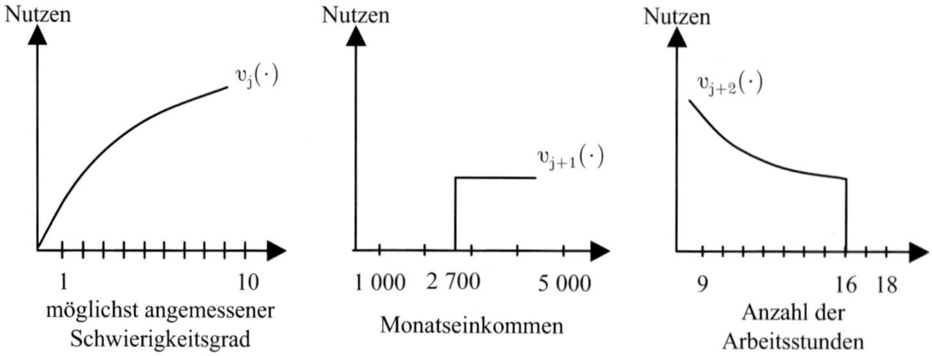

Abbildung 2.24: Einzelwertfunktionen für unterschiedliche Ziele

Die beiden rechten Einzelwertfunktionen in der obigen Abbildung bilden Ziele eines Mitarbeiters ab, die durch einen bestimmten Schwellenwert gekennzeichnet sind. Dieser Schwellenwert definiert entweder einen minimalen oder maximalen Zielerreichungsgrad: Bei einem minimalen Zielerreichungsgrad muss eine Konsequenz bezüglich dieses Attributs mindestens eine Ausprägung in dieser Höhe haben, um vom Mitarbeiter positiv bewertet zu werden. Ein solcher Zielerreichungsgrad formalisiert das im ersten Abschnitt eingeführte Anspruchsniveau, das sich ein Mitarbeiter bei der Bewertung von Alternativen setzt. So muss im mittleren Diagramm der Monatsverdienst des Mitarbeiters mindestens 2.700 Euro betragen. Im Unterschied dazu wird durch einen maximalen Zielerreichungsgrad ein sogenannter Cut-off Punkt definiert. Konsequenzen, die bezüglich des betrachteten Attributs eine höhere Ausprägung aufweisen, werden vom Mitarbeiter nicht mehr positiv bewertet. Im rechten Diagramm möchte der Mitarbeiter so nicht länger als 16 Stunden am Tag arbeiten.

Einzelwertfunktionen, die einen minimalen bzw. maximalen Zielerreichungsgrad bezüglich einer Zielvariablen aufweisen, stellen oftmals Ausschlusskriterien bei der Bewertung von Konsequenzen dar: Eine Stelle, die mir nicht mindestens 2.700 Euro Monatseinkommen bietet, scheidet von vornherein aus. Bei einer Bewertung der Konsequenzen nach allen relevanten Attributen wird dadurch eine lexikographische Ordnung induziert. Ein Mitarbeiter besitzt **lexikographische Präferenzen**, wenn seine Zielvariablen nach ihrer Wichtigkeit geordnet sind. Angenommen, in unserem

Beispiel der Stellenauswahl hat für den Mitarbeiter das Einkommen die größte Bedeutung. Dann käme für ihn z.B. eine Stelle in der Materialwirtschaft nicht in Frage, da das damit verbundene Monatseinkommen nur bei 2.500 Euro liegt. Die beiden verbleibenden Stellen in der Marketingabteilung bzw. im Einkauf erfüllen hingegen diese Bedingung und blieben in der 'engeren' Auswahl. Diese würde nun anhand des zweitwichtigsten Kriteriums weiter bewertet.

Beschränken wir uns zur Vereinfachung auf zwei Ziele, dann können wir eine lexikographische Präferenz einer Person wie folgt formalisieren: Die erste Zielvariable ist in diesem Fall für die Person wichtiger als das zweite Ziel, wenn für zwei Konsequenzen $K_i = (K_{i1}, K_{i2})$ und $K_j = (K_{j1}, K_{j2})$ gilt

$$\begin{aligned} (K_{i1}, K_{i2}) \succ (K_{j1}, K_{j2}) \qquad & \text{genau dann wenn gilt:} \\ & v_1(K_{i1}) > v_1(K_{j1}) \text{ oder aus} \\ & v_1(K_{i1}) = v_1(K_{j1}) \text{ folgt, dass } v_2(K_{i2}) > v_2(K_{j2}). \end{aligned}$$

Im Hinblick auf unsere Ausführungen im ersten Kapitel bilden lexikographische Präferenzen hierarchische Bedürfnisse eines Mitarbeiters ab. Betrachten wir beispielsweise die Bedürfnishierarchie von Maslow: Nach seiner Hypothese wird die Befriedigung von Bedürfnissen auf einer höheren Bedürfnisebene erst dann angestrebt, wenn die Bedürfnisse auf allen unteren Ebenen bis zu einem gewissen Mindestmaß befriedigt sind. Die Präferenzen bezüglich der Ziele, die mit diesen Bedürfnisebenen verbunden sind, sind demnach lexikographisch geordnet. Sind beispielsweise bei einem Mitarbeiter die Grundbedürfnissen erfüllt - also für die Ausprägung der Konsequenzen bzw. dieser Zielvariablen $v_1(K_{i1}) = v_1(K_{j1})$ – dann werden die Alternativen nach dem Grad der Befriedigung der Sicherheitsbedürfnisse bewertet - also entsprechend einer Präferenz v_2.

Bei lexikographischen Präferenzen wird einzelnen Attributen eine absolute Wichtigkeit gegeben. In diesem Sinne stellen sie eine mögliche Form der Gewichtung der Einzelwertfunktionen dar. Eine andere Form der Gewichtung der einzelnen Präferenzen besteht in einer relativen Gewichtung. In diesem Fall werden die einzelnen Attribute relativ zueinander gewichtet, so dass die Erreichung eines Ziels immer in Relation zur Erreichung eines anderen Ziels betrachtet werden kann. Betrachten wir als Beispiel noch einmal die Stellenauswahl des Mitarbeiter, diesmal hinsichtlich der beiden Attribute Monatsverdienst und Prestige:

Stellenalternativen	Monatsverdienst (in Euro)	Nutzenwerte Monatsverdienst	Prestige	Nutzenwerte Prestige
Materialwirtschaft	1.500	0	hoch	1
Einkauf	2.000	0,5	mittel	0,5
Marketing	3.000	1	niedrig	0

Abbildung 2.25: Die Bewertung der Stellenalternativen eines Mitarbeiters bezüglich Monatsverdienst und Prestige

Die vierte Spalte in der obigen Tabelle zeigt, wie der Mitarbeiter das Prestige, das mit seiner Stelle verbunden ist, subjektiv bewertet. Analog zum Attribut Monatsverdienst können wir diesen subjektiven Bewertungen Nutzenwerte zuordnen – diese stehen in der fünften Spalte.

Im Hinblick auf eine relative Gewichtung der einzelnen Zielvariablen stellt sich für den Mitarbeiter die Frage, welche Bedeutung er dem Ziel 'hohes Einkommen' relativ zum Ziel 'hohes Prestige' beimisst. Damit ein solcher Vergleich nicht durch die Skalierung der Attribute verzerrt wird, ist es sinnvoll, die einzelnen Nutzenwerte bezüglich eines Attributes zu normieren: Die Alternative mit der höchsten Ausprägung erhält den Wert eins, die Alternative mit der schlechtesten Ausprägung den Wert null. Dadurch wird jede Einzelwertfunktion auf das Intervall $[0, 1]$ normiert.

Eine relative Gewichtung der Zielvariablen einer Person bedeutet nun, dass sie jedem Attribut X_m eine bestimmte Wichtigkeit w_m zuordnet. Dabei sind die Gewichte $w_m > 0$ und es gilt

$$\sum_{m=1}^{r} w_m = 1.$$

Durch diese Festlegung einer relativen Wichtigkeit zwischen den einzelnen Attributen wird eine Substiutierbarkeit der damit verbundenen Ziele induziert. Je nach den relativen Wichtigkeiten zweier Ziele kann eine schlechte Ausprägung, die eine Alternative bezüglich des einen Attributs besitzt, durch eine entsprechend gute Ausprägung bei einem anderen Attribut ausgeglichen werden. Selbst wenn also die Stelle in der Marketingabteilung kein so hohes Prestige verspricht, scheidet sie grundsätzlich nicht aus der Auswahl aus, sondern kann dieses Defizit unter Umständen durch ein entsprechendes Monatseinkommen kompensieren.

Die relative Wichtigkeit von einzelnen Attributen hat wiederum eine unmittelbare Analogie innerhalb der Bedürfnishierarchie von Maslow. So haben wir im ersten Kapitel gesehen, dass in seiner Theorie die einzelnen Bedürfnisse in einer bestimmten Bedürfnisebene gegeneinander abgewogen werden können. Auf der Ebene der Ich-Bedürfnisse wären so beispielsweise die Ziele des Mitarbeiters nach Anerkennung bzw. nach Achtung substituierbar.

Unabhängig davon, ob der Mitarbeiter die einzelnen Unterziele innerhalb seiner Zielhierarchie im Hinblick auf sein Oberziel relativ oder absolut gewichtet, wird die daraus resultierende (Gesamt-)Wertfunktion in der Literatur auch als **multiattributive Wertfunktion** bezeichnet.

2.2.6 Matrizen, Bäume und Diagramme

In diesem Abschnitt haben wir bisher die für uns relevanten Komponenten des ökonomisch-psychologischen Verhaltensmodells eingehend vorgestellt und als entsprechende Modellvariablen formalisiert. Diese situativen und personellen Faktoren bilden die Grundelemente für unsere nachfolgenden Analysen des Arbeitsverhaltens im dritten und vierten Kapitel. Aus prozessualer Perpektive ordnen sich diese Spezifikationen wie folgt in die Grundstruktur des Modells ein, das wir in Abschnitt 2.1 zum individuellen Arbeitsverhalten hergeleitet haben:

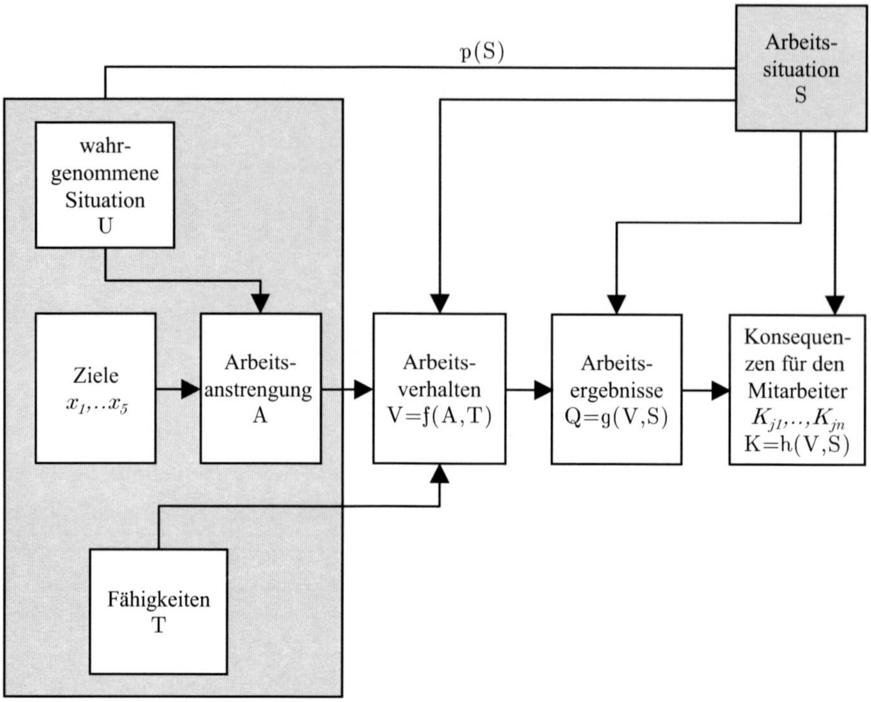

Abbildung 2.26: Die Variablen im Grundmodell des individuellen Arbeitsverhaltens

Zur besseren Visualisierung der Entscheidungssituation eines Mitarbeiters wollen wir in diesem Abschnitt verschiedene alternative Darstellungsmöglichkeiten vorstellen. Diese Instrumente haben den Vorteil, dass sie die für das jeweilige Entscheidungsproblem relevanten Grundelemente strukturiert und anschaulich darstellen. Im Einzelnen betrachten wir folgende Darstellungsmöglichkeiten:

- Wahrscheinlichkeitsmatrizen und Ereignisbäume für die Darstellung von bedingten Ereignissen
- Entscheidungsmatrizen und Entscheidungsbäume für die Darstellung von Entscheidungssituationen mit endlich vielen Handlungsalternativen
- Entscheidungsdiagramme für die Darstellung von Entscheidungssituationen mit unendlich vielen Handlungsalternativen

Wahrscheinlichkeitsmatrizen und Ereignisbäume

Durch eine Wahrscheinlichkeitsmatrix lässt sich die Verknüpfung von zwei bedingten Ereignissen in Form einer Kreuzmatrix illustrieren. Wenn wir mit $\mathcal{X}$ und $\mathcal{Y}$ die Mengen der jeweiligen Ereignisse bezeichnen und das Eintreten eines Ereignisses Y_j von der Realisierung eines Ereignisses X_i abhängt, dann stellt eine Wahrscheinlichkeitsmatrix den folgenden Zusammenhang zwischen diesen Ereignissen dar: Zeilenweise ordnen wir die Ereignisse X_i der Ereignismenge $\mathcal{X}$ und spaltenweise die Ereignisse Y_j der Ereignismenge $\mathcal{Y}$ mit den jeweiligen (unbedingten) Eintrittswahrscheinlichkeiten $p(X_i)$ bzw. $p(Y_j)$ an. Im Schnittpunkt einer Zeile i und einer Spalte j können wir dann die bedingte oder gemeinsame Wahrscheinlichkeit der beiden Ereignisse notieren, also $p(Y_j \mid X_i)$ bzw. $p(X_i \text{ und } Y_j)$:

	$\mathcal{X}$	X_1	X_i	X_x
$\mathcal{Y}$	1	$p(X_1)$	$p(X_i)$	$p(X_x)$
Y_1	$p(Y_1)$	$p(Y_1 \mid X_1)$		$p(Y_1 \mid X_x)$
Y_j	$p(Y_j)$		$p(Y_j \mid X_i)$	
Y_y	$p(Y_y)$	$p(Y_y \mid X_1)$		$p(Y_y \mid X_x)$

Abbildung 2.27: Die Wahrscheinlichkeitsmatrix

Betrachten wir zur Illustration das obige Beispiel eines Biochemikers in einem pharmazeutischen Unternehmen, der ein neues Medikament zur Behandlung einer speziellen Krankheit erforschen soll. Um die therapeutischen Wirkungen der neu zu entwickelnden Zusammensetzung besser einschätzen zu können, untersucht der Biochemiker zunächst eine Teilsubstanz des neuen Medikaments. Wir betrachten die folgenden Ereignisse: Die Menge $\mathcal{X}$ sei durch die beiden Ereignisse X_1 'die Teilsubstanz wird erfolgreich getestet' und X_2 'die Teilsubstanz ist wirkungslos' charakterisiert, die Menge $\mathcal{Y}$ ist durch die beiden Ereignisse Y_1 'das Medikament wird erfolgreich entwickelt' und Y_2 'die Entwicklung des Medikaments schlägt fehl' beschrieben. Angenommen, die Wirkungsweise der Teilsubstanz wird wie folgt eingeschätzt:

$$p(X_1) = 0.7,\ p(X_2) = 0.3$$

Die Aussichten für einen erfolgreichen Abschluss des Forschungsprojekts und die Entwicklung des neuen Medikaments hängen von der Wirkungsweise der Teilsubstanz ab. Der Biochemiker vermutet, dass die Chancen für einen Projekterfolg bei einem erfolgreichen Einsatz der Teilsubstanz größer sind als in dem Fall, wo sich die Teilsubstanz als wirkungslos herausstellt. Im Einzelnen bildet er folgende bedingte Wahrscheinlichkeiten:

$$p(Y_1 \mid X_1) = 0.5,\ p(Y_2 \mid X_1) = 0.5$$
$$p(Y_1 \mid X_2) = 0.4,\ p(Y_2 \mid X_2) = 0.6$$

Daraus lassen sich nun entsprechend der Formel $p(X \text{ und } Y) = p(X) \cdot p(Y \mid X)$ unmittelbar die gemeinsamen Wahrscheinlichkeiten zweier Ereignisse X_i und Y_j berechnen. Beispielsweise ist die Wahrscheinlichkeit dafür, dass die Teilsubstanz wirksam ist und das Projekt erfolgreich abgeschlossen wird, durch $0.7 \cdot 0.5 = 0.35$ gegeben, die gemeinsame Wahrscheinlichkeit für die Ereigniskombination 'die Teilsubstanz ist wirkungslos und das Medikament wird erfolgreich entwickelt' hingegen $0.3 \cdot 0.4 = 0.12$.

Die unbedingte Wahrscheinlichkeit eines Ereignisses Y_j ergibt sich dann aus den gemeinsamen Wahrscheinlichkeiten aller Ereigniskombinationen, in denen Y_j auftritt, also

$$p(Y_i) = p(Y_i \text{ und } X_1) + p(Y_i \text{ und } X_2).$$

So ist eine erfolgreiche Entwicklung des neuen Medikaments sowohl bei einer wirksamen als auch bei einer unwirksamen Teilsubstanz möglich, d.h. $p(Y_1) = 0.35 + 0.12 = 0.47$. Insgesamt erhält man die folgende Wahrscheinlichkeitmatrix für unser Beispiel:

	$\mathcal{X}$ Teilsubstanz	X_1 (erfolgreich)	X_2 (wirkungslos)
$\mathcal{Y}$ Medikament-entwicklung	1	0.7	0.3
Y_1 (erfolgreich)	0.47	(0.5;0.35)	(0.4;0.12)
Y_2 (erfolglos)	0.53	(0.5;0.35)	(0.6;0.18)

Abbildung 2.28: Die Wahrscheinlichkeitsmatrix für die Entwicklung eines neuen Medikaments

Wahrscheinlichkeitsmatrizen lassen sich auch graphisch mit Hilfe von Ereignisbäumen darstellen:

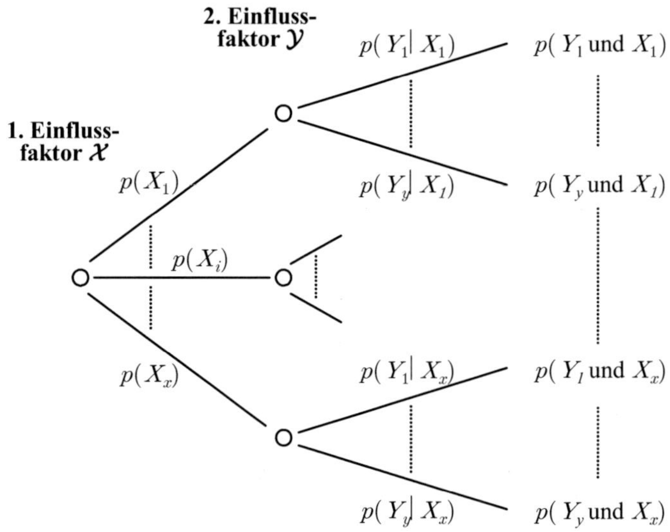

Abbildung 2.29: Der Ereignisbaum

Dabei wird in einem Ereignisbaum jeder Einflussfaktor durch einen Wahrscheinlichkeitsknoten dargestellt:

- Derjenige Knoten, der aus zeitlicher Perspektive den erste Einflussfaktor in der Folge der Ereignisse markiert – in unserem Falle $\mathcal{X}$ – bildet im Allgemeinen die Wurzel des Ereignisbaums. Die verschiedenen Ereignisse X_i, die die Ausprägungen dieses Einflussfaktors charakterisieren, werden durch verschiedene Äste dargestellt. Jeder Ast repräsentiert ein anderes Ereignis, das zu diesem Zeitpunkt eintreten kann. Die Wahrscheinlichkeit des Eintritts $p(X_i)$ wird am jeweiligen Ast notiert.

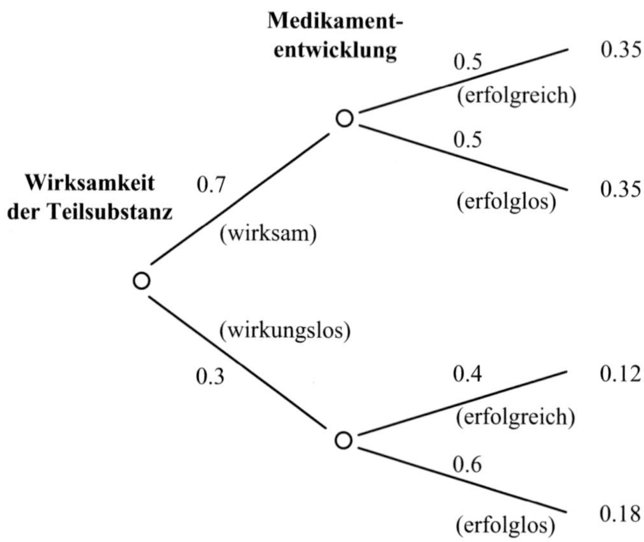

Abbildung 2.30: Der Ereignisbaum für die Entwicklung eines neuen Medikaments

- Jedes dieser Ereignisse zieht weitere Ereignisse nach sich. Diese Ereignisse repräsentieren den zweiten Einflussfaktor $\mathcal{Y}$. Abhängig von dem bereits eingetretenen Ereignis X_i werden an jedem Wahrscheinlichkeitsknoten die verschiedenen möglichen Ereignisse Y_j durch entsprechende Äste dargestellt. Die bedingten Wahrscheinlichkeiten des Eintritts $p(Y_j \mid X_i)$ bezeichnen hier die Äste.
- Die gemeinsame Wahrscheinlichkeit einer Folge von Ereignissen wird dann am

Ende des jeweiligen Szenarios notiert.

Die obige Abbildung stellt den Ereignisbaum für unser Beispiel dar: Der erste Einflussfaktor ist die Wirksamkeit der Teilsubstanz mit zwei Ausprägungen, der zweite Einflussfaktor ist der Erfolg der Entwicklung des Medikaments, ebenfalls mit zwei Ausprägungen. Somit ergeben sich die dargestellten vier Ereigniskombinationen mit den entsprechenden Wahrscheinlichkeiten.

Ereignisbäume haben im Unterschied zu Wahrscheinlichkeitsmatrizen den Vorteil, dass nicht nur zwei Einflüsse, sondern eine beliebige Komplexität von Einflüssen modelliert werden kann. Die Aneinanderreihung von Wahrscheinlichkeitsknoten stellt dann die zeitliche Abfolge der relevanten Elemente der Arbeitssituation dar. Ein Pfad durch einen solchen Ereignisbaum bildet eine Sequenz dieser unsicheren Einflussfaktoren ab.

Entscheidungsmatrizen und Entscheidungsbäume

Entscheidungsmatrizen stellen den Zusammenhang zwischen den Arbeitsanstrengungen $\mathcal{A}$ eines Mitarbeiters, der Arbeitssituation $\mathcal{S}$ und den Konsequenzen $\mathcal{Q}$ bzw. $\mathcal{K}$ aus seinem Arbeitsverhalten in einer Kreuztabelle dar:

	S_1	...	S_j	...	S_s
	$p(S_1)$	...	$p(S_j)$	...	$p(S_s)$
A_1	$(Q_{11};K_{11})$		...		$(Q_{1s};K_{1s})$
⋮	⋮				⋮
A_i			$(Q_{ij};K_{ij})$		
⋮	⋮				⋮
A_a	$(Q_{a1};K_{a1})$		...		$(Q_{as};K_{as})$

Abbildung 2.31: Die Entscheidungsmatrix

Die Handlungsalternativen $A_i \in \mathcal{A}$ werden dabei zeilenweise angeordnet, die Spalten stellen jeweils einen Umweltzustand $S_j \in \mathcal{S}$ dar. Der Schnittpunkt zwischen einer Zeile und einer Spalte repräsentiert die Konsequenzen $Q_{ij} \in \mathcal{Q}$ bzw. $K_{ij} \in \mathcal{K}$ bei Wahl einer Handlungsalternative A_i und einem eingetretenen Umweltzustand S_j.

Zur Vereinfachung der Darstellung ist dabei in der obigen Abbildung lediglich der Fall eindimensionaler Konsequenzen dargestellt. Verfolgt hier beispielsweise der Mitarbeiter mehrere Ziele, sind die einzelnen Einträge in der Matrix entsprechend den jeweiligen Ausprägungen dieser Attribute zu modifizieren.

Betrachten wir hierzu das obige Beispiel des Portfoliomanagers, der überlegt, ob er einen gewissen Geldbetrag in ein riskantes Wertpapier investieren soll. Die beiden Umweltzustände sind in diesem Fall S_1 'Der Kurs des riskanten Wertpapiers steigt' und S_2 'Der Kurs des riskanten Wertpapiers stagniert', jeweils mit einer Wahrscheinlichkeit von 50%. Als Alternativen stehen dem Portfoliomanager zwei Optionen zur Verfügung, nämlich A_1 'Investition in das riskante Wertpapier' und A_2 'risikolose Anlage am Kapitalmarkt'. Die folgende Entscheidungsmatrix stellt das Entscheidungsproblem des Portfoliomanagers dar, wobei wir als Konsequenzen aus seinem Handeln zum einen den jeweiligen Gewinn aus seiner Anlagestrategie und zum anderen den zugehörigen Nutzenwert des Managers angegeben haben:

	S_1 (Kurssteigerung)	S_s (Kursstagnation)
	0.5	0.5
A_1 (riskante Investition)	(1000;800)	(0;0)
A_2 (risikolose Anlage)	(450;450)	(450;450)

Abbildung 2.32: Die Entscheidungsmatrix des Portfoliomanagers bei seiner Investition

Graphisch können Entscheidungsmatrizen wiederum auch als Entscheidungsbäume dargestellt werden. Der Vorteil gegenüber einer Entscheidungsmatrix ist die anschauliche Darstellung eines mehrstufigen Entscheidungsprozesses bzw. der handlungsabhängigen Wahrscheinlichkeiten. Allgemein ist ein Entscheidungsbaum durch folgende Elemente gekennzeichnet:

- Wahrscheinlichkeitsknoten: Sie bilden die verschiedenen Einflussfaktoren ab, die auf das Handeln des Mitarbeiters einwirken bzw. die die Konsequenzen aus seinem Arbeitsverhalten mitbestimmen. Wie beim Ereignisbaum werden die jeweiligen Ausprägungen eines Einflussfaktors durch verschiedene Äste dargestellt.
- Entscheidungsknoten: Sie spezifizieren, welche Handlungsalternativen dem Mitarbeiter zum jeweiligen Zeitpunkt seiner Entscheidungssituation zur Verfügung stehen. Wie bei einem Wahrscheinlichkeitsknoten werden die Handlungsalternativen durch verschiedene Äste charakterisiert, die von diesem Entscheidungsknoten ausgehen.
- Endknoten: Die Aneinanderreihung verschiedener Wahrscheinlichkeits- und Entscheidungsknoten stellt die zeitliche Struktur der Entscheidungssituation eines Mitarbeiters dar. Jedem Pfad innerhalb des Baumes ist ein Endknoten zugeordnet, der die Konsequenzen abbildet, die sich aus dem jeweiligen Verlauf der Entscheidung ergeben. Diese Konsequenzen können sowohl die Arbeitsergebnisse des Mitarbeiters beinhalten als auch die Sanktionen bzw. Belohnungen, die aus seinem Arbeitsverhalten resultieren.

Als Beispiel greifen wir noch einmal auf die Entwicklung eines neuen Medikaments in der folgenden Modifikation zurück: Wir nehmen an, dass der Biochemiker in Abhängigkeit der Wirksamkeit der Teilsubstanz mit seinen Forschungsanstrengungen den Erfolg des Projekts beeinflussen kann. Zwei Anstrengungsniveaus stehen ihm zur Verfügung, nämlich A_1 'hohes Engagement' und A_2 'Routinearbeit'. Der Projekterfolg sei nun wie folgt von seinem Engagement abhängig: Bei erfolgreichem Einsatz der Teilsubstanz führt ein hohes Engagement des Biochemikers zu einer Erfolgswahrscheinlichkeit von 90%, Routinearbeit zu 50%. Hat sich die Teilsubstanz als wirkungslos herausgestellt, führt ein hohes Engagement des Mitarbeiters doch noch mit 50%iger Wahrscheinlichkeit zu einem erfolgreichen Projektabschluss. Geringes Engagement hingegen reduziert diese Wahrscheinlichkeit auf 40%.

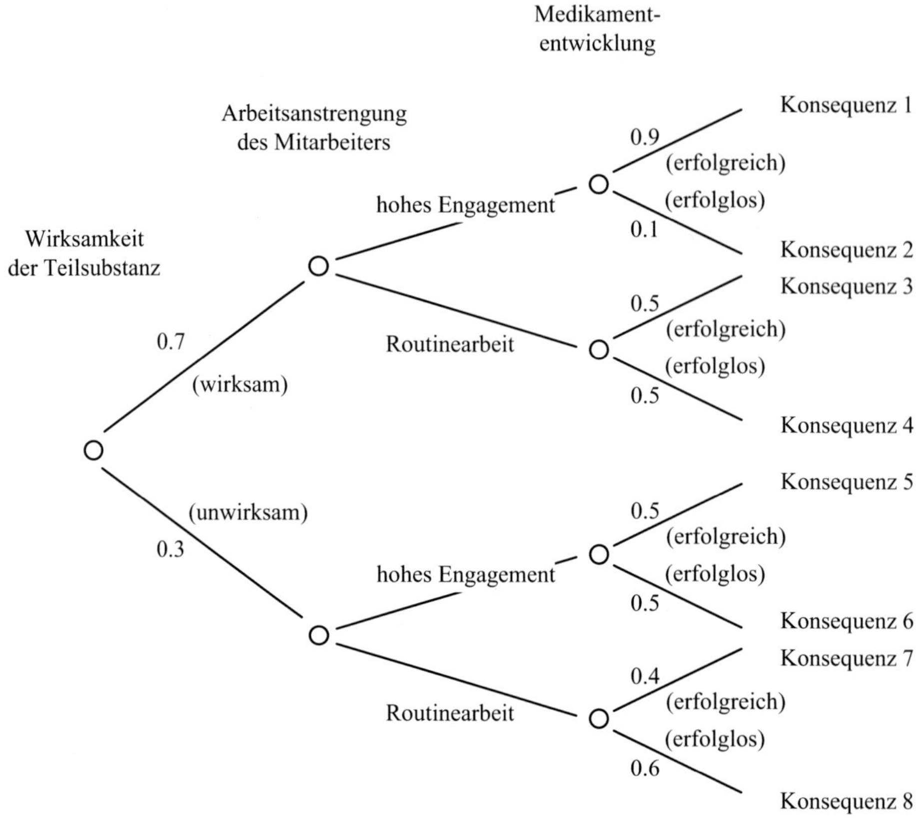

Abbildung 2.33: Der Entscheidungsbaum des Biochemikers bei der Entwicklung eines neuen Medikaments

Der obige Entscheidungsbaum bildet die Entscheidungssituation des Biochemikers ab, wobei wir die jeweiligen Konsequenzen für den Mitarbeiter bzw. das Pharmaunternehmen unspezifiziert gelassen haben.

Für die nachfolgenden Ausführungen sind insbesondere auch solche Entscheidungssituationen von Interesse, in denen wir eine Handlungsalternative durch eine Lotterie darstellen können. Eine **Lotterie**, in der Literatur auch als Prospekt bezeichnet, bildet eine Handlungsalternative unter Unsicherheit ab. Im einfachsten Fall einer einstufigen Lotterie wird in Abhängigkeit der Umweltzustände jeder Eintrittswahrscheinlichkeit eines Ereignisses die damit verbundene Konsequenz zugeordnet. Eine Lotterie $(K_1, p_1; \ldots; K_n, p_n)$ notiert beispielsweise eine Handlungsalternative, bei der eine mögliche Konsequenz K_i mit Wahrscheinlichkeit p_i eintritt. Graphisch lässt sich eine solche einstufige Lotterie als Ereignisbaum so darstellen:

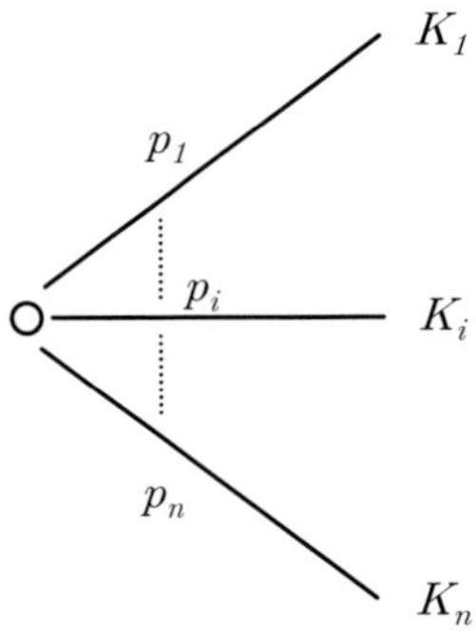

Abbildung 2.34: Eine Handlungsalternative als einstufige Lotterie

Entscheidungsdiagramme

Die bisherigen Darstellungen bezogen sich alle auf Entscheidungssituationen mit einer endlichen Anzahl von Ereignissen bzw. Handlungsalternativen. Unter Umständen kann es sinnvoll sein, eine Entscheidungssituation mit einer kontinuierlichen Ereignis- bzw. Entscheidungsvariablen zu spezifizieren. Im obigen Beispiel der Entscheidungssituation des Biochemikers könnte sein Handlungsspielraum beispielsweise durch den Bereich $\mathcal{A} = [0, 1]$ abgebildet sein, wobei $A = 0$ sein niedrigstes Engagement und $A = 1$ sein höchstes Engagement darstellt. Ebenso könnten die Erfolgsaussichten des Projekts durch eine Verteilungsfunktion gegeben sein.

Graphisch lassen sich solche Entscheidungssituationen nicht mehr als Matrizen oder Bäume darstellen, vielmehr müssen wir hierzu auf Entscheidungsdiagramme zurückgreifen. Diese Darstellungsform lässt sich am besten an einem einfachen Beispiel illustrieren:[15]

Ein Abteilungsleiter einer Unternehmung ist mit der Planung der Personalausgaben beschäftigt. Wir unterstellen, dass er bei seiner Entscheidung über die Höhe der Personalaufwendungen lediglich an zwei Zielen interessiert ist: Budget für seine

Abteilung und Einkommen. Die Nutzenfunktion des Abteilungsleiters sei demnach

$$u(\text{Budget,Einkommen}).$$

Wir nehmen folgende Präferenzen an: Einerseits zieht der Abteilungsleiter ein höheres Budget einem niedrigen vor, da höhere Personalausgaben tendentiell zu größeren Abteilungen führen. Dies wertet der Abteilungsleiter als ein Indiz für seine Führungskompetenz. Zudem befriedigt eine größere Anzahl von Mitarbeitern in seiner Abteilung seine Bedürfnisse nach Macht, Status und Prestige. Andererseits ist der Abteilungsleiter an einem hohen Einkommen interessiert. Hierzu können sowohl materielle als auch immaterielle Einkommensbestandteile gerechnet werden.

Graphisch können wir die Präferenzen des Abteilungsleiters durch sogenannte Indifferenzkurven darstellen. Eine Indifferenzkurve umfasst alle Güterkombinationen, die für einen Mitarbeiter denselben Nutzen liefern. Wenn wir beispielsweise die obige Nutzenfunktion des Abteilungsleiters durch

$$u(\text{Budget,Einkommen}) = \text{Budget}^{1/2} + \text{Einkommen}^{1/2}$$

spezifizieren, dann liefert ein Budget von 4 Einheiten und ein Einkommen von 25 Einheiten einen Gesamtnutzen von 7 Einheiten. Ein solcher Gesamtnutzen ergibt sich aber auch, wenn der Abteilungsleiter ein Budget von 25 Einkommen und ein Einkommen von 4 Einheiten hat.

Die nachfolgende Abbildung illustriert zwei verschiedene Indifferenzkurven des Abteilungsleiters. Betrachten wir z.B. die obere Kurve. Unabhängig davon, welche spezifische Kombination aus Budget und Einkommen wir auf dieser Kurve betrachten, der Mitarbeiter hat jeweils einen Gesamtnutzen von 7 Einheiten. Dies impliziert insbesondere, dass er bereit ist, zwischen der Befriedigung seines Bedürfnisses nach einem hohen Budget und dem nach einem hohen Einkommen zu substituieren. Ein Budget von 25 Einheiten ist für ihn genauso viel Wert wie ein Budget von 4 Einheiten, wenn sein Einkommen in einem entsprechenden Umfang ansteigt.

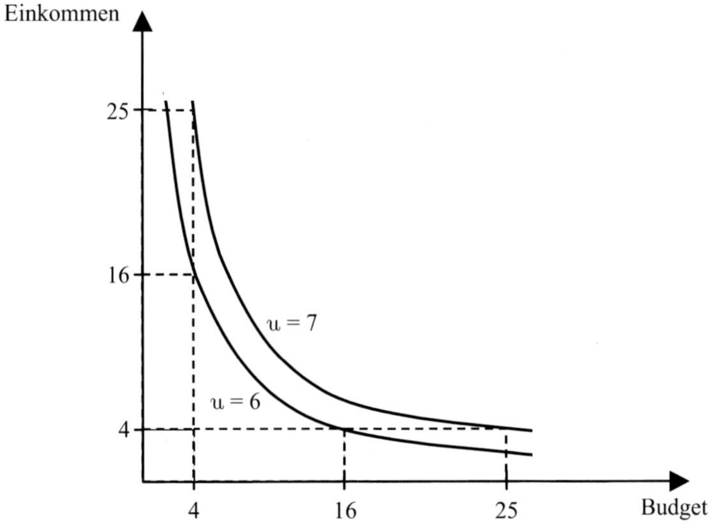

Abbildung 2.35: Indifferenzkurven des Abteilungsleiters

Diese Substitution zwischen den beiden Bedürfnissen des Mitarbeiters wird durch die Steigung der Indifferenzkurve ausgedrückt. Die Steigung gibt an, auf wieviele Einheiten des einen Gutes er für eine marginalen Erhöhung des anderen Gutes verzichten würde. Indifferenzkurven sind im Allgemeinen konvex. Diese Konvexität impliziert, dass der Abteilungsleiter bei einem sehr hohen Einkommen für eine kleine Erhöhung seines Personalbudgets bereit wäre, auf einen relativen großen Anteil seines Einkommens zu verzichten. Umgekehrt würde er bei einem sehr niedrigen Einkommen einen größeren Teil seines Budgets für eine Einkommensverbesserung aufgeben.

Ein Vergleich zwischen den beiden Indifferenzkurven macht deutlich, dass der Gesamtnutzen des Abteilungsleiters um so höher ist, je weiter nordöstlich die Kurve in dem Diagramm liegt: Wenn wir z.B. das Budget des Abteilungsleiters konstant halten, erhöht sich sein Nutzen bei einer Erhöhung seines Einkommens – eine Veränderung in östliche Richtung. Wenn wir andererseits sein Einkommen fix halten und seine Ausgaben für Personal erhöhen – eine Veränderung in nördliche Richtung – erhöht sich ebenfalls sein Nutzen.

Wir haben bisher unterstellt, dass die Bedürfnisse des Mitarbeiters substituierbar sind. Unsere Ausführungen zu den Zielen eines Mitarbeiters machen aber deutlich, dass ein Mitarbeiter durchaus auch lexikographische Präferenzen haben kann, ihm also eine Zielvariable wichtiger ist als seine anderen. Angenommen, in unserem Beispiel hätte der Abteilungsleiter die folgenden lexikographische Präferenzen:

$$u_1(b,e) = \begin{cases} e & \text{wenn } e \leq e^* \\ e^* & \text{wenn } e > e^* \end{cases}$$

$$u_2(b,e) = \begin{cases} b & \text{wenn } e \leq e^* \\ b^{1/2} + e^{1/2} & \text{wenn } e > e^* \end{cases}$$

wobei b das Budget und e das Einkommen des Abteilungsleiters bezeichnet. In diesem Fall ist dem Abteilungsleiter das Einkommen, das er bis zu einem gewissen Mindesteinkommen e^* erhält, absolut wichtiger als sein Budget für Personalausgaben. Erst ab diesem Mindesteinkommen e^* gewichtet er die beiden Zielvariablen Budget und Einkommen relativ:

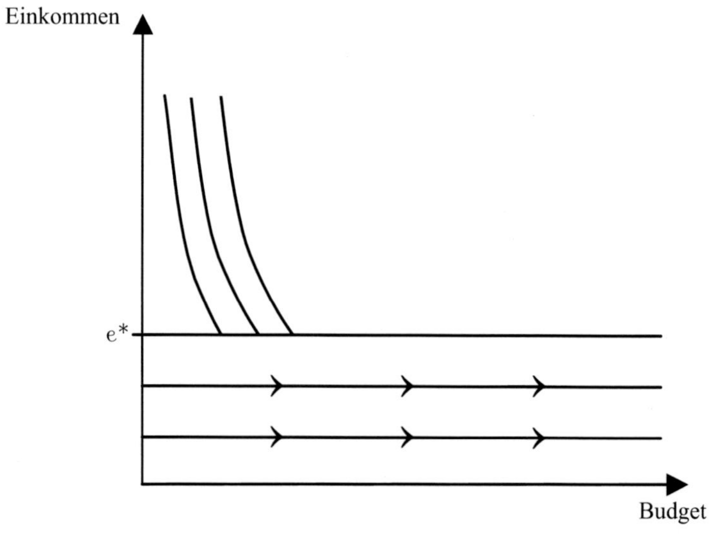

Abbildung 2.36: Absolute und relative Wichtigkeit der Ziele des Abteilungsleiters

Sobald das Einkommen des Abteilungsleiters über seinem Mindesteinkommen e^* liegt, sind seine Präferenzen u_2 durch die Indifferenzkurven wie in der letzten

Abbildung gegeben. Liegt sein Einkommen nun unterhalb seines Mindesteinkommens, dann sind seine Präferenzen durch u_1 bestimmt, allerdings nicht durch Indifferenzkurven: Zwar ist der Nutzen des Abteilungsleiters um so höher, je höher sein Einkommen ist, also je weiter nördlich die horizontale Linie liegt. Allerdings ist er zwischen den Güterkombinationen auf einer horizontale Linie nicht indifferent, da sein Nutzen mit dem Budget steigt.

Die Indifferenzkurven eines Mitarbeiters repräsentieren in einem Schaubild seine Präferenzen. Im Hinblick auf sein Arbeitsverhalten müssen wir aber zusätzlich noch die Restriktionen berücksichtigen, die sein Handeln einschränken. Sie sind für die tatsächliche Realisierung seiner Präferenzen von Bedeutung.

Im Entscheidungsdiagramm stellen die Restriktionen, die sich für einen Mitarbeiter aus seiner jeweiligen Arbeitssituation heraus ableiten, die für ihn zulässigen Güterkombinationen dar. In unserem Beispiel des Abteilungsleiters könnten diese Restriktionen beispielsweise wie folgt aussehen:

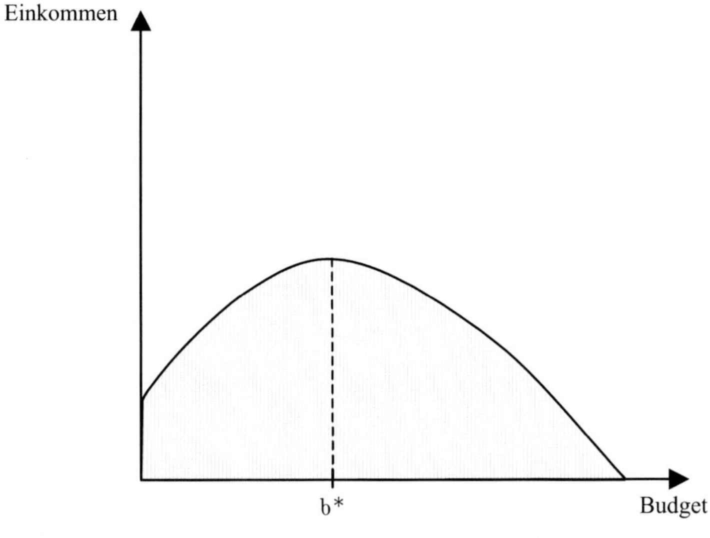

Abbildung 2.37: Die Restriktionen, denen sich der Abteilungsleiter gegenübersieht

Diese Restriktionen können z.B. so begründet sein: Das Einkommen des Abteilungsleiters ist abhängig von dem Gewinn, den seine Abteilung erwirtschaftet.

Mit zunehmenden Personalausgaben nimmt dieser Gewinn zunächst zu, ab einem kritischen Personalbudget b^* lässt jedoch ein steigendes Budget keine weiteren Gewinnsteigerungen mehr erwarten.

Zu beachten ist, dass die Restriktionen in der obigen Abbildung sowohl die Anreize abbilden, mit denen der Abteilungsleiter in seiner Arbeitssituation konfrontiert ist, als auch die Einschränkungen berücksichtigen, die sich in seinem Arbeitsumfeld ergeben: So ist die zulässige Menge an Budget-Einkommen-Kombinationen einerseits durch seine Beteiligung am Gewinn seiner Abteilung bestimmt, andererseits damit aber auch durch das spezifische Umfeld, in dem die Abteilung agiert. So wird der Gewinn der Abteilung z.B. durch die Art der von ihr bereitgestellten Produkte oder Serviceleistungen beeinflusst, ebenso wie von der Nachfrage danach, den Wettbewerbsbedingungen, mit denen sie konfrontiert ist, oder exogenen Umweltfaktoren, die Einfluss auf den Gewinn haben.

2.3 Zusammenfassung

Die im ersten Kapitel diskutierten personellen Faktoren bestimmen allein noch nicht das Verhalten eines Mitarbeiters. Dieses ist vielmehr nur aus dem Zusammenspiel von Situation und Person zu erklären ist: Die Arbeitssituation des Mitarbeiters bietet sich ihm als Gelegenheit an, seine Bedürfnisse zu befriedigen. Versteht er eine sich ihm bietende Situation nicht als Chance, seine Ziele zu realisieren, dann wird er sie auch nicht als Aufforderung zum Handeln begreifen. Erst die Wechselwirkung zwischen personellen und situativen Faktoren determiniert sein tatsächliches Arbeitsverhalten.

Die situativen Faktoren haben wir unterteilt in diejenigen Elemente, die zur spezifischen bzw. generellen Arbeitssituation eines Mitarbeiters gehören. Zur spezifischen Arbeitssituation gehören die Faktoren, die unmittelbar für den Mitarbeiter verhaltensrelevant sind. Seine generelle Arbeitssituation umfasst Faktoren, die nicht nur speziell für ihn, sondern auch für andere Organisationsteilnehmer verhaltensrelevant sind. Um die Auswirkungen der Arbeitssituation eines Mitarbeiters auf sein Arbeitsverhalten zu untersuchen, haben wir die Situation als Anreiz bzw. als Verhaltensrestriktion betrachtet. Die Arbeitssituation hat eine Anreizwirkung, indem sie die Motive des Mitarbeiters aktiviert. Intrinsische Arbeitsanreize sind solche, die sich dabei unmittelbar aus der Arbeitsaufgabe eines Mitarbeiters ergeben. Extrinsische Arbeitsanreize sind demgegenüber Anreize, die nicht die Arbeit selbst betreffen und daher außerhalb der eigentlichen Arbeitsaufgabe des Mitarbeiters liegen. Die Arbeitssituation wirkt als Verhaltensrestriktion, wenn sie den Verhaltensspielraum des Mitarbeiters einschränkt. Solche Einschränkungen können ressourcenbedingt sein oder sich aus rechtlichen oder sozialen Restriktionen ergeben.

Verhaltensrelevant für den Mitarbeiter ist dabei nicht die objektiv gegebene Situation, sondern die von ihm subjektiv wahrgenommene. Drei Faktoren können hier zu Verzerrungen führen: erstens personelle Faktoren, die sich auf die Fähigkeiten, Bedürfnisse, Erfahrungen oder Stimmungen des Wahrnehmenden beziehen, zweitens die Eigenschaften des Ziels, die wesentlich dadurch bestimmt sind, ob es sich um ein Objekt, eine Person oder eine funktionale Beziehung zwischen Ereignissen handelt, und drittens die situativen Rahmenbedingungen, die beispielsweise die Einzigartigkeit der Wahrnehmung bestimmen.

Aufbauend auf dem S-O-R-Modell in der Psychologie haben wir dann alle bisher betrachteten situativen und personellen Faktoren in ein umfassendes ökonomisch-psychologisches Modell des individuellen Arbeitsverhaltens integriert. Die einzelnen Wechselwirkungen zwischen diesen Faktoren beschreiben den Prozess des Arbeitsverhalten, aus dem wir drei Teilprozesse eingehender betrachteten: den Wahrnehmungsprozess, in dem die vom Mitarbeiter subjektiv wahrgenommene Arbeitssituation aus den objektiven situativen Rahmenbedingungen aktiv gebildet wird - dieser Prozess erfolgt über die Aufnahme, Selektion, Verarbeiterung und Beurteilung der Informationen; den Motivationsprozess, in dem das Arbeitsverhalten eines Mitarbeiters ausgelöst, gesteuert und aufrechterhalten wird - der Mitarbeiter bildet sich hierzu Erwartungen über die Valenz der Arbeitsanreize sowie die Erreichbarkeit und Instrumentalität der Arbeitsergebnisse; und schließlich den Lernprozess, in dem der Mitarbeiter aufgrund seiner Erfahrungen sein Arbeitsverhalten relativ überdauernd verändert - bei einem Single-Loop-Prozess findet Lernen ausschließlich durch eine Anpassung der Erwartungen statt, bei einem Double-Loop-Prozess modifiziert der Mitarbeiter auch seine persönlichen Ziele.

Arbeitsverhalten, verstanden als Wahl zwischen verschiedenen Handlungsalternativen, ist ein Entscheidungsverhalten. Die Art und Weise, wie ein Mitarbeiter diese Entscheidungen trifft, können wir aus prozessualer Perspektive in die Phasen der Situationserfassung, der Situationsanalyse und der Handlung gliedern. Innerhalb jeder Phase können dann weitere Teilaktivitäten identifiziert werden. Welche dieser Aktivitäten verhaltensrelevant sind, ist dann von dem kognitiven Aufwand abhängig, den der Mitarbeiter für die Bearbeitung des Entscheidungsproblems aufwendet. Bei routinisierten oder stereotypen Entscheidungen wendet der Mitarbeiter eine Routine oder eine Daumenregel für die Problemlösung an. Reflektierte und konstruktive Entscheidungen beinhalten hingegen eine aktive Entscheidungsfindung mit Alternativensuche und/oder -bewertung.

Ausgangspunkt für die weitere Modellierung des individuellen Arbeitsverhaltens bildete die Lewinsche Feldtheorie, die das Verhalten als Funktion von personellen und situativen Faktoren versteht. Entsprechend dem ökonomisch-psychologischen Verhaltensmodell haben wir diese Komponenten der Verhaltensgleichung näher spezifiziert: Die Arbeitsanstrengungen des Mitarbeiters, die durch Richtung, Stärke und Fortdauer bestimmt sind, stellen seine Handlungsalternativen dar. Bei der Modellierung der situativen Faktoren haben wir zwischen einer Entscheidung unter Sicherheit bzw. Unsicherheit unterschieden. Im ersten Fall führt jede Handlungsalternative zu einem eindeutigen Arbeitsergebnis für den Mitarbeiter, im zweiten Fall ist für ihn der Ausgang seiner Entscheidung nicht eindeutig vorhersagbar. Besteht Unsicherheit in der Entscheidungssituation, werden die Wirkungszusammenhänge zwischen seinem Handeln und den möglichen Arbeitsergebnissen durch objektive Wahrscheinlichkeiten abgebildet.

Die Bewertung der Belohnungen bzw. Sanktionen, die für den Mitarbeiter aus seinem Arbeitsverhalten resultieren, bewertet er anhand seiner Präferenzen. Daraus leitet sich seine Wertfunktion ab, die jeder Konsequenz einen bestimmten Nutzenwert zuordnet. Je nach Zuwachs an Nutzen bei einer Veränderung der Konsequenzen können wir konkave, konvexe und lineare Wertfunktionen unterscheiden. Ist der Nutzen einer Konsequenz für den Mitarbeiter nicht nur vom Wert der Konsequenz, sondern auch von der Unsicherheit abhängig, die mit seiner Situation verbunden ist, werden seine Präferenzen durch eine Nutzenfunktion abgebildet. Sein Nutzen hängt in diesem Fall auch von der Risikoneigung des Mitarbeiters ab.

Da der Mitarbeiter mit seinem Handeln nicht nur ein einziges Ziel verfolgt, wird er die Konsequenzen aus seinem Handeln anhand verschiedener Zielkriterien bewerten. Ein solches Zielsystem ist im Allgemeinen hierarchisch aufgebaut und ergibt sich als Konkretisierung eines allgemeinen Ziels. Als Attribute bezeichnen wir dann diejenigen Zielvariablen, die den Grad der Zielerreichung messen. Entsprechend seinen Präferenzen bewertet der Mitarbeiter die Konsequenzen aus seinem Arbeitsverhalten dann für jedes Attribut anhand einer Einzelwertfunktion. Sind seine Zielvariablen nach ihrer absoluten Wichtigkeit geordnet, liegen diesen Bewertungen lexikographische Präferenzen zugrunde. Bei einer relativen Wichtigkeit der Zielvariablen besteht hingegen eine Substituierbarkeit zwischen einzelnen Attributen. In beiden Fällen ergibt sich eine Gesamtwertfunktion, die wir als multiattributive Wertfunktion bezeichnet haben.

2.4 Literaturhinweise

In der Psychologie wird die situative Abhängigkeit des Verhaltens seit den 20er Jahren kontrovers diskutiert. Die Debatten kreisen dabei um die Konsistenz des Verhaltens: Inwieweit kann aufgrund von Persönlichkeitseigenschaften ein konsistentes Verhalten in ähnlichen oder gleichen Situationen erklärt werden? In der psychologischen Forschung wurde die implizite Annahme der Dominanz der Persönlichkeitsfaktoren für das Verhalten zuerst von Hartshorne und May (1928; 1929) und später von Mischel (1968) in den sogenannten Interaktionsdebatten in Frage gestellt. Siehe hierzu auch Mischel (1977), die Beiträge im Sammelband von Magnusson und Endler (1977, S.261ff) oder zusammenfassend Heckhausen (1980, S.6ff). Arbeiten, die speziell im Arbeitskontext auf die geringe Konsistenz von Persönlichkeitseigenschaften und Arbeitsverhalten eingehen, sind die von Epstein (1980), Monson, Hesley und Chernick (1982), Gulliford (1991) oder George (1992). Der Begriff des Konsistenzparadox wurde von Bem und Allen (1974) in die Literatur eingeführt.

Die Unterscheidung zwischen Anreizen und Verhaltensrestriktionen ist grundlegend für das ökonomische Verhaltensmodell, siehe z.B. Kirchgässner (1991).

Die Subjektivität der Wahrnehmung untersuchte bereits Vernon (1933) vor fast 70 Jahren in einem psychologischen Experiment. Ausführungen zur individuellen Wahrnehmung finden sich in jedem Lehrbuch der Psychologie, z.B. Krech, Crutchfield u.a. (1992), insbsondere auch bei Schiffmann (1990). Bezogen auf die subjektive Wahrnehmung der Arbeitssituation siehe z.B. Rollinson, Broadfield und Edwards (1998) oder George und Jones (1996) oder Martin (1998). Speziell zur sozialen Wahrnehmung siehe Fiske und Taylor (1984) oder Leyens und Codol (1988). Der Einfluss der Situation auf die soziale Wahrnehmung wurde bereits früh von Asch (1952) erforscht. Neben den Literaturhinweisen im Text finden sich zudem weitere Angaben zu spezifischen Aspekten der individuellen Wahrnehmung im dritten Kapitel.

Grundlegend für das S-O-R-Modell sind die Arbeiten von Hull (1943; 1951), in denen er eine kognitive **S** $\rightarrow$ **R** Theorie der Motivation entwickelt: Ausgehend von einer Stimulus-Response Beziehung führt er kognitive Vorgänge wie Erwartung und Anreiz in den Motivationsprozess ein. Die Erweiterung des S-O-R-Modells um den Aspekt der Konsequenzen findet sich in Luthans (1985, S.22f). Das in diesem Kapitel entwickelte ökonomisch-psychologische Grundmodell des Arbeitsverhaltens findet sich mit anderen Schwerpunkten z.B. bei Porter und Lawler (1968), Naylor, Pritchard und Ilgen (1980), Kanfer und Ackerman (1989) oder Katzell und Thompson (1990). Einen Überblick über diese Literatur findet sich in Kanfer (1990). In der Literatur zur Ökonomischen Psychologie werden psychologische Modelle des individuellen Verhaltens z.B. van Raaij (1981; 1986) entwickelt. Speziell zum Motivationsprozess finden sich im vierten Kapitel weitere Literaturhinweise. Zum individuellen Lernprozess siehe insbesondere Argyris (1982) sowie den Übersichtsbeitrag von Weiss (1990).

In der Literatur sind eine Reihe von konzeptionellen Ansätzen zur Strukturierung des individuellen Entscheidungsprozesses erarbeitet worden, siehe z.B. Mintzberg, Raisinghani und Théorêt (1976), Harrison (1987) oder Noorderhaven (1995). Der hier dargestellte ökonomische Ansatz des individuellen Entscheidungsverhaltens wurde aus diesen Arbeiten entwickelt und findet sich ausführlich in Jost (2000a). Die Einflüsse personeller Faktoren auf das Entscheidungsverhalten werden in Hambrick und Mason (1984) untersucht. Das Zusammenwirken personeller und situativer Faktoren beim Entscheidungsverhalten wird in Wright (1985) diskutiert, für experimentielle Untersuchungen zu diesem Thema siehe z.B. Bronner (1993) und die dort angegebene Literatur.

Die Modellierung des Arbeitsverhaltens orientiert sich an der Struktur und Darstellung von Entscheidungsproblemen in der entscheidungstheoretischen Literatur. Siehe hierzu beispielsweise Laux (1997) oder Eisenführ und Weber (1999). Die

Generierung von Handlungsalternativen wird insbesondere in Keeney (1992) aufgezeigt. Entscheidungsprobleme mit mehreren Zielvariablen werden ausführlich in Keeney und Raiffa (1993) behandelt. Die Generierung semantischer Zielhierarchien wird in kognitionspsychologischen Ansätzen zur Struktur mentaler Repräsentationen von Zielen diskutiert, siehe z.B. Anderson (1983) oder Pitz und Riedel (1984). Einen Überblick hierzu gibt Pfister (1991, S.83ff). Der Zusammenhang zwischen einer hierarchischen Bedürfnisstruktur und einer entsprechenden Entscheidungstheorie wird in der ökonomischen Literatur vor allem von Georgescu-Roegen (1954) gefordert. Siehe hierzu auch die Arbeit von Chipman (1971). Die Berücksichtigung der Bedürfnishierarchie von Maslow in der Nutzenfunktion wird in Kaufman (1999) dargestellt.

Inwieweit Erziehungsmaßnahmen fruchten, hängt von der Stärke der eigenen Bedürfnisse und der subjektiven Wahrnehmung der Bestrafung ab.

Teil II
Das Verhalten in Organisationen

3
Die individuelle Beurteilung der Arbeitssituation

4
Die Psychologie des Arbeitsverhaltens

3

Die individuelle Beurteilung der Arbeitssituation

Pooh was sitting in his house one day, counting his pots of honey, when there came a knock on the door.
"Fourteen," said Pooh. "Come in. Fourteen. Or was it fifteen? Bother. That's muddled me."
"Hallo, Pooh," said Rabbit.
"Hallo, Rabbit. Fourteen, wasn't it?"
"What was?"
"My pots of honey what I was counting."
"Fourteen, That's right."
"Are you sure?"
"No," said Rabbit. "Does it matter?"
"I just like to know," said Pooh humbly. "So as I can say to myself: 'I've got fourteen pots of honey left.' Or fifteen, as the case may be. It's sort of comforting."
"Well, let's call it sixteen," said Rabbit. (Milne, 1928)

Die im letzten Kapitel vorgestellten situativen und personellen Faktoren bilden die Grundelemente unseres ökonomisch-psychologischen Entscheidungsmodells. Sie legen den grundsätzlichen Rahmen fest, innerhalb dessen sich ein Mitarbeiter für ein bestimmtes Verhalten entscheidet. Damit haben wir aber noch nichts darüber gesagt, wie sich ein Mitarbeiter in einer bestimmten Arbeitssituation verhalten wird.

Aufbauend auf den einzelnen Grundelementen unseres Entscheidungsmodells wollen wir in den folgenden beiden Kapiteln aufzeigen, wie das individuelle Arbeitsverhalten eines Mitarbeiters erklärt werden kann. Ziel ist es, die Wechselwirkungen zwischen den Charakteristika auf Seiten der Person und denen auf Seiten der Situation abzubilden und einen funktionalen Zusammenhang zur Arbeitsmotivation eines Mitarbeiters herzustellen. Dies ermöglicht es uns, Aussagen über das

Verhalten eines Mitarbeiters aufgrund seiner personellen Faktoren und den Rahmenbedingungen seiner Arbeitssituation zu machen.

Wir unterstellen dabei, dass das Arbeitsverhalten eines Mitarbeiters das Ergebnis eines mehr oder weniger überlegten, abwägenden und zielorientierten Handelns ist. Insbesondere interpretieren wir die Wahl seiner Arbeitsanstrengungen als eine reflektierte Entscheidung. Diese Annahme ermöglicht es uns, bei der Erklärung des individuellen Verhaltens auf die Erkenntnisse der deskriptiven Entscheidungstheorie zurückzugreifen. Die **deskriptive Entscheidungstheorie** ist derjenige Zweig innerhalb der entscheidungstheoretischen Forschung, der darauf abzielt, tatsächliches menschliches Entscheidungsverhalten zu beschreiben und zu erklären.[1] Für die Formulierung unseres ökonomisch-psychologischen Modells zur Beschreibung des Arbeitsverhaltens eines Mitarbeiters werden wir systematisch das deskriptive Entscheidungsmodell um die spezifischen Aspekte der Arbeitssituation erweitern.

Entsprechend unserem Modell des individuellen Entscheidungsverhaltens im letzten Kapitel werden wir dabei eine Entscheidung nicht nur als Wahl zwischen verschiedenen Handlungsalternativen verstehen, sondern als Ergebnis eines Entscheidungsprozesses. Wie wir gesehen haben, besteht dieser Gesamtprozess der Entscheidungsfindung aus einer Reihe von Einzelaktivitäten, die wir selbst wieder als Teilentscheidungen verstehen können. In den beiden folgenden Kapiteln betrachten wir nicht alle Aktivitäten innerhalb dieses Prozesses, sondern konzentrieren uns lediglich auf die beiden zentralen Komponenten der Entscheidungsfindung:

- Bei der Beurteilung, im englischen 'judgement' genannt, geht es um die Wahrnehmung und Interpretation eines bestimmten Sachverhalts aus der Entscheidungssituation einer Person. Wir folgenden dabei Stevenson, Busemeyer und Naylor (1990, S.287) und betrachten die Beurteilung eines Sachverhalts als Wahl zwischen verschiedenen Alternativen: "A choice task is considered a judgment task if the alternatives from which to choose constitute categories for classifying stimuli." Im Rahmen unseres Modells des individuellen Arbeitsverhaltens beurteilt somit der Mitarbeiter entweder seine Arbeitssituation im Rahmen seines Wahrnehmungsprozesses oder seine Arbeitsergebnisse und sein Verhalten im Rahmen seines Lernprozesses.
- Bei der eigentlichen Entscheidung, im englischen 'decision' genannt, geht es dann um die Wahl einer Handlungsalternative durch den Mitarbeiter. Im Un-

terschied zur Beurteilung sind mit einer solchen Entscheidung immer Konsequenzen für den Mitarbeiter verbunden. In der Definition von Stevenson, Busemeyer und Naylor (1990, S.286): "A choice task is considered a decision-making task if the alternatives from which to choose constitute a set of possible consequences considered valuable to the decison maker." In unserem Modell des individuellen Arbeitsverhaltens ist diese eigentliche Entscheidung das Ergebnis des Motivationsprozesses eines Mitarbeiters, also seine Wahl eines bestimmten Anstrengungsniveaus.

Die Psychologie des eigentlichen Entscheidens, also die Untersuchung des Motivationsprozesses, zeigen wir im vierten Kapitel auf. Ziel dieses Kapitels ist es zunächst, die individuelle Beurteilung der Arbeitssituation durch den Mitarbeiter näher zu untersuchen. Im Einzelnen gehen wir dabei wie folgt vor:

Im ersten Abschnitt 3.1 stellen wir zunächst die Grundlagen der individuellen Beurteilung vor. Wir werden hier insbesondere darauf eingehen, warum den individuellen kognitiven Fähigkeiten Grenzen gesetzt sind und in welchem Kontext der Prozess der individuellen Beurteilung stattfindet.

Im Abschnitt 3.2 beschäftigen wir uns dann zunächst mit evaluierenden Beurteilungen eines Mitarbeiters. Im Vordergrund der Diskussion steht hier die Frage, wie er einzelne Komponenten seiner Arbeitssituation im Hinblick auf seine Werte, Einstellungen und Stimmungen subjektiv beurteilt. Diese Werturteile beziehen sich auf seine Bewertung der funktionalen Wechselwirkungen in seiner Arbeitssituation, also auf die Erreichbarkeit und Instrumentalität der Arbeitsergebnissen. Darüber hinaus geht es bei seinen Werturteilen um die Bewertung der Konsequenzen, die mit seinem Handeln für ihn verbunden sind, also die Valenz seiner Arbeitsanreize.

In den beiden folgenden Abschnitten betrachten wir prognostizierende Urteile des Mitarbeiters. Diese können sich zum einen auf die Bildung von Wahrscheinlichkeitsurteilen bezüglich bestimmter Ereignisse in seiner Arbeitssituation beziehen - dies ist Gegenstand des Abschnitts 3.3. Zum anderen kann der Mitarbeiter aber auch die Ursachen für das Auftreten eines Sachverhalts ergründen. In diesem Fall geht es um die prognostizierende Beurteilung von möglichen Gründen für ein bestimmtes Ereignis, also um die Bildung von Wahrscheinlichkeitsurteilen bezüglich der Ursachen bestimmter Ereignisse.

3.1 Die Grundlagen der individuellen Beurteilung

Die Bedeutung der subjektiven Beurteilung eines Entscheidungsproblems für die eigentliche Entscheidung eines Mitarbeiters haben wir bereits im letzten Kapitel eingehend diskutiert: Die individuelle Wahrnehmung eines bestimmten Sachverhalts ist selektiv, so dass die Notwendigkeit besteht, den selektiv aufgenommenen Informationen eine Bedeutung zu geben. Objektiv vorliegende Sachverhalte seiner Arbeitssituation wird der Mitarbeiter subjektiv wahrnehmen, so dass wir a priori nicht davon ausgehen können, dass die einzelnen Grundelemente unseres Entscheidungsmodells bei jeder Entscheidung des Mitarbeiters objektiv abgebildet werden.

Wenn aber bestimmte Eigenschaften der Situation oder der Person zu einer verzerrten subjektiven Wahrnehmung führen können, beeinflussen sie auch das Entscheidungsverhalten des Mitarbeiters. Daher können wir sein Arbeitsverhalten nur dann verstehen, wenn wir in einem vorherigen Schritt ein Verständnis dafür entwickelt haben, auf welchen Vorstellungen über seine Arbeitssituation er seine Entscheidungsfindung aufbaut.

Bevor wir im Folgenden diese Frage nach der individuellen Beurteilung seiner Arbeitssituation eingehend diskutieren, stellen wir zunächst die beiden Grundlagen für die weiteren Ausführungen dar: die begrenzten kognitiven Fähigkeiten des Mitarbeiters sowie den grundsätzlichen Prozess der Beurteilung. Diese beiden Elemente müssen den Ausgangspunkt einer Theorie der individuellen Beurteilung von Entscheidungssituation bilden, wie sie bereits von Simon (1986, S.S211) gefordert wurde: "If ... we accept the proposition that both the knowledge and the computational power of the decision maker are severely limited, then we must ... construct a theory ... of the processes of decision. Our theory must include not only the reasoning processes but also the processes that generate the actor's subjective representation of the decision problem".

3.1.1 Die begrenzte kognitive Komplexität

Im Sinne des Wahrnehmungsprozesses, den wir im zweiten Kapitel diskutiert haben, können wir die Beurteilung einer Arbeitssituation als Ergebnis der Aufnahme und Verarbeitung von Informationen durch den Mitarbeiter betrachten. A priori können wir dabei nicht davon ausgehen, dass diese Aktivitäten vollständig und umfassend ausgeführt werden. Vielmehr bestimmen die kognitiven Fähigkeiten des Mitarbeiters, inwieweit seine subjektiv wahrgenommene Arbeitssituation mit den objektiven situativen Rahmenbedingungen übereinstimmt: Sind seine Fähigkeiten für eine adäquate Situationswahrnehmung nicht ausreichend, können sich Verzerrungen zwischen der objektiven und der individuell wahrgenommenen Situation ergeben.

Das Ausmaß dieser Divergenzen wird somit von der kognitiven Komplexität des Mitarbeiters beeinflusst, also von seinen Fähigkeiten, die ganze Komplexität und Dynamik seiner Arbeitssituation wahrzunehmen. im Folgenden wollen wir argumentieren, dass der Grad der kognitiven Komplexität einer Person grundsätzlich begrenzt ist. Verschiedene Gründe lassen sich hierfür anführen:

- Unvollständiges Wissen: Eine Person hat immer nur fragmentarisches Wissen über die letztendlichen Zusammenhänge zwischen verschiedenen Ereignissen in seiner Umwelt bzw. über die Wirkungsweise seines eigenen Handelns. Somit sind ihr insbesondere die Gesetzmäßigkeiten, die die Konsequenzen aus ihrem Handeln bestimmen, nicht vollständig bekannt. Weder liefern ihr hier die Naturwissenschaften noch die Psychologie universelle Aussagen über die Funktionsweise von komplexen Systemen.
- Grenzen der menschlichen Informationsaufnahme: Die Situation, in der sich eine Person befindet, ist im Allgemeinen so komplex und dynamisch, dass es für die Person unmöglich ist, alle möglichen Konsequenzen aus ihrem Handeln exakt in Erfahrung zu bringen. Entweder sind ihr hierfür nicht alle Informationen zugänglich, oder die Informationssammlung ist zu langwierig und zeitraubend. Letzteres gilt selbst für den Fall, dass alle Informationen grundsätzlich verfügbar wären. Der Informationsaufnahme sind somit Grenzen gesetzt.
- Grenzen der sprachlichen Informationsübermittlung: Die Fähigkeiten einer Person, Informationen zu übermitteln, sind aufgrund der Sprache begrenzt. Jeder natürlichen Sprache ist eine gewisse Ungenauigkeit eigen. Daher sind dem Austausch von Informationen Grenzen gesetzt, und einer Person werden durch Kommunikation meist nicht alle notwendigen Informationen zugänglich sein. Zusätzlich besteht die Gefahr, dass die Person fehlerhafte Informationen aufnimmt. Dies trifft insbesondere bei der Weitergabe von Erfahrungen zu, die nur sehr begrenzt sprachlich vermittelt werden können.

- Grenzen der menschlichen Informationsverarbeitung: Die analytischen Fähigkeiten einer Person sind begrenzt. Um eine große Anzahl an verfügbaren Informationen für eine Entscheidung zu verarbeiten, wären umfassende Überlegungen notwendig. Selbst wenn die Informationsverarbeitung grundsätzlich möglich wäre, könnte die Person aufgrund von zeitlichen Beschränkungen nicht alle Informationen berücksichtigen.

Die Zahl 7
und die Grenzen des menschlichen Erinnerungsvermögens

In einem einfachen Versuch konnte Miller (1956) die Grenzen des menschlichen Erinnerungsvermögens aufzeigen. Lesen Sie hierzu die folgenden Zahlen einmal aufmerksam durch. Decken Sie dann die Zahlen ab und schreiben Sie so viele Ziffern wie möglich in der gleichen Reihenfolge wie vorgegeben nieder. Die Zahlen lauten:

9 4 6 7 2 4 6 1 3 5

Wieviele der Zahlen haben sie aus dem Gedächtnis in der richtigen Reihenfolge aufschreiben können? Nun machen Sie den gleichen Versuch noch einmal mit Buchstaben. Lesen Sie auch hierzu die folgenden Buchstaben einmal sorgfältig durch und schreiben Sie sie anschließend ohne wieder auf die Reihe zu schauen nieder. Beachten Sie auch diesmal bitte wieder die vorgegebene Reihenfolge! Die Buchstaben lauten:

J M F E S R O Z B D

Wieviele Buchstaben haben Sie diesmal in Ihrem Kurzzeitgedächtnis behalten können? Wenn Ihre Antwort zwischen 5 und 9 Zahlen oder Buchstaben liegt, ist Ihre Aufnahmekapazität vergleichbar mit dem Durchschnitt der Versuchspersonen bei diesem Experiment.
Miller stellte nun darüber hinaus fest, dass die Aufnahmefähigkeit des menschlichen Gedächtnisses für zufällig angeordnete, aber vertraute Items sytematisch durch 7 (+/-2) begrenzt ist. Diese Grenze des menschlichen Erinnerungsvermögens ist dabei unabhängig davon, ob es sich bei den Items um Buchstaben, Zahlen oder andere

Objekte handelt.

Quelle: Miller (1956)

Daraus ergibt sich, dass der Mitarbeiter aufgrund seiner begrenzten kognitiven Fähigkeiten beispielsweise nicht alle Handlungsalternativen erkennt oder deren Konsequenzen für seine Zielerreichung nicht vollständig abschätzen kann. Für ihn ist damit aber nicht die tatsächliche Situation verhaltensrelevant, sondern immer nur die von ihm subjektiv wahrgenommene Situation.

3.1.2 Der Prozess der Beurteilung

Wie bildet sich der Mitarbeiter nun ein Urteil über seine Arbeitssituation? In welcher Art und Weise zieht er aufgrund seiner wahrgenommenen Informationen Rückschlüsse auf bestimmte Sachverhalte innerhalb seiner Arbeitssituation? Um diese Fragen zu beantworten, soll im Folgenden der Prozess der Beurteilung näher diskutiert werden.

Grundlegend für unsere Überlegungen ist die Erkenntnis, dass die subjektive Beurteilung von bestimmten Sachverhalten in einer Situation im Allgemeinen durch einen Vergleich mit Referenzen zustande kommt, die mit dem Ziel der Wahrnehmung in Verbindung stehen. Bei Beurteilungen geht es also um Vergleiche: Entweder wird ein einzelner Sachverhalt (stimulus) in eine vorgegebene Rangliste eingeordnet, oder es geht um den Vergleich verschiedener Sachverhalte. Betrachten wir z.B. folgende Fragen:

(1) Wie hoch wird der Gewinn der Daimler AG im nächsten Jahr sein?

(2) Wie hat Ihnen der neue James Bond-Film gefallen?

Reflektieren wir den Prozess, wie wir zu Antworten auf diese beiden Fragen kommen: Für die Beantwortung der ersten Frage werden Sie möglicherweise zunächst einmal die Gewinne des Unternehmens in den letzten Jahren eruieren und als Ausgangspunkt ihrer Prognose verwenden. Sie werden vielleicht zusätzlich die allgemeinen ökonomischen Rahmendaten berücksichtigen, etwa die konjunkturelle Entwicklung in Europa oder den USA, die Benzinpreisentwicklung oder den Wechselkurs von Dollar und Euro. Wenn Sie unternehmensinterne Kenntnisse besitzen, beispielsweise über die Strategien des Unternehmens oder innerbetriebliche Gegebenheiten, werden Sie auch diese Informationen bewerten und in ihre Antwort mit einfließen lassen.

Entscheidend bei dieser Art der Beantwortung der Frage ist der Umstand, dass wir stets einen Vergleich bilden mit Fakten, die wir bereits kennen: Wir bilden eine Menge von **Referenzpunkten**, im englischen 'cues' genannt, und kommen durch einen Vergleich mit diesen Referenzpunkten zu einem Urteil über den betrachteten Sachverhalt. Dies gilt auch bei der Beantwortung der zweiten Frage: Hier werden Sie beispielsweise als Referenzpunkte die James Bond-Filme der letzten Jahre nehmen oder andere Filme, die im Moment aktuell im Kino laufen.

Dieser Prozess der Urteilsbildung wurde von Brunswik (1952) in seinem sogenannten Linsen-Modell konzeptionalisiert:

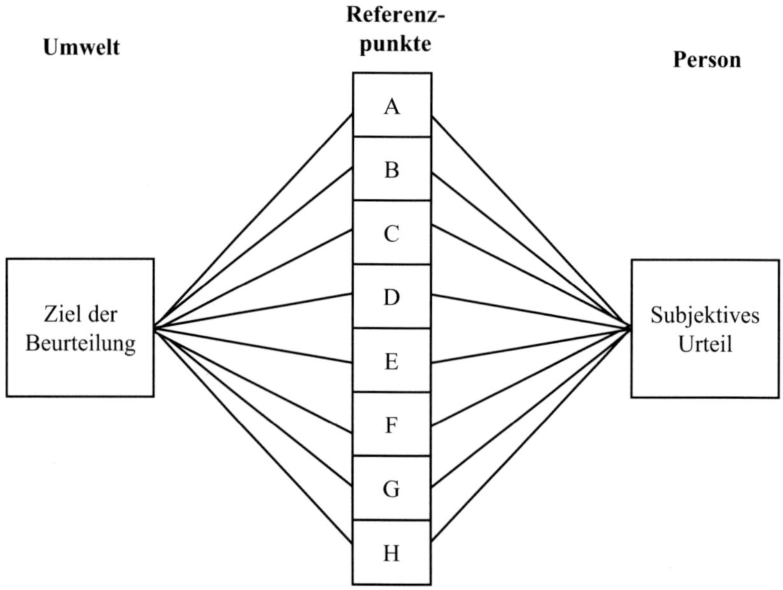

Abbildung 3.1: Das Linsen-Modell von Brunswik

Diesem Modell liegt die Vorstellung zugrunde, dass wir Sachverhalte in unserer Umwelt nie direkt erfahren, sondern im Rahmen des im letzten Kapitel vorgestellten Wahrnehmungsprozesses als mentale Repräsentationen konstruieren. Die Referenzpunkte bilden die Verbindung zwischen diesen beiden Systemen: Das eine

System stellt die 'tatsächlichen' Beziehungen dar zwischen dem zu beurteilenden Ziel der Wahrnehmung und den Referenzpunkten der Umwelt. Das zweite System ist das Netzwerk von Beziehungen zwischen den Referenzpunkten des Beobachters und seinem subjektiven Urteil über das Ziel seiner Wahrnehmung.

Der Prozess der Beurteilung verläuft wie folgt: Der Beobachter bildet sich über einen gewissen Sachverhalt – z.B. die Gewinne der Daimler AG im nächsten Jahr – ein Urteil auf der Basis bestimmter Referenzpunkte R_1, R_2, R_3, ..., R_r – beispielsweise der Gewinne im letzten Jahr, der Prognose des wirtschaftlichen Wachstums in Europa usw. Diese Beziehung zwischen dem Urteil der Person und den Referenzpunkten repräsentiert das kognitive System der Person. Die Beziehung zwischen den Referenzpunkten und dem Ziel der Beurteilung stellt das System der Umwelt dar – in unserem Fall die ökonomische Umwelt, in der die Daimler AG operiert.

Dieser Prozess der Beurteilung kann sich sowohl auf prognostizierende als auch evaluierende Urteile beziehen:

- Ein **prognostizierendes Urteil** gründet sich auf dem Wissen und den Fähigkeiten der Person. Auf dieser Basis stellt sie Prognosen über bestimmte Sachverhalte aus ihrer Umwelt an, wie z.B. bei der ersten Frage nach den Gewinnen der Daimler AG. Im Arbeitskontext sind dies alle diejenigen Sachverhalte, die wir im zweiten Kapitel als Ziele der Wahrnehmung eines Mitarbeiters diskutiert haben, also beispielsweise die Beziehung zwischen seinem Handeln und dem daraus resultierenden Arbeitsergebnis. Prognostizierende Urteile bezeichnen wir auch als Wahrscheinlichkeitsurteile.
- Ein **evaluierendes Urteil** beruht auf den Präferenzen der Person. Sie bewertet hier einen bestimmten Sachverhalt aus ihrer Umwelt im Hinblick auf ihre jeweiligen Werte, Einstellungen oder Stimmungen, wie z.B. bei der zweiten Frage nach dem James Bond-Film. Im Arbeitskontext bewertet so beispielsweise ein Mitarbeiter die Arbeitsanreize, die sich ihm in seiner Arbeitssituation bieten. Evaluierende Urteile sind demnach Werturteile.

3.1.3 Heuristiken und Verzerrungen bei der Urteilsfindung

Das Modell von Brunswik verdeutlicht, dass die Güte des Urteils, das sich ein Beobachter von einem bestimmten Sachverhalt in seiner Umwelt bildet, entscheidend von den einzelnen Variablen abhängt, die er seiner Beurteilung zugrunde legt: Den ausgewählten Referenzpunkten, ihrer Beziehungen untereinander, dem Gewicht, das der Urteilende ihnen relativ zueinander zumisst, und den Beziehungen dieser Referenzpunkte zur Umwelt. Diese Variablen sind wiederum von seiner persönlichen Erfahrung abhängig, ebenso wie von seinen Werten, Einstellungen und momentanen Stimmungen. Je nachdem wie gut Sie die alten James Bond-Filme oder die derzeitigen anderen Kinofilme kennen, werden Sie ihrer Beurteilung andere Referenzpunkte zugrunde legen und somit vermutlich den neuen James Bond-Film anders beurteilen. Für den einen wird dabei der Darsteller von James Bond in seiner Urteilsfindung eine große Rolle spielen, für den anderen sind es die Frauen, die im Film mitspielen.

Wie werden nun solche Referenzpunkte gebildet und wovon hängt deren Wahl ab? Bevor wir uns mit diesen Fragen eingehend in den nächsten Kapiteln beschäftigen und dort aufzeigen, welchen Einfluss spezifische Aspekte der Arbeitssituation eines Mitarbeiters auf seine Urteilsbildung haben, wollen wir im Folgenden den grundsätzlichen Zusammenhang zwischen dem Prozess der Beurteilung und der begrenzten kognitiven Komplexität einer Person verdeutlichen.

Betrachten wir mit Comelli und von Rosenstil (1995, S.100) einen Vorgesetzten, der alle seine Mitarbeiter für "Affen und Idioten [hält], die unfähig sind, auch nur einen einzigen vernünftigen Gedanken alleine zu fassen". Konsistent mit dieser Einstellung wird er sich seinen Mitarbeitern gegenüber entsprechend verhalten. Die Konsequenz wird sein, dass sich die Mitarbeiter entweder den Erwartungen des Vorgesetzten anpassen oder sich eine solche Behandlung nicht gefallen lassen und kündigen. Im Ergebnis werden also diejenigen Mitarbeiter, die bleiben, das Führungsverhalten des Vorgesetzten idiotisch finden, aber damit dessen Erwartungen bestätigen. Der Vorgesetzte hat demnach genau die Mitarbeiter, die er 'verdient'.

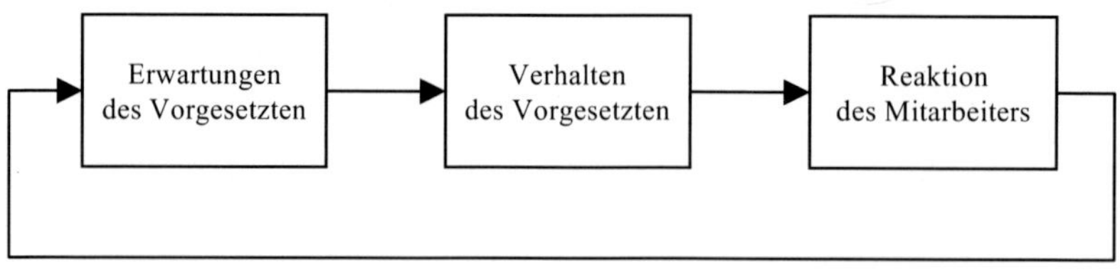

Abbildung 3.2: Der Prozess der selbsterfüllenden Prophezeiung

Hochbegabte und die selbsterfüllende Prophezeiung

Rosenthal und Jacobsen (1968) illustrieren das Phänomen der selbsterfüllenden Prophezeiung am Beispiel einer US-amerikanischen Grundschule. Dazu führten sie psychologische Tests an über 600 Schülern durch und erklärten, dass sie mit ihren Untersuchungen die intellektuelle Leistungsfähigkeit von Schülern vorhersagen könnten. Zu Beginn eines neuen Schuljahres wählten die beiden Psychologen dann zufällig einige der befragten Schüler aus. Gegenüber den Lehrern gaben sie vor, dass diese Kinder in ihren Studien besondere intellektuelle Fähigkeiten gezeigt hätten.

Am Ende des Schuljahres berichteten die Lehrer, dass sich die ausgewählten Schüler tatsächlich überdurchschnittlich gut und schnell entwickelt hätten. Die Prophezeiung der Forscher war also eingetreten. Andere Kinder, die sich ähnlich oder vielleicht sogar besser entwickelt hatten, wurden von den Lehrern weit weniger positiv dargestellt.

Rosenthal und Jacobsen (1968) führen dieses Phänomen unter anderem darauf zurück, dass die Lehrer diejenigen Schüler besonders dazu anhielten, sich zügig zu entwickeln, bei denen sie eine besonders rasche intellektuelle Entwicklung vermuteten. So schenkten sie den scheinbar besonders begabten Kindern mehr Aufmerksamkeit oder vermittelten ihnen das Gefühl, dass ihre Fragen und Kommentare von überdurchschnittlichem Niveau seien. Schülern, die nicht als besonders begabt galten, wurde der Eindruck vermittelt, weniger intelligente Fragen zu stellen und scheinbar hinter den Begabten zurückzubleiben.

Auch im Arbeitskontext wurde das Phänomen der selbsterfüllenden Prophezeiung überprüft. So fanden Word et al. (1974) in einer Untersuchung in den USA Hinweise darauf, dass Personalverantwortliche mit weißer Hautfarbe farbige Kandidaten seltener verbal ermunterten als weiße Bewerber. Dementsprechend weniger selbstsicher traten oft farbige Bewerber auf und machten daher einen weniger ambitionierten Eindruck.

Quelle: Rosenthal und Jacobsen (1968) und Word et al. (1974)

Der Prozess einer selbsterfüllenden Prophezeiung illustriert eindrücklich, welche Folgen die begrenzte kognitive Komplexität einer Person - hier des Vorgesetzten - im Prozess seiner Beurteilung - hier seiner Mitarbeiter - haben kann. Verallgemeinern wir dieses Beispiel, dann können wir den Schritt der Urteilsbildung konzeptionell wie folgt in unser Grundmodell des individuellen Arbeitsverhaltens integrieren:

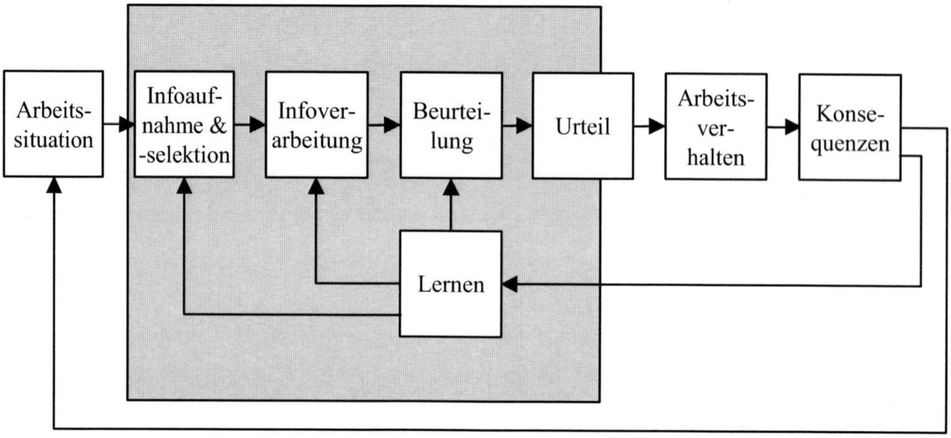

Abbildung 3.3: Die Urteilsbildung im Grundmodell des individuellen Arbeitsverhaltens

Die grau unterlegten Schritte in der Abbildung stellen die Teilprozesse innerhalb des Wahrnehmungsprozesses des Mitarbeiters dar. Entsprechend unseren Ausführungen im letzten Kapitel ist hier das Urteil des Mitarbeiters über einen bestimmten Sachverhalt in seiner Arbeitssituation - seine subjektiv wahrgenommene Arbeitssituation - Resultat dieses Wahrnehmungsprozesses. Dieses Urteil ist an der Schnittstelle zwischen Person und Situation positioniert, um zu betonen, dass es entweder mental gebildet oder extern mitgeteilt wird. Im ersten Fall ist das Urteil Grundlage für das spätere Verhalten des Mitarbeiters. Im Beispiel des Vorgesetzten spiegelte sich so sein Urteil über die Fähigkeit von Mitarbeitern unmittelbar in seinem Verhalten wider. Im zweiten Fall ist das Urteil bereits Ergebnis seines Handelns und wird extern kommuniziert. Dies ist beispielsweise bei einem Mitarbeiter im Außendienst gegeben, der eine Prognose über die Verkaufsabschlüsse im nächsten Quartal an seinen Vorgesetzten abliefern soll. In jedem Fall führt das Verhalten zu einer Konsequenz - in unserem Beispiel die Reaktion der Mitarbeiter auf das Führungsverhalten des Vorgesetzten. Diese Konsequenz kann dann die Arbeitssituation beeinflussen - einige der Mitarbeiter werden kündigen oder direkt auf die Person zurückwirken - der Vorgesetzte sieht sich in seinen Erwartungen bestätigt.

Welche Auswirkungen hat nun die begrenzte kognitive Komplexität eines Mitarbeiters auf sein Urteil über einen bestimmten Sachverhalt in seiner Arbeitssituation? Nach dem Modell von Brunswik können wir die Urteilsbildung einer Person als einen Prozess verstehen, bei dem Informationen aus zwei verschiedenen Quellen kombiniert werden:

- dem Gedächtnis der Person, das die möglichen Referenzpunkte zur Verfügung stellt, anhand derer die Person die Beurteilung durchführt
- der Umwelt der Person, die die Informationen zur Verfügung stellt, anhand derer die Person das Ziel der Beurteilung mit den Referenzpunkten vergleicht.

Da die kognitiven Fähigkeiten einer Person begrenzt sind, wird es für sie schwierig sein, die Informationen aus den jeweiligen Quellen adäquat zu kombinieren. Hogarth (1980, S.36) merkt hierzu an: "Consider what has to be done. Information from both the environment and the individual's memory needs to be selected. Meaning is given to the information and, indeed, such sources of information selected then have to be weighted and combined to form a final judgement. Since people do not have the mental capacity to do these operations in the manner of a computer, they employ simplifying strategies."

Eine unmittelbare Antwort einer Person auf ihre begrenzten kognitiven Fähigkeiten ist demnach die Anwendung einfacher mentaler Prozeduren. Mit Tversky und Kahneman (1974, S.1124) bezeichnen wir diese internen Regeln im Folgenden auch als **Heuristiken**: "people rely on a limited number of heuristic principles which reduce the complex tasks of assessing probabilites and predicting values to simpler judgemental operations". Sie sind unmittelbares Ergebnis der begrenzten Informationsverarbeitungskapazitäten und dienen als Mechanismen zur Vereinfachung der Komplexität einer Entscheidungssituation.

Die Heuristiken, die eine Person für ihre Urteilsbildung heranzieht, dienen ihr bei der Wahl der Referenzpunkte. Betrachten wir das Beispiel des Geschäftsführers eines kleinen Softwareunternehmens, der aufgrund einer Unternehmensexpansion einen neuen Computerspezialisten einstellen muss. Er vergleicht hierzu die Qualifikationen der Kandidaten mit deren Gehaltsvorstellungen und wählt zur Auswahl des neuen Mitarbeiters die folgende Strategie: Wenn die Differenz ihrer Gehaltsvorstellungen kleiner ist als Euro 5.000, wählt er den Mitarbeiter mit den höchsten Qualifikationen. Ansonsten entscheidet er sich für den Mitarbeiter mit den niedrigsten Gehaltsvorstellungen.

Diese Strategie erscheint plausibel und einfach anzuwenden: Sie berücksichtigt zwei Zielattribute bei der Entscheidung, die jeder für wesentlich halten wird, wenn man auch über die Einkommendifferenz von Euro 5.000 streiten kann. Welche Implikationen sind nun mit der Anwendung einer solchen Regel verbunden? Betrachten wir die folgenden drei Bewerber:

Bewerber	Gehaltsvorstellung (in Euro)	Qualifikation
Kandidat 1	80.000	hoch
Kandidat 2	75.000	mittel
Kandidat 3	70.000	niedrig

Abbildung 3.4: Personalauswahl und die Anwendung von Heuristiken

Angenommen, der Geschäftsführer würde sich jeweils zwischen zwei Bewerbern entscheiden. Dann würde er aufgrund seiner Strategie bei einem Vergleich von Kandidat 1 und 2 bzw. von Kandidat 2 und 3 jeweils den ersteren vorziehen. Allerdings würde er bei einem Vergleich von Kandidat 1 und 3 letzteren (den Geschäftsführer) präferieren. Die Anwendung seiner Strategie würde also zu inkonsistenten Präferenzen führen:

$$\text{Kandidat 1} \succ \text{Kandidat 2} \succ \text{Kandidat 3} \succ \text{Kandidat 1}$$

Das Beispiel illustriert, dass die Anwendung von Heuristiken nicht in jedem Fall zu einer adäquaten Beurteilung führt. Sie werden zwar einer Person in gewissen Situationen bei ihrer Urteilsbildung helfen, aber unter Umständen bedingen, dass sie nicht alle zur Verfügung stehenden Informationen zutreffend nutzt.[2] Die Anwendung von Heuristiken bei der Urteilsbildung wird also zu **Urteilstendenzen** führen, die in der Literatur auch kognitive Verzerrungen oder 'biases' genannt werden.

Solche Urteilstendenzen können bei allen vier Teilprozessen auftreten, die wir im Prozess der Beurteilung einer Person diskutiert haben:[3]

- In der Phase der Informationsaufnahme und -selektion wird die Beurteilung beispielsweise davon beeinflusst, wie unmittelbar ein Mitarbeiter Informationen aus seinem Gedächtnis abrufen kann (diese sogenannte Heuristik wird auch als Verfügbarkeit bezeichnet, siehe Abschnitt 3.3). Dies erklärt z.B., warum ein und dasselbe Problem von einem Produktionsmitarbeiter als Produktionsproblem angesehen wird, von einem Marketingmitarbeiter hingegen als ein Marketingproblem. Auch die Art und Weise der Präsentation der Informationen aus der Umwelt beeinflusst die Beurteilung. So unterliegt ein Personalchef einer Urteilsverzerrung (dem sogenannten Primacy-Effekt, siehe Abschnitt 3.2), wenn er einen Kandidaten bereits nach den ersten fünf Minuten des Vorstellungsgesprächs beurteilt hat und anschließend nur noch Informationen aufnimmt, die dieses Urteil unterstützen.
- In der Phase der Informationsverarbeitung wird eine Person bestimmte Strategien zur Reduzierung ihrer kognitiven Anstrengungen bei der Urteilsbildung anwenden. Verzerrungen können sich dabei aufgrund der begrenzten Kapazitäten ihres Gedächtnisses ergeben oder aufgrund ihrer Entscheidungssituation. So bestimmen im ersten Fall ihre persönlichen Erfahrungen, welche Strategien ihr für die Beurteilung eines Sachverhalts direkt einfallen. Ein Experte auf einem Gebiet neigt so leicht dazu, seine Fähigkeit auf Gebiete zu generalisieren, in denen er kein Experte ist. Verzerrungen bei der Informationsverarbeitung aufgrund der Entscheidungssituation können sich wiederum durch die Präsentation der Informationen ergeben, z.B. wenn diese unvollständig oder inkonsistent vorliegen.
- In der Phase der eigentlichen Urteilsbildung können Verzerrung durch die Art und Weise auftreten, wie eine Person ihr Urteil ausdrücken muss. So ist die Bewertung von riskanten Handlungsalternativen von der Erhebungsmethode abhängig (der Effekt der sogenannten Präferenzumkehr, siehe Abschnitt 3.2). Bei der Einstufung eines Mitarbeiters durch seinen Vorgesetzten wird so dessen Beurteilung davon beeinflusst, ob es sich um ein offenes oder strukturiertes Interview handelt und welche Art von Fragen gestellt werden.
- In der Phase des Lernens sind Urteilsverzerrungen von entsprechenden Rück-

kopplungen der Beurteilung abhängig.[4] Finden keine Rückkopplungen statt, kann auch kein Lernen stattfinden. Ein Personalchef, der sich bei der Personalauswahl gegen einen bestimmten Kandidaten entschieden hat, wird beispielsweise nicht wissen, wie gut dieser Bewerber tatsächlich auf die Stelle gepasst hätte. Verzerrungen können auch auftreten, wenn die Konsequenzen aus dem Handeln des Mitarbeiters nicht nur von seinem eigentlichen Arbeitsverhalten, sondern auch von anderen Aspekten der Arbeitssituation bestimmt werden. So ist es beispielsweise eine übliche Verzerrung, wenn ein Mitarbeiter die eigene Arbeitsleistung eher auf seine Fähigkeiten zurückführt als auf externe Faktoren, die möglicherweise auch seinen Erfolg beeinflusst haben (der Effekt der sogenannten selbstzuweisenden Attribution, siehe Abschnitt 3.4).

3.1.4 Die Bedeutung von Labor-Experimenten für die Erklärung des individuellen Arbeitsverhaltens

Wir werden in den nächsten Abschnitten bei der Beantwortung der Frage, wie ein Mitarbeiter seine Arbeitssituation subjektiv beurteilt, wiederholt auf die Ergebnisse aus psychologischen Experimenten zurückgreifen. Ziel dieser Labor-Experimente ist es, bestimmte Einflussfaktoren auf das individuelle Verhalten aufzudecken, indem diese Faktoren systematisch kontrolliert und variiert werden. Hierzu werden Versuchspersonen Fragen zur Beurteilung gestellt. Um eine vernünftige Beantwortung zu induzieren, werden den Versuchspersonen im Allgemeinen Anreize gesetzt. Die bei diesen Experimenten aufgedeckten Beurteilungstendenzen werden wir dann nutzen, um mögliche Phänomene im individuellen Arbeitsverhalten eines Mitarbeiters aufzuzeigen und zu erklären.

Inwieweit solche kognitiven Verzerrungen tatsächlich im Arbeitskontext relevant sind, hängt natürlich zunächst einmal vom Mitarbeiter selbst ab. So wird bei evaluierenden Beurteilungen das Ausmaß dieser Verzerrungen wesentlich davon bestimmt, inwieweit der Mitarbeiter seinen tatsächlichen Präferenzen Rechnung trägt. Bei prognostizierenden Beurteilungen werden die Verzerrungen davon abhängen, inwieweit er die von ihm verwendeten Heuristiken auf seine Arbeitssituation geeignet anwendet.

Die Relevanz der Arbeitssituation

Im Hinblick auf die Übertragung der in solchen Labor-Experimenten gewonnenen Erkenntnisse auf das tatsächliche Arbeitsverhalten eines Mitarbeiters müssen wir allerdings auch berücksichtigen, dass das Verhalten der Versuchspersonen immer in dem jeweiligen neutralen Kontext des Experiments evaluiert wurde. Im Unterschied zu solchen Experimenten, in denen das Verhalten losgelöst vom Kontext untersucht wird, ist für das tatsächliche Verhalten eines Mitarbeiters im Allgemeinen immer auch sein spezifischer Arbeitskontext von entscheidender Bedeutung. So bestimmen nach Mischel (1968; 1977) und unserer Diskussion im zweiten Kapitel nicht nur personelle, sondern auch situative Faktoren das Verhalten eines Mitarbeiters.

Um den spezifischen Einfluss deutlich zu machen, den der Kontext eines Experiments auf das Verhalten der Versuchspersonen hat, betrachten wir das folgende Experiment von Nisbett und Ross (1980, S.15), das sie im Zusammenhang mit der Bildung eines prognostizierenden Urteils durchführten:[5]

> Sie wollen ein neues Auto kaufen. Zwei Alternativen stehen Ihnen zur Auswahl: Volvo und Saab. Sie benutzen für ihre Entscheidung lediglich ein Kriterium, die erwartete Lebensdauer des Wagens. Sie haben Informationen aus einem Konsumentenbericht, dass in einer Auswahl von mehreren hundert Wagen der Volvo besser als der Saab abschnitt. Gestern nun erzählt Ihnen ein Nachbar, dass sein neuer Volvo kaputtgegangen ist. Welches Auto werden Sie kaufen?

In ihrem Experiment kommen Nisbett und Ross zu dem Ergebnis, dass die zusätzliche Information des Nachbarn das Verhalten der Versuchspersonen nur unwesentlich geändert hat: "the number of Volvo-owners has increased from several hundred to several hundred and one". Im Hinblick auf die Bildung eines Wahrscheinlichkeitsurteils scheint diese Reaktion der Versuchsteilnehmer vernünftig zu sein: Sie widerstehen einer Überbetonung der persönlichen Erfahrungen des Nachbarn und korrigieren stattdessen ihr Urteil entsprechend dem relativen Auftreten dieser zusätzlichen Information. Betrachten wir alternativ nun ein identisches Problem im Arbeitskontext:

> Sie sind Arbeitnehmer, unzufrieden mit Ihrer Arbeit und wollen das Unternehmen wechseln. Zwei Alternativen stehen Ihnen zur Auswahl: Volvo und Saab. Sie benutzen für Ihre Entscheidung lediglich ein Kriterium: die

erwartete Arbeitszufriedenheit während Ihres verbleibenden Berufslebens. Aufgrund einer breit angelegten wissenschaftlichen Untersuchung, in der die Mitarbeiter in allen Werken der beiden Unternehmen befragt wurden, haben Sie die Information, dass die Mitarbeiter bei Volvo zufriedener sind als die bei Saab. Gestern nun erzählt Ihnen ein Nachbar, dass er bei Volvo gekündigt hat, weil er so unzufrieden mit seiner Arbeit war. Zu welchem Unternehmen werden Sie wechseln?

Wenn Sie entsprechend der obigen Argumentation Ihr Urteil korrigieren würden, sollte die Information von Ihrem Nachbarn keinen Unterschied in Ihrer Beurteilung ausmachen: dass ein zusätzlicher Mitarbeiter bei Volvo unzufrieden ist, wird die relative Unzufriedenheit bei diesem Unternehmen nur unwesentlich ändern. Allerdings wäre es nicht verwunderlich, wenn Sie in dem vorliegenden Kontext diese Art der Korrektur Ihrer Beurteilung ablehnen würden und stattdessen zu dem Ergebnis kämen, doch eher zu Saab zu gehen: Wenn Sie in demselben Werk wie Ihr Nachbar anfangen würden, könnten Sie von seiner Unzufriedenheit auf das schlechte allgemeine Werksklima schließen und es daher ablehnen, unter diesen Aussichten bei Volvo anzufangen.

Die Relevanz der Anreizsetzung

Ein weiterer Kritikpunkt bei der Übertragung der Ergebnisse aus psychologischen Experimenten auf das tatsächliche Verhalten betrifft das Setzen geeigneter Anreize. Auch hier hat unsere Diskussion im zweiten Kapitel gezeigt, dass das Arbeitsverhalten entscheidend davon abhängt, mit welchen Anreizen ein Mitarbeiter in einer bestimmten Arbeitssituation konfrontiert ist. Insbesondere zeigt der Prozess der Arbeitsmotivation, dass ein Mitarbeiter sein Arbeitsverhalten um so stärker auf die von den Arbeitsanreizen aktivierten Motivziele ausrichtet, je größer der Wert ist, den er der Erreichung dieser Motivziele beimisst. Sein Verhalten bzw. sein Urteil muss also entsprechend folgenreich für ihn selbst sein.

Waren zu Anfang der psychologischen Forschung eine Reihe von Experimenten so konzipiert, dass die Versuchspersonen keine oder nur geringe Anreize hatten, sich vernünftig zu verhalten, zeigten Folgestudien, dass Urteilsverzerrungen auch dann auftraten, wenn die Versuchspersonen für ein 'richtiges' Verhalten auch sehr hohe Belohnungen bekamen.[6]

Die Bedenken, inwieweit damit Urteilsverzerrungen, die bei psychologischen Experimenten auftreten, ohne weiteres auf den Arbeitskontext übertragen werden können, sind damit aber nur zum Teil entkräftet. Untersucht wurde in den entsprechenden Studien nämlich bisher nur die Bedeutung monetärer Anreize auf das Verhalten. Andere Formen von Arbeitsanreizen, die insbesondere für das Verhalten von Mitarbeitern in ihrer jeweiligen Arbeitssituation von entscheidender Bedeutung sind, wurden hingegen in psychologischen Experimenten bisher noch nicht untersucht:

- Hierzu gehört zum einen die Wirkung intrinsischer Arbeitsanreize auf das Mitarbeiterverhalten. So werden wir im fünften Kapitel bei der Diskussion zur extrinsischen und intrinsischen Motivation zeigen, dass hier zahlreiche Wechselwirkungen bestehen. Darüber hinaus machen wir im sechsten Kapitel deutlich, dass die Setzung intrinsischer Arbeitsanreize grundlegend für die Steuerung des Mitarbeiters zu einem unternehmenskonformen Handeln ist.
- Zum anderen ist ein Mitarbeiter im Arbeitskontext bei vielen Beurteilungen und Entscheidungen an formelle bzw. informelle Verhaltensrestriktionen gebunden. Bei der Prüfung der Kreditwürdigkeit eines Kunden wird sich der entsprechende Sachbearbeiter weniger auf seine Heuristiken verlassen als vielmehr auf entsprechende Prüfvorschriften seiner Bank. Wir werden im sechsten Kapitel im Zusammenhang mit der geeigneten Steuerung des Mitarbeiters die Bedeutung solcher Mechanismen für dessen Arbeitsverhalten diskutieren.

3.2 Die Bildung von Werturteilen

In diesem Abschnitt werden wir uns mit der Bildung evaluierender Urteile beschäftigen. Wir wollen aufzeigen, wie die einzelnen Komponenten des Entscheidungsmodells, das wir im zweiten Kapitel spezifiziert haben, subjektiv von einem Mitarbeiter bewertet werden. Entsprechend unserer Strukturierung eines Entscheidungsproblems geht es somit um vier Elemente, die ein Mitarbeiter vor der eigentlichen Entscheidung beurteilen muss:

- die Menge der Handlungsalternativen, die ihm bei seiner Entscheidung zur Verfügung stehen

- die funktionalen Beziehungen zwischen seiner Entscheidung und den Konsequenzen, die damit verbunden sind
- die Konsequenzen, die aus seiner Entscheidung resultieren
- die Gewichtung der einzelnen Zielvariablen, wenn der Mitarbeiter bei seiner Entscheidung verschiedene Ziele verfolgt

Die evaluierende Beurteilung dieser Elemente der Arbeitssituation durch den Mitarbeiter hängt entscheidend davon ab, wie sich ihm diese Elemente darstellen. Tversky und Kahneman (1981, S.453) sprechen in diesem Zusammenhang vom Entscheidungsrahmen des Mitarbeiters: "We use the term 'decision frame' to refer to the decision-maker's conception of the acts, outcomes, and contingencies associated with a particular choice."

Die Art und Weise, wie sich ein Mitarbeiter seinen Entscheidungsrahmen für ein gegebenes Entscheidungsproblem bildet, wird sowohl von Aspekten seiner Arbeitssituation als auch von personellen Faktoren bestimmt. Der Einfluss der Arbeitssituation ergibt sich aus der Darstellung des Entscheidungsproblems und seiner Komponenten. Da hier im Allgemeinen verschiedene Formulierungen desselben Problems möglich sind, ergeben sich unterschiedliche Entscheidungsrahmen. Der Einfluss der personellen Faktoren auf die Urteilsbildung leitet sich aus den Werten, Einstellungen und anderen Charakteristika des Mitarbeiters ab. Auch hier können individuelle Unterschiede zwischen verschiedenen Mitarbeitern zu unterschiedlichen Entscheidungsrahmen führen.

Die Auswirkungen, die die Darstellung eines Entscheidungsproblems auf dessen Beurteilung hat, werden in der Literatur als **Framing-Effekte** bezeichnet. Raiffa (1991, S.354) zitiert zur Illustration solcher Effekte die folgende Geschichte von George Kantona:

> Priest A notices that Priest B is smoking and praying.
> "Father, your actions surprise me," he says. "Our good bishop told me that I shouldn't smoke while praying."
> "That's odd," the other retorts, "the good bishop expressly told me I should feel free to pray while smoking."

Zwei unterschiedlich gestellte Fragen der beiden Priester, die aber denselben logischen Inhalt besitzen, wurden also vom Bischof unterschiedlich beantwortet.

Seine Bewertung des Rauchens und des Betens ist demnach davon abhängig, in welchem Kontext er diese Entscheidung trifft.

Entsprechend der obigen Auflistung der einzelnen Komponenten eines Entscheidungsproblems stellen wir im Folgenden die Bildung prognostizierender Urteile eines Mitarbeiters sowie die damit verbundenen kognitiven Verzerrungen dar. Da ein Mitarbeiter die ihm zur Verfügung stehenden Handlungsalternativen anhand der Konsequenzen bewertet, werden wir zunächst die subjektive Beurteilung der Konsequenzen seiner Handlungsalternativen diskutieren, anschließend die Bewertung von Konsequenzen bei mehreren Zielen betrachten und schließlich auf die Beurteilung funktionaler Zusammenhänge eingehen. Mit Ausführungen zur Konsistenz von Präferenzen schließen wir diesen Abschnitt ab.

3.2.1 Die subjektive Beurteilung der Konsequenzen von Handlungsalternativen

Wir haben bei unserer Modellierung des Arbeitsverhaltens im letzten Kapitel angenommen, dass eine Entscheidung des Mitarbeiters immer auf der Grundlage einer Bewertung seines damit verbundenen Nutzens erfolgt: Er bewertet die Konsequenzen, die aus den ihm zur Verfügung stehenden Handlungsalternativen resultieren, und entscheidet sich für diejenige Alternative, die seine persönlichen Ziele am umfassendsten verwirklicht.

Welchen Nutzen er dabei den jeweiligen Konsequenzen zuordnet, ist von seinen individuellen Präferenzen abhängig und somit notwendigerweise subjektiv. So haben wir bei der Diskussion der Einflussfaktoren auf die individuelle Wahrnehmung im zweiten Kapitel aufgezeigt, dass die Art und Weise, wie eine Person einen bestimmten Sachverhalt wahrnimmt, entscheidend von ihren Bedürfnissen und Stimmungen abhängt. Diese selektive Wahrnehmung impliziert dann unmittelbar eine entsprechende präferenzabhängige Informationsverarbeitung und Beurteilung des wahrgenommenen Sachverhalts. Damit haben aber personelle Faktoren einen direkten Einfluss auf die subjektive Beurteilung des Nutzens, den eine Person mit bestimmten Handlungsalternativen verbindet. Diesen Zusammenhang kennt jeder beim wöchentlichen Lebensmitteleinkauf: Wenn man sehr hungrig ist, kauft man eher zu viele Lebensmittel ein. Hat man kurz vor dem Einkauf sehr viel gegessen, kauft man eher zu wenig ein. Der Nutzen, den wir dem Kauf von Lebensmitteln zuordnen, wird damit wesentlich von unserer jeweiligen Stimmung und Verfassung beim Einkauf beeinflusst.

im Folgenden wollen wir nun systematisch aufzeigen, welche Einflüsse verschiedene situative und personelle Faktoren auf die Beurteilungen der Konsequenzen haben können, die mit dem Handeln eines Mitarbeiters verbunden sind. Dabei gehen wir so vor: Zunächst diskutieren wir, welche Bedeutung die Unsicherheit des Mitarbeiters über seinen tatsächlich realisierten Nutzen haben kann und inwieweit emotionale Faktoren bei seiner Beurteilung eine Rolle spielen. Wir gehen dann auf den Einfluss ein, den die Präsentation der Konsequenzen auf die Beurteilung durch den Mitarbeiter haben kann. Hier zeigt sich, dass die Art der Darstellung den Referenzpunkt beeinflusst, den der Mitarbeiter zur Beurteilung der Konsequenzen heranzieht. Zum Abschluss dieses Abschnitts gehen wir dann auf die Auswirkungen ein, die der Arbeitsprozess auf die Beurteilung der Konsequenzen haben kann.

Emotionale Faktoren bei der Beurteilung

Grundsätzlich kann eine Person bei der Bewertung der Konsequenzen aus ihrem Handeln auf zweierlei Weise vorgehen:

- Bei einer expliziten Beurteilung führt sie eine bewusste Bewertung des Nutzens der Konsequenzen durch eine gedankliche Vorwegnahme ihres Eintretens durch. Da zum Zeitpunkt der Beurteilung die Konsequenzen noch nicht realisiert sind, wird die Person diese anhand ihrer Erwartungen bewerten. In diesem Sinne können wir auch von einem Vorhersagenutzen sprechen. Eine solche explizite Bewertung ist typisch bei reflektierten oder konstruierten Entscheidungen einer Person.
- Im Unterschied dazu werden bei routinierten bzw. stereotypischen Entscheidungen Bewertungen implizit generiert, indem sie direkt aus den Erfahrungen oder den Schemata der Person abgerufen werden: 'Der Vorgesetzte hat immer Recht' ist ein Beispiel hierfür. Die Bewertung einer Konsequenz erfolgt demnach aufgrund eines implizit antizipierten Nutzens der Person, den wir auch als Erfahrungsnutzen bezeichnen.

Unabhängig von der Art der Bewertung muss aufgrund der unsicheren Konsequenzen, die mit ihrem Verhalten verbunden sind, eine Person ihren Nutzen immer antizipieren. Der von ihr tatsächlich realisierte Nutzen kann natürlich in beiden

Fällen von dem antizipierten Nutzen abweichen. Kahneman und Snell (1990; 1992) haben das Verhältnis dieser beiden Nutzenvarianten empirisch untersucht und verschiedene Gründe für eine Diskrepanz angegeben. So kann beispielsweise eine Person aufgrund ihrer fehlenden Erfahrung mit der Entscheidungssituation unsicher über den Nutzen einer Konsequenz sein: Ein Marketingmitarbeiter, der sich aufgrund der Expansion seiner Unternehmung für den Aufbau einer neuen Niederlassung im Ausland beworben hat, wird nur mit einer gewissen Unsicherheit sagen können, welche Konsequenzen sich für ihn daraus ergeben. Andererseits kann sich aber auch der Erfahrungsnutzen einer Person über die Zeit ändern. So kann sich bei einer Person aufgrund der wiederholten Wahrnehmung eines Objekts ein Vertrautheitseffekt einstellen, der die Attraktivität des Reizes erhöht: Einem Mitarbeiter, der nach einem zweiwöchigen Urlaub zum ersten Mal mit einem neuen abstrakten Firmenlogo konfrontiert ist, wird dies im Allgemeinen weniger gut gefallen als einem Mitarbeiter, der bereits zwei Wochen das Logo nutzt.

A priori ist also offen, ob im Arbeitskontext der explizit oder implizit vorgestellte Nutzen eines Mitarbeiters mit dem erfahrenen Nutzen übereinstimmt. Die Diskrepanz bzw. Übereinstimmung zwischen diesen beiden Nutzenvarianten bestimmt dann den Grad seiner Arbeitszufriedenheit.

Angenommen, Vorhersage- und Erfahrungsnutzen weichen voneinander ab: Ein Außendienstmitarbeiter, der für ein wichtiges Gespräch mit einem neuen potentiellen Kunden einen anderen Termin verschieben musste, stellt bei der Ankunft beim Kunden fest, dass dieser den Gesprächstermin vergessen hat und nun nicht da ist. Als natürliche Reaktion auf diesen geplatzten Termin wird sich der Außendienstmitarbeiter vermutlich ärgern. Hätte er dies im Vorfeld bei seiner Terminplanung bereits berücksichtigt, hätte er den anderen Termin möglicherweise doch wahrnehmen können. Eine solche Antizipation der emotionalen Nachwirkungen einer getroffenen Entscheidung kann dann aber einen Einfluss auf die Bewertung der Konsequenzen haben, die mit dieser Entscheidung verbunden sind. Zwei Effekte können hier auftreten:[7]

- Der Disappointment-Effekt: Betrachten wir einen Mitarbeiter, der weiß, dass er demnächst eine Gehaltserhöhung bekommen wird. Angenommen, er kennt die tatsächliche Erhöhung nicht mit Sicherheit, hat aber die folgenden Erwartungen:
  1. Mit einer Wahrscheinlichkeit von 50% erhalte ich eine Gehaltserhöhung von

Euro 750, mit 50% aber nur Euro 500.

2. Mit einer Wahrscheinlichkeit von 50% erhalte ich eine Gehaltserhöhung von Euro 500, mit 50% aber nur Euro 250.

Nun erhält der Mitarbeiter eine Gehaltserhöhung von Euro 500. Wenn er Erwartungen wie unter Punkt 1 hatte, wird er vermutlich enttäuscht sein, bei Erwartungen wie unter Punkt 2 wird er sich hingegen eher freuen. Die Konsequenz ist dabei natürlich in beiden Fällen die gleiche. Offensichtlich spielen demnach die Erwartungen, mit denen der Mitarbeiter eine Gehaltserhöhung von Euro 500 vergleicht, eine Rolle für die Bewertung dieser Konsequenz. Als Referenzpunkt dient im ersten Fall Euro 750, im zweiten Fall Euro 250. Ist die Abweichung von diesem Referenzpunkt negativ, empfindet man eher Enttäuschung, bei einer positiven Abweichung eher Freude. Antizipiert der Mitarbeiter diese Emotionen und modifiziert dementsprechend im Vorhinein seine Erwartungen, dann würde er dadurch mögliche spätere Enttäuschungen vermeiden.

- Der Regret-Effekt: Betrachten wir die Geschäftsführung einer Unternehmung, die für die Neugestaltung ihrer Organisationsstruktur eine Unternehmensberatung engagieren will. Zwei Beratungsunternehmen kommen für die Durchführung dieses Projekts in Frage:

  1. Eine große, international renommierte Unternehmensberatung hat ein Angebot abgegeben, das ein Budget von Euro 200.000 vorsieht.
  2. Eine kleine, sehr viel weniger bekannte Beratungsfirma bietet an, das Reorganisationsprojekt für ein Budget von Euro 175.000 durchzuführen.

  Angenommen, die Geschäftsführung würde die zweite Alternative wählen und feststellen, dass das Projekt bei ihren Mitarbeitern auf Ablehnung stößt. Vermutlich würde die Geschäftsführung dann bedauern, dass sie nicht doch die renommierte Unternehmensberatung genommen hat. Simonson (1992) zeigt in einem ähnlichen Zusammenhang, dass Versuchspersonen sich eher für die erste Alternative entscheiden, wenn sie sich vorher der möglichen negativen Auswirkungen der zweiten Alternative bewusst sind. Antizipierte demnach die Geschäftsführung ihr Bedauern, das mit der Realisierung ihrer Alternativen verbunden sein kann, dann würde sie den Projektauftrag an die renommierte Unternehmensberatung vergeben, um so ein mögliches Bedauern zu vermeiden.

Olympische Medaillengewinner und das Weniger-ist-Mehr-Phänomen

Die Zufriedenheit mit der eigenen Leistung hängt bei Personen oftmals nicht von der objektiven Messung, sondern von der subjektiven Bewertung des Ergebnisses ab. Medvec, Madey und Gilovich (1995) untersuchten dieses Phänomen am Beispiel olympischer Medaillengewinner der Sommerspiele in Barcelona 1992. Die objektive Bewertung der Einzelleistungen der Sportler war in diesem Fall eindeutig dokumentiert. Um die subjektive Bewertung ihrer Leistungen zu erfassen, sichteten die Forscher die Filmaufnahmen der NBC und analysierten das Verhalten der Silber- und Bronzemedaillengewinner verschiedener Sportarten sowohl unmittelbar nach dem erfolgreichen Wettkampf als auch bei Interviews, die die Sportler im Anschluss an den Wettkampf gaben.

Medvec, Madey und Gilovich stellten fest, dass Bronzemedaillengewinner mit ihren Leistungen zufriedener zu sein schienen als Sibermedaillengewinner. Sie begründen dieses auf den ersten Blick überraschende Ergebnis damit, dass Sibermedaillengewinner sich eher darüber ärgern, nicht Gold gewonnen zu haben, anstatt sich über das gute Abschneiden zu freuen. Bronzemedaillengewinner freuen sich hingegen, überhaupt zu den Gewinnern einer Medaille zu gehören.

Um Verzerrungen zu verringern, untersuchten die Forscher getrennt auch solche Sportarten, bei denen mehr oder weniger gleichzeitig die Sieger ermittelt wurden: Bei bestimmten Sportarten, wie beim Boxen oder Volleyball, kommt es nämlich zu Finalwettkämpfen, bei denen der Zweite seine Medaille durch eine Niederlage gegen den Goldmedaillengewinner erzielt, der Bronzemedaillengewinner hingegen durch einen Sieg gegen den Vierten seine Medaille erringt. Dieses unmittelbare Ereignis des direkten Sieges oder der Niederlage könnte überproportional die Stimmung der Athleten beeinflussen. Aber auch wenn man die Untersuchung auf Sportarten begrenzt, bei denen dieser Effekt nicht auftritt, zeigte sich eine größere Freude bei denjenigen Sportlern, die objektiv schlechter abgeschnitten und die 'nur' eine Bronzemedaille gewannen, im Vergleich zu den Zweitbesten.

Quelle: Medvec, Madey und Gilovich (1995)

Die beiden dargestellten Effekte zeigen, dass ein Mitarbeiter den Nutzen, den er mit einer Konsequenz verbindet, immer auch im Vergleich zu anderen Referenzpunkten beurteilt. Beim Disappointment-Effekt ist so der Nutzen aus einer Konsequenz abhängig von anderen Konsequenzen, die möglicherweise hätten eintreten können. Der Vergleich wird hier bezüglich den Erwartungen des Mitarbeiters durchgeführt. Beim Regret-Effekt hingegen stellt der Mitarbeiter die Konsequenzen einer Handlungsalternative den Konsequenzen anderer Alternativen gegenüber. Der Vergleich wird in diesem Fall also bezüglich anderer Entscheidungsalternativen vorgenommen, die er hätte wählen können.

Antizipiert der Mitarbeiter diese Effekte zum Zeitpunkt der Beurteilung der Konsequenzen, also vor der eigentlichen Entscheidung, dann verändern sie den Nutzen, den er mit den Konsequenzen aus seinem Arbeitsverhalten verbindet. Beim Disappointment-Effekt wird ein Mitarbeiter unter Umständen im Vorhinein bereits auf eine Handlungsalternative verzichten, die mit einer möglichen Enttäuschung verbunden sein könnte, und entsprechend eine andere Alternative wählen. Beim Regret-Effekt kann die Vorwegnahme des Bedauerns über eine misslungene Realisierung einer Alternative dazu führen, dass sich der Mitarbeiter bereits im Vorhinein für eine andere Handlungsalternative entscheidet.

Die Beurteilung der Konsequenzen als Gewinne oder Verluste

Bleiben wir bei unserem Beispiel der Neugestaltung der Organisationsstruktur und nehmen an, die Geschäftsführung habe sich für eine Unternehmensberatung entschieden. Nun stellt die Beratungsfirma nach einer Evaluation der Ist-Situation fest, dass aufgrund der schwierigen Situation am Absatzmarkt voraussichtlich 2.000 Arbeitsplätze eingespart werden müssten. Um das Ausmaß der Entlassungen möglichst gering zu halten, hat die Unternehmensberatung zwei Pläne entwickelt:[8]

1. Der erste Plan sieht vor, dass von den 2.000 Arbeitsplätzen jeder vierte gesichert werden kann, also 500 Stellen gerettet werden.
2. Der zweite Plan bedingt mit einer Wahrscheinlichkeit von 25%, dass alle Arbeitsplätze erhalten bleiben, allerdings kann mit 75%-iger Wahrscheinlichkeit keine Stelle gerettet werden.

Die Entscheidung der Geschäftsführung für den ersten oder zweiten Plan wird natürlich von einer Reihe von Faktoren abhängen: Wie verhalten sich die Gewerkschaften und der Betriebsrat zu diesen Plänen, welche Auswirkungen hätten die Entlassungen auf die Motivation der übrigen Belegschaft, was sind die strategischen Ziele der Unternehmung usw. Wir wollen nun auf einen anderen wichtigen Faktor, der die Beurteilung der einzelnen Pläne betrifft, eingehen, nämlich die Art der Darstellung der Konsequenzen. Betrachten wir hierzu die beiden folgenden Pläne:

3. Dieser Plan sieht vor, dass drei von vier der 2.000 Mitarbeitern entlassen werden müssten, also insgesamt 1.500 Stellen verloren gingen.
4. Dieser Plan bedingt mit einer Wahrscheinlichkeit von 75%, dass alle Mitarbeiter entlassen würden, allerdings würde mit 25%-iger Wahrscheinlichkeit keiner entlassen.

Objektiv würde man sagen, dass diese beiden Pläne mit den ersten beiden identisch sind: Plan 3 beispielsweise würde bei 1.500 Entlassungen 500 Stellen retten, also genauso viel wie Plan 1. Ebenso führen die Pläne 2 und 4 zur gleichen Anzahl an Entlassungen und geretteten Stellen.

Eine Vielzahl von empirischen Untersuchungen zeigt, dass trotz dieser objektiven Äquivalenz zwischen den Plänen, die Versuchspersonen je nach Art der Darstellung eine andere Alternative wählen. Auf unser Beispiel übertragen würden die meisten Personen eher den ersten als den zweiten Plan wählen, hingegen den vierten Plan gegenüber dem dritten bevorzugen. Damit wechselt aber die Risikoeinstellung je nach der Darstellung der Alternativen: Die Präferenz für den ersten Plan offenbart eine risikoaverse Einstellung, während die Präferenz für den vierten Plan ein risikofreudiges Verhalten kennzeichnet. Das Risiko, das mit einem erwarteten Erfolg verbunden ist - also der Rettung von Arbeitsplätzen, wird demnach anders eingeschätzt als das Risiko, das mit einem erwarteten Misserfolg verknüpft ist - also dem Verlust von Arbeitsplätzen.

Eine Erklärung für diesen Einfluss der Art der Präsentation eines Problems auf die Beurteilung der Konsequenzen geben Kahneman und Tversky (1979). Sie argumentieren, dass die Konsequenzen von Handlungsalternativen wie folgt beurteilt werden:

(1) Die Beurteilung der Konsequenzen einer Handlungsalternative wird immer relativ zu einem Referenzpunkt durchgeführt. Nicht der absolute Wert einer Konsequenz ist also relevant für die subjektive Beurteilung, sondern die relative Lage des Wertes der Konsequenz zu diesem Referenzpunkt. Liegt der Wert der Konsequenz über dem Referenzpunkt, wird die Konsequenz als Gewinn

betrachtet, liegt der Wert darunter, wird die Konsequenz als Verlust wahrgenommen.

(2) Bei Gewinnen ist die Nutzenfunktion - Kahneman und Tversky sprechen hier von einer Wertfunktion - konkav, d.h. ein Entscheider ist risikoavers bei der Bewertung seiner Gewinnchancen. Im Verlustbereich ist hingegen seine Nutzenfunktion konvex, der Entscheider sucht bei drohenden Verlusten also eher das Risiko. Ein sicherer Gewinn von Euro 500 wird so z.B. der 50%-igen Gewinnchance von Euro 1.000 vorgezogen. Hingegen wird ein sicherer Verlust von Euro 500 schlechter bewertet als das 50%-ige Verlustrisiko bei Euro 1.000.

(3) Die Nutzenfunktion verläuft für Gewinne flacher als für Verluste. Ein Zuwachs von Euro 500 wird demnach von einem Entscheider geringer bewertet als der absolute Betrag eines Verlustes in gleicher Höhe. Tversky und Kahneman (1981, S. 454) begründen dies wie folgt: "The displeasure associated with losing a sum of money is generally greater than the pleasure associated with winning the same amount, as is reflected in people's reluctance to accept fair bets on a toss of a coin."

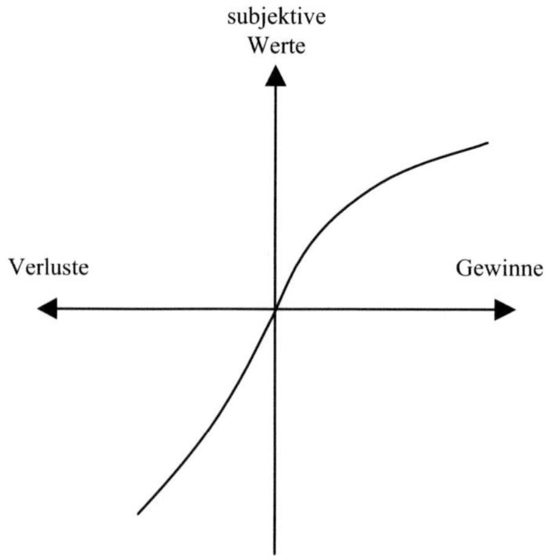

Abbildung 3.5: Die relative Beurteilung von Gewinnen und Verlusten

Übertragen wir diese Argumentation auf unser Beispiel der Neugestaltung der Organisationsstruktur, dann können wir die Präferenz der Geschäftsführung für den ersten bzw. vierten Plan unmittelbar erklären: Werden die Maßnahmen zur Rettung von Arbeitsplätzen dargestellt, ist der Referenzpunkt für die Beurteilung der Pläne 1 und 2 für die Geschäftsleitung der Verlust aller 2.000 Stellen. In diesem Fall bewertet die Geschäftsleitung die mit den Plänen verbundenen Konsequenzen als Erfolg und verhält sich entsprechend risikoavers: Eine sichere Rettung von 500 Arbeitsplätzen wird also höher bewertet als eine Rettung aller 2.000 Arbeitsplätze mit 25%-iger Chance. Werden stattdessen die Pläne so formuliert, dass sie auf die Kündigung von Mitarbeitern abstellen, dann ist der momentane Zustand, also die Besetzung von 2.000 Stellen, Referenzpunkt für die Bewertung. Die Geschäftsleitung bewertet in diesem Fall die Konsequenzen, die mit den Plänen 3 und 4 verbunden sind, als Verluste. Sie verhält sich somit risikofreudig, bewertet also einen sicheren Verlust von 1.500 Stellen schlechter als die Möglichkeit, alle 2.000 Arbeitsplätze mit 75%-iger Wahrscheinlichkeit zu verlieren.

Die individuelle Wahl des Referenzpunktes

Die Ausführungen machen deutlich, dass der Wahl des Referenzpunktes für die Bewertung von Konsequenzen eine ganz entscheidende Bedeutung zukommt. Jeder kennt das Beispiel eines Wasserglases, das halb gefüllt ist. Legt der Beurteilende ein volles Glas als Referenzpunkt fest, wird er von einem 'halb leeren Glas' sprechen. Ist umgekehrt sein Referenzpunkt ein leeres Glas Wasser, wird er das zur Hälfte gefüllte Glas als 'halb voll' bezeichnen.

Dieses Beispiel legt nahe, dass der Referenzpunkt nicht objektiv durch die Form der Darstellung eines Sachverhalts, sondern subjektiv von verschiedenen Personen unterschiedlich festgelegt wird. Übertragen wir diese Beobachtung auf den Arbeitskontext, dann wird ein Mitarbeiter bei seinen evaluierenden Urteilen die Wahl eines Referenzpunktes nach individuellen personellen Faktoren und den situativen Rahmenbedingungen seiner Arbeitssituation vornehmen. Ein Mitarbeiter, der eine Gehaltserhöhung von Euro 500 bekommen hat, wird diese als Gewinn bewerten, wenn er nur Euro 250 erwartete, hingegen als Verlust ansehen, wenn er mit Euro 750 rechnete. Die folgende Illustration von Bazerman (1998, S.64) verdeutlicht die Abhängigkeit der Wahl des Referenzpunktes von individuellen Faktoren an einem weiteren Beispiel:

An employee with five years of experience since obtaining his MBA has a

> reasonable job, security, and an average salary for someone with his background. He now has the option to abandon his current, safe position and commit himself to a high-risk, high-opportunity start-up firm. Will he make the job change?

Die Beantwortung dieser Frage wird natürlich von einer Vielzahl von Faktoren abhängen: Beispielsweise wird hier die familiäre Situation des Mitarbeiters von Bedeutung sein, ebenso wie sein erwartetes Einkommen oder seine zukünftigen Karriereaussichten. Unsere obige Diskussion legt nahe, dass für den Mitarbeiter bei der Beurteilung des Stellenangebots auch die Wahl seines Referenzpunktes entscheidend ist: Der Referenzpunkt spiegelt in diesem Fall die Erwartungen des Mitarbeiters wider, an welchem Punkt seiner Karriere er sich zum Entscheidungszeitpunkt befindet. Wählt er einen niedrigen Referenzpunkt, wird er das Stellenangebot als positive Chance bewerten. Eine risikoaverse Einstellung gegenüber Gewinnen würde in diesem Fall eher zu einer Ablehnung des Angebots führen. Wählt er andererseits einen hohen Referenzpunkt, wird er die neue Stellen im Verlustbereich seiner Nutzenfunktion bewerten. Sein Verhalten ist hier durch Risikofreude gekennzeichnet, so dass er eher die Stelle wechselt.

Die individuell unterschiedliche Wahl eines Referenzpunktes bedeutet nicht, dass es nicht in bestimmten Situationen prominente Referenzpunkte gibt, die eine Vielzahl von Personen wählen wird. Die experimentelle Studie von Slovic, Fischhoff und Lichtenstein (1982) zeigt hier, dass Versuchspersonen im Allgemeinen einen 'finanziellen Verlust' anders bewerten als einen 'Beitrag' in derselben Höhe: Angenommen, Sie müssten sich zwischen einem Verlust von \$ 5000, der mit einer Wahrscheinlichkeit von 0,001 eintritt, und einer Versicherungsprämie im Wert von \$ 5 entscheiden. Welche Alternative würden Sie wählen? Würden Sie sich möglicherweise anders entscheiden, wenn Sie zwischen einem Verlust von \$ 5000 mit einer Wahrscheinlichkeit von 0,001 und einem sicheren finanziellen Verlust von \$ 5 wählen müssten?

Slovic, Fischhoff und Lichtenstein fanden heraus, dass sich die Befragten eher für den sicheren Verlust entschieden, wenn er im Versicherungskontext stand. So entschieden sich 66% der Befragten für die Zahlung einer Versicherungsprämie von \$ 5, hingegen bei der zweiten Frage nur 39% für den sicheren Verlust. Dieser Einfluss der Darstellung auf die Entscheidung kann auf eine Verschiebung der Referenzpunkte zurückgeführt werden: Ist der sichere Verlust als direkter finanzieller Verlust dargestellt, wird im Allgemeinen der derzeitige Zustand ohne bislang realisierten Verlust als Referenzpunkt gewählt. Die Versicherungsprämie wird hingegen als unvermeidlich und möglicherweise sinnvoll angesehen, so dass der hierbei entstehende Verlust bei der Entscheidung gar nicht mehr mitberücksichtigt wird. Ein weiterer Grund könnte natürlich darin bestehen, dass 'Versicherungen' einer sozialen Norm entsprechen: 'Als guter Bürger ist man ausreichend versichert'.

Verlängerte Neuwagengarantie
und das Akzeptieren eines höheren Kaufpreises

Bazerman (1998) illustriert die unterschiedliche Wahl von Referenzpunkten an einem anderen Beispiel. So lassen sich viele Autokäufer gegen einen gewissen Aufpreis eine verlängerte Garantie einräumen. Inwieweit die erhöhte Garantie den geforderten Preisaufschlag allerdings rechtfertigt, ist unklar. So stellte sich bei einem aktuellen Rechtsfall gegen Nissan heraus, dass die Prämien in Höhe von $ 795, die für die verlängerte Garantie bezahlt wurden, im wesentlichen Gewinne für den Verkäufer waren. $ 131 wurden tatsächlich für Reparaturen aufgewendet, $ 109 wurden an Nissan für den administrativen Aufwand weitergeleitet und die verbleibenden $ 555 waren Verkäufergewinne.

Quelle: Bazerman (1998)

Grundsätzlich könnte man vermuten, dass der Wahl eines Referenzpunktes dieselben Präferenzen zugrunde liegen wie der anschließenden Entscheidung. Fischhoff (1983) hat hierzu in einer interessanten Studie untersucht, wie Versuchspersonen ihre Referenzpunkte bilden. Er legte den Experimentsteilnehmern verschiedene Entscheidungsprobleme vor, wobei die Art der Problemformulierung eine unterschiedliche Wahl von Referenzpunkten ermöglichte. Obwohl die Mehrzahl der Versuchspersonen systematisch den jeweils prominenten Referenzpunkt auswählten, bemerkte Fischhoff "the absence of any relation within those studies between [separately elicited] frame preferences and option perferences".

Je nachdem, wie ein Mitarbeiter seinen Referenzpunkt bei der Beurteilung von Handlungsalternativen festlegt, können verschiedene Beurteilungstendenzen auftreten. Zwei dieser Effekte wollen wir im Folgenden ansprechen:

- Der Besitztumseffekt: Das Prinzip der Arbeitsteilung bedingt, dass in jeder Unternehmung verschiedene Rechte und Privilegien an jeden Mitarbeiter verteilt werden. Die Entscheidungskompetenzen eines Mitarbeiters legen so z.B. seine Rechte fest, die ihm zur Durchführung seiner Tätigkeiten übertragen sind. Der ihm durch die Unternehmung oder andere Organisationsmitglieder gewährte organisatorische und soziale Status bestimmt beispielsweise seine Privilegien innerhalb der Unternehmung oder seiner Arbeitsgruppe. In beiden Fällen besitzt ein Mitarbeiter durch die Zuweisung ein Gut, das anderen in der Unternehmung nicht zur Verfügung steht.
  In einem Experiment haben Kahneman, Knetsch und Thaler (1990) die Auswirkungen untersucht, die der Besitz eines Gutes auf dessen Bewertung hat: Sie verteilten an eine Gruppe von Versuchspersonen, die 'Verkäufer' genannt wurden, Kaffeebecher und gaben ihnen die Option, diese Becher entweder zu behalten oder zu einem für sie akzeptablen Preis zu verkaufen - auf einer Liste von \$ 0,50 bis \$ 9,50 sollten sie einen entsprechend Preis ankreuzen oder markieren, dass sie den Becher behalten wollten. Einer zweiten Gruppe von Versuchspersonen, den sogenannten 'Käufern', wurde ein bestimmter Geldbetrag zugewiesen und die Möglichkeit gegeben, entweder dieses Geld zu behalten oder einen Kaffeebecher dafür zu kaufen - auch sie mussten hierzu auf einer Liste ihre Entscheidung markieren. Eine dritte Gruppe von Versuchspersonen, die sogenannten 'Wähler', sollte schließlich ihre Präferenzen für einen Kaffeebecher oder für einen bestimmten Geldbetrag angeben - ebenfalls auf einer Liste, wie sie die Verkäufer hatten.
  Der durchschnittliche Preis der Käufer lag nun bei \$ 2,87 und der der Wähler bei \$ 3,12. Diese beiden Gruppen bewerteten den Kaffeebecher also relativ ähnlich. Im Unterschied dazu verlangten aber die Verkäufer im Durchschnitt einen Preis von \$ 7,12 pro Kaffeebecher. Für die Besitzer eines Kaffeebechers war der Wert ihres Eigentums also mehr als doppelt so hoch wie für diejenigen, die das Gut nicht besaßen.
  Dieses Phänomen wird nach Thaler (1980) auch als Endowment-Effekt bzw. Besitztumseffekt bezeichnet. Im Hinblick auf die oben diskutierte asymmetrische Bewertung von Gewinnen und Verlusten können wir dieses Phänomen wie folgt erklären: Legen Personen bei der Beurteilung eines Gutes ihren Status quo als

Referenzpunkt fest, dann wählen sie einen anderen Referenzpunkt, je nachdem ob sie das Gut besitzen oder nicht. Im ersten Fall stellt dann aber der Verkauf des Gutes für seinen Besitzer einen Verlust dar, wohingegen derjenige, der das Gut noch nicht besitzt, einen Kauf als Gewinn bewertet. Damit wird aber das Gut für seinen Besitzer wertvoller als für jemanden, der das Gut erst erwerben will.

- Der Einbettungseffekt: Versetzen Sie sich in einen Mitarbeiter, der vor einer Gehaltserhöhung steht. Würden Sie eher eine Zulage von Euro 500 haben wollen oder kurz hintereinander zwei Zulagen in Höhe von Euro 250? Angenommen, Sie sind Vorgesetzter einer äußerst erfolgreichen Abteilung und haben zum Jahresende die Möglichkeit, ihren Mitarbeitern zusätzliche Boni zu gewähren und den Erfolg mit ihnen entsprechend zu feiern. Sollten Sie all diese Benefits zu Weihnachten durchführen oder eher über das nächste Jahr verteilen?
  Kahneman und Knetsch (1992) haben hierzu eine Untersuchung durchgeführt, in der sie Versuchspersonen nach ihrer Bereitschaft fragten, für die Finanzierung einer öffentlichen Anlage zu spenden. Eine erste Gruppe von Versuchspersonen fragten sie dabei nach einer einmaligen Zahlung, eine zweite Gruppe sollte angeben, wieviel sie über einen Zeitraum von fünf Jahren jährlich bereit wären zu zahlen. Im ersten Fall betrug die einmalige Zahlung im Durchschnitt \$ 141, im zweiten Fall die jährlich Spende \$ 81. Durch die Festlegung einer Serie von Zahlungen waren die Versuchspersonen also bereit, fast dreimal so viel zu spenden wie bei einer einmaligen Zahlung ($\$\,81 \cdot 5 = \$\,405$).
  Dieser Effekt wird in der Literatur als Embedding-Effekt oder Einbettungseffekt bezeichnet. Er kann unmittelbar mit der unterschiedlichen Wahl des Referenzpunktes erklärt werden: Bei einem Gewinn von Euro 50 werden die ersten Euro 25 in Bezug auf den gleichen Referenzpunkt höher beurteilt als die Hälfte des Wertes, der mit Euro 50 Gewinn verbunden ist. Erhält man demnach Euro 50 zu zwei verschiedenen Zeitpunkten und bewertet den jeweiligen Gewinn bezüglich des jeweils aktuellen Status quo - der Referenzpunkt ist also weder etwas zu gewinnen noch etwas zu verlieren - dann bewertet man die beiden Gewinne von Euro 25 höher als den Einzelgewinn von Euro 50.
  Übertragen wir diese Logik auf den Arbeitskontext, dann kommt bei gegebenen Anreizen der Art und Weise der Anreizsetzung eine wesentliche Bedeutung zu:

Ein Mitarbeiter wird demnach das gleichzeitige Angebot von mehreren Anreizen weniger hoch bewerten als eine zeitliche Verteilung derselben Anreize. Zwei Gehaltserhöhungen hintereinander werden also höher bewertet als nur eine Gehaltsanhebung im selben Umfang. Zusätzliche Benefits sollte man eher über das Jahr verteilt als gemeinsam zu einem Zeitpunkt zu gewähren.

Die Abhängigkeit der Beurteilung vom Arbeitsprozess

In unserem ökonomisch-psychologischen Verhaltensmodell sind wir davon ausgegangen, dass ein Mitarbeiter die ihm zur Verfügung stehenden Handlungsalternativen anhand der damit verbundenen möglichen Konsequenzen beurteilt. Dies impliziert nicht notwendigerweise, dass er sein Verhalten ausschließlich nach den Ergebnissen seiner Handlungen bewertet. Vielmehr kann die Bewertung von Handlungsalternativen auch vom Arbeitsprozess selbst abhängig sein: ex ante, indem der mit einer Handlungsalternative verbundene Arbeitsprozess bewertet wird, ex post, indem der Nutzen aus einer Konsequenz auch davon beeinflusst wird, wie das Arbeitsergebnis erzielt wurde.

Welche Auswirkungen eine solche Bewertung des Arbeitsprozesses auf die subjektive Beurteilung von Handlungsalternativen haben kann, soll im Folgenden dargestellt werden. Je nach dem Zeitpunkt der Beurteilung gehen wir wie folgt vor: Wir zeigen zunächst, wie das Zustandekommen des Arbeitsergebnisses die Beurteilung verschiedener Handlungsalternativen des Mitarbeiters beeinflussen kann. Anschließend untersuchen wir, wie der Nutzen, den der Mitarbeiter mit seinem Arbeitsverhalten verbindet, durch seine bisherigen Arbeitsergebnisse beeinflusst wird. Zwei Effekte werden wir hier diskutieren: das Phänomen der Ursprungsabhängigkeit sowie den Sunk cost-Effekt.

Im Zusammenhang mit dem Kauf einer Dose Bier stellte Thaler (1985, S.206f) in einem psychologischen Experiment seinen Versuchspersonen die folgende Frage:

> You are lying on the beach on a hot day. All you have to drink is ice water. For the last hour you have been thinking about how much you would enjoy a nice bottle of your favorite brand of beer. A companion gets up to go make a phone call and offers to bring back a beer from the only nearby place where beer is sold (a fancy resort hotel) [a small, run-down grocery store]. He says that the beer might be expensive and so asks how much you are willing to pay for the beer. He says that he will buy the beer if it costs as much or less

than the price you state. But if it costs more than the price you state he will not buy it. You trust your friend, and there is no possibility of bargaining with (the bartender) [store owner]. What price do you tell him?

Je nachdem, ob die Versuchspersonen das Bier in dem Hotel oder dem Lebensmittelgeschäft kaufen konnten, fiel ihre Antwort unterschiedlich aus:

Erwerb der Dose Bier	Preis der Dose
extravagantes Hotel	$ 2,65
heruntergekommenes Lebensmittelgeschäft	$ 1,50

Abbildung 3.6: Der Wert einer Dose Bier

Die Ergebnisse der Studie zeigen, dass die Versuchspersonen durchschnittlich bereit waren, für die Dose Bier aus dem Hotel einen wesentlichen höheren Preis zu zahlen als für die Dose Bier aus dem Lebensmittelgeschäft. Und das, obwohl sie in beiden Fällen dasselbe Bier erstanden, dieses am Strand konsumierten und weder die Atmosphäre des Hotels noch die des Geschäfts 'genießen' konnten.

Thaler erklärt dieses Ergebnis damit, dass die Versuchspersonen sich an einem unterschiedlichen Referenzpreis für die Dose Bier orientierten, je nach dem Ort, wo sie das Bier erwerben: "While paying $ 2,50 for a beer is an expected annoyance at the resort hotel, it would be considered as an outrageous 'rip-off' in a grocery store. Paying $ 2,50 a bottle is $ 15,00 a six pack, considerably above the reference price." Demnach bewerten die Versuchspersonen den Kauf der Dose Bier aber nicht nur an deren eigentlichem Konsumwert, sondern auch daran, wie und wo dieser Kauf stattfindet. Ersteres stellt den Nutzen dar, den der Konsument dem Erwerb des Gutes beimisst, Thaler spricht hier von Akquisition-Nutzen. Letzteres ist der Nutzen, den der Konsument der Transaktion zuordnet, der sogenannte Transaktions-Nutzen: "the latter depends solely on the perceived merits of the 'deal'".

Übertragen auf den Arbeitskontext impliziert diese Logik, dass ein Mitarbeiter bei seinem Arbeitsverhalten nicht nur die eigentlichen Konsequenzen seiner jeweiligen Handlungsalternativen bewertet, sondern auch die Art und Weise, wie diese Konsequenzen erzielt werden. Dies kann sich entweder inhaltlich auf den Arbeitsprozess selbst beziehen oder auf die Rahmenbedingungen seiner Arbeitssituation, unter denen er seine Arbeitsaufgabe durchführt:

Betrachten wir für den ersten Fall einen Mitarbeiter, dem für die Erzielung eines bestimmten Leistungsergebnisses zwei verschiedene Handlungsmöglichkeiten offen stehen. Dann wird er unter Umständen diejenige Alternative wählen, die für ihn eine größere Herausforderung darstellt, selbst wenn damit zusätzliche Anstrengungen für ihn verbunden sind. Die Bewertung des Arbeitsprozesses kann auch zur Folge haben, dass ein Mitarbeiter seine Zeit für die Durchführung einer Aufgabe vom relativen Erfolg seiner Bemühungen abhängig macht: Ein Mitarbeiter im Einkauf eines Unternehmens erfährt von seinem Kollegen aus einem anderen Unternehmen, dass er ein bestimmtes Produkt bei einem anderen Händler günstiger bestellen kann. Nach der obigen Argumentation wird er seine Aufwendungen damit vergleichen, inwieweit er dadurch ein 'gutes' Geschäft machen kann: Eine Preisdifferenz von Euro 2.500 ist bei einem Produkt, das bisher Euro 50.000 kostet, prozentual ein kleiner Gewinn, hingegen bei einem Produkt von Euro 7.500 eine außerordentliche Preisreduktion. Es sollte jedoch nicht die relative, sondern die absolute Preisdifferenz eine Rolle spielen.

Als Beispiel für den zweiten Fall, in dem ein Mitarbeiter die Rahmenbedingungen seiner Arbeitssituation bewertet, obwohl seine Aufgabendurchführung selbst zum gleichen Ergebnis führt, betrachten wir folgende Situation: Einem Mitarbeiter steht für die Durchführung seiner Arbeitsaufgabe ein großer Entscheidungsspielraum zur Verfügung. Wie er diesen Entscheidungsspielraum bewertet, ist auch davon abhängig, inwieweit sein Vorgesetzter seine Aufgabendurchführung kontrolliert oder Vertrauen in seine Entscheidungen hat: Bei einer Kontrolle wird er möglicherweise seine Entscheidungsfreiheit als 'schlechten Deal' verstehen und damit einen negativen Nutzen verbinden. Vertraut der Vorgesetzte hingegen seinen Entscheidungen, kann damit ein zusätzlicher Nutzengewinn für den Mitarbeiter verbunden sein.

In der bisherigen Diskussion haben wir aufgezeigt, wie der Arbeitsprozess aus einer ex ante Perspektive die Bewertung von Handlungsalternativen beeinflussen kann. In diesem Sinne haben wir also den Arbeitsprozess als Determinante des

Vorhersagenutzens eines Mitarbeiters betrachtet. im Folgenden wollen wir an zwei Effekten diskutieren, welchen Einfluss der Arbeitsprozess auf den tatsächlichen Nutzen des Mitarbeiters haben kann:

- Die Ursprungsabhängigkeit der Beurteilung: Betrachten wir einen Portfoliomanager in einer Bank, der für die Geldanlagegeschäfte eines Privatkunden zuständig ist. Nachdem er einen größeren Geldbetrag in ein riskantes Wertpapier investiert hat, steigt dessen Kurs und er erzielt einen erheblichen Gewinn für seinen Kunden. Unabhängig davon, in welchem Umfang der Portfoliomanager an dieser Rendite beteiligt ist, wird er diesen Erfolg sicherlich positiv bewerten. Inwieweit hängt aber diese Bewertung davon ab, ob er den Erfolg seinem eigenen Können oder seinem Glück zuschreibt?
  Loewenstein und Issacharoff (1994) haben diese Frage in einem Experiment untersucht, in dem den Versuchspersonen ein attraktiver Kaffeebecher als Belohnung für ihre Teilnahme in Aussicht gestellt wurde: Eine Gruppe von Experimentsteilnehmern, die einen Test absolvieren mussten, wurde mitgeteilt, dass sie den Becher aufgrund ihrer Testergebnisse bekommen würden. Einer zweiten Gruppe wurde der Kaffeebecher überreicht mit der Information, dass sie den Becher zufällig erhalten hätten. Die Versuchspersonen sollten dann angeben, für wieviel Geld sie bereit wären, ihren Becher wieder zu verkaufen. Die folgende Tabelle zeigt die Ergebnisse des Experiments:

Grund für den Besitz des Kaffeebechers	Wert des Kaffeebechers
Leistung	\$ 6,35
Glück	\$ 4,71

Abbildung 3.7: Der Wert eines Kaffeebechers

Versuchspersonen, die den Kaffeebecher aufgrund ihrer Leistung erhalten hatten, bewerteten ihn signifikant höher als diejenigen Experimentsteilnehmer, die ihn aufgrund ihres Glücks bekamen. Demnach beurteilten die Versuchspersonen nicht nur den eigentlichen Wert ihrer Belohnung, sondern auch die Art und Weise, wie sie ihre Belohnung erhalten hatten. Dieses Phänomen wird von Loewenstein und Issacharoff als Ursprungsabhängigkeit bezeichnet. Übertragen auf unser Beispiel würde wir also vermuten, dass der Portfoliomanager seinen Erfolg um so höher bewertet, je eher er ihn seiner eigenen Leistung zuschreiben wird.

- Der Sunk cost-Effekt : Angenommen, Sie sind vor kurzem zum neuen Geschäftsführer eines großen Pharmaunternehmens ernannt worden und stehen nun vor dem folgenden Problem: Ihr Vorgänger hat vor zwei Jahren ein Forschungsprojekt zur Entwicklung eines neuen Medikaments initiiert. Dieses Projekt ist zu 90% abgeschlossen und finanziert. Letzte Woche hat nun ein Konkurrent von Ihnen ein Medikament mit denselben Wirkstoffen auf den Markt gebracht. Dieses Medikament ist billiger als das Produkt, welches von Ihrem Unternehmen entwickelt wird, und hat zudem weniger Nebenwirkungen. Würden Sie in diesem Fall noch die fehlenden Euro 1 Mio. an Forschungsgeldern investieren, um dieses Projekt zu beenden?
  In einer Untersuchung von Arkes und Blumer (1985) entschieden sich bei einer ähnlichen Fragestellung 83% der Versuchspersonen gegen die Fortführung des Projekts. In einem zweiten Experiment stellten nun Arkes und Blumer einer andere Gruppe von Versuchspersonen eine ähnliche Frage, allerdings mussten die Versuchspersonen diesmal die Position eines Geschäftsführers einnehmen, auf dessen eigene Entscheidung hin bereits Euro 9 Mio. in das Forschungsprojekt investiert wurden. Interessanterweise sagten nun 85% der Versuchspersonen, dass sie für die Beendigung des Projektes wären. Offensichtlich spielte also der Umstand, dass man für die bereits getätigten Investitionen selbst verantwortlich ist, eine entscheidende Rolle bei der Beantwortung der Frage.
  Dieses Verhaltensphänomen wird in der Literatur auch als Sunk cost-Effekt oder Ausgabeneffekt bezeichnet: Bereits getätigte Investitionen veranlassen Personen dazu, Entscheidungen zu treffen, die sie nicht treffen würden, wenn sie diese Investitionen nicht getätigt hätten. Demnach hat eine Handlungsalternative für einen Beurteilenden einen anderen subjektiven Nutzen, je nachdem welche Investitionen er bisher bereits getätigt hat: Der subjektive Wert eines neues Medikaments ist größer als die Differenz zwischen dem subjektiven Verlust von Euro

9 Mio. und dem von Euro 10 Mio. Wären allerdings die Euro 9 Mio. nicht investiert worden, dann wäre der subjektive Wert eines neuen Medikaments kleiner als der subjektive Wert eines Verlusts von Euro 1 Mio. Diese Art der Bewertung ergibt sich unmittelbar aus der Form der Nutzenfunktion im Verlustbereich.
Ein solches Verhalten kann zu einer Eskalation der eigenen Verpflichtungen führen: Man hält an bereits initiierten Vorhaben oder früheren Entscheidungen fest, obwohl dies eigentlich unsinnig ist und man sich ohne diese früheren Verpflichtungen heute anders entscheiden würde. Im Arbeitskontext ist ein solches Verhalten immer dann anzutreffen, wenn ein Mitarbeiter durch eine frühere Entscheidung in irgendeiner Art und Weise bereits Investitionen getätigt hat, seien es nun finanzielle, zeitliche oder andere Aufwendungen: Ein Vorgesetzter stellte vor einem Jahr einen neuen Mitarbeiter ein und hatte hohe Erwartungen an seine Leistungen. Leider hat sich dieser Mitarbeiter in der Zwischenzeit als wenig geeignet für seine Stelle erwiesen. Soll er ihn behalten? Ein Mitarbeiter hat sich seit seiner Einstellung vor vier Jahren sehr stark für seine Firma und seine Arbeit engagiert, in der Hoffnung, eine möglichst schnelle und gute Karriere zu machen. Leider hat er bisher nicht die gewünschte Anerkennung durch seinen Vorgesetzten erfahren. Da er mittlerweile schon 35 Jahre alt ist, hat er das Gefühl, seine besten Jahre für die Firma vergeudet zu haben. Soll er sich eine neue Stelle suchen? In beiden Fällen ist zu erwarten, dass die bereits getätigten Investitionen dazu führen, dass der Vorgesetzte und der Mitarbeiter jeweils an ihren früheren Entscheidung festhalten werden.

Sunk costs im US-amerikanischen Basketball

Den Sunk-cost-Effekt konnten Staw and Hoang (1995) im US-amerikanischen Basketball nachweisen. Sie untersuchten hierzu die Kosten der Spielertransfers, die Spielanteile, die Verweildauer in Teams und die Leistungen von Spielern in der National Basketball Association (NBA).
Die Kosten der Spielertransfers beurteilten Staw and Hoang anhand der Rangordnung, in der Collegespieler in die Profiliga wechselten. Diese Auswahl neuer Profispieler vollzieht sich im Allgemeinen nach dem 'Draft-System': Dasjenige Team, das in einer Saison am schlechtesten abschneidet, kann sich für die neue Saison aus der Liste der Collegespieler mit einer bestimmten Wahrscheinlichkeit den be-

sten Spieler auswählen. Diese Wahrscheinlichkeit ist für andere Teams umso geringer, je besser sie in der Saison abschnitten. Staw and Hoang gehen daher davon aus, dass die Spieler, die früher gewählt werden, substantiell teurer sind als die, die von den erfolgreicheren Teams gewählt werden. Für die Messung der Leistung von den 241 Spielern, die die Forscher in ihrem Sample betrachteten, verdichteten sie neun Variablen zu einem 'Performance-Index'. Hierzu werteten sie unter anderem die Gesamttreffer in einer Saison, die Zahl der erfolgreichen Blocks, die gewonnenen Rebounds, die Zahl der Dreipunkte-Würfe und persönlichen Fouls aus.

Eigentlich würde man erwarten, dass die besten Spieler auch die höchsten Spielanteile bei den Teams besitzen. Staw and Hoang fanden jedoch in ihrer Regressionsanalyse heraus, dass der Rangplatz bei der Nominierung nach dem Draft-System einen starken Einfluss auf die Spielzeit, die Wahrscheinlichkeit eines späteren Spielertransfers und den Verbleib in der NBA hat, und zwar unabhängig von der gebotenen Spielleistung. Die Kosten für den Erwerb eines neuen Spielers hatten also einen größeren Einfluss auf Personalentscheidungen als seine tatsächliche Leistung.

Quelle: Staw und Hoang (1995)

Der Einfluss der Kombination von Handlungsalternativen auf deren Beurteilung

Bei der Lösung eines komplexen Entscheidungsproblems ist es ein übliches Vorgehen, dieses Gesamtproblem zunächst in mehrere kleine Teilprobleme zu zerlegen, diese Teilprobleme sukzessive zu bearbeiten und die Gesamtlösung dann aus den einzelnen Teillösungen zu kombinieren. Eine solche Praxis findet sich sowohl auf intrapersoneller Ebene - der Forschungsmitarbeiter in einem Pharmaunterunternehmen untersucht zuerst die isolierte Wirkungsweise einzelner Stoffe und entwickelt aus diesen Erkenntnisse ein neuen Medikament - als auch auf organisatorische Ebene - die Neugestaltung eines Produkts wird von der Geschäftsführung als Marketingproblem, F&E-Problem und Produktionsproblem formuliert, an die jeweiligen Abteilungen zur Bearbeitung übertragen und aus deren Teillösungen die Gesamtlösung zusammen erarbeitet.

Die folgende experimentelle Studie von Tversky und Kahneman (1981) zeigt, dass durch die Art und Weise, wie ein Problem in mehrere Teilprobleme zerlegt wird, die Gesamtlösung des Problems nicht notwendigerweise auch mit der Kombination der Teillösungen übereinstimmen muss. Die Beurteilung der Handlungsalternativen für das Gesamtproblem unterscheidet sich also von der Beurteilung der Handlungsalternativen für die einzelnen Teilprobleme.

In ihrer Untersuchung legten Tversky und Kahneman hierzu Versuchspersonen das folgende Problem vor:

a. Mit 25%-iger Wahrscheinlichkeit gewinnt man $ 240 und mit 75%-iger Wahrscheinlichkeit verliert man $ 760.

b. Mit 25%-iger Wahrscheinlichkeit gewinnt man $ 250 und mit 75%-iger Wahrscheinlichkeit verliert man $ 750.

Die Entscheidung ist bei diesem Problem relativ offensichtlich: Die Gewinn- bzw. Verlustwahrscheinlichkeit ist bei beiden Optionen identisch, wobei die Alternative b einen um $ 10 höheren Gewinn bzw. einen um $ 10 niedrigeren Verlust garantiert als Alternative a. Es überrascht daher nicht, dass 86% der Versuchspersonen Alternative b gegenüber Alternative a bevorzugten.

Was passiert nun, wenn wir dieses Entscheidungsproblem in zwei separate Teilentscheidungen zerlegen? Wie unterscheidet sich dann die aus diesen Einzelbeurteilungen zusammengesetzte Entscheidung von der Entscheidung für das Gesamtproblem? Tversky und Kahneman betrachteten in ihren Untersuchungen die folgende Zerlegung des obigen Problems in zwei Teilprobleme 1 und 2:

1a. Man erzielt einen sicheren Gewinn von $ 240.

1b. Mit 25%-iger Wahrscheinlichkeit gewinnt man $ 1.000 und mit 75%-iger Wahrscheinlichkeit gewinnt man nichts.

2a. Man erleidet einen sicheren Verlust von $ 750.

2b. Mit 75%-iger Wahrscheinlichkeit verliert man $ 1.000 und mit 25%-iger Wahrscheinlichkeit verliert man nichts.

Prüfen wir zuerst, ob die Kombination dieser beiden Teilprobleme tatsächlich mit dem obigen Gesamtproblem identisch ist: Kombiniert man die Alternativen 1a und 2b, dann erhält man

$$
\begin{aligned}
& 100\% \cdot (\$\,240) + \{75\% \cdot (-\$\,1.000) + 25\% \cdot (\$\,0)\} \\
= \quad & 25\% \cdot (\$\,240) + 75\% \cdot (-\$\,760),
\end{aligned}
$$

also Alternative a. Analog erhält man aus der Addition der Alternativen 1b und 2a die Alternative b:

$$\begin{aligned} & \{25\% \cdot (\$\,1.000) + 75\% \cdot (\$\,0)\} + 100\% \cdot (-\$\,240) \\ = \;& 25\% \cdot (\$\,250) + 75\% \cdot (-\$\,750). \end{aligned}$$

Wie würden Sie sich nun bei diesen beiden Teilproblemen 1 und 2 entscheiden? In der Studie von Tversky und Kahneman bevorzugten 84% der Versuchspersonen die Alternative 1a beim ersten Problem und 87% Alternative 2b beim zweiten Problem. Bezüglich beider Probleme wählten 73% aller Versuchspersonen sowohl die Alternativen 1a und 2b, hingegen nur 3% die Kombination 1b und 2a.

Diese Ergebnisse stehen im Einklang mit unseren obigen Ausführungen zur unterschiedlichen Bewertung von Gewinnen und Verlusten: Im ersten Problem geht es um das Erzielen eines Gewinns, während es im zweiten Problem um die Vermeidung eines Verlustes geht. Entsprechend werden sich Versuchspersonen im ersten Fall also eher risikoavers verhalten und im zweiten Fall eher risikofreudig.

Die Ergebnisse stehen aber im Widerspruch zur Beurteilung des Gesamtproblems: Die Summe der präferierten Alternativen in den beiden Teilproblemen ist nicht die präferierte Alternative des Gesamtproblems. Vielmehr wird die Summe der nicht präferierten Alternativen höher bewertet als die Summe der präferierten Alternativen. Die Zerlegung des Gesamtproblems führt also zu einer anderen Beurteilung der jeweiligen Handlungsalternativen als die Beurteilung der kombinierten Handlungsalternativen im Gesamtproblem.

3.2.2 Die subjektive Beurteilung der Konsequenzen bei mehreren Zielen

Bei unserer bisherigen Diskussion der subjektiven Beurteilung von Konsequenzen sind wir implizit davon ausgegangen, dass ein Mitarbeiter die mit seinem Handeln verbundenen Konsequenzen nach genau einem Zielkriterium bewertet. Wie wir im zweiten Kapitel aber bereits angesprochen haben, wird der Mitarbeiter in vielen Entscheidungssituationen seine Bewertungen anhand mehrerer Ziele durchführen. Ist dies der Fall, dann liegt seinem präferierenden Urteil über die Konsequenzen eine multiattributive Wertfunktion zugrunde. Da sich diese Gesamtwertfunktion aus seinen jeweiligen Einzelwertfunktionen zusammensetzt und diese wiederum seine

Präferenzen bezüglich der einzelnen Zielvariablen abbilden, können wir die oben diskutierten Heuristiken und Urteilstendenzen unmittelbar auf die Beurteilung bezüglich dieser Einzelpräferenzen übertragen.

Im Hinblick auf die subjektive Beurteilung von Konsequenzen bei mehreren Zielen wollen wir noch drei Fragen beantworten: Erstens, welche Urteilstendenzen können bei der Generierung des Zielsystems auftreten? Zweitens, wodurch kann die anschließende Gewichtung der Einzelpräferenzen verzerrt sein? Drittens, welche Auswirkungen haben die Wechselwirkungen zwischen den einzelnen Zielen innerhalb der Zielhierachie auf die Beurteilung der Konsequenzen von Handlungsalternativen?

Die Generierung des Zielsystems

Bei der Bildung eines semantischen Zielsystem haben wir im zweiten Kapitel zwei Methoden diskutiert, die beide zur Entwicklung einer Zielhierarchie führten: Der Top-down Prozess, bei dem ein allgemeines Ziel sukzessive in Unterziele konkretisiert wird, und das Bottom-Up Verfahren, bei dem die Zielhierarchie von unten nach oben entwickelt wird.

Eine adäquate Beurteilung der mit ihrem Handeln verbundenen Konsequenzen würde voraussetzen, dass eine Person bei einer solchen Generierung ihres Zielssystems tatsächlich auch ihre zugrundeliegenden Präferenzen vollständig berücksichtigt. Dies stellt bestimmte Anforderungen an die Struktur ihres Zielsystems:[9]

(1) Vollständigkeit: Ein Zielsystem ist vollständig, wenn die Person alle Aspekte bei der Beurteilung der Konsequenzen berücksichtigt hat, die für ihr allgemeines Ziel relevant sind. Die Beurteilung einer Konsequenz anhand der berücksichtigten Zielvariablen muss der Person also ein Bild darüber vermitteln, inwieweit ihre fundamentalen Ziele tatsächlich erfüllt sind. Welche Anforderungen die Vollständigkeit des Zielsystems stellt, illustriert die folgende Geschichte von Kenney und Raiffa (1993, S.50), in der sie einen Studenten nach seinem Zielsystem für die Bewertung seiner künftigen beruflichen Alternativen fragten: "The attributes included financial aspects, future flexibility, and so on, but the author did not feel comfortable with the implication of his own formal study. The fault was that the analysis contained no considerations for the romantic life of the indiviual, and this factor was important enough to change

the overall implications.... Clearly, with many people, such aspects should be considered before signing up for work on the North Slope of Alaska or in a nuclear submarine for a five-year stay."

(2) Operationalisierbarkeit: Dieses Kriterium setzt verschiedene Anforderungen an die Art und Weise, wie die Zielvariablen zur Gesamtbeurteilung beitragen. So müssen die Zielvariablen zunächst einmal im Einklang mit den fundamentalen Zielen der Person stehen. Sie müssen also widerspiegeln, was sie tatsächlich will und was ihr wichtig ist. Die Person sollte auch die einzelnen Attribute im Hinblick auf ihre Gesamtbeurteilung verstehen und sie unter Umständen auch gegenüber Dritten zur Erklärung heranziehen können. Die Messung der Zielvariablen sollte zudem möglichst eindeutig und anhand objektiver Größen durchführbar sein. Mitarbeiterbeurteilungen erfüllen im Allgemeinen dieses Kriterium nur unzureichend, da sie zu ungenau sind.

(3) Zerlegbarkeit: Die Strukturierung eines fundamentalen Ziels in mehrere Zielvariable bedingt, dass die Person bei der Bildung ihres präferierten Urteils die einzelnen Attribute berücksichtigen muss, ebenso wie sie sich ein entsprechendes prognostizierendes Gesamturteil bilden muss. Da mit der Anzahl der Zielvariablen die Komplexität dieser Urteilsbildungen steigt und sehr schnell die kognitiven Fähigkeiten der Person übersteigt, ist es notwendig, dass das Zielsystem zerlegbar ist. Damit ist gemeint, dass sich die Gesamtbeurteilung eines Sachverhalts aus den Beurteilungen einzelner Teilziele ergibt. Die Zerlegbarkeit garantiert also eine Komplexitätsreduktion bei der Beurteilung, indem die Konsequenzen bezüglich einzelner Zielvariablen unabhängig voneinander bewertet werden können und sich die Gesamtbewertung aus diesen Einzelurteilen ergibt.

(4) Redundanzfreiheit: Das Zielsystem sollte so gestaltet sein, dass keine Redundanzen zwischen einzelnen Zielen auftreten. Dies garantiert, dass bestimmte Zielvariable bei der Bildung des Gesamturteils nicht mehrfach berücksichtigt werden.

(5) Minimale Größe: Ein Zielsystem sollte so wenig Zielvariable wie möglich umfassen. Dies steht in unmittelbarem Zusammenhang mit den beiden letzten Kriterien. Zum einen werden dadurch Redundanzen zwischen den Zielvaria-

blen vermieden, zum anderen wird die Komplexität der Gesamtbeurteilung dadurch reduziert.

Eine solche Bildung eines Zielsystems setzt ein ausgesprochen reflektiertes und konstruktives Vorgehen voraus. Pitz und Riedel (1984) untersuchten in einer experimentellen Studie, inwieweit Personen mental in der Lage sind, ihre Ziele entsprechend diesen Anforderungen zu strukturieren. Hierzu mussten die Versuchspersonen für verschiedene Entscheidungsprobleme Zielhierarchien sowohl im Top-Down- als auch im Bottom-Up-Verfahren entwickeln. Würden die so generierten Zielhierarchien den oben aufgestellten Anforderungen genügen, dann sollten die jeweiligen Attribute bei beiden Verfahren mehr oder weniger übereinstimmen.

Um dies zu verifizieren, mussten die Versuchspersonen die von ihnen ermittelten Zielvariablen miteinander vergleichen und beurteilen, inwieweit eine Zielvariable, die nach dem einen Verfahren gebildet wurde, eine Entsprechung bei dem anderen Verfahren hat. Dabei zeigte sich, dass je nach der angewendeten Methode verschiedene Attribute keine Analogien hatten.

Pitz und Riedel (1984, S.69) kommen aufgrund ihrer Ergebnisse zu dem Schluss, "that a single hierarchical value tree does not describe the structures initially produced by these people. ... The final value tree in a decision analysis must be regarded as a product constructed by the decision maker, not as the description of an existing value system." Übertragen auf den Arbeitskontext wird demnach die Generierung eines Zielsystems durch Mitarbeiter von einer Reihe personeller und situativer Faktoren abhängig sein:

- So können beispielsweise die begrenzten kognitiven Fähigkeiten des Mitarbeiters einer solchen umfassenden Generierung eines semantischen Zielsystems entgegenstehen. Je nach seinen Erfahrungen wird er bei seiner Beurteilung möglicherweise auch auf Zielsysteme zurückgreifen, die in seinem Wissen gespeichert sind, aber nicht vollständig auf die ihm vorliegende Beurteilung passen.
- Als situative Faktoren sind insbesondere die Anforderungen zu nennen, die die Komplexität der Entscheidungsaufgabe an den Mitarbeiter stellt. Dies betrifft beispielsweise die Anzahl oder die Ähnlichkeit der zu berücksichtigenden Handlungsalternativen:[10] Je mehr Alternativen miteinander verglichen werden müssen oder je unterschiedlicher die Alternativen sind, desto eher ist zu vermuten, dass der Mitarbeiter seiner Beurteilung eher ausgewählte Zielkriterien

zugrunde legt und keine umfassende Zielhierarchie bildet. Auch der Zeitdruck, unter dem der Mitarbeiter eine Entscheidung treffen muss, kann dazu führen, dass er kein vollständiges, sondern ein ad hoc gebildetes Zielsystem bei seiner Beurteilung benutzt.

Urteilstendenzen bei Wichtigkeitsurteilen

Welche der Ziele innerhalb seiner Zielhierachie für den Mitarbeiter dann bei seiner Beurteilung tatsächlich in welchem Umfang relevant sind, wird von der Entscheidungssituation selbst und den Stimmungen des Mitarbeiters abhängen. im Folgenden wollen wir zwei Urteilstendenzen aufzeigen, die bei der Bildung eines Gesamturteils auftreten können:

- Der Bandbreiteneffekt : Betrachten wir einen Mitarbeiter, der nach seiner Probezeit bei seinem neuen Arbeitgeber vor der Frage steht, in welcher Abteilung er anfangen soll. Drei Möglichkeiten stehen ihm hier offen, nämlich die Materialwirtschaft, der Einkauf oder die Marketingabteilung. Zur Bewertung dieser Alternativen sind für ihn nur die Höhe seines Monatsverdiensts und die Anzahl der Arbeitsstunden ausschlaggebend. Betrachten wir die beiden folgenden Szenarien:

Szenario 1	Monatsverdienst (in Euro)	Arbeitsstunden (pro Monat)
Materialverarbeitung	2.500	210
Einkauf	3.000	215
Marketing	3.500	220

Szenario 2	Monatsverdienst (in Euro)	Arbeitsstunden (pro Monat)
Materialverarbeitung	2.500	180
Einkauf	3.000	200
Marketing	3.500	220

Abbildung 3.8: Die Beurteilung verschiedener Stellenangebote

Wie würden Sie die Alternativen ordnen? Ändert sich Ihre Beurteilung dabei von dem linken zum rechten Szenario? Wenn Sie sich wie die Versuchspersonen in der Untersuchung von Mellers und Cooke (1994) entschieden haben, dann spielt die Ähnlichkeit zwischen den Alternativen bezüglich einzelner Zielvariablen eine zu gewichtige Rolle bei Ihrer Beurteilung: Betrachten wir z.B. die Alternative Marketing mit einem hohen Monatsverdienst, aber auch einem hohen Arbeitspensum. Dann wurde bei einer ähnlichen Fragestellung diese Alternative im linken Szenario – also bei einer geringen Bandbreite in der Arbeitszeit – besser beurteilt als im unteren Szenario bei großen Zeitunterschieden. Dem Kriterium Arbeitszeit gaben die Versuchspersonen also auch dann ein großes Gewicht, wenn die Unterschiede in der monatlichen Arbeitszeit gering waren. Diese Insensibilität gegenüber der Ähnlichkeit von Alternativen stellten Mellers und Cooke unter verschiedenen Versuchsbedingungen fest. Übertragen auf unser Beispiel lassen ihre Ergebnisse folgende Schlüsse zu: Eine kurze Arbeitszeit wird um so attraktiver bewertet, je größer die Einkommensbandbreite ist und je kleiner die Bandbreite in der Arbeitszeit ist. Gleiches gilt für den Monatsverdienst: Ein hoher Monatsverdienst wird um so attraktiver bewertet, je kleiner die Einkommensbandbreite ist und je größer die Bandbreite in der Arbeitszeit ist.

- Der Splitting-Effekt : Zielhierarchien können in unterschiedlicher Weise generiert werden, auch wenn sie inhaltlich die fundamentalen Ziele des Urteilenden vollständig abbilden. So kann beispielsweise ein bestimmtes Oberziel in weitere, spezifischere Unterziele aufgelöst werden. Erfolgt eine solche Präzisierung, kann auch auf die Berücksichtigung des Oberziels verzichtet werden. Im Zusammenhang mit der Stellenauswahl zeigt die folgende Abbildung verschiedene solcher Varianten:

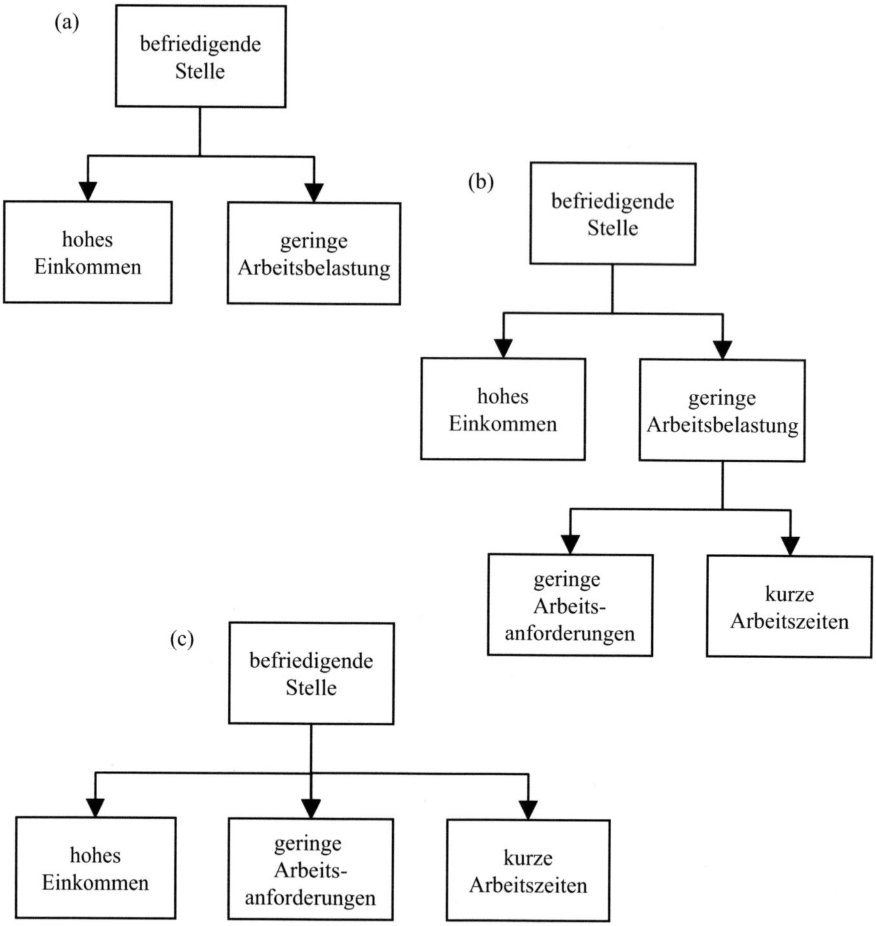

Abbildung 3.9: Verschiedene Varianten einer Zielhierarchie bei der Stellenauswahl

Angenommen, Sie würden dem Ziel 'geringe Arbeitsbelastung' ein Gewicht von 0.5 in Ihrer Gesamtbeurteilung geben. Dann würde man erwarten, dass Sie in den beiden anderen Zielhierarchien den Unterzielen 'geringe Arbeitsanforderungen' und 'kurze Arbeitszeiten' zusammen ebenfalls ein Gewicht von 0.5 gegeben würden. Tatsächlich zeigen Untersuchungen aber, dass Versuchspersonen bei der Gewichtung der Unterziele zu einem größeren Gewicht als 0.5 für das Oberziel kommen. Im Vergleich zur Gewichtung ohne weitere Präzisierung besteht also die Tendenz, einem Oberziel ein größeres Gewicht bei der Beurteilung zu geben, wenn es in Unterziele aufgespalten wird. Weber, Eisenführ und von Winterfeldt (1988) bezeichnen diese Urteilstendenz auch als Splitting-Effekt.[11]

Der Splitting-Effekt und Regierungsentscheidungen

Die Auswahl einer geeigneten Endlagerstätte für Atommüll ist ein komplexes Entscheidungsproblem. Nachdem 1982 der US-amerikanische Kongress den Nuclear Waste Policy Act erließ, bekam das Department of Energy den Auftrag, eine Stätte zur dauerhaften Entsorgung von hochradioaktiven Abfällen vorzuschlagen. Nachdem eine Reihe möglicher Deponien untersucht worden waren, hielt das Department of Energy fünf Orte für brauchbar und empfahl schließlich die Probebohrung von Schächten an drei Standorten. Da aber die Prozedur der Standortauswahl in die Kritik geriet, erarbeitete das Department eine umfangreiche multiattributive Wertanalyse. Dazu wurde eine Zielhierarchie entwickelt und Experten wurden gebeten, die Wichtigkeit von Zielen und Unterzielen anzugeben.

Diese Zielhierachie zur Bestimmung einer optimalen Endlagerstätte war Ausgangspunkt der Untersuchungen von Borcherding und von Winterfeldt (1988). Sie analysierten, inwieweit die Aufsplittung von Ober- in Unterziele die Bewertung der Wichtigkeit beeinflusst. Sie legten hierzu verschiedenen Personen unterschiedlich detaillierte Zielhierarchien zur Entscheidung vor. Beispielsweise wurde auf der obersten Ebene zwischen allgemeinen negativen Folgen für Umwelt und Gesundheit vor und nach dem Verschluss des Endlagers unterschieden. Auf der nächsten Ebene wurden die negativen Folgen konkretisiert und in die Bereiche gesundheitliche Folgen, Umweltfolgen, sozio-ökonomische Folgen und Kosten aufgesplittet. Das Argument Gesundheit wiederum wurde je nach Bewertungsmethode von Borcherding und von Winterfeldt (1988) weiter in z.B. Gesundheit der Schachtarbeiter, Gesundheit der Anwohner, etc. unterteilt. Das Ergebnis der Untersuchung bestätigte die Relevanz des Splitting-Effekts bei komplexen Entscheidungen und hierarchischen Zielen.

Quelle: Borcherding und von Winterfeldt (1988)

Die Abhängigkeit der Beurteilung von der Struktur der Handlungsalternativen

In der bisherigen Diskussion sind wir auf Urteilstendenzen eingegangen, die aufgrund kognitiver Verzerrungen bei der Generierung des Zielsystems oder der Gewichtung der Zielvariablen auftreten können. im Folgenden wollen wir nun auf Urteilstendenzen eingehen, die sich bei einem gegebenen Beurteilungssystem durch die Darstellung des Entscheidungsproblems ergeben können. Insbesondere wollen wir aufzeigen, wie die Beurteilung der Konsequenzen verschiedener Handlungsalternativen von der insgesamt zur Verfügung stehenden Alternativenmenge abhängt.

Betrachten wir den Manager einer Unternehmung, der sich ein neues Laptop anschaffen will. Zwei Geräte, die technisch etwa gleichwertig sind, stehen ihm zur Auswahl. Als Zielkriterien bei seiner Beurteilung sind für ihn das Gewicht des Geräts sowie dessen Preis von Bedeutung. Angenommen, die beiden Geräte hätten bezüglich dieser beiden Zielvariablen die folgenden Ausprägungen:

Situation 1	Gewicht (in kg)	Preis (in Euro)
Gerät 1	3	2.000
Gerät 2	4	2.000

Situation 2	Gewicht (in kg)	Preis (in Euro)
Gerät 1	3	2.000
Gerät 2	4	1.500

Abbildung 3.10: Kauf eines Laptops

Die linke Tabelle stellt eine Situation dar, in der die erste Alternative die zweite dominiert: Gerät 1 ist leichter als Gerät 2, im Preis sind beide Geräte gleich. In der rechten Tabelle ist hingegen das erste Gerät das leichtere, dafür ist das zweite Gerät das günstigere der beiden. Hier besteht also ein Konflikt in der Bewertung der beiden Alternativen.

Angenommen nun, der Manager hätte in der linken bzw. rechten Situation die Möglichkeit, sich zusätzliche Informationen über alternative Geräte zu beschaffen, etwa indem er sich bei einem Händler beraten lässt. Wird er diese Möglichkeit eher in der Dominanzsituation 1 oder der Konfliktsituation 2 wählen?

Tversky und Shafir (1992) untersuchten diese Frage in einer ähnlichen Entscheidungssituation. Das Ergebnis des Experiments zeigt, dass in der Dominanzsituation 40% der Versuchspersonen sich gegen eine geringe Gebühr für eine weitere Alternative entschieden, in der Konfliktsituation hingegen 64%. Die Suche nach zusätzlichen Handlungsalternativen ist also größer, wenn die Beurteilung der bisherigen Alternativen schwieriger ist als bei Dominanz einer Alternative.

Dieses Ergebnis ist einerseits überraschend: Grundsätzlich würde man vermuten, dass die Bereitschaft zur Investition in eine zusätzliche Alternative von der Erwartung abhängt, durch diese weitere Option einen größeren Nutzen zu erzielen. Da in beiden Situationen dieselbe Handlungsalternative – Gerät 1 im Beispiel – zur Verfügung steht, müsste demnach in beiden Situationen eigentlich der Prozentsatz der Personen, die für die zusätzliche Option votierten, identisch sein.

Andererseits unterscheiden sich die beiden Situationen in der Darstellung des Entscheidungsproblems: In der linken Situation besteht ein guter Grund für die Wahl des ersten Geräts – es ist die dominante Alternative. In der Konfliktsituation ist hingegen die Wahl bzw. deren Rechtfertigung sehr viel schwieriger. Zur Vermeidung dieses Konflikts besteht hier also die Tendenz, weitere Handlungsalternativen zu suchen.

Urteilsverzerrungen, die mit der Rechtfertigung einer Beurteilung bzw. einer Entscheidung verbunden sind, können noch in anderen Situationen auftreten:

- Der Attraktions-Effekt: Betrachten wir unseren Manager in der obigen Konfliktsituation. Er entschließt sich, einen Händler aufzusuchen, und erfährt von einem dritten Gerät, das technisch identisch ist mit seinen bisherigen Alternativen. Dieses Gerät 3 ist schlechter als Gerät 2 sowohl im Preis als auch im Gewicht. Allerdings ist es immer noch günstiger als Gerät 1, wie die nachfolgende Abbildung zeigt.
  Obwohl nun dieses neue Gerät für den direkten Vergleich zwischen der ersten und zweiten Alternative keine Rolle spielt, erhöht es die Attraktivität des zweiten Gerätes. Huber, Payne und Puto (1982) zeigen so in einer ähnlichen Entscheidungssituation, dass Versuchspersonen, die vor der Einführung einer dritten Alternative indifferent zwischen zwei Optionen waren, nach Einführung der dritten Alternative diejenige Option bevorzugten, die diese dominierte. Im Vergleich zur ursprünglichen Konfliktsituation haben trotz der Irrelevanz der neuen

Alternativen die Urteilenden nun einen guten Grund für ihre Entscheidung.

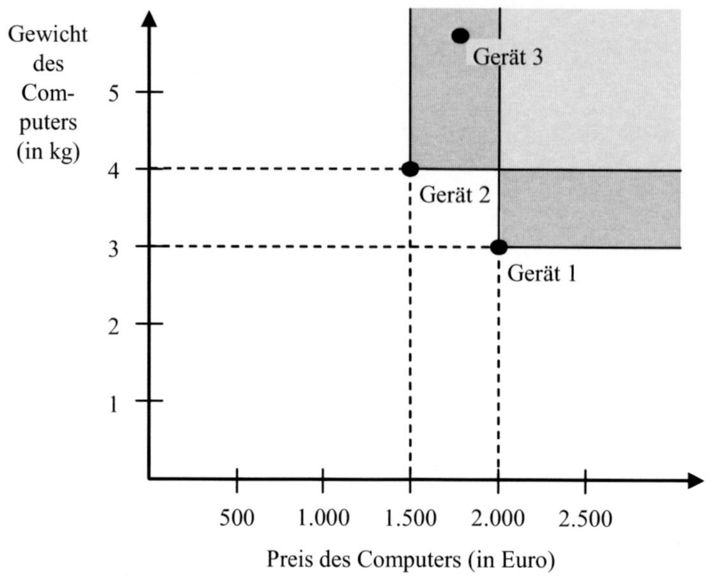

Abbildung 3.11: Die Bedeutung irrelvanter Alternativen

- Der Kompromiss-Effekt: Angenommen, das von dem Händler vorgeschlagene dritte Gerät hat die Eigenschaft, einerseits wesentlicher günstiger zu sein als die beiden bisherigen Alternativen, andererseits aber wesentlich schwerer. Zur Illustration - siehe die nachfolgende Abbildung - koste dieser Computer nur Euro 1.000,– und wiege 5 kg.
  Auch hier würde man a priori nicht vermuten, dass die Einführung des dritten Geräts die Beurteilung der ersten beiden Geräte verändern würde. Simonson (1989) hat in einem Experiment jedoch gezeigt, dass sich die ursprüngliche Indifferenz zwischen den zur Verfügung stehenden Alternativen nach Einführung einer solchen dritten Option verändert: Die Attraktivität der mittleren Alternative erhöhte sich.
  Simonson bezeichnet diese Urteilstendenz als Kompromiss-Effekt, da die Versuchspersonen die Wahl einer extremen Alternative vermeiden wollen. Durch Einführung der dritten, extremen Alternativen wird das erste Gerät ebenfalls zu einer extremen Option, Gerät 2 hingegen erscheint als Kompromiss. Dadurch

lässt sich die Wahl von Gerät 2 besser rechtfertigen als in der ursprünglichen Konfliktsituation.

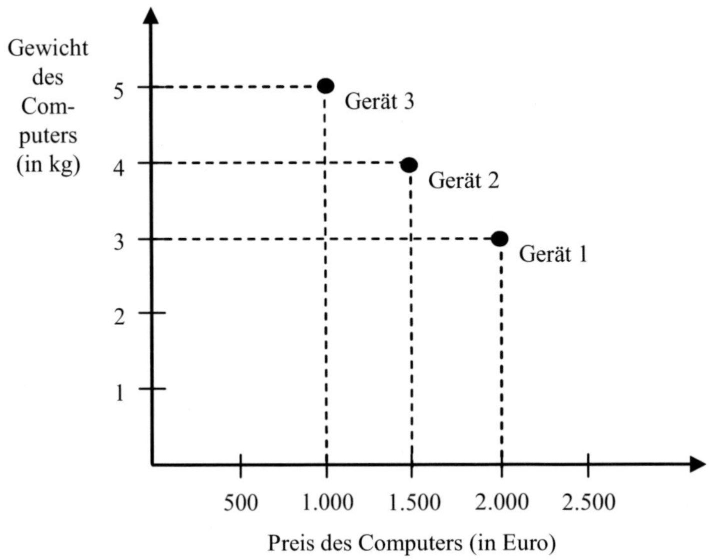

Abbildung 3.12: Die Bedeutung extremer Alternativen

3.2.3 Die subjektive Beurteilung funktionaler Zusammenhänge

Die Konsequenzen, die mit dem Arbeitsverhalten eines Mitarbeiters verbunden sind, werden von diesem stets subjektiv bewertet. Der letzte Abschnitt zeigte verschiedene situative und personelle Faktoren auf, die einen Einfluss auf diese Beurteilung seines Nutzens haben können. Für die Frage, wie sich der Mitarbeiter in seiner spezifischen Arbeitssituation verhält, sind diese Zusammenhänge von entscheidender Bedeutung: Seine subjektive Bewertung der Konsequenzen bestimmt die Valenz der sich ihm bietenden Arbeitsanreize und damit seine für die Arbeitsmotivation relevanten Erwartungen über die Arbeitssituation.

Da wir im Allgemeinen nicht davon ausgehen können, dass ein Mitarbeiter in seiner Arbeitssituation eindeutig die Konsequenzen seines Handelns bestimmt - seine Entscheidungen trifft er nicht unter Sicherheit - müssen wir im Rahmen des Motivationsprozesses, den wir im zweiten Kapitel diskutiert haben, zwei weitere Determinanten der Arbeitsmotivation berücksichtigen: Die Erreichbarkeit seiner Arbeitsergebnisse sowie deren Instrumentalitäten für seine persönlichen Ziele. Neben der Bewertung der Konsequenzen ist für die Motivation des Mitarbeiters also auch von Bedeutung, wie er die funktionalen Zusammenhänge zwischen diesen Konsequenzen und seinem eigenen Handeln wahrnimmt und beurteilt. Je nachdem, ob die Konsequenz unmittelbar für seine Bedürfnisbefriedigung oder für die Zielerreichung der Unternehmung relevant ist, beurteilt er die Erreichbarkeit bzw. die Instrumentalität seiner Arbeitsergebnisse.

im Folgenden wollen wir uns eingehender mit dieser subjektiven Beurteilung funktionaler Zusammenhänge durch den Mitarbeiter beschäftigten. Dabei ist es sinnvoll, je nach seinem Informationsstand zwischen zwei Arten von Situationen zu unterscheiden:

- Bei einer **Entscheidung unter Risiko** befindet sich eine Person in einer Entscheidungssituation, in der sie zwar das Ergebnis ihres Handelns nicht eindeutig voraussagen kann, aber um alle relevanten funktionalen Zusammenhänge weiß. Ihr Verhalten beruht also auf einer Entscheidung unter Unsicherheit, allerdings kennt sie die Wahrscheinlichkeiten, mit denen die möglichen Konsequenzen aus ihrem Handeln eintreten werden.
- Eine Person befindet sich in einer Entscheidungssituation, in der ihr die Wahrscheinlichkeiten, mit denen bestimmte Arbeitsergebnisse oder Belohnungen eintreten, nicht bekannt sind. im Folgenden bezeichnen wir in solchen Situationen die Wahl einer Handlungsalternative als **Entscheidung unter Unsicherheit im engeren Sinne**. In diesem Fall resultiert das Verhalten einer Person also aus einer Entscheidung unter Unsicherheit, bei der sie die tatsächliche Wahrscheinlichkeitsverteilung der Konsequenzen nicht mit Sicherheit kennt.

Analog zu unserer Unterscheidung zwischen Entscheidungen unter Sicherheit und solchen unter Unsicherheit werden in der Realität Entscheidungen im Allgemeinen ohne das definitive Wissen um die damit verbundenen Konsequenzen getroffen: Ein Portfoliomanager wird bei seiner Entscheidung über eine Investition in ein bestimmtes Wertpapier im Vorhinein nicht wissen, ob der Aktienmarkt nach oben geht. Genauso wird ein Forschungsmitarbeiter bei der Entwicklung eines neuen Medikaments nicht eindeutig sagen können, wie der Erfolg seines Projekts sein wird.

Für die Beantwortung der Frage, wie ein Mitarbeiter funktionale Zusammenhänge in seiner Arbeitssituation beurteilt, ist es zweckmäßig, zunächst Entscheidungssituationen unter Risiko zu betrachten: Da der Mitarbeiter in solchen Situationen die tatsächlichen Sachverhalte und Wirkungszusammenhänge kennt, kann er sich bei einer Entscheidung auf diese objektiven Wahrscheinlichkeiten beziehen. Seine subjektive Beurteilung dieser Zusammenhänge beruht in diesem Fall also lediglich auf seine subjektive Bewertung der Wahrscheinlichkeiten, mit denen gewisse Konsequenzen eintreten.

In Situationen unter Unsicherheit im engeren Sinn muss der Mitarbeiter hingegen zusätzlich auch Erwartungen über das Eintreten der Konsequenzen bilden, die mit seinem Arbeitsverhalten verbunden sein können. Diese Erwartungen werden in der Literatur auch als subjektive Wahrscheinlichkeiten bezeichnet: Eine **subjektive Wahrscheinlichkeit** stellt den Grad dar, mit der eine Person an das Eintreten eines unsicheren Ereignisses glaubt. Sie ist subjektiv in dem Sinne, dass unterschiedliche Personen aus den ihnen zur Verfügung stehenden Informationen aufgrund individueller personeller Faktoren unterschiedliche Rückschlüsse auf das zugrundeliegende Ereignis ziehen.

Entsprechend diesen Ausführungen werden wir im Folgenden zunächst diskutieren, wie ein Mitarbeiter das mit seinem Handeln verbundene Risiko bewertet, und in diesem Kontext verschiedene Urteilstendenzen diskutieren. Anschließend werden wir den allgemeineren Fall der subjektiven Beurteilung funktionaler Zusammenhänge in Arbeitssituationen betrachten, in denen sich der Mitarbeiter auch subjektive Wahrscheinlichkeiten bilden muss.

Beurteilungen in Risikosituationen

Betrachten wir eine kleine Unternehmung im pharmazeutischen Bereich, die sich entschlossen hat, ihre derzeitige Produktpalette zu erweitern. In einem ersten Schritt soll hierzu ein bereits bestehendes Medikament, das seit einigen Jahren auf dem Markt ist, weiterentwickelt werden. Um die Chancen für eine erfolgreiche Weiterentwicklung zu steigern, will der Geschäftsführer einen zusätzlichen Biochemiker für die Dauer des Projekts einstellen. Dieser soll ausschließlich mit der Durchführung dieses Projekts beauftragt werden. Aufgrund der schlechten Arbeitsmarktsituation für Biochemiker haben sich hervorragende Kandidaten für diese Stelle beworben. Nach intensiven Bewerbungsgesprächen bleiben aus dem Pool an Bewerbern noch zwei übrig, die für die Stelle geeignet erscheinen:

1. Bei dem ersten Kandidaten lassen sich die Erfolgschancen für die Weiterentwicklung des Medikaments sehr gut abschätzen. Der Geschäftsführer geht hier davon aus, dass er die Produktentwicklung mit Sicherheit erfolgreich abschließen wird und so ein zusätzlicher Gewinn von Euro 3 Mio. erzielt wird.
2. Die Beurteilung des zweiten Kandidaten fällt dem Geschäftsführer hingegen sehr viel schwerer. Er kann sich entweder als Genie entpuppen und bei seinen Forschungen ein gänzlich neues Medikament entwickeln, oder er stellt sich als Flop heraus ohne jeglichen Erfolg. Der Geschäftsführer schätzt, dass bei seiner Einstellung mit einer Wahrscheinlichkeit von 50% ein zusätzlicher Gewinn von Euro 5 Mio. erzielt werden könnte, allerdings mit 50%-iger Wahrscheinlichkeit überhaupt kein zusätzlicher Gewinn resultieren würde.

Die Einstellungsentscheidung des Geschäftsführers für den ersten oder zweiten Kandidaten wird natürlich von einer Reihe von Faktoren abhängen: Was sind die Gehaltsvorstellungen der beiden Kandidaten, wie passen sie von ihrer Persönlichkeit zu den anderen Mitarbeitern, welche Perspektiven bestehen nach der Beendigung dieses Forschungsprojektes für eine weitere Zusammenarbeit, usw. Nehmen wir zur Vereinfachung unserer Argumentation an, dass sich die beiden Kandidaten bezüglich all dieser Faktoren nicht unterscheiden und lediglich das oben dargestellte Erfolgsrisiko und die damit verbundenen Gewinnaussichten für ihre Einstellung relevant sind.

Welchen der beiden Bewerber würden Sie einstellen? Auch Kandidat 1? Dann haben Sie sich so entschieden, wie sich die meisten Versuchspersonen in ähnlichen experimentellen Untersuchungen verhalten haben.

Um die Konsistenz dieser Beurteilung zu diskutieren, betrachten wir nun ein zweites Szenario: Angenommen, der Arbeitsmarkt für Biochemiker ist leergefegt und es haben sich ausschließlich zwei Kandidaten für die Stelle bei dem Pharmaunternehmen beworben. Beide Kandidaten sind höchstens durchschnittlich qualifiziert, allerdings muss der Geschäftsführer aufgrund seines Personalengpasses auf jeden Fall einen von beiden auswählen. Die Aussichten für einen erfolgreichen Abschluss des Projekt sind bei den beiden Bewerbern wie folgt:

3. Die Wahrscheinlichkeit, dass der erste Bewerber das Medikament erfolgreich weiterentwickelt, schätzt der Geschäftsführer mit 20% ein. Bei einem Projekterfolg ist der zusätzliche Gewinn aus der Einstellung Euro 3 Mio., ansonsten Null.
4. Beim zweiten Kandidat beurteilt der Geschäftsführer die Aussichten für einen erfolgreichen Projektabschluss etwas schlechter, allerdings könnte bei diesem Bewerber die Projektarbeit durchaus zur Entwicklung eines neuen Medikamentes führen. Mit 10%-iger Wahrscheinlichkeit erwartet der Geschäftsführer bei ihm einen zusätzlichen Gewinn von Euro 5 Mio., mit 90%-iger Wahrscheinlichkeit ist seine Einstellung hingegen ein Flop.

Wie würden Sie nun entscheiden? Auch Kandidat 1? In Experimenten jedenfalls entschieden sich die meisten Versuchspersonen bei diesem Szenario für den zweiten Bewerber. Angenommen also, Sie hätten sich im ersten Szenario für den ersten und im zweiten Szenario für den zweiten Kandidaten entschieden. Welche Konsequenzen ergeben sich aus dieser Wahl für die Beantwortung der Frage, wie Sie funktionale Zusammenhänge bewerten?

Schauen wir uns hierzu die beiden obigen Entscheidungssituationen systematisch in der nachfolgenden Tabellendarstellung an: Gemeinsam ist beiden Szenarien, dass bei dem ersten bzw. zweiten Kandidaten die Gewinne bei einem Projekterfolg oder -misserfolg jeweils identisch sind. Der Unterschied zwischen den beiden Szenarien besteht lediglich in der Wahrscheinlichkeit für einen Projekterfolg. Insbesondere ist der Projekterfolg eines Kandidaten im zweiten Szenario genau $\frac{1}{5}$ so groß wie die Erfolgswahrscheinlichkeit desselben Kandidaten im ersten Szenario. Wenn sich also ihre Bewertung der beiden Bewerber vom ersten zum zweiten Szenario geändert haben sollte, dann kann dies nur auf eine unterschiedliche Bewertung der jeweiligen Gewinnwahrscheinlichkeiten zurückzuführen sein. Jemand, der einen sicheren Gewinn von Euro 3 Mio. einer 50%-igen Gewinnchance von Euro 5 Mio. vorzieht, muss deshalb nicht auch einen Gewinn von Euro 3 Mio. bei einer Gewinnchance von 1 : 1 Mio. gegenüber 5 Mio. Euro Gewinn bei einer Gewinnchance von 1 : 2 Mio. präferieren. Prelec (1998, S.497) formuliert dies so: "There is a world of difference between certainty and a 50-50 shot; the difference between one or two chances in a million is negligible."

	Wahrscheinlichkeit eines Projekterfolgs	Gewinn bei Projekterfolg	Wahrscheinlichkeit eines Projektmisserfolgs	Gewinn bei Projektmisserfolg
Szenario 1				
Kandidat 1	100%	3 Mio	0%	0
Kandidat 2	50%	5 Mio	50%	0
Szenario 2				
Kandidat 1	20%	3 Mio	80%	0
Kandidat 2	10%	5 Mio	90%	0

Abbildung 3.13: Die Einstellung eines riskanten Mitarbeiters

Dieses Phänomen geht auf Allais (1953) zurück und wird in der Literatur auch als Common-ratio-Effekt bezeichnet. Es bezieht sich auf die Beobachtung, dass die riskantere von zwei Entscheidungen relativ attraktiver gegenüber der weniger riskanten wird, wenn sich die Gewinnwahrscheinlichkeiten bei beiden Entscheidungen im gleichen Verhältnis reduzieren. Dies entspricht den Argumenten, die wir im Zusammenhang mit der Konkavität der Nutzenfunktion im zweiten Kapitel angesprochen haben: Eine Steigerung des Gewinns von Euro 100 auf Euro 200 impliziert für eine Person im Allgemeinen einen größeren Wertzuwachs als eine Steigerung des Gewinns von Euro 1.000.100 auf Euro 1.000.200. Der Unterschied zu dieser Argumentation besteht lediglich darin, dass es im Fall der Bewertung von Wahrscheinlichkeiten nicht um Veränderungen bei konstanten Geldbeträgen, sondern um die Wahrscheinlichkeitsverhältnisse bei Konstanten geht, und dass wir keinen abnehmenden, sondern einen zunehmenden Grenznutzen beobachten.

Eine Erklärung für diese Art der Beurteilung von Wahrscheinlichkeiten geben Kahneman und Tversky (1979; 1992) in ihrer Prospect-Theorie. Sie argumentieren, dass funktionale Zusammenhänge wie folgt beurteilt werden:

(1) Die Beurteilung von Wahrscheinlichkeiten wird anhand von **Wahrscheinlichkeitsgewichten** durchgeführt. Nicht die absoluten Wahrscheinlichkeiten von Ereignissen sind entscheidungsrelevant, sondern die subjektiven Gewichte, die ein Entscheider diesen Wahrscheinlichkeiten bei seiner Entscheidung zuordnet. Diese Gewichte "measure the impact of events on the desirability of prospects and not merely the perceived likelihood of these two events", so Kahneman und Tversky (1979, S.280).

(2) Die Transformation von Wahrscheinlichkeiten in Wahrscheinlichkeitsgewichte ist nichtlinear, d.h. das Gewicht einer Wahrscheinlichkeit $p \in [0, 1]$ und das der entsprechenden Gegenwahrscheinlichkeit $1 - p$ müssen sich nicht notwendigerweise zu Eins addieren. Analog zur Bewertung von Konsequenzen orientiert sich nach Tversky und Kahneman (1992, S.303) auch die Bewertung von Wahrscheinlichkeiten an Referenzpunkten: "In the evaluation of uncertainty, there are two natural boundaries: certainty and impossibility – that correspond to the endpoints of a certainty scale". Oberhalb des Referenzpunktes der Unmöglichkeit ist die Gewichtung bei kleinen Wahrscheinlichkeiten konkav, unterhalb des Referenzpunktes der Sicherheit ist die Gewichtungsfunktion hingegen konvex. Bei einem gegebenen Gewinn hat ein Anstieg der Gewinnwahrscheinlichkeit um 10% eine größere Bedeutung für die Entscheidung, wenn dadurch die Gewinnwahrscheinlichkeit von 90 auf 100% bzw. von 0 auf 10% ansteigt, als wenn sie sich von 30 auf 40% oder von 60 auf 70% erhöht.

(3) Der Verlauf der Gewichtungsfunktion ist unabhängig davon, ob es sich um Gewinne oder Verluste handelt: Im Gewinnbereich wird einer Wahrscheinlichkeit dasselbe Gewicht wie im Verlustbereich zugeordnet.

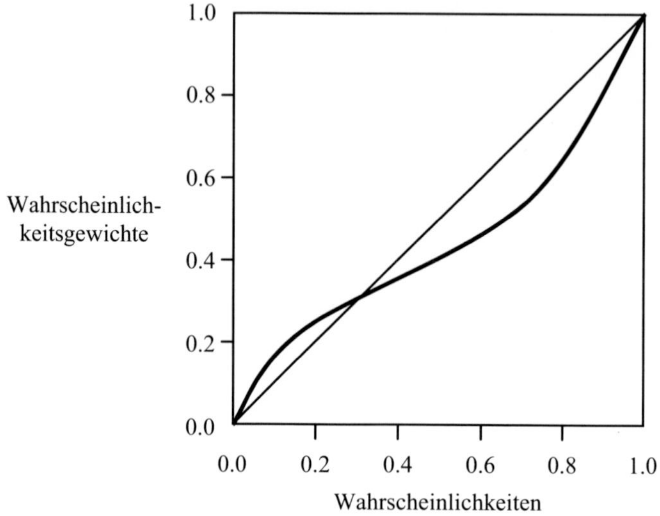

Abbildung 3.14: Die relative Beurteilung von Wahrscheinlichkeiten

Die oben genannten Eigenschaften der Gewichtungsfunktion von Wahrscheinlichkeiten konnten in einer Vielzahl von Untersuchungen verifiziert werden. Dabei kristallisierte sich heraus, dass die Asymmetrie der Funktion stets bezüglich des Punktes $\frac{1}{3}$ verlief, die Wahrscheinlichkeit von $\frac{1}{3}$ also einen Fixpunkt der Gewichtungsfunktion darstellt.

Durch die oben dargestellte Gewichtungsfunktion für Wahrscheinlichkeiten können eine Reihe von Phänomen bei der Beurteilung funktionaler Zusammenhänge erklärt werden. Einige dieser Urteilstendenzen sollen im Folgenden dargestellt werden. Dabei gehen wir wie folgt vor: Zunächst betrachten wir das typische Muster von Risikoeinstellungen einer Person, anschließend diskutieren wir das Allais-Paradoxon sowie den Sicherheits- und Pseudo-Sicherheitseffekt.

Das viergeteilte Muster von Risikoeinstellungen

"The most distinctive implication of prospect theory is the fourfold pattern of risk attitudes", so Tversky und Kahneman (1992, S.306). Schauen wir uns also die Experimente an, die sie zur Ermittlung der Risikoeinstellungen durchführten: Sie legten ihren Versuchspersonen einfache Lotterien wie beispielsweise $(100, 0.05; 200, 0.95)$ vor,

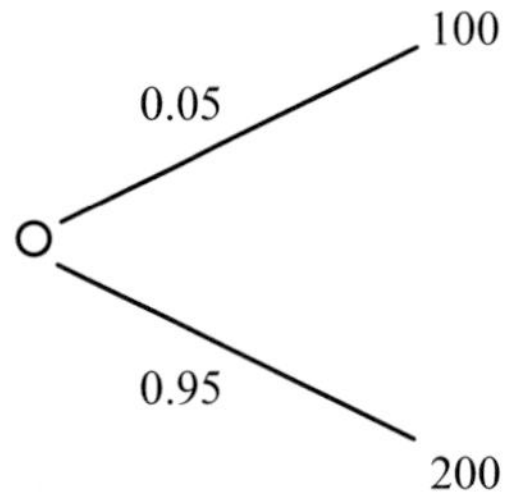

Abbildung 3.15: Eine einfache Lotterie

bei denen die Experimentsteilnehmer mit 5%-iger Wahrscheinlichkeit \$ 100 und mit 95%-iger Wahrscheinlichkeit \$ 200 gewinnen konnten. Um ihre Risikoeinstellung zu erfassen, mussten die Versuchspersonen aus einer Liste von Geldbeträgen jeweils angeben, ob sie die Lotterie mit dem unsicheren Ausgang oder eher den sicheren Geldbetrag präferieren würden. Aus diesen Daten wurde dann das Sicherheitsäquivalent der Versuchsperson für diese Lotterie berechnet. Entsprechend unseren Ausführungen im zweiten Kapitel ermittelten Kahneman und Tversky dann die Risikoeinstellung der Versuchsperson durch den Vergleich des Sicherheitsäquivalents mit dem Erwartungswert der unsicheren Konsequenzen. In der obigen Lotterie ist so der Erwartungswert $100 \times 0.05 + 200 \times 0.95 = 195$. Liegt also das Sicherheitsäquivalent der Person unterhalb dieses Wertes, wird sie als risikoavers eingestuft, ansonsten als risikofreudig.

Die folgende Abbildung stellt Ergebnisse aus diesem Experiment von Tversky und Kahneman (1992, S.307) dar:

	Gewinne	Verluste
niedrige Wahrscheinlichkeit	Risikofreude (100,0.05)~14	Risikoaversion (-100,0.05)~-8
hohe Wahrscheinlichkeit	Risikoaversion (100,0.95)~78	Risikofreude (-100,0.95)~-84

Abbildung 3.16: Das viergeteilte Muster von Risikoeinstellungen

Dabei bedeutet z.B. (100, 0.05) ∼ 14, dass das durchschnittliche Sicherheitsäquivalent der Versuchspersonen für die Lotterie (100, 0.05; 0; 0.95) $ 14 betrug.

Die obige Matrix verdeutlicht das viergeteilte Muster von Risikoeinstellungen: Es besteht bei hohen Erfolgswahrscheinlichkeiten und bei niedrigen Verlustwahrscheinlichkeiten eine Risikoaversion, hingegen eine Risikofreude bei geringen Erfolgswahrscheinlichkeiten und bei hohen Verlustwahrscheinlichkeiten. Dieses Muster wurde in einer Reihe von Experimenten bestätigt und zeigt sich auch in Untersuchungen zum tatsächlichen Risikoverhalten von Managern:[12]

Risikoeinstellung von Managern in der Erdölindustrie

Wie verhalten sich erfahrene Manager bei schwerwiegenden wirtschaftlichen Entscheidungen? Ändern beispielsweise Manager in der Erdölindustrie ihre Risikoneigung bei anstehenden Verlusten im Vergleich zu Entscheidungen bei anstehenden Gewinnen?

Diesen und anderen Fragen ging Wehrung (1989) in einer Studie nach, in der er 127 erfahrene Manager in der Erdölindustrie, die weitreichende Entscheidungskompetenzen besaßen, mit verschiedenen Entscheidungssituationen konfrontierte. Jeder Teilnehmer bekam die Aufgabe, ein hypothetisches Joint Venture zu beurteilen, in das seine Firma sich bereits mit $ 60 Mio. engagiert hatte. Der Manager sollte jetzt entscheiden, ob seine Firma weiterhin an diesem bislang ohne Gewinne arbeitenden Joint Venture beteiligt bleiben solle. Dabei war der Betrag bei einem Verkauf

der Firmenanteile sicher, hingegen die Auszahlungen im Fall eines Verbleibs in der Kooperation abhängig von der zukünftigen Entwicklung und somit unsicher. Beispielsweise mussten die Teilnehmer in einer Situation entscheiden, ob sie für einen Verkauf der Anteile zu einem sicheren Erlös von $ 15 Mio. oder für eine unsichere Alternative waren. Bei der unsicheren Alternative konnten sie mit einer Wahrscheinlichkeit von 25% einen Nettoerlös aus dem Joint Venture von $ 60 Mio. erzielen, erhielten allerdings mit einer Wahrscheinlichkeit von 75% einen Erlös von $ 0. Ähnliche Situationen wurden auch mit Nettoverlusten konstruiert.
Bei reinen Gewinnen kommt Wehrung zu dem Ergebnis: "a greater proportion of executives were risk taking when the chance of the less favorable outcome was higher than when it was lower", (S.124). Bei reinen Gewinnen hingegegen stellt er fest: "four times more executives who showed greater risk taking when the chance of the less favorable outcome was higher than executives who showed greater risk taking when this chance was lower" (S.126).

Quelle: Wehrung (1989)

Eine mögliche Erklärung für die unterschiedlichen Risikoeinstellungen einer Person ergibt sich durch die Nutzenwerte, die sie bestimmten Konsequenzen zuordnet. So kann eine Kombination von Risikofreude und -aversion durch eine Nutzenfunktion mit sowohl konkaven als auch konvexen Bereichen erklärt werden. Das obige viergeteilte Muster von Risikoeinstellungen kann eine solche Nutzenfunktion allerdings nicht erklären, da dieses Phänomen über einen großen Bereich von Gewinnen und Verlusten auftritt. Vielmehr scheinen die Versuchspersonen hier systematisch kleine Wahrscheinlichkeiten überzubewerten bzw. hohe Wahrscheinlichkeiten unterzubewerten.

Die von Tversky und Kahneman vorgeschlagene Gewichtungsfunktion kann diese Art der Risikoeinstellungen nun direkt erklären: Eine Überbewertung kleiner Wahrscheinlichkeiten bedeutet, dass die entsprechenden Gewichte oberhalb der Diagonalen liegen, eine Unterbewertung hoher Wahrscheinlichkeiten impliziert hingegen Wahrscheinlichkeitsgewichte unterhalb der Diagonalen in der obigen Abbildung. Dies ist aber gerade eine der Eigenschaften der Gewichtungsfunktion.

Das Allais-Paradoxon

Neben dem bereits erwähnten Common-ratio-Effekt hat Allais (1953) Anfang der 50er Jahre noch auf eine Reihe weiterer Urteilstendenzen hingewiesen, die für die Theorienbildung zum individuellen Entscheidungsverhalten von entscheidender Bedeutung waren. Eines der bekanntesten Beispiel, das eine systematische Verletzung der Linearität von Wahrscheinlichkeitsgewichten aufzeigte, ist das sogenannte Allais-Paradoxon:

Betrachten Sie die beiden folgenden Alternativenpaare:

1a. Man gewinnt mit Sicherheit 1 Mio. französische Franc.

1b. Man gewinnt mit 10%-iger Wahrscheinlichkeit 5 Mio. französische Franc, mit 89%-iger Wahrscheinlichkeit 1 Mio. französische Franc und mit einer Wahrscheinlichkeit von 1% nichts.

Und:

2a. Man gewinnt mit 11%-iger Wahrscheinlichkeit 1 Mio. französische Franc und mit 89%-iger Wahrscheinlichkeit nichts.

2b. Man gewinnt mit 10%-iger Wahrscheinlichkeit 5 Mio. französische Franc und mit 90%-iger Wahrscheinlichkeit nichts.

Wie würden Sie entscheiden? Bevorzugen Sie auch, wie die meisten Versuchspersonen, im ersten Fall Alternative 1a und im zweiten Fall Alternative 2b?[13] Was aber ist an diesen Beurteilungen paradox? Betrachten wir die folgende Tabelle:

	p = 0.89	p = 0.1	p = 0.01
Alternative 1a	1 Mio	1 Mio	1 Mio
Alternative 1b	1 Mio	5 Mio	0
Alternative 2a	0	1 Mio	1 Mio
Alternative 2b	0	5 Mio	0

Abbildung 3.17: Das Allais-Paradoxon

In dieser Tabelle wurden die Gewinne bei den jeweiligen Alternativen auf die gemeinsamen Wahrscheinlichkeiten verteilt. Der Gewinn von 1 Mio.französische Franc mit 11%-iger Wahrscheinlichkeit bei Alternative 2a ist beispielsweise in denselben Gewinn mit 10%-iger und 1%-iger Wahrscheinlichkeit aufgespalten worden. Durch diese Art der Darstellung wird unmittelbar ersichtlich, worin das Paradoxon von Allais besteht: Die Alternativenpaare unterscheiden sich lediglich bezüglich der Konsequenzen, die mit einer Wahrscheinlichkeit von 89% eintreten. Ansonsten führen sie mit denselben Chancen zu gleichen Gewinnen. Bei beiden Entscheidungen sind jedoch für die jeweiligen Alternativen a und b die Konsequenzen, die mit 89%-iger Wahrscheinlichkeit eintreten, identisch:

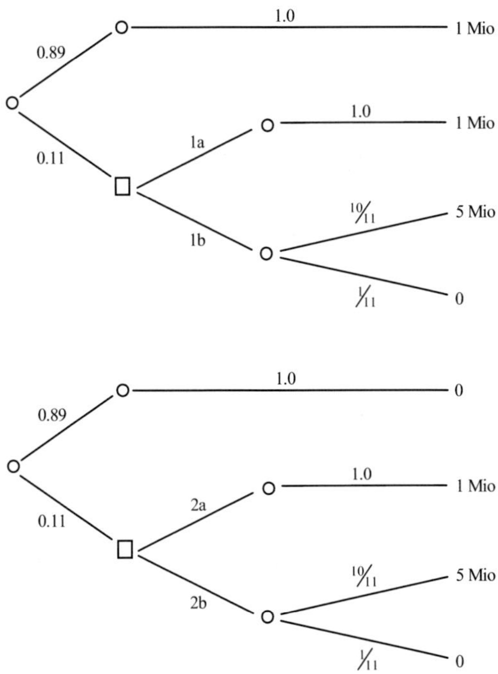

Abbildung 3.18: Die Entscheidungsbäume beim Allais-Paradoxon

Die obige Abbildung verdeutlicht, dass der nach oben gehende Ast im Entscheidungsbaum eigentlich eine irrelevante Alternative darstellt. So könnte man vermuten, dass die jeweils gemeinsamen Konsequenzen – eine sichere Auszahlung von 1

Mio. bzw. 0 französische Franc – die Entscheidung im unteren Teil des Baumes nicht verändert. Zumindest würde sich jeder für dieselbe Alternative einscheiden, wenn wir den unteren Teil des Baumes isoliert betrachten würden. Da sich das Verhalten der meisten Versuchspersonen aber trotz dieser gemeinsamen Konsequenzen verändert, wird dieses Phänomen auch als Common-consequence-Effekt bezeichnet.

Berücksichtigen wir nun allerdings die Wahrscheinlichkeitsgewichte, die ein Entscheider den verschiedenen Gewinnwahrscheinlichkeiten zuordnet, erklärt sich dieses Verhalten unmittelbar:[14] Bei der ersten Entscheidung zieht man den sicheren Gewinn eher der riskanten Alternative vor, da bereits die Einführung einer kleinen Unsicherheit aufgrund der Konvexität der Gewichtsfunktion zu einem erheblich reduzierten Wahrscheinlichkeitsgewicht führt. Bei der zweiten Entscheidung sind beide Gewinne riskant und die Wahrscheinlichkeitsgewichte von 0.11 bzw. 0.10 aufgrund der Konkavität der Gewichtsfunktion fast identisch. Daher wird man eher die Alternative mit der höchsten Konsequenz wählen.

Der Sicherheits- und Pseudo-Sicherheitseffekt

Im Zusammenhang mit der Bewertung der Konsequenzen aus kombinierten Handlungsalternativen haben wir diskutiert, welchen Einfluss die Segmentierung einer Arbeitsaufgabe auf die Urteilsbildung haben kann. Neben dieser Segmentierung eines Gesamtproblems in verschiedene Teilprobleme kann eine Arbeitsaufgabe auch in verschiedene sequentiell zu analysierende Teilaufgaben strukturiert werden. Der Forschungsmitarbeiter in einem Pharmaunternehmen untersucht beispielsweise zuerst die therapeutische Wirkung einer Teilsubstanz und nutzt diese Erkenntnisse für die weitere Entwicklung des neuen Medikaments. Im organisatorischen Bereich wird das Marketingproblem bei der Neugestaltung eines Produkts zuerst vom Leiter der Marketingabteilung bearbeitet, der seine Problemlösung dann an den Leiter des Außendienstes weitergibt usw. Bei der Strukturierung eines Problems wird so die Gesamtlösung sukzessive erarbeitet.

Tversky und Kahneman (1981) haben nun in einer experimentellen Studie untersucht, welchen Einfluss die Strukturierung eines Problems auf die Beurteilung haben kann. Betrachten wir zunächst das folgende Problem, das sie ihren Versuchspersonen vorlegten:

1a. Mit 25%-iger Wahrscheinlichkeit gewinnt man $ 30.

1b. Mit 20%-iger Wahrscheinlichkeit gewinnt man \$ 45.

Die Versuchspersonen entschieden bei diesem Problem wie folgt: 42% wählten Alternative 1a und 58% entschieden sich für Alternative 1b. Was passiert nun, wenn wir dieses Entscheidungsproblem in eine sequentielle Struktur überführen? Wie verhalten sich die Versuchspersonen dann bei diesem sequentiellen Entscheidungsproblem? Betrachten wir hierzu das folgende zweite Problem, das Tversky und Kahneman einer anderen Gruppe von Experimentsteilnehmern vorlegten:

In der ersten Stufe des Problems gibt es eine 75%-ige Wahrscheinlichkeit für einen Ausgang ohne Gewinn. Mit einer Wahrscheinlichkeit von 25% geht das Problem in die zweite Stufe über. Wenn diese zweite Stufe erreicht wird, besteht die Wahl zwischen den folgenden beiden Alternativen:

2a. Man erzielt einen sicheren Gewinn von \$ 30.

2b. Mit 80%-iger Wahrscheinlichkeit gewinnt man \$ 45.

In Form eines Entscheidungsbaums kann dieses mehrstufige Problem auch so dargestellt werden:

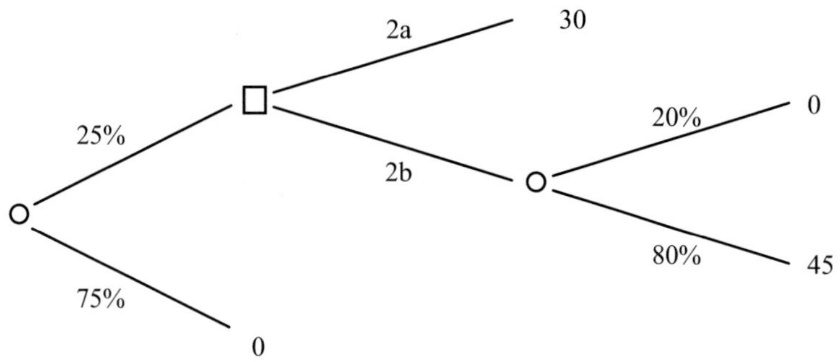

Abbildung 3.19: Das zweistufige Entscheidungsproblem

In dieser Darstellungsform ist sofort offensichtlich, dass dieses mehrstufige Problem identisch ist mit dem vorher betrachteten: Kombiniert man die erste und zweite Stufe des Problems, so erzielt man mit 25%-iger Wahrscheinlichkeit einen Gewinn von \$ 30 (Alternative 1a) und mit $25 \cdot 80 = 20$%-iger Wahrscheinlichkeit einen Gewinn von \$ 45 (Alternative 1b).

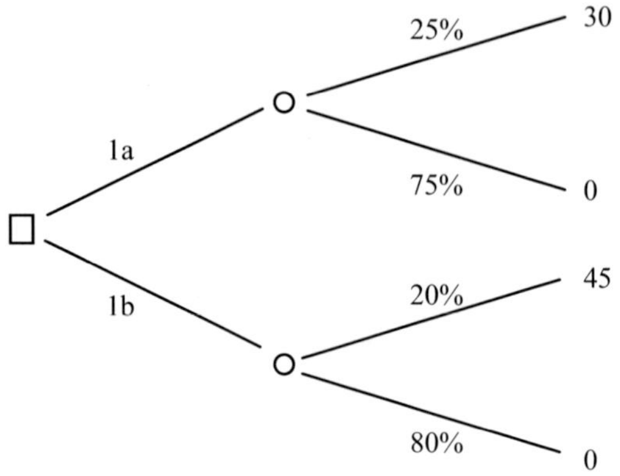

Abbildung 3.20: Das identische einstufige Entscheidungsproblem

Im Unterschied zum ersten einstufigen Entscheidungsproblem verhielten sich aber die Versuchspersonen in dieser sequentiellen Entscheidungssituation anders: 74% der Versuchspersonen wählten hier die Alternative 2a und damit nur noch 26% Alternative 2b. Tversky und Kahneman bezeichnen dieses Phänomen als Pseudo-Sicherheitseffekt :[15] Die Aussicht, $ 30 zu gewinnen, wird bei diesem zweistufigen Problem attraktiver eingeschätzt als bei Alternative 1a, da bei Alternative 2a ein sicherer Gewinn aussteht. Allerdings ist diese Sicherheit trügerisch, da der Gewinn auf das Erreichen der zweiten Stufe des Entscheidungsproblems konditioniert ist.

Dieser Pseudo-Sicherheitseffekt steht in unmittelbarem Zusammenhang mit der subjektiven Beurteilung von Wahrscheinlichkeiten: Alternativen, die uns eine Sicherheit garantieren, werden für attraktiver gehalten als Alternativen, die lediglich das Risiko in einer Situation reduzieren. Eine Veränderung der Wahrscheinlichkeit von 95 auf 100% wird subjektiv höher gewichtet als dieselbe Erhöhung bei 50%. Dementsprechend wird ein Impfstoff, der die Wahrscheinlichkeit, eine Krankheit zu bekommen, von 80% auf 70% reduziert, anders eingestuft als bei Reduzierung der Ansteckungsgefahr von 40% auf 30%.

Betrachten wir nun noch ein weiteres Experiment, das Tversky und Kahneman im Zusammenhang mit dem obigen sequentiellen Entscheidungsproblem durchgeführt haben. Einer dritten Gruppe von Versuchspersonen legten sie die folgenden Fragen zur Beurteilung vor:

3a. Man erzielt einen sicheren Gewinn von $ 30.

3b. Mit 80%-iger Wahrscheinlichkeit gewinnt man $ 45.

Vergleichen wir dieses Entscheidungsproblem mit dem obigen zweistufigen Entscheidungsproblem, dann ergibt sich unmittelbar der folgende Zusammenhang: Gewinnt man bei dem zweistufigen Problem in der ersten Stufe, dann ist das Entscheidungsproblem auf der zweiten Stufe identisch zu dem obigen Problem. Da es bei einer Beendigung der Situation in der ersten Stufe gleichgültig ist, welche spätere Entscheidung man trifft, könnte man a priori annehmen, dass sich die Versuchspersonen bei diesem dritten Problem genauso wie beim ersten Problem verhalten. Die Untersuchungen von Tversky und Kahneman zeigen, dass dem nicht so ist: 78% der Versuchspersonen entschieden sich bei dem obigen Problem für Alternative 3a, während nur 22% Alternative 3b wählten. Beim ersten Problem waren es hingegen 42% für Alternative 1a und 58% für Alternative 1b.

Tversky und Kahneman (1981, S.455) bezeichnen dieses Phänomen, das wir bereits bei der Diskussion des Allais-Paradoxon kennengelernt haben, als Sicherheitseffekt: "a reduction of the probability of an outcome by a constant factor has more impact when the outcome was initially certain than when it was merely probable."

Beurteilungen bei Unsicherheit

Bisher haben wir uns ausschließlich mit der Beurteilung von Wahrscheinlichkeiten in Situationen unter Risiko beschäftigt. Der Urteilende musste sich also keine Erwartungen über das Eintreten der mit seinem Handeln verbundenen Konsequenzen machen, sondern konnte auf die objektiv gegebenen Wahrscheinlichkeiten zurückgreifen. im Folgenden wollen wir aufzeigen, wie ein Mitarbeiter in Situationen unter Unsicherheit eine Beurteilung von funktionalen Zusammenhängen vornimmt.

Da der Mitarbeiter in solchen Situationen die zugrundeliegenden Wahrscheinlichkeiten nicht kennt, können wir die Gewichte, die er diesen Beziehungen zuordnet, nicht ohne weiteres in der Art und Weise darstellen, wie wir dies bei den gegebenen Wahrscheinlichkeiten in Risikosituationen diskutiert haben. Vielmehr müssen wir nun berücksichtigen, dass in die Gewichtung des Mitarbeiters auch seine Erwartungen über das Eintreten der Konsequenzen einfließen, die mit seinem Arbeitsverhalten verbunden sein können.

Betrachten wir den Unterschied zwischen diesen beiden Arten von Beurteilungen etwas genauer: Bei der Einführung von Wahrscheinlichkeitsgewichten sind wir von gegebenen Wahrscheinlichkeiten ausgegangen. Die Beurteilung funktionaler Zusammenhänge unter Risiko können wir demnach schreiben als

$$w = w(p).$$

Das Wahrscheinlichkeitsgewicht w, das ein Mitarbeiter einer Wahrscheinlichkeit p zuordnet, wird durch eine entsprechende Gewichtungsfunktion $w(\cdot)$ beschrieben. Im Unterschied dazu müssen wir bei der Beurteilung funktionaler Beziehungen unter Unsicherheit im engeren Sinne nun aber berücksichtigen, dass sich der Mitarbeiter sein Urteil über unsichere Ereignisse bildet. In diesem Fall schreiben wir eine Beurteilung als

$$W = W(S),$$

wobei S nun ein bestimmtes Ereignis aus der Arbeitssituation des Mitarbeiters ist, das er durch die Gewichtungsfunktion $W(\cdot)$ beurteilt. Im Unterschied zu den Wahrscheinlichkeitsgewichten spricht man daher in diesem Fall auch von **Entscheidungsgewichten**.

Tversky und Fox (1995) haben für die Bildung von Entscheidungsgewichten einen zweistufigen Ansatz vorgeschlagen, der die Bildung subjektiver Wahrscheinlichkeiten mit der Beurteilung nach Wahrscheinlichkeitsgewichten verknüpft. Auf unseren Kontext übertragen stellt sich dieses Modell wie folgt dar:

(1) In einer ersten Stufe bildet sich ein Mitarbeiter ein prognostizierendes Urteil über die Wirkungszusammenhänge zwischen seinem Arbeitseinsatz und den Konsequenzen seines Handelns. Diese Bildung eines Wahrscheinlichkeitsurteils führt zu einer subjektiven Wahrscheinlichkeit, mit der der Mitarbeiter bestimmte Sachverhalte beurteilt. In der obigen Notation ist das Ergebnis dieser ersten Stufe eine Wahrscheinlichkeit $p(S)$ für das Eintreten dieses Sachverhalts.

(2) In der zweiten Stufe erfolgt dann die eigentliche Beurteilung dieser Erwartungen. Die erwarteten Wirkungszusammenhänge werden nun entsprechend seiner Wahrscheinlichkeitsgewichtungsfunktion vom Mitarbeiter gemäß seiner Risikoeinstellung bewertet. Konzeptionell ist das Ergebnis dieser zweiten Stu-

fe ein Wahrscheinlichkeitsgewicht $w(p)$, das der Mitarbeiter seiner Erwartung p zuordnet.

Tversky und Fox sowie neuere Arbeiten zeigen, dass die Beurteilungen von Versuchspersonen in Experimenten konsistent sind mit diesem zweistufigen Ansatz.[16] Diese Ergebnisse implizieren, dass sich Beurteilungen unter Unsicherheit aus subjektiven Wahrscheinlichkeitsurteilen und Wahrscheinlichkeitsgewichten zusammensetzen:

$$W(S) = w(p(S))$$

3.2.4 Zur Konsistenz der Präferenzbildung

Bevor wir uns im nächsten Abschnitt eingehend mit der Bildung subjektiver Wahrscheinlichkeitsurteile beschäftigen werden, soll zum Abschluss dieses Abschnitts auf eine grundsätzliche Problematik bei der Bildung präferierender Urteile eingegangen werden, die Konsistenz der Urteilsbildung. In unserer bisherigen Diskussion sind wir implizit davon ausgegangen, dass ein Mitarbeiter bestimmte Präferenzen besitzt und sich entsprechend diesen Präferenzen ein evaluierendes Urteil über die Elemente seiner Arbeitssituation bildet: So beurteilt er die Konsequenzen, die mit seinen Handlungsalternativen verbunden sind, aufgrund seiner gegebenen Präferenzen über diese Konsequenzen, bei mehreren Zielvariablen aufgrund einer Kombination seiner gegebenen Präferenzen, und bei funktionalen Zusammenhängen ergeben sich die Wahrscheinlichkeitsgewichte aufgrund seiner subjektiven Bewertung der jeweiligen Eintrittswahrscheinlichkeiten der Ereignisse.

Psychologische und physiologische Untersuchungen zeigen nun aber, dass die Präferenzen einer Person davon abhängen können, wie sie die Informationen über einen bestimmten Sachverhalt aufnimmt. Betrachten wir hierzu das folgende einfache Experiment von Nisbett und Wilson (1977): Sie legten ihren Versuchspersonen ein Liste verschiedener Kleidungsstücke vor und fragten sie nach ihren Präferenzen. Die Liste war dabei so aufgebaut, dass die einzelnen Positionen in einer Reihe angeordnet waren. Nisbett und Wilson untersuchten nun, welchen Einfluss die Reihenfolge der einzelnen Kleidungsstücke auf die Präferenzen der Versuchspersonen hatten. Sie kamen zu dem Ergebnis, dass diese tendenziell diejenigen Artikel bevorzugten, die ganz links in der Liste angeordnet waren, unabhängig davon, um welche

Artikel es sich im Einzelnen handelte. Die Art der Präsentation der Information hatte also einen entscheidenden Einfluss auf die Präferenzen der Personen.

Im Hinblick auf die eingeschränkten kognitiven Fähigkeiten einer Person überrascht dieses Ergebnis nicht unbedingt: Aufgrund der Grenzen, die sich durch die Funktionsweise unserer Sinnesorgane ergeben, können wir nicht alle Informationen gleichzeitig aufnehmen und verarbeiten. Insbesondere können wir also verschiedene Handlungsalternativen und ihre möglichen Konsequenzen nicht simultan beurteilen, sondern lediglich sequentiell. Damit ist aber die Reihenfolge, in der wir Alternativen wahrnehmen, wesentlich für unsere Entscheidungsfindung. Nisbett und Wilson stellten nun fest, dass die meisten Versuchspersonen die ihnen vorliegende Liste von links nach rechts durchgingen - eine Verhaltensweise, die in Verbindung steht mit dem Umstand, dass wir auch von links nach rechts lesen.

Warum aber bevorzugten die Versuchspersonen diejenigen Kleidungsstücke, die sie zuerst wahrnahmen? Und von welchen Aspekten der Informationsdarstellung kann die Beurteilung von Handlungsalternativen und ihrer Konsequenzen noch abhängig sein? im Folgenden wollen wir verschiedene Urteilstendenzen aufzeigen, die mit der Art und Weise der Präsentation von Informationen verbunden sein können. Im Unterschied zu den bisher diskutierten Framing-Effekten beruhen diese Verzerrungen nicht auf der inhaltlichen Darstellung des Entscheidungsproblems, sondern auf der Art der Wahrnehmung von Reizen aus der Umwelt. Im Prozess der Wahrnehmung ergeben sie sich dabei aufgrund einer unzureichenden selektiven Informationsaufnahme.[17]

- Der Primacy-Effekt: Dieser Effekt beschreibt die Tendenz, einen bestimmten Sachverhalt nach seinem ersten Eindruck zu beurteilen. Diejenigen Informationen, die man zuerst wahrnimmt, haben dabei ein ungleich größeres Gewicht bei der Beurteilung als diejenigen Informationen, die man später wahrnimmt. Sie dienen als Referenzpunkte bei der Beurteilung der später aufgenommenen Informationen.

  Im Arbeitskontext ist der Primacy-Effekt häufig bei Interviews, beispielsweise bei Vorstellungsgesprächen, zu beobachten. So hatten wir schon weiter oben erwähnt, dass sich viele Interviewer bereits nach den ersten fünf Minuten eines Vorstellungsgesprächs ein Urteil über den Kandidaten gebildet haben und die restliche Interviewzeit lediglich nutzen, um diesen Eindruck zu bestätigen. Informationen, die inkonsistent mit diesem Urteil sind, werden dabei nur teilweise genutzt oder völlig ignoriert. Dieselbe Verzerrung kann auch bei der Leistungsbeurteilung eines Mitarbeiters durch seinen Vorgesetzten auftreten: So kann die Beurteilung einer momentanen Arbeitsleistung des Mitarbeiters durch seinen anfänglichen Erfolg bzw. Misserfolg verzerrt sein.

- Der Recency-Effekt: Im Unterschied zum Primacy-Effekt werden hier diejenigen Informationen am höchsten bewerten, die ein Beobachter zuletzt wahrnimmt. Typisch sind solche Verzerrungen bei Vorträgen, bei denen ein Zuhörer einen Gesamteindruck aufgrund des Schlusswortes des Redners bildet.
- Der Halo-Effekt: Diese Urteilstendenz tritt auf, wenn ein Mitarbeiter einen bestimmten Sachverhalt allein aufgrund eines besonders hervorstechenden Merkmals beurteilt, ohne dabei andere Merkmale bei dem Gesamturteil entsprechend zu berücksichtigen. Die Beurteilung des einen Merkmals beeinflusst damit auch die Beurteilung der anderen Merkmale. In unserem obigen Beispiel werden so die bevorzugten Merkmale eines weiter rechts notierten Kleidungsstücks überproportional positiv gewichtet, wenn alle weiter links aufgelisteten Artikel dieses Merkmal nicht besitzen. Daher verwundert nicht, dass bei dem Gesamturteil einer Versuchsperson das zuletzt wahrgenommene Kleidungsstück gegenüber den anderen präferiert wird.

  Der Halo-Effekt hat ebenfalls bei Mitarbeiterbeurteilungen eine besondere Bedeutung: Er tritt auf, wenn die Arbeitsleistung eines Mitarbeiters, der seinem Vorgesetzten etwa durch seine Pünktlichkeit oder seinen aufgeräumten Schreibtisch positiv aufgefallen ist, als besonders gut von ihm eingestuft wird, obwohl die Arbeit des Mitarbeiters tatsächlich ausgesprochen fehlerhaft und unbefriedigend war. Umgekehrt kann natürlich auch ein Mitarbeiter, der aufgrund seiner Persönlichkeitseigenschaften besonders negativ auffällt, in seiner Arbeitsleistung schlecht beurteilt werden, obwohl sie tatsächlich überdurchschnittlich ist.

Als Implikation dieser Urteilstendenzen aufgrund der Art der Darstellung bestimmter Informationen wollen wir nun noch das Phänomen der Präferenzumkehr diskutieren. Betrachten wir hierzu einen Betriebswirt, der gerade sein Studium abgeschlossen hat und nun vor der Frage steht, bei welcher Unternehmung er seine erste Arbeitsstelle antreten soll. Zwei Szenarien wollen wir uns ansehen: Im ersten Fall hat der Hochschulabsolvent die Möglichkeit, entweder bei der Unternehmung

A oder bei der Unternehmung B anzufangen. A und B offerieren ihm etwa dasselbe Anfangsgehalt, und auch die Stellen sind von der Art der Tätigkeit fast identisch. Nehmen wir an, der Hochschulabsolvent entscheidet sich für Unternehmung A. Betrachten wir nun das zweite Szenario. In diesem Fall haben die beiden Unternehmungen dem Kandidaten zwar signalisiert, dass sie ihn gerne einstellen möchten. Allerdings haben sie kein Anfangsgehalt festgelegt, sondern vielmehr den Hochschulabsolventen aufgefordert, zunächst seine Vorstellungen darzulegen. Nachdem er alle Informationen über die Unternehmungen studiert hat, überlegt der Hochschulabsolvent, wie hoch sein niedrigstes Anfangsgehalt sein müsse, so dass er die eine bzw. die andere Stelle noch akzeptieren würde. Aufgrund der Präferenzen des Betriebswirts aus dem ersten Szenario würde man nun erwarten, dass er bei Unternehmung A mit einem niedrigeren Anfangsgehalt zufriedener ist als bei Unternehmung B.

Dass dem jedoch nicht notwendigerweise so sein muss, zeigen die Experimente von Lichtenstein und Slovic (1971). Sie legten ihren Versuchspersonen Lotterien vor, die sie folgendermaßen darstellten:

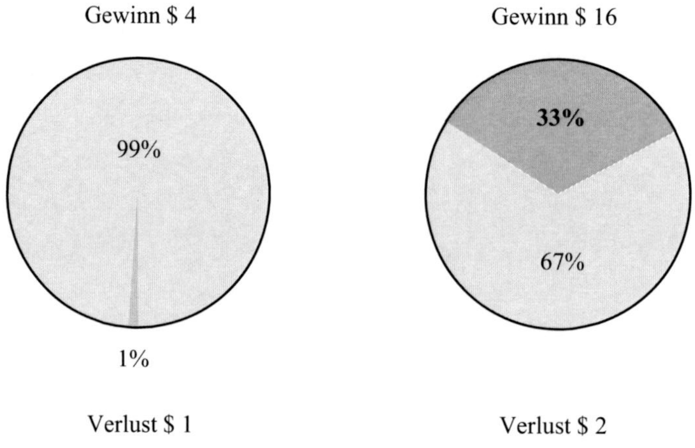

Abbildung 3.21: Das Experiment von Lichtenstein und Slovic

In der linken Lotterie hatten die Versuchspersonen eine 99%-ige Chance auf einen Gewinn von $ 4 und das 1%-ige Risiko eines Verlustes von $ 1. Charakteristisch für diese Lotterie ist also, dass sie eine hohe Wahrscheinlichkeit für einen moderaten Gewinn bietet - sie wurde von Lichtenstein und Slovic auch als 'P bet', für Probability bet, bezeichnet. Die rechte Lotterie nannten sie hingegen '$ bet': Sie bot den Versuchspersonen einen hohen Gewinn von $ 16, allerdings nur mit einer moderaten Wahrscheinlichkeit von 33%. Mit 67%-iger Wahrscheinlichkeit hingegen konnte ein Verlust von $ 2 eintreten.

Analog zu unserem Beispiel des Hochschulabsolventen mussten die Versuchspersonen auf zwei verschiedene Arten ihre Präferenzen darstellen: In einem ersten Verfahren mussten sie angeben, welche der beiden Lotterien sie wählen würden. In einem zweiten Verfahren sollten sich die Versuchspersonen vorstellen, dass sie für jede der beiden Lotterien ein Ticket besitzen, um daran teilzunehmen. Sie sollten dann den minimalen Preis bestimmen, für den sie bereit wären, ihr Ticket für die jeweilige Lotterie zu verkaufen.

Typischerweise würde man vermuten, dass die Versuchspersonen für diejenige Lotterie, die sie nach dem ersten Verfahren präferieren, einen höheren Verkaufspreis verlangen als für die andere Lotterie. Die nachfolgende Tabelle zeigt, dass jeweils gleich viele Versuchspersonen die P bet und die $ bet wählten, überraschenderweise jedoch 88% für die $ bet einen höheren Preis angaben als für die P bet:

	Anteil der Versuchspersonen, die	
Verfahren zur Präferenzerhebung	P bet präferierten	$ bet präferierten
Wahl	50%	50%
Minimaler Verkaufspreis	12%	88%

Abbildung 3.22: Das Phänomen der Präferenzumkehr

Las Vegas und das Phänomen der Präferenzumkehr

Die Experimente, die Lichtenstein und Slovic (1971) zur Präferenzumkehr durchgeführt haben, waren Laborexperimente, bei denen Versuchspersonen - zumeist Studenten - zwischen vorkonstruierten $ und P bets entscheiden mussten. Wie bei

allen Laborexperimenten ermöglicht dies zwar eine genaue Beobachtung des Versuchsablaufs, allerdings kann es aufgrund der künstlichen Rahmenbedingungen zu Verzerrungen gegenüber realen Entscheidungssituationen kommen.
Um das Phänomen der Präferenzumkehr auch in sehr realen Situationen zu bestätigen, untersuchten Lichtenstein und Slovic (1973) ein Spielcasino in 'downtown Las Vegas'. Das Spiel wurde hier von einem professionellen Spielleiter geführt. Wie bei den Laborexperimenten konnten Personen zwischen verschiedenen Lotterien mit positiven bzw. negativen Erwartungswerten wählen sowie zwischen solchen, die entweder große Chancen auf einen moderaten Gewinn (P bets) oder einen hohen Gewinn mit geringerer Wahrscheinlichkeit versprachen ($ bet).
Bei diesem Experiment entschieden sich die Spieler in insgesamt 484 Fällen für eine Lotterie mit positivem Erwartungswert, wobei davon 229 (47%) mal die P bet gewählt wurde. Diese Personen wurden anschließend gebeten, einen Preis zu bestimmen, mit dem sie ihre Lotterien wieder an den Spielleiter verkaufen würden. 81% derjenigen, die die P bet gewählt hatten, gaben nun aber der $ bet einen höheren Preis.

Quelle: Lichtenstein und Slovic (1973)

Als Erklärung für dieses Phänomen greifen Lichtenstein und Slovic (1971) auf unterschiedliche Reaktionsweisen zurück, die von den Versuchspersonen je nach dem Verfahren zur Präferenzerhebung angewendet werden. Diese Reaktionsweisen beruhen wiederum auf der Art der Darstellung der Informationen. So werden Sie bei der Betrachtung der beiden Lotterien in der obigen Abbildung möglicherweise zuerst wahrgenommen haben, dass die linke Lotterie einen viel größeren Gewinnsektor hat als die Lotterie auf der rechten Seite. Dann haben Sie aber zuerst die Wahrscheinlichkeiten als Informationen auf dieser Abbildung aufgenommen. Aufgrund des Primacy-Effekts würden Sie andere Informationen, die Sie später wahrnehmen - wie beispielsweise die genauen Auszahlungen in den beiden Lotterien - mit einer geringeren Gewichtung in Ihre Wahl einfließen lassen. Bei der Angabe eines minimalen Verkaufspreises für Ihr Lotterieticket sind Sie hingegen aufgrund des Verfahrens gezwungen, sich die Lotterien genauer anzuschauen. Insbesondere werden Sie eher die Geldbeträge bei Ihrer Präferenzbildung berücksichtigen. Zudem sind die Einheiten, in denen die Geldbeträge angegeben sind, in diesem Fall mit der Einheit, in der Sie Ihren Verkaufspreis angeben müssen, kompatibel.

3.3 Die Bildung von Wahrscheinlichkeitsurteilen

Ein Mitarbeiter steht in vielen Arbeitssituationen vor dem Problem, sich Erwartungen über unbekannte und damit unsichere Sachverhalte zu bilden. Hat er beispielsweise eine Aufgabe von seinem Vorgesetzten übertragen bekommen, muss er sich ein Urteil über die Inhalte seiner Aufgabenstellung bilden. Ebenso muss er den Wirkungszusammenhang zwischen seinem Arbeitseinsatz und dem Ergebnis seiner Aufgabendurchführung oder den Wechselwirkungen seines Arbeitsergebnisses und den für ihn damit verbundenen Belohnungen oder Sanktionen beurteilen. Seine Entscheidung darüber, wie er die an ihn delegierte Aufgabe erledigt, hängt wesentlich davon ab, wie er diese Unsicherheiten einschätzt.

Als **Beurteilungsregel** verstehen wir im Folgenden die Art und Weise, wie sich eine Person in ihrer Entscheidungssituation ein prognostizierendes Urteil über unbekannte Sachverhalte bildet. Bei der Bildung eines solchen Wahrscheinlichkeitsurteils ist entscheidend, inwieweit der zu beurteilende Sachverhalt ein einmaliges oder ein häufig vorkommendes Ereignis darstellt:

- Bei einem einmaligen Ereignis verfügt eine Person nur über Informationen aus dieser einen Beobachtung. Die Referenzpunkte, die er in diesem Fall zur Beurteilung heranzieht, bildet sich der Mitarbeiter aufgrund von Heuristiken. Diese Beurteilungsregeln sind kognitive Daumen- oder Faustregeln, die es ihm erlauben, die jeweiligen Ereignisse in einem bestimmten Umfang treffend zu beurteilen.
- Bei einem häufig vorkommenden Ereignis verfügt der Mitarbeiter hingegen über Informationen aus mehrfachen Beobachtungen. Als Referenzpunkte, die er zur Beurteilung des Ereignisses heranzieht, können ihm daher die relativen Häufigkeiten dienen, die er aus früheren Erfahrungen oder Vergangenheitsdaten gewonnen hat. In diesem Fall wird der Mitarbeiter also weniger auf Heuristiken zurückgreifen, sondern als Beurteilungsregel eine statistische Urteilsbildung wählen. Ist er beispielsweise in einer Versicherung als Sachverständiger für den Vertrieb von Einzelgebäudeversicherungen zuständig, wird er das zu versichernde Risiko eher an Referenzpunkten wie Art und Qualität der Schlösser, der

Lage des Hauses oder dem Fenstertyp festmachen und aufgrund seiner Erfahrungen bzw. Statistiken eine Risikoberechnung durchführen, als seine Beurteilung am Auftreten des Hauseigentümers zu orientieren.

Bevor wir auf diese statistische Urteilsbildung bei sich häufig wiederholenden Ereignissen eingehen, wenden wir uns zunächst dem Fall einmaliger Ereignisse zu. Wir stellen drei Heuristiken vor, die ein Mitarbeiter bei der Bildung eines Wahrscheinlichkeitsurteils anwenden kann, und gehen auf die mit ihrer Anwendung verbundenen Urteilstendenzen ein.

3.3.1 Die Heuristik der Repräsentativität

Betrachten wir einen Vorgesetzten, der einen neuen Mitarbeiter in seiner Abteilung einstellen will. Er steht vor der Aufgabe, das Potential eines Bewerbers für die freie Stelle zu beurteilen. Übertragen auf unsere Terminologie handelt es sich also um eine prognostizierende Beurteilung.

Dabei steht er vor dem Problem, dass er eine Vielzahl von Informationen über den Kandidaten zur Verfügung hat, die er in irgendeiner Weise für seine Prognose kombinieren muss. Diese Informationen sind im Allgemeinen nicht unabhängig voneinander. Wie soll er also diese unterschiedlichen Informationen gewichten? Betrachten wir zunächst den Extremfall, in dem er aus zwei verschiedenen Quellen dieselbe Information erhält. Beispielsweise geben die Noten im Zeugnis des Bewerbers und seine diesbezüglichen Aussagen im Einstellungsgespräch dieselbe Information wider. Hier ist anzunehmen, dass der Vorgesetzte diese Information bei seiner Beurteilung nur einmal berücksichtigen wird.

Was macht der Vorgesetzte in dem wahrscheinlicheren Fall, in dem die Abhängigkeit zwischen verschiedenen Informationen im Grad variiert? Beispielsweise wird er für die Beurteilung der sozialen Fähigkeiten des Bewerbers sowohl sein Zeugnis, seine Empfehlungen von früheren Arbeitgebern und die Bemerkungen und Antworten des Kandidaten im Interview zugrunde legen können. Diese Quellen sind nicht identisch, aber die daraus hervorgehenden Informationen stehen in Beziehung zueinander, so dass ein Teil dieser Informationen redundant ist.

Solche redundanten Informationen sollten eigentlich vom Vorgesetzten in seiner Beurteilung nicht berücksichtigt werden. Allerdings haben Personen bei einer Vielzahl von Informationen Probleme, den Grad der Redundanz zwischen diesen verschiedenen Quellen zu erfassen. Eine Reaktion darauf kann das folgende Verhalten des Interviewers sein. In den ersten Minuten macht er sich ein Bild von dem Kandidaten, und in der restlichen Zeit des Interviews sucht er Informationen, die mit diesem Bild konsistent sind. Der Vorgesetzte würde demnach also eher nach redundanten Informationen fragen, die sein bereits geformten Bild bestätigen. Diese Urteilsverzerrung wird in der Literatur daher auch als Bestätigungsfalle bezeichnet.

Eine zweite typische Vorgehensweise in Vorstellungsgesprächen ist, dass der Interviewer einen guten Kandidaten danach beurteilt, inwieweit dieser mit seinem Bild eines 'erfolgreichen Mitarbeiters' korrespondiert. Wählt er als Referenzpunkt etwa das äußere Erscheinungsbild – 'schlecht gekleidete Menschen sind repräsentativ für Unzuverlässigkeit' – dann wird der Vorgesetzte einen Kandidaten, der bezüglich dieses Referenzpunktes Ähnlichkeiten aufweist, dieser Kategorie zuordnen.

Die Heuristik, eine Konsistenz herzustellen zwischen neuen Informationen und solchen, die in unserem Gedächtnis gespeichert sind, wird von Kahneman und Tversky (1973, S.237) **Repräsentativität** genannt: "people ... select or order outcomes by the degree to which outcomes represent the essential features of the evidence". Bei der Beurteilung eines bestimmten Sachverhalts orientiert sich eine Person demnach an einem Stereotyp: Repräsentative Referenzpunkte dienen zur Einschätzung der Wahrscheinlichkeit eines Ereignisses. Dadurch wird der schwierige Prozess der ganzheitlichen Wahrnehmung vereinfacht und entsprechende Kosten der Informationsverarbeitung eingespart.

Für das Verhalten eines Mitarbeiters lassen sich weitere Beispiele anführen, in denen er diese Heuristik der Repräsentativität benutzt: Ein Mitarbeiter beurteilt einen neuen Vorgesetzten und dessen Führungsstil danach, ob dieser in seiner Vergangenheit einmal Offizier bei der Armee war. Ein anderer Mitarbeiter sieht die Zusammenarbeit mit seinem Kollegen dadurch beeinträchtigt, dass dieser Ausländer ist. Ein dritter Mitarbeiter beurteilt seinen Erfolg für die Durchführung einer neuen Aufgabe danach, inwieweit diese Aufgabe mit der zu vergleichen ist, die er in der Vergangenheit erfolgreich bewältigt hat.

In einigen Fällen wird die Nutzung dieser Heuristik eine gute erste Annäherung an die 'richtige' Beurteilung sein. In anderen Fällen wird sie aber auch zu Verzerrungen bei der Wahrnehmung führen und ein entsprechend inadäquates Verhalten auslösen. Zwar hat der Vorgesetzte vielleicht recht mit seiner Unterstellung, dass schlecht gekleidete Menschen tatsächlich eher unzuverlässig sind, aber natürlich können auch zuverlässige Menschen durchaus schlecht gekleidet sein. Damit überschätzt aber der Vorgesetzte die Wahrscheinlichkeit, dass ein Bewerber unzuverlässig ist, wenn er im Interview tatsächlich in Jeans erscheint.

im Folgenden wollen wir sechs Verzerrungen diskutieren, die bei der Anwendung der Heuristik der Repräsentativität auftreten können.

Der Basisrateneffekt

Dies ist die Urteilsverzerrung, die wir gerade angesprochen haben: Indem der Vorgesetzte übersieht, dass auch zuverlässige Menschen schlecht gekleidet sein können, ignoriert er, wie oft das Ereignis 'schlecht gekleideter Mensch' a priori überhaupt zu erwarten ist. Angenommen, der Anteil der zuverlässigen Kandidaten am gesamten Bewerberfeld beträgt 80%. Diese a priori-Information ist die sogenannte Basisrate und sollte bei der Urteilsbildung berücksichtigt werden. A priori, also bevor der Vorgesetzte einen Bewerber tatsächlich gesehen hat, würde er so dessen Zuverlässigkeit auf 80% schätzen. Orientiert er dann aber sein Urteil über die Zuverlässigkeit des Kandidaten an dessen Kleidung, vernachlässigt er völlig diese Basisrate und damit den Umstand, dass auch aus der Gruppe der zuverlässigen Kandidaten ein gewisser Prozentsatz in Jeans zum Vorstellungsgespräch erscheinen würde. Für die Urteilsbildung des Vorgesetzten ist es aufgrund der Heuristik der Repräsentativität ganz gleichgültig, ob 80% oder lediglich 10% der Bewerber a priori zuverlässig sind.

Kahneman und Tversky (1972; 1973) zeigen in ihren Experimenten, dass die Vernachlässigung der Basisrate entscheidend davon abhängt, welche Informationen man den Versuchspersonen zur Verfügung stellt. Übertragen auf unser Beispiel der Einstellung würde dies bedeuten, dass ein Vorgesetzter durchaus sein Urteil in Übereinstimmung mit der Basisrate treffen würde, wenn er keine Informationen über die Kleidung des Bewerbers hätte.

Im Arbeitskontext kann diese Urteilsverzerrung sowohl bei der Wahrnehmung der Erreichbarkeit seiner Arbeitsergebnisse als auch bei der Einschätzung ihrer Instrumentalität relevant sein. In beiden Fällen bedingt diese Verzerrung, dass der Mitarbeiter entweder zu sehr den Erfolg seiner Bemühungen vor Augen hat, ohne den damit verbundenen Misserfolg zu beachten, oder dass er lediglich den Misserfolg sieht, ohne auch seine Erfolgsmöglichkeiten richtig zu berücksichtigen.

Der Konversions-Effekt

Eng verwandt mit der Vernachlässigung der Basisrate ist das Problem, dass bei Anwendung der Heuristik der Repräsentativität systematisch zwei Wahrscheinlichkeiten miteinander verwechselt werden: In unserem Beispiel des Einstellungsgesprächs wird die Wahrscheinlichkeit, dass ein unzuverlässiger Bewerber in Jeans erscheint, mit der Wahrscheinlichkeit vertauscht, dass Bewerber in Jeans unzuverlässig sind. Bezeichnen wir mit A und B die beiden Ereignisse 'Bewerber in Jeans' und 'unzuverlässiger Bewerber', dann besteht dieser Fehler offensichtlich darin, die bedingten Wahrscheinlichkeiten $p(A \mid B)$ und $p(B \mid A)$ miteinander zu verwechseln.[18]

Die Konsequenzen, die mit diesem Fehler verbunden sein können, sind offensichtlich: Da das eine Ereignis A viel wahrscheinlicher ist als das andere Ereignis B, ist die bedingte Wahrscheinlichkeit $p(A \mid B)$ viel größer als die bedingte Wahrscheinlichkeit $p(B \mid A)$. Ein Verwechseln der beiden Wahrscheinlichkeiten bedingt in unserem Beispiel also, dass der Vorgesetzte die Wahrscheinlichkeit, dass der Bewerber aufgrund seiner Jeans unzuverlässig ist, viel zu hoch einschätzt.

Schoßhündchen
und der Aufstieg zum Topmanager in den USA

Unterhaltsame Beispiele für zweifelhafte statistische Zusammenhänge aufgrund kognitiver Verzerrungen liefert Dawes (1988). Er zitiert z.B. die Zeitschrift 'Management Focus', die über eine Studie berichtet, nach der ein Zusammenhang besteht zwischen einer Kindheit mit Haustieren und dem Karriereerfolg von Topmanagern. So gaben 94% von 74 befragten CEOs, die alle in Fortune 500 Unternehmen arbeiteten, an, dass sie als Kinder Haustiere besessen haben. Nach Einschätzung der Befragten hat der Besitz eines Haustieres einen positiven Einfluss auf die jugendlichen Topmanager von morgen, da der Umgang mit anderen Lebewesen Verantwortungsbewusstsein, Großzügigkeit und kommunikative Fähigkeiten verbessert.

Dieser postulierte Zusammenhang zwischen dem Aufwachsen mit einem Haustier und der Karriere zum Topmanager vernachlässigt aber die Grundgesamtheit: "For all we know, more than 94% of children raised in the backgrounds from which chief executives come had pets, in which case the direction of dependency would be negative." Dawes bietet daher einen Zusammenhang an, der intuitiver erscheint als die Annahme, dass Topmanager ihre Fähigkeiten in der Kommunikation mit Geschäftskollegen aus ihrem Umgang mit Schoßhündchen in der Jugend besitzen: Das Zähneputzen in der Jugend. Da vermutlich alle erfolgreichen Topmanager bereits in ihrer Kindheit ihre Zähne putzen mussten, liegt die Vermutung nahe, dass 'Zähneputzen' in jungen Jahren ein kritischer Erfolgsfaktor für die persönlich Karriereentwicklung ist. Begründen lässt sich dies mit der ungeheuren Selbstdisziplin, die also CEOs bereits in ihrer Jugend an den Tag legen.

Quelle: Dawes (1988, S.75f)

Vernachlässigung der Grundgesamtheit

Betrachten wir einen Produktionsleiter, der für die Produktion von Glühbirnen in zwei Werken verantwortlich ist. Das eine Werk produziert 45.000 Glühbirnen am Tag, während das zweite, kleinere Werk lediglich 15.000 Stück am Tag produziert. Die Ausschussrate bei der Produktion von Glühbirnen in beiden Werken sei 5%, sie kann allerdings täglich schwanken. Nun erhält der Produktionsleiter am Ende des Jahres eine Statistik über die täglichen Ausschussraten. In welchem Werk wird die Rate der defekten Glühbirnen öfter über 6% gelegen haben? Im großen oder im kleinen Werk?
Wenn Sie sagen, dass die Anzahl der Tage mit einer Ausschussrate über 6% in beiden Werken mehr oder weniger gleich sein wird, unterliegen Sie einem Fehler. Die Anwendung der Heuristik der Repräsentativität bedingt, dass Sie das Ereignis 'mehr als 6% defekter Glühbirnen' als zufällig betrachten. Damit vernachlässigen Sie aber die Grundgesamtheit, die bei einer statistisch korrekten Abschätzung einbezogen werde müsste. So steigt mit der Größe einer Stichprobe die Zuverlässigkeit einer Aussage - dies ist das Gesetz der großen Zahlen. Im Beispiel ist es also um so wahrscheinlicher, dass sich eine Ausschussrate von 6% einstellt, je kleiner das Werk ist. Die Vernachlässigung dieses Zusammenhangs bedingt, dass wir subjektiv auch bereits eine kleine Stichprobe für zuverlässig halten.

Gesetz der kleinen Zahlen

Betrachten wir den Leiter einer Versicherungsagentur, der nun bereits zum vierten Mal in kurzer Zeit für einen bestimmten Versicherungsbezirk einen neuen Außendienstmitarbeiter sucht. Jeder der drei Mitarbeiter, den er in der Vergangenheit einstellte, verließ bereits nach einigen Wochen wieder das Unternehmen. Drei Fehleinstellungen nacheinander sind unwahrscheinlich, denkt sich der Leiter der Versicherungsagentur und ist sicher, dass der nächste Mitarbeiter länger bleibt. Würden Sie sagen, dass diese Annahme richtig oder falsch ist?

Wenn Sie die Annahme für richtig halten, begehen Sie erneut einen Urteilsfehler als Folge der Heuristik der Repräsentativität. Was Sie in diesem Fall unterstellen ist, dass bereits die endliche Stichprobe von fünf Bewerbern repräsentativ für die Gesamtheit aller Bewerber ist. Und da die Wahrscheinlichkeit, vier Fehleinstellungen hintereinander zu begehen, relativ gering ist, wird der vierte Bewerber schon ein guter Kandidat sein. Tversky und Kahneman (1971) nennen dies das Gesetz der kleinen Zahlen. Was wir bei dieser Argumentation allerdings ignorieren ist die Tatsache, dass wir bereits drei Fehleinstellungen haben und dass der vierte Bewerber bezüglich seiner Qualifikationen völlig unabhängig von diesen ersten drei Stelleninhabern ist. Seine Bleibewahrscheinlichkeit ist damit aber auch nicht durch die seiner Vorgänger beeinflusst.

Die verzerrte Wahrnehmung des Zufalls liefert auch eine Erklärung für den 'Trugschluss des Spielers', den Dostojewski (1920, S.212) in seinem Roman 'Der Spieler' beschreibt[19]: "Gerade diesmal aber geschah etwas, das im Spiel übrigens ziemlich oft vorkommt: das Glück heftete sich an Rot und fünfzehnmal nach der Reihe kam Rot. ... Selbstverständlich wagt nach dem zehntenmal niemand mehr, auf Rot zu setzen. Aber auch auf Schwarz, das Gegenteil von Rot, setzt dann - wenigstens von erfahrenen Spielern - kein einziger. Diese wissen nur zu gut, zu was sich solch ein 'Eigensinn des Zufalls' mitunter auswachsen kann. Die Neulinge aber fallen gewöhnlich ausnahmslos herein, indem sie ihre Einsätze auf das Gegenteil - auf Schwarz z.B. - verdoppeln und verdreifachen und, versteht sich, bei der Gelegenheit riesige Summen verlieren". In der Logik des Rouletts ist natürlich die Wahrscheinlichkeit von Rot oder Schwarz in jedem Spiel gleich, unabhängig davon, welche Kombination sich vorher ergeben hat. Die Wahrnehmungsverzerrung liegt also wiederum darin, dass man eine solch lange Serie von Rot als repräsentativ für den zugrundeliegenden Zufallsprozess hält.

Regression zur Mitte

Betrachten wir noch einmal den Leiter der Versicherungsagentur.[20] Seine Aufgabe ist es, für die Planung der Geschäftsleitung die erwarteten Versicherungsabschlüsse im nächsten Jahr zu ermitteln. Insgesamt hat er sechs Versicherungsbezirke, die in ihrer Größe und den wirtschaftlichen Rahmendaten relativ identisch sind. Grundlage seiner Planung sind die abgeschlossenen Versicherungsverträge des Vorjahres:

Versicherungsbezirk	letztes Geschäftsjahr	neues Geschäftsjahr
V1	250	
V2	252	
V3	273	
V4	304	
V5	256	
V6	265	
Summe	1670	1782

Abbildung 3.23: Die Prognose der Versicherungsabschlüsse

Von der Zentrale des Versicherungsunternehmens hat der Leiter der Agentur eine Erhöhung der Gesamtzahl der Versicherungsverträge von 10% vorgegeben bekommen. Seine Aufgabe ist es, aus dieser Vorgabe auf die erwartete Anzahl an Versicherungsabschlüssen in den einzelnen Versicherungsbezirken zu schließen.

Eine auf den ersten Blick recht plausible Planung könnte dann etwa so aussehen: Da der Gesamtzuwachs an Policen bei 10% liegt und die einzelnen Versicherungsbezirke relativ identisch sind, ist auch in jedem Bezirk mit einem Zuwachs von 10% zu rechnen. Versicherungsbezirk V1 hätte demnach 286 neue Abschlüsse, Bezirk V2 hätte 277 Abschlüsse usw.

Eine solche Vorgehensweise scheint gerechtfertigt, insbesondere aufgrund des Umstandes, dass wir keine spezifischen Informationen über die einzelnen Versicherungsbezirke haben. Allerdings unterstellt diese Art der Planung, dass wir allein aufgrund der Daten aus dem Vorjahr auf die künftigen Versicherungsabschlüsse zurückschließen können. Implizit haben wir damit also angenommen, dass eine perfekte Korrelation zwischen den Versicherungsabschlüssen im Vorjahr und im nächsten Jahr besteht. A priori können wir aber davon gar nicht ausgehen. Vielmehr wird die Korrelation zwischen den Versicherungsabschlüssen irgendwo im Bereich zwischen perfekter Korrelation und völliger Unabhängigkeit liegen: Die Daten des Vorjahres werden ein Indikator sein für die Prognose, aber das Versicherungsgeschäft wird auch in einem gewissen Umfang von zufälligen Einflussfaktoren abhängen. Bei einer vollständigen Unabhängigkeit ist die beste Planung aber durch eine Gleichverteilung der Abschlüsse auf alle Bezirke gegeben – jeder Versicherungsbezirk würde in diesem Fall 297 neue Abschlüsse tätigen. Folglich müsste bei Unkenntnis der tatsächlichen Zusammenhänge die Planung für den ersten Versicherungsbezirk also zwischen 286 und 297 Abschlüssen liegen. Die Tendenz, für die Planung zukünftiger Ereignisse frühere Beobachtungen als repräsentativ anzusehen, ist also wiederum ein Urteilsfehler, der durch die Anwendung der Heuristik der Repräsentativität verursacht wird. Die Regression zur Mitte liefert auch eine Erklärung für das in der Unternehmenspraxis häufig zu beobachtende Phänomen, dass Mitarbeiter innerhalb eines Unternehmens solange befördert werden, bis sie eine Position erreichen, für die sie inkompetent sind. Dieses nach Peter und Hull (1969) benannte Peter-Prinzip erklärt Lazear (2004) als natürliches Ergebnis eines statistischen Prozesses, dem eine Progression zur Mitte zugrunde liegt: Mitarbeiter werden im Allgemeinen aufgrund hervorragender Arbeitsergebnisse befördert. Da ein Arbeitsergebnis immer auch von zufälligen Einflüssen abhängig ist, werden also gerade diejenigen befördert, bei denen solche transitorischen Komponenten eine positive Ausprägung hatten. Da sich nach der Beförderung der Einfluss dieser Faktoren in der Erwartung wieder ausgleicht, impliziert dieses eine Reduzierung im erwarteten Arbeitsergebnis.

Der Konjunktionseffekt

Betrachten wir noch einmal den Vorgesetzten, der einen neuen Mitarbeiter für seine Abteilung sucht. Von einem Kollegen bekommt er die folgende Beschreibung eines Herrn Schmidt, der eine neue Stelle sucht: "Herr Schmidt ist 27 Jahre alt. Er ist intelligent, allerdings phantasielos und in seinem Auftreten blass. In der Schule war er ein Einzelgänger. Sein Lieblingsfach war Mathematik." Leider sind das alle Informationen, die sein Kollege ihm mitteilt. Betrachten wir die folgenden drei Einschätzungen unter der Annahme, dass der Vorgesetzte sich aufgrund dieser Beschreibung über Herrn Schmidt eine Vorstellung davon bildet, ob dieser in seine Abteilung passt:

1. Herr Schmidt ist von Beruf Buchhalter.
2. Herr Schmidt ist von Beruf Buchhalter und in seiner Freizeit Libero in einem Fußballverein.
3. Herr Schmidt ist in seiner Freizeit Libero in einem Fußballverein.

Wie würden Sie Herrn Schmidt einschätzen? Zunächst einmal scheint die Beschreibung darauf hinzudeuten, dass Herr Schmidt durchaus Buchhalter von Beruf sein kann. Tatsächlich sollte die Beschreibung repräsentativ für diesen Beruf sein. Zudem sollte aber die Beschreibung auch völlig unrepräsentativ sein für jemanden, der Libero in einer Fußballmannschaft ist. Aussage 3 wäre also nicht sehr wahrscheinlich.

Wenn Sie nun aber die zweite Aussage als wahrscheinlicher einstufen als Aussage 3, dann unterliegen Sie einer Urteilsverzerrung: Die Menge der Personen, die Buchhalter und Libero sind, kann nicht größer sein als die Menge der Personen die nur Buchhalter sind. Statistisch kann somit aber die Wahrscheinlichkeit des zusammengesetzten Ereignisses 'Buchhalter und Libero' nicht größer sein als die Wahrscheinlichkeit des Einzelereignisses 'nur Libero'.[21] Wenn Sie also Aussage 2 für wahrscheinlicher als Aussage 3 halten, dann überschätzen Sie die Wahrscheinlichkeit des Szenarios.

Linda – Feministin und Bankangestellte

Auf Tversky und Kahneman geht das folgende Beispiel zurück, das seither in vielen anderen Experimenten weiter untersucht wurde. Versuchspersonen sollten die folgende Aufgabe bearbeiten:

> *Linda is 31 years old, single, outspoken, and very bright. She majored in philosophy. As a student, she was deeply concerned with issues of discrimination and social justice, and also participated in anti-nuclear demonstrations.*
> *Please rank the following statements by their probability, using 1 for the most probable and 8 for the least probable.*
>
> A *Linda is a teacher in elementary school.*
>
> B *Linda works in a bookstore and takes Yoga classes.*
>
> C *Linda is active in the feminist movement.*
>
> D *Linda is a psychiatric social worker.*
>
> E *Linda is a member of the League of Women Voters.*

F *Linda is a bank teller.*

G *Linda is an insurance salesperson.*

H *Linda is a bank teller and is active in the feminist movement.*

Die Beschreibung von Linda ist so konstruiert, dass sie einerseits repräsentativ für eine Feministin sein sollte, andererseits aber unrepräsentativ für eine Bankangestellte ist. Aufgrund der Heuristik der Repräsentativität würde man also zu dem Schluss kommen, dass die meisten Versuchspersonen die Aussagen C, F und H entsprechend der Reihenfolge C-H-F nach ihren Wahrscheinlichkeiten ordnen würden. In der Tat war die durchschnittliche angegebene Einschätzung 2.1 für Aussage C, 4.1 für Aussage H und 6.2 für Aussage F. Die höhere Wahrscheinlichkeit für Aussage H als für F entspricht der Überschätzung der Wahrscheinlichkeit von Szenarien. Insgesamt unterlagen in dieser Studie 89% der Teilnehmer diesem Fehlurteil.

Quelle: Tversky und Kahneman (1982a)

3.3.2 Die Heuristik der Verfügbarkeit

Stellen Sie sich einen Vorgesetzten vor, der in seiner Abteilung mehrere Mitarbeiter hat, unter anderem auch Herrn Schulz und Herrn Müller. Die gesamte Abteilung ist in einem Großraumbüro untergebracht, wobei die einzelnen Arbeitsplätze hintereinander angeordnet sind. Ganz vorne in dieser Reihe sitzt Herr Schulz, ganz hinten Herr Müller. Am Kopf des Raumes, also direkt vor Herrn Schulz, sitzt der Chef, seinen Mitarbeitern zugewandt. Es ist Dezember, die jährlichen Mitarbeiterbeurteilungen stehen bevor. Welche der beiden folgenden Aussagen halten Sie für wahrscheinlicher:

(1) Der Vorgesetzte beurteilt Fehler von Herrn Müller und Herrn Schulz gleich streng.

(2) Der Vorgesetzte beurteilt Fehler von Herrn Müller weniger streng als die von Herrn Schulz.

Intuitiv würden Sie sicherlich sagen, dass die zweite Aussage wahrscheinlicher ist: Der Vorgesetzte hat Herrn Schulz in seiner unmittelbaren Nähe und ist sich daher seiner Arbeitsleistungen sehr viel bewusster als derjenigen von Herrn Müller. Folglich würde er Herrn Schulz kritischer beurteilen als Herrn Müller.

Die Heuristik, die der Vorgesetzte in diesem Fall einsetzt, wird von Tversky und Kahneman (1973, S.208) **Verfügbarkeit** genannt: "A person is said to employ the availability heuristic whenever he estimates frequency or probability by the ease with which instances or associations could be brought to mind."

Im Unterschied zur Heuristik der Repräsentativität schätzt man die Wahrscheinlichkeit eines Ereignisses in diesem Fall also nicht durch einen Vergleich mit vorher gebildeten Stereotypen ab, sondern durch solche Informationen, die einem kognitiv besser verfügbar sind. Die Wahrscheinlichkeit, mit der man bei Anwendung der Heuristik der Verfügbarkeit ein Ereignis einschätzt, ist also umso größer, je leichter man sich Beispiele für dieses Ereignis vorstellen oder in Erinnerung rufen kann.

Im Rahmen des Linsen-Modells von Brunswik und des Prozesses der Urteilsbildung können wir diese Heuristik wie folgt einordnen: Eine Person orientiert sich bei der Beurteilung eines bestimmten Sachverhalts nicht nur an solchen Referenzpunkten, die sie physisch wahrnimmt, sondern auch an scheinbaren Referenzpunkten, also solchen, die in ihrem Gedächtnis gespeichert sind. Für die Beurteilung eines Ereignisses ist dann von entscheidender Bedeutung, in welchem Umfang solche scheinbaren Referenzpunkte im Gedächtnis verfügbar sind.

Im Hinblick auf die beschränkten kognitiven Fähigkeiten einer Person spart damit die Anwendung dieser Heuristik erhebliche Kosten der Informationsverarbeitung: Anstatt wie bei einem Computer auf alle gespeicherten Informationen zur Urteilsbildung zurückzugreifen, werden nur diejenigen Informationen verwendet, die unmittelbar verfügbar sind. Da Ereignisse, die häufig auftreten, einer Person schneller in den Sinn kommen als weniger häufige Ereignisse, ist diese Heuristik durchaus in gewissen Situationen vorteilhaft.

Wie im Fall der Heuristik der Repräsentativität können allerdings auch hier Urteilsverzerrungen auftreten. Dies ergibt sich aus dem Umstand, dass ausschließlich die verfügbaren Informationen genutzt werden und damit immer eine unvollständige Informationsbasis besteht. Damit werden aber die verfügbaren Informationen bei der Urteilsbildung sukzessive gegenüber anderen Information übergewichtet, so dass die Wahrscheinlichkeit für das Eintreten eines Ereignisse verzerrt beurteilt wird. Folgende Verzerrungen können in diesem Zusammenhang auftreten:

Überschätzung der Wahrscheinlichkeit präsenter Ereignisse

Diese Verzerrung wird genau diejenige sein, der unser Vorgesetzter im obigen Beispiel unterliegt – er bewertet die Fehler, die Herr Schulz gemacht hat, viel kritischer, weil er sie sich einfacher ins Gedächtnis zurückrufen kann. Das bedeutet aber insbesondere, dass er es für viel wahrscheinlicher hält, dass Herr Schulz einen Fehler begangen hat, als Herr Müller, selbst wenn die beiden Mitarbeiter in der Qualität und Quantität ihrer Fehler völlig identisch sind. Daher wird der Vorgesetzte die Leistung von Herrn Schulz aufgrund dieser Fehler tendenziell niedriger einschätzen als die von Herrn Müller.

Eine solche Verzerrung tritt nicht nur bei der vergleichenden Bewertung verschiedener Mitarbeiter auf, sondern kann einem Vorgesetzten auch bei der Leistungsbeurteilung eines einzelnen Mitarbeiters unterlaufen. So werden ihm vermutlich die letzten drei Monate vor dem Zeitpunkt der jährlichen Mitarbeiterbeurteilung sehr viel bewusster im Gedächtnis sein als die ersten neun Monate. Dies impliziert aber dann wiederum eine entsprechende Verzerrung bei der Beurteilung eines Mitarbeiters.

Ein anderes Beispiel im Arbeitskontext zitiert Bazerman (1998, S.16): "The following [example] came from the experience of one of my MBA students: As a purchasing agent, he had to select one of several possible suppliers. He chose the firm whose name was the most familiar to him. He later found out that the salience of the name resulted from recent adverse publicity concerning the firm's extortion of funds from client companies!"

Es gibt also eine Vielzahl von Gründen, warum uns ein bestimmtes Ereignis leicht im Gedächtnis verfügbar ist. Die Häufigkeit des Ereignisses kann hier ebenso ein Grund sein wie seine Aktualität oder Eindrücklichkeit: Ein Produktionsmitarbeiter, der gerade Zeuge eines Arbeitsunfalls eines Kollegen wurde, wird die Wahrscheinlichkeit, dass ein solcher Unfall noch einmal auftreten könnte, viel höher einschätzen als ein Mitarbeiter, der von dem Unfall noch keine Kenntnis hat. Insbesondere wird hier auch die Art, mit der ein Mitarbeiter von dem Unfall erfährt, für seine Einschätzung von Bedeutung sein: Durch die direkte Anwesenheit wird einem Mitarbeiter der Unfall lebhafter im Gedächtnis bleiben als wenn er ihn lediglich erzählt bekommt oder darüber in der Zeitung liest.

Überschätzung der Wahrscheinlichkeit bei ungenügender Stichprobe

Betrachten wir noch einmal das im Zusammenhang mit Repräsentativität diskutierte Beispiel des Vorgesetzten, der von einem Kollegen Herrn Schmidt als potentiellen Kandidaten für eine freie Stelle empfohlen bekommen hat. Neben der dort angeführten Erklärung für eine Überschätzung der Wahrscheinlichkeit von Szenarien bietet die Verfügbarkeit verknüpfter Ereignisse im Gedächtnis eine zweite Erklärung: Der Vorgesetzte wird beispielsweise die Wahrscheinlichkeit, dass Herr Schmidt Buchhalter und Libero ist, so hoch einschätzen, weil er diese Kombination möglicherweise schon einmal bei einer anderen Person kennengelernt hat.

Hogarth (1980, S.53) zitiert im Arbeitskontext ein anderes Beispiel, das Gordon Kaufman für dieses Phänomen erwähnte: "A further example ... is provided by geologists who were estimating the potential oil yields of some prospective sites. They did this by comparing the geological features of the sites with areas that had been exploited and where, as a consequence, the oil yields were known. The bias induced by this strategy was that no comparisons were made with other sites that had not been exploited but that had features similar to the prospective sites."

Ursache dieser Urteilsverzerrung ist der Umstand, dass die Wahrscheinlichkeit eines Ereignisses aufgrund einer zu kleinen Stichprobe – im Extremfall eines Einzelfalls – überschätzt wird. Dabei ist gleichgültig, ob man tatsächlich nur diese kleine Stichprobe kennt oder andere Ereignisse vergessen hat: Betrachten wir einen Vorgesetzten, dem sein Mitarbeiter mit Kündigung droht, falls er nicht bei der nächsten Beförderungsrunde endlich auch berücksichtigt wird. Wie wird der Vorgesetzte darauf reagieren? Inwieweit wird er die Drohung des Mitarbeiters als glaubwürdig ansehen? Neben den Alternativen, die der Mitarbeiter nach einer Kündigung tatsächlich besitzt, wird die Beurteilung der Drohung auch von den Erfahrungen des Vorgesetzten abhängen, die er in ähnlichen Fällen gesammelt hat. Anzunehmen ist hier aufgrund der Heuristik der Verfügbarkeit, dass dem Vorgesetzten solche Beispiele ins Gedächtnis kommen, in denen Mitarbeiter in ähnlichen Situationen tatsächlich gegangen sind. Andere, nicht ausgeführte Drohungen werden dem Vorgesetzten sehr viel wenig prägnant im Gedächtnis sein und er wird sie unter Umständen sogar vergessen haben. Damit überschätzt er aber tendenziell die Wahrscheinlichkeit, dass der Mitarbeiter tatsächlich kündigen wird.

Tversky und Kahneman (1974, S.1128) argumentieren, dass diese Tendenz der Überschätzung von Wahrscheinlichkeiten Ergebnis einer illusionären Korrelation ist: Je nach der Stärke der wahrgenommenen Beziehung zwischen zwei Ereignissen erscheint es uns wahrscheinlicher, dass diese Ergebnisse häufiger gemeinsam auftreten.

3.3.3 Ambiguität und die Heuristik der Verankerung und Anpassung

In der bisherigen Diskussion haben wir untersucht, wie sich ein Mitarbeiter in einer bestimmten Arbeitssituation ein Wahrscheinlichkeitsurteil über ihm unbekannte Sachverhalte bildet. Dabei sind wir implizit davon ausgegangen, dass sich der Mitarbeiter über sein Urteil im Allgemeinen sicher ist. im Folgenden wollen wir diese Annahme hinterfragen: Wir betrachten hierzu eine Situation, in der ein Mitarbeiter keine ausreichenden Informationen besitzt, um sich tatsächlich ein eindeutiges Urteil zu bilden.

Betrachten wir den Abteilungsleiter eines großen Versicherungsunternehmens, der für den Verkauf von Einzelversicherungen bei Industriekunden zuständig ist. Er muss entscheiden, ob und zu welchen Konditionen er dem Inhaber eines kleinen Produktionsunternehmens eine Produkthaftpflichtversicherung anbietet. Dieser möchte sich gegen einen Verlust von 1 Mio. Euro versichern, der aus möglichen Haftungsklagen aufgrund defekter Produkte resultieren könnte. Nach einer Prüfung des Produktionsprozesses, der Zuverlässigkeit der Anlagen sowie der Geschäftsunterlagen kommt der Abteilungsleiter zu dem Schluss, dass er aufgrund der vorliegenden Informationen die Wahrscheinlichkeit für ein defektes Produkt auf 1% schätzen würde.

In der dargestellten Situation wird der Abteilungsleiter gewiss nicht behaupten, dass er hundertprozentig sicher bezüglich seines Wahrscheinlichkeitsurteil ist. Aufgrund seiner eingeschränkten kognitiven Fähigkeiten wird er vielmehr nur einen Bruchteil der relevanten Informationen berücksichtigt haben. Er wird sich daher über sein Wahrscheinlichkeitsurteil in einem gewissen Umfang unsicher sein. Diese Unsicherheit über Unsicherheit wird in der Literatur auch Unsicherheit zweiten Grades oder **Ambiguität** genannt.

Die Ambiguität einer Situation wird natürlich von ihren Rahmenparametern abhängen. Je weniger Informationen man über einen Sachverhalt hat, je zweideutiger diese Informationen sind oder je weniger man über die Zusammenhänge weiß, desto unsicherer wird man sich über sein Wahrscheinlichkeitsurteil sein. Demnach können wir in Entscheidungssituationen unter Unsicherheit verschiedene Grade der Ambiguität einer Arbeitssituation unterscheiden:[22]

(1) Der Mitarbeiter befindet sich in einer Entscheidungssituation unter Risiko, kennt also die Wahrscheinlichkeiten, mit denen die einzelnen Ereignisse eintreten. Im obigen Beispiel weiß der Abteilungsleiter des Versicherungsunternehmens also präzise, dass die Wahrscheinlichkeit für ein defektes Produkt genau 1% beträgt und die für ein funktionstüchtiges Produkt somit 99%. Von allen möglichen Wahrscheinlichkeitsfunktionen, die grundsätzlich in Frage kommen, kann er also alle bis auf eine ausschließen.

(2) Der Mitarbeiter ist überhaupt nicht in der Lage, sich ein Wahrscheinlichkeitsurteil über die möglichen Zustände zu bilden. Er hat also überhaupt keine Informationen über seine Entscheidungssituation und kann auch aufgrund seines Wissens oder seiner Erfahrungen keine Angaben über den Eintritt von Ereignissen machen. Er ist in einer solchen Situation also vollkommen ignorant. Aus der Menge der möglichen Wahrscheinlichkeitsfunktionen kann er also keine ausschließen. In unserem obigen Beispiel wäre dies der Fall, wenn der Abteilungsleiter keine Angaben über die Wahrscheinlichkeit eines defekten Produktes machen könnte. Eine Wahrscheinlichkeit von 0% wäre in diesem Fall genauso gut möglich wie eine Wahrscheinlichkeit von 100%.

(3) Der Mitarbeiter kann sich aufgrund seiner Informationen zumindest eine Vorstellung darüber bilden, mit welchen Wahrscheinlichkeiten einzelne Ereignisse eintreten können. Er kennt in diesem Fall also nicht mit Sicherheit die tatsächliche Wahrscheinlichkeitsverteilung, kann aber aus der Menge der möglichen Funktionen zumindest einige ausschließen. Dieser Fall liegt demnach zwischen den beiden extremen Polen des Risikos und der Ignoranz und entspricht der oben definierten Ambiguität einer Situation:

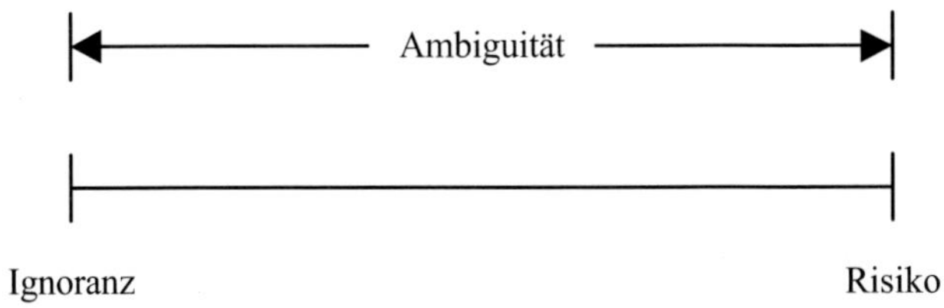

Abbildung 3.24: Verschiedene Entscheidungssituationen unter Unsicherheit

Wie schätzt ein Mitarbeiter die Ambiguität einer Situation ein? Welche Auswirkungen hat diese Unsicherheit auf seine Beurteilung der Situation und damit auf sein Verhalten? Grundsätzlich würde man erwarten, dass ein Entscheider analog zur Risikoaversion eine Ambiguitätsaversion besitzt. Bei Entscheidungen unter Unsicherheit wäre demnach nicht nur der Grad der Unsicherheit von Bedeutung, sondern auch die Quelle, aus der diese Unsicherheit resultiert. Ellsberg (1961) hat mit dem folgenden Experiment als erster dieses Phänomen untersucht:

> Versuchsteilnehmern wurde eine Urne präsentiert, die insgesamt 90 Kugeln enthielt. Den Versuchsteilnehmern wurde mitgeteilt, dass 30 der Kugeln rot sind und die restlichen 60 Kugeln entweder schwarz oder gelb. In welchem Verhältnis schwarze und gelbe Kugeln vorlagen, wurde nicht bekannt gegeben. Die Versuchsteilnehmer mussten sich dann jeweils für eine der beiden folgenden Alternativepaare entscheiden:

1a. Man gewinnt, wenn eine rote Kugel aus der Urne gezogen wird.
1b. Man gewinnt, wenn eine schwarze Kugel aus der Urne gezogen wird.

Und

2a. Man gewinnt, wenn eine rote oder gelbe Kugel aus der Urne gezogen wird.
2b. Man gewinnt, wenn eine schwarze oder gelbe Kugel aus der Urne gezogen wird.

Wie würden Sie entscheiden? Nun, die meisten Personen, denen man diese Frage stellt, bevorzugen Alternative 1a gegenüber 1b und Alternative 2b gegenüber 2a. Dies ist überraschend, denn die Wahrscheinlichkeit, mit einer roten Kugel zu gewinnen, ist genauso groß wie die Wahrscheinlichkeit, mit einer roten oder gelben Kugel zu gewinnen: Das Alternativenpaar 1a und 1b unterscheidet sich nämlich vom Alternativenpaar 2a und 2b nur dadurch, dass man bei letzterem bei beiden Alternativen auch mit einer gelben Kugel gewinnt. Das Ereignis 'gelbe Kugel wird gezogen' ist aber statistisch irrelevant für die jeweiligen Gewinnwahrscheinlichkeiten. Da sich die meisten Personen nicht nach dieser Logik verhalten, wird dieses Phänomen in der Literatur auch als Ellsberg-Paradoxon bezeichnet.

Das Experiment von Ellsberg steht nun in unmittelbarem Zusammenhang zur Einschätzung der Ambiguität einer Situation durch einen Entscheider. Schauen wir uns dazu noch einmal die beiden Alternativenpaare an. Bei dem ersten Paar ist bekannt, dass die Wahrscheinlichkeit für das Ereignis 'rote Kugel wird gezogen' genau $\frac{1}{3}$ ist, wohingegen man die Wahrscheinlichkeit für das Ereignis 'schwarze Kugel wird gezogen' nicht kennt. Beim zweiten Alternativenpaar ist die Ambiguität nun genau umgekehrt: Die Wahrscheinlichkeit für das Ereignis 'schwarze oder gelbe Kugel wird gezogen' ist mit $\frac{2}{3}$ bekannt, während für die Wahrscheinlichkeit des Ereignisses 'rote oder gelbe Kugel wird gezogen' keine Anhaltspunkte bestehen. Der wesentliche Unterschied zwischen den beiden Alternativenpaaren ist also die Ambiguität bei der jeweiligen Urteilsbildung. Demnach kann das Verhalten der Versuchspersonen durch ihre Scheu erklärt werden, eine Alternative zu wählen, bei der sie unsicher bezüglich der Eintrittswahrscheinlichkeit sind.

Heath und Tversky (1991) interpretieren diese Ambiguitätsaversion mit der fehlenden Kompetenz einer Person: Die Uninformiertheit der Versuchspersonen über die Rahmendaten der Ausgangssituation führt zu einem Gefühl mangelnder Kompetenz und reduziert damit die Attraktivität, auf das zugehörige Ereignisse zu wetten.[23] Übertragen auf unser Beispiel des Versicherungsverkaufs ist die Entscheidung des Abteilungsleiter, mit dem Unternehmer einen Versicherungsvertrag abzuschließen, also nicht nur von seiner Prognose des Risikos von 1% und der Präzision dieser Einschätzung abhängig, sondern auch von seinen allgemeinen Fähigkeiten als Versicherungsmakler.

Wie trifft nun ein Mitarbeiter in Situationen mit Ambiguität ein Wahrscheinlichkeitsurteil? Wie kommt unser Abteilungsleiter zu einer Wahrscheinlichkeit von 1% für ein defektes Produkt, wenn er sich über die tatsächliche Ausschussrate a priori nicht im klaren ist? Einhorn und Hogarth (1985) argumentieren, dass Personen in solchen Situationen wie folgt vorgehen: In einem ersten Schritt bilden sie sich eine mehr oder weniger zufällige Einschätzung über die zu beurteilende Wahrscheinlichkeit. Diese Einschätzung kann aus verschiedenen Quellen resultieren, beispielsweise aus der eigenen Erfahrung oder dem Urteil einer anderer Person. Sie ist der Ausgangspunkt für den zweiten Schritt, nämlich für eine Anpassung der Einschätzung an die Ambiguität der Situation. In einem mentalen Simulationsprozess beurteilt die Person hierzu durch weiteres Nachdenken, Plausibilitätsüberlegungen oder Berücksichtigung zusätzlicher Informationen, welche Wahrscheinlichkeitsverteilungen sinnvoll sein können und welche auszuschließen sind. Die ursprüngliche Einschätzung wird dann zusammen mit dem Ergebnis dieses Simulationsprozesses modifiziert.

Dieses Vorgehen bei der Urteilsbildung in Situationen, in denen wenig Informationen für die Einschätzung irgendeines Sachverhalts zur Verfügung stehen, wird von Tversky und Kahneman (1974, S.1128) als Heuristik der **Verankerung und Anpassung** bezeichnet: "In many situations, people make estimates by starting from an initial value that is adjusted to yield the final answer." Der Ausgangswert, also die ursprüngliche Einschätzung einer Person, wird hier als Anker bezeichnet, die Abweichung davon als Anpassung an das letztendliche Urteil.

Betrachten wir für die allgemeine Anwendung dieser Heuristik das folgende Beispiel: Der Leiter einer Versicherungsagentur soll für die Planung der Geschäftsleitung die erwarteten Versicherungsabschlüsse im nächsten Jahr ermitteln. Wie wird er dabei vorgehen? Eine übliche Vorgehensweise wäre es, als Ausgangspunkt seiner Prognose die Versicherungsabschlüsse im letzten Jahr zu wählen und diese Zahlen entsprechend den gegenwärtigen oder künftigen Veränderungen, etwa im Produktspektrum der Versicherung oder gemäß der gesamtwirtschaftlichen Situation, zu modifizieren. Dieses Vorgehen entspricht aber exakt der Heuristik der Verankerung und Anpassung: Die Abschlüsse des letzten Jahres werden als Anker gewählt - im Modell von Brunswik ist dies der Referenzpunkt des Urteilenden - und dann entsprechend den zusätzlichen Informationen angepasst.

Bevor wir auf die grundsätzlichen kognitiven Verzerrungen eingehen, die mit der Anwendung dieser Heuristik verbunden sein können, zeigen wir im Folgenden zunächst auf, welchen Einfluss die beiden Schritte der Verankerung und der Anpassung auf das Wahrscheinlichkeitsurteil haben können. Die Art und Weise, wie der mentale Simulationsprozess die ursprüngliche Einschätzung beeinflussen kann, stellen die nachfolgenden Abbildungen dar:

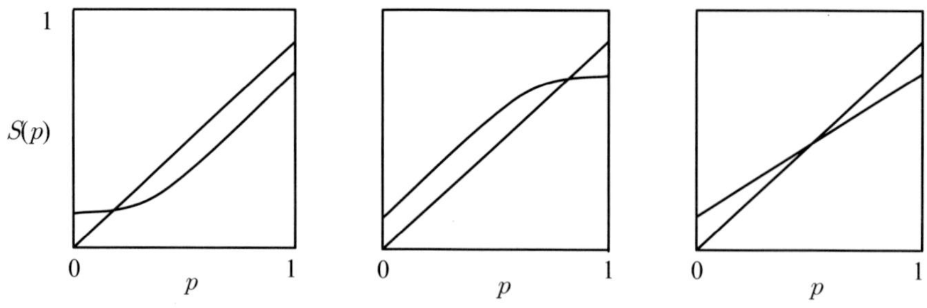

Abbildung 3.25: Verschiedene Ambiguitätsfunktionen

Die drei Abbildungen zeigen jeweils das endgültige Wahrscheinlichkeitsurteil einer Person in Abhängigkeit von ihrer ursprünglichen Einschätzung. Zumindest zwei Faktoren beeinflussen den Verlauf dieser Ambiguitätsfunktion: das Ausmaß der wahrgenommenen Ambiguität der Situation sowie die Ambiguitätsaversion des Urteilenden. Der erste Faktor beeinflusst das Ausmaß, indem eine Person in der Phase der Anpassung eine Korrektur ihrer ursprünglichen Einschätzung vornimmt. Ist die wahrgenommene Ambiguität klein, verläuft die Ambiguitätsfunktion entlang der 45°-Diagonalen. Je größer sich die Ambiguität darstellt, desto größer sind die Abweichungen von dieser Linie. Der zweite Faktor bestimmt, in welche Richtung die Anpassung durchgeführt wird. So werden in allen Abbildung kleine Wahrscheinlichkeiten (unterhalb des Schnittpunktes mit der Diagonalen) in der Phase der Anpassung übergewichtet, während große Wahrscheinlichkeiten (oberhalb des Schnittpunktes mit der Diagonalen) nach unten korrigiert werden. Der Bereich, in dem die ursprünglichen Wahrscheinlichkeiten nach oben bzw. nach unten modifiziert werden - also der Schnittpunkt mit der Diagonalen - ist dann von der Ambiguitätsaversion des Urteilenden abhängig. So wird beispielsweise die Ambiguitätsfunktion des Leiters einer Forschungsabteilung, der das Risikos bei der Entwicklung einer neuen Technologie einschätzt, eher durch die mittlere Abbildung repräsentiert: Da die Vermeidung von Verlusten für ihn im Vordergrund steht, induziert die Ambiguität der Entscheidungssituation in der Regel ein vorsichtiges Vorgehen auf Seiten des Mitarbeiters. In seiner Risikobeurteilung wird er seine ursprüngliche Einschätzung eines Fehlschlags, die er aus anderen Projekten gewonnen hat, nach oben korrigieren, indem er über sonstige Möglichkeiten einer Fehlentwicklung nachdenkt. Seine größere Vorsicht wird seine Aufmerksamkeit also tendenziell eher auf ein Wahrscheinlichkeitsurteil lenken, das über seiner ursprünglichen Einschätzung liegt.

Wie bei den anderen beiden Heuristiken können auch bei der Verankerung und Anpassung Urteilsverzerrungen auftreten. Drei wollen wir im Folgenden diskutieren:

Unzureichende Anpassung des Ankers

Einen großen Einfluss auf das endgültige Wahrscheinlichkeitsurteil einer Person hat die ursprüngliche Einschätzung, die eine Person als Anker für ihre Urteilsbildung gewählt hat. Insbesondere in Situationen, in denen der Urteilende wenig Zeit oder zusätzliche Informationen für die Anpassung des Ankers hat, besteht hier die Tendenz, dass er sein Urteil zu stark an dem vorgegebenen Anker orientiert. Betrachten wir folgende Situation: Ein Mitarbeiter diskutiert mit seinen Kollegen über das Gehalt des neuen Geschäftsführers der Firma. Ohne dass er besonders viel Kenntnis über solche Dinge hat, wirft einer der Kollegen ein Jahresgehalt von Euro 600.000 in die Runde. Eigentlich würde man denken, dass diese Antwort des Kollegen die Vorstellungen des Mitarbeiters über das Gehalt des Geschäftsführers nicht beeinflusst: Seine Einschätzung ist ohne fundierte Grundlage gebildet und sollte damit für die eigene Einschätzung im Grunde völlig irrelevant sein. Nehmen wir aber an, der Kollege hätte ein Jahresgehalt von Euro 200.000 geäußert. Die Erkenntnisse aus der psychologischen Forschung lassen vermuten, dass im Durchschnitt die Einschätzung des Jahresgehalts in diesem Fall niedriger wäre, als wenn der Kollege das höhere Gehalt von Euro 600.000 erwähnt hätte.

Wirtschaftsprüfer
und ihre Einschätzung von Unterschlagungen

Inwieweit ist die Einschätzung, die professionelle Wirtschaftsprüfer über die Zahl der Unterschlagungen in einem geprüften Unternehmen abgeben, verzerrt? Um dies zu testen, befragten Joyce und Biddle (1981) praktizierende Wirtschaftsprüfer der sechs großen US-amerikanischen Prüfungsgesellschaften. Einer Gruppe von Versuchspersonen wurden die folgenden Fragen gestellt:
Based on your audit experience, is the incidence of significant executive-level management fraud more than 10 in each 1.000 firms (that is 1 percent) audited by Big

Six accounting firms?

(1) *Yes, more than 10 in each 1.000 Big Six clients have significant executive-level management fraud.*

(2) *No, fewer than 10 in each 1.000 Big Six clients have significant executive-level management fraud.*

(3) *What is your estimate of the number of Big Six clients per 1.000 that have significant executive-level management fraud? (Fill in the blank below with the appropriate number.)*

____ *in each 1.000 Big Six clients have significant executive-level management fraud.*

Einer anderen Gruppe von Wirtschaftsprüfern wurde die gleiche Frage vorgelegt mit dem Unterschied, dass man nun fragte ob "more than 200 in each 1.000 Big Six clients have significant executive-level management fraud". Teilnehmer des ersten Teil des Experiments, deren Anker also bei 10 (= 1%) lag, schätzten die Zahl der Fälle, bei denen die Wirtschaftsprüfung nicht die Unterschlagungen der Unternehmensführung aufdecken würden, auf durchschnittlich 16,52 bei 1.000 Überprüfungen. Die zweite Gruppe, deren Anker bei 200 (= 20%) lag, schätzte diese Zahl mit durchschnittlich 43,11 Fällen bei 1.000 Prüfungen hingegen deutlich höher ein.

Quelle: Joyce und Biddle (1981)

Das Beispiel zeigt, dass selbst professionelle Wirschaftsprüfer dieser Urteilsverzerrung unterliegen: Ausgehend von einem gegebenen Anker passen sie diesen nur unzureichend an. Personalleiter machen sich dies beispielsweise zunutze, indem sie zunächst die Bewerber nach ihren Gehaltsvorstellungen fragen. Liegen deren Angaben über dem, was die Bewerber tatsächlich für die Unternehmung wert sind, können wir aufgrund unserer Argumentation davon ausgehen, dass der Personalleiter ein Gehalt unterhalb der tatsächlichen Produktivität der Mitarbeiter anbietet.

Verzerrte Einschätzung von Szenarien

Betrachten wir den Leiter einer Forschungsabteilung, der die Entwicklung eines neuen Produkts plant. Das Gesamtprojekt besteht aus mehreren Teilschritten, so dass das neue Produkt nur dann rechtzeitig entwickelt werden kann, wenn jeder

Teilschritt rechtzeitig abgeschlossen wird. Typischerweise ist in solchen Situationen festzustellen, dass der Leiter hinsichtlich der rechtzeitigen Produktentwicklung zu optimistisch ist. Obwohl die Wahrscheinlichkeit groß ist, dass jeder einzelne Teilschritt fristgerecht abgeschlossen werden kann, ist die Gesamtwahrscheinlichkeit für den erfolgreichen Abschluss der Produkteinführung relativ gering, wenn die Anzahl der Teilschritte groß ist.

Betrachten wir alternativ noch einmal den Fall, in dem der Abteilungsleiter eines Versicherungsunternehmens für die Vergabe einer Produkthaftpflichtversicherung die Wahrscheinlichkeit für ein defektes Produkt abschätzt. Wenn der Produktionsprozess für das Produkt komplex ist, wird dieses Risiko durch eine Vielzahl von Teilkomponenten dieses Prozesses beeinflusst. im Allgemeinen besteht dann die Tendenz, dass der Versicherungsfachmann das Gesamtrisiko für ein defektes Produkt zu pessimistisch einschätzt. Obwohl in diesem Fall die Wahrscheinlichkeit für einen Fehler bei jeder Teilkomponente des Produktionsprozesses möglicherweise gering ist, kann die Gesamtwahrscheinlichkeit für ein defektes Produkt groß sein, wenn die Anzahl der Teilkomponenten groß ist.

Nach Tversky und Kahneman (1974, S.1129) lassen sich beide Urteilsverzerrungen auf die Anwendung der Heuristik der Verankerung und Anpassung zurückführen. Dabei müssen wir berücksichtigen, dass im ersten Beispiel die Teilschritte der Produktentwicklung konjunktiven Charakter haben, d.h. die Einzelereignisse treten gemeinsam ein, und dass im zweiten Beispiel die Einzelrisiken disjunktiv, also unabhängig voneinander sind: "The stated probability of the elementary event (success at any one stage) provides a natural starting point for the estimation of probabilities of both conjunctive and disjunctive events. Since adjustment from the starting point is typically insufficient, the final estimates remain too close to the probabilities of the elementary events in both cases." Im Fall konjunktiver Ereignisse ist dabei die Gesamtwahrscheinlichkeit kleiner als die Einzelwahrscheinlichkeiten, im Fall disjunktiver Ereignisse ist sie aber größer. Daher wird durch die Verankerung im ersten Fall die Gesamtwahrscheinlichkeit im Allgemeinen überschätzt, im zweiten Fall unterschätzt.

Der Overconfidence-Effekt

Was ist das durchschnittliche Jahreseinkommen eines Geschäftsführers in Deutschland von einem Unternehmen mit mehr als 100 Mitarbeitern? Geben Sie dann eine obere und untere Schranke um ihr geschätztes Einkommen an, so dass mit 95% Sicherheit das tatsächliche Jahreseinkommen innerhalb dieses Bereichs liegt.

Wenn Sie hundert solcher Fragen zu beantworten hätten, müssten eigentlich 95 der richtigen Antworten innerhalb der von Ihnen angegebenen oberen und unteren Schranken liegen. Typischerweise zeigt sich in psychologischen Experimenten aber, dass bei ähnlichen Fragen weit mehr als 5% der richtigen Antworten außerhalb der angegebenen Bereiche liegen. Die Versuchspersonen sind sich demnach bezüglich der Richtigkeit ihrer Antworten zu sicher verglichen mit der relativen Häufigkeit der richtigen Antworten. Diese Überschätzung der eigenen Kenntnisse wird in der Literatur auch als Overconfidence-Effekt bezeichnet.[24]

Im Arbeitskontext kann dieser Effekt z.B. dann auftreten, wenn ein Mitarbeiter den Erfolg seiner Arbeitsanstrengungen auf sein Arbeitsergebnis prognostiziert oder wenn der Leiter einer Forschungsabteilung den Erfolg einer Produkteinführung beurteilt. In beiden Fällen besteht die Gefahr, dass die eigenen Fähigkeiten und Kenntnisse überschätzt werden und die Personen systematisch zu viel Vertrauen in ihre Urteile haben. Tversky und Kahneman (1974) erklären diese Selbstüberschätzung mit der Anwendung der Heuristik der Verankerung und Anpassung: Wenn Personen aufgefordert werden, ein Konfidenzintervall für die richtige Antwort auf eine Frage zu geben, werden sie ihre ursprüngliche Antwort auf die Frage als Anker für die obere und untere Schranke wählen. Da aber diese Anpassung systematisch unzureichend ist, bestimmen die Personen einen zu engen Konfidenzbereich.

In der psychologischen Literatur gibt es eine Reihe von Arbeiten, die sich mit der Frage beschäftigen, unter welchen Bedingungen das Phänomen der Overconfidence auftritt: So ist die Überschätzung der eigenen Kenntnisse am größten, wenn die durchzuführende Aufgabe schwierig und komplex ist. Die Verzerrung wird geringer, wenn der Schwierigkeitsgrad der Aufgaben geringer wird. Zudem spielen die Kenntnisse der Urteilenden eine Rolle. Je vertrauter die Versuchspersonen mit den Aufgaben waren, desto geringer fiel die Selbstüberschätzung aus. Wenn umgekehrt die Kenntnisse abnahmen, korrigierten die Versuchspersonen nicht in einem entsprechenden Umfang ihre Einschätzungen. Die Überschätzung der eigenen Kenntnisse tritt demnach in den Gebieten am ehesten auf, in denen man kein Experte ist.

3.3.4 Statistische Urteilsbildung

Wir haben uns in der bisherigen Diskussion mit Situationen beschäftigt, in denen einem Mitarbeiter lediglich Informationen aus der Beobachtung eines einmaligen Ereignisses zur Verfügung stehen. Aufgrund seines Wissens und seiner persönlichen Erfahrungen in ähnlichen Situationen bildet sich der Mitarbeiter in diesem Fall Referenzpunkte und kommt durch den Vergleich mit diesen Referenzpunkten zu einem Urteil über den für ihn unbekannten Sachverhalt. Seine so geformte Erwartung ist eine subjektive Wahrscheinlichkeit, mit der der Mitarbeiter an das Eintreten des unsicheren Ereignisses glaubt.

Im Unterschied zu solchen einmaligen Situationen kann ein Mitarbeiter bei wiederholten Ereignissen sein Wahrscheinlichkeitsurteil auf alle Informationen aus diesen mehrfachen Beobachtungen gründen. Dadurch kann er bei seiner Urteilsbildung die Basisraten aus vergangenen Situationen als Referenzpunkte zur Beurteilung des aktuellen Ereignisses heranziehen. Aufgrund der Vielzahl von Beobachtungen kann der Mitarbeiter somit auf eine statistische Wahrscheinlichkeit schließen: Eine **statistische Wahrscheinlichkeit** stellt die relative Häufigkeit dar, mit der ein bestimmtes Ereignis bei wiederholten Vorgängen in der Vergangenheit beobachtet wurde. War so bei n Wiederholungen eines Vorgangs das Ereignis m-mal zu beobachten, beträgt die statistische Wahrscheinlichkeit $\frac{m}{n}$.

Betrachten wir hierzu den Produktionsleiter, der für die Produktion von Glühbirnen verantwortlich ist: Angenommen, es ergaben sich bei einer Tagesproduktion von 20.000 Stück in der letzten Woche die in der folgenden Tabelle dargestellten defekten und funktionstüchtigen Glühbirnen. Die Tabelle zeigt, dass an jedem Wochentag die gleiche Anzahl an Glühbirnen produziert wurde, dass jedoch die Anzahl defekter Glühbirnen pro Arbeitstag schwankt. Ingesamt besteht bei der Produktion von 100.000 Glühbirnen in der letzten Woche ein Ausschuss von durchschnittlich 5.000 Stück. Damit kann der Produktionsleiter bei seiner Prognose der Anzahl defekter Glühbirnen bei der Produktion des folgenden Tages auf eine statistische Wahrscheinlichkeit von 5% schließen.

Wochentag	Gesamt-produktion	funktionstüchtige Glühbirnen	defekte Glühbirnen
Montag	20.000	19.200	800
Dienstag	20.000	18.749	1.251
Mittwoch	20.000	19.295	705
Donnerstag	20.000	19.005	995
Freitag	20.000	18.751	1.249
Summe	100.000	95.000	5.000

Abbildung 3.26: Die Produktion von Glühbirnen

Während das subjektive Wahrscheinlichkeitsurteil eines Mitarbeiters intersubjektiv nicht auf seinen Wahrheitsgehalt, sondern lediglich auf seine Konsistenz hin überprüfbar ist, kann die Bildung eines statistischen Wahrscheinlichkeitsurteils objektiv überprüft werden: Durch die Definition der statistischen Wahrscheinlichkeit als relative Häufigkeit wird ein Verfahren bei der Urteilsbildung festgelegt, das von den individuellen Erfahrungen und Informationen des Einzelnen abstrahiert und lediglich auf bekannte Beobachtungsgrößen abstellt. Die Wahrscheinlichkeit wird also durch objektive Sachverhalte quantifiziert.

Die objektive Überprüfbarkeit der statistischen Urteilsbildung stellt allerdings eine Reihe von strukturellen Anforderungen an die Rahmenbedingungen, die dem zu beurteilenden Sachverhalt zugrunde liegen müssen. So müssen z.B. die früheren Vorgänge, auf denen die Beurteilung beruht, stets unter gleichen Bedingungen stattgefunden haben und unabhängig voneinander sein. Zudem müssen die Beobachtungen eine zufällige Auswahl aus der Gesamtmenge aller Vorgänge sein oder die Anzahl der Beobachtung hinreichend groß sein. Statistische Urteilsbildung setzt also eine weitgehend statische Umwelt voraus.[25]

Diese Voraussetzungen werden bei standardisierten Verfahren wie der Produktion von Glühbirnen in der Regel erfüllt sein. Dies ermöglicht es dann dem Produktionsleiter, die Ausschussquote nicht nur aufgrund der letzten Wochenproduktion, sondern anhand der Daten des letzten Jahres zu ermitteln. Dadurch erhöht sich die Zuverlässigkeit des statistischen Wahrscheinlichkeitsurteils.

In den meisten Fällen wird diese Stabilität der Arbeitssituation hingegen nicht gegeben sein: Die Vielzahl von Beobachtungen setzt hier im Allgemeinen einen entsprechend langen Beobachtungszeitraum voraus. Je länger der Beobachtungszeitraum aber ist, desto eher ist damit zu rechnen, dass sich die Rahmenbedingungen der Arbeitssituation geändert haben. Damit weichen die Wiederholungen des Ereignisses voneinander ab. Dies gilt nicht nur für die Einschätzung technologischer Zusammenhänge in sich dynamisch verändernden Arbeitssituationen, sondern insbesondere auch dann, wenn der Mitarbeiter funktionale Beziehungen zwischen Ereignissen beurteilen möchte, die in ihrem Ergebnis vom Handeln anderer Personen abhängig sind. Wenn beispielsweise die Anzahl defekter Teile nicht nur von technologischen Gegebenheiten, sondern auch von der Sorgfalt der Mitarbeiter abhängt, wird der Produktionsleiter nicht ohne weiteres anhand statistischer Wahrscheinlichkeiten auf die Ausschussquote schließen können.

Zudem sind im Arbeitskontext in vielen Entscheidungssituationen Ereignisse von Bedeutung, die einmaliger Natur sind. Ist dies der Fall, dann fehlen einem Mitarbeiter aber vergleichbare Beobachtungen aus ähnlichen Situationen, so dass er keine relativen Häufigkeiten bilden kann. Damit bieten ihm aber seine bisherigen Erfahrungen auch keine ausreichende Grundlage für ein statistisches Wahrscheinlichkeitsurteil.

Betrachten wir den Leiter einer Forschungsabteilung in einem Pharmaunternehmen, der vor der Frage steht, ob er ein neues Medikament entwickeln soll. Er wird sich bei der Abschätzung der Erfolgsaussichten dieses Projekts nicht auf identische Situationen in der Vergangenheit beziehen können - das Medikament ist ja neuartig. Zudem wird er für die Beurteilung dieser Erfolgswahrscheinlichkeit in der Regel auch nicht die relativen Häufigkeiten von anderen Produkteinführungen zugrunde legen können - die Rahmenbedingungen bei der Entwicklung anderer Medikamente waren im Allgemeinen vollkommen verschieden. Damit wird er seine Urteilsbildung nicht auf statistische Zusammenhänge aufbauen können, sondern sich aufgrund seiner bisherigen Erfahrungen und der Besonderheiten des neuen Medikaments eine subjektive Erwartung über eine erfolgreiche Produkteinführung bilden müssen.

3.4 Die Bildung kausaler Urteile

Betrachten wir die folgenden alltäglichen Beispiele aus dem Arbeitsleben:

(1) Ein Vorgesetzter lobt seine Sekretärin. Will er sich bei ihr einschmeicheln oder hat sie das Lob aufgrund ihrer Arbeit tatsächlich verdient?

(2) Der Abteilungsleiter einer Unternehmung hat bei der Planung der Personalausgaben einen zusätzlichen Mitarbeiter vorgesehen. Ist dies aufgrund der geschäftlichen Situation notwendig oder will er lediglich seinen Status innerhalb der Unternehmung erhöhen?

(3) Ein Mitarbeiter hat die von seinem Vorgesetzten gestellte Aufgabe hervorragend bearbeitet. Ist die Leistung auf die Fähigkeiten des Mitarbeiters zurückzuführen oder hat er nur eine große Portion Glück bei der Aufgabenbearbeitung gehabt?

(4) Der Bewerber für eine neue Stelle bekam von seinem letzten Arbeitgeber ein sehr gutes Arbeitszeugnis ausgestellt. Ist der Kandidat wirklich so gut oder kommt er von einem Arbeitgeber, der sowieso nur gute Zeugnisse schreibt?

Bei allen vier Beispielen geht es um die Frage, wie sich der jeweilige Beobachter oder Beteiligte in der dargestellten Arbeitssituation einen bestimmten Sachverhalt erklären kann. In den ersten beiden Fällen geht es um die Gründe des Handelns einer anderen Person: Was motivierte den Vorgesetzten zu seinem Lob? In den beiden letzten Fällen stehen die Ursachen von Arbeitsergebnissen im Vordergrund der Erklärung: Warum hat der Mitarbeiter seine Aufgabe so gut bearbeitet?

Wie Personen Kausalattributionen vornehmen, sich also bestimmte Sachverhalte erklären, die Handlungen anderer ergründen oder Handlungsergebnissen Ursachen zuschreiben, ist Gegenstand der Attributionstheorie. Die damit angesprochenen Probleme sind für unsere Überlegungen, wie sich Mitarbeiter in bestimmten Arbeitssituationen verhalten, von zentraler Bedeutung: Je nachdem, wie sich die Sekretärin das Lob ihres Vorgesetzten erklärt, wird sie darauf anders reagieren. Interpretiert sie es als Einschmeicheln, wird sie möglicherweise erbost sein, dass ihre Arbeit nicht entsprechend gewürdigt wird, und ihren künftigen Arbeitseinsatz reduzieren. Verkennt sie, dass sich der Vorgesetzte nur einschmeicheln wollte, kann das zu künftigen Verlegenheiten am Arbeitsplatz führen. Um das Verhalten der

Sekretärin zu erklären oder vorauszusagen, ist es daher unerlässlich, zu verstehen, wie sie sich das Lob ihres Vorgesetzten erklärt.

Die obigen vier Beispiele verdeutlichen, dass sich die Ursachen für einen bestimmten Sachverhalt entweder auf interne oder externe Faktoren beziehen können:

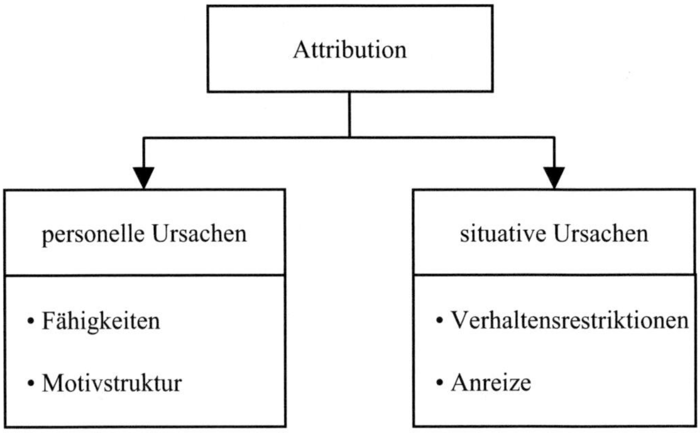

Abbildung 3.27: Interne und externe Attribution

- Bei einer internen Attribution werden die Ursachen für ein beobachtetes Arbeitsverhalten oder ein Arbeitsergebnis auf die Person zurückgeführt. Die Ursachen für die schlechte Arbeitsleistung eines Mitarbeiters sieht der Vorgesetzte somit im Handeln des Mitarbeiters. Nach unserem Verhaltensmodell kommen hierfür zwei personelle Komponenten in Frage: Erstens, dem Mitarbeiter fehlen die entsprechenden Fähigkeit zur Bewältigung der Aufgabe. Zweitens, dem Mitarbeiter fehlt ein entsprechendes Bedürfnis nach Leistung.
- Bei der externen Attribution werden hingegen die Ursachen für ein Arbeitsverhalten oder ein damit verbundenes Arbeitsergebnis in situativen Faktoren gesehen, die außerhalb der Person liegen. Auch in diesem Fall kann der Vorgesetzte die schlechte Arbeitsleistung des Mitarbeiters zwei grundsätzlichen situativen Komponenten zuordnen: Erstens, bestimmte Verhaltensrestriktionen schränken das Handeln des Mitarbeiters ein. Hierzu gehören beispielsweise sein Pech in der Arbeitssituation oder die hohen Anforderungen, die mit der Bewältigung der Arbeitsaufgabe verbunden sind. Zweitens, seine Arbeitsanreize sind

zu gering oder falsch gesetzt.

Diese grundlegende Unterscheidung zwischen interner und externer Attribution geht auf Heider (1958) zurück und steht in unmittelbarer Beziehung zu unseren Ausführungen im zweiten Kapitel: So ist nach der Feldtheorie von Lewin individuelles Verhalten durch situative oder personelle Faktoren bedingt. Folglich können die Ursachen für ein beobachtetes Verhalten oder ein daraus resultierendes Ergebnis entweder auf Komponenten der Person oder der Situation zurückgeführt werden.

Aufgrund dieser Bedeutung der Ursachenzuschreibung im Motivationsprozess des Einzelnen wollen wir uns im Folgenden Abschnitt eingehender mit der Erklärung kausaler Zusammenhänge in der Arbeitssituation eines Mitarbeiters beschäftigen. Dabei gehen wir so vor: Wir führen zunächst die Bildung kausaler Urteile auf die Bildung von Wahrscheinlichkeitsurteilen zurück und diskutieren diese Art der Urteilsbildung im Kontext des Linsen-Modells von Brunswik. Je nach der Häufigkeit des zugrundeliegenden Sachverhalts stellen wir dann verschiedene Heuristiken der Kausalattribution bei einmaligen Ereignissen bzw. die statistische Urteilsbildung bei sich häufig wiederholenden Ereignissen vor.

3.4.1 Kausalattribution als prognostizierende Urteilsbildung

Grundlegend für unsere nachfolgenden Überlegungen sind zwei Beobachtungen von Einhorn und Hogarth (1986, S.4): Erstens ist die Erklärung kausaler Zusammenhänge das Ergebnis eines Beurteilungsprozesses, "the assessment of cause can be seen as the result of a judgement process". Zweitens bezieht sich dieser Beurteilungsprozess auf die Bildung eines prognostizierenden Urteils, "uncertainty plays a major role in assessing cause". Beides zusammen erlaubt es uns, die Kausalattribution als prognostizierende Urteilsbildung zu verstehen.

Betrachten wir hierzu noch einmal das obige erste Beispiel. Wie wird sich die Sekretärin das Lob ihres Vorgesetzten erklären? Angenommen, sie zieht nur die beiden genannten Erklärungen in Betracht, nach denen sie das Lob entweder auf das Einschmeicheln ihres Vorgesetzten oder auf ihre Arbeitsleistung zurückführt. Unsere Interpretation der Kausalattribution als Bildung eines Wahrscheinlichkeitsurteils impliziert dann, dass die Sekretärin die möglichen Gründe für das Verhalten ihres Vorgesetzten wie folgt beurteilt: Ist es wahrscheinlicher, dass sich mein

Vorgesetzter bei mir einschmeicheln will oder dass er meine Arbeitsleistung loben will?

Der explizite Bezug zum Prozess der Urteilsbildung sowie die Berücksichtigung der Unsicherheit bei der Erklärung von Sachverhalten hat zwei entscheidende Vorteile für unsere nachfolgenden Ausführungen: Zum einen können wir den Prozess der Bildung kausaler Urteile unmittelbar im Modell von Brunswik darstellen. Zum anderen können wir bei dieser Urteilsbildung auf die psychologischen Erkenntnisse zurückgreifen, die wir im Zusammenhang mit der Bildung von Wert- und Wahrscheinlichkeitsurteilen in den beiden letzten Abschnitten diskutiert haben.

Im Folgenden wollen wir darstellen, wie wir die Kausalattribution im Prozess der Urteilsbildung konzeptionell verstehen können und welche Bezüge zu den bisherigen Ausführungen bestehen. Dafür greifen wir auf das folgende Beispiel von Einhorn und Hogarth (1982, S.26) zurück:

> Imagine a worker in a chemical plant who contracts cancer and sues the company for causing his disease. His lawyer argues that cancer rate of workers in this factory is nine times the national average for workers in comparable industries. ... However, the defense lawyer asks: 'Would the worker have got cancer if he didn't work in the chemical plant?' In order to answer this, he then shows that there is a history of cancer in the worker's family (none of whom worked in chemical factories); the worker has smoked cigarettes for 20 years prior to getting cancer; and so on."

Dieses Beispiel macht für den Prozess der kausalen Urteilsbildung zwei Zusammenhänge deutlich, die wir näher diskutieren wollen: den kausalen Kontext, in dem die Beurteilung stattfindet, und die Referenzpunkte, die zur Beurteilung der Relevanz eines Grundes herangezogen werden.

Der kausale Kontext

Das obige Beispiel zeigt, dass ein Urteilender bei der Zuweisung von Ursachen bestimmte Kontextfaktoren als Vergleichsmaßstab heranzieht. So bilden für den Anwalt des Arbeiters die Unternehmungen in einem bestimmten Industriebereich die Kontextfaktoren für seine Beurteilung, während dies für die Anwälte des Chemieunternehmens die Familienmitglieder des Arbeiters mit bestimmten Krankheitsgeschichten sind. In Anlehung an Mackie (1965; 1974) bezeichnen wir diese Kontextfaktoren als kausalen Kontext, im englischen 'causal field'.

Wodurch bestimmt sich der kausale Kontext, der bei der Bildung eines kausalen Urteils herangezogen wird? Wann wird ein bestimmter Kontextfaktor als kausal relevant beurteilt? im Allgemeinen gibt es eine Vielzahl von Gründen, die als Erklärungen für bestimmte Sachverhalte herangezogen werden können. Hanson (1958, S.54) illustriert diese Multikausalität wie folgt: "There are as many causes of x as there are explanations of x. Consider how the cause of death might have been set out by the physician as 'multiple haemorrhage', by the barrister as 'negligence on the part of the driver', by a carriage-builder as 'a defect in the brakeblock construction', by a civic planner as 'the presence of tall shrubbery at that turning'."

Mackie (1965; 1974) argumentiert, dass eine Person nur dann einen bestimmten Sachverhalt kausal erklären will, wenn dieses Ereignis in irgendeiner Weise ungewöhnlich oder unwahrscheinlich für sie ist. Normale und erwartete Ereignisse erfordern hingegen keine Erklärung. Diese Hypothese wird durch experimentelle und empirische Arbeiten gestützt. So kommt Weiner (1985, S.81) zu dem Ergebnis: "There is reasonable consensus in the reviewed research that search is elicited by an unexpected event". In einer Unternehmensberatung, in der alle Berater im Durchschnitt bis 22 Uhr abends im Büro sind, wundert man sich, wenn ein Kollege schon um 20 Uhr nach Hause geht. In einer Behörde, in der die Angestellten im Allgemeinen pünktlich um 16 Uhr ihre Arbeit beenden, fällt es hingegen auf, wenn ein Kollege um diese Zeit noch intensiv an seinem Schreibtisch arbeitet.

Demnach gehören solche Faktoren zum kausalen Kontext, die nur eine geringe oder keine kausale Relevanz für die kausale Beurteilung des Sachverhalts haben. Beispielsweise gehört die Anwesenheit eines Unternehmensberaters bis 22 Uhr zum kausalen Kontext für die Beurteilung eines Kollegen, der früher nach Hause geht. Im Beispiel der Behörde ist der pünktliche Dienstschluss um 16 Uhr Element des kausalen Kontextes. Der Umstand, dass ein Mitarbeiter überhaupt zur Arbeit erschienen ist, gehört in beiden Fällen zum kausalen Kontext.

Unser Beispiel der Lungenerkrankung zeigt auch, dass die kausale Urteilsbildung entscheidend von der Wahl des kausalen Kontextes beeinflusst wird. Je nachdem, welche Kontextfaktoren die Anwälte ihrer Urteilsbildung zugrunde legen, hat die Erkrankung des Mitarbeiters einen anderen Grund. Beim Anwalt des Mitarbeiters ist aufgrund der Wahl des Kontextes die Erkrankung seines Mandanten ein ungewöhnliches Ereignis und erfordert eine Erklärung – hier das Arbeiten in einem bestimmten Chemieunternehmen. Für den Anwalt des Unternehmens ist hingegen aufgrund der Wahl seines Vergleichmaßstabes die Erkrankung weit weniger ungewöhnlich und bedarf eigentlich keiner besonderen Erklärung.

Betrachten wir den kausalen Kontext als Rahmen, den sich die Anwälte für ihre Beurteilung der Krankheit des Mitarbeiters bilden, dann ergibt sich unmittelbar eine Parallele zu dem Entscheidungsrahmen, den wir bei der Bildung von Werturteilen im zweiten Abschnitt diskutiert haben. Die dort angesprochenen Framing-Effekte von Tversky und Kahneman (1981) zeigen, welche Auswirkungen die Wahl des kausalen Kontextes auf die kausale Beurteilung haben können. In welcher Weise verschiedene Kontextfaktoren dargestellt und berücksichtigt werden, hängt damit sowohl von Aspekten der Arbeitssituation als auch von personellen Faktoren ab. Ersteres zeigt sich beispielsweise daran, welchen kausalen Kontext die jeweiligen Anwälte zur Beweisführung gewählt haben. Dabei spielt auch die persönliche Erfahrung der Anwälte eine Rolle.

Referenzpunkte bei der kausalen Urteilsbildung

Nach dem Modell von Brunswik orientiert sich ein Mitarbeiter bei der Bildung eines Urteils über einen unbekannten Sachverhalt an bestimmten Referenzpunkten und kommt durch einen Vergleich mit diesen zu einem Urteil über den betrachteten Sachverhalt. Bei der Bildung eines kausalen Urteils geht es nun darum, wie sich ein Mitarbeiter ein Urteil über die unbekannten Ursachen eines beobachteten Sachverhalts in seiner Arbeitssituation bildet. Als Referenzpunkte, die ihm eine bestimmte kausale Beziehung anzeigen, benutzt er demnach bestimmte Wahrscheinlichkeitsindikatoren. Diese Referenzpunkte bei der kausalen Urteilsbildung werden von Einhorn und Hogarth (1982) auch als 'cues-to-causality' bezeichnet.

Innerhalb des spezifischen kausalen Kontextes, der der Beurteilung zugrunde liegt, bestimmen die Referenzpunkte, wie wahrscheinlich eine kausale Beziehung zwischen einem beobachteten Sachverhalt und seiner bestimmten Ursache ist. Die Kontextfaktoren werden dabei herangezogen, um die Relevanz einer bestimmten Ursache zu beurteilen. Im Beispiel wird so die Erkrankung des Arbeiters von seinem Anwalt durch den Unterschied im kausalen Kontext zwischen seiner Firma und anderen vergleichbaren Industrieunternehmen erklärt. Der Anwalt des Chemieunternehmens hingegen will begründen, dass aufgrund der Ähnlichkeit im kausalen Kontext keine Unterschiede zwischen der Erkrankung des Mitarbeiters und der anderer Familiemitglieder bestehen.

Einhorn und Hogarth (1986) diskutieren verschiedene Referenzpunkte, die bei der Bildung kausaler Urteile herangezogen werden können:

- Die Kovarianz: Die Kovarianz zwischen zwei Ereignissen bestimmt den Grad ihrer gegenseitigen Abhängigkeit. Übertragen auf die Beziehung zwischen einem bestimmten Sachverhalt und einer möglichen Ursache gibt die Kovarianz also an, inwieweit die beiden Ereignisse gemeinsam auftreten.
  Betrachten wir das Beispiel der Sekretärin, die von ihrem Vorgesetzten gelobt wurde und die überlegt, inwieweit dieses Ereignis durch ihre gute Arbeitsleistung erklärt werden kann. Die Kovarianz zwischen diesen beiden Ereignissen gibt dann an, wie wahrscheinlich es aufgrund der bisherigen Arbeitsbeziehung ist, dass der Vorgesetzte seine Sekretärin für eine gute Arbeitsleistung lobte. Gab es Situationen, in denen der Vorgesetzte ein Lob aussprach, ohne dass eine gute Arbeitsleistung vorlag? Gab es Situationen, in denen er trotz einer guten Arbeitsleistung keine Anerkennung aussprach?
- Die temporäre Reihenfolge: Der Referenzpunkt bestimmt, in welcher Relation zwei Ereignisse zueinander stehen. Ist das eine Ereignis die Ursache für das andere Ereignis oder umgekehrt? Damit ist die temporäre Reihenfolge zwischen zwei Ereignissen grundlegend für die Bildung kausaler Urteile. Die mögliche Ursache muss vor dem Eintreten des Sachverhalts liegen.
  Im obigen Beispiel muss also ein zeitlicher Bezug zwischen dem Lob des Vorgesetzten und der Arbeitsleistung der Sekretärin bestehen. Die Arbeitsleistung kann nur dann als Ursache für das Lob angesehen werden, wenn der Vorgesetzte vor seiner Anerkennung die Arbeitsleistung der Sekretärin überhaupt kannte.
- Die Kontiguität: Die zeitliche oder räumliche Aufeinanderfolge zweier Ereignisse ist für die Beurteilung der kausalen Beziehung ein weiterer Referenzpunkt. Je geringer diese Kontiguität zwischen möglicher Ursache und Sachverhalt ist, desto weniger stark werden diese beiden Ereignisse in eine kausale Abhängigkeit gesetzt. Dabei ist die Beurteilung der Kausalität abhängig von dem Wissen, das der Urteilende über die Situation hat.
  Im Beispiel ist die Kontiguität zwischen der Arbeitsleistung der Sekretärin und dem Lob ihres Vorgesetzten groß, wenn das Lob unmittelbar im Bezug zum Ver-

halten steht. Lobt der Vorgesetzte seine Sekretärin erst eine Woche später, hat diese Anerkennung keinen unmittelbaren Bezug mehr zu ihrer Leistung. Wenn allerdings die Sekretärin weiß, dass sich ihre Leistung nicht unmittelbar bewerten lässt, sondern sich erst zu einem späteren Zeitpunkt manifestiert, kann sie trotz des zeitlichen Verzugs auf eine kausale Beziehung zwischen den Ereignissen schließen.

- Die Ähnlichkeit: Dieser Referenzpunkt kann sich auf verschiedene Aspekte der Übereinstimmung zwischen zwei Ereignissen beziehen. Je nach der Situation wird der Urteilende zum Beispiel eine physikalische Ähnlichkeit zwischen der Ursache und dem Sachverhalt erwarten. Oder es besteht eine Ähnlichkeit bezüglich der Länge und Stärke der Ursache und des Effekts.
  So legt beispielsweise die Sekretärin ihrer Beurteilung eine Ähnlichkeit zwischen der Arbeitsleistung und dem Lob des Vorgesetzten zugrunde, wenn sie das Ausmaß der Anerkennung daran beurteilt, inwieweit es für ihre Arbeitsleistung angemessen ist: Sie wird eher eine kausale Beziehung zwischen den beiden Ereignissen vermuten, wenn sie bei einer hervorragenden Arbeitsleistung eine besonderen Anerkennung bekommt, anstatt beiläufig gelobt zu werden.

In den nachfolgenden Ausführungen wollen wir aufzeigen, wie sich ein Mitarbeiter in einer Arbeitssituation ein kausales Urteil bildet. Analog zur Bildung von Wahrscheinlichkeitsurteilen unterscheiden wir dabei, inwieweit der zu beurteilende Sachverhalt ein einmaliges oder ein häufig vorkommendes Ereignis darstellt:

- Bei einem einmaligen Ereignis verfügt der Mitarbeiter nur über Informationen aus dieser einen Beobachtung. Die Referenzpunkte, die er in diesem Fall zur Beurteilung heranzieht, bildet sich der Mitarbeiter aufgrund von gewissen Erfahrungsregeln, Kelley (1973, S.114) nennt sie 'causal schemata': "A causal schema refers to the way a person thinks about plausible causes in relation to a given effect. It provides him with a means of making causal attributions given only such limited information".
- Bei einem häufig vorkommenden Ereignis verfügt der Mitarbeiter über Informationen aus mehrfachen Beobachtungen. Als Referenzpunkte, die er zur Beurteilung der Ursachen eines Ereignisses heranziehen kann, können wir analog zur statistische Bildung eines Wahrscheinlichkeitsurteils auf relative Häufigkeiten zurückgreifen. Dies erlaubt es ihm, statistische Kovarianzen zwischen dem be-

obachteten Sachverhalt und einer möglichen Ursache abzuleiten. Kelley (1973, S.108) nennt dieses Vorgehen das Kovarianz-Prinzip: "An effect is attributed to the one of its possible causes with which, over time, it covaries."

3.4.2 Kausale Schemata

Betrachten wir zunächst eine Situation, in der sich ein Mitarbeiter aufgrund der Informationen aus einer einzigen Beobachtung ein kausales Urteil über den beobachteten Sachverhalt bildet. Zwei Fragen wollen wir im Folgenden diskutieren: Erstens, wie bildet sich der Mitarbeiter ein kausales Urteil? Zweitens, welche kausalen Schemata wendet er an, wenn mehrere Ursachen für den beobachteten Sachverhalt möglich sind?

Die Beantwortung der ersten Frage steht in unmittelbarem Bezug zu unseren Ausführungen im letzten Abschnitt zur Bildung von Wahrscheinlichkeitsurteilen: Angenommen, der Leiter der Konstruktionsabteilung eines Produktionsunternehmens hat einem Mitarbeiter die Entwicklung eines neuen Bauteils übertragen und dieser hat die Aufgabe in der ihm gesetzten Zeit hervorragend gelöst. Der beobachtete Sachverhalt, also die hervorragend gelöste Arbeitsaufgabe, bezeichnen wir zur Vereinfachung mit Y. Als mögliche Ursache für das Ereignis Y zieht der Vorgesetzte z.B. die Fähigkeiten (X_1) des Mitarbeiters in Betracht. In welchem Umfang der Vorgesetzte X_1 als Ursache für Y betrachtet, bestimmt dann die subjektive Wahrscheinlichkeit, mit der er erwartet, dass Y durch X_1 verursacht wurde. In unserer Terminologie bildet er sich die bedingte Wahrscheinlichkeit $p(Y \mid X_1)$.[26]

Mit diesen Überlegungen haben wir die Bildung eines kausalen Urteils unmittelbar auf die Bildung eines Wahrscheinlichkeitsurteils zurückgeführt. Insbesondere können wir damit die im dritten Abschnitt aufgezeigten Heuristiken und Urteilsverzerrungen unmittelbar auf die obige Fragestellung anwenden. Wir wollen dies im Folgenden nicht tun, sondern lediglich auf eine Urteilsverzerrung hinweisen, die bei der Beurteilung der temporären Reihenfolgen von Ursache und Wirkung auftreten kann. Tversky und Kahneman (1982b, S.119) stellten Versuchspersonen folgende Fragen:

Which of the following events is more probable?
(a) That a girl has blue eyes if her mother has blue eyes.
(b) That the mother has blue eyes, if her daughter has blue eyes.

(-) The two events are equally probable.

In der obigen Terminologie mussten sich die Versuchspersonen also zwei subjektive Wahrscheinlichkeiten bilden, $p(Y \mid X)$ und $p(X \mid Y)$, wobei Y das Ereignis 'die Tochter hat blaue Augen' und X das Ereignis 'die Mutter hat blaue Augen' ist. Da die Wahrscheinlichkeit für blaue Augen identisch ist, $p(Y) = p(X)$, müssten die Versuchspersonen die beiden Ereignisse eigentlich als gleich wahrscheinlich ansehen, d.h. $p(Y \mid X) = p(X \mid Y)$.

Tatsächlich entschieden sich wesentlich mehr Versuchspersonen für Antwort (a) als für Antwort (b). Die kausale Beziehung $Y \mid X$ wurde also als sehr viel wahrscheinlicher eingeschätzt als die diagnostische Beziehung $X \mid Y$, in der X als eine mögliche Ursache für Y angesehen wird, d.h. $p(Y \mid X) > p(X \mid Y)$. Hogarth (1980, S.45ff) bezeichnet diese Verzerrung als 'confusion of the inverse'. Sie steht in mittelbarem Zusammenhang mit dem Effekt der Umkehrung bedingter Wahrscheinlichkeiten, den wir weiter oben diskutiert haben. Hier deutet diese Verzerrung darauf hin, dass Personen die temporäre Reihefolge zwischen Ursache und Wirkung unter Umständen falsch einschätzen.

Betrachten wir nun die Frage, welche kausalen Schemata eine Person anwendet, wenn mehrere Ursachen als Erklärung für einen beobachteten Sachverhalt in Frage kommen. Analog zu dem Fall der Bildung eines Wahrscheinlichkeitsurteils ist zunächst einmal evident, dass neben den aufgenommenen Informationen vor allem die persönlichen Erfahrungen dafür eine entscheidende Rolle spielen. Kelley (1972, S.2) formuliert dies so: "A schema is derived from experience in observing cause and effect relationships, ... and from implicit and explicit teachings about the causal structure of the world. ... The mature individual has a repertoire of [such] abstract ideas about the operation and interaction of causal factors. These conceptions [enable him to make] an economical and attributional analysis, by providing a framework within which bits and pieces of relevant information can be fitted in order to draw reasonable good causal inferences."

Kommen für die Bildung eines kausalen Urteils mehrere Ursachen in Betracht, schlägt Kelley (1972) die Anwendung verschiedener kausaler Schemata vor. Hierzu unterscheidet er je nach den Auswirkungen einer Ursache auf ein beobachtetes Ereignis zunächst zwischen förderlichen und hinderlichen Ursachen. So ist im obigen Beispiel eine hohe Aufgabenschwierigkeit eine hinderliche Ursache für eine hervorragend gelöste Arbeitsaufgabe, eine besondere Fähigkeit des Mitarbeiters hingegen eine förderliche Ursache. Auf der Grundlage dieser Unterscheidung können wir dann zwei grundlegende kausale Schemata unterscheiden:

- Das Schema multipler notwendiger Ursachen: Bei diesem Schema müssen von mehreren förderlichen Ursachen alle gleichzeitig gegeben sein, damit das beobachtete Ereignis eintritt. Um beispielsweise Erfolg bei einer schwierigen Aufgabe zu haben, muss der Mitarbeiter sowohl ein hohes Anstrengungsniveau wählen als auch besondere Fähigkeiten besitzen.
- Schema multipler hinreichender Ursachen: Bei diesem Schema genügt von mehreren förderlichen Ursachen bereits eine einzige, um das Ereignis hervorzubringen. Um beispielsweise Erfolg bei einer einfachen Aufgabe zu haben, muss der Mitarbeiter entweder ein hohes Anstrengungsniveau wählen oder besondere Fähigkeiten mitbringen.

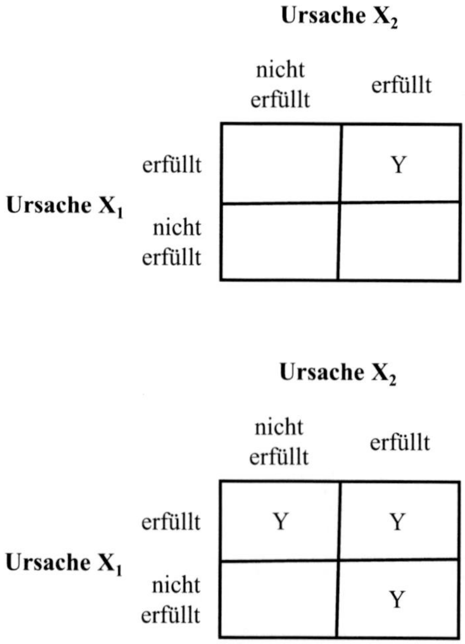

Abbildung 3.28: Kausale Schemata nach Kelley

Bei zwei möglichen Ursachen illustriert die obere Abbildung das Schema multipler notwendiger Ursachen, die untere Abbildung das Schema multipler hinreichender Ursachen. Welches Schema vom Vorgesetzten bei der Beurteilung der Leistung seines Mitarbeiters angewendet wird, hängt wesentlich von seiner Kenntnis der funktionalen Zusammenhänge ab sowie von dem zu beurteilenden Sachverhalt.

Wie lässt sich im Falle multipler hinreichender Ursachen herausfinden, welche davon tatsächlich ausschlaggebend war? Analog zu den obigen Überlegungen muss sich der Urteilende hierzu subjektive Wahrscheinlichkeiten über die einzelnen kausalen Beziehungen bilden und daraus ein endgültiges kausales Urteil ableiten. Angenommen, für den Leiter der Konstruktionsabteilung, der die hervorragend gelöste Arbeitsaufgabe des Mitarbeiters beurteilt, kommen nicht nur dessen Fähigkeiten (X_1), sondern auch die einfache Aufgabenstellung (X_2) als Ursachen in Frage. Dann bildet er sich Vorstellungen über die verschiedenen bedingten Wahrscheinlichkeiten $p(Y \mid X_1)$ und $p(Y \mid X_2)$. Damit haben wir die kausale Urteilsbildung auf die relative Bewertung von Wahrscheinlichkeitsurteilen zurückgeführt und können wieder auf die im letzten Abschnitt diskutierten Heuristiken und Verzerrungen verweisen. So merken Tversky und Kahneman (1982c, S.159) an: "The question regarding the relative impact of situational and dispositional factors in social attribution can thus be reformulated in terms of the weight that is assigned to the corresponding base rates."

3.4.3 Attributionstendenzen

Durch die Rückführung der Kausalattribution auf die Bildung von Wahrscheinlichkeitsurteilen können zunächst einmal alle die in diesem Kontext angesprochenen Urteilstendenzen auch bei der Bildung kausaler Urteile auftreten. Diese Verzerrungen beziehen sich auf Einschätzungen der einzelnen subjektiven Wahrscheinlichkeiten, mit denen der Urteilende einen bestimmten personellen oder situativen Faktor als ursächlich für den beobachteten Sachverhalt ansieht.

Darüber hinaus können bei der Ursachenzuweisung noch andere Urteilsverzerrungen auftreten. Sie entstehen bei der Beurteilung der relativen Bedeutung der verschiedenen möglichen Ursachen, also dem Gewicht, das man den einzelnen subjektiven Wahrscheinlichkeiten zuordnet. Solche Urteilsverzerrungen werden in der Literatur auch als **Attributionstendenzen** oder 'attributional biases' bezeichnet.

Drei dieser Tendenzen wollen wir im Folgenden betrachten:[27] Den fundamentalen Attributionsfehler, den Akteur-Beobachter-Effekt sowie selbstwertdienliche Attributionstendenzen.

Der fundamentale Attributionsfehler

In vielen Arbeitssituationen wird das Verhalten eines Mitarbeiters durch Verhaltensrestriktionen eingeschränkt. Angenommen, dem Mitarbeiter stehen wesentliche Ressourcen für eine adäquate Bearbeitung seiner Arbeitsaufgabe nicht zur Verfügung. Die Vorprodukte, die ein Produktionsmitarbeiter zur weiteren Bearbeitung erhält, sind beispielsweise fehlerhaft. Dann wird er unabhängig davon, welche Motive oder Fähigkeiten er tatsächlich hat, kein gutes Arbeitsergebnis erzielen können.

Trotz des Umstands, dass das Arbeitsverhalten eines Mitarbeiters in vielen Situationen von externen Faktoren bestimmt wird, besteht die Tendenz, die Ursache seiner schlechten Arbeitsergebnisse eher in personellen Faktoren zu sehen als in den Bedingungen seiner Situation. Die Urteilstendenz, die Ursache für bestimmte Sachverhalte eher internen als externen Ursachen zuzuweisen, wird von Ross (1977) als **fundamentaler Attributionsfehler** bezeichnet.

Zwei Erklärungen werden in der Literatur für diese Attributionstendenz angeführt: Zum einen steht bei der Wahrnehmung des Verhaltens einer anderen Person diese Person selbst und weniger die Situation, in der sie handelt, im Vordergrund. In der kausalen Urteilsbildung spielen damit personelle Faktoren eine größere Rolle als situative Faktoren. Zum anderen wird diese Tendenz dadurch verstärkt, dass sich der Urteilende bestimmten Elementen der Situation nicht bewusst ist und von daher deren Einfluss auf das beobachtete Verhalten nicht berücksichtigt oder unterschätzt.

Der Akteur-Beobachter-Effekt

Attributionen werden nicht nur bezüglich des Verhaltens anderer gemacht, sondern auch in Bezug auf das eigene Verhalten. Im Unterschied zum fundamentalen Attributionsfehler bei der Fremdbeurteilung besteht bei der Selbstbeurteilung allerdings die Tendenz, das eigene Handeln eher externen als internen Faktoren zuzuweisen. Diese Diskrepanz je nach der Perspektive der Beurteilung wird auch als Akteur-Beobachter-Effekt bezeichnet.

Betrachten wir einen Vorgesetzten, der die Arbeitsleistungen eines Mitarbeiters beurteilt. Er tendiert dazu, das Verhalten seines Mitarbeiters als relativ stabil und situationsunabhängig zu beurteilen. Der Mitarbeiter hingegen wird über sein eigenes Arbeitsverhalten eher die Vorstellung haben, dass er dieses von Situation zu Situation variiert. Eine schlechte Leistung des Mitarbeiters führt der Vorgesetzte demnach vor allem auf den Mitarbeiter selbst zurück, während dieser verschiedene Bedingungen der Arbeitssituation dafür verantwortlich macht.

Arbeitsanreize und die Selbst- und Fremdwahrnehmung

In einer vielzitierten Studie konnte Likert (1961) zeigen, dass Manager und die ihnen untergeordneten Mitarbeiter oft unterschiedliche Einschätzungen über die Arbeitssituation haben. Mit Hilfe von Befragungen untersuchte er, wie diese beiden Personengruppen die Belohnungen wahrnahmen, die ein Mitarbeiter für gute Arbeitsleistungen erhielt. Folgende Häufigkeiten einer Belohnung wurden von Likert ermittelt:

Types of recognition	Supervisors` Perception of Frequency	Subordinates` Perceptions of Frequency
Privileges	52%	14%
More responsibility	48%	10%
A pat on the back	82%	13%
Sincere and thorough praise	80%	14%
Training for better jobs	64%	9%
More interesting work	51%	5%

Die Tabelle zeigt deutlich die unterschiedliche Einschätzung des wahrgenommenen Verhaltens der Manager: Vorgesetzte glauben, dass sie mit einer Vielzahl an Maßnahmen ihre Mitarbeiter angemessen belohnen. Ganz anders wurde das Verhalten allerdings von den Mitarbeitern interpretiert, die für die entsprechenden Manager arbeiteten. Sie gaben an, dass die Vorgesetzten nur wenig und unregelmäßig die von ihnen geleistete Arbeit honorierten.

Quelle: Likert (1961)

Auch der Akteur-Beobacher-Effekt kann auf Verzerrungen bei der Informationsaufnahme zurückgeführt werden: Zum einen fokussieren wir die Aufmerksamkeit bei der Wahrnehmung unseres eigenen Handelns eher auf die Situation. Da wir uns dabei aber vor allem der situativen Faktoren bewusst sind, sehen wir diese als wesentliche Determinanten unseres eigenen Handelns an. Zum anderen hat der Handelnde im Allgemeinen weit mehr Informationen über die Situation als dies ein externer Beobachter hat.

Selbstwertdienliche Attributionstendenz

Angenommen, Sie werden als Mitarbeiter von Ihrem Vorgesetzten aufgrund Ihrer hervorragenden Arbeitsleistung für die Besetzung einer höheren Position im Unternehmen vorgeschlagen. Dann besteht die Tendenz, dass Sie diesen Erfolg eher Ihren hervorragenden Fähigkeiten zuweisen und weniger der Art und Weise der Arbeitsaufgaben, die Sie bearbeitet haben. Angenommen nun, nicht Sie sondern Ihr Kollege wird von Ihrem Vorgesetzte für die Beförderung vorgeschlagen, die eigentlich Sie erwartet haben. Was wird Ihre Reaktion darauf sein?

Wenn Sie denken, dass der Vorgesetzte Sie unfair behandelt hat oder dass Ihrem Kollegen aus irgendwelchen politischen Gründen eine Beförderung in Aussicht gestellt wurde, unterliegen Sie der selbstwertdienlichen Attributionstendenz: Danach werden die eigenen Erfolge eher internen Faktoren zugeschrieben, wohingegen die eigenen Misserfolge vornehmlich durch externe Faktoren erklärt werden. Bei der Beurteilung Anderer ist diese Verzerrung genau umgekehrt: Die Misserfolge Anderer werden deren unterdurchschnittlichen Fähigkeiten oder mangelnden Arbeitsanstrengungen zugewiesen. Hingegen werden als Ursache der Erfolge von Anderen situative Faktoren wie Glück oder Begünstigung gesehen.

3.4.4 Statistische Kausalattribution

In der bisherigen Diskussion haben wir uns mit Situationen beschäftigt, in denen einem Mitarbeiter lediglich Informationen aus der Beobachtung eines einmaligen Ereignisses zur Verfügung standen. im Folgenden wollen wir nun die kausale Urteilsbildung in Situationen betrachten, in denen er Informationen aus einer Vielzahl von Beobachtungen besitzt. Grundsätzlich kann damit der Mitarbeiter bei der Bildung seines kausalen Urteils diese a priori Informationen berücksichtigen und auf eine statistische Kovarianz zwischen dem beobachteten Sachverhalt und einer möglichen Ursache schließen. Sein daraus abgeleitetes kausales Urteil können wir dann als statistische Kausalattribution bezeichnen.

Betrachten wir zur Illustration den Leiter einer Marketingabteilung, der die Arbeitsleistung eines Außendienstmitarbeiters beurteilt. Er arbeitet mit diesem Mitarbeiter schon einige Jahre zusammen und hat ihn von daher schon in einer Vielzahl von Arbeitssituationen erlebt. Insbesondere kennt er dessen bisherige Arbeitsleistungen und kann diese für die momentane Beurteilung des Mitarbeiters heranziehen. Angenommen, der Außendienstmitarbeiter hat im letzten Monat überdurchschnittlich viele Verträge mit neuen Kunden abgeschlossen. An welchen Informationen kann der Vorgesetzte festmachen, ob die Ursache für diese große Arbeitsleistung eher dem Mitarbeiter oder eher situativen Faktoren zugeordnet werden kann?

Kelley (1967) schlägt in seinem Kovarianz-Modell vor, die interne bzw. externe Attribution anhand von drei Informationskriterien vorzunehmen:

- Das Kriterium der Verschiedenartigkeit (distinctiveness): Dieses Informationskriterium erstreckt sich über verschiedene Arbeitssituationen bzw. Arbeitsaufgaben. Hat der Außendienstmitarbeiter andere Tätigkeiten ebenfalls hervorragend bearbeitet? Ist seine Betreuung der Stammkunden auch ausgezeichnet? Oder hat er nur das Neukundengeschäft so gut durchgeführt?
- Das Kriterium der Konsistenz (consistency): Dieses Kriterium deckt die zeitliche Konsistenz des Verhaltens ab. Wie häufig hat der Außendienstmitarbeiter in der letzten Zeit so viele Vertragsabschlüsse erzielen können? Waren seine Leistungen nur im letzten Monat so gut?
- Das Kriterium des Konsensus (consensus): Bei diesem Kriterium fließt das Verhalten anderer Personen in derselben Arbeitssituation bzw. bei derselben Arbeitsaufgabe ein. Welche Abschlusszahlen haben die anderen Außendienstmitarbeiter im letzten Monat erzielt? Haben auch sie so viele Verträge mit Neukunden abschließen können?

Diese Informationen über verschiedene Ereignisse werden zur Bildung von drei Kovarianzen genutzt und aus diesen Kovarianzen wird auf eine interne oder externe Attribution geschlossen:

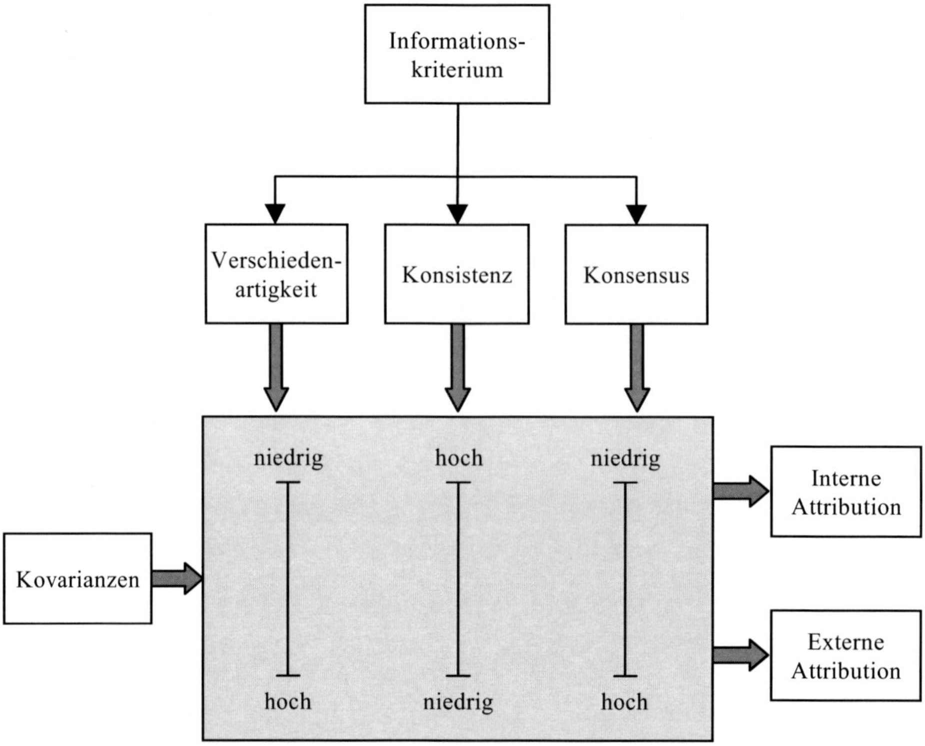

Abbildung 3.29: Das Kovarianz-Modell von Kelly

Wenn die Verschiedenartigkeit niedrig ist, dann besteht eine hohe Kovarianz zwischen der Art der Durchführung verschiedener Tätigkeiten. Der Mitarbeiter verhält sich also in anderen Arbeitssituationen oder bezüglich der Durchführung anderer Aufgaben auf eine ganz bestimmte Weise. In diesem Fall wird das gute Arbeitsergebnis eher auf seine personellen Faktoren zurückgeführt. Ist die Verschiedenartigkeit hingegen hoch, dann verhält sich der Mitarbeiter nur in dieser bestimmten Arbeitssituation so, sonst hingegen anders. Diese Situationsabhängigkeit seines Verhaltens ordnet der Vorgesetzte eher situativen Faktoren zu.

Betrachten wir das Kriterium der Konsistenz: Ist diese hoch, dann hat sich der Mitarbeiter auch in der Vergangenheit ähnlich verhalten. Die Kovarianz zwischen diesen beiden Ereignissen - heutiges und früheres Arbeitsverhalten - ist also hoch. Sein Verhalten ist zeitlich stabil und wird eher auf seine Person zurückgeführt. Ist die Konsistenz seines Verhaltens über die Zeit niedrig, dann wird der Vorgesetzte die zu bewertende Arbeitsleistung vornehmlich auf Faktoren zurückführen, die außerhalb der Person liegen und in der Situation begründet sind.

Das Kriterium des Konsensus schließlich stellt auf die Auffälligkeit des Verhaltens gegenüber anderen Mitarbeitern ab. Bei einem hohen Grad an Konsensus verhalten sich andere Mitarbeiter in derselben Art und Weise. Die Ursache der guten Arbeitsleistung wird der Vorgesetzte also in der Arbeitssituation sehen. Eine interne Attribution hingegen ist wahrscheinlicher, wenn sich andere Mitarbeiter in vergleichbaren Situation anders verhalten. Ein gutes Arbeitsergebnis nur von dem einen Mitarbeiter wird eher auf seine Fähigkeiten bzw. seine Motivation zurückgeführt.

Die Ausführungen machen zweierlei deutlich: Zum einen kann die Kovarianzanalyse von Kelley unmittelbar auf eine statistische Urteilsbildung zurückgeführt werden. So stellen Fishbein und Ajzen (1975, S.192) fest "that variations in consistency across occasions, objects, and actors are expected to influence the likelihhood ratio in a manner compatible with Kelley's (1967; 1973) analysis of causal attribution."

Zum anderen stellt das Kovarianz-Modell hohe Anforderungen an den Informationsstand und die Informationsverarbeitung des Urteilenden. Da im Arbeitskontext in vielen Situationen allerdings weder die für eine statistische Urteilsbildung notwendigen strukturellen Anforderungen gegeben sind, noch dem Urteilenden eine entsprechende Vielzahl von Beobachtungen zur Verfügung stehen, ist die Anwendbarkeit dieses Modells stark eingeschränkt. So kommt Kelley (1973, S.113) selbst zu folgender Einschätzung: "The attribution process implied by the analysis of the variance model is undoubtedly somewhat on the idealized side. It would be foolish to suggest that anything like a large data matrix is filled out with effect observation before a causal inference is made."

Allerdings zeigen unsere Ausführungen auch, dass das Kovarianz-Modell von Kelley grundsätzlich auch bei einer sehr viel geringeren Anzahl von Beobachtungen anwendbar ist. Als zusätzliche Informationen zur Beurteilung der Kovarianzen und damit eines kausalen Zusammenhangs können dem Urteilenden etwa seine Erfahrungen aus ähnlichen Situationen dienen. Zudem schlägt das Modell vor, einen möglichen kausalen Zusammenhang zwischen einer Ursache und einem Ereignis anhand des kausalen Referenzpunktes der Kovarianz zu überprüfen. Damit kann die Idee der Kovarianzanalyse von Kelley auch genutzt werden, um auf die Plausibilität eines kausalen Urteils in Situationen zu schließen, in denen die Anwendung kausaler Schemata mehrere mögliche Ursachen zulässt.

3.5 Zusammenfassung

Das Arbeitsverhalten eines Mitarbeiters können wir nur dann verstehen, wenn wir zunächst ein Verständnis dafür entwickeln, auf welchen Vorstellungen über seine Arbeitssituation er seine Entscheidungsfindung aufbaut. Das Linsen-Modell von Brunswik bildet hierfür die Grundlage: Ein Beobachter konstruiert aus den Sachverhalten in seiner Umwelt mentale Repräsentationen. Hierzu bildet er Referenzpunkte, vergleicht diese mit dem betrachteten Sachverhalt und kommt so zu einem Urteil. Je nach dem betrachteten Sachverhalt handelt es sich dabei um ein Wert- oder Wahrscheinlichkeitsurteil.

Aufgrund seiner beschränkten kognitiven Fähigkeiten wird der Beobachter bestrebt sein, einfache mentale Prozeduren, sogenannte Heuristiken, bei seiner Urteilsbildung anzuwenden. Allerdings besteht dadurch die Gefahr, dass er bei seiner Beurteilung nicht alle zur Verfügung stehenden Informationen zutreffend nutzt. Dadurch kann es zu kognitiven Verzerrungen, sogenannten Urteilstendenzen, kommen. Die Darstellung solcher Heuristiken und der damit verbundenen Urteilstendenzen stand im Mittelpunkt dieses Kapitels.

Betrachten wir zunächst die Bildung von Werturteilen. Bei der Beurteilung von Konsequenzen ist die Wahl des Referenzpunktes entscheidend dafür, ob eine Konsequenz als Verlust oder Gewinn bewertet wird. Bei Gewinnen ist der Urteilende dabei risikoavers, bei drohenden Verlusten sucht er hingegen eher das Risiko. Durch die spezifische Gestalt seiner Bewertung kann es zu folgenden Urteilstendenzen kommen:

Disappointment-Effekt: Der Urteilende berücksichtigt bei der Bewertung einer Konsequenz seine spätere Enttäuschung oder Freude über eine negative bzw. positiven Abweichung von anderen Konsequenzen.

Regret-Effekt: Bei der Bewertung einer Konsequenz berücksichtigt der Urteilende seine spätere Enttäuschung oder Freude über nicht gewählte andere Handlungsalternativen.

Besitztumseffekt: Die Bewertung eines Gutes ist abhängig davon, ob für den Urteilenden damit ein Besitzverlust verbunden ist oder nicht.

Einbettungseffekt: Die Bewertung von mehreren Anreizen wird weniger hoch bewertt als eine zeitliche Verteilung derselben Anreize.

Ursprungsabhängigkeit: Die Bewertung eines Anreizes ist nicht nur von dessen eigentlichem Wert abhängig, sondern auch von der Art und Weise, wie der Urteilende den Anreiz erhalten hat.

Sunk cost-Effekt: Bei der Bewertung einer Handlungsalternative spielen die bisher bereits durchgeführten Aktivitäten eine Rolle.

Liegen der Beurteilung einer Konsequenz mehrere Zielvariablen zugrunde, muss der Urteilende zunächst seine Ziele in ein mentales Zielsystem integrieren. Berücksichtigt er bei der Generierung dieses Zielssystems seine Präferenzen nur unvollständig, kann sein Gesamturteil durch die folgenden Effekte verzerrt sein:

Bandbreiteneffekt: Das Gewicht, das der Urteilende einer Zielvariablen gibt, ist unabhängig von der Bandbreite, in der die Konsequenzen bezüglich dieses Attributs variieren.

Splitting-Effekt: Bei der Präzisierung eines Ziels ist die Summe der Gewichtung der Unterziele größer als die Gewichtung des Oberziels.

Attraktions-Effekt: Ein Urteilender, der zunächst indifferent ist zwischen zwei Alternativen, bevorzugt nach Einführung einer dritten Option diejenige der beiden ursprünglichen Alternativen, die diese neue Option dominiert.

Kompromiss-Effekt: Die ursprüngliche Indifferenz zwischen zwei Alternativen ändert sich nach Einführung einer dritten Option zugunsten derjenigen Alternative, die nun einen Kompromiss zwischen den beiden anderen darstellt.

Grundlage der Beurteilung funktionaler Zusammenhänge sind die subjektiven Gewichte, die der Urteilende den Wahrscheinlichkeiten dieser Ereignisse zuordnet. Geringe Wahrscheinlichkeiten werden dabei überbewertet, hohe Wahrscheinlichkeiten hingegen unterbewertet. Diese sepzifische Gestaltung der Wahrscheinlichkeitsgewichtungsfunktion kann zu folgenden Urteilsverzerrungen führen:

Common-ratio-Effekt: Die riskantere von zwei Entscheidungen ist relativ attraktiver gegenüber der weniger riskanten, wenn sich die Gewinnwahrscheinlichkeiten

bei beiden Entscheidungen im gleichen Verhältnis reduzieren.
Common-consequence-Effekt: Die Einführung einer gemeinsamen Konsequenz bei zwei Alternativen verändert deren relative Bewertung.
Pseudo-Sicherheitseffekt: Die Aussicht, auf der zweiten Stufe eines zweistufigen Entscheidungsproblems einen sicheren Gewinn zu erzielen, wird attraktiver eingeschätzt als bei dem wahrscheinlichkeitsäquivalenten einstufigen Problem.
Sicherheitseffekt: Die Reduzierung der Wahrscheinlichkeit einer sicheren Alternative hat einen größeren Einfluss auf die Präferenzen des Urteilenden als dieselbe relative Reduzierung der Wahrscheinlichkeit eines unsicheren Ereignisses.

Die Beurteilung eines bestimmten Sachverhaltes kann auch davon abhängen, wie der Urteilende die damit verbundenen Informationen aufnimmt. Je nach der Informationsdarstellung kann die Beurteilung mit den folgenden Urteilstendenzen verbunden sein:

Primacy-Effekt: Informationen, die man zuerst wahrnimmt, haben ein ungleich größeres Gewicht bei der Beurteilung als diejenigen Informationen, die man später wahrnimmt.
Recency-Effekt: Diejenigen Informationen werden am höchsten bewertet, die der Urteilende zuletzt wahrnimmt.
Halo-Effekt: Die Beurteilung eines bestimmten Sachverhaltes erfolgt allein aufgrund eines besonders hervorstechenden Merkmals.

Nach dieser Diskussion von Werturteilen haben wir uns dann der Bildung von Wahrscheinlichkeitsurteilen zugewendet. Bei häufig vorkommenden Ereignissen kann sich der Urteilende unter Umständen sein Urteil auf der Grundlage relativer Häufigkeiten bilden. Eine solche statistische Urteilsbildung setzt allerdings hohe Anforderungen an die Unabhängigkeit der einzelnen Ereignisse. Bei einmaligen Ereignissen kann der Urteilende auf verschiedene Heuristiken bei seiner Urteilsbildung zurückgreifen. Die Heuristik der Repräsentativität beruht darauf, die Wahrscheinlichkeit eines Ereignisses anhand bekannter, repräsentativer Informationen zu schätzen. Sechs Urteilstendenzen können damit verbunden sein:

Basisrateneffekt: Die Person vernächlässigt bei ihrer Urteilsbildung die Wahrscheinlichkeit, mit der das Ereignis überhaupt zu erwarten ist.
Konversionseffekt: Die Wahrscheinlichkeit eines Ereignisses A, wenn das Ereig-

nis B vorliegt, wird verwechselt mit der bedingten Wahrscheinlichkeit des Ereignisses B, wenn das Ereignis A vorliegt.
Vernachlässigung der Grundgesamtheit: Die Größe der Stichprobe wird bei der Urteilsbildung unzureichend berücksichtigt.
Gesetz der kleinen Zahlen: Bereits eine kleine Stichprobe wird als repräsentativ für die Gesamtheit aller Ereignisse betrachtet.
Regression zur Mitte: Künftige Ereignisse werden in ihrem Eintritt so eingeschätzt wie bisherige Ereignisse.
Konjunktionseffekt: Die Wahrscheinlichkeit des Eintritts mehrerer Ereignisse wird überschätzt.

Bei Anwendung der Heuristik der Verfügbarkeit benutzt ein Urteilender für die Bildung eines Wahrscheinlichkeitsurteils solche Informationen, die ihm kognitiv besser verfügbar sind. Dies kann zu folgenden Urteilstendenzen führen:

Überschätzung der Wahrscheinlichkeit präsenter Ereignisse: Die relative Häufigkeit eines Ereignisses wird gegenüber seiner Präsenz vernachlässigt.
Überschätzung der Wahrscheinlichkeit bei ungenügender Stichprobe: Ein Urteilender schätzt die Wahrscheinlichkeit eines ihm bekannten Ereignisses zu hoch ein und vernachässigt die zu kleine Stichprobe.

In vielen Situationen hat der Urteilende keine ausreichenden Informationen, um sich ein eindeutiges Wahrscheinlichkeitsurteil zu bilden. In solchen Entscheidungssituationen mit Ambiguität kann er auf die Heuristik der Verankerung und Anpassung zurückgreifen: Er passt seine ursprüngliche Einschätzung aufgrund zusätzlicher Informationen sukzessive an und bildet sich so sein letztendliches Urteil. Drei Urteilstendenzen haben wir diskutiert:

Unzureichende Anpassung des Ankers: Bei der Bildung seines Urteils orientiert sich die Person zu stark an einem vorgegeben Anker.
Verzerrte Einschätzung von Szenarien: Bei konjunktiven Ereignissen wird die Gesamtwahrscheinlichkeit überschätzt, während sie bei disjunktiven Ereignissen unterschätzt wird.
Overconfidence-Effekt: Der Urteilende überschätzt seine eigenen Fähigkeiten und Kenntnisse bei der Urteilsbildung und hat zuviel Vertrauen in sein Urteil.

Die Bildung kausaler Urteile haben wir schließlich auf die von Wahrscheinlichkeitsurteilen zurückgeführt. Dabei kann die Ursache für einen bestimmten Sachverhalt entweder auf interne oder externe Faktoren zurückgeführt werden. Im ersten Fall der internen Attribution werden die Ursachen auf die Person zurückgeführt, im zweiten Fall der externen Attribution liegen sie hingegen außerhalb der Person und sind durch situative Faktoren bedingt. Analog zur Bildung von Wahrscheinlichkeitsurteilen können wir bei der Kausalattribution zwischen einmaligen und wiederholten Beobachtungen unterscheiden. Im letzten Fall kann die Beurteilung mit dem Kovarianz-Modell von Kelley durchgeführt werden. Dabei wird anhand von drei Informationskriterien die Kovarianzen des vorliegenden Ereignisses mit früheren gebildet und aus diesen Kovarianzen auf eine interne oder externe Attribution geschlossen. Auch diese statistische Kausalattribution setzt hohe Anforderungen an die Unabhängigkeit der einzelnen Ereignisse. Bei einmaligen Beobachtungen haben wir zwei Heuristiken diskutiert: Das Schema multipler notwendiger Ursachen, bei dem von mehreren förderlichen Ursachen alle gleichzeitig gegeben sein müssen, damit das beobachtete Ereignis eintritt, sowie das Schema multipler hinreichender Ursachen, bei dem von mehreren förderlichen Ursachen bereits eine einzige genügt, um das Ereignis hervorzubringen. Drei Attributionstendenzen haben wir in diesem Zusammenhang diskutiert:

Fundamentaler Attributionsfehler: Die Ursache für einen bestimmten Sachverhalt wird eher internen als externen Ursachen zugewiesen.

Akteur-Beobachter-Effekt: Das eigene Handeln ist eher durch interne als externe Faktoren bedingt.

Selbstwertdienliche Attributionstendenz: Eigene Erfolge werden eher internen Faktoren zugeschrieben, wohingegen die eigenen Misserfolge durch externe Faktoren erklärt werden.

3.6 Literaturhinweise

Das in diesem und im nächsten Kapitel dargestellte individuelle Entscheidungsverhalten mit den beiden Phasen der Beurteilung und der Wahl folgt der Zweiteilung in der deskriptiven Entscheidungstheorie. Siehe hierzu beispielsweise Stevenson, Busemeyer und Naylor (1990), die einen umfangreichen Überblick über diese Literatur geben.

Grundlegend für das Verständnis des Beurteilungsprozesses ist das Modell von Brunswik (1952), das in seiner ursprünglichen Konzeption in der Literatur von vielen Autoren weiterentwickelt wurde. So analysieren beispielsweise Dudycha und Naylor (1966) die Güte der Beurteilung mit Hilfe von Korrelations- und Regressionsrechnungen. Hammond (1996) vergleicht die Urteilsstrategien verschiedener Personen, und Gigerenzer, Hoffrage und Kleinbölting (1991) entwickeln das Linsen-Modell zu einem Probabilistischen Mentalen Modell weiter.

Die Literatur zu einzelnen Aspekte der Urteilsbildung ist ausgesprochen umfangreich. Neben den Referenzen im Text exisitiert mittlerweile auch eine Reihe von Büchern, die die individuelle Urteilsbildung aus verschiedenen Perspektiven diskutieren, beispielsweise Hogarth (1980), Dawes (1988), Bazerman (1998) oder Jungermann, Pfister und Fischer (1998). Einen Überblick über die experimentielle Literatur gibt Camerer (1995).

Grundlegend für die Bildung von Werturteilen sind die Arbeiten von Kahneman und Tversky (1979) und Tversky und Kahneman (1981; 1986; 1992). Die Idee, die Nutzenfunktion eines Individuums durch Gewinne oder Verluste bezüglich eines individuellen Referenzpunktes zu definieren, geht auf Markowitz (1952) zurück. Als Referenzpunkt berücksichtigte er das aktuelle Einkommen des Individuums, unterstellte aber, dass temporär der Referenzpunkt unter gewissen Bedingungen auch vom aktuellen Einkommen abweichen kann. Siehe hierzu auch die Diskussion von Machina (1982, S.285f). Erste empirische Evidenzen in diesem Zusammenhang geben MacCrimmon und Larsson (1979) oder Kahneman und Tversky (1979). Die Idee, dass einer Entscheidung nicht die tatsächlichen Wahrscheinlichkeiten, sondern 'psychologische' Wahrscheinlichkeiten als Wahrscheinlichkeitsgewichte zugrunde liegen, geht auf Preston und Baratta (1948) zurück. Siehe auch die Arbeiten von Edwards (1953; 1954a; 1954b). Experimentielle Untersuchungen hierzu finden sich bei Tversky und Kahneman (1992), Tversky und Fox (1994), Camerer und Ho (1994), Wu und Gonzalez (1996; 1999) oder Gonzalez und Wu (1999). Für eine Ableitung dieser Gewichtungsfunktion aus individuellen Präferenzen eines Entscheiders siehe Wakker (1994), Tversky und Wakker (1995), Prelec (1998) oder Wu und Gonzalez (1998). Speziell zu Wichtigkeitsurteilen siehe die Arbeiten von Weber und Borcherding (1993) und Borcherding, Schmeer und Weber (1995). Speziell zum Phänomen der Präferenzumkehr siehe die frühe Arbeit von Slovic, Fischhoff und Lichtenstein (1968). Die damit verbundenen Implikationen werden z.B. in Hogarth (1975), Slovic, Fischhoff und Lichtenstein (1983) oder Hershey und Schoemaker (1985) diskutiert. Zur Erklärung des Phänomens der Präferenzumkehr siehe auch Loomes und Sudgen (1983), Slovic, Griffin und Tversky (1990), Tversky und Thaler (1990) sowie Tversky, Slovic und Kahneman (1990). Machina (1987) diskutiert die Konsistenz der Präferenzumkehr sowie andere Framing-Effekte im Rahmen der Erwartungsnutzentheorien und stellt ökonomische und psychologische Erklärungen gegenüber.

Grundlegend für die Bildung von Wahrscheinlichkeitsurteilen ist das von Kahneman, Tversky und anderen seit den 70er Jahren verfolgte Forschungsprogramm 'Heuristics and Biases', dessen Grundidee Kahneman und Tversky (1973, S.237) wie folgt beschreiben: "In making predictions and judgements under uncertainty, people ... rely on a limited number of heurtistics which sometimes yield reasonable judgements and sometimes lead to servere and systematic errors". Die Aufdeckung dieser Heuristiken und Verzerrungen steht im Zentrum des von ihnen initiierten Forschungsprogramms. Die Aufsatzsammlung, die sie zusammen mit Paul Slovic 1982 herausgaben, gibt hierzu eine Einführung. Siehe auch Kahneman und Frederick (2005). Kritisch setzen sich Hell, Fiedler und Gigerenzer (1993) mit dem Forschungsprogramm von Kahneman und Tversky auseinander. Speziell zur Ambiguität siehe Ellsberg (1961), Einhorn und Hogarth (1985; 1986) oder Camerer und Weber (1992). Marschak (1975) diskutiert die Idee der Ambiguität in der Ökonomie, und Becker und Brownson (1964) und Yates und Zukowski (1976) untersuchen die Bedeutung der Ambiguität für den individuellen Entscheidungsprozess.

Grundlegend für die Bildung kausaler Urteile sind die Arbeiten von Heider (1944; 1958), die insbesondere von Kelley (1967; 1972;1973) weiterentwickelt wurden. Neben den beiden im Text diskutierten Schemata schlägt Kelley (1973) weitere Heuristiken vor, die auch bei verknüpften Ereignissen angewendet werden können. Siehe hierzu auch die Schemata von Zuckerman und Evans (1984). Für eine Anwendung der Heuristik der Repräsentativität auf die kausale Urteilsbildung siehe insbesondere die Arbeiten von Tversky und Kahneman (1982b; 1982c). Hayes und Hesketh (1989) diskutieren die grundsätzlichen Möglichkeiten und Probleme theoretischer Konstrukte für die Bildung kausaler Urteile. Die Bedeutung der Kausalattribution für die Erklärung ökonomischen Verhaltens stellt Raaij (1985) heraus.

4
Die Psychologie des Arbeitsverhaltens

Ein Mensch erhofft sich fromm und still,
dass er einst das kriegt, was er will.
Bis er dann doch dem Wahn erliegt,
und schließlich das will, was er kriegt. (Roth, 1977)

Die Diskussion im letzten Kapitel hat gezeigt, dass eine Diskrepanz bestehen kann zwischen den objektiv gegebenen Komponenten der Arbeitssituation eines Mitarbeiters und den von ihm subjektiv wahrgenommenen. Seine begrenzten kognitiven Fähigkeiten implizieren nicht nur eine selektive Wahrnehmung, sondern bedingen auch die Anwendung verschiedener Heuristiken bei seiner Beurteilung der Arbeitssituation. Aufgrund der damit verbundenen Urteilstendenzen kann es daher systematisch zu kognitiven Verzerrungen in der Beurteilung einzelner Aspekte seiner Arbeitssituation kommen.

Ausgangspunkt für eine Erklärung des tatsächlichen individuellen Arbeitsverhaltens eines Mitarbeiters muss diese subjektive Beurteilung seiner Arbeitssituation sein. Nur diese ist für ihn entscheidungsrelevant. Daher bilden die einzelnen, subjektiv wahrgenommenen Faktoren die Inputgrößen, die bestimmen, welche der ihm zur Verfügung stehenden Handlungsalternativen er mit seinem Arbeitsverhalten verfolgt.

Entsprechend der Zweiteilung des Gesamtprozesses der Entscheidungsfindung in die beiden zentralen Komponenten der Beurteilung und der eigentlichen Entscheidung wollen wir nun im Folgenden untersuchen, wie sich ein Mitarbeiter in einer bestimmten Arbeitssituation verhalten wird, welches Verhaltensmuster also zu einem maximalen Erreichen seiner individuellen Ziele führt. Wir konzentrieren uns damit auf die Analyse des Motivationsprozesses und schlagen eine Brücke zwischen seinen subjektiven Beurteilungen auf der einen Seite und seinen Entscheidungen auf der anderen Seite.

Grundlegend für unsere Überlegungen ist dabei die Erkenntnis, dass sich "Motivation durch Erwartung und Anreiz" ergibt, so Heckhausen (1980, S.133): "Einmal muss das Eintreten des Zielzustandes vorweggenommen werden können. Es gibt eine entsprechende Erwartung. ... Die andere Voraussetzung besteht darin, dass der Zielzustand Wertcharakter für das Lebewesen haben muss". Übertragen auf den Arbeitskontext bilden demnach das subjektive Wert- und Wahrscheinlichkeitsurteil eines Mitarbeiters über Arbeitsanreize und funktionale Zusammenhänge in seiner Arbeitssituation die Grundlage seines Arbeitsverhaltens. Diese Erkenntnis können wir auf die folgenden drei Grundprämissen zurückführen:

(1) Der subjektive Wert, den ein Mitarbeiter mit den Konsequenzen verbindet, die aus seinem Arbeitsverhalten resultieren können, beeinflusst sein Verhalten. Je umfassender die Konsequenzen zur Erreichung seiner Ziele beitragen, um so eher wird er sich zu einem Verhalten entschließen, das zu diesen Konsequenzen führt.

(2) Die subjektiven Wahrscheinlichkeiten, mit der der Mitarbeiter das Eintreten der Konsequenzen beurteilt, die mit seinem Handeln verbundenen sind, beeinflussen sein Verhalten. Je besser die Chancen sind, mit seinen Arbeitsanstrengungen eine attraktive Konsequenz zu erzielen, desto eher wird er sich dafür entscheiden.

(3) Der Einfluss des subjektiven Wertes und der subjektiven Wahrscheinlichkeiten auf das Verhalten ist interaktiv. Einerseits ist ein Unterschied in den Wahrscheinlichkeiten bei verschiedenen Konsequenzen unbedeutend, wenn der Mitarbeiter diesen Konsequenzen keinen besonderen Wert zuordnet. Andererseits werden Unterschiede bei besonders relevanten Konsequenzen verhaltensentscheidend, wenn sie mit entsprechenden Unterschieden in den Wahrscheinlichkeiten verbunden sind.

Nach Yates (1990, S.250) haben diese drei Prämissen eines Verhaltensmodells allgemeingültigen Charakter: "All three of the basic ideas are ... uncontroversial. In fact, some would say that they are only common sense". Es verwundert daher auch nicht, dass es wohl keine neuere psychologische oder ökonomische Verhaltenstheorie gibt, die nicht in ihren Grundzügen diesen drei Prämissen folgt. Diese Theorien werden als **Erwartungsnutzentheorien** bezeichnet.

In diesem Kapitel wollen wir die für die Erklärung des Arbeitsverhaltens eines Mitarbeiters relevanten Aspekte dieser Nutzentheorien aufzeigen. In Abschnitt 4.1 stellen wir zunächst die Verhaltensmaxime vor, auf die unsere Analyse des Mitarbeiterverhaltens aufbaut. Wir werden hier insbesondere auf die individuelle begrenzte Rationalität und die Nutzenmaximierung eingehen.

In Abschnitt 4.2 führen wir dann in die Grundlagen des Entscheidens ein. Ausgehend von der Erwartungsnutzentheorie von von Neumann und Morgenstern (1944) stellen wir verschiedene 'neuere' deskriptive Nutzentheorien vor. Die deskriptiven Theorien können als Erweiterungen dieser Erwartungsnutzentheorie verstanden werden und versuchen, die im letzten Kapitel angesprochenen Verhaltensphänomene zu berücksichtigen. Yates (1990, S.283) spricht daher auch von "Cousins of Expected Utility".

Während sich die Ausführungen in Abschnitt 4.2 auf Entscheidungssituationen beziehen, in denen sich das Arbeitsverhalten eines Mitarbeiters unmittelbar an den Konsequenzen orientiert, die aus seinen Entscheidungen resultieren, diskutieren wir in Abschnitt 4.3 den allgemeineren Fall: Analog zu unserem ökonomisch-psychologischen Verhaltensmodell in Kapitel 2 gehen wir davon aus, dass lediglich ein indirekter Zusammenhang zwischen der Wahl einer Handlungsalternative und den Konsequenzen für den Mitarbeiter besteht: Als intermediäres Ereignis vermittelt hier das Arbeitsergebnis, das aus der Handlungsalternative resultiert, die Konsequenzen für den Mitarbeiter. Der Entscheidungsprozess, der das Arbeitsverhalten bestimmt, erhält somit eine zusätzliche Stufe.

Im letzten Abschnitt diskutieren wir dann, inwieweit unser Modell des individuellen Entscheidungsverhaltens das Selbstmanagement einer Person erklären kann. Wir gehen auf verschiedene Aspekte dieses Prozesses ein und betrachten insbesondere die Implikationen, die soziale Einflüsse auf das Arbeitsverhalten haben können.

4.1 Die eingeschränkte individuelle Rationalität

Die zentrale Annahme, die unserem ökonomisch-psychologischen Verhaltensmodell zugrunde liegt, ist die der **Rationalität**: Der Mitarbeiter wählt die im Hinblick auf seine persönlichen Ziele beste Handlungsalternative, also diejenige, deren Konsequenzen den größten Nutzen für ihn erbringen.

Die Annahme eines rationalen Verhaltens ist grundlegend für die Wirtschaftswissenschaften, aber auch für viele Forschungsbereiche innerhalb der Psychologie, insbesondere der kognitiven Psychologie und Motivationspsychologie: In den Wirtschaftswissenschaften liegt diese Hypothese dem Handeln jedes Akteurs zugrunde, unabhängig davon, ob er Konsument, Unternehmer oder Ehemann ist. In der Psychologie haben wir durch den im ersten Kapitel eingeführten Begriff des Motivs bereits gesehen, dass das Handeln immer auf bestimmte Beweggründe zurückgeführt wird, also im Hinblick auf diese Dispositionen rational ist. In seiner Gegenüberstellung des Rationalitätsbegriffs in Psychologie und Ökonomie stellt Simon (1986, S.209f) daher auch gleich zu Anfang fest: "One point should be set immediately outside dispute. Everyone agrees that people have reasons for what they do. They have motivations, and they use reasons (well or bad) to respond to these motivations and reach their goals. ... I emphasize this point of agreement at the outset – that people have reasons for what they do – because it appears that economics sometimes feels called on to defend the thesis that human beings are rational. Psychology has no quarrel at all with this thesis."

Der Grund, warum in der Ökonomie der Rationalitätsbegriff seit vielen Jahrzehnten heftig diskutiert wird, liegt an der Konzeption dessen, was im Einzelnen rationales Handeln ausmacht. Zwei extreme Positionen können hier genannt werden:

- **Globale Rationalität**: In diesem Fall bedeutet rationales Handeln, dass ein Akteur uneingeschränkten Zugang zu allen Informationen hat, die für die Lösung seines Entscheidungsproblems notwendig sind. Er kennt also alle Handlungsalternativen und kann deren Konsequenzen auf seine Zielerreichung vollständig abschätzen. Darüber hinaus kann er alle diese Informationen aufgrund seiner intellektuellen Kapazitäten mühelos verarbeiten, die einzelnen Handlungsalternativen umfassend bewerten und dann die beste Alternative auswählen. Er ist ein wandelnder Computer ohne Kapazitäts- und Rechenzeitbegrenzungen.
- **Eingeschränkte Rationalität:** Die Annahme rationalen Verhaltens unterstellt in diesem Fall, dass ein Akteur in der Regel unvollständig über seine

relevanten Handlungsalternativen und deren Konsequenzen für sein Entscheidungsproblem informiert ist. Er muss demnach erst nach solchen Alternativen suchen und sich gegebenenfalls Informationen über die Konsequenzen beschaffen. Außerdem sind ihm bei der Bewertung der Handlungsalternativen und der Wahl der besten Alternative kognitive Grenzen gesetzt.

Beide Varianten der Rationalität implizieren für eine Theorie des Arbeitsverhaltens, dass ein Mitarbeiter aufgrund seiner Präferenzen die ihm zur Verfügung stehenden Handlungsalternativen bewertet und dann diejenige Alternative mit dem maximalen Nutzen auswählt. Arbeitsverhalten in diesem Sinne ist somit immer die rationale Auswahl aus Alternativen. Im Folgenden nennen wir diese Verhaltensmaxime auch Nutzenmaximierung.

Der entscheidende Unterschied zwischen den beiden Varianten der Rationalität für eine Theorie des Arbeitsverhaltens betrifft die kognitiven und analytischen Fähigkeiten eines Mitarbeiters. Die globale Rationalität, so wie sie in der neoklassischen Ökonomie unterstellt wird, geht von unbeschränkten Kapazitäten aus. Folgen wir Simon (1986, S.S210f), dann steht diese Annahme aber im krassen Widerspruch zu unseren Ausführungen im zweiten Kapitel: "if we postulate an objective description of the world as it really is, and if we assume that decision makers' computational powers are unlimited, then two important consequences follow: First, we do not need to distinguish between the real world and the decision maker's perception of it: he or she perceives the world as it really is. Second, we can predict the choices that will be made by a rational decision maker entirely from our knowledge of the real world and without a knowledge of the decision maker's perceptions or modes of calculation."

Unsere Ausführungen zur individuellen Wahrnehmung der Arbeitssituation machen deutlich, dass wir im Folgenden nicht von einer globalen Rationalität des Mitarbeiters ausgehen können. Vielmehr müssen wir berücksichtigen, dass es zwischen den objektiven Gegebenheiten einer bestimmten Arbeitssituation und der subjektiven Wahrnehmung durch den Mitarbeiter immer zu Diskrepanzen kommen kann. Rationales Verhalten des Mitarbeiters erfolgt demnach immer unter Berücksichtigung der begrenzten kognitiven Fähigkeiten des Mitarbeiters.

Wir können daher die begrenzte Rationalität eines Mitarbeiters auch verstehen als eine Nutzenmaximierung unter begrenzten kognitiven Fähigkeiten. Diese Definition entspricht dem in der ökonomischen Psychologie verwendet Begriff. So formulieren beispielsweise Lea, Tarply und Webley (1987, S.105): "in economic psychology the 'assumption of rationality' means the assumption that people behave in such a way as to maximize some (subjective) function of all costs and advantages operating in a situation."

Der Begriff der Rationalität bezieht sich dabei lediglich auf das Verhalten eines Mitarbeiters und nicht auf den Mechanismus, der diesem Verhalten zugrunde liegt. Die Gründe, warum ein Mitarbeiter eine bestimmte Entscheidung getroffen hat, können und werden wir also nicht bewerten. Seine Ziele und Präferenzen werden wir demnach als gegeben hinnehmen.

Betrachten wir hierzu folgendes Beispiel: Ein Berufsanfänger ist im Rahmen seines Trainee-Programms für drei Monate einer Arbeitsgruppe zugeordnet, in der auch ein älterer Mitarbeiter arbeitet, der kurz vor seiner Pensionierung steht. Innerhalb der Arbeitsgruppe haben die Mitarbeiter in der Vergangenheit ein ausgesprochen kooperatives Verhältnis untereinander aufgebaut. So hilft man sich in Zeiten hoher Arbeitsbelastung gegenseitig aus, obwohl jeder Mitarbeiter innerhalb der Arbeitsgruppe seinen eigenen Arbeitsbereich hat. Betrachten wir nun das Verhalten des älteren Mitarbeiters gegenüber dem Trainee. Inwieweit wird er sich gegenüber dem neuen Mitarbeiter hilfsbereit verhalten? Einerseits könnten wir uns vorstellen, dass er sich ihm gegenüber unkooperativ verhält: Er ist nur noch kurze Zeit in der Unternehmung, so dass er weder erwarten kann, dass der Trainee seine Hilfsbereitschaft reziprok erwidern wird, noch dass er von seinen anderen Kollegen aufgrund seines Verhaltens mit negativen Konsequenzen sanktioniert wird. Andererseits ist es aber auch genauso gut möglich, dass sich der ältere Mitarbeiter kollegial gegenüber dem Neuen verhält: Aus moralischen oder sozialen Gründen ist es für ihn einfach selbstverständlich, anderen unterstützend zur Seite zur stehen.

Das Verhalten des älteren Mitarbeiters ist in beiden Fällen rational: Im ersten Fall wägt er losgelöst von irgendwelchen sozialen oder moralischen Normen sein Verhalten aufgrund der erwarteten Konsequenzen ab. Unkooperatives Verhalten hat in dieser Situation dann offensichtlich mehr Vorteile bzw. weniger Nachteile als Hilfsbereitschaft. Aber genau dasselbe Kalkül trifft auch im zweiten Fall zu. Auch hier bewertet der Mitarbeiter sein Verhalten anhand der damit verbundenen erwarteten Konsequenzen. Im Unterschied zum ersten Fall bewertet er nun allerdings auch die Einhaltung der sozialen oder moralischen Normen. Würde er gegen diese Normen verstoßen, hätte dies entsprechende negative Konsequenzen für ihn. Diese Kosten induzieren dann ein kooperatives Verhalten.

Die Frage, ob ein bestimmtes Verhalten rational oder nicht-rational ist, können wir daher immer nur im Hinblick auf die Ziele bewerten, die diesem Verhalten zugrunde liegen. Zitieren wir noch einmal Simon (1986, S.210): "The judgement that certain behavior is 'rational' or 'reasonable' can be reached only by viewing the behavior in the context of a set of premises or 'givens'. These givens include the situation in which the behavior takes place, the goals it is aimed at realizing, and the computational means available for determining how the goals can be attained." Auf den Arbeitskontext übertragen bedeutet diese Forderung, dass wir nur dann das Arbeitsverhalten eines Mitarbeiters voraussagen können, wenn wir eine Vorstellung haben über seine individuellen Ziele und Fähigkeiten sowie die Arbeitssituation, in der er sich befindet.

Rationales Handeln in diesem Sinne wird in der Literatur auch als formale Rationalität bezeichnet. John Rawls (1971, S.143) bezeichnet ein solches Handeln auch als 'vernünftig': "a rational person is thought to have a coherent set of preferences between the options open to him. He ranks these options according to how well they further his purposes; he follows the plan which will satisfy more of his desires rather than less, and which has the greater chance of beeing successfuly executed." Diese Betrachtung impliziert, dass die Frage nach der Rationalität eines Verhaltens wesentlich an Bedeutung verliert. In diesem Sinne kommt Rachlin (1980, S.207) zu dem Ergebnis, "that any behavior may be seen to maximize utility in some sense". Die wesentliche Frage ist vielmehr, welche Motive dem Handeln zugrunde liegen oder, wie es Lea u.a. (1987, S.130) formuliert: "Instead of asking *whether* something is being maximized, we need to ask *what* is being maximized."

4.1.1 Die Nutzenmaximierung

Die Verhaltensmaxime, die unserem ökonomisch-psychologischen Modell zugrunde liegt, ist die Annahme der **Nutzenmaximierung**: Ein Mitarbeiter wird bei gegebenen klaren und konsistenten Vorstellungen über seine Präferenzen aus der Menge der Handlungsalternativen diejenige auswählen, die seine individuellen Bedürfnisse am umfassendsten befriedigt. Nutzenmaximierung erfordert somit ein zweistufiges Vorgehen:

- In einem ersten Schritt bewertet der Mitarbeiter entsprechend seinen Präferenzen explizit oder implizit die einzelnen ihm zur Verfügung stehenden Handlungsalternativen. Bei dieser Bewertung bildet er sich Vorstellungen über die Konsequenzen sowie über die funktionalen Zusammenhänge, die mit den einzelnen Alternativen verbunden sind.
- In einem zweiten Schritt vergleicht der Mitarbeiter diese Konsequenzen der einzelnen Alternativen und wählt diejenige Alternative aus, die seinen Präferenzen am ehesten entspricht, bei der sein Netto-Nutzen also am größten ist.

Betrachten wir zunächst den ersten Schritt, die Bewertung verschiedener Handlungsalternativen. Wir haben oben bereits ausgeführt, dass für einen Mitarbeiter nur diejenigen Konsequenzen aus seinem Arbeitsverhalten relevant sind, die im Zusammenhang mit der Befriedigung seiner Bedürfnisse stehen. Die Bewertung einer Handlungsalternative erfolgt also im Hinblick auf die Ziele, die er mit seinem Arbeitsverhalten erreichen möchte. Das Bild des komplexen Mitarbeiters erfordert hier, dass wir eine Vielzahl verschiedener Ziele berücksichtigen.

Bezüglich unserer Grundelemente des Entscheidungsmodells bedeutet dies eine 'offene' Nutzenfunktion: Nicht nur materielle Größen wie Gehalt, Firmenwagen oder Bonuszahlungen gehen als Argumente in seine Nutzenfunktion ein, sondern auch andere, immaterielle Größen. Jensen und Meckling (1994, S.5) formulieren dies wie folgt: "The individual cares about almost everything: Knowledge, independence, the plight of others, the environment, honor, interpersonal relationships, status, peer approval, group norms, culture, wealth, rules of conduct, the weather, music, art, and so on". In unserem Kontext sind somit alle Größen, die für die Bedürfnisbefriedigung des Mitarbeiters im Arbeitskontext relevant sind, wie soziales Ansehen, Macht, Entscheidungsspielraum, Karriere, Selbstverwirklichung, Wissen usw. Argumente seiner Nutzenfunktion.

Diese Größen der Nutzenfunktion spiegeln die individuellen Ziele des Mitarbeiters wider. Entsprechend unserer Annahme, dass die Ziele, die der Mitarbeiter verfolgt, ökonomischer Natur sind, sind alle diese Größen, die in die Nutzenfunktion eingehen, knappe Güter. Unter einem **Gut** verstehen wir dabei alles, was in irgendeiner Weise geeignet ist, die Bedürfnisse eines Mitarbeiters zu befriedigen. Ein Gut ist knapp in dem Sinne, dass ein Mitarbeiter mehr von diesem haben möchte als er derzeit besitzt, dieses Gut allerdings beschränkt ist und auch für die Befriedigung anderer Bedürfnisse eingesetzt werden kann.

Die Eigenschaft, dass ein Gut für den Mitarbeiter knapp ist, stellt ihn unmittelbar vor ein Problem der Ressourcenallokation: Seine Arbeitsanstrengungen können wir als seine individuellen Humankapitalressourcen verstehen, die der Mitarbeiter auf verschiedene Handlungsalternativen verteilen kann. Je nachdem, welche Handlungsalternative er mit seinem Arbeitsverhalten verfolgt, werden seine persönlichen Ziele in unterschiedlicher Weise erfüllt. Da seine Humankapitalressourcen für ihn aber beschränkt sind, muss er sich im Hinblick auf die Befriedigung seiner Bedürfnisse für eine bestimmte Allokation seiner Humankapitalressourcen entscheiden. Dies setzt eine Bewertung der einzelnen Alternativen bezüglich ihres jeweiligen Nutzens für ihn voraus.[1]

Betrachten wir ein Beispiel: Ein Mitarbeiter überlegt, ob er eine zusätzliche Überstunde machen soll oder ob er in dieser Zeit mit seinen Kindern spielen soll. Dies sind die beiden Handlungsalternativen, die er in Erwägung zieht. Da die Ressource Zeit ein knappes Gut ist - der Tag hat nur 24 Stunden - muss er sich für die eine oder die andere Alternative entscheiden. Er muss sich demnach fragen, welcher Nutzen für ihn mit welcher Alternative verbunden ist: Welche finanziellen Vorteile ergeben sich für ihn (oder seine Familie) aus einer Überstunde? Oder inwieweit verbessern sich dadurch seine Aufstiegschancen? Bezüglich der zweiten Alternative wird er sich fragen, welche Vorteile ihm oder seiner Familie aus dem Zusammensein mit seinen Kindern erwachsen.

Arbeitsverhalten als Problem der Ressourcenallokation erfordert eine Bewertung der Handlungsalternativen im Hinblick auf die damit verbundenen Konsequenzen. Der Mitarbeiter muss daher die Vor- und Nachteile der einzelnen Alternativen, also deren Kosten und Nutzen, gegeneinander abwägen.

Von entscheidender Bedeutung für die individuelle Nutzenmaximierung sind dabei häufig die Opportunitätskosten, die mit der Wahl einer Alternative für den Mitarbeiter verbunden sind: Als **Opportunitätskosten** für die Nutzung einer knappen Ressource bei einer bestimmten Alternative bezeichnen wir den Nutzen, der aus der nächstbesten Handlungsalternative resultieren würde. Weil sich ein Mitarbeiter für die beste Alternative entschieden hat, entgeht ihm dieser Nutzen aus der jeweils nächstbesten Alternative. Dem Familienvater, der sich beispielsweise für das Zusammensein mit seinen Kindern entscheidet, entstehen so Kosten: Die Opportunitätskosten für eine Stunde mit den Kindern spielen sind der Wert, den er einer Überstunde – dies sei die nächstbeste Alternative – beimisst.

Das Konzept der Opportunitätskosten beim Vergleich verschiedener Alternativen ermöglicht es uns, den einzelnen Gütern einer offenen Nutzenfunktion verschiedene Kostenarten zuzuordnen. Folgende Klassifikation ist hier für die nachfolgende Diskussion sinnvoll:[2]

- Physische Kosten: Diese entstehen einem Mitarbeiter immer dann, wenn mit seiner Entscheidung gewisse Arbeitsanstrengungen verbunden sind. Diese können körperlicher Natur sein, sie können aber kognitive Kosten beeinhalten, etwa aufgrund des kognitiven Aufwands, der mit der Suche oder dem Abwägen der Handlungsalternativen verbunden ist. Smith (1991, S.888) nennt diese Kosten Entscheidungskosten: "Decision cost is the cost of concentration, attention, information acquisition, thinking, monitoring, checking, deciding, and acting – all the things one does to realize a decision."
- Psychische Kosten: Solche Kosten können für einen Mitarbeiter dann entstehen, wenn seine Entscheidung nicht im Einklang mit seinen persönlichen Werten, Einstellungen oder Zielen steht. Dies kann beispielsweise dann gegeben sein, wenn die Ziele des Mitarbeiter in Konkurrenz zueinander stehen. Hat der Mitarbeiter das Bedürfnis, Diskrepanzen zwischen situativen und personellen Faktoren zu vermeiden, führen die psychischen Spannungen, die mit solchen Konflikten verbunden sind, zu psychischen Kosten. Nach McGuire (1966, S.1): "the person tends to behave in ways that minimize the internal inconsistency among his interpersonal relations, among his intrapersonal cognitions, and among his beliefs, feelings, and actions", treten diese psychischen Kosten immer dann auf, wenn der Mitarbeiter mit seiner Entscheidung diese minimale Inkonsistenz verfehlt.
- Soziale Kosten: Im Unterschied zu den psychologischen Kosten, die wir auf eine Verletzung interpersoneller Restriktionen zurückführen können, entstehen soziale Kosten bei einem Verstoß gegen zwischenmenschliche Regeln. Hierzu gehören alle rechtlichen und sozialen Restriktionen, die wir im zweiten Kapitel angesprochen haben. Verstößt beispielsweise ein Mitarbeiter gegen eine Gruppennorm,

dann können für ihn damit moralische Kosten verbunden sein.

Der Eichmanneffekt und die Bedeutung moralischer Kosten

Milgram (1974) untersuchte in einem Experiment die Frage, inwieweit Versuchspersonen den Anordnungen des Experimentsleiters Folge leisten, auch wenn solche Anordnungen den eigenen Wertvorstellungen widersprechen. Den Experimentsteilnehmern wurde erklärt, dass sie an einer wissenschaftlichen Studie teilnehmen, bei der der Einfluss von Sanktionen auf menschliches Lernen untersucht werden soll. Die Versuchspersonen sollten hierzu Sanktionen in Form von elektrischen Stromstößen austeilen. Sie konnten dazu sukzessive die Voltzahl erhöhen. Die 'Opfer' dieser vorgetäuschten Stromstöße waren Schauspieler, die je nach der Voltzahl entsprechende Reaktionen simulierten. So baten sie beispielsweise um Einstellung des Experiments, schrieen schmerzvoll bei höheren Voltzahlen und flehten um Nachsicht.

A priori würde man denken, dass die Versuchspersonen den Anordnungen des Experimentsleiters nur bis zu einer gewissen Stromstärke Folgen leisten würden. Tatsächlich befolgten aber 62% der Experimentsteilnehmern die Anordnungen bis zur höchstmöglichen Stromstärke von 450 Volt.

Dieses Ergebnis, das Milgram als Eichmanneffekt bezeichnete, ist aber durchaus mit unserem ökonomischen Verhaltensparadigma vereinbar. Untersucht man nämlich die Experimente, dann ergeben sich nach Meyer (1981, S.142) die folgenden Schlussfolgerungen: Erstens entlastete der Experimentsleiter die Versuchspersonen von ihrer 'Schuld', indem er die volle Verantwortung für die Folgen der Schocks übernahm. Die moralischen Kosten der Versuchspersonen wurden also externalisiert. Zweitens war die Wahrscheinlichkeit, dass die Experimentsteilnehmern die Anordnungen befolgten, umso höher, je indirekter sie mit dem 'Opfer' während des Versuchs in Kontakt waren. Die wahrgenommenen Kosten beeinflussten also das Verhalten. Und drittens gaben die Versuchspersonen freiwillig die Zusage, an dem Experiment teilzunehmen. Ein vorzeitiger Abbruch wäre der Nicht-Einhaltung eines 'Vertrages' gleichgekommen und hätte zu sozialen Kosten geführt.

Zusammenfassend lässt sich damit das Verhalten der Versuchspersonen mit einem Kosten-Nutzen-Kalkül erklären: Die Befolgung der Anordnungen wird umso wahrscheinlicher, je geringer die Kosten des Gehorsams sind und je höher die Kosten eines Ungehorsams sind.

Quelle: Milgram (1974), Meyer (1981)

In manchen Situationen können natürlich alle drei Kostenarten gleichzeitig auftreten. Betrachten wir beispielsweise unseren älteren Mitarbeiter und seine Hilfsbereitschaft gegenüber dem Trainee: Verhält er sich gegenüber dem Berufsanfänger unkooperativ, können ihm aufgrund dieser Entscheidung psychologische und soziale Kosten entstehen: Soziale Kosten liegen dann vor, wenn er gegen die implizite Gruppennorm 'Wir gehen in unserer Arbeitsgruppe kooperativ miteinander um' verstößt. Selbst wenn keine derartigen Kosten eine Rolle spielen, können für den älteren Mitarbeiter psychologische Kosten vorliegen. Dies ist dann der Fall, wenn ihm selbst das Wohlergehen Anderer am Herzen liegt, er aber nicht entsprechend handelt. Andererseits können dem älteren Mitarbeiter natürlich auch physische Kosten entstehen, wenn er sich zu einem kollegialen Verhalten gegenüber dem Neuen entschließt: Seine aktive Hilfsbereitschaft wird immer mit entsprechenden Kosten verbunden sein.

4.1.2 Die Auswirkungen der eingeschränkten kognitiven Fähigkeiten auf die Nutzenmaximierung

Nachdem wir im dritten Kapitel aufgezeigt haben, welche Auswirkungen die eingeschränkte kognitive Komplexität eines Mitarbeiters auf seine Urteilsfindung haben kann, wollen wir in diesem Abschnitt die Konsequenzen darstellen, die sich daraus für die Nutzenmaximierung ergeben. Wir diskutieren zwei Aspekte: Zum einen zeigen wir auf, welche Implikationen aus den kognitiven Urteilsverzerrungen für das Arbeitsverhalten resultieren können. Zum anderen wollen wir auf die direkten Auswirkungen der eingeschränkten kognitiven Fähigkeiten eines Mitarbeiters auf seine Nutzenmaximierung eingehen.

Urteilsverzerrungen und Nutzenmaximierung

Entsprechend unserem Verhaltensmodell im zweiten Kapitel bestimmt die Arbeitssituation eines Mitarbeiters zwei wesentliche Komponenten seines Handelns: Die Restriktionen, die seinen Handlungsspielraum festlegen, sowie die Arbeitsanreize, die sich für ihn aus seiner Arbeitssituation heraus ergeben.

Welche dieser objektiv gegebenen Restriktionen und Anreize er tatsächlich für sich erkennt, ist von seiner subjektiven Wahrnehmung abhängig. Nach den Ausführungen im dritten Kapitel können wir hier a priori nicht davon ausgehen, dass die von ihm subjektiv wahrgenommenen Sachverhalte mit den objektiv vorliegenden tatsächlich übereinstimmen. Dies gilt insbesondere für die funktionalen Zusammenhänge, die seinem Arbeitsverhalten zugrunde liegen:

- Einerseits kann nicht vorausgesetzt werden, dass er die Beziehungen zwischen seinem eigenen Handeln und den daraus resultierenden Arbeitsergebnissen adäquat beurteilt. Dies impliziert aber, dass der Mitarbeiter die Erreichbarkeit seiner Arbeitsergebnisse und damit die ihm gesetzten Restriktionen falsch einschätzt.
- Andererseits kann es zu Verzerrungen bei der Beurteilung des Zusammenhangs zwischen einem Handlungsergebnis und den damit verbundenen Belohnungen bzw. Sanktionen kommen. Solche Urteilstendenzen bedingen aber, dass der Mitarbeiter sich falsche Erwartungen über die Instrumentalität der Arbeitsergebnisse und damit über die sich ihm bietenden Arbeitsanreize bildet.

Welche Auswirkungen haben diese verzerrten Wahrnehmungen auf das Entscheidungsverhalten eines Mitarbeiters? Um dies zu diskutieren, betrachten wir zur Illustration den Außendienstmitarbeiter einer Versicherung. Zur Vereinfachung nehmen wir an, dass nur zwei Güter in seine Nutzenfunktion einfließen: Sein Gehalt sowie seine Ehrlichkeit gegenüber anderen Personen. Ehrlichkeit ist hier eine immaterielle Größe, die der Außendienstmitarbeiter aus persönlichen Gründen anstrebt und die sich in seinem Arbeitskontext als Integrität gegenüber seinen Versicherungskunden zeigt. Wir nehmen zur Vereinfachung an, dass der Außendienstmitarbeiter den Grad seiner Ehrlichkeit auf einer kontinuierlichen Skala bewerten kann. Je höher dabei der Grad ist, desto größer ist der Nutzen, den er daraus zieht.

Neben diesen Präferenzen des Außendienstmitarbeiters sind insbesondere die Arbeitsanreize und Restriktionen für unsere Diskussion von Interesse. Wir gehen hierbei davon aus, dass sich die Entlohnung der Außendienstmitarbeiter der Versicherung aus einem Basisgehalt und einem variablen Anteil zusammensetzt. Der variable Anteil der Entlohnung ist abhängig von den abgeschlossenen Versicherungsverträgen eines Mitarbeiters sowie der Erreichung der Ziele, die er mit seinem Vorgesetzten für den Abschluss bestimmter Versicherungsprodukte vereinbart hat. Wieviele Versicherungsverträge er innerhalb eines bestimmten Zeitraums überhaupt abschließen kann, ist z.B. von unternehmensspezifischen und gesamtwirtschaftlichen Rahmenbedingungen abhängig. Zu ersteren zählen etwa die Konditionen beim Vertragsabschluss, die Größe des Versicherungsbezirks oder die Preispolitik der Versicherung, zu letzteren gehört die Wettbewerbssituation oder die demographische Struktur der potentiellen Kunden im Versicherungsbezirk.

Wie ehrlich ist in diesem Kontext der Außendienstmitarbeiter gegenüber seinen Kunden? Schauen wir uns zunächst graphisch die Nutzenmaximierung des Außendienstmitarbeiters an in einer Situation, in der er ohne kognitive Einschränkung seine Arbeitssituation vollkommen objektiv wahrnimmt. Analog zu unseren Ausführungen im zweiten Kapitel zeigt die untere Abbildung die in seiner Entscheidungssituation relevanten situativen und personellen Faktoren - zur Vereinfachung nur für einen einmaligen Kontext. Die situativen Aspekte werden durch die Gerade abgebildet. Sie zeigt die Kombinationen aus Gehalt und Ehrlichkeit, die für den Außendienstmitarbeiter aufgrund seines Entlohnungssystems und der Rahmenbedingungen seiner Arbeit maximal möglich sind. Wenn er beispielsweise seine Loyalität und Ehrlichkeit gegenüber den Versicherungskunden reduziert, kann er diese aufgrund ihrer Unwissenheit oder seiner Überredungskünsten zu mehr Vertragsabschlüssen bewegen und dadurch ein höheres Gehalt beziehen. Sein maximales Gehalt ist G_{max}. Sehr viel weniger Verträge wird er hingegen abschließen, wenn er seinen Kunden keine unnötigen Verträge aufredet. In diesem Fall ist allerdings sein Gehalt entsprechend niedriger. Seine maximale Ehrlichkeit sei E_{max}. Der Zusammenhang zwischen Gehalt und Ehrlichkeit, der in der Abbildung nur zur Vereinfachung linear dargestellt ist, berücksichtigt somit sowohl die Arbeitsanreize in Form des Entlohnungssystems als auch die Restriktionen, die sich in seinem Arbeitsumfeld ergeben.

Die drei Kurven in der nachfolgenden Abbildung stellen verschiedene Indifferenzniveaus des Außendienstmitarbeiters dar. Sie bilden die personellen Faktoren in dieser Arbeitssituation ab. Die Konvexität der Kurven zeigt den substitutiven Charakter der Beziehung zwischen den beiden Bedürfnissen Gehalt und Ehrlichkeit: Einen hohen Grad an Ehrlichkeit verbunden mit einem niedrigen Gehalt bewertet der Mitarbeiter genauso gut wie einen niedrigeren Ehrlichkeitsgrad mit einem entsprechend höheren Einkommen. Je weiter oben eine Indifferenzkurve liegt, desto höher ist sein Gesamtnutzenniveau.

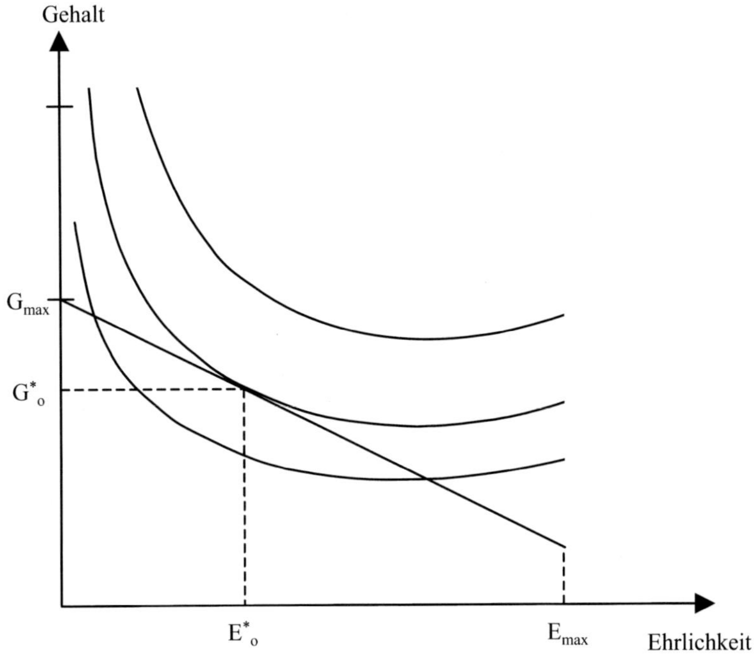

Abbildung 4.1: Die Nutzenmaximierung des Außendienstmitarbeiters ohne kognitive Einschränkung

Die Nutzenmaximierung des Außendienstmitarbeiters ist in diesem Kontext unmittelbar einsichtig: Er wird sich für diejenige Kombination an Gehalt und Ehrlichkeit entscheiden, die ihm den höchsten Nutzen verspricht, also auf der höchstmöglichen Indifferenzkurve liegt. Diese Entscheidung kann nur die Wahl von E_o^* implizieren, bei einem entsprechenden Gehalt von G_o^*: Dies ist diejenige Kombination, bei der seine Indifferenzkurve die durch die objektive Arbeitssituation gesetzten Einschränkungen tangiert. Jede andere Entscheidung über den Grad seiner Ehrlichkeit würde für den Außendienstmitarbeiter eine Güterkombination auf einer niedrigeren Indifferenzkurve implizieren und somit unter den Rahmenbedingungen der Arbeitssituation seinen Nutzen nicht maximiert.

Wie verändert sich jetzt das Verhalten des Außendienstmitarbeiters, wenn wir annehmen, dass er seine objektiv gegebene Arbeitssituation verzerrt wahrnimmt? Je nach der Art der Urteilstendenz können wir die folgenden Fälle unterscheiden:[3]

(1) Der Mitarbeiter überschätzt den Einfluss, den seine Ehrlichkeit auf seine Entlohnung hat. Dies kann zwei Ursachen haben: Erstens, seine Erwartungen hinsichtlich der Erreichbarkeit seiner Arbeitsergebnisse sind zu positiv. So denkt er beispielsweise, dass die Versicherungsprodukte seiner Gesellschaft sehr viel besser sind als die der Konkurrenzunternehmen, obwohl dies nicht der Fall ist. Er unterschätzt also die objektiven Verhaltensrestriktionen. Zweitens, seine Beurteilung der Instrumentalität seiner Arbeitsergebnisse ist zu positiv. Beispielsweise bewertet er die Konsequenzen, die mit der Nichterreichung der ihm gesetzten Ziele verbunden sind, zu optimistisch. Er überschätzt also systematisch die objektiven Arbeitsanreize.

(2) Der Mitarbeiter unterschätzt die Auswirkungen seiner Ehrlichkeit auf sein Gehalt. Wie im obigen Fall können auch hierfür zwei Ursachen identifiziert werden: Erstens überschätzt er die objektiven Verhaltensrestriktionen, beurteilt also den Zusammenhang zwischen seiner Ehrlichkeit und den abgeschlossenen Versicherungsverträgen als zu stark. Zum Beispiel nimmt er fälschlicherweise an, seine Kunden würden mit Ablehnung reagieren, wenn er versucht, sie zum Versicherungskauf zu überreden. Zweitens kann er seine Arbeitsanreize unterschätzen, etwa indem er verkennt, dass er bei einer Überschreitung seiner Zielvorgaben einen zusätzlichen Bonus erhalten würde.

Die Auswirkungen dieser Urteilstendenzen sind offensichtlich. Betrachten wir zunächst den ersten Fall: Unabhängig von der Ursache dieser Verzerrung wird der Mitarbeiter bei einem bestimmten Grad an Ehrlichkeit erwarten, dass er mehr Versicherungen abschließt als dies tatsächlich der Fall ist. Damit schätzt er aber sein entsprechendes Gehalt als zu hoch ein. Dies wiederum bedeutet aber im Hinblick auf seine Nutzenmaximierung eine höhere Ehrlichkeit gegenüber seinen Kunden: Seine Erwartung auf ein höheres Einkommen macht seine Einkommenseinbußen aufgrund einer höheren Integrität weniger bedeutsam. Die folgende Abbildung illustriert diesen Mechanismus:

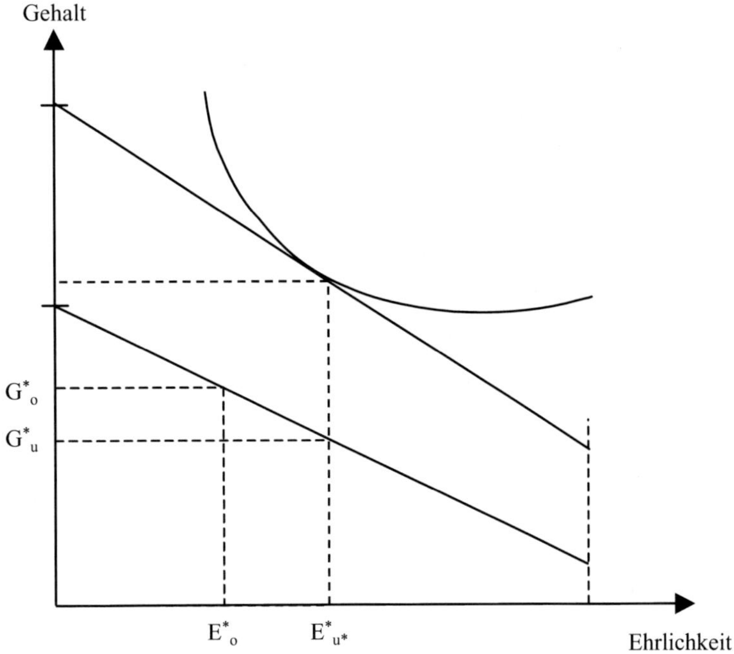

Abbildung 4.2: Die Nutzenmaximierung des Außendienstmitarbeiters bei einer Überschätzung seiner Ehrlichkeit

Ein analoger Zusammenhang ergibt sich, wenn der Mitarbeiter sein Gehalt bezogen auf seine Ehrlichkeit unterschätzt: Für einen bestimmten Grad an Ehrlichkeit erwartet er weniger Vertragsabschlüsse und damit ein zu niedriges Gehalt im Vergleich zu den tatsächlichen Konsequenzen seines Handelns. Da sich so das Gut Ehrlichkeit gegenüber dem Gut Einkommen verteuert, wird er einen anderen Ehrlichkeitsgrad wählen als in einer Situation, in der er seine objektive Arbeitssituation unverzerrt wahrnimmt:

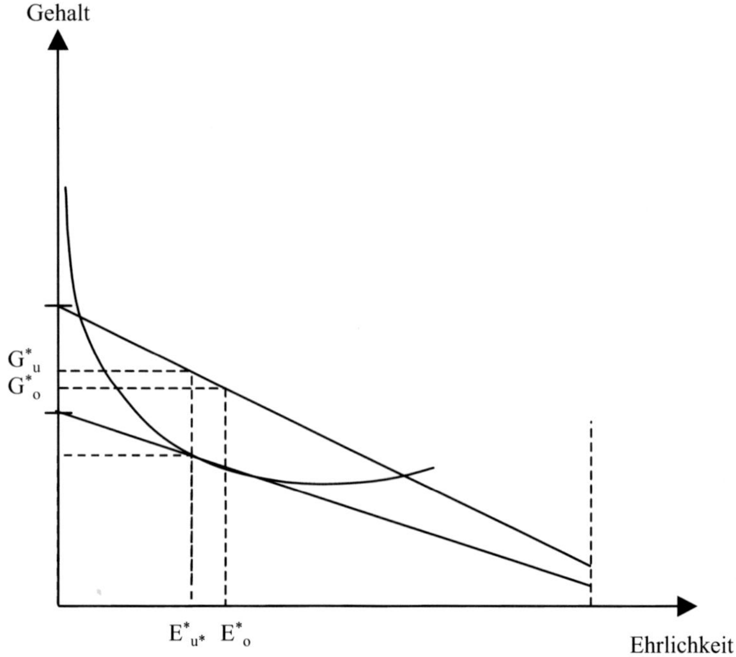

Abbildung 4.3: Die Nutzenmaximierung des Außendienstmitarbeiters bei einer Unterschätzung seiner Ehrlichkeit

Unsere Diskussion und die beiden Abbildungen suggerieren, dass der Außendienstmitarbeiter zumindest langfristig eigentlich seine Urteilsverzerrungen erkennen sollte und die Wahrnehmung seiner Arbeitssituation entsprechend korrigiert: Wieviele Versicherungsverträge er aufgrund seiner Ehrlichkeit tatsächlich abschließen wird und welches Gehalt er tatsächlich erhält, wird sich spätestens am Ende des Jahres zeigen. Ein solches Lernen setzt aber voraus, dass zwei Bedingungen erfüllt sind:[4]

- Zum einen müssen die Rahmenbedingungen der Arbeitssituation ein adäquates Feedback über sein Arbeitsverhalten ermöglichen. In unserem einfachen Beispiel ist dies gegeben, da wir unterstellt haben, dass das Verhalten des Außendienstmitarbeiters im Rahmen seiner Entlohnung beurteilt wird. Im Allgemeinen ist aber nicht davon auszugehen, dass die Leistungsbeurteilung eines Mitarbeiters eindeutige Rückschlüsse auf sein Verhalten zulässt. So kann unter Umständen eine adäquate Leistungsbeurteilung problematisch sein, wenn die Arbeitsaufgabe des Mitarbeiters wenig strukturiert ist oder wenn seine Arbeitsleistungen schwierig zu bewerten sind. Bei einem Mitarbeiter, der beispielsweise seinen Handlungsspielraum unterschätzt, wird man im Nachhinein nicht eindeutig sagen können, ob er tatsächlich alle ihm zur Verfügung stehenden Handlungsalternativen bei seiner Entscheidung berücksichtigt hat. Bei einem Mitarbeiter, dessen Arbeitsergebnisse auch davon abhängen, wie sich andere Mitarbeiter der Unternehmung verhalten haben, etwa bei einer Gruppenproduktion in der Fertigung, ist ebenfalls ein eindeutiges Feedback über seine Leistungen nicht ohne weiteres möglich.

- Zum anderen können auch personelle Faktoren verhindern, dass langfristig die Divergenz zwischen subjektiv wahrgenommener und objektive gegebener Arbeitssituation aufgehoben wird, selbst wenn der Mitarbeiter ein adäquates Feedback über sein Arbeitsverhalten erhält. Angenommen, die Entlohnung des Außendienstmitarbeiters fällt niedriger aus als er erwartet hätte. Dann kann er im Nachhinein immer auch andere Faktoren als seine verzerrte Urteilsbildung für sein schlechtes Arbeitsergebnis verantwortlich machen. Genauso gut kann ein Mitarbeiter, der seinen Handlungsspielraum überschritten hat und von seinem Vorgesetzten darauf aufmerksam gemacht wurde, eine Vielzahl anderer Gründe zur Rechtfertigung dieser Kompetenzüberschreitung anführen. In beiden Fällen verhindert die Tatsache, dass die Entscheidung des Mitarbeiters unter Unsicherheit stattfand, einen eindeutigen Rückschluss von seinem Handeln auf das Handlungsergebnis. So stellt Frey (1988, S.240) fest: "Nonadjustment holds because 'reality' can be 'constructed' in many different ways." Wir werden solche Verhaltenstendenzen im Zusammenhang mit dem Selbstbetrug in Abschnitt 4.4.7 näher diskutieren.

Begrenzte kognitive Fähigkeiten und Nutzenmaximierung

In den bisherigen Ausführungen haben wir angenommen, dass die begrenzten kognitiven Fähigkeiten des Mitarbeiters keine direkten Auswirkungen auf die Art und Weise haben, wie er seine Nutzenmaximierung durchführt. Die ganze Komplexität des Abwägens zwischen verschiedenen Handlungsalternativen und den damit verbundenen Kosten und Nutzen konnte der Mitarbeiter ohne kognitive Beschränkungen durchführen. Lediglich seine Beurteilung der Arbeitssituation unterlag Verzerrungen.

Wir gehen im Folgenden bei der Frage, welche Auswirkungen die eingeschränkten kognitiven Fähigkeiten auf die Nutzenmaximierung eines Mitarbeiters haben, davon aus, dass die Phase der Beurteilung seiner Arbeitssituation abgeschlossen ist. Der Mitarbeiter weiß also, welche Handlungsalternativen ihm zur Verfügung stehen und nach welchem Zielsystem er diese bewertet. Ebenso kennt er die Ausprägungen der einzelnen Handlungsalternativen bezüglich seiner Ziele und hat eine Vorstellung über die Wichtigkeit seiner einzelnen Zielvariablen. Darüber hinaus hat er sich Wahrscheinlichkeitsurteile über die verschiedenen funktionalen Zusammenhänge in seiner Arbeitssituation gebildet. Im Vordergrund unserer Diskussion steht somit 'lediglich' die Frage, wie er diese einzelnen Informationen integriert und sich entsprechend seinen Präferenzen für eine Handlungsalternative entscheidet.

Unterstellen wir nun auch bei seiner Nutzenmaximierung begrenzte kognitive Fähigkeiten, dann wird der Mitarbeiter seine Entscheidungen im Allgemeinen nicht aufgrund einer expliziten (mathematischen) Optimierung treffen. Vielmehr wird er je nach der Komplexität seines Entscheidungsproblems Heuristiken anwenden, die ihm eine einfachere Entscheidungsfindung erlauben. Diese bezeichnen wir auch als **Entscheidungsregeln**. Zwei Typen von Entscheidungsregeln können wir unterscheiden:

- Bei **kompensatorischen Entscheidungsregeln** wägt der Mitarbeiter die verschiedenen Handlungsalternativen entsprechend seinen Zielvorstellungen gegeneinander ab und wählt diejenige, die ihm den größten erwarteten Nutzen garantiert. Dies entspricht dem obigen Entscheidungskalkül des Außendienstmitarbeiters, der die Vorteile einer größeren Ehrlichkeit gegenüber seinen Versicherungskunden systematisch mit dem Nachteil eines niedrigeren Gehalts vergleicht. Die Anwendung einer solchen Regel setzt natürlich eine aufwendige Informationsverarbeitung und -bewertung seitens des Mitarbeiters voraus.
- Bei **nicht-kompensatorischen Entscheidungsregeln** vermeidet der Mitarbeiter einen solchen Abwägungsprozess bei der Bewertung der Handlungsalternativen. Vielmehr genügt ihm hier für die Auswahl einer Alternative, die diese bestimmten Kriterien erfüllt. Auf unser Beispiel übertragen würde der Außen-

dienstmitarbeiter ein bestimmtes Niveau an Ehrlichkeit gegenüber seinen Kunden von sich erwarten, unabhängig davon, welche finanziellen Konsequenzen damit verbunden sind. Die Anwendung einer solchen Heuristik erfordert weit weniger kognitive Fähigkeiten und Kapazitäten als dies bei kompensatorischen Regeln der Fall ist.

Eine nicht-kompensatorische Entscheidungsregel liegt auch dann beispielsweise vor, wenn der Mitarbeiter nicht die bestmögliche, sondern lediglich eine 'befriedigende' Handlungsalternative wählt. Hat er sich ein bestimmtes Anspruchsniveau im Hinblick auf die Konsequenzen vorgegeben, das mit seiner Entscheidung verbunden sein soll, dann wird er diejenige Handlungsalternative auswählen, die ihm dieses Anspruchsniveau garantiert. Simon (1955) bezeichnet diese Vorgehensweise als 'satisficing'. Sie kann im Hinblick auf die begrenzte kognitive Komplexität des Mitarbeiters völlig rational sein und im Einklang mit unserer Nutzenmaximierung stehen.[5] Insbesondere wird ein solches Vorgehen nach Simon (1978) in solchen Situationen vorteilhaft sein, in denen der Mitarbeiter weitgehende Unkenntnis über die Handlungsalternativen und deren Konsequenzen hat. Hier können heuristische Verfahren bei der Alternativensuche zusammen mit nicht-kompensatorischen Entscheidungsregeln dazu beitragen, dass der Mitarbeiter eine durchweg befriedigende Entscheidung trifft - wenn auch nicht in jedem Einzelfall.

Inwieweit ein Mitarbeiter in einer Entscheidungssituation eine kompensatorische oder nicht-kompensatorische Entscheidungsregel wählt, ist natürlich von personellen Faktoren abhängig, ebenso wie von seiner Entscheidungsaufgabe und damit den Rahmenbedingungen seiner Arbeitssituation. So kann beispielsweise die Zeit, die ihm für die Entscheidungsfindung zur Verfügung steht, ein wichtiger Aspekt bei der Auswahl einer Entscheidungsregel sein. Welche Entscheidungsregeln dem Mitarbeiter grundsätzlich zur Verfügung stehen und nach welchen Kriterien er diese auswählt, werden wir in Abschnitt 4.3 und 4.4 detailliert betrachten. Wichtig für die nachfolgenden Ausführungen ist aber, dass, selbst wenn wir bei kompensatorischen Entscheidungsregeln eine explizite Maximierung der Nutzenfunktion unterstellen, damit lediglich die Systematik des Handelns eines Mitarbeiters veranschaulicht werden soll: die zielorientierte Auswahl vorgegebener, bekannter Alternativen aufgrund von bestimmten Kriterien.

4.1.3 Das Menschenbild des REMM

Wir wollen in diesem Abschnitt noch einmal die wesentlichen Grundannahmen an das Verhalten eines Mitarbeiters zusammenfassen. Sie ergeben sich im wesentlichen aus unseren bisherigen Ausführungen und bilden die Grundlage für die modelltheoretische Analyse des Arbeitsverhaltens in den nächsten Abschnitten.

- Eigenständigkeit der Entscheidung: Unsere Untersuchung des individuellen Verhaltens setzt am einzelnen Mitarbeiter an. Insbesondere ist sein Verhalten a priori nicht durch die Befolgung organisatorischer Vorgaben oder sozialer Normen gekennzeichnet, sondern es wird ausschließlich durch seine eigenen, individuellen Zielsetzungen bestimmt.
- Konsequentialistisches Verhalten: Der Mitarbeiter entscheidet sich für ein bestimmtes Arbeitsverhalten aufgrund der damit verbundenen Konsequenzen. Damit kann auch die Bewertung des Arbeitsprozesses verbunden sein und daher die Art und Weise, wie seine Arbeitsergebnisse erzielt werden. Entscheidend ist, dass sein Verhalten systematisch durch Anreize bestimmt wird und damit vorhersagbar ist.
- Eingeschränkte Rationalität: Der Mitarbeiter entscheidet sich für das Verhalten, das ihm aufgrund der damit verbundenen Konsequenzen die umfassendste Erreichung seiner persönlichen Ziele verspricht. Diese Nutzenmaximierung unterliegt seinen begrenzten kognitiven Fähigkeiten, so dass er weder alle Handlungsalternativen noch alle Konsequenzen vollständig erfassen kann.
- Trennung von Präferenzen und Restriktionen: Der Maximierung seines Nutzens liegt eine strenge Trennung von Präferenzen und Restriktionen zugrunde. Der Mitarbeiter wählt diejenige Handlungsalternative aus, die für ihn innerhalb seines gegebenen Handlungsspielraums die beste ist. Die Auswahl wird durch seine Präferenzen bestimmt, während der Handlungsspielraum durch die Restriktionen in seiner jeweiligen Arbeitssituation gegeben ist.

In der ökonomischen Literatur begründen diese vier Grundannahmen an das individuelle Verhalten das Menschenbild des REMM. Dieses Kürzel steht für einen 'resourceful, evaluating, maximizing man'. Das Menschenbild des REMM ergänzt damit unsere Ausführungen im ersten Kapitel über das Bild des Mitarbeiters. Während das Menschenbild des komplexen Mitarbeiters vor allem ein spezifisches Modell über die Persönlichkeit verschiedener Mitarbeiter darstellt, liegt dem Menschenbild des REMM ein spezifisches Modell über das Verhalten von Mitarbeitern zugrunde.

4.2 Individuelles Entscheidungsverhalten

In der Einleitung zu diesem Kapitel haben wir die drei grundlegenden Prämissen unseres ökonomisch-psychologischen Verhaltensmodells spezifiziert. Zusammen mit dem Konzept der Nutzenmaximierung können wir individuelles Entscheidungsverhalten damit als Ergebnis eines Maximierungsprozesses verstehen, bei dem die subjektiven Werte der einzelnen Konsequenzen und deren subjektive Eintrittswahrscheinlichkeiten kognitiv integriert werden. Wie erfolgt diese Integration? Nach welcher Regel werden bei einer bestimmten Handlungsalternative die Einflüsse von Wert und Unsicherheit kombiniert?

Betrachten wir zur Konkretisierung der Fragestellung eine einzelne Handlungsalternative, die wir als einstufige Lotterie $(K_1, p_1; \ldots; K_n, p_n)$ darstellen: Aus der Wahl dieser Handlungsalternative können n verschiedenen Konsequenzen K_i resultieren, jede mit einer Eintrittswahrscheinlichkeit p_i. Was ist dann der erwartete Nutzen, den der Entscheider dieser Alternative A zuordnet?

Grundlegend für die Beantwortung dieser Frage ist die Erwartungsnutzentheorie von von Neumann und Morgenstern (1944): In ihrer "Theory of Games and Economic Behavior' zeigen sie, dass unter bestimmten Annahmen an die Präferenzen eines Entscheiders eine Nutzenfunktion u existiert, so dass er genau dann eine Handlungsalternative gegenüber einer anderen präferiert, wenn ihr erwarteter Nutzen größer ist als derjenige der anderen Alternative. Der **erwartete Nutzen** (*E*xpected *U*tility) einer Handlungsalternative A ist dabei definiert als

$$EU(A) = \sum_{i=1}^{n} p_i \cdot u(K_i).$$

Die Theorie von von Neumann und Morgenstern ist rein mathematisch. Ausgehend von einer Reihe von Annahmen, die auch als Axiome bezeichnet werden, leiten sie die Existenz einer Nutzenfunktion ab. Nutzen ist in ihrem Sinne ein Konstrukt, das die Präferenzen eines Entscheiders repräsentiert, ohne dass dieser irgendwelche

Einsichten in diese Nutzengrößen haben muss. Wir können daher den so definierten Nutzen eines Entscheiders als den subjektiven Wert betrachten, den er einer bestimmten Konsequenz zuordnet. Diese Korrespondenz zwischen dem Nutzen und unserer Konzeption des persönlichen Wertes macht die Theorie von von Neumann und Morgenstern für die Frage nach dem individuellen Entscheidungsverhalten erst interessant.

Um die Logik und die Implikationen der Theorie von von Neumann und Morgenstern zu erfassen, betrachten wir den Biochemiker in einem pharmazeutischen Unternehmen, der ein neues Medikament zur Behandlung einer speziellen Krankheit erforschen soll. Um die therapeutischen Wirkungen der neu zu entwickelnden Zusammensetzung besser einzuschätzen, untersucht der Biochemiker zunächst eine Teilsubstanz des neuen Medikaments. Seine Forschungsanstrengungen kann er dabei mit 'hohem Engagement' (Alternative A_1) oder als 'Routinearbeit' (Alternative A_2) durchführen.

Inwieweit ihm eine erfolgreiche Entwicklung des neuen Medikaments gelingt, ist unter anderem von seinem Engagement abhängig. Aufgrund seiner Erfahrungen schätzt er den Erfolg des Projektes wie folgt ein: Bei einem hohen Engagement liegt die *E*rfolgswahrscheinlichkeit bei 64% ($p_{1E} = 0.64$), mit 36%-iger Wahrscheinlichkeit führen die Bemühungen jedoch zu einem *M*isserfolg ($p_{1M} = 0.36$). Leistet der Biochemiker lediglich Routinearbeit, schätzt er seine *E*rfolgswahrscheinlichkeit auf 47% ($p_{2E} = 0.47$) und die Wahrscheinlichkeit eines *M*isserfolg auf 53% ($p_{2M} = 0.53$). Abhängig vom Erfolg des Projekts und seinen Forschungsanstrengungen können vier Konsequenzen mit seinem Handeln verbunden sein:

	*E*rfolg des Projektes	*M*ißerfolg des Projektes
A_1 (hohes Engagement)	K_{1E} (gute Karrierechancen wenig Privatleben)	K_{1M} (schlechte Karrierechancen wenig Privatleben)
A_2 (Routinearbeit)	K_{2E} (gute Karrierechancen viel Privatleben)	K_{2M} (schlechte Karrierechancen viel Privatleben)

Abbildung 4.4: Die Konsequenzen bei der Entwicklung eines neuen Medikaments

Wie bewertet der Biochemiker diese verschiedenen Konsequenzen? Wir nehmen hier die folgenden Präferenzen für ihn an: Ein Erfolg bei der Entwicklung des neuen Medikaments verbessert die künftigen Karrierechancen des Biochemikers. Obwohl ihm sein Beruf wichtiger ist als seine Familie, bewertet er darüber hinaus auch, wieviel Zeit ihm neben seinem Beruf für seine Familie verbleibt. Ein hohes Engagement würde für ihn so beispielsweise bedeuten, dass einer intensiven Beschäftigung mit seinen Kindern Grenzen gesetzt sind.

Aufgrund dieser Präferenzen ordnet der Biochemiker den einzelnen Konsequenzen folgenden Nutzen auf einer Skala von 0 bis 100 zu: Am höchsten bewertet er K_{2E}, also einen erfolgreichen Projektabschluss und gleichzeitig eine intensive Beschäftigung mit seiner Familie, $u(K_{2E}) = 100$. Die zweitbeste Konsequenz ist für ihn für K_{1E}, also ein erfolgreicher Projektabschluss bei nur wenig Zeit für seine Familie mit einem Nutzen $u(K_{1E}) = 80$. Ein erfolgloser Projektabschluss bei niedrigem Engagement führt zur drittbesten Konsequenz K_{2M}, die er mit einem Nutzen $u(K_{2M}) = 60$ bewertet. Der schlechtesten Konsequenz K_{1M} ordnet er einen Nutzen $u(K_{1M}) = 0$ zu, da er trotz Vernachlässigung seiner Familie seine Karrierechancen nicht verbessert.

Wie wird sich der Biochemiker unter diesen Rahmenbedingungen seiner Arbeitssituation entscheiden? Wenn er nach der Erwartungsnutzentheorie von von Neumann und Morgenstern handelt, dann sind seine Forschungsanstrengungen wie folgt bestimmt:

Der obere Teil der nachfolgenden Abbildung zeigt seinen erwarteten Nutzen, den er bei einem hohen Engagement der Lotterie $(0.64, 80; 0.36, 0)$ zuordnet, der untere Teil zeigt seinen erwarteten Nutzen aus der Lotterie $(0.47, 100; 0.53, 60)$ bei Routinearbeit.

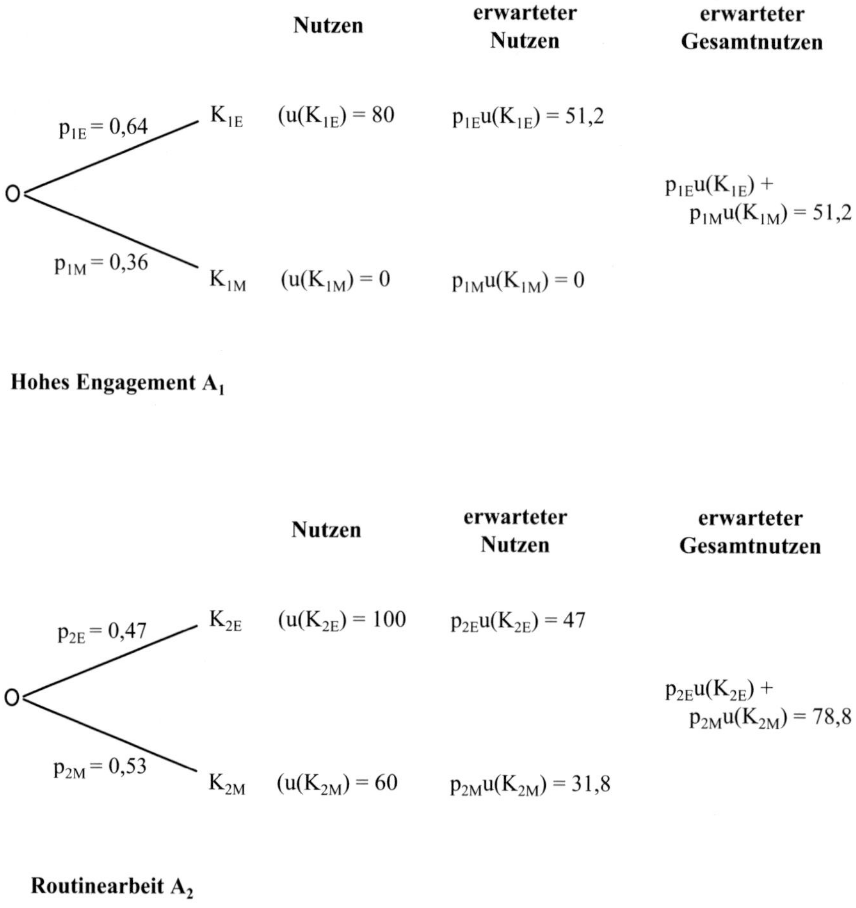

Abbildung 4.5: Die Entscheidung des Biochemikers über seine Forschungsanstrengung

Zusammen mit dem Kriterium der Nutzenmaximierung ergibt sich nun unmittelbar sein Verhalten: Er wird diejenige der beiden Handlungsalternativen wählen, die ihm den höchsten erwarteten Nutzen verspricht. In unserem Beispiel wird sich demnach der Biochemiker für Alternative A_2, also die Routinearbeit entscheiden.

4.2.1 Die Grundlagen rationalen Verhaltens

Die Darstellung des Entscheidungsverhaltens des Biochemiker und die Vorhersage bzw. Erklärung seiner Entscheidung scheint auf den ersten Blick zwingend zu sein. Allerdings haben wir implizit eine Reihe von Annahmen an sein Verhalten unterstellt, ohne die wir das Kriterium der Erwartungsnutzenmaximierung nicht sinnvoll hätten anwenden können. Diese impliziten Annahmen stellen die Axiome, die von Neumann und Morgenstern ihrer Erwartungsnutzentheorie zugrundegelegt haben. Sie garantieren die Existenz einer Nutzenfunktion, deren Erwartungsnutzen die Präferenzen des Biochemikers abbildet.

Im Folgenden wollen wir uns diese Axiome der Erwartungsnutzentheorie näher anschauen. Da in der Literatur in der Zwischenzeit eine Reihe äquivalenter Axiomensysteme entwickelt wurden, orientieren wir uns an den drei Axiomen, die beispielsweise Kreps (1988) in seiner Darstellung verwendet: Die Wohldefiniertheit der Präferenzen und die Axiome der Stetigkeit und Unabhängigkeit.

Die Wohldefiniertheit der Präferenzen

Die Präferenzen des Mitarbeiters müssen 'wohldefiniert' sein. Darauf haben wir bereits im zweiten Kapitel im Zusammenhang mit der Bewertung von Konsequenzen - also sicheren Handlungsalternativen - hingewiesen, und wir wollen im Folgenden die Implikationen dieser Annahmen für die Bewertung von Handlungsalternativen bei Unsicherheit diskutieren. Wohldefiniertheit bezieht sich dabei auf die Vollständigkeit und die Transitivität der individuellen Präferenzen.

Betrachten wir zunächst die Vollständigkeit der Präferenzen, also die Annahme, dass ein Mitarbeiter jedes beliebige Paar an Lotterien, also Handlungsalternativen A_i und A_j, miteinander vergleichen und eine Präferenz $A_i \succ A_j$ oder $A_j \succ A_i$ oder $A_i \sim A_j$ bilden kann. Der Mitarbeiter kann also beispielsweise sagen, ob er lieber viel arbeiten will, um mit einer Wahrscheinlichkeit von $x\%$ befördert zu werden, oder ob er lieber weniger arbeiten möchte, um mit seinem Sohn y Stunden Fußball zu spielen.

Sind aber immer zwei Alternativen in dieser Weise miteinander vergleichbar? Äpfel sind nun mal keine Birnen, und wie soll ein Mitarbeiter das Fußballspielen mit seinem Sohn mit einer möglichen Beförderung vergleichen? Liegen aber die Äpfel und Birnen in einer Obstschale und Sie müssen eine Frucht auswählen, wird das notwendigerweise ein Apfel oder eine Birne sein. Und der Mitarbeiter wird zumindest implizit überlegen, ob er eher Überstunden macht oder früher nach Hause geht.

Die Annahme der Transitivität der Präferenzen besagt, dass ein Mitarbeiter, der die Handlungsalternative A_i gegenüber A_j und Alternative A_j gegenüber A_k präferiert, dann auch A_i der Alternative A_k vorzieht. Ein Mitarbeiter geht beispielsweise lieber viel arbeiten, um mit einer Wahrscheinlichkeit von $x\%$ befördert zu werden, als weniger zu arbeiten und y Stunden mit seinem Sohn Fußball zu spielen. Ferner geht er aber lieber weniger arbeitet, um y Stunden mit seinem Sohn Fußball zu spielen, als den ganzen Tag zu Hause zu bleiben. Dann sollte er auch lieber viel arbeiten, um mit einer Wahrscheinlichkeit von $x\%$ befördert zu werden, anstatt zu Hause zu bleiben.

Diese Annahme ist im Hinblick auf die Transitivität der reellen Zahlen zwingend, denn für die drei Alternativen A_i, A_j und A_k kann es keine reellen Zahlen geben, die gleichzeitig die drei Ungleichungen

$$EU(A_i) > EU(A_j) > EU(A_k) > EU(A_i)$$

erfüllen. Jede Theorie, die die individuellen Präferenzen bezüglich einer Alternative durch eine reellwertige Nutzenfunktion abbildet, verbietet demnach solche intransitiven Zyklen.

Darüber hinaus spricht auch ohne explizite Zuordnung von Nutzenwerten zu Alternativen einiges für die Annahme der Transitivität. Denn angenommen, ein Mitarbeiter habe bei den drei Alternativen A_i, A_j und A_k die Präferenzen $A_i \succ A_j$, $A_j \succ A_k$ und $A_k \succ A_i$. Dann könnte dieser Mitarbeiter leicht als 'Geldpumpe' ausgenutzt werden: Sie eröffnen dem Mitarbeiter die Alternative A_k. Entsprechend seinen Präferenzen würde er A_j aber gegenüber A_k vorziehen. Der Mitarbeiter wäre also bereit, Ihnen einen kleinen Betrag, sagen wir Euro 1,- zu geben, damit Sie ihm A_j anstelle von A_k eröffnen. Hat er nun die Option A_j, würde er entsprechend seinen Präferenzen doch lieber A_i besitzen. Auch diesmal ist er also bereit, Ihnen wieder Euro 1,- zu geben, damit Sie ihm die Alternative A_i statt A_j geben. A_i ist für den Mitarbeiter aber schlechter als A_k. Also tauschen Sie wieder die Handlungsalternativen und eröffnen dem Mitarbeiter A_k. Diese Option hatte er allerdings bereits drei Tauschakte vorher, nur war er da noch um Euro 3,- reicher.[6]

Warum ist die Transitivität der Präferenzen eines Mitarbeiters dennoch kritisch zu beurteilen? Schauen wir uns einen Personalleiter an, der einen neuen Mitarbeiter einstellen möchte. Drei Kriterien sind für ihn bei der Auswahl wichtig: Die kognitiven Fähigkeiten eines Kandidaten, seine sozialen Fähigkeiten sowie seine Motivation, sich auf diese Stelle zu bewerben. Drei Bewerber A, B und C stehen nun zur Auswahl. Angenommen, der Personalleiter beurteilt diese drei Kandidaten wie folgt:

	kognitive Fähigkeiten	soziale Fähigkeiten	Motivation
1. Präferenz	A	B	C
2. Präferenz	B	C	A
3. Präferenz	C	A	B

Abbildung 4.6: Intransitivität der Präferenzen bei mehreren Zielkriterien

Bewerber A ist gegenüber B hinsichtlich seiner kognitiven Fähigkeiten und seiner Motivation überlegen. Bewerber B ist in seinen kognitiven und sozialen Fähigkeiten besser als C. Und Bewerber C ist besser als A bezüglich seiner sozialen Fähigkeiten und seiner Motivation. Eine Entscheidung des Personalleiters, die darauf beruht, einen Kandidaten gegenüber einem anderen vorzuziehen, wenn ersterer mindestens bei zwei Kriterien besser ist als der andere, resultiert dann aber unmittelbar in einer Intransitivität: $A \succ B \succ C \succ A$.[7]

Ein weiterer Kritikpunkt leitet sich aus unserer Diskussion im vorangegangenen Kapitel im Zusammenhang mit dem Phänomen der Präferenzumkehr ab. Wir hatten dort auf die Experimente von Lichtenstein und Slovic (1971) hingewiesen, bei denen die Versuchspersonen je nach der Methode der Präferenzerhebung bezüglich der beiden folgenden Alternativen unterschiedliche Präferenzen geäußert haben:

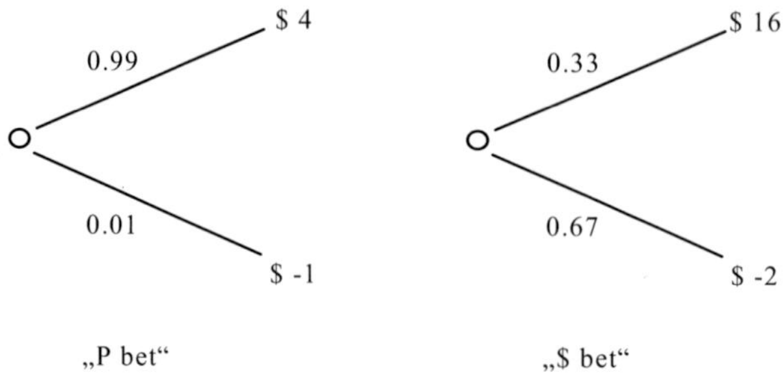

Abbildung 4.7: Intransitivität der Präferenzen beim Phänomen der Präferenzumkehr

Bei der Wahl zwischen der rechten und linken Lotterie bevorzugten die Versuchspersonen die 'P bet' Alternative gegenüber der '$ bet' Option: (P bet) $\succ$ ($ bet). Der minimale Verkaufspreis bei der 'P bet' Lotterie war allerdings niedriger als der bei der '$ bet' Lotterie, d.h. $u(\text{P bet}) < u(\text{\$ bet})$. Damit müssen die Präferenzen der Versuchspersonen aber intransitiv sein: $u(\text{P bet}) \sim (\text{P bet}) \succ (\text{\$ bet}) \sim u(\text{\$ bet}) > u(\text{P bet})$.

Eine Erklärung für die Intransitivitäten im Zusammenhang mit dem Phänomen der Präferenzumkehr kann in der Art der Präferenzerhebung liegen. Darauf haben wir bereits im dritten Kapitel hingewiesen. Zudem haben Tversky, Slovic und Kahneman (1990) experimentell untersucht, dass die Präferenzumkehr weniger auf eine Verletzung der Transitivität der Präferenzen, sondern vielmehr auf einen Verstoß gegen das Invarianzprinzip zurückgeführt werden kann. Letzteres werden wir im Zusammenhang mit dem Axiom der Unabhängigkeit weiter unten diskutieren.

Dennoch scheint die Annahme der Transitivität der Präferenzen in gewissen Situationen nicht haltbar zu sein. Spätere Erwartungsnutzentheorien, die die Theorie von von Neumann und Morgenstern erweitern, verzichten deshalb auch auf die Annahme der Transitivität. Da jede Theorie, die die individuellen Präferenzen bezüglich einer Alternative durch eine reellwertige Nutzenfunktion abbildet, notwendigerweise transitiv sein muss, können solche Erweiterungen nur darin bestehen, den Nutzenwert einer Alternative auch von der zweiten Alternative abhängig zu machen. Wir werden dies im Zusammenhang mit der Regret-Theorie weiter unten ansprechen.

Das Axiom der Stetigkeit

Das Axiom der Stetigkeit besagt, dass es bei drei Alternativen A_i, A_j und A_k mit $A_i \succ A_j \succ A_k$ immer eine Wahrscheinlichkeit $p \in (0,1)$ gibt, so dass der Entscheider indifferent ist zwischen A_j und der riskanten Alternative $pA_i + (1-p)A_k$. Es ist also keine Alternative A_i so gut, dass der Entscheider nicht die Alternative A_j einer Kombination von A_i und A_k vorziehen würde, und umgekehrt ist die Alternative A_k nie so schlecht, dass er die Alternative A_j nicht gegenüber einer Kombination von A_i und A_k präferieren würde.

Das folgende einfache Beispiel illustriert das Axiom der Stetigkeit: Betrachten wir drei Konsequenzen $K_{\max}$, K und $K_{\min}$ mit $K_{\max} > K > K_{\min}$. Interpretieren wir die Konsequenzen jeweils als Ergebnis einer Lotterie mit sicherem Ausgang, dann reduziert sich die Stetigkeit der Präferenzen auf die folgende Frage:

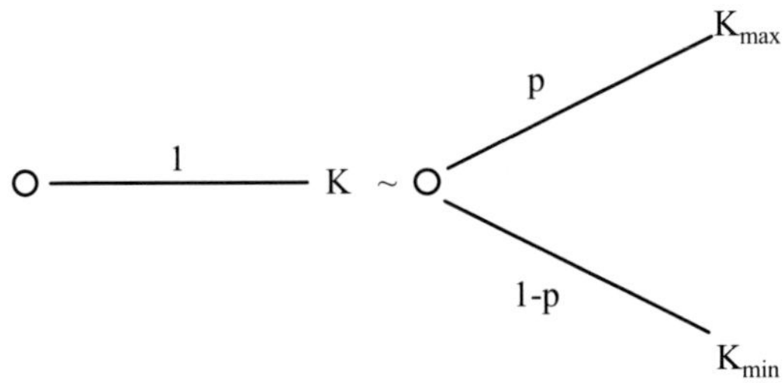

Abbildung 4.8: Die Stetigkeit der Präferenzen

Gibt es eine Wahrscheinlichkeit $p \in (0,1)$, so dass Sie indifferent sind zwischen einem sicheren Gewinn K und einer Lotterie, die Ihnen mit Wahrscheinlichkeit p einen höheren Gewinn $K_{\max}$ liefert, aber mit der Gegenwahrscheinlichkeit von $(1-p)$ den kleineren Gewinn $K_{\min}$? Sicherlich werden Sie bei irgendeiner Wahrscheinlichkeit indifferent zwischen diesen beiden Lotterien sein.

Gilt das auch für das folgende Beispiel? Bei Lotterie A erhalten Sie mit Sicherheit Euro 1000,-, bei Lotterie B mit Sicherheit Euro 10,- und bei Lotterie C werden Sie mit Sicherheit getötet. Ihre Präferenzen werden sicherlich $A \succ B \succ C$ sein. Nach dem Axiom der Stetigkeit müsste es dann aber eine positive Wahrscheinlichkeit p geben, so dass Sie indifferent sind zwischen B und $(1-p)A + pC$. Sie würden demnach bereit sein, mit einer kleinen Wahrscheinlichkeit Ihr Leben zu riskieren, nur um Euro 1000,- statt Euro 10,- zu gewinnen. Sicherlich werden Sie sagen, dass Sie sich auf ein solches Spiel nicht einlassen würden.

Kreps (1988, S.45) hält folgendes Argument dagegen: "But consider: Suppose I told you that you could either have \$ 10 right now, or, if you were willing to drive five miles (pick some location five miles away from where you are), an envelope with \$ 1000 was waiting for you. Most people would get out their car keys at such a prospect, even though driving the five miles increases ever so slightly the chances of a fatal accident."

Das Axiom der Unabhängigkeit

Diese letzte Annahme an die Erwartungsnutzentheorie von von Neumann und Morgenstern ist das Axiom der Unabhängigkeit: Zieht ein Mitarbeiter eine Alternative A_i gegenüber A_j vor, $A_i \succ A_j$, dann gilt auch für jede andere Handlungsalternative A_k und jede Wahrscheinlichkeit $p \in (0,1)$, dass er die riskante Alternative $pA_i + (1-p)A_k$ gegenüber der riskanten Alternative $pA_j + (1-p)A_k$ präferiert, also $pA_i + (1-p)A_k \succ pA_j + (1-p)A_k$. An der Bewertung der Alternativen A_i und A_j soll sich also nichts ändern, wenn man beide mit einer zusätzlichen Alternative verknüpft.

Die Idee für diese Forderung der Unabhängigkeit ist offensichtlich: Wenn ein Mitarbeiter zwei verschiedene Lösungen für ein komplexes Entscheidungsproblem vergleicht, dann kann er sich bei diesem Vergleich auf diejenigen Komponenten konzentrieren, in denen sich die beiden Lösungen unterscheiden. Diejenigen Komponenten, die bei beiden Lösungen dieselben sind, kann er unberücksichtigt lassen. Ein komplexes Entscheidungsproblem kann somit sukzessive in kleinere Teilprobleme zerlegt werden und die Gesamtlösung aus diesen Einzellösungen zusammengesetzt werden.

Schauen wir uns die einzelnen Implikationen dieses Axioms näher an: Unser Biochemiker präferierte die Alternative 'hohes Engagement' gegenüber der Alternative 'Routinearbeit' bei der Entwicklung des neuen Medikaments. Zusätzlich betrachten wir nun aber den Umstand, dass vor dem Projektstart überprüft wird, ob bereits ein ähnliches Medikament durch ein anderes Pharmaunternehmen entwickelt wurde. In der Darstellung einer zweistufigen Lotterie sehen die beiden Handlungsalternativen dann wie folgt aus: Mit einer Wahrscheinlichkeit von 10% wird vor Projektstart aufgedeckt, dass bereits ein ähnliches Medikament existiert. Ist dies der Fall, dann tritt mit Sicherheit eine Konsequenz K_3 ein, die beispielsweise darin besteht, dass der Biochemiker eine administrative Aufgabe zugeteilt bekommt. Das Axiom der Unabhängigkeit besagt nun, dass sich an der Bewertung der beiden Handlungsalternativen für den Biochemiker nichts geändert haben sollte. Präferiert er ein hohes Engagement gegenüber Routinearbeit in der Ausgangssituation, dann zieht er die linke Handlungsalternative auch der rechten in der unteren Abbildung vor:

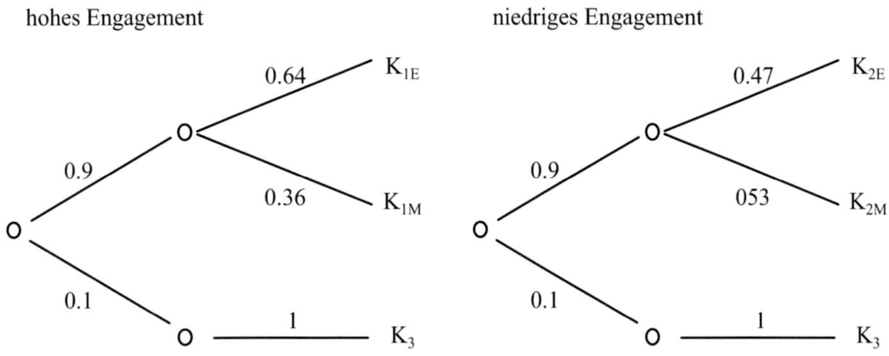

Abbildung 4.9: Die Forschungsanstrengung des Biochemikers als zweistufige Lotterie

Das Axiom der Unabhängigkeit impliziert, dass eine Handlungsalternative dann durch eine andere ersetzt werden darf, wenn der Entscheider zwischen diesen beiden indifferent ist. Wenn wir beispielsweise angenommen haben, dass für den Biochemiker mit Sicherheit die Konsequenz K_3 eintritt, nachdem das neue Medikament bereits entwickelt wurde, dann haben wir die gesamte Entwicklung auf eine einzige Konsequenz reduziert. Angenommen, mit einer Wahrscheinlichkeit von 50% ergibt sich eine interessante Aufgabe für den Biochemiker – diese Konsequenz bezeichnen wir mit K_{3E} -, mit 50%-iger Wahrscheinlichkeit hingegen ist die administrative Aufgabe aber auch ganz eintönig – diese Konsequenz sei K_{3M}. Eine Indifferenz des Mitarbeiters bezüglich dieser beiden Lotterien

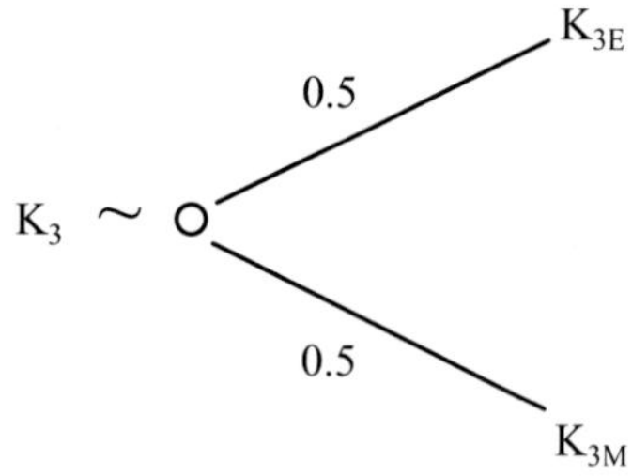

Abbildung 4.10: Indifferenz zwischen Lotterien ...

impliziert dann, dass wir diese Entwicklung durch die sichere Konsequenz K_3 substituieren könnten:

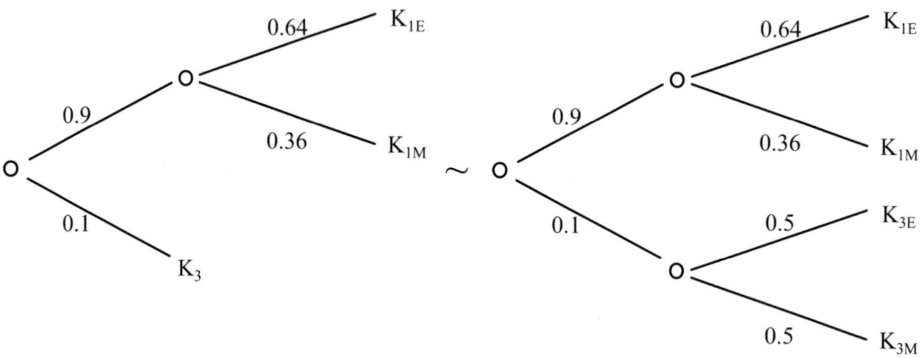

Abbildung 4.11: ... und das Substitutionsprinzip.

Das Axiom der Unabhängigkeit wird in der Literatur daher auch als Substitutionsaxiom bezeichnet. Es impliziert, dass der Beitrag, den ein Paar (K_i, p_i) zum Gesamtnutzen leistet, unabhängig von den anderen Konsequenzen und Eintrittswahrscheinlichkeiten ist. Es ist somit die entscheidende Voraussetzung für die additive Struktur der Erwartungsnutzenfunktion $\sum_{i=1}^{n} p_i \cdot u(K_i)$ und damit für das Ergebnis, dass wir die Präferenzen eines Entscheiders über Lotterien $(K_1, p_1; \ldots; K_n, p_n)$ als Summe der Nutzen $u(K_i)$ aus den einzelnen Konsequenzen K_i und ihren Eintrittswahrscheinlichkeiten p_i schreiben können.

Eine weitere wichtige Implikation aus der Gültigkeit des Unabhängigkeitsaxioms ist auch die Reduktion mehrstufiger Lotterien. Eine mehrstufige Lotterie kann demnach auf eine wahrscheinlichkeitsäquivalente einstufige Lotterie reduziert werden, ohne dass sich die Präferenzen eines Entscheiders ändern. In der unteren Abbildung ist ein Entscheider indifferent zwischen der zweistufigen Lotterie auf der linken Seite und der einstufigen Lotterie auf der rechten Seite, die sich durch ausmultiplizieren der Wahrscheinlichkeiten ergibt.

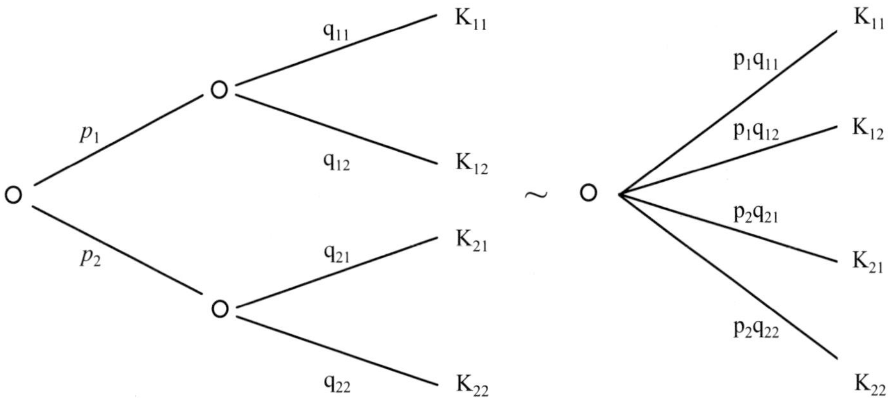

Abbildung 4.12: Eine zusammengesetzte Lotterie und ihre äquivalente einstufige Lotterie

Das Axiom der Unabhängigkeit und die damit verbundenen Eigenschaften der Präferenzen eines Entscheiders sind auf den ersten Blick einleuchtend. Allerdings haben wir im dritten Kapitel gesehen, dass bei tatsächlichen Entscheidungen dieses Axiom systematisch verletzt wird und es daher nicht zur Beschreibung des Entscheidungsverhaltens geeignet ist. Betrachten wir noch einmal das Allais-Paradoxon: Wir haben gesehen, dass die meisten Personen einen sicheren Gewinn von 1 Mio. Euro (Alternative 1a) der Alternative 1b vorziehen, bei der sie mit 10%-iger Wahrscheinlichkeit 5 Mio. Euro, mit 89%-iger Wahrscheinlichkeit 1 Mio. Euro und mit einer Wahrscheinlichkeit von 1% nichts gewinnen würden. Gleichzeitig zogen sie einen Gewinn von 5 Mio. Euro mit 10%-iger Wahrscheinlichkeit (Alternative 2b) einem Gewinn von 1 Mio. Euro mit 11%-iger Wahrscheinlichkeit vor (Alternative 2a). Wenn wir mit $u(\text{X})$ den individuellen Nutzen eines Entscheiders aus X französischen Franc bezeichnen, dann ist nach der Theorie von von Neumann und Morgenstern der erwartete Nutzen von Alternative 1a

$$EU(\text{Alternative 1a}) = u(1 \text{ Mio.})$$

und von Alternative 1b

$$EU(\text{Alternative 1b}) = 0.10 \cdot u(5 \text{ Mio.}) + 0.89 \cdot u(1 \text{ Mio.}) + 0.01 \cdot u(0 \text{ Mio.}).$$

Die Präferenzen eines Entscheiders, der Alternative 1a gegenüber Alternative 1b präferiert, $EU(\text{Alternative 1a}) > EU(\text{Alternative 1b})$, müssen demnach der folgenden Bedingung genügen:

$$0.11 \cdot u(1 \text{ Mio.}) > 0.10 \cdot u(5 \text{ Mio.}) + 0.01 \cdot u(0 \text{ Mio.}).$$

Betrachten wir nun die zweite Wahl: Der erwartete Nutzen der beiden Alternativen ist

$$\begin{aligned} EU(\text{Alternative 2a}) &= 0.11 \cdot u(1 \text{ Mio.}) + 0.89 \cdot u(0 \text{ Mio.}) \text{ und} \\ EU(\text{Alternative 2b}) &= 0.10 \cdot u(5 \text{ Mio.}) + 0.90 \cdot u(0 \text{ Mio.}). \end{aligned}$$

Wenn nun in diesem Fall der Entscheider Alternative 2b der Alternative 2a vorzieht, $EU(\text{Alternative 2b}) > EU(\text{Alternative 2a})$, müssen seine Präferenzen der Bedingung

$$0.10 \cdot u(5 \text{ Mio.}) + 0.01 \cdot u(0 \text{ Mio.}) > 0.11 \cdot u(1 \text{ Mio.})$$

genügen. Dies steht aber im direkten Widerspruch zur Bedingung, die seine erste Wahl charakterisiert. Damit kann die Person ihre Entscheidungen nicht gemäß der Erwartungsnutzentheorie von von Neumann und Morgenstern getroffen haben. Auch die in Kapitel drei diskutierten Sicherheits- und Pseudosicherheitseffekte oder das Ellsberg Paradoxon könnten wir in diesem Sinne als Verletzungen der Theorie verstehen.

4.2.2 Subjektive Erwartungsnutzentheorien

In der entscheidungstheoretischen Forschung wurden im Anschluss an die Arbeiten von von Neumann und Morgenstern (1944) eine Reihe von deskriptiven Entscheidungstheorien entwickelt, die versuchen, die systematischen Abweichungen des Verhaltens von der Nutzentheorie zu erklären. Im Folgenden wollen wir verschiedene dieser neueren Theorien vorstellen. Gemeinsam ist diesen Ansätzen, dass sie die drei zu Anfang des Kapitels aufgeführten Grundprämissen des Verhaltens als Ausgangspunkt ihrer Verhaltenserklärungen wählen: Individuelles Verhalten wird durch den subjektiven Wert der möglichen Konsequenzen und die subjektive Beurteilung der Eintrittswahrscheinlichkeiten dieser Konsequenzen beeinflusst.

Um die Unterschiede zwischen diesen neueren deskriptiven Theorien und der normativen Erwartungsnutzentheorie von von Neumann und Morgenstern zu verstehen, betrachten wir die spezifische Form, in der die drei Grundprämissen des Verhaltens in der Erwartungsnutzentheorie umgesetzt sind: Wir haben hier angenommen, dass die Unsicherheit des Entscheiders in Form der Eintrittswahrscheinlichkeiten der Konsequenzen charakterisiert werden kann und dass diese multiplikativ mit den subjektiven Werten aus diesen Konsequenzen kombiniert werden.

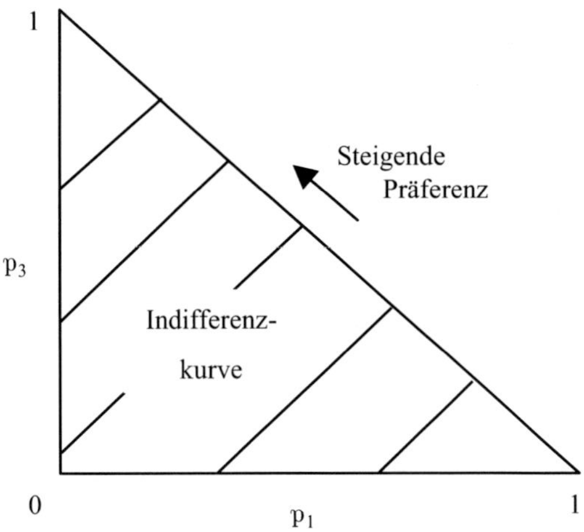

Abbildung 4.13: Indifferenzkurven nach der Erwartungsnutzentheorie

Die obige Abbildung zeigt, dass die spezifische Form der Nutzenbildung, die sich formal aus dem Axiom der Unabhängigkeit ableitet, eine Linearität der individuellen Präferenzen in den Wahrscheinlichkeiten impliziert: Um dies zu sehen, betrachten wir eine Lotterie $(K_1, p_1; K_2, p_2; K_3, p_3)$ über drei mögliche Konsequenzen $K_1 \prec K_2 \prec K_3$. Da sich die Eintrittswahrscheinlichkeiten zu Eins addieren, können wir $p_2 = 1 - p_3 - p_1$ schreiben und damit die Präferenzen des Entscheiders in einem zweidimensionalen Einheitsdreieck wie oben darstellen.[8] Bei einem bestimmten Nutzenniveau EU^* ist der Entscheider indifferent zwischen allen Lotterien $(K_1, p_1; K_2, p_2; K_3, p_3)$, für die gilt

$$u(K_1) \cdot p_1 + u(K_2) \cdot p_2 + u(K_3) \cdot p_3 = EU^*.$$

Berücksichtigt man die Beziehung $p_2 = 1 - p_3 - p_1$, dann sind die Indifferenzkurven charakterisiert durch

$$p_3 = p_1 \cdot \frac{u(K_2) - u(K_1)}{u(K_3) - u(K_2)} + \frac{EU^* - u(K_2)}{u(K_3) - u(K_2)}.$$

p_3 ist also eine lineare Funktion von p_1, so dass die Indifferenzkurven des Entscheiders parallele Geraden sind.

Wenn wir nun die obigen drei Grundprämissen als Basis individuellen Verhaltens weiterhin beibehalten wollen, besteht eine Möglichkeit in der Aufgabe der Linearität der Präferenzen in den Wahrscheinlichkeiten und damit des Axioms der Unabhängigkeit: Anstelle der oben betrachteten objektiven Wahrscheinlichkeiten sind für einen Entscheider seine subjektiven Beurteilungen dieser Wahrscheinlichkeiten verhaltensrelevant, also seine Wahrscheinlichkeitsgewichte.

Bezeichnen wir allgemein mit

$$w_i = w_i(p_1, \dots p_n)$$

das Wahrscheinlichkeitsgewicht, das der Entscheider der Konsequenz K_i zuordnet, dann können wir den (subjektiven) Erwartungsnutzen einer Alternative A, die durch die Lotterie $(K_1, p_1; \dots; K_n, p_n)$ charakterisiert ist, schreiben als

$$EU(A) = \sum_{i=1}^{n} w_i(p_1, \dots p_n) \cdot u(K_i).$$

Entsprechend unseren Ausführungen im dritten Kapitel sind die Funktionen w_i durch die beiden Referenzpunkte $w_i = 0$ bei $p_i = 0$ und $w_i = 1$ für $p_i = 1$ gekennzeichnet. Das jeweilige Wahrscheinlichkeitsgewicht $w_i(p_1, \dots p_n)$ ist eine beliebige Größe in $(0, 1)$.

Da die Wahrscheinlichkeitsgewichte im Allgemeinen von den objektiven Wahrscheinlichkeiten abweichen, $w_i(p_1, \dots p_n) \neq p_i$, ist die Wahrscheinlichkeitsgewichtungsfunktion nicht mehr linear in den Wahrscheinlichkeiten. Damit ist aber dann auch das Axiom der Unabhängigkeit nicht mehr erfüllt. Insbesondere müssen sich damit die Wahrscheinlichkeitsgewichte nicht notwendigerweise zu Eins addieren, wie dies bei objektiven Wahrscheinlichkeiten der Fall ist. Dadurch ergibt sich eine Nichtlinearität in den Präferenzen des Entscheiders.

Die auf diesen Ideen aufbauenden Theorien werden in der Literatur auch als 'nonlinear (non-expected) utility theories' bezeichnet. In Anlehnung an die Arbeiten von Edwards (1955; 1962) nennen wir diese Verhaltensmodelle **subjektive Erwartungsnutzentheorien.**[9] Drei dieser Theorie wollen wir im Folgenden näher diskutieren: Die Prospect-Theorie von Kahneman und Tversky (1979), die eine funktionale Beziehung

$$w_i(p_1, \ldots p_n) = \pi(p_i)$$

unterstellt, sowie die rangplatzabhängige Nutzentheorie von Quiggin (1982) mit einer Gewichtungsfunktion

$$w_i(p_1, \ldots p_n) = g\left(\sum_{j=1}^{i} p_j\right) - g\left(\sum_{j=1}^{i-1} p_j\right).$$

Die kumulative Prospect-Theorie von Tversky und Kahneman (1992) schließlich kombiniert diese beiden Ansätze. Allen drei Theorien ist gemeinsam, dass sie Urteilsverzerrungen wie beispielsweise das Allais-Paradoxon aufgrund der Nichtlinearität der Präferenzen erklären können.

Die Prospect-Theorie

Kahneman und Tversky stellten 1979 ihre Prospect-Theorie vor, die zu den bekanntesten Erweiterungen der Erwartungsnutzentheorie zählt und die die Grundlage bildete für weitere Entwicklungen in der deskriptiven Entscheidungsforschung. Nachdem wir im vorigen Kapitel bereits einzelne Bausteine dieser Theorie mehrfach angesprochen haben, wollen wir im Folgenden das Gesamtkonzept von Kahneman und Tversky vorstellen.

Nach der Prospect-Theorie besteht die Entscheidungsfindung aus zwei Phasen, der Editing- und der Evaluationsphase:

(1) In der Editingphase transformiert der Entscheider zunächst ein gegebenes Entscheidungsproblem in ein mentales Modell. Ziel dieser Phase ist es nach Kah-

neman und Tversky (1979, S.274) "to organize and reformulate the options so as to simplify subsequent evaluation and choice". Diese Vereinfachung des Entscheidungsproblems wird durch verschiedene Maßnahmen erreicht. Insbesondere beurteilt der Entscheider in dieser Phase die Konsequenzen seines Handelns nach Gewinnen und Verlusten.

(2) In der Evaluationsphase bewertet der Entscheider die ihm so zur Verfügung stehenden Handlungsalternativen auf Basis einer Wertfunktion und einer Wahrscheinlichkeitsgewichtungsfunktion. Erstere ordnet den jeweiligen Konsequenzen einen subjektiven Nutzen zu, letztere transformiert die Eintrittswahrscheinlichkeiten in subjektive Gewichte. Zusammen bilden die Beurteilungen die Bewertung einer Handlungsalternative. Der Entscheider wählt dann diejenige aus, die seinen subjektiv erwarteten Nutzen maximiert.

In der Editingphase spielen eine Vielzahl von Phänomenen eine Rolle, die wir bereits im letzten Abschnitt bei der Beurteilung der Arbeitssituation diskutiert haben. Neben den verschiedenen Framingeffekten kommt hier insbesondere der Bildung des Referenzpunktes eine entscheidende Bedeutung zu. Da wir dies ausführlich bereits besprochen haben, werden wir lediglich kurz die verschiedene Operationen zur Vereinfachung eines Entscheidungsproblems vorstellen:

- Kombination: Ein Entscheider, dessen Handeln zu mehreren identischen Konsequenzen führt, vereinfacht die Handlungsalternative durch Addition der Wahrscheinlichkeiten. Wenn mit 10%-iger Wahrscheinlichkeit ein Gewinn von Euro 50,- resultiert und derselbe Gewinn mit einer weiteren Wahrscheinlichkeit von 10%, dann fasst der Entscheider diese beiden Ereignisse zusammen zu einem Gewinn von Euro 50,- mit 20%-iger Wahrscheinlichkeit.
- Vereinfachung: Unterscheiden sich die Eintrittswahrscheinlichkeiten von zwei Ereignissen nur unwesentlich oder besteht keine wesentliche Differenz in der Höhe der Konsequenzen, dann werden diese als identisch beurteilt. Eine Wahrscheinlichkeit von 49,5% wird so auf 50% aufgerundet, ein Gewinn von Euro 99,90 auf Euro 100,-. Zudem werden extrem unwahrscheinliche Ereignisse nicht berücksichtigt.
- Segregation: Zwei Konsequenzen werden durch Segregation editiert, indem aus beiden der sichere Betrag gebildet wird und von der verbleibenden unsicheren Nutzenkomponente abgespalten wird. Bei einer Lotterie (Euro 1000, 0.6; Euro

3000, 0.4) gewinnt beispielsweise der Entscheider mit Sicherheit einen Betrag von Euro 1000 und hat eine weitere 40%-ige Gewinnwahrscheinlichkeit für zusätzliche Euro 2000.

- Streichung: Gemeinsame Komponenten in verschiedenen Lotterien können weggelassen werden. Da beispielsweise die beiden Lotterien (Euro 200, 0.2; Euro 100, 0.5; Euro -50, 0.3) und (Euro 200, 0.2; Euro 150, 0.5; Euro -100, 0.3) eine identische Konsequenz mit derselben Eintrittswahrscheinlichkeit besitzen, reduziert eine entsprechende Streichung die Bewertung auf (Euro 100, 0.5; Euro -50, 0.3) und (Euro 150, 0.5; Euro -100, 0.3).

Charakteristisch für die Evaluationsphase in der Prospect-Theorie sind drei Ideen: Erstens, die unterschiedliche Bewertung von Gewinnen und Verlusten – dies haben wir schon im dritten Kapitel ausführlich diskutiert. Zweitens, die Wahrscheinlichkeitsgewichtungsfunktion, die objektive Wahrscheinlichkeiten in subjektive Gewichte transformiert – auch dies haben wir bereits im dritten Kapitel bei der Diskussion der subjektiven Beurteilung funktionaler Zusammenhänge angesprochen.[10] Drittens, die spezifische Art der Kombination dieser beiden Größen bei der Bewertung von Handlungsalternativen – diese nennen die Autoren auch Prospects.

Wie die subjektive Beurteilung von Konsequenzen und Wahrscheinlichkeiten in die Gesamtbeurteilung einer Handlungsalternative einfließt, ist dabei von der spezifischen Form eines Prospects und dem damit verbundenen Referenzpunkt abhängig. Kahneman und Tversky unterscheiden drei Typen von Prospects:

1. Regular prospects: Hier handelt es sich um Alternativen A, die durch eine Lotterie $(K_1, p_1; K_2, p_2)$ mit $K_1 \geq 0 \geq K_2$ beschrieben werden können. Nach der *P*rospect-*T*heorie ist der subjektive Wert $PT(A)$ dann gegeben durch:

$$PT(A) = \pi(p_1)v(K_1) + \pi(p_2)v(K_2)$$

2. Strictly positive prospects: In diesem Fall ist die Alternative durch $(K_1, p_1; K_2, p_2)$ mit $K_1 > K_2 > 0$ dargestellt. Referenzpunkt bei der Bestimmung der Wahrscheinlichkeitsgewichte ist hier die Konsequenz K_2:

$$PT(A) = [1 - \pi(p_2)]\, v(K_1) + \pi(p_2)v(K_2)$$

3. Strictly negative prospects: Eine Lotterie $(K_1, p_1; K_2, p_2)$ mit $K_1 < K_2 < 0$ charakterisiert hier eine Alternative A, so dass nun die Konsequenz K_1 Refe-

renzpunkt bei der Bestimmung der Wahrscheinlichkeitsgewichte ist:

$$PT(A) = \pi(p_1)v(K_1) + [1 - \pi(p_1)]\,v(K_2)$$

Wie die Indifferenzkurven im zweidimensionalen Einheitsdreieck aussehen, zeigt die folgende Abbildung:

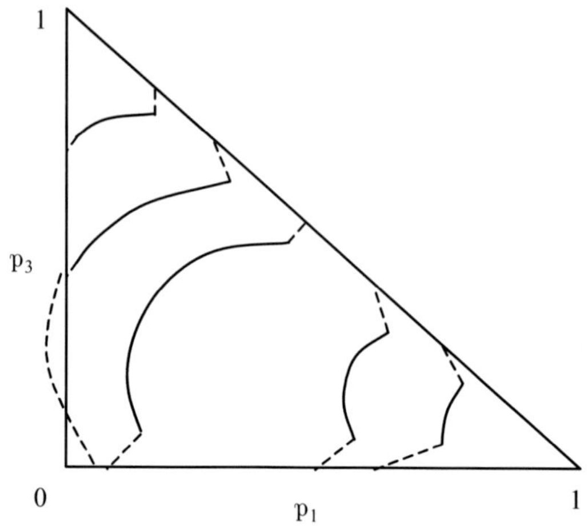

Abbildung 4.14: Indifferenzkurven nach der Prospect-Theorie

Rangplatzabhängige Nutzentheorien

Bei der Prospect-Theorie werden die einzelnen Wahrscheinlichkeiten durch eine Wahrscheinlichkeitsgewichtungsfunktion transformiert. Das subjektive Wahrscheinlichkeitsgewicht eines Ereignisses hängt dabei nur von der jeweiligen Eintrittswahrscheinlichkeit dieser Konsequenz ab. Ein 5%-iger Gewinn von Euro 1.000 wird demnach genauso gewichtet wie ein 5%-iger Gewinn von Euro 10.

Bei den rangplatzabhängigen Nutzentheorien wird diese Annahme aufgegeben, in dem die Beurteilung des Eintritts einer bestimmten Konsequenz nun auch von den Wahrscheinlichkeiten abhängt, mit denen andere Konsequenzen eintreten können. Charakteristisch ist nach Quiggin (1982, S.326), dass "probability weights are derived from the entire probability distribution, rather than from individual probabilities." Unterstellt man, dass die Konsequenzen entsprechend den Präferenzen des Entscheiders geordnet sind, entsteht dadurch eine Abhängigkeit zwischen der Bewertung des Nutzens und der Gewichtung der Eintrittswahrscheinlichkeit einer Konsequenz: Je nachdem, wie die Wahrscheinlichkeiten anderer Konsequenzen in die Wahrscheinlichkeitsgewichtung einfließen, können erwünschte oder unerwünschte Konsequenzen über- oder unterbewertet werden.

Die Art der Bildung der Wahrscheinlichkeitsgewichte ist dabei nicht beliebig, sondern folgt einem bestimmten Muster. Im Folgenden werden wir zunächst die grundsätzliche Idee präsentieren und dann die damit verbundenen Konsequenzen an einem Beispiel diskutieren.

Betrachten wir eine Handlungsalternative A, die durch die Lotterie $(K_1, p_1; K_2, p_2; \ldots; K_n, p_n)$ repräsentiert wird. Wir nehmen an, dass die Konsequenzen in aufsteigender Reihenfolge geordnet sind: $K_1 \preceq K_2 \preceq \ldots \preceq K_n$. Dann ist bei einer rangabhängigen Nutzentheorie (*R*ank *D*ependent *E*xpected *U*tility) der subjektiv erwartete Nutzen $RDEU(A)$ der Alternative A gegeben durch

$$RDEU(A) = \sum_{i=1}^{n} \left[g\left(p_1 + p_2 + \ldots + p_i\right) - g\left(p_1 + p_2 + \ldots + p_{i-1}\right)\right] \cdot u(K_i)$$

wobei $g(\cdot)$ eine beliebige Gewichtungsfunktion ist mit den Randbedingungen $g(1) = 1$, $g(0) = g(p_0) = 0$. Unmittelbar klar ist, dass für die Funktion $g(p) = p$ der so gebildete Nutzen einer Alternative identisch ist mit dem Erwartungsnutzen nach der Theorie von von Neumann und Morgenstern. Bei jeder anderen Gewichtungsfunktion wird hingegen die Eintrittswahrscheinlichkeit einer Konsequenz entsprechend ihrem Rangplatz in der Liste der Konsequenzen transformiert. Ist insbesondere die Funktion $g(\cdot)$ konvex, erhalten die am stärksten präferierten Konsequenzen ein überproportionales Gewicht, während dies bei einer konkaven Funktion die weniger stark präferierten Konsequenzen sind.

Um die Logik solcher rangabhängigen Nutzentheorien zu illustrieren, betrachten wir den Portfoliomanager in einer Bank, der für die Geldanlagegeschäfte eines Privatkunden zuständig ist. Er beabsichtigt, ein Paket von Wertpapieren aus dem Portfolio des Kunden zu verkaufen. Aufgrund der hervorragenden Prognosen am Aktienmarkt hat er die folgenden Kurserwartungen: Mit einer Wahrscheinlichkeit von 10% erwartet er einen Erlös von Euro 1 Mio., mit einer 40%-igen Wahrscheinlichkeit kann er durch den Verkauf entweder Euro 1,2 Mio. oder Euro 1,3 Mio. realisieren, und mit 10% erhofft er sich eine Auszahlung von Euro 1,5 Mio.

Wie beurteilt der Portfoliomanager den Verkauf des Wertpapierpakets nach der obigen Theorie? Schauen wir hierzu die folgende Tabelle an:

Verkaufs-erlöse	Eintritts-wahrschein-lichkeit		ungewichtete Differenzen	Wahrscheinlich-keitsgewichte	konkave Gewichts-funktion (g(p)=p)	konvexe Gewichts-funktion (g(p)=p²)
1 Mio	0.1	=	0.1	g(0.1)	0.31623	0.01
1,2 Mio	0.4	=	0.5 - 0.1	g(0.5) - g(0.8)	0.39088	0.24
1,3 Mio	0.4	=	0.9 - 0.5	g(0.9) - g(0.5)	0.24157	0.56
1,5 Mio	0.1	=	1.0 - 0.9	g(1) - g(0.9)	0.05132	0.19

Abbildung 4.15: Beurteilung einer Handlungsalternative nach rangplatzabhängigen Nutzentheorien

Die erste und zweite Spalte zeigt die Verkaufserlöse aus dem Wertpapierverkauf sowie die Eintrittswahrscheinlichkeiten der jeweiligen Ereignisse. Die dritte Spalte verdeutlicht die Art und Weise, wie die Wahrscheinlichkeitsgewichte der einzelnen Ereignisse gebildet werden: Die Eintrittswahrscheinlichkeit von 40% für Euro 1,3 Mio. wird zerlegt in die Wahrscheinlichkeit, höchstens Euro 1,3 Mio. zu erzielen abzüglich der Wahrscheinlichkeit, weniger als Euro 1,3 Mio. zu bekommen. Diese beiden kumulierten Wahrscheinlichkeiten werden dann in der vierten Spalte mit der Gewichtungsfunktion $g(\cdot)$ bewertet, und die Differenz bildet dann das Wahrscheinlichkeitsgewicht für das jeweilige Ereignis.

Je nach dem Verlauf der Gewichtungsfunktion $g(\cdot)$ ergibt sich dabei eine Über- oder Untergewichtung der schlechteren bzw. besseren Konsequenzen. Dies zeigen die Spalten fünf und sechs: Für den Fall einer konkaven Gewichtungsfunktion $g(p) = \sqrt{p}$ in Spalte 5 zeigt sich, dass das schlechteste Ereignis übergewichtet wird, hingegen alle anderen Ereignisse untergewichtet werden. Für den Fall einer konvexen Gewichtungsfunktion $g(p) = p^2$ in Spalte 6 ist das Bild umgekehrt. Hier sind die beiden besten Ereignisse übergewichtet, hingegen die beiden schlechteren Ereignisse untergewichtet.

Die Gestalt der Gewichtungsfunktion hat somit einen entscheidenden Einfluss auf die Bewertung von Handlungsalternativen. Unterstellen wir in unserem Beispiel eine lineare Nutzenfunktion $u(\text{Euro X}) = X$, dann ergibt sich nach der Erwartungsnutzentheorie für den Verkauf der Wertpapiere ein erwarteter Erlös von Euro 1,25 Mio. Im Fall der konkaven Gewichtungsfunktion erwartet der Portfoliomanager hingegen nur Euro 1,1763 Mio., bei der konvexen Gewichtungsfunktion aber Euro 1,311 Mio.

Für den Fall einer konkaven Gewichtungsfunktion zeigt die nachfolgende Abbildung die Indifferenzkurven der rangplatzabhängigen Nutzentheorien im zweidimensionalen Einheitsdreieck:

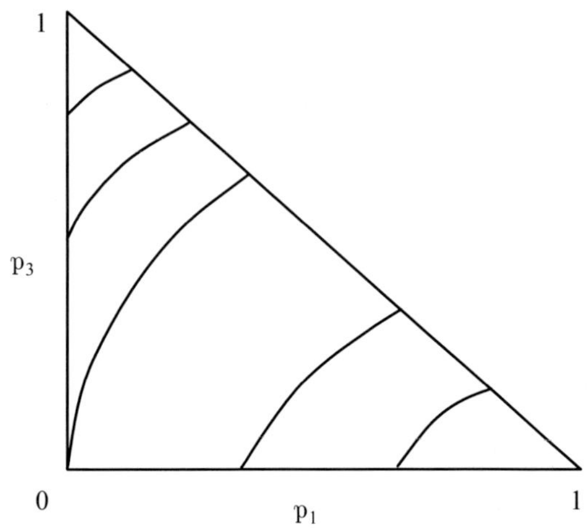

Abbildung 4.16: Indifferenzenkurven nach den rangplatzabhängigen Nutzentheorien

Die kumulative Prospect-Theorie

Die von Kahneman und Tversky (1979) entwickelte Prospect-Theorie hat zwei Nachteile: Zum einen kann sie nicht auf Entscheidungssituationen angewendet werden, in denen eine Handlungsalternative zu mehr als zwei bzw. drei Konsequenzen führt. Zum anderen kann sie zur Wahl von Handlungsalternativen führen, die von anderen Alternativen dominiert werden.[11]

Um diese Schwachstellen zu beseitigen, erweiterten die beiden Forscher ihren ursprünglichen Ansatz zur kumulativen Prospect–Theorie. Diese verbindet ihre Ideen aus der Prospect-Theorie mit dem Ansatz rangabhängiger Nutzentheorien: "We develop a new version of prospect theory that employs cumulative rather than separable decision weights and extends the theory in several respects. This version, called cumulative prospect theory, applies to uncertain as well as to risky prospects with any number of outcomes", so Tversky und Kahneman (1992, S.297).

Im Unterschied zur ursprünglichen Prospect-Theorie wurde die kumulative Prospect-Theorie wie folgt modifiziert:

(1) Die subjektive Bewertung der Konsequenzen erfolgt anhand einer Wertfunktion für Lotterien mit beliebig vielen Konsequenzen $K_1, K_2, \ldots, K_n$: Entsprechend der rangabhängigen Nutzentheorien werden diese Konsequenzen nach den Präferenzen des Entscheiders zunächst in aufsteigender Reihenfolge geordnet. Der Referenzpunkt des Entscheiders bestimmt dann, welche Konsequenzen als Gewinne bzw. Verluste beurteilt werden. Für eine Handlungsalternative A seien die ersten m Konsequenzen $K_1, \ldots, K_m$ die Verluste und die restlichen $n - m$ Konsequenzen $K_{m+1}, \ldots, K_n$ die Gewinne.

(2) Der subjektiven Gewichtung der Eintrittswahrscheinlichkeiten der Konsequenzen liegen zwei rangabhängige Gewichtungsfunktionen zugrunde: Die Wahrscheinlichkeiten negativer Konsequenzen $p_1, \ldots, p_m$ werden durch eine Funktion $w^-(\cdot)$ transformiert, wohingegen bei positiven Konsequenzen den Wahrscheinlichkeiten $p_{m+1}, \ldots, p_n$ Gewichte $w^+(\cdot)$ zugeordnet werden. Diese Funktionen entsprechen den im dritten Kapitel diskutierten Wahrscheinlichkeitsgewichtungsfunktionen. Darüber hinaus erfolgt die subjektive Gewichtung entsprechend den rangabhängigen Nutzentheorien in Abhängigkeit von der Wahrscheinlichkeitsverteilung der Konsequenzen:

$$\begin{aligned} w_i^-(p_1, \ldots p_n) &= g^-(p_1 + p_2 + \ldots + p_i) - g^-(p_1 + p_2 + \ldots + p_{i-1}) \\ w_i^+(p_1, \ldots p_n) &= g^+(p_i + p_{i+1} + \ldots + p_n) - g^+(p_{i+1} + p_{i+2} + \ldots + p_n) \end{aligned}$$

(3) Die Gesamtbewertung einer Handlungsalternative A erfolgt nach der kumulativen Prospect-Theorie (*C*umulative *P*rospect-*T*heory) aus der Summation der separaten Bewertung von positiven und negativen Konsequenzen. Gewinne und Verluste ergeben sich dabei durch Kombination der jeweiligen subjektiven

Bewertung der Konsequenzen und den jeweiligen subjektiven Wahrscheinlichkeitsgewichten:

$$CPT(A) = \sum_{i=1}^{m} w_i^-(p_1, \ldots p_n) \cdot u(K_i) + \sum_{i=m+1}^{n} w_i^+(p_1, \ldots p_n) \cdot u(K_i)$$

4.2.3 Erwartungsnutzentheorien mit emotionalen Komponenten

Die subjektiven Erwartungsnutzentheorien erweitern die ursprüngliche Theorie von von Neumann und Morgenstern (1944), in dem sie von der Annahme ausgehen, dass die Eintrittswahrscheinlichkeiten der Konsequenzen von einem Entscheider subjektiv gewichtet werden. Für den Fall, dass die subjektive Gewichtung den objektiven Eintrittswahrscheinlichkeiten der Konsequenzen entspricht, stimmen die Verhaltensvorhersagen der jeweiligen Theorien überein. Ansonsten wird ein Entscheider bei der Bildung seiner Wahrscheinlichkeitsgewichte im Allgemeinen seine Beurteilung von den Eintrittswahrscheinlichkeiten der anderen Konsequenzen abhängig machen.

Im Hinblick auf die drei Grundlagen des individuellen Verhaltens konkretisieren die subjektiven Erwartungsnutzentheorien damit die zweite Grundprämisse, die subjektive Beurteilung dieser Wahrscheinlichkeit. Diese Konkretisierung steht im Einklang mit unseren Ausführungen im dritten Kapitel zur individuellen Beurteilung der Arbeitssituation durch einen Mitarbeiter. Wir haben dort aber auch gesehen, dass die subjektive Bewertung einer Konsequenz unter Umständen unmittelbar davon abhängen kann, welche anderen Konsequenzen mit dem Handeln eines Entscheiders verbunden sein können. So haben wir im Zusammenhang mit den Disappointment- und Regret-Effekten diskutiert, inwieweit emotionale Faktoren bei der Beurteilung des Nutzens einer Konsequenz relevant sein können.

Aufbauend auf diesen Erkenntnissen wollen wir im Folgenden die Erwartungsnutzentheorien diskutieren, die solche emotionalen Faktoren einbeziehen und die damit verbundenen Urteilstendenzen erklären können. Insbesondere kann dadurch eine antizipierte Zufriedenheit bzw. Unzufriedenheit eines Entscheiders bei seiner Entscheidungsfindung berücksichtigt werden.

Bezüglich der drei Grundlagen des individuellen Verhaltens modifizieren diese Theorien somit die erste Grundprämisse der Erwartungsnutzentheorie von von Neumann und Morgenstern, nämlich die subjektive Bewertung der Konsequenzen. Bezeichnen wir allgemein mit $(K_{11}, K_{12}, \ldots, K_{1n})$ bzw. $(K_{21}, K_{22}, \ldots, K_{2n})$ die Konsequenzen, die mit einer Alternative A_1 bzw. A_2 verbunden sein können, dann können wir allgemein mit

$$u_{1i} = u_{1i}(K_{11}, \ldots, K_{1i}, \ldots, K_{1n}; K_{21}, K_{22}, \ldots, K_{2n})$$

den subjektiven Nutzen definieren, den ein Entscheider der Konsequenz K_{1i} im Vergleich zu den anderen Konsequenzen zuordnet. Den (subjektiven) Erwartungsnutzen der Alternative A_1, die durch die Lotterie $(K_{11}, p_1; \ldots; K_{1n}, p_n)$ charakterisiert ist, können wir dann schreiben als

$$EU(A) = \sum_{i=1}^{n} p_i \cdot u_{1i}(K_{11}, \ldots, K_{1i}, \ldots, K_{1n}; K_{21}, K_{22}, \ldots, K_{2n}).$$

Zwei Erwartungsnutzentheorien mit emotionalen Komponenten wollen wir im Folgenden näher diskutieren: Erstens, die Disappointment-Theorie von Bell (1985) und Loomes und Sudgen (1986), bei der der Nutzen aus einer Konsequenz nur abhängig ist von anderen Konsequenzen, die möglicherweise hätten eintreten können:

$$u_{1i} = u_{1i}(K_{11}, \ldots, K_{1i}, \ldots, K_{1n})$$

Zweitens die Regret-Theorie von Bell (1982) und Loomes und Sudgen (1982), die unterstellt, dass der Nutzen aus einer Konsequenz bei einer Handlungsalternative A_1 der entsprechenden Konsequenz bei Alternative A_2 gegenüber gestellt wird:

$$u_{1i} = u_{1i}(K_{1i}; K_{2i})$$

Die Disappointment-Theorie

Die Disappointment-Theorie geht von der Beobachtung aus, dass für einen Entscheider der Erfahrungsnutzen, der mit dem Eintreten einer Konsequenz verbunden ist, von dem Vorhersagenutzen abweichen kann. Sie berücksichtigt eine solche mögliche Diskrepanz zwischen den beiden Nutzenvarianten, indem sie von zwei Annahmen ausgeht:

- Erstens ist der Erfahrungsnutzen nicht nur von dem direkten Nutzen aus dieser

Konsequenz abhängig, sondern auch von der Abweichung dieses Nutzens von dem erwarteten Nutzen. Dieser erwartete Nutzen dient als Referenzpunkt bei der Beurteilung der Zufriedenheit des Entscheiders: Ist die Abweichung positiv, empfindet der Entscheider Freude, bei einer negativen Abweichung Enttäuschung.

- Zweitens antizipiert ein Entscheider diese emotionalen Komponenten, die mit dem Ausgang seines Verhaltens verbunden sein können, und berücksichtigt sie bei seiner Entscheidungsfindung. Er möchte also Enttäuschungen im Vorhinein vermeiden und zusätzlich Freude im Vorhinein erzielen.

Betrachten wir ein Beispiel: Ein Entscheider hat die Wahl zwischen zwei Lotterien (Euro $100, 0.5; 0, 0.5$) und (Euro $-100, 0.5; 0, 0.5$). Bei der ersten Lotterie hat er also mit 50%-iger Wahrscheinlichkeit einen Gewinn von Euro 100, bei der zweiten mit derselben Wahrscheinlichkeit einen Verlust in gleicher Höhe. Nach der Disappointment-Theorie macht es einen Unterschied, ob der Entscheider in der ersten Lotterie oder in der zweiten leer ausgeht: Kein Gewinn im ersten Fall wird er mit dem möglichen Gewinn von Euro 100 vergleichen und daher enttäuscht sein. Kein Verlust bei der zweiten Lotterie wird er bei einem möglichen Verlust von Euro 100 hingegen als Freude empfinden.

Bei seiner Beurteilung der Lotterien wird demnach ein Entscheider emotionale Komponenten in seinem Verhalten mit einfließen lassen. Wie können wir diese Aspekte bei der Modellierung seines Verhaltens berücksichtigen? Betrachten wir eine Handlungsalternative A, die der Entscheider beurteilen will und die charakterisiert ist durch die Lotterie $(K_1, p_1; \ldots; K_n, p_n)$. Wir nehmen an, dass der Entscheider den direkten Nutzen aus den Konsequenzen entsprechend einer Wertfunktion $v(\cdot)$ beurteilt. Die Erwartungen des Entscheiders, die er mit der Wahl der Alternative A verbindet, können wir dann als Erwartungswert $EV(A)$ der Verteilung der Werte der Konsequenzen bestimmen:

$$EV(A) = \sum_{i=1}^{n} p_i \cdot v(K_i)$$

Der tatsächliche Nutzen, den der Entscheider mit einer Konsequenz K_i verbindet, ist dann sowohl durch den direkten Nutzen $v(K_i)$ aus der Konsequenz bestimmt als auch durch die positive bzw. negative Abweichung von diesem Erwartungswert:

$$u_i(K_{11}, \ldots, K_{1i}, \ldots, K_{1n}) = v(K_i) + d\,(v(K_i) - EV(A))$$

Die Funktion $d(\cdot)$ bewertet dabei den Nutzen, den der Entscheider mit einer Enttäuschung bzw. einer Freude verbindet. Beispielsweise kann sie für positive Argumente konvex und für negative konkav sein. Die Gesamtbewertung der Alternative A ergibt sich nach der *D*isappointment-*T*heorie aus diesen Einzelbewertungen durch eine gewichtete Summation:

$$DT(A) = \sum_{i=1}^{n} p_i \cdot [v(K_i) + d\,(v(K_i) - EV(A))]$$

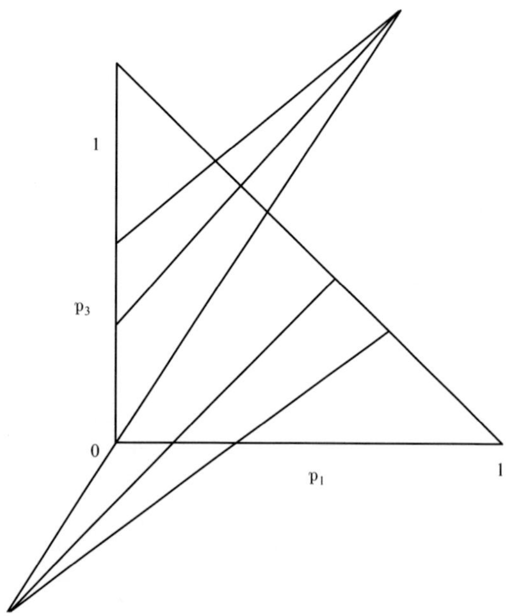

Abbildung 4.17: Indifferenzkurven nach der Disappointment-Theorie

Insbesondere ist damit bei einer linearen Bewertungsfunktion $d(\cdot)$ die Verhaltensvorhersage identisch mit der bei der Erwartungsnutzentheorie von von Neumann und Morgenstern: Der subjektiv erwartete Nutzen $DT(A)$ reduziert sich auf den Erwartungsnutzen $EV(A)$.

Im Hinblick auf die Axiome, die einem rationalen Verhalten zugrunde liegen, schwächt die Disappointment-Theorie das Unabhängigkeitsaxiom ab. Dies wird deutlich, wenn wir uns die Indifferenzkurven im Einheitsdreieck in Abbildung 4.17 anschauen. Je nachdem, welche funktionale Form man für die Bewertungsfunktion $d(\cdot)$ unterstellt, kann dadurch beispielsweise das Allais-Paradoxon erklärt werden.

Die Regret-Theorie

Auch der Regret-Theorie liegt die Idee zugrunde, dass eine mögliche Diskrepanz bestehen kann zwischen dem Erfahrungsnutzen und dem Vorhersagenutzen, der mit dem Eintreten einer Konsequenz verbunden ist. Während bei der Disappointment-Theorie ein Entscheider seinen Erfahrungsnutzen aus einer Konsequenz mit dem Nutzen aus den anderen möglichen Konsequenzen dieser Handlungsalternative vergleicht, berücksichtigt die Regret-Theorie die emotionale Komponente wie folgt:

- Der Erfahrungsnutzen wird nicht nur durch den direkten Nutzen aus dieser Konsequenz bestimmt, sondern ist auch von dem Vergleich dieses Nutzens mit dem Nutzen abhängig, der sich bei einer anderen Handlungsalternative ergeben hätte. Diese Bewertung der nicht realisierten Konsequenz bei der anderen Alternative dient als Referenzpunkt bei der Beurteilung seiner Zufriedenheit: Bei einer positiven Abweichung empfindet der Entscheider Freude und ist bei einer negativen Abweichung enttäuscht.
- Analog zu der Disappointment-Theorie antizipiert ein Entscheider diese emotionalen Komponenten und lässt sie in seine Entscheidungsfindung einfließen. Auch hier möchte er ein Bedauern im Vorhinein vermeiden und gleichzeitig mögliche Freude erzielen.

Diese Annahmen an die Regret-Theorie lassen sich unmittelbar an einem Beispiel illustrieren: Betrachten wir einen Entscheider, der zwischen den beiden Lotterien (Euro $15, 1.0$) und (Euro $100, 0.1$;Euro $0, 0.9$) wählen kann. Bei der ersten Lotterie erzielt er mit Sicherheit einen Gewinn von Euro 15, bei der zweiten Lotterie gewinnt er mit 10%-iger Wahrscheinlichkeit Euro 100 und sonst nichts. Angenommen, der Entscheider wählt die riskante Alternative. Dann berücksichtigt die Regret-Theorie den Umstand, dass sich der Entscheider bei einer Auszahlung von

Euro 0 darüber ärgert, nicht doch die sichere Alternative ergriffen zu haben. Allerdings wird sich diese Enttäuschung in Grenzen halten, da der verpasste Gewinn nur Euro 15 beträgt. Wählt der Entscheider hingegen die sichere Alternative und die zweite Lotterie realisiert einen Gewinn von Euro 100, dann ist die Enttäuschung vermutlich viel größer, da er statt Euro 100 nur Euro 15 bekommt. Diese Berücksichtigung einer möglichen Enttäuschung kann dann dazu führen, dass sich der Entscheider doch für die riskante Alternative entscheidet, obwohl der Erwartungswert der sicheren Alternative höher ist.

Die Modellierung des Verhaltens erfolgt in der Regret-Theorie analog zu unserem bisherigen Vorgehen. Betrachten wir zwei Handlungsalternativen A_1 und A_2, die einem Entscheider zur Verfügung stehen. Wie bewertet er die Wahl von A_1 in Abhängigkeit von der Alternative A_2? Seien $(K_{11}, K_{12}, \ldots, K_{1n})$ bzw. $(K_{21}, K_{22}, \ldots, K_{2n})$ die Konsequenzen, die mit einer Alternative A_1 bzw. A_2 verbunden sind und $v(\cdot)$ die Wertfunktion, nach der er den direkten Nutzen aus den einzelnen Konsequenzen beurteilt. Dann ist der tatsächliche Nutzen, den der Entscheider mit einer Konsequenz K_{1i} verbindet, nicht nur durch den direkten Nutzen $v(K_{1i})$ aus der Konsequenz bestimmt, sondern auch durch den Vergleich mit der Konsequenz K_{2i}, die bei Wahl der Alternative A_2 eingetreten wäre:

$$u_i(K_{1i}, K_{2i}) = v(K_{1i}) + r\left(v(K_{1i}) - v(K_{2i})\right)$$

Loomes und Sudgen (1982, S.809) bezeichnen die Funktion $r(\cdot)$ als 'regret-rejoice function'. Sie bewertet den Nutzen, den ein Entscheider mit einer Enttäuschung bzw. einer Freude verbindet, doch nicht die andere Alternative gewählt zu haben. Dabei wird $r(0) = 0$ sein und der Nutzen aus einer Diskrepanz zwischen zwei Konsequenzen um so größer sein, je größer diese Abweichung ist, d.h. $r(\cdot)$ ist streng monoton steigend.

Die Gesamtbewertung der Alternative A ergibt sich nach der *R*egret-*T*heorie dann wieder durch die gewichtete Summation dieser Einzelbewertungen:

$$RT(A_1) = \sum_{i=1}^{n} p_{1i} \cdot \left[v(K_{1i}) + r\left(v(K_{1i}) - v(K_{2i})\right)\right]$$

Für den Spezialfall $r \equiv 0$ reduziert sich die Regret-Theorie auf die Erwartungsnutzentheorie von von Neumann und Morgenstern. Im Allgemeinen wird aber eine Verhaltensvorhersage nach diesem Modell nicht mit derjenigen bei rationalem Verhalten übereinstimmen. Insbesondere erlaubt die Regret-Theorie im Unterschied zur bisherigen Erwartungsnutzentheorie auch intransitive Präferenzen.

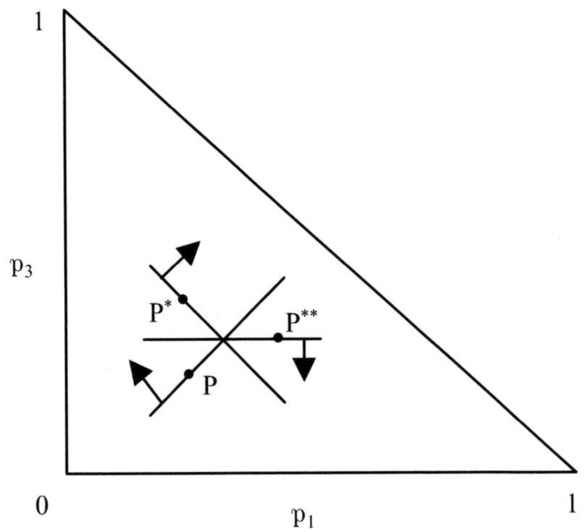

Abbildung 4.18: "Indifferenzkurven" nach der Regret-Theorie

Um dies zu sehen betrachten wir wieder Lotterien mit drei möglichen Konsequenzen. Die obige Abbildung stellt dann die 'Indifferenzkurven' eines Entscheiders im Einheitsdreieck dar:[12]Betrachten wir den Punkt P. Die Kurve durch P korrespondiert mit allen Lotterien, die zu demselben Nutzenniveau wie P führen. Diese Kurve teilt die Menge aller Lotterien in zwei Bereiche: In Pfeilrichtung befinden sich alle Lotterien, die von dem Entscheider gegenüber P bevorzugt werden. Allen anderen Lotterien zieht der Entscheider strikt die Lotterie P vor. Die Lotterie P^* bewertet er somit besser als P und umgekehrt ist für ihn P besser als P^*. Da sich die beiden Kurven allerdings schneiden, gibt es eine dritte Lotterie P^{**}, so dass die Präferenzen über diese drei Alternativen einen intransitiven Zyklus bilden: $P \prec P^* \prec P^{**} \prec P$.

Empirische Untersuchungen

Die Erwartungsnutzentheorien mit emotionalen Komponenten sowie die drei weiter oben diskutierten subjektiven Erwartungsnutzentheorien wurden in einer Vielzahl von experimentellen Studien auf ihre Vorhersagekraft untersucht. Dabei wurden diese Verhaltensmodelle insbesondere auch mit der Erwartungsnutzentheorie von von Neumann und Morgenstern verglichen. Verschiedene dieser Ergebnisse haben wir bereits in den Ausführungen im dritten Kapitel dargestellt, beispielsweise die unterschiedliche Bewertung von Gewinnen oder Verlusten. Ohne im Einzelnen auf das methodische Vorgehen dieser Untersuchungen und die verwendeten Analysekriterien einzugehen, wollen wir doch die wichtigsten Erkenntnisse dieser Forschungsrichtung referieren. Dabei beziehen wir uns auf die Schlussfolgerungen aus einer Meta-Analyse von Harless und Camerer (1994, S.1284f), bei der sie die Ergebnisse von 23 Einzeluntersuchungen mit über 8.000 Entscheidungen aggregierten:

(1) Keine Theorie kann in allen Entscheidungssituationen Verhaltensvorhersagen machen, die statistisch signifikant mit den Daten übereinstimmen. Allerdings, so Harless und Camerer, zeigt sich folgendes: "For every theory there is a systematic variation in excluded pattern which could, in principle, be explained by a more refined theory." Dieses Ergebnis überrascht nicht, da die obigen Theorien im Allgemeinen zur Erklärung einer bestimmten Urteilsverzerrung und damit eines bestimmten Verhaltensmusters entwickelt wurden.

(2) Sehr kleine bzw. sehr große Wahrscheinlichkeiten werden subjektiv nichtlinear gewichtet. Insbesondere führt die Erwartungsnutzentheorie von von Neumann und Morgenstern immer dann zu einer guten Erklärung des Verhaltens, wenn die Eintrittswahrscheinlichkeit der einzelnen Konsequenzen nicht zu nahe bei Null bzw. bei Eins liegt. Mit Bezug auf Lotterien, die im Einheitsdreieck darstellbar sind, kommen Harless und Camerer zu dem Ergebnis: "There are dramatic differences between theory accuracy when the gambles in a pair have different support (they lie on the triangle boundary) and when they have the same support (they lie in the triangle interior). EU predicts poorly when support is different, and predicts well when support is the same."

Welche Erwartungsnutzentheorie die beste ist, können auch Harless und Camerer nicht beantworten: "We cannot declare a single winner theorie – much as we cannot declare a best ice cream or university".

4.3 Individuelles Arbeitsverhalten

Unsere Diskussion des individuellen Entscheidungsverhaltens im letzten Abschnitt können wir unmittelbar auf den Arbeitskontext übertragen: Einem Mitarbeiter stehen verschiedene Handlungsalternativen in seiner jeweiligen Arbeitssituation zur Verfügung. Er bildet sich ein Wert- und Wahrscheinlichkeitsurteil bezüglich der Konsequenzen, die mit seinem Arbeitsverhalten für ihn verbunden sind, und bewertet dann die jeweiligen Alternativen entsprechend seinem erwarteten Nutzen. Er wählt diejenige Alternative, die ihm den höchsten Nutzen verspricht.

Betrachten wir die Grundstruktur eines solchen Arbeitsverhaltens, dann können wir die Entscheidungssituation eines Mitarbeiters wie folgt darstellen:

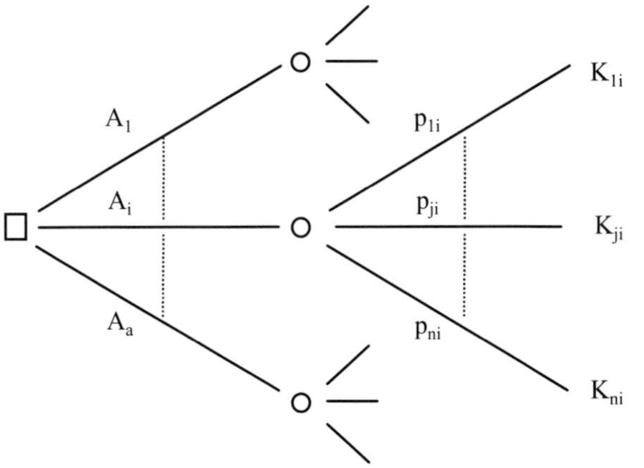

Abbildung 4.19: Die Grundstruktur des individuellen Entscheidungsverhaltens

Aus der Menge $\mathcal{A}$ der ihm zur Verfügung stehenden Handlungsalternativen $\{A_1, \ldots, A_i, \ldots, A_a\}$ wählt der Mitarbeiter eine Alternative A_i aus. Diese Alternative ist durch die Lotterie $(K_{1i}, p_{1i}; \ldots; K_{ni}, p_{ni})$ charakterisiert, d.h. eine Konsequenz K_{ji} tritt bei dieser Alternative A_i mit einer Wahrscheinlichkeit von p_{ji} ein. In dieser Entscheidungssituation bewertet der Mitarbeiter die Konsequenzen entsprechend seinen Präferenzen, ebenso wie er die Eintrittswahrscheinlichkeiten subjektiv gewichtet. Die Kombination aus subjektiven Werten und Gewichten bestimmt dann den erwarteten Nutzen der Handlungsalternative A_i, und der Mitarbeiter wählt diejenige Alternative aus $\mathcal{A}$, die ihm den größten Nutzen verspricht.

Im Rahmen unseres Modells des individuellen Arbeitsverhaltens, das wir im zweiten Kapitel entwickelt haben, bildet eine solche Entscheidungssituation jedoch nur einen Teil der Zusammenhänge ab, die für das Verhalten eines Mitarbeiters im Arbeitskontext relevant sind: Zum einen beschreibt das Modell des individuellen Entscheidungsverhaltens lediglich den Motivationsprozess, der zur Auswahl einer bestimmten Handlungsalternative seitens des Mitarbeiters führt. Im Gesamtkontext des Arbeitsverhaltens bestimmt sich daraus die Verhaltensintention des Mitarbeiters, die wiederum sein tatsächliches Arbeitsverhalten und die damit verbundenen tatsächlichen Arbeitskonsequenzen bedingt. Für die Erklärung und das Verstehen des Arbeitsverhaltens sind diese der eigentlichen Entscheidung nachgelagerten Zusammenhänge aber wesentlich, da sich für den Mitarbeiter Arbeitssituationen wiederholen und damit Lernprozesse stattfinden können.

Zum anderen bildet aber das individuelle Entscheidungsverhalten nicht die gesamte Komplexität des Motivationsprozesses im Rahmen des individuellen Arbeitsverhaltens ab. Die drei folgenden Aspekte müssen wir hier zusätzlich berücksichtigen:

(1) Die Konsequenzen, die für den Mitarbeiter aus seinem Handeln resultieren, werden von ihm im Allgemeinen nicht gesamthaft bewertet: Vielmehr wird er mehrere unterschiedliche Ziele mit seinem Arbeitsverhalten verfolgen, so dass er die Bewertung von Konsequenzen auch anhand dieser unterschiedlichen Zielvorstellungen vornehmen wird.

(2) Im Allgemeinen besteht keine direkte Beziehung zwischen dem Handeln des Mitarbeiters und den für ihn relevanten Konsequenzen: Als intermediäres Ereignis vermittelt hier das Arbeitsergebnis, das aus der Handlungsalternative resultiert, die Konsequenzen für den Mitarbeiter. Der Entscheidungsprozess beim Arbeitsverhalten erhält somit eine zusätzliche Zwischenstufe.

(3) Bei der Bewertung der einzelnen Handlungsalternativen wird ein Mitarbeiter auch die Ressourcen mit einbeziehen, die für ihn mit der Umsetzung einer Alternative verbunden sind: Während wir die bisher betrachtete Wahl zwischen verschiedenen Lotterien als eine Entscheidung über die Richtung seiner Anstrengungen interpretieren können, müssen wir bei der Wahl seines Engagements immer auch die damit verbundenen physischen Kosten in Betracht ziehen.

Berücksichtigen wir diese drei zusätzlichen Aspekte der individuellen Arbeitsmotivation in der Darstellung der Entscheidungssituation eines Mitarbeiters, dann müssen wir die Grundstruktur des individuellen Entscheidungsverhaltens wie folgt erweitern:

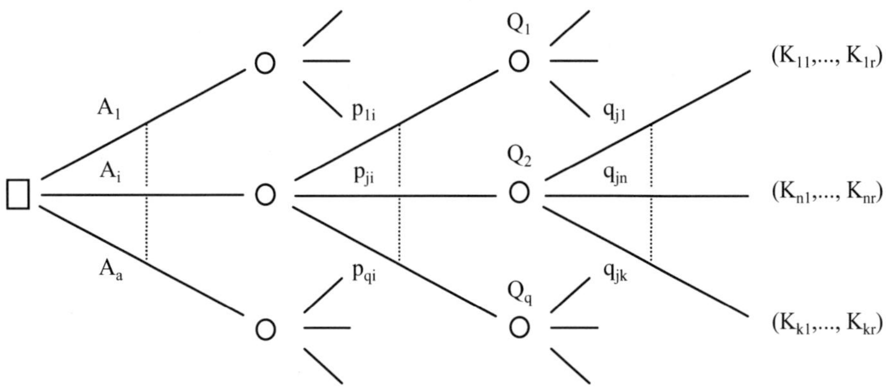

Abbildung 4.20: Individuelle Arbeitsmotivation als Entscheidungsverhalten

Auch hier kann der Mitarbeiter aus der Menge $\mathcal{A}$ der ihm zur Verfügung stehenden Handlungsalternativen eine Arbeitsanstrengung A_i auswählen. Mit Wahrscheinlichkeit p_{ji} erwartet er, dass aus der Anstrengung A_i ein Arbeitsergebnis Q_j aus der Menge $\mathcal{Q}$ der möglichen Ergebnisse $\{Q_1, \ldots, Q_q\}$ resultiert. Die subjektiven Erwartungen p_{ji} des Mitarbeiters über die funktionalen Beziehungen zwischen seinem eigenen Handeln und den daraus resultierenden Arbeitsergebnissen charakterisieren dabei die Erreichbarkeit seiner Arbeitsergebnisse. Zusammenfassend ist mit dieser Anstrengung also eine Lotterie $(Q_1, p_{1i}; \ldots; Q_j, p_{ji}; \ldots; Q_q, p_{qi})$ verbunden, die das erwartete Arbeitsergebnis des Mitarbeiters aufgrund dieses Verhaltens festlegt.

Mit dem Arbeitsverhalten des Mitarbeiters bzw. dem daraus resultierenden Arbeitsergebnis sind dann die eigentlichen persönlichen Konsequenzen für den Mitarbeiter verbunden. Im Rahmen seines Motivationsprozesses bildet er sich dabei sowohl Erwartungen über seinen subjektiven Nutzen, den er mit den antizipierten Konsequenzen verbindet, als auch über die Wahrscheinlichkeiten, diese Konsequenzen tatsächlich zu realisieren. Die subjektive Bewertung der Konsequenzen nimmt der Mitarbeiter entsprechend seinen r Zielen vor. Grundsätzlich sind für ihn die Konsequenzen $K_1, \ldots K_n, \ldots, K_k$ möglich, so dass jede einzelne Konsequenz K_n durch die Ausprägungen auf den einzelnen r Zielvariablen des Mitarbeiters gekennzeichnet ist, d.h. $K_n = (K_{n1}, \ldots, K_{nr})$. Bewertet der Mitarbeiter auch die physischen Kosten, die mit der Wahl eines Anstrengungsniveaus verbunden sein können, dann ist diese Ausprägung ebenfalls in der Liste der Zielvariablen bei der Bewertung einer Konsequenz enthalten.

Die Erwartung, die sich der Mitarbeiter über den Zusammenhang zwischen seinem Arbeitsergebnis Q_j und den Konsequenzen K_n bildet, ist durch die Wahrscheinlichkeit q_{jn} spezifiziert. Diese subjektiven Wahrscheinlichkeiten beschreiben die Instrumentalitäten der Arbeitsergebnisse für die Erreichung seiner persönlichen Ziele.

Wie bewertet nun ein Mitarbeiter innerhalb einer solchen allgemeinen Arbeitssituation ein bestimmtes Anstrengungsniveau? Wie können wir dabei das Modell des individuellen Entscheidungsverhaltens aus dem letzten Abschnitt sukzessive um die drei Aspekte der individuellen Arbeitsmotivation erweitern? Wie integriert sich dieser Motivationsprozess in den Gesamtprozess des individuellen Arbeitsverhaltens?

Ziel der folgenden Ausführungen ist es, Antworten auf diese Fragen zu geben. Dabei werden wir zur Vereinfachung der Argumentation die Erwartungsnutzentheorie von von Neumann und Morgenstern als Basis unserer Erweiterungen wählen. Die anderen subjektiven Erwartungstheorien oder Theorien mit emotionalen Komponenten können dann unmittelbar übertragen werden, liefern aber für die hier betrachteten Erweiterungen keine zusätzlichen Einsichten.

4.3.1 Entscheidungsregeln bei mehreren Zielen

Im Folgenden wollen wir zunächst die erste oben angesprochene Erweiterung betrachten, die Entscheidungsfindung bei multiplen Zielen. Dabei konzentrieren wir uns zur Vereinfachung auf den Fall von Entscheidungen unter Sicherheit. Wir nehmen an, dass ein Mitarbeiter mit seinem Arbeitsverhalten mehrere Ziele mit den Attributen $X_1, \ldots, X_m, \ldots, X_r$ verfolgt und dass mit jedem Anstrengungsniveau A_i eine bestimmte Konsequenz K_i verbunden ist, die bezüglich des Attributs X_m eine spezifische Ausprägung K_{im} aufweist, $K_i = (K_{i1}, \ldots, K_{im}, \ldots, K_{ir})$.

Betrachten wir als Beispiel die schon im zweiten Kapitel vorgestellte Situation eines Mitarbeiters, der nach seiner Probezeit vor der Frage steht, in welcher Abteilung der neuen Unternehmung er anfangen möchte. Zwischen drei alternativen Abteilungen muss er sich entscheiden, nämlich der Einkaufsabteilung (Alternative A_1), der Materialwirtschaft (Alternative A_2) und der Marketingabteilung (Alternative A_3). Zwei Zielvariablen sind für seine Entscheidung von Relevanz: sein Einkommen (Attribut X_1) und das Prestige der Stelle (Attribut X_2). Die drei Abteilungen haben bezüglich seiner beiden Ziele die folgenden Ausprägungen:

Stellenalternativen	Monatsverdienst (in Euro)	Prestige
Materialwirtschaft	2.500	hoch
Einkauf	3.000	mittel
Marketing	3.500	niedrig

Abbildung 4.21: Die Stellenalternativen eines Mitarbeiters bezüglich Monatsverdienst und Prestige

Wie wird sich der Mitarbeiter entscheiden? Welche grundsätzlichen Entscheidungsregeln stehen ihm bei der Auswahl einer Abteilung zur Verfügung? Um diese Fragen zu beantworten, greifen wir auf die im ersten Abschnitt dieses Kapitels getroffene Unterscheidung zwischen kompensatorischen und nicht-kompensatorischen Entscheidungsregeln zurück: Bei einer kompensatorischen Regel würde der Mitarbeiter die verschiedenen alternativen Abteilungen entsprechend seinen beiden Zielen gegeneinander abwägen und sich für diejenige entscheiden, die ihm den größten erwarteten Nutzen garantiert. Bei einer nicht-kompensatorischen Entscheidungsregel genügt es dem Mitarbeiter bei seiner Auswahl, dass eine Abteilung einem bestimmten Zielkriterium genügt.

Im Folgenden wollen wir zunächst verschiedene nicht-kompensatorische Regeln bei der Entscheidungsfindung diskutieren. Anschließend stellen wir die multiattributive Regel und verschiedene Varianten davon als kompensatorische Entscheidungsregeln zur Bewertung von Handlungsalternativen vor.

Nicht-kompensatorische Entscheidungsregeln

Nicht-kompensatorische Entscheidungsregeln beruhen entweder auf einer absoluten Gewichtung der Zielvariablen des Mitarbeiters oder auf der Vorgabe bestimmter Schwellenwerte für die einzelnen Ziele. Erfüllt in beiden Fällen eine Alternative ein bestimmtes Zielkriterium nicht, bleibt sie bei den weiteren Bewertungen unberücksichtigt, egal welche Ausprägungen sie bezüglich anderer Zielkriterien aufweist. Eine schlechte Zielerreichung bei einem Attribut kann demnach nicht durch eine gute Ausprägung bei einem anderen Attribut kompensiert werden.

Es gibt eine Vielzahl von Regeln, die auf dem Konzept des Schwellenwerts und dem der absoluten Zielgewichtung beruhen und diese in verschiedenster Weise miteinander verbinden. Vier dieser Entscheidungsregeln wollen wir näher betrachten:

- Die Konjunktionsregel: Bei dieser Regel hat sich ein Entscheider für seine Ziele Schwellenwerte vorgegeben, die eine von ihm ausgewählte Alternative auf jeden Fall erfüllen müssen. Alternativen, die diesen Kriterien nicht genügen, werden nicht berücksichtigt. Wenn sich so im Beispiel der Stellenwahl der Mitarbeiter ein Mindesteinkommen von Euro 2.700 gesetzt hat und die Stelle zumindest ein mittleres Prestige aufweisen muss, dann kommt nach den obigen Ausprägungen der drei Stellen nur die Einkaufsabteilung in Betracht. Die anderen beiden Abteilungen verletzten jeweils eines der Zielkriterien des Mitarbeiters. Je nach den gesetzten Schwellenwerten muss die Auswahl nicht eindeutig sein bzw. kommt keine Alternative in Frage.
- Die Disjunktionsregel: In diesem Fall berücksichtigt der Entscheider nicht alle Schwellenwerte, sondern jeweils nur ein Zielkriterium bei der Beurteilung einer Alternative. Je nach betrachteter Alternative kann dies ein anderes Zielkriterium sein. Eine Option, die einen Schwellenwert erfüllt, kommt demnach auch dann noch für die Entscheidung in Betracht, wenn sie bei anderen Zielen einen zu geringen Zielerreichungsgrad aufweist. Im obigen Beispiel erfüllen nach der Disjunktionsregel somit alle drei Abteilungen zumindest einen der beiden Schwellenwerte des Mitarbeiters. Sind die Schwellenwerte wie bei der Konjunktionsregel gesetzt, kommen nach der Disjunktionsregel mindestens so viele Alternativen für die Entscheidung in Frage wie bei der Konjunktionsregel.
- Die lexikographische Regel: Entsprechend der absoluten Wichtigkeit seiner Ziele bewertet ein Entscheider zunächst alle seine Handlungsalternativen nach dem

Kriterium, das für ihn am wichtigsten ist. Diejenige Alternative, die hier die höchste Ausprägung aufweist, wird gewählt. Sind mehrere Alternativen gleich gut bezüglich dieser wichtigsten Zielvariable, zieht der Entscheider das zweitwichtigste Ziel als Auswahlkriterium heran. Angenommen, dem Mitarbeiter im obigen Beispiel ist sein Monatsverdienst wichtiger als das Prestige der Stelle. Dann entscheidet er sich für die Marketingabteilung, da mit dieser Stelle das höchste Gehalt verbunden ist. Diese Regel führt notwendigerweise zu einer Auswahl, allerdings ist diese nicht eindeutig, wenn zwei Alternativen bezüglich aller betrachteten Zielkriterien identisch sind.

- Die Eliminationsregel: Diese Entscheidungsregel, die auf Tversky (1972) zurückgeht und von ihm 'elimination-by-aspects' genannt wird, verknüpft das Konzept des Schwellenwertes und die lexikographische Ordnung der Ziele. Zunächst wird ein Zielkriterium nach einem Zufallsmechanismus ausgewählt. Dabei ist die Wahrscheinlichkeit der Auswahl eines Ziels proportional zu seiner Wichtigkeit. Anhand dieser Zielvariablen werden dann diejenigen Alternativen ausgesondert, die den entsprechenden Schwellenwert nicht erfüllen. Die verbleibenden Alternativen werden dann nach derselben Vorgehensweise bezüglich eines zweiten Aspekts bewertet. Diese Elimination wird solange fortgesetzt, bis genau eine Alternative übrigbleibt. Wird in unserem Beispiel zufällig das Prestige der Stelle als erstes Zielkriterium ausgewählt, bleiben die Materialwirtschaft und die Einkaufsabteilung berücksichtigt. Davon wird dann im zweiten Schritt die Einkaufsabteilung ausgewählt.

Es gibt eine Reihe weiterer Entscheidungsregeln und Weiterentwicklungen der hier aufgeführten Regeln. Gemeinsam ist allen Regeln, dass sie zu möglichen Inkonsistenzen im Verhalten führen können bzw. mit Urteilsverzerrungen verbunden sind. Betrachten wir das Beispiel aus Kapitel 3.1: Der Geschäftsführer eines kleinen Softwareunternehmens wendet bei der Einstellung eines neuen Computerspezialisten die folgende Entscheidungsregel an: "Wenn die Differenz der Gehaltsvorstellungen kleiner ist als Euro 10.000, wähle den Mitarbeiter mit den höchsten Qualifikationen. Ansonsten wähle den Mitarbeiter mit den niedrigsten Gehaltsvorstellungen." Dies ist eine typische lexikographische Regel. Liegen bei drei Bewerbern die Gehaltsvorstellungen jeweils um Euro 10.000 auseinander und sind ihre Qualifikationen mit höherem Gehalt besser, dann führt ein paarweiser Vergleich zu intransitiven Präferenzen: Kandidat 1 wird Kandidat 2 vorgezogen, dieser wiederum Kandidat 3, aber Kandidat 3 wird besser bewertet als Kandidat 1, wobei die Kandidaten entsprechend ihren Gehaltsvorstellungen numeriert sind.

Insbesondere bei der lexikographischen Regel und der Eliminationsregel kommt dem jeweiligen Zielkriterium bei der Auswahl eine entscheidende Rolle zu. Berücksichtigt man hier Kriterien, die im Vergleich zu anderen Zielen relativ unwichtig sind, können Urteilsverzerrungen die Folge sein. Tversky (1972, S.297) illustriert dies an folgendem Beispiel:

> "There are more than two dozen companies in the San Francisco area which offer training in computer programming". The annoncer puts some two dozen eggs and one walnut on the table to represent the alternatives, and continues: "Let us examine the facts. How many of these schools have online computer facilities for training?" The announcer removes several eggs. "How many of these schools have placements services that would help to find a job?" The announcer removes some more eggs. "How many of these schools are approved for veteran's benefits?" This continues until the walnut alone remains. The announcer cracks the nutshell, which reveals the name of the company and concludes: "This is all you need to know in a nutshell".

Kompensatorische Entscheidungsregeln

Im Unterschied zu nicht-kompensatorischen Regeln setzen kompensatorische Entscheidungsregeln eine relative Gewichtung der einzelnen Zielvariablen voraus: Ein Mitarbeiter betrachtet die Erreichung eines Ziels immer in Relation zur Erreichung eines anderen Ziels. Je nach den relativen Wichtigkeiten dieser Ziele kann also eine schlechte Ausprägung bezüglich eines Attributs durch eine entsprechend gute Ausprägung bei einem anderen Attribut kompensiert werden.

Im Folgenden wollen wir zunächst die wichtigste kompensatorische Regel vorstellen, die lineare multiattributive Entscheidungsregel. Wir gehen dabei davon aus, dass ein Entscheider die ihm zur Verfügung stehenden Handlungsalternativen entsprechend seinen Zielvorstellungen bewertet. Die Bewertung hinsichtlich eines Attributs X_m führt er mit Hilfe einer Einzelwertfunktion v_m durch, so dass eine Konsequenz $K_i = (K_{i1}, \ldots, K_{im}, \ldots, K_{ir})$ bezüglich des Attributs X_m mit $v_m(K_{im})$ bewertet wird. Zudem nehmen wir an, dass sich der Entscheider Vorstellungen über die relative Wichtigkeit seiner Ziele bildet. Dem Attribut X_m ordnet er eine bestimmte Wichtigkeit $w_m > 0$ zu, wobei die Summe der Gewichte $w_1 + \ldots + w_m + \ldots + w_r$ Eins ist.

Nach der multiattributiven Entscheidungsregel bewertet der Entscheider eine Alternative A_i additiv: Er beurteilt zunächst die Alternative bezüglich eines bestimmten Attributs entsprechend ihrem Nutzen für dieses Ziel und dessen Wichtigkeit. Die Gesamtbewertung der Alternative A_i (*M*ulti-*A*ttribute *U*tility) ergibt sich dann durch die Summation dieser Einzelbewertungen:

$$MAU(A_i) = \sum_{j=1}^{r} w_j \cdot v(K_{ij})$$

Betrachten wir zur Illustration das obige Beispiel der Stellenauswahl eines Mitarbeiters und nehmen wir an, dass er die einzelnen Abteilungen hinsichtlich seiner Ziele Monatsverdienst und Prestige der Stelle wie folgt bewertet:

	Monatseinkommen	Prestige
Stellenalternativen	$w_1 = 0.8$	$w_2 = 0.2$
Materialwirtschaft	$v(K_{11}) = 0$	$v(K_{12}) = 1$
Einkauf	$v(K_{21}) = 0.5$	$v(K_{22}) = 0.5$
Marketing	$v(K_{31}) = 1$	$v(K_{32}) = 0$

Abbildung 4.22: Die Bewertung der Stellen

Dann entscheidet sich der Mitarbeiter nach der linearen multiattributiven Entscheidungsregel für die Stelle in der Marketingabteilung, da hier sein Gesamtnutzen von 0.8 größer ist als der in der Einkaufsabteilung (0.5) oder der in der Materialwirtschaft (0.2).

Ähnlich wie bei der Erwartungsnutzentheorie von von Neumann und Morgenstern setzt die Anwendung dieses multiattributiven Nutzenmodells allerdings eine Unabhängigkeit zwischen den einzelnen Zielvariablen voraus. Zwei Formen der Unabhängigkeit müssen erfüllt sein:[13]

- Erstens darf keine Beziehung zwischen den einzelnen Zielvorstellungen bestehen.

Eine sogenannte 'environmental correlation' liegt vor, wenn die Attribute in der Umwelt gemeinsam auftreten. So kann es im Beispiel der Stellenauswahl sein, dass grundsätzlich mit zunehmendem Monatsverdienst in einer Abteilung das Prestige der Stelle innerhalb der Unternehmung steigt. Ist dies der Fall, dann bewertet der Mitarbeiter nach dem obigen Modell diesen Zielaspekt doppelt. Grundsätzlich kann daher bei einer solchen Abhängigkeit zwischen verschiedenen Attributen eine Verzerrung in der Wichtigkeit der einzelnen Ziele auftreten.

- Zweitens bewertet ein Entscheider nach dem additiven multiattributiven Nutzenmodell die einzelnen Alternativen isoliert bezüglich seiner einzelnen Zielvorstellungen. Dadurch bleiben aber Synergien unberücksichtigt, die zwischen den Ausprägungen zweier Attribute bestehen können. Eine Stelle, die gleichzeitig ein hohes Einkommen und ein gutes Prestige verspricht, kann so in einer holistischen Gesamtbewertung von dem Mitarbeiter besser beurteilt werden als bei einer Addition der Einzelwertungen. Die Kombination verschiedener Ausprägungen kann also besser oder schlechter bewertet sein als ihre gewichtete Summe. Weißwein passt eben hervorragend zu Fisch, auch wenn eigentlich Rotwein viel besser als Weißwein schmeckt.

Experimentelle Studien belegen, dass trotz der Voraussetzungen, die an die Gültigkeit des multiattributiven Nutzenmodells gestellt sind, in vielen Fällen sehr gut das Entscheidungsverhalten der Versuchspersonen vorausgesagt werden kann. Darüber hinaus haben derartige Untersuchungen gezeigt, dass diese Verhaltensvorhersagen relativ robust sind gegenüber den zugrundeliegenden Annahmen.

Es gibt zwei Varianten der multiattributiven Entscheidungsregel, die für die Bewertung von Alternativen relevant sind:

- Die additive Differenzenregel: Bei dieser Entscheidungsregel vergleicht man die zur Verfügung stehenden Alternativen untereinander, bevor man zu einer Gesamtbewertung kommt. Bei zwei Alternativen betrachtet man zunächst die Differenzen zwischen den Ausprägungen bei jedem Zielkriterium und aggregiert dann die Differenzen. Im Unterschied zur additiven multiattributiven Entscheidungsregel bewertet man eine Alternative demnach nicht isoliert, sondern in Relation zu einer anderen Alternative. Im Beispiel der Stellenwahl würde der Mitarbeiter also die Einkaufsabteilung gegenüber dem Marketing aufgrund von Gehaltsdifferenzen und Prestigeunterschieden bewerten. Wenn die Gewichte, mit denen diese Differenzen relativ zueinander bewertet werden, auf der Grundlage der relativen Gewichtungen der Zielvariablen gebildet werden, decken sich die Verhaltensvorhersagen der beiden Modelle. Allerdings ist der kognitive Aufwand im Allgemeinen bei der Differenzenregel wesentlich geringer.

- Die Idealpunktregel: Bei dieser Entscheidungsregel wird unterstellt, dass der Entscheider eine bestimmte Vorstellung über 'die beste' Alternative hat. Diese wird von ihm dann als Idealpunkt gewählt, an dem er die tatsächlich vorliegenden Alternativen nach der Differenzenregel bewertet. Der Mitarbeiter wird bei der Stellensuche also die einzelnen alternativen Abteilungen an seinen Vorstellungen über eine ideale Abteilung messen und entsprechend ihrer einzelnen Zielerreichungen bewerten. Auch diese Regel liefert die gleiche Verhaltensvorhersage wie die multiattributive Entscheidungsregel, wenn die Entfernung vom Idealpunkt bezüglich der verschiedenen Attribute den relativen Gewichtungen der Zielvariablen entsprechen. Allerdings wird auch hier im Allgemeinen der kognitive Aufwand des Entscheiders geringer sein.

4.3.2 Das strukturelle Modell des individuellen Arbeitsverhaltens

Mit unseren Ausführungen zum Entscheidungsverhalten bei multiplen Zielen haben wir nun alle Bausteine zusammen, um ein allgemeines strukturelles Modell des individuellen Arbeitsverhaltens herzuleiten. Hierzu vereinfachen wir zunächst den oben dargestellten Entscheidungsbaum auf die folgende Grundstruktur:

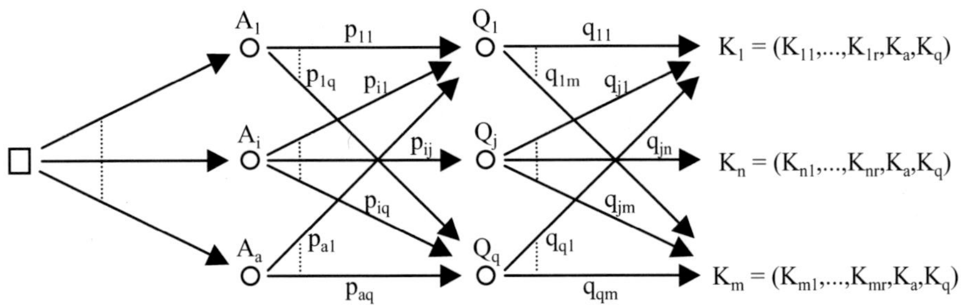

Abbildung 4.23: Die Grundstruktur der individuellen Arbeitsmotivation

Im Unterschied zum Entscheidungsbaum bei der individuellen Arbeitsmotivation haben wir in dieser Abbildung folgende Modifikationen vorgenommen: Erstens interpretieren wir $\{Q_1, \ldots, Q_q\}$ als die Menge aller grundsätzlich möglichen Arbeitsergebnisse, unabhängig vom zugrundeliegenden Anstrengungsniveau A_i. Daher können wir die einzelnen Arbeitsergebnisse als Konsequenz verschiedener Arbeitsanstrengungen des Mitarbeiters darstellen. Zweitens interpretieren wir $\{K_1, \ldots, K_k\}$ als die Menge aller grundsätzlich möglichen Konsequenzen, die sich aus extrinsischen Arbeitsanreizen ergeben. Die einzelnen Belohnungen und Sanktionen für den Mitarbeiter können wir so als Konsequenz verschiedener Arbeitsergebnisse deuten. Drittens haben wir die Konsequenzen für den Mitarbeiter aus intrinsischen Arbeitsanreizen durch die Konsequenzen K_a und K_q berücksichtigt. Dabei ist K_a nur von seiner Arbeitsanstrengung A_i abhängig und erfasst somit alle Einflüsse, die sich für den Mitarbeiter direkt aus seiner Arbeitstätigkeit ergeben. Insbesondere beinhaltet diese Komponente auch die physischen Kosten, die für ihn mit A_i verbunden sind. Die Konsequenz K_q wird hingegen nur durch das erzielte Arbeitsergebnis Q_j beeinflusst und beinhaltet alle Aspekte, die mit dem persönlichen Erfolg oder Misserfolg seiner Arbeit zusammenhängen.

Diese Art der Darstellung hat zwei Vorteile: Zum einen illustriert sie den Sachverhalt, dass der Mitarbeiter trotz unterschiedlichen Handelns dieselben Belohnungen bzw. Sanktionen erhalten kann und dass umgekehrt vom jeweiligen Arbeitsergebnis nicht eindeutig auf das Verhalten des Mitarbeiters geschlossen werden kann. Zum anderen aber erlaubt diese Grundstruktur der individuellen Arbeitsmotivation eine unmittelbare Formalisierung. Dies wollen wir nun darlegen. Entsprechend der obigen Darstellung analysieren wir die individuelle Arbeitsmotivation dabei sukzessive in vier Schritten:

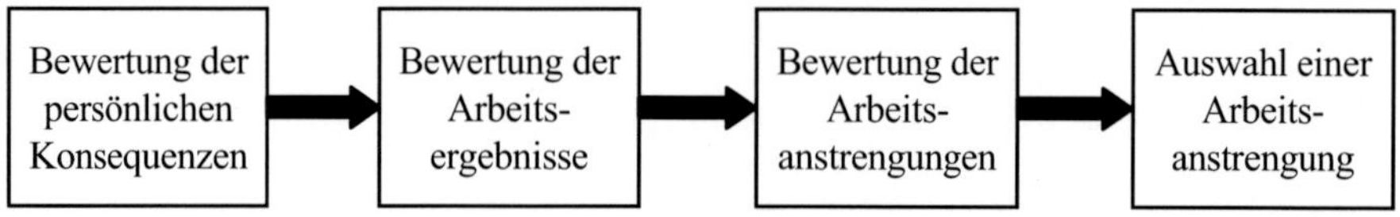

Abbildung 4.24: Das Vorgehen bei der Bestimmung der individuellen Arbeitsmotivation

(1) Bewertung der Konsequenzen: Für eine bestimmte Konsequenz K_n mit den Ausprägungen $(K_{n1}, \ldots, K_{nr})$ betrachten wir zunächst den Nutzen, den der Mitarbeiter dieser Konsequenz zuordnet. Legen wir dieser Bewertung bezüglich der einzelnen Zielvariablen die multiattributive Entscheidungsregel zugrunde, dann können wir den Nutzen $u(K_n)$ wie folgt bestimmen:

$$u(K_n) = \sum_{k=1}^{r} w_k \cdot v(K_{nk})$$

Wie bisher bezeichnet $v(K_{nk})$ dabei den Wert, den der Mitarbeiter der Konsequenz K_{nk} hinsichtlich seines entsprechenden Ziels zuordnet, und w_k notiert die relative Wichtigkeit dieses Ziels.

(2) Bewertung der Arbeitsergebnisse: Bei der Bewertung eines bestimmten Arbeitsergebnisses Q_j berücksichtigt der Mitarbeiter sowohl seinen Nutzen aus extrinsischen Arbeitsanreizen als auch den aus intrinsischen Anreizen. Ersterer ist durch die Instrumentalität dieses Arbeitsergebnisses für seine persönlichen Ziele gegeben und durch den Nutzen, den er den jeweiligen Belohnungen oder Sanktionen zuordnet. Der Nutzen aus intrinsischen Arbeitsanreizen ergibt sich direkt aus dem Ergebnis Q_j. Legen wir dieser Bewertung des Arbeitsergebnisses das Erwartungsnutzenkalkül zugrunde, dann ist der Nutzen $EU(Q_j)$ gegeben durch:

$$EU(Q_j) = v(K_{Q_j}) + \sum_{n=1}^{m} q_{jn} \cdot u(K_n)$$

$v(K_{Q_j})$ bezeichnet dabei den Nutzen des Mitarbeiters aus denjenigen intrinsischen Arbeitsanreizen, die er mit dem Arbeitsergebnis Q_j verbindet.

(3) Bewertung der Arbeitsanstrengungen: Auch bei der Bewertung eines bestimmten Anstrengungsniveaus müssen wir zum einen den Nutzen aus den unmittelbaren intrinsischen Arbeitsanreizen berücksichtigen. Zum anderen bewertet der Mitarbeiter aber auch die Erreichbarkeit der verschiedenen Arbeitsergebnisse zusammen mit dem jeweiligen persönlichen Nutzen dieser Ergebnisse. Auch hier gehen wir wieder von einem Erwartungsnutzenkalkül aus und kön-

nen so den Nutzen $EU(A_i)$ einer Arbeitsanstrengung A_i wie folgt spezifizieren:

$$EU(A_i) = v(K_{A_i}) + \sum_{j=1}^{q} p_{ij} \cdot EU(Q_j)$$

$v(K_{A_i})$ fasst hier den Nutzen des Mitarbeiters aus denjenigen intrinsischen Arbeitsanreizen zusammen, die in seiner Arbeitstätigkeit selbst liegen, also in A_i.

(4) Auswahl einer Arbeitsanstrengung: Entsprechend dem Prinzip der Nutzenmaximierung wählt der Mitarbeiter dasjenige Anstrengungsniveau A^* aus, bei dem sein erwarteter Nutzen am größten ist. Dieser Auswahl legt er den jeweiligen Erwartungsnutzen $EU(A_i)$ einer Arbeitsanstrengung A_i zugrunde:

$$A^* = \underset{i=1,\ldots,a}{\operatorname{argmax}} \; EU(A_i)$$

Die hergeleiteten Wirkungszusammenhänge zwischen personellen und situativen Faktoren formalisieren den im zweiten Kapitel dargestellten Motivationsprozess des Mitarbeiters. Auch wenn wir dabei als Ausgangspunkt unserer Modellierung die Erwartungsnutzentheorie von von Neumann und Morgenstern (1944) gewählt haben, zeigen unsere Ausführungen im letzten Abschnitt, dass wir andere deskriptive Entscheidungstheorien unmittelbar auf die Arbeitsmotivation übertragen können. Die Prospect-Theorie von Kahneman und Tversky mit der Editingphase können wir beispielsweise ebenso in unser Modell integrieren wie ihre kumulative Prospect-Theorie oder die subjektiven Erwartungsnutzentheorien mit emotionalen Komponenten.

Letztere sind für die Arbeitsmotivation eines Mitarbeiters von besonderem Interesse: Die subjektiven Erwartungsnutzentheorien mit emotionalen Komponenten zeigen auf, inwieweit die subjektive Bewertung einer bestimmten Konsequenz unter Umständen auch davon abhängt, welche anderen Konsequenzen mit dem Handeln eines Entscheiders verbunden sein können. Die in den obigen Ausführungen unterstellte Unabhängigkeit des Nutzens des Mitarbeiters aus den einzelnen Konsequenzen muss demnach in bestimmten Arbeitssituationen modifiziert werden. Hier zeigen experimentelle Untersuchungen, dass möglicherweise extrinsische Belohnungen einen Einfluss auf den mit intrinsischen Anreizen verbundenen Nutzen haben können. Wir werden solche Wechselwirkungen zwischen extrinsischer und intrinsischer Motivation im nächsten Kapitel eingehend diskutieren.

Innerhalb des Gesamtprozesses des individuellen Arbeitsverhaltens eines Mitarbeiters stellt der Motivationsprozess nur einen Teilprozess dar. Er muss zusätzlich um die Prozesse der Wahrnehmung und des Lernens sowie um das eigentliche Arbeitsverhalten und die daraus resultierenden Arbeitskonsequenzen erweitert werden. Da wir im dritten Kapitel eingehend auf die individuelle Beurteilung der Arbeitssituation durch einen Mitarbeiter eingegangen sind und damit wesentliche Aspekte der Wahrnehmung und des Lernens dargestellt haben, beschränken wir uns in der folgenden Darstellung des Arbeitsverhaltens auf den bereits im zweiten Kapitel vorgestellten Gesamtprozess des Arbeitsverhaltens. Zusammen mit den obigen Ausführungen zum Motivationsprozess können wir damit unser strukturelles Modell des individuellen Arbeitsverhaltens wie folgt zusammenfassen:

Das aufgrund seiner Motivation gewählte Anstrengungsniveau A^* bestimmt zusammen mit den individuellen Fähigkeiten T des Mitarbeiters sein tatsächliches Arbeitsverhalten V. Die funktionale Beziehung zwischen diesen beiden personellen Komponenten A^* und T wird dabei durch die in seiner Arbeitssituation relevanten Verhaltensrestriktionen bestimmt:

$$V = f(T, A^*)$$

Das Arbeitsverhalten V zusammen mit den Rahmenbedingungen seiner Arbeitsituationen führt dann zu einer Realisierung $\overline{Q}$ seiner Arbeitsergebnisse. Diese bestimmen die tatsächlichen Konsequenzen $\overline{K}$, die für den Mitarbeiter mit seinem Handeln verbunden sind. Darüber hinaus haben die Arbeitsergebnisse einen Einfluss auf die künftige Arbeitssituation des Mitarbeiters. Der Grad seiner Arbeitszufriedenheit ergibt sich dann aus dem Vergleich seines erwarteten Nutzens $EU(A^*)$ mit seinem tatsächlichen Nutzen $u(A^*, \overline{Q}, \overline{K})$, der aus seinen Arbeitsanstrengungen A^*, den Arbeitsergebnissen $\overline{Q}$ sowie den realisierten Konsequenzen $\overline{K}$ resultiert.

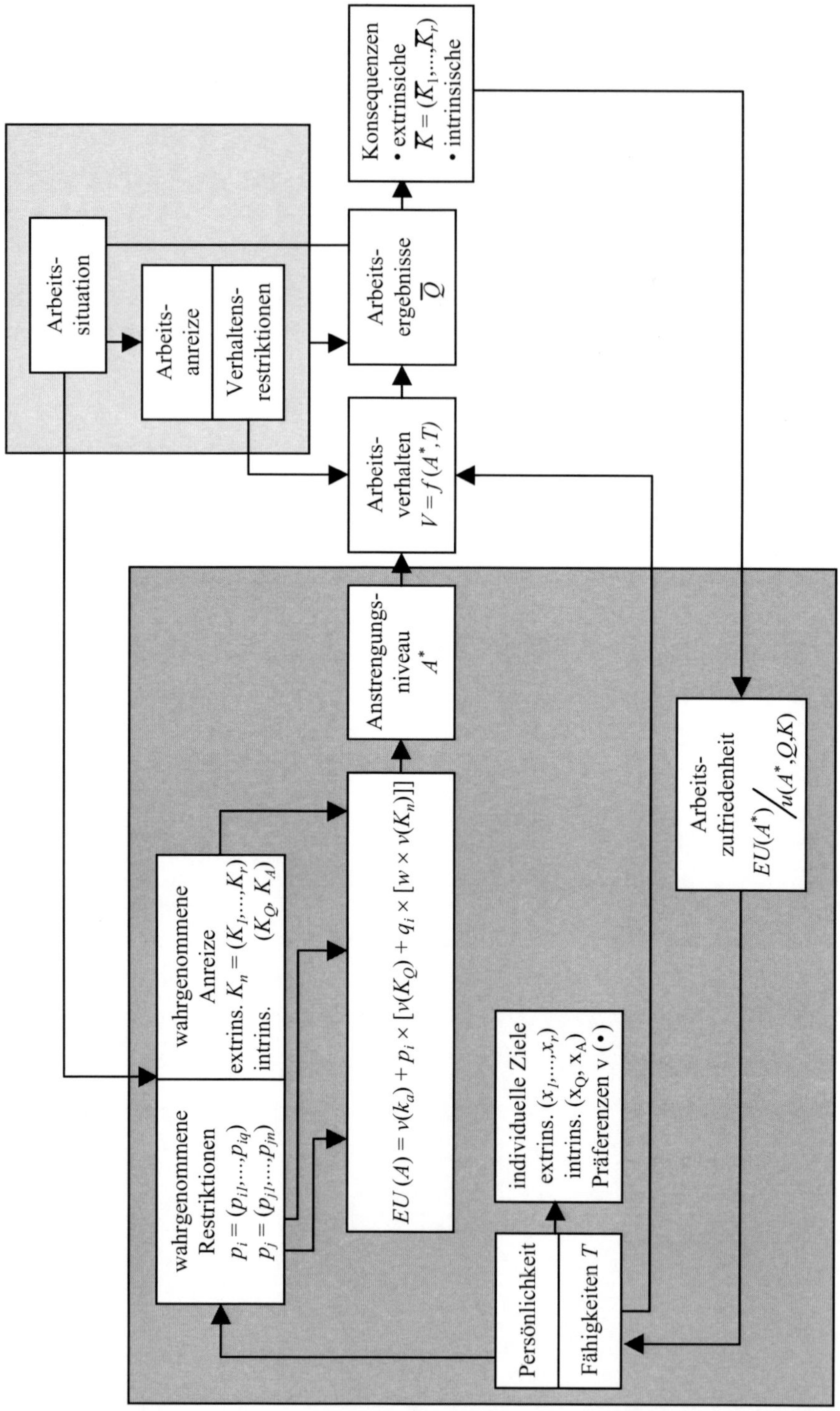

Abbildung 4.25: Das strukturelle Modell des individuellen Arbeitsverhaltens

4.3.3 Das VIE-Modell der Arbeitsmotivation

Fassen wir die einzelnen Bewertungsschritte des Mitarbeiters innerhalb des Motivationsprozesses zusammen, dann ist sein erwarteter Gesamtnutzen $EU(A_i)$ bei der Wahl eines Anstrengungsniveaus A_i wie folgt bestimmt:

$$EU(A_i) = u(K_{A_i}) + \sum_{j=1}^{q} p_{ij} \cdot \left[u(K_{Q_j}) + \sum_{n=1}^{m} q_{jn} \cdot \left[\sum_{k=1}^{r} w_k \cdot v(K_{nk}) \right] \right]$$

Natürlich wird ein Mitarbeiter nicht in jeder Arbeitssituation eine solche Verhaltensgleichung zur Grundlage seines Arbeitsverhaltens machen. So haben wir im Zusammenhang mit unser Darstellung der deskriptiven Entscheidungstheorien bereits betont, dass die abgeleiteten Verhaltensprognosen einen sehr großen Umfang an individueller Entscheidungsrationalität unterstellen. Dies gilt natürlich auch für die Bildung der Nutzenerwartungen des Mitarbeiters im Rahmen der Arbeitsmotivation. Den damit verbundenen Anforderungen kann er aufgrund seiner eingeschränkten kognitiven Fähigkeiten nur in Ausnahmesituationen gerecht werden.

Daher wird die obige Modellierung der individuellen Arbeitsmotivation am ehesten bei reflektierten und konstruktiven Entscheidungen als deskriptives Motivationsmodell relevant sein und selten die Grundlage einer Verhaltenserklärung bei routinisierten oder stereotypen Entscheidungen bilden. Von welchen Faktoren die Anwendung dieses Modells im Einzelnen abhängen kann, werden wir im nächsten Abschnitt im Zusammenhang mit der Wahl interner Entscheidungsregeln eingehender diskutieren.

Dennoch ist es noch einmal wichtig zu betonen, dass auch bei reflektierten und konstruktiven Entscheidungen das obige Motivationsmodell vor allem heuristischen Wert hat. Es veranschaulicht die Systematik des Arbeitsverhaltens und erklärt das Handeln des Mitarbeiters als eine zielorientierte Auswahl von Handlungsalternativen in Abhängigkeit der relevanten personellen und situativen Faktoren.

Welche Bedeutung dieses Modell für die Erklärung und das Verständnis des Arbeitsverhaltens eines Mitarbeiters hat, ergibt sich aus seiner Affinität mit dem **VIE-Modell der Arbeitsmotivation**. Dieses Modell wurde von Vroom 1964 entwickelt und bildet seither in der organisationspsychologischen Literatur die Grundlage einer Vielzahl wissenschaftlicher Arbeiten zur Untersuchungen des Arbeitsverhaltens. So stellen beispielsweise Campbell und Pritchard (1976, S.74) in ihrem

Übersichtsbeitrag zur Motivationstheorie fest: "Vroom's expectance-valence model soon became ... the dominant motivational theory in organizational psychology."

Ebenso wie unser Motivationsmodell baut auch das VIE-Modell der Arbeitsmotivation auf den Valenzen der Arbeitsanreize sowie der Instrumentalität und Erreichbarkeit von Arbeitsergebnissen auf. Ohne auf die einzelnen intrinsischen Faktoren einzugehen, die die Arbeitsmotivation beeinflussen, ergibt sich nach der VIE-Theorie der Gesamtnutzen eines Mitarbeiters (Valence-Instrumalitity-Expectancy Utility) aus der Wahl eines Anstrengungsniveaus A_i als

$$VIEU(A_i) = \sum_{j=1}^{q} p_{ij} \cdot \left[\sum_{n=1}^{m} I_{jn} \cdot v_n^* \right].$$

Die Valenz v_n^* der Arbeitsanreize und die Instrumentalität I_{jn} der Arbeitsergebnisse haben dabei eine andere Interpretation als in unserem Modell:

- Nach Vroom (1964, S.15) bezieht sich die Valenz auf "affective orientations toward particular outcomes". Sie bestimmt also den Wert, den der Mitarbeiter einem bestimmten Zielzustand zuordnet. Mit einer bestimmten Zielvariable X_n verknüpft der Mitarbeiter ein anzustrebendes Zielerreichungsniveau, dessen Wert für ihn v_n^* ist. Im Unterschied zu dieser Formulierung ist in unserem Modell die Valenz eines Arbeitsanreizes $v(K_n)$ bestimmt durch den Wert, den der Mitarbeiter der mit diesem Anreiz verbundenen Konsequenz K_n zuordnet sowie durch die relative Gewichtung w_k dieses Ziels. Diesen Unterschied zwischen der Anziehungskraft und der Bedeutung der Valenz heben Starke und Behling (1975, S.707) hervor: "it is important when measuring valence to ensure that desirability, not importance, is assessed."
- Die Instrumentalität eines Arbeitsergebnisses bezieht sich im Modell von Vroom folglich auf den Zusammenhang zwischen der Leistung des Mitarbeiters und dem Grad, in dem dieses Ergebnis zur Erreichung des Zielzustandes beiträgt. Da ein Arbeitsergebnis nicht nur positiv sondern auch negativ die Zielerreichung beeinflussen kann, ist die Instrumentalität bei Vroom nicht wie in unserem Modell als Wahrscheinlichkeit, sondern als bewertete Wahrscheinlichkeit zu interpretieren. Insbesondere ist demnach $I_{jn} \in [-1, 1]$. Vroom (1964, S.263) formuliert diesen Zusammenhang so: "If effective performance leads to attainment of positively valent outcomes or prevents the attainment of nega-

tively valent outcomes, then it should be positively valent; if it is irrelevant to the attainment of either positively or negatively valent outcomes, it should have a valence of zero; and if it leads to the attainment of negatively valent outcomes and prevents the attainment of positively valent outcomes, it should be negatively valent".

Diese Modifikationen in der Konzeptionalisierung lassen sich unmittelbar aus unserem Verhaltensmodell ableiten. Wenn wir von einer Gleichgewichtung der Ziele des Mitarbeiters ausgehen und annehmen, dass die Valenz der Konsequenzen bezüglich der Zielvariable X_n durch den maximalen Wert der möglichen Konsequenzen definiert ist,

$$v_n^* = \max_{i=1,\ldots,a} v(K_{nk})$$

dann ergibt sich nach unserer Verhaltensgleichung – ohne Berücksichtigung intrinsischer Faktoren:

$$\begin{aligned} EU(A_i) &= \sum_{j=1}^{q} p_{ij} \cdot \left[\sum_{n=1}^{m} q_{jn} \cdot \left[\sum_{k=1}^{r} v(K_{nk})\right]\right] \\ &= \sum_{j=1}^{q} p_{ij} \cdot \left[\sum_{n=1}^{m} \left[\sum_{k=1}^{r} q_{jn} \cdot \frac{v(K_{nk})}{v_n^*}\right] \cdot v_n^*\right] \\ &= \sum_{j=1}^{q} p_{ij} \cdot \left[\sum_{n=1}^{m} I_{jn} \cdot v_n^*\right] \end{aligned}$$

mit

$$I_{jn} = \left[\sum_{k=1}^{r} q_{jn} \frac{v(K_{nk})}{v_n^*}\right]$$

und $I_{jn} \in [-1, 1]$ je nach dem Wert der Konsequenz K_{nk} für den Mitarbeiter. Auf diese Parallele zwischen dem VIE-Modell der Arbeitsmotivation und unserem Modell beziehungsweise der dafür grundlegenden Erwartungsnutzentheorie weist bereits Vroom (1964, S.19) hin: "The formulation is similar to the notion in decision theory that people choose in a way that maximizes subjective expected utility."

4.3.4 Das Modell der Leistungsmotivation

In der organisationspsychologischen Literatur sind eine Reihe von Erweiterungen des Modells von Vroom vorgeschlagen worden, die sich unmittelbar in unser strukturelles Modell des Arbeitsverhaltens integrieren lassen. Ohne im Einzelnen auf diese Modifikationen einzugehen, wollen wir im Folgenden eine spezifische Variante des Verhaltensmodells vorstellen, die für die Motivationsforschung von wesentlicher Bedeutung ist: Das **Modell der Leistungsmotivation** von Atkinson (1957), das auch als VIE-Theorie des Leistungsverhaltens interpretiert werden kann.

Nach Atkinson (1964, S.240) zielt seine Theorie auf den folgenden Zusammenhang im Arbeitsverhalten eines Mitarbeiters ab: "The theory of achievement motivation attemps to account for the determinants of the direction, magnitude, and persistence of the behavior in a limited but very important domain of human activities. It applies only when an individual knows that his performance will be evaluated (by himself or by others) in terms of some Standard of excellence and that the consequences of his actions will be either a favorable evalutaion (success) or an unfavorable evaluation (failure). It is, in other words, a theory of *achievement-oriented* performance."

Der Theorie eines leistungsmotivierten Handelns liegen nach Atkinson spezifische situative und personelle Faktoren zugrunde:

- Die persönlichen Ziele des Mitarbeiters werden ausschließlich durch die beiden Motive 'Erfolg zu erzielen (*s*uccess)' bzw. 'Misserfolg zu vermeiden (*a*void *f*ailure)' bestimmt. Neben diesem Erfolgs- und Misserfolgsmotiv werden keine anderen Motive in der Arbeitssituation des Mitarbeiters angeregt. Die Aufgabendurchführung hat für den Mitarbeiter keine weiteren Konsequenzen außer dem daraus resultierenden Erfolg oder Misserfolg. Die Stärke des Erfolgs- bzw. Misserfolgsmotivs für einen Mitarbeiter bezeichnet Atkinson mit M_s bzw. M_{af}. In unserer Terminologie entspricht dies dem Wert, der für den Mitarbeiter mit einem Erfolg bzw. Misserfolg verbunden ist.
- Als Arbeitsergebnisse, die sich aus dem Handeln des Mitarbeiters ergeben, kommen nur zwei Ereignisse in Betracht, nämlich Erfolg und Misserfolg. Inwieweit ein bestimmtes Arbeitsergebnis für die Ziele des Mitarbeiters relevant ist, ergibt sich damit aus dem Anreizwert des Erfolgs bzw. Misserfolgs bei einer bestimmten Aufgabendurchführung. Diese Anreizwerte von Erfolg und Misserfolg notiert

Atkinson mit I_s bzw. I_{af}. Sie stellen in unserem Modellrahmen die Instrumentalitäten der Arbeitsergebnisse dar.

- Die subjektiven Erwartungen, die sich der Mitarbeiter über die Wahrscheinlichkeit eines Erfolgs oder Misserfolgs bildet, bezeichnet Atkinson mit P_s bzw. P_f. Da nur diese beiden Arbeitsergebnisse relevant sind, ist $P_f = 1 - P_s$. Diese subjektiven Wahrscheinlichkeiten haben wir in unserer Terminologie als die Erreichbarkeit der Arbeitsergebnisse bezeichnet.

Die von Atkinson in seiner Theorie der Leistungsmotivation betrachtete Entscheidungssituation lässt sich als Ereignisbaum wie folgt zusammenfassen:

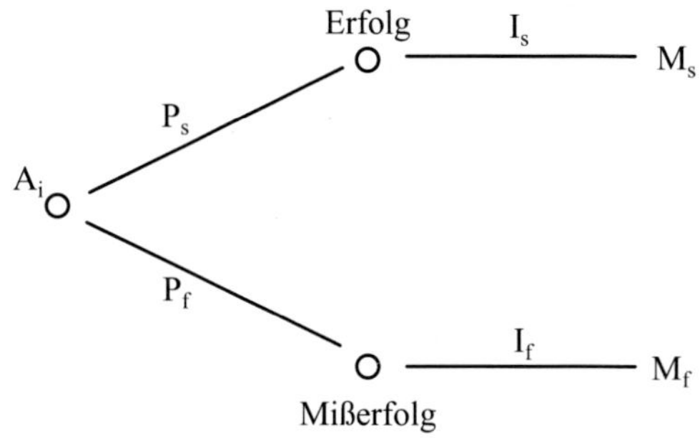

Abbildung 4.26: Die Grundstruktur der individuellen Leistungsmotivation

Die Motivation eines Mitarbeiters ergibt sich im Rahmen des Modells von Atkinson analog zur subjektiven Erwartungsnutzentheorie.[14] Bezeichnen wir mit $LM(A)$ die *L*eistungs*M*otivation des Mitarbeiters, ein Anstrengungsniveau A zur Durchführung seiner Arbeitsaufgabe zu wählen – dies entspricht seinem erwarteten Nutzen – dann ergibt sich die folgende funktionale Beziehung:

$$LM(A) = P_s \cdot [I_s \cdot M_s] + (1 - P_s) \cdot [I_{af} \cdot M_{af}]$$

Der Nutzen des Mitarbeiters bei Erfolg ist also $I_s \cdot M_s$, während derjenige bei Misserfolg $-I_{af} \cdot M_{af}$ ist. Aufgrund der Ergebnisse psychologischer Untersuchungen spezifiziert Atkinson dieses Modell wie folgt weiter: Er nimmt an, dass der Anreizwert des Erfolgs durch seine Gegenwahrscheinlichkeit bestimmt ist und dass der Anreizwert des Misserfolgs durch die negative Erfolgswahrscheinlichkeit präzisiert ist:

$$I_s = 1 - P_s \text{ und } I_{af} = -P_s$$

Die Idee für diese Spezifikation resultiert nach Atkinson (1964, S.242) aus der Intuition, dass eine schwierige Aufgabe für eine Person normalerweise attraktiver ist als die Bewältigung einer leichten Aufgabe: "persons take greater pride in accomplishment when the task has been difficult than when it has been easy." In dem Modell der Leistungsmotivation interpretiert Atkinson den Schwierigkeitsgrad einer Arbeitsaufgabe durch die Erfolgswahrscheinlichkeit P_s. Bei einer schwierigen Arbeitsaufgabe ist somit P_s klein, bei einer leichten Aufgabe ist P_s nahe bei Eins, so dass er die subjektive Schwierigkeit einer Aufgabe mit $1 - P_s$ modelliert. Unterstellt man nun, dass der Anreizwert des Erfolgs die vermutete Schwierigkeit der Arbeitsaufgabe ist, ergibt sich die obige Spezifikation. Da nach Atkinson die negative Bewertung des Misserfolgs ebenfalls eine Funktion der Schwierigkeit der Arbeitsaufgabe ist, jedoch mit umgekehrtem Vorzeichen, setzt er den Anreizwert des Misserfolg auf $-P_s$.

Diese spezifischen Annahmen von Atkinson schränken die Aussagekraft seines Modells für das allgemeine Arbeitsverhalten eines Mitarbeiters sehr stark ein: Im Unterschied zu unseren obigen Ausführungen zum Arbeitsverhalten ist der erwartete Nutzen des Mitarbeiters bei einem Anstrengungsniveau A auch von den extrinsischen Belohnungen bzw. Sanktionen abhängig, die mit der Erreichung eines bestimmten Arbeitsergebnisses verbunden sind. Atkinson bildet hier lediglich den Fall intrinsischer Motivation ab, so dass Coombs, Dawes und Tversky (1970, S.139) zu dem Ergebnis kommen: "These assumptions restrict the applicability of the model to tasks where the reward depends on the difficulty of achieving success and not on the actual payoff attached to it." Dies beinhaltet also insbesondere den Fall, in dem einem Mitarbeiter Aufgabenziele vorgegeben werden und bei deren Erreichung Belohnungen in Aussicht gestellt werden. Zudem hängt durch die spezifischen Wechselwirkungen zwischen Anreizwerten und subjektiven Wahrscheinlichkeiten der Wert, den der Mitarbeiter den Konsequenzen seines Handelns zuordnet, direkt von den Eintrittswahrscheinlichkeiten der Konsequenzen ab. Sein unmittelbarer Nutzen aus Erfolg und Misserfolg ist also bereits von der Erfolgs- bzw. Misserfolgswahrscheinlichkeit abhängig.

Die Aussagen, die sich aus dem Modell der Leistungsmotivation ergeben, müssen also unter diesen Einschränkungen kritisch gesehen werden. Insbesondere müssen wir aufgrund der Vielzahl von Motiven eines Mitarbeiters davon ausgehen, dass sein Arbeitsverhalten nur in Ausnahmefällen durch dieses Modell beschrieben werden kann. Treffen diese Annahmen jedoch zu, ergeben sich die folgenden Aussagen. Der Erwartungsnutzen eines Mitarbeiter ergibt sich unter Berücksichtigung der obigen Bedingung als

$$LM(A) = P_s \cdot (1 - P_s) \cdot [M_s - M_{af}] \, .$$

Ohne weitere extrinsische Anreize würde der Mitarbeiter demnach dasjenige Anstrengungsniveau wählen, das diesen Nutzen maximiert. Für welches Arbeitsverhalten er sich dann entscheidet, ist abhängig von seinem Erfolgs- und Misserfolgsmotiv:

(1) Ist das Erfolgsmotiv des Mitarbeiters größer als das Misserfolgsmotiv, d.h. $M_s > M_{af}$, dann wird er ein mittleres Anstrengungsniveau wählen, bei dem die Erfolgswahrscheinlichkeit $P_s = 0.5$ ist. Mittelschwere Arbeitsaufgaben motivieren demnach am stärksten.

(2) Überwiegt das Misserfolgsmotiv des Mitarbeiters gegenüber seinem Erfolgsmotiv, d.h. $M_{af} > M_s$, dann wird der Mitarbeiter das niedrigste oder höchste Anstrengungsniveau wählen, so dass $P_s = 0$ oder $P_s = 1$ ist. Sehr leichte bzw. sehr schwere Aufgaben motiveren in diesem Fall am stärksten.

4.4 Selbstmanagement

In unseren Ausführungen in diesem und im vorangegangenen Kapitel ging es immer um Entscheidungen: Bei der Beurteilung ihrer Situation wählte eine Person zwischen verschiedenen Informationen aus, beim eigentlichen Verhalten wählte sie zwischen verschiedenen Konsequenzen, die für sie aus ihrem Handeln resultieren.

Obwohl somit eine Person bei ihren Beurteilungen und Entscheidungen stets eine aktive Wahl zwischen verschiedenen Alternativen vornimmt, ist dieses Entscheidungsverhalten aus einer übergeordneten Perspektive heraus dennoch passiv: Betrachten wir noch einmal die allgemeine Verhaltensgleichung von Lewin, die die

Grundlage unserer gesamten Ausführungen bildet:

$$V = f(P, U)$$

Verhalten ist eine Funktion personeller Faktoren P und situativer Faktoren U, wobei für den Handelnden lediglich seine wahrgenommene Situation verhaltensrelevant ist. Implizit haben wir damit drei Annahmen unterstellt: Erstens, die Präferenzen der Person sind gegeben und sie ordnet den einzelnen Anreizen entsprechende subjektive Werte zu. Zweitens, ihrer Informationsaufnahme sind kognitive Grenzen gesetzt und sie verarbeitet diese Informationen entsprechend ihren Fähigkeiten. Drittens, die Entscheidungssituation stellt sich für sie als gegeben dar und sie berücksichtigt die damit verbundenen Restriktionen bei ihrem Handeln.

Diese personellen und situativen Faktoren, die das Verhalten einer Person bestimmen, sind aber für sie nicht notwendigerweise zeitlich stabil oder von außen vorgegeben, sondern sie können in einem bestimmten Ausmaß auch bewusst von der Person ausgewählt werden. So ist eine Person beispielsweise den Informationen aus ihrer Umwelt nicht vollkommen ausgeliefert, sondern sie kann zumindest teilweise selbst entscheiden, wie sehr sie diesen ausgesetzt ist. Oder eine Person bildet sich ihre Präferenzen erst in der jeweiligen Situation, in der sie eine Entscheidung treffen muss. Unter Umständen wird sich eine Person auch ihren eigenen Handlungsspielraum selbst einschränken, ohne dass sie von anderen oder der Situation dazu gezwungen würde.

In all diesen Fällen wählt die Person aktiv ihre Wahrnehmung, ihre Präferenzen oder ihre Verhaltenseinschränkungen. Ein solches Handeln bezeichnen wir im Folgenden als **Selbstmanagement**. Wir folgen dabei der Definition von Schelling (1984, S.1) und verstehen darunter das Phänomen "that a person in evident possession of her faculties and knowing what she is talking about will rationally seek to prevent, to compel, or to alter her own later behavior – to restrict her own options in violation of what she knows will be her preference at the time the behavior is to take place."

Unsere Definition weist neben dem bisher diskutierten eigentlichen Entscheidungsverhalten einer Person auf zwei weitere Phasen innerhalb des Prozesses des Selbstmanagements hin:

(1) In der ersten Phase wählt die Person zunächst das Vorgehen aus, das sie ihrem späteren Handeln zugrunde legt. Diese Entscheidung ist der eigentlichen Auswahl einer Handlungsalternative vorgelagert und wird im Folgenden auch als **Meta-Entscheidung** bezeichnet. Mit dieser Entscheidung legt die Person beispielsweise fest, welche persönlichen Ziele sie in der Entscheidungssituation verfolgt, wie sie die Beurteilung der Handlungsalternativen durchführen wird oder welche Entscheidungsregel sie ihrer Auswahl zugrunde legt. Selbstmanagement in diesem Sinne beruht also auf einem rationalen Entscheidungsprozess, bei dem das Verhalten einer Person in einer umfassenderen Entscheidungssituation verstanden werden muss.

(2) In der zweiten Phase entscheidet sich die Person für die Auswahl einer Handlungsalternative entsprechend der in der ersten Phase getroffenen Meta-Entscheidung. Diese Phase wird durch unsere bisherigen Ausführungen zur Psychologie der Entscheidung abgedeckt und beinhaltet insbesondere auch die Beurteilung der Handlungsalternativen aufgrund der gesetzten Ziele. Selbstmanagement kann hier zu einem Verhalten führen, das aus einer kurzfristigen Perspektive nicht rational ist.

(3) In der dritten Phase muss die Person ihre ausgewählte Handlungsalternative realisieren. Je nachdem, in welchem Umfang sie ihren Handlungsspielraum durch ihre Meta-Entscheidung aus der ersten Phase bewusst eingeschränkt hat, kommt dieser Phase eine entscheidende Bedeutung zu. Hat sich beispielsweise die Person persönliche Ziele für ihr Verhalten gesetzt, dann muss sie ihr tatsächliches Verhalten im Hinblick auf diese Ziele entsprechend steuern und kontrollieren. Eine solche Selbstregulierung setzt daher eine Zielbindung der Person voraus.

Welche Implikation das Selbstmanagement für das Verhalten einer Person haben kann, zeigt das folgende Beispiel von Gigerenzer (1991, S.107):

> A small town in Wales has a village idiot. He once was offered the choice between a pound and a shilling, and he took the shilling. People came from everywhere to witness this phenomenon. They repeatedly offered him a choice between a pound and a shilling. He always took the shilling.

Unterstellen wir, dass der Idiot eine monoton steigende Nutzenfunktion besitzt, scheint sein Verhalten auf den ersten Blick irrational: Ein Pfund müsste ihm dann sehr viel mehr wert sein als ein Schilling. Allerdings setzt diese Logik eine kurzfristige Perspektive voraus. Für ein einmaliges Ereignis ist das Verhalten des Idioten vielleicht irrational, langfristig ist sein Verhalten hingegen anders zu bewerten, da er offensichtlich mit der Wahl des kleineren Geldbetrages die Wahrscheinlichkeit erhöht, noch einmal wählen zu dürfen.

Dieses Beispiel illustriert, dass die Beurteilung der Rationalität des Verhaltens einer Person immer unter Berücksichtigung des jeweiligen sozialen Kontextes durchgeführt werden muss. So sind nach Frank (1988, S.3f) "many actions, purposely taken with full knowledge of their consequences, ... irrational. If people did not perform them, they would be better off and they know it. ... however, these same actions are often part of a larger pattern that is anything but irrational."

In diesem Abschnitt wollen wir die Implikationen des Selbstmanagements für das Verhalten eines Mitarbeiters näher diskutieren. Dabei gehen wir zunächst auf die erste Phase innerhalb des Selbstmanagementprozesses ein: Drei Phänomene werden angesprochen, nämlich die Wahl von Regeln für die Auswahl und Bewertung von Handlungsalternativen, normgeleitetes Verhalten sowie die Wahl eines Bewertungsschemas bei der Beurteilung von Konsequenzen. Anschließend wenden wir uns der Wahl der persönlichen Ziele und damit der dritte Phase des Selbstmanagementprozesses zu. Wir gehen hier auf das Problem der Selbstregulierung des Verhaltens ein und zeigen, welche motivationalen Verzerrungen im Rahmen unseres Verhaltensmodells auftreten können.

4.4.1 Strategien zur Entscheidung und Beurteilung

Ausgangspunkt unserer gesamten Ausführungen zum individuellen Entscheidungsverhalten in den letzten beiden Kapiteln war stets die Annahme eingeschränkter Fähigkeiten einer Person: Sie kann weder in der Phase der Wahrnehmung alle relevanten Informationen für die Lösung ihres Entscheidungsproblems aufnehmen und objektiv beurteilen, noch in der Phase der eigentlichen Entscheidungsfindung diese Informationen adäquat verarbeiten. Beidem stehen ihre eingeschränkten kognitiven und analytischen Fähigkeiten entgegen.

Trotz dieser Verhaltensrestriktionen ist das Entscheidungsverhalten einer Person nicht unüberlegt und ziellos. Vielmehr haben wir unterstellt, dass sie unter Berücksichtigung dieser begrenzten kognitiven und analytischen Fähigkeiten bestrebt ist, ihre persönlichen Ziele umfassend zu erreichen. Diese eingeschränkte Rationalität der Person impliziert, dass wir ihr Verhalten stets als Ergebnis einer Kosten-Nutzen-Analyse verstehen können.

Im Folgenden wollen wir nun argumentieren, dass nicht nur das eigentliche Verhalten einer Person in einer Entscheidungssituation das Ergebnis einer solchen Nutzenmaximierung ist, sondern dass wir auch ihr Verhalten im Hinblick auf ihr grundsätzliches Vorgehen in dieser Entscheidungssituation als Abwägungsprozess interpretieren können. Diese Meta-Entscheidung als Entscheidung darüber, wie sie sich in einer bestimmten Situation verhalten soll, unterliegt somit demselben Kosten-Nutzen-Kalkül wie die eigentliche Entscheidung. Analog zu unserer Diskussion des individuellen Entscheidungsverhaltens unterstellen wir dabei nicht, dass diese 'Kalkulationen' immer bewusst von der Person durchgeführt werden und somit notwendigerweise aus einem rationalen Entscheidungsakt resultieren. Vielmehr können sie auch das Ergebnis eines evolutionären Entwicklungs- und Auswahlprozesses sein oder sich durch unreflektiertes, habituelles Lernen der Person ergeben.

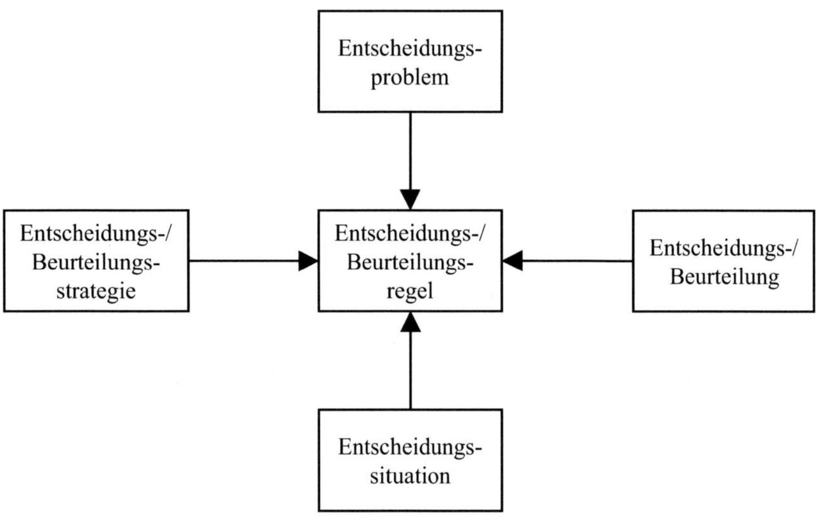

Abbildung 4.27: Die Selektion einer Beurteilungs- bzw. Entscheidungsregel als Ergebnis einer Meta-Entscheidung

Wir bezeichnen diese Meta-Entscheidungen einer Person im Folgenden auch als ihre Entscheidungs- bzw. Beurteilungsstrategie: Die **Entscheidungsstrategie** einer Person legt fest, nach welchen Entscheidungsregeln sie in Abhängigkeit der Charakteristika der Entscheidungssituation und des Entscheidungsproblems eine Handlungsalternative auswählt. Mit ihrer **Beurteilungsstrategie** bestimmt die Person, wie sie in Abhängigkeit der Charakteristika der Entscheidungssituation und des Entscheidungsproblems diese Elemente beurteilt.

Die Selektion einer Beurteilungs- bzw. Entscheidungsregel als Ergebnis einer Meta-Entscheidung wird in der Literatur sowohl für den Fall der eigentlichen Entscheidungsfindung als auch für die Bildung eines prognostizierenden Urteils vorgeschlagen. Das grundlegende Modell geht dabei auf Beach und Mitchell (1978) zurück. Sie entwickeln ein Modell für die Selektion von Entscheidungsregeln, in dem ein Entscheider motiviert ist, diejenige Strategie zu wählen, die ihm mit den geringsten Kosten eine zufriedenstellende Entscheidung garantiert: "strategy selection is contingent upon a (cost/benefit) compromise between the decision maker's desire to make a correct decision and his or her negative feelings about investing time and effort in the decision maker process" (S.448).

Beach, Barnes und Christensen-Szalanski (1986) haben diese Grundüberlegungen auf die Bildung von Wahrscheinlichkeitsurteilen erweitert und ein Modell für die Selektion von Beurteilungsregeln entwickelt. Demnach wählt ein Urteilender seine Strategie so, dass er mit den geringsten Kosten zu einer möglichst guten Beurteilung kommt: "If subjects do not particulary care whether their forecast is accurate, and/or if the 'best' way of making the forecast requires too much work or takes too much time, then it is reasonable to adopt another (less accurate) strategy that is less costly to use, or to use the 'best' strategy in an imprecise but labour-saving way" (S.145).

Bevor wir im Folgenden auf die Rahmenbedingungen eingehen, die der geeigneten Wahl einer Entscheidungs- und Beurteilungsstrategie zugrunde liegen, stellen wir zunächst den kognitiven Abwägungsprozess bei der Selektion einer geeigneten Regel vor.

Die Charakterisierung verschiedener Regeln

Grundlegend für die Beantwortung der Frage, wie sich eine Person in ihrer Entscheidungssituation ein Urteil über funktionale Zusammenhänge bildet und nach welchem Kalkül sie bei der Auswahl einer Handlungsalternative vorgeht, ist die Annahme einer Kosten-Nutzen-Analyse: Sie wird in Abhängigkeit der Charakteristika des Problems sowie der Situation diejenige Regel wählen, die nach Abwägung der Vor- und Nachteile den größten Netto-Nutzen verspricht.

Konzeptionell ist dieser Abwägungsprozess zwischen Kosten und Nutzen bei der Regelselektion analog zu unseren bisherigen Ausführungen zur Alternativenauswahl: Auf der Nutzenseite wird die Person die Vorteile bewerten, die mit einer bestimmten Beurteilungs- oder Entscheidungsregel verbunden sind. Diese können sich beispielsweise aus der reduzierten Komplexität der Entscheidungssituation und der damit verbundenen vereinfachten Entscheidungsfindung ergeben oder in einer verkürzten Entscheidungszeit in Situationen, in denen eine unmittelbare Entscheidung gefordert ist. Auf der Kostenseite müssen wir zum einen den kognitiven Aufwand berücksichtigen, der für eine Person bei der Anwendung einer bestimmten Beurteilungs- oder Entscheidungsregel entsteht. Hier bewertet sie also ihre psychischen Kosten der Informationsaufnahme und -verarbeitung. Zum anderen entstehen aber auch Kosten für die Person aufgrund eines verzerrten Urteils oder einer fehlerhaften Entscheidung. Diese kognitiven Verzerrungen stellen Opportunitätskosten bei der Meta-Entscheidung dar.

Wie können wir nun die Kosten und den Nutzen verschiedener Regeln operationalisieren? Payne, Bettman und Johnson (1993) haben hierzu ein kognitionspsychologisches Modell vorgeschlagen, das bei der Selektion von Entscheidungsregeln zwischen der Genauigkeit und dem kognitiven Aufwand unterscheidet:

- Die Genauigkeit der Entscheidungsregel: Diese Größe spezifiziert, welchen Fehler ein Entscheider bei Anwendung einer bestimmten Entscheidungsregel macht. Als Maß zur Beurteilung dieses Fehlers schlagen die Autoren eine relative Genauigkeit vor, bei der die betrachtete Regel mit der 'besten' bzw. 'schlechtesten' Regel verglichen wird: Der Referenzpunkt für die 'beste' Entscheidungsregel ist das Erwartungsnutzenkalkül von von Neumann und Morgenstern (*EU*-Regel) bzw. die multiattributiven Entscheidungsregel (*MAU*-Regel): Da ein Entscheider bei beiden Regeln alle notwendigen Informationen zur Lösung seines Entscheidungsproblems suchen muss, Alternativen konstruiert und diese Informationen reflektiert verarbeitet, stellen sie diejenigen Entscheidungsregeln dar, die zu einer fehlerfreien Entscheidung führen. Die Zufallsregel stellt hingegen die 'schlechteste' Entscheidungsregel dar: Bei dieser Regel wird zufällig eine Entscheidung getroffen, unabhängig von den vorliegenden Informationen über das

Entscheidungsproblem. Die relative Genauigkeit einer Entscheidungsregel ist dann definiert als

$$\frac{EU(\text{Entscheidungsregel}) - EU(\text{Zufallsregel})}{EU(EU/MAU\text{-Regel}) - EU(\text{Zufallsregel})},$$

wobei EU(Regel) der erwartete Nutzen ist, den der Entscheider durch Anwendung dieser Entscheidungsregel erzielt.

- Der kognitive Aufwand der Entscheidungsregel: Diese Größe wird durch die Anzahl der elementaren Informationsprozesse definiert, ein Konstrukt, das Newell und Simon (1972) zur Beschreibung kognitiver Prozesse entwickelten. Eine Entscheidungsregel wird hierzu in separate Operationen zerlegt, die angeben, wie die zur Verfügung stehenden Informationen in eine endgültige Entscheidung transformiert werden. Solche Operationen können beispielsweise Vergleiche, Additionen, Differenzbildungen oder Gewichtungen sein. Die Anzahl der notwendigen Operationen bei der Entscheidungsfindung hängt dabei von der Komplexität des Entscheidungsproblems und der Anzahl der zu verarbeitenden Informationen ab.

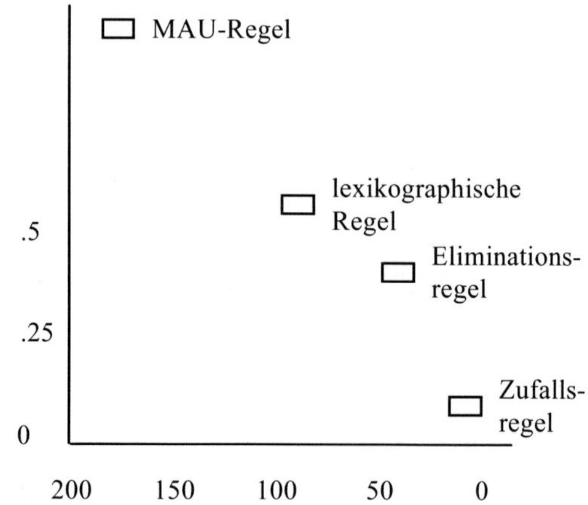

Abbildung 4.28: Die Charakterisierung von Regeln bei Entscheidungen mit multiplen Zielen nach Payne, Bettman und Johnson (1993, S.93)

Payne, Bettman und Johnson (1993) haben nun den Zusammenhang zwischen der Genauigkeit einer Entscheidungsregel und dem damit verbundenen kognitiven Aufwand für verschiedene Regeln in Beziehung zueinander gesetzt. Die obige Abbildung zeigt das Ergebnis ihrer empirischen Untersuchungen für verschiedene Regeln im Fall einer Entscheidung bei multiplen Zielen.

Die *MAU*-Regel ist diejenige Entscheidungsregel, die eine maximale Genauigkeit erzielt, allerdings auch einen maximalen kognitiven Aufwand erfordert. Die Zufallsregel ist hingegen diejenige Regel mit minimaler Genauigkeit aber auch minimalem Aufwand. Die anderen Entscheidungsregeln liegen zwischen diesen Extremen. Dabei zeigt sich, dass mit der Genauigkeit einer Regel der kognitive Aufwand bei der Anwendung der Regel zunimmt.

Die Selektion von Entscheidungsregeln

Welche Entscheidungsregel wählt nun eine Person für ihre Entscheidungsfindung? Wovon hängt der kognitive Abwägungsprozess zwischen der Genauigkeit und dem Aufwand einer Entscheidungsregel ab? Grundlegend für die folgenden Ausführungen ist die Überlegung, dass ein Entscheider diese beiden Komponenten einer Entscheidungsregel gewichtet und gegeneinander abwägt: Ist ihm eine fehlerfreie Entscheidung wichtig, wird er beispielsweise bei multiplen Zielen eher die *MAU*-Regel bevorzugen, legt er hingegen größeres Gewicht auf einen minimalen kognitiven Aufwand, wird er eher zur Zufallsregel tendieren.

Das Kontingenzmodell von Beach und Mitchell (1978) spezifiziert verschiedene Faktoren, die die Selektion einer geeigneten Entscheidungsregel bedingen. Diese Faktoren betreffen entweder das Entscheidungsproblem und die Entscheidungssituation oder die Persönlichkeit des Entscheiders, wobei natürlich entsprechend unseren Ausführungen im zweiten Kapitel immer die subjektiv wahrgenommene Situation entscheidungsrelevant ist:

- Charakteristika des Entscheidungsproblems: Der Umfang, in dem dem Entscheider das Problem vertraut ist, bestimmt wesentlich seine Entscheidungsstrategie. Wenn er so beispielsweise in der Vergangenheit ähnliche Probleme bearbeitet hat, wird er entweder bestimmte nicht erfolgreiche Entscheidungsregeln ausschließen können oder eine bestimmte erfolgreiche Regel favorisieren. Fehlen ihm solche Erfahrungen, wird der Entscheider vorsichtiger an das Problem herangehen. Die Klarheit, mit der sich die Entscheidungsaufgabe der Person stellt, ist ein weiterer Faktor. Diese kann sich auf die Ziele, die Handlungsalternativen oder die Restriktionen, die bei der Bearbeitung zu berücksichtigen sind, ebenso wie auf die Eindeutigkeit und Zuverlässigkeit der zur Verfügung stehenden Informationen beziehen. Die Komplexität als weiterer Faktor betrifft die Heterogenität des Entscheidungsproblems. Hierzu gehört etwa die Anzahl der Handlungsalternativen, der Umfang der zu beachtenden relevanten Informationen oder die Anzahl der Zielkriterien. Die Dynamik des Entscheidungsproblems wiederum kennzeichnet die zeitliche Veränderungen der für die Lösung des Entscheidungsproblems relevanten Faktoren.

- Charakteristika der Entscheidungssituation: Diese Aspekte stellen allgemeine, situative Faktoren dar, die mit dem Entscheidungsproblem und seiner Lösung verbunden sind. Die Irreversibilität der Entscheidung bezeichnet den Umfang, in dem der Entscheider eine einmal getroffene Entscheidung im Nachhinein korrigieren bzw. rückgängig machen kann. Die Signifikanz des Entscheidungsproblems bezieht sich auf die mit seiner Lösung verbundenen Konsequenzen. Im Arbeitskontext betrifft dies somit entweder die organisatorische Relevanz des Problems für die Gesamtwertschöpfung der Unternehmung oder die persönliche Bedeutung für den Mitarbeiter im Hinblick auf die mit seinem Arbeitsergebnis verbundenen Belohnungen oder Sanktionen. Der Grad, in dem der Entscheider für die Lösung des Entscheidungsproblems verantwortlich ist bzw. gemacht werden kann, ist ein weiterer Faktor, der Einfluss auf die Wahl der Entscheidungsstrategie hat. Wird so das aus der Entscheidung eines Mitarbeiters resultierende Arbeitsergebnis durch andere Faktoren beeinflusst, auf die der Mitarbeiter aber selbst keinen Einfluss hat, dann ist eine eindeutige Beziehung zwischen dem Arbeitsergebnis und seinem Arbeitsverhalten schwierig zu beurteilen. Dies reduziert den Umfang, in dem der Mitarbeiter für sein Arbeitsergebnis verantwortlich gemacht wird. Zusätzliche Faktoren, die die Art und Weise der Entscheidungsfindung einer Person beeinflussen, sind die Restriktionen, die in der Entscheidungssituation bestehen. Im Arbeitskontext sind dies alle im zweiten Kapitel angesprochenen Restriktionen der Arbeitssituation, beispielsweise zeitliche, ressourcenbedingte oder soziale Einschränkungen.
- Charakteristika des Entscheiders: Wesentliches Kriterium für die Wahl einer

Entscheidungsregel sind die kognitiven Fähigkeiten des Entscheiders. Hierzu gehört zum einen sein Wissen um verschiedene Entscheidungsregeln sowie die damit verbundenen Vor- und Nachteile. Zum anderen bestimmen seine kognitiven Fähigkeiten entscheidend, inwieweit er bestimmte Regeln überhaupt anwenden kann. So kommen Beach und Mitchell (1968, S. 446) zu dem Schluss, dass "the less able person must devote more of his or her personal resources of time and effort to using strategies and therefore can be expected to be less willing to select strategies with high personal resource requirements. The more intelligent, cognitively complex, and analytic the individual is, the easier it should be to use analytic rather than nonanalytic strategies". Als weiterer Faktor sind auch die persönlichen Ziele zu berücksichtigen. Wenn die Person beispielsweise schnell und mit möglichst geringem Aufwand eine Entscheidung treffen will, wird sie eine im Vorhinein aufwendige Entscheidungsregel nicht berücksichtigen.

Die Wahl der Reisetasche und der Einfluss der Stimmung des Verreisenden

Die Grundstimmung, in der wir uns befinden, beeinflusst unser Entscheidungsverhalten. Diese These versuchten die beiden Forscher Lewinsohn und Mano (1993) mit einem Computer-Experiment zu bestätigen. Sie stellten Versuchspersonen sechs verschiedene Reisetaschen am Bildschirm zur Auswahl, die sich jeweils in fünf Attributen unterschieden. Die Versuchspersonen konnten sich die jeweiligen Attribute durch Anklicken anzeigen lassen. Bevor die Personen allerdings um die Wahl der Reisetasche gebeten wurden, sollten sie zunächst ihre Gemütslage anhand verschiedener Kriterien (Ruhe, Freude, Unglücklichsein, Aufregung, etc.) angeben.

Lewinsohn und Mano analysierten den Prozess der Auswahl der Reisetaschen nach verschiedenen Gesichtspunkten: Welche Attribute klickten die Entscheider an? Wie lange verblieben sie bei einem Attribut? Wann kehrten sie zu einem bestimmten Attribut zurück und wann wechselten sie von einem zum anderen Attribut?

Es stellte sich heraus, dass Personen je nach ihrer Stimmungslage unterschiedliche Entscheidungsstrategien verfolgten und bei der Betrachtung der Attribute unterschiedlich vorgingen. Versuchspersonen mit guter Laune verwendeten tendenziell langwierigere Entscheidungsstrategien. So bezogen sie mehr Attribute in ihre Entscheidungsfindung ein und kehrten häufiger zu verschiedenen Attributen zurück. Aufgeregte oder schlecht gelaunte Personen widmeten der Entscheidung hingegen weniger Aufmerksamkeit und brachten die zeitraubende Aufgabe schneller hinter sich.

Quelle: Lewinsohn und Mano (1993)

Betrachten wir entsprechend den verschiedenen Typen von Entscheidungen, die wir im zweiten Kapitel eingeführt haben, als Menge an Entscheidungsregeln das Spektrum zwischen analytischen Regeln und nicht-analytischen Regeln. Erstere resultieren in einer konstruktiven Entscheidung beispielsweise nach dem Erwartungsnutzenkonzept, letztere bedingen eine routinisierte Entscheidung aufgrund intuitiver Heuristiken oder Schemata. Dann können wir folgende Aussagen über die Wahl der Entscheidungsstrategie treffen:

- Analytische Regeln werden eher verwendet, wenn dem Entscheider das Entscheidungsproblem nicht vertraut ist, das Problem komplex ist, eine hohe Dynamik aufweist, seine Lösung irreversibel ist und zu signifikanten Konsequenzen führt. Ebenso wird ein Entscheider, der ein hohes Wissen und analytische Fähigkeiten besitzt, eher eine analytische Regel präferieren.
- Nicht-analytische Regeln werden tendenziell dann angewendet, wenn die situativen und personellen Faktoren gerade entgegengesetzt ausgeprägt sind, das Entscheidungsproblem also beispielsweise einfach ist, mit keiner großen Unsicherheit verbunden ist, die Lösung reversibel ist oder der Entscheider keine entsprechenden analytischen Fähigkeiten besitzt.

Die Selektion von Beurteilungsregeln

Analog zu diesen Ausführungen bei Entscheidungsregeln können wir auch die Auswahl einer Beurteilungsregel als Ergebnis eines kognitiven Abwägungsprozesses verstehen. Die Anwendung einer Heuristik ist dann das Ergebnis eines Entscheidungsprozesses, bei dem eine Person die Kosten und Nutzen der Informationsaufnahme und -verarbeitung verschiedener Beurteilungsregeln vergleicht: Die Kosten umfassen dabei die psychischen Kosten sowie die mit der Anwendung einer Heuristik verbundenen Verzerrungen, der Nutzen ergibt sich aus der Komplexitätsreduktion. Auch in diesem Fall haben die verschiedenen Charakteristika der Person bzw. des Beurteilungsproblems und der Beurteilungssituationen einen wesentlichen Einfluss auf das Kosten-Nutzen-Verhältnis.

Betrachten wir zunächst das Spektrum an Beurteilungsregeln: Entsprechend der im dritten Kapitel diskutierten Bildung von Wahrscheinlichkeitsurteilen können wir die Menge an Beurteilungsregeln als Spektrum zwischen analytischen Regeln und nicht-analytischen Regeln verstehen:[15] Erstere führen nach den Regeln der Wahrscheinlichkeitstheorie zu einer statistischen Urteilsbildung, letztere entsprechen den Heuristiken, die ein intuitives Wahrscheinlichkeitsurteil bedingen. Auch hier sind die Beurteilungsregeln nach dem kognitiven Aufwand bei der Urteilsbildung geordnet.

Als Faktoren, die die Wahl der Beurteilungsregel bestimmen, kommen auf Seiten der Person wiederum deren analytische Fähigkeiten, ihr Wissen sowie ihre Motivation in Frage. Da der Einfluss dieser personellen Aspekte analog zur obigen Diskussion ist, beschränken wir uns im Folgenden auf die Darstellungen der wesentlichen situativen Einflussfaktoren:

- Charakteristika des Beurteilungsproblems: Im dritten Kapitel hatten wir im Zusammenhang mit der Bildung von Wahrscheinlichkeitsurteilen bereits darauf hingewiesen, dass der Häufigkeit des zu beurteilenden Ereignisses eine wichtige Bedeutung bei der Wahl einer Beurteilungsregel zukommt. In einer Untersuchung haben Nisbett u.a. (1983) zudem festgestellt, dass der Umfang des wahrgenommenen Zufallseinflusses von Bedeutung für die Beurteilungsstrategie ist: Eine statistische Urteilsbildung wird eher dann angewendet, wenn der Zufallseinfluss als groß erachtet wird. Auch die Vertrautheit, mit der bei einem ähnlichen Beurteilungsproblem eine statistische Urteilsbildung angewendet wird, erhöht die Tendenz zu einer analytischen Beurteilungsregel.
- Charakteristika der Beurteilungssituation: Beach, Barnes und Christensen-Szalanski (1986) verweisen auf vier Merkmale, die einen Einfluss auf die Urteilsbildung einer Person haben. Die mit einer korrekten Beurteilung verbundenen extrinsischen Konsequenzen für den Urteilenden sowie die Irreversibilität der Beurteilung sind zwei Charakteristika, die wir schon im Zusammenhang mit der Wahl einer Entscheidungsregel diskutiert haben. Ihr Einfluss auf die Wahl einer Beurteilungsregel ist analog. Inwieweit das Beurteilungsproblem von der Person überhaupt als Problem erkannt wird, ist ein weiteres Charakteristikum der Beurteilungssituation. Je eher sich die Person für eine Beurteilung kompetent fühlt, desto eher wird sie bereit sein, einen hohen kognitiven Aufwand für

eine korrekte Beurteilung zu betreiben. Das vierte Merkmal bezieht sich auf Informationen, die dem Beurteilenden zur Verfügung stehen. Je besser deren Qualität und je höher deren Quantität, desto eher wird der Beurteilende dazu neigen, eine statistische Urteilsbildung heranzuziehen.

4.4.2 Normgeleitetes Verhalten

In unserer bisherigen Diskussion des individuellen Entscheidungs- und Arbeitsverhaltens haben wir implizit unterstellt, dass eine Person ihr jeweiliges Verhalten fallweise der aktuellen Situation anpasst: Entsprechend den von ihr wahrgenommenen Anreizen und Restriktionen trifft sie die Entscheidung, die ihr in dieser Situation einen maximalen Nutzen verspricht.

Selbstverständlich beruht aber nicht jedes Verhalten einer Person auf einer solchen situationsabhängigen Verhaltensanpassung. Dies würde implizieren, dass alle Entscheidungen einer Person stets reflektiert oder konstruktiv getroffen werden und dass sie in jeder Situation bereit wäre, kurzfristig jeden geringsten Vorteil für sich auszunutzen. Sen (1977) hat eine solche Person als 'rationalen Clown' bezeichnet.

Im Zusammenhang mit der Wahl einer Entscheidungsstrategie im letzten Abschnitt haben wir bereits gesehen, dass die eingeschränkte Rationalität einer Person einem solchen ununterbrochenen Abwägen von Kosten und Nutzen entgegensteht. Um ihren kognitiven Aufwand zu reduzieren, trifft die Person eine Meta-Entscheidung und legt damit fest, wie sie sich künftig in bestimmten Situationen verhalten wird. Durch diese interne Regel enthebt sie sich der Notwendigkeit, in jeder einzelnen Situation die Vor- und Nachteile ihres Handelns abzuwägen.[16]

Neben der eingeschränkten Rationalität und den Eigeninteressen steht einem dauernden Maximierungsverhalten einer Person aber auch noch ein anderer Aspekt entgegen. So stellt Hayek (1967, S.90) fest: "We all know of course that in fact we have learned to act according to rules in order to give our successive action some coherence, that we adopt general rules for our lives not only to save us the trouble of reconsidering certain questions every time they arise, but mainly because only thus can we produce something like a rational whole". Betrachten wir die Implikationen, die mit einem fehlenden rationalen Gesamtbild einer Person verbunden wären: Ein situationsabhängiges, adaptives Entscheidungsverhalten der Person bedeutet, dass sie ihr Verhalten bei sich ändernden Rahmenbedingungen permanent variiert. Da andere Parteien im Allgemeinen aber nur unzureichend die relevanten personellen und situativen Faktoren kennen, die dem Handeln der Person zugrunde liegen, bleibt für sie ein konsistentes und zeitlich stabiles Verhaltensmuster weitgehend verborgen. Dies aber reduziert die Prognostizierbarkeit ihres Verhaltens und erschwert somit ein koordiniertes, gemeinsames Handeln mit anderen Parteien in sozialen Interaktionen.

Diesen sozialen Einfluss auf das individuelle Verhalten wollen wir im Folgenden näher untersuchen. In Erweiterung des Begriffs der organisatorischen Rolle, den wir im ersten Kapitel eingeführt haben, definieren wir hierzu die **soziale Rolle** einer Person als Summe der Erwartungen, die Dritte an ihr Verhalten richten. Die soziale Rolle einer Person umfasst somit alle von außen vorgegebenen gesetzlichen und sozialen Normen an ihr Verhalten. Handelt die Person gemäß dieser sozialen Rolle, ergibt sich für andere Parteien somit das von Hayek postulierte konsistente Gesamtbild einer Person.

Die wichtige Frage, die wir im Folgenden beantworten wollen, betrifft die Rationalität eines solchen normgeleiteten Verhaltens: Unter welchen Rahmenbedingungen sind die von außen vorgegebenen Verhaltensnormen tatsächlich verhaltensrelevant? Inwieweit können wir ein solches Verhalten als Ergebnis eines rationalen Entscheidungsverhaltens der Person verstehen? Unter welchen Bedingungen induziert die Vorgabe von Normen ein konsistentes Verhaltensmuster? Analog zur Erklärung interner Entscheidungsregeln als Ergebnis einer Meta-Entscheidung zeigen wir auf, dass ein normgeleitetes konsistentes Verhalten ebenfalls auf einem entsprechenden Selbstmanagement der Person beruht.

Soziale Einflüsse auf das individuelle Verhalten

Betrachten wir zunächst die Frage nach der Verhaltenswirksamkeit sozialer Normen. Dahrendorf (1963, S.112) verknüpft in seiner Rollentheorie die Durchsetzung der Rollenerwartung anderer an das Verhalten einer Person mit Sanktionen: "Dafür, dass wir uns dieser Verbindlichkeit nicht entziehen, sorgt das System sozialer Sanktionen, d.h. der geltenden Belohnungen für konformes und Bestrafungen für abweichendes Verhalten". Im Rahmen unseres ökonomisch-psychologischen Verhaltensmodells entspricht dies dem Setzen geeigneter Anreize oder Restriktionen an das Verhalten der Person: Damit eine Person die Erwartungen anderer für sich als verbindlich erachtet, müssen ein normkonformes Handeln mit entsprechend positiven und ein normabweichendes Verhalten mit negativen Konsequenzen verbunden sein.

Darüber hinaus zeigt unser Modell aber noch weitere verhaltensrelevante Faktoren auf, die als Ansatzpunkt sozialer Einflussnahme in Betracht kommen. Wir wollen dies im Folgenden im Zusammenhang mit der Einflussnahme einer Arbeitsgruppe auf das Arbeitsverhalten eines Mitarbeiters näher diskutieren. Grundsätzlich können wir hier drei Möglichkeiten unterscheiden:

- Einflussnahme auf die subjektive Erwartungsbildung eines Mitarbeiters: Die Arbeitsgruppe kann hier durch direkte Instruktionen, Feedback oder die Bereitstellung von Informationen dahingehend auf die Fähigkeiten eines Mitarbeiters einwirken, dass er seine Arbeitsaufgabe durchführt. Bezüglich der Arbeitsmotivation des Mitarbeiters bezieht sich diese Einflussnahme auf die Erreichbarkeit von Arbeitsergebnissen. Darüber hinaus kann die Arbeitsgruppe auch das Wissen des Mitarbeiters um die Instrumentalität seiner Arbeitsergebnisse durch eine gezielte Informationsweitergabe beeinflussen. So kann sie auf die Konsequenzen hinweisen, die für ihn mit seinem Arbeitsverhalten verbunden sind, etwa, indem sie die Aufstiegsmöglichkeiten des Mitarbeiters innerhalb der Organisation aufzeigt.
- Einflussnahme auf die Arbeitsanreize eines Mitarbeiters: Die Arbeitsgruppe kann zum einen direkt auf das Verhalten des Mitarbeiters einwirken, in dem sie Sanktionen bzw. Belohnungen an sein Arbeitsverhalten oder an die Erreichung bestimmter Arbeitsergebnisse knüpft. Eine Gruppennorm kann sie beispielsweise durchsetzen, in dem sie den Mitarbeiter für konformes Verhalten durch einen freundlichen Umgang, verbale Belobigungen oder unterstützende Hilfe bei der Arbeit belohnt. Abweichendes Verhalten kann durch Ignorieren des Mitarbeiters, Kritik oder den Verlust von bestimmten Privilegien bestraft werden.
  Eine direkte Kontrolle der Arbeitsleistung bzw. des Arbeitsergebnisses des Mitarbeiters durch die Arbeitsgruppe stellt einen zusätzlichen Anreiz dar, sich normkonform zu verhalten. Darüber hinaus kann aber bereits durch die bloße Anwesenheit eines anderen Gruppenmitglieds ein Einfluss auf das Arbeitsverhalten des Mitarbeiters ausgeübt werden. Dieser Einfluss, der in der Literatur auch als **soziale Fazilität** bezeichnet wird, kann entweder aufgrund eines passiven Zuschauens ausgelöst werden – in diesem Fall spricht man von einem

Audience-Effekt – oder durch die Anwesenheit von Kollegen induziert werden, die dieselbe Tätigkeit wie der Mitarbeiter durchführen – der sogenannte Coaction-Effekt. Die Richtung der Einflussnahme auf das Verhalten ist dabei wesentlich von den Anforderungen abhängig, die die Arbeitsaufgabe an den Mitarbeiter stellt: Bei wiederholten, routinemäßig durchzuführenden Tätigkeiten, die keine große Konzentration des Mitarbeiters erfordern, sind die Auswirkungen durch die Anwesenheit Anderer positiv. Ein Beispiel hierfür sind die Tätigkeiten von Sekretärinnen. Hingegen kann die Anwesenheit anderer bei komplexen Tätigkeiten, die eine hohe Aufmerksamkeit erfordern, negative Auswirkungen auf das Arbeitsverhalten des Mitarbeiters haben. Dies ist beispielsweise bei einem Programmierer der Fall, der einen Fehler in einem komplexen Programm sucht.[17]

Hawthorne und die Beleuchtungs-Experimente

Bereits Anfang des 20. Jahrhunderts haben Arbeitspsychologen die Zusammenhänge zwischen der Arbeitssituation und der Arbeitsleistung der Mitarbeiter erforscht. Wissenschaftliche Beachtung erfuhren dabei insbesondere die Experimente, die 1924 in den Hawthorne-Werken der Western Electric Company im Rahmen eines Forschungsprogramms durchgeführt wurden. Im Rahmen der sogenannten Beleuchtungs-Experimente wurden so systematisch die Beleuchtung in den Werkshallen des Unternehmens variiert und die Auswirkung auf die Produktivität der Belegschaft gemessen. Erstaunlicherweise konnte dabei kein signifikanter Zusammenhang zwischen der Helligkeit am Arbeitsplatz und der Arbeitsleistung festgestellt werden. Einige Ergebnisse widersprachen sogar den Erwartungen: Eine Versuchsgruppe, die bei Licht arbeitete, das fast auf Mondscheinstärke reduziert worden war, arbeitete produktiver als zuvor und gab zu Protokoll, dass sie sich bei diesem Licht weniger müde und dafür zufriedener fühlte.

Die Forscher kamen zu der Vermutung, dass psychologische Faktoren für diese Effekte ausschlaggebend seien. Um dies zu überprüfen, kündigten sie bei einer anderen Versuchsgruppe an, die Helligkeit an den Arbeitsplätzen schrittweise zu erhöhen. Tatsächlich kamen Techniker, die die Glühbirnen auswechselten. Sie schraubten aber nur Glühbirnen mit identischer Leuchtkraft ein. Dennoch gaben die Versuchspersonen in Interviews an, dass es immer heller geworden sei und dass sie dabei hät-

ten besser arbeiten können. Die Arbeitsproduktivität stieg also, obwohl die Beleuchtung objektiv unverändert blieb. Auch bei umgekehrter Versuchsanordnung kam es zu identischen Ergebnissen. Hierbei kündigte man an, die Helligkeit in den Arbeitsräumen schrittweise zu reduzieren, ersetzte aber wieder die vorhandenen Glühbirnen lediglich durch identische. Die Mitarbeiter bei Hawthorne gaben daraufhin an, dass sie bei dieser (scheinbaren) Verdunkelung schlechter arbeiten könnten und die Produktivität sank.

Quelle: Roethlisberger und Dickson (1939)

- Einflussnahme auf die Arbeitsziele eines Mitarbeiters: Die Arbeitsgruppe kann unter Umständen auch die Präferenzen und Werte eines Mitarbeiters beeinflussen. Eine solche Veränderung der Präferenzen des Mitarbeiters wird auch als **Internalisierung** bezeichnet. Die Ziele der Arbeitsgruppe werden in diesem Fall zu eigenständigen Zielen des Mitarbeiters. Im Allgemeinen ist zu erwarten, dass eine Internalisierung nur sehr langfristig erfolgt, bzw. dass die eigenen Arbeitsziele des Mitarbeiters aufgrund seiner unzureichenden Arbeitserfahrung noch nicht zu stark ausgeprägt und somit beeinflussbar sind.

Rationale Normkonformität

Wie reagiert ein Mitarbeiter auf eine solche soziale Einflussnahme seiner Arbeitsgruppe? Wann verhält er sich konform mit einer Gruppennorm? Im Rahmen unseres Verhaltensmodells können wir zwei Antworten auf diese Frage geben, die jeweils zu einer anderen Art der Konformität führen. In der Terminologie von Vanberg (1988) können wir diese als Konformität durch eine fallweise Verhaltensanpassung bzw. als Konformität durch eine genuine Regelbefolgung bezeichnen.

Konformität durch eine fallweise Verhaltensanpassung beruht in unserem Grundmodell des individuellen Entscheidungsverhaltens auf einem situationsabhängigen Abwägungsprozess: Eine Person wägt die erwarteten Vor- und Nachteile, die mit der Wahl verschiedener Handlungsalternativen verbunden sind, gegeneinander ab und wählt diejenige, die ihr den größten Nutzen verspricht. Ein solches Maximierungskalkül induziert eine fallweise Verhaltensanpassung, da sich die Person entsprechend den Rahmenbedingungen der jeweiligen Situation entscheidet. Es führt zu einer Normbefolgung, wenn der daraus resultierende Nutzen größer ist als der bei einer Normverletzung. Dies ist beispielsweise dann der Fall, wenn die erwarteten Kosten bei einem normwidrigen Verhalten oder die Vorteile aus einem normkonformen Verhalten sehr hoch sind. Langfristig führt eine solche fallweise Verhaltensanpassung somit nur dann zu einem normgeleiteten Verhalten, wenn sich die Anreize der Situation nur unwesentlich verändern. So stellt Vanberg (1988, S.152) fest: "According to the model of case by case, situational choices, rule-following behavior should be observed only to the extent that over a sequence of recurrent choice situations the relative incentive structure is stable enough so that rule compliance is in each and every case the preferable alternative."

Konformität durch eine genuine Regelbefolgung kann im Rahmen unseres rationalen Verhaltensmodells als Ergebnis des Selbstmanagements einer Person verstanden werden. Anstatt in jeder einzelnen Entscheidungssituation jedesmal die Vor- und Nachteile der Handlungsalternativen gegeneinander abzuwägen, entscheidet sich die Person in diesem Fall langfristig für eine Verhaltensregel. Diese Entscheidung stellt in unserer Terminologie eine Meta-Entscheidung der Person dar.

Die Wahl einer solchen Meta-Entscheidung unterliegt selbst natürlich einer rationalen Entscheidung der Person. Diese wird sich daher dann für ein regelgeleitetes Verhalten entscheiden, wenn ihr langfristig erwarteter Nutzen aus einer solchen Entscheidung größer ist als der erwartete Nutzen, der aus einer fallweisen Verhaltensanpassung resultiert. Darüber hinaus wird sie sich für eine Normkonformität entscheiden, wenn der daraus resultierende langfristig erwartete Nutzen größer ist als derjenige aus einem kurzzeitigen Normverstoß.

Im Hinblick auf das Selbstmanagement einer Person wollen wir im Folgenden die Abwägung zwischen einer fallweisen Verhaltensanpassung und einer genuinen Regelbefolgung näher diskutieren. Die folgenden Vor- bzw. Nachteile sind mit einem regelgeleiteten Verhalten verbunden:

- Reduzierter kognitiver Aufwand: Aufgrund ihrer eingeschränkten kognitiven Fähigkeiten und dem daraus resultierenden Problem der optimalen Allokation dieser Ressourcen reduziert sich der kognitive Aufwand der Person bei einem regelgeleiteten Verhalten. In diesem Sinne entlastet eine Verhaltensregel die Person.
- Verbesserte soziale Koordination: Regelgeleitetes Verhalten stabilisiert die Verhaltenserwartungen, die andere Parteien an das Handeln einer Person haben. Dies erhöht die Prognostizierbarkeit des Verhaltens und führt nach Irle (1975,

S.444) zu einer 'Routinisierung sozialer Beziehungen'.

- Verbesserte Durchsetzung der eigenen Interessen: Indem andere Parteien bestimmte Erwartungen an das Verhalten einer Person haben, werden erstere sich in ihrem eigenen Verhalten verstärkt an diesen Erwartungen ausrichten. Dadurch kann die Person das Verhalten anderer Parteien strategisch beeinflussen. Ein Mitarbeiter, der weiß, dass sein Vorgesetzter in bestimmten Situationen harsch reagiert, wird im Vorhinein versuchen, solche Situationen zu vermeiden. Dadurch beeinflusst aber der Vorgesetzte indirekt das Verhalten des Mitarbeiters. In diesem Sinne kann ein regelgeleitetes Verhalten auch als strategischer Zug interpretiert werden.[19] Wesentliche Voraussetzung für diese Art der Verhaltensbeeinflussung ist die Glaubwürdigkeit des strategischen Zuges, die wir eingehender in den nachfolgenden Ausführungen zur Selbstregulierung des Verhaltens betrachten werden.
- Verbesserte Entscheidungsfindung: Die eingeschränkten kognitiven Fähigkeiten einer Person bei der Informationsaufnahme und -verarbeitung können bei komplexen und unsicheren Entscheidungen zu einem falschen Verhalten führen. Ist dieses Risiko bei einer permanenten fallweisen Entscheidungsfindung hinreichend groß, kann ein regelgeleitetes Verhalten vorteilhaft sein. So kommt Heiner (1988a, S.40) in seinen Untersuchungen zur Vorhersagbarkeit des Verhaltens zu dem Ergebnis: "Such errors thereby produce systematic incentives towards controlling decisions with rules and procedures that discipline behavior into relatively more predictable patterns than would otherwise result if there were no decision errors to potentially regulate in the first place."

4.4.3 Mentale Buchhaltung

Betrachten wir die folgenden Anekdoten:

> Herr Müller arbeitet als Buchhalter in einem Industrieunternehmen. Seit fünf Jahren schon legt er einen Teil seines monatlichen Einkommens für ein eigenes Haus zurück und hat so mittlerweile Euro 60.000 gespart. Dieses Geld ist zu einem Zinssatz von 5% angelegt. Letzte Woche hat er sich einen neuen Wagen für Euro 20.000 gekauft und mit einem Kredit zu 8% finanziert.

> Ein Betriebswirtschaftsprofessor wurde von einem großen Unternehmen zu einem Vortrag in die Schweiz eingeladen. Er nutzte die Einladung, um mit

seiner Frau im Anschluss an die Tagung eine kleine Rundreise zu machen. Obwohl das Preisniveau in der Schweiz zu dieser Zeit sehr hoch war, genossen die beiden ihren Aufenthalt und nutzten das Honorar, das er für seinen Vortrag erhalten hatte. Hätte er auf das Vortragshonorar von seinem letzten Vortrag in Deutschland zurückgreifen müssen, hätten die beiden ihren Urlaub weit weniger genossen.

Der Geschäftsführer einer kleinen Unternehmung will für seine Sekretärin einen neuen PC anschaffen. Da die Anforderungen an die Schreibarbeiten keine besonderen sind, genügt ihm ein Desktop-Computer. Zudem wäre ein Laptop um Euro 500 teurer. Durch Zufall erfährt er von dem Angebot eines Computergeschäfts, in dem Laptops mit einem Preisnachlass von Euro 500 angeboten werden. Er kauft das Sonderangebot.

Alle drei Geschichten illustrieren, dass den Entscheidungen der Personen kognitive Prozesse zugrunde liegen, die in der Literatur auch als **mentale Buchhaltung** bezeichnet werden. Thaler (1999, S.184) definiert diesen Begriff wie folgt: "Of course, individuals and households also need to record, summarize, analyse, and report the results of transactions and other financial events. They do so for reasons similar to those which motivate organizations to use managerial accounting: to keep trace of where their money is going, and to keep spending under control. Mental accounting is a description of the ways they do these things".

Im Sinne des Selbstmanagements legt somit eine Person durch ihre mentale Buchhaltung ein Bewertungsschema fest, mit dem sie die mit ihrem Handeln verbundenen Konsequenzen beurteilt. Die Auswahl des Bewertungsschemas ist also eine Meta-Entscheidung, mit der sie spätere finanzielle Entscheidungen steuern möchte. Dabei beruht die mentale Buchhaltung auf einem rationalen Entscheidungsprozess. Thaler (1999, S.202) fasst diese Einordnung der mentalen Buchhaltung in das Selbstmanagement einer Person so zusammen: "Mental accounting procedures have evolved to economize on time and thinking costs and also to deal with self-control problems".

Zwei Prozeduren der mentalen Buchhaltung wollen wir im Folgenden vorstellen: erstens, die Bewertung von Konsequenzen in einem mentalen Konto und zweitens die Buchung von Konsequenzen in unterschiedliche mentale Konten.

Die Bewertung von Konsequenzen in einem mentalen Konto

Auf die Bewertung von Konsequenzen sind wir bereits ausführlich im dritten Kapitel eingegangen. Zwei Ergebnisse aus dieser Diskussion sind für die mentale Buchhaltung von Bedeutung: die der Bewertung zugrundeliegende Gestalt der Wertfunktion sowie die Bedeutung des Transaktionsnutzens bei der Bewertung finanzieller Transaktionen.

Betrachten wir zunächst die Gestalt der Wertfunktion einer Person: Sie ist nach der Prospect-Theorie für Gewinne und Verluste relativ zu einem Referenzpunkt definiert, im Gewinnbereich konkav bzw. im Verlustbereich konvex, und ein Verlust von Euro X wird negativer bewertet als ein Gewinn in gleicher Höhe positiv bewertet wird.

Auf einem Konto ergeben sich aus diesen Eigenschaften unmittelbare Implikationen für die 'mentale Arithmetik'. Geht man davon aus, dass eine Person die Konsequenzen aus einer finanziellen Transaktion mental so bewertet, dass ihr subjektiver Wert maximal ist, dann ergibt sich die folgende Logik:[20]

- Gewinne werden aufgeteilt: Diese Segregation ergibt sich aus der Konkavität der Wertfunktion im Gewinnbereich. Bei zwei Konsequenzen K_1 und K_2, die als Gewinne bewertet werden, ist so

$$v(K_1) + v(K_2) > v(K_1 + K_2) .$$

- Verluste werden zusammengefasst: Diese Integration ergibt sich aus der Konvexität der Wertfunktion im Verlustbereich, so dass bei zwei Konsequenzen $-K_1$ und $-K_2$, die als Verluste bewertet werden, gilt

$$v(-(K_1 + K_2)) > v(-K_1) + v(-K_2).$$

- Kleine Verluste werden in große Gewinne integriert: Da die Wertfunktion für Gewinne flacher verläuft als für Verluste, ist bei einem Gewinn K_1 und einem Verlust $-K_2$, mit $K_1 > K_2$,

$$v(K_1 - K_2) > v(K_1) + v(-K_2).$$

- Sehr kleine Gewinne werden auf große Verluste verteilt: Da die Steigung der Wertfunktion für sehr kleine Gewinne groß ist, für große Verluste hingegen aber flach, übersteigt der Nutzen eines kleinen Gewinns den Nutzen aus einer kleinen

Reduzierung des Verlusts:

$$v(K_1) + v(-K_2) > v(K_1 - K_2).$$

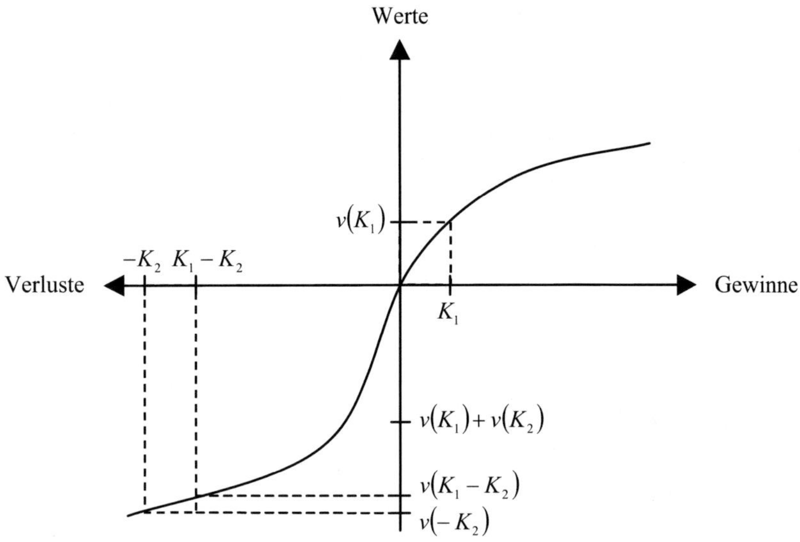

Abbildung 4.29: Die Segregation sehr kleiner Gewinne und hoher Verluste

Diese Regeln der Verbuchung setzen natürlich voraus, dass eine Person auch tatsächlich die verschiedenen Konsequenzen mental verbucht. Dies ist aber a priori nicht immer gegeben: Kleine Routineausgaben, die beispielsweise mit der täglichen Lebenshaltung verbunden sind, werden so im Allgemeinen nicht als Verluste verbucht. Für die mentale Verbuchung von Verlusten kann dies aber dann bedeuten, dass diese nicht entsprechend der obigen Logik zusammengefasst werden, sondern wie Gewinne aufgeteilt werden.

Auf der Grundlage dieser Arithmethik der mentalen Verarbeitung von Gewinnen und Verlusten können dann die Konsequenzen von finanziellen Transaktionen bewertet werden. Dabei ist aber zu berücksichtigen, dass eine Person neben dem Akquisitionsnutzen aus dem unmittelbaren Erwerb eines Gutes auch bewertet, ob die Transaktion ein 'gutes Geschäft' war: Dieser Transaktionsnutzen spielt beispielsweise bei dem Geschäftsführer und seinem Kauf eines viel zu leistungsstarken Computers eine entscheidende Rolle.

Die Buchung von Konsequenzen in unterschiedliche mentale Konten

Tversky und Kahneman (1981, S.457) stellten Versuchspersonen in einem psychologischen Experiment die folgenden beiden Fragen:

1 Imagine that you have decided to see a play where admission is $ 10 per ticket. As you enter the theater you discover that you have lost a $ 10 bill. Would you still pay $ 10 for a ticket for the play?

2 Imagine that you have decided to see a play and paid the admission price of $ 10 per ticket. As you enter the theater you discover that you have lost the ticket. The seat is not marked and the ticket cannot be recovered. Would you pay $ 10 for another ticket?

88% der Versuchspersonen entschieden sich bei Problem 1 zu einem Kauf der Eintrittskarte, während sich beim zweiten Problem 54% der Personen dagegen entschieden. Dieses Ergebnis ist überraschend, handelt es sich doch in beiden Fällen eigentlich um einen monetären Verlust von $ 10. Offensichtlich spielt bei den Versuchspersonen aber die Art des Verlustes für die Beantwortung der Frage eine entscheidende Rolle.

Tversky und Kahneman argumentieren, dass Personen die Konsequenzen aus ihrem Handeln auf unterschiedliche mentale Konten buchen. Je nachdem, welchem Konto die Konsequenzen zugebucht werden, ergibt sich dann eine andere Entscheidung. Im Beispiel gibt es so ein 'Theaterkonto' und ein 'Verlustkonto': Der Verlust des $ 10 Scheins im ersten Fall wird dem 'Verlustkonto' zugeschlagen. Dieses Konto ist unabhängig von dem 'Theater-Konto'. Es besteht daher kein Grund, ein solches Konto durch den Kauf der Eintrittskarte nicht zu eröffnen. Im Unterschied dazu wird der Verlust der Theaterkarte bei der zweiten Frage auf das 'Theaterkonto' verbucht. Dieses existiert aber bereits, da es mit dem Kauf des ersten Tickets eröffnet wurde. Eine zusätzliche Buchung von $ 10 bringt dann aber dieses Konto auf einen negativen Wert von $ 20, und dieser wäre zu hoch, um den Besuch des Theaterstücks zu rechtfertigen. Die gleiche Argumentation erklärt auch das obige Beispiel des Betriebswirtschaftsprofessors, der das Honorar für seinen Vortrag im einen Fall auf ein 'Schweizkonto' verbuchte, im anderen Fall auf ein 'Deutschlandkonto'.

Diese Logik impliziert, dass die verschiedenen mentalen Konten nicht ohne weiteres substituierbar sind. Ein Betrag, der dem einen Konto zugebucht wurde, kann nicht einfach wieder abgebucht und auf ein anderes Konto gebucht werden. Wäre dies der Fall, dann würde es keinen Unterschied machen, ob die Theaterkarte oder der $ 10 Schein verloren ging: Die beiden Konten könnten bedenkenlos gemeinsam saldiert werden. Ist jedoch diese Substituierbarkeit nicht gegeben, macht es einen großen Unterschied, von welchem mentalen Konto Ausgaben getätigt werden. Ist beispielsweise das Budget einer Person, das sie mental für Theaterbesuche reserviert hat, ausgeschöpft, kann sie nicht automatisch von einem anderen Konto den nächsten Theaterbesuch finanzieren.

Zwei zusätzliche Teilaspekte der mentalen Kontoführung wollen wir im Folgenden noch ansprechen: Die Eröffnung bzw. Schließung von Konten sowie die Kategorisierung der Konten.

Betrachten wir zunächst den ersten Aspekt. Das Beispiel des Theatertickets zeigt, dass mit dem Kauf eines Gutes im Allgemeinen ein bestimmtes mentales 'Transaktionskonto' für dieses Gut eröffnet wird. Kann dieses Gut direkt konsumiert werden, dann wird der Akquisitions- und Transaktionsnutzen dem Kaufpreis gegengerechnet und das Konto in der Regel direkt wieder geschlossen – zumindest dann, wenn der Saldo positiv ist. Insbesondere bedeutet dies aber, dass die Kosten für das Gut nicht als Verlust verbucht werden.

Was passiert nun aber, wenn das Konto im Minus steht oder wenn das Gut nicht direkt konsumiert wird? Solange das Konto im roten Bereich ist, sind die angefallenen Kosten noch nicht realisiert, stellen also noch keinen Verlust dar. Da die Schließung eines Kontos mit einem Verlust für den Kontoinhaber schmerzlich ist, wird er also die Schließung des Kontos hinauszögern. Handelt es sich beispielsweise um einen Portfoliomanager in einer Bank, dessen Geldanlage an Wert verloren hat, dann würde er nach dieser Argumentation zögern, diese Papiere wieder abzustoßen. Dies würde seinen Verlust besiegeln.

Für den Fall, dass eine Person ein Gut vor dem eigentlichen Konsum kauft, ergibt sich aus dieser Logik die folgende Schlussfolgerung: Zum einen wird erst mit dem Konsum des Gutes das entsprechende mentale Konto geschlossen. Zum anderen wird die Person bei Hindernissen, die dem Konsum im Wege stehen, überdurchschnittliche hohe Anstrengungen unternehmen, doch noch das Gut zu konsumieren. Wenn so im Beispiel des Theaterbesuchs eine Person im Vorhinein ihr Ticket gekauft hat, wird sie möglicherweise trotz Wind und Sturm alle Mühen auf sich nehmen, um doch noch rechtzeitig zum Theater zu gelangen. Diese Unannehmlichkeiten werden natürlich auf einem anderen Konto verbucht, so dass sie aber zumindest ihr 'Theaterkonto' ohne Bedenken schließen kann.

Die Ausführungen machen deutlich, dass es eine Vielzahl verschiedener mentaler Konten geben kann. Drei Kategorien können wir hier unterscheiden: Budgets für Konsumausgaben, Vermögenskonten und Einkommenskonten.

Die Aufteilung der Gesamtausgaben in verschiedene Konsumbudgets ergibt sich bereits unmittelbar aus unserem Theaterbeispiel. Nach Thaler (1999, S.193) dient dieses Budgetieren dem Selbstmanagement: "First, the budgeting process can facilitate making rational trade-offs between competing uses for funds. Second, the system can act as a self-control device". Die Regeln, nach denen eine Person ihre Ausgaben budgetiert, sind individuell verschieden und hängen beispielsweise von dem zur Verfügung stehenden Gesamtrahmen ab: Je enger das Gesamtbudget ist, desto expliziter werden die Budgetregeln im Allgemeinen formuliert sein.

Ein weiteres Instrument des Selbstmanagements ist die Bildung von Vermögenskonten. Shefrin und Thaler (1988) argumentieren, dass eine Person ihr Gesamtvermögen in verschiedene Vermögenspositionen aufteilt, die hierarchisch danach geordnet sind, wie bereitwillig sie auf das jeweilige Kapital zurückgreift. Das Bargeld gehört z.B. zur untersten Vermögensposition. Auf dieses Geld wird laufend zurückgegriffen und es steht ohne weiteres für bestimmte Ausgaben zur Verfügung. Sparguthaben, Wertpapiere oder Privateigentum bilden andere Vermögenskonten, auf die eine Person sehr viel zögerlicher zugreift. Am oberen Ende der Hierarchie steht dann das Vermögen, das für die Altersvorsorge angelegt ist. Indem eine Person ihr Vermögen solchen Konten zuweist, von denen sie nicht ohne weiteres abbucht, steuert sie ihr eigenes Ausgabeverhalten. Zu welchen motivationalen Verzerrungen ein solches Verhalten allerdings führen kann, zeigt das obige Beispiel des Buchhalters, der seine Ersparnisse fürs Eigenheim mit 5% angelegt hat, aber für 8% einen Kredit für den Autokauf aufnimmt.

Je nachdem, aus welcher Quelle eine Person ihr Einkommen bezieht, wird sie auch hier unterschiedliche Einkommenskonten bilden. Kooreman (2000) hat beispielsweise in Dänemark festgestellt, dass das Ausgabenverhalten von Familien für die Kleidung ihrer Kinder sehr viel sensitiver darauf reagiert, wenn sich das staatliche Kindergeld oder andere Einkommensquellen verändern. Ein anderes Beispiel für die Bildung verschiedener Einkommenskonten illustriert die Dividendenpolitik von Unternehmen: Angenommen, eine Aktiengesellschaft will einen Teil ihrer Überschüsse an die Kapitaleigner abgeben. Dann kann sie entweder Aktien zurückkaufen oder eine Dividende auszahlen. Unterstellt man ein Steuersystem, das Dividenden mit einer höheren Steuer belegt als Kapitalgewinne, dann dürfte eigentlich kein Unternehmen Dividenden ausschütten. Shefrin und Statman (1984) argumentieren, dass Investoren deshalb Dividenden bevorzugen, weil sie dadurch ihre Ausgaben besser selbst kontrollieren können: Über das mentale Konto für laufende Einnahmen aus Dividenden können die Investoren unbedenklicher verfügen als über ein Konto, in das sie die Einnahmen aus Aktienrückkäufen buchen und bei dem sie gehalten sind, dieses Geld wieder sinnvoll anzulegen.

4.4.4 Zielsetzung und die Selbstregulierung des Verhaltens

In der bisherigen Diskussion zum Selbstmanagement haben wir uns mit Meta-Entscheidungen einer Person beschäftigt, bei denen die Auswahl einer Regel im Vordergrund stand: Entweder wählt die Person ein Bewertungsschema aus, mit dem sie die eigentliche Bewertung der Handlungsalternativen durchführt, oder sie entscheidet sich für eine Entscheidungsregel, mit der sie ihre eigentliche Entscheidung trifft. In beiden Fällen haben wir implizit unterstellt, dass die Ziele der Person bei der Wahl ihrer Meta-Entscheidung gegeben sind.

Diese Annahme an die Zielsetzung einer Person wollen wir im Folgenden aufgeben und untersuchen, wie sie ihre Meta-Entscheidung im Hinblick auf ihre persönlichen Ziele in einer Entscheidungssituation trifft. Zusätzlich zur kognitiven Auswahl von Zielen in der ersten Phase des Selbstmanagementprozesses wird damit auch der motivationale Aspekt des Selbstmanagements in der dritten Phase relevant: Ein erfolgreiches Selbstmanagement setzt hier voraus, dass die Person die aus ihrer Meta-Entscheidung resultierenden Ziele auch tatsächlich durch ihre späteren Entscheidungen realisiert.

Bevor wir uns in den nachfolgenden Abschnitten mit der eigentlichen Wahl der Ziele einer Person beschäftigen, wollen wir in diesem Abschnitt zunächst diskutieren, welche Implikationen die Zielsetzung auf die Umsetzung der Ziele hat. Wir nehmen also an, dass eine Person ihre Ziele im Rahmen ihres Selbstmanagements bereits gewählt hat. Zwei Fragen sind dann für die Realisierung dieser Ziele in ihrem Handeln von Bedeutung: Erstens, inwieweit beeinflussen bestimmte Charakteristika der Ziele die Intention der Person, diese Ziele auch tatsächlich umzusetzen? Zweitens, wie steuert die Person ihr Verhalten, so dass die Zielerreichung auch tatsächlich gewährleistet ist?

Betrachten wir zur Beantwortung der ersten Frage die Untersuchungen von Locke (1968), in denen er sich intensiv mit der Bedeutung der Zielsetzung auf das Verhalten einer Person auseinandergesetzt hat. Im Mittelpunkt seiner Arbeiten stand dabei weniger die Bildung der Ziele und die damit verbundene Selektionsentscheidung einer Person, sondern vielmehr der Einfluss von Zielmerkmalen auf das Verhalten: In zahlreichen experimentellen Studien veranlasste er seine Versuchspersonen, verschieden schwierige Aufgaben zu lösen. Dabei zeigte sich, dass sich die Leistungen der Versuchspersonen mit dem Schwierigkeitsgrad der Aufgaben positiv veränderten.[21] In weiteren Untersuchungen wurden andere Zielmerkmale untersucht und so sukzessive die Zielsetzungstheorie von Locke erweitert. Fasst man diese Ergebnisse zusammen, müssen Ziele vier Voraussetzungen erfüllen, damit eine Wechselwirkung zwischen der Zielsetzung und der Realisierung dieser Ziele im Verhalten tatsächlich zustande kommt:

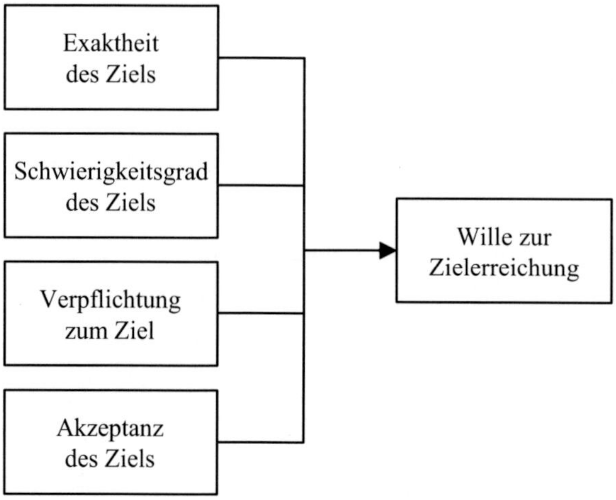

Abbildung 4.30: Einflussfaktoren auf die Realisierung von Zielen

- Exaktheit des Ziels: Dieser Aspekt bezieht sich auf die Klarheit und Präzision, mit der das Ziel festgelegt ist. Die Ziele eines Verkaufsmitarbeiters 'soviel wie möglich zu verkaufen' oder 'sein Bestes zu geben' sind unspezifisch. Ein exaktes Ziel wäre in diesem Fall beispielsweise die Vorgabe, den Umsatz im nächsten Monat um 3% zu erhöhen. Je präziser ein Ziel spezifiziert ist, desto stärker wird die Aufmerksamkeit auf dieses Ziel gelenkt und desto eher wird es für den Mitarbeiter handlungsleitend sein.
- Schwierigkeit des Ziels: Dieser Einflussfaktor betrifft den Grad, zu dem das Ziel eine Herausforderung darstellt. Ein einfaches Ziel, das dem Verkaufsmitarbeiter beispielsweise eine Erhöhung seines Umsatzes um 0,5% vorgibt, kann bereits mit einem geringen Anstrengungsniveau erreicht werden. Je anspruchsvoller die Zielsetzung für den Mitarbeiter ist, desto größere Anstrengungen wird die Realisierung dieses Ziels erfordern. Ist damit eine größere Herausforderung für ihn verbunden, wird er tendenziell engagierter und zielstrebiger handeln sowie verschiedene Alternativen zur Erreichung seines Ziels in Betracht ziehen. Allerdings muss das gesetzte Ziel auch realistisch und erreichbar für den Mitarbeiter sein.
- Verpflichtung zum Ziel: Die **Zielbindung** bezieht sich auf den Umfang, in dem sich eine Person dazu verpflichtet, das gesetzte Ziel tatsächlich zu erreichen. Eine Person, die ein Ziel nicht für verbindlich hält, wird es im Allgemeinen nicht ohne weiteres als Aufforderung zum Handeln ansehen. Dies gilt insbesondere dann, wenn sie durch ihre Zielsetzung bewusst ihren Handlungsspielraum einschränkt und dies kurzfristig zu einer Einschränkung ihrer eigenen Interessen führt. Ein Workaholic, der seine Arbeitssucht aufgeben möchte, kennt dieses Problem der Selbstverpflichtung, wenn er sich vorgenommen hat, am Wochenende endlich mit seinen Kindern zu spielen. Hier sind im Allgemeinen unterstützende Maßnahmen erforderlich, die die Selbstbindung des Workaholics erhöhen. Je größer diese Verpflichtungen sind, desto eher wird er sich auch kurzfristig diesen Zielen verbunden fühlen. Beispielsweise könnte der Workaholic im Vorhinein Karten für ein Kindertheater kaufen.
- Akzeptanz des Ziels: Die Zielakzeptanz bezeichnet den Grad, in dem eine Person das gesetzte Ziel als ihr eigentliches Ziel ansieht. Für den Fall, dass ihr ausgewähltes Ziel aufgrund damit verbundener Einschränkungen des Handlungsspielraums zumindest kurzfristig nicht im Interesse der Person liegt, muss es in Kon-

kurrenz zu einem anderen kurzfristigen Ziel stehen. Dieser Zielkonflikt erfordert daher eine Zielakzeptanz. Je größer diese ist, desto eher wird die Person das gesetzte Ziel als verhaltensleitend betrachten. Der Workaholic wird kurzfristig immer vorgeben können, noch eine andere wichtige Sache bearbeiten zu müssen. Damit er tatsächlich mehr Zeit mit seiner Familie verbringt, muss dieses Ziel entsprechend relevant für ihn sein.

Odysseus und der Klang der Sirenen

Ein berühmtes literarisches Beispiel der Selbstbindung hat Homer in der Odyssee beschrieben. Odysseus, der Zerstörer Trojas, muss auf seiner Reise in die Heimat allerlei Gefahren überstehen. So kommt er unter anderem an einer Insel vorbei, auf der Sirenen - zwei dämonische Wesen mit Vogelkörper und Frauenkopf - leben und durch ihren wunderschönen, betörenden Gesang Männer anlocken und ins Verderben stürzen. Die Göttin und Zauberin Kirke warnt den weitgereisten Griechen und empfiehlt Odysseus, sich von seinen Kameraden an den Mast des Bootes binden zu lassen. Die Gefährten verstopfen ihre Ohren mit Wachs. Odysseus sagt zu seinen Kameraden (12.Gesang, Vers 158-164):

Erstens gebietet sie [Kirke] uns, der gotterfüllten Sirenen
Tönenden Sang zu meiden sowie ihre blumige Wiese.
Mich allein hieß sie die Stimme zu hören; doch ihr sollt
Dann mit schmerzender Fessel, damit ich dort unverrückt bleibe,
Aufrecht mich an den Mastschuh binden, mit Tauen umwunden.
Wenn ich dann flehe und euch befehle, ihr möchtet mich lösen,
Alsdann sollt ihr mich fester mit noch mehr Banden umschnüren.

Odysseus weiß also bereits im Vorhinein, dass er beim Zusammentreffen mit den Sirenen seine langfristigen Ziele aus den Augen verlieren wird und stattdessen nur seinen kurzfristigen Nutzen maximieren möchte. Das Binden an den Mast ist hier eine Maßnahme, sich (physisch) an seine langfristigen Ziele zu binden.

Quelle: Homer (1979)

Angenommen, diese vier Voraussetzungen an die gesetzten Ziele sind erfüllt und haben ein entsprechendes Verhalten einer Person initiiert. Je nachdem, mit welchen Hindernissen oder Widrigkeiten ihr Verhalten verbunden ist, stellt sich dann die

Frage, wie engagiert die Person an ihrem Verhalten auch weiterhin festhält. Diese Selbstregulierung des eigenen Verhaltens ist im Hinblick auf die bestehenden Zielkonflikte und die Einschränkung des Handlungsspielraums von entscheidender Bedeutung: Da für sie die so gesetzten Ziele lediglich langfristig aber nicht kurzfristig vorteilhaft sind, setzt ihre Realisierung eine entsprechend langfristige Verhaltensintention voraus. Die Person muss also permanent ihr Verhalten überprüfen und auf ihre langfristige Zielerreichung hin steuern. Sie benötigt einen strategischen Plan.

In der psychologischen Literatur hat Kanfer (1970) diesen Selbstregulierungsprozess und die damit verbundene sukzessive Überprüfung und Korrektur der strategischen Selbstplanung näher untersucht. Er teilt ihn in drei Phasen ein:

- In der Phase der Selbstbeobachtung sammelt die Person Informationen über ihr bisheriges Verhalten. Diese Informationen resultieren entweder direkt aus den Ergebnissen ihres Handelns oder beruhen auf einer expliziten Verhaltensbeurteilung durch Dritte. Die Rückkopplungen über ihr bisheriges Verhalten sind im Hinblick auf die Steuerung ihres zukünftigen Verhaltens von entscheidender Bedeutung: Sie ermöglichen es der Person, aus ihrem bisherigen Verhalten zu lernen.
- In der Phase der Selbstbeurteilung dienen ihr diese Informationen dann zur Reflexion ihrer bisherigen Zielerreichung. Sie vergleicht hierzu ihr angestrebtes Ziel mit den derzeitigen Ergebnissen ihres Handelns.
- In der Phase der Selbstreaktion sind je nach dem Ergebnis ihrer Selbstbeurteilung verschiedene Reaktionen möglich. Zum einen kann sich aufgrund des bisherigen Verhaltens eine Zufriedenheit oder Unzufriedenheit über das bisher Erreichte einstellen. Zum anderen kann die Selbstbewertung der Person aber andere Eigenreaktionen hervorrufen wie beispielsweise die Korrektur des bisherigen Verhaltens oder eine Neuverpflichtung zu ihrem künftigen Verhalten.

4.4.5 Motivationale Verzerrungen

Im obigen Beispiel von Odysseus funktioniert das Selbstmanagement und er und seine Besatzung überleben. Selbstmanagement funktioniert aber nicht immer so gut, und jeder kennt das aus eigener Erfahrung: Am Morgen nach einem großen Dinner weiß man, dass man doch wieder zuviel gegessen hat, am Morgen nach einer

Party zeigen einem seine Kopfschmerzen, dass man entgegen besserem Wissen doch zuviel getrunken hat. In all diesen Fällen handelt es sich um Situationen, in denen wir zwar wissen, 'was wir tun wollen', dies aber mit dem konkurriert, 'was wir tun sollten'.

Im Unterschied zu den kognitiven Verzerrungen, die wir im dritten Kapitel eingehend im Zusammenhang mit Wahrnehmungs- und Lernprozessen diskutiert haben, handelt es bei diesen Verhaltenstendenzen um **motivationale Verzerrungen**: Sie entstehen, wenn eine Person aufgrund ihrer temporären Ziele Entscheidungen trifft, die inkonsistent mit ihrer langfristigen Nutzenmaximierung sind. Nach unseren bisherigen Ausführungen zum Selbstmanagement können solche motivationalen Verzerrungen zwei Ursachen haben:

(1) Zum einen können sie die Folge kognitiver Verzerrungen sein. Wenn beispielsweise im Rahmen der mentalen Buchführung die Ausgaben einer Person unterschiedlichen mentalen Konten zugeordnet werden, wird ihr Handeln einer dritten Person je nach Zuordnung inkonsistent erscheinen. Für die Person selbst sind diese motivationalen Verzerrungen allerdings das Ergebnis eines kognitiven Kosten-Nutzen-Kalküls, sie optimiert ihren kognitiven Aufwand bei der eigentlichen Entscheidungsfindung.

(2) Zum anderen können motivationale Verzerrungen auch dann auftreten, wenn die Selbstregulierung der Person fehlschlägt. In diesem Fall sind bestimmte Verhaltensweisen wie Inkonsistenzen, Selbstbetrug oder Willensschwäche das Ergebnis.

Adam Smith und motivationale Verzerrungen im Verhalten

In realen Entscheidungssituationen verhalten sich Personen oft entgegen ihren eigenen Interessen, obwohl sie sich dessen voll bewusst sind. Ein besonders extremes Beispiel hierfür ist der Süchtige, der weiß, dass die erneute Einnahme einer Droge sehr schädlich für ihn ist, und dennoch der Versuchung erliegt. In solchen Fällen ist die kurzfristige Nutzenmaximierung also inkonsistent mit der langfristigen Nutzenmaximierung. Adam Smith, der zwar den Eigennutz als grundlegendes Prinzip vieler seiner Gedanken gemacht hat, beschreibt diesen internen Konflikte einer Person in Bezug auf sexuelles Verlangen wie folgt:

"At the very time of acting, at the moment in which passion mounts the

highest, he hesitates and trembles at the thought of what he is about to do; he is secretly conscious to himself that he is breaking through those measures of conduct which in all his cool hours, he had resolved never to infringe, which he had never seen infringed by others without the highest disapprobation, and the infringement of which, his own mind forebodes, must soon render him the object of the same disagreeable sentiments." (S.227)

Loewenstein (1996) bemerkt, dass es Berufe gibt, bei denen die besondere Fähigkeit eines Mitarbeiters darin besteht, die motivationalen Verzerrungen potentieller Kunden auszunutzen. "Automobile salespersons, realtors, and other professionals who use 'high pressure' sales tactics, for example, are skillful manipulators of emotions." (S.274)

Quelle: Smith (1759) und Loewenstein (1996)

Wie können wir nun im zweiten Fall motivationale Verzerrungen aufgrund unseres bisherigen Menschenbildes erklären? Welche Implikationen haben diese Verhaltenstendenzen für die Anwendung der deskriptiven Entscheidungstheorien in den letzten beiden Abschnitten?

Um diese Fragen zu beantworten, greifen wir auf die Arbeit von March (1978, S.589) zur beschränkten Rationalität zurück, in der er auf zwei Annahmen hinweist, die implizit unserem Erwartungsnutzenmodell zugrunde liegen: "Rational choice involves two kinds of guesses: guesses about future consequences of current actions and guesses about future preferences for those consequences". Während wir uns mit der Bildung eines Wahrscheinlichkeits- und Werturteils und den damit verbundenen kognitiven Verzerrungen eingehend im dritten Kapitel beschäftigt haben, wollen wir uns im Folgenden der Frage nach der Beurteilung der Präferenzen eines Entscheiders genauer zuwenden.

Ausgangspunkt unserer bisherigen Betrachtungen war ein Entscheider, dessen Präferenzen exogen gegeben und zeitlich stabil waren und der den Konsequenzen aus seinem Handeln eindeutig Werte zuordnen konnte. Im Zusammenhang mit dem Bild des komplexen Menschen im ersten Kapitel haben wir aber bereits darauf hingewiesen, dass die individuellen Bedürfnisse einer Person durchaus Veränderungen unterliegen können und damit zeitlich instabil sind. Berücksichtigen wir die eingeschränkte Rationalität der Person, dann kann es nach March (1978, S.598) durchaus zu einer motivationalen Verzerrung kommen: "Limitations of memory organization and retrieval of information capacity affect information processing about preferences just as they affect information processing about consequences. ... Human beings have unstable, inconsistent, incompletely evoked, and imprecise goals at least in part because human abilities limit preferences orderliness."

Die Grenzen der Rationalität betreffen also nicht nur die kognitiven Fähigkeiten einer Person, sondern auch ihre motivationalen Grenzen: Ihre kurzfristigen Wünsche stehen den langfristigen entgegen, Motivation und Kognition kollidieren. Auf diese 'Schwäche im Willensakt' hat insbesondere Selten (1990, S.651) hingewiesen: "The motivational limits of rationality are due to a separation of cognition and decision. The problem is known in philosophy under the name of 'acrasia' or 'weakness of the will'. A person may know very well what action is best for him and yet may find himself unable to take it".[22]

4.4.6 Egonomics

Voraussetzung für das Auftreten motivationaler Verzerrungen aufgrund einer fehlgeschlagenen Selbstregulierung muss die Existenz konkurrierender Ziele einer Person sein: Harmonieren die Ziele, die eine Person zur Grundlage ihres Verhaltens wählen kann, dann besteht nämlich kein Problem der Selbstregulierung. Erst dann, wenn sie in Konflikt miteinander stehen, kann es zu inkonsistentem Verhalten und motivationalen Verzerrungen kommen.

Entsprechend unseren Ausführungen im ersten Kapitel können wir die Existenz verschiedener Ziele einer Person auf unterschiedliche Persönlichkeiten zurückführen. In diesem Sinne treten also motivationale Verzerrungen aufgrund verschiedener Egos oder Persönlichkeiten einer Person auf, McIntosh (1969) nennt sie auch Energiesysteme: "The idea of self-control is paradoxical unless it is assumed that the psyche contains more than one energy system, and that these energy systems have some degree of independence from each other". Die Geschichte von Dr. Jekyll und Mr. Hyde ist hierfür ein illustratives Beispiel, aber natürlich kennt jeder solche inneren Konflikte auch aus dem eigenen Alltag. Schelling (1978; 1984) diskutiert eine Vielzahl solcher alltäglichen motivationalen Verzerrungen und kommt zu dem Schluss (1978, S.290): "Many of us have little tricks we play on ourselves to make us do the things we ought to do or keep us from things we ought to foreswear."

Unterstellen wir, dass jede Persönlichkeit durch ein unterschiedliches Präferenzsystem der Person repräsentiert wird, dann können wir in diesem Kontext die Meta-Entscheidung bezüglich ihrer persönlichen Ziele auch als endogene Präferenzbildung interpretieren:[23] Die Person entscheidet sich in einer bestimmten Situation bewusst für ein Präferenzsystem und bewertet damit die sich ihr bietenden Handlungsalternativen. Wie aber bestimmt eine Person ihre Präferenzen? Wovon hängt die Wahl einer Präferenz ab? Und wie kann die Person sicherstellen, dass sie ihre Entscheidungen auch tatsächlich entsprechend dieser ausgewählten Präferenz trifft?

Um diese Fragen zu beantworten, ist es sinnvoll, zwei verschiedene innere Konfliktsituationen zu unterscheiden: Im ersten Fall handelt es sich um konkurrierende Präferenzen, die zum gleichen Zeitpunkt relevant sind. Im zweiten Fall existiert ein Konflikt zwischen den gegenwärtigen und zukünftigen Präferenzen einer Person.

Betrachten wir zuerst den Fall eines zeitpunktbezogenen Konflikts zwischen mehreren gleichrangigen Präferenzen. Um den Konflikt zwischen diesen Präferenzen zu lösen, schlägt Sen (1974) ein hierarchisches Präferenzsystem vor, ähnlich dem im zweiten Kapitel diskutierten Zielsystem: Unmittelbar verhaltensrelevante Präferenzen auf der untersten Hierarchiestufe werden aus Meta-Präferenzen auf der darüber liegenden Hierarchiestufe abgeleitet. Diese Meta-Präferenzen sind Präferenzen über Präferenzen, also Präferenzen über die verschiedenen Persönlichkeiten einer Person. Ein Mitarbeiter, der unbedingt Feierabend machen möchte, hilft seinem Kollegen noch aus, weil er eine Meta-Präferenz für Kollegialität besitzt. Analog können die Meta-Präferenzen auf der zweiten Ebene aus denen der nächsthöheren Ebene abgeleitet werden.

Eine andere Lösung des inneren Konflikts schlägt Winston (1980) vor. Er betrachtet ein Modell, in dem eine Person zwei Präferenzfunktionen besitzt, die jeweils zu unterschiedlichen Zeitpunkten verhaltensrelevant sein können: Ein Workaholic zieht beispielsweise bei der einen Präferenzfunktion eine zusätzliche Überstunde gegenüber einem pünktlichen Feierabend stärker vor als bei seiner zweiten Präferenzfunktion. Im Unterschied zu Sen geht Winston nicht davon aus, dass die Person eine Meta-Präferenz besitzt, sondern er nimmt an, dass die Person je nach ihrer momentanen Stimmung festlegt, welches der beiden Präferenzsysteme zu diesem Zeitpunkt für ihr Verhalten relevant ist. Da die Stimmungen der Person zeitlich nicht konstant sind, ändert sich somit ihr Verhalten im Zeitablauf. Obwohl die Präferenzen der Person also zu jedem Zeitpunkt konsistent sind, erscheint ihr Handeln langfristig widersprüchlich, kurzsichtig oder willensschwach.

Durch die jeweils situationsabhängige Wahl einer Präferenzfunktionen ist das Verhalten der Person myopisch. Einem **myopischen Verhalten** liegen ausschließlich die gegenwärtig relevanten Präferenzen zugrunde, so dass nur die kurzfristige Bedürfnisbefriedigung für die Person relevant ist. Winston zeigt, dass in diesem Fall eine Selbstbindung der Person an eine langfristige Verhaltensstrategie ihren Nutzen verbessert. Dieses Ergebnis stützt nach Winston (1980, S.322) die Annahme der Existenz einer Meta-Präferenz, indem "counterpreferential behavior is based on metapreferences, derived from one's endurance for more than a single moment in time".

Inwieweit eine Person sich tatsächlich an eine solche langfristig nutzenmaximale Präferenz binden kann, untersuchen Thaler und Shefrin (1981) in ihrer Theorie der Selbstkontrolle. Sie betrachten eine zweistufige Hierarchie von Präferenzfunktionen: Auf der untersten Ebene liegen die unmittelbar verhaltensrelevanten myopischen Präferenzen. Sie sind kurzfristig orientiert, strikt egoistisch und kurzsichtig. Auf der darüberliegenden Ebene befinden sich die Meta-Präferenzen, die die langfristigen Ziele der Person repräsentieren. Die beiden Autoren zeigen, dass durch die Vorgabe von Verhaltensregeln oder die Einengung des Handlungsspielraums die Meta-Präferenzen für die Person verhaltensbindend werden können.

Welche Strategien und Taktiken eine Person anwenden sollte, um ihre selbst gesetzten Ziele trotz Konflikten mit anderen Zielen auch tatsächlich umzusetzen, hängt immer von der jeweiligen Situation ab. Schelling (1984, S.6f) macht verschiedene Vorschläge, z.B. folgende: "Commit or contract: order your lunch in advance. ... Arrange delays: the crises may pass before the time is up. ... Use buddies and teams: exercise together, order each other's lunches. ...".

Welche motivationalen Verzerrungen auftreten können, wenn eine solche Zielbindung nicht das kurzfristige myopische Verhalten einschränkt, zeigt das folgende Beispiel:[24] Ein Forschungsmitarbeiter in einem Pharmaunternehmen arbeitet an der Entwicklung eines neuen Medikaments. Am Ende des Jahres, zum Zeitpunkt T, muss das Projekt auf jeden Fall beendet sein. Nun überlegt der Mitarbeiter, ob er vor der Beendigung des Projektes noch eine kleine Versuchsserie starten soll. Diese dauert einen Tag. Seine Entscheidung, ob und wann er diese Versuchsreihe durchführt, sei durch die folgenden Rahmenparameter beschrieben: Führt er die Testreihe nicht durch, ist sein privater Nutzen U am Ende des Projekts auf Null normiert. Führt er die Versuchsreihe an irgendeinem Tag vor dem 1. Januar durch, entstehen ihm Arbeitskosten, die er mit $e > 0$ bewertet. Allerdings würde er in diesem Fall durch die frühzeitige Beendigung des Projekts einen zusätzlichen Bonus erhalten. Dieser Bonus ist abhängig von der verbleibenden Zeit bis zum festgeschriebenen Projektende. Sei $b > 0$ die Rate, mit der er diesen Bonus täglich bewertet. Weiterhin nehmen wir an, dass der Mitarbeiter immer dann, wenn er die Versuchsreihe durchführen will, andere Aufgaben, die dadurch unerledigt bleiben, für ganz besonders wichtig hält. Ein paar Tage vorher waren diese Aufgaben allerdings stets weniger wichtig für ihn. Wir nehmen daher an, dass er die tatsächlichen Kosten für die Durchführung der Versuchsreihe um einen Faktor $\delta > 0$ überbewertet.

Wie sieht unter diesen Rahmenbedingungen das Verhalten des Mitarbeiters aus? Betrachten wir zunächst den Zeitpunkt, bis zu dem es sich für ihn auf jeden Fall lohnen würde, das Projekt frühzeitig zu beenden. Er vergleicht hierzu die Kosten e mit dem zusätzlichen Bonus, der sich zum Zeitpunkt t auf $b \cdot (T - t)$ summiert. Solange also

$$b \cdot (T - t) \geq e$$

ist, sollte er die Versuchsreihe durchführen. Der damit für ihn letzte Zeitpunkt ist also durch die Identität von Kosten und Nutzen gegeben, also bei $T - e/b$. Legt er seiner Entscheidung eine langfristige Kosten-Nutzen-Analyse zugrunde, würde er natürlich das Projekt gleich zum erstmöglichen Zeitpunkt beenden, da in diesem Fall sein zusätzlicher Bonus aus einer frühzeitigen Beendigung am größten wäre.

Betrachten wir nun die Entscheidung des Mitarbeiters, wenn er myopische Präferenzen hat und damit seiner Entscheidung eine kurzfristige Kosten-Nutzen-Betrachtung zugrunde legt. Sei t^* derjenige Zeitpunkt, der für ihn aus Kosten-Nutzen-Perspektive optimal wäre. Dann ist sein Nutzen, wenn er die Versuchsreihe zum Zeitpunkt $t = t^*$ durchführt, gegeben durch

$$U(t^*) = b \cdot (T - t^*) - e \cdot (1 + \delta).$$

Wenn der Mitarbeiter allerdings wartet und das Projekt zu einem späteren Zeitpunkt $t \geq t^* + 1$, $t < T$ beendet, ist sein Nutzen

$$U(t) = b \cdot (T - t) - e,$$

da für ihn der zusätzliche Kostenfaktor δ heute nicht relevant ist. Am letzten Tag des Jahres lohnt sich für ihn eine Testreihe nicht mehr und sein Nutzen ist

$$U(T) = 0.$$

Die Entscheidung des Mitarbeiters über die Durchführung der Testreihe am Tag t^* ergibt sich durch den Vergleich seines Nutzens $U(t^*)$ an diesem Tag und seinem Nutzen $U(t^* + 1)$, lieber noch einen Tag zu warten. Damit wird der Mitarbeiter aber seine Entscheidung auf den nächsten Tag verschieben, wenn die Bedingung

$$b < e \cdot \delta$$

erfüllt ist. Wenn also der zusätzliche Bonus b klein ist relativ zu den jeweiligen Entscheidungspunkten des Mitarbeiters oder wenn die zusätzlichen psychologischen Kosten $e \cdot \delta$ so groß sind, dass das Projekt nicht heute sondern morgen zu beenden ist, dann schiebt der Mitarbeiter das Projektende heraus. Ist dann der Zeitpunkt $T - e/b$ überschritten, wird er noch nicht einmal mehr über eine Verschiebung nachdenken.

Die Analyse zeigt, dass das Verhalten des Mitarbeiters dynamisch inkonsistent ist, wenn er sich nicht an sein langfristiges Ziel der Nutzenmaximierung bindet. Würde er der Entscheidung seine langfristigen Präferenzen zugrunde legen, würde er die Versuchsreihe sofort durchführen. Aufgrund seines kurzsichtigen Verhaltens, bei dem er sich jeweils für einen täglichen Aufschub entscheidet, entstehen dann aber motivationale Verzerrungen. Er berücksichtigt nicht, dass am nächsten Tag wieder dieselbe Entscheidung ansteht und wiederum dieselben psychologischen Kosten der Beendigung anfallen wie heute.

Die Expo und die Eskalation im Commitment

Im Jahr 2000 fand in Hannover die bis dahin größte Weltausstellung statt. In den vielen Jahren der Vorbereitung zeigte sich immer deutlicher, dass das ganze Projekt wohl nicht ohne immense finanzielle Verluste durchgeführt werden könnte. Dabei stieg die erwartete Größenordnung der Verluste kontinuierlich an. Obwohl diese Tatsache den (meisten) Entscheidungsträgern - also vor allen Dingen Mitgliedern der Bundes- und Landesregierung - bewusst gewesen sein dürfte, hielten sie beharrlich an dem Vorhaben fest. Die Gründe für dieses Beharren sind vielfältig. Es ist ein typisches Beispiel für die Eskalation des organisatorischen Commitments. Es handelt sich hier um eine eskalierende Situation in dem Sinne, dass ein verstärktes Engagement in ein verlustträchtiges Projekt die Verluste eher noch verstärkt.

Die Wissenschaftler Ross und Staw haben in diesem Zusammenhang die Expo 86 in Vancouver untersucht, bei der vergleichbare Phänomene auftraten. Damals stiegen die antizipierten Verluste von $ 6 Millionen im Jahre 1978 auf $ 300 Millionen im Jahre 1986. Im April 1984 empfahl sogar der Direktor der Messegesellschaft einen Abbruch des Projektes. Es lassen sich verschiedene Gründe anführen, warum das starke anfängliche Commitment bei der Expo 86 trotz der offensichtlichen ökonomischen Probleme zu einer Eskalation führte: Zunächst versprach die Regierung von British Columbia, dass die Weltausstellung, auch wenn sie nie als großer Geldbringer konzipiert war, dennoch 'good business' für die Region sei. Um glaubhaft zu bleiben, wollte man diese Aussage nicht widerrufen. Insbesondere nahm der Premierminister von British Columbia die Verantwortung auf seine Schultern und versuchte in öffentlichen Stellungnahmen eine positive Grundstimmung bezüglich der Weltausstellung auch in Krisenzeiten zu verbreiten. Mit weiter fortschreitenden Vorbereitungen und insbesondere den immer stärker ansteigenden Kosten wuchs der politische Druck auf den Premierminister und gleichzeitig durch sein starkes Commitment auch die politischen Kosten eines Abbruchs. Die Annahme, dass seine Wähler ein konsistentes Entscheidungsverhalten erwarteten, verstärkte seine Unterstützung der Expo 86 und wurde zugleich zu einer politischen Überlebensfrage für ihn.

Um das allgemeine Commitment zu steigern, ging man - ähnlich wie bei der Expo 2000 in Hannover - von unrealistischen Annahmen über die Besucherzahlen und somit die unmittelbaren Einnahmen aus. Dieser Trend verstärkte sich sogar noch, als deutlich wurde, dass die Finanzen den ursprünglich angenommenen Rahmen sprengen würden. Zudem gab es strukturelle Faktoren, die die Eskalation des Commitment im Zeitverlauf verstärkten. So waren zum Teil schon explizite und implizite Verträge mit den unterschiedlichsten Beteiligten an einer solchen Weltausstellung

geschlossen worden. 1984, als der Direktor der Messegesellschaft für einen Abbruch plädierte, waren bereits Verträge mit Ausstellern, Architekten, Mitarbeitern, Verkehrsbetrieben, etc. abgeschlossen, die nur noch mit hohen Folgekosten gekündigt werden konnten. Hinzu kamen Faktoren, die den Ruf Vancouvers und der gesamten Westküste betrafen: "Man bringt in British Columbia Projekte (erfolgreich) zum Abschluss, wenn man sie einmal angefangen hat."
Premierminister William Bennett trat am 7.August 1986 zurück.

Quelle: Ross und Staw (1986)

Dieses Verhaltensmuster lässt sich unmittelbar auf andere Situationen und Verhaltenstendenzen übertragen. Akerlof und Yellen (1991) untersuchen in einer ähnliche Analyse beispielsweise den kritiklosen Gehorsam gegenüber Autoritäten, Indoktrination oder die Eskalation von Verpflichtungen.

4.4.7 Selbstbetrug

Die endogene Präferenzbildung, die wir im letzten Abschnitt diskutiert haben, können wir auch als autonom beschreiben: Die Präferenz, die eine Person zur Grundlage ihres Handelns macht, hat sie in vollständiger Selbstbestimmung frei gewählt. In diesem Sinne ist die gewählte Präferenz Ergebnis eines Motivationsprozesses. Im Unterschied dazu wollen wir uns im restlichen Teil dieses Abschnitts mit einer zweiten Art der endogenen Präferenzbildung beschäftigen: Bei der opportunistischen Präferenzbildung ändert eine Person ihre Präferenzen als Ergebnis eines kognitiven Prozesses. Je nachdem, ob es sich dabei um einen Wahrnehmungs- oder Lernensprozess handelt, können wir zwei Mechanismen der opportunistischen Präferenzbildung unterscheiden:

(1) Im Falle eines Wahrnehmungsprozesses beruht die Präferenzänderung auf bestimmten Vorstellungen, die sich die Person von ihrer Entscheidungssituation macht. Hierbei nimmt sie die ihr verfügbaren Informationen selektiv auf und beurteilt sie so, dass sie ihren Wunschvorstellungen entsprechen.

(2) Im Falle eines Lernprozesses werden die Präferenzänderungen durch die Erfahrungen ausgelöst, die die Person in einer bestimmten Situation gemacht hat. Diese Erfahrungen werden von der Person subjektiv und verzerrt so beurteilt, dass sie in Übereinstimmung mit ihrem Wunschdenken sind.

Beide Mechanismen der opportunistischen Präferenzbildung führen zu einem Selbstbetrug der Person: Im ersten Fall steuert die Person ihre Präferenzen ex ante vor ihrem eigentlichen Handeln, in dem sie etwas zu glauben beschließt, obwohl sie eigentlich weiß, dass dieses nicht zutreffen kann. Im zweiten Fall kommt die Person ex post nach ihrem Handeln zu einer Einsicht über die Komponenten der Entscheidungssituation, so dass ihre künftigen Präferenzen konsistent sind mit dem, was sie sowieso schon immer wusste.

Beiden Mechanismen liegt zudem die Theorie der kognitiven Dissonanzen von Festinger (1957; 1964) zugrunde: Ausgangspunkt dieser Theorie ist die Annahme, dass jede Person ein Bedürfnis nach Harmonie mit sich selbst und ihrer Umgebung hat: Sie fühlt sich unwohl, wenn es eine Dissonanz gibt zwischen ihrem eigenen Bild von sich und der Realität. Solche Dissonanzen können z.B. bestehen, wenn es zu Inkonsistenzen des Verhaltens einer Person mit den eigenen Erwartungen, mit denen anderer Personen oder mit gesellschaftlichen Normen kommt. Oder es können Inkonsistenzen auftreten bei einem Konflikt zwischen dem eigenen Selbstbild und einer Kognition.

Das Bedürfnis nach Harmonie motiviert nun eine Person zu einer Reduktion solcher Dissonanzen. Ihr Ziel ist es, eine Konsistenz herzustellen in der kognitiven Repräsentation ihrer Umwelt und der eigenen Person. Diese führt dazu, dass die Person entweder Situationen meidet, die eine Verstärkung der Dissonanz bewirken könnten, oder Informationen selektiv und subjektiv so beurteilt, dass sie in Übereinstimmung mit ihrem Selbstbild stehen.

Weltuntergangsprophezeiungen
und der Umgang mit der Falsifikation

Immer wieder gibt es Führer von Glaubensgemeinschaften, die ihre Mitglieder und manchmal auch andere Mitmenschen mit Weltuntergangsprophezeiungen in Angst und Schrecken versetzen. Bis heute ist jedoch die Welt entgegen dieser Prophezeiungen nicht untergegangen.

Wie gehen die Weltuntergangsvorhersager mit ihrer Falsifikation um? Dieser Frage gingen Festinger et al. 1956 in einer Feldstudie nach. Die Forscher fanden heraus, dass durch eine Verstärkung des Glaubens, die durch zusätzliche Missionierungsanstrengungen erreicht werden sollte, eine Realitätsverzerrung, -vereinfachung oder gar -verleugnung bewirkt werden konnte. Dass diese Verzerrungen der Realität möglich sind, bestätigt nach Festinger und seinen Forscherkollegen die Hypothese, dass Menschen ein tiefes Bedürfnis nach Konsistenz ihres Selbstbilds und ihrer Wahrnehmung der Außenwelt haben. Bei den offensichtlich falschen Prophezeiungen des Weltuntergangs durch religiöse Führer muss es also zu einer weitreichenden, für Außenstehende kaum verständlichen Anpassung des eigenen geistigen und mentalen Systems gekommen sein.

Quelle: Festinger et al. (1956)

Im Folgenden werden wir nun die beiden oben angesprochenen Mechanismen der opportunistischen Präferenzbildung näher vorstellen und im Sinne der Theorie der kognitiven Dissonanzen untersuchen. Wir gehen dabei zunächst auf die Bedeutung der Vorstellungen von der Änderung der Präferenzen ein und betrachten dann den Einfluss der Erfahrungen der Personen.

Ex-ante Steuerung der Vorstellungen

Taylor (1989) argumentiert, dass viele Personen ein Bild von sich, ihrer Zukunft oder ihrer Umwelt haben, das verglichen mit der Realität viel zu optimistisch ist. Die Vorstellungen, die sie sich von einer bestimmten Entscheidungssituation bilden, sind in diesem Sinne positive Illusionen.

Im letzten Kapitel haben wir im Zusammenhang mit der Urteilsbildung auf einige dieser kognitiven Verzerrungen bereits hingewiesen. Bevor wir die Auswirkungen solcher positiven Illusionen auf das Verhalten einer Person näher untersuchen, stellen wir die damit verbundenen wichtigsten Erwartungseffekte im Folgenden vor:[25]

- Illusionäre Korrelation: Diese kognitive Verzerrung beschreibt die Tendenz einer Person, Beziehungen zwischen zwei Ereignissen nach Aspekten zu beurteilen, die keine Korrelation mit den tatsächlichen Zusammenhängen besitzen. Dadurch werden die tatsächlichen Beziehungen unterschätzt.
- Unrealistisches Selbstbild: Dieses Phänomen haben wir bereits im Zusammenhang mit den selbstwertdienlichen Attributionstendenzen einer Person im letzten Kapitel diskutiert. Demnach tendieren Personen dazu, ihre eigene Persönlichkeit und die eigenen Fähigkeiten positiver zu bewerten als sie tatsächlich sind.

- Illusion der Kontrolle: Personen glauben oftmals, dass sie Kontrolle über nicht kontrollierbare Ereignisse haben. Sie überschätzen damit ihren Einfluss auf das Ergebnis ihres Handelns und gehen tendenziell davon aus, mit ihrem Verhalten ein gewünschtes Ergebnis mit Sicherheit garantieren zu können.
- Unrealistischer Optimismus: Diese Verzerrung besagt, dass Personen über ihre eigene Zukunft bessere und optimistischere Vorstellungen haben als über die anderer Personen. Der Eintritt von negativen Ereignissen wird somit systematisch unterschätzt und die Wahrscheinlichkeit angenehmer Ereignisse überschätzt.

Welche Auswirkungen haben diese kognitiven Verzerrungen auf das Verhalten einer Person? Betrachten wir eine Person in ihrer Entscheidungssituation: Nach der Dissonanztheorie sind drei Faktoren für ihr Verhalten relevant: Erstens bildet sie sich eine Erwartung über die Rahmenbedingungen der Entscheidungssituation. Zweitens kann sie diese Erwartung in einem bestimmten Umfang kontrollieren bzw. manipulieren, so dass sie in Übereinstimmung mit den 'gewünschten" positiven Illusionen steht. Drittens wird sie diese Vorstellung nicht ohne weiteres korrigieren und der Realität anpassen, sondern hartnäckig an ihr festhalten.

Um aufzuzeigen, welche motivationalen Verzerrungen mit einer solchen aktiven Wahl zur Dissonanzreduktion verbunden sein können, betrachten wir das folgende illustrative Beispiel von Akerlof und Dickens (1982):

Ein Produktionsmitarbeiter in einer Unternehmung ist mit der Durchführung einer gefährlichen Aufgabe beauftragt. Wir nehmen an, dass er grundsätzlich die Erwartung hat, dass seine Arbeit sicher ist: "Nur eine Person, die nicht einigermaßen intelligent ist, würde einen Arbeitsplatz wählen, der gefährlich ist." Er wird sich daher nach der Dissonanztheorie Vorstellungen über die Gefährlichkeit seiner Arbeitsaufgabe machen, so dass diese wenn möglich im Einklang mit seinem Selbstbild sind. In diesem Kontext untersuchen wir nun die Frage, welche Auswirkungen diese ex-ante Steuerung seiner Vorstellungen auf die Benutzung von Sicherheitsmaßnahmen bei seiner Arbeit hat.

Zur Beantwortung dieser Frage modellieren wir das Beispiel wie folgt:[26] Der Produktionsmitarbeiter befindet sich in einer zweistufigen Entscheidungssituation. In der ersten Stufe bildet er sich zunächst eine Erwartung q^* über die Gefährlichkeit seiner Arbeitsaufgabe. Er weiß, dass mit einer Wahrscheinlichkeit von q ein Unfall eintreten kann. Die Kosten eines solchen Unfalls bewertet der Mitarbeiter mit c_a. In einer zweiten Stufe der Entscheidungssituation überlegt der Mitarbeiter dann, ob er in Schutzmaßnahmen investieren soll. Solche Sicherheitsmaßnahmen eliminieren die Unfallgefahr, sind allerdings mit Kosten c_s verbunden. Für die Übernahme dieser Kosten wird der Mitarbeiter mit einem entsprechend höheren Gehalt entschädigt. Wir nehmen an, dass die Kosten der Unfallvermeidung geringer sind als der erwartete Schaden für den Mitarbeiter, d.h. $q \cdot c_a > c_s$. Diese Annahme impliziert, dass der Mitarbeiter sich auf jeden Fall für die Nutzung der Sicherheitsmaßnahmen entscheiden würde, wenn er seine Wahl ohne kognitive Verzerrungen träfe.

Kognitive Dissonanzen zwischen seinen Erwartungen über die Gefährlichkeit der Aufgabe und seiner Überzeugung, nie eine solch gefährliche Aufgabe zu übernehmen, bestimmen die psychischen Kosten des Mitarbeiters. Wir nehmen an, dass er mit seinen Vorstellungen q^* die Angst f steuern kann, die sich aus diesem Ungleichgewicht ergibt. Zur Vereinfachung sei

$$f = \frac{q^*}{q}.$$

Seine Angst ist also maximal, wenn er sich der Gefährlichkeit vollständig bewusst ist, d.h. $f = 1$ bei $q^* = q$. Sie ist minimal, wenn er die Unfallgefahr negiert, d.h. $f = 0$ bei $q^* = 0$. Abhängig von dem Umfang seiner Angst bewertet er die psychischen Kosten mit $c_f \cdot f$.

Die Analyse des Mitarbeiterverhaltens folgt dem Kosten-Nutzen Kalkül: In der zweiten Entscheidungsstufe wird er sich für die Investition in Sicherheitsmaßnahmen entscheiden, wenn die damit verbundenen Kosten c_s geringer sind als die Kosten, die er ohne diese Maßnahmen hat. Letztere setzen sich zusammen aus seinen psychischen Kosten $c_f \cdot f$ sowie den erwarteten Kosten $q^* \cdot c_a$ bei einem Unfall, so dass er sich genau dann für die Sicherheitsmaßnahmen entscheidet, wenn

$$q^* \geq \frac{q \cdot c_s}{q \cdot c_a + c_f}.$$

Der Mitarbeiter wird also nur dann Unfallverhütungsmaßnahmen durchführen, wenn seine Vorstellungen über die Gefährlichkeit der Aufgabe hinreichend groß sind und die obige kritische Schranke überschreiten. Wie er seine Vorstellungen wählt, ergibt sich dann aus der Analyse seines Entscheidungsproblems in der ersten Stufe. Grundsätzlich hat er hierzu zwei Möglichkeiten:

1. Er wählt q^* unterhalb der kritischen Schranke. Dann wird er sich gegen die Sicherheitsmaßnahmen entscheiden und spart dadurch die Kosten c_s ein, trägt jedoch die erwarteten Unfallkosten in Höhe von $q \cdot c_a$. Da diese Kosten unabhängig von seinen Vorstellungen q^* sind, minimiert er seine psychischen Kosten, wenn er voll und ganz von der Sicherheit seiner Aufgabe überzeugt ist, $q^* = 0$. Insgesamt impliziert diese Handlungsoption also Kosten von

$$q \cdot c_a.$$

2. Alternativ kann der Mitarbeiter auch q^* oberhalb der kritischen Schranke wählen, so dass ihm die Aufgabe so gefährlich vorkommt, dass er auf jeden Fall in seine Sicherheit investiert. Da auch hier eine zu große Furcht mit übermäßigen psychischen Kosten verbunden wäre, wählt er in diesem Fall eine Erwartung, die identisch mit der obigen Schranke ist. Seine Gesamtkosten als Summe der Investition c_s sowie den psychischen Kosten sind dann

$$\frac{q^*}{q} \cdot c_f + c_s = \frac{c_s \cdot c_f}{q \cdot c_a + c_f} + c_s.$$

Vergleicht man diese Konsequenzen, die mit den beiden Handlungsalternativen verbunden sind, dann wird der Mitarbeiter genau dann seine kognitiven Dissonanzen reduzieren, wenn die Bedingung

$$q \cdot c_a - c_s < \frac{c_s \cdot c_f}{q \cdot c_a + c_f}$$

erfüllt ist. Die illusionären Vorstellungen einer sicheren Arbeit haben für den Mitarbeiter also einen positiven Nutzen, da er sich nicht dauernd der Gefahr seiner Arbeitsaufgabe bewusst ist. Ist der psychische Vorteil aus diesen Vorstellungen größer als die damit verbundene tatsächliche Unfallgefahr, reduziert der Mitarbeiter seine kognitiven Dissonanzen. Seine kognitiven Verzerrungen führen in diesem Fall also zu motivationalen Verzerrungen.

Ex-post Steuerung der Einsichten

Neben dieser Steuerung ihrer Vorstellungen über die Entscheidungssituation vor der eigentlichen Entscheidung kann eine Person auch im Nachhinein ihre Einsichten aus ihrem Handeln steuern. Da es auch hier zu Dissonanzen zwischen ihren Erfahrungen und ihren ursprünglichen Erwartungen kommen kann, besteht die Tendenz, diese Erfahrungen so zu beurteilen, dass sie ex post in Überstimmung mit ihren Erwartungen stehen. Nisbett u.a. (1982, S.116) kommen so in einem allgemeinen Kontext zu dem Ergebnis, "that the present research and examples drawn from everyday life show that some kind of information ... are habitually ignored by people."

Im Folgenden wollen wir nun zunächst diskutieren, inwieweit die Realisierung eines Ereignisses nachträglich die subjektiven Erwartungen, die sich eine Person über ihre Entscheidungssituation gebildet hat, beeinflussen kann. Wir zeigen dann auf, welche Auswirkungen sich daraus für ihre Präferenzbildung ergeben können.

"Das habe ich immer schon kommen sehen" ist ein Ausspruch, den jeder kennt. In unsere Terminologie übersetzt bedeutet er, dass eine Person nach Eintritt eines unsicheren Ereignisses nachträglich ihr Wahrscheinlichkeitsurteil systematisch verzerrt. Dieser Effekt wurde in zahlreichen psychologischen Experimenten untersucht und wird als sogenannte späte Einsicht, im englischen hindsight bias, bezeichnet. Fischhoff (1982, S.341) beschreibt diesen Effekt wie folgt: "In hindsight, people consistently tend to view what could have been anticipated in foresight. They not only tend to view what has happened as having been inevitable but also to view it as having appeared 'relatively inevitable' before it happened." Personen überschätzen demnach systematisch den Grad der Übereinstimmung ihres Wahrscheinlichkeitsurteils vor und nach dem Eintritt eines Ereignisses: Sie neigen dazu, schon immer gewusst zu haben, was passieren wird.

Unternehmenskonkurse
und die Auswirkung der späten Einsicht auf deren Prognose

"Hinterher ist man immer schlauer". Diese alltägliche Einsicht war Ausgangspunkt der experimentellen Untersuchungen von Buchman (1985). Ziel seiner Studien war es, die Auswirkung dieses Phänomens auf Entscheidungen zu untersuchen. Er ging dabei von der Hypothese aus, dass es Entscheidern in der Regel nicht gelingt, eine in der Vergangenheit liegende Entscheidungssituation unverzerrt einzuschätzen, nachdem die Entscheidung und ihre Konsequenzen bereits erfolgt sind.
In einem Experiment ließ Buchman hierzu Studenten von Master-Programmen, die zumindest zwei Kurse in Buchführung erfolgreich abgeschlossen hatten, die wirtschaftliche Lage eines realen Unternehmens anhand des Geschäftsberichts und

einiger relevanter finanzwirtschaftlicher Kennzahlen beurteilen. Ein Teil der Versuchspersonen sollte die Wahrscheinlichkeit angeben, mit der das Unternehmen entweder im nächsten Jahr insolvent wird, von einem anderen Unternehmen aufgekauft wird oder mit der es weder ein Insolvenzverfahren bekommt noch aufgekauft wird. Die Wahrscheinlichkeiten dieser drei Ereignisse sollten sich dabei zu 100% addieren. Ein anderer Teil der Versuchspersonen bekam die gleichen Finanzinformationen über das Unternehmen zur Verfügung gestellt, allerdings mit der zusätzlichen Information, dass das Unternehemen bereits in Konkurs gegangen sei. Diese Versuchspersonen wurden gebeten, von der zusätzlichen Information zu abstrahieren und lediglich auf Basis der Daten des Vorjahres eine Einschätzung der Wahrscheinlichkeiten für Insolvenz, Aufkauf oder Weiterbestehen abzugeben.
Es zeigte sich, dass die zweite Gruppe der Versuchspersonen die Wahrscheinlichkeit eines Konkurses signifikant höher einschätzte als die Gruppe von Studenten, denen der Konkurs gar nicht bekannt war. Erstere waren also trotz ausdrücklicher Aufforderung nicht in der Lage, von ihrem Wissen der Insolvenz zu abstrahieren.

Quelle: Buchman (1985)

Die obige Studie zeigt, dass eine späte Einsicht nicht nur im Alltagsleben auftritt, sondern auch im Geschäftsleben. Für den Arbeitskontext seien die folgenden beiden Beispiele angeführt: Betrachten wir einen Vorgesetzten, der aufgrund eines Personalengpasses einen neuen Mitarbeiter in seiner Abteilung einstellt, obwohl dieser nicht hundertprozentig alle erforderlichen Qualifikationen mitbringt. Angenommen, die ersten Arbeitsergebnisse des Mitarbeiters sind ausgesprochen schlecht. Wer würde da nicht sagen, dass diese Entwicklung ja vorauszusehen war bei einem Mitarbeiter, der nicht der richtige ist. Oder betrachten wir einen Marketingleiter, der einem Mitarbeiter eine Marktstudie zur Aufgabe stellt und nach sechs Monaten die ersten Ergebnisse präsentiert bekommt. Eine Aussage nach der Präsentation wie die folgende zeigt, welche Implikationen die späte Einsicht haben kann: "Warum haben Sie eigentlich so lange für diese Studie gebraucht? Die Ergebnisse, die Sie uns vorgetragen haben, hätte ich Ihnen auch gleich sagen können!"

Als Erklärungen für diese Verzerrungen können wir unmittelbar auf die Theorie der kognitiven Dissonanzen zurückgreifen: Eine smarte Person wird im Nachhinein natürlich immer gewusst haben, warum ein Ereigniss so und nur so passieren musste. Andere Erklärungsversuche knüpfen an die im letzten Kapitel diskutierten Heuristiken der Repräsentation und der Verfügbarkeit an:[27] Zum einen besteht nach der Heuristik der Repräsentation die Tendenz, die Bedeutung eines bestimmten Sachverhalts um so stärker zu beurteilen, je repräsentativer er für das tatsächlich eingetretene Ereignis ist. Zum anderen werden nach der Heuristik der Verfügbarkeit diejenigen Sachverhalte, die mit dem eingetretenen Ergebnis konsistent sind, dem Beurteilenden im Nachhinein stärker ins Auge fallen als solche Sachverhalte, die keine Unterstützung für das Ergebnis liefern.

Solche kognitiven Verzerrungen, die aus den selektiven Erfahrungen einer Person mit ihrem vergangenen Verhalten resultieren, können natürlich zu motivationalen Verzerrungen bezüglich ihres zukünftigen Verhaltens führen. In der Literatur werden diese Veränderung der Präferenzen einer Person auch als adaptive Präferenzbildung bezeichnet. Cross (1983, S.5) kommt in seiner 'Theorie eines adaptiven ökonomischen Verhaltens' zu dem Ergebnis, dass "the existence of feedback mechanisms that use historical successes and failures as guides, directing individuals into behavioral paths that, in the light of experience, have had the greatest payoffs. Over the long run, any of such adaptive mechanisms ... introduces the possibility that a great deal of behavior is not optimal".

Adaptive Präferenzänderungen können grundsätzlich in zwei Richtungen verlaufen:

- Zum einen kann eine Person ihre Präferenzen an die bestehenden Möglichkeiten anpassen. Negative Erfahrungen führen hier zu einem Phänomen, das Boulding (1979, S.15) 'Effekt der sauren Trauben' genannt hat: Der Fuchs in Lafontaines Fabel entschloss sich, die Trauben, die außerhalb seiner Reichweite hingen, als sauer zu betrachten, also als nicht wünschenswert. Eine Person korrigiert so aufgrund ihrer negativen Erfahrungen ihre Ziele nach unten, weil sie weiß oder glaubt, dass sie diese sowieso nicht erreichen kann. Aus Sicht der Theorie kognitiver Dissonanzen reduziert die Person so ihre psychischen Kosten.[28]
- Zum andern kann eine Person ihre Wünsche auch an denjenigen Gütern ausrichten, die außerhalb ihrer bestehenden Möglichkeiten stehen. In Analogie zu den sauren Trauben könnte man hier von einem 'Effekt der verbotenen Früchte' sprechen. In diesem Fall verstärken die positiven Erfahrungen einer Person ihre Präferenzen. Weil ihr Verlangen nach diesen Gütern immer größer wird,

korrigiert sie ihre Ziele sukzessive nach oben. Das folgende Beispiel aus dem Arbeitskontext illustriert sehr prägnant, wie Mitarbeiter ihre Einkommensvorstellungen immer weiter nach oben anpassen.

Adaptive Präferenzbildung
und die Auswirkungen höherer Löhne auf die Arbeitszufriedenheit

In der empirischen Literatur gibt es eine Reihe von Studien, die den Einfluss von Lohnänderungen auf die Arbeitszufriedenheit von Mitarbeitern untersuchen. Im Rahmen unseres ökonomisch-psychologischen Verhaltensmodells wäre zu erwarten, dass ein positiver Zusammenhang zwischen Lohnzuwachs und Zufriedenheit mit der Tätigkeit besteht. Allerdings zeigen die empirischen Arbeiten diesbezüglich kein eindeutiges Ergebnis: So gab es Forschungsarbeiten, die zeigten, dass derartige Effekte bei älteren Arbeitern weniger stark festzustellen sind als bei jüngeren oder bei Männern stärker ausgeprägt sind als bei Frauen.
Im Unterschied zu den bisherigen Arbeiten legen Groot und Maassen van den Brink (1999) ihrer empirischen Studie eine adaptive Präferenzbildung der Mitarbeiter zugrunde. Sie gehen davon aus, dass sich die Präferenzen eines Mitarbeiters durch eine Lohnerhöhung adaptiv verändern. Demnach erhöht zwar ein höherer Lohn kurzfristig die Arbeitszufriedenheit eines Mitarbeiters, aber da sich gleichzeitig damit auch seine Ansprüche und Präferenzen verändern, verringert sich dieser Effekt und hebt sich gegebenenfalls auf. Eine Gewöhnung an den gestiegenen Lohn spielt somit langfristig für die Zufriedenheit mit der Tätigkeit keine Rolle. Wir sprechen hier von einem Präferenzdrift bei der Arbeitszufriedenheit.
In ihrer empirischen Studie konnten Groot und Maassen van den Brink diesen Zusammenhang zwischen Lohnänderungen und Arbeitszufriedenheit bestätigen. Mit Daten des britischen Haushaltspanels zeigten sie, dass eine Lohnerhöhung zu einem entsprechenden 'Präferenzdrift' bei der Arbeitszufriedenheit führt.

Quelle: Groot und Maassen van den Brink (1999)

4.5 Zusammenfassung

Ziel dieses vierten Kapitels war es, die Bedeutung der situativen und personellen Faktoren für das individuelle Arbeitsverhalten eines Mitarbeiters eingehender zu untersuchen. Grundlage unseres strukturellen Verhaltensmodells war die Annahme, dass das Verhalten des Mitarbeiters durch das interaktive Zusammenspiel seiner subjektiven Wert- und Wahrscheinlichkeitsurteile bestimmt wird. Die darauf aufbauenden Verhaltensmodellierungen bezeichneten wir als Erwartungsnutzentheorien. Verhaltensmaxime bildeten dabei die individuelle Nutzenmaximierung: Der Mitarbeiter vergleicht entsprechend seinen Beurteilungen die verschiedenen Alternativen, die ihm zur Verfügung stehen, und wählt diejenige Alternative aus, die seinen Präferenzen am ehesten entspricht.

Die beschränkten kognitiven Fähigkeiten haben dabei zwei Auswirkungen auf sein Arbeitsverhalten: Zum einen können sich indirekte Implikationen aufgrund kognitiver Urteilsverzerrungen ergeben. Dies führt zu einer falschen Einschätzung der ihm zur Verfügung stehenden Handlungsalternativen und bedingt somit Entscheidungen, die nicht nutzenmaximal sind. Zum anderen können sich je nach der Komplexität seines Entscheidungsproblems direkte Auswirkungen ergeben. In diesem Fall entscheidet sich der Mitarbeiter nicht aufgrund einer expiziten Nutzenmaximierung, sondern greift auf Heuristiken zurück, die ihm eine einfachere Entscheidungsfindung erlauben. Insgesamt haben wir diese Grundannahmen an das Verhalten eines Mitarbeiters im Menschenbild des REMM zusammengefasst: Der Mitarbeiter entscheidet sich eigenständig im Rahmen seiner beschränkten Rationalität für diejenige Handlungsalternative, die aufgrund der damit verbundenen Konsequenzen innerhalb seines Handlungsspielraums für ihn die beste ist.

Ausgangspunkt unserer Modellierung des individuellen Entscheidungsverhaltens war die Erwartungsnutzentheorie von von Neumann und Morgenstern. Drei Annahmen an die Präferenzen eines Entscheiders garantieren demnach, dass er diejenige Alternative wählt, die ihm den höchsten erwarteten Nutzen verspricht. Der erwartete Nutzen einer Handlungsalternative ergibt sich dabei als Summe der subjektiven Werte der daraus resultierenden Konsequenzen, gewichtet mit den jeweiligen Eintrittswahrscheinlichkeiten.

Um tatsächliches Entscheidungsverhalten zu erklären, haben wir die Theorie von von Neumann und Morgenstern um verschiedene psychologische Komponenten erweitert. Grundlegend für diese subjektive Erwartungsnutzentheorien war die Überlegung, dass ein Entscheider die Eintrittswahrscheinlichkeit von Konsequenzen entsprechend einer Wahrscheinlichkeitsgewichtefunktion subjektiv beurteilt. Drei dieser Theorien haben wir diskutiert: Die Prospect-Theorie von Kahneman und Tversky, die rangabhängige Nutzentheorie von Quiggin sowie die kumulative Prospect-Theorie von Tversky und Kahneman. Darüber hinaus haben wir die Erwartungsnutzentheorien um Disappointment- und Regret-Effekte erweitert und so emotionale Faktoren bei der Beurteilung des Nutzens einer Konsequenz berücksichtigt.

Die Erwartungsnutzentheorie von von Neumann und Morgenstern haben wir dann zu einer Theorie des individuellen Arbeitsverhaltens eines Mitarbeiters weiterentwickelt. Drei zusätzliche Komponenten mussten wir hierzu integrieren: Erstens wird ein Mitarbeiter die Konsequenzen aus seinem Arbeitsverhalten im Allgemeinen anhand mehrerer Zielvorstellungen bewerten. Hierzu kann er entweder eine nicht-kompensatorische Entscheidungsregel anwenden, bei der er seiner Auswahl lediglich bestimmte Zielkriterien zugrunde legt, oder er kann bei einer kompensatorischen Entscheidungsregel seine Ziele gegeneinander abwägen und sich für diejenige Alternative entscheiden, die ihm den größten erwarteten Nutzen garantiert. Zweitens erhält der Entscheidungsprozess des Mitarbeiters eine zusätzliche Zwischenstufe, da das Arbeitsergebnis, das aus seinem Handeln resultiert, erst die für ihn relevanten Konsequenzen bestimmt. Die Eintrittswahrscheinlichkeit der Konsequenzen ergibt sich somit aus der Erreichbarkeit und der Instrumentalität der Arbeitsergebnisse. Drittens wird der Mitarbeiter bei der Bewertung der einzelnen Handlungsalternativen auch die Ressourcen mit einbeziehen, die für ihn mit der Umsetzung dieser Alternativen verbunden sind. Durch Integration dieser drei Komponenten in die Theorie des individuellen Entscheidungsverhaltens konnten wir ein allgemeines strukturelles Modell des individuellen Arbeitsverhaltens herleiten. Als Spezialfall umfasste dieses Modell sowohl das VIE-Modell der Arbeitsmotivation von Vroom als auch das Modell der Leistungsmotivation von Atkinson.

Die aktive Wahl ihrer Präferenzen oder ihrer Verhaltenseinschränkungen haben wir dann als Selbstmanagement einer Person untersucht. Im Prozess des Selbstmanagements trifft sie zunächst eine Meta-Entscheidung, die sie ihrem eigentlichen Handeln zugrunde legt. Die Umsetzung der so ausgewählten Handlungsalternative bedingt dann eine Selbstregulierung der Person in der Phase der Realisierung.

Innerhalb dieses Selbstmanagementprozesses haben wir verschiedene Phänomene analysiert:

Zunächst haben wir untersucht, wie wir die Meta-Entscheidung einer Person im Rahmen des individuellen Entscheidungsmodells als Kosten-Nutzen-Abwägung zwischen verschiedenen Entscheidungs- bzw. Beurteilungsregeln verstehen können. In einem kognitionspsychologisches Modell haben wir die Kosten und Nutzen verschiedener Regeln durch ihre Genauigkeit und den damit verbundenen kognitiven Aufwand operationalisiert. Charakteristika des Entscheidungsproblems, der Entscheidungssituation oder der Persönlichkeit des Entscheiders bedingen dann die Selektion einer geeigneten Regel.

Normgeleitetes Verhalten haben wir im Rahmen des Selbstmanagements als Wahl einer Entscheidungsregel interpretiert, bei der sich eine Person an soziale Normen hält, die ihr von außen vorgegeben sind. Im Arbeitskontext ist ein Mitarbeiter verschiedenen sozialen Einflüssen ausgesetzt: Die Arbeitsgruppe kann so die subjektive Erwartungsbildung, die Arbeitsanreize sowie die Arbeitsziele eines Mitarbeiters beeinflussen. Eine Konformität mit diesen Erwartungen kann als eine fallweise Verhaltensanpassung bzw. genuine Regelbefolgung interpretiert werden. Im ersten Fall wägt der Mitarbeiter entsprechend den Rahmenbedingungen der jeweiligen Situation die erwarteten Vor- und Nachteile einer Normbefolgung bzw. Normverletzung ab. Im zweiten Fall entscheidet sich der Mitarbeiter im Rahmen seines Selbstmanagements langfristig für eine Verhaltensregel. Hier stellt er den langfristig erwarteten Nutzen aus einem regelgeleiteten Verhalten, der z.B. aus einem reduzierten kognitiven Aufwand oder einer verbesserten sozialen Koordination und Entscheidungsfindung resultieren kann, dem erwarteten Nutzen entgegen, der sich bei einer fallweisen Verhaltensanpassung ergibt.

Die Wahl eines Bewertungsschemas bei der Beurteilung von Konsequenzen, die wir als mentale Buchhaltung bezeichneten, haben wir ebenfalls als Meta-Entscheidung einer Person interpretiert, mit der sie spätere finanzielle Entscheidungen steuern möchte. Grundlage für die Bewertung von Konsequenzen auf einem mentalen Konto bildete die Prospect-Theorie, aus der wir eine Arithmethik zur mentalen Verarbeitung von Gewinnen und Verlusten ableiten konnten. Die Buchung von Konsequenzen kann dabei auf unterschiedliche mentale Konten erfolgen, die nicht ohne weiteres substituierbar sind. Je nach der Zubuchung kann sich somit eine andere Entscheidung der Person ergeben.

Ein erfolgreiches Selbstmanagement einer Person setzt voraus, dass sie die aus ihrer Meta-Entscheidung resultierenden Ziele auch tatsächlich durch ihre späteren Entscheidungen realisiert. Voraussetzung hierfür ist, dass die Ziele exakt und schwierig sind, von der Person akzeptiert sind und eine Verpflichtung besteht, sie auch tatsächlich zu erreichen. Inwieweit Ziele dann realisiert werden, ist abhängig von einer permanenten Überprüfung und Steuerung ihres Verhaltens. Schlägt diese Selbstregulierung fehl, kann es zu motivationale Verzerrungen kommen. Sie entstehen, wenn eine Person aufgrund ihrer temporären Ziele Entscheidungen trifft, die inkonsistent mit ihrer langfristigen Nutzenmaximierung sind.

Motivationale Verzerrungen setzen konkurrierende Ziele einer Person voraus. Die Existenz unterschiedlicher Ziele haben wir auf eine Meta-Entscheidung der Person zurückgeführt, bei der sie zwischen unterschiedlichen Persönlichkeiten bzw. Präferenzen wählt. Je nach der Art des Konflikts kommt ein unterschiedliches Selbstmanagement in Frage: Bei zeitpunktbezogenen Konflikten zwischen Präferenzen können diese durch ein hierarchisches Präferenzsystem gelöst werden. Bei einem Konflikt zwischen den gegenwärtigen und zukünftigen Präferenzen kann eine Selbstkontrolle der Person zur Lösung herangezogen werden. Welche Strategien und Taktiken eine Person hierbei anwenden sollte, um ihre selbstgesetzten Ziele trotz Konflikten mit anderen Zielen auch tatsächlich umzusetzen, hängt dann von der jeweiligen Situation ab.

Neben dieser endogenen Präferenzbildung, bei der eine Person ihre Präferenz eigenständig wählt, kann sie ihre Präferenzen als Ergebnis eines kognitiven Prozesses ändern. Diese opportunistische Präferenzbildung kann entweder auf bestimmten Vorstellungen, die sich die Person von ihrer Entscheidungssituation macht, zurückzuführen sein, oder in den Erfahrungen begründet sein, die die Person in einer bestimmten Situation gemacht hat. Beides führt zu einem Selbstbetrug.

4.6 Literaturhinweise

Die Theorie der individuellen Nutzenmaximierung geht auf Gossen (1853) zurück. In seinem Buch über die 'Entwicklung der Gesetze des menschlichen Verkehrs und der daraus fließenden Regeln für menschliches Handeln' geht er davon aus, dass der Nutzen eines Gutes grundsätzlich messbar ist. Sein Ansatz wird daher auch als kardinale Nutzentheorie bezeichnet. Da der individuelle Nutzen als subjektive Größe einer Messung jedoch nicht zugänglich ist, setzte sich die ordinale Nutzentheorie durch: Diese geht lediglich davon aus, dass ein Individuum verschiedene Güter gemäß seinen Präferenzen ordnen kann. Eine Darstellung dieser Theorie findet sich in jedem Lehrbuch der Mikroökonomie, z.B. in Kreps (1990), Varian (1992) oder Feess (1997). Während in der Mikroökonomie das Konsumentenverhalten und somit die individuellen Präferenzen für Konsumgüter wie Kleidung oder Nahrungsmittel im Vordergrund stehen, werden seit den 70er Jahren auch ander Größen als Argumente der 'offenen' Nutzenfunktion betrachtet. In Anlehnung an die Arbeiten von Alchian und Allen (1964) und Alchian (1965) werden diese auch als 'alchianeske' Nutzenarten bezeichnet. Der Anwendungsbereich ökonomischer Modelle hat sich dadurch beträchtlich ausgeweitet. So wurden Probleme der Liebe und Furcht von Boulding (1973), des ehelichen Seitensprungs von Becker u.a. (1973), des Schmuggelns von Bennet und Barth (1973), des Straßenraubs von Neher (1978) oder des Anschauens von Fußballspielen von Gärtner und Pommerehne (1978) ökonomisch untersucht. Zu diesem 'Imperalismus der Ökonomie' siehe insbesondere die Arbeiten von Boulding (1969), McKenzie (1978) oder Hirshleifer (1985). Siehe hierzu auch den Aufsatz von Becker (1993), in dem er anläßlich seiner Nobelpreisverleihung auf die grundsätzlichen Möglichkeiten des ökonomischen Ansatzes zur Erklärung individuellen Verhaltens eingeht.

Zum Begriff der beschränkten Rationalität siehe grundlegend die Arbeiten von Simon (1957; 1965; 1972) oder Selten (1990). Die Bedeutung der beschränkten Rationalität in den Wirtschaftswissenschaften wird zusammenfassend in Arrow (1986) Sen (1988) und Conlisk (1996) aufgezeigt. In seiner Arbeit von 1986 vergleich Simon das Rationalitätskonzept in der Ökonomie und Psychologie und illustriert an verschiedenen Beispielen die Probleme, die die neoklassische Ökonomie bei der Erklärung von bestimmten Phänomenen hat. Eingeschränkte kognitive Fähigkeiten bei der Informationsaufnahme und -verarbeitung werden z.B. von Hogarth (1981) und Heiner (1983; 1988b) untersucht. Hogarth diskutiert die damit verbundenen Auswirkungen auf die Beurteilung einer Person, Heiner analysiert sie im Hinblick auf die individuelle Entscheidungsfindung.

Eine ausführliche Darstellung der Nutzenmaximierung und Rationalität findet sich im zweiten Teil des Buches von Hodgson (1988) unter dem Titel 'Farewell to Economic Man' sowie in MacFadyen (1986) und Jost (2000a). Die Verhaltensannahmen, die dem Menschenbild des REMM zugrunde liegen, gehen auf Meckling (1976) zurück, siehe auch Jensen und Meckling (1994). Die Arbeiten von Kantona (1963), Simon (1963) und Stroebe und Frey (1980) weisen auf die Defizite und Grenzen des traditionellen ökonomischen Modells des 'homo oeconomicus' hin, stellen die Gemeinsamkeiten und Unterschiede zwischen dem psychologischen und ökonomischen Verhaltensmodell heraus und zeigen auf, wie die Unzulänglichkeiten des ökonomischen Modells durch Berücksichtigung psychologischer Elemente überwunden werden können. Grundlegend für diese Literatur zur Ökonomischen Psychologie sind auch die Sammelbände von MacFadyen und MacFadyen (1986) und Albanese (1988) sowie die Bücher von Furnham und Lewis (1986) und Lea, Tarply und Webley (1987), auf die wir wiederholt eingegangen sind.

Die Bedeutung der Erwartungsnutzentheorie in den Wirtschaftswissenschaften gründet sich auf der Arbeit von von Neumann und Morgenstern (1944). In der Psychologie, in der von Erwartungs-mal-Wert-Theorien gesprochen wird, hat bereits Feather (1959a; 1959b) auf deren Allgemeingültigkeit hingewiesen. So verwendet beispielsweise Tolman (1932) in seiner Motivationstheorie die Begriffe 'expectancy of goal' und 'demand for goal', Lewin (1935) die Begriffe 'valence' und 'force'. Siehe hierzu auch den Sammelband von Feather (1982) sowie den Beitrag von Wahba und House (1974) zur Arbeitsmotivation. Die Axiome, die der Erwartungsnutzentheorie zugrunde liegen, werden von Herstein und Milnor (1953) oder Luce und Raiffa (1957) diskutiert. Ein (mathematischer) Vergleich verschiedener Axiomensysteme findet sich in Fishburn (1970) oder Roberts (1979). Speziell zur Intransitivität bei riskanten Entscheidungen siehe auch Edwards (1954c) oder Tversky (1969) sowie Luce und Raiffa (1957) oder Kreps (1988) zum Unabhängigkeitsaxiom.

Einen Überblick über verschiedene subjektive Erwartungsnutzentheorien geben die Arbeiten von Schoemaker (1982), Machina (1987; 1989), Yates (1988), Camerer (1995), Sugden (1993), Starmer (2000) oder Wu, Zang und Gonzalez (2004). Zu den speziell in diesem Kapitel behandelten Theorien siehe ergänzend Segal (1987), der zeigt, inwieweit sich bestimmte Urteilsverzerrungen durch rangabhängige Nutzentheorien erklären lassen, Wakker und Tversky (1993), die die kumulative Prospect-

Theorie axiomatisieren, sowie Gul (1991) für eine axiomatische Begründung der Regret- bzw. Disappointment-Theorie. Die Vorhersagekraft dieser Theorien wurde in einer Vielzahl von experimentellen Studien untersucht. Siehe hierzu beispielsweise die Untersuchungen von Camerer (1989) oder Hey und Orme (1994), die Meta-Analyse von Harless und Camerer (1994), die die Ergebnisse von 23 Einzeluntersuchungen aggregiert, sowie den Übersichtsbeitrag von Camerer (1995).

Eine ausführliche Diskussion verschiedener Entscheidungsregeln finden sich z.B. bei Svenson (1979), Hogarth (1980) oder Borcherding (1983). Die Auswirkungen der beschränkten kognitiven Rationalität auf die Wahl von Entscheidungs- und Beurteilungsregeln werden in van Raaij (1988) thematisiert.

Das VIE-Modell der Arbeitsmotivation von Vroom (1964) wurde von einer Reihe von Autoren erweitert: Galbraith und Cummings (1967) führen zusätzlich intrinsische Faktoren in die Modellierung ein, Porter und Lawler (1968) berücksichtigen Persönlichkeitszüge und die Rollenwahrnehmung des Mitarbeiters, Graen (1969) unterstellt soziale und ethische Normen als intrinsische Elemente beim Handeln und Porter (1973) untersucht verschiedene Determinaten bei der Bildung des subjektiven Wahrscheinlichkeitsurteils. Eine Erweiterung des Modell schägt auch Heckhausen (1977a; 1977b) vor, indem er zusätzlich die Erwartungen des Mitarbeiter über den Zusammenhang zwischen seiner Arbeitssituation und dem Arbeitsergebnis einführt. Empirische Überprüfungen des VIE-Modells werden zusammenfassend in Henemann und Schwab (1972) und Mitchell (1974; 1982) dokumentiert. Auf die impliziten Annahmen, die der VIE-Theorie zugrunde liegen, weisen Behling und Starke (1973) sowie Wahba und House (1974) hin. Das Modell der Leistungsmotivation von Atkinson (1957) wurde von Raynor (1969) und Raynor und Roeder (1987) erweitert. Zusammenfassende Darstellungen der verschiedenen Theorien zur Arbeitsmotivation finden sich z.B. in Campbell und Pritchard (1976) und Kanfer (1990).

Die Literatur zum Selbstmanagement ist weit verstreut. In der psychologischen Literatur wird der Prozess der Selbstregulierung z.B. von Kuhl (1983b; 1984) in seiner Theorie der Handlungskontrolle untersucht. Er bezeichnet die beiden Phasen der Auswahl und Realisierung einer Handlungsalternative als Selektions- und Realisierungsmotivation. Letztere wird in der psychologischen Literatur auch als Volition bezeichnet, siehe Heckhausen (1980). Die Zielsetzungstheorie wurde von Locke

(1968) und Locke und Latham (1990) erweitert. Siehe auch Bandura (1987), der in seiner Selbstregulierungstheorie die Untersuchungen von Locke um motivationale Aspekte erweitert. Die angeführten Einflussfaktoren auf die Realisierung von Zielen und somit die Steigerung der Leistung wurden in einer Vielzahl von empirischen Studien überprüft. Siehe für die ersten beiden Determinaten beispielsweise Latham und Yukl (1975), Latham und Baldes (1995) sowie Tubbs (1993) und Kristof (1995) für die Rolle der Zielakzeptanz und des Zielcommitments.

In den Wirtschaftswissenschaften wurde die Frage des Selbstmanagements zuerst von Strotz (1955) diskutiert. Er führt die bewusste Einschränkung des Verhaltensspielsraums eines Individuums auf einen Konflikt zwischen seinen gegenwärtigen und zukünftigen Präferenzen zurück. Nachfolgende Arbeiten zur dynamischen Instabilität der Präferenzen sind die von Pollak (1968), von Weizsäcker (1971), Peleg und Yaari (1973) oder Hammond (1976). Einen kritischen Überblick hierzu geben Frederick, Loewenstein und O'Donoghue (2002).

Inkonsistenzen, die auf einen zeitpunktbezogenen Konflikt zwischen mehreren Präferenzen zurückzuführen sind, wurden zuerst von Adam Smith (1759) diskutiert. Er führt in seiner 'Theory of Moral Sentiments' ein Modell mit zwei Präferenzsystemen ein. Harsannyi (1955) berücksichtigt in einem ökonomischen Verhaltensmodell zwei verschiedene Arten von Präferenzen. Neben eigennützige Zielvorstellungen treten ethische Präferenzen. Diese unterschiedlichen Präferenzen werden dann durch eine 'Meta-Präferenzfunktion' gewichtet, so dass abhängig von den Persönlichkeitseigenschaften unterschiedliche moralische Wertungen und Arten von Präferenzen berücksichtigt werden können. Die Idee des multiplen Egos findet sich insbesondere in dem von Elster (1987) herausgegebenen Sammelband. Außerhalb der Ökonomie haben sich beispielsweise Freud (1921) und Berlin (1969) mit multiplen Persönlichkeiten beschäftigt, in der Philosophie sind hier vor allem Aristoteles in seiner Nikomachischen Ethik, Frankfurter (1971) und Elster (1979) zu nennen.

Mit der Frage der Selbstbindung an ein gesetztes Ziel hat sich auch Schelling (1978; 1980; 1984) intensiv auseinandergesetzt und verschiedene Strategien zum Selbstmanagement aufgezeigt. Siehe auch die Arbeiten von Sen (1977; 1985), in denen er die Rolle der Zielsetzung im Hinblick auf die Nutzenmaximierung sowie die Bedeutung der Verpflichtung zu ihrer Umsetzung diskutiert. Frank (1988; 1993) schlägt in diesem Kontext die strategische Rolle von Emotionen bzw. des

Gewissens einer Person als Commitment-Mechanismen vor. In der ökonomischen Literatur wurde eine Theorie der Selbstregulierung zuerst von Thaler und Shefrin (1981) entwickelt. Für neuere Arbeiten hierzu siehe Bénabou und Tirole (2004), Carrillo und Mariotti (2000) oder die Beiträge in dem Buch von Brocas und Carrillo (2003). Aus psychologischer Perspektive siehe Trope und Fishbach (2005) zur Selbstkontrolle.

Die grundlegenden Referenzen zur Wahl einer Meta-Entscheidung sind die von Beach und Mitchell (1978) bzw. Beach, Barnes und Christensen-Szalanski (1986). Siehe hierzu aber auch die Modellierungen von Payne, Bettman und Johnson (1993) sowie die empirischen Untersuchungen von Christensen-Szananski (1978; 1980).

Grundlegend für die mentale Buchhaltung sind die Arbeiten von Kahneman und Tversky (1979) und Thaler (1985) für die Bewertung von Konsequenzen, Tversky und Kahneman (1981) für die Einführung verschiedener mentaler Konten sowie Read, Loewenstein und Rabin (1999) für die Saldierung mentaler Konten. Thaler (1999) gibt einen Überblick über diese Literatur, und Brendl, Markman und Higgins (1998) zeigen die psychologischen Prinzipien auf, die der mentalen Buchhaltung zugrunde liegen.

Die Bedeutung sozialer Normen für das individuelle Verhalten hebt Dahrendorf (1958) in der Darstellung des 'homo sociologicus' heraus. Für die Funktionen sozialer Normen siehe z.B. Luhmann (1969). Die Integration des 'homo sociologicus' in das Menschenbild des REMM findet sich beispielsweise in Lindenberg (1983), Opp (1985) oder Vanberg (1988; 1994). Siehe auch Cialdini (1989) oder Elster (1989), die die Motivation zur Befolgung sozialer Normen diskutieren. Die Bedeutung von Sanktionen für die Durchsetzung sozialer Normen wurde in den letzten Jahren verstärkt in spieltheoretischen Experimenten untersucht, siehe Fehr und Fischbacher. Den Einfluss einer Arbeitsgruppe auf das Verhalten eines Mitarbeiters untersuchen z.B. Porter, Lawler und Hackman (1975), Paulus (1983) sowie Hackman (1992).

Neben einer verbindlichen Durchsetzung der Bestrafung setzt die Verhaltenssteuerung aber immer auch eine entsprechende Kommunikation der Maßnahmen voraus. Ansonsten können (Fehl-)Einschätzungen zu bleibenden Schäden führen.

Teil III
Organisation und die Bedeutung der Motivation

5
Die ökonomische Analyse des Motivationsproblems

6
Die Steuerung des Arbeitsverhaltens

5
Die ökonomische Analyse des Motivationsproblems

A Monty Python sketch keeps coming back to you. The two characters are a banker (played by John Cleese) and a Mr. Ford (played by Terry Jones), who is collecting money for charity with a tin cup.
Banker: How do you do. I'm a merchant banker.
Ford: How do you do Mr. ...
Banker: Er ... I forgot my name for a moment but I am a merchant banker.
Ford: Oh. I wondered whether you'd like to contribute to the orphan's home. (He rattles his tin.)
Banker: Well I don't want to show my hand too early, but actually here at Slater Nazi we are quite keen to get into orphans, you know, developing market and all that ... what sort of sum did you have in mind?
Ford: Well ... er ... you're a rich man.
Banker: Yes, I am. Yes, very, very, very, very, very, very, very, very, very, very, very rich.
Ford: So er, how about a pound?
Banker: A pound. Yes, I see. Now this loan would be secured by the ...
Ford: It's not a loan, sir.
Banker: What?
Ford: It's not a loan.
Banker: Ah.
Ford: You get one of these, sir. (He gives him a flag.)
Banker: It's a bit small for a share certificate isn't it? Look, I think I'd better run this over to our legal department. If you could possibly pop back on Friday.
Ford: Well, do you have to do that, couldn't you just give me a pound?
Banker: Yes, but you see I don't know what it is for.
Ford: It's for the orphans.
Banker: Yes?
Ford: It's a gift.
Banker: A what?
Ford: A gift?

Banker: Oh a gift!
Ford: Yes.
Banker: A tax dodge.
Ford: No, no, no, no.
Banker: No? Well, I'm awfully sorry I don't understand. Can you explain exactly what you want?
Ford: Well, I want you to give me a pound, and then I go away and give it to the orphans.
Banker: Yes?
Ford: Well, that's it.
Banker: No, no, no, I don't follow this at all, I mean, I don't want to seem stupid but it looks to me as though I'm a pound down on the whole deal.
Ford: Well, yes you are.
Banker: I am! Well, what is my incentive to give you the pound?
Ford: Well, the incentive is - to make the orphans happy.
Banker: (genuinely puzzled) Happy? ... Are you quite sure you've got this right?
Ford: Yes, lots of people give me money.
Banker: What, just like that?
Ford: Yes.
Banker: Must be sick. I don't suppose you could give me a list of their names and addresses could you?
Ford: No, I just go up to them in the street and ask.
Banker: Good lord! That's the most exciting new idea I've heard in years! It's so simple it's brilliant! Well, if that idea of yours isn't worth a pound I'd like to know what is. (He takes the tin from Ford.)
Ford: Oh, thank you sir.
Banker: The only trouble is, you gave me the idea before I'd given you the pound. And that's not good business.
Ford: It isn't?
Banker: No, I'm afraid it isn't. So, um, off you go. (He pulls a lever opening a trap door under Ford's feet and Ford falls through with a yelp.)
Nice to do business with you. (Monty Python, 1989)

In den bisherigen Ausführungen haben wir uns fast ausschließlich mit dem Mitarbeiter als Grundbaustein von Organisationen beschäftigt: Ausgehend von den verschiedenen situativen und personellen Faktoren, die das Arbeitsverhalten beeinflussen, haben wir im ersten Teil des Buches ein allgemeines ökonomisch-psychologisches

Verhaltensmodell entwickelt. Dieses bildete dann im zweiten Teil des Buches die Grundlage für unsere Untersuchungen zur Arbeitsmotivation eines Mitarbeiters.

In den folgenden beiden Kapiteln wollen wir diese Erkenntnisse über das individuelle Entscheidungsverhalten eines Mitarbeiters nutzen, um sein Verhalten im organisatorischen Kontext näher zu untersuchen: Als Teilnehmer einer Organisation ist der Mitarbeiter Träger einer spezifischen Teilaufgabe der Unternehmung. Im Rahmen der ihm damit zugewiesenen Entscheidungsautonomie soll er die mit seiner Arbeitsaufgabe verbundenen Tätigkeiten so durchführen, dass er durch sein Handeln die Ziele der Organisation möglichst umfassend unterstützt.

Das individuelle Entscheidungsverhalten eines Mitarbeiters, das wir bisher weitgehend isoliert betrachtet haben, wird durch diese erweiterte Perspektive Teil des organisatorischen Entscheidungsverhaltens: Als **organisatorisches Entscheidungsverhalten** bezeichnen wir ein Verhalten, das aus einem arbeitsteiligen Entscheidungsprozess resultiert. Arbeitsteilung innerhalb der Unternehmung führt demnach zwangsläufig zu einem organisatorischen Entscheidungsverhalten. Um allerdings die Vorteile aus der Arbeitsteilung zu realisieren, müssen die Einzelentscheidungen der beteiligten Mitarbeiter geeignet aufeinander abgestimmt sein und es muss sichergestellt werden, dass diese im Hinblick auf das Organisationsziel auch tatsächlich konforme Einzelentscheidungen treffen. Der 'Architektur' der Organisation, also der Gestaltung des organisatorischen Entscheidungsverhaltens innerhalb der Unternehmung, kommt hier eine entscheidende Rolle zu: Sie bestimmt den Umfang der von der Organisation geschaffenen Werte.

Im Mittelpunkt dieses Kapitels steht die Frage, welche Konsequenzen sich aus diesen Anforderungen an die Organisationsgestaltung für die Motivierung des einzelnen Mitarbeiters ergeben. Ziel ist es, die wesentlichen Elemente dieses Motivationproblems und seiner Lösung herauszuarbeiten. Dabei gehen wir wie folgt vor:

In Abschnitt 5.1 betrachten wir zunächst das Organisationsproblem, dass sich jeder Unternehmung im Rahmen ihrer Organisationsgestaltung stellt. Ausgangspunkt dieser Diskussion ist die im ersten Kapitel definierte Wertschöpfung einer Unternehmung. Wir definieren zunächst die Effizienz einer Organisation anhand der von ihr geschaffenen Werte. Die Anforderungen, die sich daraus an die effiziente Architektur einer Unternehmung ableiten lassen, spezifizieren das Organisationsproblem. Dieses gliedert sich in die beiden Aspekte der Koordination und

Motivation. Dadurch wird das Motivationsproblem in natürlicher Weise in den Gesamtkontext der Organisationsgestaltung eingebettet und seine Wechselwirkungen zum Koordinationsproblem aufgezeigt.

In Abschnitt 5.2. behandeln wir dann eingehender das Motivationsproblem, das sich in der einzelnen Arbeitsbeziehung zwischen einem Mitarbeiter und der Organisation, seinem Arbeitgeber, stellt. Zunächst charakterisieren wir hierzu die einzelnen Merkmale der Arbeitsbeziehung. Deren Ausprägungen machen klar, dass die Arbeitsbeziehung grundsätzlich nur durch einen Arbeitsvertrag geregelt werden kann, der dem Mitarbeiter einen diskretionären Handlungsspielraum lässt. Ausgehend von unserem Modell des individuellen Entscheidungsverhaltens, das wir im zweiten Teil des Buches vorgestellt haben, untersuchen wir dann die Konsequenzen, die sich in dieser Situation für die Unternehmung ergeben können.

Abschnitt 5.3. zeigt schließlich auf, welche grundsätzlichen Mechanismen zur Lösung dieser Motivationsprobleme in Frage kommen. Die Anforderungen an die Anreizstruktur einer Unternehmung werden spezifiziert und daraus das Vorgehen für die ökonomische Analyse des Motivationsproblems entwickelt. Zwei Fallbeispiele in Abschnitt 5.4 illustrieren die Bedeutung der Motivation für die Effizienz von Unternehmen.

5.1 Effiziente Organisationen und das Motivationsproblem

Ausgangspunkt unserer Überlegungen ist die im ersten Kapitel hergeleitete Erkenntnis, dass Arbeitsteilung und Tausch die beiden Grundprinzipien jeder Organisation sind. Sie bewirken Spezialisierung und Kooperation: Personen können mehr produzieren, wenn sich Einzelne auf bestimmte Arbeitsaufgaben spezialisieren. Spezialisierung ist aber nur dann vorteilhaft, wenn die Personen miteinander kooperieren. In diesem Fall kann die Organisation umfassender zur Erreichung der individuellen Ziele ihrer Organisationsteilnehmer beitragen als dies der Einzelne alleine könnte.

Die Feststellung, dass Spezialisierung und Kooperation vorteilhaft für die Zielerreichung der Organisationsteilnehmer ist, garantiert allerdings noch nicht, dass die hierzu notwendigen Kostenreduktionen und Leistungssteigerungen auch tatsächlich umfassend ausgenutzt werden. Vielmehr können bei der Anwendung der beiden Grundprinzipien auch Probleme entstehen: So kann es beispielsweise bei der horizontalen Differenzierung zu einer unzureichenden Spezialisierung des einzelnen Mitarbeiters kommen. In diesem Fall werden dem Einzelnen Tätigkeitsbereiche zugewiesen, die ihm keine umfassende Spezialisierung erlauben, so dass die Vorteile aus der Arbeitsteilung, wie beispielsweise Lerneffekte, nur unzureichend genutzt werden. Durch die Arbeitsteilung können Tätigkeitsbereiche entstehen, die eine zu weitgehende Spezialisierung des einzelnen Mitarbeiters erfordern. Dadurch können z.B. seine Entfaltungsmöglichkeiten zu stark eingeschränkt oder die Anforderungen an seine Tätigkeit zu gering sein. Auch beim Austausch von Leistungen kann es zu Problemen kommen. So kann beispielsweise die für die Zusammenarbeit zwischen den einzelnen Mitarbeitern notwendige Abstimmung mangelhaft sein. Die Kooperation zwischen den Parteien kann aufgrund der Verfolgung der individuellen Ziele des Einzelnen gefährdet sein.

5.1.1 Die Wertschöpfung einer Unternehmung

Um die Frage nach der geeigneten Anwendung der Prinzipien zu beantworten, ist es zweckmäßig, zunächst die Vorteile, die sich aus der Arbeitsteilung und dem Tausch für eine Organisation ergeben können, begrifflich zu fassen. Entsprechend unseren Ausführungen im ersten Kapitel realisieren sich diese Vorteile erst durch den Absatz der von der Organisation geschaffenen Produkte am Markt. Wir bezeichnen daher die Differenz zwischen dem Nutzen für die Konsumenten aus dem Konsum der von der Unternehmung geschaffenen Güter und der mit deren Bereitstellung verbundenen Kosten als die **realisierte Wertschöpfung** der Unternehmung:

$$\text{realisierte Wertschöpfung } = \text{Konsumentennutzen} - \text{Gesamtkosten}$$

Der Konsumentennutzen bezeichnet dabei den Betrag, den die Konsumenten für den Kauf des Gutes maximal zu zahlen bereit sind. Dieser Betrag ist z.B. von den Eigenschaften des Gutes, Konkurrenzprodukten oder anderen Konsumalternativen abhängig. Die Gesamtkosten der Unternehmung für die Bereitstellung des Gutes beinhalten alle anteiligen Beiträge, die die einzelnen Organisationsteilnehmer für dessen Herstellung und Absatz leisten, also z.B. die persönlichen Kosten des Mitarbeiters für seinen Arbeitseinsatz oder die Kosten für Rohmaterialien oder Vorprodukte der Lieferanten.

Ist die realisierte Wertschöpfung der Unternehmung positiv, dann können durch den Verkauf bzw. Kauf des Gutes sowohl für die Unternehmung als auch für den Konsumenten zusätzliche Werte, sogenannte Renten, geschaffen werden. Der Marktpreis, den die Konsumenten für das Gut bezahlen müssen, bestimmt dabei die Höhe der jeweiligen Renten: Die Konsumentenrente ergibt sich als Differenz zwischen dem Konsumentennutzen und dem Marktpreis, die Organisationsrente resultiert aus der Differenz zwischen dem Marktpreis und den Gesamtkosten der Unternehmung.

Der Betrag, den die Organisation aus dem Verkauf ihrer Produkte erwirtschaftet, steht ihr für die Verteilung an diejenigen Organisationsteilnehmer zur Verfügung, die an deren Bereitstellung beteiligt sind. Die Renten dieser Organisationsteilnehmer ergeben sich dann als Differenz zwischen ihrer jeweiligen Beteiligung an diesem Umsatz und ihrem jeweiligen Beitrag, den sie für die Bereitstellung der Güter leisten. Da sich die Gesamtkosten der Organisation aus den Beiträgen zusammensetzen, die die einzelnen Organisationsteilnehmer zur Schaffung der Wertschöpfung der Organisation leisten, verteilt sich die Organisationsrente auf alle an der Bereitstellung beteiligten Organisationsteilnehmer:

$$\begin{aligned}\text{Organisationsrente} &= \text{Umsatz} - \text{Gesamtkosten}\\ &= \sum \text{(Beteiligung eines Organisationsteilnehmers)}\\ &\quad -\sum \text{(Beitrag eines Organisationsteilnehmers)}\\ &= \sum \text{Renten aller an der Bereitstellung}\\ &\quad \text{beteiligten Organisationsteilnehmer}\end{aligned}$$

Insgesamt verteilt sich damit die realisierte Wertschöpfung einer Unternehmung auf alle ihre Teilnehmer. Die folgende Abbildung fasst dies zusammen:

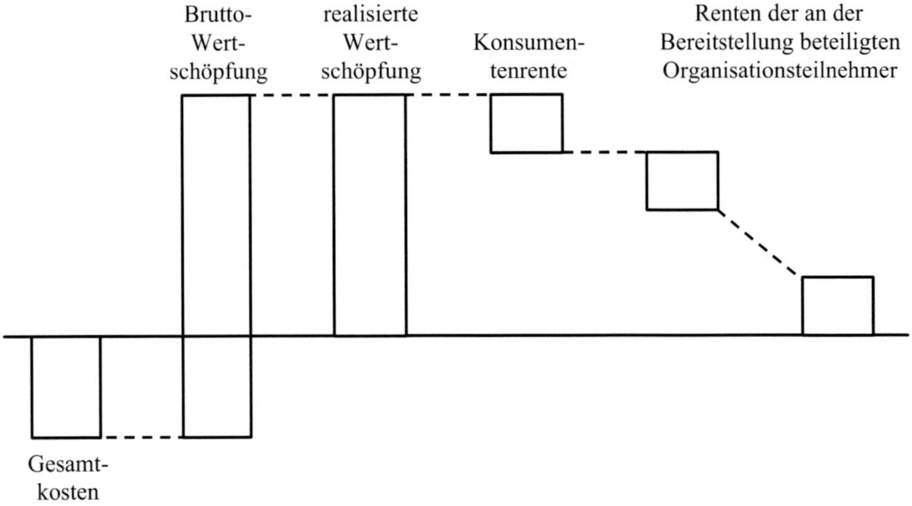

Abbildung 5.1: Die realisierte Wertschöpfung einer Organisation als Summe der Renten aller Organisationsteilnehmer

Ziel der Unternehmung muss es sein, ihre realisierte Wertschöpfung zu maximieren: Je größer ihre realisierte Wertschöpfung ist, desto mehr kann die Unternehmung an ihre Organisationsteilnehmer verteilen. Wir bezeichnen daher im Folgenden eine Unternehmung genau dann als **effizient**, wenn sie die Summe der Renten aller relevanten Organisationsteilnehmer maximiert.[1]

5.1.2 Das Organisationsproblem

Durch die Anwendung des Prinzips der Arbeitsteilung wird die Gesamtheit der innerhalb einer Unternehmung durchzuführenden Tätigkeiten in verschiedene Einzeltätigkeiten zerlegt. Ihre Wertschöpfung wird somit durch eine Vielzahl verschiedener Aktivitäten innerhalb der Organisation bestimmt.

Von welchen Aspekten der Organisationsgestaltung hängt nun die Wertschöpfung einer Unternehmung ab? Wann garantiert die Spezialisierung und Kooperation der einzelnen Organisationsteilnehmer eine maximale Wertschöpfung? Wir haben oben gesehen, dass eine unproduktive Arbeitsteilung oder ein unzureichender Austausch zwischen den einzelnen Mitarbeitern dazu führen kann, dass eine Unternehmung ihr Wertschöpfungspotential nicht vollständig nutzt. Entscheidend ist also, dass eine Unternehmung die Prinzipien der Arbeitsteilung und des Tauschs auch geeignet anwendet. In der Literatur wird diese Frage nach der geeigneten Gestaltung einer Organisation auch als **Organisationsproblem** bezeichnet.

Unsere Ausführungen machen deutlich, dass zur Lösung des Organisationsproblems zwei Bedingungen erfüllt sein müssen: Zum einen muss der Grad der Arbeitsteilung so gewählt werden, dass die Vorteile aus der Spezialisierung möglichst umfassend genutzt werden können. Zum anderen muss der Austausch von Leistungen so gestaltet werden, dass die Zusammenarbeit der Mitarbeiter möglichst reibungslos verläuft. Beide Bedingungen stellen somit Anforderungen an die Art und Weise, wie eine Organisation die Aktivitäten ihrer Teilnehmer optimal gestalten und steuern sollte. Im Hinblick auf die Lösung des Organisationsproblems erfordert dies eine entsprechende Koordination und Motivation der Mitarbeiter:

Das Koordinationsproblem

Gegenstand der Koordination ist die Lösung des sogenannten **Koordinationsproblems** einer Organisation: Durch die Arbeitsteilung wird jedem Organisationsteilnehmer eine spezifische Tätigkeit innerhalb der Organisation zugeordnet. Die Erfüllung der gesamten Organisationsaufgabe erfordert damit den Austausch der einzelnen Leistungen, die von den Organisationsteilnehmern erstellt werden. Damit dieser Austausch problemlos erfolgen kann, müssen sich die Teilnehmer aufeinander abstimmen.

Beim Koordinationsproblem geht es dann um zwei Fragen. Erstens, wie sollte die Arbeitsteilung der Mitarbeiter durchgeführt werden, so dass deren Spezialisierung zu einer möglichst großen Produktivität führt? Zweitens, wie kann die Zusammenarbeit der Mitarbeiter gestalten werden, so dass deren Abstimmung möglichst reibungslos verläuft? Aufgrund der durch die Arbeitsteilung induzierten Interdependenzen zwischen den Parteien ist dabei die Beantwortung der zweiten Frage nicht von der der ersten Frage zu trennen.

Arbeitsteilung und Tausch innerhalb einer Unternehmung erfordern demnach die Festlegung eines Koordinationsplans, der als Lösung des Koordinationsproblems bezeichnet werden kann. Er legt die Aktivitäten der einzelnen Mitarbeiter im Hinblick auf die Wertschöpfung fest. Bezogen auf den einzelnen Mitarbeiter einer Unternehmung ergibt sich aus dem Koordinationsplan, welche Tätigkeiten er wie und wann am besten durchführen soll. Dieser Koordinationsplan wird auch als **Organisationsstruktur** bezeichnet.

Das Motivationsproblem

Gegenstand der Motivation ist die Lösung des sogenannten **Motivationsproblems** einer Organisation: Die durch den Koordinationsplan festgelegten Tätigkeiten der Organisationsteilnehmer müssen auch entsprechend ausgeführt werden. Während wir bei der Lösung des Koordinationsproblems also weitgehend von der Implementation und Umsetzung des Koordinationsplans abstrahiert haben, ist dies gerade explizit Gegenstand des Motivationsproblems.

A priori können wir dabei nicht einfach davon ausgehen können, dass jeder Mitarbeiter die ihm übertragenen Aufgaben auch bereitwillig und bestmöglichst erledigt. Vielmehr wird jeder Mitarbeiter mit seiner Teilnahme an einer Unternehmung seine eigenen persönlichen Ziele verfolgen. Stehen diese in Konkurrenz zu den angestrebten Zielen der Organisation, muss durch geeignete Arbeitsanreize ein zielkonformes Verhalten induziert werden. Die Lösung des Motivationsproblems muss also auf die individuellen Ziele der an der Organisation beteiligten Personen abstellen.

Bei der Lösung des Motivationsproblems einer Unternehmung in Bezug auf ihre Mitarbeiter müssen wir somit zweierlei berücksichtigen: Zum einen muss die Durchführung der geplanten Einzelaktivitäten und die geplante Kooperation zwischen den Mitarbeitern auch tatsächlich sichergestellt sein. Bezogen auf den einzelnen Mitarbeiter geht es also um die geeignete Motivierung seines Verhaltens. Zum anderen muss aber auch die Bedürfnisbefriedigung der Mitarbeiter Berücksichtigung finden. Nur wenn die Unternehmung zur Erreichung der persönlichen Ziele des einzelnen Mitarbeiters adäquat beiträgt, wird dieser zu einer Teilnahme an bzw. zum Verbleib in der Unternehmung motiviert sein. Das Motivationsproblem einer Unternehmung besteht also darin, die Kooperation seiner Mitarbeiter unter Berücksichtigung ihrer individuellen Zielvorstellungen zu gewährleisten. Die Lösung des Motivationsproblems besteht in der Gestaltung einer **Anreizstruktur**.

Die Organisations- und Anreizstruktur zusammen bestimmen, wie die Aktivitäten innerhalb einer Unternehmung durchgeführt werden. Bezogen auf den einzelnen Mitarbeiter legen sie dessen Handeln in der Organisation fest.

5.1.3 Die Wechselwirkungen zwischen Motivation und Koordination

Unsere bisherige Diskussion hat gezeigt, dass sich das Motivationsproblem einer Unternehmung unmittelbar aus dem übergeordneten Problem der geeigneten Organisationsgestaltung ableitet. Wir haben aber auch gesehen, dass dem Motivationsproblem das Koordinationsproblem vorangestellt ist: Indem der Koordinationsplan zunächst die Aktivitäten der einzelnen Organisationsteilnehmer sowie deren Beziehungen untereinander festlegt, bildet er den Ansatzpunkt für die sich daran anschließende Frage, wie eine entsprechende Aufgabenerfüllung und Kooperation der Beteiligten auch tatsächlich sichergestellt werden kann.

Diese Verknüpfung zwischen dem Koordinations- und Motivationsproblem überträgt sich unmittelbar auf die Abhängigkeit der Lösung des zweiten Problems von der des ersten. Um dies näher zu diskutieren, betrachten wir zunächst die Instrumente, die der Unternehmung grundsätzlich für ihre Organisationsgestaltung zur Verfügung stehen. Analog zur Zerlegung des Organisationsproblems ist die folgende Einteilung sinnvoll:

- Als **Koordinationsinstrumente** bezeichnen wir die Instrumente der Organisationsgestaltung, die der Lösung des Koordinationsproblems dienen. Koordinationsinstrumente bestimmen somit einerseits die Arbeitsaufgabe eines jeden Mitarbeiters, indem sie ihm gewisse Tätigkeiten und die zugehörigen Entscheidungskompetenzen innerhalb der Unternehmung zuweisen. In diesem Sinne legen sie die horizontale und vertikale Differenzierung der Unternehmung fest. Darüber hinaus werden durch Koordinationsinstrumente aber auch die Interdependenzen zwischen einzelnen Mitarbeiter festgelegt, indem die Beziehungen zwischen den Einzelaktivitäten der Mitarbeiter durch Organisationsprozesse geregelt werden. Solche Regelungen umfassen beispielsweise Verfahrensrichtlinien oder das Vorgehen bei Entscheidungs-, Innovations- oder Kommunikationsprozessen. Die Gesamtheit der in einer Unternehmung eingesetzten Koordinationsinstrumente legt also ihre Organisationsstruktur fest.
- **Motivationsinstrumente** sind die Instrumente, die der Lösung des Motivationsproblems dienen. Sie zielen einerseits darauf ab, ein konformes Verhalten des einzelnen Mitarbeiters mit seiner Arbeitsaufgabe sicherzustellen. Durch ent-

sprechende Anreize soll dabei ein Interessenausgleich zwischen den individuellen Zielen der Mitarbeiter und den Zielen der Unternehmung herbeigeführt werden. Andererseits müssen Motivationsinstrumenten aber auch dazu beitragen, dass die Kooperation zwischen den einzelnen Mitarbeitern sichergestellt ist. A priori kann es auch hier zu Divergenzen zwischen den verschiedenen Zielen der Mitarbeiter kommen. Als Motivationsinstrumente kommen für die beiden Aufgaben neben materiellen und immateriellen Entlohnungssystemen auch Kontroll- und Beurteilungssysteme in Frage, die die Aufgabenerfüllung der Organisationsteilnehmer messen und evaluieren, sowie Führungssysteme, die die direkte Beziehung zwischen einem Vorgesetzten und seinen Mitarbeitern betreffen. Motivationsinstrumente werden auch als personalpolitische Maßnahmen oder Führungsinstrumente bezeichnet. Die Gesamtheit der in einer Unternehmung eingesetzten Motivationsinstrumente bestimmt also deren Anreizstruktur.

Die Koordinations- und Motivationsinstrumente einer Unternehmung können wir entsprechend diesen Ausführungen als ein System von Regeln verstehen, das in zwei Regeltypen differenziert werden kann: Zum einen haben wir Verhaltensregeln und Regelungen über die Zuweisung von Verfügungsmöglichkeiten. Diese werden durch die Koordinationsinstrumente bestimmt und können nach Arrow (1964, S.398) auch als "operating rules to instructing the members of the organization how to act" interpretiert werden. Zum anderen gibt es aber auch Implementationsregeln und -prozeduren, die die Einhaltung der erstgenannten Regeln sicherstellen sollen. Diese werden durch die eingesetzten Motivationsinstrumente festgelegt und sind entsprechend nach Arrow die "enforcement rules to persuade or compel them to act in accordance with the operating rules".

Damit wird aber auch unmittelbar die Beziehung zwischen der Lösung des Motivationsproblems und der des Koordinationsproblems deutlich. Gliedert man die Gesamtheit der Regelungen einer Unternehmung in übergeordnete und untergeordnete Regeln, wobei sich eine Regel auf einer untergeordneten Ebene aus übergeordneten Regeln ableiten lässt, dann ergeben sich folgende Wechselwirkungen:

- Zum einen stellen die Koordinationsinstrumente einer Unternehmung die übergeordneten Regeln dar. Ihnen nachgeordnet sind die Motivationsinstrumente, so dass deren Gestaltungsspielraum durch die vorgelagerten Koordinationsinstrumente eingegrenzt wird. Diese Auswirkungen der Organisationsstruktur auf die

Anreizstruktur eines Unternehmens zeigt sich beispielsweise in einer Situation, in der einem Mitarbeiter nur ein geringer eigener Entscheidungsspielraum bei der Bearbeitung seiner Aufgaben vorgegeben wird. Strebt der Mitarbeiter nach Selbstentfaltung, dann können seine eingeschränkten Entfaltungsmöglichkeiten am Arbeitsplatz zu Unzufriedenheit führen. Inwieweit er die ihm gestellten Aufgaben mit dem notwendigen Engagement durchführt, ist dann aber nicht sicher.

- Zum anderen können die in einer Unternehmung einzusetzenden Motivationsinstrumente aber auch Rückkoppelungen auf die geeignete Auswahl der Koordinationsinstrumente der Unternehmung haben. Diese Rückwirkungen der Anreizstruktur eines Unternehmens auf seine Organisationsstruktur illustriert das obige Beispiel: Angenommen, der Mitarbeiter ist aufgrund seines zu geringen Entscheidungsspielraums unzufrieden. Eine Möglichkeit, sein Engagement zu steigern, könnte beispielsweise darin liegen, dass ihm sein Vorgesetzter ein größeres Tätigkeitsspektrum mit mehr Entscheidungskompetenzen zuweist. Dies bedeutet aber notwendigerweise eine Änderung des Koordinationsplans, denn derjenige, der bisher diese Tätigkeiten und Entscheidungen durchführte, muss einen Teil seiner Arbeitsaufgabe an diesen Mitarbeiter abgeben. Obwohl dies innerhalb der vorgegebenen Organisationsstruktur nur eingeschränkt möglich sein wird, hat die Wahl der Motivationsinstrumente einen Einfluss auf die endgültige Koordination innerhalb der Unternehmung.

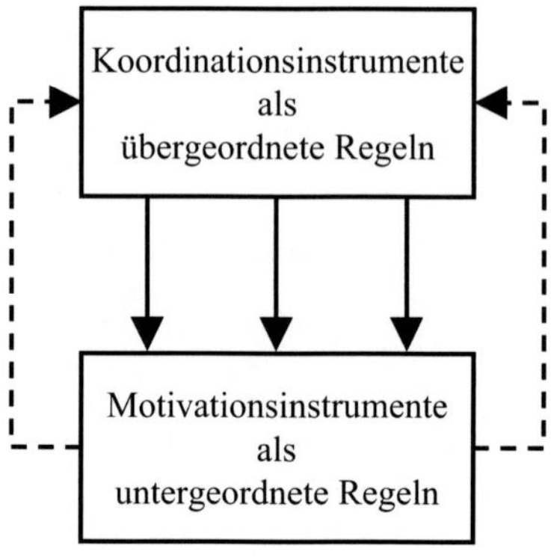

Abbildung 5.2: Motivationsinstrumente und ihr Gestaltungsspielraum

Die hierarchische Systematisierung der Koordinations- und Motivationsinstrumente einer Unternehmung kann auch auf andere Regelungen erweitert werden. So könnten z.B. rechtliche Regelungen wie das Arbeitsrecht oder soziale und kulturelle Regeln wie Vertrauen oder Fairness als übergeordnete Regeln verstanden werden. Für die Lösung des Organisationsproblems sind diese übergeordnete Regeln entscheidend. Zum einen können sie die der Unternehmung zur Verfügung stehenden Instrumente einschränken, wie dies beispielsweise durch das Vertragsrecht geschieht. Zum anderen bestimmen diese übergeordenten Regeln aber auch die Wahl der geeigneten Instrumente innerhalb einer Organisation. So kann z.B. das Motivationsproblem bereits aufgrund sozialer Normen wirksam gelöst sein. Für die nachfolgenden Diskussionen werden wir diese übergeordneten Regeln als gegeben hinnehmen und uns auf die von der Unternehmung gestaltbaren Instrumente beschränken.

Aus der Perspektive des einzelnen Mitarbeiters knüpft unsere Trennung des Organisationsproblems in die Probleme der Koordination und Motivation unmittelbar an unsere Unterscheidung zwischen Anreiz und Verhaltensrestriktion als verschiedene Einflüsse der Arbeitssituation auf das Verhalten eines Mitarbeiter an:

- Die durch die Organisationsstruktur der Unternehmung festgelegten Koordinationsinstrumente beeinflussen als Restriktion das Arbeitsverhalten des Mitarbeiters. Als Verhaltensregeln und Regelungen über die Zuweisung von Verfügungsmöglichkeiten schränken sie den Handlungsspielraum ein, der dem Mitarbeiter in seiner Arbeitssituation zur Verfügung steht.
- Die Motivationsinstrumente der Unternehmung, die durch die Anreizstruktur festgelegt sind, bestimmen die Arbeitsanreize eines Mitarbeiters, die sich für ihn aus seiner Arbeitssituation heraus ergeben. Als Implementationsregeln und -prozeduren zielen sie darauf ab, dass der Mitarbeiter seine Arbeitsaufgabe konform durchführt und die Zusammenarbeit mit seinen Kollegen reibungslos verläuft.

Die folgende Abbildung stellt den Bezug zwischen dem Organisationsproblem, seiner Lösung und der sich daraus ableitenden Arbeitssituation des einzelnen Mitarbeiters zusammenfassend dar:

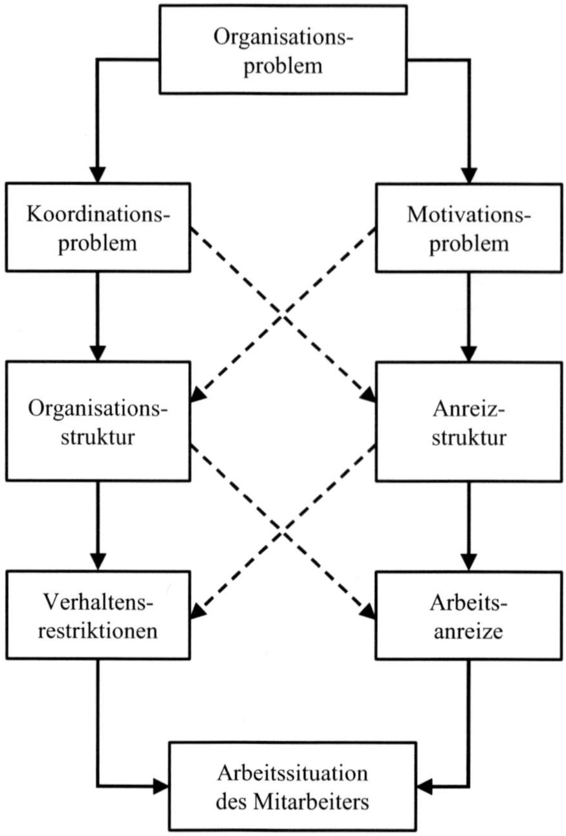

Abbildung 5.3: Der Zusammenhang zwischen dem Organisationsproblem und der Arbeitssituation eines Mitarbeiters

5.2 Das Motivationsproblem in der einzelnen Arbeitsbeziehung

Im Folgenden wollen wir das Motivationsproblem der Unternehmung in einer spezifischen Arbeitsbeziehung eingehender untersuchen. Ausgangspunkt unserer Überlegungen ist dabei der oben abgeleitete Zusammenhang zwischen den Zielen der Unternehmung und den individuellen Interessen eines Mitarbeiters: Ziel der Unternehmung ist die Maximierung ihrer Wertschöpfung. Hierzu leistet der Mitarbeiter einen Beitrag in Form seiner Arbeitsanstrengungen. Ziel der Teilnahme des Mitarbeiters an der Unternehmung ist die Befriedigung seiner persönlichen Ziele. Hierzu bietet ihm die Unternehmung verschiedene intrinsische und extrinsische Arbeitsanreize an.

Die Art und Weise, wie dieser Austausch von Leistung und Gegenleistung zwischen Unternehmung und Mitarbeiter gestaltet ist, bestimmt, ob die beiden Parteien ihre jeweiligen Zielvorstellungen gemeinsam erreichen können. In diesem Sinne ist das Motivationsproblem der Unternehmung reziprok: Ein Austausch von Leistungen und Gegenleistungen wird nur dann zustandekommen, wenn beide Parteien erwarten, dass dies zu ihrem eigenen Vorteil ist. Dies resultiert unmittelbar aus dem Prinzip des Tauschs – ein solcher kommt nur dann zustande, wenn beide Parteien davon profitieren.

Bevor wir im Folgenden die verschiedenen Facetten dieses Motivationsproblems innerhalb einer Arbeitsbeziehung untersuchen, wollen wir zunächst diese beiden grundsätzlichen Voraussetzung für das Zustandekommen und die Aufrechterhaltung einer Arbeitsbeziehung näher diskutieren.

Betrachten wir zunächst die Motivation des Mitarbeiters zur Teilnahme an der Unternehmung. Er erwartet bei einem Beitritt, dass er seine persönlichen Ziele als Organisationsteilnehmer besser erfüllen kann als wenn er sie autonom oder in einer anderen Organisation verwirklichen würde. Insbesondere wird er eine Unternehmung also daran messen, in welchem Umfang die sich ihm bietenden Arbeitsanreize zur Befriedigung seiner individuellen Bedürfnisse beitragen und mit welchen Anstrengungen sein Arbeitseinsatz für ihn verbunden ist.

Um die Teilnahmeentscheidung differenzierter zu diskutieren, ist es zweckmäßig, die Arbeitsanreize eines Mitarbeiters in materielle und immaterielle Anreize zu differenzieren.

- Materielle Arbeitsanreize sind solche, denen unmittelbar ein monetärer Wert zugeordnet werden kann. Hierzu gehören also insbesondere alle finanziellen Anreize wie Löhne, Gehälter oder andere Geldzuwendungen, aber auch sonstige materielle Belohnungen wie Dienstwagen oder bezahlte Urlaubstage. Da materielle Anreize für einen Mitarbeiter entweder mit seinem Arbeitsverhalten oder den daraus resultierenden Konsequenzen verbunden sind, stellen sie extrinsische

Arbeitsanreize dar.

- Immaterielle Arbeitsanreize sind dagegen Arbeitsanreize, für die eine unmittelbare monetäre Bewertung nicht möglich ist. Soziale Anreize gehören hierzu ebenso wie nichtmonetäre Privilegien etwa in Form von Statussymbolen. Insbesondere sind alle intrinsische Arbeitsanreize immaterieller Natur, wobei aber auch extrinsche Arbeitsanreize immateriell sein können.

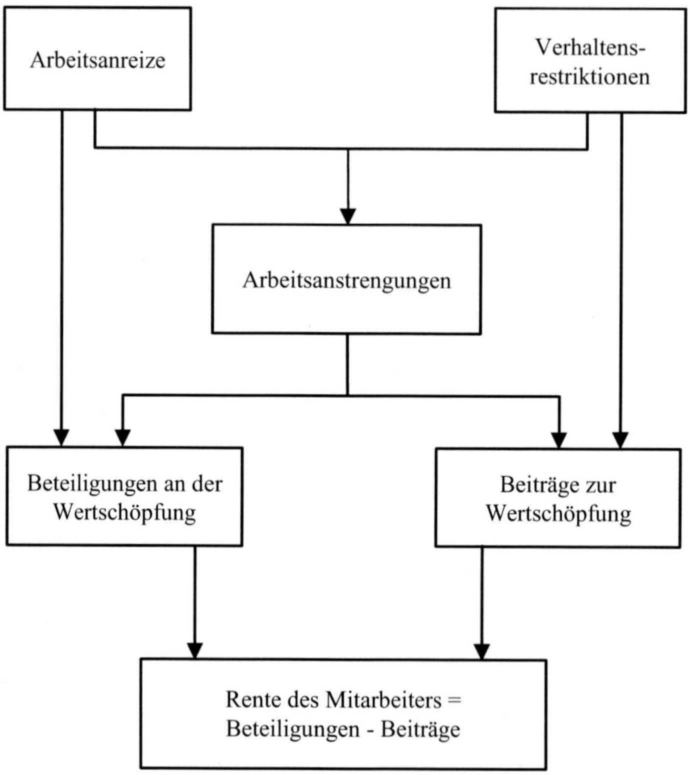

Abbildung 5.4: Die Beziehung zwischen den Arbeitsanreizen, den Arbeitsanstrengungen und der Rente eines Mitarbeiters

Die obige Abbildung stellt die Beziehung zwischen den Arbeitsanreizen eines Mitarbeiters und seinen Arbeitsanstrengungen dar: Durch die Gewährung materieller Arbeitsanreize wird der einzelne Mitarbeiter an der realisierten Wertschöpfung der Unternehmung beteiligt. Die immateriellen Arbeitsanreize, die sich dem

Mitarbeiter bieten, haben hingegen einen Einfluss auf die physischen und psychischen Kosten, die für ihn mit seinen Arbeitsanstrengungen verbunden sind: Die ihm zugewiesene Arbeitsaufgabe spezifiziert, welchen Beitrag er zur Wertschöpfung der Unternehmung leisten soll. In welchem Umfang dieser Beitrag für ihn nun persönliche Kosten impliziert, ist dann von der Ausgestaltung seiner Arbeitsaufgabe abhängig. Je nachdem, welche Entscheidungskompetenzen er besitzt oder wie seine Arbeitszeiten oder seine Arbeitsbedingungen geregelt sind, ist mit der Übernahme seiner Arbeitsaufgabe auch die Befriedigung seiner persönlichen Bedürfnisse verbunden. Damit hängen aber die Kosten, die für ihn mit seinen Arbeitsanstrengungen verbunden sind, von immateriellen Arbeitsanreizen ab, die die Unternehmung ihm bietet.

Seine Entscheidung über die Teilnahme an der Unternehmung wird der Mitarbeiter dann abhängig machen von der Höhe seines Beitrags, den er zur Wertschöpfung leistet, und dem Umfang der Beteiligungen, die er von der Organisation erhält. Dabei wird er seine subjektiven Erwartungen bezüglich der Höhe seines Beitrags und des Umfangs seiner Beteilungen zugrunde legen. Als **Rente** des Mitarbeiters definieren wir die Differenz zwischen seinen erwarteten Beteiligungen und seinen erwarteten Beiträgen. Entsprechend dem Entscheidungskalkül aus dem letzten Kapitel ist sein Ziel die Maximierung seines Nutzens, also seiner Rente. Berücksichtigen wir mögliche alternative Stellenangebote als Opportunitätskosten des Mitarbeiters, dann wird er nur dann motiviert sein, an der betrachteten Unternehmung teilzunehmen, wenn seine Rente nicht negativ ist: Der von ihm erwartete Anteil an der Wertschöpfung der Unternehmung, den er bei einer Teilnahme erzielen kann, muss den erwarteten Beitrag überschreiten, den er für die Unternehmung leisten soll.

Betrachten wir nun reziprok zu diesen Ausführungen die Aufnahmeentscheidung der Unternehmung. Will sie den Mitarbeiter langfristig als Organisationsteilnehmer gewinnen bzw. halten, dann muss sie seine Bedürfnisse entsprechend befriedigen. Nach den obigen Überlegungen muss sie also die Arbeitssituation des Mitarbeiters so gestalten, dass seine Rente aus einer Teilnahme zumindest nicht negativ ist. Ob sie unter diesen Bedingungen den Mitarbeiter als Teilnehmer gewinnen will, ist dann abhängig von seinem Beitrag, den er zur Wertschöpfung der Unternehmung leistet. Voraussetzung für die Aufnahme des Mitarbeiters in die Unternehmung ist also sein Netto-Beitrag zur Wertschöpfung: Die zusätzliche Wertschöpfung aufgrund seines Arbeitseinsatzes muss mindestens so groß sein wie die erwarteten Kosten, die der Unternehmung für seine Teilnahme entstehen.

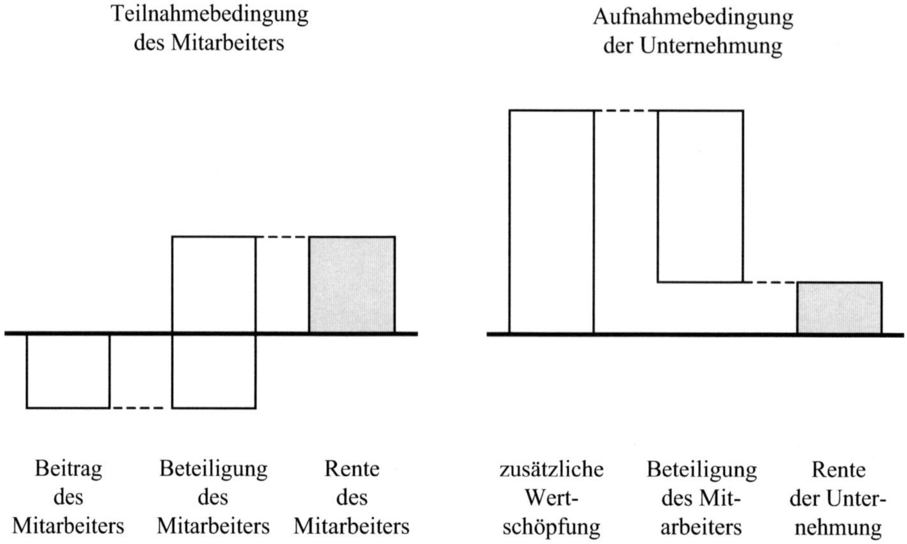

Abbildung 5.5: Die Teilnahme eines Mitarbeiters an einer Unternehmung als Ergebnis eines zweiseitigen Entscheidungsprozesses

Eine Arbeitsbeziehung zwischen Mitarbeiter und Unternehmung wird dann zustande kommen, wenn beide Parteien von dieser Beziehung profitieren. Demnach müssen zwei Voraussetzungen erfüllt sein:[2]

- Die Unternehmung wird den Beitrag, den der Mitarbeiter zur Wertschöpfung leistet, mit den Anforderungen vergleichen, die der Mitarbeiter im Hinblick auf seine Beteiligung an der Wertschöpfung hat. Demnach wird die Unternehmung nicht auf die Teilnahme eines Mitarbeiters verzichten wollen, wenn sein erwarteter Beitrag zur Wertschöpfung mindestens so groß ist wie die Ansprüche, die er an die Wertschöpfung der Organisation stellt.
- Der Mitarbeiter seinerseits wird mit seiner Teilnahme an der Organisation versuchen, seine eigenen Ziele zu erreichen. Eine Teilnahme an der Unternehmung wird er daher davon abhängig machen, in welchem Umfang die Unternehmung

zur Befriedigung seiner Interessen und Bedürfnisse beiträgt. Zudem wird er die persönlichen Kosten, die mit seinem Beitrag für die Unternehmung verbunden sind, bei der Teilnahmeentscheidung berücksichtigen. Ein Mitarbeiter wird nur dann motiviert sein, einer Unternehmung beizutreten, wenn die Werte, die er bei einer Teilnahme erzielen kann, den Beitrag überschreiten, den er für die Unternehmung leisten wird.

5.2.1 Die Arbeitsbeziehung als Vertragsverhältnis

Nach dieser grundsätzlichen Diskussion über das Zustandekommen einer Arbeitsbeziehung wollen wir uns nun detaillierter mit den Problemen beschäftigen, die mit dem Austausch von Leistungen und Gegenleistungen verbunden sein können. Wir gehen dabei wie folgt vor: Um ein grundlegendes Verständnis von den Spezifika von Arbeitsbeziehungen zu erlangen, betrachten wir zunächst zur Illustration eine einfache Kaufbeziehung zwischen zwei Parteien auf einem Gütermarkt und diskutieren das bei diesem Austausch auftretende Motivationsproblem. Anhand dieses Beispiels erarbeiten wir dann sukzessive die spezifischen Unterschiede zur Arbeitsbeziehung. Dabei wird sich zeigen, dass die besonderen Merkmale von Arbeitsbeziehungen erhöhte Anforderungen an die Lösung des damit zusammenhängenden Motivationsproblems stellen.

Betrachten wir das Beispiel eines Autofahrers, der seinen Wagen an einer Tankstelle auftanken möchte. Es handelt sich hierbei um eine Kaufbeziehung, die der Autofahrer mit dem Tankstelleninhaber bzw. der Mineralölgesellschaft eingeht. Bei dieser Beziehung sind Leistungen und Gegenleistungen der beiden Parteien eindeutig spezifiziert: Benzin ist ein homogenes Gut, das auch von verschiedenen anderen Tankstellen in derselben Qualität angeboten wird. Die Qualität des Benzins kennt der Autofahrer relativ gut - zumindest kann er dessen Oktanzahl an der Zapfsäule ablesen. Darüber hinaus ist der Preis des Benzins weithin sichtbar angezeigt. Als Gegenleistung für das getankte Benzin zahlt der Autofahrer dem Tankstelleninhaber seine Benzinrechnung. Der Tankstelleninhaber benötigt hierfür keine speziellen Informationen über den Autofahrer, vorausgesetzt, dieser kann die Tankfüllung auch tatsächlich bezahlen.

Die Vereinbarungen, die die beiden Parteien unter diesen Bedingungen zur Grundlage ihrer Geschäftsbeziehungen machen, haben den Charakter eines vollständigen Vertrages. Ein **vollständiger Vertrag** bezeichnet dabei ein Übereinkommen zwischen zwei Parteien, in dem für alle möglichen Eventualitäten, die im Laufe ihrer Beziehung auftreten könnten, die jeweils zu leistenden Beiträge und die Aufteilung der jeweils geschaffenen Werte im Vorhinein festgelegt sind.

Das in unserem Beispiel der Beziehung zwischen dem Autofahrer und dem Tankstelleninhaber ein vollständiger Vertrag zugrunde liegt, lässt sich einfach sehen: Zum einen handelt es sich beim Auftanken des Wagens um einen zeitpunktbezogenen Austausch von Gütern. Leistung und Gegenleistung fallen zeitlich zusammen, so dass künftige Eventualitäten für die Kaufbeziehung keine Rolle spielen. Zum anderen sind zum Zeitpunkt des Austauschs Leistung und Gegenleistung der Parteien eindeutig spezifiziert: Genormtes Benzin gegen gesetzliches Zahlungsmittel.

Betrachten wir nun das mit dieser Beziehung verbundene Motivationsproblem: Wie wird sichergestellt, dass einerseits das Benzin auch tatsächlich die angegebene Qualität besitzt und andererseits der Autofahrer auch tatsächlich seine Benzinrechnung bezahlt? Drei Mechanismen - Recht, Wettbewerb und allgemeine Geschäftspraktiken - tragen zur Lösung dieses Motivationsproblems bei:

(1) Aus rechtlicher Sicht schließen der Autofahrer und der Tankstelleninhaber einen Kaufvertrag ab, der im deutschen Recht im Bürgerlichen Gesetzbuch BGB geregelt ist. Danach haftet im vorliegenden Fall der Tankstelleninhaber bzw. die Mineralölgesellschaft, wenn das Benzin fehlerhaft ist. Umgekehrt ist der Autofahrer verpflichtet, dem Verkäufer den vereinbarten Kaufpreis zu zahlen. Ein Verstoß gegen die Vereinbarung Benzin gegen Geld ist gesetzeswidrig und die Durchsetzbarkeit des Vertrages somit gesetzlich gewährleistet.

(2) Benzin ist ein homogenes Gut, das von einer Vielzahl anderer Tankstellen in derselben Qualität angeboten wird. Der Tankstelleninhaber ist daher nicht nur in seinem Preis für das Benzin durch den Wettbewerb um Kunden diszipliniert: Verhält er sich beispielsweise unfreundlich gegenüber dem Autofahrer, dann läuft er Gefahr, dass er diesen als zukünftigen Kunden verliert. Ein Wechsel zu einer anderen Tankstelle wird für den Autofahrer im Allgemeinen mit sehr geringen Kosten verbunden sein. Aus demselben Grund hat der Tankstelleninhaber auch ein vitales Interesse daran, die Qualität seines Benzins sicherzustellen. Ansonsten würde er wohlmöglich seine Reputation als zuverlässiger Tankstelleninhaber verlieren.

(3) Darüber hinaus spielen als zusätzlicher Mechanismus zur Lösung des Motivationsproblems allgemeine Geschäftspraktiken eine wesentliche Rolle. Diese gründen auf Tradition, Kultur oder gesellschaftlichen Normen. In Deutschland ist es beispielsweise unüblich, dass der Autofahrer und der Tankstelleninhaber über den Benzinpreis feilschen. Ist hingegen der Autofahrer ein größerer Abnehmer, beispielsweise ein Fuhrunternehmer mit eigenem Tank, dann sind Verhandlungen über den Benzinpreis durchaus gebräuchlich.

Welche Erkenntnisse können wir aus diesem Beispiel für die Motivationsprobleme in einer Arbeitsbeziehung ziehen? Zunächst einmal besteht zwischen der Beziehung des Autofahrers und dem Tankstellenbesitzer beim Benzinkauf und der Arbeitsbeziehung zwischen einem Arbeitgeber und einem Mitarbeiter eine direkte Parallele: In beiden Fällen handelt es sich um eine Transaktion zwischen zwei Parteien. Im ersten Fall steht der Austausch von Benzin gegen Geld im Vordergrund der Beziehung, im zweiten Fall der Austausch von Arbeitsleistung gegen Lohn und andere Formen der Belohnung.

Übertragen wir das oben diskutierte Organisationsproblem auf die Ebene der einzelnen Transaktion, geht es in beiden Beziehungen also um die Frage der geeigneten Gestaltung:

- Wie soll der Austausch zwischen den beiden Transaktionsparteien durchgeführt werden? Was hat jeder in der Beziehung für eine Aufgabe? Wie werden diese Interaktionen aufeinander abgestimmt? Was sind die Bedingungen, unter denen der Austausch stattfindet? Etc. Dies ist das Koordinationsproblem.
- Wie kann sichergestellt werden, dass sich die Parteien auch an die getroffenen Vereinbarungen halten? Welche Mechanismen garantieren, dass im Falle der Abweichung die Vereinbarung dennoch durchgesetzt werden kann? Was passiert, wenn während der Beziehung Konflikte zwischen den Parteien auftreten? Wie können die Leistungen der Parteien bewertet werden? Etc. Dies ist das Motivationsproblem.

Angenommen - und dies sei rein hypothetisch - wir könnten die Lösung bei der Gestaltung der Kaufbeziehung zwischen Autofahrer und Tankstellenbesitzer eins-zu-eins auf die Arbeitsbeziehung übertragen. Arbeitgeber und Mitarbeiter könnten unter diesen Umständen also einen vollständigen Arbeitsvertrag vereinbaren. Dann hätten die Parteien die Möglichkeit, in einem Arbeitsvertrag für alle möglichen Eventualitäten, die im Laufe ihrer Beziehung auftreten, die Beiträge und die geschaffenen Werte vollständig und eindeutig festzulegen. Ihre Leistungen und Gegenleistungen könnten die Parteien insbesondere so aufteilen, dass es im Interesse jedes der Beteiligten wäre, die Zusammenarbeit einzugehen und sich an diese Vereinbarungen zu halten. Insbesondere könnte so bereits bei Abschluss des Vertrages ein mögliches Abweichen einer Partei von ihren vertraglichen Verpflichtungen berücksichtigt werden - dies wäre eine der zu antizipierenden Eventualitäten - und durch entsprechende Maßnahmen unterbunden werden. Ein Anpassungs- und Regelungsbedarf nach Vertragsabschluss würde nicht bestehen. In diesem Sinne würde ein vollständiger Arbeitsvertrag also das Motivationsproblem der Unternehmung lösen.

5.2.2 Merkmale der Arbeitsbeziehung

Natürlich sind in der Realität solche Verträge bei einer Arbeitsbeziehung nicht möglich. Allerdings können wir diesen hypothetischen Fall - und damit unser Beispiel des Benzinkaufs - zum Ausgangspunkt der Charakterisierung der spezifischen Merkmale einer Arbeitsbeziehung machen. Worin unterscheidet sich also die Transaktion des Benzinkaufs von der tatsächlichen Arbeitsbeziehung zwischen einem Arbeitgeber und einem Mitarbeiter? Fünf Unterschiede in den Ausprägungen der beiden Transaktionen sind hier zu nennen, siehe Abbildung 5.6:

Spezifität der zur Durchführung der Arbeitsaufgabe notwendigen Investitionen

Eine **transaktionsspezifische Investition** ist eine Investition, die die Erstellung des auszutauschenden Gutes oder die Erbringung der Dienstleistung unterstützt. Die Spezifität einer solchen Investition bestimmt den Umfang, mit dem diese Investition auf eine bestimmte Transaktion zugeschnitten ist und somit für eine andere Transaktion nicht ohne weiteres verwendet werden kann. Eine transaktionsspezifische Investition fördert somit das transaktionsspezifische Kapital in dieser Beziehung und erhöht somit die Wertschöpfung der betrachteten Transaktion. Allerdings ist dieses Kapital für andere Transaktionen ohne Wert.

Im Beispiel des Benzinkaufs muss so der Tankstelleninhaber oder die Mineralölgesellschaft keine spezifische Investition für die Transaktion mit dem Autofahrer tätigen. Zwar waren sicherlich Investitionen in die Tankstelle und deren Ausstattung notwendig, allerdings können diese Invesitionen für jeden anderen Autofahrer, dessen Fahrzeug nicht vollgetankt ist, auch genutzt werden. Sie sind also nicht spezifisch.

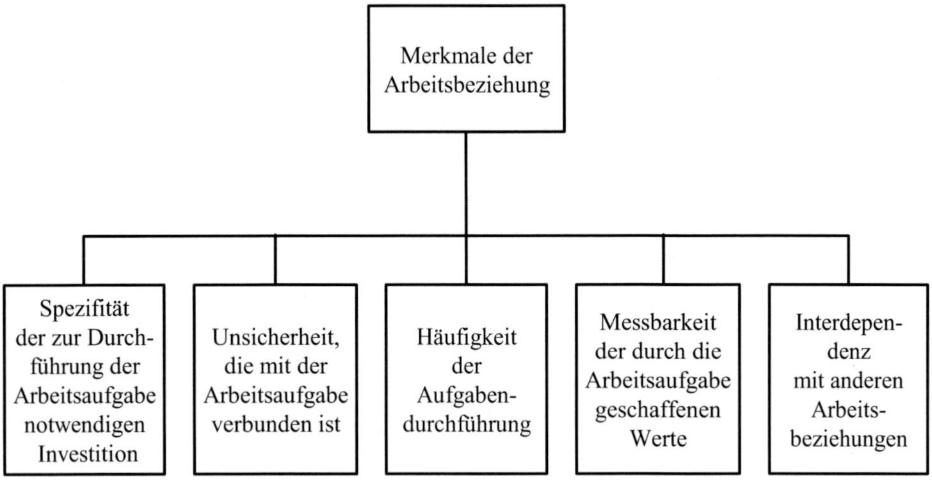

Abbildung 5.6: Die Merkmale einer Arbeitsbeziehung

Im Rahmen der Arbeitsbeziehung zwischen einem Arbeitgeber und seinem Mitarbeiter tätigen hingegen beide Parteien sukzessive transaktionsspezifische Investitionen. So sind nach Doeringer und Piore (1971, S.15f) grundsätzlich mit fast jeder Arbeitsaufgabe spezifisches Wissen und Kenntnisse verbunden: "Almost every job involves specific skills. Even the simplest custodial tasks are facilitated by familiarity with the physical environment specific to the workplace in which they are being performed. The apparent routine operation of standard machines can be importantly aided by familarity with the particular piece of operating equipment. ... In some cases workers are able to anticipate trouble and diagnose its source by subtle changes in the sound or smell of the equipment. Moreover, performance in some production or managerial jobs involves a team element, and a critical skill is the ability to operate effectively with the given members of the team. This ability is dependent upon the interaction skills of the personalities of the members, and the individuals' work 'skills' are specific in the sense that skills necessary to work on one team are never quite the same as those required on another."

Wie können nun transaktionsspezifische Investitionen in einer Arbeitsbeziehung identifiziert werden? Offensichtlich binden sie die beiden Parteien aneinander, so dass sowohl der Arbeitgeber als auch der Arbeitnehmer im Allgemeinen im Laufe der Arbeitsbeziehung immer weniger geneigt sind, die Beziehung zu beenden und einen neuen Partner zu suchen. Vielmehr haben sie in der Regel beide ein Interesse an der Aufrechtrechterhaltung der Arbeitsbeziehung, da mit einer Beendigung erhebliche Kosten verbunden sind - also bereits getätigte transaktionsspezifische Investitionen wertlos werden. Drei verschiedene Formen transaktionsspezifischer Investitionen sind in diesem Kontext von Bedeutung:

(1) Beziehungsspezifische Investitionen: Im Laufe seiner Arbeitsbeziehung wird der Mitarbeiter möglicherweise soziale Beziehungen zu seinem Arbeitgeber und anderen Mitarbeitern in der Unternehmung aufbauen. Solche Investitionen sind beziehungsspezifisch und wären für den Mitarbeiter verloren, wenn er die Unternehmung verlassen würde. Auch dem Arbeitgeber würden in einem solchen Fall Kosten entstehen: So kann das soziale Beziehungsnetzwerk, das sich der Mitarbeiter in der Unternehmung geschaffen hat, förderlich sein für innerbetriebliche Kommunikation und so die Zusammenarbeit und die Abstimmung untereinander verbessern. Zudem könnten die Beziehungen des Mitarbeiters, die dieser mit externen Kunden oder Lieferanten aufgebaut hat, bei einem Arbeitsplatzwechsel verloren gehen. Unter Umständen wird der Mitarbeiter einige dieser Kunden- und Lieferantenbeziehungen mit in die neue Unternehmung nehmen und so dem Arbeitgeber zusätzliche Kosten verursachen.

(2) Humankapitalspezifische Investitionen: Bei humankapitalspezifischen Investitionen handelt es sich um Kosten, die den beiden Parteien für den Aufbau des Humankapitals des Mitarbeiters entstehen, das nur innerhalb des spezifischen Unternehmens von Wert ist. Hierzu gehören beispielsweise der Erwerb spezifischen Wissens, die Sammlung von spezifischen Informationen oder das Erlernen spezifischer Fähigkeiten seitens des Mitarbeiters. So muss der Arbeitgeber möglicherweise den Mitarbeiter erst für eine spezifische Aufgaben in der Unternehmung schulen, oder der Mitarbeiter muss sich erst in das firmeneigene EDV-Programm einarbeiten. Zu unterscheiden sind diese Kosten von Investitionen in seine Fachausbildung. Diese sind nicht firmenspezifisch, da sie nicht auf eine bestimmte Unternehmung ausgerichtet sind.

(3) Standortspezifische Investitionen: Diese Kosten entstehen dem Arbeitnehmer z.B. in Situationen, in denen er bei einem Wechsel seines derzeitigen Arbeitsplatzes einen Wohnortwechsel oder die Trennung von seiner Familie in Kauf nehmen muss. Aber auch für den Fall, dass der Arbeitnehmer einen neuen Arbeitsplatz finden muss und möglicherweise während dieser Zeit arbeitslos ist, entstehen ihm Kosten.

Durch den Aufbau von transaktionsspezifischen Investitionen unterscheidet sich die Arbeitsbeziehung fundamental von der Beziehung zwischen dem Autofahrer und dem Tankstelleninhaber. Während das Verhalten des Tankstelleninhabers wesentlich durch die Funktionsweise des Marktwettbewerbs diszipliniert war, reduziert sich diese Anreizwirkung des Wettbewerbs sukzessive in der Arbeitsbeziehung: Je mehr die Parteien in transaktionsspezifisches Kapital investieren, desto abhängiger sind die Parteien voneinander und desto größer sind die Einbußen, die den Parteien im Falle der Beendigung der Arbeitsbeziehung entstehen. Dabei muss allerdings berücksichtigt werden, dass im Allgemeinen die Kosten, die mit einem Abbruch der Beziehung verbunden sind, nicht symmetrisch sind. Die Investitionen der einen Partei können größer sein als die der anderen, so dass der Wert, den die Beziehung für die Parteien hat, unterschiedlich beurteilt wird.

Unsicherheit, die mit der Arbeitsaufgabe verbunden ist

Jede Transaktion zwischen zwei Parteien ist aus systemtheoretischer Perspektive immer in eine Umwelt eingebettet. Diese Umwelt einer Transaktion bestimmt die Rahmenbedingungen, unter denen die Transaktion durchgeführt wird und wirkt sich somit auf die Gestaltung der Transaktion aus. Zwei Dimensionen der Umwelt sind hier zu unterscheiden: Zum einen bezieht sich die Komplexität der Umwelt auf die Heterogenität und die Anzahl der externen Faktoren, die für die Transaktion relevant sind. Zum anderen bezieht sich die Dynamik der Umwelt auf die zeitliche Veränderung der für die Transaktion relevanten Umweltfaktoren.

Sowohl die Komplexität als auch die Dynamik der Umwelt sind beim Tanken des Wagens minimal. Alle Vertragsbedingungen sind in diesem Fall eindeutig und klar spezifiziert, und die Transaktion ist zeitpunktbezogen, so dass künftige Veränderungen, etwa eine Erhöhung des Benzinpreises, für den betrachteten Austausch völlig bedeutungslos sind. Dies ist im Allgemeinen bei der Arbeitsbeziehung gänzlich anders: Wenn beispielsweise ein Mitarbeiter in der Einkaufsabteilung den Auftrag hat, bestimmte Rohstoffe für die Produktion zu beschaffen, dann muss er unter Umständen eine Vielzahl von verschiedenen Anbietern, Preisen und Qualitäten miteinander vergleichen. Die mit dieser Transaktion verbundene Komplexität ist somit hoch. Verändern sich die Faktoren für seine Entscheidung noch im Zeitablauf, etwa weil die Preise täglich schwanken, ist auch die Dynamik groß.

Häufigkeit der Aufgabendurchführung

Das Merkmal der Häufigkeit der Transaktion bezieht sich auf die Anzahl der Wiederholungen der Transaktion zwischen den beiden Parteien. Zwar wird auch der Autofahrer regelmäßig seinen Wagen betanken müssen und hierzu unter Umständen wiederholt zu einer bestimmten Tankstelle fahren. Der Arbeitgeber und der Arbeitnehmer werden jedoch täglich miteinander interagieren: Ein Mitarbeiter ist im Allgemeinen mit der Durchführung permanenter Aufgaben in der Unternehmung beauftragt, so dass in diesem Fall die Transaktionshäufigkeit wesentlich höher ist. Auch die Zusammenarbeit mit anderen Kollegen im Rahmen seiner Aufgabendurchführung wird im Allgemeinen permanent sein.

Die unterschiedliche Häufigkeit zwischen den beiden betrachteten Transaktionen hat entscheidende Auswirkungen auf die sozialen Beziehungen zwischen den Transaktionsparteien. Beim Benzinkauf werden sich der Autofahrer und der Tankstelleninhaber vermutlich eher als Fremde begegnen. In der Arbeitsbeziehung kann sich hingegen aufgrund der wiederholten Interaktionen ein soziales Beziehungsgefüge zwischen den Parteien herausbilden und weiterentwickeln.

Messbarkeit der durch die Arbeitsaufgabe geschaffenen Werte

Die Diskussion zu Anfang dieses Kapitels machte deutlich, dass zwei Parteien nur dann eine gemeinsame Transaktion durchführen werden, wenn jede Partei erwartet, dass sie Vorteile aus dieser Transaktion ziehen wird. Wie bei jeder Organisation müssen beide Parteien hierzu Beiträge leisten, und die Wertschöpfung muss zwischen ihnen aufgeteilt werden. Das Merkmal der Messbarkeit der geschaffenen Werte stellt auf die Frage ab, inwieweit die beiden Parteien überhaupt beurteilen können, welche Beiträge geleistet und welche Werte in der Beziehung geschaffen wurden.

Im Beispiel des Benzinkaufs ist die Messbarkeit der durch die Transaktion geschaffenen Werte relativ unproblematisch: Leistung und Gegenleistung - also genormtes Benzin gegen gesetzliches Zahlungsmittel - sind eindeutig spezifiziert.

Diese Beurteilung der Leistung des jeweils anderen Partners kann bei einer Arbeitsbeziehung aus verschiedenen Gründen sehr viel problematischer sein: Zum einen entzieht sich die Leistung des Mitarbeiters mit zunehmender Investition in transaktionsspezifisches Kapital einer Bewertung durch den Arbeitsmarkt. Der Arbeitgeber kann daher die von dem Mitarbeiter geschaffenen Werte in der Arbeitsbeziehung nicht ohne weiteres mit den Werten vergleichen, die in der Beziehung mit einem anderen Mitarbeiter geschaffen werden könnten. Eine Lösung dieses Problems wäre unter Umständen dann möglich, wenn es mehrere Kollegen des Mitarbeiters gibt, die ähnliche Aufgaben durchführen. Zum anderen kann der Einfluss des Mitarbeiters auf die insgesamt geschaffenen Werte nur marginal sein. Die relativen Auswirkungen, die ein zusätzlicher Mitarbeiter am Fließband eines Automobilproduzenten auf die Wertschöpfung der Unternehmung mit mehreren tausend Mitarbeitern hat, sind im Allgemeinen gering. Eng verbunden mit diesem Problem ist die Interdependenz der Leistungen verschiedener Mitarbeiter. Je nachdem, welche Arbeitsaufgabe der Mitarbeiter übernommen hat, führen seine Aktivitäten nur in der Zusammenarbeit mit anderen Mitarbeitern zu einem inhaltlich abgeschlossenen Ergebnis. Dadurch ist aber sein Beitrag zu den insgesamt geschaffenen Werten schwierig zu beurteilen. Weiterhin kann es für den Arbeitgeber problematisch sein, den Beitrag des Mitarbeiters zu messen bzw. zu kontrollieren. Selbst wenn dessen Beitrag grundsätzlich messbar wäre, könnten die mit der Messung verbundenen Kosten sehr hoch sein. Aufgrund der Interdependenzen der Tätigkeiten des Mitarbeiters mit denen anderer Mitarbeiter führen solche Kontrollen zudem meist nicht zu einer eindeutigen Zurechnung.

Interdependenzen mit anderen Arbeitsbeziehungen

Die Interdependenz einer Transaktion mit anderen Transaktionen bezeichnet das Ausmaß, in dem die betrachtete Transaktion in ein Netzwerk von anderen Transaktionen eingebettet ist. Je geringer der Grad der Interdependenz mit anderen Transaktionen ist, desto eher kann die betrachtete Beziehung autonom durchgeführt werden. So ist die Transaktion zwischen dem Autofahrer und dem Tankstelleninhaber relativ unabhängig von anderen Transaktionen und folglich durch eine hohe Autonomie gekennzeichnet.

Im Unterschied dazu ist die Arbeitsbeziehung zwischen dem Arbeitgeber und dem Mitarbeiter mit einer Vielzahl anderer Transaktionen verknüpft. So impliziert die für die Wertschöpfung der Unternehmung notwendige Arbeitsteilung gerade, dass sich der Mitarbeiter bei der Durchführung seiner Aktivitäten mit anderen Organisationsteilnehmern abstimmen muss. Das daraus resultierende Geflecht an lateralen und vertikalen Interdependenzen in der Unternehmung führt daher zu wechselseitigen Abhängigkeiten zwischen den verschiedenen Transaktionen.

5.2.3 Die Unvollständigkeit des Arbeitsvertrages

Die Charakterisierung der Arbeitsbeziehung zwischen Arbeitgeber und Arbeitnehmer im vorangegangenen Abschnitt macht deutlich, dass wesentliche Unterschiede zwischen dieser Transaktion und dem Austausch von Benzin beim Tanken bestehen. Trotz der erhöhten Anforderungen, die sich daraus für die Gestaltung der Arbeitsbeziehung ergeben, könnte es grundsätzlich aber immer noch möglich sein, dass die Parteien auch in einem solchen Fall einen vollständigen Arbeitsvertrag schließen: Man könnte argumentieren, dass sie doch den Versuch unternehmen könnten, einen möglichst vollständigen Vertrag zu konzipieren - wenn auch mit viel Kostenaufwand und Rechtsbeistand.

Im Folgenden wollen wir argumentieren, warum Arbeitsverträge typischerweise unvollständig sein müssen. Ein **unvollständiger Arbeitsvertrag** bezeichnet dabei eine Vereinbarung zwischen Arbeitgeber und Arbeitnehmer, die nicht für alle möglichen Situationen, die im Laufe der Arbeitsbeziehung eintreten können, den zu leistenden Beitrag des Mitarbeiters und seine sich daraus ableitenden Ansprüche im Vorhinein im Detail präzisiert. Lediglich bei kurzfristigen Werks- und Zeitarbeitsverträgen mit einer klar umrissenen Arbeitsaufgabe des Arbeitnehmers wird ein (fast) vollständiger Vertrag möglich sein. Ansonsten stehen mindestens zwei Faktoren dem Abschluss eines vollständigen Arbeitsvertrages entgegen:

Eingeschränkte Rationalität der Vertragsparteien

Unsere Diskussion im zweiten Teil des Buches macht deutlich, dass wir nicht davon ausgehen können, dass ein Mitarbeiter alle Informationen, die sich aus seiner

Arbeitssituation ergeben, wie ein wandelnder Computer ohne Kapazitäts- und Rechenzeitbegrenzungen erfassen wird. Dem stehen vielmehr seine eingeschränkten kognitiven Fähigkeiten entgegen, für die wir eine Reihe von Gründen angeführt haben.

Die eingeschränkten kognitiven Fähigkeiten einer Person haben auch unmittelbare Auswirkungen auf die Gestaltung der Arbeitsbeziehung. Wir haben oben die Beziehung zwischen einem Arbeitgeber und einem Arbeitnehmer als eine Transaktion gekennzeichnet, die im Allgemeinen wiederholt in einer sich ändernden Umwelt durchgeführt wird. Aufgrund der eingeschränkten Rationalität der Parteien ist nicht davon auszugehen, dass die Arbeitsbeziehung durch einen vollständigen Arbeitsvertrag geregelt werden kann. Wäre dies nämlich möglich, könnten Arbeitgeber und Arbeitnehmer für alle Eventualitäten, die im Laufe der Arbeitsbeziehung eintreten werden, ihr Verhalten im Vorhinein vereinbaren. Dies würde bedeuten, dass zu Beginn der Arbeitsbeziehung die beiden involvierten Parteien vollständig und exakt spezifizieren könnten, welche Leistungen und Gegenleistungen sie in der Beziehung zu erbringen haben. Sie müssten hierzu alle möglichen künftigen Veränderungen der Arbeitsbeziehung im Vorhinein antizipieren und für jede dieser Eventualitäten die Modalitäten ihrer Beziehung entsprechend anpassen. Der Mitarbeiter wüsste unter diesen Umständen zum Beispiel, wie sich die Arbeitsbedingungen in der Unternehmung in den nächsten Jahren verändern werden und welche Tätigkeiten er zu welchem Zeitpunkt wie durchführen muss. Der Arbeitgeber seinerseits würde in dieser Situation z.B. genau angeben können, wann und bei welchen Arbeitsleistungen der Mitarbeiter innerhalb der Unternehmung aufsteigen wird oder welche neuen Anforderungen sich aufgrund einer technologischen Entwicklung an die Arbeitsaufgabe des Mitarbeiters stellen werden.

Als weiteres Problem kommt hier die Messbarkeit der Arbeitsleistung des Mitarbeiters hinzu. Wir haben oben diskutiert, dass es im Allgemeinen aufgrund der Zusammenarbeit mit anderen Mitarbeitern schwierig ist, den Beitrag des einzelnen Mitarbeiters eindeutig dem Gesamtergebnis zuzurechnen. Daher wird sich im Allgemeinen kein vollständiger Vertrag spezifizieren lassen, da dieser auch die Arbeitsbeziehungen des Arbeitgebers zu anderen Mitarbeitern berücksichtigen müsste. Aber selbst wenn eine eindeutige Zurechnung der Leistung des einzelnen Mitarbeiters grundsätzlich möglich wäre, kann es für die Parteien schwierig sein, die erbrachten

Leistungen eindeutig zu messen. Messfehler können hier auftreten, und es kann mit zu hohen Kosten verbunden sein, diese Messfehler völlig zu beseitigen. Dies steht dem Abschluss eines vollständigen Vertrages entgegen, da es aufgrund einer unterschiedlichen Bewertung der Leistung zu Vertragsproblemen kommen kann.

Die Argumentation macht unmittelbar klar, dass ein vollständiger Vertrag mit umfassender Voraussicht der Parteien und unzweideutigen Beschreibungen aller Eventualitäten nicht realistisch ist. Dem stehen die eingeschränkten kognitiven und analytischen Fähigkeiten der Parteien entgegen. Dies ist anders als bei der einfachen Kaufbeziehung zwischen Autofahrer und Tankstelleninhaber. Da hier die Transaktion zeitpunktbezogen stattfindet und die Unsicherheit über irgendwelche Umweltsituationen keine große Rolle spielt, ist die eingeschränkte Rationalität der beiden Parteien für die Gestaltung der Transaktion ohne Bedeutung.

Informationsasymmetrien

Aber auch in solchen Situationen, in denen die Parteien alle Eventualitäten im Laufe ihrer Arbeitsbeziehung berücksichtigen könnten und in denen es keine Probleme bei der Spezifikation und Messung der Leistung gibt, wird ein Vertrag im Allgemeinen nicht vollständig sein. Die Vollständigkeit des Vertrages verlangt nämlich auch, dass alle Informationen, die für eine adäquate Gestaltung und Durchführung der Arbeitsbeziehung relevant sind, beiden Parteien zugänglich sind. Nur dann können die zu leistenden Beiträge der beiden Parteien so festgelegt und die Aufteilung der geschaffenen Werte so vorgenommen werden, dass die Vertragsbeziehung im beiderseitigen Interesse ist.

In Arbeitsbeziehungen ist diese Voraussetzung in den seltensten Fällen erfüllt. Vielmehr ist davon auszugehen, dass jeweils eine der Parteien Informationen besitzt, die für die Arbeitsbeziehung von Bedeutung sind, die jedoch nur für sie zugänglich sind. Die andere Partei hat in dieser Situation somit ein Informationsdefizit, es besteht also eine asymmetrische Informationsverteilung zwischen Arbeitgeber und Arbeitnehmer.

Grundsätzlich wären solche asymmetrisch verteilten Informationen zwischen Arbeitgeber und Arbeitnehmer unproblematisch, wenn sich beide Parteien ihre jeweiligen privaten Informationen vollständig wechselseitig mitteilen würden. Davon können wir aber a priori nicht unbedingt ausgehen:

Zum einen könnte die Aufdeckung der privaten Informationen einer Parteien für diese nachteilig sein. Ein Vorgesetzter weiß beispielsweise, dass in seinem Bereich in der nächsten Zeit Umstrukturierungsmaßnahmen durchgeführt werden. Möglicherweise würde ein Bewerber, der eine Stelle in seinem Bereich anstrebt, seine Bewerbung zurückziehen, wenn auch er diese Information hätte - für ihn könnte z.B. die Gefahr eines späteren Arbeitsplatzverlustes zu groß sein. In diesem Fall könnte der Vorgesetzte seine private Information gegenüber dem Bewerber verschweigen, um damit die Möglichkeiten, ihn für die Stelle zu gewinnen, nicht zu verschlechtern. Grundsätzlich können wir also in einer solchen Situation nicht davon ausgehen, dass eine Partei ihre privaten Informationen wahrheitsgetreu dem anderen zur Verfügung stellt, wenn diese Informationsaufdeckung für sie nachteilig ist. Ein vollständiger Vertrag ist unter diesen Umständen nicht möglich.

Zum anderen wird aber auch für den Fall, dass die Aufdeckung ihrer privaten Informationen für eine Partei nicht nachteilig ist, ein vollständiger Vertrag im Allgemeinen nicht möglich sein. Aufgrund ihrer eingeschränkten kognitiven und analytischen Fähigkeiten kann es sein, dass dieser Partei die Relevanz ihrer Informationen zu Beginn der Arbeitsbeziehung überhaupt nicht bewusst ist, dass diese Informationen aber im Laufe der Arbeitsbeziehung für die Gestaltung des Leistungsaustauschs an Bedeutung gewinnen. Ein Vorgesetzter, der die vage Absicht hat, in ein paar Jahren die Unternehmung zu wechseln, wird diese private Information möglicherweise nicht für wichtig halten, wenn er einen neuen Mitarbeiter in seinem Bereich anstellen will. Für Letzteren könnten sich dadurch aber zusätzliche Aufstiegschancen ergeben, die ihn zur Annahme der Stelle und einem überdurchschnittlichen Engagement motivieren würden. Umgekehrt ist es auch möglich, dass ein Mitarbeiter in Kenntnis dieser Information seine Stelle gar nicht angetreten hätte oder nicht in die soziale Beziehung zu seinem Vorgesetzten investiert hätte, weil der bevorstehende Weggang des Vorgesetzten für seine eigene Karriere in der Unternehmung nachteilig ist.

In einer Arbeitsbeziehung können verschiedene Informationsasymmetrien zwischen den Parteien auftreten. Sie können sowohl zu ungunsten des Arbeitnehmers als auch des Arbeitgebers sein: Im ersten Fall hat der Arbeitgeber einen Informationsvorsprung gegenüber dem Arbeitnehmer, im zweiten ist das Informationsdefizit umgekehrt. Solche Informationsasymmetrien lassen sich grundsätzlich auf drei verschiedene Gründe zurückführen, die wir im Folgenden vorstellen wollen. Zur Illustration betrachten wir dabei jeweils die Informationsdefizite, die der Arbeitgeber im Vergleich zu seinem Mitarbeiter haben kann:

(1) Verborgene personelle Faktoren: Der Mitarbeiter besitzt im Allgemeinen bessere Informationen über seine individuellen Ziele, seine Persönlichkeitseigenschaften und seine individuellen Fähigkeiten als der Arbeitgeber. Diese Informationen sind aber für die Gestaltung der Arbeitsbeziehung von Bedeutung: So wird der Arbeitgeber nur dann einem Mitarbeiter eine adäquate Arbeitsaufgabe zuordnen können, wenn die damit verbundenen Anforderungen mit den Fähigkeiten und dem Wissen des Mitarbeiters in Einklang stehen. Auch für die Bewertung der erbrachten Leistungen des Mitarbeiters ist es von Bedeutung, ob dieser eine hohe oder eine niedrige Qualifikation für die Arbeitsaufgabe besitzt. Darüber hinaus ist für eine geeignete Motivierung des Mitarbeiters die Kenntnis seiner persönlichen Ziele von entscheidender Bedeutung. Solche verborgenen Persönlichkeitsfaktoren werden in der Literatur auch als **hidden characteristics** bezeichnet.

(2) Verborgene Handlungen: Der Arbeitgeber wird das Handeln des Mitarbeiters in der Arbeitsbeziehung im Allgemeinen nicht unmittelbar beobachten können. So weiß er beispielsweise nicht, mit welchem Engagement dieser seine Aufgaben durchführt. Vielmehr wird der Arbeitgeber in der Regel lediglich aufgrund der Arbeitsergebnisse des Mitarbeiters indirekt auf sein Handeln schließen können. Die Arbeitsergebnisse werden aber nicht nur vom Verhalten des Mitarbeiters abhängig sein, sondern sie werden auch von den technologischen und organisatorischen Gegebenheiten seiner Arbeitssituation beeinflusst. Da der Arbeitgeber im Allgemeinen den Einfluss der Rahmenbedingungen nicht exakt beobachten kann, wird er nicht unmittelbar aus dem Arbeitsergebnis auf das Verhalten des Mitarbeiters zurückschließen können. Daher weiß der Arbeitgeber nicht genau, inwieweit der Mitarbeiter seine Arbeitsaufgabe adäquat durchgeführt hat. Der Mitarbeiter hingegen kennt sehr viel besser das Anstrengungsniveau, mit dem er seine Aufgabe erledigt hat. Diese Form der Informationsasymmetrie wird auch als **hidden action** bezeichnet.

(3) Verborgene Informationen: Im Laufe der Arbeitsbeziehung wird der Mitarbeiter im Allgemeinen Zugang zu Informationen bekommen, die für die Art und

Weise der Durchführung seiner Aufgabe von Bedeutung sind. Beispielsweise wird ein Forschungsmitarbeiter in einem Pharmaunternehmen im Laufe seiner Forschung durch sein Literaturstudium immer besser einschätzen können, inwieweit eine Teilsubstanz für ein neues Medikaments bereits mit Erfolg in anderen Präparaten eingesetzt wurde. Dies erhöht die Wahrscheinlichkeit, dass er sein Projekt erfolgreich abschließen kann. Solche Informationen sind aber im Allgemeinen für den Arbeitgeber nicht unmittelbar zugänglich. Auch hier besteht also eine Informationsasymmetrie zuungunsten des Arbeitgebers, die eine Bewertung der Arbeitsergebnisse des Mitarbeiters erschwert. In der Literatur verwendet man die Bezeichnung **hidden information** für diese Form der Informationsasymmetrie.

Natürlich können in einer Arbeitsbeziehung die verschiedenen Formen von Informationsasymmetrien auch gleichzeitig auftreten. Für die nachfolgenden Diskussionen ist es aber sinnvoll, die jeweiligen Ursachen der asymmetrischen Informationsverteilung zwischen Arbeitgeber und Arbeitnehmer systematisch zu unterscheiden. So werden wir sehen, dass sich aus den Informationsdefiziten des Arbeitgebers unterschiedliche Motivationsprobleme ergeben können, je nachdem welche Ursache hierfür ausschlaggebend ist.

5.2.4 Opportunistisches Verhalten und das Streben nach Eigennutz

Unsere bisherige Diskussion hat gezeigt, dass eine Arbeitsbeziehung im Unterschied zu einer einfachen Kaufbeziehung nicht durch einen vollständigen Vertrag geregelt werden kann: Die eingeschränkte Rationalität von Arbeitgeber und Arbeitnehmer sowie asymmetrischen Informationsverteilungen zwischen den Parteien stehen dem entgegen, so dass Arbeitsverträge typischerweise unvollständig sind.

Diese beiden Probleme, die bei der Regelung einer Arbeitsbeziehung bestehen, implizieren a priori aber noch nicht, dass wir das oben angesprochene Motivationsproblem nicht doch einfach lösen könnten: Die Unvollständigkeit des Arbeitvertrages würde nämlich überhaupt keine Motivationsprobleme induzieren, wenn sich Arbeitgeber und Arbeitnehmer auf eine 'generelle Regelung' einigen würden und diese von beiden Parteien zu jedem Zeitpunkt der Beziehung vollständig beherzigt würde. Eine solche allgemeine Regelung könnte beispielsweise so aussehen:

(1) Beide Parteien versprechen, dass sie alle für die Arbeitsbeziehung relevanten Informationen freiwillig und ehrlich preisgeben und dass sie während der gesamten Arbeitsbeziehung in einer solchen kooperativen Weise miteinander interagieren, dass ihre Zusammenarbeit für beide vorteilhaft ist.

(2) Diese Versprechenen sind bindend und selbstdurchsetzend, das heißt sie müssen während der Arbeitsbeziehung nicht durch irgendeine dritte Partei auf ihre Einhaltung hin überprüft werden.

Es ist offensichtlich, dass eine solche Vereinbarung das Motivationsproblem direkt lösen würde: Arbeitgeber und Arbeitnehmer würden sich wechselseitig alle asymmetrisch verteilten Informationen aufrichtig mitteilen. Die persönlichen Ziele des Mitarbeiters und die von der Unternehmung angestrebten Ziele würden bei der Festlegung der zu leistenden Beiträge und bei der Aufteilung der geschaffenen Werte zum beiderseitigen Vorteil vollständig berücksichtigt. Der Mitarbeiter würde die ihm übertragenen Aufgaben bereitwillig und bestmöglichst erledigen. Unklarheiten, Versäumnisse und Fehler würden direkt behoben.

Es ist aber auch offensichtlich, dass eine solche 'generelle Regelung' in der Realität selten anzutreffen ist. In der Tat würde dies nämlich bedeuten, dass Arbeitgeber und Arbeitnehmer überhaupt keinen formalen Arbeitsvertrag vereinbaren müssten. Ihre 'generelle Regelung' wäre selbst ein Versprechen und selbstbindend. Dass dies im Allgemeinen keine realistische Vorstellung ist, stellt bereits Hobbes (1651, S.92) fest: "the force of words ... [are] too weak to hold men to the performance of their covenants". Das Problem dieser generellen Regelung besteht demnach nicht darin, dass die Parteien sich nicht alle möglichen Versprechenen geben könnten. Fraglich ist vielmehr, ob sich die Parteien auch tatsächlich an ihre Versprechenen halten, ob also ihre Beteuerungen auch bindend und selbstdurchsetzend sind.

Wenn aber - und davon wollen wir im Folgenden ausgehen - ein adäquates Verhalten der Parteien in einer Arbeitsbeziehung nicht durch Versprechenen induziert werden kann, ist eine vertragliche Vereinbarung zwischen den Parteien eine notwendige Voraussetzung für eine entsprechende Steuerung ihres Verhaltens. So ist nach Parsons (1986, S.796), "the main function of any contract ... to constrain behavior, behavior that in a broader context is nonoptimal but which at the moment the decision is made is attractive to some economic agent". Dies impliziert aber, dass a priori keine der beiden Parteien davon ausgehen kann, dass sich die jeweils andere Partei ohne weiteres an die getroffenen Vereinbarungen halten wird. Vielmehr müssen beide von der Möglichkeit ausgehen, dass sich die jeweils andere Partei zu einem Verhalten entschließt, das für sie selbst vorteilhaft ist, für die andere jedoch nachteilig. In der ökonomischen Literatur wird ein solches Verhalten auch als **opportunistisches Verhalten** bezeichnet.

Opportunistisches Verhalten im Arbeitsalltag

Opportunistisches Verhalten und das Anstreben von Machtpositionen sind alltägliche Phänomene in den meisten Organisationen. In der Literatur hat sich mit der 'Mikropolitik' ein eigener Bereich der Personalforschung entwickelt, der die verschiedenen Wege und Mittel beschreibt, mit denen Mitarbeiter versuchen, ihre Stellung im Unternehmen zu verbessern und sich fremder Kontrolle zu entziehen. In einem Buch mit dem vielsagenden Titel 'Arbeitskampf im Arbeitsalltag' hat Hoffmann 1981 verschiedene Beispiele für opportunistisches Verhalten von Mitarbeitern in Unternehmen geliefert:

> *"Die Betriebsleitung hatte eine Steuerkabine mit einer Klimaanlage ausgerüstet und den Arbeitern daraufhin die Hitzezulage gestrichen. Schlagartig häuften sich die Störungen an der Klimaanlage so stark, dass die Arbeiter ihren Hitzezuschlag begründet weiterverlangen konnten; genau so schlagartig hörten die Störungen auch wieder auf, nachdem die Fortzahlung der Zulage auch bei intakter Klimaanlage zugestanden worden war."(S.54)*
> *"(...) ein Arbeiter hatte Muttern auf festen Sitz zu prüfen. Bis zu zwei lose Muttern musste er selbst festziehen, während er bei größerer Zahl nur ein Zeichen für woanders zu erledigende Nacharbeiten anzubringen hatte. Seine Produktsabotage bestand darin, dass er im Grenzbereich eine zusätzliche Mutter lockerte, statt alle Muttern festzuziehen."(S.57)*

Ein Katalog mit Beispielen aus der Praxis, die opportunistisches Verhalten aufzeigen, ließe sich sicher beliebig erweitern.

Quelle: Hoffmann (1981)

Die Möglichkeit des opportunistischen Verhaltens eines Mitarbeiters in der Arbeitsbeziehung kann unmittelbar aus dem im ersten Kapitel dargestellten komplexen Menschenbild abgeleitet werden: Entsprechend dieser Charakterisierung besitzt jeder Mitarbeiter eine spezifische Bedürfnisstruktur, aus der seine individuellen persönlichen Ziele resultieren. Das Streben des Mitarbeiters nach Befriedigung dieser Bedürfnisse begründet seine Organisationsteilnahme und somit sein Streben nach Eigennutz: Er möchte seine Ziele bestmöglich erreichen. Damit können wir aber nicht ohne weiteres davon ausgehen, dass der Mitarbeiter die Ziele der Unternehmung verfolgt, wenn diese in Konflikt mit seinen eigenen Zielen stehen.

Dass opportunistisches Verhalten grundsätzlich möglich ist, bedeutet natürlich nicht, dass jeder Mitarbeiter zu jedem Zeitpunkt der Arbeitsbeziehung versucht, entgegen den Zielen der Unternehmung zu handeln. So kann es entsprechend unserem Menschenbild des Mitarbeiters durchaus sein, dass er nach Selbstverwirklichung bei seiner Arbeit oder nach der Anerkennung durch seinen Vorgesetzten strebt. Sein Verhalten kann zudem trotz der möglichen Existenz von Interessengegensätzen mit den Unternehmenszielen dadurch bestimmt sein, dass er seine Aufgabe aus Pflichtbewusstsein wie vorgegeben erfüllt. Darüber hinaus ist auch vorstellbar, dass er sich zum Beispiel in der Zusammenarbeit mit Kollegen altruistisch verhält und einen eigenen möglichen Vorteil vergibt, etwa weil er aus seiner Hilfe für Andere eine Befriedigung zieht.

Das Streben nach Eigennutz seitens des Mitarbeiters lässt verschiedene Wechselwirkungen zwischen seinen Zielen und denen der Unternehmung zu. Lattmann (1981, S.52f) unterscheidet in diesem Zusammenhang vier mögliche Arten von Beziehungen:

(1) Zieldivergenz: Eine solche tritt auf, wenn die Interessen des Mitarbeiters und die der Unternehmung im Widerspruch stehen. Das Arbeitsverhalten des Mitarbeiters ist dann nachteilig für die Unternehmung. Ein solches Verhalten kann bewusst oder unbewusst sein. Im ersten Fall handelt der Mitarbeiter mit Absicht. Ein Beispiel hierfür ist ein Produktionsmitarbeiter, der sich den Neuerungen, die in seinem Arbeitsbereich eingeführt werden sollen, widersetzt, weil sie ihm bedrohlich erscheinen. Im zweiten Fall ist das organisationsschädigende Verhalten des Mitarbeiters unbeabsichtigt. Dies ist z.B. dann gegeben, wenn ein Außendienstmitarbeiter Informationen über einen Kunden nicht an seinen Vorgesetzten weiterleitet, weil sie ihm belanglos erscheinen, sie aber für die Unternehmung von erheblichem Wert sind.

(2) Zielindifferenz: Von einer Indifferenz der Ziele des Mitarbeiters und der der Unternehmung kann dann gesprochen werden, wenn weder die Zielerreichung

des Mitarbeiters vor- oder nachteilig für die Unternehmung ist noch wenn umgekehrt eine adäquate Aufgabenerfüllung des Mitarbeiters seine Bedürfnisbefriedigung beeinflusst. Ein Beispiel für den ersten Fall ist ein Mitarbeiter, der gerne im Januar Urlaub machen möchte. Wenn dies aufgrund der Arbeitsbelastung seiner Abteilung möglich ist, steht dem von Seiten seines Arbeitgebers nichts im Wege. Im zweiten Fall wäre dem Arbeitgeber beispielsweise daran gelegen, dass der Mitarbeiter morgens eine halbe Stunde früher zur Arbeit kommt und dies für den Mitarbeiter problemlos ist.

(3) Zieleinklang: Ein Zieleinklang liegt vor, wenn die Ziele des Mitarbeiters und die der Unternehmung zwar voneinander abweichen, die Erreichung der Unternehmensziele aber mittelbar förderlich ist für die persönlichen Ziele. Wenn z.B. einem Außendienstmitarbeiter aufgrund der Verschuldung für sein neues Eigenheim daran gelegen ist, seine Kredite möglichst frühzeitig zurückzubezahlen, dann wird er ein besonderes Interesse daran haben, die von der Unternehmensleitung ausgesetzte Prämie für den erfolgsreichsten Außendienstler zu erlangen. Er wird daher mit einem verstärkten Engagement seine Aufgaben durchführen.

(4) Zielübereinstimmung: Bei einer Zielübereinstimmung besteht eine Interessenharmonie zwischen Mitarbeiter und Unternehmung. Der Mitarbeiter identifiziert sich in diesem Fall mit den Unternehmenszielen, so dass eine Erreichung dieser Ziele unmittelbar seinen persönlichen Zielen entgegenkommt. Ein Mitarbeiter, dessen Selbstverwirklichungsbedürfnisse beispielsweise besonders stark ausgeprägt sind und der seine Fähigkeiten bei seiner Arbeit umfassend einsetzen kann, wird möglicherweise in der Erreichung seiner Aufgabenziele eine Selbstbestätigung sehen und in der Steigerung seiner Leistung eine Entfaltung seiner Persönlichkeit.

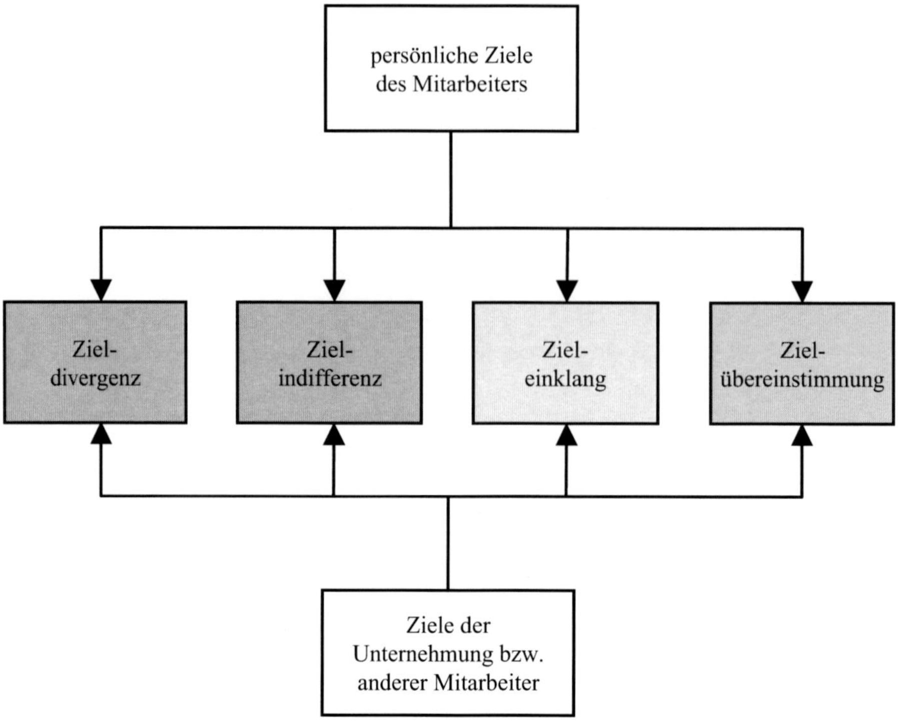

Abbildung 5.7: Die Wechselwirkungen zwischen den Zielen eines Mitarbeiters und denen der Unternehmung bzw. anderer Mitarbeiter

Die vorgestellten Beziehungen zwischen den Zielen eines Mitarbeiters und denen der Unternehmung übertragen sich analog auch auf die Wechselwirkungen, die zwischen den Interessen verschiedener Mitarbeiter bestehen können.

Da das Motivationsproblem der Unternehmung insbesondere bei Bestehen von Zieldivergenzen von Bedeutung ist, wollen wir im Folgenden verschiedene potentielle vertikale bzw. laterale Zieldivergenzen vorstellen.

Bei vertikalen Zieldivergenzen geht es um die Ziele des Mitarbeiters, die von den Zielen der Unternehmung divergieren. Legen wir die Klassifikation der Bedürfnisse nach Maslow aus dem ersten Kapitel zugrunde, dann illustrieren die folgenden Beispiele vertikale Zieldivergenzen:

- Physiologische Bedürfnisse können sich beim Mitarbeiter z.B. durch unbegrenzte Konsumwünsche äußern, deren Befriedigung eine beliebig hohe Entlohnung voraussetzt. Eine im Vergleich zur Produktivität unangemessen hohe Entlohnung des Mitarbeiters ist jedoch nicht im Interesse der Organisation.

- Sicherheitsbedürfnisse des Mitarbeiters zeichnen sich z.B. durch die Sicherheit seines Arbeitsplatzes aus. An einer uneingeschränkten Arbeitsplatzgarantie kann eine Unternehmung aber nicht interessiert sein, da sie flexibel auf die wirtschaftliche Lage reagieren muss. Dies wiederum kann einen Stellenabbau erforderlich machen.
- Soziale Bedürfnisse eines Mitarbeiters können im Widerspruch zu den Zielen der Unternehmung stehen, z.B. wenn ihre Befriedigung zu Fehlzeiten oder Drückebergerei am Arbeitsplatz führt.
- Ich-Bedürfnisse können ebenfalls zu Zieldivergenzen führen. Fehlt beispielsweise dem Mitarbeiter die Identifikation mit den Produkten der Unternehmung aufgrund seiner persönlichen Werte, kann mangelnde Loyalität zu seinem Arbeitgeber die Folge sein. Im Extremfall kann dies die innere Kündigung des Mitarbeiters mit all ihren negativen Folgen für die Unternehmung mit sich bringen.
- Selbstverwirklichungsbedürfnisse können sich beispielsweise im Wunsch des Mitarbeiters nach einer interessanten Arbeit offenbaren. Der Befriedigung dieses Bedürfnisses können in der Organisation jedoch Grenzen gesetzt sein, etwa wenn der produktivste Einsatz des Mitarbeiters nicht mit seinen Zielen übereinstimmt. Auch divergierende Interessen im Rahmen der betrieblichen Mitbestimmung, z.B. bei der Arbeitszeitgestaltung, sind hier zu nennen.

Bei lateralen Zieldivergenzen geht es um konkurrierende Ziele verschiedener Mitarbeiter. Analog der obigen Bedürfnisklassifikation zeigen die folgenden Beispiele mögliche laterale Zieldivergenzen, die aus den unterschiedlichen Bedürfnissen der Mitarbeiter entstehen können:

- Zu den physiologischen Bedürfnissen kann auch das Interesse eines Mitarbeiters gehören, bei gegebener Entlohnung eine möglichst geringe Arbeitsanstrengung zu leisten. Wenn nun mehrere Mitarbeiter in einem Produktionsteam zusammenarbeiten und sie entsprechend der Gesamtproduktivität des Teams entlohnt werden, können nicht alle Teammitglieder gleichzeitig ihren Arbeitseinsatz reduzieren, ohne Lohneinbußen hinnehmen zu müssen.
- Sicherheitsbedürfnisse, wie beispielsweise das Bedürfnis nach Arbeitsplatzsicherheit, können zur Konkurrenz mehrerer Mitarbeiter führen: Die Unterneh-

mung muss rationalisieren und plant in einem Funktionsbereich den Abbau einer festen Anzahl von Stellen. Dann werden alle Mitarbeiter des betroffenen Bereichs um den Erhalt ihrer eigenen Stelle kämpfen.

- Soziale Bedürfnisse können zwischen verschiedenen Mitarbeitern unterschiedlich ausgeprägt sein. Ist ein Mitarbeiter ausgesprochen kommunikationsfreudig, während sein Bürokollege eher in sich gekehrt seine Arbeit verrichten möchte, lassen sich diese Bedürfnisse schlecht vereinbaren.
- Ich-Bedürfnisse eines Mitarbeiters können in einem direkten Gegensatz zu den Interessen seiner Kollegen stehen, z.B. dann, wenn zwei Mitarbeiter gemeinsam für die Durchführung einer Aufgabe zuständig sind und für beide mit der Erledigung der Aufgabe ein Statusgewinn verbunden wäre. Wird dieser Erfolg nur einem der beiden Mitarbeiter zugeschrieben, so entstehen dadurch Zieldivergenzen.
- Dass Selbstverwirklichungsbedürfnisse zu Zieldivergenzen zwischen Mitarbeitern führen können, ist unmittelbar einsichtig, wenn man z.B. an Stellenbesetzungen innerhalb der Unternehmenshierarchie denkt.

5.2.5 Motivationsprobleme in Arbeitsbeziehungen

Das Streben eines Mitarbeiters nach Erreichung seiner persönlichen Ziele zeigt, dass sein Arbeitgeber nicht ohne weiteres von einer Interessenharmonie zwischen den beiden Parteien ausgehen kann. Könnte die Arbeitsbeziehung durch einen vollständigen Arbeitsvertrag gestaltet werden, wäre diese Zieldivergenz relativ unproblematisch: Beide Parteien könnten ihre Beziehung so arrangieren, dass für alle denkbaren Gegebenheiten, die während der Arbeitsbeziehung auftreten können, eindeutig geregelt ist, wie sich die Parteien verhalten sollen. Da jede Partei uneingeschränkten Zugang zu allen relevanten Informationen besitzt, könnten sie zudem ihre Leistungen und Gegenleistungen während der Arbeitsbeziehung so festlegen, dass es im Interesse des Mitarbeiters und des Arbeitgebers wäre, diese Beziehung einzugehen und sich daran zu halten.

Divergierende Interessen zwischen Arbeitgeber und Arbeitnehmer sind jedoch dann problematisch, wenn wir annehmen, dass Arbeitsverträge unvollständig sind. Davon müssen wir aufgrund unserer Argumente und der eingeschränkten Rationalität der Parteien sowie der Informationsasymmetrien, die zwischen ihnen bestehen, grundsätzlich ausgehen. Die Motivationsprobleme, die in solchen Situationen entstehen können, sollen im Folgenden diskutiert werden.

Ausgangspunkt der Argumentation ist dabei die Unvollständigkeit des Arbeitsvertrages. Aufgrund der vertraglichen Lücken bleiben dem Arbeitgeber und dem Arbeitnehmer Entscheidungsspielräume, die nicht durch vertraglich spezifizierte Rechte und Pflichten determiniert sind. Insbesondere kann der Mitarbeiter im Rahmen seines Entscheidungsspielsraum eigenständig entscheiden, inwieweit er seine Arbeitsaufgabe entsprechend den Zielen der Unternehmung ausführt. Dieser Entscheidungsspielraum wird auch als **diskretionärer Handlungsspielraum** des Mitarbeiters bezeichnet.

Unter der Annahme, dass ein Mitarbeiter nun unter Umständen seine eigenen Ziele verfolgt, muss der Arbeitgeber dann aber davon ausgehen, dass der Mitarbeiter seinen diskretionären Handlungspielraum zum Nachteil der Unternehmung ausnutzt. Beispielsweise kann ein Manager versuchen, sein Bedürfnis nach Status dadurch zu befriedigen, dass er seine Expertenfunktion innerhalb der Unternehmung ausbaut, um so seinen organisatorischen Status zu erhöhen. Oder der Manager könnte seinem Streben nach Macht dadurch entsprechen, dass er bestrebt ist, seine Abteilung zu vergrößern, etwa indem er zusätzliche Unternehmensaufgaben in seinem Bereich ansiedelt und dadurch Vorgesetzter einer noch größeren Anzahl von Mitarbeitern wird.

Die Gefahr, die mit dem diskretionären Handlungsspielraum eines Mitarbeiters verbunden sein kann, impliziert dabei nicht unbedingt, dass dieser sich nicht bei der Durchführung seiner Arbeitsaufgabe entsprechend einsetzen wird. Im Gegenteil ist zu vermuten, dass er seine Tätigkeiten durchaus mit sehr viel Engagement verfolgen wird. Bezogen auf die drei Komponenten seines Arbeitsverhaltens besteht das Problem also nicht nur hinsichtlich der Stärke und Fortdauer seiner Anstrengungen sondern insbesondere bezüglich deren Richtung: Sein Engagement gilt nicht den Zielen der Unternehmung, sondern er verfolgt mit seinem Handeln lediglich seine eigenen persönlichen Interessen.

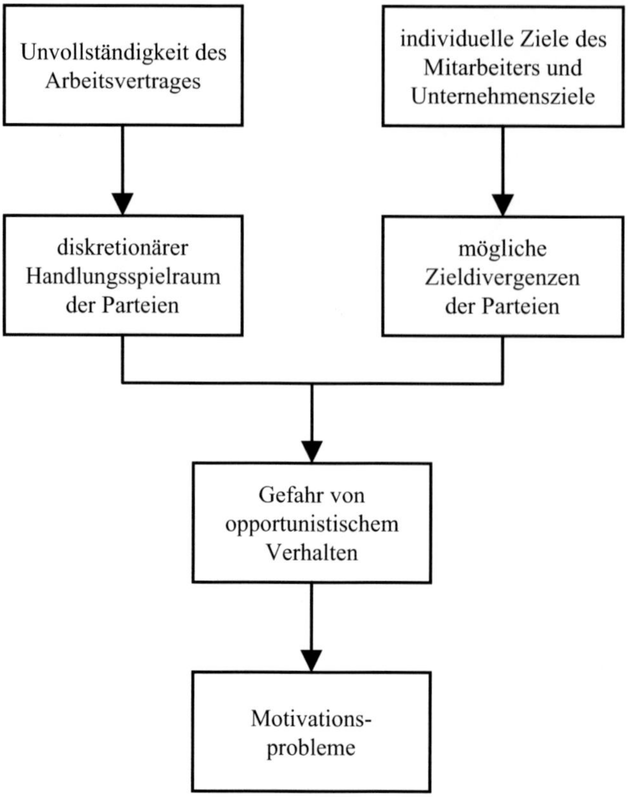

Abbildung 5.8: Der diskretionäre Handlungsspielraum der Parteien als Ursache von Motivationsproblemen

Der diskretionäre Handlungsspielraum des Mitarbeiters und die daraus resultierende Gefahr eines opportunistischen Verhaltens durch den Mitarbeiter bzw. den Arbeitgeber führen zu einer Reihe spezifischer Motivationsprobleme in der Arbeitsbeziehung, die wir im Folgenden diskutieren wollen. Dabei gehen wir zunächst auf die Probleme ein, die unmittelbar mit der eingeschränkten Rationalität der Parteien verbunden sind. Hierzu zählen das Holdup-Problem sowie die Gefahr des Wortbruchs.

Die Gefahr des Holdup

Bei der Diskussion der Merkmale der Arbeitsbeziehung haben wir betont, dass sowohl die Unternehmung als auch ein Mitarbeiter im Laufe des Arbeitsverhältnisses sukzessive transaktionsspezifische Investitionen tätigen müssen. Da diese Investitionen aber lediglich in der Beziehung zwischen den beiden Parteien sinnvoll genutzt werden können und im Nachhinein nicht mehr rückgängig zu machen sind, begibt sich der Investor in eine einseitige Abhängigkeit von der jeweils anderen Partei.

Um die damit verbundenen Gefahren zu illustrieren, betrachten wir das folgende Beispiel: Eine Unternehmung hat einen neuen Mitarbeiter in der Produktionsabteilung eingestellt, der die Produktionsplanung eines demnächst in Pension gehenden Kollegen übernehmen soll. Das Produktionsplanungssystem ist ein ausgesprochen komplexes EDV-Programm, das von einem früheren EDV-Mitarbeiter entwickelt wurde. Der neue Mitarbeiter muss daher über mehrere Monate von seinem älteren Kollegen eingearbeitet werden. In dieser Situation übernimmt also die Unternehmung die Kosten, die mit der Einarbeitung des Mitarbeiters verbunden sind. Diese Ausbildung ist firmenspezifisch, da das akquirierte Humankapital in keinem anderen Produktionsunternehmen genutzt werden kann.

Durch ihre Investitionen in den neuen Mitarbeiter kann für die Unternehmung nun das Problem des Holdup bestehen: Da sie für die Sicherstellung ihrer Produktion auf den nunmehr eingearbeiteten Mitarbeiter angewiesen ist, könnte dieser die Abhängigkeit zu seinem eigenen Vorteil ausnutzen. So könnte er beispielsweise nach der Einarbeitungszeit eine Lohnerhöhung fordern mit der impliziten Drohung, ansonsten die Unternehmung zu verlassen. Diese wird in einem gewissen Umfang gezwungen sein, der Forderung des Mitarbeiters nachzukommen, da sie kurzfristig keinen neuen Mitarbeiter mit der Aufgabe beauftragen kann und daher mit einem entsprechenden Produktionsausfall rechnen muss.

Transaktionsspezifische Investitionen in der Arbeitsbeziehung und die damit verbundene Abhängigkeit der Parteien voneinander birgt also die Gefahr von Nachverhandlungen. Einerseits können Arbeitgeber bzw. Arbeitnehmer nicht ohne Kosten einfach eine neue Arbeitbeziehung mit einer neuen Partei eingehen, andererseits verbleibt aufgrund der Unvollständigkeit des Arbeitsvertrages immer ein ungeregelter Verhaltensspielraum, der opportunistisch ausgenutzt werden kann.

Zusätzlich zu der Gefahr des Holdup im Rahmen von Nachverhandlungen besteht aber noch ein weiteres Motivationsproblem, das diesem Problem vorgelagert ist: Antizipiert nämlich diejenige Partei, die transaktionsspezifische Investitionen in der Beziehung tätigen soll, die Gefahr eines opportunistisches Verhaltens der anderen Partei, dann kann dies möglicherweise zu reduzierten Investitionsanreizen führen. Je geringer die Investitionen sind, desto geringer ist die Abhängigkeit von der anderen Partei und desto geringer wird die Gefahr der Ausnutzung.

Dabei ist zu berücksichtigen, dass das Problem der reduzierten Investitionsanreize wesentlich gravierender ist als das des Holdup. Im zweiten Fall sind die Investitionen bereits getätigt - nur dann ergibt sich überhaupt die Möglichkeit der Nachverhandlung - und somit geht es 'lediglich' um eine Neuaufteilung der geschaffenen Werte. Im ersten Fall hingegen geht es um die Beiträge, die die beiden Parteien für die Beziehung leisten. Reduzierte Investitionsanreize bedingen hier, dass die grundsätzlich möglichen Werte, die in der Arbeitsbeziehung geschaffen werden können, nicht realisiert werden. Im Extremfall unterbleibt eventuell sogar die Investition vollständig oder es kommt überhaupt nicht zum Abschluss eines Vertrages.

Die Gefahr des Wortbruchs

Eng verbunden mit der Gefahr des Holdup ist das Risiko des Wortbruchs. Damit in der Arbeitsbeziehung möglichst viele Werte geschaffen werden, kann es notwendig sein, dass sich eine der Parteien im Vorhinein auf eine bestimmte Handlung festlegt. Betrachten wir hierzu einen Vertriebsmitarbeiter einer international tätigen Unternehmung, der von seinem Marketingleiter die Möglichkeit eröffnet bekommt, für ein Jahr in Asien den Vertrieb einer neuen Tochtergesellschaft aufzubauen. Um den Mitarbeiter zu diesem Schritt zu bewegen, stellt der Marketingleiter dem Mitarbeiter nach seiner Rückkehr eine Beförderung in Aussicht.

Angenommen, der Mitarbeiter würde aufgrund dieser Perspektive für ein Jahr ins Ausland gehen. Da die beiden Parteien aufgrund der Unvollständigkeit des Arbeitsvertrages nicht alle Eventualitäten berücksichtigen konnten, die für die Beförderung des Mitarbeiters von Bedeutung sind, besteht für den Mitarbeiter die Gefahr, dass der Marketingleiter von seinem Versprechen zurücktritt. Dies ist möglich, da die Vereinbarung mit dem Mitarbeiter immer gewisse Vertragslücken lässt, die nun von dem Marketingleiter opportunistisch ausgenutzt werden können. Dieser kann beispielsweise vorgeben, dass innerhalb des letzten Jahres aufgrund von

Einsparungsmaßnahmen die in Aussicht gestellte Position leider eingespart werden musste.

Wie bei dem Problem des Holdup ist dieser Gefahr des Wortbruchs ein für die Beziehung gravierenderes Problem vorgelagert. Befürchtet der Mitarbeiter einen Wortbruch, dann wird sein Entschluss, nach Asien zu gehen, davon beeinflusst, inwieweit der Marketingleiter die in Aussicht gestellte Beförderung glaubhaft vermitteln kann. Sieht nämlich der Mitarbeiter die Gefahr, dass der Marketingleiter nach seiner Rückkehr aufgrund irgendwelcher fadenscheiniger Argumente von seinem Versprechen zurücktritt, dann wird für ihn die angekündigte Beförderung kein zusätzlicher Anreiz sein, nach Asien zu gehen. Auch hierbei spielt die Unvollständigkeit des Arbeitsvertrages eine entscheidende Rolle. Sie kann in diesem Fall verhindern, dass sich der Arbeitgeber glaubwürdig an ein späteres Verhalten bindet, obwohl er dies gerne würde. Kann sich daher der Marketingleiter nicht glaubwürdig an seine Ankündigung binden, läuft er Gefahr, dass sich die Vorteile, die in dieser Beziehung grundsätzlich erzielt werden könnten, nicht realisiert werden.

Nach dieser Diskussion der Probleme, die aus der eingeschränkten Rationalität der Parteien und der Möglichkeit eines opportunistischen Verhaltens resultieren, betrachten wir nun die Probleme, die durch die Informationsasymmetrien zwischen den Parteien entstehen können. Dies sind die Probleme der adversen Selektion und des moralischen Risikos:

Die Gefahr der adversen Selektion

In Situationen mit verborgenen personellen Faktoren, in denen also z.B. der Mitarbeiter Informationen besitzt, die seinem Arbeitgeber nicht zur Verfügung stehen, besteht die Gefahr der **adversen Selektion**. Betrachten wir zur Illustration dieses Problems das folgende Beispiel eines Personalleiters, der einen neuen Mitarbeiter für eine vakante Stelle in der Unternehmung einstellen möchte. Wir nehmen an, dass der Personalleiter nicht weiß, ob der Bewerber eine langfristige Arbeitsbeziehung anstrebt oder ob er lediglich kurzfristig an der Stelle interessiert ist, um dann z.B. zu einer anderen Unternehmung zu wechseln. Der Bewerber selbst kennt jedoch seine Absichten, er hat also private Informationen über seine Betriebszugehörigkeit, die der Personalleiter nicht besitzt. Diese Informationen sind für die Einstellung des Bewerbers aber von Bedeutung, da mit der Einarbeitung des neuen Mitarbeiters hohe Ausbildungskosten verbunden sind.

Geht der Personalleiter in dieser Situation von einem opportunistischen Verhalten des Bewerbers aus, wäre ein Nachfragen nach dessen Interessen an der offerierten Stelle zwecklos. Denn selbst wenn der Bewerber nur kurzfristig an der Stelle interessiert ist, aber vermutet, dass diese Information für seine Bewerbung nachteilig ist, wird er vorgeben, dass er eine langfristige Arbeitsbeziehung anstrebt. Der Personalleiter wird sich aufgrund seines Informationsdefizits also über andere Indikatoren Vorstellungen über die Betriebszugehörigkeit des Bewerbers bilden müssen. Im Ergebnis wird der Personalleiter aber nie mit Sicherheit Aufschluss über die tatsächlichen Interessen eines Bewerbers erlangen.

Dies kann dazu führen, dass der Personalleiter systematisch Mitarbeiter auswählt, die advers zu den Interessen der Unternehmung sind. Bietet beispielsweise der Personalleiter Bewerbern eine Stelle an, die nur auf eine durchschnittliche Betriebszugehörigkeit zugeschnitten ist, und reduziert er damit die Ausbildung auf besonders kostengünstige Maßnahmen, dann kann die Gefahr bestehen, dass er systematisch für die Stelle Mitarbeiter anzieht, die nur eine kurze Betriebszugehörigkeit anstreben. Diese könnten nämlich vorgeben, dass sie langfristig bei der Unternehmung bleiben wollen, allerdings nur, um die in Aussicht gestellte Ausbildung mitzunehmen. Bewerber, die allerdings langfristig einen neuen Arbeitgeber suchen, könnten von der angebotenen Stelle abgeschreckt werden, weil sie das Ausbildungsprogramm nicht für umfassend genug halten.[3]

Die Gefahr des moralischen Risikos

In Situationen mit verborgenen Handlungen oder Informationen kommt es im Laufe der Arbeitsbeziehung zu einem Informationsdefizit bei einer der beiden Parteien. Betrachten wir den Arbeitgeber. Unabhängig davon, ob er das Handeln des Mitarbeiters nicht unmittelbar beobachten konnte oder ob der Mitarbeiter im Laufe der Arbeitsbeziehung alleinigen Zugang zu relevanten Informationen bekam, besteht für den Arbeitgeber das gleiche Problem: Aufgrund der Arbeitsergebnisse des Mitarbeiters kann er nicht eindeutig auf dessen Verhalten zurückschließen. Damit kann der Arbeitgeber aber auch nicht mit Sicherheit sagen, ob der Mitarbeiter die vereinbarten Beiträge auch tatsächlich geleistet hat.

Wie bei dem Problem der adversen Selektion besteht auch in solchen Situationen die Gefahr, dass der Mitarbeiter seinen Informationsvorsprung gegenüber dem Arbeitgeber zu seinen Gunsten ausnutzt. Diese Gefahr wird in der Literatur als

moralisches Risiko bezeichnet. Betrachten wir das damit verbundene opportunistische Verhalten des Mitarbeiters in Abhängigkeit der bestehenden Informationsasymmetrie zwischen den Parteien:

Angenommen, der Arbeitgeber kann das Verhalten seines Mitarbeiters nicht direkt beobachten. Da sein Arbeitsergebnis auch von den Rahmenbedingungen seiner Arbeitssituation beeinflusst wird, besteht für den Mitarbeiter ein Anreiz, die Stärke und Fortdauer seines Anstrengungsniveaus zu reduzieren. Er könnte beispielsweise ein schlechtes Arbeitsergebnis mit dem Einfluss ungünstiger Rahmenbedingungen begründen - auf die er selbst aber keinen Einfluss hatte - und vorgeben, selbst einen hohen Einsatz geleistet zu haben. Tatsächlich aber könnte sein Engagement niedrig gewesen sein, und er hoffte darauf, dass äußere Faktoren dennoch ein gutes Arbeitsergebnis induzieren würden.

*Ansprüche auf Arbeitsunfähigkeit
und das moralische Risiko bei Luftverkehrslotsen*

Staten und Umbeck (1982) haben in einer empirischen Untersuchung das Problem des moralischen Risikos am Beispiel amerikanischer Luftverkehrslotsen verdeutlicht. Dazu untersuchten sie, wie sich das Verhalten der Luftverkehrslotsen aufgrund der Gesetzesänderungen bei der Regelung von Ansprüchen auf Arbeitsunfähigkeit veränderte.

Anfang der 70er Jahre hatten Flugslotsen in den USA einen Anspruch auf Kompensationszahlungen bei Arbeitsunfähigkeit, der ausgesprochen großzügig geregelt war. Zum einen lagen diese steuerfreien Kompensationszahlungen aufgrund der Art des Berechnungsverfahrens und der ohnehin vergleichsweise hohen Gehälter bei Luftverkehrslotsen im Durchschnitt über dem Einkommen, das sie aus regulärer Arbeit bezogen hätten. Zum anderen konnten sie ihre Ansprüche auf Ersatzleistungen relativ leicht geltend machen. Da der Beruf des Luftverkehrslotsen als besonders beanspruchend und stressend angesehen wird, entsprechende Berufskrankheiten allerdings extrem schwierig zu erkennen und zu heilen sind, genügte hier in der Regel bereits ein Verweis auf eine stressbedingte Berufskrankheit.

1972 kam es zu einer ersten Neuregelung dieser Ansprüche: Diejenigen Luftverkehrslotsen, die aus Krankheitsgründen ihrer Tätigkeit nicht länger nachgehen konnten und zudem mindestens fünf Jahre im Dienst waren, hatten unter anderen einen zusätzlichen Anspruch auf bezahlte Umschulungsmaßnahmen. 1974 gab es eine weitere Gesetzesänderung: Neben anderen Änderungen mussten sich die Fluglotsen nun nicht mehr von einem staatlich zugelassenen Arzt untersuchen lassen, sondern sie hatten freie Wahl bei der Suche eines Arztes.

Aufgrund unserer obigen Diskussionen würde man vermuten, dass diese Gesetzesänderungen zu einer erhöhten Gefahr des moralischen Risikos führen: Da bei der Beurteilung einer stressbedingte Arbeitsunfähigkeit Informationsasymmetrien zwischen dem Fluglotsen und der aufsichtführenden Behörde bestehen, erhöht sich aufgrund der großzügigeren Anspruchsberechtigung auf Kompensationszahlungen der Anreiz, unberechtigte Ansprüche geltend zu machen. Tatsächlich konnten Staten und Umbeck bei ihren empirischen Überprüfungen einen überproportionalen Anstieg von Ersatzansprüchen aufgrund von stressbedingten Faktoren im Vergleich zu anderen Krankheitsbildern nach den Gesetzesänderungen von 1972 und 1974 feststellen.

Darüber hinaus zeigte sich aber noch eine weitere Verhaltensänderung: Die Anzahl der 'System-Fehler', die bei der Flugverkehrsnavigation aufgrund eines zu geringen Abstands von Flugobjekten entstehen können, stieg nach den Gesetzesänderungen von 1972 und 1974 signifikant stark an. Dieser erhöhte Anstieg bei den System-Fehlern ging dabei in über 50% der Fälle auf Selbstanzeigen solcher Fluglotsen zurück, die zwischen fünf und zehn Jahren in diesem Beruf arbeiteten. Dieses Ergebnis überrascht auf den ersten Blick, da gerade solchen Lotsen eigentlich aufgrund ihrer Erfahrung und der relativ geringen Berufsjahre keine Fehler unterlaufen sollten - vor 1974 lag deren Anteil tatsächlich bei 20%. Im Rahmen unseres Verhaltensmodells entspricht dies aber den Vorhersagen: Die Selbstanzeige von System-Fehlern deutet auf stressbedingte psychische Probleme hin und erhöht somit den Anspruch auf Bezug von Kompensationszahlungen. Dieser Anreiz ist bei den jüngeren und älteren Fluglotsen am geringsten, da sie am wenigsten von den in Aussicht gestellten Umschulungsmaßnahmen profitieren würden.

Quelle: Staten und Umbeck (1982)

Ein ähnliches opportunistisches Verhalten liegt dem Problem des moralischen Risikos in Situationen mit verborgenen Informationen zugrunde. Zwar ist für den Arbeitgeber in diesem Fall das Verhalten des Mitarbeiters direkt beobachtbar, er kann dieses Verhalten aufgrund seiner Unkenntnis wesentlicher Informationen aber nicht beurteilen. Auch hier hat der Mitarbeiter einen Anreiz, sein Antrengungsniveau zu reduzieren: Bei einem schlechten Arbeitsergebnis könnte der Mitarbeiter vorgeben, einen niedrigen Arbeitseinsatz gewählt zu haben, da aufgrund seiner Informationen die Rahmenbedingungen seiner Arbeitssituation so ungünstig waren, dass selbst bei einem hohen Engagement ein schlechtes Arbeitsergebnis wahrscheinlich gewesen wäre. Tatsächlich aber könnten auch die Rahmenbedingungen günstig gewesen sein, und der Mitarbeiter spekulierte darauf, dass sich auch bei einem niedrigen Anstrengungsniveau noch ein gutes Arbeitsergebnis realisiert.

Die bisher genannten Motivationsprobleme bezogen sich alle auf die Arbeitsbeziehung zwischen dem Arbeitergeber und einem bestimmten Mitarbeiter. Neben der Möglichkeit, einem Mitarbeiter alleine eine gewisse Entscheidungsautonomie einzuräumen, kann es in einer Unternehmung aber auch sinnvoll sein, einer Arbeitsgruppe gesamthaft eine Arbeitsaufgabe zuzuweisen. In solchen Situationen besteht analog zu der einzelnen Arbeitsbeziehung das Problem der Unvollständigkeit der vertraglichen Vereinbarungen, so dass es auch hier zu einem diskretionären Handlungsspielraum der Arbeitsgruppe kommen kann. Innerhalb dieses Entscheidungsspielsraums kann dann die Gruppe bzw. das einzelne Gruppenmitglied eigenständig entscheiden, inwieweit sie bzw. es die Arbeitsaufgabe entsprechend den Zielen der Unternehmung ausführt.

A priori können wir auch in solchen Situationen nicht ohne weiteres davon ausgehen, dass die Interessen der Gruppenmitglieder homogen sind bzw. die Ziele der Arbeitsgruppe in Einklang mit den Unternehmenszielen stehen. Daher kann es durch die Bildung größerer organisatorischer Einheiten innerhalb der Unternehmung zu zusätzlichen Motivationsproblemen kommen. Zwei davon wollen wir ansprechen, das Trittbrettfahrerproblem sowie den Ratchet-Effekt.

Die Gefahr des Trittbrettfahrens

Das individuelle moralische Risiko, das wir oben in der Beziehung zwischen einem Mitarbeiter und dem Arbeitgeber diskutiert haben, kann sich auf die Beziehungen zwischen den einzelnen Gruppenmitgliedern übertragen. Hier besteht das folgende Problem: Ist die Arbeitsgruppe kollektiv gegenüber dem Arbeitgeber für ihre Arbeitsergebnisse verantwortlich, fühlt sich das einzelne Gruppenmitglied unter Umständen nicht mehr persönlich für das Ergebnis der Gruppenarbeit verantwortlich.

In diesem Fall kann der Anreiz bestehen, dass der einzelne Mitarbeiter seinen Arbeitseinsatz zu Lasten des Gesamtergebnisses reduziert. Der gemeinsame Erfolg hängt nämlich von dem Beitrag aller Gruppenmitglieder und somit der gemeinsamen Durchführung der Arbeitsaufgabe ab. Die Vorteile, die aus seinen Anstrengungen für die Arbeitsaufgabe resultieren, teilt der Mitarbeiter somit mit allen anderen Gruppenmitgliedern gleichermaßen. Allerings muss er die Kosten, die mit seinem Einsatz für die Gruppe verbunden sind, selbst tragen.

Reduziert in einer solchen Situation der Mitarbeiter seinen Arbeitseinsatz oder bringt er sein Wissen und seine Fähigkeiten für die Durchführung der gemeinsamen Aufgabe nur noch eingeschränkt ein, dann kann dies nur geringe Auswirkungen auf die Konsequenzen haben, die mit seinem Handeln verbunden sind. Voraussetzung hierfür ist, dass alle anderen ihr Verhalten nicht verändern. Ist dies der Fall, dann kann er seine eigenen Bedürfnisse dadurch möglicherweise besser befriedigen. Ein solches Verhalten wird in der ökonomischen Literatur als **Trittbrettfahrerverhalten** bezeichnet. In der Organisationspsychologie ist es auch als 'social loafing' bekannt.

Das damit verbundene Problem kann in Organisationen immer in solchen Situationen auftreten, in denen das Handeln mehrerer Mitarbeiter zu einem gemeinsamen Arbeitsergebnis führt, aber aufgrund dieses Ergebnisses nicht mehr eindeutig auf das Arbeitsverhalten des einzelnen zurückgeschlossen werden kann. Insbesondere darf daher auch das Arbeitsverhalten des einzelnen Mitarbeiters nicht für andere Gruppenmitglieder identifizierbar sein. Dies ist beispielsweise dann der Fall, wenn in einer Arbeitsgruppe das einzelne Gruppenmitglied nach dem Gesamtergebnis der Gruppe entlohnt wird, ohne dass seine Aufgabenerfüllung direkt kontrolliert werden kann. Auch in Situationen, in denen mehrere Mitarbeiter auf eine gemeinsame Ressource der Unternehmung zurückgreifen können, z.B. einen Pool an Sekretärinnen, ohne für deren Nutzung verantwortlich zu sein, kann es zu einem Trittbrettfahrerverhalten kommen.

Die Gefahr der kollektiven Leistungszurückhaltung

Überträgt der Arbeitgeber eine größere Arbeitsaufgabe einer Gruppe von Mitarbeitern, die für die Aufgabendurchführung kollektiv verantwortlich ist, werden die einzelnen Gruppenmitglieder die Bearbeitung der Teilaufgaben eigenständig koordinieren. Der Arbeitgeber ist in dieser Situation darauf angewiesen, dass sich die

Gruppe an dem von ihm vorgegebenen Ziel orientiert und dass sie ihren Entscheidungsspielraum tatsächlich für die Erreichung des Organisationsziels einsetzt.

Hier besteht die Gefahr, dass sich aus der sozialen Interaktion der Gruppenmitglieder Gruppenziele ergeben, die von den Zielen der Organisation abweichen. So könnte sich beispielsweise eine Arbeitsgruppe in der Produktion eine Gruppennorm vorgeben, bei der jeder Produktionsmitarbeiter nur eine bestimmte Anzahl von Teilen herstellen darf, die unterhalb des von der Organisation festgesetzten Niveaus liegt. Das folgende Beispiel illustriert ein solches Verhalten anhand einer klassischen Untersuchungen der Organisationspsychologie.

Hawthorne und die Bank Wiring Room-Experimente

Eine vielzitierte Untersuchung, die in den Hawthorne-Werken der Western Electric Company im Rahmen eines umfangreichen Forschungsprogramms durchgeführt wurde, fand in dem sogenannten 'Bank Wiring Observation Room' statt. In diesem Experiment wurde das Verhalten einer Gruppe von 14 Mitarbeitern über einen Zeitraum von sieben Monaten beobachtet. Diese Arbeiter hatten die Aufgabe, Wände ('banks') von Telefontechnik, die der Vermittlung von Gesprächen diente, zu verdrahten und zu löten ('wiring'). Die Gehälter der Arbeitsgruppe hingen dabei in komplizierter Weise von den durchschnittlichen Arbeitsergebnissen ab, die sie gemeinsam produzierten.

Bei der Untersuchung des Gruppenverhaltens zeigte sich, dass sich die Gruppenmitglieder in ihrem Arbeitsverhalten an einer Gruppennorm orientierten, die eine als 'normal' angesehene durchschnittliche Arbeitsleistung je Mitarbeiter festlegte. Dabei übten die einzelnen Gruppenmitglieder sowohl Druck auf Mitarbeiter aus, die die Norm nur unzureichend erfüllten, als auch auf die Kollegen, die die Norm übererfüllten. Der Druck zur Erreichung der Gruppennorm wurde zum Teil nur verbal, gelegentlich aber sogar physisch ausgeübt.

In ihrer Zusammenfassung des Experiments kommen Roethlisberger und Dickson (1939, S.522) unter anderem zu den folgenden Einschätzung über das Verhalten in der Gruppe:

(1) You should not turn out too much work. If you do, you are a 'ratebuster'.
(2) You should not turn out too little work. If you do, you are a 'chiseler'.

Aus ökonomisch-psychologischer Perspektive ist dabei insbesondere Punkt (1) be-

merkenswert: Die Arbeitsgruppe drängte produktivere Kollegen zu einem langsameren Arbeiten, obwohl durch ihre größere Produktivität die Löhne aller Mitarbeiter in der Gruppe positiv beeinflusst würden. Eine Lösung dieses Hawthorne Puzzles wird von Jones im Rahmen eines theoretischen Entscheidungsmodells gegeben: Der Nutzen eines Mitarbeiters hängt nicht nur von seinem Arbeitslohn und den physischen Kosten für seine Arbeitsanstrengungen ab, sondern wird auch durch einen Konformismus des Einzelnen und den mit Normabweichungen verbundenen sozialen Kosten beeinflusst.

Quelle: Roethlisberger und Dickson (1939) und Jones (1984)

Das kollektive moralische Risiko führt hier zu dem Phänomen, dass eine Arbeitsgruppe ihr Leistungsniveau bewusst unterhalb des von der Organisation festgelegten Standards ansiedelt. In der ökonomischen Literatur ist dieses Phänomen auch als **Ratchet-Effekt** bekannt. Eine Ursache dieses Motivationsproblems ist die mangelnde Bindungsfähigkeit des Arbeitgebers: Die Befürchtung der Gruppenmitglieder, dass bei einer Erfüllung des gesetzten Standards sukzessive höhere Standards eingeführt werden oder dass es zu organisatorischen Änderungen im Arbeitsablauf kommen könnte, führt hier zur kollektiven Leistungszurückhaltung.

Alle diskutierten Motivationsprobleme entstehen aufgrund des diskretionären Handlungsspielraums der Parteien. Die Problemtypen können dabei auch gemeinsam in einer Arbeitsbeziehung auftreten. Bezüglich der Problemursachen, des Informationsstandes der Parteien sowie des Zeitpunktes der Relevanz des Problems im Laufe der Arbeitsbeziehung können wir folgende Klassifizierung vornehmen:

Die Probleme des Holdup und des Wortbruchs treten auch in Situationen auf, in denen eine symmetrische Informationsverteilung zwischen den Parteien besteht, wenn also keine der Parteien mehr Informationen hat als die andere. Die Probleme der adversen Selektion und des individuellen bzw. kollektiven moralischen Risikos sind hingegen auf eine asymmetrische Informationsverteilung zwischen den Partnern zurückzuführen.

Bezüglich des Zeitpunkts, zu dem die jeweiligen Motivationsprobleme auftreten können, ist folgende Unterscheidung zu treffen: Das Problem der adversen Selektion besteht vor allem ex ante, also in der Phase, in der die beiden Parteien einen Arbeitsvertrag vereinbaren. Die anderen Probleme treten hingegen ex post auf, nachdem die einzelnen Beiträge und Ansprüche der Parteien vertraglich festgelegt wurden.

Motivationsprobleme	**Holdup**	**Wortbruch**	**Adverse Selektion**	**Moralisches Risiko**	**Trittbrettfahrerproblem**	**Ratchet-Effekt**
Problemursachen	Transaktionsspezifische Investition	Mangelnde Bindungsfähigkeit	Private Informationen	Unbeobachtbarkeit des Handelns	Unbeobachtbarkeit des Handelns	Mangelnde Bindungsfähigkeit
Informationsstand der Parteien	symmetrisch	symmetrisch	asymmetrisch	asymmetrisch	asymmetrisch	asymmetrisch
Zeitbezug zur Arbeitsaufgabe	ex post	ex post	ex ante	ex post	ex post	ex post
Bezug zur Organisation	individuell	individuell	individuell	individuell	kollektiv	kollektiv

Abbildung 5.9: Motivationsprobleme in Arbeitsbeziehungen

5.3 Die Motivierung ökonomischer Aktivitäten

Unsere bisherigen Ausführungen machen deutlich, dass eine Unternehmung a priori nicht einfach davon ausgehen kann, dass jeder Mitarbeiter die ihm übertragenen Aufgaben auch bereitwillig und bestmöglich erledigt. Vielmehr können die individuellen Ziele eines Mitarbeiters durchaus im Widerspruch zu den Zielen der Unternehmung stehen. Es besteht daher die Gefahr, dass der Mitarbeiter seinen diskretionären Handlungsspielraum, der aufgrund der Unvollständigkeit des Arbeitsvertrages besteht, zu seinem Vorteil aber zum Nachteil für die Unternehmung ausnutzt.

Um die damit verbundenen Motivationsprobleme zu beseitigen, muss die Unternehmung einem Mitarbeiter demnach geeignete Anreize für ein zielkonformes Handeln setzen. Ziel einer solchen Anreizstruktur muss es sein, im Vorhinein mögliche Zieldivergenzen zu vermeiden bzw. - wenn Divergenzen eingetreten sind - zu ihrer Auflösung beizutragen.

Dabei geht es nicht darum, überhaupt Anreize zu geben: Die Argumentation in den vorangegangenen beiden Kapiteln zeigt, dass jede Arbeitssituation, in der sich ein Mitarbeiter befindet, für ihn immer Anreize besitzt. Für die Zielerreichung der Unternehmung können diese positiv oder negativ sein. Daher ist es von entscheidender Bedeutung, dass die Anreize an den Mitarbeiter *geeignet* gesetzt werden. Mit Jensen (1994, S.42) können wir dies auch so formulieren: "There are always incentives; the issue is simply which incentives do we encourage and which do we want to suppress."

Im Hinblick auf die verschiedenen Wechselwirkungen zwischen den individuellen Zielen eines Mitarbeiters und denen der Unternehmung bzw. anderer Mitarbeiter können wir die Frage, wie eine Anreizstruktur geeignet zu gestalten ist, in einem ersten Schritt auf die folgenden Aufgaben konkretisieren:

(1) Entweder muss eine geeignete Anreizstruktur eine Harmonie zwischen den Zielen eines Mitarbeiters und denen der Unternehmung sowie zwischen den Zielen verschiedener miteinander interagierender Mitarbeiter herstellen. Aufgabe der Anreizstruktur ist hier die Schaffung einer Zielübereinstimmung.

(2) Oder eine geeignete Anreizstruktur muss einen Mitarbeiter zur Erreichung der Unternehmensziele motivieren und dabei gleichzeitig für die Erreichung seiner persönlichen Ziele nützlich sein. Aufgabe der Anreizstruktur ist in diesem Fall die Förderung von Zieleinklängen.

Im Folgenden wollen wir aufzeigen, welche Anforderungen sich aus diesen Aufgaben an die Gestaltung einer geeigneten Anreizstruktur ergeben. Grundlegend für diese Diskussion ist dabei die Erkenntnis, dass eine geeignete Gestaltung von Arbeitsanreizen insbesondere die Motivstruktur des Mitarbeiters berücksichtigen muss. Um daher die Auswirkungen von Anreizen auf das Arbeitsverhalten eines Mitarbeiters zu untersuchen, greifen wir auf die im ersten Kapitel eingeführte Unterscheidung zwischen intrinsischen und extrinsischen Arbeitswerten eines Mitarbeiters zurück:

- Bei einem Mitarbeiter, der intrinsische Arbeitswerte besitzt, wird seine Motivation durch intrinsische Arbeitsanreize ausgelöst. Sein Arbeitsverhalten ist in diesem Fall durch sein Interesse an den Tätigkeiten oder der Arbeit selbst entstanden.
- Die Motivation eines Mitarbeiter, der hingegen extrinsische Arbeitswerte hat, wird durch extrinsische Arbeitsanreize bedingt. Sein Handeln ist in diesem Fall durch externe Belohnung motiviert.

Da ein Mitarbeiter im Allgemeinen sowohl intrinsische als auch extrinsische Arbeitswerte besitzt, wird die Unternehmung sein Verhalten durch eine Kombination intrinsischer und extrinsischer Arbeitsanreize steuern müssen. Drei Fragen im Hinblick auf die geeignete Motivierung seines Arbeitsverhaltens wollen wir in diesem Abschnitt ansprechen: Erstens, welche Wechselwirkungen bestehen zwischen intrinsischer und extrinsischer Motivierung? Zweitens, wie müssen die verschiedenen Arbeitsanreize miteinander kombiniert werden, so dass sie eine geeignete Steuerung des Mitarbeiterverhaltens ermöglichen? Drittens, inwieweit wird die geeignete Anreizsteuerung eines Mitarbeiters durch die Anreizstruktur des Gesamtunternehmens bedingt?

5.3.1 Die Wechselwirkungen zwischen intrinsischen und extrinsischen Anreizen

Was passiert, wenn ein Mitarbeiter mit intrinsischen Arbeitswerten extrinsischen Arbeitsanreizen ausgesetzt ist oder, umgekehrt, wenn ein Mitarbeiter, der extrinsische Arbeitswerte besitzt, mit intrinsischen Arbeitsanreizen konfrontiert wird?

Betrachten wir zuerst den Fall, dass die Unternehmung intrinsische Arbeitsanreize setzt, der Mitarbeiter allerdings nur extrinsische Arbeitswerte besitzt. Die Auswirkungen sind relativ unproblematisch: Intrinsische Arbeitsanreize werden im günstigsten Fall dazu führen, dass der extrinsisch motivierte Mitarbeiter im Laufe der Arbeitsbeziehung seine Arbeit interessant und herausfordernd findet. Möglicherweise verspürt er auch den Wunsch, neue Dinge hinzuzulernen und seine Fähigkeiten und Kentnissen umfassender einzusetzen. Im schlechtesten Fall werden intrinsische Arbeitsanreize für das Verhalten des Mitarbeiters bedeutungslos sein, er findet am Arbeiten grundsätzlich keinen Spaß und seine Selbsterfüllung sucht er außerhalb des Berufs.

Die Auswirkungen, die extrinsische Arbeitsanreize auf einen intrinsisch motivierten Mitarbeiter haben können, sind weniger einfach abzuschätzen. Bis Ende der 60er Jahre gingen die meisten Forscher von einer unterstützenden Beziehung aus, und extrinsische und intrinsische Motivation wurden für additiv gehalten.[4] Die ersten experimentiellen Untersuchungen über die Auswirkungen von extrinsischer Belohnung auf die intrinsische Motivation wurden Anfang der 70er Jahre von Deci (1971a; 1972a; 1972b) durchgeführt.

Deci und das Lösen von Puzzles

Anfang der 70er Jahre führte Deci (1971a) ein Laborexperiment durch, um den Einfluss von Belohnungen auf die intrinsische Motivation zu untersuchen. 24 Personen, von denen die eine Hälfte die Versuchs- und die andere Hälfte die Kontrollgruppe bildeten, mussten hierzu ein Puzzle lösen. Dieses Puzzle war ein zur damaligen Zeit sehr beliebtes und bekanntes Spiel, so dass Deci davon ausging, dass die Personen - allesamt College-Studenten - intrinsisch motiviert seien, das Problem zu lösen.

Das Experiment wurde nun wie folgt durchgeführt: Jede Versuchsperson musste in drei Sitzungen verschiedene Puzzle-Aufgaben lösen, wobei ihr eine bestimmte Zeit zur Lösung vorgegeben wurde. Den Versuchspersonen wurde grundsätzlich kein Geld angeboten, lediglich die Teilnehmer der Versuchsgruppe bekamen in der zweiten Sitzung einen Dollar, falls sie das Puzzle lösten. In der Mitte jeder Sitzung entfernte sich der Experimentator unter einer Entschuldigung aus dem Versuchsraum, um heimlich zu beobachten, mit wieviel Einsatz die Teilnehmer an der Lösung des Problems weiterarbeiteten.

Deci nahm die Zeit, dic sich eine Person trotz Abwesenheit des Experimentators weiterhin mit dem Puzzle beschäftigte, als Maß ihrer intrinsischen Motivation. Als Hypothese legte er seinem Experiment die Vermutung zugrunde, dass die Auszahlung in der zweiten Sitzung die intrinsische Motivation der Versuchspersonen in der dritten Sitzung negativ beeinflussen würde. Tatsächlich fand Deci unter Verwendung eines einseitigen t-Tests einen signifikanten Unterschied zwischen den beiden Versuchsgruppen auf einem 90%-igen Signifikanzniveau. Die Teilnehmer der Ver-

suchsgruppe verbrachten demnach in der dritten Sitzung wesentlich weniger Zeit mit dem Lösen des Puzzle als in der ersten Sitzung. So kommt Deci (1971a, S.108) zu folgendem Schluss:

> *If a person is engaged in some activity for reasons of intrinsic motivation, and if he begins to receive the external reward, money, for performing the activity, the degree to which he is intrinsically motivated to perform the activity decreases.*

Quelle: Deci (1971a)

Die Ergebnisse von Deci zeigen, dass unter Umständen keine additive, sondern eine inverse Beziehung zwischen intrinsischer und extrinsischer Motivation bestehen kann. Dieses Phänomen wird in der Literatur auch als 'hidden cost of reward' oder **Crowding-out-Effekt** bezeichnet.[5] Die Frage, die sich in diesem Kontext stellt, betrifft das Ausmaß des Crowding-out-Effekts: Unter welchen Bedingungen haben extrinsische Arbeitsanreize für die intrinsische Motivation abträgliche, indifferente oder fördernde Konsequenzen?

Bei der Beantwortung dieser Frage wollen wir zwei Aspekte der geeigneten Anreizgestaltung unterschieden: Der erste Aspekt betrifft die Art und Weise, wie die Anreize in Beziehung zu dem Verhalten des Mitarbeiters oder seinem Arbeitsergebnis stehen. Der zweite Aspekt bezieht sich darauf, wie die Arbeitsanreize vom Vorgesetzten kommuniziert werden. Wir werden im Folgenden sehen, dass sowohl die geeignete Gestaltung als auch die geeignete Implementation von Arbeitsanreizen entscheidend für ihre Auswirkungen auf die Motivation eines Mitarbeiters sind.

Betrachten wir zunächst die Vermittlung von Arbeitsanreizen. Folgt man unserem Beispiel des Vorgesetzten, der seinem Mitarbeiter verstärkte Aufmerksamkeit widmet, dann kann ein Arbeitsanreiz zwei verschiedene Funktionen erfüllen: Er kann entweder eine informative Wirkung haben, indem er dem Mitarbeiter positive oder negative Informationen über sein Arbeitsverhalten vermittelt. Ein Arbeitsanreiz kann auch kontrollierende Wirkung besitzen, indem dadurch der Mitarbeiter in seinem Verhalten überprüft werden soll.

Der wesentliche Unterschied zwischen diesen beiden Funktionen eines Arbeitsanreizes liegt in ihrer subjektiven Beurteilung durch den Mitarbeiter. Durch Informationen, die der Mitarbeiter über sein eigenes Verhalten bzw. seine Arbeitsergebnisse erhält, wird er die Ursachen seines Verhaltens verstärkt internen Faktoren zuordnen. Diese interne Attribution führt dazu, dass sich der Mitarbeiter für das angestrebte oder erreichte Ergebnis selbst verantwortlich macht und es so als Ergebnis seiner eigenen Entscheidungen wahrnimmt. Bei einem Anreiz, der von einem Mitarbeiter hingegen als kontrollierend wahrgenommen wird, verschiebt sich diese Ursachenzuschreibung. In diesem Fall wird der Mitarbeiter das erzielte Ergebnis eher externen Ursachen und nicht seiner eigenen Tüchtigkeit zuweisen. Das Arbeitsergebnis wird er damit weniger aufgrund seiner Autonomie, sondern als Folge des externen Drucks wahrnehmen.

Entlang dieser Ausführungen können wir nun auf die Auswirkungen extrinsischer Arbeitsanreize bei einem intrinsisch motivierten Mitarbeiter schließen:

(1) Extrinsische Arbeitsanreize haben einen negativen Einfluss auf die intrinsische Motivation eines Mitarbeiters, wenn er diese als kontrollierend wahrnimmt.

(2) Extrinsische Arbeitsanreize fördern die intrinsische Motivation eines Mitarbeiters, wenn er diese als informativ und unterstützend wahrnimmt.

Die Begründung für das erste Ergebnis ist wie folgt. Angenommen, der Arbeitsanreiz wird vom Mitarbeiter als kontrollierend wahrgenommen. Dann verschiebt sich zum einen nach Rotter (1966) der Locus of Control des Mitarbeiters: Er fühlt sich nicht mehr länger persönlich für sein Arbeitsergebnis verantwortlich, sondern ordnet es extern seiner Arbeitssituation, dem Vorgesetzten oder der Unternehmung zu. Seine interne Orientierung verlagert sich somit durch den Arbeitsanreiz hin zu einer externen Orientierung. Zum anderen kann aber auch die Nichtbeachtung der intrinsischen Arbeitswerte des Mitarbeiters durch den Vorgesetzten dazu führen, dass der Mitarbeiter sich in seiner Kompetenz und seinem Interesse nicht entsprechend gewürdigt fühlt. Dadurch reduziert sich aber die Selbstwertschätzung des Mitarbeiters. Im Ergebnis kann es somit zu einem Crowding-out kommen, die intrinsische Motivation des Mitarbeiters reduziert sich durch den Arbeitsanreiz.

Dieselbe Logik begründet auch das zweite Ergebnis. Wird nämlich der Arbeitsanreiz vom Mitarbeiter als informativ wahrgenommen, verschiebt sich der Locus of Control von einer externen Orientierung hin zu einer internen. Weiterhin erhöht sich die Selbstwertschätzung des Mitarbeiters, so dass der Mitarbeiter sich insgesamt verstärkt für seine Arbeitsaufgabe verantwortlich fühlt und in seinen Fähigkeiten bestätigt sieht.

Um diese unterschiedlichen Auswirkungen bei der Kommunikation von Arbeitsanreizen beispielhaft zu illustrieren, betrachten wir eine Anwaltskanzlei, die aufgrund der Lohnerhöhungen einiger wichtiger Wettbewerber gezwungen ist, auch ihren Mitarbeitern ein neues Entlohnungssystem zu offerieren.[6] Stellen wir uns den Partner vor, der auf einer dafür einberufenen Veranstaltung die Lohnerhöhung allen Mitarbeitern der Anwaltskanzlei mitteilt:

> "Liebe Mitarbeiter! Aufgrund der Wettbewerbsumstände sind wir leider gezwungen, auch in unserer Firma die Löhne zu erhöhen. Dies ist wie auf dem Markt für Zitronenlimonade: Wenn der Preis für Zitronen nach oben geht, müssen die Getränkeproduzenten mehr zahlen, um dieselbe Qualität an Früchten zu bekommen. Genauso muss unsere Firma agieren. Ansonsten würden Sie am Ende unsere Firma verlassen, wenn sie nicht dieselbe Lohnerhöhung bekommen würden wie die, die unsere Konkurrenten anbieten."

Natürlich kann der Partner die Lohnerhöhung auch gänzlich anders kommunizieren. Betrachten wir die folgende alternative Rede:

> "Liebe Mitarbeiter! Sie alle wissen, dass alle Anwaltskanzleien zur Zeit massiv unter Lohndruck stehen. Um wettbewerbsfähig zu bleiben, müssen wir also etwas tun - und das werden wir. [Hier folgt die detaillierte Erklärung des neuen Lohnsystems] Dabei ist uns aber bewusst, dass ihr Bleiben bei unserer Firma und ihr langfristiges Engagement bei uns von anderen Faktoren abhängt: Hierzu zählt unsere überragende Reputation am Markt, unsere hochkarätigen Mandanten, die juristisch außerordentlich fähigen Kollegen, die interessanten Aufgaben sowie unsere Aus- und Weiterbildungsmaßnahmen. Wir schätzen die wesentlichen Beiträge, die sie alle jeden Tag leisten. Wir sind hocherfreut, dass wir in der Lage sind, marktweit vergleichbare Gehälter zu zahlen, und wir werden es unseren Wettbewerbern weiterhin schwer machen, mit uns in allen anderen Belangen gleichzuziehen, die eine bedeutende Anwaltskanzlei ausmachen."

Es muss nicht weiter ausgeführt werden, dass jede der beiden Reden sehr wahrscheinlich eine vollkommen andere Wirkung auf die Mitarbeiter haben wird. Die erste Rede wird den Anwälten den Eindruck vermitteln, als ob sie nur extrinsisch motiviert wären und nur deshalb arbeiten würden. In der Interpretation unserer obigen Ausführung sind die damit gesetzten Anreize kontrollierend, sie sind von außen gesetzt. Dass Anwälte nur extrinsisch motiviert sind, wird im Allgemeinen aber nicht der Fall sein. Zwar wird die Bezahlung für sie sicherlich eine Rolle spielen, aber es ist bei Anwälten in der Regel davon auszugehen, dass sie auch andere Faktoren, wie beispielsweise die Klientel oder die Reputation der Anwaltskanzlei, schätzen. Diese intrinsischen Aspekte ihrer Motivation werden aber durch die zweite Rede angesprochen. In unserer Differenzierung sind die Anreize in diesem Fall informativ, da die Mitarbeiter ihre eigene Autonomie wahrnehmen. Obwohl also in beiden Fällen dasselbe Entlohnungssystem gestaltet wurde, ist die Art und Weise, wie diese Anreize kommuniziert werden, entscheidend dafür, ob die intrinsische Motivation der Mitarbeiter gestärkt oder reduziert wird.

Fassen wir unsere Diskussion über extrinsische und intrinsische Motivation und die geeignete Kommunikation von Arbeitsanreizen zusammen: Im Allgemeinen werden Arbeitsanreize sowohl kontrollierende als auch informative Aspekte aufweisen. Unsere Ausführungen machen deutlich, dass die duale Natur von Anreizen durchaus von einem Vorgesetzten so genutzt werden kann, dass die Kommunikation der Anreize fördernd für die intrinsische Motivation des Mitarbeiters ist.

Kommen wir nun zur Frage nach der geeigneten Kombination von intrinsischen und extrinsischen Arbeitsanreizen. Seit den ersten Studien von Deci wurden eine Vielzahl von experimentellen Untersuchungen zum Verhältnis von extrinsischen Anreizen und intrinsischer Motivation durchgeführt. Die Ergebnisse dieser Studien waren allerdings ausgesprochen widersprüchlich, so dass Wiersma (1992, S.101) anmerkt: "Whereas some studies have shown that contingently applied extrinsic rewards decrease intrinsic motivation created by an interesting task, an equal number of studies have failed to support this phenomenon".

In der Zwischenzeit liegen einige Metastudien vor, in denen eine große Anzahl von bereits publizierten Studien auf gemeinsame Merkmale hin untersucht wurden. Grundsätzlich könnte man dabei entsprechend den Ausführungen zur geeigneten Implementation von Anreizen vorgehen und untersuchen, welche Auswirkungen kontrollierende bzw. informative Arbeitsanreize auf die intrinsische Motivation des Mitarbeiters haben. Das Problem dabei ist allerdings, dass diese Bewertung insbesondere von den individuellen Unterschieden der Personen abhängig sein wird und daher erst ex post, also nach der Auswirkung des Anreizes auf die intrinsische Motivation der Versuchsperson, auf dessen kontrollierende oder informierende Natur geschlossen werden kann. Dadurch würden aber die ermittelten Ergebnisse tautologisch.[7] Im Folgenden werden wir daher die Ergebnisse aus solchen

Metastudien darstellen, die vor allem auf andere Aspekte bei der Gestaltung von Arbeitsanreizen abstellen. Grundlegend hierfür ist die folgende Klassifikation von extrinsischen Arbeitsanreizen:

- Immaterielle Anreize in Form von verbalen Belobigungen für das Verhalten
- Leistungsunabhängige materielle Anreize, die unabhängig vom Arbeitsergebnis gewährt werden
- Leistungsabhängige materielle Anreize, die für die erfolgreiche Durchführung einer Tätigkeit gegeben werden
- Qualitätsabhängige materielle Anreize, die dann gegeben werden, wenn die Tätigkeit so gut durchgeführt wurde, dass ein vorher festgelegter Standard für die Aufgabendurchführung erreicht wurde

Aufgrund der Analyse von 96 Studien zwischen 1971 und 1991 kommen Cameron und Pierce (1994) in ihrer Metastudie zu den folgenden Ergebnissen hinsichtlich der Auswirkungen, die die Anreizgestaltung auf die intrinsische Motivation hat:

(1) "In summary, subjects rewarded with verbal praise or positive feedback show significantly greater intrinsic motivation than nonrewarded subjects." (S.386) Dieser grundsätzlich positive Einfluss von verbale Belobigungen auf die intrinsische Motivation folgt unmittelbar aus dem informativen Charakter solcher Anreize: Durch die verbale Belobigung fühlt sich der Belobigte kompetenter in der Durchführung seiner Tätigkeiten, so dass seine intrinsische Motivation zunimmt.

(2) "Rewards can have a negative impact on intrinsic motivation when they are offered to people for engaging in a task without consideration of any standard of performance." (S.397) Auch die möglichen negativen Auswirkungen von leistungsunabhängigen Anreizen auf die intrinsische Motivation folgt aus unseren bisherigen Betrachtungen: Wird eine Person unabhängig von ihrem tatsächlichen Handeln belohnt, hat sie keinen Einfluss auf die Höhe ihrer Entlohnung. Sie weist die Gewährung der Anreize externen Faktoren zu, ihre eigene Kompetenz spielt dabei keine Rolle.

(3) "Individuals who receive an expected reward for solving or completing a task or for achieving a specific level of performance do not spend less time on the task than controls once the reward is withdrawn. They do, however, report more interest, satisfaction, and enjoyment of the task when the reward is gi-

ven for a certain level of performance." (S.391f.) Im Falle leistungsabhängiger Anreize können die nicht-negativen Auswirkungen auf die intrinsische Motivation wiederum auf die obige Argumentation zurückgeführt werden: Wird ein Anreiz auf das künftige Verhalten konditioniert, dann gibt die Gewährung einer Belohnung dem Handelnden die Information, dass er seine Tätigkeiten entsprechend gut durchgeführt hat. Je enger dabei die Belohnung an sein Verhalten gekoppelt ist, desto mehr weist die Belohnung auf interne Faktoren hin und desto eher steigt die Selbstwertschätzung.

Die dargestellten Ergebnisse zeigen, dass wir a priori nicht von einem grundsätzlichen diametralen Effekt extrinsischer Anreize auf die intrinsische Motivation ausgehen können. Die insbesondere in der Managementliteratur weit verbreitete Auffassung, dass "any incentive or pay-for-performance system tends to make people less enthusiastic about their work" - so z.B. Kohn (1993, S.62f) - stimmt in dieser Allgemeingültigkeit also nicht. Vielmehr können Arbeitsanreize durchaus positive Rückwirkungen auf die intrinsische Motivation von Mitarbeitern haben. Dabei muss allerdings berücksichtigt werden, dass die Gestaltung und auch die Implementierung der Anreize in einer geeigneten Weise durchgeführt wird.

5.3.2 Die Konsistenz der Anreizstruktur

Unsere Ausführungen machen deutlich, dass extrinsische Arbeitsanreize je nach ihrer Gestaltung und Implementierung unterschiedliche Rückwirkungen auf die intrinsische Motivation eines Mitarbeiters haben können. Da die intrinsische Motivation durch den Einsatz entsprechender intrinsischer Arbeitsanreize gefördert werden kann, können wir aufgrund dieser Erkenntnisse auf unterschiedliche Wechselwirkungen zwischen intrinsischen und extrinsischen Arbeitsanreizen schließen.

Betrachten wir hierzu noch einmal die Auswirkungen extrinsischer Anreize auf die intrinsische Motivation in dem folgenden Beispiel: Ein Vorgesetzter hat seinem Mitarbeiter aufgrund dessen ausgezeichneten Fähigkeiten einen relativ großen Entscheidungsspielraum für die Durchführung seiner Tätigkeiten gegeben. Der Mitarbeiter hat dadurch einen großen diskretionären Handlungsspielraum. Angenommen, der Vorgesetzte würde in dieser Situation beschließen, seinen Mitarbeiter bei denjenigen Aktivitäten zu überwachen, bei denen dies möglich ist. Beispielsweise könnte er die Anwesenheit des Mitarbeiters mit einer Stechuhr messen. Dann ist aus der obigen Diskussion unmittelbar klar, dass ein solcher extrinsischer Arbeitsanreiz kontraproduktiv für die Arbeitsbeziehungen wäre: Der Mitarbeiter könnten aufgrund dieser Maßnahme zu dem Schluss kommen, dass der Vorgesetzte kein Vertrauen in sein Handeln hat. Negative Auswirkungen auf seine intrinsische Motivation wären die Folge.

Das Beispiel verdeutlicht, dass extrinsische und intrinsische Arbeitsanreize unter Umständen nicht miteinander harmonieren können. Es sagt jedoch nicht, dass intrinsische Arbeitsanreize grundsätzlich nicht sinnvoll durch extrinsische Arbeitsanreize ergänzt werden können. Angenommen, der Mitarbeiter würde relativ unabhängig von anderen Kollegen jeweils Tätigkeiten ausführen, die zu einem inhaltlich abgeschlossenen Arbeitsergebnis führen. Dann könnte der Vorgesetzte beispielsweise beschließen, das jeweilige Arbeitsergebnis als Grundlage einer leistungsorientierten Entlohnung zu machen. Hier ist aufgrund unserer obigen Erkenntnisse zu vermuten, dass die so gestalteten extrinsischen Anreize für die intrinsische Motivation des Mitarbeiters förderlich sein werden.

Übertragen wir diese Überlegungen auf die geeignete Gestaltung der gesamten Anreizstruktur einer Unternehmung, dann ergibt sich daraus eine wesentliche Anforderung: Die einzelnen Elemente der Anreizstruktur müssen miteinander konsistent sein. Nach Baron und Kreps (1999, S.38ff) beinhaltet diese Konsistenz der Anreizsstruktur drei wesentliche Aspekte:

(1) Intrapersonelle Konsistenz: Die verschiedenen Arbeitsanreize eines Mitarbeiters, die sich für ihn aus seiner Arbeitssituation heraus ergeben, müssen konsistent miteinander sein. Beispielsweise müssen also die extrinsischen Arbeitsanreize mit den intrinsischen Anreizen harmonieren.

(2) Interpersonelle Konsistenz: Die Arbeitsanreize, mit denen verschiedene Mitarbeiter in ihren jeweiligen Arbeitssituationen konfrontiert sind, müssen konsistent sein im Folgenden Sinne: Wird ein Mitarbeiter auf eine bestimmte Art motiviert, dann sollte ein vergleichbarer Kollege in einer ähnlichen Weise behandelt werden.

(3) Dynamische Konsistenz: Die Voraussetzungen und die Philosophie, die die Grundlage für die Gestaltung der Anreizstruktur der Unternehmung bildeten, sollten temporär in einem gewissen Umfang unverändert bleiben. Insbesondere

sollten sich die heutigen Arbeitsanreize eines Mitarbeiters nicht vollkommen von den gestrigen unterscheiden.

Diese verschiedenen Aspekte der Konsistenz einer Anreizstruktur werfen eine Reihe von Fragen auf: Welche Vorteile ergeben sich aus einer konsistenten Anreizstruktur für die Unternehmung? Wie abgestimmt müssen die verschiedenen Elemente einer Anreizstruktur tatsächlich sein? Wie kann die Konsistenz gemessen werden? Diese Fragen sollen im Folgenden beantwortet werden.

Betrachten wir zunächst die Vorteile einer konsistenten Anreizstruktur. Insgesamt können hier vier Faktoren genannt werden:

- Ausnutzung von Synergien: In unserer Eingangsdiskussion haben wir bereits gesehen, dass die Wirkungsweise eines Anreizes durch den Einsatz anderer Anreize unterstützt werden kann. Die Elemente einer konsistenten Anreizstruktur sind somit komplementär. Auf intrapersoneller Ebene kann so z.B. die intrinsische Motivation eines Mitarbeiters durch geeignete extrinsische Anreize gefördert werden. Ein anderes Beispiel betrifft die Investitionen einer Unternehmung in die Ausbildung ihrer Mitarbeiter. Sind diese hoch, dann ist die Unternehmung an langfristigen Arbeitsbeziehungen und einer geringen Fluktuation ihrer Mitarbeiter interessiert. Eine Senioritätsentlohnung, bei der die Entlohnung der Mitarbeiter mit zunehmender Betriebszugehörigkeit ansteigt, kann z.B. dieses Anliegen unterstützen. Auf interpersoneller Ebene bzw. in zeitlicher Dimension ergeben sich aus der Komplementarität der Arbeitsanreize unmittelbar Vorteile aufgrund der Synergien, die mit der Anreizsetzung verbunden sind.
- Herausbildung von Vertrauen: In einer konsistenten Anreizstruktur sind die verschiedenen Elemente langfristig nach einer gemeinsamen Philosophie gestaltet. Aufgrund der dynamischen Konsistenz haben die Mitarbeiter somit die Möglichkeit, sich auf die Rahmenbedingungen ihrer Arbeitsbeziehung einzustellen. Sie lernen mit der Zeit, was von ihnen gefordert wird bzw. was sie fordern können. Damit reduziert sich aber die Unsicherheit des Mitarbeiters über seine Arbeitsbeziehung, seine Erwartungen an die Arbeitsbeziehung stabilisieren sich. Dies fördert die Vertrauensbildung. Darüber hinaus vereinfacht sich dieses Lernen des Mitarbeiters aufgrund der intra- und interpersonellen Konsistenz der Anreizstruktur: Die verschiedenen Anreize, die sich ihm bieten, vermitteln durchgehend dieselbe Philosophie, so dass der Mitarbeiter wiederholt in seinem

Lernen unterstützt wird. Durch den Vergleich mit anderen Kollegen und deren vergleichbaren Arbeitsanreizen verstärkt sich dieser Lernprozess. Beide Aspekte führen zu einer schnelleren Anpassung der Erwartungen des Mitarbeiters.

- Verbesserte Auswahl neuer Mitarbeiter: Eine konsistente Anreizstruktur kann die Auswahl von neuen Mitarbeitern in der folgenden Weise beeinflussen: Zum einen kann es für einen Bewerber einfacher sein, sich bereits im Vorfeld einer Einstellung Erwartungen über eine künftige Arbeitsbeziehung zu machen. Ist dies der Fall, reduzieren sich tendenziell die Fluktuationskosten der Unternehmung. Zum anderen kann sich ein Arbeitgeber bessere Erwartungen über einen neuen Mitarbeiter bilden, wenn er davon ausgeht, dass dessen Persönlichkeitseigenschaften konsistent sind. Die (implizite) Akzeptanz eines leistungsabhängigen Entlohnungssystems kann dem Arbeitgeber beispielsweise einen Hinweis darauf geben, wie sich der neue Mitarbeiter künftig gegenüber anderen leistungsbezogenen Anreizen verhalten wird. Schließlich kann sich durch eine konsistente Anreizstruktur auch eine Homogenität bei den Mitarbeitern herausbilden. In dem Umfang, in dem eine Person soziale Beziehungen mit solchen Personen sucht, die eine gewisse Ähnlichkeit mit ihren Persönlichkeitsfaktoren aufweisen, werden sich neue Mitarbeiter besser auf solche Kollegen einstellen, die ähnliche Einstellungen gegenüber der Anreizphilosohie der Unternehmung haben. Dies kann die Kommunikation ebenso wie die Teamarbeit untereinander fördern.
- Sicherstellung einer Verteilungsgerechtigkeit: Personen sind in vielen Situationen bestrebt, sich im Vergleich zu anderen Personen selbst zu bewerten. Die interpersonelle Konsistenz der Anreizstruktur garantiert hier, dass sich ein Mitarbeiter nicht ungerecht behandelt fühlt. Ein Kollege, der ähnliche Persönlichkeitsfaktoren besitzt oder sich in einer äquivalenten Arbeitssituation befindet, ist in diesem Fall mit gleichen Arbeitsanreizen konfrontiert wie er selbst. Dies impliziert aber, dass beide Mitarbeiter für ein identisches Arbeitsverhalten mit identischen Konsequenzen rechnen müssen. In diesem Sinne werden sie also die Verteilung von Beteiligungen im Verhältnis zu ihren Beiträgen als fair und gerecht empfinden.

Hewlett-Packard
und die Konsistenz der Anreizstruktur

Das US-amerikanische Unternehmen Hewlett-Packard, ein internationaler Produzent von technischen Geräten, gilt als Vorreiter moderner Human Resource Praktiken. Das Unternehmen hat mit verschiedenen Maßnahmen versucht, durch den Aufbau langfristiger Arbeitsbeziehungen das organisatorische Commitment seiner Mitarbeiter zu fördern.
Im Kontext unserer Diskussion zielen diese Maßnahmen auf die Gestaltung einer konsistenten Anreizstruktur ab: Es wurden Gehälter sowie außertarifliche Sozialleistungen gezahlt, die über denen des Marktes lagen. Zudem wurden den Mitarbeitern möglichst weitgehende Entscheidungsspielräume sowie Möglichkeiten zu einer intensiven, permanenten Fortbildung gewährt. Hewlett-Packard strebte auch eine weitgehende Flexibilisierung der Arbeitsbedingungen an, um so die Balance zwischen der Verantwortung im Beruf und in der Familie zu erleichtern. Unterstützt wurden diese Maßnahmen durch sorgfältige Auswahlverfahren von Mitarbeitern, durch gezielte unternehmensinterne Beförderungen, die Kopplung von Bonuszahlungen an Aktien des Unternehmens oder durch Gruppenarbeit. Um die Gefahr eines opportunistischen Verhaltens einzelner Mitarbeiter zu unterbinden, führte die Konzernleitung zudem ein 'Management by wandering around' ein: Statt einer direkten Kontrolle wurde ein weniger formales, indirektes Monitoring praktiziert, das durch die direkte Kommunikation von Management und Mitarbeitern Vertrauen und Anteilnahme signalisieren sollte.
Allerdings wurden diese Maßnahmen nicht unternehmensweit, sondern vornehmlich in Amerika durchgeführt. In Ostasien, so zum Beispiel in Korea und Singapore, betrieb Hewlett-Packard weiterhin eine direkte Mitarbeiterkontrolle. Einer der Gründe wird darin gesehen, dass in diesen Ländern die Mitarbeiter einen strengeren Führungsstil gewohnt sind, der sich auf Hierarchie und nicht auf Vertrauen begründet.

Quelle: Laabs (1993) und Baron und Kreps (1999, S.44ff)

Die bisherige Diskussion über die Vorteile einer konsistenten Anreizstruktur könnte zu der Aussage verleiten, dass jeder Mitarbeiter einer Unternehmung mit fast denselben Arbeitsanreize konfrontiert sein sollte. Betrachten wir eine Unternehmung, die ihren Mitarbeitern in der Forschungs- und Entwicklungsabteilung einen weiten diskretionären Entscheidungsspielraum einräumt. Bedeutet eine konsistente Anreizstruktur notwendigerweise, dass damit auch die Mitarbeiter in der Produktionsabteilung entsprechend behandelt werden? Was sollte die Unternehmung machen, wenn es gerade in diesem Bereich einfach wäre, die Arbeitsleistung der Mitarbeiter an ihrem Output zu messen?

Die damit angesprochenen Probleme betreffen den Spielraum, der bei der Gestaltung einer konsistenten Anreizstruktur besteht. In welchem Umfang müssen die Anreize tatsächlich interpersonell konsistent sein? Eine Antwort auf diese Frage liefert uns die im dritten Kapitel diskutierte Theorie der Kausalattribution. Demnach wird sich nach dem Kovarianzkriterium ein Mitarbeiter eher mit solchen Kollegen vergleichen, die ihm aufgrund ihrer Persönlichkeit oder ihrer Situation ähnlich erscheinen. Im Hinblick auf die oben genannten Vorteile einer konsistenten Anreizstruktur ist es ausreichend, die interpersonelle Konsistenz auf solche Fälle zu beschränken.

Aus dieser Erkenntnis können wir eine Reihe von Gründen ableiten, die eine entsprechend differenzierte unternehmensweite Anreizstruktur vorteilhaft machen. Hierzu zählen insbesondere demographische, ökonomische und soziale Faktoren. So bestehen in unserem Beispiel wesentliche Unterschiede in der Technologie, die im F&E-Bereich bzw. im Produktionsbereich eingesetzt wird. Unterschiede in der Ausbildung zwischen einem Forscher und einem Produktionsmitarbeiter kommen hinzu. Und schließlich wird der Arbeitsmarkt für qualifizierte Forschungsmitarbeiter im Allgemeinen nicht identisch sein mit dem Arbeitsmarkt für ungelernte Produktionsmitarbeiter, so dass die Unternehmung aufgrund der alternativen Beschäftigungsmöglichkeiten gezwungen ist, unterschiedliche Anreize zu setzen, um entsprechende Mitarbeiter für die Unternehmung zu gewinnen. Zudem können sich auch Inkonsistenzen in der unternehmensweiten Anreizstruktur aufgrund gesellschaftlicher und kultureller Normen und Werte ergeben. Dies zeigt die unterschiedliche Anreizstruktur von Hewlett-Packard in Amerika und Asien. Innerhalb eines Landes wird beispielsweise Frauenarbeit in vielen Fällen anders entlohnt als die gleiche Arbeit von Männern.

In bestimmten Fällen kann eine Unternehmung auch unmittelbar Einfluss nehmen auf den Umfang, in dem Mitarbeiter sich mit anderen Kollegen vergleichen.

Hierzu kann sie insbesondere verschiedene Symbole in der Unternehmung einsetzen, wie beispielsweise Titel oder Kleidung. So besteht im Allgemeinen kein wesentlicher Unterschied zwischen den Anforderungen an einen Büro- und Verwaltungsangestellten. Dennoch werden in vielen Unternehmen erstere schlechter entlohnt als Verwaltungsmitarbeiter, auch wenn beide dieselbe Anzahl von Jahren in der Unternehmung tätig sind. Solche Unterschiede werden beispielsweise in japanischen Produktionsunternehmen durch eine unterschiedliche Kleidung hervorgehoben. Je nach der Farbe ihrer Mütze erhalten die Mitarbeiter unterschiedliche Anreize, obwohl sie im wesentlichen dieselben Tätigkeiten durchführen. So bestehen große Unterschiede zwischen diesen beiden Gruppen bezüglich ihrer Arbeitsplatzsicherheit und ihrer Entlohnung. Eine weitere Möglichkeit der bewussten Einflussnahme auf die Differenzierung von Mitarbeitern besteht darin, geographische Unterschiede herzustellen. Dies kann z.B. dadurch erreicht werden, dass eine Abteilung der Unternehmung an einen anderen Standort oder in ein anderes Gebäude umzieht.

Verfolgt eine Unternehmung mit solchen Maßnahmen das Ziel, künstliche Unterschiede in ihrer Anreizstruktur zu rechtfertigen, muss sie allerdings auch die negativen Auswirkungen berücksichtigen, die damit verbunden sein können. Probleme können hier dann entstehen, wenn Mitarbeiter mit unterschiedlichen Anreizen häufig miteinander interagieren. Würde diese unterschiedliche Behandlung der Mitarbeiter von der Unternehmung selbst herbeigeführt, können demographische, soziale oder ökonomische Faktoren verhindern, dass die Zusammenarbeit der Mitarbeiter in einem solchen Kontext reibungslos verläuft. Wenn etwa Mitarbeiter unterschiedliche Entlohnungen erhalten, je nachdem zu welchem Zeitpunkt sie in die Unternehmung eingetreten sind, kann ihre Zusammenarbeit erschwert sein.

Auch die Organisationskultur kann unter Umständen einer zu starken Differenzierung der unternehmensweiten Anreizstruktur im Wege stehen. So wird es im Allgemeinen schwierig sein, die Mitarbeiter einerseits auf ein gemeinsames Ziel einzuschwören, andererseits aber Unterschiede zwischen verschiedenen Mitarbeitergruppen zu fördern. Ein Ausweg aus diesem Dilemma kann beispielsweise darin bestehen, organisatorische Einheiten vollkommen von der Unternehmung zu trennen und als rechtlich selbständige Einheiten auszugliedern. Dies ermöglicht dann natürlich eine vollkommen unterschiedliche Gestaltung der Anreizstrukturen. Die Spin-offs großer Unternehmen sind hierfür Beispiele, wie etwa Lycos bei Bertelsmann.

5.3.3 Das Vorgehen bei der ökonomischen Analyse des Motivationsproblems

Wir wollen nun die in den letzten Abschnitten abgeleiteten Erkenntnisse und Prinzipien zusammenführen und für das zu Beginn des Kapitels aufgeworfene Motivationsproblem einer Unternehmung zunutze machen. Die im letzten Abschnitt betrachtete Konsistenz einer unternehmensweiten Anreizstruktur können wir dabei als eine Anforderung an die Lösung des Motivationsproblems interpretieren: Die einzelnen Motivationsinstrumente innerhalb der Unternehmung müssen so aufeinander abgestimmt sein, dass sie zeitlich sowie intra- und interpersonell konsistent sind.

Die oben diskutierten Wechselwirkungen zwischen Motivation und Koordination machen aber deutlich, dass die Lösungen beider Probleme aufeinander abgestimmt sein müssen. Somit stellt die 'interne' Konsistenz der Anreizstruktur nur einen ersten Schritt zur Lösung des Motivationsproblems dar. Darüber hinaus müssen wir bei der Gestaltung der Anreizstruktur auch sicherstellen, dass diese konsistent mit der Organisationsstruktur der Unternehmung ist. Diese 'externe' Konsistenz der Anreizstruktur soll durch das folgende Beispiel verdeutlicht werden:

Eine Unternehmung hat den Mitarbeitern einer Abteilung einen relativ großen Entscheidungsspielraum für die Durchführung ihrer Tätigkeiten gegeben. Entsprechend unserer Terminologie hat sie damit ein spezifisches Koordinationsinstrument zur Lösung des Koordinationsproblems ausgewählt. Aus der Diskussion im vorangegangenen Abschnitt können wir unmittelbar schließen, dass durch die Festlegung dieses Koordinationsinstruments das Spektrum der zur Verfügung stehenden Motivationsinstrumente eingeschränkt ist: Jede Form der direkten Kontrolle hätte wahrscheinlich negative Auswirkungen auf die intrinsische Motivation der Mitarbeiter und käme von daher nicht in Frage. Konsistent mit dem relativ großen Entscheidungsspielraum der Mitarbeiter wäre hingegen z.B. ein leistungsorientiertes Entlohnungssystem auf der Grundlage der jeweiligen Arbeitsergebnisse der Mitarbeiter, wenn diese relativ unabhängig voneinander ihre Tätigkeiten ausführen.

Die interne und externe Konsistenz der Anreizstruktur sind notwendige Bedingungen, denen die Lösung des Motivationsproblems genügen muss. Sie garantieren aber noch nicht die geeignete Auswahl einer Anreizstruktur im Hinblick auf die Effizienz der Unternehmung. Im Allgemeinen wird eine Vielzahl verschiedener

Motivationsinstrumente konsistent mit der gegebenen Anreiz- und Organisationsstruktur sein. Im obigen Beispiel käme neben einem leistungsorientierten individuellen Entlohnungssystem durchaus auch eine leistungsorientierte Gruppenentlohnung mit Peer review in Betracht. Welche ist aber dann von diesen konsistenten Instrumenten dasjenige, welches sich am besten in die bereits existierende Struktur integriert?

Die einzige Möglichkeit zur Beantwortung dieser Frage besteht darin, sich die jeweiligen positiven und negativen Auswirkungen anzuschauen, die mit der Einführung oder der Substitution eines neuen Motivationsinstruments verbunden sein könnten, und diese miteinander zu vergleichen. Inwieweit unterstützt also beispielsweise ein leistungsorientiertes individuelles Entlohnungssystem die potentiellen Vorteile, die ein relativ großer Entscheidungsspielraum der Mitarbeiter hat? In welchem Umfang können dadurch die möglichen Nachteile, die ein solcher diskretionärer Spielraum mit sich bringt, reduziert oder unterbunden werden? Und wie sehen die Auswirkungen bei einer leistungsorientierten Gruppenentlohnung aus, wenn gleichzeitig ein Peer review eingeführt wird?

Um die Beurteilung einzelner Motivationsinstrumente möglichst systematisch anzugehen, ist es hilfreich, sich von der Einzelfallbetrachtung zu lösen und ein grundsätzliches Vorgehen zu entwickeln. Dies wollen wir im Folgenden darstellen. Maßstab für die grundsätzliche Beurteilung eines Instruments muss dabei die Effizienz der Unternehmung sein: Wir werden ein Motivationsinstrument dann als positiv bewerten, wenn es zur Maximierung der organisatorischen Wertschöpfung beiträgt. Dasjenige Motivationsinstrument, das zu einer maximalen Wertschöpfung führt, wird für die Lösung des Motivationsproblems am besten geeignet sein.

Diese Überlegungen lassen sich unmittelbar auf die einzelne Arbeitgeber-Arbeitnehmer-Beziehung übertragen. Auch hier ist es zum Vorteil beider Parteien, wenn das Motivationsproblem möglichst effizient gelöst ist: Je mehr Werte in der Arbeitsbeziehung geschaffen werden können, desto mehr kann zusätzlich zwischen den Parteien aufgeteilt werden.

Im Folgenden wollen wir diesen Zusammenhang präzisieren. Dabei gehen wir so vor: Zunächst werden wir uns die Größen ansehen, die die Wertschöpfung einer Arbeitsbeziehung beeinflussen. Dies führt insbesondere zu einer Konkretisierung der Kosten, die mit der Lösung des Motivationsproblems verbunden sind. Dieser Begriffsrahmen ermöglicht es uns dann, die Bewertung eines Motivationsinstruments anhand seiner Kosten und seines Nutzens durchzuführen. Da für die Beurteilung der Kosten-Nutzen-Relation die subjektiven Erwartungen hinsichtlich des Verhaltens der involvierten Parteien eine entscheidende Rolle spielen, ist es sinnvoll, Motivationsinstrumente je nach den Informationen, die für die Erwartungsbildung zur Verfügung stehen, zu differenzieren. Dies führt zu einer Klassifikation, die für die Bewertung von Maßnahmen zur Steuerung von Mitarbeitern leitend sein wird.

Betrachten wir zunächst die Wertschöpfung einer Unternehmung. Diese hatten wir im ersten Kapitel als Differenz zwischen dem Nutzen für die Konsumenten aus dem Konsum der Güter und den mit deren Bereitstellung verbundenen Kosten der Unternehmung definiert. Diese Definition können wir nun analog auf die Wertschöpfung einer Arbeitsbeziehung übertragen:[8]

$$\text{Wertschöpfung einer Arbeitsbeziehung} = \text{direkter und indirekter Nutzen} - \text{Kosten der Leistungserstellung}$$

Der Begriff des direkten und indirekten Nutzens aus einer Arbeitsbeziehung beinhaltet dabei alle Auswirkungen, die die Arbeitsbeziehung auf die Unternehmung bzw. auf Dritte haben kann. Hierzu gehören auf Seiten der Unternehmung die erwarteten Werte, die der Mitarbeiter aufgrund seiner Arbeitsleistungen und seines Wissens für die organisatorische Wertschöpfung erbringt. Dieser direkte Nutzen muss alle Werte berücksichtigen, die über die gesamte Dauer der Arbeitsbeziehung erzielt werden. Der indirekte Nutzen resultiert aus den Konsequenzen, die sich aus der betrachteten Arbeitsbeziehung für andere Arbeitsverhältnisse innerhalb der Unternehmung ergeben. Diese Auswirkungen berücksichtigen die Rückschlüsse, die Dritte aus der Beobachtung oder Kommunikation der Arbeitsbeziehung ziehen.

Die Kosten der Leistungserstellung fallen sowohl auf Seiten des Mitarbeiters als auch auf Seiten der Unternehmung an. Beim Mitarbeiter umfassen sie seine persönlichen Kosten, die für ihn mit seinen Arbeitsanstrengungen verbunden sind. Der Umfang seiner persönlichen Kosten wird beeinflusst durch die immateriellen Arbeitsanreize, die ihm die Unternehmung setzt. Hierzu zählen beispielsweise seine Arbeitsbedingungen oder die verbalen Belobigungen im Rahmen der direkten Mitarbeiterführung. Aus organisatorischer Sicht werden die Kosten der Leistungserstellung aber nicht nur durch die immateriellen Arbeitsanreize verursacht, sondern auch durch die Kosten, die grundsätzlich mit der Setzung geeigneter Anreize für den Mitarbeiter verbunden sind. Erst dadurch kann nämlich sichergestellt werden, dass der Mitarbeiter einen entsprechenden direkten Nutzen erwirtschaftet.

Damit ist unmittelbar klar, dass die Kosten, die mit der Lösung des Motivationsproblems für die spezielle Arbeitsbeziehung verbunden sind, ein Teil der Kosten der Leistungserstellung sind. Diese Aufwendungen werden in der Literatur auch als **Motivationskosten** bezeichnet. Woraus setzen sie sich zusammen? Folgen wir der Definition des Motivationsproblems, dann sind damit all diejenigen Kosten verbunden, die sicherstellen, dass der Mitarbeiter die ihm übertragenen Aufgaben bestmöglich ausführt. Damit beinhalten die Motivationskosten in einer Arbeitsbeziehung z.B. die Kosten für die Überwachung der Durchführung von Anweisungen und für die Bewertung der Leistungen des Mitarbeiters. Da a priori nicht davon auszugehen ist, dass die Durchsetzung der Anweisungen vollständig gelingt, entstehen zusätzliche Kosten, beispielsweise aufgrund nicht-konformer Entscheidungen, falscher Interpretation von Anweisungen, Auseinandersetzungen mit Kollegen oder durch andere unternehmensschädigende Konflikte.

Neben den Motivationskosten fallen auch Aufwendungen zur Koordination des Mitarbeiters an. Diese **Koordinationskosten** gehören ebenfalls zu den Kosten der Leistungserstellung. Sie umfassen nach unserer Definition des Koordinationsproblems all diejenigen Aufwendungen, die für die Einstellung des Mitarbeiters, die Spezifikation seiner Arbeitsaufgabe sowie für die Abstimmung mit anderen Kollegen anfallen. Zu den Einstellungskosten gehören diejenigen für die Anbahnung des Arbeitsverhältnisses und den Abschluss des Arbeitsvertrages. Kosten für die Anpassung und Spezifikation der Arbeitsaufgabe entstehen im laufenden Arbeitsprozess, etwa aufgrund der Entscheidungsfindung des Vorgesetzten, aber auch bei Produktionsverzögerungen aufgrund einer mangelhaften oder verzögerten Kommunikation von Anweisungen. Kosten für die Abstimmung mit anderen Mitarbeitern fallen entweder beim Vorgesetzten an oder sind durch die kollektive Entscheidungsfindung bedingt.

Motivations- und Koordinationskosten bilden zusammen die sogenannten Transaktionskosten. Sie sind die Kosten, die für die Durchführung der Transaktion - in unserem Fall die Arbeitsbeziehung zwischen Arbeitgeber und Arbeitnehmer - aufgewendet werden müssen. Davon zu trennen sind die **Produktionskosten**, die in der Arbeitsbeziehung anfallen. Sie beinhalten alle Kosten für die eigentliche Herstellung von Gütern oder Dienstleistungen, also beispielsweise diejenigen des Mitarbeiters für seine Arbeitsaufwendungen, die Kosten für Vorprodukte und Produktionstechnologie, solche, die die Aus- und Weiterbildung des Mitarbeiters nach sich ziehen, aber auch die entgangenen Gewinne, die mit einer fehlenden Qualifikation des Mitarbeiters oder einem Maschinenstillstand verbunden sind.

Fassen wir die Diskussion zusammen, dann können wir die Wertschöpfung einer Arbeitsbeziehung wie folgt darstellen:

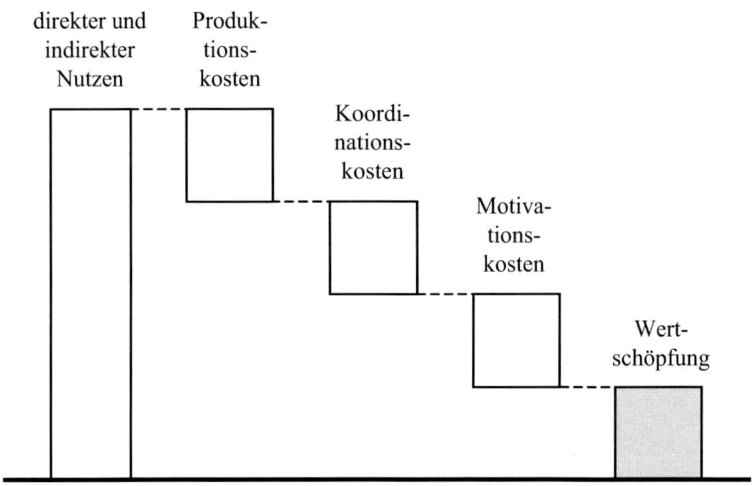

Abbildung 5.10: Die Wertschöpfung einer Arbeitsbeziehung

Im Allgemeinen wird die Operationalisierung der Kosten und des Nutzens, die mit einer spezifischen Arbeitsbeziehung in der Unternehmung verbunden sind, nicht ohne weiteres möglich sein. Mess- und Abgrenzungsprobleme werden hier auftreten. Für die Beurteilung personalwirtschaftlicher Maßnahmen zur Steuerung des Mitarbeiterverhaltens ist dies allerdings aus drei Gründen von nachrangiger Bedeutung: Erstens lässt sich aufgrund der eingeschränkten Rationalität die Komplexität einer tatsächlichen Entscheidung in der betrieblichen Praxis nie vollständig erfassen. Zweitens aber liefert der hier vorgestellte Ansatz einen Begriffsrahmen, der es uns ermöglicht, die Auswirkungen personalpolitischer Maßnahmen systematisch abzubilden. Und drittens können wir aus diesem Ansatz Erkenntnisse und

Checklisten ableiten, die qualitative Aussagen über die Veränderung von Kosten-Nutzen-Relationen zulassen und dann im Einzelfall präzisiert werden können.

Betrachten wir zur Illustration die Auswirkungen, die mit dem Einsatz eines Motivationsinstruments verbunden sein können, beispielsweise mit einer leistungsorientierten Gruppenentlohnung mit Peer review, die anstelle einer individuellen Leistungsentlohnung von der Unternehmung in Betracht gezogen wird. Dann müssen wir im Rahmen einer ökonomischen Analyse Kosten und Nutzen einer solchen Veränderung präzisieren. In diesem Zusammenhang müssten beispielsweise die folgenden Fragen beantwortet werden: Welche Auswirkung hat etwa die Gruppenentlohnung auf den direkten und indirekten Nutzen aus einer Arbeitsbeziehung? Verändern sich dadurch der Zusammenhalt und die sozialen Beziehungen innerhalb der Gruppe, und wirkt sich dies positiv auf die Wertschöpfung der anderen Gruppenmitglieder aus? Hat die Änderung des Entlohnungssystems Einfluss auf die Produktionskosten? Wird beispielsweise durch die Gruppenentlohnung die Zusammenarbeit der Kollegen so gefördert, dass ältere Kollegen jüngere bei der Einarbeitung besser unterstützen? Reduzieren sich die Koordinationskosten, weil sich etwa aufgrund der Gruppenentlohnung die Mitarbeiter nun untereinander selbst abstimmen und damit ihren Vorgesetzten entlasten? Wie verändern sich die Motivationskosten? Welche administrativen Kosten entstehen z.B. bei der Änderung des Entlohnungssystems? Inwieweit sind durch die geringeren Anforderungen an die Leistungsbeurteilung Einsparungen zu erwarten? Muss damit gerechnet werden, dass ein Trittbrettfahrerverhalten innerhalb der Gruppe auftritt?

Erst die Beantwortung solcher und ähnlicher Fragen ermöglicht die Beurteilung einer personalpolitischen Maßnahme. Ein solches Kosten-Nutzen-Kalkül kann auch herangezogen werden, um die Konsistenz einer Anreizstruktur zu quantifizieren: Je eher damit eine Steigerung der Wertschöpfung der Unternehmung verbunden ist, desto besser harmoniert die Maßnahme mit der bestehenden Organisations- und Anreizstruktur der Unternehmung.

5.3.4 Klassifikation der Motivationsinstrumente

Bei der Beurteilung der Kosten und des Nutzens, die mit dem Einsatz von Motivationsinstrumenten verbunden sind, spielen die Erwartungen darüber, wie sich die involvierten Parteien als Reaktion auf die Einführung solcher Maßnahmen verhalten werden, eine entscheidende Rolle. Grundsätzlich können wir hier zwei verschiedene Situationen unterscheiden:

- Bezieht sich das Motivationsinstrument auf einen spezifischen Mitarbeiter in einer konkreten Arbeitssituation, dann stehen für die Gestaltung des Arbeitsanreizes eine Vielzahl exakter Informationen zur Verfügung. Kennt beispielsweise ein Vorgesetzter seinen Mitarbeiter aufgrund einer langjährigen Arbeitsbeziehung, dann wird er dessen Bedürfnisse und Ziele relativ gut einschätzen können, ebenso wie er über dessen spezifische Arbeitssituation genau informiert ist. Der Vorgesetzte kann sich in einer solchen Situation daher eine ziemlich gute Vorstellung über die Wirkungsweise des Anreizes machen, den er einsetzen möchte. Instrumente, die auf den einzelnen Mitarbeiter und seine spezifische Arbeitssituation abstellen, bezeichnen wir im Folgenden als **personelle Motivationsinstrumente**. Hierzu gehört beispielsweise die direkte Mitarbeiterführung des Vorgesetzten, Instrumente der individuellen Personalentwicklung, das Führungsgespräch oder auch individuelle Entlohnungskomponenten.
- Andererseits kann sich ein Motivationsinstrument auch auf eine Vielzahl von Mitarbeitern beziehen und auf deren generelle Arbeitssituation wirken. In diesem Fall ist eine individuelle Gestaltung des Arbeitsanreizes nicht möglich, weil die Maßnahme in vergleichbarer Weise für alle zu gelten hat. Da im Allgemeinen ein so konzipiertes Motivationsinstrument langfristig das Verhalten der Mitarbeiter steuern soll, muss ferner damit gerechnet werden, dass im Laufe der Zeit neue Mitarbeiter mit dem Anreiz konfrontiert werden. Bei der Gestaltung des Arbeitsanreizes müssen demnach grundsätzliche Vorstellungen über das Verhalten der Adressaten einfließen. Solche Instrumente, die losgelöst vom einzelnen Mitarbeitern als grundsätzliche institutionelle Regelungen wirken, bezeichnen wir im Folgenden als **strukturelle Motivationsinstrumente**. Diese umfassen z.B. Maßnahmen zur Arbeitsstrukturierung wie die Einführung von Gruppenarbeit, die Entlohnungssystematik und die Gewährung sonstiger betrieblicher Leistungen oder die Entscheidungspartizipation der Mitarbeiter.

Diese Unterscheidung zwischen personellen und strukturellen Instrumenten ordnet sich unmittelbar in unsere hierarchische Systematisierung der Motivationsinstrumente ein: Strukturelle Motivationsinstrumenten können als übergeordnete Instrumente innerhalb der Anreizstruktur verstanden werden, die den Rahmen für den Einsatz der nachgeordneten personellen Motivationsinstrumente bilden. Insofern erfolgt bei der Gestaltung der Anreizstruktur einer Unternehmung ein Übergang von einer institutionalisierten Motivation zu einer individualisierten.

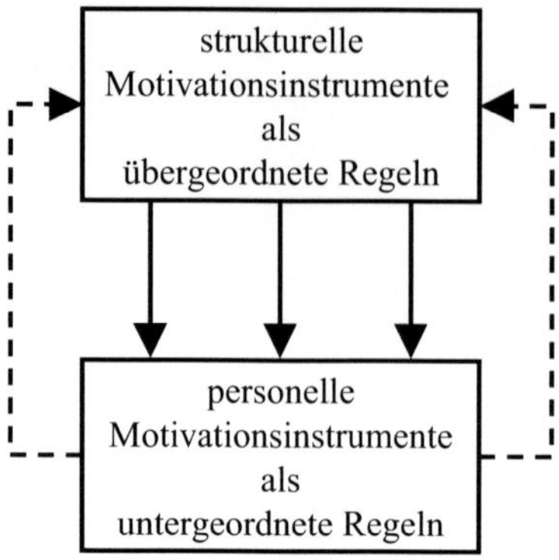

Abbildung 5.11: Die Beziehungen zwischen strukturellen und personellen Motivationsinstrumenten

Die Gestaltung der Anreizstruktur einer Unternehmung kann in diesem Sinne als Kompromiss verstanden werden: Auf der einen Seite steht die Forderung nach einer konsistenten Anreizstruktur. Sie impliziert in einem gewissen Umfang die interpersonelle Vergleichbarkeit von Anreizen. Die damit verbundenen Vorteile haben wir weiter oben diskutiert. Auf der anderen Seite steht eine individualisierte Anreizstruktur, von Lawler (1973, S.207) auch als 'individualized organization' bezeichnet: "The only generelly valid motivation strategy would appear to be one that fits the motivation system to the individual." Eine solche individualisierte Organisation - die Individualisierung der Anreizstruktur würde natürlich auf die Organisationsstruktur zurückwirken und damit die gesamte Organisationsgestaltung prägen - ergibt sich unmittelbar aus der Forderung, die individuellen Bedürfnisse und Fähigkeiten eines Mitarbeiters vollständig zu berücksichtigen, sowie aus unserem Menschbild des komplexen Mitarbeiters, dessen Bedürfnisse einem ständigen Wandel unterliegen.

Ziel muss es daher sein, beiden Seiten bei der Anreizgestaltung gerecht zu werden. Whyte (1955) formuliert dies so: "The problem is to fit economic incentives and human relations together, to integrate them". Das oben entwickelte Vorgehen zur Analyse des Motivationsproblems kann in diesem Sinne als ein kombinierter Ansatz verstanden werden:

- Einerseits werden durch die Gestaltung der strukturellen Motivationsinstrumente Verhaltensunsicherheiten reduziert und Managementkapazitäten freigesetzt. Durch die generelle Festlegung von Anreizen erfolgt in gewissem Umfang eine Standardisierung. Das Verhalten der Mitarbeiter und das Ergebnis ihres Handelns wird für andere Kollegen oder ihren Vorgesetzten prognostizierbar und miteinander vergleichbar. Dadurch werden Unsicherheiten im Verhalten anderer reduziert sowie die Voraussetzungen für eine Verteilungsgerechtigigkeit geschaffen. Beides fördert die sozialen Beziehungen innerhalb der Unternehmung. Zudem reduziert sich durch den Einsatz struktureller Motivationsinstrumente für einen Vorgesetzten die Notwendigkeit, die Aktivitäten seiner Mitarbeiter durch persönliche Maßnahmen zu steuern. Dies reduziert die Anforderungen an seine Fähigkeiten zur Variation seines Führungsverhaltens und führt zu einer Entlastung seiner Kapazitäten.
- Andererseits erhöht sich durch die Gestaltung der personellen Motivationsinstrumente die Flexibilität der Anreizstruktur. Im Unterschied zu den strukturellen Instrumenten, bei denen die Entscheidungen über die Motivation der Mitarbeiter immer vorausschauend getroffen werden müssen, können persönliche Instrumente situations- und personenbezogen eingesetzt werden. Dadurch kann der Vorgesetzte flexibel den jeweiligen Mitarbeiter und seine individuelle Arbeitssituation berücksichtigen und gezielt entsprechende Arbeitsanreize setzen.

Einen Punkt müssen wir für das Vorgehen bei der Gestaltung der Anreizstruktur noch klären: Welche Annahmen legen wir dem Mitarbeiterverhalten zugrunde, wenn wir die Wirkungsweise struktureller Motivationsinstrumente untersuchen? Klar ist, dass wir von den tatsächlichen Persönlichkeitseigenschaften der Mitarbeiter in einem gewissen Grad abstrahieren müssen. Aufgrund unserer Ausführungen zum Menschenbild des Mitarbeiters ist dann aber offensichtlich, dass wir von einem grundsätzlichen Eigennutzstreben und einem möglichen opportunistischen Verhalten der Mitarbeiter ausgehen müssen. Damit unterstellen wir nicht, dass diese sich auch entsprechend verhalten werden. Allerdings ist es a priori - also vor der eigentlichen Steuerung ihres Verhaltens - schwierig bzw. unmöglich, festzustellen, ob sich alle Mitarbeiter, für die diese Regelung künftig einmal gelten wird, opportunistisch verhalten werden oder nicht.

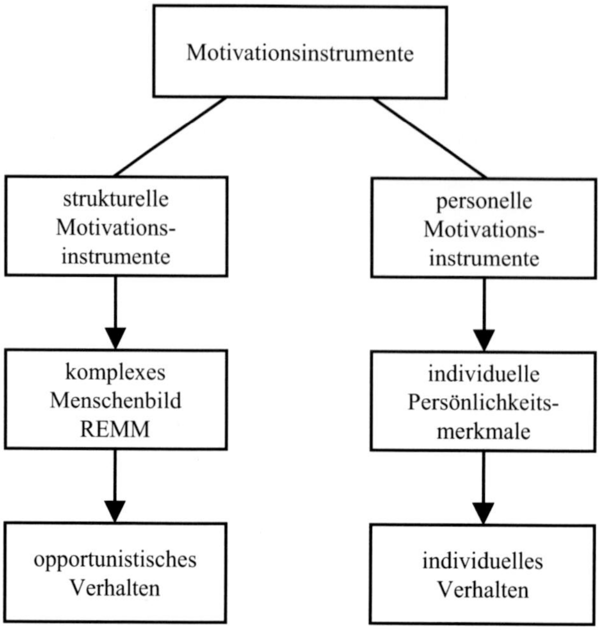

Abbildung 5.12: Die Verhaltensannahmen bei der Beurteilung von Motivationsinstrumenten

Welche Auswirkungen hat nun diese Annahme auf die Gestaltung struktureller Motivationsinstrumente? Um diese Frage zu diskutieren, betrachten wir die folgenden drei alternativen Verhaltensannahmen:

- Happy-is-Productive-Annahme: Ein Mitarbeiter wird dann eine ihm übertragene Aufgabe adäquat durchführen, wenn er zufrieden mit seiner Arbeit ist. Zufriedene Mitarbeiter sind also produktiver als unzufriedene Mitarbeiter. Dabei sind es vor allem Bedürfnisse wie die nach Selbstverwirklichung oder nach der Anerkennung durch andere Personen, die für die Arbeitszufriedenheit eines Mitarbeiters relevant sind.
- Good-Citizen-Annahme: Ein Mitarbeiter ist immer bestrebt, seine Aufgabe so gut wie möglich im Interesse der Unternehmung zu erledigen. Mitarbeiter wollen immer einen guten Job machen. Sie sind stolz auf ihre Arbeit und wollen immer

besser sein als andere.

- Product-of-the-Environment-Annahme: Das Verhalten eines Mitarbeiters ist vor allem durch seine Herkunft determiniert. Seine familiäre Umgebung, die Kultur, in der er aufgewachsen ist und seine (Lebens-)Erfahrungen mit Freunden und Gruppen bestimmen sein Verhalten in der Unternehmung.

Aus diesen Ansätzen ergeben sich unterschiedliche Konsequenzen für die Gestaltung struktureller Arbeitsanreize. Um dies zu illustrieren, betrachten wir das folgende Problem eines Versicherungsunternehmens: In den letzten Jahren sind eine Reihe von Versicherungskunden unzufrieden mit ihrer Betreuung gewesen. Manche haben sogar ihre Policen gekündigt und sich bei einem Konkurrenzunternehmen versichert. Eine von einer Unternehmensberatung durchgeführte Studie zur Kundenzufriedenheit hat offenbart, dass die Probleme auf die persönliche Betreuung durch den Außendienst zurückzuführen sind. Mangelnde Kundenloyalität, arrogantes und unbeherrschtes Auftreten sowie Unaufrichtigkeiten in der Beratung waren die Hauptursachen, die ermittelt wurden. Welche Lösungen bieten sich für das Versicherungsunternehmen nun aufgrund der obigen Verhaltensannahmen an?

Nach der Happy-Is-Productive-Annahme würde der Vorstand des Unternehmens davon ausgehen, dass die Außendienstmitarbeiter möglicherweise unzufrieden mit ihrer Arbeit sind und deshalb Probleme im Auftreten gegenüber den Kunden haben. Er würde also zur Lösung des Problems die Förderung der Arbeitszufriedenheit der Mitarbeiter vorschlagen und Maßnahmen zur Verbesserung der Arbeitsituation, der Attraktivität der Arbeit oder auch der Bezahlung vorschlagen. Eine solche Maßnahme wäre beispielsweise ein Lebensarbeitszeitvertrag mit einer garantierten guten Entlohnung. Diese würde voraussichtlich aufgrund der zusätzlichen Arbeitplatzgarantie und des höheren Einkommens die Arbeitszufriedenheit eines Außendienstmitarbeiters verbessern und somit zu einer Verbesserung der Kundenzufriedenheit führen.

Die Good-Citizen-Annahme würde implizieren, dass der Vorstand die Kundenprobleme auf Störungen in der Koordination zurückführt. Nach dieser Annahme kann nämlich gar kein Motivationsproblem bestehen, da sich jeder Außendienstmitarbeiter immer bereitwillig für das Unternehmen einsetzt. Folglich muss das Problem auf ein Koordinationsdefizit zurückzuführen sein. Im vorliegenden Fall haben die Außendienstler nicht verstanden, dass nicht der Abschluss von möglichst vielen Verträgen, sondern eine permanente Kundenbetreuung für das Unternehmen wichtig ist. Hier bieten sich also folgende Lösungen an: Erstens müssen die Ziele des Versicherungsunternehmens den Mitarbeitern gegenüber besser kommuniziert werden. Zweitens müssen die Außendienstmitarbeiter intensiv geschult werden, so dass sie überhaupt wissen, wie diese Ziele zu erreichen sind. Und drittens müsste ein regelmäßiges Feedback über die Verbesserung der Kundenbetreuung durchgeführt werden. Monetäre Maßnahmen würden nicht in Erwägung gezogen, da die Mitarbeiter ja selbst an einer guten Durchführung ihrer Aufgaben interessiert sind.

Bei der Product-of-the-Environment-Annahme schließlich würde der Vorstand der Versicherung alle Außendienstmitarbeiter entlassen und neue Mitarbeiter einstellen. Dies wäre die einzige Möglichkeit, da jede Motivationsmaßnahme aufgrund der Prägung der Mitarbeiter keine Erfolgsaussichten hätte. Die Persönlichkeit eines Außendienstmitarbeiters, der unaufrichtig gegenüber seinen Versicherungskunden ist, lässt sich, wenn überhaupt, nur sehr langfristig ändern.

Welche Lösung würde sich nun aufgrund der Annahme eines möglichen opportunistischen Verhaltens für das Versicherungsunternehmen ergeben? Im Unterschied zur Product-of-the-Environment- und Good-Citizen-Annahme hätte es der Vorstand zunächst einmal mit einem Motivationsproblem zu tun. Wie können die Außendienstmitarbeiter dazu bewegt werden, eine qualifizierte und gute Kundenbetreuung durchzuführen? Im Unterschied zur Happy-Is-Productive-Annahme geht dieser Ansatz nicht davon aus, dass ein Mitarbeiter ein adäquates Verhalten zeigt, weil er zufrieden mit seiner Arbeit ist. Vielmehr wäre aufgrund der Möglichkeit des Opportunismus davon auszugehen, dass die Kundenbetreuung durch den Außendienst noch schlechter wird, da als Folge einer solchen Maßnahme ein Mitarbeiter nun keinen Anreiz hat, sich in diesem Punkt zu verbessern. Er kann seine Stelle nicht verlieren und erhält ein garantiert hohes Einkommen, unabhängig davon, wie er sich gegenüber den Kunden verhält.

Happy-Is-Productive und die Hawthorne-Experimente

Insgesamt sieben Studien zur Arbeitsproduktivität wurden zwischen 1924 und 1932 bei den Western Electric Hawthorne Werken durchgeführt. Bei all diesen Studien wurden verschiedene Faktoren, wie zum Beispiel die Länge der Pausen oder die tägliche Arbeitszeit, variiert, um ihren Einfluss auf die Produktivität zu messen.

Bei all diesen Versuchen ergab sich eine Steigerung der Produktivität, unabhängig davon, wie die Faktoren variiert wurden. Das im vierten Kapitel vorgestellte Beleuchtungs-Experiment ist hierfür ein Beispiel.
In der organisationspsychologischen Literatur werden diese Ergebnisse der Hawthorne Experimente im Allgemeinen als Beleg für die Happy-is-Productive-Hypothese angesehen. Die gestiegene Produktivität wird dabei auf die besondere Aufmerksamkeit zurückgeführt, die den betroffenen Mitarbeitern zuteil wurde. Sie hätten das Gefühl, eine größere Verantwortung zu tragen, was ihre Zufriedenheit und letztlich ihre Arbeitsleistungen erhöhte.
Parsons (1974) kam in seiner Analyse der Daten zu einer anderen Erklärung für die Hawthorne Ergebnisse: Gleichzeitig mit den Experimenten änderte sich nämlich auch das Entlohnungssystem bei Hawthorne. Während die Entlohnung vor einem Experiment auf der Arbeitsleistung einer Gruppe von hundert Mitarbeitern beruhte, wurde das Gehalt zur Zeit der Experimente nur aus Gruppen von fünf Personen ermittelt. Damit hatte aber der Einzelne einen viel unmittelbareren Einfluss auf das Ergebnis und seinen Lohn, was im Sinne ökonomischer Theorie zu verstärkter Arbeitsanstrengung führen muss.

Quelle: Parsons (1974)

Unter der Annahme eines opportunistischen Verhaltens würde hingegen der Vorstand davon ausgehen, dass den Außendienstmitarbeitern bisher der Anreiz für eine verbesserte Kundenbetreuung fehlte. Ziel einer Motivationsmaßnahme muss es also sein, den Mitarbeitern geeignete Anreize zu setzen, so dass sie ihr Verhalten im Sinne einer Erhöhung der Kundenzufriedenheit ändern. Dies gelingt nur, indem der Vorstand Einfluss auf die Kosten und den Nutzen nimmt, die für einen Mitarbeiter mit der Betreuung der Kunden verbunden sind. Eine Prämie, die nicht für einen abgeschlossenen Versicherungsvertrag, sondern stufenweise nach der Dauer der Versicherungsbeziehung ausgezahlt würde, wäre z.B. eine solche Maßnahme.

5.4 Zwei Fallbeispiele

Im Folgenden wollen wir die Bedeutung der Motivation für die Effizienz einer Unternehmung anhand zweier Fallbeispiele illustrieren. Beide Beispiele kommen aus dem Bereich der Automobilindustrie, in beiden geht es um die Einführung eines ganzen Pakets personalpolitischer Maßnahmen: Bei dem Beispiel von Henry Ford steht dabei die Umgestaltung des Entlohnungssystems im Vordergrund. Es zeigt zudem, welche Rolle flankierende personalpolitische Instrumente für den Gesamterfolg dieser Veränderungen gespielt haben. Das Beispiel von NUMMI behandelt einen Fall, in dem schlagartig von heute auf morgen eine neue Anreizphilosophie in einem Unternehmen eingeführt wurde. Es zeigt insbesondere, welche Bedeutung hier die 'richtigen' Erwartungen für die Herausbildung von Vertrauensbeziehungen in einem Unternehmen haben können.

5.4.1 Henry Ford und das 5-Dollar-Programm

Bei der Darstellung und Diskussion dieses Fallbeispiels gehen wir wie folgt vor: Wir stellen zunächst die Probleme von Ford Motor Company dar, die das Unternehmen Anfang des zwanzigsten Jahrhunderts hatte. In einem zweiten Schritt gehen wir dann auf die personalpolitischen Maßnahmen ein, die Henry Ford zur Lösung dieser Probleme ergriff. Anschließend zeigen wir die Konsequenzen dieser Maßnahmen auf die Entwicklung des Unternehmens auf.

Ausgangssituation

Im Jahre 1903 wurde die Ford Motor Company von Henry Ford gegründet. Sie blieb in den folgenden 5 Jahren nach ihrer Gründung relativ unbedeutend. 1908 hatte sie immerhin 450 Mitarbeiter und produzierte ca. 10.000 Automobile im Jahr, was zu diesem Zeitpunkt einem Marktanteil von 9,8% auf dem amerikanischen Automobilmarkt entsprach.

Entgegen den Ratschlägen seiner Berater, die im Angebot von Fahrzeugen im gehobenen Preissegment die Zukunft des Unternehmens sahen, ließ sich Henry Ford von einer anderen Vision leiten: Er wollte Autos für die breite Bevölkerung bauen. Diese sollten zu einem Preis angeboten werden, der es all denjenigen, die bislang noch nicht motorisiert waren, ermöglichen sollte, sich nun auch ein Auto zu leisten. Im Zuge der Umsetzung dieser Vision brachte man im Jahre 1908 ein neues Fahrzeug auf den Markt, das Model T. Dieser Fahrzeugtyp sollte in sehr großer Stückzahl mit nur wenigen Ausstattungsvarianten gebaut und zu einem unschlagbar günstigen Preis angeboten werden.

Mit den bisherigen Prozessen konnte man dieser Aufgabe jedoch nicht gerecht werden. Ein großer Anteil der Mitarbeiter waren ausgebildete Metallarbeiter und Mechaniker, und die Ford Motor Company glich mehr einer Ansammlung von Werkstätten als einer Fabrik. In der Endmontage führten beispielsweise sich wechselseitig behindernde Montagegruppen zu Störungen im Produktionsablauf. Das ambitionierte Ziel der Massenfertigung war also nur durch eine grundlegende Neugestaltung des Produktionsprozesses zu realisieren. Unnötige Bewegungen der Teile und Arbeiter mussten minimiert und die Arbeitsteilung verstärkt werden.

Nach der Umstrukturierung der Arbeitsprozesse bestanden die meisten Tätigkeiten nur noch aus wenigen einfachen Arbeitsschritten. Als Folge sanken die Anforderungen an die Ausbildung der Arbeiter. Man benötigte nur noch wenige ausgebildete Fachkräfte, die meisten Tätigkeiten konnten nach einer kurzen Einweisung auch von ungelernten Arbeitern erledigt werden. Deren Anteil an der Belegschaft stieg stetig. Die Inbetriebnahme des weltweit ersten automatischen Fließbands im Jahre 1913 leitete eine Revolution in der industriellen Fertigung ein. Aufbauend auf bereits existierende Fördereinrichtungen und Rutschen wurde zunächst die Fertigung einzelner Komponenten, bald darauf die gesamte Produktion auf automatische Fließbandfertigung umgestellt.

Innerhalb eines Jahres nach der Einführung der Fließbandfertigung konnte die Fertigung des Model T um 152% auf 308.162 Wagen gesteigert werden. Die Dauer der Montage eines Fahrgestells reduzierte sich als Folge der Einführung der Fließbandfertigung von 12,5 Stunden auf 2,6 Stunden.

Die Erfolge, die man mit der Einführung dieser neuen Fertigungsmethoden verzeichnen konnte, gingen mit einer deutlichen Verschlechterung der Arbeitsbedingungen der Arbeiter einher. Aufgrund der enormen Spezialisierung wurde die Arbeit nicht nur monotoner, die Erhöhung des Arbeitstaktes führte auch dazu, dass die Arbeitsbelastung deutlich zunahm. Eine der Folgen war beispielsweise eine Fluktuationsrate, die mit 370% fast doppelt so hoch war wie im Branchendurchschnitt. Jährlich waren über 50.000 Einstellungen nötig, um eine durchschnittliche Belegschaftsstärke von ca. 14.000 Arbeitern zu halten. Darüber hinaus hatte Ford mit einem enorm hohen Absentismus zu kämpfen. Täglich blieben 10% der Belegschaft - also ca 1.300 Mitarbeiter - der Arbeit fern, was durch eine entsprechende Anzahl an 'Reservearbeitern' ausgeglichen werden mussten.

Personalpolitische Maßnahmen

Henry Ford reagierte auf diese unbefriedigende Entwicklung im Januar 1914 mit der Einführung des 5-Dollar-Programms:

> "The Ford Motor Company, the greatest and most successful in the world, will on January 12, inaugurate the greatest revolution in the matter of rewards for its workers ever known to the industrial world" (Ford Motor Co.)

Gegenstand des Programms war eine Verringerung der täglichen Arbeitszeit von 9 auf 8 Stunden sowie eine drastische Lohnerhöhung. Dabei wurde der tägliche Mindestlohn in einem Schritt von 2,34 auf 5 Dollar angehoben. 2,34 Dollar war dabei etwa der Lohn, der zur damaligen Zeit in jedem Unternehmen der Automobilindustrie gezahlt wurde. Bis dahin war es ganz und gar unvorstellbar, dass jemand 5 Dollar mit einer Arbeit verdienen konnte, die keine besonderen Kenntnisse oder Fähigkeiten verlangte. Das Wall Street Journal bezeichnete diese Maßnahme dementsprechend als ein ökonomisches Verbrechen.

Allerdings machte Henry Ford diese Vergünstigungen von einigen Bedingungen abhängig. So sollte das 5-Dollar-Programm nur sogenannten 'qualifizierten Mitarbeitern' zugute kommen. Um als 'qualifizierter Mitarbeiter' eingestuft zu werden, musste man männlich und mindestens 22 Jahre alt sein.[9] Außerdem musste man mindestens 6 Monate Betriebszugehörigkeit vorweisen können und eine gewisse 'persönliche Reife' mit sich bringen. Letzteres Kriterium wurde durch ein eigens für diesen Zweck eingerichtetes 'Sociological Department' überprüft, welches den Lebenswandel, die häuslichen Verhältnisse und die Moral des Mitarbeiters beurteilen sollte. 150 Inspektoren arbeiteten in dieser Abteilung. Mangelnde Körperpflege, ein vernachlässigter Haushalt, übermäßiger Alkoholkonsum oder ein Hang zum Glücksspiel konnten Gründe sein, um von dem 5-Dollar-Programm ausgeschlossen zu werden.

Begleitet wurde das 5-Dollar-Programm durch die Einstellung von zusätzlichem Aufsichtspersonal im Produktionsprozess, welches den Arbeitseinsatz der Mitarbeiter überwachen sollte.

Konsequenzen

Dem 5-Dollar-Programm war ein durchschlagender Erfolg beschienen. Es hatte zur Folge, dass die Fluktuationsrate innerhalb nur eines Jahres von 370% auf 54%

sank. Ein weiteres Jahr später ging sie sogar auf nur 16% zurück. Der höhere Lohn bewirkte bei den Arbeitern einen gesteigerten Arbeitseinsatz. Bei Ford konnte man für eine vergleichbare Leistung weit mehr verdienen, als in jedem anderen Unternehmen. Das Risiko, von einer Aufsicht beim Nichtstun erwischt zu werden und daraufhin entlassen zu werden, wollte deshalb niemand mehr eingehen. Gleiches galt für die Fehlzeiten. Niemand wollte mehr seinen Arbeitsplatz aufs Spiel setzen, indem er einfach der Arbeit fern blieb. Der Absentismus sank innerhalb kürzester Zeit auf 2,5%. Die folgenden Zahlen verdeutlichen diese drastischen Auswirkungen des 5-Dollar-Programms auf das Verhalten der Arbeiter:

	1913	1914	1913
Average force employed	13,623	12,115	18,028
Total leaving	50,448	6,508	2,931
Turnover rate (%)	370	54	16
Resignations	39,575	5,199	2,871
Layoffs	2,383	385	23
Discharges	8,490	926	27

Abbildung 5.13: Die Veränderungen im Personal 1913-1915 nach Raff und Summers (1987)

Diese Statistik sagt noch nichts darüber aus, ob das Programm für das Unternehmen überhaupt profitabel war. Folgende Zahlen können dies aber belegen: Der Ausstoß an Automobilen stieg 1914 im Vergleich zum Vorjahr um 15% und wurde mit 14% weniger Arbeitern und einer größeren Fertigungstiefe erwirtschaftet. Insgesamt wurde eine Produktivitätssteigerung von schätzungsweise 40-70% realisiert, die zu einem erheblichen Anteil dem 5-Dollar-Programm zugeschrieben wurde. Vergleicht man in der folgenden Abbildung die Entwicklung der Preise für das Model T mit den Gewinnen des Unternehmens im selben Zeitraum, dann wird deutlich, dass das Programm ein Erfolg war: Trotz sinkender Verkaufspreise konnte die Ford Motor Company ihre Gewinne deutlich steigern. Henry Ford (1922, S.147) selbst bezeichnete das 5-Dollar-Programm als "one of the finest cost cutting moves we ever made".

	Income ($)	Model T Prices ($)
1910	4,163,451	950.0
1911	7,413,464	787.9
1912	13,139,301	669.4
1913	26,452,347	585.9
1914	30,419,318	526.8
1915	36,901,187	448.6

Abbildung 5.14: Die Gewinn- und Preisentwicklung 1910-1915 nach Raff und Summers (1987)

5.4.2 NUMMI und das japanisch-amerikanische Joint Venture

Auch bei der Darstellung und Diskussion dieses Fallbeispiels stellen wir zunächst die Probleme vor, mit denen sich General Motors Anfang der 80er Jahre konfrontiert sah. Die personalpolitischen Maßnahmen, die das Unternehmen zur Lösung dieser Probleme ergriff, werden dann in einem zweiten Schritt dargestellt. In einem letzten Schritt zeigen wir die Entwicklung des Unternehmens in den nachfolgenden Jahren auf.

Ausgangssituation

Im Jahr 1962 errichtete General Motors (GM) ein Automobilwerk in Fremont im Bundesstaat Kalifornien. Die zwanzig Jahre seines Bestehens waren durch eine Vielzahl von Konflikten zwischen Belegschaft und Management geprägt. Die kämpferische Automobil-Gewerkschaft UAW rief zu Streiks und Arbeitsniederlegungen auf, und die Verhandlungen zwischen GM und der UAW waren von gegenseitigem Misstrauen begleitet. Zwischen 1962 und 1982 wurde das Werk aufgrund von Arbeitsniederlegungen viermal geschlossen.

Die Arbeitsqualität war miserabel und die Arbeitsmoral war auf einem ähnlich niedrigen Niveau. Die Absentismusrate belief sich auf über 20% im Jahr, und man hatte zudem mit einem starken Drogen- und Alkoholproblem zu kämpfen. Fremont hatte die mit Abstand geringste Produktivität aller Werke von General Motors. In

Managerkreisen war GM-Fremont als "the worst plant of the world" bekannt. Eine Besserung dieser katastrophalen Zustände war nicht in Sicht.

Mit den Erfolgen japanischer Automobilhersteller auf dem amerikanischen Markt sahen sich die heimischen Produzenten dazu gezwungen, Kapazitäten abzubauen und unprofitable Werke zu schließen. Als eines der ersten war das Werk in Fremont davon betroffen. Zunächst reduzierte man die Zahl der Beschäftigten zwischen 1978 und 1982 von 6.800 auf 3.000. Schließlich blieb General Motors nichts weiter übrig, als das Werk ganz zu schließen und die verbleibenden Beschäftigten zu entlassen. Zum Zeitpunkt der Schließung waren über 2.000 Beschwerden von Kunden in Bearbeitung.

Personalpolitische Maßnahmen

1984 wurde die 'New United Motor Manufacturing Inc.' (NUMMI) als ein Joint Venture zwischen General Motors und dem japanischen Automobilkonzern Toyota gegründet. NUMMI wurde auf dem Gelände von GM-Fremont errichtet. Die neu eingestellten 2200 Arbeiter waren zu 85% ehemalige GM-Beschäftigte.

Die Produktion bei NUMMI beruhte auf den in Japan erfolgreich praktizierten Fertigungsgrundsätzen. Ein wesentliches Interesse Toyotas an diesem Joint Venture betraf deshalb auch die Klärung der Frage, inwieweit sich Vorteile dieser Prinzipien in einem anderen kulturellen Umfeld realisieren ließen.

Die Beschäftigten der Produktion wurden zu Teams von 6-8 Arbeitern zusammengefasst. Vier Teams bildeten eine Gruppe, der jeweils ein Gruppenleiter vorstand. Die Teams waren neben ihren eigentlichen Aufgaben in der Produktion auch für die Qualitätskontrolle, die Wartung ihrer Arbeitsausrüstung sowie für die Bestellung von Material zuständig. Die Arbeiter wurden so ausgebildet, dass sie alle in einem Team auszuführenden Tätigkeiten gleichermaßen beherrschten. Dementsprechend wechselten die Teammitglieder nach spätestens 2 Stunden ihren Einsatzbereich. Neben der Forcierung des betrieblichen Vorschlagswesens, an dem sich alle Arbeiter aktiv beteiligten, waren sogenannte Kaizen-Teams dafür zuständig, durch geeignete Maßnahmen den Produktionsprozess stetig zu verbessern. Die Arbeiter wurden dazu aufgefordert, das Fließband anzuhalten, wenn sie einen Qualitätsmangel feststellten.

Die Arbeitsabläufe selbst wurden durch Ausschüsse, denen Produktionsarbeiter angehörten, neu definiert und optimiert. Die Anforderungsbewertung wurde stark vereinfacht. Statt 18 Anforderungsklassen bei GM-Fremont gab es bei NUMMI nur noch zwei. Dementsprechend wurde auch das Lohnschema vereinfacht: Anstelle von 80 unterschiedlichen Stundenlohnsätzen gab es fortan für alle Beschäftigten der Produktion einen einheitlichen Stundenlohn.

Hervorzuheben ist auch die Zusage des Managements, Entlassungen nur als ultima ratio in Betracht zu ziehen. Daran hielt man sich auch 1988, als trotz einer Kapazitätsauslastung von nur 60% über einen längeren Zeitraum keine Entlassungen vorgenommen wurden.

Das Management von NUMMI verstand sich als Trainer und Berater, die den Teams in schwierigen Situationen zur Seite standen. Diese neue Rolle wurde unterstützt durch den Abbau von Privilegien, wie zum Beispiel die Einführung einer gemeinsame Kantine, gemeinsamer Parkplätze für alle Mitarbeiter sowie einheitlicher Arbeitskleidung. Die Organisationskultur basierte auf Werten wie offener Kommunikation und gegenseitigem Vertrauen.

Konsequenzen

Bevor wir die Auswirkungen dieser Maßnahmen auf die Entwicklung von NUMMI anhand von einigen Zahlen vorstellen, zeigen die folgenden beiden Stimmen zweier Manager am eindrucksvollsten, wie sich die Erwartungen der Mitarbeiter an ihre Arbeitsbeziehungen veränderten und dies zur Vertrauensbildung innerhalb des Unternehmens beitrug - zitiert nach Adler (1993, S.100):

> "I'll never forget when I was first hired by GM many years ago. The personnel manager who hired us got the ... workers who were starting that day into a room and explained: 'You new employees have been hired in the same way we requisition sandpaper. We'll put you back on the street whenever you aren't needed any more'. How in the hell can you expect to forster a loyal and productive work force when you start out hearing stuff like that? At NUMMI, the message when we came aboard was 'Welcome to the family'."
> "Once you start working as a real team, you're not just work acquaintances anymore. When you really have confidence in your co-workers, you trust them, you're proud of what you can do together, then you become loyal to them. That's what keeps the absenteeism rate so low here. When I wake up in the morning, I know there's no one out there to replace me if I'm feeling

sick or hung over or whatever ... At NUMMI, I know my team needs me."

Die geschilderten Maßnahmen hatten zur Folge, dass sich die Produktivität gegenüber der bei GM-Fremont verdoppelte. Waren dort noch 43,1 Arbeitsstunden nötig, um ein Fahrzeug zu produzieren, benötigt man bei NUMMI nur noch 20,8 Arbeitsstunden. Die Absentismusrate konnte auf ca. 3% gesenkt werden, und auch das Drogen- und Alkoholproblem verschwand. Dafür stieg das Interesse der Mitarbeiter an der Verbesserung der Arbeitsabläufe sowie der Realisierung von Produktivitätssteigerungen. Im Jahre 1991 beteiligten sich 92% der Belegschaft mit durchschnittlich 5 Vorschlägen am betrieblichen Vorschlagswesen, von denen 80% auch tatsächlich umgesetzt werden konnten.

Die Produktionssteigerung ging einher mit einer erhöhten Arbeitszufriedenheit der Mitarbeiter. 1991 bezeichneten sich 90% der Beschäftigten als 'zufrieden' oder "sehr zufrieden'. 93% gaben an, stolz auf ihre Arbeit und ihr Unternehmen zu sein. Die jährliche Zahl an Beschwerdeverfahren sank beträchtlich.

Auch die Qualität der Produkte stieg deutlich. Eine Untersuchung bescheinigte den bei NUMMI hergestellten Fahrzeugen eine stark überdurchschnittliche Qualität. 1992 fielen auf 100 Fahrzeuge nur 83 Beanstandungen innerhalb der ersten 3 Monate nach Auslieferung, während der branchendurchschnittliche Wert bei 125 Beanstandungen lag.

Das Wall Street Journal kommentierte, dass NUMMI "has managed to convert a crew of middle-aged, rabble-rousing former GM workers into a crack force that is beating the bumpers of Big Three plants in efficiency and product quality" (27.03.1986).

5.5 Zusammenfassung

Als Träger einer bestimmten Arbeitsaufgabe ist der Mitarbeiter eingebunden in ein arbeitsteiliges, organisatorisches Entscheidungsverhalten. Aufbauend auf den bisherigen Erkenntnissen über das individuelle Entscheidungsverhalten eines Mitarbeiters haben wir in diesem Kapitel seine Rolle als Organisationsteilnehmer näher untersucht. Im Mittelpunkt stand dabei die Frage, ob und wie das Arbeitsverhalten eines Mitarbeiter beeinflusst werden muss, damit die mit Arbeitsteilung und Tausch verbundenen Vorteile möglichst umfassend realisiert werden können.

Maßstab für die geeignete Anwendung und Umsetzung der beiden ökonomischen Prinzipien ist die realisierte Wertschöpfung der Unternehmung als Differenz zwischen dem Konsumentennutzen und den Gesamtkosten der Unternehmung für die Bereitstellung ihrer Güter: Je größer ihre realisierte Wertschöpfung ist, desto mehr kann die Unternehmung an ihre Organisationsteilnehmer verteilen. Eine Unternehmung, deren Wertschöpfung maximal ist, haben wir als effizient bezeichnet.

Die organisatorischen Anforderungen, die sich an eine effiziente Unternehmung stellen, bestimmen ihr Organisationsproblem. Dies setzt neben einer geeigneten Koordination der einzelnen Teilaktivitäten auch voraus, dass jeder Mitarbeiter die ihm übertragenen Aufgaben bereitwillig und bestmöglich erledigt. Dieses Problem haben wir als Motivationsproblem der Unternehmung bezeichnet.

Bezogen auf die einzelne Arbeitsbeziehung ergeben sich aus diesem Motivationsproblem eine Reihe von Anforderungen an die geeignete Steuerung eines Mitarbeiters. Um diese sukzessive herauszuarbeiten, sind wir in drei Schritten vorgegangen: Zunächst haben wir die Charakteristika einer Arbeitsbeziehung untersucht. Fünf Merkmale sind hier von Bedeutung: Die zur Durchführung der Arbeitsaufgabe notwendigen beziehungs-, humankapital- und standortspezifischen Investitionen; die Unsicherheit, die mit der Durchführung der Arbeitsaufgabe verbunden ist; die Häufigkeit der Aufgabendurchführung; die Messbarkeit der durch die Arbeitsaufgabe geschaffenen Werte; die Interdependenzen mit anderen Arbeitsbeziehungen.

Wir haben dann argumentiert, dass die Anforderungen, die sich aufgrund dieser Merkmale an die vertragliche Gestaltung einer Arbeitsbeziehung ergeben, im Allgemeinen den Abschluss eines unvollständigen Arbeitsvertrags bedingen. Dieser ist dadurch gekennzeichnet, dass die Vertragsparteien nicht für alle möglichen Situationen, die im Laufe der Arbeitsbeziehung eintreten können, im Vorhinein Leistungen und Gegenleistungen im Detail präzisieren können. Dem stehen die eingeschränkte Rationalität der Parteien ebenso wie Informationsasymmetrien entgegen.

Diese Unvollständigkeit des Arbeitsvertrages impliziert nun, dass der Mitarbeiter bei der Durchführung einer Arbeitsaufgabe einen diskretionären Handlungsspielraum besitzt. Dadurch kann sein Streben nach Befriedigung seiner persönlichen Bedürfnisse zu einem opportunistisches Verhalten führen: Er nutzt seinen diskretionären Handlungspielraum zum Nachteil der Unternehmung und zur eigenen Zielerreichung aus. Vier spezifische Motivationsprobleme haben wir in diesem Zusammenhang diskutiert: die Probleme der adversen Selektion, des moralischen Risikos, des Holdup sowie des Wortbruchs. Darüber hinaus können zusätzlich das Trittbrettfahrerproblem sowie der Ratchet-Effekt als Gruppenmotivationsprobleme auftreten.

Zur Lösung dieser Probleme müssen dem Mitarbeiter geeignete Anreize für ein zielkonformes Handeln gesetzt werden. Dabei müssen bei der Gestaltung eines adäquaten Anreizsystems verschiedene Anforderungen berücksichtigt werden: Zum einen müssen je nach den Arbeitswerten des Mitarbeiters sowohl intrinsische als auch extrinsische Arbeitsanreize gesetzt werden. Zum anderen müssen die einzelnen Elemente der Anreizstruktur konsistent sein. Dadurch können Synergien ausgenutzt und Vertrauen gebildet werden sowie eine verbesserte Auswahl neuer Mitarbeiter und eine Verteilungsgerechtigkeit erzielt werden.

Diese Anforderung begründeten unsere Vorgehensweise bei der Gestaltung von Anreizstrukturen: Bei personellen Motivationsinstrumenten, die auf den einzelnen Mitarbeiter und seine spezifische Arbeitssituation abstellen, müssen wir seine individuellen Ziele, Fähigkeiten und Werte berücksichtigen. Bei strukturellen Motivationsinstrumenten, die losgelöst vom einzelnen Mitarbeitern als grundsätzliche institutionelle Regelungen wirken, müssen wir hingegen der Anreizgestaltung ein Menschenbild zugrunde legen, das auf bestimmten allgemeinen Annahmen über sein Verhalten aufbaut.

5.6 Literaturhinweise

Die Differenzierung des Organisationsproblems in ein Koordinations- und Motivationsproblem findet sich bereits bei Barnard (1938). Den gleichen Ansatz verfolgen Milgrom und Roberts (1992), Frese (1995) oder Jost (2000a; 2000b). In Jost (2000a) findet sich auch eine umfassende Diskussion der Effizienz von Organisationen und der damit verbundenen Maximierung der organisatorischen Wertschöpfung.

Grundlegend für unsere vertragstheoretische Diskussion der Arbeitsbeziehung sind die Arbeiten von Simon (1951) zur Unvollständigkeit von Arbeitsbeziehungen sowie Williamson (1975; 1985) zum Transaktionskostenansatz. Die verschiedenen

Merkmale von Transaktionen gehen auf ihn und Milgrom und Roberts (1992) zurück. Die Bedeutung transaktionsspezifischer Investitionen innerhalb der Arbeitsbeziehung werden von Williamson, Wacher und Harris (1975) diskutiert. Sie untersuchen anhand einzelner Mermale der Arbeitsbeziehung verschiedene Vertragsformen auf ihre Vorteilhaftigkeit. Dabei betonen sie insbesondere die Bedeutung transaktionsspezifischen Wissens für die Arbeitsbeziehung. Siehe auch Eigler (1996), der den Transaktionskostenansatz im Rahmen der Personalwirtschaft diskutiert.

Das Problem des diskretionären Handlungsspielraums wurde zuerst von Berle und Means (1932) im Zusammenhang mit der Trennung von Eigentum und Verfügungsmacht in Aktiengesellschaften thematisiert. Die für den ökonomischen Ansatz zentrale Annahme des Opportunismus und seine Kritik wird eingehend in Williamson (1993a) diskutiert. Alewell (1994) zeigt verschiedene Informationsasymmetrien in Arbeitsverhältnissen auf. Einen Vergleich des ökonomischen Verhaltensmodells mit alternativen Verhaltensannahmen findet sich bei Meckling (1976) oder Jensen und Meckling (1994). Eine Diskussion der einzelnen Motivationsprobleme sowie weiterführende Literatur findet sich bei Jost (2000a).

Zu den verschiedenen Wechselwirkungen zwischen intrinsischer und extrinsischer Motivation gibt es eine Vielzahl von theoretischen und empirischen Arbeiten. Neben den im Text erwähnten Quellen sind aus psychologischer Perspektive insbesondere die Beiträge von Bedeutung, die im Sammelband von Lepper und Greene (1978) erschienen sind. Aus ökonomischer Perspektive diskutiert Frey (1997b) das Problem, eine theoretische Modellierung des Phänomens zeigen Bénabou und Tirole (2003) auf. Eine Übersicht über empirische Arbeiten zu diesem Thema geben Wiersma (1992), Cameron und Pierce (1994) und Eisenberger und Cameron (1996). Siehe auch Falk und Kosfeld (2006), die speziell die 'hidden cost of control' experimentell untersuchen. Die Konsistenz der Anreizstruktur wird ausführlich in Baron und Kreps (1999) diskutiert.

Literatur zu dem Fallbeispiel von Henry Ford findet sich bei Ford (1922) und Raff und Summers (1987), die Fallstudie von NUMMI wird in Adler und Cole (1993), Adler (1993) und Wilms, Hardcastle und Zell (1994) dargestellt.

6
Die Steuerung des Arbeitsverhaltens

The artificial quality of organizations, their high concern with performance, their tendency to be far more complex than natural units, all make informal control inadequate und reliance on identification with the job impossible. Most organizations most of the time cannot rely on most of their participants to internalize their obligations, to carry out their assignments voluntarily, without additional incentives. (Etzioni, 1963)

Herb Kelleher gründete 1975 die Fluggesellschaft Southwest Airlines in Dallas, Texas.[1] Die Anfangsjahre waren alles andere als rosig. Andere Luftfahrtgesellschaften sahen in der neuen Firmengründung einen unerwünschten Konkurrenten und wendeten alle Mittel an, um die Southwest Airlines wieder aus dem Markt zu drängen. Tatsächlich flog in den ersten drei Jahren der Firmengeschichte keine einzige Maschine. Als dann im vierten Jahr die ersten Maschinen fliegen konnten, durfte Southwest Airlines lediglich auf dem abgelegenen Flughafen Love Field operieren. Der neue, internationale Dallas-Fort Worth Airport wurde der Gesellschaft verwehrt. Von Love Field aus konnte Southwest Airlines lediglich vier Städte im Südwesten der USA anfliegen.

1992 wurde Southwest Airlines zum erfolgreichsten Unternehmen der letzten zwanzig Jahre in den USA mit einer durchschnittlichen Rendite von 21,75% gekürt. Das Unternehmen hatte im Vergleich zu anderen amerikanischen Fluggesellschaften weniger Personal pro Maschine (79 Mitarbeiter gegenüber 131) und flog mehr Passagiere pro Mitarbeiter (2.319 Fluggäste gegenüber 848). 80% der Southwest Maschinen waren in weniger als 15 Minuten nach der Landung wieder startbereit, während im Durchschnitt die Wettbewerber 45 Minuten brauchten. Der Service von Southwest Airlines war so hervorragend, dass das Unternehmen die sogenannte Triple-Krone neunmal gewann. Hierzu muss eine Gesellschaft im gleichen Monat die pünktlichsten Maschinen, die wenigsten Gepäckverluste und die wenigsten Passagierbeschwerden aufweisen – eine Hürde, die keine andere Gesellschaft auch nur einmal schaffte.

Wie kam es zu diesem überragenden Unternehmenserfolg, obwohl die Voraussetzungen aufgrund des massiven Wettbewerbs denkbar schlecht waren? Da das Unternehmen weder bessere Maschinen als die Konkurrenz hatte, noch über eine besonders hohe Kapitalausstattung verfügte, musste Herb Kelleher auf eine Strategie niedriger Preise setzen. Um aus einer solchen Strategie langfristig einen Wettbewerbsvorteil gegenüber seinen Konkurrenten zu erzielen, setzte er auf einen einzigartigen Führungsstil im Unternehmen: "The outgoing Kelleher views employees as his organization's most important resource", so George und Jones (1996, S.3) in ihrer Analyse.

Das Ziel von Herb Kelleher war es, eine besonders gute Beziehung zu seinen Mitarbeiter zu entwickeln und eine einzigartige Unternehmenskultur aufzubauen. Beispielsweise sollten alle Manager im Unternehmen ein aktives Interesse an ihren Mitarbeitern haben. Hierzu wurden in einer Vielzahl verschiedener Programme die innerbetrieblichen Beziehungen gefördert. Um die Unternehmenserfolge zu feiern, wurde z.B. wöchentlich ein gemeinsames Picknick mit Mitarbeitern veranstaltet oder es gab große Feste, bei denen die Beförderung von Mitarbeitern gefeiert wurden. Gleichzeitig kontrollierte Kelleher streng die Kosten und die Produktivität im Unternehmen. Alle Ausgaben über $ 1.000 erforderten z.B. sein direktes Einverständnis.

Die von Kelleher initiierten personalwirtschaftlichen Maßnahmen umfassen das, was wir im letzten Kapitel als konsistente Anreizstruktur eines Unternehmens beschrieben haben. Aufgrund der Ausgangsbedingungen des Unternehmens ist dies ein schönes Beispiel für die Bedeutung, die eine geeignete Steuerung der Mitarbeiter für den Unternehmenserfolg haben kann. So kommt Pfeffer (1994, S.14ff) in seiner Analyse von Southwest Airlines zu dem Ergebnis:

> "Achieving competitive success through people involves fundamental altering how we think about the work force and the employment relationship. It means achieving success by working *with* people, not by replacing them or limiting the scope of their activities. It entails seeing the work force as a source of strategic advantage, not just as a cost to be minimized or avoided. Firms that take this different perspective are often able to successfully outmaneuver and outperform their rivals."

Im sechsten Kapitel wollen wir aufzeigen, welche Anforderungen sich aus dieser Perspektive an die Gestaltung einer geeigneten Anreizsstruktur ergeben. Dabei greifen wir die im vorigen Kapitel entwickelte Idee der hierarchischen Systematisierung der Motivationsinstrumente auf und gehen in zwei Schritten vor: Zunächst spezifizieren wir in Abschnitt 6.2, welche grundsätzlichen Rahmenbedingungen zur Lösung des Motivationsproblems erfüllt sein müssen - damit charakterisieren wir die übergeordneten, strukturellen Motivationsinstrumente innerhalb der Anreizstruktur. In einem zweiten Schritt betrachten wir dann in Abschnitt 6.3 die nachgeordneten, personellen Motivationsinstrumente innerhalb der Anreizstruktur und charakterisieren die Rolle des Vorgesetzten bei der Steuerung des Mitarbeiterverhaltens. Zuvor stellen wir in Abschnitt 6.1 die Arbeitsbeziehung als Geflecht von Verträgen vor.

6.1 Die Arbeitsbeziehung als Nexus von Verträgen

Ausgangspunkt unserer Überlegungen zur geeigneten Steuerung des Arbeitsverhaltens eines Mitarbeiters muss die Beobachtung aus dem letzten Kapitel sein, dass seine Beziehung zum Arbeitgeber nur durch einen unvollständigen Arbeitsvertrag geregelt werden kann. Wäre ein vollständiger Arbeitsvertrag zwischen den beiden Parteien möglich, könnte der Entscheidungsspielraum des Mitarbeiters vertraglich ex ante so geregelt werden, dass seine Rechte und Pflichten in der Arbeitsbeziehung vollständig determiniert und durchsetzbar wären. Damit wäre aber die Motivierung des Mitarbeiters relativ einfach und viele der im vorigen Kapitel angesprochenen Motivationsprobleme könnten im Vorhinein gelöst werden.

Bevor wir in diesem Kapitel die Anforderungen an eine geeignete Motivierung eines Mitarbeiters eingehender diskutieren, wollen wir zunächst aufzeigen, wie die Arbeitsbeziehung zwischen einem Arbeitgeber und einem Mitarbeiter trotz der eingeschränkten Rationalität der Parteien und bestehender Informationsasymmetrien vertraglich geregelt werden kann. Drei verschiedene Vertragsformen stellen wir vor:

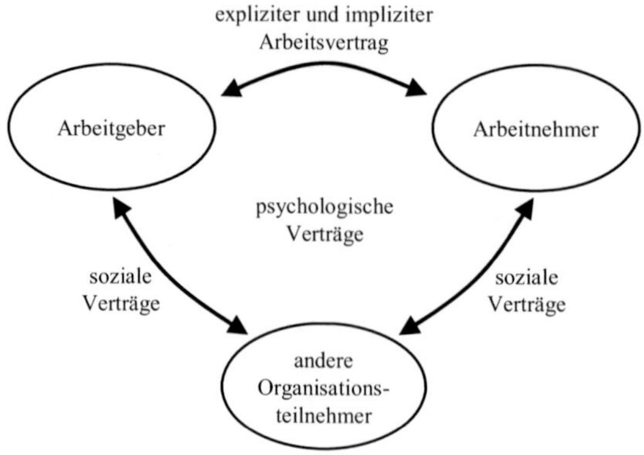

Abbildung 6.1: Die Arbeitsbeziehung als Nexus von Verträgen

Auf bilateraler Ebene wird die Arbeitsbeziehung zwischen der Unternehmung und einem Mitarbeiter durch einen expliziten juristischen Arbeitsvertrag sowie durch implizite Vereinbarungen geregelt. Da die Beziehungen der beiden Parteien in ein Netzwerk anderer Interaktionen eingebunden sind, haben auf kollektiver Ebene soziale Vereinbarungen mit anderen Organisationsteilnehmern einen Einfluss auf das Verhalten der Parteien.

Alle drei Vertragsformen zusammen bilden einen Nexus von Verträgen, der die Arbeitsbeziehung zwischen einem bestimmten Mitarbeiter und seinem Arbeitgeber regelt und damit das Verhalten der beiden Parteien steuert. Die Ausgestaltung dieser Verträge bestimmt dann, inwieweit die mit einer Arbeitsbeziehung verbundenen Motivationsprobleme gelöst werden.

6.1.1 Der juristische Arbeitsvertrag als relationaler Vertrag

Die Unvollständigkeit des Arbeitsvertrages bedingt, dass die Vertragsparteien aufgrund der sich ändernden Rahmenbedingungen während des Arbeitsverhältnisses einen Arbeitsvertrag nicht an alle möglichen künftigen Ereignisse perfekt anpassen können. Es gibt zwei grundsätzlich verschiedene Alternativen zur Lösung dieses Problems:

- Zum einen können die Parteien einen relativ inflexiblen Arbeitsvertrag vereinbaren, der unabhängig von den möglichen Veränderungen im Laufe der Arbeitsbeziehung Leistungen und Gegenleistungen unveränderlich fixiert. Die Vertragsinhalte greifen also unabhängig von der tatsächlichen Entwicklung und sind allgemein anwendbar.

- Zum anderen können Arbeitgeber und Arbeitnehmer aber auch lediglich die vertraglichen Rahmenbedingungen festlegen, unter denen die Arbeitsbeziehung durchgeführt wird. Sie legen darüber hinaus fest, dass der Arbeitgeber das Recht hat, die tatsächlich zu erbringenden Arbeitsleistungen des Arbeitnehmers im Laufe der Arbeitsbeziehung zu konkretisieren.

Betrachten wir zunächst den inflexiblen Arbeitsvertrag: Der Vorteil eines solchen Vertrages sind die minimalen Vertragskosten, die für die Berücksichtigung von Eventualitäten und die Spezifikation der jeweiligen Leistungen anfallen. Allerdings hat ein solcher Vertrag gravierende Nachteile. Da er sich auf eine längere Zeitspanne erstreckt, kann der Arbeitgeber aufgrund der inflexiblen Vereinbarungen die Arbeitsaufgabe des Mitarbeiters nicht den sich ändernden Rahmenbedingungen der Arbeitssituation anpassen. Die Flexibilität des Arbeitgebers, die bereits aufgrund der Langfristigkeit des Arbeitsverhältnisses reduziert ist, wird damit zusätzlich eingeschränkt. Darüber hinaus können auch die Gegenleistungen der Unternehmung nicht flexibel auf Veränderungen in den Werten, Einstellungen und Bedürfnissen des Mitarbeiters abgestimmt werden. Insgesamt besteht daher die Gefahr, dass die Vertragsinhalte, wie sie ex ante festgelegt wurden, ex post unangemessen und damit ineffizient für die Wertschöpfung in der Arbeitsbeziehung sind.

Da ein inflexibler Vertrag die Handlungsfreiheit des Arbeitgebers unnötig einschränken würde, stellen Arbeitsverträge typischerweise relationale Verträge dar. Hier wird weder von den Parteien der Versuch unternommen, alle Eventualitäten möglichst vollständig zu erfassen, noch möchten die Parteien im Vorhinein alle Eventualitäten durch eine inflexible Vereinbarung ignorieren. Vielmehr wollen die Parteien flexible, aber dennoch begrenzte Reaktionen auf zukünftige Veränderungen zulassen. Sie legen in diesem Fall also lediglich die Ziele der Zusammenarbeit und die grundsätzlichen Vertragsbestimmungen fest. In der Literatur werden solche Verträge als **relationale Verträge** bezeichnet.

Wesentlicher Bestandteil dieses relationalen Arbeitsvertrages ist das Recht des Arbeitgebers, einseitig die Leistungen des Mitarbeiters zu spezifizieren. In der Literatur wird diese Regelung als **Direktionsrecht** bezeichnet. Es gibt beispielsweise dem direkten Vorgesetzten des Mitarbeiters das Recht, durch persönliche Weisungen die Arbeitsaufgabe des Mitarbeiters zu konkretisieren und damit auf eine sich ändernde Arbeitssituation zu reagieren.

Betrachten wir als Beispiel den Arbeitsvertrag, so wie er im deutschen Recht geregelt ist. Grundlage des individuellen Arbeitsvertragsrechts sind die allgemeinen Regelungen des Bürgerliches Gesetzbuchs (BGB) sowie die Bestimmungen über den Dienstvertrag nach §§611-630 BGB:[2]

§611 Abs. 1 BGB regelt die gegenseitigen Rechte und Pflichten, insbesondere die zu erbringende Arbeitsleistung des Arbeitnehmers sowie die Entlohnung durch den Arbeitgeber: "Durch den Arbeitsvertrag wird derjenige, welcher Dienste zusagt, zur Leistung der versprochenen Dienste, der andere Teil zur Gewährung der vereinbarten Vergütung verpflichtet." Damit sind die Hauptpflichten des Arbeitnehmers und Arbeitgebers spezifiziert: Der Arbeitnehmer verpflichtet sich durch den Arbeitsvertrag, gegen Entgelt für den Arbeitgeber Arbeit zu leisten. Der Arbeitgeber verpflichtet sich zur Zahlung des vereinbarten Arbeitsentgelts.

Für die inhaltliche Präzisierung der Pflichten der beiden Parteien gilt der Grundsatz der Vertrages- und insbesondere der Inhaltsfreiheit nach §§305 BGB bzw. §105 der Gewerbeordnung (GewO). Danach ist die Ausgestaltung des Arbeitsvertrages grundsätzlich 'Gegenstand freier Übereinkunft' und lediglich durch höherrangiges Recht, wie etwa Tarifverträge oder Betriebsvereinbarungen, eingeschränkt. Daher werden an die Mindestinhalte eines Arbeitsvertrages nur sehr geringe Anforderungen gestellt. Grundsätzlich genügt es sogar, wenn sich die beiden Parteien stillschweigend darüber einigen, welche Arbeitsleistung zu erbringen ist. Im Allgemeinen wird zumindest die Arbeitspflicht des Arbeitnehmers durch Angabe seines Berufs oder durch eine Umschreibung seiner Beschäftigung bestimmt. Auch die Höhe des Arbeitsentgelts muss nicht ausdrücklich im Arbeitsvertrag festgelegt sein, sie kann z.B. auch durch Angabe der Lohngruppe des Arbeitnehmers geregelt sein.

Der Arbeitsvertrag als Rahmenvertrag

Üblicherweise beginnen Arbeitsverträge etwa wie folgt:

Zwischen
der Firma ....
und
Frau/Herrn ....
wird folgender Arbeitsvertrag geschlossen:

I. Das Arbeitsverhältnis beginnt am ....
Für die Dauer von sechs Monaten wird das Arbeitsverhältnis zur Probe abgeschlossen und endet mit Ablauf der Probezeit, sofern es nicht zuvor verlängert wird. Innerhalb der Probezeit kann das Arbeitsverhältnis mit einer Frist von zwei Wochen unbeschadet des Rechtes zur fristlosen Kündigung gekündigt werden.

II. Frau/Herr .... wird als .... eingestellt.
Frau/Herr .... verpflichtet sich, alle ihr/ihm übertragenen Aufgaben sorgfältig auszuführen und auch andere als die vorgesehenen Aufgaben zu übernehmen; dies gegebenenfalls in anderen Abteilungen oder in einem zugehörigen Betrieb am gleichen Ort.

III. Die regelmäßige Arbeitszeit beträgt ..... Stunden wöchentlich.
Beginn und Ende der täglichen Arbeitszeit und der Pausen richten sich nach der Betriebsüblichkeit.

Das Beispiel verdeutlicht, dass die Pflichten sowohl des Arbeitgebers als auch des Arbeitnehmers im Arbeitsvertrag im Allgemeinen nur grob und vage formuliert sind. Besonders wichtige Klauseln werden unter Umständen explizit in den Vertrag aufgenommen, wie beispielsweise Probezeitregelungen oder Verschwiegenheitspflichten. Häufig wird in Arbeitsverträgen auch auf verschiedene andere organisatorische Regelungen verwiesen, wie z.B. 'Allgemeine Arbeitsbedingungen' oder 'Betriebsordnungen'. Zur Konkretisierung der Arbeitsaufgabe wird typischerweise die Stellenbeschreibung herangezogen. Diese Regelungen prägen dann in gleicher Weise wie der Arbeitsvertrag das Arbeitsverhältnis.

Darüber hinausgehende Unbestimmtheiten des Arbeitsvertrages bezüglich der Art und des Umfangs der Arbeitspflicht des Arbeitnehmers werden durch das Direktionsrecht des Arbeitgebers bestimmt. Dieses ist Bestandteil der arbeitsvertraglichen Vereinbarungen und gesetzlich in §121 GewO festgelegt. Danach hat der Arbeitgeber das Recht, dem Arbeitnehmer durch Anordnungen im Laufe der Arbeitsbeziehung spezifische Aufgaben zuzuweisen. Die arbeitsvertraglichen Pflichten des Arbeitnehmers werden somit in der jeweiligen Situation konkretisiert. Der Arbeitgeber darf sein Direktionsrecht nach §315 BGB allerdings nicht missbräuchlich, sondern nur nach billigem Ermessen ausüben. Bei nicht zumutbaren oder übertriebenen Forderungen des Arbeitgebers kann der Arbeitnehmer den Arbeitsvertrag kündigen. Der Arbeitgeber kann seinerseits unter Beachtung der gesetzlichen Bestimmungen des Kündigungsschutzgesetzes dem Arbeitnehmer kündigen, wenn dieser es ablehnt, die ihm übertragenen Aufgaben durchzuführen.

Aus der Vertragsfreiheit des Arbeitsvertrages leitet sich nach den Regelungen des Bürgerlichen Gesetzbuchs die Abschlussfreiheit, die Auswahlfreiheit und die Partnerfreiheit ab. Die Vereinbarung setzt darüber hinaus nach §145ff BGB eine übereinstimmende Willenserklärung der beiden Parteien voraus. Der Abschluss eines Arbeitsvertrages bringt somit zweierlei zum Ausdruck: Erstens, der Mitarbeiter ist der Unternehmung freiwillig beigetreten, er hat die Organisation ausgewählt. Zweitens, die Unternehmung hat den Mitarbeiter freiwillig aufgenommen, auch sie hat den Mitarbeiter ausgewählt. Die Teilnahme des Mitarbeiters an der Unternehmung ist demnach durch eine gegenseitige Anerkennung der Vertragsbedingungen zustande gekommen.

6.1.2 Das Direktionsrecht und die Standardisierung von Verträgen

In welchem Umfang soll der Vorgesetzte von seinem Direktionsrecht Gebrauch machen? Inwieweit soll er selbst die Arbeitsaufgabe des Mitarbeiters entsprechend den Anforderungen der jeweiligen Arbeitssituation durch Weisungen festlegen? Unter welchen Bedingungen ist es sinnvoll, die Arbeitsaufgabe des Mitarbeiters im Vorhinein durch feste Verhaltensanweisungen zu regeln?

Zur Beantwortung dieser Fragen ist es sinnvoll, drei verschiedene Instrumente zur Konkretisierung der Arbeitsaufgabe eines Mitarbeiters zu unterscheiden:

- Bei einer persönlichen Weisung legt der Vorgesetzte die Arbeitsaufgabe eines Mitarbeiters fallweise nach den jeweiligen Rahmenbedingungen der Arbeitssituation fest.
- Bei einem Programm wird das Verhalten des Mitarbeiters für bestimmte Situationen im Vorhinein durch eine generelle organisatorische Regelung auf Dauer festlegt.
- Bei einem Plan setzt der Vorgesetzte dem Mitarbeiter ein Ziel und legt damit fest, welche Arbeitsergebnisse er qualitativ und quantitativ in einer bestimmten Periode erreichen soll.

Während der Vorgesetzte durch eine persönliche Weisung situationsbezogen die Arbeitsaufgabe des Mitarbeiters konkretisieren kann, führen die beiden anderen Instrumente zu einer langfristigen Steuerung des Mitarbeiterverhaltens. Ein Programm legt dabei eine generelle Handlungsvorschrift bzw. Verfahrensrichtlinie für den Mitarbeiter fest und standardisiert somit sein Arbeitsverhalten. Ein Plan hingegen standardisiert die Arbeitsergebnisse des Mitarbeiters, ohne dass er dabei das eigentliche Verhalten vorschreibt.

Der Entscheidungsspielraum des Mitarbeiters wird je nach dem eingesetzten Instrument variieren. Durch eine persönliche Weisung kann der Vorgesetzte dem Mitarbeiter direkt vorgeben, welche Aktivitäten er ausführen soll. In diesem Fall ist dessen Entscheidungsspielraum bei der Aufgabendurchführung also minimal. Andererseits kann der Vorgesetzte dem Mitarbeiter aber durch eine persönliche Weisung auch ein Aufgabenziel vorgeben, so dass dieser im Rahmen seiner Entscheidungsautonomie eigenständig über die Durchführung der Aufgabe entscheiden kann. Mittels persönlicher Weisung kann also der Vorgesetzte den Entscheidungs- und Tätigkeitsspielraum eines Mitarbeiters innerhalb des vorgegebenen Rahmens beliebig konkretisieren.

Bei einem Programm wird der Entscheidungsspielraum des Mitarbeiters sehr weit eingeschränkt. Aufgrund der eingeschränkten Rationalität der Parteien kann ein Programm während seiner Geltungsdauer aber nicht auf alle möglichen künftigen Ereignisse perfekt anpasst werden, so dass ein Programm notwendigerweise immer unvollständig ist. Im Unterschied zur fallweisen persönlichen Weisung eines Vorgesetzten verbleibt dem Mitarbeiter also immer ein Entscheidungsspielraum. Bei einem Plan räumt der Vorgesetzte dem Mitarbeiter hingegen bewusst einen entsprechenden Entscheidungsspielraum ein, der über den bei einer Programmierung hinausgeht. Innerhalb des Plans kann der Mitarbeiter frei entscheiden, wie er diese Zielvorgaben erreicht.

Im Folgenden wollen wir kurz auf die grundsätzlichen Vor- und Nachteile von generellen Verhaltensvorschriften gegenüber fallweisen persönlichen Anweisungen des Vorgesetzten eingehen. Als relative Vorteile einer Standardisierung der Aufgabenerfüllung können drei Punkte genannt werden:

- Reduzierte Verhaltensunsicherheit: Durch eine Standardisierung wird das Arbeitsverhalten bzw. das Arbeitsergebnis eines Mitarbeiters eingeschränkt. Dadurch können andere Organisationsteilnehmer seine Reaktionen besser antizipieren und in ihrem eigenen Handeln entsprechend berücksichtigen.
- Freisetzung von Managementkapazitäten: Durch den Einsatz von generellen Verhaltensvorschriften reduziert sich für den Vorgesetzten die Notwendigkeit, die Aktivitäten des Mitarbeiter durch persönliche Weisungen laufend zu steuern. Er wird dadurch entlastet.
- Einfachere Gesamtsteuerung: Wird die Durchführung einer Aufgabe an mehrere Mitarbeiter übertragen, dann ist eine Abstimmung der jeweils durchzuführenden Einzelaufgaben unabdingbar. Eine Standardisierung kann hier zu einer einfacheren Gesamtsteuerung führen.

Diesen Vorteilen einer Standardisierung der Aufgabenerfüllung stehen aber auch Nachteile gegenüber. Zwei Argumente können hier genannt werden:

- Reduzierte Anpassungsfähigkeit: Durch Vorgabe von generellen Verhaltensvorschriften wird das Mitarbeiterverhalten immer im Vorhinein gesteuert. Da bei einer komplexen Arbeitssituation des Mitarbeiters nicht alle relevanten Eventualitäten berücksichtigt werden können, kann es während der Geltungsdauer der Verhaltensvorschrift zu einer ineffizienzten Verhaltenssteuerung kommen. Bei persönlichen Weisungen kann hingegen flexibel auf die jeweilige Situation reagiert werden.
- Hohe Kosten der Standardisierung: Je detaillierter in einer generellen Verhaltensvorschrift Eventualitäten der Arbeitssituation berücksichtigt werden, desto höher sind die mit der Standardisierung verbundenen Kosten.

6.1.3 Der implizite Arbeitsvertrag als psychologischer Vertrag

Indem relationale Arbeitsverträge nicht das eigentliche Verhalten der Parteien festlegen sondern lediglich die Rahmenbedingungen, innerhalb derer sich die Parteien verhalten können, entstehen notwendigerweise vertragliche Lücken. Implizite Vereinbarungen zwischen den Vertragsparteien sind eine wichtige Ergänzung zu solchen relationalen Verträgen. Sie werden entweder beim Eintritt des Mitarbeiters in die Unternehmung zusammen mit dem explizit vereinbarten, rechtlichen Arbeitsvertrag zwischen dem Mitarbeiter und dem Arbeitgeber abgeschlossen oder im Laufe der Arbeitsbeziehung zwischen den Parteien verabredet.

Als einen **impliziten Arbeitsvertrag** wollen wir im Folgenden Vereinbarungen zwischen Arbeitgeber und Arbeitnehmer verstehen, die lediglich mündlich vereinbart sind oder auf einem stillschweigenden Einvernehmen beruhen. Ein impliziter Arbeitsvertrag ist im Unterschied zum juristischen Vertrag ohne rechtlichen Status. Gegenstand eines solchen impliziten Arbeitsvertrages können beispielsweise die Loyalität zwischen Vorgesetztem und Mitarbeiter, dessen organisatorisches Commitment oder das Einverständnis über Tischmanieren bei Geschäftsessen sein.

Indem sowohl der explizite als auch der implizite Arbeitsvertrag zwischen Arbeitgeber und Arbeitnehmer die Verpflichtungen der beiden Parteien während der Arbeitsbeziehung festlegen, generieren sie Erwartungen bezüglich des zukünftigen Verhaltens der jeweils anderen Partei. Dies impliziert zweierlei:

- Zum einen wird wie bei jedem Vertrag durch die arbeitsrechtlichen Vereinbarungen das Verhalten der anderen Partei prognostizierbar. Ein implizierter Arbeitsvertrag reduziert demnach die Unsicherheit der einen Partei über das Verhalten der anderen Partei.
- Zum anderen wird durch die Erwartungsbildung ein subjektives Element in die Interpretation der arbeitsvertraglichen Regelungen eingeführt. Welches Verhalten eine Vertragspartei entsprechend den expliziten bzw. impliziten Vereinbarungen von der anderen Partei in einer bestimmten Situation erwartet, hängt so von einer Vielzahl personeller Faktoren ab, die wir bereits im dritten Kapitel im Zusammenhang mit der subjektiven Erwartungsbildung vorgestellt haben. Beispielsweise prägen die Erfahrungen einer Partei aus früheren Beziehungen

die Erwartungen, die sie in der betrachteten Arbeitsbeziehung hat.

Das folgende Beispiel veranschaulicht, welche Auswirkungen die Subjektivität der Beurteilung auf die Interpretation des Arbeitsvertrages und damit die Prognostizierbarkeit des Arbeitsverhaltens eines Mitarbeiters haben kann: Betrachten wir zwei Studenten der Betriebswirtschaftslehre, die nach einem vierjährigen Studium an einer Privatuniversität endlich ihren Abschluss als Diplom-Kaufmann erhalten haben. Der eine Student ist Sohn einer Arbeiterfamilie und musste während seines Studiums als Kellner in einem Cafe arbeiten, um die Studiengebühren zu bezahlen. Für ihn bietet der Abschluss seines Studiums die Möglichkeit, später einmal ein Unternehmen zu gründen und finanziell unabhängig zu werden. Der andere Student ist Sohn eines erfolgreichen Unternehmers und bekam sein Studium von seinem Vater bezahlt, der später einmal seinen Sohn als seinen Nachfolger im Unternehmen sehen möchte.

Beide Absolventen haben nun als Juniorberater eine Stelle bei einer bekannten Unternehmensberatung angenommen. Sie arbeiten in verschiedenen Beratungsbereichen, haben aber eine identische Entlohnung und im Wesentlichen die gleichen Aufgaben. Hierzu gehört beispielsweise das Zusammentragen und die Auswertung von Kundendaten oder die Erstellung von Projektunterlagen. Wie die beiden Juniorberater ihre Arbeitsbeziehung bewerten und welche Erwartungen sie bezüglich ihrer jeweiligen Stelle haben, kann nun aufgrund ihrer Lebenserfahrungen gänzlich unterschiedlich sein: Der eine kann immer noch nicht glauben, dass er soviel Glück gehabt hat, freut sich über seine Arbeit und ist sehr engagiert. Sein Gehalt sieht er als Krönung seiner Bemühungen an. Im Unterschied dazu beschwert sich sein ehemaliger Kommilitone, dass er nicht vier Jahre ein so hartes Studium absolviert hat, um nun die meiste Zeit irgendwelche Zahlenanalysen durchzuführen. Seine Erwartungen an die Stelle waren sehr viel größer, und in seinen Augen ist das Gehalt das mindeste, was man dafür bekommen sollte.

Die Referenzpunkte, die die beiden Juniorberater der Bewertung ihrer Arbeitsaufgabe zugrunde legen, sind individuell verschieden. Die Art und Weise der subjektiven Beurteilung bestimmt aber, wie sie die impliziten und expliziten Regelungen ihres Arbeitsvertrages interpretieren und ihr Verhalten als relevant erachten. Angenommen, in der Unternehmensberatung gibt es die implizite Vereinbarung, bis um 22 Uhr wochentags zu arbeiten und ebenso an Samstagen zur Verfügung zu stehen. Dann würden wir aufgrund der obigen Darstellung der beiden Juniorberater vermuten, dass die Regelung von dem Sohn des erfolgreichen Unternehmers als weniger bindend angesehen wird als von dem anderen Juniorberater.

Um dieses psychologische Element in Arbeitsverträgen zu unterstreichen, folgen wir Schein (1988, S.22) und bezeichnen als **psychologischen Vertrag** die wechselseitigen Erwartungen zwischen Arbeitgeber und Arbeitnehmer in ihrer Arbeitsbeziehung: "These expectations not only cover how much work is to be performed for how much pay but also involve the whole pattern of rights, privileges, and obligations between the worker and the organization". Sowohl der explizit unterschriebene Arbeitsvertrag als auch der implizite Arbeitsvertrag sind demnach psychologische Verträge. Während aber der Arbeitsvertrag die rechtliche Seite der Arbeitsbeziehung regelt und als explizit geschriebener Vertrag gerichtlich durchsetzbar ist, stellt der implizite Arbeitsvertrag eine Vereinbarung ohne rechtlichen Status zwischen den beiden Parteien dar.

Diese Differenzierung in der Art der Vereinbarung hat unmittelbare Konsequenzen für die Steuerung des Verhaltens der Parteien in der Arbeitsbeziehung:

- Der juristische Arbeitsvertrag legitimiert als expliziter Vertrag die Durchsetzung der Pflichten des Arbeitgebers und des Arbeitnehmers. Insbesondere kann damit z.B. die Einhaltung der Erwartungen vom Arbeitgeber überprüft werden. Stimmt das tatsächliche Verhalten des Mitarbeiters dabei nicht mit den Erwartungen überein, kann dieser Verstoß sanktioniert werden. Dies geschieht durch den Arbeitgeber, indem er den Mitarbeiter auf seine ungenügende Arbeitsleistung aufmerksam macht und je nach Schwere des Vergehens tadelt, abmahnt oder ihm sogar kündigt.
- Der implizite Arbeitsvertrag als psychologischer Vertrag zwischen Mitarbeiter und Arbeitgeber kann hingegen im Allgemeinen nicht so einfach rechtlich durchgesetzt werden. Da in der Regel keine Dokumentation über die Vereinbarungen existiert und es typischerweise sogar noch nicht einmal eine mündliche Abspache zwischen den Parteien gibt, sind andere Mechanismen für die beiderseitige Durchsetzung der individuellen Erwartungen notwendig. Zudem muss sichergestellt sein, dass die Erwartungen der beiden Parteien trotz der individuell subjektiven Interpretation der Vereinbarungen überhaupt miteinander übereinstimmen.

Procter & Gamble und der implizite Vertrag gegenüber Frauen

Bei Procter & Gamble gab es Anfang der 90er Jahre wenig Frauen in leitenden Managerpositionen. Hinzu kam, dass ein überproportionaler Anteil an Frauen in gehobenen Positionen das Unternehmen verließen. Von drei Kündigungen gehobener Manager kamen zwei von Frauen.
Bei Interviews, mit denen Procter & Gamble das Problem zu ergründen suchten, gaben viele der kündigenden Frauen an, dass sie mehr Zeit mit ihrer Familie verbringen wollten. Viele der interviewten Frauen arbeiteten in sehr fordernden Positionen, in denen sie ständig einem hohen Druck ausgesetzt waren. Sie beschwerten sich, dass die Zustände bei Procter & Gamble nicht im Einklang stünden mit einer familienfreundlichen Unternehmenskultur. Insbesondere beklagten sich die Frauen, dass die übliche Antwort von Personalverantwortlichen der Firma auf den Wunsch nach mehr Zeit mit der Familie das Angebot einer Teilzeitbeschäftigung war. Dies bedeutete aber für die Frauen den Ausstieg aus verschiedenen internen Förderprogrammen und schlechtere Karrieremöglichkeiten.
Viele der interviewten Mitarbeiterinnen plädierten daher für eine stärkere Flexibilisierung der Arbeitszeiten. Sie argumentierten, dass scheinbar nicht nur eine besondere Leistung und Leistungsbereitschaft für eine Karriere wichtig seien, sondern auch die Zeiten, zu denen die Leistungen erbracht werden sollten.
Nachdem Procter & Gamble verschiedene derartige Probleme erkannt hatten, schnürte das Unternehmen ein Bündel von Maßnahmen zusammen, mit dem die Zahl der Frauen in leitenden Positionen erhöht und die Rate der Kündigungen von Frauen gesenkt werden sollte. Zum einen erarbeiteten Frauen in Mentoren-Programmen gemeinsam mit männlichen Managern Vorschläge zu Verbesserung der bestehenden Unternehmenskultur. Darüber hinaus wurden die familienfreundlichen Beihilfen erweitert und die Wahlmöglichkeiten der Mitarbeiter, diese zu nutzen, vergrößert. Weiterhin wurde das interne Marketing verbessert und die umgesetzten Maßnahmen gezielt den Mitarbeitern kommuniziert. So wurden beispielsweise Videofilme gedreht, in denen weibliche Führungskräfte über ihren Aufstieg im Spannungsfeld zwischen Familie und Karriere berichteten.
Die Maßnahmen von Procter & Gamble waren erfolgreich. Nach fünf Jahren derartiger Bemühungen war die Rate der Kündigungen bei weiblichen Managern gleich

hoch wie bei ihren männlichen Kollegen. Heute bestehen 30% des oberen Managements aus Frauen. Ende der 90er Jahre wurde auch erstmals in der Geschichte von Procter & Gamble eine Frau in den Vorstand berufen.

Quelle: Parker-Pope (1998)

A priori können wir nicht ohne weiteres davon ausgehen, dass sich die individuellen Erwartungen von Arbeitgeber und Arbeitnehmer in einem psychologischen Vertrag decken bzw. konvergieren. Zwar zeigt das Beispiel von Procter & Gamble, wie man in einem solchen Fall den impliziten Vertrag erfolgreich modifizieren konnte, doch ist dies im Allgemeinen nicht so einfach möglich. Diese Problematik ergibt sich unmittelbar aus dem Umstand, dass der Gegenstand der Vereinbarung nicht operationalisierbar ist, sondern selbst einen breiten Interpretationsspielraum offen lässt. So stellen Rousseau und Parks (1993, S.20) fest, dass "socioemotional factors such as affection and loyality ... may be more prone to variable interpretation than monetizable ones".

Betrachten wir ein Beispiel: Ein Vorgesetzter verspricht seinem Mitarbeiter einen Bonus, wenn dieser sich überdurchschnittlich für seine Aufgabe engagiert. Was genau mit einem Bonus gemeint ist oder was unter einem überdurchschnittlichen Engagement zu verstehen ist, wird dabei im Allgemeinen nicht im Detail spezifiziert sein. Vielmehr ist davon auszugehen, dass diese Vereinbarung unvollständig ist und von dem Vorgesetzten und dem Mitarbeiter unterschiedlich interpretiert werden kann. Damit ist aber völlig unklar, in welchem Umfang der Vorgesetzte sein Versprechen erfüllen wird. Dies wird dann nicht nur von dem tatsächlichen Arbeitseinsatz des Mitarbeiters abhängen, sondern auch davon, inwieweit die beiden Parteien sich im Vorfeld darauf verständigt haben, unter welchen situativen Rahmenbedingungen trotz eines überdurchschnittlichen Engagements kein Bonus zu zahlen ist.

Dieses Beispiel weist auf eine Bedingung hin, die insbesondere für eine adäquate Verhaltenssteuerung eines Mitarbeiters durch implizite Vereinbarungen unumgänglich ist: Implizite Vereinbarungen erfordern einen entsprechenden Informationsaustausch zwischen den Parteien. Beide Parteien müssen bei Abschluss der Vereinbarung offen miteinander kommunizieren, um so Unstimmigkeiten im Vorhinein zu vermeiden. Während der Arbeitsbeziehung, in unserem Beispiel also im Laufe der Erstellung der Arbeitsleistung, muss der Mitarbeiter ein regelmäßiges Feedback über seinen Arbeitseinsatz durch seinen Vorgesetzten erhalten.

Dabei ist zu berücksichtigen, dass sich der psychologische Vertrag zwischen den beiden Parteien permanent verändern kann. Die subjektiven Erwartungen des Mitarbeiters bezüglich seines Bonus und diejenigen des Vorgesetzten bezüglich eines überdurchschnittlichen Engagements sind von den situativen Rahmenbedingungen der Arbeitsbeziehung sowie den personellen Faktoren der beiden Parteien abhängig. Im Allgemeinen werden sich diese Faktoren aber im Laufe der Arbeitsbeziehung wandeln. So ist entsprechend unseren Ausführungen zur Bildung von evaluierenden und prognostizierenden Urteilen nicht davon auszugehen, dass ein Mitarbeiter im Laufe seiner Betriebszugehörigkeit arbeitsrelevante Vereinbarungen stets gleich interpretiert. Genauso wird eine Unternehmung in der Gründungsphase andere Erwartungen an das Arbeitsverhalten des Mitarbeiters haben als in der Phase des Wachstums.[3]

Neben diesem Problem der Subjektivität des psychologischen Vertrages gibt es aber ein zweites, wesentlich fundamentaleres Problem: Denn selbst wenn der Mitarbeiter und sein Vorgesetzter eine vollständige Übereinkunft über den Bonus und die Anforderungen erzielen würden, die ein überdurchschnittliches Engagement ausmachen, wer garantiert, dass sich die jeweils andere Partei tatsächlich an ihr Versprechen hält? Beide Parteien könnten sich opportunistisch verhalten: der Mitarbeiter, indem er sich nicht an die Vereinbarung hält und sich nicht entsprechend seiner Aufgabe engagiert, der Vorgesetzte, indem er vorgibt, der Mitarbeiter habe sich nicht entsprechend angestrengt, um damit die Zahlung des Bonus zu umgehen.

Die Möglichkeit, dass sich eine Vertragspartei entgegen den Vereinbarungen opportunistisch verhält, weist auf eine wichtige Frage hin, die wir im Folgenden beantworten wollen: Soll das Verhalten einer Vertragspartei durch eine explizite oder durch eine implizite Vereinbarung geregelt werden, wenn beides möglich ist? Für eine implizite Regelung sprechen die reduzierten Vertragskosten, der Vorteil einer expliziten Regelung hingegen liegt in der Durchsetzbarkeit vor Gericht.

Betrachten wir zur Beantwortung der Frage daher noch einmal das opportunistische Verhalten des Mitarbeiters bzw. des Vorgesetzten im obigen Beispiel. Angenommen, die Arbeitsanstrengung des Mitarbeiters wäre auch vom Vorgesetzten beobachtbar. Wäre eine Vereinbarung zwischen den beiden Parteien über die Höhe der Arbeitsanstrengung Gegenstand eines expliziten Vertrages, dann müsste das Gericht für die Durchsetzung dieser Vereinbarung das Verhalten verifizieren. Dies allerdings setzt eine Reihe von Informationserfordernissen voraus: Das Arbeitsgericht müsste z.B. in der Lage sein, die getroffene Vereinbarung zu verstehen und das Verhalten der beiden Parteien in der Arbeitsbeziehung zu überprüfen. Nur dann wird das Gericht tatsächlich feststellen können, ob ein Verstoß gegen die Vereinbarung vorliegt. In unserem obigen Beispiel müsste also der Mitarbeiter dem Gericht gegenüber beweisen, dass er seine Aufgabe mit einem überdurchschnittlichen Engagement ausgeführt hat, wenn der Vorgesetzte vorgibt, er habe sich nicht entsprechend angestrengt. Der Vorgesetzte müsste dem Gericht gegenüber darlegen, dass der Mitarbeiter nicht engagiert seine Aufgabe verfolgt hat, wenn dieser das Gegenteil behauptet. Beides wird den jeweiligen Parteien ausgesprochen schwer fallen, selbst wenn sie genau beobachten konnten, wie das tatsächliche Verhalten war.

Diese erhöhten Informationserfordernisse bei einem expliziten Vertrag machen zusätzlich zu den geringeren Vertragskosten eine implizite Vereinbarung zwischen den Parteien attraktiv. Damit nämlich ein impliziter Vertrag verhaltenswirksam ist, muss 'lediglich' gewährleistet sein, dass keine der beide Parteien einen Vorteil aus einem opportunistischen Verhalten ziehen kann. In der Literatur wird eine solche Vereinbarung als selbstdurchsetzend bezeichnet: Ein impliziter Vertrag ist **selbstdurchsetzend**, wenn sich beide Parteien aus eigenem Interesse an die Vereinbarungen halten.

6.1.4 Selbstdurchsetzende Verträge und die Wertschöpfung in einer Arbeitsbeziehung

Welche Anforderungen ergeben sich für einen selbstdurchsetzenden, impliziten Vertrag? Wie und unter welchen Umständen können ein Arbeitgeber und ein Arbeitnehmer sicher sein, dass sich die jeweils andere Partei auch tatsächlich an die impliziten Vereinbarungen hält?

Wir wollen diese Fragen im Rahmen unseres ökonomisch-psychologischen Verhaltensmodells näher diskutieren. Dazu betrachten wir die folgende Situation: Der Geschäftsführer eines kleinen pharmazeutischen Unternehmens hat einen Biochemiker mit der Entwicklung eines neuen Medikaments beauftragt. Mit diesem Projekt soll die Produktpalette des Unternehmens erweitert und langfristig ein neues

Marktsegment erobert werden. Das Engagement des Biochemikers, mit dem er die Entwicklung des neuen Medikament vorantreibt, bestimmt entscheidend den Erfolg des Projekts. Für die Durchführung des Forschungsprojekts wollen die beiden Parteien deshalb eine implizite Vereinbarung treffen: Der Biochemiker soll sich mit einem überdurchschnittlichen Engagement für die Entwicklung des neuen Medikaments einsetzen. Der Geschäftsführer beteiligt den Mitarbeiter für seinen Einsatz an der damit verbundenen zusätzlichen Wertschöpfung für das Unternehmen, indem er ihm am Ende des Projekts einen Bonus zahlt.

Um die Funktionsweise dieser impliziten Vereinbarung zu analysieren, gehen wir von folgender Vereinfachung aus:

Geschäftsführer

Biochemiker	B_1	B_2
A_1	zusätzlicher Bonus bei hohem Engagement	kein zusätzlicher Bonus trotz hohem Engagement
A_2	zusätzlicher Bonus bei niedrigem Engagement	kein zusätzlicher Bonus trotz niedrigem Engagement

Konsequenzen für den Biochemiker

Geschäftsführer

Biochemiker	B_1	B_2
A_1	gute Erfolgsaussichten bei zusätzlichen Personalkosten	gute Erfolgsaussichten ohne zusätzliche Personalkosten
A_2	schlechte Erfolgsaussichten bei zusätzlichen Personalkosten	schlechte Erfolgsaussichten ohne zusätzliche Personalkosten

..... und den Geschäftsführer

Abbildung 6.2: Implizite Vereinbarungen und das Dilemma der Vertragsparteien

Beide Parteien haben jeweils nur zwei Handlungsalternativen. Betrachten wir zuerst den Biochemiker: Alternative A_1 ist eine Strategie, bei der er ein hohes Engagement wählt, bei Alternative A_2 entscheidet er sich für einen niedrigen Arbeitseinsatz. Der Geschäftsführer hat ebenfalls zwei Handlungsalternativen: Entweder zahlt er dem Biochemiker am Ende des Forschungsprojekts die zusätzliche Prämie (Alternative B_1) oder er tut es nicht (Alternative B_2). Die Konsequenzen, die sich aus dem jeweiligen Verhalten der beiden Parteien in dieser Situation ergeben, sind in der obigen Abbildung dargestellt.

Die implizite Vereinbarung zwischen den beiden Parteien entspricht einem Verhalten, bei dem sich der Biochemiker für ein hohes Engagement entscheidet und der Geschäftsführer den zusätzlichen Bonus zahlt. Durch den Arbeitseinsatz des Biochemikers sind die Aussichten für die erfolgreiche Einführung des neuen Medikaments gut, und es werden durch die Zusammenarbeit zusätzliche Werte geschaffen. Durch den Bonus wird der Mitarbeiter an dieser zusätzlichen Wertschöpfung beteiligt.

Was passiert nun, wenn eine der Parteien von ihrer Selbstverpflichtung abweicht. Angenommen, der Biochemiker würde sich für einen niedrigen Arbeitseinsatz entscheiden. Dies hätte für ihn einerseits den Vorteil reduzierter persönlicher Kosten. Zudem würde er trotz seines Verhaltens einen zusätzlichen Bonus erhalten, wenn sich der Geschäftsführer an die Vereinbarung hält. Andererseits würde aber die Strategie A_2 die Erfolgsaussichten für die Entwicklung eines neuen Medikaments reduzieren und hätte somit negative Konsequenzen für die Wertschöpfung des Unternehmens. Sind nun die damit verbundenen persönlichen Nachteile für den Biochemiker geringer als die Vorteile, die mit einem niedrigen Arbeitseinsatz verbunden sind, dann hat er einen Anreiz, sich nicht an die Vereinbarung mit dem Geschäftsführer zu halten. Gleiches gilt für den Geschäftsführer: Würde er dem Mitarbeiter trotz eines hohen Engagements keinen zusätzlichen Bonus auszahlen, könnte er die damit verbundenen Personalkosten einsparen. Dem stehen die Nachteile gegenüber, die ein solches Verhalten auf die Arbeitsbeziehung hätte. Sind diese Nachteile geringer als die Vorteile, hat demnach auch der Geschäftsführer einen Anreiz, sich nicht an die implizite Vereinbarung zu halten.

Das Problem, das in diesem Zusammenhang entsteht, ist das folgende Dilemma der Vertragsparteien: Jede Partei hat einen Anreiz, sich als Trittbrettfahrer in dieser Situation zu verhalten. Sie hofft darauf, dass sich der jeweils andere an die implizite Verabredung hält, weicht allerdings selbst von dieser Vereinbarung ab. Im Ergebnis werden sich dann beide nicht an den impliziten Vertrag halten. Obwohl es a priori durchaus im Interesse der beiden Parteien ist, sich kooperativ auf ein gemeinsames Vorgehen zu einigen, um dadurch zusätzliche Renten zu erzielen, besteht die Gefahr einer unkooperativen Beziehung. In der Literatur wird diese Dilemmasituation auch als Kooperations- oder Gefangenendilemma bezeichnet.

Was garantiert nun, dass sich sowohl der Mitarbeiter als auch der Arbeitgeber an die implizite Vereinbarung halten? Damit eine solche Vereinbarung selbstdurchsetzend und damit verhaltensleitend ist, genügt es, dass keine Partei aus einem abweichenden Verhalten einen Nutzen ziehen kann. Würden sie gegen die Vereinbarung verstoßen, müssten sie also mit entsprechenden negativen Konsequenzen rechnen. Betrachten wir zunächst den Geschäftsführer: Ihm müssen bei einer Nichteinhaltung der Vereinbarung höhere Kosten als bei der Zahlung des zusätzlichen Bonus entstehen. Dies impliziert, dass der Mitarbeiter ein entsprechendes Drohpotential in der Arbeitsbeziehung besitzt. Die mit einer solchen Drohung verbundene implizite oder explizite Aufkündigung der kooperativen Zusammenarbeit muss für das Unternehmen also zu einer reduzierten Wertschöpfung führen. Dementsprechend muss der Geschäftsführer die Erwartung haben, bei Fortführung der Arbeitsbeziehung eine höhere Wertschöpfung mit dem Biochemiker zu erzielen als bei einer Beendigung der Zusammenarbeit. Für den Biochemiker ergibt sich eine analoge Verhaltensrestriktion: Für ihn müssen die Nachteile, die mit einem niedrigen Engagement verbunden sind, größer sein als die Nachteile bei einem hohen Arbeitseinsatz. Der Verzicht auf den zusätzlichen Bonus sowie andere Konsequenzen, die sich aus einer Nichteinhaltung der Vereinbarung ergeben, müssen hier die Nachteile überwiegen, die sich für den Mitarbeiter aus einem überdurchschnittlichen Engagement ergeben.

Diese Diskussion macht deutlich, dass zwei Anforderungen an die Arbeitssituation gegeben sein müssen, damit eine implizite Vereinbarung zwischen zwei Vertragsparteien tatsächlich verhaltenswirksam ist:

(1) Die Arbeitsbeziehung muss langfristig sein: Die Aussicht auf die positiven Konsequenzen, die langfristig mit einer beidseitigen Befolgung des impliziten Vertrages verbunden sind, wirkt als Anreiz, sich tatsächlich konform mit diesen Vereinbarungen zu verhalten.

(2) Die Arbeitsbeziehung muss zusätzliche Werte für beide Parteien schaffen: Sowohl der Arbeitgeber als auch der Mitarbeiter müssen langfristig aus einer Befolgung des impliziten Vertrages persönliche Vorteile ziehen, die sie nicht realisieren könnten, wenn eine Partei gegen die Vereinbarung verstoßen würde.

Wir werden im nächsten Abschnitt eingehend diskutieren, unter welchen Umständen diese beiden Anforderungen erfüllt sind.

6.1.5 Der soziale Vertrag als kollektiver Vertrag

In den bisherigen Ausführungen haben wir das Arbeitsverhältnis zwischen einer Unternehmung und einem Mitarbeiter ausschließlich als Vertragsbeziehung zwischen diesen beiden Parteien betrachtet. Da die Unternehmung aber ein komplexes Netzwerk an Interaktionen zwischen verschiedenen Organisationsteilnehmern darstellt, müssen wir auch berücksichtigen, dass ein Arbeitsverhältnis in ein soziales Umfeld eingebettet ist. So spielen z.B. kulturelle Aspekte bei der Interpretation eines Arbeitsvertrages eine entscheidende Rolle: In Schweden etwa ist ein Versprechen im Allgemeinen eine Verpflichtung, die eine Partei gesetzlich bindet, wohingegen in den USA ein Versprechen typischerweise nicht bindend ist, es sein denn 'it is paid for'. Somit haben gesellschaftliche Normen einen wichtigen Einfluss auf die Bedeutung und die Interpretation von Versprechungen sowie auf deren Nichteinhaltung.

In welchem Maße ein impliziter bzw. expliziter Arbeitsvertrag zwischen der Unternehmung und einem bestimmten Mitarbeiter die Arbeitsbeziehung regelt, wird also auch durch die Erwartungen dritter Parteien beeinflusst. Wir folgen der Definition von Rousseau und Parks (1993, S.3) und verstehen unter einem **sozialen Vertrag** Vereinbarungen, "adressing shared collective beliefs regarding appropriate behavior in a social unit". Die soziale Einheit im organisatorischen Kontext kann dabei eine organisatorische Einheit innerhalb der Unternehmung sein wie etwa eine Arbeitsgruppe oder eine Abteilung. Sie kann die gesamte Unternehmung umfassen, und sie kann sich auf die Beziehungen eines Mitarbeiters zu externen Organisationsteilnehmern wie Kunden oder Lieferanten beziehen.

Der englische Bergbau
und die Bedeutung des sozialen Vertrages

Die Einführung standardisierter und automatisierter Produktionsmethoden kann neben den positiven Effekten durch die Vorteile der Arbeitsteilung und die möglichen Skaleneffekte auch negative Auswirkungen auf die Produktivität haben, wenn die sozialen Einheiten der Mitarbeiter durch derartige Prozessinnovationen ge- oder gar zerstört werden. Hinweise auf die Bestätigung dieser These gibt eine Studie aus dem Jahr 1951, die am Londoner Tavistock Institute for Human Relations durchgeführt wurde. Ausgangspunkt war eine beobachtete Verschlechterung der Produktivität, eine Erhöhung der Fehlzeiten bei Mitarbeitern und überdurchschnittlich lange und harte Arbeitskämpfe im englischen Bergbau. Diese Phänomene wurden genau zu einer Zeit beobachtet, als neue, teilmechanisierte Abbautechniken eingeführt wurden.

Zuvor arbeiteten feste Gruppen von Grubenarbeitern an einem Ort im Flöz in mehreren Schichten. Aufgrund der besonderen physischen Belastungen und gesundheitlichen Gefahren im Bergbau war es hier sehr wichtig, dass man sich auf die 'Kumpels' verlassen konnte. Der soziale Vertrag innerhalb dieser Gruppen wurde noch dadurch verstärkt, dass die Löhne eines jeden an die Ausbringungsmenge der gesamten Gruppe gekoppelt waren.

Mit der Teilautomatisierung wurden diese Gruppenstrukturen zerstört. Dies hatte sehr nachteilige Folgen für die Arbeitsmoral und damit letztlich für die Produktivität. In verschiedenen Gruben erkannte man das Problem und versuchte, die sozialen Einheiten - wenn auch in größeren Einheiten - auch bei teilautomatisierter Kohleförderung wieder zu installieren. Innerhalb von größeren Gesamtgruppen wurden kleine Einzelgruppen mit Teilaufgaben gebildet. Darüber hinaus wurde das Prinzip der Job rotation eingeführt, um eine breitere Qualifikation der Arbeiter zu schaffen sowie ein besseres Verständnis für die Probleme der Gesamtgruppe zu entwickeln. Auch das Entlohnungssystem wurde so gestaltet, dass sich der individuelle Lohn unter anderem an der Gruppenleistung orientierte.

Über einen Zeitraum von zwei Jahren wurden von Forschern am Tavistock Institute die Entwicklungen in den Gruben, die auf die Probleme bei der Teilautomatisierung mit soziostrukturellen Maßnahmen reagiert hatten, mit denen, die nicht reagiert hatten, verglichen. Dabei konnte festgestellt werden, dass in den Bergwerken mit teilautonomen Gruppen die Produktivität um ein Viertel höher lag als in den Arbeitsstätten, die ganz auf die durch technischen Fortschritt induzierte Arbeitsteilung gebaut hatten.

Quelle: Trist und Bamforth (1951)

Das Konzept des sozialen Vertrages steht in unmittelbarer Beziehung zu den Begriffen der organisatorischen und sozialen Rolle eines Mitarbeiters. Wir hatten im ersten Kapitel die organisatorische Rolle als die Gesamtheit der Erwartungen aller Organisationsteilnehmer an das aufgabenbezogene Handeln eines Mitarbeiters innerhalb der Unternehmung definiert. Die soziale Rolle erweitert dieses Konzept, indem sie sich nicht nur auf das Verhalten des Mitarbeiters bezieht, sondern darüber hinaus auch eine Vielzahl anderer Erwartungen umfasst, die Dritte z.B. an die Entlohnung, die Arbeitszeiten oder die Privilegien des Mitarbeiters haben. In diesem Sinne ist der soziale Vertrag als Manifestation der sozialen Rolle selbst wiederum ein psychologischer Vertrag, der die wechselseitigen Erwartungen zwischen dritten Parteien und dem Arbeitgeber bzw. dem betrachteten Arbeitnehmer umfasst.[4]

Grundsätzlich können wir mit Rousseau und Parks (1993, S.21ff) zwei Typen von Erwartungen unterscheiden, die bezüglich der betrachteten Arbeitsbeziehung zwischen einem Mitarbeiter und der Unternehmung Grundlage eines sozialen Vertrages sein können:

- Zum einen können Erwartungen von allen Mitgliedern einer sozialen Einheit innerhalb einer Unternehmung geteilt werden. Auf Gruppenebene konkretisieren sich diese Erwartungen als Gruppennormen, auf der Ebene der Gesamtunternehmung als Organisationskultur. Ein aufgrund solcher Erwartungen gebildeter sozialer Vertrag setzt somit soziale Normen und schränkt das Handeln des Arbeitgebers bzw. des Arbeitnehmers in der betrachteten Arbeitsbeziehung entsprechend ein. Rousseau und Parks nennen ihn 'normative contract'.
- Zum anderen können sich dritte Parteien Erwartungen aufgrund der Interpretation des Verhaltens von Arbeitgeber und Arbeitnehmer in der betrachteten Arbeitsbeziehung bilden. Daraus leiten sich stillschweigende Verträge für außenstehende Mitarbeiter ab, sogenannte 'implied contracts'. Durch Beobachtung oder Kommunikation erhalten sie Informationen über die Vertragsbeziehung zwischen den beiden Parteien bzw. über deren Einhaltungen. Die aufgenommenen Informationen führen zu einer Beurteilung dieser Vertragsbeziehung und können somit Rückwirkungen auf das eigene Verhalten in der Unternehmung haben.

Um die Bedeutung des sozialen Vertrages zu illustrieren, betrachten wir noch einmal unser Beispiel der beiden Juniorberater, diesmal im Hinblick auf das soziale Umfeld, das ihre jeweiligen Erwartungen an die Arbeitsbeziehung prägt: Beide Hochschulabsolventen werden direkt am ersten Arbeitstag als Juniorberater bei einem externen Kundenprojekt eingesetzt. In ihrem Projektteam arbeiten sie mit jeweils zwei Beratern zusammen. Diese sind bereits seit drei Jahren in der Unternehmensberatung tätig und verfügen dementsprechend über einige Berufserfahrung.

Um die Bedeutung sozialer Verträge für das Mitarbeiterverhalten herauszuarbeiten, betrachten wir zwei extreme Szenarien: Die beiden Kollegen des einen Juniorberaters sind sehr zufrieden mit ihrer Arbeit, loben ihren Arbeitgeber und vermitteln so ein ausgesprochen positives Bild ihres Beraterlebens. Gerüchte sagen, dass die Beiden bald zu Seniorberatern befördert werden sollen. Die beiden Kollegen des anderen Juniorberaters zeichnen hingegen ein sehr negatives Bild von der Unternehmensberatung. Beide sind verbittert und warnen den neuen Kollegen davor, sich nicht versklaven zu lassen. Sie sind wenig engagiert bei ihrem Projekt, und Gerüchte besagen, dass die Beiden nicht zum Seniorberater befördert werden und sich bereits bei einem neuen Unternehmen beworben haben.

Unsere Diskussion zur Urteilsbildung im dritten Kapitel lässt vermuten, dass die Erfahrungen, die die beiden Juniorberater von ihren Kollegen im Projektteam über die Unternehmensberatung und ihren Beraterberuf mitgeteilt bekommen, zu einer gänzlich unterschiedlichen Bewertung ihrer Arbeitssituation führen. Wählen sie als Referenzpunkt ihrer subjektiven Beurteilung die Erfahrungen ihrer älteren Kollegen, dann wird ihr Urteil, das sie sich bezüglich ihrer neuen Arbeitsbeziehung bilden, wesentlich von deren Erwartungen und damit von ihrem sozialen Umfeld beeinflusst.

Den Referenzpunkten kommt bei der Bildung von Erwartungen in sozialen Verträgen somit eine entscheidende Bedeutung zu. Aufgrund eines sozialen Vergleichs mit anderen Kollegen oder Vorgesetzten zieht ein Mitarbeiter Rückschlüsse auf seine Arbeitssituation und bildet sich ein Urteil. Damit beeinflusst das Verhalten anderer das eigene Verhalten in der Organisation.

In der psychologischen Literatur wurden verschiedene Motive für einen solchen sozialen Vergleich untersucht. Ein wichtiges Motiv ist in vielen Situationen das Bestreben einer Person, sich im Vergleich zu anderen Personen selbst zu beurteilen. Diese Selbstbeurteilung zielt darauf ab, ein sich selbst gesetztes Anspruchsniveau hinsichtlich des Erreichens bestimmter persönlicher Ziele zu überprüfen und gegebenenfalls anzupassen. Dabei wird sich eine Person im Allgemeinen solche Personen als Referenzpunkte wählen, die ihr ähnlich erscheinen.

Diese Ähnlichkeit kann sich auf personelle oder situative Faktoren beziehen. Ein Mitarbeiter wird sich demnach z.B. mit solchen Kollegen vergleichen, die entweder eine äquivalente Ausbildung besitzen und dieselben Fähigkeiten aufweisen oder die in derselben Arbeitsgruppe sind und eine ebenso lange Betriebszugehörigkeit haben. Die Gründe sind in beiden Fällen identisch: Solche Informationen sind am aufschlussreichsten, da der Mitarbeiter damit entweder die Eigenschaften einer ihm ähnlichen Person oder eine ähnliche Situation, in der sich der andere befindet, am besten einschätzen kann. Beides erlaubt ihm die besten Rückschlüsse auf sich selbst.

6.1.6 Soziale Vergleiche und Gerechtigkeit im Arbeitskontext

Der Vergleich mit seinen Arbeitskollegen impliziert, dass ein Mitarbeiter ein unmittelbares Interesse an dem Arbeitsverhalten und den Arbeitsergebnissen anderer Mitarbeiter hat. So wird er beispielsweise die Konsequenzen, die aus dem Arbeitsverhalten anderer Kollegen resultieren, mit denen vergleichen, die ihm selbst aus seinem Arbeitseinsatz entstehen. Er wird möglicherweise auch um das Wohlergeben anderer besorgt sein, so dass er unter Umständen eigene Ziele zurückstellt, um andere Kollegen bei deren Zielerreichung zu unterstützen. In all diesen Fällen legt der Mitarbeiter der Beurteilung seiner Arbeitssituation und seinem Arbeitsverhalten moralische Prinzipien zugrunde: Inwieweit wurden er oder andere Kollegen fair behandelt?

In der psychologischen Literatur gibt es zahlreiche experimentelle Studien, die den Einfluss der Prinzipien der Gerechtigkeit und Fairness auf die Entscheidungen von Personen untersuchen. Dabei wurden zum einen die Gerechtigkeitsvorstellungen von Versuchspersonen aufgedeckt, wie beispielsweise in dem Experiment von Yaari und Bar-Hillel, das weiter unten dargestellt ist. Zum anderen wurde aber auch untersucht, welche Bedeutung soziale Vergleiche auf die Beurteilung und Entscheidung von Versuchspersonen haben, wenn sie davon selbst betroffen waren. Bazerman, Loewenstein und White (1992) fragten beispielsweise Versuchspersonen nach der Beurteilung der beiden folgenden Szenarien:

- Szenario 1: Ein Gewinn von \$ 400 für sich selbst und \$ 400 für eine andere Partei.
- Szenario 2: Ein eigener Gewinn von \$ 500 und \$ 700 für die andere Person.

70% der Versuchspersonen fanden die Gleichverteilung der Gewinne im ersten Szenario besser als die ungleiche Verteilung im zweiten Szenario. Der soziale Vergleich mit der anderen Person spielte bei dieser Beurteilung also eine entscheidende Rolle. Weit weniger bedeutsam war hingegen der Gewinn der anderen Person, als sich die Versuchpersonen für eine der beiden Szenarien entscheiden mussten. In diesem Fall wählten nur noch 22% Szenario 1. Der eigene Gewinn hatte eine größere Bedeutung für die tatsächliche Entscheidung als der soziale Vergleich.

*Stoffwechselerkrankte
und die Verteilung von Grapefruits und Avocados*

Seit langem wird auch in der Ökonomie der Frage nachgegangen, welcher Mechanismus zur Verteilung knapper Güter als 'fair' oder 'gerecht' empfunden wird. Nicht zuletzt die experimentelle Wirtschaftsforschung hat viele Ressourcen darauf verwendet, herauszufinden, was Versuchspersonen als gerecht empfinden. Dabei konnte oft beobachtet werden, dass Personen dazu neigen, 50-50 Verteilungsregeln zu bevorzugen, unabhängig vom Besitzstand zum Zeitpunkt der Verteilung. Um verschiedene mögliche Mechanismen zu testen, konfrontierten zum Beispiel Yaari und Bar-Hillel (1984, S.8) 163 Versuchspersonen mit folgender Situation:

> *A shipment containing 12 grapefruit and 12 avocados is to be distributed between Jones and Smith. The following information is given, and is known also to the two recipients:*
> *Doctors have determined that Jones's metabolism is such that his body derives 100 milligrammes of vitamin F from each grapefruit consumed, while it derives no vitamin F whatsoever from avocado.*
> *Doctors have also determined that Smith's metabolism is such that his body derives 50 milligrammes of vitamin F from each grapefruit consumed and also from each avocado consumed.*
> *Both persons, Jones and Smith, are interested in the consumption of grapefruit and/or avocados only insofar as such consumption provides vitamin F - and the more the better. All the other traits of the two fruits (such as taste, calorie content, etc.) are of no consequence to them.*
> *No trades can be made after the decision takes place.*
> *How should the fruits be devided between Jones and Smith, if the division is to be just?*

Aus diesen Informationen konnten die Befragten also herauslesen, dass Pampel-

musen bei Herrn Jones einen größeren Nutzen stiften als bei Herrn Smith. Jedoch bringt der Konsum von Avocados für Herrn Jones überhaupt keinen Nutzen. Eine Möglichkeit der Allokation der Vitamin F Ressourcen, die die Versuchspersonen hier wählen konnten, wäre eine Aufteilung, bei der Jones alle Pampelmusen und Smith alle Avocados bekommt. Eine andere Möglichkeit wäre eine Maximin-Verteilung. Diese Regel besagt, dass der Nutzen desjenigen, der am minimalsten ausgestattet ist, maximiert werden soll. Nach dieser Regel müsste Jones acht Avocados bekommen und Smith die restlichen vier Avocados sowie alle Pampelmusen. Bei der ersten der hier aufgezeigten Möglichkeiten würde der Gesamtnutzen als Summe der beiden Einzelnutzen maximiert, während im zweiten Fall ein möglichst gleiches Nutzenniveau angestrebt würde.

Jones	Smith	% der Antworten
6-6	6-6	8
6-0	6-12	0
8-0	4-12	82
9-0	3-12	8
12-0	0-12	2

Den Befragten wurden insgesamt fünf verschiedene Verteilungsmechanismen vorgelegt, bei denen sie entscheiden sollten, welche sie für besonders 'gerecht' hielten. Die obige Tabelle zeigt die mögliche Verteilung der Früchte auf - wobei die erste Zahl für Pampelmusen und die zweite Zahl für Avocados steht - sowie die Prozentzahl der Befragten, die die jeweilige Verteilung für besonders 'gerecht' hielten. Es zeigte sich also, dass die große Mehrheit eine Verteilungsregel bevorzugte, die zu einer möglichst gleichen Verteilung der Nutzen führt.

Quelle: Yaari und Bar-Hillel (1984)

Welchen Einfluss das Prinzip der Gerechtigkeit auf das Verhalten von Versuchspersonen hat, zeigt sich sehr illustrativ an zwei Situationen, die in der Literatur als Ultimatum- bzw. Diktatorspiele bekannt sind. Im Ultimatumspiel macht eine Versuchsperson einen Vorschlag, wie sie einen bestimmten Geldbetrag, etwa 5 Euro, zwischen sich und einer zweiten Versuchsperson aufteilen würde. Stimmt die zweite Person dieser Aufteilung zu, bekommen beide den jeweils vorgeschlagenen Anteil an den 5 Euro. Lehnt die zweite Person hingegen ab, erhalten beide Parteien nichts. Im Diktatorspiel ist die Situation wie folgt modifiziert. Auch hier soll eine Versuchspersonen 5 Euro zwischen sich und der zweiten Person aufteilen. Allerdings kann nun die zweite Person diesen Vorschlag nicht ablehnen. Sie muss sich in diesem Spiel also mit dem zugewiesenen Anteil zufrieden geben. Im Unterschied zum Ultimatiumspiel, bei dem die erste Partei bei ihrem Vorschlag die Annahme bzw. Ablehnung durch die zweiten Person berücksichtigen muss, ist im Diktatorspiel die Entscheidung somit nur Ausdruck der individuellen Präferenzen.

Die nachfolgende Abbildung zeigt, wie sich die Versuchspersonen in einem Experiment von Forsythe u.a. (1994) in diesen beiden Spielen verhalten haben. Die obere Darstellung zeigt, dass es im Ultimatumspiel typischerweise zu einer 50%-igen Aufteilung des Betrags kommt. Zudem zeigt sich, dass die zweite Person durchaus Angebote zurückweist, die von ihr als zu niedrig angesehen werden, obwohl sie dadurch nichts erhält. Mangelnde Fairness der vorschlagenden Partei wird also bestraft, auch wenn ein solches Verhalten mit negativen Konsequenzen verbunden ist. Im Diktatorspiel in der unteren Darstellung ist die Verteilung der angebotenen Geldbeträge nicht so eindeutig. Zwei Verhaltensmuster sind hier dominant: Entweder überlässt der Diktator der zweiten Partei nichts und behält den gesamten Geldbetrag für sich, oder er entscheidet sich für eine 50:50-Aufteilung. Der hohe Anteil an Personen, die im Ultimatumsspiel eine gleichberechtigte Aufteilung vorgeschlagen haben, kann demnach nicht nur auf moralische Beweggründe zurückgeführt werden. Vielmehr ist das Handeln einer vorschlagenden Partei auch durch strategische Elemente geprägt.

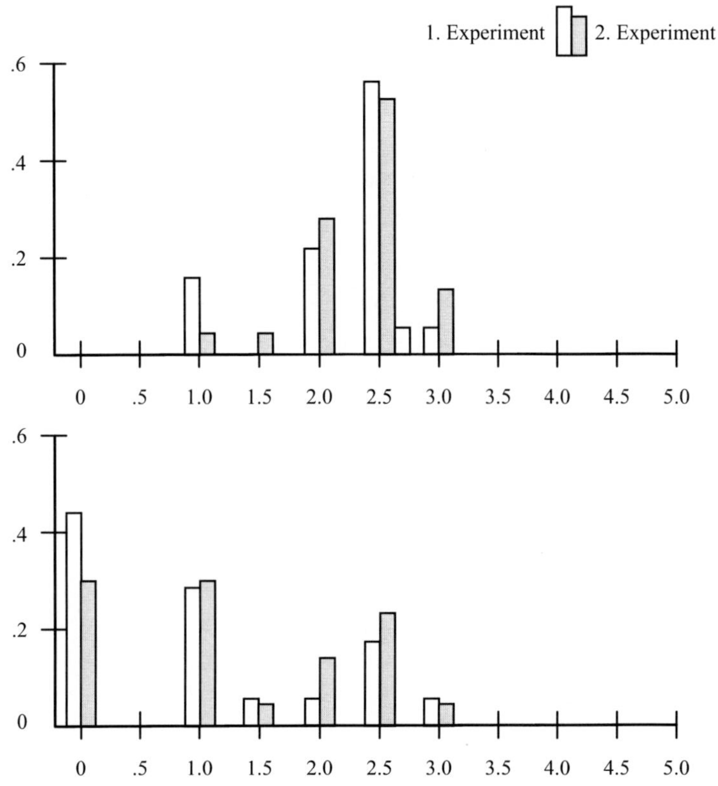

Abbildung 6.3: Die Angebote im Ultimatum- und Diktatorspiel

Im Arbeitskontext ist es sinnvoll, zwischen zwei Arten der Gerechtigkeit zu unterscheiden:

- Bei der distributiven Gerechtigkeit geht es um die Verteilung der Konsequenzen, die mit dem jeweiligen Arbeitsverhalten verbunden sind. Dies kann sich beispielsweise auf die finanzielle Entlohnung oder die Karrierechancen der Mitarbeiter beziehen, aber auch indirekt deren Arbeitszufriedenheit betreffen.
- Bei der prozeduralen Gerechtigkeit steht hingegen der Prozess im Vordergrund, der zu der Verteilung der Konsequenzen geführt hat. Die Fragen, wie Leistungsbeurteilungen durchgeführt werden oder ob das Beförderungssystem der Unternehmung gerecht ist, stehen hier im Vordergrund.

Betrachten wir zunächst die distributive Gerechtigkeit und ihren Einfluss auf das Arbeitsverhalten. Angenommen, wir haben eine Arbeitsgruppe mit n Mitarbeitern. Die persönlichen Konsequenzen, die für die einzelnen Gruppenmitglieder mit ihrem Arbeitseinsatz verbunden sind, seien $K_1, \ldots, K_n$. Inwieweit die Allokation von Konsequenzen als gerecht empfunden wird, ist nach Selten (1987, S.273) von einem Vergleichsstandard abhängig: "to define an equitable reward combination ... [we need] the help of a standard of comparison which assigns a positive weight w_i to each group member i". Das **Prinzip der distributiven Gerechtigkeit** erfordert nun, dass die gewichtete Konsequenz jedes einzelnen Gruppenmitglieds identisch ist:

$$\frac{K_1}{w_1} = \frac{K_2}{w_2} = \ldots = \frac{K_n}{w_n}$$

Damit hängt die Frage, inwieweit ein Mitarbeiter beispielsweise die Verteilung einer Gruppenentlohnung als gerecht beurteilt, wesentlich von dem Vergleichsstandard ab, den er seiner Beurteilung zugrunde legt. In der Literatur werden in diesem Kontext mindestens drei Varianten unterschieden:

- Equality bezeichnet eine Verteilungsvariante, bei der jedem der gleiche Anteil zugestanden wird. In diesem Fall sind also die Gewichtungsfaktoren identisch. In einer Arbeitsgruppe findet diese Art der Aufteilung der Konsequenzen Anwendung, wenn die Mitarbeiter in ihren Fähigkeiten weitgehend homogen sind und es schwierig oder kostenintensiv ist, den Arbeitseinsatz des Einzelnen für das Gruppenergebnis zu bestimmen.
- Ein anderes Kriterium betont die Bedürfnisse der einzelnen Personen. Demnach ist die Verteilung der Konsequenzen dann gerecht, wenn das Wohlergehen der einzelnen Gruppenmitglieder identisch ist. Je nach dem sozialen Kontext wird diese Art der Gerechtigkeit von Bedeutung sein, etwa in nicht-profitorientierten Organisationen. Im Arbeitskontext spielt dieses Kriterium eher eine untergeordnete Rolle.
- Equity bezeichnet schließlich eine Gerechtigkeitsvariante, bei der die Konsequenzen in Relation zu dem Beitrag gemessen werden, den der Einzelne geleistet hat. Im organisatorischen Kontext wird in diesem Fall eine Verteilung als gerecht beurteilt, wenn beispielsweise die Aufteilung der Gruppenentlohnung relativ zu den Arbeitsanstrengungen oder den Fähigkeiten der einzelnen Grup-

penmitglieder vorgenommen wird. Auch wenn der jeweilige Vergleichsstandard individuell unterschiedlich sein wird, ist diese Art der Verteilungsgerechtigkeit im Arbeitskontext dominant.

Die distributive Gerechtigkeit ist für die Gestaltung einer konsistenten Anreizsstruktur von entscheidender Bedeutung. Sie ist eine wichtige Voraussetzung dafür, dass verschiedene Mitarbeiter die Sanktionen und Belohnungen, die mit ihrem Arbeitsverhalten verbunden sind, als angemessen ansehen. Zudem muss bei der Gestaltung von Motivationsinstrumenten aber auch berücksichtigt werden, dass sich die Mitarbeiter ähnlich behandelt fühlen. Eine interpersonelle Konsistenz der Anreizstruktur kann also nur erreicht werden, wenn auch eine prozedurale Gerechtigkeit gegeben ist. Wie bei der distributiven Gerechtigkeit ist auch hier die subjektiv wahrgenommene Gerechtigkeit des einzelnen Mitarbeiters von Bedeutung.

Eine Reihe von Faktoren bestimmen, inwieweit ein Mitarbeiter den Prozess bei der Allokation von Arbeitsanreizen als gerecht empfindet: So müssen die Kritieren, die der Allokation der Konsequenzen zugrunde liegen, für die Arbeitsaufgabe angemessen und transparent sein sowie konsistent angewendet werden. Dies setzt ein entsprechend permanentes Feedback über die eigenen Leistungen voraus, ebenso wie eine Kommunikation der getroffenen Entscheidungen durch den Vorgesetzten. Darüber hinaus müssen die Personen, die in die Beurteilung der Arbeitsleistungen und -ergebnisse involviert sind, als kompetent angesehen werden. Ihre Allokationsentscheidungen sollten beispielsweise nicht durch politische oder andere Interessen verzerrt sein.

6.2 Die Arbeitsbeziehung als langfristiges Vertragsverhältnis

Der Titel dieses Abschnitts erscheint auf den ersten Blick in zweierlei Hinsicht nicht sehr überraschend zu sein. Zum einen haben wir in unserer bisherigen Diskussion weitgehend indirekt angenommen, dass die Arbeitsbeziehung zwischen einem Arbeitgeber und einem Arbeitnehmer langfristiger Natur ist. Im Zusammenhang mit der Wirkungsweise impliziter Verträge haben wir z.B. argumentiert, dass die Langfristigkeit der Arbeitsbeziehung eine notwendige Voraussetzung für deren Wirksamkeit darstellt. Zum anderen haben in den westlichen Industrienationen die meisten Mitarbeiter eine langfristige Arbeitsbeziehung mit ihrem Arbeitgeber, die unter Umständen sogar eine lebenslange Beschäftigungsgarantie beinhaltet. Das deutsche Beamtenwesen ist ein Beispiel hierfür, aber auch die in Japan bei Großunternehmen übliche Praxis des 'nenko'.[6]

Dass wir dennoch in diesem Abschnitt die Vor- und Nachteile hinterfragen, die eine solche Langfristigkeit der Beziehung rechtfertigen, ist aus zwei Gründe wichtig: Erstens sind in der Praxis nicht alle Arbeitsbeziehungen grundsätzlich langfristiger Natur. So gehen Arbeitgeber und Arbeitnehmer durchaus auch kurzfristige oder befristete Beschäftigungsverhältnisse in Form von Werks- oder Zeitarbeitsverträgen ein. Es ist demnach wichtig zu hinterfragen, warum und in welchen Situationen Arbeitsbeziehungen langfristig sind. Zweitens - und dies ist im Zusammenhang mit unserer Argumentation der entscheidende Punkt - werden wir sehen, dass die Langfristigkeit der Arbeitsbeziehung eine wesentliche Voraussetzung für die Steuerung des Mitarbeiterverhaltens ist. Wir werden hierzu systematisch auf die im fünften Kapitel angesprochenen Motivationsprobleme eingehen und begründen, unter welchen Umständen ein langfristiges Beschäftigungsverhältnis zwischen den Parteien zur Lösung dieser Probleme beitragen kann.

6.2.1 Die Vor- und Nachteile einer langfristigen Arbeitsbeziehung

Im Allgemeinen werden die Vor- bzw. Nachteile, die mit einer langfristigen Arbeitsbeziehung verbunden sind, für den Arbeitgeber andere sein als für den Arbeitnehmer. Betrachten wir jedoch die jeweiligen Auswirkungen einer langfristigen Beziehung im Hinblick auf die daraus resultierende Wertschöpfung, dann wird direkt klar, dass die Vorteile bzw. Nachteile einer Partei gleichzeitig auch immer für die andere Partei vorteilhaft bzw. nachteilig sind: Entweder erhöhen sich die durch die Beziehung geschaffenen Werte, sodass sich auch die Renten für die beiden Parteien positiv verändern, oder umgekehrt reduzieren sich die Renten beider Parteien bei nachteiligen Aspekten einer langfristigen Beziehung.

Aus der Liste der Vorteile, die für den Arbeitgeber bzw. den Arbeitnehmer mit einer langfristigen Arbeitsbeziehung verbunden sind, stehen die folgenden in unmittelbarem Zusammenhang mit unserer Diskussion:

- Amortisation der Einstellungskosten: Je nach den Anforderungen, die die durchzuführende Aufgabe in der Unternehmung an einen künftigen Mitarbeiter stellt, muss der Arbeitgeber einen Bewerber mit den entsprechenden Fähigkeiten erst einmal finden. Dies verursacht Kosten bei der Anbahnung des Arbeitsverhältnisses, beispielsweise in Form von Inseratskosten, Interviewkosten oder den Kosten für eine Personalberatungsfirma. Je länger daher die Arbeitsbeziehung mit einem bestimmten Mitarbeiter andauert, desto weniger oft fallen diese Einstellungskosten für den Arbeitgeber an und desto eher amortisieren sich diese Fixkosten für den bereits eingestellten Mitarbeiter.
  Das gleiche Kalkül gilt für den Mitarbeiter und die Kosten, die für ihn mit seiner Einstellung verbunden sind. Hierzu zählen beispielsweise seine Suchkosten, um einen neuen Arbeitgeber zu finden, die Kosten der Arbeitslosigkeit, die er bis zu einer neuen Anstellung unter Umständen in Kauf nehmen muss, oder auch seine standortspezifischen Investitionen, wenn mit einem Arbeitsplatzwechsel auch ein Wohnortwechsel oder die Trennung von seiner Familie verbunden ist. Je länger also sein Arbeitsverhältnis mit dem Arbeitgeber andauert, desto weniger häufig fallen für ihn solche Einstellungskosten an.
- Amortisation der Ausbildungskosten: Um eine Arbeitsaufgabe adäquat durchzuführen, ist nach der Einstellung eines Mitarbeiters im Allgemeinen eine arbeitsplatzbezogene Einarbeitung und Qualifizierung notwendig. Hier muss der Mitarbeiter zum einen unternehmensspezifisches Humankapital erwerben, etwa bezüglich der Art und Weise, wie Entscheidungsprozesse in der Unternehmung ablaufen oder welche Eigenheiten seine Kollegen oder sein Vorgesetzter haben. Zum anderen muss sich der Mitarbeiter unter Umständen aber auch allgemeines Humankapital aneignen, also Wissen bzw. Fähigkeiten, die nicht nur in der spezifischen Unternehmung von Wert sind, sondern auch in anderen Unternehmungen verwendet werden können. Beispielsweise gehört hierzu die Verbesserung seiner Spachkenntnisse bei ausländischen Firmenkontakten oder das Erlernen des Umgangs mit seinem PC.
  Der Erwerb von solchem unternehmensspezifischen und allgemeinen Humankapital ist mit Investitionen verbunden. Wenn der Arbeitgeber an diesen Investitionen beteiligt ist, dann amortisieren sich die Kosten umso mehr, je länger der Mitarbeiter in der Unternehmung verbleibt.

- Erhöhte Investitionsanreize: Eng verbunden mit dem Argument der Amortisation der Ausbildungskosten sind die Vorteile, die eine langfristige Arbeitsbeziehung im Hinblick auf die Anreize gibt, überhaupt firmenspezifische Investitionen zu tätigen. Im letzten Abschnitt haben wir bereits darauf hingewiesen, dass transaktionsspezifische Investitionen ein wesentliches Merkmal von Arbeitsbeziehungen sind. Sie ermöglichen es den Parteien, die Werte, die in der Beziehung geschaffen werden können, zu erhöhen, führen jedoch auch zu Abhängigkeiten, die möglicherweise opportunistisch ausgenutzt werden könnten. Wir hatten hier das Problem des Holdup und eine damit verbundene Unterinvestitionen aufgezeigt.
  In einer langfristigen Arbeitsbeziehung können nun beide Gefahren reduziert werden. Ist nämlich die Arbeitsbeziehung tatsächlich langfristiger Natur, würde ein kurzfristiges Ausnutzen des Anderen durch opportunistisches Verhalten den langfristigen Nutzen, den die Beziehung für die beiden Parteien hat, möglicherweise zerstören. Betrachten wir z.B. den Arbeitgeber, der in das spezifische Humankapital seines Mitarbeiters investiert hat. Würde nun der Mitarbeiter die daraus resultierende Abhängigkeit der Unternehmung etwa durch extreme Gehaltsforderungen ausnutzen, müsste der Arbeitgeber zwar möglicherweise kurzfristig auf die Forderungen eingehen, langfristig wäre aber das kooperative Zusammenwirken der beiden Parteien nachhaltig beeinträchtigt. Damit könnten aber auch die Vorteile, die sich aus der langfristigen Beziehungen ergeben, nicht mehr in vollem Umfang realisiert werden. Die damit verbundenen langfristigen Nachteile für den Mitarbeiter stehen also seinem kurzfristigen Vorteil, den er aus einem opportunistischen Verhalten hat, gegenüber.
  Je langfristiger daher die Beziehung zwischen den Parteien ist, desto größer sind die Vorteile aus der künftigen Zusammenarbeit und desto geringer ist die Gefahr des Holdup. Als unmittelbare Konsequenz daraus reduzieren sich auch potentielle Investitionsverzerrungen: Je geringer die Parteien die Gefahr einschätzen, dass transaktionsspezifische Investitionen opportunisch ausgenutzt werden, desto höher sind ihre Anreize, diese Investitionen zu tätigen.
- Bessere Einschätzung der personellen Faktoren des Mitarbeiters: Im Laufe der Arbeitsbeziehung erhält der Arbeitgeber immer bessere Informationen über die Fähigkeiten des Mitarbeiters und dessen Persönlichkeitseigenschaften. Ei-

ne langfristige Arbeitsbeziehung ermöglicht so eine relativ kostengünstige und präzise Einschätzung der Persönlichkeit des Mitarbeiters. Dadurch reduziert sich im Laufe der Arbeitsbeziehung das Problem der adversen Selektion.
Eine verbesserte Einschätzung des Mitarbeiters hat mindestens zwei Vorteile: Zum einen kann der Mitarbeiter geeigneter in der Unternehmung eingesetzt werden - die Anforderungen seiner Arbeitsaufgabe können beispielsweise auf seine individuellen Fähigkeiten abgestimmt werden. Zum anderen kann der Arbeitgeber dem Mitarbeiter aber auch spezifische, auf seine Bedürfnisse zugeschnittene Anreize setzen.

- Bessere Bewertung der Arbeitsergebnisse: Eine langfristige Arbeitsbeziehung mit einem Mitarbeiter gibt dem Arbeitgeber unter Umständen die Möglichkeit, dessen Arbeitsleistungen mit der Zeit besser zu bewerten. Dies ist z.B. dann der Fall, wenn die Arbeitsergebnisse, die aus den Anstrengungen des Mitarbeiters resultieren, nicht unmittelbar nach seinem Handeln, sondern erst zu einem sehr viel späteren Zeitpunkt deutlich werden.
  Aber auch in Fällen, in denen die Arbeitsergebnisse eines Mitarbeiters sehr stark von den Rahmenbedingungen seiner Arbeitssituation beeinflusst werden, kann eine langfristige Arbeitsbeziehung die Möglichkeit einer besseren Evaluation bieten. Betrachten wir einen Mitarbeiter in der Forschungsabteilung eines Pharmaunternehmens. Da die Entwicklung neuer Medikamente zum großen Teil auf einem Trial-and-Error-Prozess beruht, sind die Forschungsergebnisse des Mitarbeiters sehr stark von Zufällen abhängig. Daher wird es seinem Vorgesetzten sehr viel schwerer fallen, bereits nach einem Jahr die Forschungsanstrengungen des Mitarbeiters bzw. dessen Forschungsfähigkeiten zu beurteilen, als wenn er einen längeren Beobachtungszeitraum zur Verfügung hat.
- Verbesserte Anreizgestaltung: Die beiden zuletzt genannten Vorteile machten bereits deutlich, dass eine langfristige Arbeitsbeziehung die Möglichkeit einer verbesserten Anreizgestaltung eröffnet. Zum einen kann der Arbeitgeber dem Mitarbeiter aufgrund seiner Erfahrungen individuelle Anreize setzen. So kann er beispielsweise durch spezifische Ausbildungsmaßnahmen die Fähigkeiten des Mitarbeiters sukzessive fördern oder ihm einen spezifischen Karriereweg innerhalb der Unternehmung aufzeigen. Zum anderen kann er aufgrund der besseren Bewertung der Arbeitsergebnisse des Mitarbeiters z.B. dessen finanzielle Ent-

lohnung gezielt an diese Ergebnisse koppeln oder diese Informationen zur Verbesserung der Arbeitsleistungen des Mitarbeiters einsetzen.
Darüber hinaus bietet eine langfristige Arbeitsbeziehung aber auch die Möglichkeit, Arbeitsanreize in die Zukunft zu verlagern: So hatten wir bereits im Zusammenhang mit den firmenspezifischen Investitionen gesehen, dass eine Partei der Arbeitsbeziehung möglicherweise dann nicht opportunistisch handelt, wenn die damit verbundenen zukünftigen Nachteile sehr groß sind. Übertragen wir diese Erkenntnis auf das allgemeine Problem, dass z.B. ein Mitarbeiter seinen diskretionären Handlungsspielraum zu seinen Gunsten ausnutzen könnte, dann hat der Arbeitgeber in einer langfristigen Beziehung zusätzliche Möglichkeiten, diese Gefahr zu reduzieren: Indem er dem Mitarbeiter beispielsweise ein Entlohnungsschema anbietet, so dass dessen Gehalt sukzessive im Laufe seiner Betriebszugehörigkeit ansteigt, erhöht er die Vorteile, die sich aus einem langfristig kooperativen Zusammenwirken ergeben. In der Literatur wird ein solches Entlohnungschema auch als **Senioritätsentlohnung** bezeichnet.

- Erhöhte Kooperationsbereitschaft: Die betrachtete Arbeitsbeziehung ist aufgrund der Interdependenzen mit anderen Transaktionen eingebettet in ein Netzwerk von Arbeitsbeziehungen mit anderen Mitarbeitern des Unternehmens. Die Langfristigkeit der Arbeitsbeziehungen kann damit auch unmittelbar positive Auswirkungen auf die Zusammenarbeit untereinander haben: Zum einen besteht die Möglichkeit, dass die Abstimmung zwischen den Mitarbeitern immer reibungsloser verläuft. Zum anderen können soziale Beziehungen zwischen den Kollegen entstehen, die eine Loyalität untereinander fördern. Dies erhöht das organisatorische Commitment eines Mitarbeiters im Umgang mit seinen Kollegen, ermöglicht aber auch den Einsatz von Gruppenanreizen und die Ausnutzung gruppendynamischer Prozesse.
  Neben diesen sozialen Bindungen kann sich auch die Loyalität des Mitarbeiters zu seiner Unternehmung mit der Dauer der Arbeitsbeziehung verstärken. Eine solche Veränderung der Einstellungen erhöht dann das organisatorische Commitment des Mitarbeiters gegenüber der ihn beschäftigenden Unternehmung.
- Risikoteilung: Darüber hinaus können aufgrund einer unterschiedlichen Risikoverteilung zwischen Arbeitgeber und Arbeitnehmer weitere Vorteile aus einer langfristigen Arbeitsbeziehung entstehen. Im Allgemeinen wird nämlich ein

Mitarbeiter an einem sicheren Arbeitsplatz und einer stetigen finanziellen Entlohnung interssiert sein. Aufgrund von Veränderungen auf den Arbeitsmärkten oder bei einer Änderung der Nachfrage nach den Produkten der Unternehmung kann aber sowohl die Arbeitsnachfrage als auch die Auslastung der Unternehmung einer ständigen Fluktuation unterworfen sein. Dies würde zu permanenten Veränderungen in der Beschäftigung und der Lohnhöhe führen.
Geht man davon aus, dass der Mitarbeiter eine größere Risikoaversion besitzt als der Arbeitgeber, besteht bei einer langfristigen Arbeitsbeziehung die Möglichkeit, dass der Arbeitgeber einen Mitarbeiter gegen diese Risiken des Einkommensausfalls oder der Arbeitslosigkeit versichert: Er könnte dem Mitarbeiter in einem gewissen Umfang eine Arbeitsplatzgarantie sowie ein stetiges Einkommen zusichern und hierfür einen entsprechenden Lohnabschlag einbehalten.

Neben diesen Vorteilen können auch Nachteile mit einer langfristigen Arbeitsbeziehung für die beiden Parteien verbunden sein. Die folgenden fünf Aspekte sind für unsere Diskussion relevant:[7]

- Reduzierte Anreizwirkung: Im Unterschied zu unserem Beispiel des Benzinkaufs im letzten Kapitel fehlt bei einer langfristigen Arbeitsbeziehung die Anreizwirkung des Wettbewerbs. Aufgrund der Investitionen der beide Parteien in transaktionsspezifisches Kapital und der damit verbundenen Abhängigkeit voneinander können weder der Arbeitgeber noch der Arbeitnehmer ohne größere Einbußen ein neues Arbeitsverhältnis mit einer anderen Partei eingehen.
  Zudem kann es zu Problemen bei der Bewertung der von einem Mitarbeiter erstellten Leistungen kommen. Aufgrund der vielfältigen Interdependenzen innerhalb der Unternehmung und der daraus resultierenden Leistungsverflechtungen des Mitarbeiters mit anderen Kollegen wird die Beurteilung seiner individuellen Leistung erschwert. Zwar kann hier die gemeinsame Leistung als Resultat der Einzelleistungen durchaus messbar sein, jedoch ist der Beitrag eines einzelnen Mitarbeiters im Allgemeinen nicht mehr identifizierbar.
- Reduzierte Flexibilität: Im Zusammenhang mit der Risikoteilung zwischen Arbeitgeber und Arbeitnehmer haben wir bereits die Abhängigkeit der Arbeitsnachfrage einer Unternehmung von verschiedenen exogenen Faktoren angesprochen. Die Arbeitsmarkttheorie zeigt, dass Schwankungen im Beschäftigungsniveau von Unternehmungen unter anderem von Veränderungen in der Nachfra-

ge nach den Produkten der Unternehmungen oder von veränderten Produktionstechnologien verursacht werden. Bei einem langfristigen Arbeitsverhältnis nimmt sich daher der Arbeitgeber die Möglichkeit, flexibel seine Arbeitsnachfrage anzupassen.

- Nicht-produktive Aktivitäten: Zusätzlich zu diesen Nachteilen einer langfristigen Arbeitsbeziehung kann es in Unternehmungen zu nicht-produktiven Aktivitäten der Mitarbeiter kommen. Es besteht z.B. die Gefahr, dass Mitarbeiter versuchen, Kontrolle über interne und externe Ressourcen zu bekommen, etwa indem sie Vorgesetzte bei deren Entscheidungen zu ihren Gunsten beeinflussen. Solche Aktivitäten können zu einer besseren Entlohnung, der Neufestlegung von Verfahrensregeln oder einer besseren finanziellen Ausstattung einer Abteilung führen.
- Zusätzliche Zieldivergenzen: Neben der organisatorischen Rolle wird einem Mitarbeiter auch immer eine Position innerhalb der Unternehmenshierarchie zugewiesen. Beides kann zu spezifischen Interessen des Mitarbeiters führen, die einer adäquaten Durchführung seiner Aufgabe entgegenstehen: So wird ein Betriebsbeauftragter für Umweltschutz bei einer zu starken Identifikation mit seiner organisatorischen Rolle die Investition in eine Anlage nur noch unter Umweltaspekten beurteilen. Der Leiter eines Produktionswerks wird bemüht sein, seine Position innerhalb der Hierarchie zu halten oder durch zusätzliche Statussymbole wie Macht oder Budget zu verbessern.
- Erhöhtes kollektives moralisches Risiko: Wir haben oben angesprochen, dass eine langfristige Arbeitsbeziehung vorteilhaft für die Bildung eines organisatorischen Commitments des Mitarbeiters sein kann. Allerdings kann insbesondere die Loyalität zu seinen Kollegen auch dysfunktionale Effekte mit sich bringen. So besteht die Gefahr, dass sich aus der sozialen Interaktion der Mitarbeiter Gruppenziele ergeben, die von den Zielen der Unternehmung abweichen. Wir haben dieses Problem im letzten Kapitel als Ratchet-Effekt diskutiert.

6.2.2 Vertrauen als Grundlage jeder Arbeitsbeziehung

Obwohl eine langfristige Arbeitsbeziehung sowohl Vor- als auch Nachteile für Arbeitgeber und Arbeitnehmer hat, scheinen die Vorteile doch zu überwiegen: Eine langfristige Arbeitsbeziehung ist in der Regel im Interesse beider Parteien und für die Maximierung der in der Beziehung geschaffenen Werte notwendig. Für die Unternehmung lässt sich gegenüber ihren Konkurrenten ein Wettbewerbsvorteil durch ihre Mitarbeiter aufbauen, für den einzelnen Mitarbeiter ist ein langfristiges Arbeitsverhältnis im Allgemeinen Voraussetzung für das umfassende Erreichen seiner persönlichen Ziele.

Welche Instrumente ermöglichen nun den Aufbau einer langfristigen Arbeitsbeziehung zwischen einem Arbeitgeber und einem Arbeitnehmer? Wie können einerseits die mit einer langfristigen Arbeitsbeziehung verbundenen Vorteile möglichst umfassend genutzt werden, andererseits aber die damit verbundenen Nachteile möglichst ausgeschlossen werden? Wie kann beispielsweise verhindert werden, dass humankapitalspezifische Investitionen einer Partei nicht von der anderen Partei kurzfristig ausgebeutet werden?

Unsere bisherige Diskussion zeigt, dass ein relationaler Arbeitsvertrag eine erste Antwort auf diese Fragen darstellt. Allerdings ist unmittelbar klar, dass ein solches vertragliches Arrangement lediglich eine notwendige Voraussetzung für die Langfristigkeit der Beziehung darstellt: Ein relationaler Arbeitsvertrag bildet einen Rahmen, in dem sich eine langfristige Beziehung entwickeln kann, garantiert aber noch nicht, dass die beiden Vertragsparteien auch tatsächlich Vorteile aus einer solchen Beziehung erzielen werden. Hierfür ist mehr als ein formaler juristischer Vertrag notwendig.

Unsere Diskussion des impliziten Vertrages im letzten Abschnitt zeigt, wie ein relationaler Arbeitsvertrag ausgefüllt werden muss, damit sich ein langfristiges Arbeitsverhältnis zwischen den Vertragsparteien einstellen kann. Als psychologischer Vertrag baut er nämlich auf den Erwartungen der beiden Parteien auf, im beiderseitigen Interesse kooperativ zu handeln. Da solche Vereinbarungen gerichtlich nicht durchsetzbar sind, setzen sie notwendigerweise in einem gewissen Umfang ein gemeinsames Werte- und Normensystem der Parteien voraus. Denn nur dann, wenn eine implizite Vereinbarung selbstdurchsetzend ist, kann eine Vertragspartei davon ausgehen, dass sich die jeweils andere Partei aus eigenem Interesse an diese Abmachungen hält. Das folgende Zitat von Okun (1980, S.8) fasst den Kern dieses Arguments zusammen: "implicit contracts can be effective only in a social atmosphere that incorporates a sense of mutual respect and a consensus on principles of fair play and good faith".

Ein beiderseitiges Vertrauen der Parteien in die Arbeitsbeziehung ist damit für die Verhaltenswirksamkeit des impliziten Arbeitsvertrages unabdingbar. Im Hinblick auf die Unvollständigkeit des relationalen Arbeitsvertrages ist dabei unmittelbar klar, was genau wir unter **Vertrauen** verstehen: Arbeitgeber und Arbeitnehmer haben beide die Erwartung, dass sich die jeweils andere Partei trotz ihres diskretionären Entscheidungsspielraums kooperativ verhält, obwohl sie grundsätzlich auch die Möglichkeit hätte, sich unkooperativ zu verhalten.

Der Vorteil einer vertrauensbasierten Arbeitsbeziehung ist offensichtlich: Vertrauen reduziert die Wahrscheinlichkeit, dass eine Vertragspartei eine Vertragslücke zu ihren Gunsten interpretiert. Dies wiederum hat zwei Implikationen auf die Motivationskosten, die bei einer geeigneten Steuerung des Mitarbeitersverhaltens entstehen:

- Zum einen wirkt Vertrauen auch dann verhaltenssteuernd, wenn andere Kontroll- und Anreizmechanismen aufgrund der eingeschränkten Rationalität der Parteien sowie der bestehenden Informationsasymmetrien nicht eingesetzt werden können. So stellt Sen (1977, S.333ff) fest: "It is certainly costly and may be impossible to devise a system of supervison with reward and punishment such that everyone has the incentive to exert himself. ... To run an organization *entirely* on incentives to personal gain is pretty much a hopeless task." Vertrauen in diesem Sinne reduziert also die Motivationskosten, die mit einem unzureichenden oder fehlerhaften Einsatz von Anreizen verbunden wären.
- Zum anderen kann durch Vertrauen auf den Einsatz bestimmter Kontroll- und Anreizmechanismen verzichtet werden. Vertrauen in diesem Sinne kann als Substitut zu anderen Motivationsinstrumenten verstanden werden, führt allerdings zu reduzierten Motivationskosten bei der Steuerung des Mitarbeiterverhaltens. Nach Arrow (1974a, S.23) hat Vertrauen hier die Funktion eines 'Schmiermittels': "Trust is an important lubricant of a social system. It is extremely efficient; it saves a lot of trouble to have a fair degree of reliance on other people's word."

Vertrauen stellt somit soziales Kapital für die Parteien dar. Es ermöglicht den Teilnehmern in einer Organisation, mehr Werte zu schaffen. "Just as physical capital and human capital facilitates productive activity, social capital does as well. For example, a group within which there is extensive trustworthiness and extensive trust is able to accomplish much more than a comparable group without that trustworthiness and trust", so Coleman (1988, S.S101) in seiner Analyse. In unserem Kontext bezeichnen wir dieses soziale Kapital einer Unternehmung auch als **Organisationskapital**.

Welche Faktoren tragen nun dazu bei, dass sich die Parteien in einer Arbeitsbeziehung gegenseitig vertrauen können? In der Beantwortung dieser Frage gehen wir so vor: Wir zeigen zunächst die Faktoren auf, die Vertrauen als Produkt gesellschaftlicher Rahmenbedingungen oder personeller Faktoren rechtfertigen. Wir zeigen dann verschiedene Mechanismen auf, die zum Aufbau von Organisationskapital innerhalb der Arbeitsbeziehung beitragen. Diese Mechanismen stellen dabei insbesondere auf die sozialen Interaktionen in der Arbeitsbeziehung ab. Dabei zeigt sich, dass das Netzwerk an sozialen Verträgen innerhalb der Unternehmung für den Aufbau eines gemeinsamen Vertrauens zwischen allen Organisationsteilnehmern eine entscheidende Rolle spielt.

Betrachten wir zunächst Vertrauen als Produkt exogener Rahmenbedingungen der Arbeitsbeziehung. Dann kann Vertrauen zwischen einem Arbeitgeber und einem Mitarbeiter durch das Rechtssystem, gesellschaftliche Werte sowie die individuellen Werte der Vertragsparteien induziert sein:

- Aus rechtlicher Perspektive kommt dem jeweils geltenden Kündigungungsschutzgesetz eine besondere Bedeutung zu. Je höher beispielsweise die Anforderungen sind, die die Gesetzgebung und Rechtsprechung an eine Kündigung eines Arbeitnehmers durch den Arbeitgeber stellt, desto schwieriger ist es in der Regel für den Arbeitgeber, eine Arbeitsbeziehung etwa aufgrund veränderter Marktsituationen zu beenden.
  So ist z.B. in Deutschland nach dem Kündigungsschutzgesetz (KSchG) eine Kündigung durch den Arbeitgeber unter Einhaltung der Kündigungsfrist nur dann wirksam, wenn sie sozial gerechtfertigt ist.[8] In den USA hingegen ist die Kündigungsfreiheit des Arbeitgebers ein Grundsatz der Gesetzgebung. So kann nach der 'at-will'-Doktrin der Arbeitgeber bei unbefristeten Arbeitsverhältnissen einen Arbeitnehmer zu jeder Zeit kündigen, unabhängig davon, ob ein guter Grund vorliegt.
  Das Recht schränkt den diskretionären Handlungsspielraum der Parteien also ein und fördert so in einem gewissen Umfang das Vertrauen innerhalb der

Arbeitsbeziehung. Mit der Inanspruchnahme des Rechtssystems sind aber immer auch Nachteile verbunden: Neben der Inflexibilität gehören hierzu etwa die Kosten für die Kontrolle des Verhaltens, für die Verifikation vor Gericht, Anwaltskosten oder Gerichtskosten. Darüber hinaus kann durch einen (erwarteten) Rückgriff auf rechtliche Sanktionen eine Atmosphäre erzeugt werden, die sich negativ auf die Arbeitsbeziehung auswirkt. Zudem können im Allgemeinen nur die expliziten vertraglichen Vereinbarungen Gegenstand einer gerichtlichen Auseinandersetzung sein.

- Aus gesellschaftlicher Perspektive können die Normen, Werthaltungen und gewohnheitsmäßigen Regelungen in der Gesellschaft einen Einfluss auf die Langfristigkeit des Arbeitsverhältnisses und damit auf das Vertrauen der Vertragsparteien in eine kooperative Beziehung haben. Je stärker sich ein Arbeitgeber aufgrund solcher gesellschaftlichen Normen gegenüber einem Arbeitnehmer verpflichtet fühlt, nur aus 'gutem Grund' zu kündigen oder gegebenenfalls ganz auf eine Kündigung zu verzichten, desto langfristiger wird im Allgemeinen die Beziehung zwischen den Parteien andauern. Die langfristigen Arbeitsbeziehungen in Japan werden oftmals mit einem solchen Argument begründet, allerdings zeigt die folgende Argumentation, dass zumindest seine grundsätzliche Erklärungskraft eingeschränkt ist.

Langfristige Arbeitsbeziehungen in Japan und die gesellschaftlichen Gründe

Arbeitsbeziehungen in Japan sind typischerweise langfristiger Natur, oftmals bleibt ein japanischer Arbeiter sogar lebenslang bei einem Arbeitgeber. Auf den ersten Blick mag dieses Phänomen überraschen, da Seniorität dem Wettbewerb um Arbeitskräfte und einer effizienten Allokation von Humankapital entgegensteht. Es verwundert daher nicht, dass Ökonomen und Soziologen nach den Ursachen für die enge Bindung zwischen Unternehmen und Mitarbeitern gesucht haben.

Eine übliche Begründung hierfür wird in der japanischen Kultur gesucht. Japaner sind demnach durch eine stärkere Gruppenorientierung gekennzeichnet als beispielsweise Europäer oder Amerikaner, wodurch sie schneller eine mentale Bindung zu gesellschaftlichen Gruppen, also auch zu Unternehmen, aufbauen.

Diese kulturelle Begründung trifft sicherlich für einen Teil der Phänomene der ja-

panischen Arbeitswelt zu. Sie scheint aber für viele Faktoren nicht ausreichend zu sein. Schon aus historischen Gründen kann die alleinige Aussagekraft dieses Arguments bezweifelt werden. So war Japan vor dem 2. Weltkrieg durch eine klassische Marktwirtschaft mit einem Wettbewerbsmarkt für Arbeitskräfte und einer im Vergleich zu späteren Jahrzehnten höheren Zahl an Arbeitsplatzwechseln gekennzeichnet. Die Möglichkeiten der Festanstellung waren damals deutlich begrenzter, die Teilnahme der Arbeiter am Management war geringer, und die Gewerkschaften waren auf Industrie- und nicht auf Unternehmensebene organisiert. Dass die Kultur nicht die einzige Begründung für die Langzeitbeschäftigungen in Japan ist, wird auch durch die Feststellung unterstützt, dass hohe Seniorität im Wesentlichen ein Phänomen der großen Unternehmen ist, aber keineswegs auf das ganze Land übertragen werden kann.

Quelle: Tsuneki (2000)

- Aus individueller Perspektive kann Vertrauen innerhalb der Arbeitsbeziehung aufgrund der persönlichen Dispositionen der Vertragsparteien bestehen. Psychologische Untersuchungen zeigen, dass eine solche Vertrauensneigung einer Person bereits im Kindesalter durch die Interaktion mit den Eltern erworben werden kann. Ein sicheres Zuwendungsverhalten der Eltern fördert dabei das grundsätzliche Vertrauen einer Person in andere Menschen.[9] Allerdings zeigen spätere Untersuchungen, dass ein solches generelles Vertrauen als Produkt einer persönlichen Disposition in der Regel wenig über das Vertrauen einer Person in einer spezifischen Situation aussagt.

6.2.3 Mechanismen zum Aufbau von Vertrauen

Die bisherige Diskussion macht deutlich, dass umfassendes Vertrauen in einer Arbeitsbeziehung nicht allein aufgrund gesellschaftlicher Rahmenbedingungen oder personeller Faktoren gerechtfertigt ist. Dies bedeutet allerdings nicht, dass diesen Faktoren keine Bedeutung zukommt. Vielmehr können sehr wohl Aspekte wie Freundlichkeit, Entgegenkommen oder Gutwilligkeit für das gegenseitige Vertrauen in einer Arbeitsbeziehung eine gewichtige Rolle spielen. Voraussetzung hierfür ist aber, dass solche Faktoren auch funktionieren, das heißt zur Entwicklung und zum

Aufbau von Organisationskapital beitragen. Dies soll im Folgenden näher diskutiert werden.

Betrachten wir hierzu das Beispiel eines Unternehmers, der einen kleineren Betrieb mit mehreren Mitarbeitern leitet. Wir nehmen an, dass die Arbeitsbeziehungen zwischen dem Unternehmer und seinen Mitarbeitern arbeitsrechtlich wie folgt geregelt sind: Ein Arbeitsvertrag kann jederzeit von beiden Seiten ohne Angabe von Gründen gekündigt werden. Insbesondere kann also auch der Unternehmer die Arbeitsbeziehung mit einem Mitarbeiter zu jedem Zeitpunkt auflösen. Darüber hinaus schreibt das Arbeitsrecht zwar eine tägliche Höchstarbeitszeit vor, allerdings kann der Unternehmer einem Mitarbeiter je nach den betrieblichen Erfordernissen eine Nacht-, Früh oder Spätschicht zuweisen. Auch lässt der Arbeitsvertrag offen, welche Tätigkeiten ein Mitarbeiter im Laufe seiner Arbeitszeit durchführen muss. Der Unternehmer kann autoritär dem Mitarbeiter eine Aufgabe zuweisen und der Mitarbeiter hat diese auszuführen.

Der so dargestellte Arbeitsvertrag deckt sich vollkommen mit unseren Ausführungen zum relationalen Vertrag: Der Unternehmer und ein Mitarbeiter schließen einen Arbeitsvertrag, der a priori langfristig ausgelegt ist. Der Unternehmer verpflichtet sich zur Zahlung des vereinbarten Arbeitsentgelts, der Mitarbeiter verpflichtet sich, für den Arbeitgeber Arbeit zu leisten. Die genaue Spezifikation der Arbeitsaufgabe ist dabei im Vertrag offengelassen, beide Parteien wissen also bei Vertragsabschluss noch nicht, welche Tätigkeiten der Mitarbeiter im nächsten Monat oder im nächsten Jahr ausführen muss. Im Unterschied zu unseren obigen Ausführungen fördert das Rechtssystem allerdings nicht das Vertrauen der Parteien in der Arbeitsbeziehung, da es den Handlungsspielraum des Unternehmers kaum einschränkt.

Um in unserem Beispiel die Mechanismen zum Aufbau von Organisationskapital noch präziser herauszuarbeiten, nehmen wir weiterhin an, dass es für den Mitarbeiter im Falle einer Beendigung seines Arbeitsverhältnisses sehr schwer ist, eine neue Beschäftigung zu finden. Dies kann z.B. aufgrund der lokalen Verhältnisse gegeben sein, etwa wenn der Unternehmer der einzige Arbeitgeber im näheren Umkreis ist. Eine eigene Kündigung oder eine solche durch den Unternehmer wäre für den Mitarbeiter demnach mit erheblichen Kosten verbunden: Er müsste die persönlichen Kosten eines Arbeitsplatzwechsels auf sich nehmen. Dazu gehört auch der Verlust von sozialen Beziehungen in seinem Umfeld oder zu seinen Kollegen. Weiterhin müsste er befürchten, dass er eine Zeit lang arbeitslos wäre. Diese Annahme garantiert, dass das Verhalten der Parteien in der Arbeitsbeziehung nicht durch den Wettbewerb auf dem Arbeitsmarkt diszipliniert wird.

Wie kann sich nun unter solchen gesetzlichen und marktlichen Rahmenbedingungen ein Vertrauen zwischen dem Unternehmer und einem Mitarbeiter entwickeln? Wie kann sichergestellt werden, dass der Unternehmer seine privilegierte Stellung innerhalb der Arbeitsbeziehung nicht opportunistisch ausnutzt? Welche Mechanismen können an die Stelle des Rechtssystems oder der Anreizwirkung des Wettbewerbsdrucks treten, um ein solches Verhalten des Unternehmers auszuschließen?

Eine Antwort auf diese Fragen haben wir schon gegeben: Der Unternehmer kann sich auf Grund gesellschaftlicher, sozialer oder ethischer Werte zu einem kooperativen Verhalten verpflichtet fühlen. Im Extremfall würde dies bedeuten, dass seine persönlichen Ziele auch das Wohlergehen seiner Mitarbeiter umfassen. Seine Mitarbeiter in dieser Situation auszunutzen, wäre dann für ihn völlig unvorstellbar und würde von ihm abgelehnt. Neben dieser Antwort wollen wir im Folgenden drei weitere Mechanismen vorstellen, die zum Aufbau von Organisationskapital in einer Arbeitsbeziehung beitragen können: ein Gleichgewicht der Kräfte, Reputation und Reziprozität.

Ausgeglichene Machtpositionen

Betrachten wir zunächst das Argument, dass ein Gleichgewicht in der Beziehung zwischen Unternehmer und Mitarbeiter zu gegenseitigem Vertrauen führen kann. In der bisherigen Argumentation sind wir davon ausgegangen, dass dem Mitarbeiter bei einer Beendigung seines Arbeitsverhältnisses erhebliche Kosten entstehen. Damit ist er in einem gewissen Umfang von dem Unternehmer abhängig. Wenn nun aber auch dem Unternehmer durch einen Weggang des Mitarbeiters Folgekosten entstehen, ist die Abhängigkeit wechselseitig. Diese Folgekosten können beispielsweise dadurch entstehen, dass dem Unternehmer bei einer Kündigung des Mitarbeiters dessen Wissen verloren geht, das er nicht so einfach ersetzen kann. Oder der Mitarbeiter hat aufgrund der langjährigen Zusammenarbeit mit seinen Kollegen soziale Beziehungen aufgebaut, die die innerbetriebliche Kommunikation verbessert haben und damit eine reibungslose Abstimmung ermöglichten. Bei einem Weggang des Mitarbeiters könnte es so zu Friktionen kommen, die für den Unternehmer mit Kosten verbunden sind. Unter Umständen hat der Mitarbeiter auch ein Beziehungsnetzwerk zu den Kunden der Unternehmung aufgebaut, das bei einer Kündigung verloren gehen würde. Schließlich können dem Unternehmer allein dadurch Kosten entstehen, dass er die frei gewordene Stelle nicht so einfach neu besetzen kann und es dadurch zu Engpässen im Unternehmen kommt.

Alle angeführten Gründe haben einen gemeinsamen Ursprung: Sie beruhen auf dem Umstand, dass ein Mitarbeiter im Laufe seiner Arbeitsbeziehung transaktionsspezifisches Kapital aufbaut. Diese Investitionen können beziehungsspezifisch sein, wie beispielsweise in der Zusammenarbeit mit Kollegen oder Kunden, oder sie sind humankapitalspezifisch, im Falle dass der Mitarbeiter Kentnisse erworben hat, die nur innerhalb dieser Unternehmung von Wert sind.

Das transaktionsspezifische Kapital des Mitarbeiters führt zu einer Abhängigkeit des Unternehmers von seinem Mitarbeiter. Denn auch der Unternehmer ist auf die unternehmensspezifischen Kenntnisse und Kontakte des Mitarbeiters angewiesen, sie sind ja gerade eine wichtigte Quelle für die Erzielung vermehrter Werte in der Beziehung. Daher ist auch der Unternehmer daran interessiert, in dieses Kapital zu investieren und den Mitarbeiter durch entsprechende Anreize an das Unternehmen zu binden. Durch transaktionsspezifische Investitionen entsteht also Macht auf beiden Seiten.

Je ausgeglichener die jeweiligen Machtpositionen sind, desto größer werden die Einbußen beider Parteien im Falle der Beendigung der Arbeitsbeziehung sein. In diesem Sinne fördern transaktionsspezifische Investitionen also eine vertrauensvolle, kooperative Beziehung zwischen den Parteien.

Zwei Einwände können gegen diese Überlegungen angeführt werden: Erstens, wird der Mitarbeiter seine Machtposition überhaupt ausnutzen? Zweitens, was passiert, wenn der Mitarbeiter keine besonderen Kenntnisse oder Kontakte aufgebaut hat und einfach zu ersetzen ist?

Diskutieren wir zunächst die erste Frage. Selbst dann, wenn der Mitarbeiter unternehmensspezifisches Kapital erworben hat und somit grundsätzlich eine Machtposition gegebenüber dem Unternehmer hat, ist nicht unmittelbar klar, dass er seine (implizite) Drohung, das Unternehmen im Fall einer schlechten Arbeitsbeziehung zu verlassen, auch tatsächlich ausführt. Wenn er nämlich kündigen würde, wären auch für ihn Kosten damit verbunden. Man könnte daher argumentieren, dass seine (implizite) Drohung nicht glaubwürdig ist: Käme er in die Verlegenheit zu kündigen, würde er hiervon wieder Abstand nehmen.

Inwieweit tatsächlich die (implizite) Drohung des Mitarbeiters, im Falle einer Ausnutzung der Arbeitsbeziehung durch den Unternehmer zu kündigen, unglaubwürdig ist, hängt von einer Reihe von Faktoren ab: Neben den Persönlichkeitseigenschaften der beiden Parteien wie deren Eigensinnigkeit oder Risikoneigung spielt insbesondere auch ihre Erfahrung in Auseinandersetzungen und Verhandlungen eine entscheidende Rolle hierbei. Zudem kann der Mitarbeiter durchaus dazu bereit sein, ein ausnutzendes Verhalten des Unternehmers trotz damit verbundener persönlicher Kosten zu vergelten:

Vergeltung in Auseinandersetzungen

Vergeltung lässt sich experimentell in einem Ultimatumspiel untersuchen: Diejenige Person, die der von einer anderen Person vergeschlagenen Aufteilung einer bestimmten Geldsumme zustimmen muss, steht vor folgender Entscheidung. Stimmt sie dem Vorschlag zu, akzeptiert sie die ihr zugewiesene Geldsumme und beide Parteien erhalten ihre entsprechenden Auszahlungen. Lehnt sie hingegen ab, verzichtet sie auf die ihr zugewiesene Geldsumme und beide Parteien bekommen keine Auszahlung. Letzteres Verhalten kann also als Vergeltung interpretiert werden für ein zu geringes Angebot der vorschlagenden Person.

In einer vergleichende Studie haben Roth et al. (1991) in unterschiedlichen Ländern - in Jerusalem, Ljubljana, Pittsburgh, and Tokio - dieses Ultimatumspiel durchgeführt. Dabei zeigte sich, dass in allen Ländern niedrigere Angebote deutlich häufiger abgelehnt wurden als substantiell höhere Angebote. Es zeigten sich aber auch Unterschiede in den Ergebnissen zwischen den Ländern. So kam es in Jerusalem und Tokio häufiger zu Angeboten, die in der Nähe einer 50:50-Aufteilung lagen als in Pittsburgh und Ljubljana. Die Autoren schlossen hier auf kulturelle Unterschiede in den betrachteten Ländern mit unterschiedlichen Wahrnehmungen, wie eine ak-

zeptable (gerechte) Aufteilung auszusehen hätte.

Quelle: Roth et al. (1991)

Die Beantwortung der zweiten Frage - was passiert, wenn der Mitarbeiter keine spezifischen Kenntnisse oder Kontakte aufgebaut hat und einfach zu ersetzen ist? - bringt uns zu einem weiteren Mechanismus, der den Aufbau von Vertrauen in einer Arbeitsbeziehung fördern kann:

Die Reputation des Arbeitgebers

Angenommen, dem Mitarbeiter ist es nicht möglich, in einem ausreichenden Umfang eine Machtposition gegenüber dem Unternehmer aufzubauen. Dann bleibt seine (implizite) Drohung, unter Umständen die Vertragsbeziehung aufzulösen, wirkungslos, da dem Unternehmer keine größeren Kosten bei einer Kündigung entstehen würden. Der Unternehmer seinerseits könnte also grundsätzlich die Abhängigkeit des Mitarbeiters zu seinen Gunsten ausnutzen.

Nun haben wir aber oben dargestellt, dass die Beziehung zwischen dem Mitarbeiter und dem Unternehmer immer eingebettet ist in ein Geflecht von sozialen Verträgen. Insbesondere haben damit aber indirekte Verträge eine disziplinierende Wirkung für den Unternehmer: Angenommen, der Unternehmer nutzt seine relative Machtposition gegenüber einem Mitarbeiter aus. Aufgrund der sozialen Interaktionen innerhalb des Unternehmens ist davon auszugehen, dass dieses Verhalten von anderen Mitarbeitern beobachtet wird. Entsprechend werden sie ihre eigenen Erwartungen an ihre Beziehung mit dem Unternehmer modifizieren. Sie müssen befürchten, dass auch sie von dem Unternehmer ausgenutzt werden könnten. Damit stellen sie aber die Vertrauenswürdigkeit des Unternehmers für ihre eigene Beziehung in Frage, seine Reputation als kooperativer Partner ist beschädigt.

Ein solcher Reputationsverlust kann für den Unternehmer mit erheblichen Folgekosten verbunden sein. Als Reaktion auf das Verhalten des Unternehmers könnten andere Mitarbeiter ihr Arbeitsengagement zurücknehmen, sich nach einer Stelle in einer anderen Unternehmung umschauen oder vertragliche Garantien zur Absicherung ihrer Stelle fordern. Alles wäre mit zusätzlichen Kosten für den Unternehmer verbunden, insbesondere dann, wenn er aufgrund der spezifischen Kenntnisse und Kontakte auf die Kooperation mit diesen Mitarbeitern angewiesen ist. Vor allem aber muss er befürchten, dass seine Mitarbeiter nicht mehr bereit sind, künftig in ihre Arbeitsbeziehungen zu investieren. Die Gefahr des Holdup, dass also solche spezifischen Investitionen einseitig vom Unternehmer ausgenutzt werden könnten, hat sich für die Mitarbeiter erhöht. Dadurch werden aber weniger Werte im Unternehmen geschaffen.

Unsere Diskussion macht deutlich, dass der Unternehmer ein virulentes Interesse hat, seine Reputation als vertrauenswürdiger Arbeitgeber nicht zu verlieren. Im Gegenteil, er wird vielmehr daran interessiert sein, eine solche Reputation durch entsprechende vertrauensbildende Maßnahmen zu entwickeln bzw. aufrechtzuerhalten. Bevor wir solche unterstützenden Vorkehrungen diskutieren, soll an dieser Stelle noch auf eine Problematik in unserer Argumentation hingewiesen werden.

Wir haben nämlich in unserer Begründung implizit unterstellt, dass ein Mitarbeiter, der die einseitige Ausnutzung eines Kollegen durch den Unternehmer beobachtet, nicht nur seine Erwartungen über dessen Vertrauenswürdigkeit verändert, sondern dass dies auch Rückwirkungen auf sein eigenes Verhalten in der Unternehmung hat. Dies muss aber nicht unbedingt gegeben sein. Er selbst ist direkt vom Handeln des Unternehmers gar nicht betroffen und könnte daher von einer entsprechenden Reaktion auf dessen Verhalten absehen. Im Extremfall könnte der Mitarbeiter auch durchaus von dem Schicksal seines Kollegen völlig unberüht sein.

Das damit angesprochene Problem haben wir im letzten Kapitel als Trittbrettfahrerproblem bezeichnet: Das Reputationsargument baute auf der Annahme auf, dass die Mitarbeiter in dem Unternehmen unabhängig voneinander auf das Verhalten des Unternehmers reagieren und dies zu Folgekosten für den Unternehmer führt. Versetzen wir uns in die Position eines solchen Mitarbeiters und betrachten seine Entscheidung, ob er den Unternehmer für sein ausbeutendes Verhalten gegenüber seinem Kollegen 'bestraft'. Wenn bereits andere Mitarbeiter dem Unternehmer Konsequenzen androhen, könnte er argumentieren, dass seine Reaktion keine zusätzlichen Wirkungen mehr hat, und darauf verzichten - dies ist insbesondere dann wahrscheinlich, wenn seine Reaktion möglicherweise eine Gegenreaktion des Unternehmers hervorruft, die mit negativen Konsequenzen für ihn verbunden ist. Wenn andererseits keiner der anderen Mitarbeiter auf das ausbeutende Verhalten des Unternehmers reagiert, warum sollte er als Einziger sich dagegen zur Wehr setzen?

Reziprozität und der Austausch von Geschenken

Die Ausführungen zeigen, dass das Trittbrettfahrerproblem die Wirkungsweise des Reputationsmechanismus einschränken kann. Auch hierzu sind verschiedene Lösungen denkbar, beispielsweise ein abgestimmtes Verhalten der Mitarbeiter. So könnte eine kollektive Vertretung der Mitarbeiter gegenüber dem Unternehmer geschlossen auftreten und als Repräsentanten der Arbeitnehmerschaft sein opportunistisches Verhalten sanktionieren. In Deutschland sind solche Mechanismen in Form des Betriebsrats oder der Gewerkschaft institutionalisiert.

Im Folgenden wollen wir allerdings einen anderen Mechanismus aufzeigen, der den Aufbau der Reputation des Unternehmers bezüglich seiner Vertrauenswürdigkeit unterstützen kann. Dabei greifen wir auf die oben entwickelte Idee der Reputation zurück, umgehen aber das Trittbrettfahrerproblem, indem wir uns auf die zeitliche Dimension einer spezifischen Arbeitsbeziehung zwischen einem Mitarbeiter und dem Unternehmer konzentrieren. Die Argumentation ist einfach: Der Unternehmer kann nicht nur seine Reputation gegenüber allen Mitarbeitern verlieren, er kann sie auch in der langfristigen Beziehung mit einem Mitarbeiter aufs Spiel setzen.

Dieser Mechanismus, der zum Aufbau von Vertrauen in einer Arbeitsbeziehung beitragen kann, steht in einem Zusammenhang mit dem in der Soziologie eingeführten Begriff der Reziprozität. Nach Gouldner (1960, S.171) definieren wir **Reziprozität** wie folgt:

> "(1) people should help those who have helped them, and (2) people should not injure those who have helped them. ... Moreover, such obligations of repayment are contingent upon the imputed value of the benefit received. The value of the benefit and hence the debt is in proportion to and varies with - among other things - the intensity of the recipient's need at the time the benefit was bestowed ('a friend in need ...'), the resources of the donor ('he gave although he could ill afford it'), the motives imputed to the donor ('without though of gain'), and the nature of the constraints which are perceived to exist or to be absent ('he gave of his own free will ...')."

Die Idee der Reziprozität kann somit unmittelbar zur Beantwortung der weiter oben gestellten Frage herangezogen werden, welche vertrauensbildenden Maßnahmen die Reputation des Unternehmers verbessern können: Indem der Unternehmer einem Mitarbeiter 'Geschenke' offeriert, erhöht er die Selbstverpflichtung des Mitarbeiters zur Kooperation. Funktioniert dieser Mechanismus, dann wird der Mitarbeiter im Gegenzug sein organisatorisches Commitment gegenüber dem Unternehmen oder seinen Arbeitseinsatz steigern.[10]

Reziprozität, das Gefangenendilemma und TIT-FOR-TAT

Das wohl bekannteste Spiel in der Spieltheorie ist das 'Gefangenendilemma', dessen Name von der folgenden Geschichte abgeleitet ist: Zwei Kriminelle haben gemeinsam einen Raubüberfall begangen und werden anschließend festgenommen. Allerdings kann ihnen der zuständige Staatsanwalt die Tat nicht nachweisen. Lediglich der unerlaubte Waffenbesitz, der eine geringe Bestrafung nach sich zieht, ist nachweisbar. Um die beiden dennoch des Raubes zu überführen, veranlasst der Staatsanwalt die Unterbringung der beiden Gefangenen in getrennten Zellen und unterbreitet ihnen jeweils folgendes Angebot: Gesteht der Gefangene den gemeinschaftlichen Raubüberfall, wird er aufgrund seiner Kooperation mit der Staatsanwaltschaft direkt freigelassen, sofern sein Komplize nicht auch gestanden hat. Letzterer wird dann wegen Raubes verurteilt. Die Strafe fällt aufgrund mangelnder Zusammenarbeit mit der Staatsanschaft maximal aus. Gestehen aber beide, werden sie gemeinsam für den Raubüberfall zur Verantwortung gezogen. Allerdings wirkt ihr Geständnis strafmildernd. Das jeweilige Strafmaß für beide ist damit zwar niedriger als die Maximalstrafe für dieses Delikt, aber doch höher als die Bestrafung wegen unerlaubten Waffenbesitzes.

Könnten sich die beiden Gefangenen in dieser Situation bindend auf ein Vorgehen einigen, würden sie natürlich beide nicht mit dem Staatsanwalt kooperieren. Ist eine solche Bindung allerdings nicht möglich, dann ist es für beide Parteien optimal, zu gestehen, unabhängig davon, was der andere Komplize machen wird: Entweder man kommt frei oder erhält eine Strafmilderung. Genau dies ist aber das Dilemma der beiden Gefangenen.

Wie verhalten sich nun Personen, die sich mehrmals nacheinander in einer solche Dilemmasituation befinden? Der Politikwissenschaftler Axelrod (1984) hat in einem Experiment, an dem sowohl Experten der Spieltheorie als auch andere Personen teilnahmen, diese Frage untersucht. Aufgrund der Ergebnisse kommt Axelrod in seiner Studie zu vier Empfehlungen, (S.110):

"1. Don't be envious.

2. Don't be the first to defect.
3. Reciprocate both cooperation and defection.
4. Don't be too clever."

Die Reziprozität im Verhalten bezeichnete Axelrod als TIT-FOR-TAT-Strategie ("Wie Du mir, so ich Dir."): Mache immer das, was der Gegner in der vorangegangenen Runde gemacht hat; kooperiere in der ersten Runde; wenn sich der Mitspieler in einer der weiteren Runden unkooperativ verhält, weigere Dich ebenfalls zu kooperieren. Diese Strategie beinhaltet also eine sofortige Bestrafung im Falle der Nichtkooperation. Sie ermöglicht aber auch ein 'Verzeihen', wenn der Gegenspieler nach einmaligem Ausscheren wieder zu einer kooperativen Spielweise zurückkehrt.

Quelle: Axelrod (1984)

Während im Gefangenendilemma das kooperative Verhalten der einen Partei mit demselben kooperativen Verhalten der anderen Partei belohnt wird, ist es in sozialen Beziehungen wesentlich, dass die ausgetauschten Geschenke auf den jeweils anderen Partner zugeschnitten sind. Dies macht bereits die obige Definition von Gouldner deutlich. So führen Geschenke nur dann zu einer Verpflichtung der anderen Partei, wenn sie auf die Bedürfnisse des Empfängers zugeschnitten sind. Auch die Motive des Gebenden sind entscheidend: Ein Mitarbeiter, der von seinem Vorgesetzten einen zusätzlichen Urlaubstag statt eines finanziellen Bonus für seine gute Arbeit erhalten hat, wird dies möglicherweise als nicht adäquat ansehen, da die Abteilung, in der er arbeitet, im Moment sowieso unausgelastet ist. Dies stellt eine weitere Bedingung an die Wirkungsweise von Geschenken: Sie müssen für den Geber mit Kosten verbunden sein, wobei der Begriff der Kosten hier subjektiv zu verstehen ist. Gerade auch symbolische Geschenke können ein gewünschtes Verhalten beim Empfänger induzieren, auch wenn sie nicht ein monetäres Äquivalent zu einer finanziellen Belohnung sind. Ein Vorgesetzter, der beispielsweise seinem Mitarbeiter durch die Zeit, die er seinen Angelegenheiten widmet, Bedeutung vermittelt, kann dadurch ein reziprokes, kooperatives Verhalten des Mitarbeiters in anderen Arbeitssituationen induzieren. Dieser Akt des Gebens von Geschenken wird auch als **symbolische Führung** bezeichnet.

Haben wir bisher den Austausch von Geschenken als Instrument zum Aufbau von Vertrauen in einer spezifischen Arbeitsbeziehung zwischen einem Mitarbeiter und dem Unternehmer betrachtet, können wir diese Überlegungen auf eine kollektive Ebene übertragen. Zwei Formen von reziproken Beziehungen sind hier möglich: Zum einen kann der Unternehmer einer Gruppe von Mitarbeitern ein Geschenk machen, um so eine kollektive Verpflichtung dieser Mitarbeiter zu induzieren. Zum anderen können aber die Mitarbeiter dem Unternehmer ein Geschenk überreichen, um damit einen Beitrag zu den Zielen des Unternehmens zu leisten. Das folgende Beispiel illustriert, wie diese zweite Form des Geschenkaustauschs in der Praxis aussehen kann:

Delta Airlines und ein Flugzeug als Geschenk

Im Jahr 1982 kam es am Hartsfield International Airport in Atlanta zu einem ungewöhnlichen Geschenk. Hübsch verpackt mit einer roten Schleife überreichten die Mitarbeiter von Delta Airlines ihrem Arbeitgeber eine $ 30 Mio. teure neue Boeing 767. Hintergrund dieses spektakulären Geschenks war eine vorangegangene 8%-ige Steigerung der Bezahlung von freien (non-contract) Mitarbeitern. Diese Lohnerhöhung kam für die Mitarbeiter überraschend, da die US-amerikanische Wirtschaft in einer tiefen Krise steckte und andere Fluglinien massiven Stellenabbau betrieben.

78% der zumeist nicht gewerkschaftlich organisierten 37.000 Mitarbeiter von Delta Airlines beteiligten sich an diesem Geschenk, das den Namen 'Project 767' trug. Sie zahlten hierzu zwischen einem und fünf Prozent ihres Gehalts in einen Fonds ein. Alle aktiven (und pensionierte) Mitarbeiter konnten sich an dem Programm beteiligen "to enable Delta employees to demonstrate their gratitude to the company for its efforts to keep their jobs secur and to maintain their living standards during the present difficult economic times". Die Geschäftsführung unterstützte die Belegschaft durch administrative Hilfen sowie durch eine Anpassung der Renten- und Sparpläne, damit diese nicht durch den freiwilligen Lohnverzicht geschmälert würden. Dabei war die Geschäftsführung sehr darauf bedacht, die Belegschaft als Initiator des Geschenks darzustellen.

Diese enge Beziehung zwischen Management und Mitarbeitern bei Delta Airlines gründete sich auf eine Tradition: Im Rahmen der Personalführung verfolgte das Unternehmen ein 'family feeling'-Konzept. Durch verschiedene Maßnahmen sollte dabei ein kooperatives Verhältnis zu den Mitarbeitern aufgebaut werden. Dies hatte z.B. zur Folge, dass der Grad der gewerkschaftlichen Organisation bis zum heutigen Tag im Vergleich zum Branchendurchschnitt geringer ist.

Quelle: Backhaus (1994)

Das in der ökonomischen Literatur wiederholt diskutierte Phänomen der **Effizienzentlohnung** ist ein Beispiel für eine reziproke Beziehung, in der der Unternehmer seinen Mitarbeitern ein Geschenk macht, um damit die Verpflichtung des Mitarbeiters zu einem unternehmenskonformen Verhalten zu erhöhen. Dies kann er etwa in Form besserer Arbeitsbedingungen, höherer Boni oder anderer zusätzlicher Vorteile tun. Voraussetzung für die Wirkungsweise der Effizienzentlohnung ist die Hypothese, dass sich das Anstrengungsniveau eines Mitarbeiters mit steigender Entlohnung erhöht. Bezahlt der Unternehmer somit seinen Mitarbeitern eine Entlohnung, die über dem am Markt üblichen Standard liegt – diese zusätzliche Kompensation ist der sogenannte Effizienzlohn – dann kann dies entsprechend unseren Ausführungen zu einem reziproken Verhalten in Form eines überdurchschnittlichen Engagements der Mitarbeiter für ihr Unternehmen führen.

Darüber hinaus kann eine überdurchschnittlich hohe Entlohnung der Mitarbeiter aber auch andere positive Auswirkungen für den Unternehmer haben: Indem er Effizienzlöhne zahlt, ist es für Bewerber, aber auch für die bereits beschäftigten Mitarbeiter attraktiver, in seiner Unternehmung zu arbeiten, anstatt in einem vergleichbaren anderen, das nur entsprechend dem üblichen Standard entlohnt. Dies hat zwei weitere positive Effekte. Zum einen ist zu vermuten, dass der Unternehmer mehr Bewerbungen für Vakanzen bekommen wird und somit bessere Mitarbeiter einstellen kann als andere Unternehmungen. Zum anderen kann die Zahlung einer überdurchschnittlichen Entlohnung disziplinierend wirken. Sind nämlich die Mitarbeiter des Unternehmens daran interessiert, einen Verlust ihres attraktiven Arbeitsplatzes zu vermeiden, haben sie zusätzliche Anreize, sich nicht opportunistisch zu verhalten.

Bislang haben wir vor allem die Mechanismen auf ihre Möglichkeiten zur Herausbildung von Vertrauen in Arbeitsbeziehungen untersucht. Dabei haben wir zumindest implizit angedeutet, dass die Wirkungsweise dieser Mechanismen und damit die Qualität des induzierten Vertrauens von der Länge der Arbeitsbeziehung und damit der zurückliegenden Erfahrung abhängt. Nach Lewicki und Bunker (1995) können wir drei Formen des Vertrauens unterscheiden:

- kalkülbasiertes Vertrauen
- wissensbasiertes Vertrauen
- identifikationsbasiertes Vertrauen

Kalkülbasiertes Vertrauen kann als grundsätzliche Voraussetzung für die Entwicklung von Vertrauen in einer Arbeitsbeziehung verstanden werden: Zu Beginn der Beziehung werden die Parteien ihr Verhalten vor allem an den erwarteten Früchten ihrer künftigen Zusammenarbeit ausrichten. Ein kurzfristiges opportunistisches Verhalten einer Partei wird dann durch die langfristigen Auswirkungen eines solchen Verhaltens unterbunden. So muss eine Partei bei einer einseitigen Durchsetzung der eigenen Interessen befürchten, dass die andere Partei künftig ihr Verhalten anpassen wird und ihrerseits auf die Durchsetzung eigener Interessen besteht, oder dass die Beziehung vorzeitig beendet wird. Übersteigen hier die Nachteile, die aus einem opportunistischen Verhalten für die künftige Zusammenarbeit resultieren, die kurzfristigen Vorteile aus einem solchen Verhalten, dann kann dies eine vertrauensfördernde Wirkung haben. Insofern spielt in dieser Phase der Beziehung der Mechanismus der ausgeglichenen Machtpositionen eine entscheidende Rolle. Die gegenseitige Abhängigkeit der Parteien beispielsweise in Form transaktionsspezifischer Investitionen erhöht die Erträge, die die beiden Parteien aus einer langfristigen Arbeitsbeziehung ziehen können.

Wissensbasiertes Vertrauen ist ebenfalls kalkülorientiert, indem auch hier die beiden Parteien in einer Arbeitsbeziehung die langfristigen gemeinsamen Vorteile aus ihrer Beziehung bei einem kooperativen Verhalten gegen die kurzfristigen einseitigen Vorteile aus einem opportunistischen Verhalten abwägen. Allerdings stellt das wissensbasierte Vertrauen auch auf die gemeinsame Vorgeschichte der beiden Parteien ab, so dass das zukünftige Verhalten der anderen Partei besser vorhersehbar wird. Insofern kann sich ein wissensbasiertes Vertrauen erst im Laufe der Arbeitsbeziehung entwickeln. Der Mechanismus der Reputation einer Partei ist hier einzuordnen: Aufgrund der zurückliegenden Beziehung bilden sich die Parteien Erwartungen über die Vertrauenswürdigkeit des anderen Partners und beziehen diese Erwartungen in ihr zukünftiges Verhalten mit ein. Die gute Reputation einer

Partei aufgrund ihres bisherigen kooperativen Verhaltens erhöht die gemeinsamen künftigen Vorteile, die die andere Partei aus der Beziehung erwartet.

Identifikationsbasiertes Vertrauen schließlich stellt auf ein Vertrauen zwischen den Parteien ab, bei dem die gegenseitige aktive Respektierung und Unterstützung der Ziele des jeweils anderen gegeben ist. Es besteht also eine Interessenharmonie zwischen Mitarbeiter und Unternehmer: Der Unternehmer fühlt sich bei seinen Entscheidungen auch den persönlichen Zielen seines Mitarbeiter verpflichtet. Der Mitarbeiter seinerseits hat ein so starkes organisatorisches Commitment zum Unternehmen aufgebaut, dass er sich mit den Unternehmenszielen identifiziert. Im Unterschied zu den beiden vorgenannten Formen des Vertrauens beruht das identifikationsbasierte Vertrauen nicht auf einem Erwartungsnutzenkalkül, ist also nicht Ergebnis eines Abwägungsprozesses der Parteien. Vielmehr berücksichtigt jede Partei in ihrer eigenen Nutzenfunktion auch die Ziele des Anderen.[11]

Voraussetzung für ein identifikationsbasiertes Vertrauen ist die Herausbildung einer engen sozialen Beziehungen zwischen den Parteien im Laufe des bisherigen Arbeitsverhältnisses. Der Mechanismus der Reziprozität kann hierfür die Möglichkeit bieten: Die Erwartung oder das Vertrauen darauf, dass sich die Mitarbeiter mit den Unternehmenszielen identifizieren, wirkt als selbsterfüllende Prophezeiung. So kann beispielsweise ein Verzicht auf rigide Kontrollmethoden im Unternehmen den Mitarbeitern gerade solche Arbeitsanreize setzen, die Kontrolle tatsächlich überflüssig machen. So kommen Bradach und Eccles (1989, S.107f) zu dem Ergebnis: "trust possesses a self-fulfilling quality: the existence of trust gives one reason to trust (for both social and transaction cost reasons), just as distrust begets distrust". Durch den Austausch von Geschenken kann also ein sich selbst verstärkendes, gegenseitiges Vertrauen entstehen, das damit die Grundlage einer sogenannten Vertrauensspirale darstellt.

6.3 Anforderung an die Mitarbeiterführung

Ziel dieses letzten Abschnitts ist es, die in den vorangegangenen Kapiteln entwickelte Theorie des Mitarbeiterverhaltens für eine Theorie der Mitarbeiterführung fruchtbar zu machen. Hierzu verknüpfen wir die wesentlichen Determinanten des Arbeitsverhaltens eines Mitarbeiters mit den organisatorischen Anforderungen, die auch aus der Maximierung seiner Wertschöpfung resultieren, und leiten daraus die Anforderungen ab, die sich für die geeignete Führung des Mitarbeiters ergeben.

Unter **Mitarbeiterführung** verstehen wir dabei im Folgenden die Beeinflussung des Arbeitsverhaltens eines Mitarbeiters im Hinblick auf das Erreichen der organisatorischen Ziele der Unternehmung. Die im letzten Kapitel diskutierte Einbettung des Mitarbeiters in den organisatorischen Wertschöpfungsprozess einer Unternehmung weist auf zwei Aspekte der Mitarbeiterführung hin, die implizit mit dieser Definition abgedeckt werden:

- Mitarbeiterführung umfasst auch die Führung in Gruppen: Durch Anwendung der Prinzipien der Arbeitsteilung und des Tauschs ist der Mitarbeiter eingebettet in ein Geflecht von lateralen und vertikalen Interdependenzen innerhalb der Unternehmung. Eine zielorientierte Beeinflussung seines Arbeitsverhaltens muss demnach immer auch diese Interdependenzen mit berücksichtigen. Damit beeinhaltet Mitarbeiterführung aber notwendigerweise auch die Steuerung der Interaktionen zwischen verschiedenen Mitarbeitern.[12]
- Mitarbeiterführung umfasst auch die Koordination des Mitarbeiterverhaltens: Die eingeschränkte Rationalität und die daraus resultierende Unvollständigkeit des Arbeitsvertrages macht eine permanente Konkretisierung der Arbeitsaufgabe eines Mitarbeiters im Laufe der Arbeitsbeziehung notwendig. Dies erfordert zum einen eine entsprechende Regelung seines jeweiligen Tätigkeitsbereichs. Zum anderen muss sein Arbeitsverhalten aber auch so beeinflusst werden, dass er im Rahmen der ihm zur Verfügung stehenden Entscheidungsbefugnisse im Sinne der Unternehmung handelt.

Mitarbeiterführung umfasst somit nicht nur eine motivationale Dimension, sondern hat auch einen auf Koordination gerichteten Aspekt. Im ersten Fall geht es um die Gestaltung geeigneter Arbeitsanreize. Ziel ist es, den Mitarbeiter so zu motivieren, dass er seine Arbeitsaufgabe adäquat durchführt. Die motivationale Dimension der Führung betont also den Mitarbeiter mit seinen Zielen, Bedürfnissen und Werten. Bei der koordinativen Dimension der Führung steht hingegen die Gestaltung geeigneter Verhaltensrestriktionen im Vordergrund. Ziel ist es hier, dem Mitarbeiter in seiner Arbeitssituation solche Rahmenbedingungen vorzugeben, dass er seine Arbeitsaufgabe tatsächlich eigenständig durchführen kann. Dieser Aspekt der

Mitarbeiterführung stellt also auf die individuellen Fähigkeiten des Mitarbeiters ab.

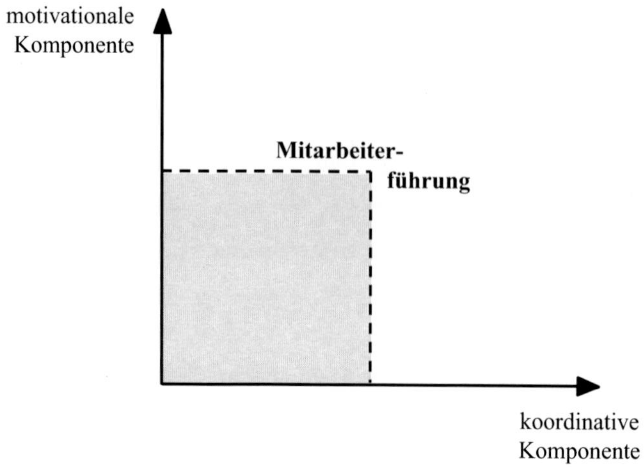

Abbildung 6.4: Die koordinative und motivationale Dimension der Mitarbeiterführung

Die koordinative und die motivationale Dimension der Mitarbeiterführung leiten sich somit in unserem Argumentationsrahmen unmittelbar aus der Zerlegung des Organsationsproblems in die Teilprobleme der Koordination und Motivation ab. In der empirischen Literatur wurden diese beiden Dimensionen des Führungsverhaltens in der Ohio- und Michigan Studie in den 50er Jahren als Consideration und Initiating Structure identifiziert. Fleishman (1960, S.1) charakterisiert diese Faktoren wie folgt: "Consideration ... reflects the extent to which an individual is likely to have job relationships with his subordinates characterized by mutual trust, respect for their ideas, consideration of their feelings, and a certain warmth between himself and them. ... Structure ... reflects the extent to which an indivual is likely to define and structure his own role and those of his subordinates toward goal attainment."

Im Rahmen unseres ökonomisch-psychologischen Verhaltensmodells, das wir in den letzten Kapiteln entwickelt haben, zielen die koordinative und motivationale

Dimension der Mitarbeiterführung auf zwei zentrale Aspekte des Arbeitsverhaltens ab:

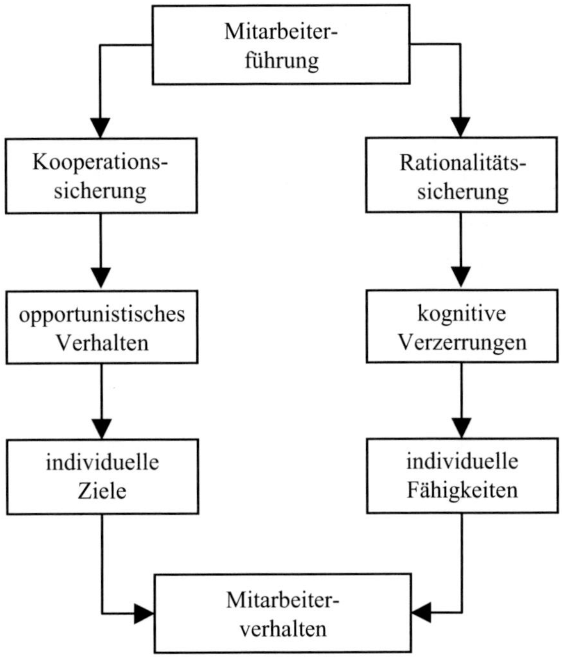

Abbildung 6.5: Mitarbeiterführung und die Steuerung des Arbeitsverhaltens eines Mitarbeiters

- Aufgrund der beschränkten kognitiven Fähigkeiten des Mitarbeiters ist a priori nicht davon auszugehen, dass er die objektiven Rahmenbedingungen seiner Arbeitsaufgabe angemessen beurteilt und adäquate Entscheidungen trifft. Ziel der Mitarbeiterführung muss daher eine **Rationalitätssicherung** sein: Die kognitiven und motivationalen Verzerrungen, die wir in Kapitel 3 und 4 diskutiert haben, müssen durch die Gestaltung seiner Arbeitssituation so begrenzt werden, dass sie zu einer Strukturierung und Objektivierung des Entscheidungsverhaltens beitragen.
- Aufgrund der Vielfalt der persönlichen Ziele, die der Mitarbeiter mit seiner Organisationsteilnahme erreichen will, ist a priori nicht davon auszugehen, dass er die Ziele der Unternehmung in der Durchführung seiner Arbeitsaufgabe um-

fassend berücksichtigt. Ziel der Mitarbeiterführung muss hier eine **Kooperationssicherung** sein: Ein mögliches opportunistisches Verhalten des Mitarbeiters, das wir in Kapitel 4 und 5 diskutiert haben, muss durch Arbeitsanreize und Verhaltensrestriktionen so begrenzt werden, dass sein Entscheidungsverhalten im Einklang mit der Unternehmung steht.

In diesem Abschnitt wollen wir die Sicherstellung der Kooperation und Rationalität als Aufgaben der Mitarbeiterführung näher diskutieren. Welcher Zusammenhang zwischen diesen beiden Aufgaben und den personellen Determinanten des Mitarbeiterverhaltens besteht, fasst die obige Abbildung zusammen.

6.3.1 Sicherstellung der Rationalität

Unsere Diskussion des individuellen Verhaltens im zweiten Teil dieses Buches hat gezeigt, dass Personen in ihrem Handeln einer Vielzahl von kognitiven und motivationalen Verzerrungen unterliegen können: Urteilstendenzen können bei der Bewertung von Handlungsalternativen beispielsweise in Form der Referenzpunktbildung, des Besitztums- oder Sunk cost-Effekts auftreten. Kognitive Verzerrungen können bei der Beurteilung funktionaler Zusammenhänge beobachtet werden, etwa als Sicherheits- oder Pseudosicherheitseffekte, beim Allais-Paradoxon oder bei der Vernachlässigung der Basisrate. Und schließlich bestehen motivationale Verzerrungen bei intertemporalen Entscheidungen, wenn langfristige Ziele aufgrund temporärer Interessen aufgegeben werden.

Ursache der meisten dieser Verzerrungen ist das Bestreben von Personen, den kognitiven Aufwand bei der Aufnahme und Verarbeitung von Informationen zu reduzieren. Die damit verbundene Anwendung von einfachen Heuristiken impliziert dann aber nicht nur die beschriebenen Verzerrungen, sondern macht die Urteils- und Entscheidungsfindung der Person von subjektiven, individuellen Faktoren abhängig. Dies reduziert die Prognostizierbarkeit ihres Verhaltens für dritte Parteien, so dass diese die Reaktionen der Person schlechter antizipieren und in ihrem eigenen Handeln entsprechend berücksichtigen können. Diese Problematik wird noch verstärkt durch die verschiedenen emotionalen Faktoren, die das Verhalten der Person beeinflussen.

Im Arbeitskontext reduzieren solche Fehlurteile und -entscheidungen eines Mitarbeiters die Gesamtwertschöpfung der Unternehmung. Gleiches gilt für die erhöhte

Verhaltensunsicherheit, die zu einer erschwerten Zusammenarbeit anderer Organisationsteilnehmer mit dem Mitarbeiter führt. Der Mitarbeiterführung kommt hier die Aufgabe zu, die Konsistenz der Urteils- und Entscheidungsfindung innerhalb der Unternehmung zu fördern. Ziel dieser Rationalitätssicherung muss es sein, ein rationales Entscheidungsverhalten der Mitarbeiter zu induzieren.

Die Richtschnur für ein solches Vorgehen kann nach unseren Ausführungen im vierten Kapitel nur das Axiomensystem sein, dass der normativen Entscheidungstheorie zugrunde liegt. Die drei Axiome der Wohldefiniertheit, Stetigkeit und Unabhängigkeit der Präferenzen garantieren, dass ein Entscheider unter Berücksichtigung seiner individuellen Präferenzen konsistente Entscheidungen trifft. Die organisatorischen Entscheidungen eines Mitarbeiters sollten daher diesen drei Axiomen genügen, damit aus Sicht der Unternehmung irrationale Entscheidungen vermieden werden. Die Äquivalenz der Axiome mit dem Erwartungsnutzenkonzept von von Neumann und Morgenstern bildet dann die Grundlage der Rationalitätssicherung: Organisatorische Entscheidungen müssen den Regeln von Bayes und der Maximierung des erwarteten Nutzens folgen.

Dawes (1988) argumentiert an einer Reihe von Beispielen, wie diese Regeln der normativen Entscheidungstheorie als Form der Therapie eingesetzt werden können. Sein Resumee ist wie folgt (S.173): "Such decision analysis is a form of therapy because it helps people change behavior – to be consistent with their 'basic values'. The von Neumann and Morgenstern framework does not dictate what choice must be made, but it is an important tool for such therapy. Moreover, it can help prevent more basic irrationalities, because a decision made within this framework cannot be irrational." Dieses Ergebnis wird durch verschiedenene experimentelle Untersuchungen gestützt, in denen gezeigt werden konnte, dass Versuchspersonen ihre Entscheidungen an die Axiome und Handlungsregeln der Erwartungsnutzentheorie anpassten, nachdem sie auf die Inkonsistenz ihrer Entscheidungen hingewiesen wurden.[13]

Welche Möglichkeiten der Rationalitätssicherung ergeben sich nun aus dieser Logik für die Mitarbeiterführung? Welche Instrumente können hier eingesetzt werden, um das rationale Handeln der Mitarbeiter zu verbessern? Wie kann gegebenenfalls der eingeschränkten Rationalität eines Entscheiders begegnet werden?

Zur Beantwortung dieser Fragen greifen wir auf das Kosten-Nutzen-Kalkül zurück, das wir bereits im vierten Kapitel der Auswahl interner Beurteilungs- und Entscheidungsregeln einer Person zugrunde gelegt haben. Angewendet auf unsere Problematik wird demnach eine Person umso eher ihre kognitiven und motivationalen Verzerrungen korrigieren, je unangenehmer für sie die damit verbundenen Folgen sind und je geringer der kognitive Aufwand ist, der mit der Anwendung der Erwartungsnutzentheorie verbunden ist. Beide Mechanismen geben Ansatzpunkte für die Gestaltung einer geeigneten Mitarbeiterführung: Im ersten Fall müssen also Arbeitsanreize zur Reduzierung der Verzerrungen eines Mitarbeiters gesetzt werden, im zweiten Fall können Verhaltensrestriktionen die psychischen Kosten der Entscheidungsfindung reduzieren. Im Einzelnen resultieren daraus die folgenden Instrumente zur Rationalitätssicherung:[14]

- Extrinsische Arbeitsanreize: Ein Mitarbeiter wird nach unserem Verhaltensmodell umso eher reflektierte Entscheidungen treffen, je wichtiger ihm diese Entscheidungen aufgrund der damit verbundenen persönlichen Konsequenzen sind. Dieser Effekt konnte in einer Vielzahl von Studien nachgewiesen werden.[15] Je größer die Auszahlungen an die Experimentsteilnehmer waren, desto eher konnten ihre Verzerrungen abgeschwächt werden. Weiterhin zeigte sich, dass diese Anpassung an das rationale Nutzenkalkül entscheidend von den Bedingungen beeinflusst wurde, unter denen das Experiment stattfand: In Marktexperimenten, etwa bei Entscheidungen in kompetitiven Finanzmärkten, wurden vermehrt Aufwendungen zur Vermeidung von Verzerrungen betrieben als in Experimenten, in denen die Teilnehmer als Konsumenten oder Wähler agierten.
- Direkte Mitarbeiterführung: Eine wichtige Voraussetzung für die Korrektur von Verzerrungen ist die Transparenz der Entscheidungsituation sowie die Möglichkeit, aufgrund bisheriger Erfahrungen sein Verhalten zu revidieren. So stellen Tversky und Kahneman (1986, S.S272) im Zusammenhang mit ihren Experimenten zu Framing-Effekten fest: "Perhaps the major finding of the present article is that the axioms of rational choice are generally satisfied in transparent situations and often violated in nontransparent ones." Auf den Arbeitskontext übertragen impliziert diese Erkenntnis zum Beispiel, dass der Vorgesetzte dem Mitarbeiter eindeutige und konsistente Ziele vorgeben sollte oder dass er die Wirkungszusammenhänge zwischen Arbeitseinsatz, Arbeitsergebnis und den

Konsequenzen für den Mitarbeiter deutlich machen sollte.[16]
Hierzu gehört auch, dass der Vorgesetzte dem Mitarbeiter eine offene und klare Rückkopplung über sein bisheriges Arbeitsverhalten gibt. Auf diesen Aspekt verweist Hogarth (1980, S.226): "the need for accurate judgement and choice of approriate actions can be considerably reduced when there is clear feedback and decisions are taken across time in an incremental manner." Experimente bestätigen diesen Zusammenhang:[17] Je öfter eine Entscheidung getroffen wird und je eindeutiger die Versuchspersonen eine Rückkopplung über ihre getroffenen Entscheidungen erhalten, desto eher lernen sie, ihr Verhalten entsprechend anzupassen. Allerdings müssen die im zweiten Teil diskutierten Einschränkungen berücksichtigt werden, die kognitive Verzerrungen wie beispielsweise das Phänomen der späten Einsicht auf das Lernverhalten haben können.

Direkte Mitarbeiterführung
und die kognitiven Verzerrungen des Vorgesetzten

Auch der Vorgesetzte eines Mitarbeiters ist selbst ein Mitarbeiter der Unternehmung. Unsere Ausführungen zur eingeschränkten Rationalität und den damit verbundenen Fehlurteilen und -entscheidungen eines Mitarbeiters treffen damit natürlich in gleicher Weise für den Vorgesetzten und sein Verhalten zu. Welche Auswirkungen diese Wahrnehmungsverzerrungen im Kontext der Mitarbeiterführung haben können, illustrieren Tversky und Kahneman (1974, S.1127) am Beispiel israelischer Fluglehrer:

> *"In a discussion of flight training, experienced instructors noted that praise for an exceptionally smooth landing is typically followed by a poorer landing on the next try, while harsh criticism after a rough landing is usually followed by an improvement on the next try. The instructors concluded that verbal rewards are detrimental to learning, while verbal punishments are beneficial, contrary to accepted psychological doctrine."*

Die Analyse der Fluglehrer verkennt die Auswirkungen des Zufalls. Jede gute Landung wird genauso wie jede schlechte Landung durch eine große Zufallskomponente beeinflusst sein, für die die Flugschüler selbst nicht verantwortlich sind. Ein kausaler Zusammenhang zwischen dem Lob bzw. Tadel des Vorgesetzten und einer verbesserten Arbeitsleistung seines Mitarbeiters muss also nicht notwendigerweise bestehen.

Quelle: Tversky und Kahneman (1974)

- Kommunikation mit Dritten: Nicht in allen Situationen ist sich eine Person der Kosten bewusst, die mit ihren Beurteilungen und Entscheidungen verbunden sind. Neben dem direkten Vorgesetzten können hier auch Experten in der Unternehmung oder Kollegen des Mitarbeiters zu einer verbesserten Entscheidungsfindung beitragen. Der Vorteil von Experten liegt in den reduzierten kognitiven Kosten, die sie bei der Entscheidungsfindung aufgrund ihres jeweiligen Expertenwissens haben. Sie kennen im Allgemeinen die spezifischen Wirkungszusammenhänge, die einem bestimmten Sachverhalt zugrunde liegen, und vermeiden daher solche Verzerrungen, denen ohne dieses Wissen die meisten anderen Personen unterliegen würden. Hierzu gehört insbesondere die Unterscheidung zwischen zufälligen und bedingten Ereignissen wie z.B. dem Sicherheitseffekt oder der Vernachlässigung der Basisrate. Darüber hinaus können auch verschiedene Framing-Effekte durch Experten vermieden werden.[18]

Selbst für den Fall, dass es sich bei dem Ratgebenden um einen Nichtexperten handelt, wird die Rationalität des Handelnden verbessert, siehe Schotter (2003): Experimente zeigen hier, dass sich Versuchtspersonen rationaler verhalten, wenn sie Ratschläge von Dritten erhalten, obwohl es allgemein bekannt ist, dass die Ratgebenden völlig ahnungslos sind. Der Grund ist offensichtlich: Ein Ratschlag drängt einen Entscheider, zusätzlich aus einer anderen Pertspektive über das Entscheidungsproblem nachzudenken, im Gegensatz zu einem Entscheider, dem kein Rat gegeben wurde.
Bei Verzerrungen, denen nur der Handelnde selbst unterliegt, können auch 'Nichtexperten' Inkonsistenzen im Verhalten aufdecken. Passiv Beobachtende unterliegen so beispielsweise in einem geringeren Umfang emotionalen Einflüssen oder Sunk cost- und Besitztums-Effekten wie dies bei dem aktiv Handelnden der Fall ist. Dieses Argument spricht im Arbeitskontext für den Einsatz von Arbeitsgruppen. Ob ein Mitarbeiter allerdings die Hinweise und Ratschläge anderer Gruppenmitglieder in seinem Verhalten berücksichtigt, ist damit noch nicht garantiert.

- Verhaltensrestriktionen: Die bisherigen Maßnahmen der Mitarbeiterführung zielen darauf ab, Anreize für eine Vermeidung kognitiver und motivationaler Verzerrungen zu setzen. Vollständig eliminieren lassen sich durch Anreize solche Fehlurteile und -entscheidungen allerdings nicht: Aufgrund der eingeschränkten Rationalität werden für einen Entscheider die psychischen Kosten, die mit der adäquaten Bearbeitung einer Entscheidungsaufgabe verbunden sind, mit zunehmender Aufgabenkomplexität größer. Sind diese Kosten größer als der daraus resultierende Gewinn, ist die Wirkungsweise der Anreize eingeschränkt. Dies zeigt sich auch in Experimenten, in denen Verzerrungen nie vollständig eliminiert werden und die Reduktion durch Anreize kleiner ist als die durch zufällige Fehler.
  Organisatorische Regeln können im Unternehmenskontext dazu beitragen, die psychischen Kosten eines Mitarbeiters bei seiner Entscheidungsfindung zu reduzieren.[17] Der Vorteil solcher Regeln ist unmittelbar einsichtig: Entscheidungsprobleme werden nicht mehr fallweise auf einer ad hoc Basis gelöst, sondern nach einem bestimmten Entscheidungsverfahren bearbeitet. Nach Dawes (1977, S.357) folgt ein solches Vorgehen dem kategorischen Imperativ: "Such procedures follow the categorical imperative of Immanuel Kant: Make each decision as if it were policy for everyone, or at least as if it were a policy for yourself across time". Insbesondere bei komplexen Entscheidungsaufgaben unterstützen hier organisatorische Regeln die Strukturierung und Objektivierung der Entscheidungsfindung. Sie können so systematisch zu einer Vermeidung kognitiver und motivationaler Verzerrungen führen.

Rationalitätssicherung durch Einkaufslisten

Im Zusammenhang mit der mentalen Buchführung führten Tversky und Kahnemann das folgende Experiment durch, in dem sich die Versuchspersonen in die Rolle von Käufern versetzten mussten: Diese sollten in einem Kaufhaus eine Jacke für 125 Euro und einen Taschenrechner für 15 Euro kaufen. Nun berichtete der Verkäufer, dass der Rechner in einer anderen Filiale, die 20 Minuten entfernt liege, 5 Mark günstiger zu erstehen sei. In dieser Situation entschieden sich 68% der Versuchspersonen, den 20minütigen Weg auf sich zu nehmen, um die 5 Euro zu sparen. Tversky und Kahnemann gaben anderen Probanden ein ähnliches Problem

vor: Dabei kostete die Jacke 15 Euro, der Rechner aber 125 Euro. Auch hier berichtete der Verkäufer wieder von einer Filiale, die 20 Minuten entfernt läge und bei der der Taschenrechner 5 Euro billiger zu kaufen sei. In diesem Fall entschieden sich lediglich 29% der Versuchspersonen für den Weg, obwohl es sich in beiden Situationen um die gleiche Summen handelte, die die Käufer sparen konnten.
Bonini und Rumiati untersuchten nun in einem Experiment mit Psychologiestudenten an der Universität Padua unter anderem die Frage, welche Maßnahmen zu einer Rationalitätssicherung der Entscheidungen beitragen können. Sie testeten, ob eine 'Einkaufsliste', auf der neben der Jacke und dem Taschenrechner auch noch ein Satz Buntstifte für 4,50 Euro und eine Flasche Shampoo für 1,50 Euro standen, das Entscheidungsverhalten beeinflusst. Auch hier wurde der einen Gruppe wieder ein hoher Preis für die Jacke und ein niedrigerer Preis für den Rechner und einer anderen Gruppe ein niedriger Preis für die Jacke und ein hoher für den Taschenrechner vorgesetzt.
In diesem Experiment traten die Effekte, die im Tversky und Kahnemann-Experiment beobachtet wurden, kaum noch auf. Die beiden Gruppen von Versuchspersonen unterschieden sich jetzt nur noch um 6% in der Frage, ob sie den 20-minütigen Weg für die Ersparnis von 5 Euro auf sich nehmen wollten. Die Einkaufsliste brachte also eine Konsistenz im Entscheidungsverhalten.

Quelle: Bonini und Rumiati (1996)

6.3.2 Sicherstellung der Kooperation

Die in Abschnitt 6.2 dargestellten Mechanismen zur Vertrauensbildung und zum Aufbau von Organisationskapital sind wichtige Voraussetzungen dafür, dass der Mitarbeiter und die Unternehmung die Vorteile, die mit einer langfristigen Arbeitsbeziehung verbunden sind, auch gemeinsam erzielen können. Sie garantieren allerdings nicht automatisch, dass sich dieser Erfolg auch tatsächlich einstellt. Zumindest zwei Hindernisse müssen hierbei beachtet werden:

(1) Die Mechanismen stellen lediglich grundsätzliche Wirkungsweisen dar, die zum Aufbau von Vertrauen führen können. Damit ist aber noch nicht spezifiziert, wie und mit welchen Instrumenten diese Mechanismen im Laufe der Arbeitsbeziehung auch tatsächlich umgesetzt werden können.

(2) Genauso wie die Mechanismen der Reputation oder der Reziprozität zu einem sukzessiven Aufbau von Vertrauen führen können, besteht die Gefahr, dass sie schrittweise zu einem gegenseitigen Vertrauensverlust führen. In welche Richtung sich das Vertrauen entwickelt, hängt dabei entscheidend von den Erwartungen der Parteien ab: Hat jede Partei die Erwartung, dass z.B. ein Geschenk mit einem Gegengeschenk beantwortet wird, oder erwartet jeder, dass ein kooperatives Verhalten von dem anderen zu seinem Vorteil ausgenutzt wird?

Beide Aspekte machen deutlich, dass dem Einsatz und der Gestaltung struktureller und personeller Motivationsinstrumente für den Aufbau von Vertrauen eine entscheidende Bedeutung zukommt. Sie müssen so gewählt werden, dass sie die Wirkungsweise der vertrauensbildenden Mechanismen unterstützen. Insbesondere müssen sie positiv auf die Erwartungsbildung der Mitarbeiter einwirken, so dass sich Reputation und Reziprozität in die richtige Richtung entfalten.

Wie also sollten dann die verschiedenen Motivationsinstrumente zur Kooperationssicherung eingesetzt werden? Wie können wir durch die Gestaltung struktureller Instrumente günstige Rahmenbedingungen für die Entwicklung von Vertrauen schaffen? Und wie sollte der Vorgesetzte die spezifische Arbeitssituation seiner Mitarbeiter gestalten, so dass sie sowohl vertrauensvoll miteinander umgehen als auch ihre Vertrauensbeziehung zu ihm gefördert wird?

Im Rahmen unseres ökonomisch-psychologischen Verhaltensmodells kann die Beantwortung dieser Fragen nur auf einem Kosten-Nutzen Kalkül der Parteien aufbauen, da von einem identifikationsbasierten Vertrauen zu Beginn einer Arbeitsbeziehung nicht einfach ausgegangen werden kann. Unsere Ausführungen zum kalkül- und wissensbasierten Vertrauen geben dann eine erste Antwort auf die obigen Fragen: Motivationsinstrumente sollten so eingesetzt werden, dass die Vorteile eines kurzfristigen opportunistischen Verhaltens einer Partei durch die langfristigen Nachteile eines solchen Verhaltens unterbunden werden.

Welche Faktoren bestimmen nun aber die kurzfristigen bzw. langfristigen Auswirkungen, die mit dem Handeln der Parteien verbunden sind? Wie kann also die Unternehmung oder der Vorgesetzte die Arbeitssituation eines Mitarbeiters so gestalten, dass sein langfristig erwarteter Nutzen aus einem kooperativen Verhalten größer ist als sein Nutzen aus einem kurzfristigen unkooperativen Verhalten? Und wie kann die Unternehmung oder der Vorgesetzte selbst mögliche kurzfristige Anreize zur Ausnutzung eines Mitarbeiters unterbinden?

Betrachten wir zuerst die zweite Frage und eine Situation, in der die Gefahr besteht, dass ein Unternehmer die kurzfristigen Vorteile eines unkooperativen Verhaltens höher bewertet als die langfristigen Vorteile einer vertrauensvollen Arbeitsbeziehung. Beispielsweise plant er, aufgrund einer Umstrukturierung des Unternehmens ein Werk zu schließen. Mögliche Gegenreaktionen der derzeitigen Mitarbeiter fürchtet der Unternehmer nicht, da er einen Teil der Belegschaft sowieso entlassen will. Weder der Mechanismus der ausgeglichenen Machtpositionen noch der der Reputation schränken das Handeln des Unternehmers ein.

Die Antizipation eines möglichen unkooperativen Verhaltens wird dann auch auf Seiten der Mitarbeiter dazu führen, dass sie kurzfristig versuchen werden, die Arbeitsbeziehung zu ihrem Vorteil auszunutzen. Liegt dies nicht im Interesse des Unternehmers, dann muss er versuchen, die Erwartungen der Mitarbeiter über sein Handeln im Vorhinein positiv zu beeinflussen. Selbstmanagement und die freiwillige Einschränkung der eigenen Handlungsmöglichkeiten ist hier eine Lösung. Beispielsweise kann sich der Unternehmer gegenüber dem Betriebsrat verpflichten, die Arbeitsplätze langfristig zu erhalten, oder er räumt den Arbeitnehmern Mitbestimmungsmöglichkeiten bei unternehmenspolitischen Entscheidungen ein.

Kooperationssicherung in japanischen Großunternehmen

Die wirtschaftlichen Erfolge vieler japanischer Großunternehmen sind in einer Vielzahl von Untersuchungen systematisch untersucht worden. Insbesondere im Bereich der Mitarbeiterführung wurden dabei eine Reihe von Besonderheiten herausgefunden, die das japanische Industriesystem kennzeichnen.

Eine Besonderheit des Systems liegt darin, dass japanische Großunternehmen eine langfristige Beziehung zu ihren Mitarbeitern aufbauen. Bei der Rekrutierung neuer Mitarbeiter und Führungspositionen besteht eine enge Kooperation mit Schulen und Universitäten, Führungspositionen werden typischerweise durch Mitarbeiter aus der eigenen Firma besetzt, und den Mitarbeitern werden zum Teil lebenslange Beschäftigungsgarantien gegeben.

Unterstützt werden diese Maßnahmen durch dezentral organisierte Informations- und Entscheidungsprozesse. Beispielsweise ist die Zustimmung aller von einer Ent-

scheidung betroffenen Mitarbeiter zentraler Bestandteil des japanischen Systems. Zwar sind mit der hierzu notwendigen Konsensfindung im Allgemeinen hohe Kosten verbunden, jedoch erhöht diese Entscheidungsfindung die Motivation der Mitarbeiter, führt zu einer stärkeren Identifikation mit den Unternehmenszielen und verbessert somit die Qualität der Entscheidungen und letztlich auch die Qualität der einzelnen Arbeitsleistungen. Weitere Maßnahmen sind beispielsweise Teamarbeit und Job Rotation, die das firmenspezifische Wissen der einzelnen Mitarbeiter erhöhen und zu einem größeren Verständnis für die Probleme anderer Abteilungen führen sollen. Zudem wird durch solche Maßnahmen die Flexibilität des Einsatzes der Mitarbeiter erhöht, wodurch etwa bei einem Ausfall von Kollegen Einarbeitungskosten vermieden werden.

Um eine größere Anbindung der Belegschaft an den Erfolg des Unternehmens zu gewährleisten, wird zudem ein großer Teil des Gehalts über Bonuszahlungen geleistet, die bis zu 20% des Einkommens ausmachen können. Dadurch soll ein kooperatives Verhalten der Mitarbeiter gefördert werden und individuelle Ziele an die Unternehmensziele geknüpft werden. Zudem können dadurch in Krisenzeiten die Kosten für Löhne und Gehälter flexibler angepasst werden, so dass auf betriebsbedingte Kündigungen verzichtet werden kann.

Quelle: Beyer (1993)

Kommen wir nun zur Frage, mit welchen Maßnahmen der Unternehmer bzw. ein Vorgesetzter eine kooperative Zusammenarbeit mit einem Mitarbeiter in der Unternehmung fördern kann. Erste Antworten auf diese Frage können wir relativ einfach im Hinblick auf unsere Ausführungen im dritten und vierten Kapitel geben: Betrachten wir die Determinanten, die die Arbeitsmotivation eines Mitarbeiters bestimmen. Unser ökonomisch-psychologisches Verhaltensmodell besagt, dass sein Verhalten in einer bestimmten Arbeitssituation durch drei Aspekte gekennzeichnet ist: Die Instrumentalität und Erreichbarkeit der Arbeitsergebnisse sowie die Valenzen seiner Arbeitsanreize. Wie diese Aspekte bei der Entscheidungsfindung eines Mitarbeiters zusammenspielen, haben wir im strukturellen Modell des individuellen Arbeitsverhaltens hergeleitet:

$$EU(A) = u(K_A) + \sum_{j=1}^{q} p_{ij} \cdot \left[u(K_{Q_j}) + \sum_{n=1}^{m} q_{jn} \cdot \left[\sum_{k=1}^{r} w_k \cdot v(K_{nk}) \right] \right]$$

Diese Verhaltensgleichung zeigt, welche personellen und situativen Faktoren in welcher Weise die zielorientierte Auswahl eines Anstrengungsniveaus A beeinflussen. Bevor wir im weiteren darauf eingehen, wie wir diese Verhaltensgleichung zur Gestaltung von Motivationsinstrumenten nutzen können, fassen wir zunächst die Wechselwirkungen zusammen, die zwischen diesen personellen und situativen Faktoren und der Wahl eines bestimmten Anstrengungsniveaus bestehen: Die Bereitschaft des Mitarbeiters, sich für A zu entscheiden, ist um so größer,

- je größer der Nutzen $v(K_{nk})$ ist, den er den extrinischen Anreizen K_{nk} in seiner Arbeitssituation zuordnet. Da der Nutzen einer Belohnung positiv und der einer Sanktion negativ ist, wird er sich um so eher für A entscheiden, je umfassender die damit verbundenen Belohnungen seine Bedürfnisse befriedigen und je geringer die daraus resultierenden Sanktionen ausfallen.
- je stärker die Struktur der extrinschen Arbeitsanreize auf seine persönlichen Ziele abgestimmt ist. Ein extrinsischer Anreiz K_{nk} erhöht um so eher seine Motivation zur Wahl von A, je größer das Gewicht w_k ist, das er der damit verbundenen Bedürfnisbefriedigung beimisst.
- je enger er die Kopplung zwischen dem Arbeitsergebnis und der Gewährung der extrinsischen Arbeitsanreize subjektiv bewertet. Sind die Konsequenzen seines Handelns $(K_{n1}, \ldots, K_{nr})$ seinen persönlichen Ziele förderlich, erhöht die Instrumentalität q_{jn} des Ergebnisses Q_j für die Konsequenz K_n seine Motivation, die Anstrengung A zu verfolgen.
- je größer der Nutzen $u(K_{Q_j})$ ist, den der Mitarbeiter mit dem intrinsischen Arbeitsanreiz K_{Q_j} verbindet. Je umfassender die mit seinem Arbeitsergebnis Q_j verbundene eigene Leistung zu seiner persönlichen Zielerreichung beiträgt, desto eher wird er sich für das Anstrengungsniveau A entscheiden.
- je enger er den Zusammenhang bewertet zwischen dem Anstrengungsniveau A und den für seine persönlichen Ziele relevanten Arbeitsergebnissen. Ist mit dem Erreichen eines Arbeitsergebnisses Q_j auch das Erreichen seiner eigenen Ziele verbunden, dann wird er um so eher das Anstrengungsniveau A wählen, je höher er die Erreichbarkeit p_{ij} dieses Ergebnisses einschätzt.
- je größer der Nutzen $u(K_A)$ ist, den der Mitarbeiter den intrinsischen Arbeitsanreizen K_A zuordnet. Je eher die Vielschichtigkeit seiner Arbeitsaufgabe oder die damit verbundene Eigenständigkeit einen intrinsischen Arbeitsanreiz für den

Mitarbeiter darstellen, desto eher wird er sich für das Anstrengungsniveau A entscheiden.

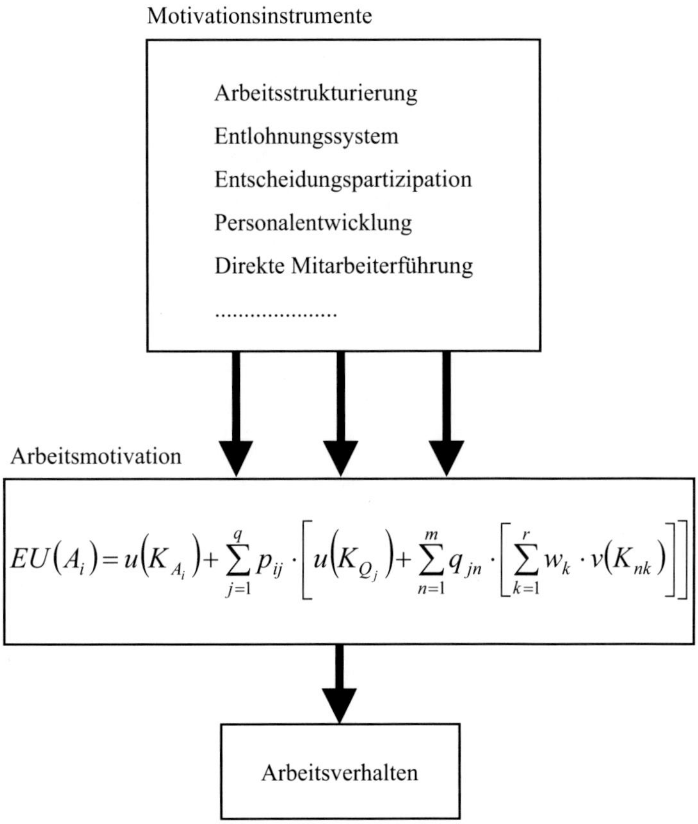

Abbildung 6.6: Der Einsatz von Motivationsinstrumenten zur Steuerung des Mitarbeiterverhaltens

Wie verschiedene Motivationsinstrumente zum Aufbau einer Vertrauensbeziehung beitragen können, ergibt sich unmittelbar aus diesen Ausführungen: Angenommen, A_{KO} bezeichne ein kooperatives Verhalten des Mitarbeiters und A_{UK} ein unkooperatives Handeln. Dann wird durch ein bestimmtes Motivationsinstrument das kooperative Verhalten gefördert, wenn es positive Auswirkungen auf den erwarteten Nutzen $EU(A_{KO})$ hat oder sich negativ auf den erwarteten Nutzen $EU(A_{UK})$ bei einem unkooperativen Verhalten auswirkt.

Damit haben wir die geeignete Gestaltung eines Motivationsinstruments zurückgeführt auf eine Analyse seiner Auswirkungen auf das Arbeitsverhalten eines Mitarbeiters. Zu untersuchen ist also, wie ein Motivationsinstrument die einzelnen Komponenten der Mitarbeitermotivation beeinflusst. Die Organisation bzw. der Vorgesetzte hat dann die Aufgabe, das Verhalten eines Mitarbeiters entsprechend durch Beeinflussung seiner Arbeitsmotivation zu steuern. Mitarbeiterführung in diesem Sinne wird in der organisationspsychologischen Literatur auch als **Weg-Ziel-Theorie** bezeichnet. Diese Führungstheorie baut auf der VIE-Theorie von Vroom auf, die wir in Kapitel 4 besprochen haben. House (1981, S.324) fasst dies so zusammen: "Stated less formally, the motivational function of the leader consist of increasing personal pay-offs to subordinates for work-goal attainment, and making the path to these pay-offs easier to travel by clarifying it, reducing road blocks and pitfalls, and increasing the opportunities for personal satisfaction en route."

An zwei Beispielen wollen wir die Auswirkungen diskutieren, die einzelne Motivationsinstrumente auf die Arbeitsmotivation eines Mitarbeiters haben können:

- Arbeitsstrukturierung: Eine solche Maßnahme verändert die Arbeitsaufgabe eines Mitarbeiters, also sein Tätigkeitsspektrum bzw. seine Entscheidungsautonomie. Je nach Ausprägung dieser Dimensionen lassen sich verschiedene Konzepte der Arbeitsstrukturierung unterscheiden: Die traditionelle Einzelarbeit ist durch eine hohe Spezialisierung des Mitarbeiters gekennzeichnet, so dass er ausschließlich Tätigkeiten durchführt, die vom Schwierigkeitsgrad ähnlich sind. Job Enlargement erweitert den Tätigkeitsspielraum des Mitarbeiters in horizontaler Dimension, ohne dabei die Aufgabe in vertikaler Dimension zu verändern. Job Enrichment hingegen führt zusätzlich zum Job Enlargement auch zu einer vertikalen Erweiterung der Aufgabe des Mitarbeiters, indem er Tätigkeiten seines Vorgesetzten übernimmt. Bei teilautonomen Arbeitsgruppen wird im Unterschied zur Einzelarbeit ein Aufgabenkomplex an eine Arbeitsgruppe übergeben. Die Gruppe entscheidet autonom über die vertikale und horizontale Strukturierung des Aufgabenkomplexes und die Teilaufgabenzuweisung an die einzelnen Mitarbeiter.

  Maßnahmen zur Arbeitsstrukturierung haben unmittelbare Auswirkungen auf die intrinsischen Arbeitsanreize für einen Mitarbeiter, beeinflussen also seine

Nutzenkomponenten $u(K_{Q_j})$ bzw. $u(K_A)$. Zudem kann sich durch die Änderung seiner Arbeitsaufgabe sowohl die Erreichbarkeit p_{ij} als auch die Instrumentalität q_{jn} seiner Arbeitsergebnisse verändern. Für einen Mitarbeiter, der z.B. durch eine Erweiterung seines Tätigkeitsspektrums eigenständig ein abgeschlossenes Zwischenprodukt herstellt, wird sich dadurch ddie Wahrnehmung des Zusammenhangs zwischen der Arbeitsanstrengung und seinen Leistungen verbessern. Zudem wird durch die Abgeschlossenheit seines Arbeitsergebnisses auch die Instrumentalität erhöht, da extrinsische Arbeitsanreize enger an die Arbeitsergebnisse des Mitarbeiter gekoppelt werden können. Wird durch Arbeitsstrukturierung Gruppenarbeit eingeführt, können sich zudem über die damit verbundenen sozialen Anreize Implikationen auf die Nutzenkompenente $v(K_{nk})$ ergeben.

- Entlohnungssystem: Durch das **Entlohnungssystem** wird die finanzielle Entlohnung eines Mitarbeiters in Abhängigkeit von seinem Arbeitsverhalten bzw. den von ihm erzielten Arbeitsergebnissen festgelegt. Zwei grundsätzliche Entlohnungssysteme sind hier möglich: Bei einer leistungsabhängigen Entlohnung ändert sich die Entlohnung des Mitarbeiters mit seinem Arbeitsverhalten, bei einer leistungsunabhängigen Entlohnung erhält er ein fixes Gehalt. Grundlage eines leistungsabhängigen Entlohnungssystems sind die Erfolgsfaktoren, die die Bemessungsgrundlage für seine Entlohnung bilden.
  Die Höhe der finanziellen Entlohnung zielt dabei unmittelbar auf den Nutzen $v(K_{nk})$ ab, den der Mitarbeiter bestimmten Konsequenzen K_{nk} in seiner Arbeitssituation zuordnet. Je stärker somit die extrinsischen Arbeitsanreize auf die relevanten Mitarbeiterziele ausgerichtet sind, desto größer sind die Auswirkungen des Entlohnungssystems auf die Zielerreichung des Mitarbeiters. Darüber hinaus wird durch das Entlohnungssystem auch die Instrumentalität q_{jn} beeinflusst, die seine persönlichen Konsequenzen mit den von ihm erzielten Arbeitsergebnissen koppeln. Eine leistungsabhängige Entlohnung verstärkt hier gegenüber einem fixen Gehalt den Zusammenhang zwischen der Höhe der Entlohnung und seinen erzielten Arbeitsergebnissen. Die Wahl der Bemessungsgrundlage beeinflusst zudem den Zusammenhang zwischen dem Arbeitseinsatz des Mitarbeiters und seinen Arbeitsergebnissen, also die Erreichbarkeit p_{ij} seiner Arbeitsergebnisse. Beispielsweise wirken die gesetzten Arbeitsanreize nur

dann verhaltenssteuernd, wenn diese so gestaltet sind, dass der Mitarbeiter seine Entlohnung auch durch eigene Aktivitäten selbst beeinflussen kann. Voraussetzung einer erfolgreichen Verhaltensbeeinflussung ist somit auch die Wahl einer geeigneten Bemessungsgrundlage sowie einer adäquate Leistungserfassung.

Unsere bishigen Ausführungen zu den Einflüssen, die verschiedene Motivationsinstrumente auf die Arbeitsmotivation eines Mitarbeiters haben können, sind bei weitem noch nicht erschöpfend: So ließe sich die obige Liste zum einen um andere personalpolitische Maßnahmen erweitern, etwa die Personalentwicklung, die Entscheidungspartizipation oder die direkte Mitarbeiterführung. Zudem müssten wir aber auch auf die konkrete Ausgestaltung dieser Instrumente eingehen. Bisher haben wir lediglich die grundsätzlichen Auswirkungen diskutiert, die die einzelnen Instrumente auf das Arbeitsverhalten eines Mitarbeiters haben könnten. Die Frage, wie die einzelnen Maßnahmen auf einen Mitarbeiter und seine Arbeitssituation abzustimmen sind, haben wir damit aber noch nicht beantwortet.

Insbesondere der letzte Punkt würde den Umfang dieses Buches sprengen. Wir wollen deshalb in den folgenden beiden Abschnitten aufzeigen, welche Anforderungen mit einer geeigneten Steuerung eines Mitarbeiters verbunden sind. Auf zwei Aspekte gehen wir ein: Die Individualisierung der Mitarbeiterführung sowie die strategische Mitarbeiterführung.

6.3.3 Individualisierung der Mitarbeiterführung

Indem wir den einzelnen Mitarbeiter und sein individuelles Arbeitsverhalten zum Ausgangspunkt der Mitarbeiterführung machen, muss eine geeignete Steuerung seines Verhaltens notwendigerweise auf seiner Individualität aufbauen. So können wir im Rahmen unseres ökonomisch-psychologischen Verhaltensmodells nur dann Aussagen über die Steuerung des Verhaltens eines bestimmten Mitarbeiters machen, wenn wir neben den situativen Rahmenbedingungen seiner Arbeitssituation auch seine personellen Faktoren berücksichtigen. Dies gilt sowohl für eine adäquate Rationalitäts- als auch Kooperationssicherung: Um kognitive Verzerrungen im Vorhinein zu vermeiden oder frühzeitig zu korrigieren, ist die Kenntnis derjenigen situativen und personellen Faktoren notwendig, die wir im Zusammenhang mit der individuellen Beurteilung der Arbeitssituation angesprochen haben. Ohne Kenntnis seiner individuellen Ziele, Bedürfnisse und Fähigkeiten sowie derjenigen Faktoren der Arbeitssituation, die das individuelle Arbeitsverhalten des Mitarbeiters bestimmen, ist zudem keine adäquate Verhaltensbeeinflussung möglich.

Die Individualisierung der Mitarbeiterführung ist natürlich nur eingeschränkt möglich. Dies folgt unmittelbar aus unserer Diskussion der individuell eingeschränkten Rationalität von Personen sowie der Existenz von Informationsasymmetrien. Auf den Kontext der Mitarbeiterführung übertragen lassen sich diese Argumente wie folgt spezifizieren:

- Eingeschränkte soziale Fähigkeiten: Eine vollständige Individualisierung der Führung impliziert, dass sich der Vorgesetzte auf die unterschiedlichen Mitarbeiter und deren personelle Faktoren jeweils individuell einstellen kann. Da die sozialen Fähigkeiten eingeschränkt sind, stellt dies im Allgemeinen zu hohe Anforderungen an die Führungsqualifikation eines Vorgesetzten.
- Eingeschränkte kognitiven Fähigkeiten: Eine vollständige Individualisierung bedingt, dass der Vorgesetzte diejenigen Informationen, die für die Steuerung der Urteilsbildung und des Verhaltens eines Mitarbeiters notwendig sind, fehlerfrei wahrnimmt und verarbeitet. Mit seiner Informationsaufnahme und -verarbeitung sind aber dieselben Verzerrungen verbunden wie die, die wir im zweiten Teil des Buches diskutiert haben. Dies gilt insbesondere auch für die Beurteilung der Arbeitsleistungen des Mitarbeiters.
- Kommunikationsbarrieren: Der sprachlichen Übermittlung von Informationen sind Grenzen gesetzt. Selbst wenn der Vorgesetzte eine bestmögliche Steuerung eines Mitarbeiters ausgearbeitet hätte, ist unklar, inwieweit es ihm gelingt, diese Maßnahmen dem Mitarbeiter entsprechend zu kommunizieren.
- Informationsasymmetrien: Es bestehen Informationsasymmetrien zwischen dem Vorgesetzten und dem Mitarbeiter. Grundsätzlich setzt eine geeignete Steuerung des Mitarbeiters entsprechend unseren Ausführung voraus, dass der Vorgesetzte die einzelnen Determinanten der Arbeitsmotivation eines Mitarbeiters kennt. Allerdings ist weder davon auszugehen, dass er die Ziele des Mitarbeiters oder dessen personelle Faktoren umfassend kennt, noch dass sich der Mitarbeiter aller relevanten Faktoren bewusst ist. Zudem kann es aufgrund der Informationsasymmetrien hinsichtlich des Arbeitsverhaltens des Mitarbeiters zu einer fehlerhaften oder unzureichenden Operationalisierung der Anreizsetzung kommen.

Neben diesen Argumenten, die einer vollständigen Individualisierung der Mitarbeiterführung grundsätzlich entgegenstehen, haben wir in den letzten beiden Kapiteln aber auch diskutiert, dass eine auschließlich individuelle Verhaltensbeeinflussung aus ökonomischer Perspektive nicht sinnvoll sein kann. Folgende Gründe stehen dem entgegen:

- Vereinfachte Gesamtsteuerung: Die Gestaltung von Koordinationsinstrumenten und strukturellen Motivationsinstrumenten reduziert die Verhaltensunsicherheit, die die Organisationsteilnehmer bezüglich des Handelns Anderer haben und erleichtert dadurch die Gesamtsteuerung des Wertschöpfungsprozesses. Dies bedingt aber, dass das Arbeitsverhalten eines Mitarbeiters durch institutionelle Regelungen im Vorhinein festgelegt wird. Eine solche Standardisierung der Mitarbeitersteuerung erfolgt notwendigerweise personenunabhängig.
- Konsistenz der Anreizsstruktur: Die Konsistenz der unternehmensweiten Anreizstruktur bedingt, dass verschiedene Mitarbeiter in ihrer jeweiligen Arbeitssituation in einer ähnlichen Weise behandelt werden müssen. Die damit verbundenen Vorteile – Ausnutzung von Synergien, Herausbildung von Vertrauen, verbesserte Auswahl neuer Mitarbeiter und Sicherstellung einer Verteilungsgerechtigkeit – haben wir im fünften Kapitel eingehend diskutiert.
- Freisetzung von Managementkapazitäten: Eine zu umfassende Individualisierung der Mitarbeiterführung würde bedingen, dass der Vorgesetzte die Aktivitäten eines Mitarbeiters laufend steuern müsste. Durch den Einsatz personenunabhängiger Motivationsinstrumente wird er entsprechend entlastet.

Diese Grenzen, die mit einer vollständigen Individualisierung der Mitarbeiterführung verbunden sind, implizieren nicht, dass die Steuerung der Mitarbeiter in einer Unternehmung einheitlich und vollkommen personenunabhängig gestaltet werden sollte. Dies würde die Individualität des Handelns ignorieren und damit die Bedeutung vernachlässigen, die die geeignete Steuerung der Mitarbeiter für den Unternehmenserfolg haben kann.

Ziel der Individualisierung der Mitarbeiterführung muss es vielmehr sein, Nutzen und Kosten verschiedener Motivationsinstrumente zu erfassen, miteinander zu vergleichen und dasjenige Motivationsinstrument auszuwählen, das die Wertschöpfung der Unternehmung maximiert. Dieses Vorgehen setzt eine Reihe von Anforderungen an die Urteils- und Entscheidungsfindung derjenigen Person, die für die

Anreizsetzung zuständig ist. Betrachten wir hier den direkten Vorgesetzten eines Mitarbeiters, dann können wir diese Anforderungen im Hinblick auf unsere Ausführungen im dritten und vierten Kapitel wie folgt spezifizieren:[20]

- Bei der Frage, welche Maßnahmen er zur Führung eines Mitarbeiters ergreifen soll, wird sich der Vorgesetzte zunächst bestimmte Vorstellungen über die personellen Faktoren des Mitarbeiters und die Rahmenbedingungen seiner Arbeitssituation bilden. Hierzu wird er diejenigen Heuristiken anwenden, die wir im Zusammenhang mit der individuellen Urteilsfindung diskutiert haben. Eine adäquate Beurteilung setzt dabei eine zutreffende Diagnose des Mitarbeiters voraus. Schein (1988, S.94) formuliert dies so: "managers should be good diagnosticians and should value a spirit of inquiry. If the abilities and motives of the people under them are so variable, managers should have the sensitivity and diagnostic ability to be able to sense and appreciate the differences."
- Die Auswahl eines geeigneten Motivationsinstruments unterliegt dann demselben Kosten-Nutzen-Kalkül, das wir im Zusammenhang mit dem individuellen Entscheidungsverhalten angesprochen haben. Analog zu diesen Ausführungen unterstellen wir dabei keine vollständige Rationalität des Vorgesetzten bei seiner Mitarbeiterführung. Wir nehmen also nicht an, dass er das Verhaltens seines Mitarbeiters entsprechend der obigen Logik in jeder Führungssituation bewusst kalkuliert und beeinflusst. Vielmehr gehen wir davon aus, dass er Zusammenhänge zwischen den personellen und situativen Faktoren der Situation sowie der Effizienz verschiedener personalpolitischer Maßnahmen gelernt hat und entsprechend routinisierte bzw. stereotype Führungsentscheidungen trifft. Dies gilt insbesondere für seine direkte Mitarbeiterführung, wenn wenig Zeit für die Steuerung oder Korrektur des Mitarbeiterverhaltens bleibt.

6.3.4 Strategische Mitarbeiterführung

Das wesentliche Merkmal von Führungssituationen ist die Interdependenz der Parteien: Betrachten wir beispielsweise einen Vorgesetzten, der durch die Gestaltung bestimmter Arbeitsanreize oder Verhaltensrestriktionen die Arbeitsmotivation eines Mitarbeiters positiv beeinflussen will. Inwieweit ihm dies durch seine Führungsentscheidungen gelingt, ist nicht nur von den ausgewählten Motivationsinstrumenten abhängig, sondern insbesondere auch von dem tatsächlichen Arbeitsverhalten des Mitarbeiters. Der Führungserfolg des Vorgesetzten ist also immer Ergebnis des interaktiven Handelns beider Parteien.

Interaktives Verhalten bedingt, dass jede Partei die Wechselwirkungen ihrer Entscheidung mit der der anderen Partei berücksichtigen muss. Nehmen wir beispielsweise an, dass der Vorgesetzte seinem Mitarbeiter und dessen Angelegenheiten verstärkte Aufmerksamkeit widmen möchte. Inwieweit dieses Vorgehen auf den Mitarbeiter motivationsfördernd wirkt, ist unter anderem davon abhängig, wie der Mitarbeiter diese Maßnahme des Vorgesetzten interpretiert: Signalisiert sie Interesse und Verbundenheit, wird er die Aufmerksamkeit des Vorgesetzten eher positiv einschätzen, im Sinne eines Geschenkes. Wird er hingegen das Entgegenkommen des Vorgesetzten als Kontrolle seiner Arbeitsleistung interpretieren, hat dies möglicherweise negative Auswirkungen auf sein eigenes Verhalten in der Unternehmung. Im Sinne des Geschenkaustauschs löst die Kontrolle ein geringeres Vertrauen beim Mitarbeiter aus, als wenn keine Maßnahme des Vorgesetzten stattgefunden hätte. Kontrolle untergräbt hier das Vertrauen des Mitarbeiters. Um den Mitarbeiter geeignet zu motivieren, muss also der Vorgesetzte demnach die Reaktion seines Mitarbeiters auf seinen Beeinflussungsversuch antipizieren und bei seiner Führungsentscheidung berücksichtigen.

Durch diese Abhängigkeit der eigenen Entscheidung von dem Handeln des Anderen müssen wir das bisher betrachtete Entscheidungskalkül einer Partei erweitern. Um dies zu illustrieren, gehen wir noch einmal zum Ausgangspunkt unseres ökonomisch-psychologischen Verhaltensmodells im zweiten Kapitel zurück, dem $S \rightarrow O \rightarrow R$ Modell: Ein Anreiz S aus der Umwelt eines Individuums O wird von diesem wahrgenommen, kognitiv verarbeitet und führt zu einer Reaktion R. Die Interaktion zwischen dem Vorgesetzten und seinem Mitarbeiter impliziert nun, dass beide Parteien entsprechend dieses $S \rightarrow O \rightarrow R$ Modells handeln und ihr Verhalten interdependent ist. Die Reaktion des Vorgesetzten – also das von ihm gegewählte Motvationsinstrument – bestimmt die Arbeitssituation des Mitarbeiters. Die Reaktion des Mitarbeiters – also sein Arbeitsverhalten – bestimmt den Führungserfolg des Vorgesetzten und damit dessen Arbeitssituation:

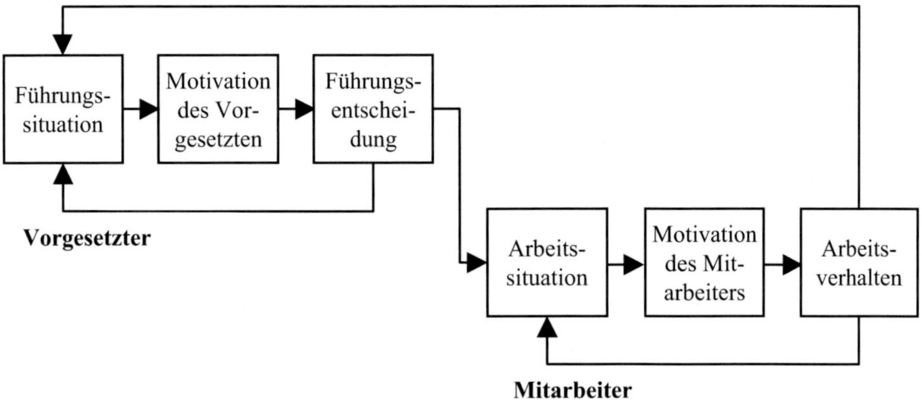

Abbildung 6.7: Mitarbeiterführung als interaktiver Prozess

Die Analyse interdependenter Entscheidungssituationen ist Gegenstand der Spieltheorie. Sie ist somit diejenige Wissenschaft, die in natürlicher Weise die bisher betrachtete Entscheidungstheorie erweitert. Um den Unterschied zwischen diesen beiden Theorien zu verdeutlichen, betrachten wir zwei Fertigungsplaner, die jeweils in einer Unternehmung für die Produktionsplanung zuständig sind:[21]

Der eine Fertigungsplaner arbeitet in der Automobilindustrie und ist in der Roboterfabrikation für den gesamten Produktionsprozess verantwortlich. In seiner Produktionsplanung berücksichtigt er die Anlage als einen exogenen Faktor. Ihr Funktionieren ist technisch determiniert. Sollte die Anlage beispielsweise ausfallen, ist das zufallsbedingt. Seine Produktionsplanung ist somit eine Entscheidung unter exogener Unsicherheit.

Die Situation für den zweiten Fertigungsplaner ist hingegen gänzlich anders. Er ist in der Werkstattfertigung eines Maschinenbauunternehmens tätig und hat die Aufgabe, für die verschiedenen zu fertigenden Produkte die Planung und Steuerung des Produktionsablaufs durchzuführen. Durch persönliche Weisungen koordiniert er die Produktionsmitarbeiter an den einzelnen Maschinen. Bei seiner Fertigungsplanung muss er berücksichtigen, wie die Mitarbeiter auf eine kurzfristige Umstellung der Fertigung reagieren. Befürchten die Mitarbeiter längere Arbeitszeiten während der Fertigungsumstellung, so kann es sein, dass sie die von ihm gegebenen Anweisungen bewusst ignorieren. Eine Fertigungsumstellung liegt nicht in ihrem Eigeninteresse. Im Unterschied zu seinem Kollegen in der Automobilindustrie muss der Fertigungsplaner hier die einzelnen Produktionsmitarbeiter und ihre Reaktionen auf seine Anweisungen bei seiner Produktionsplanung und -steuerung berücksichtigen. Inwiefern seine Planung tatsächlich umgesetzt wird, ist wesentlich davon abhängig, inwieweit er die Mitarbeiter motivieren kann, seinen Anweisungen zu folgen. Seine Produktionsplanung ist eine Entscheidung unter strategischer Unsicherheit.

In unserem Beispiel handeln sowohl der Fertigungsplaner als auch die einzelnen Produktionsmitarbeiter strategisch. **Strategisches Verhalten** bedeutet, dass eine Partei, hier der Fertigungsplaner, die Wechselwirkung ihrer Interaktionen mit den anderen Parteien, den Produktionsmitarbeitern, in ihr Entscheidungskalkül einbezieht. Dabei müssen die anderen Parteien sowohl in ihren individuellen Zielvorstellungen als auch in ihrem strategischen Verhalten umfassend berücksichtigt werden.

Im einfachsten Fall kann das Verhalten einer anderen Partei als feste Größe in die eigene Entscheidung einbezogen werden. Dann reduziert sich die Entscheidung unter strategischer Unsicherheit auf ein reines Entscheidungsproblem: Würden die Mitarbeiter in der Werkstattfertigung sich beispielsweise vollständig mit dem Organisationsziel identifizieren und dabei auch längere Arbeitszeiten in Kauf nehmen, dann könnte der Fertigungsplaner seine Entscheidungen treffen, ohne eine mangelhafte Umsetzung befürchten zu müssen. Dies würde auch gelten, wenn ein Lob für die Motivierung der Mitarbeiter gänzlich ausreichen würde. Auch hier könnte der Fertigungsplaner seine Produktionsentscheidungen unabhängig vom Verhalten der Mitarbeiter festlegen, ein Lob würde hier zu einer Umsetzung seiner Entscheidungen führen.

In der Regel wird das Verhalten der Produktionsmitarbeiter auch durch ihre eigenen Interessen geprägt sein. Der Fertigungsplaner muss dann aber bei der Abwägung seiner Führungsentscheidung deren strategisches Verhalten mit berücksichtigen. Dies setzt voraus, dass er sich Erwartungen über die Reaktionen der Mitarbeiter bildet und so überlegt, welche Maßnahmen die beste Umsetzung seiner Anweisungen gewährleistet. Inwieweit einzelne Motivationsinstrumente geeignet sind, die Mitarbeiter zu einer Befolgung der Anweisungen zu bewegen, hängt dann z.B. von den Bedürfnissen der Mitarbeiter und deren Einschätzung der Situation ab.

So kann eine in Aussicht gestellte Prämie für die rasche Bearbeitung eines kurzfristigen Auftrags die Mitarbeiter tatsächlich motivieren, die Produktion schneller voranzutreiben. Sie kann aber auch ihre Wirkung verfehlen, wenn die Mitarbeiter darauf spekulieren, dass ihnen schließlich eine noch höhere Prämie offeriert wird. Die Produktionsmitarbeiter ihrerseits werden bei ihrer Entscheidung berücksichtigen müssen, wie der Fertigungsplaner darauf reagiert, wenn sie die Prämie implizit ablehnen. Ist der Arbeitsmarkt beispielsweise flexibel, wird ein solches Verhalten möglicherweise nicht zu einer Prämienerhöhung, sondern zu einer Abmahnung und unter Umständen sogar zu einer Kündigung führen.

Das Beispiel verdeutlicht, dass der Führungserfolg entscheidend davon abhängt, inwieweit das Verhalten der Mitarbeiter als Reaktion auf die Steuerungsmaßnahmen antizipiert und bei der Auswahl der Motivationsinstrumente vorab berücksichtigt wird. Mitarbeiterführung in diesem Sinne ist **strategische Mitarbeiterführung**. Die Fähigkeit, das strategische Verhalten der Mitarbeiter zu antizipieren, ist ausschlaggebend dafür, ob die Mitarbeiterführung tatsächlich die Realisierung der Organisationsziele ermöglicht.

Im einfachsten Fall einer Dyade muss hier der Vorgesetzte 'nur' das strategische Verhalten eines ihm direkt unterstellten Mitarbeiters berücksichtigen. Strategische Mitarbeiterführung bedeutet dann, dass er bei der Auswahl der Motivationsinstrumente die unmittelbare Reaktion des Mitarbeiters auf seine jeweiligen personellen Maßnahmen antizipieren muss. In einem ersten Schritt würde der Vorgesetzte also überlegen, wie der Mitarbeiter auf verschiedene Motivationsinstrumente reagiert, um dann in einem zweiten Schritt daraus das Instrument zu wählen, das ihm für die Umsetzung des Organisationsziels am geeignetsten erscheint.

Strategische Mitarbeiterführung ist wesentlich komplexer, wenn der Vorgesetzte einen nachgeordneten Mitarbeiter nicht isoliert betrachten kann, sondern eine Gruppe von Mitarbeitern führt, deren Verhalten untereinander interdependent ist. Sie bedeutet hier, dass der Vorgesetzte bei der Wahl seiner strukturellen und personellen Maßnahmen zusätzlich die interdependenten Reaktionen seiner Mitarbeiter berücksichtigen muss. Er kann also in dieser Situation nicht die Reaktion jedes einzelnen Mitarbeiters isoliert betrachten, sondern muss die strategischen Interaktionen zwischen seinen Mitarbeitern genauso antizipieren wie deren strategische Interaktion mit ihm. Das individuelle strategische Verhalten der Mitarbeiter als

Reaktion auf seine Maßnahmen ist also nicht nur durch die jeweiligen Interessen bestimmt, sondern unterliegt auch gruppendynamischen Prozessen.

6.4 Zusammenfassung

Ausgangspunkt unserer Überlegungen zur geeigneten Steuerung des Arbeitsverhaltens eines Mitarbeiters war die vertragliche Regelung der Arbeitsbeziehung. Drei verschiedene Vertragsformen haben wir diskutiert:

Der juristische Arbeitsvertrag spezifiziert die grundsätzlich zu erbringenden Leistungen und Gegenleistungen von Arbeitgeber und Arbeitnehmer. Er ist typischerweise ein relationaler Vertrag, indem er lediglich die Ziele der Zusammenarbeit und die grundsätzlichen Vertragsbestimmungen festlegt. Wesentlicher Bestandteil ist das Direktionsrecht des Arbeitgebers, einseitig die Leistungen des Mitarbeiters zu spezifizieren. Dieses Recht kann er durch standardisierte organisatorische Regelungen in Form von Plänen oder Programmen oder fallweise durch persönliche Weisungen verwirklichen.

Der implizite Arbeitsvertrag umfasst die Vereinbarungen zwischen Arbeitgeber und Arbeitnehmer, die mündlich vereinbart wurden oder auf einem stillschweigenden Einvernehmen beruhen. Er ist ohne rechtlichen Status und beruht auf den wechselseitigen Erwartungen der beiden Parteien in der Arbeitsbeziehung. In diesem Sinne ist der implizite Vertrag ein psychologischer Vertrag. Damit er verhaltenswirksam für Arbeitgeber und Arbeitnehmer ist, muss er selbstdurchsetzend sein, d.h. keine der Parteien hat einen Anreiz, sich nicht an die Vereinbarungen zu halten.

Der soziale Vertrag bezieht sich auf Erwartungen, die andere Organisationsteilnehmer an das Verhalten des Arbeitgebers bzw. des betrachteten Arbeitnehmers haben. Daher zieht ein Mitarbeiter aufgrund eines sozialen Vergleichs mit anderen Kollegen oder Vorgesetzten Rückschlüsse auf seine Arbeitssituation. Je nach seinen Gerechtigkeitsvorstellungen haben diese Vergleiche Auswirkungen auf seine Beurteilung der eigenen Arbeitssituation und damit auf sein Arbeitsverhalten.

Um die Vorteile aus einer Arbeitsbeziehung umfassend zu nutzen, muss das Vertragsverhältnis der beiden Parteien im Allgemeinen ein langfristiges sein. Die obigen drei Vertragsformen und die daraus resultierenden Anforderungen an die

Gestaltung sind hierfür eine notwendige Voraussetzung. Hinreichend ist ein gegenseitiges Vertrauen der Parteien: Aufgrund der Unvollständigkeit des relationalen Arbeitsvertrages reduziert Vertrauen die Wahrscheinlichkeit, dass eine Vertragspartei eine Vertragslücke zu ihren Gunsten interpretiert, und senkt dadurch die Motivationskosten, die bei einer geeigneten Steuerung des Mitarbeitersverhaltens entstehen.

Drei Mechanismen zum Aufbau von Vertrauen in einer Arbeitsbeziehung haben wir untersucht: Ausgeglichene Machtpositionen bedingen eine wechselseitige Abhängigkeit der beiden Vertragsparteien. Ein solches Gleichgewicht kann beispielsweise durch den Aufbau von transaktionsspezifischem Kapital seitens des Mitarbeiters erzielt werden. Ist das nur eingeschränkt möglich, kann die Reputation des Arbeitgebers als Mechanismus wirken. Wesentliche Voraussetzung hierfür ist die diziplinierende Wirkung der sozialen Verträge, die zwischen den Mitarbeitern bestehen. Ist diese nicht gegeben, kann der Austausch von Geschenken die Selbstverpflichtung der Parteien zu einem kooperativen Verhalten fördern.

Auf der Ebene der Mitarbeiterführung haben wir dann die Gestaltung von Motivationsinstrumenten diskutiert, die diese Vertrauensbildung ergänzend unterstützen. Zwei Ziele stehen dabei im Vordergrund: Im Rahmen der Rationalitätssicherung müssen die kognitiven und motivationalen Verzerrungen des Mitarbeiters durch eine geeignete Gestaltung seiner Arbeitssituation so begrenzt werden, dass sie zu einer Strukturierung und Objektivierung des Entscheidungsverhaltens beitragen. Bei der Kooperationssicherung muss das Arbeitsverhalten des Mitarbeiters so durch Arbeitsanreize und Verhaltensrestriktionen begrenzt werden, dass es im Einklang mit den Zielen der Unternehmung steht.

6.5 Literatur

Die Arbeitsbeziehung als Nexus von Verträgen wird in verschiedenen wissenschaftlichen Disziplinen diskutiert. Aus rechtswissenschaftlicher Perspektive siehe insbesondere Macneil (1974; 1978), der das Vertragsrecht in verschiedene Vertragsbeziehungen klassifiziert. Der psychologische Arbeitsvertrag wird insbesondere von Schein (1988), Rousseau und Parks (1993) und Rousseau (1995) diskutiert. Siehe hierzu auch Ashford und Cummings (1983) oder Ashford (1986), die den regelmäßigen Informationsaustausch zwischen den Parteien im Rahmen des psychologischen Arbeitsvertrages betonen. In der wirtschaftwissenschaftlichen Literatur wird die Idee des impliziten Vertrages von Azariades (1975), Baily (1974) und Gordon (1974) eingeführt. Siehe auch Hart (1983) für eine Einführung sowie Rosen (1985) für einen Übersichtsartikel zu dieser Literatur.

In der soziologischen Literatur wurde der Begriff des sozialen (Austausch-)Vertrages zuerst von Homan (1961), Gough (1963) und Blau (1964) diskutiert. Adams (1963; 1965) hat in seiner Gleichheitstheorie die motivationalen Aspekte untersucht, die mit einer ungerechten Verteilung verbunden sind. Deutsch (1975) diskutiert die verschiedenen Gerechtigkeitsvarianten und ihre Anwendungsbedingungen. Siehe hierzu auch die Untersuchungen von Tyler (1988), Lind und Tyler (1988) oder Greenberg (1990) für die Diskussion einer gerechten Allokation von Arbeitsanreizen. Speziell zum sozialen Vergleich und den damit verbundenen Motiven siehe die Übersichtsbeiträge von Deutsch (1987), Wood (1989) oder Taylor u.a. (1990).

In der ökonomischen Literatur werden die Arbeitsbeziehungen als ein Netzwerk von sozialen Normen und Beziehungen z.B. von Schotter (1981; 1996) und Hodgson (1988) herausgearbeitet. Fox (1974) stellt dar, wie sich historisch die Form der Verhaltensabstimmung durch Verträge veränderte. Diese Autoren weisen insbesondere auf die koordinierende Wirkung von Vertrauen in sozialen Beziehungen hin. Siehe hierzu auch Ouchi (1980), der den Faktor Vertrauen zwischen den Beteiligten einer Transaktion als wichtige Determinante für die Koordination ökonomischer Aktivitäten herausstellt. Die Bedeutung von Vertrauen in der Arbeitsbeziehung wird auch von Albach (1980) und Sadowski (1991) betont, die in diesem Zusammenhang von Vertrauens- bzw. Organisationskapital sprechen. Siehe hierzu aus soziologischer Perspektive auch Tomer (1987), Coleman (1988) sowie Fukyama (1995), aus organisationstheoretischer Sicht Nahapiet und Ghoshal (1998) oder Adler und Kwon (2002) und im Rahmen einer ökonomischen Modellierung Rob und Zemsky (2002).

Die Mechanismen zum Aufbau von Vertrauen werden zusammenfassend in Baron und Kreps (1999, S.68ff) dargestellt. Die vertrauensfördernden Auswirkungen von transaktionsspezifischen Investitionen werden insbesondere von Williamson (1983; 1985, S.163ff) betont. Allgemein zu vertauensbildenden Maßnahmen in Beziehungen siehe Klein und Leffler (1981) oder Shell (1991). Der Austausch von

Geschenken in sozialen Beziehungen wird von Arrow (1972), Akerlof (1982; 1984) und Camerer (1990) ökonomisch diskutiert. Die organisationspsychologische Literatur zur symbolischen Führung fasst Weibler (1995) zusammen, und eine Übersicht über Effizienzlohntheorien finden sich beispielsweise in Yellen (1984). Der Zusammenhang zwischen der Effizienzentlohnung und der Idee der Reziprozität - hier in Form eines fairen Lohns - wird von Akerlof und Yellen (1990) sowie Solow (1990) ausgearbeitet. Der Begriff der Vertrauensspirale geht auf Zand (1979) zurück. Wie sich eine solche Vertrauensspirale sukzessive aufbauen kann, untersucht Blau (1964) im Rahmen eines sozialen Austauschprozesses.

Grundlegend für die organisationspsychologische Forschung zum Führungsverhalten sind die empirischen Studien der Ohio- und Michigan-Gruppe in den 50er Jahren. Siehe hierzu beispielsweise Halpin und Winer (1957) oder Fleishman und Harris (1962). für eine ökonomische theorie des führungsverhaltens siehe Jost (2007). Speziell zur Rationalitätssicherung und zur Rolle von Institutionen siehe die Arbeit von Frey und Eichenberger (1989). Die Weg-Ziel Theorie wurde von Evans (1970), House (1971) und Neuberger (1976) entwickelt. Welche Möglichkeiten ein Vorgesetzter zur Erfassung der Motive eines Mitarbeiters hat, diskutiert beispielsweise von Rosenstiel (1988, S.248ff). Siehe hierzu auch die Diskussion in der Ökonomie zu offenbarten Präferenzen, etwa von Sen (1971; 1977).

Endnoten

1 Individuelle Unterschiede zwischen Mitarbeitern

1 Berühmt ist hier die Literaturstudie von Bernard (1926), in der er aus 400 Veröffentlichungen 5.684 verschiedene Bedürfnisse identifizieren konnte, davon allein 853 im sexuellen Bereich und 228 im Bereich der Ernährung.

2 Zu einem ähnlichen empirischen Befund kommen auch die Arbeiten von Alderfer (1969), Friedlander (1963) oder Mitchell und Mowdgill (1976). Porter (1964), der in seinen empirischen Studien die Bedürfnisse von Mitarbeitern in unterschiedlichen Unternehmenspositionen untersucht, kommt zudem zu einer abweichenden Rangfolge der Bedürfnisebenen. Siehe hierzu auch die Studie von Beer (1968).

3 Siehe hierzu auch Yukl (1990), der zur Beschreibung des Arbeitsverhaltens von Führungskräften neben dem Sicherheitsbedürfnis insbesondere das Statusbedürfnis betont.

4 Siehe McClelland (1961). Es überrascht daher nicht, dass in der Organisationspsychologie in einer Reihe von empirischen und theoretischen Arbeiten das Leistungsbedürfnis eingehen untersucht wurde, so z.B. von McClelland u.a (1953), Atkinson (1964) oder Heckhausen (1965).

5 Siehe z.B. Atkinson (1958) für die Bedeutung des Machtmotivs in Organisationen.

6 Siehe hierzu auch die Studie von Hall und Nougaim (1968), die in einer Längsschnittanalyse das Nebeneinander verschiedener Bedürfnisebenen feststellten.

7 Siehe Tellegen u.a. (1988). Je nach der betrachteten Persönlichkeitseigenschaft kann dabei der Einfluss der Erblichkeit zwischen 20% und 60% schwanken, siehe Plomin, Chipuer und Loehin (1990).

8 Die empirische Forschung konnte so beispielsweise zeigen, dass kognitive Persönlichkeitseigenschaften wie "Intelligenz" durchaus als Indikatoren für die berufliche Leistung gelten können, siehe z.B. Schmidt und Hunter (1981).

9 Die Auswirkungen des Locus of Control auf das Verhalten diskutieren Spector (1982) oder Kren (1992). Empirische Untersuchungen im organisationalen Kontext finden sich hierzu in Mitchell, Smyser und Weed (1975) und Anderson (1977).

10 Zur Anwendung des Konzepts der Selbstwirksamkeit auf das Arbeitsverhalten von Mitarbeitern siehe auch Gist (1987) und Silver, Mitchell und Gist (1995).

11 Zur Diskussion der Typ A- und Typ B-Persönlichkeit vergleiche die Arbeit von Friedman und Roseman (1974). Die Auswirkungen dieser Persönlichkeitseigenschaft in Unternehmen untersuchen Baron (1989) und Ganster u.a. (1991).

12 Weder die Studie von Morse und Weiss (1955) noch die von Kelvin (1982) können natürlich die Ursachen bzw. Funktionen von Arbeitswerten eindeutig erfassen: Morse und Weiss stellten hypothetische Fragen und führten kein reales Experiment durch; die Befragten von Kelvin erhielten substantielle Arbeitslosenunterstützungen.

13 Die Unterscheidung zwischen intrinsischen und extrinsischen Arbeitswerten geht auf Nord u.a. (1988) zurück. Die vier Klassen von Arbeitswerten wurden von Lea, Tarpy und Webley (1987, S.137ff) vorgeschlagen. Siehe hierzu auch Bass (1965, S.77) oder von Rosenstiel (1975, S.104ff).

14 Für eine andere Differenzierung intrinsischer Arbeitswerte siehe z.B. Mitchell und Albright (1972). Sie unterscheiden zwischen Selbstwertgefühlen, Gelegenheiten für eigenständige Gedanken und Handlungen, Möglichkeiten zur eigenen Entwicklung sowie Gefühlen der Selbsterfüllung und der angemessenen Aufgabenerfüllung.

15 Die Auswirkungen der Persönlichkeit auf die Arbeitszufriedenheit untersucht George (1992). Die Zwillingsstudie zu den genetischen Faktoren der Arbeitszufriedenheit wurde von Arvey u.a. (1989) durchgeführt.

16 Siehe hierzu Mowday, Steers und Porter (1979), Allen und Meyer (1990) bzw. Meyer und Allen (1991). Der Zusammenhang zwischen dem organisatorischen Commitment und der Arbeitszufriedenheit eines Mitarbeiters wird in Vandenberg und Lance (1992) diskutiert.

2 Das Grundmodell des ökonomisch-psychologischen Verhaltens

1 Siehe hierzu auch Lesourne (1979), der eine ähnliche Klassifikation von Restriktionen betrachtet. Moralische Verhaltensrestriktionen werden z.B. in Tietzel (1986) diskutiert.

2 Inwieweit sich die Wahrnehmung im Zeitablauf den realen Sachverhalten anpasst, wird z.B. in Frey und Opp (1979) diskutiert. Entsprechend unseren Ausführungen im dritten Kapitel ist zu vermuten, dass nur unter ganz bestimmten Bedingungen eine Konvergenz stattfinden wird. Anderer Auffassung ist z.B. Lawler (1973, S.53f).

3 Der Begriff der kognitiven Komplexität wird insbesondere in der Führungsliteratur verwendet. Siehe z.B. Mitchell (1970) oder Streufert und Nogami (1989).

4 Der Einfluss der Erfahrung des Beobachters auf die Wahrnehmung wird von Slovic und Lichtenstein (1971) diskutiert. Siehe hierzu auch die Ausführungen im dritten Kapitel.

5 Aus diesem Interesse an der sozialen Wahrnehmung entwickelte sich in der Sozialpsychologie die Attributionstheorie. Siehe hierzu auch unsere Ausführungen im dritten Kapitel.

6 Der Einfluss der Komplexität der Situation auf die Wahrnehmung wird z.B. von Dudycha und Naylor (1966) untersucht.

7 Die Unterscheidung zwischen intrinischer und extrinsischer Motivation ist nicht immer ganz eindeutig durchzuführen. Betrachtet man nämlich die Entwicklung einer Person, dann wird zunächst jede Motivation aus extrinsischen Anreizen entstehen, bevor die Person dann in der Lage ist, sich selbst zu belohnen. Darüber hinaus ist es in der Praxis oftmals schwierig, intrinsisch motiviertes Verhalten eindeutig zu identizieren, siehe z.B. Scott (1975) oder Guzzo (1979). Bandura (1977) weist zudem darauf hin, dass unter Umständen auch die antizipierten künftigen Vorteile aus einem Verhalten nicht immer so eindeutig spezifiziert werden können, um nur von einem intrinsisch motivierten Verhalten sprechen zu können. Siehe zu den Wechselwirkungen zwischen intrinsischer und extrinsischer Motivation insbesondere auch unsere Ausführungen im fünften Kapitel.

8 Die folgende Terminologie orientiert sich an dem konzeptionellen Modell von Hogarth (1980, S.206ff).

9 Die nachfolgende Terminologie geht auf verschiedene psychologische Ansätze zurück: Der Begriff der Valenz wurde zuerst von Lewin (1938) benutzt und ist mit dem Begriff des Zielverlangens bei Tolman (1959) identisch. Die Bedeutung der Erwartung über den Zusammenhang von eigener Handlung und dem Erreichen der eigenen Ziele wird zuerst von Rotter (1954) herausgearbeitet. Der Begriff der Instrumentalität des Handlungsergebnisses für die Zielerreichung geht auf Vroom (1964) zurück. Die Determinanten bei der Erwartungsbildung werden von Mischel (1968) und Lawler (1973, S.53ff) eingehend diskutiert. Siehe auch Lattmann (1982, S.161ff).

10 In der Terminologie von von Rosenstiel (1988) können wir die Fähigkeiten und die Motive eines Mitarbeiters auch als individuelles Können und Wollen bezeichnen. Analog zu dieser Terminologie charakterisieren dann die Verhaltensrestriktionen und Arbeitsanreize, die sich einem Mitarbeiter bieten, das organisatorische Dürfen und Sollen.

11 In der ökonomischen Literatur wird der so definierte Nutzen auch als Benoulli-Nutzen bezeichnet: "To Bernoulli, utility was the satisfaction of any sort of 'want' ... This kind of utility-as-satisfaction is sometimes called Bernoullian utility", so Yates (1990, S.266f).

12 Allerdings ist im Hinblick auf die Beurteilung personalwirtschaftlicher Maßnahmen zur Steuerung des Mitarbeiterverhaltens im dritten Teil des Buches die zweite Vorgehensweise im Allgemeinen zweckmäßiger. Siehe hierzu die Ausführungen in Abschnitt 6.3.

13 Bei einer marginalen Betrachtung ist die Monotonie der Wertfunktion v durch ihre erste Ableitung $v'(K)$ spezifiziert. Die zweite Ableitung $v''(K)$ gibt an, inwieweit die Wertfunktion konkav, konvex oder linear verläuft. Neben den drei Grundtypen von Wertfunktionen sind auch verschiedene Kombinationen denkbar.

14 Zur intrinsischen Risikoeinstellung siehe beispielsweise die Arbeiten von Dyer und Sarin (1982) oder Kürsten (1992a; 1992b). Smidts (1997) ermittelt empirisch die Nutzen- und Wertfunktionen von holländischen Farmern. Siehe hierzu auch die Arbeit von Sarin und Weber (1993), in der vorgeschlagen wird, die

Werteinschätzung und die Risikoeinstellung getrennt zu ermitteln und Präferenzen aus beiden Komponenten zusammenzusetzen.

15 Dieses Beispiel orientiert sich an dem Modell von Williamson (1963; 1964) über das Verhalten von Managern in Unternehmungen.

3 Die individuelle Beurteilung der Arbeitssituation

1 Die deskriptive Entscheidungstheorie wird in der englischsprachigen Literatur als Behavioral Decision Theory bezeichnet. Im Unterschied hierzu will die präskriptive Entscheidungstheorie, die auch als Decision Analysis bezeichnet wird, Anleitungen zum 'richtigen' Lösen von Entscheidungsproblemen geben. Siehe hierzu z.B. Laux (1998) oder Eisenführ und Weber (1999).

2 Insofern kann die Anwendung von Heuristiken als Ergebnis eines Entscheidungsprozesses verstanden werden, in dem eine Person Kosten und Nutzen der Informationsaufnahme und -verarbeitung vergleicht: Die Kosten umfassen dabei die psychischen Kosten sowie die mit der Anwendung einer Heuristik verbundenen Verzerrungen, der Nutzen ergibt sich aus der Komplexitätsreduktion. Siehe hierzu auch unserer Ausführungen in Abschnitt 4.4.

3 Die den folgenden Abschnitten zugrundeliegende Systematik orientiert sich nicht an den einzelnen Teilprozessen, sondern an den Inhalten der Beurteilung. Zu Ersterem siehe ausführlich den Überblick in Hogarth (1980, S.204ff).

4 Lernen in diesem Sinne setzt voraus, dass sich ein Mitarbeiter wiederholt in einer ähnlichen Beurteilungs- bzw. Entscheidungssituation befindet. Psychologische Experimente zeigen hier, dass Lernen unter sich stark wandelnden Umständen schwer oder sogar unmöglich ist. Siehe hierzu z.B. Brehmer (1980) oder Einhorn (1980).

5 Das folgende Beispiel orientiert sich an den Ausführungen von Gigerenzer (1991, S.106), der das Experiment von Nisbett und Ross in folgendem amüsanten Kontext darstellt: "You live in a jungle. Today you must choose between two alternatives: to let your child swim in the river, or let it climb trees instead. You use only one criterion for that choice, your child's life expectancy. You have information that in the last 100 years there was only one accident in the river, in which a child was eaten by a crocodile, whereas a dozen child-

ren have been killed by falling from trees. Just yesterday your neighbor told you that her child was eaten by a crocodile. Where do you send your child?"

6 Kachelmeier und Shetata (1992) führten hierzu ein Experiment mit chinesischen Studenten durch, bei dem die Teilnehmer Auszahlungen bis zu 10 yuan bekommen konnten - durchschnittlich hat ein Student in China ca. 60 yuan pro Monat an Lebenhaltungskosten. Siehe auch die Studien von Grether und Plott (1979), Reilly (1982) oder Pommerehne, Schneider und Zweifel (1982), die das Experiment von Lichtenstein und Slovic (1971) zur Präferenzumkehr mit höheren Geldbeträgen durchführten und zu denselben Ergebnissen kamen.

7 Siehe hierzu auch Kahneman und Tversky (1982) oder Kahneman und Miller (1986), die das Ausmaß der emotionalen Auswirkungen von Entscheidungen in Abhängigkeit von der Entscheidungssituation diskutieren, sowie die Arbeiten von Bell (1982; 1985) und Loomes und Sudgen (1982; 1987a), die wir in Kapitel 4.2. näher vorstellen.

8 Siehe Bazerman (1983) für die Analyse eines ähnliches Problems. Experimentelle Untersuchungen wurden beispielsweise von Kahneman und Tversky (1979), Thaler (1980), Bazerman (1984) oder Tversky und Kahneman (1986) durchgeführt.

9 Für die Anforderungen an die Struktur seines Zielsystems siehe Keeney (1992, S.82ff) oder auch Keeney und Raiffa (1993, S.50ff).

10 Die Bedeutung situativer und personeller Merkmale auf die Beurteilung von Konsequenzen bei mehreren Zielen wird in Payne, Bettman und Johnson (1993) diskutiert. Siehe hierzu auch unsere Diskussion in Kapitel 4.4.

11 Zum Splitting-Effekt siehe auch die Diskussion in Borcherding, Eppel und von Winterfeldt (1991).

12 Andere experimentelle Studien, die zu denselben Ergebnissen bezüglich der Risikoeinstellung von Personen kommen, sind beispielsweise die von Hershey und Schoemaker (1980), Cohen, Jaffray und Said (1987) oder Kachelmeier und Shehata (1992). Zum Risikoverhalten von Managern siehe auch MacCrimmon und Wehrung (1986; 1990) oder March und Shipra (1987). Erste theoretische Erklärungen für unterschiedliche Risikoeinstellungen einer Person finden sich in Friedman und Savage (1948) oder Markowitz (1952).

13 Erste empirische Untersuchungen zum Allais-Paradoxon finden sich beispielsweise bei Morrison (1967), Raiffa (1968) und Slovic und Tversky (1974). Siehe hierzu auch die Untersuchungen von MacCrimmon (1968) und Moskowitz (1974), die die von Savage (1954, S.101ff) aufgestellte Hypothese testen, ob Versuchspersonen ihre Beurteilungen im Nachhinein ändern würden, wenn sie über ihr Verhalten aufgeklärt werden.

14 Eine zweite Erklärung für den Common-consequence-Effekt ergibt sich aufgrund unserer Diskussion über emotionale Faktoren bei der Beurteilung von Konsequenzen: Bei der ersten Entscheidung wählt man nicht Alternative 1b, weil man sonst den Verlust des sicheren Gewinns bedauern könnte. Bei der zweiten Entscheidung ist hingegen die Gewinndifferenz zwischen 10% und 11% so gering, dass dies durchaus die Wahl der Alternative rechtfertigt, die zu einem Gewinn von 5 Mio. französische Franc führt. Siehe hierzu auch Loomes und Sudgen (1982).

15 Zum Pseudo-Sicherheitseffekt siehe auch die Untersuchungen von Slovic, Fischhoff und Lichtenstein (1982).

16 Siehe hierzu auch die Arbeiten von Fox und Tversky (1998) und Tversky und Wakker (1998), in denen Eigenschaften der Gewichtungsfunktion bei Unsicherheit aus dem Eigenschaften subjektiver Wahrscheinlichkeiten und denen von Wahrscheinlichkeitsgewichten abgeleitet werden. Siehe auch Kilka und Weber (2001), die den zweistufigen Ansatz auf verschiedene Unsicherheitsquellen erweitern.

17 Siehe hierzu ausführlich Anderson (1981).

18 Nach der Regel von Bayes lässt sich leicht der folgende Zusammenhang zwischen diesen beiden bedingten Wahrscheinlichkeiten herstellen:

$$p(A \mid B) = \frac{p(A) \cdot p(B \mid A)}{p(A) \cdot p(B \mid A) + p(\text{nicht } A) \cdot p(B \mid \text{nicht } A)}$$

19 Einen Literaturüberblick zum 'Trugschluss des Spielers' findet sich in Rabin (2002). Für eine theoretische Erklärung siehe Rabin und Vayanos (2007).

20 Dieses Beispiel geht auf Bazerman (1998, S.23f) zurück.

21 So haben wir im zweiten Kapitel gesehen, dass für zwei unabhängige Ereignisse A und B immer gilt:

$$p(A \text{ und } B) = p(A) \cdot p(B)$$

Da $p(A)$ stets kleiner als Eins ist, muss notwendigerweise

$$p(A \text{ und } B) \leq p(B)$$

sein.

22 Siehe für diese Klassifizierung von Unsicherheit Luce und Raiffa (1957, S.286ff) oder Einhorn und Hogarth (1985, S.434f).

23 Dieser Einfluss der Kompetenz einer Person auf ihr Entscheidungsverhalten wird auch als Kompetenz-Hypothese bezeichnet. Fox und Tversky (1995) argumentieren, dass die wahrgenommene Kompetenz nur dann die Entscheidung einer Person beeinflusst, wenn sie dem Entscheider tatsächlich bewusst ist: Nach ihrer 'komparativen Ignoranz-Hypothese' ist die Ambiguitätsaversion abhängig vom Vergleich mit bekannten Ereignissen oder sachkundigen Personen. Siehe hierzu auch Fox und WEber (2002).

24 Arbeiten zum Overconfidence-Effekt sind die von Lichtenstein, Fischhoff und Philips (1977; 1982). Siehe auch Gigerenzer, Hoffrage und Kleinbölting (1991), die unter anderen Versuchsbedingungen - die Versuchspersonen mussten erst nach der Beantwortung aller Fragen die Richtigkeit ihrer Antworten einschätzen - zeigen konnten, dass das Phänomen der Selbstüberschätzung verschwand. Gegenteilige Ergebnisse erziehlten hierzu Brenner, Koehler, Liberman und Tversky (1996).

25 Der Rückschluss von bekannten Häufigkeiten auf die 'objektive' Eintrittswahrscheinlichkeit unbekannter Ereignisse ist natürlich selbst wieder eine subjektive Hypothese, da ex post nicht feststellbar ist, ob die Hypothese objektiv richtig oder falsch war. Zudem unterliegt die Annahme, dass die Rahmenbedingungen des zu beurteilenden Sachverhalts bei der statistischen Urteilsbildung gewissen Anforderungen genügen müssen, selbst wieder einem subjektiven Urteil. In diesem Sinne kann das statistische Wahrscheinlichkeitsurteil als Spezialfall der subjektiven Urteilsbildung betrachtet werden, siehe Hogarth (1980, S.273). Für die Annahme einer statischen Umwelt siehe auch Daston (1988), der die

'domestication of risk' am Beispiel von Versicherungen zwischen 1650 und 1830 diskutiert.

26 In einem umfassenden Modell bildet sich der Vorgesetzte sein subjektives Urteil p aufgrund der ihm bekannten personellen Komponenten P des Mitarbeiters und den situativen Komponten S, so dass

$$p = p(Y \mid \alpha)$$

wobei $\alpha = (X_1 \text{ und } P \text{ und } S)$. Dabei ist die Wahrnehmung des Szenarios α abhängig vom kausalen Kontext B des Vorgesetzten, d.h.

$$\alpha = (X_1 \text{ und } P \text{ und } S \mid B).$$

Siehe hierzu auch Einhorn und Hogarth (1986, S.7).

27 Diese Attributionstendenzen werden z.B. in Ross und Anderson (1982) und ausführlich in Heckhausen (1980, S.411ff) diskutiert. Auf Heider (1958) geht der fundamentalen Attributionsfehler zurück. Speziell zu den selbstwertdienliche Attributionstendenzen siehe die Arbeiten von Jones und Nisbett (1972), Miller und Ross (1975), Ross (1977) oder Zuckerman (1979).

4 Die Psychologie des Arbeitsverhaltens

1 In der psychologischen Literatur wird diese Sichtweise von Naylor, Pritchard und Ilgen (1980, S.6) ins Zentrum ihrer Theorie des Arbeitsverhaltens gerückt: "Behavior, then, will be viewed as being a problem of resource allocation on the part of the individual in which he or she has a wide variety of options available at any moment with regard to possible acts that can be performed".

2 Siehe hierzu auch die Klassifikation von Verhallen und Pieters (1984), die verschiedene Kostenarten im Zusammenhang mit einem einstellungsbasierten Verhalten darstellen. Psychische Kosten werden beispielsweise in der Politischen Ökonomie zur Erklärung des Paradoxons des Nicht-Wählens betrachtet: Um zu erklären, warum ein Staatsbürger sich an Wahlen beteiligt, obwohl seine Stimme für den Wahlausgang im Allgemeinen völlig bedeutungslos ist, führen Riker und Ordeshook (1968) eine zusätzliche Nutzenkomponente ein. Für einen Staatsbürger, der seiner Bürgerpflicht genügt und zur Wahl geht, ergibt

sich daraus ein positiver Nutzen. Umgekehrt entstehen ihm psychische Kosten, wenn er sich nicht an der Wahl beteiligt. Das Auftreten psychischer Kosten wird in der Kognitionspsychologie in den Konsistenztheorien erklärt. Hierzu gehört z.B. Heiders Theorie der kognitiven Ausgewogenheit (1946; 1958) oder Festingers Theorie der kognitiven Dissonanzen (1957; 1964). Siehe auch unsere Ausführungen in Abschnitt 4.4.

3 Siehe hierzu auch die Arbeit von Frey und Opp (1979, S.290f), die die Auswirkungen der Divergenz von subjektiven und objektiven Restriktionen im Zusammenhang mit kriminellem Verhalten diskutieren.

4 Siehe hierzu beispielsweise Brehmer (1980) oder Einhorn (1980). Einhorn und Hogarth (1978; 1981) argumentieren, dass selbst in Situationen, in denen ein Feedback stattfindet, der Lernprozess eines Mitarbeiters langsam verläuft und nicht in jedem Fall zu einer objektiven Wahrnehmung führt. Frey (1988) spricht in diesem Fall von einem ipsativen Handlungsspielraum.

5 Day und Robinson (1973) zeigen in diesem Zusammenhang, dass die Maximierung einer Nutzenfunktion zu einem Verhalten mit Anspruchsniveaus führt, wenn zumindest ein Bedürfnis des Entscheiders dadurch ausgezeichnet ist, dass es ab einem gewissen Grad der Bedürfnisbefriedigung gesättigt ist.

6 Diese Argumentation setzt natürlich implizit voraus, dass der Mitarbeiter den Effekt des dreimaligen Tauschens der Optionen ignoriert. Ist dies nicht der Fall, dann wird er trotz intransitiver Präferenzen in einem dynamischen Kontext die Auswirkungen seines Tauschens berücksichtigen. Siehe hierzu auch Loomes und Sudgen (1982; 1987b) oder Fishburn (1988, S.43f) sowie unsere Ausführungen in Abschnitt 4.2.

7 Siehe May (1954), der die Intransitivität von Präferenzen in einem ähnlichen Kontext bei Ehepartnern beobachtet.

8 Diese Form der Darstellung geht auf Marschak (1950) zurück. Siehe auch die Arbeit von Camerer (1989), in der die Indifferenzkurven verschiedener anderen Nutzentheorien graphisch in einem Einheitsdreieck dargestellt sind.

9 Der Begriff des subjektiven Erwartungsnutzens ist nicht zu verwechseln mit dem subjektiven Erwartungsnutzen von Savage (1954). Der Begriff bei Savage bezieht sich auf die Bildung subjektiver Wahrscheinlichkeiten, wohingegen in

unserem Kontext die Gewichtung bekannter 'objektiver' Wahrscheinlichkeiten gemeint ist.

10 In der ursprünglichen Form der Prospect-Theorie von 1979 wurde eine spezielle Gestaltung der Wahrscheinlichkeitsgewichtungsfunktion unterstellt, die in der Arbeit von 1992 aufgrund empirischer Untersuchungen revidiert wurde.

11 Angenommen, jede von n Konsequenzen K_i führt mit einer Wahrscheinlichkeit von $\frac{1}{n}$ zu Euro $(X + x_i)$ wobei x_i die Realisierung einer Zufallsvariable x mit $0 < x \leq \varepsilon$ ist. Sei das Wahrscheinlichkeitsgewicht $\pi(\frac{1}{n}) < \frac{1}{n}$. Dann bewertet der Entscheider für hinreichend kleines ε den sicheren Gewinn von DM X höher als die Lotterie $(X + x_1, \frac{1}{n}; \ldots; X + x_n, \frac{1}{n})$, obwohl die Zufallsvariable mit Wahrscheinlichkeit Eins zu einem höheren Gewinn als X führt:

$$U(X) > \sum_{i=1}^{n} \pi(\frac{1}{n}) U(X + x_i)$$

12 Siehe hierzu auch Machina (1987, S.139).

13 Siehe hierzu insbesondere Edwards (1977).

14 Siehe hierzu auch Coombs, Dawes und Tversky (1970, S.139f).

15 Siehe hierzu beispielsweise Teigen (1994), der zwischen regel-bestimmten und intuitiven Wahrscheinlichkeitsurteilen differenziert. Beach, Barnes und Christensen-Szalanski (1986) unterscheiden zwischen einer aleatorischen und epistemischen Urteilsbildung und Hammond u.a. (1984) schlagen ein Kontinuum an Beurteilungsregeln vor.

16 Da eine interne Regel in bestimmten Situationen kein Verhalten induziert, das den (kurzfristigen) Nutzen der Person maximiert, kommt der Selbstbindung an die Regel eine entscheidende Bedeutung zu. Wir werden diesen Aspekt im Zusammenhang mit der Selbstregulierung des Verhaltens intensiv diskutieren.

17 Siehe hierzu auch die Untersuchungen von Zajonc (1965) und Zajonc und Sales (1966).

18 Vanberg verwendet die Begriffe 'case-by-case adjustment' und 'genuine rule-following'. Siehe hierzu auch Rowe (1989), der den ersten Fall als 'Act-Individualism', den zweiten als 'Rule-Individualism' bezeichnet, oder Kelman (1958), der von Compliance und Internalization spricht.

19 Zur Bedeutung strategischer Züge in interaktiven Entscheidungssituationen siehe z.B. Jost (1999, S.218).

20 Dieses Vorgehen geht auf Thaler und Johnson (1990) zurück, die diese Prinzipien auch als 'hedonic editing' bezeichnen. Siehe hierzu auch Gourville (1998), der die Aufteilung von Ausgaben in kleinere Beträge als temporales Neugestalten der Bewertung von Transaktionen diskutiert, sowie die Experimente von Thaler und Johnson (1990) und Linville und Fischer (1991) zur mentalen Verbuchung. Zur Verbuchung in verschiedene mentale Konten siehe auch Heath und Soll (1996).

21 Auf den ersten Blick scheint dieses Ergebnis von Locke (1968) den Untersuchungen von Atkinson (1957) zu widersprechen. Da jedoch bei Locke die Versuchspersonen ihre Zielen nicht selbst auswählen konnten, sondern diese zugewiesen bekamen, können die unterschiedlichen Ergebnisse a priori nicht einfach miteinander verglichen werden. In einer späteren Studie lösen Locke et al. (1984) diesen scheinbaren Widerspruch auf. Siehe hierzu auch die Ausführungen von Heckhausen (1980, S.264ff).

22 In der Psychologie werden die Auswirkungen motivationaler Grenzen auf das Handeln einer Person in der sogenannten Willenspsychologie eingehend diskutiert. Die Realisierung von Intentionen wird dabei als Ergebnis eines volitiven Prozesses betrachtet. Im Rahmen unseres Modells des Motivationsprozesses entspricht dies der Realisierungsmotivation. Siehe zur Volition auch die Übersicht in Heckhausen (1980, S.189ff).

23 Während also einerseits Präferenzen der Bewertung zukünftiger Konsequenzen und damit der Bestimmung ihres Vorhersagenutzens dienen, bestimmt andererseits das daraus resultierende Verhalten und der Erfahrungsnutzen aus diesen Konsequenzen die zukünftigen Präferenzen. Haben wir im Rahmen der subjektiven Erwartungsnutzentheorien mit emotionalen Komponenten angenommen, dass ein Entscheider diese Diskrepanzen antizipiert und sie in seiner Entscheidungsfindung berücksichtigt, nehmen wir im Folgenden an, dass Präferenzen zum Teil endogen bestimmt sind. Hayek (1979) hat in seinem Aufsatz über "Die drei Quellen der menschlichen Werte" auf zwei weitere Arten der Entstehung und Veränderung von Präferenzen hingewiesen: Neben der endogenen Präferenzbildung durch individuelles Lernen und Entscheiden diskutiert

er die biologische Evolution sowie die Sozialisation. Siehe auch Bowles (1998), der den Einfluss des Marktes und anderer ökonomischer Institutionen auf die endogene Präferenzbildung untersucht.

24 Dieses Beispiel lehnt sich an die Ausführungen von Akerlof und Yellen (1991) an.

25 Zur illusionären Korrelation siehe auch die Untersuchungen von Chapman und Chapman (1967) sowie die Übersicht von Fiedler (1993). Kahneman und Tversky (1973) führen dieses Phänomen auf die Heuristik der Verfügbarkeit zurück. Zur Illusion der Kontrolle siehe die Untersuchungen von Langer (1975) sowie die Übersicht von Pfrang (1993). Zum unrealistischen Optimismus siehe die Übersicht von Bar-Hittel und Budescu (1995).

26 Die folgende Modellierung kann auch um die Entscheidung des Mitarbeiters erweitert werden, ob er überhaupt eine so gefährliche Aufgabe übernehmen wird. Da dies für die Auswirkungen der Dissonanzreduktion und die Nutzung der Sicherheitsmaßnahmen unerheblich ist, haben wir auf diese Erweiterung verzichtet.

27 Siehe hierzu Slovic und Fischhoff (1977). Eine dritte Erklärung ergibt sich auch aus der Heuristik der Verankerung und Anpassung, die wir im übernächsten Abschnitt behandeln. Siehe auch Jungermann, Pfister und Fischer (1998, S.188ff), die weitere kognitionspsychologische Erklärungansätze anführen.

28 Zum Effekt der sauren Trauben siehe auch Elster (1983).

5 Die ökonomische Analyse des Motivationsproblems

1 Streng genommen setzt diese Äquivalenz die Annahme voraus, dass kein Organisationsteilnehmer Vermögenseffekten ausgesetzt ist. Dies ist Gegenstand des Wertmaximierungsprinzips, siehe z.B. Jost (2000a).

2 Interpretiert man die Beiträge des Mitarbeiters als seine "Zahlungen" an die Unternehmung und versteht man die Beteiligungen, die er erhält, als "Zahlungen" der Unternehmung an ihn, dann entsprechen diese beiden Teilnahmebedingungen gerade den Voraussetzungen für das Zustandekommen eines Tauschs: Dieser findet statt, wenn der Käufer einem Gut einen mindestens gleich großen Wert zuordnet wie der Verkäufer. Siehe hierzu auch die Über-

legungen von Barnard (1938) zur Teilnahme eines Mitarbeiters an einer Organisation sowie die Weiterentwicklungen von March und Simon (1958) im Rahmen ihrer Anreiz-Beitrags-Theorie.

3 Natürlich gibt es für den Personalleiter Möglichkeiten, dieses Problem der adversen Selektion zu vermeiden. So könnte er beispielsweise eine Probezeit vereinbaren und den Umfang der Ausbildungsmaßnahmen vom Verhalten des Mitarbeiters während dieser Zeit abhängig machen. Das Problem verschwindet dadurch natürlich nicht vollständig. Denn auch in diesem Fall kennt der Personalleiter nicht mit Sicherheit die Absichten des Mitarbeiters. Es besteht daher auch in diesem Fall noch die Gefahr, dass der Mitarbeiter nach einer teuren Ausbildungsmaßnahme die Unternehmung kurzfristig verlässt.

4 In der Forschung zur Arbeitsmotivation gehen z.B. Vroom (1964) und Porter und Lawler (1968) von einer additiven Beziehung zwischen extrinsischer und intrinsischer Motivation aus.

5 Lepper und Greene (1978) sprechen von 'the hidden cost of rewards', Frey (1997a) von 'crowding out'. Deci (1971b) nennt das Phänomen 'undermining effect', Heckhausen (1980) spricht von einem 'Korrumpierungseffekt'.

6 Dieses Beispiel geht auf Baron und Kreps (1999, S.99f) zurück und knüpft tatsächlich an die drastischen Lohnerhöhungen an, die Anwaltskanzleien in den USA Mitte der 80er Jahren ihren Mitarbeitern aufgrund des Wettbewerbsdrucks zahlen mussten.

7 Eine Metastudie, die trotz dieser kausal-logischen Probleme so vorgeht, ist die von Rummel und Feinberg (1988). Zur Kritik hieran siehe Cameron und Pierce (1994, S.371). Zusätzlich muss bei vielen empirischen Untersuchungen kritisch beurteilt werden, wie die intrinische Motivation einer Versuchsperson in den Experimenten überhaupt gemessen wird. Auf diesen Punkt macht Wiersma (1992) aufmerksam.

8 Diese Definition der Wertschöpfung einer Arbeitsbeziehung leitet sich auch aus unseren Ausführungen zur Teilnahmeentscheidung des Mitarbeiters bzw. zur Aufnahmeentscheidung der Unternehmung ab: Die Wertschöpfung der Arbeitsbeziehung ist hier identisch mit den Renten des Mitarbeiters und der Unternehmung.

9 Der Umstand, dass nur männliche Arbeiter an diesem Programm teilnehmen konnten, erklärt Conot (1974, S.175) wie folgt: "Women did not work on the assembly line, and were not likely to drink and fail to show up for work. They did not jump from job to job. So there was no reason to include them".

6 Die Steuerung des Arbeitsverhaltens

1 Siehe O'Brian (1992), Quick (1992) sowie Labich (1994) für dieses Beispiel.

2 Weitere Regelungen zum Arbeitsverhältnis finden sich in verschiedenen Einzelgesetzen, wie z.B. dem Kündigungsschutzgesetz, dem Beschäftigungsförderungsgesetz oder dem Handelsgesetzbuch. Neben dem individuellen Arbeitsvertragsrecht gelten darüber hinaus in Deutschland für Gewerkschaftsmitglieder kollektive Vereinbarungen in Form von Lohn- und Manteltarifverträgen. Außerdem können auch Betriebsvereinbarungen individuelle Arbeitsverträge ergänzen.

3 Siehe hierzu beispielsweise die Studien von Schein (1978) oder Van Maanen und Schein (1979).

4 Schein (1988, S.22) sieht deshalb den psychologischen Vertrag als Erweiterung des Konzepts des sozialen Vertrages: "The concept of psychological contract is an extension of all that has been written by social philosophers about social contracts".

5 Siehe hierzu auch Rousseau und Parks (1993, S.21ff), die zwischen 'normative contracts' und 'implied contracts' unterscheiden.

6 Die spezifischen Ausprägungen von Arbeitsbeziehungen in Japan werden z.B. von Koike (1978) dargestellt. Ein Vergleich zwischen der Länge der Arbeitsbeziehung in Japan und westlichen Industrieländern findet sich z.B. in Hashimoto und Raisian (1985) oder in Whittaker (1990).

7 Siehe beispielsweise Franz (1994, S.111ff) für den Einfluss von Veränderungen in der Konsumgüternachfrage auf das Beschäftigungsniveau von Unternehmungen bzw. Milgrom und Roberts (1990) für die Bedeutung nicht-produktiver Aktivitäten.

8 Diese soziale Rechtfertigung liegt nach §1 Abs.2 des Kündigungsgesetzes (KSchG) vor, wenn die Kündigung entweder durch Gründe in der Person des

Arbeitnehmers oder seinem Verhalten oder durch dringende betriebliche Erfordernisse bedingt ist. Eine außerordentliche Kündigung ohne Einhaltung der Kündigungsfrist ist nur möglich, wenn es dem Arbeitgeber unzumutbar ist, bis zu deren Ablauf zu warten (§626 BGB).
In den USA geht die 'at-will'-Doktrin auf die Rechtsprechung durch den Supreme Court des Staates Tennessee im Fall Payne vs. The Western & Atlantic Railroad Co aus dem Jahr 1884 zurück.

9 Der Erwerb einer Vertrauensneigung durch Erziehung geht auf Erikson (1968) zurück. Für die Messung des Vertrauens als dispositiver Faktor wurden später von Rotter (1967) bzw. Butler (1991) in Fragebögen sogenannte 'Vertrauensskalen' ausgearbeitet. Siehe hierzu auch Bierhoff (1992), der zeigt, dass die Vertrauensneigung einer Person kaum Aussagen über das Vertrauen in spezifischen Situation zulässt.

10 Einen Schritt weiter geht die neuere ökonomische Literatur, die aufgrund spieltheoretischer Experimente unterstellt, dass Personen eine Präferenz für Reziprozität besitzen. Siehe hierzu die Übersichtsbeiträge von Fehr und Gächter (2000) oder Sobel (2005).

11 Siehe hierzu auch Williamson (1993b), der zwischen 'calculative trust' und 'noncalculative trust' unterscheidet.

12 Werden die einzelnen Mitarbeiter einer Gruppe in ihrem Arbeitsverhalten unabhängig von ihren individuellen personellen Faktoren identisch beeinflusst, kann man von einer Gruppenführung sprechen. Gruppenführung als Führung einer größeren organisatorischen Einheit innerhalb der Unternehmung ist damit ein Spezialfall der Mitarbeiterführung.

13 Tversky (1969) berichtet beispielsweise, dass Versuchspersonen ihre Entscheidungen an das Transitivitätsaxiom anpassten, nachdem sie auf ihre intransitiven Präferenzen hingewiesen wurden. Ein analoges Anpassungsverhalten beobachtete MacCrimmon (1968) bezüglich der Nutzenmaximierung. MacCrimmon und Larsson (1979) konnten zeigen, dass Experimentsteilnehmer, die systematisch gegen die Nutzentheorie von von Neumann und Morgenstern verstießen, dieses Handlungskalkül akzeptierten, wenn es unabhängig von der konkreten Entscheidungssituation präsentiert wurde.

14 Für den Bereich des Finanzmanagements siehe auch die Arbeit von Müller (2007), der verschiedene Instrumente der Rationalitätssicherung für diesen speziellen Kontext herausarbeitet.

15 Siehe hierzu beispielsweise Philips, Battalio und Kogut (1989) für den Sunk cost-Effekt, Harless (1989) für den Besitztumeffekt, Berg und Dickhaut (1990) für das Phänomen der Präferenzumkehr oder Conlisk (1989) für das Allais-Paradoxon. Der Einfluss der Experimentsbedingungen auf dieses Ergebnis wird für das Phänomen der Präferenzumkehr von MacDonald und Huth (1989) und für den Hindsight-Effekt von Weber (1990) aufgezeigt. Interessant ist in diesem Zusammenhang auch das Experiment von Chu und Chu (1990), in dem die Teilnehmer aufgrund intransitiver Präferenzen zu Kaufaktivitäten gezwungen wurden. Nach anfänglichen Verlusten passten die Teilnehmer ihre Präferenzen schnell an.

16 Siehe hierzu beispielsweise Bierman (1989), der zeigt, dass Experimentsteilnehmer viel selten gegen das Allais-Paradoxon verstoßen, wenn ihnen das Entscheidungsproblem anhand eines Entscheidungsbaums erklärt wird. In verschiedenen Experimenten zeigt zudem Gigerenzer (1991), dass Verzerrungen bei Wahrscheinlichkeitsurteilen durch die Art der Problemdarstellung beeinflusst werden.

17 Siehe z.B. MacDonald und Huth (1989) oder Shanteau (1989).

18 Siehe hierzu auch die Untersuchungen von Neale und Northcraft (1986) und Northcraft und Neale (1987).

19 Die Gestaltung der Organisationsstruktur zur Vermeidung von Fehlentscheidungen wird z.B. in Sah und Stiglitz (1986) oder Heiner (1988b) diskutiert. Siehe hierzu auch Gehlen (1961; 1964), der diesen Vorteil in seiner anthropologischen Theorie von Institutionen herausarbeitet: "Die allen Institutionen wesenseigene Entlastungsfunktion von der subjektiven Motivation und von dauernden Improvisationen fallweise zu vertretender Entschlüsse ist eine der großartigsten Kultureigenschaften" (1964, S.43).

20 Implizit unterstellen wir in der folgenden Argumentation, dass sich der Vorgesetzte in der Auswahl seiner personalpolitischen Maßnahmen an den Zielen der Unternehmung orientiert. Wie beim Mitarbeiter können wir auch beim Vorgesetzten a priori allerdings nicht von einer solchen Zielharmonie ausgehen.

21 Dieses Beispiel sowie die nachfolgenden Ausführungen gehen auf Jost (1999, S.54ff) zurück. ‘ “

Literaturverzeichnis

Ackerman, P. und L. Humphreys 1990. Individual Differences Theory in Industrial and Organizational Psychology. In: M. Dunnette und L. Hough (Hrsg.), *Handbook of Industrial and Organizational Psychology* Vol.1, S.223-282, Palo Alto, Ca: Consulting Psychologists Press.

Adams, J. 1963. Toward an Understanding of Inequity. *Journal of Abnormal and Social Psychology* 67:422-436.

Adams, J. 1965. Inequity in Social Exchange. In: Berkowitz, L. (Hrsg.), *Advances in Experimental Social Psychology* Vol.2, S.267-299, New York: Academic Press.

Adler, P. 1993. Time-and-Motion Regained. *Harvard Business Review* 71:97-108.

Adler, P. und R. Cole 1993. Designed for Learning: A Tale of Two Auto Plants. *Sloan Management Review* 34:85-94.

Adler, P. und S.-W. Kwon 2002. Soci9al Capital: Prospects for a New Concept. *Academy of Management Review* 27:17-40.

Akerlof, G. 1982. Labor Contracts as Partial Gift Exchange. *Quarterly Journal of Economics* 47:543-569.

Akerlof, G. 1984. Gift Exchange and Efficiency-Wage Theory: Four Views. *American Economic Review* 74:79-83.

Akerlof, G. 1989. The Economics of Illusion. *Economics and Politics* 1:1-15.

Akerlof, G. und W. Dickens 1982. The Economic Consequences of Cognitive Dissonance. *American Economic Review* 72:307-319.

Akerlof, G. und J. Yellen 1990. The Fair Wage-Effort Hypothesis and Unemployment. *Quarterly Journal of Economics* 105:255-283.

Akerlof, G. und J. Yellen 1991. Procrastination and Obedience. *American Economic Review* 81:1-19.

Albach, H. 1980. Vertrauen in der ökonomischen Theorie. *Zeitschrift für die gesamte Staatswissenschaft* 136:2-11.

Albanese, P. (Hrsg.) 1988. *Psychological Foundations of Economic Behavior.* New York: Praeger.

Alchian, A. 1965. The Basis of Some Recent Advances in the Theory of Management of the Firm. *Journal of Industrial Economics* 14:30-41.

ALCHIAN, A. und A. ALLEN. 1964. *Exchange and Production, Theory in Use.* Belmont, California: Wadsworth.

ALDERFER, C. 1969. An Empirical Test of a New Theory of Human Needs. *Organisation, Behavior and Human Performance* 4:142-175.

ALDERFER, C. 1972. *Existence, Relatedness, and Growth: Human Needs in Organizational Settimgs.* New York: Free Press.

ALDERFER, P. und R. GUZZO 1979. Life Expectancies and Adults Enduring Strength of Desires in Organizations. *Administrative Science Quarterly* 24:347-361.

ALEWELL, D. 1994. Informationsasymmetrien in Arbeitsverhältnissen. *Zeitschrift für Betriebswirtschaft* 64:57-79.

ALLAIS, M. 1953. Le Comportement de l'Homme Rationnel devant le Risque: Critique des Postulats et Axiomes de l'Ecole Américaine. *Econometrica* 21:503-546.

ALLEN, B. 1994. *Personality Theories.* Needham Heights: Allyn and Bacon.

ALLEN, N. und J. MEYER 1990. The Measurement of Antecedents of Affective, Continuance and Normative Commitment to the Organisation. *Journal of Occupational Psychology* 63:1-18.

ALLPORT, G. 1937. *Personality : A Psychological Interaction.* New York: Holt.

ANDERSON, C. 1977. Locus of Control, Coping Behaviors, and Performance in a Stress Setting: A Longitudinal Study. *Journal of Applied Psychology* 62:446-451.

ANDERSON, J. 1983. *The Architecture of Cognition.* Cambridge, Ma: Harvard University Press.

ANDERSON, N. 1981. *Foundations of Information Integration Theory.* New York: Academic Press.

ARGYRIS, C. 1964. *Integrating the Individual and the Organization.* New York: Wiley.

ARGYRIS, C. 1982. Reasoning, Learning and Action: Individual and Organizational. San Francisco: Jossey-Bass.

ARKES, H. und C. BLUMER 1985. The Psychology of Sunk Cost. *Organizational Behavior and Human Decision Processes* 35:124-140.

ARROW, K. 1964. Control in Large Organizations. *Management Science* 10:397-408.

ARROW, K. 1972. Gifts and Exchanges. *Philosophy and Political Affairs* 1:343-362.

ARROW, K. 1974a. *The Limits of Organization.* New York: Norton.

ARROW, K. 1974b. Limited Knowledge and Economic Analysis. *American Economic Review, Papers and Proceedings* 64: 1-10.

ARROW, K. 1986. Rationality of Self and Others in an Economic System. *Journal of Business* 59:S385-S399.

ARVEY, R., T. BOUCHARD, N. SEGAL und L. ABRAHAM 1989. Job Satisfaction: Environmental and Genetic Components. *Journal of Applied Psychology* 74:187-192.

ASCH, S. 1952. *Social Psychology.* New York: Prentice Hall.

ASENDORPF, J. 1996. *Psychologie der Persönlichkeit.* Berlin: Springer.

ASHFORD, S. 1986. Feedback-Seeking in Individual Adaption: A Resource Perspective. *Acadamy of Management Journal* 29:465-487.

ASHFORD, S. und L. CUMMINGS 1983. Feedback as an Individual Resource: Personal Strategies for Creating Information. *Organizational Behavior and Human Performance* 32:370-398.

ATKINSON, J. 1957. Motivational Determinants of Risk-Taking Behavior. *Psychological Review* 64:359-372.

ATKINSON, J. (HRSG.) 1958. *Motives in Fantasy, Action and Society.* Princeton, NJ: Van Nostrand.

ATKINSON, J. 1964. *An Introduction to Motivation.* Princeton, NJ: Van Nostrand.

AXELROD, R. 1984. *The Evolution of Cooperation.* New York: Basic Books.

AZARIADES, C. 1975. Implicit Contracts and Underemployment Equilibria. *Journal of Political Economy* 83:1183-1202.

BACKHAUS, J. 1994. *Gift Exchanges and Efficient Labor Contracts.* Working Paper WP/0/94-003, Universität Maastrich.

BAILY, M. 1974. Wages and Employment under Uncertain Demand. *Review of Economic Studies* 41:37-50.

BANDURA, A. 1977a. Self- Efficacy: Toward a Unifying Theory of Behavioral Change. *Psychological Review* 84:191-215.

BANDURA, A. 1977b. *Social Learning Theory.* Englewood Cliffs, NJ: Prentice Hall.

BANDURA, A. 1982. Self- Efficacy Mechanism in Human Agency. *American Psychologist* 37:122-147.

BANDURA, A. 1987. Self-Regulation of Motivation and Action through Goal Systems. In: Hamilton, V., G. Bower und N. Freya (Hrsg.), *Cognition, Motivation, and Affect: A Cognitive Science View.* Dordrecht: Martinus Nijholl.

BAR-HILLEL, M. und D. BUDESCU 1995. The Elusive Wishful Thinking Effect. *Thinking and Reasoning* 1:71-103.

BARNARD, C. 1938. *The Functions of the Executive.* Cambridge, Mass.: Harvard University Press.

BARON, J. und D. KREPS 1999. *Strategic Human Ressources: Frameworks for General Managers.* New York: Wiley.

BARON, R. 1989. Personality and Organizational Conflict: Effects of the Type A Behavior Pattern and Self-Monitoring. *Organizational Behavior and Human Decision Processes* 44:281-297.

BARRIK, M. und M. MOUNT 1991. The Big Five Personality Dimensions and Job Performance: A Meta-Analysis. *Personnel Psychologie* 44:1-26.

BASS, B. 1965. *Organizational Psychology.* Boston: Allyn & Bacon.

BAZERMAN, M. 1983. Negotiator Judgement: A Critical Look at the Rationality Assumption. *American Behavioral Scientist* 27, 211-228.

BAZERMAN, M. 1984. The Relevance of Kahneman and Tversky's Concept of Framing to Organization Behavior. *Journal of Management* 10:333-343.

BAZERMAN, M. 1998. *Judgement in Managerial Decision Making.* New York: Wiley.

BAZERMAN, M., G. LOEWENSTEIN und S. WHITE 1992. Reversals of Preference in Allocation Decisions: Judging an Alternative versus Choosing Among Alternatives. *Administrative Science Quarterly* 37:220-240.

BEACH, L., V. BARNES und J. CHRISTENSEN-SZALANSKI 1986. Beyond Heuristics and Biases: A Contingency Model of Judgement Forecasting. *Journal of Forecasting* 5:143-157.

BEACH, L. und T. MITCHELL 1978. A Contingency Model for the Selection of Decision Strategies. *Academy of Management Review* 3:439-449.

BECKER, G. 1993. Nobel Lecture: The Economic Way of Looking at Behavior. *Journal of Political Economy* 101:385-409.

BECKER, G. U.A. 1977. Astroeconomics: A New Approach to Economics. *Journal of Political Economy* 81:1473-1475.

BECKER, J. und R. SARIN 1987. Lottery Dependent Utility. *Management Science* 33:1367-1382.

BECKER, S. und F. BROWNSON 1964. What Price Ambiguity? Or the Role of Ambiguity in Decision Making. *Journal of Political Economy* 72:62-73.

BEER, M. 1968. Needs and Need Satisfaction among Clerical Workers in Complex and Routine Jobs. *Personnel Psychology* 21:209-222.

BEHLING, O. und F. STARKE 1973. The Postulates of Expactancy Theory. *Academy of Management Journal* 16:373-388.

BELL, D. 1982. Regret in Decision Making under Uncertainty. *Operations Research* 30:961-981.

BELL, D. 1985. Disappointment in Decision Making under Uncertainty. *Operations Research* 33:1-27.

BEM, D. und A. ALLEN 1974. On Predicting Some of the People of the Time: The Search for Cross-Situational Consistencies in behavior. *Psychological Review* 81:506-520.

BENABOU, R. UND J. TIROLE 2003. Intrinsic and Extrinsic Motivation. *Review of Economic Studies* 70:489-520.

BENABOU, R. und J. TIROLE 2004. Willpower and Personal Rules. *Journal of Political Economy* 112:848-886.

BENNET, H. und H. BARTH 1973. A Theoretical Analysis of Smuggling. *Quarterly Journal of Economics* 86:172-187.

BERG J. und J. DICKHAUT 1990. *Preference Reversals: Incentives Do Matter.* Mimeo, Graduate School of Buisiness, University of Chicago.

BERLE, A. und G. MEANS 1932. *The Modern Corporation and Private Property.* New York: MacMillan.

BERLIN, I. 1969. *Two Concepts of Liberty. Four Essays on Liberty.* New York: Oxford University Press.

BERNARD, L. 1926. *An Introduction to Social Psychology.* New York: Holt.

BERNOULLI, D. 1738. Specimen theoriae novae de mensura sortis, übersetzt in 1954, *Econometrica* 22:23-36.

BEYER, H. 1993. *Interne Koordination und Partizipatives Management.* Marburg: Metropolis.

BIERHOFF, H. 1992. Trust and Trustworthiness. In: Montada, L., S. Philipp und H. Lerner (Hrsg.), *Life Crises and Expierences of Loss in Adulthood.* Hillsdale, NJ: Erlbaum.

BIERMAN, H. 1989. The Allais Paradox: A Framing Perspective. *Behavioral Science* 34:46-52.

BLAU, P. 1964. *Exchange and Power in Social Life.* New York: Wiley.

BLOCK, J. 1995. A Contrarian View of the Five-Factor Approach to Personality Description. *Psychological Bulletin* 117:18-215.

BLUME, L., A. BRANDERBURGER und E. DEKEL 1991. Lexicographic Probabilities and Choice under Uncertainty. *Econometrica* 59:61-79.

BOCKMAN, V. 1971. The Herzberg Controversy. *Personnel Psychology* 24:155-189.

BONINI, N. und R. RUMIATI 1996. Mental Accounting and Acceptance of a Price Discount. *ActaPsychologica* 93:149-160.

BORCHERDING, K. 1983. Entscheidungstheorie und Entscheidungshilfeverfahren für komplexe Entscheidungssituationen. In: Irle, M. und S. Hogreve (Hrsg.), *Handbuch der Psychologie, Bd. 12,* S.65-173, Göttingen: Hogrefe.

BORCHERDING, K, T. EPPEL und D. VON WINTERFELDT 1991. Comparision of Weighting Judgement in Multiattribute Utilty Measurement. *Management Science* 37:1603-1619.

BORCHERDING, K., S. SCHMEER und M. WEBER 1995. Biases in Multiattribute Weight Elicitation. In: Caverni, J., M. Bar-Hillel, F. Hutton Barron und H. Jungermann (Hrsg.), *Contributions to Decision Making,* S.3-28, Amsterdam: Elsevier.

BORCHERDING, K, und D. VON WINTERFELDT 1988. The Effect of Varying Value Trees on Multiattribute Evaluations. *Acta Psychologica* 68:153-170.

BOULDING, K. 1969. Economics as a Moral Science, *American Economic Review* 59:1-12.

BOULDING, K. 1973. *The Economy of Love and Fear: A Preface to Grants Economics,* Belmont: Wadsworth.

BOULDING, K. 1979. Ethics of the Critique of Preferences. In: Finnin, W. und G. Smith (Hrsg.) *The Morality of Scarcity*, S.9-23, Baton Rouge: Lousiana State University Press.

BOWLES, S. 1998. Endogenous Preferences: The Cultural Consequences of Markets and other Economic Institutions. *Journal of Economic Literature* 36:75-111.

BRADACH, J. und R. ECCLES 1989. Price, Authority and Trust: From Ideal Types to Plural Forms. *Annual Review of Sociologie* 15:97-118.

BREHMER, B. 1980. In One Word: Not from Experience. *Acta Psychologica* 45:223-241.

BRENDL, C. M., A. B. MARKMAN und E. T. HIGGINS 1998. Mental Accounting as Self-Regulation: Representativeness to Goal-Derived Categories. *Zeitschrift für Sozialpsychologie* 29:89-104.

BRENNER, L., D. KOEHLER, V. LIBERMAN und A. TVERSKY 1996. Overconfidence in Probability and Frequency Judgements: A Critical Examination. *Organizational Behavior and Human Decision Processes* 65:212-219.

BROCAS, I. und J. D. CARRILLO (Hrsg.) 2003: *The Psychology of Economic Decisions.* Vol I: Rationality and Well-Being. New York: Oxford University Press.

BROCKNER, J. 1988. *Self-Esteem at Work.* Lexington, Mass.: Lexington Books.

BRONNER, R. 1993. Entscheidungsverhalten. In: J. Hauschildt und O. Grün (Hrsg.), *Ergebnisse emprischer betriebswirtschaftlicher Forschung*, S. 713-745, Stuttgart: Schäffer-Poeschel.

BRUNSWIK, E. 1952. The Conceptual Framework of Psychology. In: *International Encyclopedia of Unified Science* Vol.1, Chicage: University of Chicago Press.

BUCHMAN, T. 1985. An Effect of Hindsight on Predicting Bankruptcy with Accounting Information. Accounting. *Organizations and Society* 10:267-285.

BUTLER, J. 1991. Towards Understanding and Measuring Conditions of a Trust Inventory. *Journal of Management* 17:643-663.

CAMERER, C. 1989. An Experimental Test of Several Generalized Utility Theories. *Journal of Risk and Uncertainty* 2:61-104.

CAMERER, C. 1990. Gifts as Economic Signals and Social Symbols. *American Journal of Sociology* 94:S180-S214.

CAMERER, C. 1995. Individual Decision Making. In: Kagel, J. und A. Roth (Hrsg.), *Handbook of Experimental Economics*, S. 587-704. Princeton, NJ: Princeton University Press.

CAMERER, C. und T.-H. HO 1994. Violations of the Betweenness Axiom and Nonlinearity in Probability. *Journal of Risk and Uncertainty* 8:167-196.

CAMERER, C. und M. WEBER 1992. Recent Developments in Modelling Preferences: Uncertainty and Ambiguity. *Journal of Risk and Uncertainty* 5:325-370.

CAMERON, J. und W. PIERCE 1994. Reinforcement, Reward, and Intrinsic Motivation: A Meta-Analysis. *Review of Educational Research* 64:363-423.

CAMPBELL, D. und R. PRITCHARD 1976. Motivation Theory in Industrial and Organizational Psychology. In: Dunnette, M. (Hrsg.) *Handbook of Industrial and Organizational Psychology*, S.63-130, Chicago: Rand McNally.

CARRILLO, J. D. AND T. MARIOTTI 2000. Strategic Ignorance as a Self-Disciplining Device. *Review of Economic Studies* 67:529-544.

CATTELL, R. 1965. *The Scientific Analysis of Personality.* Baltimore: Penguin Books.

CHAIKEN, A und C. STANGOR 1987. Attitudes and Attitude Change. *Annual Review of Psychology* 38:575-630.

CHAPMAN, L. und J. CHAPMAN 1967. Genesis of Popular but Erroneoes Psychodiagnostic Observations. *Journal of Abnormal Psychology* 72:193-204.

CHIPMAN, J. 1971. On the Lexicographic Representation of Preference Orderings. In: J. Chipman, L. Hurwicz, M. Richter und H. Sonnenschein (Hrsg.), *Preference, Utility, and Demand*, New York: Harcourt, Brace, Jovanovitch.

CHRISTENSEN-SZANANSKI, J. 1978. Problem Solving Strategies: A Selection Mechanism, Some Implications, and Some Data. *Organizational Behavior and Human Performance* 22:307-323.

CHRISTENSEN-SZANANSKI, J. 1980. A Further Examination of the Selection of Problem-Solving Strategies: The Effect of Deadlines and Analytic Aptitudes. *Organizational Behavior and Human Performance* 25:107-122.

CHU, Y.-P. und R.-L. CHU 1990. The Subsidence of Preference Reversals in Simplified and Marketlike Experimental Settings: A Note. *American Economic Review* 80:902-911.

CIALDINI, R. 1989. Social Motivations to Comply: Norms, Values, and Principles. In: Roth, J. und J. Scholz (Hrsg.), *Taxplayer Compliance* Vol.2, S.200-227, Philadelphia: University of Philadelphia Press.

CLARK, J. 1946. Realism and Revelance in the Theory of Demand. *Journal of Political Economy* 54:347-353.

COHEN, M., J. JAFFRAY und T. SAID 1987. Experimental Comparisons of Individual behavior under risk and under Uncertainty for Gains and for Losses. *Organizational Behavior and Human Decision Processes* 39:1-22.

COLEMAN, J. 1988. Social Capital in the Creation of Human Capital. *American Journal of Sociology* 94:95-120.

COMELLI, G. und L. VON ROSENSTIL 1995. *Führung durch Motivation.* München: Beck.

CONLISK, J. 1989. Three Variants on the Allais Example. *American Economic Review* 80:392-407.

CONLISK, J. 1996. Why Bounded Rationalty? *Journal of Economic Perspectives* 34:669-700.

CONOT, R. 1974. *American Odyssey.* New York: Morrow.

COOMBS, C., R. DAWES und A. TVERSKY 1970. *Mathematical Psychology.* Englewood Cliffs, NJ: Prentice Hall.

COSTA, P. JR. und R. MCCRAE 1992. Four ways five factors are basic. *Personality and Individual Difference* 13:653-665.

CROSS, J. 1983. *A Theory of Adaptive Economic Behavior.* Cambridge: Cambridge University Press.

CUMMINGS, L. und L. ELSALMI 1968. Empirical Research on the Bases and Correlates of Managerial Motivation: A Review of Literature. *Psychological Bulletin* 70:127-144.

DAHRENDORF, R. 1958. Homo Sociologicus: Versuch zur Geschichte, Bedeutung und Kritik der Kategorie der sozialen Rolle, *Kölner Zeitschrift für Soziologie und Sozialpsychologie* 10:178-208.

DAHRENDORF, R. 1963. Soziologie und menschliche Natur. In: Flitner, A. (Hrsg.), *Wege zur Pädagogischen Anthropologie,* S.110-127, Heidelberg: Quelle & Meyer.

DASTON, L. 1988. *Classical Probability in the Enlightenment.* Princeton, NJ: Princeton University Press.

DAWES, R. 1977. Predictive Models as a Guide to Preference. IEEE Transactions on Systems, Man and Cybernetics, Vol. SMC-7(5).

DAWES, R. 1988. *Rational Choice in an Uncertain World.* San Diego: Harcourt Brace Jovanivich.

DAWIS, R. 1990. Vocational Interests, Values, and Prefences. In: M. Dunnette und L. Hough (Hrsg.), *Handbook of Industrial and Organizational Psychology* Vol.2, S.833-871, Palo Alto, Ca: Consulting Psychologists Press.

DECI, E. 1971a. The Effects of Externally Mediated Rewards, Task Interests, and Task Structure. *Journal of Applied Psychology* 18:105-115.

DECI, E. 1971b. Effects of Externally Mediated Rewards on Intrinsic Motivation. *Journal of Personality and Social Psychology* 18:105-115.

DECI, E. 1972a. Intrinsic Motivation, Extrinsic Reinforcement, and Inequity. *Journal of Personality and Social Psychology* 22:113-120.

DECI, E. 1972b. The Effects of Contingent and Noncontingent Rewards and Controls in Intrinsic Motivation. *Organizational Behavior and Human Performance* 8:217-229.

DECI, E. 1975. *Intrinsic Motivation.* New York: Plenum Press.

DECI, E. und J. PORAC 1978. Cognitive Evaluation Theory and the Study of Human Motivation. In: Lepper, M. und D. Greene (Hrsg.), *The Hidden Costs of Reward*, S.149-176, New York: Erlbaum.

DEUTSCH, M. 1975. Equity, Equality, and Need: What Determines Which Value will be Used as the Basis of Distributive Justice? *Journal of Social Issues* 31:137-149.

DEUTSCH, M. 1987. Experimental Studies of the Effects of Different Systems of Distributive Justice. In: Masters, J. und W. Smith (Hrsg.), *Social Comparision, Social Justice, and Relative Deprivation*, S.151.164, Hillsdale, NJ: Erlbaum.

DIGMAN, J. 1990. Personality Stucture; Emergence of the Five-Factor Model. *Annual Review of Psychology* 41:417-440.

DOERINGER, P. und M. PIORE 1971. *Internal Labor Markets and Manpower Analysis.* Lexington, Mass.: Heath.

DOSTOJEWSKI, F. 1920. *Der Spieler.* München: Piper & Co.

DUDYCHA, L. und J. NAYLOR 1966. Characteristics of the Human Inference Process in Complex Choice Behavior Situations. *Organizational Behavior and Human Performance* 1:110-128.

DUNNETTE, M. 1976. Aptitudes, Abilities, and Skills. In: M. Dunnette (Hrsg.), *Handbook of Industial and Organizational Psychology*, S.473-520. Chicago: Rand Mc-Nally.

DYER, J. und R. SARIN 1982. Relative Risk Aversion. *Management Science* 28:875-886.

EDWARDS, W. 1953. Probability Preferences in Gambling. *American Journal of Psychology* 66:349-364.

EDWARDS, W. 1954a. Probability Preferences Among Bets with Differing Expected Values. *American Journal of Psychology* 67:56-67.

EDWARDS, W. 1954b. The Reliabilty of Probability Preferences. *American Journal of Psychology* 67:68-95.

EDWARDS, W. 1954c. The Theory of Decision Making. *Psychological Bulletin* 51:380-417.

EDWARDS, W. 1955. The Prediction of Decisions Among Bets. *Journal of Experimental Psychology* 50:201-214.

EDWARDS, W. 1962. Subjective Probabilities Inferred from Decisions. *Psychological Review* 69:109-135.

EDWARDS, W. 1977. How to Use Multi-Attribute Utilty Measurement for Social Decision Making. In: Bell, D., R. Keeney und H. Raiffa (Hrsg.), *Conflicting Objectives in Decisions*, Chichester: John Wiley & Sons.

EIGLER, J. 1996. *Transaktionskosten als Steuerungsinstrument für die Personalwirtschaft.* Frankfurt a. M.: Peter Lang.

EINHORN, H. 1980. Learning from Experience and Supoptimal Rules in Decision Making. In: Wallsten, T. (Hrsg.), *Cognitive Processes in Choice and Decision Behavior*, S.1-20, Hillsdale, NJ: Erlbaum.

EINHORN, H. und R. HOGARTH 1978. Confidence in Judgement: Persistence in the Illusion of Validity. *Psychological Review* 85:395-416.

EINHORN, H. und R. HOGARTH 1981. Behavioral Decision Theory: Processes of Judgement and Choice. *Annual Review of Psychology* 32:53-88.

EINHORN, H. und R. HOGARTH 1982. Prediction, Diagnosis, and Causual Thinking in Forecasting. *Journal of Forecasting* 1:23-36.

EINHORN, H. und R. HOGARTH 1985. Ambiguity and Uncertainty in Probabilistic Inference. *Psychological Review* 92:433-461.

EINHORN, H. und R. HOGARTH 1986. Judging Probable Cause. *Psychological Bulletin* 99:3-19.

EISENBERGER, R. und J. CAMERON 1996. Detrimental Effects of Reward: Reality or Myth? *The American Psychologist* 51:1153-1166.

EISENFÜHR, F. und M. WEBER 1999. *Rationales Entscheiden.* Berlin: Springer.

ELLSBERG, D. 1961. Risk, Ambiguity, and the Savage Axioms. *Quarterly Journal of Economics* 75:643-699.

ELSTER, J. 1979. *Ulysses and the Sirens. Studies in Rationality and Irrationality.* Cambridge, Ma: Cambridge University Press.

ELSTER, J. 1983. *Sour Grapes. Studies in the Subversion of Rationality.* Cambridge, Ma: Cambridge University Press.

ELSTER, J. (HRSG.) 1987. *The Multiple Self.* Cambridge: Cambridge University Press.

ELSTER, J. 1989. Social Norms and Economic Theory. *Journal of Economic Perspectives* 3:99-117.

EPSTEIN, S. 1980. The Stability of Behavior: Implications for Psychological Research. *American Psychologist* 35:790-806.

ERIKSON, E. 1968. *Identity, Youth, and Crisis.* New York: Norton.

ETZIONI, A. 1963. *Modern Organization.* Englewood Cliffs, NJ: Prentice-Hall.

EVANS, M. 1970. The Effects of Supervisory Behavior on the Path-Goal Relationship. *Organizational Behavior and Human Performance* 5:277-298.

FALK, A. und M. KOSFELD 2006. The Hidden Costs of Control. American Economic Review 96:1611-1630.

FEATHER, N. 1959a. Subjective Probability and Decision Under Uncertainty. *Psychological Review* 66:150-164.

FEATHER, N. 1959b. Succes Probability and Choice Behavior. *Journal of Experimental Psychology* 58:257-266.

FEATHER, N. (HRSG.) 1982. *Expectations and Actions: Expectance-Value Models in Psychology*, Hillsdale, NJ: Erlbaum.

FEESS, E. 1997. *Mikroökonomie. Eine spieltheoretisch- und anwendungsorientierte Einführung.* Marburg: Metropolis.

FEHR, E. und U. FISCHBACHER 2004. Social Norms and Human Cooperation. *TRENDS in Cognitive Sciences* 8:185-190.

FEHR, E. und S. GÄCHTER 2000. Fairness and Retaliation: The Economics of Reciprocity. *Journal of Economic Perspectives* 14:159-181.

FESTINGER, L. 1957. *A Theory of Cognitive Dissonance.* Stanford: Stanford University Press.

FESTINGER, L. 1964. *Conflict, Decision, and Dissonance.* Stanford: Stanford University Press.

FESTINGER, L., H. RIECKEN und S. SCHACTER 1956. When Prophecy Fails. Minniapolis: University of Minnesota Press.

FIEDLER, K. 1993. Kognitive Täuschungen bei der Erfassung von Ereigniskontingenzen. In: Hell, W., K. Fiedler und G. Gigerenzer (Hrsg.), *Kognitive Täuschungen*, S.213-242. Heidelberg: Spektrum Akademischer Verlag.

FISCHER, L. 1991. *Arbeitszufriedenheit.* Stuffgart: Verlag für Angewandte Psychologie.

FISCHHOFF, B. 1982. For Those Condemned to Study the Past: Heuristics and Biases in Hindsight. In: Kahneman, D., P. Slovic und A. Tversky (Hrsg.), *Judgement under Uncertainty: Heuristics and Biases*, S.335-354, Cambridge: Cambridge University Press.

FISCHHOFF B. 1983. Predicting Frames. *Journal of Experimental Psychology: Learning, Memory and Cognition* 31:293-317.

FISHBEIN, M. und I. AJZEN 1975. *Belief, Attitude, Intention, and Behavior: An Introduction to Theory Criteria.* Reading, Mass: Addison-Wesley.

FISHBURN, P. 1988. *Nonlinear Preferences and Utility Theory.* Baltimore: Jons Hobkins University Press.

FISKE, S. und S. TAYLOR 1984. *Social Cognition.* Reading, Mass: Addison-Wesley.

FLEISHMAN, E. 1960. *Manual for Leadership Opinion Questionaire.* Chicago: Science Research Associates.

FLEISHMAN, E. 1962. The Descrition and Prediction of Perceptual-Motor Skill Learning. In: R. Glaser (Hrsg.), *Training Research and Eduction.* Pittsburgh: University of Pittsburgh Press.

FLEISHMAN, E. 1964. *The Structure and Measurement of Physical Fitness.* Englewood Cliffs, NJ: Prentice Hall.

FLEISHMAN, E. 1972. On the Relation between Abilities, Learning, and Human Performance. *American Psychologist* 27:1017-1032.

FLEISHMAN, E. und E. HARRIS 1962. Pattern of Leadership Behavior Related to Employee Grievance and Turnover, *Personal Psychology* 15:43-56.

FORD, H. 1922. *My Life and Work.* Garden City, NY: Doubleday, Page.

FORSYTHE, R., J. HOROWITZ, N. SAVIN und M. SEFTON 1994. Fairness in Simple Bargaining Experiments. *Games and Economic Behavior* 6:347-369.

FOX, A. 1974. *Beyond Contract: Work, Power and Trust Relations.* London: Faber.

FOX, C. 2002. Ambiguity Aversion, Comparative Ignorance, and Decision Context. *Organizational Behavior and Human Decision Processes* 88:476-498.

FOX, C. und A. TVERSKY 1998. A Belief-Based Account of Decision Under Uncertainty. *Management Science* 44:879-894.

FOX, C. und A. TVERSKY 1995. Ambiguity Aversion and Comparative Ignorance. *Quarterly Journal of Economics* 110:585-603.

FRANK, R. 1988. *Passions within Reason.* New York: Norton.

FRANK, R. 1987. If Homo Economicus Could Choose His Own Utility Function, Would He Want One With a Conscience?. *American Economic Review* 77:593-604.

FRANK, R. 1993. The Strategic Role of the Emotions. *Rationality and Society* 5:160-184.

FRANKFURTER, H. 1971. Freedom of the Will and the Concept of a Person. *Journal of Philosophy* 68:5-20.

FRANZ, W. 1994. *Arbeitsmarktökonomik.* Berlin: Springer.

FREDERICK, S., G. LOEWENSTEIN und T. O'DONOGHUE 2002. Time Disconting and Time Preference: A Critial Review. *Journal of Economic Literature* 40:351-401.

FRESE, E. 1998. *Grundlagen der Organisation.* Wiesbaden: Gabler.

FREUD, S. 1921. Jenseits des Lustprinzips. In: Beihefte der Internationalen Zeitschrift für Psychoanalyse Nr. 2. Leibzig: Internationaler Psychologischer Verlag.

FREY, B. 1988. Ipsative and Objective Limits to Human Behavior. *Journal of Behavioral Economics* 17:229-248.

FREY, B. 1997a. From the Price to the Crowding Effect. *Schweizerische Zeitschrift für Volkswirtschaft und Statistik* 133: 325-349.

FREY, B. 1997b. *Not Just for the Money.* Cheltenham: Edward Elgar.

FREY, B. und R. EICHENBERGER, 1989. Anomalies and Institutions. *Journal of Institutional and Theoretical Economics* 145:423-437.

FREY, B. und K.-D. OPP 1979. Anomie, Nutzen und Kosten, *Soziale Welt* 30:275-294.

FRIEDLANDER, F. 1963. Underlying Sources of a Job satisfaction. *Journal of Applied Psychology* 47:246-250.

FRIEDMAN, M. und L. SAVAGE 1948. The Utility Analysis of Choices Involving Risk. *Journal of Political Economy* 56:279-304.

FRIEDMAN, M. und R. ROSEMAN 1974. *Type a Behavior and your Heart.* New York: Knopf.

FUKYAMA, F. 1995. *Trust.* New York: Free Press.

FURNHAM, A. 1992. *Personality at Work.* London: Routledge.

GÄRTNER, M. und W. POMMEREHNE 1978. Der Fußballzuschauer - ein homo oeconomicus? *Jahrbuch für Sozialwissenschaften* 29:88-107.

GALBRAITH, J. und L. CUMMINGS 1967. An Empirical Investigation of the Motivational Determinants of Task Performance. *Organizational Behavior and Human Performance* 2:237-257.

GANSTER, D., J. SCHAUBROCK, W. SIME und B. MAYES 1991. The Nomological Validity of the Type A Personality among Employed Adults. *Journal of Applied Psychology* 76:134-168.

GEHLEN, A. 1961. *Anthropologische Forschung.* Reinbeck: Rowohlt.

GEHLEN, A. 1964. *Urmensch und Spätkultur.* Franktfurt a.M.: Athenaum.

GEORGE, J. 1991. State or Trait: Effects of Positive Mood on Prosocial Behaviors at Work. *Journal of Applied Psychology* 76: 299-307.

GEORGE, J. 1992. The Role of Personality in Organizational Life: Issues and Evidence. *Journal of Management* 18:185-213.

GEORGE, J. und A. BRIEF 1992. Feeling Good-Doing Good: A Conceptual Analysis of the Mood at Work-Organizational Spontaneity Relationship. *Psychological Bulletin* 112:310-329.

GEORGE, J. und G. JONES 1996. *Understanding and Managing Organizational Behavior.* Reading, Mass.: Addison-Wesley.

GEORGESCU-ROEGEN, N. 1954.Choice, Expectations, and Measureability, *Quarterly Journal of Economics* 68:503-534.

GIGERENZER, G. 1991. How to Make Cognitive Illusions Disappear: Beyond "Heuristics and Biases". *European Review of Social Psychology* 2:83-115.

GIGERENZER, G., U. HOFFRAGE und H. KLEINBÖLTING 1991. Probabilistic Mental Models: A Brunswikian Theory of Confidence. *Psychological Review* 102:684-704.

GIST, M. 1987. Self-Efficacy: Implications for Organizational Behavior and Human Management. *Academy of Management Review* 12:472-485.

GOLDBERG, L. 1993. The Structure of Phenotypic Personality Trait. *American Psychologist* 48:26-34.

GOLDTHORPE, J., D. LOCKWOOD, F. BECHHOFER und B. BAXTER 1968. *The Affluent Worker: Industrial Attitudes and Behavior* Cambridge: Cambridge University Press.

GONZALEZ, R. 1999. On the Shape of the Probability Weighting Function. *Cognitive Psychology* 38: 129-166.

GORDON, D. 1974. A Neoclassical Theory of Keynesian Unemployment. *Economic Inquiry* 21:431-449.

GOSSEN, H. 1854. *Entwicklung der Gesetze des menschlichen Verkehrs und der daraus fließenden Regeln für menschliches Handeln.* Braunschweig.

GOUGH, J. 1963. *The Social Contract.* Oxford: Oxford University Press.

GOULDNER 1960. The Norm of Reciprocity: A Preliminary Statement. *American Sociological Review* 25:161-177.

GOURVILLE, J. 1998. Pennies-a-day: The Effect of Temporal Re-framing on Transaction Evaluation. *Journal of Consumer Research* 24:395-408.

GRAEN, R. 1969. Instrumentality Theory of Work Motivation: Some Experimental Results and Suggested Modifications. *Journal of Applied Psychology Monograph* 53:1-25.

GREENBERG, J. 1990. Organizational Justice: Yesterday, Today, and Tomorrow. *Journal of Management* 16:399-432.

GRETHER, D. und C. PLOTT 1979. Economic Theory of Choice and the Preference Reversal Phenomenon. *American Economic Review* 69:623-638.

GROOT, W. und H. MAASSEN VAN DEN BRINK 1999. Job Satisfaction and Preference Drift. *Economic Letters* 63:363-367.

GUL, F. 1991. A Theory of Disappointment in Decision Making under Uncertainty. *Econometrica* 59:667-686.

GULLIFORD, R. 1991. The Role of Personality in Assessing Management Potential. *Personnel Review* 20: 25-31.

GUZZO, R. 1979. Types of Rewards, Cognitions and Work Motivation. *Acadamy of Management Journal* 22:75-86.

HACKMAN, J. 1992. Group Influences on Individuals in Organizations. In: Dunnette, M. und L. Hough (Hrsg.): *Handbook of Industrial and Organizational Psychology* Vol. 3, S. 199-267, Palo Alto, Ca.: Consulting Psychologists Press.

HAINES, W. 1982. The Psychoeconomics of Human Needs: Maslow's Hierarchy and Marshall's Organic Growth. *Journal of Behavioral Economics* 11:97-121.

HALL, D. und K. NOUGAIM 1968. An Examination of Maslow's Need Hierarchy in an Organizational Setting. *Organizational Behavior and Human Performance* 3:12-35.

HALPIN, A. und B. WINER 1957. Factorial Study of the LBDQ. In: Stogdill, P: und A. Coons (Hrsg.), *Leader Behavior: Its Description and Measurement.* Ohio State University.

HAMBRICK, D. und P. MASON 1984. Upper Echelons. The Organization as a Refelction of its Top Managers, *Acadamy of Management Review* 9:193-206.

HAMMOND, K. 1996. *Human Judgement and Social Policy.* New York: Oxford University Press.

HAMMOND, K., R. HAMM, R. GRASSIA und T. PEARSON 1984. *The Relative Efficacy of Intuitive and Analytical Cognition*, Report No.252, University of Colorado, Center for Research on Judgement and Policy, Boulder, Colorado

HAMMOND, P. 1976. Changing Tastes and Coherent Dynamic Choice. *Review of Economic Studies* 43: 159-173.

HANSON, N. 1958. *Patterns of Discovery: An Inquiry into the Conceptual Foundations of Science.* Cambridge: Cambridge University Press.

HARLESS, D. 1989. More Laboratory Evidence on the Disparity Between Willingness to Pay and Compensation Demand. *Journal of Economic Behavior and Human Organization* 11:359- 379.

HARLESS, D. und C. CAMERER 1994. The Predictive Utility of Generalized Expected Utility Theories. *Econometrica* 62:1251-1289.

HARSANNYI, J. 1955. Cardinal Welfare, Individual Ethics, and Interpersonal Comparisons of Untility. *Journal of Political Economy* 63:309-321.

HART, O. 1983. Optimal Labour Contracts Under Asymmetric Information: An Introduction. *Review of Economic Studies* 50:3-36.

HARTSHORNE, H. und M. MAY 1928. *Studies in the Nature of Character, Vol. 1: Studies in Deceit.* New York: Macmillan.

HARTSHORNE, H. und M. MAY 1929. *Studies in the Nature of Character, Vol. 2: Studies in Service and Self-Control.* New York: Macmillan.

HASHIMOTO, M. und J. RAISIAN 1985. Employment Tensure and Earnings Profiles in Japan and the U.S. *American Economic Review* 75:721-735.

HAYEK, F. 1967. Notes on the Evolution of Systems of Rules of Conduct. In: Hayek, F. (Hrsg.), *Studies in Philosophy, Politics and Economics,* S.66-81, Chicago: The University of Chicago Press.

HAYEK, F. 1979. *Die drei Quellen der menschlichen Werte.* Tübingen: Mohr Siebeck.

Hayes, B. und B. Hesketh 1989. Attribution Theory, Judgmental Biases, and Cognitive Behavior Modification: Prospects and Problems. *Cognitive Therapy and Research* 13: 211-230.

HEATH, C. und A. TVERSKY 1991. Preference and Belief: Ambiguity and Competence in Choice Under Uncertainty. *Journal of Risk and Uncertainty* 4:5-28.

HEATH, C. und J. SOLL 1996. Mental Accounting and Consumer Decisions. *Journal of Consumer Research* 23:40-52.

HECKHAUSEN, H. 1965. Leistungsmotivation. In: Thomae, H. (Hrsg.): *Handbuch der Psychologie,* Bd.2, S.602-702. Göttingen: Hogrefe.

HECKHAUSEN, H. 1977a. Achievement Motivation and its Constructs: A Cognitive Model. *Motivation and Emotion.* New York: Plenum Publishing Corporation 1:283-329.

HECKHAUSEN, H. 1977b. Motivation: Kognitionspsychologische Aufspaltung eines summerischen Konstrukts. *Psychologische Rundschau* 28:175-189.

HECKHAUSEN, H. 1989. *Motivation und Handeln.* Berlin: Springer Verlag.

HEIDER, F. 1944. Social Perception and Phenomenal Causality. *Psychological Bulletin* 51:358-373.

HEIDER, F. 1946. Attributes and Cognitive Organization, *Journal of Psychology* 21:107-112.

HEIDER, F. 1958. *The Psychology of Interpersonal Relations.* New York: Wiley.

HEINER, R. 1983. The Origin of Predicable Behavior. *American Economic Review* 73:560-595.

HEINER, R. 1988a. The Necessity of Imperfect Decisons. *Journal of Economic Behavior and Organization* 10:29-55.

HEINER, R. 1988b.Imperfect Decisons in Organizations: Toward a Theory of Internal Structure. *Journal of Economic Behavior and Organization* 9:25-44.

HELL, W., K. FIEDLER und G. GIGERENZER (HRSG.) 1993. *Kognitive Täuschungen.* Heidelberg: Spektrum Akademischer Verlag.

HENEMANN, H. und D. SCHWAB 1972. Evaluations of Research on Expectancy Theory Predictions of Employee Performance. *Psychological Bulletin* 78:1-9.

HERSHEY, J. und P. SCHOEMAKER 1980. Prospect Theory's Reflection Hypothesis: A Critical Examination. *Organizational Behavior and Human Performance* 25:395-418.

HERSHEY, J. und P. SCHOEMAKER 1985. Probability Versus Certainly Equivalence Methods in Utility Measurement: Are They Equivalent? *Management Science* 31:1213-1231.

HERSTEIN, J. und J. MILNOR 1953. An Axiomatic Approach to Measurable Utility. *Econometrica* 21:291-297.

HERZBERG, F. 1966. *Work and the Nature of Man.* New York: Crowell.

HERZBERG, F., B. MAUSNER und B. SNYDERMAN 1959. *The Motivation to Work.* New York: Wiley.

HEY, J. und C. ORME 1994. Investigating Generalizations of Expected Utility Theory Using Experimental Data. *Econometrica* 62:1291-1326.

HICKS, J. 1946. *Value and Capital.* Oxford: Clarendon Press.

HICKS, J. 1956. *A Revision of Demand Theory.* Oxford: Clarendon Press.

HIRSHLEIFER, J. 1985. The Expanding Domain of Economics. *American Economic Review* 75:53-68.

HOBBES, T. 1651. *Leviathan.* zitiert nach 1928, Oxford: Basil Blackwell.

HODGSON, G. 1988. *Economics and Institutions.* Philadelphia: University of Pennsylvania Press.

HOFFMANN, R.-W. 1981. *Arbeitskampf im Arbeitsalltag.* Frankfurt: Campus.

HOGAN, J. 1990. Physical Abilities. In: M. Dunnette und L. Hough (Hrsg.), *Handbook of Industrial and Organizational Psychology* Vol.2, S.753-831, Palo Alto, Ca: Consulting Psychologists Press.

HOGAN, R. 1990. Personality and Personality Measurement. In: M. Dunnette und L. Hough (Hrsg.), *Handbook of Industrial and Organizational Psychology* Vol.2, S.873-919, Palo Alto, Ca: Consulting Psychologists Press.

HOGARTH, R. 1975. Cognitive Processes and the Assessement of Subjective Probability Distributions. *Journal of the American Statistical Association* 70:271-289.

HOGARTH, R. 1980. *Judgement and Choice.* Chichester: Wiley.

HOGARTH, R. 1981. Beyond Discrete Biases: Functional and Dysfunctional Aspects of Judgemental Heuristics. *Psychological Bulletin* 90:197-217.

HOMAN, G. 1961. *Social Behavior: Its Elementary Forms.* New York: Harcourt, Brace and World.

HOMER 1979. *Odyssee.* übersetzt von R. Hampe. Stuttgart: Philipp Reclam.

HOUSE, R. 1981. A Path Goal Theory of Leader Effectiveness. *Administrative Science Quarterly* 16:321-338.

HOUSE, R. und L. WIGDOR 1967. Herzberg‘s Dual-Factor Theory of Job Satisfaction and Motivation: A Review of the Evidence and a Criticism. *Pers. Psychol.* 20:369-389.

HUBER, J., J. PAYNE und C. PUTO 1982. Adding Asymatrically Dominated Alternatives: Violations of Regularity and the Similarity Hypothesis. *Journal of Consumer Research* 9:90-98.

HULL, C. 1943. *Principles of Behavior.* New York: Appleton-Century-Crofts.

HULL, C. 1951. *Essentials of Behavior.* New Haven: Yale University Press.

IRLE, M. 1975. *Lehrbuch der Sozialpsychologie.* Göttingen: Hogrefe.

JENSEN, M. 1994. Self- Interest, Altrusium, Incentives and Agency Theory. *Journal of Applied Corporate Finance* 7:40-45.

JENSEN, M. und W. MECKLING. 1994. The Nature of Man. *Journal of Applied Corporate Finance* 7:4-19.

JONES, E und R. NISBETT 1972. The Actor and the Observer: Divergent Perceptions of the Causes of Behavior. In: Jones, E, D. Kanouse, H. Kelley, R. Nisbett, S. Valins und B. Weiner (Hrsg.), *Attribution: Perceiving the Causes of Behavior*, Morristown, NJ: Gerneral Learning Press.

JONES, S. 1984. *The Economics of Conformism.* New York: Basil Blackwell.

JOST, P.-J. 1999. *Strategisches Konfliktmanagement in Organisationen.* Wiesbaden: Gabler.

JOST, P.-J. 2000a. *Ökonomische Organisationstheorie.* Wiesbaden: Gabler.

JOST, P.-J. 2000b. *Organisation und Koordination.* Wiesbaden: Gabler.

JOYCE, E. und G. BIDDLE 1981. Anchoring and Adjustment in Probabilistic Inference in Auditing. *Journal of Accounting Research* 190:120-145.

JUNGERMANN, H., H.-R. PFISTER und K. FISCHER 1998. *Die Psychologie der Entscheidung.* Heidelberg: Spektrum Akademischer Verlag.

KACHELMEIER, S. und M. SHEHATA 1992. Examinig Risk Preferences under High Monetary Incentives: Experimental Evidence from People's Republic of China. *American Economic Review* 84:1104-1106.

KAHNEMAN, D. und S. FREDERICK 2005. A Model of Heuristic Judgement. In: Holyoak, K. J. und R. G. Morrison (Hrsg.), *The Cambridge Handbook of Thinking and Reasoning*, S. 267-293. Cambridge: Cambridge University Press.

KAHNEMAN, D. und J. KNETSCH 1992. Valuing Puplic Goods. The Purchase of Moral Satisfaction. *Journal of Environmental Economics and Management* 22:57-70.

KAHNEMAN, D., J. KNETSCH und R. THALER 1990. Experimental Tests of the Endowment Effect and the Coase Theorem. *Journal of Political Economy* 89:1325-1348.

KAHNEMAN, D. und D. MILLER 1986. Norm Theory: Comparing Reality to its Alternatives. *Psychological Review* 93:136-153.

KAHNEMAN, D. und J. SNELL 1990. Predicting Utility. In: Hogharth, R. (Hrsg.), *Insights in Decision Making: A Tribute to Hillel J. Einhorn*, S.295-310, Chicago: University Press of Chicago.

KAHNEMAN, D. und J. SNELL 1992. Predicting a Changing Taste: Do People Know What They Will Like ? *Journal of Behavioral Decision-Making* 5:187-200.

KAHNEMAN, D. und A. TVERSKY 1972. Subjective Probability: A Judgement of Representativeness. *Cognitive Psychology* 3:430-454.

KAHNEMAN, D. und A. TVERSKY 1973. On the Psychology of Prediction. *Psychological Review* 80:237-251.

KAHNEMAN, D. und A. TVERSKY 1979. Prospect theory: An Analysis of Decision under Risk. *Econometrica* 47:263-289.

KAHNEMAN, D. und A. TVERSKY 1982. Psychology of Preferences. *Scientific American* 246:161-173.

KANFER, F. 1970. Self-Regulation: Research, Issues, and Speculations. In Neuringer, C. und J. Mitchael (Hrsg.), *Behavior Modification in Clinical Psychology.* New York: Appleton Press.

KANFER, R. 1990. Motivational Theory and Industrial and Organizational Psychology. In: M. Dunnette und L. Hough (Hrsg.), *Handbook of Industrial and Organizational Psychology* Vol 1, S.75-170, Palo Alto, Ca: Consulting Psychologists Press.

KANFER, R. und P. ACKERMANN 1989. Motivation and Cognitive Abilities: An Integrative/Aptitude-Treatment Interaction Approach to Skill Acquisition. *Journal of Applied Psychology* 74:657-690.

KANTONA, G. 1951. *Psychological Analysis of Economic Behavior.* New York: McGraw-Hill.

KANTONA, G. 1963. The Relationship between Psychology and Economics. In: Koch (Hrsg.), *Psychology: A Study of a Science.* New York: McGraw-Hill.

KANTONA, G. 1975. *Psychological Economics.* New York: Elsevier.

KATZ, D. 1967. The Functional Approach to the Study of Attitude. In: M. Fishbein (Hrsg.), *Readings in Attitude Theory and Measurement.* New York: Wiley.

KATZELL, R. und D. THOMPSON 1990. An Integrative Model of Work Attitudes, Motivation, and Performance. *Human Performance* 3:63-85.

KAUFMAN, B. 1999. Emotional Arousal as a Source of Bounded Rationality. *Journal of Economic Behavior and Organization* 38:135-144.

KEENEY, R. 1981. Analysis of Preference Dependencies amoung Objectives. *Operations Research* 29:1105-1120.

KEENEY, R. 1992. *Value Focused-Thinking. A Path to Creative Decision Making.* Cambridge, Ma: Harvard University Press.

KEENEY, R. und H. RAIFFA 1993. Decisions with Multiple Objectives. Cambridge: Cambridge University Press.

KELLEY, H. 1967. Attribution Theory in Social Psychology. In: Levine, D. (Ed.), *Nebraska Symposium on Motivation,* S.192-241, Lincoln: University of Nebraska Press.

KELLEY, H. 1972. *Causal Schemata and the Attribution Process.* New York: General Learning Press.

KELLEY, H. 1973. The Processes of Causual Attribution. *American Psychologist* 28:107-126.

KELMAN, H. 1958. Compliance, Identification, and Internatization: Three Processes of Attitude Change. *Journal of Conflict Resolution* 2:51-60.

KELVIN, P. 1982. *Psychological Response to Economic Change: Reactions to Unemployment as a Function of Economic Environment.* Vortrag gehalten auf dem VI. International Symposium on Economic Psychology: Edinburgh.

KILKA, M. und M. WEBER 2001. What Determines the Shape of the Probability Weighting Function under Uncertainty? *Management Science* 47:1717-1726.

KING, N. 1970. Clarification and Evaluation of the Two-Factor-Theory of Job Satisfaction. *Pychological Bulletin* 74:18-31.

KIRCHGÄSSNER, G. 1991. *Homo Oeconomicus: Das ökonomische Modell individuellen Verhaltens und seine Anwendung in den Wirtschafts- und Sozialwissenschaften.* Tübingen: Mohr Siebeck.

KLEIN, B. und K. LEFFLER 1981. The Role of Market Forces in Assuring Contractual Performance. *California Management Review* 89:615-641.

KOHN, A. 1993. Why Incentive Plans Cannot Work. *Harvard Business Review* 72:54-63.

KOIKE, K. 1978. Japan's Industrial Relations: Characteristics and Problems. *Japanese Economic Studies* 7:42-90.

KOLMOGOROFF, A. 1933. Grundbegriffe der Wahrscheinlichkeitsrechnung. Heidelberg: Springer.

KOOREMAN, P. 2000. The Labeling Effect of a Child Benefit System. *American Economic Review* 90:571-583.

KRECH, D., R. CRUTCHFIELD, N. LIVSON, W. WILSON JR. und A. PARDUCCI 1992. *Grundlagen der Psychologie.* Weinheim: Psychologie Verlags Union.

KREN, L. 1992. The Moderating Effects of Locus of Control on Performance Incentives and Participation. *Human Relations* 45:991-1012.

KREPS, D. 1988. *Notes on the Theory of Choice.* London: Westview Press.

KREPS, D. 1990. *A Course in Microeconomic Theory.* London: Harverster Weatsheaf.

KRISTOF, A. 1995. Person-Organization Fit: An Integrative Review of its Conceptualizations, Measurement, and Implications. *Personnel Psychology* 49:1-49.

KÜRSTEN, W. 1992a. Präferenzmessung, Kardinalität und sinnmachende Aussagen, *Zeitschrift für Betriebswirtschaft* 62:459-477.

KÜRSTEN, W. 1992b. Meßtheorie, Axiomatik und Bernoulli-Prinzip, *Zeitschrift für Betriebswirtschaft* 62:485-488.

KUHL, J. 1983. *Motivation, Konflikt und Handlungskontrolle.* Berlin: Springer.

KUHL, J. 1984. Motivational Aspects of Achievement Motivation and Learned Helplessness: Towards a Comprohensive Theory of Action Control. In: Maher, B. und W. Maher (Hrsg.), *Progress in Experimental Personality Research* Vol.13, S.99-171, New York: Academic Press.

LA PIERE, R. 1934. Attitudes vs. Actions. *Social Forces* 13:230-237.

LAABS, J. 1993. Hewlett-Packard's Core Values Drive HR Strategy. *Personnel Journals* 72:38-48.

LABICH, K. 1994. "Is Herb Kelleher America's Best CEO". *Fortune* 2:45-52.

LANGER, E. 1975. The Illusion of Control. *Journal of Personality and Social Psychology Bulletin* 13: 524-536.

LATHAM, G. und J. BALDES 1995. The Practical Significance of Locke's Theory of Goal Setting. *Journal of Applied Psychology* 60:187-191.

LATHAM, G. und G. YUKL 1975. A Review of Research on the Application of Goal Setting in Organizations. *Acadamy of Management Journal* 18:824-845.

LATTMANN, C. 1981. *Die verhaltenswissenschaftlichen Grundlagen der Führung des Mitarbeiters.* Bern: Haupt Verlag.

LAUX, H. 1998. *Entscheidungstheorie.* Berlin: Springer.

LAVALLE, I. und P. FISHBURN 1991. Lexicographic State-Dependent Subjective Expected Utility. *Journal of Risk and Uncertainty* 4:251-269.

LAVALLE, I. und P. FISHBURN 1992a. Linear Lexicographic State-Dependent Utility. In: Gewke, J. (Hrsg.) *Decision Making under Risk and Uncertainty: New Models and Empirical Findings,* S.83-91, Norwell: Kluwer.

LAVALLE, I. und P. FISHBURN 1992b. State-Independent Subjective Expected Lexicographic Utility. *Journal of Risk and Uncertainty* 5:217-240.

LAWLER, E. 1973. *Motivation in Work Organizations.* Monterey, Ca: Brooks/Cole Publishing Company.

LAWLER, E. und J. SUTTLE 1972. A Causual Correlational test of the Need Hierarchy Concept. *Organizational Behavior and Human Performance* 7: 265-87.

LAZEAR, E. P. 2004. The Peter Principle. *Journal of Political Economy* 112: 141-163.

LEA, S., R. TARPY und P. WEBLEY 1987. *The Individual in the Economy.* Cambridge: Cambridge University Press.

LEPPER, M. und D. GREENE (HRSG.) 1978. *The Hidden Costs of Reward: New Perspectives on the Psychology of Human Motivation.* New York: Erlbaum.

LESOURNE, J. 1979. Economic Dynamics and Individual Behavior. In: L. Levy-Garboua (Hrsg.), *Sociological Economics*, S. 29-63, London: Sage.

LEWICKI, R. und B. BUNKER 1995. Trust in Relationships. A Model of Developement and Decline. In: Bunker, B. und R. Rubin (Hrsg.), *Conflict, Cooperation, and Justice.* San Francisco: Jossey-Bass.

LEWIN, K. 1936. *Principles of Topogical Psychology.* New York: McGraw-Hill.

LEWIN, K. 1938. *The Conceptual Representation and the Measurement of Psychological Forces.* Durham, NC: Duke University Press.

LEWIN, K. 1942. Field Theory of Learning. *Yearbook of National Social Studies of Education* 41:215-242, zitiert nach Heckhausen (1989, S.135).

LEWIN, K. 1951. *Field Theory in Social Science.* Chicago: University of Chicago Press.

LEWINSOHN, S und H. MANO 1993. Multi-Attribute Choice and Effect: The Influence of Naturally Occuring and Manipulated Moods on Choice Processes. *Journal of Behavioral Decision Making* 6:33-51.

LEYENS, J.-P. und J.-P. CODOL 1988. Social Cognition. In: M. Hewstone, W. Stroebe, J.-P. Codol und G. Stephenson (Hrsg.), *Introduction to Social Psychology*, S. 87-110, Oxford: Basil Blackwell.

LICHTENSTEIN, S., B. FISCHHOFF und L. PHILIPS 1977. Calibration of Probabilities: The State of the Art. In: Jungermann, H. und G. de Zeeuw (Hrsg.), *Decision Making Under Change in Human Affairs.* Amsterdam: Reidel.

LICHTENSTEIN, S., B. FISCHHOFF und L. PHILIPS 1982. Calibration of Probabilities: The State of the Art to 1980. In: D. Kahneman, P. Slovic und A. Tversky (Hrsg.), *Judgement under Uncertainty: Heuristics and Biases*, S.306-334. Cambridge, MA: Cambridge University Press.

LICHTENSTEIN, S. und P. SLOVIC 1971. Reversal of Preferences between Bids and Choices in Gambling Decisions. *Journal of Experimental Psychology* 89:46-55.

LICHTENSTEIN, S. und P. SLOVIC 1973. Response-Induced Reversals of Preference in Gambling: An Extended Replication in Las Vegas. *Journal of Experimental Psychology* 101:16-20.

LIKERT, R. 1961. *New Patterns in Management.* McGraw-Hill: New York.

LIND, A. und T. TYLER 1988. *The Social Psychology of Procedural Justice.* New York: Plenum.

LINDENBERG, S. 1983. Utility and Morality. *Kyklos* 36:450-468.

LINVILLE, P. und G. FISCHER 1991. Preferences for Seperating or Combining Events. *Journal of Personality and Social Psychology* 60:5-23.

LOCKE, E. 1968. Toward a Theory of Task Motivation and Incentives. *Organizational Behavior and Human Performance* 3:157-189.

LOCKE, E., E. FREDERICK, P. BOBKO und C. LEE 1984. Effect of Self-Efficacy, Goals, and Task Strategies on Task Performance. *Journal of Applied Psychology* 69:241-251.

LOCKE, E. und G. LATHAM 1990. *A Theory of Goal Setting and Task Performance.* Englewood Cliff, NJ: Prentice-Hall.

LOEWENSTEIN, G. 1996. Out of Control: Visceral Influences on Behavior. *Organizational Behavior and Human Decision Processes* 65:272-292.

LOEWENSTEIN, G. und S. ISSACHAROFF 1994. Source Dependence in the Valuation of Objects. *Journal of Behavioral Decision Making* 7:157-168.

LOOMES, G. und R. SUDGEN 1982. Regret Theory: An Alternative Theory of Rational Choice under Uncertainty. *The Economic Journal* 92:805-824.

LOOMES, G. und R. SUDGEN 1983. A Rational for Preference Reversal. *American Economic Review* 73:428-432.

LOOMES, G. und R. SUDGEN 1986. Disappointment and Dynamic Consistency in Choice Under Uncertainty. *Review of Economic Studies* 53:271-282.

LOOMES, G. und R. SUDGEN 1987a. Testing for Regret and Disappointment in Choice under Uncertainty. *The Economic Journal* 97:118-129.

LOOMES, G. und R. SUDGEN 1987b. Some Implications of a More General Form of Regret Theory. *Journal of Economic Theory* 41:270-287.

LUBINSKI, D. und R. DAWIS 1992. Aptitudes, Skills, and Profiencies. In: M. Dunnette und L. Hough (Hrsg.) *Handbook of Industrial and Organizational Psychology* Vol. 3, S.1-59. Palo Alto, Ca.: Consulting Psychologists Press.

LUCE, R. und H. RAIFFA 1957. *Games and Decisions: Introduction and Critical Survey.* New York: Wiley.

LUHMANN, N. 1969. Legitimation durch Verfahren. Neuwied: Luchterhand.

LUTHANS, F. 1985. *Organizational Behavior.* New York: McGraw-Hill.

LUTHANS, F., H. MCCAUL und N. DOWD 1985.Organizational Commitment: A Comparison of American, Japanese, and Korean Employees. *Acadamy of Management Journal* 1985:213-219.

LYKKEN, D. 1971. Multiple Factor Analysis and Personality Research. *Journal of Experimental Research in Personality* 5:161-170.

MACCRIMMON, K. 1968. Descriptive and Normative Implications of the Decision Theory Postulates. In: Borch, K. und J. Mossin (Hrsg.), *Risk and Uncertainty: Proceedings of a Conference Held by the International Economic Association.* London: Macmillan.

MACCRIMMON, K. und S. LARSSON 1979. Utility Theory: Axioms versus Paradoxes. In: Allais, M. und O. Hagen (Hrsg.), *The Expected Utility Hypothesis and the Allais Paradox*, S.333-409, Dordrecht: Riedel.

MACCRIMMON, K. und D. WEHRUNG 1986. *Taking Risks: The Management of Uncertainty.* New York: Free Press.

MACCRIMMON, K. und D. WEHRUNG 1990. Characteristics of Risk Taking Executives. *Management Science* 36:422-435.

MACDONALD, D. und W. HUTH 1989. Individual Valuation, Market Valuation, and the Preference Reversal Phenomenon. *Journal of Behavioral Economics* 18:99-114.

MACFADYEN, A. 1986. Rational Economic Man: In Introduction Survey. In: MacFayden, A. und H. MacFayden (Hrsg.), *Economic Psychology: Intersections in Theory and Application,* S.25-66, New York: Elsevier Science Publishers.

Machina, M. 1982. Expected Utility: Analysis without the Independence Axiom. *Econometrica* 50:277-319.

Machina, M. 1987. Choice Under Uncertainty: Problems Solved and Unsolved. *Journal of Economic Perspectives* 1:121-154.

Machina, M. 1989. Dynamic Consistency and Non-Expected Utility Models of Choice Under Uncertainty. *Journal of Economic Literature* 27:1622-1668.

Mackie, J. 1965. Causes and Conditions. *American Philosophical Quarterly* 2:245-264.

Mackie, J. 1974. *The Cement of the Universe: A Study of Causation.* Oxford: Clarendon Press.

Macneil, I. 1974. The Many Futures of Contracts. *Southern Californian Review* 47:691-816.

Macneil, I. 1987. Contracts: Adjustment of Long-Term Economic Relations under Classical, Neoclassical, and Relational Contract Law. *Northwestern University Law Review* 72:854-905.

Magnusson, D. und N. Endler (Hrsg.) 1977. *Personality at the Crossroads: Current Issues in Interactional Psychology*, New York: Wiley.

March, J. 1978. Bounded Rationality, Ambiguity, and the Engineering of Choice. *Bell Journal of Economics* 9:587-608.

March, J. und Z. Shipra 1987. Managerial Perspectives on Risk and Risk Taking. Management Science 33:1404-1418.

March, J. und H. Simon. 1958. *Organizations.* New York: Wiley.

Markowitz, H. 1952. The Utility of Wealth. *Journal of Political Economy* 60: 151-158.

Marschak, J. 1950. Rational Behavior, Uncertain Prospects, and Measurable Utility. *Econometrica* 18:111-141.

Marschak, J. 1975. Personal Probabilities of Probabilities. *Theory and Decision* 6:121-153.

Marshall, A. 1890. *Principles of Economics.* London: Macmillan.

Martin, J. 1998. *Organizational Behaviour.* London: Thomson Business Press.

Maslow, A. 1954. *Motivation and Personality.* New York: Harper.

May, K. 1954. Intransitivity, Utility, and the Aggregation of Preference Patterns. *Econometrica* 22:1-13.

McCLELLAND, D. 1961. *The Achieving Society.* Princeton, N.J.: Van Nostrand.

McCLELLAND, D. 1975. *Power: The Inner Experience.* New York: Irvington.

McCLELLAND, D. 1981. Is Personality Consistent? In: A. Rabin, J. Aronoff, A. Barclay und R. Zucker (Hrsg.), *Further Explorations in Personality.* New York: Wiley.

McCLELLAND, D. 1985. *Human Motivation.* Glenview, Ill.: Scott, Foreman and Co.

McCLELLAND, D. und J. ATKINSON 1948. The Projective Expression of Needs: The Effect of Different Intensities of the Hunger Drive of Perception. *Journal of Psychology* 25: 205-222.

McCLELLAND, D., J. ATKINSON, R. CLARC und E. LOWELL (Hrsg.) 1953. *The Achievement Motive.* New York: Appleton-Century-Crofts.

McGREGOR, D. 1960. *The Human Side of Enterprise.* New York: McGraw-Hill.

McGUIRE, W. 1966. The Current Status of Cognitive Consistency Theories. In: Feldman, S. (Hrsg.), *Cognitive Consistency,* S.1-46, New York: Acadamic Press.

McGUIRE, W. 1969. The Nature of Attitudes and Attitude Change. In: G. Lindzey und E. Aronson (Hrsg.), *Handbook of Social Psychology* Vol.3, Reading, Mass: Addison-Wesley.

McINTOSH, D. 1969. *The Foundations of Human's Society.* Chicago: University of Chicago Press.

McKENZIE, R. 1978. On the Methodological Boundaries of Economic Analysis. *Journal of Economic Issues* 12:627-645.

MECKLING, W. 1976. Values and the Choice of the Model of the Individual in the Social Sciences. *Schweizerische Zeitschrift für Volkswirtschaft* 4:545-560.

MEDVEC, V., S. MADEY und T. GILOVICH 1995. When Less is More: Counterfactual Thinking and Satisfaction among Olympic Medalists. *Journal of Personality and Social Psychology* 69:603-610.

MELLERS, A. und A. COOKE 1994. Trade-Offs on Attribute range. *Journal of Experimental Psychology: Human Perception and Performance* 20:1055-1067.

MEYER, J. und N. ALLEN 1991. A Three-Component Conceptualization of Organizational Commitment. *Human Resources Management Review* 1:61-89.

MEYER, J. und N. ALLEN 1997. *Commitment in the Workplace: Theory, Research and Application.* Thousand Oaks: Sage.

MEYER, W. 1981. Bedürfnisse, Entscheidungen und ökonomische Erklärungen des Verhaltens. In: R. Tietz (Hrsg.), *Wert- und Präferenzprobleme in den Sozialwissenschaften*, S.131-168, Berlin: Duncker & Humblot.

MILGRAM, S. 1974. *Obedience to Authority.* London: Tavistock.

MILGROM, P. und J. ROBERTS 1990. Bargaining Costs, Influence Costs, and the Organization of Economic Activity. In: Alt, J. und K. Shepsle (Hrsg.), *Perspectives on Positive Political Economy*, S.57-89, Cambridge: Cambridge University Press.

MILGROM, P. und J. ROBERTS. 1992. *Economics, Organization and Management.* Englewood Cliffs, N.J.: Prentice Hall.

MILLER, D. und M. ROSS 1975. Self-Serving Biases in Attribution of Causality: Fact or Friction? *Psychological Bulletin* 82:213-225.

MILLER, G. 1956. The Magical Number Seven, Plus or Minus Two: Some Limits on our Capacity for Processing Information. *Psychological Review* 63:81-97.

MILNE, A. 1928. *The House at Pooh Corner.* London: Methuen & Co.

MISCHEL, W. 1968. *Personality and Assessment.* New York: Wiley.

MISCHEL, W. 1977. The Interaction of Person and Situation. In: D. Magnusson und N. Endler (Hrsg.), *Personality at the Crossroads: Current Issues in Interactional Psychology*, S.333-352, New York: Wiley.

MITCHELL, T. 1970. Cognitive Complexity and Leadership Style. *Journal of Personality and Social Psychology* 16:166-174.

MITCHELL, T. 1974. Expectancy Models of Job Satisfaction, Occupational Preference and Effort: A Theoretical, Methodological, and Empirical Appraisal. *Psychological Bulletin* 81:1053-1077.

MITCHELL, T. 1982. Expectancy-Value Models in Organizational Psychology. In: Feather, N. (Hrsg.), *Expectations and Actions: Expectancy-Value Models in Psychology* , S.293-312, Hillsdale, NJ: Erlbaum.

MITCHELL, T. und D. ALBRIGHT 1972. Expectancy Theory Predictions of Job Satisfaction, Job Effort, Job Performance, and Retention of Naval Aviation Officiers. *Organizational Behavior and Human Performance* 8:1-20.

MITCHELL, T., C. SMYSER und S. WEED 1975. Locus of Control: Supervision and Work Satisfaction. *Acadamy of Management Journal* 18:623-631.

MITCHELL, V. und P. MOWDGILL 1976. Measurement of Maslow's Need Hierarchy. *Organizational Behavior and Human Performance* 16:334-349.

MONSON, T., J. HESLEY und L. CHERNICK 1982. Specifying when Personality Traits Cannot Predict Behavior: An Alternative to Abandoning the Attempt to Predict Single Action Criteria. *Journal of Personality and Social Psychology* 43:358-65.

MONTY PYTHON 1989. *The Complete Monty Python's Flying Circus: All the Words*, Vol.2, New York: Pantheon Books.

MORGAN, C. und H. MURRAY 1935. A Method for Investigating Fantasies. *Archieves of Neurology and Psychiatry* 34: 289-306.

MORRISON, D. 1967. On the Consistency of Preferences in Allais' Paradox. *Behavioral Science* 12:373-383.

MORSE, N. und R. WEISS 1955. The Function and Meaning of Work and the Job. *American Sociological Review* 20: 191-198.

MOSKOWITZ, H. 1974. Effects of Problem Representation and Feedback on Rational Behavior in Allais and Morlat-Type Problems. *Decision Sciences* 5:225-242.

MOWDAY, R., R. STEERS und L. PORTER 1979. The Measure of Organisational Commitment. *Journal of Vocational Behaviour* 14:224-247.

MÜLLER, R. 2007. *Finanzcontrolling - Eine verhaltensorientierter Analyse der Rationalitätsdefizite und Rationalitätssicherung im Finanzmanagement.* Dissertation. WHU.

MURRAY, H. 1938. *Explorations in Personality.* New York: Oxford University Press.

MURRAY, H. 1951. Toward a Classification of Interaction. In: T. Parson und E. Shils, Hrsg., *Toward a General Theory of Action.* Cambridge: Harvard University Press.

NAHAPIET, J. UND S. GHOSHAL 1998. Social Capital, Intellectual Capital, and the Organizational Advantage. *Academy of Management Review* 23:242-266.

NAYLOR, J., R. PRITCHARD und D. ILGEN 1980. *A Theory of Behavior in Organizations.* New York: Academic Press.

NEALE, M. und G. NORTHCRAFT 1986. Experts, Amateurs, and Refrigerators: Comparing Expert and Amateur Negotiators in a Novel Task. *Organizational Behavior and Human Decision Process* 38:305-317.

NEHER, P. 1978. The Pure Theory of the Muggery. *American Economic Review* 68:437-445.

NEUBERGER, O. 1976. *Führungsverhalten und Führungserfolg.* Berlin: Duncker & Humblot.

NEUBERGER, O. 1995. *Führen und geführt werden.* Stuttgart: Enke Verlag.

NEWELL, A. und H. SIMON 1972. *Human Problem Solving.* Englewood Cliffs, NJ: Prentice-Hall.

NISBETT, R., E. BORGIDA, R. CRANDALL und H. REED 1982. Popular Induction: Information is not Necessarily Informative. In: Kahneman, D., P. Slovic und A. Tversky (Hrsg.), *Judgement under Uncertainty: Heuristics and Biases*, S.101-116, Cambridge: Cambridge University Press.

NISBETT, R, D. KRANTZ, C. JEPSON und Z. KUNDA 1983. The Use of Statistical Heuristics in Everyday Inductive Reasoning. *Psychological Review* 90:339-363.

NISBETT, R. und L. ROSS 1980. *Human Inference: Strategies and Shortcomings of Social Judgement.* Englewood Cliffs, N.Y.: Erlbaum.

NISBETT, R. und T. WILSON 1977. Telling More Than We Can Know: Verbal Reports on Mental Processes. *Psychological Review* 84:231-259.

NORD, W., A. BRIEF, J. ATIEH und E. DOHERTY 1988. Work Values and the Conduct of Organizational Behavior. In: B.M. Staw und L. Cummings, Hrsg., *Research in Organizational Behavior* Vol. 10, S.1-42, Greenwich, Conn.: JAI Press.

NORTHCRAFT, G. und M. NEALE 1987. Experts, Amateurs, and Real Estate: An Anchoring-and-Adjustment Perspective on Property Pricing Decisions. *Organizational Behavior and Human Decision Process* 39:84-97.

O'BRIAN, B. 1992. Southwest Airlines is a Rare Air Carrier: It Still Makes Money. *Wall Street Journal* October 26, A1.

OKUN, A. 1980. The Invisible Handshake and the Inflationary Process. *Challenge* 27:5-12.

OPP, K.-D. 1985. Sociology and Economic Man. *Journal of Institutional and Theoretical Economics* 141:213-243.

OUCHI, W. 1980. Markets, Bureaucracies, and Clans. *Administrative Science Quarterly* 25:129-141.

OUCHI, W. 1981. *Theory Z: How American Business can meet the Japanese Challenge.* Reading, Mass: Addison-Wesley.

PARETO, V. 1906. *Manuale di Economia Politica.* Düsseldorf: Verlag Wirtschaft und Finanzen.

PARKER-POPE, T. 1998. Inside P&G, a Pitch to Keep Women Employees. *Wall Street Journal* September 9:B1-B6.

PARSONS, D. 1986. The Employment Relationship: Job Attachment, Work Effort, and the Nature of Contracts. In: Ashenfelter, O., R. Layard (Hrsg.): *Handbook of Labor Economics,* Vol. II, S. 789-848, Amsterdam: Elsevier Science.

PARSONS, H. What Happened at Hawthorne? *Science* 183:922-932.

PARSONS, T. 1964. *Essays in Sociological Theory.* New York: Free Press.

PAULUS, P. 1983. *Group Influence on Individual Task Performance.* New York: Springer.

PAYNE, J., J. BETTMAN und E. JOHNSON 1988. Adaptive Strategy Selection in Decision Making. *Journal of Experimental Psychology: Learning, Memory and Cognition* 14:534-552.

PAYNE, J., J. BETTMAN und E. JOHNSON 1993. *The Adaptive Decision Maker.* Cambridge, Ma.: Cambridge University Press.

PELEG, B. und M. YAARI 1973. On the Existence of a Consistent Course of Action when tastes are Changing. *Review of Economic Studies* 40:391-401.

PETER, L.-J. und R. HULL 1969. *The Peter Principle: Why Things Always Go Wrong.* New York: Morrow.

PFEFFER, J. 1994. *Competitive Advantage Through People: Unleashing the Power of the Work Force.* Boston, Mass.: Harvard Business School Press.

PFISTER, H.-R. 1991. *Struktur und Funktion von Zielen diachronischen Entscheidungen.* Frankfurt a.M.: Lang.

PFRANG, H. 1993. Internale und Externale Verursachung: Die Herstellung und Aufhebnung von Kontrollillusionen und Attributionsfehlern. In: Hell, W., K. Fiedler und G. Gigerenzer (Hrsg.), *Kognitive Täuschungen*, S.243-270. Heidelberg: Spektrum Akademischer Verlag.

PHILIPS, O., R. BATTALIO und C. KOGUT 1989. Sunk and Opportunity Costs in Valuation and Bidding. *Southern Economic Journal* 58:112-129.

PITZ, G. und S. RIEDEL 1984. The Content and Structure of Value Tree Representations. *Acta Psychologica* 56:59-70.

PLOMIN, R., H. CHIPUER und J. LOEHIN 1990. Behavioral Genetics and Personality. In: L. Pervin (Hrsg.), *Handbook of Personality Theory and Research*, S.225-243. New York: Guilford Press.

POLLAK, R. 1968. Consistent Planning. *Review of Economic Studies* 35:201-208.

POMMEREHNE, W., F. SCHNEIDER und P. ZWEIFEL 1982. Economic Theory of Choice and the Preference Reversal Phenomenon: A Reexamination. *American Economic Review* 72:569-574.

PORTER, L. 1961. A Study of Perceived Need Satisfactions in Bottom and Mittle Management Jobs. *Journal of Applied Psychology* 45:1-10.

PORTER, L. 1964. *Organizational Patterns of Managerial Job Attitudes.* New York: American Foundation for Management Research.

PORTER, L. 1973. Motivation in Work Organizations. Monterey, Ca.: Brooks/Cole.

PORTER, L. und E. LAWLER 1968. *Managerial Attitudes and Performance.* Homewood, III.: Irwin-Dorsey.

PORTER, L., E. LAWLER und J. HACKMAN 1975. Ways Groups Influence Individual Work Effectiveness. In: Steers, R. und L. Porter (Hrsg.) *Motivation and Work Behavior*, S.271-278, New York: McGraw-Hill.

PRELEC, D. 1998. The Probability Weighting Function. *Econometrica* 66:497-527.

PRESTON, M. und P. BARATTA 1948. An Experimental Study of the Auction Value of an Uncertain Outcome. *American Journal of Psychology* 61:183-193.

PRITCHARD, R. und M. SANDERS 1973. The Influence of Valance, Instrumentality, and Expectancy of Effort and Performance. *Journal of Applied Psychology* 57:55-60.

QUICK, J. 1992. Crafting an Organizational Culture: Herb's Hand at Southwest Airlines. *Organizational Dynamics* 21:47.

QUIGGIN, J. 1982. A Theory of Anticipated Utility. *Journal of Economic Behavior and Organization* 3:323-343.

RABIN, M. 2002. Inference by Believers in the Law of Small Numbers. *Quarterly Journal of Economics* 117:775-816.

RABIN, M. und D. VAYANOS 2007. *The Gambler's and Hot-Hand Fallacies: Theory and Applications.* University of California, Berkeley.

RACHLIN, H. 1980. Economics and Behavioral Psychology. In: Studdon, J. (Hrsg.), *Limits in Action*, S.205-236, New York: Academic Press.

RAFF, D. und L. SUMMERS 1987. Did Henry Ford Pay Efficiency Wages? *Journal of Labor Economics* 5:57-86.

RAIFFA, H. 1968. *Decision Analysis: Introductory Lectures on Choice Under Uncertainty.* Reading, Ma: Addison-Wesley.

RAIFFA, H. 1991. Coping with Common Errors in Rational Decision Making. In: Richard J. Zeckhauser (Hrsg.) *Strategy and Choice* S.340-357. Cambridge: MIT Press.

RAWLS, J. 1971. *A Theory of Justice.* Cambridge, Ma: Harvard University Press.

RAYNOR, J. 1969. Future Orientation and Motivation of Immideate Activity: An Elaboration of the Theory of Achievement Motivation. *Psychological Review* 76:606-610.

RAYNOR, J. und G. ROEDER 1987. Motivation and Future Orientation: Task and Time Effects for Achievement Motivation. In: Halisch, F. und J. Kuhl (Hrsg.), *Motivation, Intention, and Volition.* New York: Springer Verlag.

READ, D., G. LOEWENSTEIN und M. RABIN 1999. Choice Bracketing. *Journal of Risk and Uncertainty* 19: 171-197.

REILLY, R. 1982. Preference Reversal: Further Evidence and some Suggested modifications of Experimental Design. *American Economic Review* 72:576-543.

REISS, W. 1998. *Mikroökonomische Theorie.* München: Oldenbourg.

RIKER, W. und P. ORDESHOOK 1968. A Theory of the Calculus of Voting. *American Political Science Review* 62:25-42.

ROB, R. und P. ZEMSKY 2002. Social Capital, Corporate Culture, and Incentive Intensity. *RAND Journal of Economics* 33:243-257.

ROBBINS, L. 1962. *The Nature and Significance of Economic Science.* London: Macmillan.

ROETHLISBERGER, F. und W. DICKSON 1939. *Management of the Worker.* Cambridge, Mass: Harvard University Press.

ROKEACH, M. 1973. *The Nature of Human Values.* New York: Free Press.

ROLLINSON, D., A. BROADFIELD und D. EDWARDS 1998. *Organizational Behaviour and Analysis- A Integrated Approach.* Harlow: Addison-Wesley.

RONEN, S. 1994. An Underlying Structure of Motivational Need Txonomies: A Cross-cultural Confirmation. In: H. Triandis, M. Dunnette und L. Hough (Hrsg.), *Handbook of Industrial and Organizational Psychology* Vol. 4, S.241-270, Palo Alto, Ca: Consulting Psychologists Press.

ROSEN, S. 1985. Implicit Contracts: A Survey. *Journal of Economic Literature* 23:1144-1175.

ROSENBERG, M. und C. HOVLAND 1960. Cognitive, Affective and Behavioral Components of Attitudes. In: C. Hovland und M. Rosenberg (Hrsg.), *Attitude Organization and Change,* New Haven: Yale University Press.

ROSENTHAL, R. und L.JACOBSEN. 1968. *Pygamalion in the classroom.* New York: Holt, Rineheart & Winston.

ROSS, J. und B. STAW 1986. Expo 86: An Escalation Prototype. *Administrative Science Quarterly* 31:274-297.

ROSS, L. 1977. The Intuitive Psychologist and His Shortcomings: Distortions in the Attribution Process. In: Berkowitz, L. (Hrsg.), *Advances in Experimental Social Psychology.* New York: Academic Press.

ROSS, L. und C. ANDERSON 1982. Shortcomings in the Attribution Process: On the Origins and Maintenance of Erroneous Social Assessments. In: Kahneman, D., P. Slovic und A. Tversky (Hrsg.), *Judgement under Uncertainty: Heuristics and Biases*, S.129-152, Cambridge: Cambridge University Press.

ROTH, A., V. PRASNIKAR, M. OKUNO-FUJIWARA und S. ZAMIR 1991. Bargaining and Market Behavior in Jerusalem, Ljubljana, Pittsburgh, and Tokyo: An Experimental Study. *American Economic Review* 81:1068-1095.

ROTH, E. 1977. *Sämtliche Werke* Bd.1. München: Hanser Verlag.

ROTTER, J. 1954. *Social Learning and Clinical Psychology.* Englewood Cliffs, NJ: Prentice-Hall.

ROTTER, J. 1966. Generalized Expectancies for Internal Versus External Control of Reinforcement. *Psychological Monograph* 80:1-28.

ROTTER, J. 1967. A New Scale for the Measurement of Interpersonal Trust. *American Psychologist* 26:443-452.

ROUSSEAU, D. 1995. *Psychological Contracts in Organizations: Understanding Written and Unwritten Agreements.* Newbury, Ca.: Sage.

ROUSSEAU, D. und J. PARKS 1993. The Contracts of Individuals and Organizations. *Research in Organizational Behavior* 15:1-43.

RUMMEL, A. und R. FEINBERG 1988. Cognitive Evaluation Theory: A Meta-Analytic Review of the Literature. *Social Behavior and Personality* 16:147-164.

SADOWSKI, D. 1991. Humankapital und Organisationskapital - Zwei Grundkategorien einer ökonomischen Theorie der Personalpolitik in Unternehmen. In: Ordelheide, D, B. Rudolph und E. Büsselmann (Hrsg.), *Betriebswirtschaftslehre und Ökonomische Theorie*, S.127-142, Stuttgart: Poeschel.

SAH, R. und J. STIGLITZ 1986. The Architecture of Economic Systems: Hierarchies and Polyarchies. *American Economic Review* 76:716-727.

SARIN, R. und M. WEBER 1993. Risk-Value Models. *European Journal of Operational Research* 70:135-149.

SAVAGE, L. 1954. *The Foundation of Statistics.* New York: Wiley.

SCHEIN, E. 1978. *Career Dynamics.* Reading, Mass.: Addison-Wesley.

SCHEIN, E. 1988. *Organizational Psychology.* Englewood Cliffs, NJ: Prentice-Hall.

SCHELLING, T. 1980. The Intimate Contest for Self- Command. *The Public Interest* 60:94-118.

SCHELLING, T. 1978. Egonomics, or the Art of Self-Management. *American Economic Review, Papers and Proceedings* 68:290-294.

SCHELLING, T. 1984. Self-Command in Practice, in Policy, and in a Theory of Rational Choice. *American Economic Review, Papers and Proceedings* 74:1-11.

SCHIFFMANN, H. 1990. *Sensation and Perception: An Integrated Approach.* New York: Wiley.

SCHMIDT, F. und J. HUNTER 1981. Employment Testing. *American Psychologist* 36:1128-1137.

SCHOEMAKER P. 1982. The Expected Utility Modell: Its Variants, Purposes, Evidence and Limitations. *Journal of Economic Perspectives* 20:529-563.

SCHOTTER, A. 1981. *The Economic Theory of Social Institutions.* Cambridge: Cambridge University Press.

SCHOTTER, A. 1996. Worker Trust, System Vulnerablity, and the Performance of Work Groups, Discussion Paper 96-32, New York University.

SCHOTTER, A. 2003. Decision Making with Naive Advice. *American Economic Review* 93:196-201.

SCOTT, W. 1975. The Effects of Extrinsic Rewards on 'Intrinsic Motivation'. *Organizational Behavior and Human Performance* 25:311-335.

SEGAL, U. 1987. Some Remarks on Quiggin's Anticipated Utility. *Journal of Economic Behavior and Organization* 8:145-154.

SELTEN, R. 1987. The Equity Principle in Economic Behavior. In: Gottinger, H. und L. Feinfellner (Hrsg.), *Decision Theory and Social Ethics: Issues in Social Choice*, S.289-301, Dordrecht: Riedel.

SELTEN, R. 1990. Bounded Rationality. *Journal of Institutional and Theoretical Economics* 146:649-658.

SEN, A. 1971. Choice Functions and Revealed Preferences. *Review of Economic Studies* 38:307-317.

SEN, A. 1974. Choice, Ordering, and Morality. In: Körner, S. (Hrsg.), *Practical Reason*, Oxford: Blackwell.

SEN, A. 1977. Rational Fools: A Critique of the Behavioral Foundations of Economic Theory. *Philosophy and Public Affairs* 6: 317-344.

SEN, A. 1985. Goals, Commitment, and Identity. *Journal of Law, Economics, and Organization* 1:341-355.

SEN, A. 1988. Rational Behavior. In: Earwell, J., M. Milgate und P. Newman (Hrsg.), *The New Palgrave* Vol.4, S.68-76, London: Macmillan Press.

SHANTEAU, J. 1989. Cognitive Heuristics and Biases in Behavioral Auditing: Review, Comments and Observations. *Accounting, Organization and Society* 14:165-177.

SHEFRIN, H. und R. THALER 1988. The Behavioral Life-Cycle Hyphothesis. *Economic Inquiry* 26:609-643.

SHEFRIN, H. und M. STATMAN 1984. The Disposition to Sell Winners too Early and Ride Losers too Long. *Journal of Finance* 40:777-790.

SHELL, G. 1991. Opportunism and Trust in the Negotiation of Commercial Contracts: Toward a New Cause of Action. *Vanderbilt Law Review* 44:221-282.

SILVER, W., T. MITCHELL und M. GIST 1995. Responses to Succesful and Unsuccesful Performance: The Moderating Effect of Self-Efficacy on the Relationship-between Performance and Attributions. *Organizational Behavior and Human Decision Processes* 64:286-99.

SIMON, H. 1951. A Formal Theory of the Employment Relationship. *Econometrica* 19:293-305.

SIMON, H. 1955. A Behavior Model of Rational Choice. *Quarterly Journal of Economics* 69:99-118.

SIMON, H. 1963. Economics and Psychology. In: Koch (Hrsg.), *Psychology: A Study of a Science.* New York: McGraw-Hill.

SIMON, H. 1972. *Theories of Bounded Rationality.* In C. McGuire und R. Radner, *Decision and Organizations.* Amsterdam: North Holland.

SIMON, H. 1978. Rationality as Process and as Product of Thought. *American Economic Review* 68:1-16.

SIMON, H. 1986. Rationality in Psychology and Economics. *Journal of Business* 59:S209-S224.

SIMONSON, I. 1989. Choice, Based on Reasons: The Case of Attraction and Compromise Effects. *Journal of Consumer Research* 16:158-174.

SIMONSON, I. 1992. The Influence of Anticipating Regret and Responsibility on Purchase Decisions. *Journal of Personality and Social Psychology* 22:128-134.

SLOVIC P. und B. FISCHHOFF 1977. On the Psychology of Experimental Surprises. *Journal Experimental Psychology: Human Perception and Performance* 3:544-551.

SLOVIC, P., B. FISCHHOFF und S. LICHTENSTEIN 1968. Relative Importance of Probabilities and Payoffs in Risk Taking. *Journal of Experimental Psychology* 78:1-18.

SLOVIC, P., B. FISCHHOFF und S. LICHTENSTEIN 1982. Response Mode, Framing, and Information Processing Effects in Risk Assessement. In: R. Hogarth (Hrsg.), *New Directions for Methodology of Social and Behavioral Science: The Framing of Questions and the Consistency of Response.* San Francisco: Jossey-Bass.

SLOVIC, P., B. FISCHHOFF und S. LICHTENSTEIN 1983. Preference Reversal: A Broader Perspective. *American Economic Review* 73:596-605.

SLOVIC, P., D. GRIFFIN und A. TVERSKY 1990. Compatibility Effects in Judgement and Choice. In: R. Hogarth (Hrsg.), *Insights in Decision Making: A Tribute to Hillel J. Einhorn.* S.5-27, Chicago: University of Chicago Press.

SLOVIC, P. und S. LICHTENSTEIN 1971. Comparison of Bayesian and Regression Approches to the Study of Information Processing in Judgement. *Organizational Behavior and Human Performance* 6:649-744.

SLOVIC, P. und A. TVERSKY 1974. Who Accepts Savage's Axioms? *Behavioral Science* 19:368-373.

SMIDTS, A. 1997. The Relationship between Risk Attitude and Strengh of Preferences: A Test of Intrinsic Risk Attitude. *Management Science* 43:357-370.

SMITH, A. 1759. *Theory of Moral Sentiments.* London: Millar.

SMITH, A. 1776. *An Inquiry into the Nature and Causes of the Wealth of Nation.* zitiert nach 1976, Oxford: Claredon Press.

SMITH, M., J. BRUNER und R. WHITE 1956. *Opinions and Personality.* New York: Wiley.

SMITH, P., L. KENDALL und C. HULIN 1969. *The Measure of Satisfaction in Work and Retirement.* Chicago: Rand McNally.

SMITH, V. 1991. Rational Choice: The Contrast Between Economics and Psychology. *Journal of Political Economy* 99:877-897.

SNYDER, M. 1979. Self- Monitoring Processes. In L. Berkowitz (Hrsg.), *Advances in Experimental Social Psychology* 12:85-128.

SOBEL, J. 2005. Interdependent Preferences and Reciprocity. *Journal of Economic Literature* 43:392-436.

SOLOW, R. 1990. *The Labor Market as a Social Institution.*Cambridge: Basil Blackwell.

SPECTOR, P. 1982. Behaviour in Organisations as a Function of Employee's Locus of Control. *Psychological Bulletin* 91:482-497.

STARKE, F. und O. BEHLING 1975. A Test of Two Postulates Underlying Expectancy Theory. *Academy of Management Journal* 18:703-714.

STARMER, C 2000. Developments in Non-Expected Utility theory: The Hunt for a Descriptive Theory of Choice under Risk. *Journal of Economic Literature* 38:332-382.

STATEN, M. und J. UMBECK 1982. Information Costs and Incentives to Shirk: Disability Compensation of Air Traffic Controllers. *American Economic Review* 72:1023-1037.

STAW, B. und H. HOANG 1995. Sunk Costs in the NBA: Why Draft Order Affects Playing Time and Survial in Professional Basketball. *Admistritative Science Quarterly* 40:474-493.

STEVENSON, M., J. BUSEMEYER und J. NAYLOR 1990. Judgement and Decision-making Theory. In: M. Dunnette und L. Hough (Hrsg.), *Handbook of Industrial and Organizational Psychology* Vol. 1, S.284-364, Palo Alto, Ca: Consulting Psychologists Press.

STREUFERT, S. und G. NOGAMI 1989. Cognitive Style and Complexity: Implications for J/O Psychology. In: C. Cooper und I. Robertson (Hrsg.), *International Review of Industrial and Organizational Psychology*, New York: Wiley.

STROEBE, W. und B. FREY 1980. In Defense of Economic Man: Towards an Integration of Economics and Psychology. Schweizerische Zeitschrift für Volkswirtschaft und Statistik 116:119-148.

STROTZ, R. 1955. Myopia and Inconsistency in Dynamic Utility Maximization. *Review of Economic Studies* 23:165-180.

SUGDEN, R 1993. An Axiomatic Foundation for Regret Theory. *Journal of Econommic Theory* 60:159-180.

SVENSON, O. 1979. Process Descriptions of Decision Making. *Organizational Behavior and Human Performance* 23:86-112.

SVENSON, O. 1990. Some Propositions for the Classification of Decision Situations. In: K. Borcherding, O. Laricher und D. Messick (Hrsg.) *Contemporary Issues in Decision making,* S.17-32, Amsterdam: North-Holland.

SVENSON, O. 1996. Decision Making and the Search for Fundamental Psychological Regularities: What can we Learn from a Process Perspective? *Organizational Behavior and Human Decision Processes* 65:252-267.

SYNDER, M. 1974. Self-Monitoring of Expressive Behavior. *Journal of Personality and Social Psychology* 30:526-537.

TAYLOR, S., B. BUUNK und L. ASPINWALL 1990. Social Comparison and Stress, and Coping. *Personality and Social Psychology Bulletin* 16:74-89.

TEIGEN, K. 1994. Variants of Subjective Probabilities: Concepts, Norms, and Biases. In Wright, G. und P. Ayton (Hrsg.), *Subjective Probabilities.* Chichester: John Wiley and Sons.

TELLEGEN, A., D. LYKKEN, T. BOUCHARD, K. WILCOX, N. SEGAL und S. RICH 1988. Personality Similarity in Twins Reared Apart and together. *Journal of Personality and Social Psychology* 54:1031-1039.

THALER, R. 1980. Toward a Positive Theory of Consumer Choice. *Journal of Economic Behavior and Organization* 1:39-60.

THALER, R. 1985. Mental Accounting and Consumer Choice. *Marketing Science* 4:199-214.

THALER, R. 1999. Mental Accounting Matters. *Journal of Behavioral Decision Making* 12:183-206.

THALER, R. und E. JOHNSON 1990. Gambling with the House Money and Trying to Break Even: The Effects of Prior Outcomes on Risk Choice. *Management Science* 36:643-660.

THALER, R. und H. SHEFRIN 1981. An Economic Theory of Self Control. *Journal of Political Economy* 39:392-406.

TIETZEL, M. 1986. Moral und Wirtschaftstheorie, *Zeitschrift für Wirtschafts- und Sozialwissenschaften* 106, S.113-137.

TOLMAN, E. 1932. *Purposive Behavior in Animals and Men.* New York: Appleton-Century.

TOLMAN, E. 1959. Principles of Purposive Behavior. In: S. Koch (Hrsg.), *Psychology: A Study of a Science* Vol.2, S.92-157, New York: McGraw-Hill.

TOMER, J. 1987. *Organizational Capital.* New York: Praeger.

TRIST, E. und K. BAMFORTH 1951. Some Social and Psychological Consequences of the Longwall Method in Coal Getting. *Human Relations* 4:3-38.

TROPE, Y. und A. FISHBACH 2005. Going Beyond the Motivation Given: Self-Control and Situational Control Over Behavior. In: Hassin, R. R., J. Kleman und J. A. Bergh (Hrsg.): *The New Unconscious*, S. 537-565, New York: Oxford University Press.

TSUNEKI, A. 2000. Labor Relations, Labor Law and Unemployment in Japan. Vortrag gehalten auf dem VII. Travemünder Symposium: Travemünde.

TUBBS, M. 1993. Commitement as a Moderator of teh Goal-Performance Relation. A Case for clearer Construct Definition. *Journal of Applied Psychology* 78:86-97.

TVERSKY, A. 1969. Intransitivity of Preferences. *Psychological Review* 76:31-48.

TVERSKY, A. 1972. Elimination by Aspects: A Theory of Choice. *Psychological Review* 79:281-299.

TVERSKY, A. und C. FOX 1995. Weighting Risk and Uncertainty. *Psychological Review* 102:269-283.

TVERSKY, A. und D. KAHNEMAN 1971. Belief in the Law of Small Numbers. *Psychological Bulletin* 2:105-110.

TVERSKY, A. und D. KAHNEMAN 1973. Availability: A Heuristic for Judgeing Frequency and Probabilty. *Cognitive Psychology* 5:207-232.

TVERSKY, A. und D. KAHNEMAN 1974. Judgement under Uncertainty: Heuristics and Biases, *Science* 185:1124-1131.

TVERSKY, A. und D. KAHNEMAN 1981. The Framing of Decisions and the Psychology of Choice. *Science* 211:453-458.

TVERSKY, A. und D. KAHNEMAN 1982a. Judgement of and by Representativeness. In: Kahneman, D., P. Slovic und A. Tversky (Hrsg.), *Judgement under Uncertainty: Heuristics and Biases*, S.84-98, Cambridge: Cambridge University Press.

TVERSKY, A. und D. KAHNEMAN 1982b. Causal Schemas in Judgements under Uncertainty. In: Kahneman, D., P. Slovic und A. Tversky (Hrsg.), *Judgement under Uncertainty: Heuristics and Biases*, S.117-128, Cambridge: Cambridge University Press.

TVERSKY, A. und D. KAHNEMAN 1982c. Evidential Impact of Base Rates. In: Kahneman, D., P. Slovic und A. Tversky (Hrsg.), *Judgement under Uncertainty: Heuristics and Biases*, S.153-162, Cambridge: Cambridge University Press.

TVERSKY, A. und D. KAHNEMAN 1983. Extensional Versus Intuitive Reasoning: The Conjunction Fallacy in Probability Judgement. *Psychological Review* 90:293-315.

TVERSKY, A. und D. KAHNEMAN 1986. Rational Choice and the Framing of Decisions. *Journal of Business* 59:S251-S278.

TVERSKY, A. und D. KAHNEMAN 1990. Anomalies: Preference Reversals. *Journal of Economic Perspectives* 4: 201-211.

TVERSKY, A. und D. KAHNEMAN 1992. Advanced in Prospect Theory: Cumulative Representation of Uncertainty. *Journal of Risk and Uncertainty* 5:297-323.

TVERSKY, A. und E. SHAFIR 1992. Choice Under Conflict: The Dynamics of Deferred Decision. *Psychological Science* 3:305-309.

TVERSKY, A., P. SLOVIC und D. KAHNEMAN 1990. The Causes of Preference Reversal. *American Economic Review* 80:204-217.

TVERSKY, A. und P. WAKKER 1995. Risk Attitudes and Decision Weights. *Econometrica* 63:1255-1280.

TVERSKY, A. und P. WAKKER 1998.On the Composition of Risk Preferences and Belief. *Working Paper*, Leiden University.

TYLER, T. 1988. "What Is Procedual Justice?". *Law and Society Review* 22:301-335.

VAN MAANEN, J. und E. SCHEIN 1979. Toward a Theory of Organizational Socialization. In: Staw, B. (Hrsg.), *Research in Organizational Behavior* Vol.1, S.209-264, Greenwich, Conn.: Jai Press.

VAN RAAIJ, W. 1981. Economic Psychology, *Journal of Economic Psychology* 1:1-24.

VAN RAAIJ, W. 1985. Attribution of Causality to Economic Actions and Events. *Kyklos* 38:3-19.

VAN RAAIJ, W. 1986. Economic Phenomena from a Psychological Perspective: Economic Psychology. In: A. MacFadyen und H. MacFadyen (Hrsg.), *Economic Psychology: Intersections in Theory and Application,* S.9-23, New York: Elsevier Science Publishers.

VAN RAAIJ, W. 1988. Information Processing and Decision Making. Cognitive Aspects of Economic Behavior. In: van Raaij, W., G. van Veldhoven und K.-E. Wärneryd (Hrsg.), *Handbook of Economic Psychology*, S.108-143, Dordrecht: Kluwer.

VANBERG, V. 1988. Rules and Choice in Economics and Sociology. *Jahrbuch für Neue Politische Ökonomie* 7:146-167.

VANBERG, V. 1994. *Rules and Choices in Economics.* London: Routledge.

VANDENBERG, R. und C. LANCE 1992. Examining the Causual Order of Job Satisfaction and Organizational Commitement. *Journal of Management* 18:153-167.

VARIAN, H. 1992. *Microeconomic analysis.* New York: Norton.

VERHALLEN, T. und R. PIETERS 1984. Attitude Theory and Behavioral Costs. *Journal of Economic Psychology* 5:223-249.

VERNON, P. 1933. Some Characteristics of Good Judge of Personality. *Journal of Social Psychology* 4:42-58.

VON HALLER GILMER, B. 1971. *Industrial and Organizational Psychology.* New York: McGraw-Hill.

VON NEUMANN, J. und O. MORGENSTERN 1944. *Theory of Games and Economic Behavior.* Princeton, NJ: Princeton University Press.

VON ROSENSTIEL, L. 1975. *Die motivationalen Grundlagen des Verhaltens in Organisationen.* Berlin: Duncker & Humblot.

VON ROSENSTIEL, L. 1988. Motivationsmanagement. In: M. Hofmann und L. v. Rosenstiel (Hrsg.), *Funktionale Managementlehre*, S.214-264, Berlin: Springer.

VON WEIZSÄCKER, C. 1971. Notes on Endogenous Change of Tastes. *Journal of Economic Theory* 3:345-372.

VROOM, V. 1964. *Work and Motivation.* New York: Wiley.

WAHBA, M. und L. BRIDWELL 1976. Maslow Reconsidered: A Review of Research on the Need Hierarchy Theory, *Organizational Behavior and Human Performance* 15:212-40.

WAHBA, M. und R. HOUSE 1974. Expectancy Theory in Work and Motivation: Some Logical and Methodological Issues. *Human Relations* 27:121-147.

WAKKER, P. 1994. Seperating Marginal Utility and Probabilistic Risk Aversion. *Theory and Decision* 36:1-44.

WAKKER, P. und A. TVERSKY 1993. An Axiomatization of Cumulative Prospect Theory. *Journal of Risk and Uncertainty* 7: 147-176.

WALL STREET JOURNAL. 1986. Gung Ho' to Repeat Assembly Errors. *Wall Street Journal*, Ausgabe vom 27.03.

WANOUS, J. und A. ZWANY 1977 A Cross-Sectional Test of Need Hierarchy Theory. *Organizational Behavior and Human Performance* 12:78-97.

WATSON, D. und A. TELLEGEN 1985. Toward a Consensual Structure of Mood. *Psychological Bulletin* 98:219-235.

WEBER, M. 1920. *Die protestantische Ethik und der Geist des Kapitalismus.* München: Siebenstern.

WEBER, M. 1990. *Risikoentscheidungskalkül in der Finanzierungstheorie.* Stuttgart: Poeschel.

WEBER, M. und K. BORCHERDING 1993. Behavioral Problems in Weight Judgements. *European Journal of Operational Research* 67:1-12.

WEBER, M., F. EISENFÜHR und D. VON WINTERFELDT 1988. The Effect of Splitting Attributes in Multiattribute Utility Measurement. *Management Science* 34:431-445.

WEHRUNG, D. 1989. Risk Taking over Gains and Losses: A Study of Oil Executives. *Annals of Operations Research* 19:115-139.

WEIBLER, J. 1995. Symbolische Führung. In: Kieser, A., G. Reber und G. Wunderer (Hrsg.), *Handwörterbuch der Führung,* Stuttgart: Schäffer-Poeschel.

WEINER, B. 1985. "Spontaneous" Causal Thinking. *Psychological Bulletin* 97:74-84.

WEINERT, A. 1982. Menschenbilder in Organisations- und Führungstheorien: Erste Ergebnisse einer empirischen Überprüfung. *Zeitschrift für Betriebswirtschaft* 54:30-62.

WEISS, H. 1990. Learning Theory and Industrial and Organizational Psychology. In: M. Dunnette und L. Hough (Hrsg.), *Handbook of Industrial and Organizational Psychology* Vol 1, S.171-222, Palo Alto, Ca: Consulting Psychologists Press.

WERNIMONT, P. 1966. Intrinsic and Extrinsic Factors in Job Satisfaction. *Journal of Applied Psychology* 50: 41-60.

WHITTAKER, D. 1990. *Managing Innovation: A Study of British and Japanese Factories.* Cambridge: Cambridge University Press.

WHYTE, W. 1955. Money and Motivation. New York: Harper & Row.

WHYTE, W. 1956. *The Organization Man.* New York: Doubleday Anchor.

WIERSMA, U. 1992. The Effects of Extrinsic Rewards in Intrinsic Motivation: A Meta-Analysis. *Journal of Occupational and Organizational Psychology* 65:101-114.

WIGGINS, J. 1973. *Personality and Prediction: Principles of Personality Assessment.* Reading, Mass: Addison-Wesley.

WIGGINS, J. und A. PINCUS 1992. Personality: Structure and Assessement. *Annual Review of Psychology* 43:473-504.

WILLIAMSON, O. 1963. Managerial Discretion and Business Behavior. *American Economic Review* 53:1032–1057.

WILLIAMSON, O. 1964. *The Economics of Discretionary Behavior: Managerial Objectives in a Theory of the Firm.* Englewood Cliffs, NJ: Prentice Hall.

WILLIAMSON, O. 1975. *Markets and Hierarchies. Analysis and Antitrust Implications.* New York: Free Press.

WILLIAMSON, O. 1983. Credible Commitments: Using Hostages to Support Exchange. *American Economic Review* 73: 519-591.

WILLIAMSON, O. 1985. *The Economic Institutions of Capitalism.* New York: Free Press.

WILLIAMSON, O. 1993a. Opportunism and its Critics. *Managerial and Decision Economics* 14:97-107.

WILLIAMSON, O. 1993b. Calculativeness, Trust, and Economic Organization. *Journal of Law and Economics* 36:453-486.

WILLIAMSON, O., M. WACHTER und J. HARRIS 1975. Understanding the Employment Relation: The Analysis of Idiosyncratic Exchange. *Bell Journal of Economics* 6:250-280.

WILMS, W., A. HARDCASTLE und D. ZELL 1994. Cultural Transformation at NUMMI. *Sloan Management Review* 35:99-113.

WINSTON, G. 1980. Addiction and Backsliding: A Theory of Compulsive Consumption. *Journal of Economic Behavior and Organization* 1:295-324.

WOOD, J. 1989. Theory and Research Concerning Social Comparisions of Personal Attributes. *Psychological Bulletin* 106:231-248.

WORD, C., M. ZANNA und J. COOPER 1974. The nonverbal mediation of self-fulfilling prophecies in interracial interaction. *Journal of Experimentl Social Psychology* 10:109-120.

WRIGHT, G. 1985. Decisonal Variance. In: G. Wright (Hrsg.), *Behavioral Decision Making*, S.43-59, New York: Plenum Press.

WU, G. und R. GONZALEZ 1996. Nonlinear Decision Weights in Choice under Uncertainty. *Management Science* 45:74-85.

WU, G. und R. GONZALEZ 1998. Common Consequence Conditions in Decision Making under Risk. *Journal of Risk and Uncertainty* 16:115-139.

WU, G., J. ZHANG und R. GONZALEZ 2004. In: Koehler, D. J. und N. Harvey (Hrsg.): *The Blackwell Handbook of Judgment and Decision Making*, S. 399-423, Oxford: Blackwell.

WU, G. und R. GONZALEZ 1999. Nonlinear Decision Weights in Choice under Uncertainty. *Management Science* 45: 74-85.

WUNDERER, R. und W. GRUNWALD 1980. *Führungslehre I. Grundlagen der Führung.* Berlin: Walter de Gruyter.

YAARI, M. und M. BAR-HILLEL 1984. On Dividing Justly. *Social Choice and Welfare* 1:1-24.

YATES, J. 1990. *Judgement and Decision Making.* Englewood Cliff, NJ: Prentice Hall..

YATES, J. und L. ZUKOWSKI 1976. Characterization of Ambiguity in Decision Making. *Behavioral Science* 21:19-25.

YELLEN, L. 1984. Efficiency Wage Models of Unemployment. *American Economic Review,* Papers and Proceedings 74:200-205.

YUKL, P. 1990. *Skills for managers and leaders.* Englewood Cliffs, NJ: Prentice-Hall.

ZAND, D. 1979. Trust and Managerial Problem Solving. *Administrative Science Quarterly* 17:229-239.

ZAJONC, R. 1965. Social Facilitation. *Science* 149:269-274.

ZAJONC, R. und S. SALES 1966. Social Facilitation of Dominat and Subordinate Responses. *Journal of Experimental Social Psychology* 2:160-168.

ZIMBARDO, P und R. GERRIG 1999. *Psychologie.* Berlin: Springer.

ZUCKERMAN, M. 1979. Attribution of Success and Failure Revisited, or: The Motivational Bias Is Alive and Well in Attribution Theory. *Journal of Personality* 47:245-287.

ZUCKERMAN, M. und S. EVANS 1984. Schematic Approaches to the Attributional Processing of Actions and Occurences. *Journal of Personality and Social Psychology* 47:469-478.

Index

Adverse Selektion, **489**, 571, 636
Akteur-Beobachter-Effekt, *siehe* Attributionstendenz
Allais-Paradoxon, *siehe* Kognitive Verzerrung, 357
Ambiguität, 267
Anreiz, **79**
Anreizstruktur, **453**
  Anforderungen, 507
  individualisierte, 520
  Konsistenz, 506, 567, 612
Anspruchsniveau, 36, **114**, 150, 327, 632
Anstrengungsniveau, 98
Arbeit
  als soziale Institution, 36
  Funktionen, 52
Arbeitsanreiz, **80**, 593
  extrinsischer, **82**, 499, 502, 598
  Funktionen, 501
  immaterieller, 460
  intrinsischer, **81**, 499
  materieller, 459
  Valenz, **105**, 229, 378, 626
Arbeitsanstrengungen, 120
Arbeitsaufgabe, **17**, 608
  Häufigkeit, 470
  Unsicherheit, 469
Arbeitsbeziehung
  Langfristigkeit, 567
  Merkmale, 466
  Nexus von Verträgen, 539
Arbeitseinstellung, **49**, 56
Arbeitsergebnis
  Erreichbarkeit, **105**, 626
  Instrumentalität, **106**, 378, 626
Arbeitsmotivation, 371, 605
  Modell der Leistungsmotivation, 380
  VIE-Modell, 377, **377**, 608
Arbeitssituation, 77
  generelle, **78**, 84
  spezifische, **78**, 83
Arbeitsstimmung, 51
Arbeitsstrukturierung, 608
Arbeitsteilung, **12**
Arbeitsverhalten, 361
  normgeleitetes, 396
Arbeitsvertrag, *siehe* Vertrag
  impliziter, **547**, 575
  juristischer Vertrag, 540
  relationaler, 575
  unvollständiger, **472**, 576
Arbeitswert, **47**, 52
  extrinsischer, **55**, 499
  intrinsischer, **54**, 499
  Klassifikation, 54
Arbeitszufriedenheit, 32, **56**, 99, 199, 375
Attraktions-Effekt, *siehe* Kognitive Verzerrung
Attribut, **149**
Attribution
  externe, 281
  interne, 281, 502
Attributionstendenz, **291**
  Akteur-Beobachter-Effekt, 292
  Fundamentaler Attributionsfehler, 292, 631
  selbstwertdienliche, 294, 631
Attributionstheorie, 280, 625

Bandbreiteneffekt, *siehe* Kognitive Verzerrung
Basisrateneffekt, *siehe* Kognitive Verzerrung

Bayes
 Regel, 629
Bedürfnis, **20**, 482
 Defizit-, 26, 136
 Hygiene-, 31
 individuelle Unterschiede, 22, 89
 komplementäres, 39
 konkurrierendes, 39
 Leistungs-, 36
 Macht-, 37
 Motivations-, 32
 nach Geld, 34
 physiologisches, 20
 psychologisches, 21
 Selbstverwirklichungs-, 37
 Sicherheits-, 35
 Status-, 35, 485
 unabhängiges, 39
 Wachstums-, 26, 138
 zeitliche Stabilität, 23
 Zugehörigkeits-, 36
Bedürfnishierarchie, *siehe* Bedürfnistheorie
Bedürfnistheorie, 24
 Bedürfnishierarchie, 24, 151, 153, 482
 ERG-Theorie, 29
 Zwei-Faktoren-Theorie, 31
Besitztumseffekt, *siehe* Kognitive Verzerrung
Beurteilungsprozess, 183
Beurteilungsregel, **253**
Beurteilungsstrategie, **388**, 394
Big-Five-Modell, *siehe* Persönlichkeit

Common-consequence-Effekt, *siehe* Kognitive Verzerrung
Common-ratio-Effekt, *siehe* Kognitive Verzerrung
Crowding-out, **501**
Cut-off Punkt, 150

Differenzierung
 horizontale, **15**
 vertikale, **16**
Diktatorspiel, 564
Direktionsrecht, **542**
Diskretionärer Handlungsspielraum, 485, 572, 576

Effizienz
 einer Unternehmung, **451**, 513
Effizienzentlohnung, **590**
Egonomics, 416
Einbettungseffekt, *siehe* Kognitive Verzerrung
Eingeschränkte Rationalität, *siehe* Rationalität
Einstellung, **49**
Ellsberg Paradoxon, 342
Emotionale Faktoren, 198, 353, 629
Entlohnungssystem, 609
Entscheidung
 konstruktive, 117
 reflektierte, 117
 routinisierte, 116
 stereotype, 116
 unter Risiko, **230**, *siehe* Risiko
 unter Sicherheit, **123**
 unter Unsicherheit, **123**, *siehe* Unsicherheit
 unter Unsicherheit im engeren Sinn, 230
Entscheidungsgewicht, **246**
Entscheidungsregel, **326**, 364
 kompensatorische, *siehe* Kompensatorische Entscheidungsregel
 nicht-kompensatorische, *siehe* Nicht-kompensatorische Entscheidungsregel
Entscheidungsstrategie, **387**, 391
Entscheidungstheorie
 deskriptive, **178**
Entscheidungsverhalten, **111**, **361**

organisatorisches, **447**
Ereignis, **123**
ERG-Theorie, *siehe* Bedürfnistheorien
Erreichbarkeit, *siehe* Arbeitsergebnis
Erwartungsnutzentheorie, **308**
Disappointment-Theorie, 354
kumulative Prospect-Theorie, 345, 351
Prospect-Theorie, 345, 633
rangplatzabhängige, 345, 348
Regret-Theorie, 357
subjektive, 342, **345**
von Neumann und Morgenstern, 329
Eskalation, 215

Fähigkeit, **61**
individuelle Unterschiede, 61, 88
kognitive, 61, 611
motorische, 62
physikalische, 62
physische, 61
psychische, 61
psychologische, 61
soziale, 61, 611
Fairness, *siehe* Gerechtigkeit
Feldtheorie, 118, 384
Framing-Effekt, **196**, 248, **285**, 598
Fundamentaler Attributionsfehler, *siehe* Attributionstendenz

Gefangenendilemma, *siehe* Kooperationsdilemma
Gerechtigkeit, 561
distributive, **565**
prozedurale, 565
Gesetz der kleinen Zahlen, *siehe* Kognitive Verzerrung
Gruppenführung, **593**, **638**
Gruppenmotivationsproblem, 493
Gut, **314**

Halo-Effekt, *siehe* Kognitive Verzerrung
Hawthorne-Experimente, 36, 495, 524
Heuristik, **189**, 596, 627
Repräsentativität, 254
Verankerung und Anpassung, 271, 635
Verfügbarkeit, 263, 635
Holdup, 487, 570, 585
Humankapital, **63**
allgemeines, **63**, 569
Ressourcenallokation, 315
unternehmensspezifisches, **63**, 468, 569

Identifikation, 592
Informationsasymmetrie, 474, 611
hidden action, **476**
hidden characteristics, **476**
hidden information, **477**
Instrumentalität, *siehe* Arbeitsergebnis
Interdependenz, 471
laterale, **15**
vertikale, **16**
Internalisierung, **400**
Irrelevante Alternativen, 227, 241

Kausalattribution, 511
Kausale Schemata, 288
Kausaler Kontext, 283
Kognitive Dissonanzen, 423
Kognitive Komplexität, **89**, 181
Kognitive Verzerrung, **190**, 318
Allais-Paradoxon, 240
Attraktions-Effekt, 227
Bandbreiteneffekt, 222
Basisrateneffekt, 256
Besitztumseffekt, 208

Common-consequence-Effekt, 242, 629
Common-ratio-Effekt, 234
Disappointment-Effekt, 199, 353
Einbettungseffekt, 209
Gesetz der kleinen Zahlen, 258
Halo-Effekt, 249
Kompromiss-Effekt, 228
Konjunktionseffekt, 261
Konversions-Effekt, 257
Overconfidence-Effekt, 275, 630
Primacy-Effekt, 248
Pseudo-Sicherheitseffekt, 244, 629
Recency-Effekt, 249
Regression zur Mitte, 259
Regret-Effekt, 200, 353
späte Einsicht, 428
Splitting-Effekt, 223
Sunk cost-Effekt, 214
Überschätzung der Wahrscheinlichkeit bei ungenügender Stichprobe, 266
Überschätzung der Wahrscheinlichkeit präsenter Ereignisse, 265
Unzureichende Anpassung des Ankers, 273
Ursprungsabhängigkeit, 213
Vernachlässigung der Grundgesamtheit, 258
Verzerrte Einschätzung von Szenarien, 274
Kognitiver Aufwand, 116, 390
Kompensatorische Entscheidungsregel, **326**
additive Differenzenregel, 370
Idealpunktregel, 371
linear multiattributiv, 368
Kompromiss-Effekt, *siehe* Kognitive Verzerrung
Konjunktionseffekt, *siehe* Kognitive Verzerrung
Konsistenzparadox, **76**
Konsumentennutzen, 449
Konversions-Effekt, *siehe* Kognitive Verzerrung
Kooperationsdilemma, 555, 587
Kooperationssicherung, **596**
Koordinationsinstrumente, **454**
Koordinationskosten, **516**
Koordinationsproblem, **452**
Kosten
physische, 316, 362, 372
psychische, 316, 389, 426, 627, 631
soziale, 316
Kovarianz-Modell, 295
Kovarianzkriterium, 511
Kündigung, 577

Leistungsbeurteilung, 325
Lernen
Bedingungen, 324
Lernprozess, 107, 422, 632
Double-Loop, 110
Single-Loop, 110
Linsen-Modell, 184, 264, 282
Locus of Control, *siehe* Persönlichkeitseigenschaft

Macht, 37
Menschenbild, **65**
Good-Citizen, 522
Happy-is-Productive, 522
komplexer Mitarbeiter, 19, 63, 314, 328, 479, 520
Product-of-the-Environment, 523
REMM, 328
Mentale Buchhaltung, **403**
Meta-Entscheidung, **385**
Mitarbeiterführung, **593**
direkte, 598
Individualisierung, 610

strategische, 613
symbolische, **588**
Weg-Ziel-Theorie, **608**
Moralisches Risiko, **491**
Motiv, **20**
Motivation, **97**
extrinsische, **98**, 625
intrinsische, **98**, 501, 502, 625
Motivationsinstrument
Beurteilung, 514
personelles, **519**, 603
strukturelles, **519**, 603
Motivationsinstrumente, **454**
Motivationskosten, **516**, 576
Motivationsproblem, **453**
Motivationsprozess, 104, 362, 634
Motivstruktur, 20, 100

Nicht-kompensatorische Entscheidungsregel, **326**
Disjunktionsregel, 366
Eliminationsregel, 367
Konjunktionsregel, 366
Lexikographische Regel, 366
Norm
gesellschaftliche, 578
Gruppennorm, **85**, 318, 559
Organisationskultur, 512, 559
soziale, 83
Normkonformität, 400
fallweise Verhaltensanpassung, 400
genuine Regelbefolgung, 401
Nutzen, **128**
Erfahrungs-, 198, 354, 357, 634
erwarteter, **329**
Vorhersage-, 198, 213, 354, 357, 634
Nutzenfunktion, **139**
Existenz, 329
offene, 314
Nutzenmaximierung, 311, **313**
eingeschränkte kognitive Fähigkeiten, 325

Urteilsverzerrung, 318

Ökonomische Organisation, **10**
Bausteine, 16
Grundprinzipien, **11**
Opportunismus, **479**, 570
Opportunitätskosten, 315
Organisationskapital, **577**
Organisationskultur, **85**
Organisationsproblem, **452**
Organisationsstruktur, **453**
Organisatorisches Commitment, **59**, 572
Overconfidence-Effekt, *siehe* Kognitive Verzerrung

Persönlichkeit, **39**, 416
Big-Five-Modell, 41
individuelle Unterschiede, **40**
Persönlichkeitseigenschaft, **40**, 97, 100
Locus of Control, 44, 502
Selbstbeobachtung, 45
Selbstwertschätzung, 45, 106
Selbstwirksamkeit, 46
Typ A und B, 46
zeitliche Stabilität, 108
Persönlichkeitsentwicklung, 27
Präferenzbildung
adaptive, 430
endogene, 417, 634
Konsistenz, 247
opportunistische, 422
Präferenzen, **129**, 329
lexikographische, **150**
Meta-, 417
Stetigkeit, 337
Transitivität, 334, 359, 632, 638
Unabhängigkeit, 338
Wohldefiniertheit, 333
Präferenzumkehr, 251, 335
Primacy-Effekt, *siehe* Kognitive Verzerrung
Produktionskosten, **516**

Prospect-Theorie, *siehe* Erwartungsnutzentheorie
Pseudo-Sicherheitseffekt, *siehe* Kognitive Verzerrung
Pseudosicherheitseffekt, 342

Ratchet-Effekt, **496**, 574
Rationalität, **309**
eingeschränkte, **310**, 472
globale, **310**
Rationalitätssicherung, **595**
Instrumente, 598
Recency-Effekt, *siehe* Kognitive Verzerrung
Referenzpunkt, 184
kausale Urteilsbildung, 285
Wahl, 205
Reputation, *siehe* Vertrauen
Restriktion, **82**, 593
rechtliche, 83, 84
ressourcenbedingte, 82, 83
soziale, 83, 85
Risikoeinstellung, 141, 628
intrinsisch, 144
risikoavers, **141**, 238
risikofreudig, **142**
risikoneutral, **142**
Risikoprämie, **141**
Risikoteilung, 572
Rolle
organisatorische, **18**, 558
soziale, **397**, 558

Satisficing, 327
Schwellenwert, 150
Selbstbeobachtung, *siehe* Persönlichkeitseigenschaft
Selbstbetrug, 422
Selbstbeurteilung, 560
Selbsterfüllende Prophezeiung, 186, 592
Selbstmanagement, 383, **384**
Selbstregulierung, 409
Prozess, 413
Selbstwahrnehmung, *siehe* Wahrnehmung
Selbstwertschätzung, *siehe* Persönlichkeitseigenschaft
Selbstwirksamkeit, *siehe* Persönlichkeitseigenschaft
Senioritätsentlohnung, **572**
Sicherheitsäquivalent, **141**, 237
Sicherheitseffekt, 342
SOR-Modell, **94**, 614
Soziale Fazilität, 398
Sozialer Vergleich, 561
Soziales Kapital, *siehe* Organisationskapital
Splitting-Effekt, *siehe* Kognitive Verzerrung
Status, 35
organisatorischer, 35
sozialer, 91
Stelle, **16**
Stimmung, 51, 417
individuelle Unterschiede, 90
Strategie, **122**
Beurteilungsstrategie, *siehe* Beurteilungsstrategie
Entscheidungsstrategie, *siehe* Entscheidungsstrategie
Sunk cost-Effekt, *siehe* Kognitive Verzerrung

Tausch, **14**
Transaktion, **17**
Transaktionsspezifische Investition, **466**, 487, 582
beziehungsspezifische, 468
humankapitalspezifische, 468
standortspezifische, 469
Trittbrettfahrerproblem, **494**, 555, 585
Typ A und B, *siehe* Persönlichkeitseigenschaft

Ultimatumspiel, 563

Ursprungsabhängigkeit, *siehe* Kognitive Verzerrung
Urteil
  evaluierendes, *siehe* Werturteil
  kausales, 280
  prognostizierendes, *siehe* Wahrscheinlichkeitsurteil
Urteilsbildung
  Heuristik, *siehe* Heuristik
  statistische, 277, 294
Urteilstendenz
  Kognitive Verzerrung, *siehe* Kognitive Verzerrung
  Motivationale Verzerrung, **414**

Valenz, *siehe* Arbeitsanreiz
Verhalten
  myopisches, **418**
  ökonomisches, **74**
  opportunistisches, *siehe* Opportunismus
  rationales, 333, 597
  strategisches, **616**
Vertrag
  psychologischer, **549**, 637
  relationaler, **541**
  Selbstdurchsetzbarkeit, **553**
  sozialer, **557**, 584, 637
  Standardisierung, 544
  vollständiger, **464**
Vertrauen, **576**
  ausgeglichene Machtpositionen, 581
  Formen, 591
  Reputation, 584
  Reziprozität, 586
  vertrauensbildende Mechanismen, 579, 603

Wahrnehmung, 87, **97**
  Einflußfaktoren, 87
  funktionaler Zusammenhänge, 92
  Selbstwahrnehmung, **91**
  soziale, **91**
Wahrnehmungsprozess, 100, 422
Wahrscheinlichkeit
  objektive, **124**, 231, 344, 630, 633
  statistische, **277**, 630
  subjektive, **231**, 246, 344, 632
Wahrscheinlichkeitsgewicht, **235**, 246, 344
Wahrscheinlichkeitsgewichtungsfunktion, 345, 633
Wahrscheinlichkeitsurteil, **185**, 253, 282
Wert, **47**
  intrinsischer, 36
  Wertesystem, 47
Wertfunktion, **133**
  Grundtypen, 136
  messbar, **134**
  multiattributive, **153**, 218
  ordinale, 134
Wertschöpfung
  Arbeitsbeziehung, 553, 636
  einer Arbeitsbeziehung, **515**
  einer Unternehmung, **449**
  Messbarkeit, 470
Werturteil, **185**, 195
Wichtigkeitsurteil, 222
Wortbruch, 488

Ziel
  fundamentes, **113**
  instrumentelles, 113
  ökonomisches, **11**
  Substituierbarkeit, 152
  Zielbindung, 411
  Zieldivergenz, 480, 574
  Zieleinklang, 481
  Zielhierarchie, 145
  Zielindifferenz, 480, 482
  Zielkomplementarität, 147
  Zielkonflikt, 147
  Zielneutralität, 147
  Zielsetzung, 409

Zielübereinstimmung, 481
Zielsystem
Generierung, 219
Operationalisierbarkeit, 220
Vollständigkeit, 219

We Change. Your Chance.

MIX
Papier aus verantwortungsvollen Quellen
Paper from responsible sources
FSC® C105338

Printed by Books on Demand, Germany